宏大爆破技术丛书
Hongda Blasting Technology Series

宏大爆破论文集
A Collection of Papers by Hongda Blasting

——岩土爆破
—Rock Blasting

谢守冬　主编
Xie Shoudong　Editor in Chief

北　京
冶 金 工 业 出 版 社
2023

内 容 提 要

本论文集收录的是自宏大爆破公司创建以来在科技期刊和相关专业会议论文集公开发表过约 1280 篇科技论文中的 500 余篇。论文集分为三册出版，主要内容包括岩土爆破、硐室爆破、城市控制爆破、现场混装炸药、矿山治理、拆除爆破、井下爆破和企业管理等。本论文集集中反映了 30 多年来宏大爆破公司在经济建设的诸多领域所取得的创新成果，可为相关领域从业人员提供借鉴。

本书可供矿山企业的技术和管理人员、科研院所的技术人员和高校师生参考使用。

图书在版编目（CIP）数据

宏大爆破论文集. 岩土爆破／谢守冬主编. —北京：冶金工业出版社，2022.10（2023.5 重印）

（宏大爆破技术丛书）

ISBN 978-7-5024-9291-5

I. ①宏… II. ①谢… III. ①岩土工程—爆破技术—文集 IV. ①TB41-53

中国版本图书馆 CIP 数据核字（2022）第 176898 号

宏大爆破论文集——岩土爆破

出版发行	冶金工业出版社	电　话	(010)64027926
地　址	北京市东城区嵩祝院北巷 39 号	邮　编	100009
网　址	www.mip1953.com	电子信箱	service@mip1953.com

责任编辑　王悦青　程志宏　美术编辑　彭子赫　版式设计　孙跃红
责任校对　王永欣　责任印制　禹　蕊
北京捷迅佳彩印刷有限公司印刷
2022 年 10 月第 1 版，2023 年 5 月第 2 次印刷
880mm×1230mm　1/16；50.5 印张；1600 千字；784 页
定价 298.00 元

投稿电话　(010)64027932　投稿信箱　tougao@cnmip.com.cn
营销中心电话　(010)64044283
冶金工业出版社天猫旗舰店　yjgycbs.tmall.com
（本书如有印装质量问题，本社营销中心负责退换）

序　言

　　欣然接受为《宏大爆破论文集》作序。广东宏大爆破股份有限公司三十三年内在科技期刊和相关会议公开发表的科技论文达 1280 余篇，平均每月发表论文 3 篇，对于一个爆破企业实属难能可贵，可喜可贺！

　　科技创新是企业发展的驱动力。论文集的出版从一个侧面反映出宏大爆破对科技创新的重视程度和实实在在取得的成果，也是宏大爆破能从一个产值几百万元的爆破公司发展到如今市值达 260 亿元并涵盖民爆产品、爆破工程和军工产品的综合性上市公司的重要原因。

　　中国爆破行业协会成立近 30 年来，我国爆破行业在新技术、新工艺、新材料、新设备的研发与应用获得了突破，取得了举世瞩目的成就，得益于像宏大爆破一样的全国爆破行业的科技工作者的努力和奋斗。我真诚希望工程爆破企业、科研院所和相关学校不断加强加大对爆破行业科技创新的投入，勇于探索和创新，为推动我国工程爆破行业的发展做出更大的贡献。

　　本论文集反映了宏大爆破在经济建设诸多领域取得的成果和应用实例。本论文集包含了爆破理论、爆破技术、爆破实践和爆破管理等方面的内容，是一部兼专业性、针对性和实用性的论文集，可为爆破行业的从业人员、在校大学生提供参考和借鉴。

中国工程院院士

2022 年 6 月 18 日

Foreword

I am glad to write a foreword to "A Collection of Papers by Hongda Blasting". In the past 33 years, Guangdong Hongda Blasting Co., Ltd. has published more than 1280 scientific and technological papers in scientific journals and blasting related conferences, with an average of 3 papers published every month. This is remarkable and gratifying for a blasting enterprise!

Sci-tech innovation is the driving force of enterprise development. The publication of the Collection reflects Hongda Blasting has been focusing attention on sci-tech innovation and has achieved tangible achievements, which is an important reason for Hongda Blasting's developing from a blasting company with an output value of several million yuan to a comprehensive listed enterprise with a market value of 26 billion yuan, covering civil explosive products, blasting engineering and military products.

Since the establishment of China Society of Explosives and Blasting nearly 30 years ago, China's blasting industry has made remarkable breakthroughs and achievements in the research, development and application of new technologies, new crafts, new materials and new equipment. It is thanks to the efforts and struggles of sci-tech workers in the national blasting industry like those in Hongda Blasting. I sincerely hope that engineering blasting enterprises, research institutes and related universities and colleges will constantly increase the investment in sci-tech innovation in the blasting industry, and be bold in exploring and blazing new trails so as to make greater contributions to the development of the engineering blasting industry in our country.

This Collection reflects the achievements and application examples of Hongda Blasting in many fields of economic construction. It covers blasting theory, blasting technology, blasting practice and blasting management, and is a professional, targeted and practical paper collection, which can provide a reference for practitioners in the blasting industry and college students.

Academician of Chinese Academy of Engineering

Wang Xuguang

June 18, 2022

前　言

正值全国人民喜迎中国共产党的二十大胜利召开之际，《宏大爆破论文集》公开出版了！本论文集是广东宏大爆破股份有限公司（以下简称"宏大爆破"）从1988年到2021年年底期间经过科研创新和现场实践后在科技期刊和相关会议文集中公开发表的1280余篇科技论文中精选出512篇编辑出版发行。

本论文集展示了宏大爆破三十多年参与国家建设，在硐室爆破、城市爆破、露天矿山爆破、地下矿山爆破、智能爆破等领域的理论研究、技术创新和施工管理方面取得的重要成果。经过同仁们的共同努力，宏大爆破先后获得了国家技术进步奖3项，省部级科技进步奖30余项，获得国家级工法2项、省部级工法30余项，获授权发明专利180余项；完成包括惠州港爆破定向填海工程、广州旧体育馆爆破拆除工程、沈阳五里河体育场爆破拆除工程、大型防波堤采石场工程等在内的国内外具有广泛影响的典型工程数百项。这些成果的取得和普遍推广应用不仅极大地提升了公司的科学技术和管理水平，也有力地推动了我国爆破行业技术进步。

我相信本论文集的出版必将激励年轻一代爆破工作者更加自信并积极地投身到科技创新中去，将科技成果转化成现实生产力，为国家经济建设服务。本论文集的出版也是与同行兄弟单位交流合作的载体，必将推动爆破行业科学技术和管理水平的进一步提升与发展。

本论文集由郑炳旭担任编委会主任、郑明钑担任编委会副主任，按爆破工程类型和论文发表大致顺序分三部出版，为便于交流增加了英文目录、英文篇名和英文摘要。论文集第一部由谢守冬任主编，内容以岩土爆破为主；第二部由李萍丰任主编，内容以岩土爆破、硐室爆破、城市控制爆破、现场混装炸药和矿山治理等内容为主；第三部由黄明健任主编，内容以拆除爆破、井下爆破和企业管理等内容为主。

由于时间跨度较大、作者水平所限，论文集时效问题及缺点错误难免，恳请专家、同仁批评指正。

在本论文集的搜集和编辑过程中得到了宏大爆破同仁和相关兄弟单位论文合作者的大力支持，在此表示衷心感谢！

对长期关心和支持宏大爆破科技进步的国内外同仁致以崇高的敬意！

广东宏大爆破股份有限公司董事长

中国爆破行业协会轮值会长

《宏大爆破论文集》编委会主任

2022 年 6 月 10 日

Preface

Just as the whole nation is welcoming the successful opening of the 20th National Congress of the Communist Party of China, "A Collection of Papers by Hongda Blasting" is published! The Collection is a selection of 512 scientific and technological papers published by colleagues of Guangdong Hongda Blasting Co., Ltd. ("Hongda Blasting" for short) in scientific journals and related conference proceedings from 1988 to the end of 2021.

The Collection shows the important achievements of Hongda Blasting in the theoretical research, technological innovation and construction management of chamber blasting, urban blasting, open-pit mine blasting, underground mine blasting, intelligent blasting, etc. For the national construction in the past 33 years. Through the joint efforts of colleagues, Hongda Blasting has won 3 National Science and Technology Progress Awards and more than 30 Provincial and Ministerial Science and Technology Awards, and has been granted 2 National Construction Methods, more than 30 Provincial and Ministerial Construction Methods, and more than 180 invention patents. Additionally, it has completed hundreds of typical projects with a wide national and international influence, such as the directional reclamation project of Huizhou Port, the blasting demolition project of Guangzhou Old Gymnasium, the blasting demolition project of Shenyang Wulihe Stadium, and the quarry project of some large breakwater. The achievements and their widely application not only greatly enhance the scientific technology and management level of the company, but also greatly promote the technical progress of the national blasting industry.

I believe that the publication of this Collection will encourage the younger generation of blasting workers to be more confidently and actively participate in scientific and technological innovation, and transform scientific and technological achievements into real productive forces so as to serve the national economic construction. The publication is also the medium of exchange and cooperation with peer organizations, which will promote the further development of science, technology and management level of the blasting industry.

I serve as the director of the editorial board of the Collection, and Zheng Mingchai as the deputy director of the editorial board. The Collection is published into three books based on the types of the blasting projects and the publication sequence of the papers, and English contents, English titles and English abstracts are added for the convenience of international communication. The first book focusing on rock blasting is edited by Xie Shoudong, the second with rock blasting, chamber blasting, urban control blasting, site mixing for explosives and mine treatment as the main content is by Li Pingfeng, and the third, which mainly covers demolition blasting, underground blasting and enterprise management, is by Huang Mingjian.

Due to a long-span publication time of the papers and the limitation of the authors' knowledge, being behind time and shortcomings in the Collection are inevitable. We sincerely invite experts and colleagues to criticize and correct it.

In the process of collecting and editing the papers, we have received great support from our colleagues of Hongda Blasting and peers in other organizations. Here we would like to express our heartfelt thanks to them!

The highest respect to the peers at home and abroad for the long-term care and support to the technology progress of Hongda Blasting!

Chairman of the Board of Directors of Hongda Blasting

Rotating Chairman of China Society of Explosives and Blasting

Director of the Editorial Board of the Collection

Zheng Bingxu

June 10, 2022

目　录

岩土爆破

岩土爆破
Rock Blasting

中国爆破技术现状与发展

汪旭光　郑炳旭　宋锦泉　高荫桐　顾毅成

（中国工程爆破协会，北京，100142）

摘　要：在回顾中国爆破发展历程的基础上，阐述了爆破技术现状与取得的丰硕成果，并在展望中国爆破技术创新与发展前景的同时，指出了中国爆破行业有待进一步深入研究的重要课题，着重强调了新技术、新工艺、新设备、新材料"四新"技术是推动工程爆破技术发展的源泉和动力。

关键词：中国爆破技术；成就；展望

Achievement and Outlook of Engineering Blasting Techniques in China

Wang Xuguang　Zheng Bingxu　Song Jinquan　Gao Yintong　Gu Yicheng

（China Society of Engineering Blasting，Beijing，100142）

Abstract：The current situation of blasting techniques and the great achievements they had made were discussed in the review of the development history of Chinese blasting. Looking beyond the innovation and development of Chinese blasting techniques. It pointed out that the Chinese blasting industry needs to be further studied. It stressed that the "four new" technologies (new techniques, new process, new equipment, new material) were the source and power of promoting the development of blasting techniques in China.

Keywords：blasting techniques in China；achievement；outlook

1　中国爆破技术的发展成就

爆破技术起源于一千多年前的黑火药时代。17世纪前，火药主要用于战争，欧洲产业革命之后，开始应用于矿石开采，开启了矿山爆破的新篇章，从而促进了爆破技术的进一步发展。经过两个多世纪的发展，全球工程爆破行业在新材料、新技术和新设备的研发、推广和应用等方面都取得了辉煌成就。

新中国成立后，随着我国经济建设的恢复，爆破技术得到了快速发展，特别是1978年改革开放以来，我国经济进入腾飞阶段，各种基础设施的建设带动了爆破事业的迅猛发展。一方面大批包括大型机场、高速公路、港口码头、水利电力项目以及城镇改扩建工程相继建成或开工；另一方面许多爆破科研课题被列入国家科技攻关计划。

1.1　露天深孔爆破与岩石控制爆破

露天深孔爆破是现代工程爆破技术的主要发展方向，在中国已得到广泛应用，露天矿山与大型采石场开采、铁路（公路）路堑及水电枢纽工程基础开挖等工程都需要采用深孔爆破技术进行施工。根据工程要求，目前矿山深孔爆破已发展了毫秒延期爆破、挤压爆破、预裂爆破、光面爆破等技术。随

着新器材、新设备的研发与推广，露天深孔爆破已迅速向大孔径、大规模、高台阶、高精度方向发展。例如，三峡工程永久船闸深闸室（约 $1000 \times 10^4 m^3$）开挖百米高稳定边坡控制爆破技术；青岛市环胶州湾高速公路山角村段一次实施路堑（长 470m、203 排、3080 孔）拉槽深孔控制爆破；南芬露天矿在大区实施多排深孔毫秒延期爆破；德兴铜矿在有自燃自爆危险的难爆矿岩中实行机械化预装药爆破技术；准格尔、安太堡等露天煤矿采用逐孔毫秒深孔爆破技术一次爆破规模达到上千吨炸药量；黑岱沟露天矿采用高台阶抛掷爆破技术，一次爆破炸药用量达 1500t，有效抛掷量为 $35.83 \times 10^6 m^3$，单坑原煤产量由 $12 \times 10^6 t/a$ 提高到 $31 \times 10^6 t/a$，创造了该工艺单坑产量的世界纪录，工效由 92t/工提高到 204t/工。

光面爆破（预裂爆破）是随着深孔爆破技术广泛应用而发展起来的一种控制爆破技术，其成功应用确保了开挖工程的成型质量和边坡安全。早在 20 世纪 80 年代，采用预裂爆破技术确保了葛洲坝工程大面积砂岩开挖边坡的质量和稳定，这项研究成果代表了中国预裂爆破技术的先进水平。在三峡大坝及许多水电站工程建设施工中，不仅广泛使用了垂直预裂，还研究应用了水平预裂爆破的方法，保证了电站厂房基础开挖的质量。

中国水利水电第八工程局为获得高质量整齐的边坡，研发了双聚能预裂爆破技术并获得了推广应用，在石灰岩复杂多变的地质条件下，爆破后的坡面稳定、平整、美观，半孔率达 95% 左右。

中国铁道科学研究院等单位承担的《京沪高速铁路岩石边坡精准控制爆破技术试验研究》，结合京沪高铁爆破施工各区段的地质条件、开挖方式等具体情况，采用缓冲不耦合装药工艺和计算机模拟技术，使得徐州东站边坡爆破开挖的半孔率达 91% 以上。

随着现代化建设的进程，露天控制爆破得到了快速发展。自 20 世纪 80 年代开始，衡广铁路复线及宝成、株六等电气化铁路增建一线扩堑工程在不中断铁路运营的条件下，相继完成了近千万方岩石控制爆破施工；在深圳城区安托山整治工程、重庆火车北站扩挖工程等城区复杂环境中，完成了大量石方爆破工程；在山东莱芜钢厂技改工程中，甚至在炼钢车间厂房内采用深孔爆破技术，加快了工程进度；特别是在沙特轻轨援外工程中，通过采用安全高效的深孔控制爆破技术，仅用两个多月就完成了复杂环境下的路堑爆破挖运（$200 \times 10^4 m^3$），其中紧靠皇宫围墙的 600m 长路堑爆破挖运 $26 \times 10^4 m^3$、紧邻大量宗教建筑的长加马拉（Jamarat）车站爆破挖运 $160 \times 10^4 m^3$，不仅没对皇宫和打鬼城等宗教建筑产生任何安全损害，而且比常规爆破缩短了 10 个月的工期。

1.2 地下与隧道爆破

在地下矿山开挖与开采工程中，大直径深孔爆破得到了推广应用，并已形成"VCR""台阶深孔""束状深孔""高阶段深孔""阶段深孔等效球形药包"等各具特色与运用条件的大直径深孔爆破技术。例如：安庆铜矿的高阶段达 120m；2010 年 1 月 16 日湖南柿竹园有色金属公司 821t 炸药地下大爆破，采用阶段密集束状深孔为主，辅之以深孔及小硐室药包的爆破方案，并采用了预裂爆破降振与双导爆索传爆等技术，成功崩下 188.6 万吨矿石。

2011 年中国煤炭产量已突破 35 亿吨，今年预计突破 40 亿吨，岩石井巷掘进基本上全部采用钻孔爆破施工方法。在 20 世纪 90 年代提出的立井深孔爆破采用两阶同深或孔内毫秒延时分段掏槽方式，不仅能获得较高的炮孔利用率，而且大块率明显降低，槽腔体体积增大，对提高装岩速度十分有利，已得到推广应用。20 世纪 80 年代后，立井冻结段爆破技术和立井通过含瓦斯煤层的爆破技术取得突破，这两项技术分别对冻土全断面一次爆破的优化设计和煤矿爆破安全具有重大的指导意义。

岩巷全断面一次爆破、毫秒爆破、光面爆破是标志中国煤矿岩巷爆破技术发展的三个重要阶段。20 世纪 80 年代后期，中国矿业大学等单位开展的岩巷定向断裂控制爆破技术的研究，可精确地控制超挖量，大大节约材料费用，具有可观的经济效益与社会效益。例如，淮北矿务局杨庄煤矿Ⅱ 621 采面采用毫秒爆破后，据统计，节省爆破器材费用 1199 元/万吨，日原煤产量提高 319.7t，提高工效2.6t/工；徐州矿务局义安矿在高瓦斯和有煤尘爆破危险的矿井中，使用毫秒爆破取得了成功经验；近年来，北京科技大学利用深孔预裂爆破进行提高瓦斯抽放效果，解决了在高瓦斯煤层爆破的安全起爆、长水平炮孔中的装药技术和炸药品种的选择等技术难题，瓦斯抽采率较非爆破区最高提高近 10 倍，抽放时间缩短 1/3 以上，机巷和风巷进行预裂爆破后因消突而致掘进效率由原 50~60m/月提高到 150~200m/月，效率提高 3 倍以上。

中国是隧道众多的国家，特别是铁路隧道数量居世界第一。据统计，截至 2010 年底，中国已建成运营的铁路隧道约 9800 座，总长 7000km，正在建设的隧道约 4000 座，长度 7500km。其中 5km 以上长度的隧道就有 30 余座。例如，秦岭终南山公路隧道全长 18.4km；兰新铁路的乌鞘岭特长隧道全长 20.05km；我国第一条海底隧道——厦门翔安海底隧道全长 8.695km；青岛胶州湾海底隧道全长 7.800km。随着中国钻孔设备机具的改进，隧道爆破技术的不断创新，隧道建设速度也大幅度提升，西康铁路秦岭 II 线隧道，长 18.5km，采用先于中心位置大断面平导硐贯通后扩孔成型、对硬岩全断面进行深孔爆破的施工方法，仅用 18 个月建成。通过采用多种掏槽方式和使用高威力水胶炸药等措施，创造了在特硬岩、特长隧道爆破掘进的快速施工技术，取得了平均月进尺 264m，创造了最高月进尺 456m 的纪录。

近几年来，在特小净距平行隧道、城镇浅埋暗挖双层隧道和浅埋穿江隧道开挖爆破以及隧道减振控制爆破技术等方面都获得了新突破，出现了许多近距穿越埋深 10~30m 的城区、埋深小于 1 倍洞径的水下和与既有建（构）筑物净间距小于 10m 的铁路隧道工程。

在水利水电工程中，由多条引水隧洞、厂房、交通洞、尾水洞和竖井等组成的立体交叉组合的地下硐室群，结构复杂、规模巨大，开挖难度非常之大。例如：龙滩水电站地下硐室群，包括 9 条引水洞，主（副）厂房、主变洞、9 条母线洞、3 个调压井，尾水洞、进场交通洞和其他辅助硐室。主厂房开挖尺寸（长×宽×高）398.9m×30.7m×77.6m，爆破施工突破了地质条件复杂、稳定性差等关键技术问题。

1.3　水下爆破

水下爆破技术主要应用于港口、航道疏浚炸礁，挡水围堰或岩坎拆除爆破和水库水下岩塞爆破以及软基爆炸加固等工程。

随着航道和港口建设的蓬勃发展，中国每年采用水下爆破炸礁或破碎水底岩石 $500×10^4 m^3$ 以上。三峡工程为实现 156m 的蓄水目标，在涪陵至铜锣峡长江段 107km 航道中，水下炸礁的施工总量达 $106×10^4 m^3$；上海港洋山深水港区一期工程中仅航道北侧大礁盘炸礁量为 $10.3×10^4 m^3$；大连港 30 万吨级进口原油码头港池安全整治工程，水深在 30m 以上，总面积 $23.4×10^4 m^2$，炸礁总方量 $49.3×10^4 m^3$；福建炼油乙烯项目海底原油输送管线工程，炸礁长度为 2588m，其中水深超过 30m 的长 1200m，水深最深处达到 51m，炸礁总工程量为 5.5 万立方米，是目前国内最深的水下炸礁。目前，在重大水下炸礁工程中，采用 GPS 三点精确定位系统，有效地解决了在水深流急、风大浪高、暗流复杂多变、多台风、雨季等恶劣天气影响下定位问题，实现了钻孔精度的有效控制。从而为我国在深水礁石区进行小坡比、深窄沟施工积累了成功的经验，也为深海水区爆破作业奠定了基础，标志着我国在深水礁石区进行管沟施工的突破。

为提高水库防洪调节或增加下游供水能力，采用岩塞爆破技术在已建成的水库底部开挖泄水隧道，可以避免修筑施工围堰，从而缩短工期、节省投资。目前中国已成功进行岩塞爆破 20 多次，并在爆破设计、爆碴处理措施、安全控制等方面积累了丰富的经验。例如：北京密云水库九松山输水隧洞和贵州省印江县滑坡坝抢险排水隧洞，都是通过采用岩塞爆破技术完成的大断面隧洞开挖工程。

软基爆炸加固技术主要用于港湾工程建设中的软弱地基爆炸加固处理。进行港湾工程建设时，由于地基的稳定承载力不能满足工程设计要求，根据不同情况可以采用水下爆炸挤淤法、爆炸置换法和爆炸加固法进行地基加固处理，为港湾防波堤、港口码头、泊位以及储仓等设施建设服务。经过多年理论研究与现场试验、工程试验和实践，已总结提出了一套完整的淤泥软基爆炸处理新技术，并先后应用于连云港建港、深圳电厂煤码头、珠海高兰港口、粤海铁路通道轮渡码头港口防波堤以及类似工程的建设中，筑堤总长超过 60km，为沿海港口建设作出了重大贡献。

1.4　拆除爆破技术

拆除爆破技术是指对废弃的建（构）筑物进行拆除的控制爆破技术。拆除爆破技术是基于对爆炸力学与材料力学、结构力学、断裂力学等工程学科认知，在已有爆破技术基础上发展起来的。

随着中国经济建设的快速发展，在大规模城市现代化建设、厂矿企业技术改造中需要改建、拆迁的工程项目日益增多。其主要特点为被拆除物的高度与面积不断增大，建（构）筑物结构与周围环境更复杂，质量与安全要求更严，技术与工艺更先进。近30多年来，我国城镇的许多建（构）筑物都是采用爆破技术进行拆除的。

目前，在复杂环境中采用定向倒塌，双向折叠、三向折叠等控制爆破技术已成功拆除了近百座高100m以上的钢筋混凝土烟囱（其中200m以上高烟囱近10座）和数十座高60m以上的大型冷却塔（90m高的冷却塔20座）。在高大建筑物方面，典型工程如中山石岐山顶花园（高104.1m）楼房爆破拆除、温州中银大厦（高93m）爆破拆除、南昌五湖大酒店（高85.7m）爆破拆除、大连金马大厦（高94.3m）爆破拆除以及上海长征医院综合楼爆破拆除等工程，沈阳五里河体育馆（建筑面积$4×10^4m^2$）爆破拆除工程一次准确起爆超过1.2万个炮孔，显示了可靠、先进的起爆技术；广东宏大爆破股份有限公司在天河城西塔楼爆破拆除首次实现环保清洁爆破，受到国内外学者和媒体的高度关注，产生了巨大的社会效益。随着"节能减排"战略的实施，环保爆破也已逐步发展成为城市拆除爆破工程的主要手段。

近20年来，几十座废旧桥梁采用控制爆破成功拆除，其中包括长1139.58m（水中桥墩30个）的南昌八一大桥；长604m、28个桥墩的临汾市马务大桥；位于阜新至锦州公路上的清河门大桥，为中承式变截面悬链线箱型薄壁无绞拱钢结构双曲拱桥，结构十分复杂，施工难度大，采用切割爆破成功拆除。湖南省浏阳河大桥，全长760m，为单塔三索面斜拉桥结构，采用多段毫秒延时起爆技术成功爆破拆除。

挡水围堰是水利水电、港口或大型船坞修建主体工程时必不可少的关键性临建工程。通过葛洲坝大江围堰混凝土芯墙、岩滩碾压混凝土围堰、青岛灵山船坞岩坎围堰、大朝山尾水洞和小湾导流隧洞进出口混凝土与岩坎围堰以及舟山永跃船厂复合围堰等30余座的爆破拆除，不仅积累了丰富的爆破拆除经验，也为这些大型工程项目按期投产作出了重要贡献。其中长江三峡水利枢纽三期上游碾压混凝土围堰拆除爆破总长度为480m，爆破水深最大38m，总方量$18.6×10^4m^3$。

1.5 特种爆破技术

特种爆破指采用特殊爆破手段、特种爆破器材、在特定环境下对某种介质进行的非军事爆破。特种爆破包括爆炸加工、石油开采爆破、地震勘探爆破、金属介质爆破、冻土和冰凌介质爆破等。特种爆破技术的发展体现了工程爆破技术应用领域的广泛性。

爆炸加工技术是以炸药为能源，利用炸药爆炸产生的瞬时高温高压对可塑态金属、陶瓷、粉末等材料进行改性、优化、形状设计、合成等处理的加工技术。爆炸加工技术已广泛应用于石油、化工、冶金、机械、电子、电力、汽车、轻工、宇航、核工业、造船等各工业领域，爆炸加工约占复合板总量的70%以上。目前我国的爆炸加工技术（尤其是焊接技术）已经站在了国际领先水平，爆炸焊接复合板产品几乎占了世界复合板市场的一半。此外，利用爆炸切割技术完成了万吨轮船推进器爆破拆除，沉船水下爆破解体及海洋钻井遗留井口聚能爆炸切割作业。利用高温爆破技术还可以消除高炉、平炉和炼焦炉中的炉瘤或爆破金属炽热物等。

石油勘探与开采是一项复杂的系统工程，涉及许多科学领域。实践表明，工程爆破在地震勘探、测井、射孔、完井、压裂增产改造、油气井整形修复等工程中具有不可替代、举足轻重的作用，特别是油气井射孔技术是关系到油气井产油、气多少的关键技术。中国爆破科技人员已能很好地根据油田开发的需要，独立设计、自主实施聚能射孔技术、高能气体压裂技术、爆炸切割技术、套管爆炸整形、焊接技术、井壁取芯技术和桥塞药包施放技术等，较好地满足了陆地和海洋油田开发的需要。

目前，煤改油、电厂脱硫脱硝、海水淡化等新兴技术的发展为复合材料的应用增加了新的市场。新技术、新概念的设计思维也正因为爆炸焊接的独特引起科研技术工作者的兴趣，如夹心薄复合材、薄覆层钛钢和异型复合材料等。另外，新兴爆炸加工技术还在不断出现与发展，如：爆炸深井整形、水下爆炸焊接、爆炸粉末烧结，以及爆炸与爆轰合成超硬材料、纳米材料等。

1.6 爆破理论研究与进展

中国工程爆破技术的进步是国家经济建设发展的需要，同时也促进了爆破理论研究工作的深入。

多年来，中国不少科研单位和高等院校结合国家大型工程项目的立项与实施以及研究生的培养进行了广泛的研究。在爆破作用机理、爆炸应力波传播、炸药的能量分配、爆破鼓包运动、抛掷堆积形状、预裂爆破成缝机理、岩石破碎机理、爆破工程地质、岩石爆破性分级以及爆破振动效应观测和分析以及爆破优化设计，爆破过程计算机模拟等研究方面，取得了一大批理论研究成果。

硐室爆破技术曾于20世纪广泛应用，在大量爆破工程实践的基础上，发展了大爆破设计理论，总结了爆破与地形、地质条件的相互关系，提出了一套完整的定向爆破设计计算经验公式，并在一些水电站和矿山中采用定向爆破筑坝技术，成功地建成了近60座水工坝，冶金矿山部门应用定向爆破技术也堆筑了几十座尾矿坝，泥石流防护坝。为减少对边坡的破坏，从20世纪80年代至90年代，在对条形药包的爆破漏斗特性、爆破设计计算方法进行系统研究后，铁路、冶金、水电、公路、有色、建材等部门先后成功地进行了上百次条形药包大型硐室爆破工程，其爆破的规模从数十吨到上千吨炸药量，这些爆破都取得了很高的技术经济效果，同时将条形药包硐室爆破技术推向了巅峰。其中采用条形药包进行硐室爆破规模最大的一次，是1992年底在广东珠海炮台山实施的1.2万吨炸药的移山填海爆破工程，一次爆破的总方量达$1085 \times 10^4 \mathrm{m}^3$，抛掷率达51.8%。在高速公路、铁路新线建设中，采用条形药包硐室加预裂爆破一次成型技术，不仅发挥了硐室爆破方法快速、成本低的特点，还有效地控制了硐室爆破对边坡的破坏影响。采用这种技术，在焦晋高速公路某段长170m的路堑中，稳定的边坡最高达92m，形成了一道亮丽的风景线。

在拆除爆破技术发展的进程中，中国科研院所和高等院校的许多研究人员结合工程实践，进行了大量的科学研究。并采用高速摄影、应力应变、振动测试等多种手段进行了观测，分析了不同建（构）筑物在爆破作用下的失稳、解体、倒塌机理和构件破碎过程，提出了对不同结构和环境条件采用原地坍塌、定向倾倒、折叠倒塌的拆除爆破方案。

据不完全统计，近几年来，中国出版发行的爆破专著有：《爆破手册》《乳化炸药》《条形药包硐室爆破》《拆除爆破数值模拟与应用》《精细爆破》《工程爆破实用手册》《拆除爆破理论与工程实例》《水利水电工程精细爆破概论》《工程爆破安全》《现代水利水电工程爆破》《建筑物爆破拆除理论与实践》《水工围堰拆除爆破》《爆炸与冲击动力学》《浅水中爆炸及其破坏效应》《煤矿爆破实用手册》等几十部。这些专著的出版反映了我们对爆破研究和实践认识的深化和升华，同时也对中国工程爆破技术人员提高技术水平起到了推动作用。

1.7　工业炸药与起爆技术

我国从20世纪70年代后期开始研制乳化炸药，目前不仅拥有了岩石型、煤矿许用型乳化炸药，还推广应用了有连续化、自动化生产工艺技术、设备，甚至独创了国外没有的粉状乳化炸药。例如：我国研制生产的露天型乳化炸药混装车，利用水环减阻技术生产的地下小直径乳化炸药装药车。乳化炸药生产技术和装药车不仅满足了国内的需要，而且出口到瑞典、蒙古、俄罗斯、越南、赞比亚等国。并研制开发了多品种乳化炸药、粉状乳化炸药、乳化粒状铵油炸药计算机控制连续化生产线。

与此同时，我国还自行研制、生产了塑料导爆管及其配套的非电毫秒雷管，并在工程爆破作业中获得了广泛的应用。根据电磁感应原理研制、生产了磁电雷管，已在油、气井爆破作业中获得了应用。近年来，30段等间隔（25ms）毫秒延期电雷管已研制成功投入使用，且有少量产品出口到周边国家、非洲和中国香港地区。低能导爆索（3.0g/m，1.5g/m）、高能导爆索（34g/m及其以上）、普通导爆索和安全导爆索已形成了配套的系列产品。油气井燃烧爆破、地震勘探爆破和许多特种爆破需用的爆破器材亦已形成产品系列，并有了较大的选择余地。

数码电子雷管是一种根据实际需要可任意设定延期时间并精确实现发火延期的新型电能起爆器材，具有使用安全可靠、延期时间精确度高、设定灵活等特点。目前我国的北方邦杰、京煤化工、久联集团、213所等单位均推出了各自的电子雷管产品，并已在爆破工程中获得初步应用。可以说数码电子雷管为推进我国爆破器材行业的技术进步和促进工程爆破行业的技术进步提供了有效的装备和手段。

据2011年统计资料，我国生产各类工业炸药406.6万吨，各种工业雷管22.79亿发，各种工业索类火工品32.1亿米。已成为世界上工业炸药和爆破器材生产和使用的大国，并建立了比较完整的爆破器材生产、流通和使用体系，实现工业炸药、雷管的产品生产信息标识和对爆炸物品从生产、销售、贮存、运输到使用的全过程动态跟踪管理。2008 年，我国已淘汰火雷管、导火索和铵梯炸药。

1.8　爆破安全技术与管理

随着国民环保意识的提高，爆破作业对环境影响已逐步得到广泛的重视，人们对爆破安全的要求自然也会越来越高。为此，目前在进行爆破施工时，除对爆破振动及降振技术进行了大量的研究外，许多重要或复杂环境下的爆破工程，普遍进行了爆破安全监测。特别是在拆除爆破的粉尘控制与噪声控制、爆破对水中生物的影响及避免爆破对生态环境的破坏等方面，进行了积极的探索，并取得一定成果。

为了使爆破安全技术管理有法可依，1986 年以来先后制定并颁布实施了《爆破安全规程》等国家标准。近年来，中国工程爆破协会又组织了大批行业内专家对《爆破安全规程》进行了几次大的修订工作，更好地体现了与时俱进、规范管理和与国际接轨。特别是为了提高中国工程爆破技术人员的技术水平、提升爆破队伍的整体素质、加强爆破行业的安全管理自 1996 年以来，中国工程爆破协会协助公安部已先后对近 4 万名爆破技术人员进行了安全技术培训考核，并实行持证上岗制度。为适应市场经济发展，加强竞争机制，优胜劣汰，对爆破公司实施资质等级管理制，对爆破工程实行分级管理，对重大爆破工程的设计施工，进行安全评估，逐步推行爆破工程安全监理制度。这些制度的实施使中国爆破安全技术的管理更加正规化和规范化，有力地推动了中国爆破事业的健康发展。

1.9　爆破学术交流与成果

2008~2012 年，在中国工程爆破协会的统一部署与安排下，在国际岩石爆破破碎委员会、中日韩炸药与爆破技术委员会、中国力学学会、中国有色金属学会等学术组织的热心指导与大力支持下，中国爆破行业的爆破理论与学术交流活动如火如荼，并取得可喜成果。先后于 2009 年和 2011 年主持召开了"第二、三届亚洲太平洋地区爆破技术研讨会"和"第六、七届岩石破碎物理问题国际会议"，派员参加了分别在西班牙格林纳达举行的 FRAGBLST9(2009)，在葡萄牙里斯本由欧洲炸药工程师联合会（EFEE）举行的第六届学术会议（2011），在美国加利福尼亚举行的 ISEE 第 37 届炸药与爆破技术研讨会（2011），并宣读论文。主持和参加了分别在中国桂林（2009）、日本北海道（2010）和韩国光州（2011）举行的中日韩炸药与爆破技术研讨会。主办了"爆破振动影响与测试技术交流会"（2009.4 杭州）、"爆破数值计算与计算机模拟"的学术研讨（2009.8 西宁）、"高效、安全、和谐爆破作业经验交流会"（2009.11 济南）、"全国爆破行业低碳循环经济和产学研技术联盟经验交流会"（2010.8 深圳）专题交流会、"200m 高烟囱爆破拆除中的力学问题研讨会"（2010.7 银川）、"爆破测振技术研讨会"（2011.4 海南）、"2011 全国爆破理论研讨会"（2011.7 武汉）、"爆炸合成新材料与高效、安全爆破关键科学与工程技术"（2011.9 南京）、"中国爆破行业专家代表第一次会议"（2012.4 唐山）和工程爆破专业委员会学术交流与研讨会。

据不完全统计，在历届国际、国内或各产业部门的有关炸药、爆破、爆炸力学等方面的学术会议及期刊杂志上发表的论文和研究报告总计 8000 余篇，出版论文集 10 余部。

2　中国爆破技术展望

面向未来，中国将以科学发展观统领经济社会发展全局，继续沿着以经济建设为中心，全面协调可持续发展的轨道，为保持经济较快发展和社会和谐进步，全面建设小康社会而不懈努力。中国工程爆破行业将有更多的爆破工程等待着我们去完成、更新的爆破技术应用领域期待着我们去探索。

2.1　探索控制爆炸能量利用的新思想、新技术，努力实现爆破精细化

根据爆破理论发展、爆破数值模拟及计算机辅助设计、高可靠性、安全性和精确性的爆破器材、爆破测试设备及检测技术的进步和现代信息和控制技术在钻爆施工中的推广应用，中国工程爆破协会于 2008 年组织召开了"精细爆破"研讨会。与会人员结合国内外现状，对爆破行业的技术发展进行了深入的研究与分析。谢先启、卢文波等人率先提出了"精细爆破"概念，作为一个有别于传统"控制

爆破"的概念，其核心包括"定量设计，精心施工，实时监控，科学管理"，代表了爆破技术发展的方向，意义十分深远。

精细爆破，即通过定量化的爆破设计、精心的爆破施工和精细化的爆破管理，进行炸药爆炸能量释放与介质破碎、抛掷等过程的控制，既达到预期的爆破效果，又实现爆破有害效应的控制，最终实现安全可靠、技术先进、绿色环保及经济合理的爆破作业。

精细爆破是中国工程爆破界本着"从效果着眼，从过程着手"的原则，提出的爆破新理念，以精确地实现预期爆破效果和节能、环保为目的，追求设计、施工、管理等工程要素的精细化的爆破。精细爆破符合时代需求，有望作为引领中国爆破行业科技创新的重要手段与发展方向之一，将为实现爆破行业的可持续发展发挥重要的作用，对我国爆破技术的发展必将产生深远的影响。

众所周知，数码电子雷管、新型系列乳化炸药和遥控起爆等为爆破技术的精细化提供了有利条件。数码电子雷管的应用是起爆技术的一次革命，必将改变爆破设计方面的指导思想，许多以前认为是不可能做到的高难度爆破，由于数码电子雷管的使用而变为可能。这些研究与实践成果已引起中外爆破专家们的广泛重视。

2.2 进一步扩大爆破技术应用领域，发展完善中国特种爆破技术

要进一步扩大爆破技术应用领域，密切关注和发展完善中国特种爆破技术。近年来，国外油、气地震勘探和油、气井开发特种爆破技术发展迅速。例如，将小型高能震源器材应用于三维地震勘探，可有效地提高地震勘探质量和安全，大大降低成本；新近发展起来的井下套管爆炸补贴和整形等特种爆破技术，成功地解决了采用传统方法难以解决的井下问题；稠油地层、高致密低渗透地层等特殊地层的射孔爆破技术，有效地增加了油、气开采产量等。

此外，在城市拆除爆破，特别是在高耸建（构）筑物的定向爆破拆除，软基爆炸处理、超长孔预裂爆破、孔内多段装药爆破、爆炸加工、微型爆破等方面均取得了可喜的进展，爆破监测仪器也正向自动化、微型化、多功能方向发展，较好地满足了爆破技术发展的需要。不言而喻，中国工程爆破界应密切注意国外在这些方面的发展，并发展完善我们自己的特种爆破技术，形成自己的体系。

2.3 加强爆破理论和模拟技术的研究，指导爆破工程实践

研究炸药能量转化过程的精密控制技术，提高炸药能量利用率，降低爆破有害效应是工程爆破新世纪的发展战略。因此，必须深入研究和不断创新，通过对各种介质在爆炸强冲击动载荷作用下的本构关系、选择与介质匹配的炸药、不耦合装药、控制边界条件的影响、分段起爆顺序等的实验研究，研究提高炸药能量利用率的新工艺、新措施，最大限度地降低能量转化过程中的损失，控制其对周围环境的影响。

新的数理方法，新的观测与分析技术为研究爆破破岩的复杂过程提供了新的技术支持。应用分形、损伤等数理新方法，有可能对岩体的天然结构进行全面、真实的描述；结合卫星定位系统，可以对炮孔进行准确定位，并利用钻机工作参数获取岩体性质数据；新型矿用炸药，为调节爆破破岩的能量输入提供了可能；高精度电子雷管，使精确地控制爆破时序成为现实；新的爆破破碎块度分布光学测量、分析技术，对爆破破碎效果的定量、全面评定提供了手段；大容量、高速度计算机可以满足爆破破碎复杂系统的模拟要求。高科技手段使人们已能全面审视爆破作用机理，从而首先在露天爆破设计方面实现系统优化，继而把自创研制的数学模型，用于指导各种爆破实践，使爆破真正走向科学化、数字化。

2.4 提高爆破施工作业的机械化和自动化水平

为改变中国爆破施工装备技术相对滞后的状况，必须在装备技术上创新配套。中国现有大中型露天矿深孔爆破的钻孔、装药、填塞、铲装、运输工序已实现了机械化作业，但仍需要迅速发展卫星定位系统、测量新技术，实现配套推广、提高自动化程度。国外一些主要矿山已采用计算机辅助设计，利用钻孔采集的地质资料，调整设计参数和装药结构，预测爆破块度和爆破有害效应的影响。我们要学习国外大型矿山爆破生产的先进技术装备，加强矿山机械设备运行的数据采集、计算机处理、优化

爆破方案设计，改进爆破效果。同时我们要加强爆破作业机械的技术更新改造，研究并发展国产机械设备，提高爆破施工机械化和自动化水平。

要大力倡导，积极发展炸药现场混装车，进一步提高装药、填塞机械化水平，推广预装药爆破技术，即在钻机钻孔的同时，利用装药车装填已钻好的炮孔，边钻孔边装药和起爆器材。对一些特种爆破，还应尽快研究开发新的机械，采用机械手、机器人和遥控技术，以满足高空、高温、低温、深井、地下、水下和有毒气环境下进行爆破施工作业的有效与安全。加快中国爆破行业的技术进步和安全技术管理的水平。

2.5 充分发挥网络优势，提升信息化水平

为进一步落实工信部《关于加快推进信息化与工业化深度融合若干意见》精神，中国爆破行业过去几年在爆破信息化建设方面取得新的进展，集中体现在中国爆破网的建设和基于网格的远程测振技术的开发等方面。

中国爆破网覆盖全国，联通涉爆行业（爆炸物品、烟花爆竹、危险化学品等）所有从业单位、从业人员、物品、设备等，是安全与行业管理信息专业网。主要目的是实现全国爆破行业资源的共享和调度，为生产、施工、科研、教育和行业管理提供信息化服务，成为公安、安监、民爆等部门的综合服务平台，是国家对危爆物品生产、销售、购买、运输和使用流向实施联网监控和加强安全管理的有力工具。

基于网格的远程校核与测振系统将现有的爆破测振机理、测振数据资源和各种测振仪器与计算机领域的网格技术、并行与计算技术相结合，通过规范和研究现有的爆破测振仪器设备及其现场安装方法、标定以及校核方法、数据采集以及传输和处理方法，并在上述规范和研究的基础上，同步实现爆破地震信号的远程传输（传入测振中心数据库）或现场实时读取和快速初步分析，使得记录到的爆破地震波数据不受当地人为因素的干预和干扰，增加测试数据的客观性和实时性，方便除测振单位以外的任何学者研究和借鉴参考。

今后将进一步加强中国爆破网的建设工作，充分发挥网络优势，在中国爆破行业提升信息化水平，健全信息化管理。

2.6 爆破器材要向高质量、多品种、低成本和安全生产工艺连续化发展

爆破器材的品种与质量直接影响爆破技术的发展。我们要应用新技术、新工艺实现爆破器材向高质量、多品种、低成本和安全生产工艺连续化发展。

就工业炸药而言，要发展完善铵油炸药、重铵油炸药、乳化炸药、粉状乳化炸药和膨化硝铵炸药，使其在密度威力、抗水等性能上实现品种系列化；积极发展乳胶远程配送系统，实现露天和地下爆破作业的装药、填塞机械化；根据各种特种爆破的需要研制、生产各种耐高温、高压和高抗水、高威力的炸药品种。

就起爆器材而言，要大力发展完善30段等间隔毫秒延期雷管产品与技术，研制不同系列数码电子雷管并推广应用，在电与非电起爆系统中均能实现可靠起爆与准确延时，做到一个炮孔只放置一个起爆雷管；要着力研究发展适用性广的遥控起爆系统，实现爆破作业的远程安全控制；研究发展并积极推广低能导爆索（0.5~1.5g/m 炸药）起爆系统和微型起爆药柱。

2.7 重视环境保护，爆破安全技术应进一步创新与发展

今年是我国"十二五"规划承上启下的重要一年，已将建设资源节约型、环境友好型社会作为重要的战略目标。对爆破工程来讲，把保护修复自然生态，防止水土流失作为重要的设计和施工原则，同时，要控制和约束爆破对环境造成破坏和干扰，包括爆破地震、空气冲击波、水下冲击波、噪声、个别飞散物、滚石、粉尘、有害气体、边坡滑落等。我们将大力发展爆破效应的监测工作，研制新的测试仪器，提高监测水平，使有害效应降到最低程度。此外还要研究雷电、杂散电流、射频电、感应电等外来电影响的防治措施。要通过总结工程的实践经验，加以理论分析，吸收现代爆破技术新成就，进一步完善有关爆破技术与安全的标准、规范。使中国爆破安全技术和安全管理提高到一个新水平。

参 考 文 献

[1] 汪旭光. 爆破手册 [M]. 北京：冶金工业出版社，2010.

[2] 汪旭光. 乳化炸药 [M]. 2版. 北京：冶金工业出版社，2008.

[3] 汪旭光. 中国工程爆破新进展 [C]//刘殿书. 中国爆破新技术Ⅱ. 北京：冶金工业出版社，2008：1-9.

[4] 汪旭光. 中国工程爆破与爆破器材的现状及展望 [C]//宋锦泉. 汪旭光院士论文选集. 北京：科学出版社，2009：3-14.

[5] 谢先启，卢文波. 精细爆破 [C]//刘殿书. 中国爆破新技术Ⅱ. 北京：冶金工业出版社，2008：10-16.

[6] 高荫桐. 试论中国工程爆破行业的发展趋势 [J]. 工程爆破，2010（4）：1-4.

环保爆破理论基础与技术研究

郑炳旭

(广东宏大爆破股份有限公司，广东 广州，510623)

摘　要：爆破产生的飞石、振动、噪声、爆破冲击波和扬尘被视为爆破公害，这些公害会严重影响环境，提高爆破能量的利用效率是控制爆破公害实现环保爆破的基础。介绍了爆破噪声和冲击波的控制、爆破振动控制、爆破飞石控制以及爆破扬尘控制的研究进展，以及爆破施工中使用的爆破与冲击波控制、爆破振动控制、爆破飞石控制以及爆破扬尘控制技术和措施。

关键词：爆破；飞石；振动；噪声；冲击波

Environmental Friendly Blasting Theory Fundamentals and Its Technical Research

Zheng Bingxu

(Guangdong Hongda Blasting Co., Ltd., Guangdong Guangzhou, 510623)

Abstract：Such blasting harmful effects as blasting vibration, noise, shock wave, flying rock and dust will seriously damage the environment. Improving utilization ratio of blasting energy is the basis to control these harmful effects and realize environmental blasting. Research work of the control of noise, shock wave, vibration, flying rock and dust was elaborated in this paper, so were some related control techniques and measures.

Keywords：blasting; flying rock; vibration; noise; shock wave

1　前言

　　工程爆破会产生飞石、振动、噪声、爆破冲击波和扬尘，要实现环保爆破，就要尽量控制或者消灭这五大公害对于环境的影响。一般的土岩爆破工程飞石、振动、噪声、爆破冲击波对环境影响较大，扬尘对于环境的影响不太突出；拆除爆破工程一般采用工程爆破的理论和实践控制飞石、振动、噪声、爆破冲击波，除此之外还需要控制爆破拆除中的扬尘问题。在爆破飞石、振动、噪声、爆破冲击波和扬尘控制领域，许多人进行了大量研究，本文将这些研究成果进行了归纳，由于篇幅有限，一些成果没有列入，敬请原谅。

2　岩石爆炸能量分布规律

　　对炸药爆破能量分布与研究，是进行爆破公害控制的基础。

　　岩石爆破过程中爆炸能量分布理论的研究，旨在揭示炸药爆炸后爆炸能量的分布规律，通过调节主控因素达到合理、有效利用炸药能量，使其朝着有利于爆破目的方向分布。

　　尽管影响岩石中爆炸能量分布的因素很多很杂，且有一部分能量的分布在目前的测试条件下还难以测得和准确地定量，充分掌握岩石爆破能量分布规律十分困难，但人们对岩石爆破中能量分布已经有了一个初步的认识如图 1 所示。由图 1 可知，为了避免有害效应的产生，应该尽量把炸药爆炸产生的能量用于破碎岩石，尽量控制爆破后外溢的声能、残余爆生气体的动能和溢出爆破区域的振动能，总而言之就是尽量充分利用炸药爆炸所释放出来的总能量[1]。

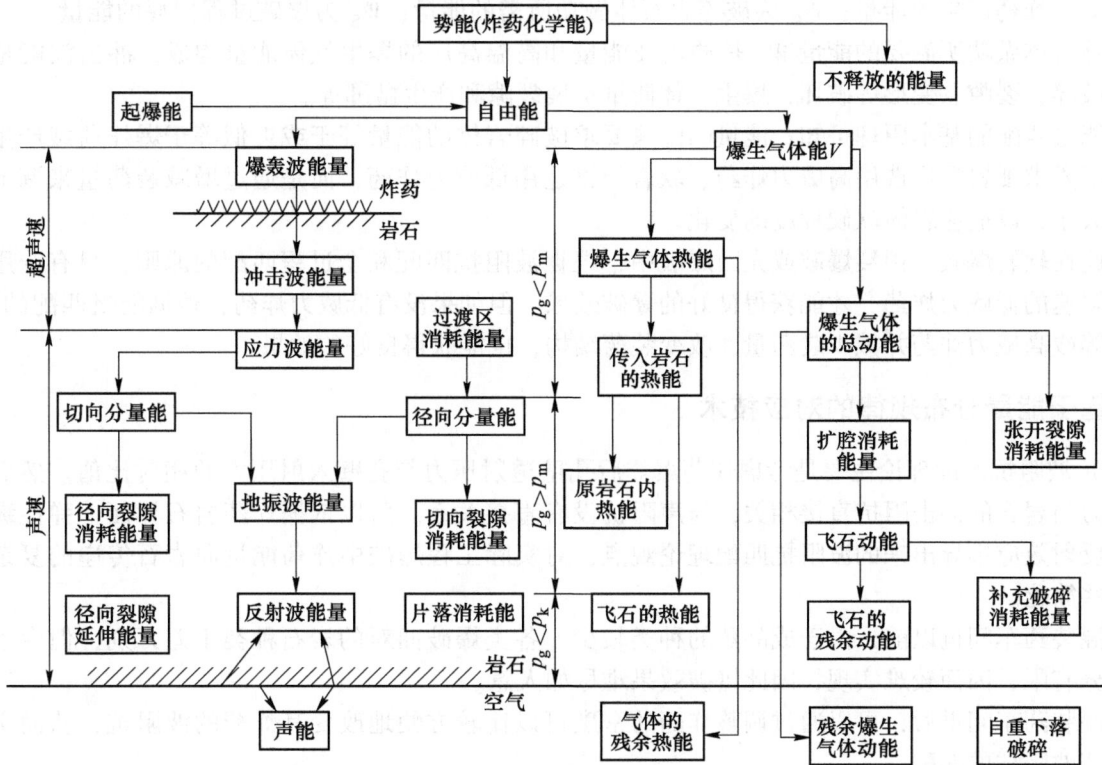

图 1 爆破能量分布模型

p_g—孔壁爆生气体压力；p_k—爆生气体最终压力；p_m—孔壁静立系强度

2.1 基于岩石爆炸能量分布规律的有关理论

2.1.1 阻抗匹配理论

传统的阻抗匹配学说，以波阻抗为基础，要求炸药的波阻抗等于或近似等于岩石体的波阻抗，即

$$\rho_m c_m = \rho_e c_e \tag{1}$$

式中，ρ_m，ρ_e 分别为岩体和炸药的密度；c_m，c_e 分别为岩体和炸药的纵波速度。

炸药的物理化学性能（密度、爆速、爆热）直接影响爆破作用和爆破效果。提高单位炸药的能量密度和爆热，可以提高炸药的爆速，爆速的提高可增大爆炸应力的峰值压力，但相应地减少了波的作用时间。然而，工业炸药的密度和爆热的提高有一个限度，即不能通过一味地提高炸药的密度和爆热来改善爆破效果。

根据阻抗匹配的原则，对于高阻抗的坚硬岩体来说，因其强度高，为使岩体裂隙扩展，爆炸应力波应具有较高的峰值压力，即高阻抗的硬岩爆破时应选用高威力的炸药；对于中等阻抗的硬岩体来说，爆炸应力波的峰值压力不宜过高，而应增大应力波的作用时间，即中等阻抗的岩体爆破时应选用中等威力的炸药；对于低阻抗的软岩爆破时应选用低威力的炸药。

波阻抗匹配理论主要是考虑炸药爆炸后孔壁透射压力与孔壁入射压力的相对比值。然而孔壁透射压力与岩石的冲击阻抗直接相关，与声阻抗没有直接关系。

而且在实际应用中不容易使炸药和岩体的波阻抗相等。所以依据炸药岩石界面上弹性纵波的入射与反射效应推导出来的波阻抗匹配理论观点，对实际工程爆破中炸药能量向岩石传递的复杂过程做了不适当的简化。

2.1.2　能量匹配观点

能量匹配的观点以能量守恒为基础，认为爆炸载荷在岩体中产生的总能量等于破碎岩体做功所需要的能量与无用能量之和，即：

$$W = W_G + W_S \qquad\qquad (2)$$

式中，W 为炸药产生的能量；W_G 为破碎岩石体做功所需的能量；W_S 为爆破过程损耗的能量。

破碎岩体做功所需要的能量 W_G 是冲击波能量和高温高压的爆生气体能量构成，冲击波能量使岩体产生破碎、裂隙、变形等破坏；爆生气体能量扩展裂隙和产生抛掷等。

由能量匹配的基本原理可知：能量匹配只要求破碎岩体的能量等于或近似等于爆炸荷载产生的能量，并不要求硬岩严格选用高威力炸药、软岩严格选用低威力炸药，而是通过增减装药量来调节炸药能量的大小，以适应岩体软硬程度的变化。

因此在软岩爆破、预裂爆破或光面爆破中，根据波阻抗匹配和全过程匹配的原则，只有选用低密度、低爆速的低威力炸药，才能获得良好的爆破效果。但如果没有低威力炸药，根据能量匹配的原则，选用中等或高威力炸药并减少装药量，改变装药结构，也能获得良好的效果。

2.2　基于能量分布规律的对应技术

（1）波阻抗匹配理论主要是考虑炸药爆炸后孔壁透射压力与孔壁入射压力的相对比值。然而孔壁透射压力与岩石的冲击阻抗直接相关，与声阻抗没有直接关系。所以依据炸药岩石界面上弹性纵波的入射与反射效应推导出来的波阻抗匹配理论观点，对实际工程爆破中炸药能量向岩石传递的复杂过程做了一些简化。

在混装药车问世以前，由于成品药的种类较少，各类爆破面对的岩石种类千差万别，但由于炸药品种十分有限，因而较难实现，因此爆破效果难尽如人意。

在混装药车问世后，可以通过调整炸药的密度可以比较方便地改变其炸药的波阻抗，从而实现岩石和炸药波阻抗的匹配。

基于上述原理，得益于我们多年的工程实践，我们积累了上百种岩石与十几种炸药的波阻抗的匹配值，在具体的工程施工中通过测定岩石的波阻抗和调整炸药的密度就能确保爆破效果比较理想。这项技术已经在云浮硫铁矿和河南中加矿业公司进行试验，并取得良好效果。通过现场测试发现在爆破效果较好的情况下，测定的爆破噪声、爆破振动和飞石的飞散范围均小于正常值；相反，在爆破效果不好，也就是炸药和岩石的波阻抗匹配不好时，测试值大于正常值。

（2）根据能量匹配的观点。可以通过调整装药量和改变装药结构，尽可能多地使炸药爆炸后产生的能量用于破岩，尽量减少无用能外溢产生对于环境的影响。

计算表明，采用集中药包破碎岩石，爆炸过程中能量消耗分布为爆生气体膨胀消耗的能量为50%~60%，冲击波能量消耗为 10%~20%，无用能为 20%~30%。这些无用能将产生爆破振动、爆破噪声和爆破飞石[2]。

采用底部空气间隔连续柱装药，爆后显著提高了破岩质量，提高爆破效率 1 倍，降低炸药单耗 20%~31%，此外还起到了减振的作用。

经计算，间隔装药爆炸时作用在孔壁上的初始压力是连续装药爆炸时的 1/8。实际爆破试验证明，缓冲孔采用间隔装药可以有效降低爆破对于周围岩石的损伤，采用连续装药时爆破后台阶坡面的裂隙率为 2.4%~3.85%，而缓冲孔采用间隔装药后，台阶坡面的裂隙率为 0.33%~3.33%。

国际上，最近几年，在澳大利亚普遍采用空气隔层来降低炸药成本。苏联曾宣称采用此技术后炸药消耗量降低了 10%~30%，爆破效果和爆破后碎块的位移程度也得到了明显的改善。

国内，在实际工程爆破中，根据不同的爆破目的，不同的岩石条件和爆破条件，选用合理的炸药和合理的炮孔装药结构，这方面的工程事例很多，尤其是空气不耦合装药已广泛应用于如预裂爆破和光面爆破等成型控制爆破中；而水不耦合装药也已被应用在立井掘进爆破、城市拆除控制爆破中，水不耦合装药（多为水垫层装药）可以使爆破能量分布更加均匀，减少爆破飞石。

3 爆破噪声和冲击波的控制理论与技术

3.1 爆破冲击波与噪声的研究进展

爆破冲击波又称空气超压（Air Over Pressure，AOP），是由炸药爆炸时在空气中产生的一种压缩波。爆破冲击波含有很宽的频率范围，其中一部分是人耳可听到的，称为噪声（Noise）；而其大部分频率小于20Hz是人耳听不到但可感觉到的，称为"振荡"（Concussion）。噪声和振荡组成了空气冲击波超压（AOP）[3]。

爆破产生的空气冲击波超压（AOP）的强度受很多因素的影响，可分为可控因素和非可控因素两大类，如图2所示。

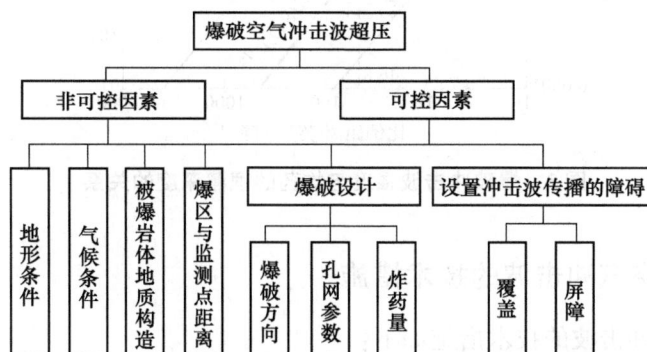

图 2 影响爆破空气冲击波的因素

实际观测得出如下结论。

（1）爆破产生的空气冲击波的频率大部分都低于20Hz，这意味着大约75%的空气冲击波是人耳听不到的。一般工程爆破的AOP一般不会超过120dBL。

（2）随着距离的增大，爆破冲击波超压明显下降。

（3）爆破产生的空气冲击波的强度对于一次爆破的规模大小并不敏感，这一现象与有些人认为越多的炸药一定产生越强的空气冲击波的观点是不相符的，其实这正是逐孔分段毫秒延时装药台阶爆破的特殊之处。

（4）随着最大单响药量的增加，炮孔的深度也必然增加，这意味着炸药的埋藏深度也增加，而爆破冲击波强度受炸药的埋深影响很大，这一点图3表述得很清楚。

（5）气象条件对爆破空气冲击波超压的影响。气象条件，如风向、风速、温度、湿度和海平面平均气压等，这些气象条件对空气冲击波都有不同程度的影响，而且有明显的规律性。

（6）空气波超压难以预测。空气冲击波超压与比例距离的关系式：

$$AOP = a\left(D/W^{\frac{1}{3}}\right)^{-b} \tag{3}$$

式中，AOP 为空气冲击波超压，dBL；D 为爆区与监测点之间距离，m；W 为每次延时的最大药量，kg；a 和 b 为与爆区场地、环境有关的常数；$D/W^{\frac{1}{3}}$ 为比例距离，$m/kg^{\frac{1}{3}}$。

但根据观测数据回归 a 和 b 时，发现其相关性很不好。说明由于气象条件和场地条件（地形、地质）的不可预见性和非可控性，爆破产生的空气冲击波超压不可能像预测爆破震动一样做出准确性的预测。

（7）岩石地质构造对爆破空气冲击波超压的影响。被爆破岩体的地质构造，特别是其节理、裂隙的发育情况，对爆破时产生的空气冲击波有极大的影响。当岩体中有一些开口的节理面或裂隙面一直延伸到前方或顶部自由面时，则爆破产生的高压气体会沿着开口的节理、裂隙冲出到大气中形成很强的空气冲击波。

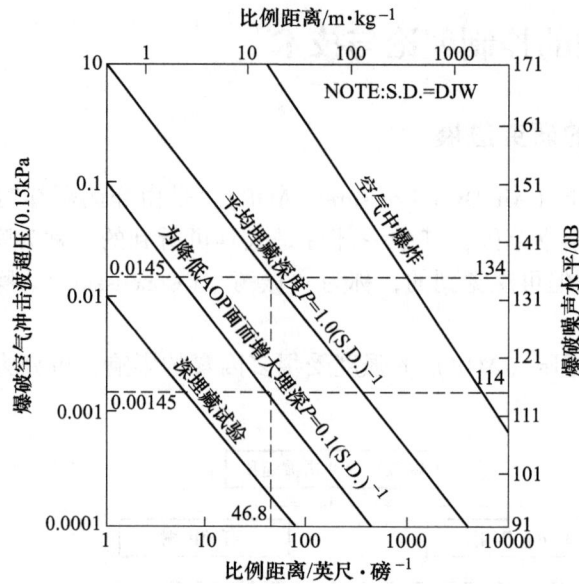

图3 爆破冲击波强度与炸药的埋藏深度的关系

3.2 工程爆破中控制空气冲击波的技术措施

工程爆破中控制空气冲击波的技术措施如下：

（1）爆破方向应背离公众区域；

（2）适当增加第1排炮孔的抵抗线（负荷）值；

（3）适当增加填塞高度，但应综合考虑岩石的破碎效果、场地平整的设计要求及其飞石等因素；

（4）确保填塞质量；

（5）不使用地表导爆索；

（6）采用顶部覆盖和周边的声障以增大空气冲击波传播的阻力。

采取上述措施后，一般能够把爆破噪声控制在 120dBA。

4 爆破振动研究及降振措施

爆破地震波作为炸药在土岩介质中爆炸所产生的必然结果，是由炸药爆炸时所释放能量转化而来的。爆破地震波将引起地面的运动，地面的运动激励建筑物基础的运动，从而造成建筑物等的振动。尽管转换成地震波的能量只占爆炸释放总能量的很小一部分，但如果不加以控制或控制不当，都会对周围环境造成一定的危害，并带来巨大的经济损失。

爆破地震波由若干种波组成，它是一种复杂的波系。根据波传播的途径不同，可分为体波和面波两类。体波是在地层内部传播的爆破地震波，包括纵波和横波。面波是在地层表面或介质体表面传播的波，包括瑞利波和勒夫波。

体波特别是纵波，由于能使介质产生压缩和拉伸变形，因此它是爆破时造成介质破裂的主要因素。表面波特别是瑞利波，携带较大的能量，是造成地震破坏的主要因素。假设震源辐射出的能量为100，则纵波和横波所占能量比分别为7%和26%；而表面波为67%。由于传播速度不同，爆破地震波传播到远区，体波与面波将在时空上彼此分开。

4.1 爆破振动研究的一些结论

影响爆破地震效应的因素，根据国内外学者的研究，有以下几种[4]。

（1）萨道夫斯基提出了计算即发爆破时岩土振速的经验公式，振动速度与炸药量成正比，与质点距离成反比。

（2）毫秒延期爆破的振动理论。毫秒延期爆破时产生地震效应是一个比较复杂的问题，影响振速和振动频率（或周期）的因素很多，诸如介质特性、炸药性能、总炸药量、最大一段药量及测点到爆心的距离、爆区与测点的相对位置、毫秒延期间隔时间、毫秒延期段数、起爆方式及测试系统性能等，所以到目前为止，国内外尚无一个统一的十分精确的公式来计算毫秒延期爆破的地震效应。

爆破质量最好的延期间隔时间和地震效应最小的延期间隔时间是一致的。

苏联塞尔捷依伍克在研究克里沃罗格露天矿的地震效应时指出：决定延期爆破振动强度的主要参数是分段装药量及延迟间隔时间 Δt，只有当 Δt 为某一定值时，振动强度才最小，Δt 偏离这一最佳值，振动强度便增大。

（3）布药结构与爆破振动的关系如下：

1）单个条形药包的纵向、横向、垂向以及合成峰值振速，均小于单个集中药包；条形药包的纵向、横向和垂直振动频率也均小于集中药包；

2）2 个条形药包的纵向、垂向以及合成峰值振速小于 2 个集中药包；横向、垂向振动频率也小于 2 个集中药包；而 2 个条形药包的纵向振动频率、横向振动速度大于 2 个集中药包；

3）质点峰值振动速度（纵、横、垂及合振速）随着单响药量的增加而增大，而振动频率则随单响药量的增加而减小。

4.2 工程应用中的减振技术

工程应用中的减振技术包括如下手段。

（1）采用先进的爆破方法。根据爆破机理的微分原理，为达到安全、合理之目的，使炸药均匀地分布在被爆岩体中，防止能量过于集中，达到减小爆破振动强度之目的。常用的爆破技术有：

1）延期起爆，就是将爆破的总药量，分组按一定的时间间隔进行顺序爆破，这完全符合爆破机理的微分原理，对减弱爆破地震效应有很大作用，大量的试验研究表明，在总装药量及其他条件相同的情况下，延期起爆的振动强度要比齐发爆破降低 1/3～2/3；

2）是采用大孔距小排距爆破新技术；

3）采用分段起爆，如采用排间分段、孔间分段、逐孔爆破甚至是孔内间隔分段起爆的方法，可以保证在不影响爆破总装药量和爆破矿石总量的条件下，降低每段爆破的药量，从而达到降低爆破地震波峰值的效果；

4）采用干扰减震技术，其基本原理是利用计算机技术将各炮孔产生的子波位移相位时移，使峰谷叠加，相互干扰抵消，从而实现孔间干扰减震，使群孔爆破产生的振动小于单孔爆破产生的振动，从而达到控制爆破振动的目的；

5）采用孔内间隔装药；

6）硐室爆破工程设计时，尽可能布置条形药包，以此降低爆破振动。当由于受到地形、地质条件制约或有特殊要求时，再考虑布置集中药包或分集药包。

（2）创造良好的爆破条件。由爆破试验研究得知，松动条件良好的炮孔爆破，即靠近自由面的炮孔爆破时产生的爆破振动小。因此，爆破施工中必须有充分的自由空间，配合毫秒延期技术，使所有炮孔均能有良好的自由空间，以便使炮孔爆破后，特别是后排炮孔爆破后产生的压缩波可以从这些自由面反射，获得最大的松动，以达到降低爆破振动的效果。

施工中，可充分考虑并利用自然的河流、深沟、渠道、断层等自然条件，减弱地震速度的传播。如无自然条件可利用，必要时开挖减振沟，或采用预裂爆破，人为地形成垂直于地表的裂隙面，使地震波到达时发生反射。采用减振沟措施，一般可减振 30%～50%，是减振的有效措施。

5 爆破飞石控制研究与技术

5.1 爆破飞石的产生机理

通过实际爆破过程中飞石的现场观察及台阶爆破爆堆与飞石录像资料的分析，并结合理论上的判断，我们认为，飞石的产生存在三种可能机理[5]。

（1）台阶临空面上的松动岩块因受外传爆炸应力波的冲击及其反射作用而高速抛离临空面形成飞石，这种机理有时能在大块石二次解炮过程中得到很好的说明，如图4(a)所示的大块石，尽管垂直于开裂面方向无爆生气体冲出，但与开裂面垂直的临空面方向仍可能有远距离飞石产生，其原因只能是爆炸应力波的冲击及反射作用将临空面处松动岩块高速抛射而形成。

（2）在爆生气体的作用下形成飞石，如因炮孔堵塞长度不够加上上一梯段爆破所致的孔口顶部岩石破碎，导致爆生气体沿孔口冲出而形成飞石，或爆生气体直接沿断层、裂缝、节理及软弱夹层等岩体结构面集中冲出而形成飞石，如图4(b)所示。

（3）在爆炸应力波和爆生气体的联合作用下，首先完成岩体的破碎，随后，爆生气体沿抗力最小部位集中冲出带走碎块而形成飞石，如图4(c)所示，因临空面不规整，岩体破碎后，爆生气体首先沿最小抵抗线方向集中冲出而带走碎块形成飞石。

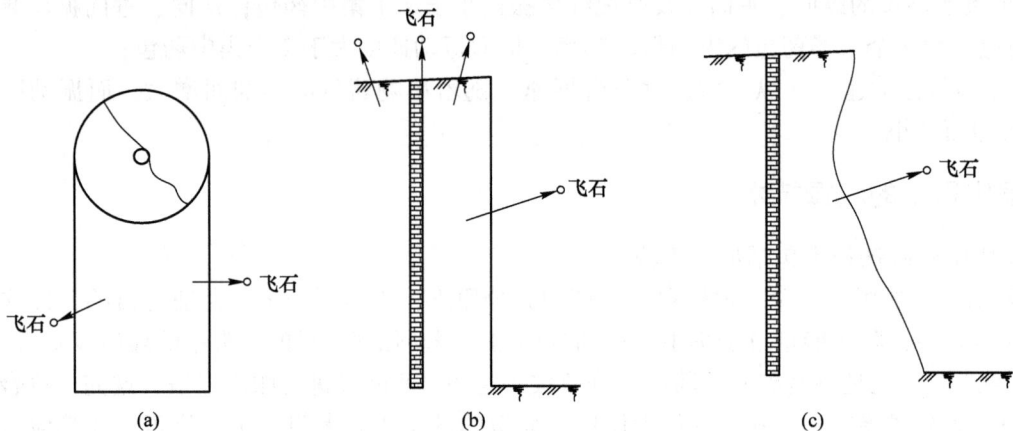

图4　爆破飞石产生原理
（a）爆炸应力波单独作用；（b）爆生气体冲出；（c）联合作用

5.2　爆破飞石飞散距离的影响因素

影响飞石飞散距离的因素包括爆区的岩性、地形地质、爆破时采用的孔网参数、起爆方式、装药结构、炸药性能以及爆破时的风速风向等。

根据弹道理论，在给定的环境条件下，爆破飞石的飞散距离主要受飞石的初始抛掷速度和角度控制，如图5所示，在忽略空气阻力条件下，以初始速度为 v_0，抛掷角为 α 的飞石的水平飞散距离 R_h 为：

$$R_h = \frac{v_0 \cos\alpha}{g}(v_0 \sin\alpha + \sqrt{v_0^2 \sin^2\alpha + 2g(H_0 - H)}) \tag{4}$$

如果 $H_0 = H = 0$，即认为地面是平坦的，那么式（4）可以改为

$$R_h = \frac{2v_0^2 \sin\alpha\cos\alpha}{g} \tag{5}$$

由式（5）知，飞石飞散距离控制的关键是合理控制飞石初始抛掷速度 v_0 和抛射角 α。

由上节的分析知，产生爆破飞石的原因是爆炸应力波、爆生气体或两者的联合作用。

假定飞石完全是由爆炸应力波的作用而产生，在深孔台阶爆破中，近似地运用瞬时爆轰及岩石的弹脆性假定条件，考虑到爆炸应力波在临空面上的反射，可以推导出飞石的初始抛掷速度与炮孔直径和前排抵抗线 w 之比的平方根及炮孔内爆生气体的初始平均压力成正比，

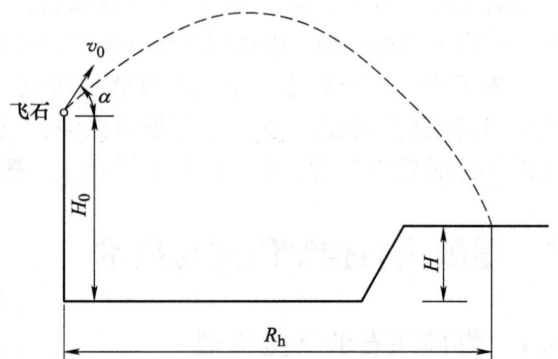

图5　飞石飞散距离计算简图

而与岩石波阻抗成反比。

假定飞石完全由爆生气体的集中冲出而产生，根据能量守恒定律，可以推出飞石所能获得的初始掷速度 v_0 与炮孔内爆生气体的初始平均压力 p_0 成正比。

综上所述，在给定岩性及合理的爆破孔网参数条件下控制飞石初始抛掷速度的最重要手段是降低炮孔内爆生气体的初始平均压力。

影响炮孔内爆生气体初始平均压力 p_0 的主要因素有炸药密度、爆速以及装药耦合程度，根据气体状态方程可以导出，控制飞石初始抛掷速度的有效途径为：从装药结构方面，使用不耦合装药；从炸药选用方面考虑，在满足有效破碎岩石的前提下，选用低密度、低爆速炸药。

5.3 爆破飞石的控制技术

爆破飞石的控制技术包括以下手段。

（1）充分了解情况，消除潜在威胁。摸清地质和周围环境情况，了解构造断层、地层岩性，对含松软夹层、孔壁坍塌、卡斯特溶洞等因素要做到心中有数，并事先做好掌子面表面松动岩块及特殊地形地质条件的处理。

（2）精心施工，采用合理的爆破技术。搞好爆破设计，运用计算机进行辅助设计，建立爆破参数数据库，进行方案参数优化和爆破效果模拟。当存在与临空面贯穿的断层带或其他软弱破碎带时，适当调整装药位置，通过间隔装药即在结构面与钻孔贯通处用炮泥堵塞方式来防止爆生气体沿该弱面冲出而形成飞石。下一个梯段爆破以前，必须清除掌子面上的松动岩块以防止爆破过程爆炸应力波的冲击作用而高速抛射形成飞石。在确保爆破效果的情况下，酌情使用不耦合装药以有效避免飞石产生。

（3）采取必要的防护措施。

6 爆破扬尘控制研究与技术措施

在爆破工程中，爆破扬尘的控制问题在爆破拆除领域较为突出，因而进行爆破拆除扬尘的控制研究有代表性，爆破拆除的研究成果可以运用到其他领域。

6.1 爆破扬尘控制相关理论

6.1.1 尘粒粒径影响尘粒的起动风速[6]

（1）尘粒的粒径与其扬尘风速之间有一定关系，根据风沙动力学有关理论尘粒粒径与其起动风速之间的关系式为：

$$u_t = 5.75A\sqrt{\frac{\rho_s - \rho}{\rho}gd}\ \lg\frac{z}{z_0} \tag{6}$$

式中 u_t——高度 z 处的风速，cm/s；

z_0——光滑床面与空气的黏滞性有关的参数；

ρ_s——尘粒密度，g/cm^3；

ρ——空气密度，g/cm^3；

d——尘粒粒径，cm；

g——重力加速度；

A——经验系数，根据实验对粒径大于 0.25mm 的尘粒，A 接近于一个常数。

在式（6）中，若设系数 A 是一个常数，则起动风速和尘粒粒径的平方根成正比。因此通过增加尘粒粒径，即通过使小尘粒凝聚成大尘粒，从而使其起动风速增加，减少扬尘的办法是可行的。

（2）实验结论：我国科研工作者在新疆塔里木盆地布古里沙漠地区，用染色沙进行多次实验观测，得出了表 1 所示的结果。

表 1　砂粒粒径与起动风速的关系

砂粒粒径/mm	起动风速/m·s^{-1}
0.10~0.25	4.0
0.25~0.50	5.6
0.50~1.00	6.7
>1.0	7.1

由表 1 的数据可以看出，沙粒的粒径越大，所需的扬起风速越大。综合理论与实验两方面的结论，可以通过促使尘粒凝聚，增大尘粒粒径，增加其起动风速的办法，减少扬尘。

6.1.2　尘粒间的物理凝聚力

粉体力学研究证明，集聚在一起的固体颗粒间有各种各样的吸引力，在促进颗粒集聚方面最基本的是以下几种作用力。

6.1.2.1　尘粒间的分子作用力——范德华力[7]

范德华力由原子核周围的电子云涨落引起，是一种短程力，但其作用范围大于化学键力。其作用范围：分子作用力是吸力，并与分子间距的 7 次方成反比，故作用距离极短（1nm），是典型的短程力。但是由极大量分子组成的集合体构成的体系，随着颗粒间距离的增大，其分子作用力的衰减程度则明显变缓，颗粒间的分子作用力的有限间距可达 50nm，这是因为存在着多个分子的综合相互作用缘故。因此在多个分子综合作用下范德华力又成为长程力。

6.1.2.2　静电作用力[8,9]

静电作用力产生条件如下。空气中颗粒的荷电途径有三：颗粒在其生产过程中荷电，例如在干法研磨中颗粒靠表面摩擦而带电；与荷电表面接触可使颗粒接触荷电；气态粒子的扩散作用使颗粒带电。

颗粒获得的最大电荷受限于周围介质的击穿强度，在干空气中，约为 1.7×10^7 电子/cm^2，但实际观测的数值要低得多。气体中粒子间静电吸引力主要有以下两种表现形式。

A　接触电位差引起的静电引力及其大小

颗粒与其他物体接触时颗粒表面电荷等电量的吸引对方等电量的异号电荷，使物体表面出现剩余电荷，从而产生接触电位差。接触电位差引起的静电吸力 F_e 可通过下式计算：

$$F_e = \frac{4\pi q^2}{s} \tag{7}$$

式中，q 为实测单位电量，C；s 为接触面积，cm^2。

用直径为 40~60μm 的玻璃球做实验，测得它黏附油漆板时：$q = 1.9 \times 10^{-15}$C；$s = 2 \times 10^{-10}$cm^2，静电力 $F_e = 1 \times 10^{-5}$N。

可见由接触电位引起的静电作用力是很小的。

B　由镜像力产生的静电引力及其大小

镜像力实际上是一种电荷感应力。其大小由下式确定：

$$F_j = \frac{Q^2}{l^2} \tag{8}$$

式中，F_j 为镜像力，N；Q 为颗粒电荷，C；l 为电荷中心距离，μm。

对于粒径为 10μm 的各类颗粒（如白垩、煤烟、石英、粮食及木屑等）的测量表明，颗粒在空气中的电荷在 600~1100 单位范围之内。据此可以计算得镜像力为 $(2~3) \times 10^{-12}$N。

因此，在一般情况下，颗粒与物体间的镜像力可以忽略不计。

6.1.2.3　液体桥联力[10]

（1）粉体与固体或者粉体颗粒相互间的接触部分或者间隙部分存在液体时，称为液体桥。由液体桥曲面产生的毛细压力及表面张力引起的尘粒间附着力称为液体桥联力。

（2）液体桥联力产生条件如下。由于蒸汽压的不同和颗粒表面不饱和力场的作用，大气中的水会凝结或吸附在粒子表面，形成了水化膜。其厚度视粒子表面的亲水程度和空气的湿度而定。亲水性越强，湿度越大，则水膜越厚。当表面水多到粒子接触处形成透镜形状或环状的液相时，开始产生液桥力，加速颗粒的聚集。

当空气的相对湿度超过65%时，水蒸气开始在颗粒表面及颗粒间聚集，颗粒间因形成了液桥而大大增强了黏结力。

6.1.2.4 尘粒间物理凝聚力的大小比较

（1）研究表明，颗粒间的上述三种力都有促进颗粒相互吸引，吸附并凝聚成大颗粒的作用。且它们的大小都随颗粒半径的增大呈线性增大关系。

在干燥尘粒流和湿润尘粒流中起主导作用的颗粒间作用力是不同的。在干燥情况下，尘粒间不存在液桥力，起主导作用的是范德华力。在湿润情况下，液桥力起主导作用，并且液桥力比静电力和范德华力要大得多[9]。

表2是在一定的假设情况下，对尘粒间4种粒径尘粒液桥力、范德华力、静电力与其自身重量的量级分析结果。

表2 尘粒间液桥力、范德华力、静电力与其自身重量的量级比较

尘粒粒径/μm	静电力/$\times 10^{-5}N$	范德华力/$\times 10^{-5}N$	液桥力/$\times 10^{-5}N$	重量/$\times 10^{-5}N$
0.1	6×10^{-10}	4×10^{-7}	1.7×10^{-3}	5×10^{-30}
1	6×10^{-8}	4×10^{-6}	1.7×10^{-2}	5×10^{-10}
10	6×10^{-6}	4×10^{-5}	1.7×10^{-1}	5×10^{-7}
100	6×10^{-4}	4×10^{-4}	1.7×10^{0}	5×10^{-4}

从表2中可以看出，液桥力均比静电力、范德华力大10^4以上。因此，液桥力的产生，将促进尘粒间的凝聚，使小尘粒积聚成大尘粒。同时由于液桥力较大，通过液桥力粘结起来的粉尘的起动风力大大增强，与干燥尘粒相比，不易被扬起。

（2）实验研究[11]：在实验室中，对不同含水率的沙层进行起动风速风洞实验研究，试验结果（表3）显示起动风速随沙子湿度的增加而明显增大，同时也说明，液桥力的确能在减少扬尘方面扮演重要角色。

表3 沙子含水率对起动风速的影响

粒径/mm	起动风速/$m \cdot s^{-1}$							
2.0~1.0	9.9	15.1	23.5					
0.5~0.2	6.7	8.4	10.1	11.9	14.2	15.9	17.5	18.9
0.2~0.1	5.2	8.1	9.8	11.3	13.7	15.1	16.6	17.8
0.1~0.05	9.4	14.2						
含水率/%	0.3	0.5	1.0	1.5	2.0	3.0	4.0	5.0	6.0

6.1.3 颗粒间的化学凝聚力（固体桥联结力）

（1）理论[7]：由于化学反应、烧结、熔触和再结晶而产生的固体桥联力是很强的结合力。

设密度ρ_p直径为d_p的球颗粒之间形成固体桥联。该固体桥联最窄部分半径为r_n，r_n与桥联接触点上初始液体的体积V_{1q}、液体的干燥速度及固体的溶解速度有关，其关系如下式所示：

$$\frac{r_n}{d_p} = 1.64 \times \frac{C_1 V_{1q}}{\frac{\rho_p \times d_p^3}{8}} \times x^{\frac{1}{1-x}} \tag{9}$$

式中 C_1——液体饱和溶度，g/cm^3；

x——干燥速度与溶解速度的无量纲比值；速度单位为cm/s，x是温度的函数。

固体桥联力F_b由下式给出：

$$F_b = \pi r_n^2 c_{re} \tag{10}$$

式中　c_{re}——固体组分再结晶所形成的桥联物的强度。

　　固体桥联力也是颗粒聚集的重要因素，但通常难以计算，而是靠实验测得。

　　（2）实验研究如下：用 0.8% 的成膜剂、2% 的天然多糖高分子化合物、2% 的吸湿剂和 0.1% 的表面活性剂与水混合制成黏结式抑尘剂。此种抑尘剂喷洒到散体物料上后，在空气蒸发和化学反应共同作用下能将散体板结起来，使散体间的结合力大大增强，散体间的牢固结合力能使散体在强风作用下不被扬起。

　　分别在装有沙土介质的培养皿上洒上黏结式抑尘剂溶液和清水，待干燥后用医用天平称样品的质量，做沙土抗风吹试验。实验时，将培养皿放置在离心风机出风口，用数字风速仪测定风速。在培养皿中心风速达到 8m/s 时，连续吹风 10min，然后测定样品的损失量，结果见表 4。

表 4　化学作用力的实验研究

项　目	洒黏结抑尘剂样品	洒清水样品
培养皿质量/g	73.5	72.7
吹风前沙土样品质量/g	280.0	308.3
吹风前样品质量/g	280.0	230.8
沙土损失量/g	0	67.5
沙土损失率/%	0	21.9

　　从表 4 中数据可以看出，黏结式抑尘剂与沙子起化学反应后形成的新物质足可以抵抗 8m/s 的强风吹，而保证物料不被扬起。而由洒水形成的物理力结合体（沙团），在同样的风力作用下被吹走了 21.9%，可见化学作用力的强大。

6.1.4　有关结论

尘粒间物理凝聚力有关结论如下。

　　（1）尘粒聚集体的直径越大越不易被风扬起。

　　（2）微细尘粒具有自凝聚特性。在不对尘粒进行化学处理、干燥情况下，促使尘粒凝聚的主作用力是尘粒间的范德华力；在湿润情况下，液桥力是促使尘粒凝聚的主作用力，并且液桥力比静电力和范德华力要大得多。

　　（3）颗粒间的化学作用力——固体桥联力在促使尘粒凝聚方面也能发挥重要的作用。

　　（4）爆破拆除时的尘源本身就有自凝聚特性，粉尘的自凝聚特性有利于小尘粒积聚成大尘粒。在爆破拆除时若能加速尘粒的凝聚，从而生成大量的大尘粒，定能达到降低扬尘目的。洒水降尘法就是利用尘粒间的液桥力来促使小尘颗粒凝聚成大颗粒，并利用尘粒间的液桥力远大于范德华力这一特性来减少粉尘被风流扬起的可能。实践证明，洒水降尘具有显著效果。

　　（5）除了利用尘粒间的物理作用力，加速尘粒凝聚来达到降尘目的外，我们也可以利用尘粒间的化学作用力（固桥力）来降低爆破拆除时的扬尘问题。

　　（6）可以采用化学方法改进材料的吸水性能，达到降尘目的。

6.2　爆破扬尘控制技术

　　上述基础研究为爆破拆除的降尘研究理清了思路，为爆破拆除降尘实施的选择指明了方向，但本着先易后难循序渐进的行事策略，爆破拆除降尘的降尘措施的选择应该按照以下思路和原则：

　　（1）爆破拆除降尘的总的指导思想是不让粉尘扬起来，把扬起的粉尘控制在萌芽状态。这是因为爆破粉尘粒小（大多在 100μm 以下）、质轻，一旦扬起将随风逐流，为随后的捕尘、灭尘，带来极大的困难；

　　（2）由于爆破拆除建筑的建筑一般体积较大、较为陈旧，这些长时间暴露在空气中的老旧建筑积尘点多，积尘时间长，无论采取何种办法都难以保证将所有的积尘清理干净，而爆破过程和建筑坍塌断裂过程中产生的扬尘更是量大且最难降除，因而爆破拆除降尘的着眼点是尽量减少建筑爆破拆除时可能扬起的粉尘的数量；

（3）在尽量减少建筑爆破拆除时有可能扬起的粉尘数量的前提下，尽量不让粉尘扬起或者增加粉尘扬起的难度，从而进一步控制爆破拆除扬尘；

（4）长期的观测证明，爆破前尽量清理有可能扬起的粉尘和增大粉尘扬起的难度的方法，根据具体的工程项目不同，只能控制爆破拆除扬尘总量的 1/2～1/3，对于其他扬尘需要采取其他更为复杂的办法进行控制。

爆破拆除降尘需要注意的几个问题：

（1）爆破拆除降尘应该力争使用简单易行的办法；

（2）确保爆破拆除降尘的手段与措施不对环境产生二次污染；

（3）爆破拆除降尘的措施应该先易后难，分步走。

6.2.1 简便易行的降尘措施

针对拆除爆破中粉尘的来源和工程具体条件，爆破拆除项目减少现场粉尘可以采取以下方法：

（1）待拆建筑上面和建筑倒塌场地上的积尘清理。将长期沉积在楼顶、地板上和建筑物倒塌场地上的灰尘，打孔产生的粉尘等清理掉；

（2）残渣清理。将打孔和预拆除施工中堆积的残渣碎块清理掉，使得倒塌过程中产生的气浪无粉尘、残渣可扬。

（3）清理粉尘可以与洒水、淋水相结合，以确保效果。

6.2.2 爆破降尘中的保湿和覆盖措施

微细颗粒，特别是微米级或亚微米级颗粒，在空气中极易凝聚在一起，黏结成团或黏附在其他物体上。爆破拆除中的扬尘多为微米级尘粒，由于受尘粒间内聚力的作用，几千甚至上万个尘粒会聚合在一起。若尘粒间的结合力弱，在风的吹激下或外力作用下，这种集合体极易破碎成单个尘粒，导致扬尘；若尘粒的内聚力大于外来力，则尘粒将一直牢固地结合在一起。

根据理论研究，对于爆破拆除中的扬尘可以采取为尘粒间的液体桥联力的产生创造条件的，即增加爆破拆除区域内的空气湿度的方法，让小尘粒增大成为大尘粒，大尘粒不易扬起，从而可以有效地降低爆破拆除中的扬尘。

根据爆破拆除作业的特点，在爆破拆除中可以采用爆破造雾及如下技术以达到爆破降尘的目的。

6.2.2.1 保湿技术

水分蒸发是普遍存在的现象，尤其是高温度、低湿度的情况下，蒸发现象更明显。在南方高温天气作用下，往混凝土或砖上洒水，20min 左右就全部蒸发掉，为保持被拆建筑潮湿需要往上面不断洒水。

大气中含有的水分可用相对湿度来表示，但空气中的相对湿度是变化的，气温较低时，空气的含湿量将增加，夜间空气的含湿量比白天高，我国南方空气的含湿量通常比北方高[6]。

利用气候的上述特征，将吸湿剂、保湿剂和粉尘凝并剂按一定比例配合，制造出保湿剂，可以解决洒水后的保湿问题。保湿剂中加有水溶性高分子聚合物，这类物质通常具有长链或网状结构，可以将水分吸附在网络结构内，起到减缓水分蒸发功效。此外高分子物质固有黏性，可将细颗粒粉尘黏结起来，形成大于 $100\mu m$ 的粗颗粒，使这些粉尘不易扬起。加有保湿剂 HDBS-1 的水与清水的在 25℃时的蒸发情况见表 5。

表 5 HDBS-1 溶液的蒸发情况

溶　液	失水率/%								
	5h	12h	24h	48h	60h	72h	120h	148h	360h
HDBS-1	4.2	8.7	16.0	22.8	27.1	34.8	39.3	40.5	41.6
清　水	5.9	14.3	29.0	44.6	52.1	67.1	99.0	99.8	100

6.2.2.2 黏结覆盖技术

洒水保湿法是在待拆建筑或者建筑废渣表面定期洒水，保持其表面湿润，使粉体不易被风扬起。但是，建筑物或者其废渣上的粉尘颗粒粒径很细，颗粒间黏性小、保水能力差，水分极易蒸发和下渗，使洒水有效抑尘期短、耗水量大。

针对粉尘颗粒细小、松散、易扬起的特点,基于覆盖固结抑尘原理,我们研制出了一种抑尘时间长、抑尘效果稳定、环境适应性强且对环境友好的黏结覆盖型抑尘剂。该物质被喷洒在待拆建筑或者建筑废渣表面后能将表面粉尘黏结起来形成连续壳体,下层松散粉尘颗粒被覆盖起来,只要壳体不破裂,粉尘就不会扬起,从而达到抑制扬尘的效果。

黏结型覆盖抑尘剂组分包括成膜剂、黏结剂、填料及表面活性剂,各组分无毒、无腐蚀性且对环境友好。用优选出的黏结型抑尘剂配方溶液喷洒在建筑碎渣表面,所结壳体表层抗压强度可达247kPa,是人体对地压强的200多倍。因此,壳体可以经受因人为走动等因素对壳体的破坏。抗雨水性能实验表明,普通降雨虽然可能降低壳体硬度,但不会破坏其完整性,仍具有抑尘作用。当喷洒抑尘剂的样品与风向成30°吹风,在风速达到18m/s时,壳体完整性不受破坏,其吹风损失率为0.02%。说明该抑尘剂具有很强的抗风吹能力。

运用该型抑尘剂,可以有效控制建筑表面或者建筑残渣上面的尘土飞扬,而建筑物倒塌过程中产生的扬尘,需要采取更为复杂的泡沫降尘技术。

6.2.3 泡沫降尘技术

为了进一步减少建筑物爆破拆除倒塌过程中的扬尘,需要采取泡沫降尘技术。

泡沫虽有许多优点,但稳定性差,堆积度差是一般泡沫的通病,用现有技术制造的泡沫的产量十分有限,且堆积高度一般不超过半米,持续时间只有几十分钟,且多为液泡共存物。在实际应用中被拆除的建筑体积庞大,要在短时间内,制造出持续时间长,堆积高度高,总体积达几万甚至几十万立方米的大量泡沫,需要研制专用泡沫和专用发泡设备。

6.2.3.1 强制发泡技术

我们开发出的专用设备和专用泡沫剂(见图6和图7)具有以下优点。

(1)泡沫的毒性等指标均满足国家环保要求,可以实现无毒、无害,也不会对环境造成二次环境污染。经2006年9月30日国家洗涤用品质量监督检验中心(太原)T06029检验报告确认:本发明产品的表面活性剂生物降解度为93%;经2006年9月10日江苏省疾病预防控制中心急性经口毒性实验检验报告(毒)20060398确认:本发明产品经口半数致死量(LD50)值均大于5000mg/kg,属于实际无毒级。

(2)此种泡沫粘尘剂可在短时间内制造出总体积达几万甚至几十万立方米的大量泡沫。

(3)泡沫粘尘剂制造的泡沫持续时间长。从大量泡沫形成到泡沫完全消失的时间可以超过6~10h。

(4)此种泡沫粘尘剂可以实现大量泡沫堆积高度超高。现有技术中泡沫的堆积高度一般不超过半米,且多为液泡共存物。本发明制造的大量泡沫可将泡沫高度堆高至4~10m。

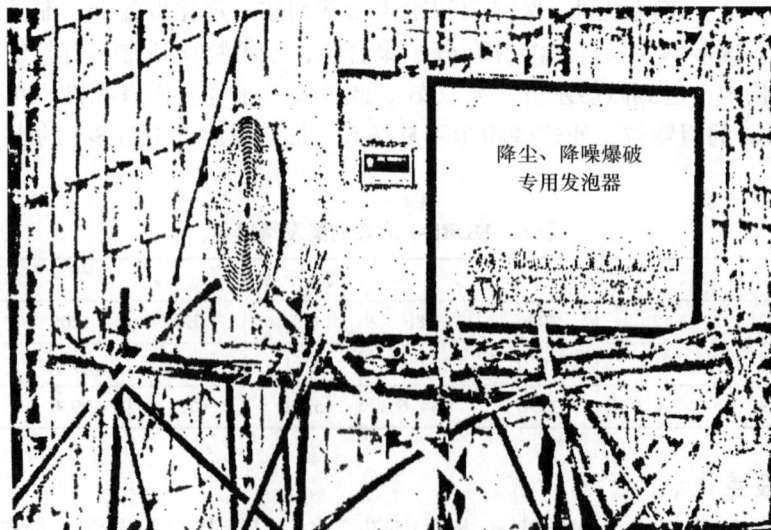

图6　强制泡沫发生器

图7 试验现场

6.2.3.2 泡沫降尘的机理

泡沫降尘的机理如下。

（1）泡沫的比表面积大。泡沫具有密度低、比表面积大的特点：若泡沫按300倍的发泡倍率，单个泡沫直径为0.5cm计算，它的泡沫密度为：$0.0033g/cm^3$，而1g水的泡沫所拥有的比表面积为$40000cm^2/g$左右。利用泡沫这一无限增大的比表面积特征，可以增加泡沫与尘粒的接触面积。

（2）泡沫的粘附性。由于在泡沫浓缩液中添加了黏稠的高分子物，增加了泡沫的附着力和泡沫的吸附能力。利用泡沫自身无限增大的比表面积大量的吸附气流中的粉尘，随着泡沫吸收的粉尘越来越多，泡沫自身的质量会越来越大，最终是泡沫带着粉尘而逐渐降落。

（3）泡沫云的捕捉性。由于泡沫的密度小、沫质轻，在冲击波和气流的影响下极易被冲起，形成泡沫云或泡沫浪；正是由于泡沫的沫质轻（泡沫的质量是粉尘质量的千分之一），被气浪冲起的泡沫，它在气流中的运行速度要远远小于或慢于粉尘运行的速度。也就是说：由于泡沫沫质轻在冲击波的作用下，首先被气流冲起，形成泡沫云或泡沫浪；正是由于泡沫的沫质轻它在气流中的运行速度要远远慢于粉尘速度。当粉尘要冲出泡沫层时，气流中的粉尘——被泡沫捕捉（吸附）。

（4）泡沫海的淹没性。我们利用泡沫的沫质轻和无限增大的比表面积以及泡沫的粘附性这些特征，增加泡沫与尘粒的接触面和接触的频率，并利用泡沫的附着力，对粉尘进行捕捉，或者对粉尘源进行覆盖，从根本上隔断粉尘的传播与扩散，从而达到降尘目的。

爆破前，我们在待爆破建筑物的所有空间充满泡沫，让整个建筑犹如淹没在泡沫海洋之中，当建筑物随着炮响应声坍塌时，建筑所占空间越来越少，最后只留下落地的一摊碎渣。但在此过程中，泡沫海的体积自始至终基本保持不变，能够基本包裹或者覆盖建筑物，不让粉尘扩散出去。

6.3 爆破降尘实例

6.3.1 沈阳五里河体育场爆破拆除的降尘措施

爆破拆除的降尘措施如下。

（1）施工场地围蔽，把粉尘的扩散范围尽量减小。

（2）爆破前，尽量拆除建筑不承重的部分，包括砖墙和混凝土墙等，尽量减少建筑爆破解体过程中，产生扬尘的可能。

（3）将长期沉积在地板上的灰尘，打孔和预拆除施工中堆积的残渣碎块清理掉，减少倒塌过程中产生的粉尘飞扬。

（4）爆破前，尽量往建筑物上洒水，冲洗建筑物上的浮尘。并尽量让建筑物多吸水，为减少水分的蒸发量，水中加入保湿型降尘剂。

（5）在每一层用彩油布沿爆破柱子的内侧围蔽2m高，在彩油布的内侧充满2m高的粘尘泡沫，使建筑物塌落在泡沫之中，最大限度地减少飞尘，如图8所示。

沈阳五里河$90000m^2$体育场拆除爆破达到了无飞石、低噪声、低污染、低振动、低空气冲击波的效果，实现了"原地坍塌"的目的（见图9）。如此超大规模框架结构的成功拆除，在国内尚属首次。

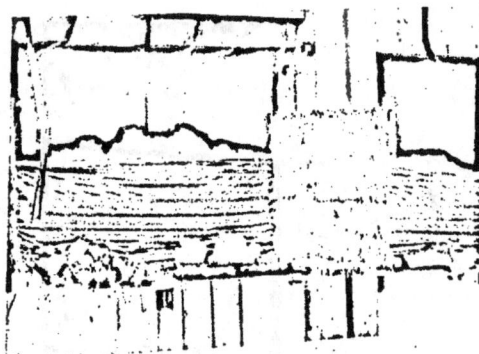

图8　粘尘泡沫装填示意图

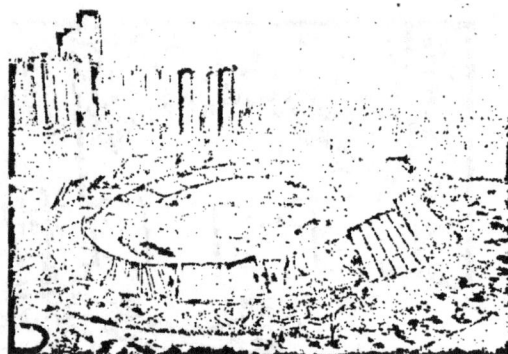

图9　沈阳五里河体育场爆破后

6.3.2　广州市天河城西塔楼爆破

天河城西塔楼位于广州市天河路 208 号天河城广场西北角。该塔楼始建于 1996 年，地面以上 4 层，地面以下两层。天河城西塔楼地面以上高 18m，地下部分高 12m，为剪力墙、钢筋混凝土柱的混合不规则结构。整个建筑外观呈三角形棱柱状。因改建需要，该塔楼的大部分建筑需要拆除。考虑到工期等诸多原因，业主单位委托我公司对西塔楼进行爆破拆除。

天河城西塔楼周围的环境非常复杂，北面为地下停车场和出口，再往北 33m 处为天河路；南面与天河城商场主体相连；东面为天河城广场北出入口；西面为西塔出入口和地下停车场车辆出入口，再往西 13.5m 处为体育西路。西面 20~25m，北面 30~35m 有 3 条地下管线。西面 20 余米处（体育西路下面）为地铁三号线。

为了最大程度地减少粉尘污染，我们采取了以下降尘方法。

（1）用一般喷雾装置或者洒水装置往待拆除建筑的墙体、地面和顶面上洒吸湿性抑尘剂，尽可能提高建筑的含水率，减少水分的蒸发，节约用水。

（2）利用"泡沫山"或者"泡沫海"来降尘。在建筑的倒塌场地、每层楼面和楼顶上砌筑水池，水池深度为 10~20cm。在水池内的水中加入泡沫粘尘剂，加入比例为泡沫粘尘剂比水的质量比等于 3∶97，搅拌混合均匀，此时水温应不低于-4℃。

然后用发泡器结合人工制造泡沫，将泡沫尽可能多地堆满待爆破建筑的所有房间，并制造出高达 4~8m 的"泡沫山"或者"泡沫海"将整个待拆建筑包围起来。

（3）使用活性水雾包围扬尘。爆破采用难度大的内凹式原地坍塌爆破方法、分段毫秒延期爆破、分段拆除、缓冲和切断震波传递等手段。该爆破总共布置雷管 1304 发、炸药 276kg。

从起爆到建筑倒塌全过程约三秒钟，最大爆破噪声为 70~80dB。经过爆后检查，环保监测点每立方米空气悬浮颗粒仅 0.5mg，在现场 5m 以外的栏杆上都看不到灰尘。飞石飞溅的距离也被成功控制在 5 米之内，整个爆破过程的扬尘持续时间仅 5min。离爆点 20m 的地铁三号线测点所测到的最大振动速度仅为 0.178cm/s（垂直）和 0.184cm/s（水平），成功实现了无飞石危害、无冲击波影响、低粉尘污染和低噪声污染的爆破效果。该爆破被业内称为"中国环保第一爆"。爆破过程如图 10~图 13 所示。

图10　爆破前制造泡沫

图11　爆破时（1）

图 12 爆破时（2）

图 13 爆破后

7 结语

为了满足人类生存和社会发展对资源的需要，为了更快、更多的获取矿产资源，人类发明了爆破技术。爆破技术在人类快速取得矿产资源中发挥了巨大作用，截至目前，爆破仍然是采矿破岩的重要手段有时甚至是唯一手段。

爆破在为人类社会的发展做贡献的同时，产生飞石、振动、噪声、爆破冲击波和扬尘这五大公害，一直为社会所诟病。随着社会的发展，社会对环保爆破的呼声越来越强，但由于科技水平发展的限制，要完全消灭这五大公害在近阶段还难于实现。

但人们的上述努力，正在不断地接近实现完全环保爆破，相信随着科学技术水平的不断提高，人们一定会在通过爆破获得资源造福人类的同时，实现完全环保。

参 考 文 献

[1] 曹棋，颜事龙，韩早. 岩石爆破中爆炸能量分布的规律的现状和发展 [J]. 煤炭爆破，2007，4：28-32.

[2] 颜事龙. 岩石中集中装药爆炸消耗能量分布的计算 [J]. 淮南矿业学院学报，1993，13(3)：82-88.

[3] 纪冲，龙源，刘建青，等. 爆破冲击性低频噪声特性及其控制研究 [J]. 爆破，2005，22(1)：92-95.

[4] 郑峰，段卫东，钟冬望，等. 爆破震动研究现状及存在问题的探讨 [J]. 爆破，2006，23(1)：92-93.

[5] 卢文波，赖世骧，李金河，等，台阶爆破飞石控制探讨 [J]. 武汉水利电力大学学报，2000，33(3)：9-12.

[6] 张洪江. 土壤侵蚀原理 [M]. 北京：中国林业出版社，2000：70.

[7] 卢寿慈. 粉体加工技术 [M]. 北京：中国轻工业出版社，2003：42-50.

[8] Israelachivili J. N. Intermolecular and Surface Forces. 2nd Ed[C]//London：Academic Press，1991：450.

[9] 陆厚根. 粉体技术导论 [M]. 2 版. 上海：同济大学出版社，2003：44.

[10] 曾凡，胡永平，杨毅，等. 矿物加工颗粒学 [M]. 2 版. 徐州：中国矿业大学出版社，2001：168-209.

[11] 吴正. 风沙地貌与治沙工程学 [M]. 北京：科学出版社，2003：1-40.

爆破力学在工程中的应用

郑炳旭

（广东宏大爆破股份有限公司，广东 广州，510623）

摘　要：概述了爆破力学所包含的相似理论以及弹塑性动力学、流体力学、断裂和损伤力学在工程爆破中的应用，并着重叙述了预裂爆破、光面爆破、条形药包硐室爆破技术以及拆除爆破的发展趋势。

关键词：爆破力学；预裂爆破；光面爆破；条形药包硐室爆破；拆除爆破

Application of Blasting Dynamics on Engineering

Zheng Bingxu

（Guangdong Hongda Blasting Co., Ltd., Guangdong Guangzhou, 510623）

Abstract：This work outlines engineering application of similar theory, elasticity-plastic dynamics, fluid-dynamics, fractal and damage mechanics involed in blasting dynamics, and introduces the technical development of pre-split blasting, smooth blasting, blasting of elongated charge coyote and demolition blasting.

Keywords：explosion mechanics；pre-split blasting；smooth blasting；blasting of elongated charge coyote；demolition blasting

20 世纪 80 年代以来，工程爆破技术发展很快，给爆破力学研究提出了许多新问题。爆炸是一个高温、高压和高速的瞬时力学过程，岩石性质和爆破条件又复杂多变，在这个力学过程中包括爆破载荷作用，介质变形与破坏，直至抛掷运动，周围介质的震动和动力响应，现有任何一门力学分支都无法对此进行全面描述、分析和处理。爆破工程的可控性、可靠性要求也越来越严格。这些都要求加强爆破力学研究，以促进工程爆破事业的发展。

1　爆破力学的理论研究成果

爆破力学以弹塑性动力学、爆炸力学、岩土力学、损伤力学和实验力学等学科为基础，具有强烈的工程背景，是一门极其复杂的应用基础学科、新兴学科和边缘学科。近年来爆破力学取得的理论研究成果已被间接或直接地应用于爆破工程，在不同程度上定量或定性地指导工程实践。

1.1　以实验力学为基础的经验公式

爆破力学在发展的初期，由于其复杂性，难以构筑较为完整的力学理论模型。为了描述和指导工程爆破的实践，主要依靠建立在模型律和相似准则基础上的相似实验，和对大型和重要爆破工程的科研观测，搜集数据，量纲分析，找出经验规律及公式。如工程爆破中，爆破效应的近似体积药包法原理[1]；用近似能量准则，推导出著名的鲍列斯科夫硐室抛掷爆破漏斗和药量计算公式[2]；在小规模爆破时，用能量准则推导出预裂、切割爆破的线装药密度以及掏槽爆破的装药量公式[2]。这些经验规律和公式，适用于处理一定范围内的具体工程设计和参数优化问题。但是，由于爆破工程要求优质、高效和有效保护周围环境及岩体，需要建立在爆破机理基础上的普遍适用的爆破力学模型。

原载于《华南理工大学学报（自然科学版）》，2003，31(增)：91-94。

1.2 基于弹塑性动力学及流体力学的模型

随着长期实践经验的积累和近几十年现代科学技术的发展，借助先进的测试技术和模拟爆破试验得知，炸药在岩石中爆破时，它释放出来的能量是以冲击波和爆轰气体膨胀压力方式作用在岩石上，而造成岩石的破坏，在解释岩石的破坏原因时，形成了三种假说，即：（1）爆轰气体膨胀压力作用破坏论；（2）应力波反射拉伸破坏论；（3）冲击波和爆轰气体膨胀压力共同作用破坏论；与此相对应的力学模型有，以爆轰气体膨胀压力为主导破坏岩体的 Harries 模型[3] 和以应力波为主导破坏岩体的Favreau 模型[4]，它们都是将岩石视为均质弹性体处理。这两个模型至今还在澳大利亚和加拿大等国广泛使用。Harries 模型首次解决了以往爆破物理模型使用的局限性及难以定量的问题，开辟了计算机应用于爆破理论研究的新方向。Favreau 模型已有 20 余年的发展历史，以此为基础的 BLASPA 数值模拟程序在加拿大国内外 50 余个矿山得到了广泛应用。该模型具有模拟炸药参数、孔网参数及岩石炸药匹配关系等爆破因素的综合能力，并可预报爆破块度。1983 年我国马鞍山矿山研究院推出的 BMMC[5]（露天矿台阶爆破三维数学模型），就是在此基础上开发的利用表面能理论作为破坏判据的改进模型，它是我国第一个完整的爆破数值计算模型。与以上力学模型相似，将岩石看作均质体，用弹塑性动力学和流体力学的基本原理，爆破力学解释和模拟了预裂爆破[6]、光面爆破[6]、刻槽爆破[7]、炸药和岩石的匹配性质[8]、耦合装药和不耦合装药的性质[8]、条形（柱状）药包和集中药包的性质[9] 以及应力波和地震波对巷道（地铁）围岩的动应力集中[10] 等工程爆破问题，推动了目前工程爆破新技术的发展。

1.3 断裂和损伤力学

建立在弹塑性动力学基础上的爆破力学，虽然能够确定现场爆破块度和一定程度地评价爆破对周围岩体的损伤，但实施这些方法比较麻烦，且块度预报还远没有达到令人满意的程度。为了解决岩体力学长期被认为棘手的非均质、不连续介质的力学效应问题，需要引入新的理论和数值模拟方法。随着断裂力学的发展和岩石断裂理论研究的深入，岩石中裂纹扩展及断裂破坏问题也渗入了爆破力学研究领域，20 世纪 80 年代起美国 Sandia 国家实验室开展了岩石爆破损伤模型的研究[11]，研究了应力波传播和作用下岩石破坏的损伤模型，以及爆生气体作用下破碎岩块的运动。岩石爆破分形损伤模型在岩体可爆性和破碎块度分布上取得了新的发展[12]，在台阶爆破和深孔空气间隔不耦合装药损伤演化数值计算中显示出了优势[12]，有助于深入了解精确起爆间隔对破碎效果的影响[13]，并在爆破引起冲击波和爆生气体作用定量分析和气体驱动裂纹[14]、破碎和抛掷过程模拟获得了较满意结果[15]。

综观爆破力学的发展，在新的世纪，为了模拟工程爆破的各种问题，一方面要结合工程，开展小型爆破试验，并对大爆破和其他重要爆破工程组织科研观测，搜集数据资料，采用比较严格的无量纲分析，从实验总结找出经验规律，以利爆破力学理论完善与提高，并进一步指导工程爆破的实践；另一方面要大力采用电子计算机开展各种爆破的数值模拟，以解决工程爆破的实际问题。要把爆破过程视为复杂的系统工程，引进、移植国外和其他学科的研究成果，从实际中创新理论，把爆破力学更加实用化、计算机化和科学化。

2 爆破力学在重要工程爆破领域的应用

2.1 预裂爆破

预先沿设计轮廓线用爆破方法形成裂缝，这种方法称为预裂爆破。它主要用于露天工程，特别是边坡控制，以减轻生产爆破震动对边坡的危害。对预裂爆破成缝机理的认识，在爆破力学中同样有三类学说：（1）应力波迭加破坏理论；（2）爆生气体准静压理论；（3）爆炸应力波与高压气体联合作用理论。目前关于预裂爆破成缝机理的认识，在爆破力学领域已基本得到了统一，一般认为是爆炸应力波和高压气体联合作用的结果。由此，在参数设计上大致有理论计算法、经验公式法和经验类比法。并促使预裂爆破技术有以下新的发展趋势，即（1）超深预裂孔[16]；（2）新的装药结构[17]，并实施大直径预裂爆破[18]、超低密度炸药[19] 及空气间隔装药[17] 等不耦合装药措施；（3）针对不同边坡地质条件，选取适宜的预裂爆破参数[20]。

我国与国外一样，对边坡部位的爆破作业限制很严，因此预裂爆破和缓冲爆破是控制边坡稳定最常用的方法。随着深孔爆破技术的广泛应用，保证开挖成型质量和保护边坡的预裂爆破，在铁路、公路、水电的高边坡工程中得到广泛应用。有资料表明，采用预裂爆破技术，路堑边坡工程量减少10%～20%，光滑平整边坡无需做任何支护处理，同时也减少了线路运营工程中的边坡病害和维修工程量。我国典型的预裂爆破工程，如葛洲坝二江电厂工程和三峡大坝工程不仅广泛使用垂直预裂，而且采用了水平预裂方法[21]。

2.2　光面爆破

在设计断面内的岩体爆破崩落后，才进行的轮廓炮孔爆破，要求不超挖、欠挖，并保持边界岩体完整无损，这种爆破叫光面爆破。光面爆破成缝机理与预裂爆破相似，但要考虑自由面反射的爆破应力波的叠加，因此从爆破力学观点出发，光面爆破和预裂爆破合理的炮孔间距等参数是不同的。

光面爆破与预裂爆破的工艺过程相似，由于应用简单、易于控制效果，因而应用范围最广，它广泛应用于井下、露天、隧道等工程。最近，日本和瑞典在公路石方路堑控制爆破中，采用轴向和孔底径向刻槽光面爆破技术[22]，该技术相比传统的超钻、孔底装药方法，预留边坡将更加平整、光滑，半孔率明显提高，孔底损伤范围降低。在我国山区公路、铁路等高边坡路堑开挖，也广泛采用光面爆破技术，如广西柳桂高速公路，采用超深孔高台阶预裂光面爆破技术（台阶高达27m），在石灰岩复杂多变的地质条件下，爆后坡面稳定、平整、美观，半孔率达95%左右。在贵州省贵新高速公路施工中，采用光面、预裂爆破技术也取得成功，开挖的路堑边坡平整、稳定，形成了山区公路一道亮丽的风景线[16]。

2.3　条形药包硐室爆破技术

近年来，国内外学者对延长药包爆炸特性在爆破力学方面做了大量工作，取得了一定进展。其中有20世纪60～80年代，美国、苏联和澳大利亚的学者，将条形药包分解为有限个等效半径的球形药包组合，然后利用球形药包计算公式计算并采用线性迭加的方法得到圆柱药包应力波的参数解及条形药包爆炸时速度场的分布规律，分析了抛掷参数与鼓包运动速度的关系，以及条形药包在无限、半无限空间和多面临空条件下的介质速度场[23-27]。另外，苏联的许多学者根据条形药包硐室工程爆破实践的经验总结，借助于相似理论和集中药包药量计算公式，提出了多个条形药包硐室爆破药量公式，其典型为 $q = KW^2 f(n)$。近年来随着计算机技术的发展，国外开发研制了多个模拟爆破作用的计算机软件，为解决不同几何形状药包和边界条件下介质大变形破坏复杂问题的数值计算提供了可能[16]。

经爆破力学研究，延长药包与集中药包比较，延长药包的爆炸空腔为圆柱形，其爆炸空腔比集中药包大，空腔发展过程较慢，冲击波在硬岩中衰减较慢，应力波传播按距离比例衰减，而不是像集中药包那样按距离平方比例衰减，因此，应力波衰减慢，对介质的破坏作用相对比较平缓。因此，延长药包用于松动爆破，岩石破碎程度就比较均匀，大块率也就低。而用于抛掷爆破，就具有抛掷堆积相对集中的特点。在相同的抵抗线（比值）条件下，延长药包的表面抛掷速度比集中药包大数倍，因此根据弹道理论其抛掷距离相应亦要远。

在国内，有关条形药包硐室爆破的研究始于20世纪70年代末，而它的工程应用则更早，1966年在成昆铁路建设中率先使用该项技术，取得了明显好于集中药包硐室爆破的效果。从20世纪80年代到90年代起，条形药包硐室爆破技术的应用领域和规模逐渐扩大，特别是20世纪90年代后，沿海地区的经济飞速发展，大规模开发建设进一步促进了条形药包硐室爆破技术的发展。广东省宏大爆破工程公司，在惠州港通用码头定向抛掷爆破工程中，采用了平面条形药包，创造了在低山缓坡地形，抛掷率达78%的惊人效果，前沿抛距达8nw，最高达10nw的成绩。该公司在3200t的惠州芝麻洲等移山填海大爆破中，创造了"鞭炮式"短间隔堵塞条形分集药包，并微差顺序起爆，提高了条形药包适应复杂地质、地形条件的能力。同期，在铁路、冶金、水电、公路、有色及建材等部门也成功地进行了数十次大型条形药包硐室爆破工程，取得了很好的技术经济效果。近年来，在石方路堑施工中，为控制主体石方爆破效果和路堑边坡质量,发展了条形药包加预裂一次成型的综合爆破技术[16],爆破形成的边坡稳定、平整,充分表明我国在条形药包硐室爆破工程应用上已经走在了世界的前列。

2.4　建筑物拆除爆破

现代城市建(构)筑物多是钢筋砼结构,钢筋砼是脆性砼和韧性钢筋的复合结构体,确定炸药单耗目前还停留在相似定律基础上的经验公式阶段,由于钢筋砼爆破机理还不十分清楚,公认的普遍适用的力学模型还未建立。目前楼房与框架有以下爆破拆除方案,即(1)定向倒塌;(2)单向拆叠倒塌;(3)双向拆叠倒塌;(4)内向拆叠;(5)原地坍塌。各方案依靠不同立柱炸高来实现定向倒塌,爆炸立柱钢筋骨架暴露到一定高度后,依靠材料力学的压杆失稳原理,在大于临界荷载的静载下钢筋失稳,产生塑性变形,从而促使框架倾倒。但是当前爆破力学还无法给出从结构自身空间结构、空中解体、构件塌落运动稳定、爆碴堆积范围以及塌落冲击振动等全面考虑的理论公式[28]。拆除爆破在爆破力学中还有待于进一步发展。

在国内拆除工程上,从1973年起采用控制爆破拆除2000多平方米的旧北京饭店以来,经30年努力,爆破拆除建(构)筑物在爆破力学的指导下得到很大发展。广东省宏大爆破工程公司在环境最复杂的广州旧体育馆,一次性爆破拆除我国历史上建筑面积最大达43215m²的50m大跨薄壳结构,在茂名石化厂爆破拆除我国最高达120m的两座钢筋砼烟囱,拆除爆破技术达到了国内领先水平。

半个世纪以来,我国的爆破技术进行了大量的工程实践,给爆破力学研究提出了许多新问题,又为解决这些问题提供了丰富的实践基础,促进了爆破力学的发展。在新的世纪,我们工程爆破科技工作者,要抓住机遇,奋起直追,在工程中开创应用爆破力学的新局面,让爆破力学研究有新的突破,为国家做出新的贡献。

参 考 文 献

[1]　张志呈.爆破基础理论与设计施工技术[M].重庆:重庆大学出版社,1994.

[2]　杨人光.建筑物爆破拆除[M].北京:中国建筑工业出版社,1985.

[3]　Harries G. A mathematical model of martering and blasting[J]. National Symposium on Rock Fragmentation, Adelaide, 1973(3):41-45.

[4]　Favreau R F.台阶爆破岩石位移速度[C]//第一届国际爆破破岩会议论文集(译文集).1983:408-417.

[5]　邹定祥.露天矿台阶爆破破碎过程的三维数学模型[J].爆炸与冲击,1984(3):54-58.

[6]　祝树枝.光面爆破与预裂爆破[M].北京:中国地质大学出版社,1993.

[7]　张天锡.近代爆破理论与实践[M].北京:中国地质大学出版社,1993.

[8]　朱渊兴.近代爆破理论与实践[M].北京:中国地质大学出版社,1993.

[9]　冯叔瑜.延长药包现状的分析研究[M].北京:北京科学技术出版社,1994.

[10]　魏晓林.邻桩爆破引发井巷支护结构破坏的分析及防范措施[J].工程爆破,2001,3:68-74.

[11]　Kipp M E, Grady D E. Numerical studies of rock fragmentation[C]//SAND-79-1. 1980:582.

[12]　杨军.岩石爆破理论模型及数值计算[M].北京:科学出版社,1999.

[13]　Preece D S, Thorne B J. A study of detnation timing and fragmentation using 3-D finite element techniques and a damage constitutive model[J]. Proc Int Symp on Fragmentation by Blasting, 1996(5):147-156.

[14]　Minchinton A, Lynch P M. Fragmentation and heave modeling using a coupled discrete element gas flow code[J]. Proc Int Symp on Fragmentation by Blasting, 1996(5):72-80.

[15]　Preece D S. Development and application of a 3-D rock blast computer modeling capability using discrete elements-dMCBLAST-3D[J]. Proc Symp on Explosive and Blasting Research, 2000, 16:12-18.

[16]　高文学.露天爆破技术[M].北京:冶金工业出版社,2002.

[17]　Lejuge G E. Blast damage mechanisms in open cut mining[J]. Open Pit Mining WorkShop, 1994(2):96-103.

[18]　布伦特 G F,阿姆斯特朗 L W.两种大孔径预裂爆破新技术[J].国外金属矿山,1999,6:47.

[19]　Gamble J. Overbreak control with large diameter blastholes[J]. The Australia Coal Journal, 1993, 39:21.

[20]　Brent G. The design of pre-split blasts[C]//Explo'95 Confernce. 1995:294.

[21]　许韧初.保护层一次钻爆技术在三峡工程的研究与应用[J].工程爆破,1996(3):26-30.

［22］Ouchterlony F. Prediction of crack lengths in rock ragblast internal［J］. Blasting and Fragmentation，1999(2)：229.

［23］Starfield A M，Pugliese J M. Compression waves generated in rock by ccylindrical explosive charges：A comparison between a computer model and field measurement［J］. Int J Rock Mech Min Sci，1968，5：65-77.

［24］Borovikov V A，Vanygin I F. On Analysis of the Stress Wave Paramenters for an Elongated Charge Explosion in Mountain Rocks［M］. Moscow：Vzrycnoe Delo，1976.

［25］Harries G. 长柱状炸药包的模拟［C］//第一届爆破破岩国际会议论文集（译本）.1983：1.

［26］陶纪南. 条形空腔药包破坏范围和抛掷堆积规律的研究［J］. 爆炸与冲击，1990（2）：34-40.

［27］Neiman O I B. Volume models of the action of cylindrical-charge explosion in rock［J］. Soviet Min Sci，1987，3：12-17.

［28］何军. 城市建（构）筑物控制拆除的国内外现状［J］. 工程爆破，1999(3)：96-100.

大型采石场深孔爆破参数试验分析

李萍丰[1,2]　廖新旭[2]　罗国庆[2]　丘德如[2]　许泽栋[2]

（1. 中国地质大学，北京，100083；2. 广东宏大爆破股份有限公司，广东 广州，510623）

摘　要：对铁炉港大型采石场深孔台阶爆破穿爆参数第一阶段试验的 84 次爆破作业进行初步统计分析，得出爆堆石料、弃渣、剥采比随爆堆装运过程的关系曲线，初步确定可行的钻爆参数及装药结构，同时强调要降低Ⅲ类岩爆破作业后的剥采比非常困难。

关键词：穿爆参数；石料规格；爆破效果；剥采比

Analysis of Borehole Explosive Parameters in Large-scale Tone Quarry

Li Pingfeng[1,2]　Liao Xinxu[2]　Luo Guoqing[2]　Qiu Deru[2]　Xu Zedong[2]

（1. China University of Grosciences，Beijing，100083；

2. Guangdong Hongda Blasting Co.，Ltd.，Guangdong Guangzhou，510623）

Abstract：Based on statistic and analysis of borehole explosive parameters in 84 times explosion implementation in phase Ⅰ of Tielu Harbour large-scale tone quarry，the relationship among the explosive pile stones，abandoned residue and overburden ratio accompanied the embarkation process is obtained the workable borehole explosion quantity and the structure of filling percussion pow der are determined，simultaneosly it is very hard to decrease the overhurden ratio of Ⅲ sort rock after explosion.

Keywords：borehole explosive parameters；stone size；explosive effectiveness；overburden ratio

1　工程概况

某采石场是月平均爆破石方量达 60 万 m³（实方）的大型石方爆破工程，具有爆破作业规模大、爆破次数频繁、要求一次爆破成型的石料规格多、爆破质量要求严格、爆破作业面窄等特点。

1.1　工程地质特征

采区内岩层为黑云母二长花岗岩，f 值为 11~14，饱和抗压强度为 70~150MPa。采区内地质条件复杂，节理、裂隙、风化沟、破碎带均十分发育，裂隙水丰富。

1.2　石料的规格及要求

石料主要包括提心石和规格石两部分，总计 15 种规格，质量要求相当严格。

2　现场爆破初步试验

2.1　岩石可爆性分类

采区内岩体受构造影响较大，整个采区有 6 组很有规律的结构面，其中：130°∠80°及 60°∠60°~

70°为主要结构面；90°∠30°~45°向南倾的一组低倾角裂隙对爆破的根坎也有影响。采区东侧节理密度为 3~4 条/m，西侧为 1~3 条/m 。根据不同的岩石类型设计爆破参数，经初步探索后，将采区岩石按爆破难易程度划分为 3 类（见表1）。

表1　采区岩石爆破难易程度分类表

类别	可爆性描述	风化程度	节理裂隙状况/cm		爆破描述	位置
			130°∠80°	60°∠60°~80°		
I	相对难爆	弱、微风化	70~200	>50~100	需强烈破碎才能达合格岩块	平台西部
II	中等可爆	弱风化，辉绿岩	40~70	>50	需将天然岩石进一步破碎	+115m 平台以下各平台中部
III	易爆	强，全风化	10~40	50	只需将岩体松散	+115m 平台以下各平台东部及 +115m 平台以上平台

2.2　试验爆破参数[1-3]

钻孔设备为英格索兰 VHP750 潜孔钻机；台阶高度 H = 15.0m，垂直孔，孔径 ϕ = 140mm；对 f = 11~14 的花岗岩超深 0.3~1.5m。

因孔中有水，炸药选用 WR 系列乳化炸药，炸药密度 Δ = 1.16g/cm³，采用全孔不耦合装药结构爆破工艺，为改善级配，底部不耦合系数小，上部不耦合系数大。现场实际装药操作是下部直接投入 ϕ110 药卷，上部用绳子吊装其他直径的炸药。经 11 次试验调整，初步确定的穿孔爆破参数如表2所示。

表2　不同岩石台阶深孔爆破试验参数

岩性	孔距/m	超深/m	底盘抵抗线或排距/m	单孔药量/kg	平均单耗/kg·m⁻³	下部装药				上部装药				堵塞/m	排数	起爆方式
						长度/m	直径/mm	药量/kg	线密度/kg·m⁻¹	长度/m	直径/mm	药量/kg	线密度/kg·m⁻¹			
I	5.0~5.3	1.0~1.5	4.0~4.2	170~145	0.5	5.0	110	70~80	14.4	7~8	80~100	75~90	5.1~9.0	2.0~3.0	3~4	"V"或斜线
II	5.3~5.5	0.7~1.2	4.0~4.2	145~125	0.4	4.5	110	60~70	14.4	7~8	80~100	65~75	5.1~9.0	2.5~3.5	2~3	"V"或斜线
III	5.5~6.0	0.3~0.8	4.0~4.2	125~100	0.3	4.0	110	100~110 50~60	14.4	5.5~7.5	70~100	50~65	4.3~9.0	3.5~5.5	2~3	"V"或排间

3　84 次作业的爆破概况

3.1　爆破作业规模的统计分析

爆破作业规模的大小直接影响爆破后的大块率。爆破规模越小，爆破作业次数越多，两头带落出现的机会越多，大块率越高，但爆破规模又必须控制在一个适当的水平，挖运的速度，各平台的进度以及其他因素也影响爆破作业规模的扩大。对 84 次爆破作业的爆破方量分布分析可知：

（1）爆破规模在 1.2 万~1.3 万 m³ 比例最大，这符合现场实际情况。目前每个平台的长度为 180~230m，每次爆破作业长度为平台长度的一半，可以保证产量的连续性；

（2）爆破方量大于 1.5 万 m³ 仅占 3%，说明对采石场的生产而言爆破规模受许多条件制约，还应综合考虑挖运及产量的持续性。

3.2　炸药单耗的统计分析

炸药单耗是台阶爆破中的重要指标，既决定爆破作业效果，又影响爆破施工的成本，它与岩石性质、炸药性能、爆破效果、施工条件等因素有关。

对 84 次爆破作业的炸药单耗统计分析可知：$0.35\sim0.45kg/m^3$ 所占比例达 40%（Ⅱ 类岩）；$0.25\sim0.35kg/m^3$ 比例为 29%（Ⅲ 类岩）；$0.45\sim0.55kg/m^3$ 比例为 25%（Ⅰ 类岩）。这符合采区内 3 种岩石的分布规律：Ⅱ 类岩分布最广，Ⅲ 类岩分布次之，Ⅰ 类岩分布最少。

4 几次爆破作业的爆破参数及效果分析

对数次典型的爆破进行了效果分析。该项爆破工程的爆破效果的描述虽然也强调爆堆、眉线、大块率、根坎、后冲等，但剥采比不仅关系到钻爆的成本，而且直接关系到整个项目的盈亏。2 次典型的爆破作业爆破参数及爆破效果的人工统计见表 3。

表 3 2 次作业爆破参数及爆破效果统计表

序号	岩性	孔数/个	孔深/m	药量/kg	爆方量/m³	孔距×排距/m×m	下部药量/kg(%)	上部药量/kg(%)	堵塞/m	超深/m	剥采比/%	日产量/m³	炸药单耗/kg·m⁻³	延米爆破量/m³·m⁻¹
85005	Ⅱ（中等可爆）	59	944	7788	19470	5.5×4.0	72(53)	63(47)	3.0	1.0	34.48	1216.88	0.40	20.63
13007	Ⅲ（易爆）	36	550.7	3960	12850	6.0×4.2	72(63)	42(37)	4.5	1.0	53.0	1427.78	0.31	23.33

4.1 +85 平台第 85005 号爆破效果分析

本次爆破作业的岩石性为 Ⅱ 类岩，属中等可爆岩石，炸药单耗 $0.40kg/m^3$ 符合试验参数设计标准，爆破后爆堆表面岩块均匀、眉线整齐、无后冲、爆堆高度 12m、爆破效果理想。经统计分析作出每天的石料、弃渣、剥采比柱状图及石料、弃渣、剥采比随时间的关系曲线可以反映以下情况。

（1）在挖运过程中的产石料量随时间的延长呈多次方上升、下降，有多个石料出产量的高峰期。

（2）每天平均的弃渣量、剥采比随开挖时间的增加呈指数缓慢上升，上升幅度不大。因此可以认为，爆堆挖运的实际情况符合爆破设计原则：爆堆上面三分之二为料石，下面三分之一为克服夹制作用和根底而加大了延米装药量，石粉也必然增多。

4.2 +130 平台第 13007 号爆破效果分析

本次爆破作业的岩石性为 Ⅲ 类岩，属易爆岩石，炸药单耗 $0.31kg/m^3$，爆破后爆堆表面岩石块较小、眉线整齐、无后冲、爆堆高度 14m、爆破效果一般。经统计分析作出每天的石料、弃渣、剥采比柱状图及石料、弃渣、剥采比随时间的关系曲线可知：

（1）爆堆的产石料量随时间的延长呈多次方上升、下降，但只有一个高峰期，到最后下降较快；

（2）爆堆的弃渣量及剥采比随开挖时间的增加呈指数急速增加，增加幅度很大，说明 Ⅲ 类岩本身已经被裂隙切割成小块，非常破碎，爆破的作用只是将其松散开便于装运而已，要想从 Ⅲ 类岩爆破中挖潜力降低剥采比非常困难，当然该爆破作业的孔网参数仍有扩大的余地，炸药单耗还可适当降低。

4.3 初步试验的成果及存在的问题

近 2 个月 84 次爆破作业的钻爆成本较一期下降较大，延米爆破量从原来的 $15m^3/m$ 提高到 $20.46m^3/m$，仅此一项每立方米降低成本 0.71 元；已爆破方量 $734071.67m^3$，共计节省穿孔费用 52.48 万元，平均每天省 1 万元。径向不耦合装药后，石料率大幅度提高，降低了爆破成本，合理利用了资源。但也存在以下问题。

（1）根坎较多：因存在一组低倾角 90°∠30°~45°倾向南的裂隙，对爆破的根坎影响较大。另外孔网参数偏大超深偏少也是原因之一。

（2）水孔较难处理：采区内裂隙水比较发育，几乎整个采区一半以上的钻孔都充水。孔中有水，投药无法沉到孔底，只能用绳子吊装下去，底部装药量明显不够，直接影响了爆破效果。

（3）爆堆不够松散，铲装效率较慢，爆破一次需挖运 6~7d，给工作面周转带来一定压力。

（4）"因岩施爆"还要细化，采区内地质条件相当复杂，有时一次爆破作业中可能同时含有Ⅰ、Ⅱ、Ⅲ类岩，如按一种岩类设计肯定不能适合其他岩石，必定影响爆破作业效果。

5　结论

本文结论如下。

（1）系列生产性试验确定的一套爆破参数基本能满足生产的要求，降低了成本，提高了工效，基本控制了粉矿率，达到了第一阶段试验的目的；

（2）台阶爆破设计要做到"因岩施爆"，这是降低成本和改善爆破效果的根本措施；

（3）采用径向不耦合装药结构，上下部装药的线密度可相差一倍以上，这种装药结构不但可以减少单耗、减少后冲，而且是降低粉矿率的重要技术措施；

（4）进一步试验，以解决水孔及根坎多的问题，并细化"因岩施爆"。

参 考 文 献

[1] 刘殿中，杨仕春. 工程爆破实用手册 [M]. 北京：冶金工业出版社，2003.

[2] 张正宇. 现代水利水电工程爆破 [M]. 北京：中国水利水电出版社，2003.

[3] 郑瑞春，马柏会，高士才. 爆破参数对破岩质量的影响规律及小抵抗线大孔距爆破机理的探讨 [J]. 爆破，1987（2）：15-18.

铁炉港采石场二期工程深孔台阶爆破实践

李萍丰

（广东宏大爆破股份有限公司，广东 广州，510623）

摘 要：铁炉港采石场二期工程采用深孔台阶爆破，日爆破方量达 3 万 m^3，地质条件不利，而对块度要求非常严格。根据可爆性将岩石分为三类，采用不同的穿孔爆破参数。通过试生产期间的数据统计和分析，建立了孔网参数和炸药单耗与粉矿率、大块率及根坎率的关系，为穿孔爆破参数优化提供了依据。通过成本分析得知，控制爆破成本的主要措施是降低粉矿率。

关键词：台阶爆破；深孔爆破；可爆性；成本分析

The Practice of Long-hole Bench Blasting in the Stone Quarry for Second-Stage Project of Tielu Harbour

Li Pingfeng

（Guangdong Hongda Blasting Co., Ltd., Guangdong Guangzhou，510623）

Abstract：In the stone quarry for second-stage project of Tielu harbour, long-hole bench blasting is used with a blasting volume of 30000 cubic meters per day. In despite of unfavo rable geological conditions, the demand for the size of rock fragment is very strict. According to its blastability, the rock is divided into three types and different blasting parameters are used. Through analyzing the statistical data during trial production, relations of hole-pattern parameters and powder factor to fines, boulder and toe-rock ratios are established, providing a basis for optimization of drilling-and-blasting parameters. It is known from cost analysis that key measure for control of blasting cost is to reduce the fines ratio.

Keywords：bench blasting；long-hole blasting；blastability；cost analysis

1 工程概况

铁炉港二期采石场工程日爆破石方量达 3 万 m^3，工期为 1 年，不可能像一般露天矿那样购置大型设备，只能采用 ϕ150mm 以下的钻机、1.6m^3 以下的挖掘机和 25t 以下的自卸汽车。在一个东西长仅 400m、高差 180m 的山坡上摆了 10 台英格索兰 ϕ140mm 钻机、80 台 1.0~1.6m^3 挖掘机和 250 台 15~30t 的自卸汽车，作业场地蔚为壮观，远远望去，车水马龙，形成一道亮丽的风景线。工程中创造的强化开采作业经验，为建设工程中的台阶爆破树立了一种新的观念：可以用中小型设备，通过合理规划、组织，完成以往只有用大型设备才能完成的高强度开采。

2 工程特点和要求

（1）爆破块度要求非常严格。爆破生产的成品石料主要供修筑防波堤使用，其规格有 15 种之多，包括堤心石和规格石两部分，石料级配相当严格。

原载于《工程爆破》，2004，10(2)：59-62，30。

堤心石的规格要求如下。

规格 1：800kg 以下块石，其中 10kg 以下块石量不得大于 10%，200~800kg 块石不得大于 20%。

规格 2：500kg 以下块石，其中 10kg 以下块石量不得大于 5%，200~500kg 块石不得大于 20%。

规格 3：500kg 以下块石，其中 10kg 以下块石量不得大于 10%，200~500kg 块石不得大于 20%。

规格石的规格共计 12 种：10~100kg，60~100kg，100~200kg，150~300kg，200~400kg，200~500kg，300~400kg，400~800kg，500~1000kg，700~900kg，1000~1500kg，1500~2000kg。

（2）深孔爆破强度大，爆破作业频繁。业主要求每天出产成品石料 3 万 m^3，相应的爆破方量为 2.3 万 m^3，加之保证均衡生产每天爆破的石方量应在 3 万 m^3 以上。每天需 3~4 个深孔爆破作业工作面，钻孔量达 1500m，大块解炮每天消耗雷管 2000 发以上，钻爆人员达 220 人，潜孔钻机 10 余台。爆破设计、布孔、施工、解炮、分析优化爆破参数及管理是较为庞大、复杂的系统工程。

（3）爆破作业区内地质条件相当复杂。爆破作业区高差约 180m（+10m~+190m）、面积为 40 万 m^2。采区内岩石为闪长花岗岩，f 值为 11~14，节理、裂隙、风化沟、破碎带十分发育，裂隙水丰富。在同一平台出现几种不同的地质条件，甚至同一爆破作业工作面都含有几种不同地质条件的岩石，爆破生产条件相当不利。

（4）爆破作业工作面短，均衡生产困难。日产 3 万 m^3 成品石料，生产工作面需摆放 80 台大型挖掘机，每台设备需 20m 宽才能旋转工作，正常作业需要 1600m 爆堆长度，为均衡生产还需 600m 以上工作面长度供钻孔、装药，所以要实现连续均衡作业，必须每天都保证有 2200m 以上的作业线长度，即有 6 个工作平台正常作业。这就要求计划、调度、钻爆、装运、工作面清理等各个方面要互相配合，各个环节做到最好，尤其钻爆方面，如果有 1~2 炮效果差就影响产量。

3 岩石可爆性分类

采区内节理、裂隙、风化沟、破碎带十分发育，岩体受构造影响较大，有六组有规律的结构面，其中：$130°\angle 80°$ 及 $60°\angle 60°~80°$ 为主要结构面，另外低倾角 $90°\angle 30°~45°$ 倾向南的一组裂隙对爆破的根坎也有一定影响。采区东侧节理密度为 3~4 条/m，西侧为 1~3 条/m。经反复的现场爆破试验，将采区岩石按爆破难易程度划分为三类，如表 1 所示。

表 1 采区岩石分类
Table 1 Classification of rocks in stone quarry

类别	I	II	III
可爆性描述	相对难爆	中等可爆	易爆
岩性	花岗岩	花岗岩及辉绿岩	花岗岩
风化程度	弱风化、微风化	弱风化、微风化	全风化、强风化
节理裂隙 $130°\angle 80°$	间距 70~200cm	间距 40~70cm	间距 10~40cm
状况 $60°\angle 60°~80°$	间距>50cm 或 100cm	间距>50cm	间距 50cm
爆破描述	需强烈破碎才能获得合格岩块	需将天然石块进一步破碎，否则大于 300kg 的岩块较多	无需将天然石块进一步破碎，只要将岩体松散即可装运
区内所处位置	平台西部	+115m 平台以下各平台中部	-115m 平台以下各平台中部及+115m 平台以上各平台

4 主要钻爆参数的确定

4.1 台阶高度的确定

按露天采矿的通常做法，采用 ϕ150mm 以下钻机和 1.6m^3 以下挖掘机时，平台高度可以在 10~20m 范围内选择。平台高度小，作业线长，比较好安排作业；但对台阶爆破而言，超钻和堵塞长度都按孔径的倍数设计，平台高度低，每立方米岩石爆破量所需的钻孔长度势必增加，也就增加了爆破成本。铁炉港二期工程设计中采用了 10m 和 15m 两种台阶高度，施工中据实际情况统一为 15m 台阶高度，每天爆破 3~4 个台阶，爆破排数不超过 3 排，爆后 5~20d 挖运干净。

4.2　钻孔直径的选择

可供选择的孔径有 φ76mm、φ100mm、φ140mm 三种，设计单位推荐 φ100mm 和 φ76mm，以降低大块率。

根据我们以往的工程经验，只要爆破参数和爆破工艺合理，三种孔径的钻孔都可以爆出合格的、基本满足要求的爆堆，但它们的钻孔成本相差很大，见表 2。此外，考虑到 φ140mm 的钻孔改变径向不耦合装药系数的可操作性好、作业方便，施工中选择了 140mm 的孔径。

表 2　三种孔径爆破的钻孔成本比较

Table 2　Comparison between drilling costs for three hole diameters

孔径/mm	钻孔费用/元·m^{-1}	单孔负担面积 $a \times b$/m×m	延米爆破量/m^3·m^{-1}	钻孔成本/元·m^{-3}
76	28	2×3	6	4.7
100	34	3×4	12	2.8
140	40	4×5	20	2.0

4.3　通过现场试验优选爆破参数和工艺

岩石为坚硬花岗岩，$f = 11 \sim 14$；采用英格索兰 VHP750 潜孔钻机钻垂直孔，孔径 140mm；台阶高度 $H = 15.0$m。炸药选用防水的乳化炸药，其密度 $\Delta = 1.16 g/cm^3$。

采用径向不耦合装药结构，孔底部不耦合系数小（φ110mm 药卷），上部不耦合系数大（用 φ70mm、φ80mm、φ90mm、φ100mm 药卷）。

现场试验是结合生产进行的，首要条件是保证产量、保证挖运工作的正常进行。在分析爆破效果的基础上，调整爆破参数和爆破工艺，降低工程成本。

（1）装药结构的调整。将单一的装药结构（装药段延米装药量相同）改为上、下两段装药，下段延米装药量是上段延米装药量的 1.2~2.2 倍（上、下段采用不同的装药直径），对控制粉矿率起到了关键作用，并降低了单耗（山体方平均单耗 0.37kg/m^3）和爆破成本（合格石料平均装船方爆破成本为 4.52 元/m^3，山体自然方爆破成本 4.98 元/m^3）。

（2）炸药单耗的控制。平均单耗的控制有两种方式：1）范围不大的不同类岩石相互交错分布时，布相同间、排距的炮孔，通过调整装药结构和堵塞长度来调整平均单耗，使之符合各类岩石的平均单耗范围（表 3）；2）一个爆区仅一类岩石时，则调整布孔间距、排距，采用相同的装药结构。

表 3　深孔台阶爆破的穿孔爆破参数

Table 3　Drilling-and-blasting parameters for bench blasting

岩石类别	Ⅰ	Ⅱ	Ⅲ	备注
孔径/mm	140	140	140	
超深/m	1.5	1.2~1.5	1.0~1.2	
堵塞/m	3.0	3.0~3.5	4.0~6.0	
抵抗线 W/m（或排距 b）	3.5	3.5~3.8	3.8	底盘抵抗线不超过 4.5m
孔距 a/m	6.0	6.2~6.5	6.8	
台阶高度 H/m	15	15	15	
单孔药量/kg	156	120~150	100~110	
平均单耗/kg·m^{-3}	0.5	0.3~0.4	0.25~0.30	

岩石类别		Ⅰ	Ⅱ	Ⅲ	备注
下部装药：	直径/mm	110	110	100~110	
	药量/kg	72	60~72	60	
上部装药：	直径/mm	90~100	80~90	70~80	
	药量/kg	70~80	60~80	50~60	
一次起爆排数		2~3	2~3	2~3	个别4~5排
起爆方式		排间	排间	排间	V型斜线较少

5 爆破效果的影响因素分析

一般深孔台阶爆破主要控制目标有：爆堆块度、爆堆的形状及松散程度、爆破飞石、爆破的后冲作用、爆破对基岩（或边坡）的动力作用、是否留根坎及底板是否平整。爆破效果的影响因素也较多：岩体的地质条件、孔网参数、炸药单耗、装药结构、起爆方式等。

在本爆破工程中，粉矿（10kg以下石料）的控制特别重要，因为合同规定，交付方量以上船的合格石料来结算的，不合格石料是作为废碴抛弃的。

本文主要分析孔网参数、平均炸药单耗对粉矿率、大块度、根坎率的影响。

经过5个月的生产性试验，统计出孔网参数和炸药平均单耗与粉矿率、大块率及根坎率的平均值之间的关系，见表4和图1。

表4 爆破效果统计
Table 4 Statistics of blasting results

统计时间（月.日）	炸药单耗/kg·m^{-3}	孔网参数/m×m	粉矿率/%	大块率/%	抬炮比率/×10^{3}m^3·m^{-1}
06.21-07.20	0.51	4.0×5.0	46.93	10.19	8.66
07.21-08.20	0.38	4.2×5.8	23.79	10.24	7.59
08.21-09.20	0.40	3.5×6.5	54.14	9.88	6.10
09.21-10.20	0.35	3.8×6.5	61.55	10.14	6.97
10.21-11.20	0.32	3.5×6.8	64.18	9.37	7.93

粉矿率、大块率、抬炮比率分别是弃碴量、大块量、抬炮米数与合格石料量（山体方）的比值。

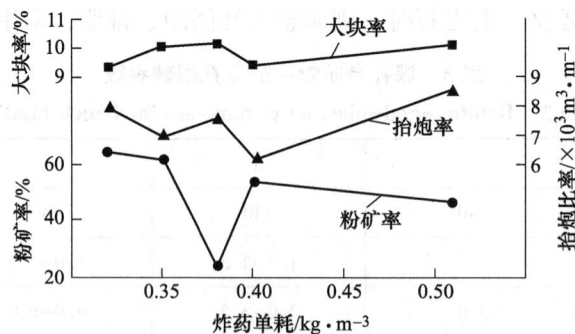

图1 炸药单耗对粉矿率、大块率和抬炮比率的影响
Fig.1 Effects of powder factor on fines, boulder and toe-rock ratios

由图1可知：

（1）孔网参数为4.2m×5.8m、炸药单耗为0.38kg/m³时，粉矿率最低，但大块率及根坎率最高；

（2）孔网参数为3.8m×6.5m、炸药单耗为0.32kg/m³时，大块率最低，粉矿率却最高，根坎率也较高；

（3）孔网参数为 3.5m×6.5m、炸药单耗为 0.40kg/m³ 时，根坎率最低，大块率及粉矿率均较小；

（4）孔网参数为 4.0m ×5.0m、炸药单耗为 0.51kg/m³ 时，粉矿率较低，但大块率及根坎率较高。

6 爆破成本分析

该深孔台阶爆破是以上船的堤心石和规格石换算为成品石料山体方来结算的，所以成本分析也以成品石料山体方计算。成本分析计算数据列于表5，并以图2的曲线形式表示。

表5 深孔台阶爆破成品石料成本分析

Table 5 Analysis of final rock product cost for long-hole bench blasting

统计时间（月．日）	06.21-07.20	07.21-08.20	08.21-09.20	09.21-10.20	10.21-11.20
爆破方量（山体方）/m³	434418.82	421117.00	654544.00	550763.00	383772.00
成品方量（山体方）/m³	295668.08	340196.92	424648.05	340919.17	233752.39
粉矿率/%	0.47	0.24	0.54	0.62	0.64
孔网参数/m×m	4.0×5.0	4.2×5.8	3.5×6.5	3.8×6.5	3.5×6.8
炸药单耗/kg·m⁻³	0.51	0.38	0.40	0.35	0.32
爆破成本分析 深孔：费用/元	2225151.40	1883848.48	2699150.88	1919391.20	1366283.64
成本/元·m⁻¹	7.53	5.54	6.36	5.63	5.85
所占比例/%	82.60	78.52	82.44	79.30	80.41
解炮：费用/元	298930.37	350156.99	417911.71	353856.86	219359.42
成本/元·m⁻¹	1.01	1.03	0.98	1.04	0.94
所占比例/%	11.09	14.59	12.76	14.62	12.90
抬炮：费用/元	171196.72	166147.40	158906.12	147133.70	114866.06
成本/元·m⁻¹	0.58	0.49	0.37	0.43	0.49
所占比例/%	6.35	6.92	4.58	6.08	6.75
费用合计/元	2695278.49	2400152.87	3275968.71	2420381.76	1700509.12
成品成本/元·m⁻¹	9.12	7.06	7.71	7.10	7.27
爆破成本/元·m⁻¹	6.20	5.70	5.00	4.39	4.43

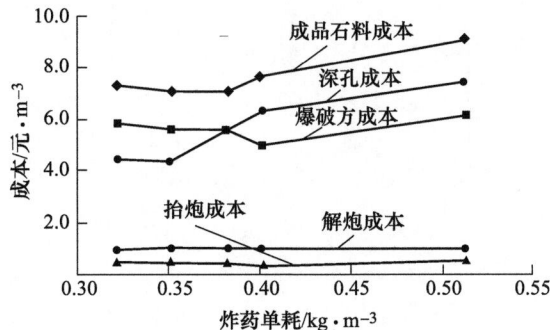

图2 爆破作业成本分析

Fig. 2 Analysis of blasting cost

根据表5和图2可得出如下结论。

（1）孔网参数为 4.2m×5.8m、炸药单耗为 0.38kg/m³ 时，成品石料（山体方）成本最低，为 7.06 元/m³；孔网参数为 3.6m ×6.5m、炸药单耗为 0.35kg/m³ 时，爆破石料（成品石料与 10kg 以下弃碴量之和）成本最低，为 4.39 元/m³。成品石料（山体方）成本与爆破成本并不对应，有时甚至可能相反，这表明本工程的成本控制与一般的深孔台阶爆破不同。

（2）成品石料（山体方）成本较爆破成本高出许多，尤其是粉矿率高的月份，高出39%。这说明爆破方面要严格控制10kg以下石料的产出。

（3）各分项成本占成本的比例依次为：深孔费用（75.48%～80.10%）、解炮费用（10.71%～14.24%）、抬炮费用（4.71%～6.65%）、人工费用（2.62%～3.88%），所以控制成本的因素除粉矿率外，主要是孔网参数、大块率、根坎率及人工费。

（4）前期因产量压力大，工作面周转困难，将孔网参数从4.2m×5.8m调整到3.5m×6.5m，粉矿率及爆破成本均有所上升；正常情况下建议仍采用4.2m×5.8m的孔网参数。

7 结论

本文得出结论如下：

（1）该项爆破工程与一般的岩石深孔台阶爆破不同，它是以控制粉矿率为主要目标，同时要考虑大块石二次破碎及根坎处理对挖运速度、工作面的周转速度以及产量的影响；

（2）根据生产调度要求的块度、不同的岩石类别（因岩施爆）、工作面周转快慢和挖运速度等方面的不同要求，确定出不同爆破参数、装药结构及其工艺，以期达到爆破作业成本最低的要求；

（3）该项爆破工程成本控制与其他深孔台阶爆破不同，重点是降低粉矿率，其次是孔网参数（深孔方面），再依次为大块率、根坎及人工费的控制；

（4）在生产任务不大的情况下，应采取一切措施降低粉矿率，哪怕适当扩大孔网参数，增加一些破大块及处理根坎的费用，对降低爆破成本也是有利的。

参 考 文 献

[1] 刘殿中，杨仕春. 工程爆破实用手册 [M]. 2版. 北京：冶金工业出版社，2003.
[2] 张正宇. 现代水利水电工程爆破 [M]. 北京：中国水利水电出版社，2003.
[3] 郑瑞春，马柏会，高士才. 爆破参数对破岩质量的影响规律及小抵抗线大孔距爆破机理的探讨 [J]. 爆破，1987，16(2)：5-10.

浅析深孔爆破施工技术与成本控制的关系

施传斌

（广东宏大爆破股份有限公司，广东 广州，510623）

摘 要：以工程实践为基础，对深孔爆破的成本控制与施工方法、技术的关系进行了探讨。在不规则地形的情况下，有必要通过浅孔爆破进行平台的修正和根底的处理，使深孔台阶爆破处于良性循环中。把握好布孔、验孔、根底处理等主要工艺过程以及防止拒爆，是确保爆破安全、提高爆破质量和有效地控制成本的关键。

关键词：深孔台阶爆破；根底处理；成本控制

Analysis on the Relationship Between Construction Technology and Cost Control for Deep-hole Bench Blasting

Shi Chuanbin

（Guangdong Hongda Blasting Co., Ltd., Guangdong Guangzhou, 510623）

Abstract：Based on a practical project, the relationship between construction technology and cost control for deep-hole blasting is discussed. In the circumstance of irregular photography, it is necessary to use short-hole blasting for reparation and maintenance of the bench faces and treatment of toe rocks, keeping normal deep-hole blasting operation. To grasp main processes such as arrangement and check of blastholes, treatment of toe rocks and to prevent the failure-of-shot are the key links for ensuring blasting safety, improving blasting quality and controlling total cost.

Keywords：deep-hole bench blasting；toe-rock treatment；cost control

1 引言

在工程爆破中，随着深孔爆破技术的广泛应用，成本控制问题被越来越多的工程技术人员所研究。成本控制问题的核心在于施工方法和施工技术。成本控制包括爆破成本和铲装运输成本的控制，而铲装运输成本的控制经常容易被忽视，不能单一地降低爆破成本而影响铲装效率。影响铲装效率的因素有大块、根底，此外还有规划布局不合理，如爆破秩序紊乱，道路畅通问题等。大块和根底是爆破技术问题，而规划布局不合理则是施工方法问题。笔者通过惠州大亚湾油库深孔爆破平整工程、三亚铁炉港深孔爆破采石工程、京珠高速广州北段骝岗山石方爆破工程的实践，尝试对深孔台阶爆破施工技术与成本的关系进行分析和总结。

2 施工方法

深孔台阶爆破，首先要根据爆区的地形、地貌和爆破目的，因地制宜地制定最优的、可行的施工方案，然后进行分区段规划，使施工过程紊而不乱。通常一个深孔爆区极其不规则，我们可以通过浅眼爆破手段使其相对规则，提供较好的钻、爆作业条件，一般地，台阶爆破施工步骤如下：

修筑上山道路→确定台阶高度→修整作业平台→形成工作面→循环钻、爆、运作业

上山道路的位置与修筑直接制约着挖运效率，应从工程性质、工程量大小、作业时间的长短、运输设备的性能综合考虑修筑永久性上山道路或临时道路，应做到不重复修辟道路，上山道路的坡度应小于 15°，保证运输设备的高效运行。

台阶高度的确定（每一梯段底板高程的确定）关系着深孔爆破前作业平台和临空面的修整，应根据台阶高度和工程进度由上而下进行浅眼爆破修整，台阶高度越大，相对堵塞段比例减小，大块率相应降低。台阶高度选取一般在 12~20m，爆破效果较好。

工作面形成得好与坏，直接影响深孔钻、爆作业的良性循环。工作面的形成包括爆区长度、台阶高度和底盘抵抗线大小；爆区长度和台阶高度影响大块率；爆区的长度在可能的情况下应尽量拉长，这样有利于降低爆破时因两侧带炮而出现的大块在总方量中所占的比例[1]。底盘抵抗线过大，爆后易出现根底和后冲现象，造成眉线不整齐，影响下一步的潜孔钻作业安全和爆破效果。每次爆破工作面的形成处理不当，或不加以处理，将出现爆破效果一炮比一炮差的现象，形成恶性循环，从而较大地提高爆破和挖运成本。

3 施工技术

3.1 作业平台的修整

修整作业平台是用浅眼对作业平台的高坎部位进行爆破，清理后，使潜孔钻具有安全作业的条件，利于穿孔作业。为了减少浅眼爆破和修整工作量，可根据不同的潜孔钻操作性能进行修整，只要使修整后的平台能确保安全作业、可以穿孔即可。

3.2 根底处理

深孔爆破临空面前的根底（见图 1），应采用浅眼爆破法或潜孔钻打水平孔或角度孔作"抬炮"处理。处理后应满足设计的最小抵抗线 W 值和实际的底盘抵抗线 $W_{1实}$ 小于设计的底盘抵抗线 W_1 的要求。根底的处理有利于深孔爆破时爆堆的顺利抛移，爆后不再出现大面积根底（地质原因或超深不够除外）和后冲现象，显然，也利于爆后的眉线整齐，便于清碴和下一平台的穿孔作业。如果根底处理不好，下一轮炮将留下大面积根底，用浅孔爆破法处理每平方米底板的根底，需 20 元以上费用，使成本大幅度提高。

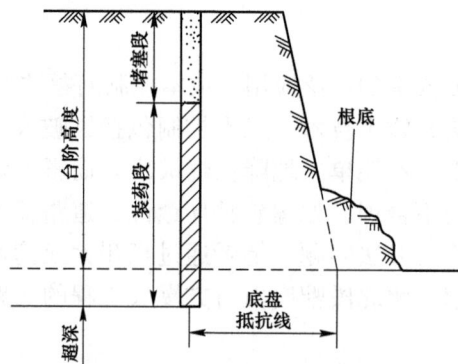

图 1　临空面前的根底

Fig. 1　The toe rocks in front of a free face

3.3 布孔和验孔

经设计、试爆后，确定深孔爆破的各项基本技术参数，根据基本参数中的孔网参数进行布孔。深孔的布孔是影响爆破效果和成本的重要因素之一，一般应遵循以下原则。

（1）根据孔网参数初步布孔，首先应调整第一排孔的位置，确保最小抵抗线 W 值和底盘抵抗线

W_1 值符合设计要求，且第一排孔应避开临空面有较大张开裂隙的位置，防止装药时炸药漏入裂隙中使单孔装药量过大而产生飞石危害。

（2）调整最后一排炮孔位置，使该排孔基本上位于同一直线上，以利于爆后眉线整齐。

（3）调整中间各排炮孔，使孔网参数和炸药单耗符合设计值，如超出设计的允许误差范围应根据地形重新布孔。超出误差范围的原因是地形不规则、眉线不整齐，致使前排布孔不合理，这可以通过补加炮孔的方式调整，使以后各排孔达到原设计要求。

（4）对于因第一排炮孔调整后孔网参数发生变化，应根据设计的单耗值计算单孔装药量，单孔装药量变小时，可采用间隔装药方式，不会使上部堵塞段过长而增加大块；孔网参数变大时，应增加一个炮孔，或在孔的中下部使用高密度、高爆速炸药，以克服底盘抵抗线的阻力。

（5）验孔主要是验收孔的深度和倾斜度，对于倾斜度大于3%的炮孔，要求作废重钻；孔深要求的指标是：孔底高度差不超过20cm，超者回填，欠者进行吹碴处理。

3.4　电爆网路产生拒爆现象分析

电爆网路联接完成后出现测量电阻值比计算值大幅度减小的现象时，可采用检测排除法找出有问题的雷管，并将其从网路中排除，因每孔装两发雷管，一般对正常起爆影响不大。

上述问题的原因一般是雷管脚线与接头绝缘不好，与大地形成回路，出现分流现象。如果疏忽检测校核，将出现多孔大面积拒爆现象。大面积拒爆会产生严重的大块和根底，造成数万元的经济损失，而且处理拒爆时，抵抗线值、起爆顺序、方向将会改变，达不到预期的爆破效果，还容易产生飞石，影响环境安全。

3.5　工程实例

惠州大亚湾油库爆破平场工程前期的试验中，不同底盘抵抗线与爆后底板平整度的关系列于表1。

表1　主要爆破参数与底板平整程度的关系

Table 1　Relationship between main blasting parameters and the levelness of bottom

孔径/mm	岩石类型	排距/m	孔距/m	超深/m	最大底盘抵抗线/m	底盘平整情况
76	砂砾岩	2.3	3.0	0.8	3.0	底盘较平整，无突出或大面积根底
					>3.2	底盘不平整，根底突出
89	砂砾岩	2.8	3.5	1.0	4.0	底盘平整，无突出或大面积根底
					>4.0	底盘不平整，根底突出，严重出现大面积根底
140	砂砾岩	4.0	5.3	1.3	5.0	底盘平整
					>5.3	底盘不平整，后冲严重，眉线不整齐

经过改进和参数优化，确定了以下爆破参数：孔径 $\phi = 140$mm；台阶高度 $H = 14 \sim 15$m；超深 $h = 1.3$m；孔网 $a \times b = 5.2$m×4.0m；平均单耗 $q = 0.5$kg/m³；单孔药量 $Q = 160 \sim 168$kg；堵塞长度 $l_2 = 2.5$m；底盘抵抗线 $W_1 = 4.2 \sim 5.0$m。

前排炮孔的中、下部装爆速较高的乳化炸药，装药长度7~8m，线装药密度13.1kg/m，上部装铵油炸药，线装药密度13.3kg/m；以后各排炮孔底部装乳化炸药，装药长度1.1m，线装药密度13.1kg/m，上部装铵油炸药，线装药密度13.3kg/m。采用"V"形起爆方式，实施微差爆破。

2003年4月14日的这次爆破，共钻孔41个，使用炸药6500kg。爆后块度均匀，大块率（粒径<80cm）3%，眉线整齐，明显可见炸药爆炸后的压碎圈痕迹，底板平整，无根底，挖掘机5min内的铲装量达20m³。

表2中列出了两次爆破的成本统计。可以看出，技术改进和参数优化后爆破成本有所降低。依据此统计数据，每立方米节约成本0.57元，按总方量150万 m³ 计，该工程在技术改进后，可节省成本85.5万元。

表 2 两次爆破的成本统计

Table 2 Statistics of cost for two blasts

爆破时间	延米爆破量 /m³	炸药单耗 /kg·m⁻³	堵塞长度 /m	起爆方式	费用/元·m⁻³				成本 /元·m⁻³
					材料	钻孔	人工	解炮	
2003/04/10	3.8×4.8	0.54	3.0	排间	2.5	2.19	0.5	0.7	5.89
2003/04/14	4.0×5.2	0.50	2.5	V形	2.4	1.92	0.5	0.5	5.32

4 结语

在惠州大亚湾油库深孔爆破平场等多项工程实践中，对钻孔爆破技术和施工方法摸索出了一些经验。首先，要做好整体规划，保证施工正常进行；其次，要在爆破作业方面把握好布孔、验孔、处理根底、防止拒爆等几个主要的工艺过程。只有这样，才能保证爆破安全，有效地控制成本，创造很好的经济效益，提供良好的社会服务。

参 考 文 献

[1] 刘殿中. 工程爆破实用手册 [M]. 北京：冶金工业出版社, 1999.

[2] 中华人民共和国国家标准. 爆破安全规程：GB 6722—2003[S]. 北京：中国标准出版社, 2004.

[3] 于亚伦. 工程爆破理论与技术 [M]. 北京：冶金工业出版社, 2004.

采石场深孔台阶爆破爆堆起火案例初步分析

李萍丰[1] 罗国庆[2] 廖新旭[2] 丘德如[2] 许泽栋[2]

（1. 中国地质大学，北京，100083；2. 广东宏大爆破股份有限公司，广东 广州，510623）

摘 要：文章主要介绍深孔爆破起爆后20起爆堆表面冒火的事例，初步分析了爆堆起火对爆破质量的影响和可能带来的安全隐患，希望引起国家有关管理部门和炸药专家的关注，并供工程爆破界同仁参考。

关键词：台阶爆破；爆堆起火；乳化炸药；爆破质量

Preliminary Analysis on the Case of Fire in Deep-hole Bench Blasting of Quarry

Li Pingfeng[1] Luo Guoqing[2] Liao Xinxu[2] Qiu Deru[2] Xu Zedong[2]

（1. China University of Geosciences，Beijing，100083；

2. Guangdong Hongda Blasting Co.，Ltd.，Guangdong Guangzhou，510623）

Abstract：This paper mainly introduces 20 cases of surface fires on blasting muckpiles after deep hole blasting，and analyzes the impact of the fires on blasting quality and potential safety hazards，hoping to attract the attention of relevant national administrative departments and explosive experts，and provide a reference for colleagues in blasting engineering.

Keywords：bench blasting；blasting muckpile on fire；emulsion explosive；blasting quality

1 概况

铁炉港采石场日爆破方量为3万立方米、月生产合格石料量达60万立方米，采用深孔台阶爆破。采区内岩层为燕山晚期的岩浆岩，岩性为花岗岩，有侵入的辉绿岩脉，f 值为 $11 \sim 14$；地质条件相当复杂、岩体受构造影响较大，整个采区有6组很有规律的结构面，东侧节理密度为每米 $3 \sim 4$ 条，西侧为每米 $1 \sim 3$ 条；风化沟、破碎带均十分发育，裂隙水丰富。

从2003年6月开工以来爆破作业正常，但9月21日起陆续发生爆破作用后爆堆表面冒火事件，到10月20日止的一个月时间里共发生20次，占月爆破作业次数的28.17%，平均每3d发生2次，这给爆破质量及安全带来严重影响。请炸药厂家到现场共同进行试验、分析原因、研究对策，但说法不一，没有提出一个被大家认同的解决办法；10月20日后（换了炸药批次）同样的施工工艺，再没有频繁地发生爆堆表面冒火事件（到2004年12月30日仅再出现一起）。

2 爆破工艺

钻爆基本参数[1]：台阶高度15.0m，孔径140mm，垂直孔、底盘抵抗线（排距）$3.5 \sim 4.2$m，孔距 $5.5 \sim 6.8$m，超深 $0.5 \sim 1.5$m，平均单耗 $0.3 \sim 0.5$kg/m^3，导爆管雷管微差孔内延迟排间起爆和"V"型起爆。

原载于《爆破器材》，2004(S1)：52-55。

装药方法：炸药选用乳化炸药，采用底部横向不耦合系数小（利用自重力装 $\phi110mm$ 药卷）、上部横向不耦合系数大（用绳吊装 $\phi70mm$、$\phi80mm$、$\phi90mm$、$\phi100mm$ 药卷）、全孔不耦合装药结构爆破工艺。

3　爆破作业爆堆起火原因排查试验

2003 年 9 月 21 日~10 月 20 日一个月时间里进行了 71 次爆破作业，爆破后爆堆着火燃烧 20 次，占总爆破作业次数的 28.17%。

3.1　现场爆破作业后爆堆着火情况描述

9 月 21 日下午进行 +40m、+85m、+100m 三平台深孔爆破，18：55 爆炸响声过后，爆破烟尘未全散完，+85m 平台爆堆上出现三堆大火，其火焰呈红色，燃烧持续 2~3min。第二天上午对现场进行了详细检查，其现场情况为：+85m 平台爆堆岩石表面有三处烧黑的痕迹，爆堆效果差，整个爆堆都是特大块石。

9 月 22 日下午进行 +40m、+55m、+70m 三平台深孔爆破，18：58 爆炸响声过后，在 +55m 平台爆堆上有 5 堆大火，+70m 平台有 3 堆大火，火焰均呈红色（与煤气炉燃烧的火焰相似），+70m 平台大火燃烧持续 5~6min，+55m 平台爆堆上的大火燃烧长达 17min 之久。其情景像火焰山在燃烧，整个爆堆大片着火，爆堆散发出浓烈刺鼻的氨气味道。燃烧后现场情况为：+55m 平台爆堆局部岩石表面有烧黑的痕迹，岩石表面温度非常高，手不能触摸，爆堆效果差，整个爆堆中东部均未推出，特大块石很多。其后爆破作业陆续发生爆堆着火燃烧的事件。

3.2　爆破后爆堆起火原因排查

从 9 月 21 日下午深孔爆破后爆堆起火燃烧事件发生后，现场非常重视，各方面人员均到场对起火原因进行现场排查分析（包括炸药厂家）。

3.2.1　炸药质量

三家厂家均进行了爆速、猛度、殉爆距离等实验[2-4]，施工单位还做了传爆距离的试验。详见表1。

表 1　炸药性能试验

厂家	序号	爆速/m·s⁻¹	殉爆距离/cm	猛度/mm	试验时间	测试单位
A	出厂标准	≥3600	≥4	≥13		A 厂自己测试
	1	4098	3（爆）	18	2003.9.27	
	2	4166	3（爆）	17.9	2003.9.27	
	3	4761	3（爆）	—	2003.9.27	
B	出厂标准	≥3600	≥4	≥13		A 厂为 B 厂测试
	4	1198	4（爆）	—	2003.9.28	
	5	5050	4（爆）	—	2003.9.28	
C	出厂标准	≥3200	≥3	≥12		A 厂为 C 厂测试
	6	3787	3（爆）	14.2	2003.9.28	
	7	3401	3（未爆）	—	2003.9.28	
	8	—	4（未爆）	16.7	2003.9.29	C 厂自己测试
	9	—	3（爆）	17.4	2003.9.29	
	10	—	3（爆）	—	2003.9.29	
	11	将 $\phi32mm$ 炸药排 6m 传爆实验，结果全部爆炸			2003.10.4	施工单位测试

注：B 为 2 号岩石乳化炸药；C 为 HWR 系列乳化炸药。

从表中可以看出绝大部分实验结果符合出厂要求。

3.2.2 起爆方式

现场 6 月 20 日~7 月 15 日期间，起爆方式采用导爆索-导爆管雷管孔外延时（延时时间 50ms）排间起爆、7 月 16 日~9 月 20 日期间采用导爆管雷管孔内延时（延时时间 50ms）排间起爆，都未发生起火燃烧的现象。9 月 21 日爆堆起火后，考虑人工装药质量（药卷间是否间隔）、炸药的传爆速度、炸药爆轰不稳定等因素，10 月 1 日在 +100m、+115m 平台采用导爆索-导爆管雷管孔外延时（延时时间 50ms）排间起爆方式，爆破后未发生着火燃烧的现象。但 10 月 2 日采用同样的起爆方式在 +40m、+55m 平台爆破后发生短时（约 2min）着火的现象。

3.2.3 不同厂家炸药混装

因现场炸药用量大、要求的规格多，有时同一平台有不同厂家的炸药混装，甚至同一深孔装 2~3 家的炸药。为了查清爆破后爆堆起火的原因，采用同一厂家装同一爆破作业平台的办法，但经试验三个厂家的炸药均发生了爆破后爆堆起火燃烧的现象，经过爆堆的清理均未发现有残留炸药在爆堆里。各厂家炸药爆破后爆堆起火的频率见表 2。

表 2　装各厂家炸药爆破后爆堆起火频率

厂家名称	A	B	C
着火频率×100	70	70	30

3.2.4 采区内不同地点

为排查爆破后爆堆起火与地质、裂隙、岩性、岩石种类的现场条件的关系，特意安排采区内不同平台、同一平台不同地点进行深孔爆破作业试验。可以看出采区内不同平台、同一平台不同地点均发生了爆破后爆堆起火燃烧的现象，各平台爆破后爆堆起火的频率见表 3，其中 +70m 平台着火频率最高达 35%。并且无论岩石的爆破难易程度、裂隙发育程度、深孔中有没有水都发生了爆破后爆堆起火燃烧的案例。

表 3　各平台爆破后爆堆起火频率

平台	+40m	+55m	+70m	+85m	+100m	+115m
着火频率×100	15	25	35	15	5	5

从上述分析可知：不同厂家、采区内不同平台、同一平台不同地点、不同起爆方式均发生了爆破后爆堆起火燃烧的案例。排查没有达到预期的效果，但可以肯定：（1）采用导爆索-导爆管雷管孔外延时起爆方式可以基本消除爆破后爆堆起火燃烧的现象；（2）采用 C 厂家的炸药爆破后爆堆起火燃烧的概率较小；（3）爆破作业规模较小不会产生爆破后爆堆起火燃烧的现象。

4　爆破后爆堆起火燃烧对爆破质量的影响

经过近一个月的爆破后爆堆起火原因排查分析，虽然没有找到大家公认的起火原因，但爆破后爆堆起火燃烧对爆破质量影响却非常大，具体表现为爆破效果差及爆破作业成本的大幅度上升。

4.1 爆破效果分析

爆破后爆堆起火燃烧对爆破效果的影响集中表现在大块石多、根坎多、装车速度慢。燃烧后（9 月 21 日~10 月 20 日）与燃烧前（8 月 21 日~9 月 20 日）两个月采用的钻爆参数基本相同，但解炮率及处理根坎的抬炮量大大增加，见表 4。

表 4　爆破后爆堆起火燃烧前后两个月爆破效果比较

项　目	燃烧前	燃烧后	燃烧后增加值
产量（上船自然方）/$10^4 m^3$	70	56	—
钻孔总米数/m	34142.1	24328.5	—

续表4

项　目	燃烧前	燃烧后	燃烧后增加值
处理根坎抬炮米数/m	2486.3	2460	—
抬炮数占总米数百分比×100	7.28	10.11	2.83
每10^4m^3抬炮米数/m	35.52	43.93	8.41
大块石解炮数/个	65124	57132	—
每10^4m^3解炮数/个	930	1020	90

4.2　爆破成本分析

发生爆破后爆堆起火燃烧现象后,爆破作业成本也直线上升,平均每天增加约2000元,还不计装车效率下降造成间接经济损失,见表5。

表5　爆破后爆堆起火燃烧前后两个月爆破成本比较

项　目	燃烧前 (8月21日~9月20日)	燃烧后 (9月21日~10月20日)	燃烧后增加值	备注
产量(上船自然方)/10^4m^3	70	56	—	
处理根坎抬炮费用/元	200685.50	197817.74	—	未计装药人工费
每10^4m^3抬炮费用/元	2866.94	3532.46	+665.52	
大块石解炮数费用/元	187109.28	169913.60	—	只计火工品费用
每10^4m^3解炮数费用/元	2672.99	3034.17	+361.18	
每日增加费用(按$2×10^4m^3$)/元	—	—	+2053.40	

5　几点看法

(1)经过近一个月的排查试验,虽然没有得出起火原因的最终结论,但也清楚地认识到爆堆起火是乳化炸药在工程爆破实践中遇到的新问题,它对爆破质量有非常大的影响。

(2)爆破后发生的爆堆表面冒火事件,给现场安全作业带来很大的困难,如果停产整顿,对工程影响很大,经济损失严重,不停产则给爆破作业及挖运作业造成恐惧心态,不幸之中的万幸是没有带来人身事故及次生事故。

(3)在处理过程中,曾请教过各方面专家,尤其是乳化炸药专家,比较多的人认为炸药爆轰不稳定,炸药爆炸后产生了可燃性气体,当积聚到一定的浓度时发生着火燃烧,但3个厂家均不认同这一观点。也不承认是炸药质量的问题。

(4)从炸药专家得到的信息,我国除乳化炸药外,其他工业炸药的原材料均有国家标准,唯独乳化炸药至今没有统一的标准。我们呼吁有关部门尽快对乳化炸药的原材料制定出国家标准,以保证爆破作业的绝对安全。

参 考 文 献

[1] 刘殿中.工程爆破实用手册[M].2版.北京:冶金工业出版社,2003.

[2] 汪旭光.乳化炸药[M].北京:冶金工业出版社,1986.

[3] 唐勇.乳化炸药生产中硝酸铵溶液自燃现象研究[J].工程爆破,1996,3(2):19-22.

[4] 宋锦泉,汪旭光.乳化炸药基质组分选择浅析[J].铜业工程,2001(2):3-6.

切缝药包岩石定向断裂爆破的研究

罗 勇[1] 沈兆武[2]

（1. 广东宏大爆破股份有限公司，广东 广州，510623；
2. 中国科学技术大学 力学和机械工程系，安徽 合肥，230026）

摘 要：以爆炸力学、岩石断裂力学理论为原理，对切缝药包在岩石定向断裂爆破中的切缝产生及裂纹起裂和扩展进行了一定的研究，同时对该法的爆破参数进行了设计，并在实验室进行模型试验验证其正确性。实验结果表明切缝管能使爆炸后的能量有方向性地集中，裂纹的定向断裂控制效果良好，现场初步试验也表明该法是一种比较理想的断裂控制爆破技术。最后还指出了该技术还需要有待研究的方向，这些对相关理论研究和现场应用均有一定的指导意义。

关键词：爆炸力学；断裂力学；定向断裂爆破；切缝药包

Research on the Influence of Cutting Charges on Directional Fracture Blasting of Rock

Luo Yong[1] Shen Zhaowu[2]

（1. Guangdong Hongda Blasting Co., Ltd., Guangdong Guangzhou, 510623; 2. Department of Mechanical Engineering, University of Science and Technology of China, Anhui Hefei, 230026）

Abstract：Based on explosion mechanics and rock fracture mechanics, the paper studies the slit generation and crack initiation and propagation in rock directional fracture blasting with cutting charges. It introduces the designed blasting parameters of this method, which is verified by model tests in the laboratory. The experimental results show that the cutting tube can directionally concentrate the explosion energy, and can effectively control the directional fracture of cracks. The preliminary field test also shows that this method is an ideal fracture control blasting technology. In the end, the paper points out the research direction of this technology, which has a certain guiding significance for related theoretical research and field application.

Keywords：explosion mechanics；fracture mechanics；directional fracture blasting；cutting charge

为了获得平整的岩石开挖面和井巷轮廓线，提高石料开采的成材率，减少超（欠）挖，同时，为了降低巷道围岩受损伤的程度，以便提高其稳定性能，普通的光面爆破已经不能适应生产的需求，而在其基础上发展起来的岩石定向断裂爆破得到了广泛的应用。该爆破方法大体上分为三类[1,2]，即切槽孔岩石定向断裂爆破、聚能药包岩石定向断裂爆破和切缝药包岩石定向断裂爆破。第一类方法的增加了钻孔的难度，加大了辅助工序的时间，且需要采用专用钻具，钻孔效率较低。第二类方法用药量少，尽管效果很好，但聚能药包制作工艺复杂，适应性较差，目前药包还难以系列生产。第三类方法成本低，套管材料一般选用 ABS 塑料管，取材方便，制作简单，成本低，适应性强，易于推广，尽管对套管力学性质有一定的要求，但若能根据现场生产技术的研究及分析，研究生产，则该爆破技术可以适应复杂多变的现场条件，并能显著提高爆破效果。本研究拟从切缝药包岩石定向断裂爆破的机理为切口，推导出相应的爆破参数，以期实现对生产中的指导作用。

原载于《振动与冲击》，2006，25(4)：155-158。

1　切缝药包岩石定向断裂爆裂纹的形成机理

　　切缝药包岩石定向断裂爆破采用特殊的装药结构，如图1所示。炸药装填在由特殊材料（ABS 塑料管）制成的切缝管内，对炮孔实现不耦合装药。切缝药包爆炸时，由于在药包的切缝方向不存在任何阻力作用，因此，造成缝隙附近的高能量密度气体流向切缝方向汇集，使得这个区域内的岩体首先直接受到爆轰气体的作用。在炮孔的其他方位，由于装药切缝管的惯性和对爆炸载荷的衰减作用，孔壁岩石受到的压力明显降低，而且作用时间滞后，极大地减少了爆轰产物对孔壁的直接作用和破坏程度。因此，切缝方向上和其他方向上的孔壁存在一个压力差，使得切缝方向的岩石受到高压作用而形成压缩核，压缩核又与临近岩石间发生局部塑性滑移，进而形成周边炮孔间的初始导向裂纹，即形成延伸很短的剪切破坏面；同时，炸药爆轰产物流充满整个炮孔空间，对整个炮孔壁岩石施加准静态载荷，炮孔壁初始裂缝尖端在这一准静态载荷作用下产生裂纹并扩展，若炮孔间距适当，则可形成炮孔间的贯通裂纹[2-4]。

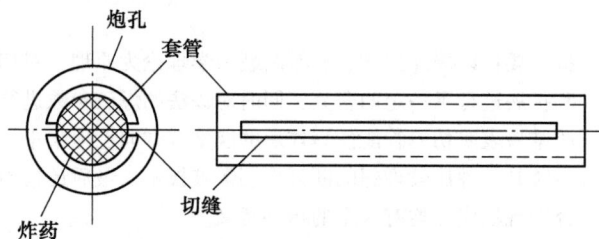

图 1　切缝药包岩石定向断裂爆破装药结构

　　从开裂缝形成特点可知，切缝药包装药结构条件下的炮孔壁开裂的原因在于该处岩体在压力突变处发生了断裂破坏。除了有可能发生因环向拉应力而引起的拉断破坏外，同时还有可能因孔壁压力差形成的径向剪应力而造成的剪断破坏。对岩体这种脆性介质而言，它只能发生这两种形式的断裂破坏[4]。设爆炸（通过切缝）直接作用在炮孔壁上的压力 p_1，通过切缝外壳作用在炮孔壁上的压力为 p_2，则所形成的剪切应力 $\tau = p_1 - p_2$。由库仑定律得到岩体在炮孔壁（切缝）处形成剪切开裂缝时的条件为

$$\tau > S_{td} = \sigma_\theta \tan\phi + C \tag{1}$$

式中，S_{td} 为岩体动态剪切强度；C 为岩体动态内聚力；ϕ 为岩体动态摩擦角。

　　如果岩体在炮孔壁上发生拉断破坏，根据孔壁压力分布状态可知，必然首先在药包的切缝区域内，从而可以建立其破坏条件如下：

$$\sigma_\theta < S_t \tag{2}$$

式中，σ_θ 为炮孔壁上的最大环向拉应力；S_t 为岩体的动态单轴抗拉强度。

　　由环向应力与径向应力的关系得：

$$\sigma_\theta = \mu p / (1 - \mu) \tag{3}$$

式中，μ 为岩体的泊松比；p 为作用在炮孔孔壁上的压力。

　　由式（2）和式（3）得到单孔条件下形成定向拉裂裂缝时孔壁压力 p 应满足的条件为

$$p > (1 - \mu) S_t / \mu \tag{4}$$

　　将式（4）代入式（1）得到在炮孔壁上形成剪裂裂缝时的孔壁压力所应满足的条件：

$$p > (1 - \mu)(C - \tau) / (\mu \tan\phi) \tag{5}$$

　　从理论上讲，炮孔内爆生气体压力只需要满足式（4）或式（5），岩体便会在药包外壳的切缝方向产生拉裂或剪裂开裂缝。这为人们定性和准定量讨论研究切缝药包装药结构的炮孔壁开裂提供了一条可行的途径，也为正确合理地确定爆破参数提供了可靠的依据。

2　开裂缝的扩展方向的力学分析

2.1　裂缝的扩展条件

　　根据岩石断裂动力学理论，裂缝扩展过程中其尖端处的应力强度因子 K_I 为

$$K_I = pF\sqrt{\pi(r_b + a)} \tag{6}$$

式中，p 为裂缝中的准静态压力；a 为裂缝长度；r_b 为炮孔半径；F 为应力强度因子修正系数[4]，是 a 与 r_b 的函数，即 $F = F[(r_b + a)/r_b]$。

在准静态压力作用下，若满足 $K_I \geqslant K_{IC}$，K_{IC} 为岩石断裂韧性，裂缝就能起裂、扩展，反之则止裂。因此，由式（6）可知裂缝继续扩展的条件为

$$p \geqslant \frac{K_{IC}}{F\sqrt{\pi(a + r_b)}} \tag{7}$$

对于定向断裂爆破来讲，炮孔内爆生气体的压力就是裂缝起裂和扩展的驱动力。设炮孔壁上形成导向裂纹后炮孔内压力为 p_0，则导向裂纹需要满足如下条件才能扩展[4,5]：

$$p \geqslant \frac{K_{IC}}{F\sqrt{\pi(a_0 + r_b)}} \tag{8}$$

式中，a_0 为初始导向裂纹的长度，其余符号含义同上。

按照弹性理论，可以近似确定导向裂缝的长度 a_0，文献［7］中的拉梅解答得到岩体内的径向应力分量 σ_r 为

$$\sigma_r = \left(\frac{r_b}{r_b + a_0}\right)^2 \cdot p_0 \tag{9}$$

式中符号含义同前。由式（9）结合式（7）可得导向裂缝的长度 a_0 的最大值为

$$a_0 = r_b\left[\sqrt{\frac{\mu p}{(1 - \mu)S_{td}}} - 1\right] \tag{10}$$

式中，p 为在炮孔壁上形成拉断或剪切破坏的最小压力，参考式（4）和式（5）。

一般来说，药包套管上切缝宽度的大小能影响孔壁上优先产生的预裂隙。如果切缝宽度太小，则动作用对孔壁的直接作用减弱。如果切缝宽度过大，则动作用对孔壁的作用范围增大，难以有效地控制裂纹的扩展方向，还有可能沿切缝方向形成多条裂缝。根据岩石断裂动力学理论和摩尔-库仑强度准则有

$$a_0 = b/[2\tan\theta/2] \tag{11}$$

式中，θ 为导向裂缝的夹角，$\theta = \pi/2 - \phi$，ϕ 为岩石的内摩擦角；b 为切缝管的切缝宽度。因之可以确定切缝管的切缝宽度，为药量设计提供依据。

2.2 裂缝扩展的方向性

对岩体这种脆性介质而言，它只能发生两种形式的断裂破坏：拉断和剪切。当炮孔壁开裂即初始导向裂纹形成之后，岩体内部的应力分布也随之发生变化，同时岩体内切割裂缝的扩展所造成的岩体破坏已不再是简单的拉断或剪断，而是在复杂应力作用下的张开型脆性断裂破坏。因此，裂缝的扩展可由最大拉应力准则来讨论。最大拉应力准则的基本条件是：（1）裂缝沿环向拉应力 σ_θ 取得极大值的方向扩展；（2）当此方向的拉应力达到临界断裂值时，开裂缝失稳定扩展。根据爆炸力学理论，利用极坐标形式给出的炮孔壁上的环向拉应力 σ_θ 表达式如下：

$$\sigma_\theta = \frac{K_I}{2\sqrt{2\pi r}}(1 + \cos\theta)\cos\frac{\theta}{2} \tag{12}$$

式中，r 为极径；θ 为极角，炮孔壁开裂方向（即初始导向裂纹方向）$\theta = 0°$；K_I 裂缝尖端处的应力强度因子与 θ 无关。

上述最大拉应力准则的基本条件可按 $\partial\sigma_\theta/\partial\theta = 0$ 来确定裂缝扩展的方向与开裂方向的夹角，则由式（12）得到：

$$\sin\frac{\theta}{2} + 2\sin\theta\cos\frac{\theta}{2} + \sin\frac{\theta}{2}\cos\theta = 0 \tag{13}$$

显然裂缝的扩展方向与开裂方向一致。

3 单孔装药量

炮孔中装药爆轰完毕,爆生气体随即开始膨胀,由于膨胀迅速,炸药爆炸瞬间其产生的气体来不及扩散,气体被"局限"于炸药体积范围 V_C 之内,可以认为与周围岩石没有热交换,因此可以用绝热方程来描述其膨胀规律,则易求得爆生气体膨胀充满炮孔后即将作用在孔壁上的瞬时压力 p 为[4,8]

$$p = p_k (p_w/p_k)^{\gamma/k} (V_C/V_b)^r \qquad (14)$$

式中,p 为爆生气体膨胀过程的瞬时压力;k 和 r 分别对应等熵指数和绝热指数,取 $k=3$,$r=1.4$;p_k 为临界压力,$p_k = 200\text{MPa}$;V_b 为炮孔有效体积,即炮孔除去堵塞段的体积;p_w 为平均爆轰压力,其值为 $p_w = \rho_0 D^2/[2(1+k)]$,$\rho_0$ 和 D 分别为炸药的密度和爆速。

另外,为了不引起爆破扩壶效应,文献[2]指出压力 p 还需要满足

$$p \leqslant K_b R_C \qquad (15)$$

式中,K_b 为在体积应力状态下岩体的抗压强度增大系数,计算时取 $K_b = 10$;R_C 为岩体的单轴抗压强度。根据文献[2,3],得到切缝药包定向爆破单孔装药量 q 的计算公式为

$$\left(\frac{8K_b R_C}{\rho_0 D^2}\right)^{\frac{1}{3}} \left(\frac{d_b}{d_c}\right) \geqslant l_e \geqslant \left(\frac{8K_{IC}}{\rho_0 D^2 \sqrt{\pi a_0 \cdot F}}\right)^{\frac{1}{3}} \left(\frac{d_b}{d_c}\right) \qquad (16)$$

$$q = \frac{\pi}{4} d_c^2 \rho_0 l_e l \qquad (17)$$

式中,ρ_0 为装药密度;D 为炸药的爆速;d_b 为炮孔直径;d_c 为装药直径;l 为炮孔深度;l_e 为钻孔装药系数。其余符号含义同上。

4 炮孔间距的确定

根据爆破理论,炮孔壁上裂纹的扩展程度由爆生气体的压力和岩体的断裂强度因子确定,高能脉冲气体开始作用与射孔周边的裂隙后,钻孔内准静态压力逐渐下降,使裂隙尖端的应力强度因子 K_I 降低。根据止裂判据就可计算出裂隙扩展的最大长度,从而确定炮孔间距。在定向裂缝的扩展过程中,裂隙尖端的应力强度因子 K_I 可记为

$$K_I = 2p \left(r_b - \frac{r_b^3}{a^2}\right) \cdot (\pi a)^{-1/2} \qquad (18)$$

式中,p 为炮孔内气体压力;a 为任一时刻裂纹长度,其余符号含义同前。

将式(18)写成

$$K_I = pF(\lambda) \qquad (19)$$

其中

$$\lambda = a/r_b, \quad F(\lambda) = 2\left(\frac{r_b}{\pi}\right)^{1/2} \cdot (1 - \lambda^{-2}) \cdot \lambda^{-1/2} \qquad (20)$$

根据裂缝止裂判据,用岩体的断裂韧度 K_{IC} 代式(19)中应力强度因子 K_I,则有

$$F(\lambda) = K_{IC}/p_b \qquad (21)$$

式中,p_b 为裂纹扩展到最大长度时炮孔内爆生气体的压力;假定各条裂纹尺寸和传播规律相同,且裂缝宽度沿其扩展方向呈线性变化。设最大裂纹长为度 a_{max},则根据导向切缝宽度和孔深易求得一条裂缝的体积 V_F,代入式(14)求得的 p 即为 p_b:

$$p = p_k \left(\frac{p_w}{p_k}\right)^{\frac{r}{k}} \left(\frac{V_C}{V_b + nV_F}\right)^r \qquad (22)$$

式中,n 为炮孔壁上形成的贯通裂缝数目。

由式(20)和式(21)就可求得炮孔壁上的最大裂纹长度 a_{max}。由此可以确定炮孔间距 S 为

$$S = 2(a_{max} + r_b + a_0) \qquad (23)$$

从上文可以看出，只有对目标岩体的物理力学性质等有确切的了解，才能设计出合理的爆破参数。在设计药包时需要注意，药包长度大于其直径，而且还要注意药包直径不能小于其临界直径。

5 孔内装药结构

炮孔内装药形式分为耦合装药和不耦合装药。对于石材切割、巷道开挖这类需要严格控制裂纹发展的爆破，一般采用不耦合装药。实践表明，增加不耦合系数对爆破裂纹有着明显的影响，当不耦合系数值增大时，孔壁受到的冲击压力减小，应力波的作用被削弱。同时，爆生气体准静态压力的作用将得到加强。考虑装药外套管的作用，在炮孔径向上，一般采用的是名义不耦合系数 K_m：

$$K_m = d_b / (d_{c1} + \Delta d_c) \tag{24}$$
$$\Delta d_c = 2 \cdot \rho_m \cdot (d_c - d_{c1}) / \rho_0 \tag{25}$$

式中，Δd_c 为外壳折算成药柱直径的增量[8]；ρ_m 为药包外套管密度；d_c 为药包直径，即套管外径；d_{c1} 为套管内径；d_b 为炮孔直径。

在炸药性能和岩石参数确定的情况下，能避免炮孔壁出现粉碎圈和将随机裂缝控制在规定范围内的炮孔不耦合系数，称为临界不耦合系数 K_L。

炮孔轴向连续装药时有

$$K_L = \frac{d_b}{d_c} = \left[\frac{\rho D^2 N \mu}{8(1-\mu)(1+\alpha)^\lambda S_t} \right]^{\frac{1}{6}} \tag{26}$$

炮孔轴向间隔装药时有

$$K_L = \frac{d_b}{d_c} = \left[\frac{L_c \rho D^2 N \mu}{8 L_e (1-\mu)(1+\alpha)^\lambda S_t} \right]^{\frac{1}{6}} \tag{27}$$

式中，N 为爆炸冲击压力作用在孔壁上的增大倍数，一般为 $8 \sim 11$；L_c 为装药长度；L_e 为炮孔除去堵塞段后的长度；S_t 为岩石的动抗拉强度；$\lambda = (2 - 3\mu)/(1 - \mu)$，$\mu$ 为岩体泊松比；α 为裂缝长度与炮孔半径之比。

因此，为了减小粉碎圈或避免粉碎圈的形成，应当尽量使名义不耦合系数 K_m 接近甚至大于临界不耦合系数 K_L。文献 [8] 表明，当装药径向不耦合系数为 1 时，不管切缝宽度大小如何变化，所产生的裂缝总是随机的，因而无控制作用，不耦合系数过大，也难以取得控制裂缝的良好效果。因此，（名义）不耦合系数选取还要结合工程实际。由于受到装药量及孔径大小的限制，工程上一般选取不耦合系数为 $1.3 \sim 1.8$。至于炮孔封孔的长度选择，一般采用抗滑稳定性计算并参考工程经验，并保证填塞长度不得小于最小抵抗线的 0.7 倍。

6 模型实验

为了验证切缝药包在岩石中的定向断裂效果，根据相似准则，制作了若干个 $400mm \times 400mm \times 400mm$ 的爆破模型。模型是按如下（重量）比例配置的，即水泥：砂子：水 = $1:2:0.4$。其单轴抗压强度为 $18.0MPa$，抗拉强度为 $1.54MPa$，弹性模量为 $10.27MPa$，泊松比为 0.17，密度 $2.07g/cm^3$，纵波速度 $3393m/s$，动态断裂韧性为 $1.9 \times 10^6 N/m^{3/2}$。模型中心钻有一个直径为 $14mm$、深 $120mm$ 的钻孔。按照前文的理论设计，装药为 RDX，孔内装三个长度为 $15mm$ 的切缝药包，每个药包药量 $11g$；切缝管为 ABS 塑料管，内径 $8mm$，厚度 $1.5mm$，切缝药管带有两条对称的切缝，切缝均为 $2mm$；封孔长度为 $45mm$。

起爆后模型被完全分成两部分，切缝效果如图 2 所示。炮孔壁上只在预定方向产生裂缝，而在其他方向看不到明显的宏观破坏，显然装药的绝大部分能量被用于定向裂纹的扩展，这表明切缝管可以用于断裂控制爆破。实验中未发生冲炮现象，说明堵塞效果好。实验结果表明，切缝装药爆破切割岩石的作用过程大致分为三个阶段：一是爆破最初阶段高能气体射流在炮孔预定方向的孔壁上造成初始短切缝。二是在爆生气体准静压作用下造成初始短切缝尖端裂纹失稳、扩展、贯通，实现切割。三是爆生气体的残压作用将切割下来的岩块向外推移一定距离。

图2　切缝药包岩石定向断裂爆破效果图

7　现场初步试验

根据以上理论分析，并参照有关方面爆破的计算方法，在某大理石采石场进行初步的工程试验研究。试验的大理石密度为 2700kg/m³，抗压强度为 131.7MPa，抗拉强度为 7.6MPa，弹性模量为 47GPa，动态断裂韧性为 $3.1×10^6 N/m^{3/2}$。选用 2 号岩石硝铵炸药，切缝管内径 25mm，管厚 3mm，切缝宽 3mm，上部预留空气柱，炮孔孔口用炮泥封实 300mm。装药密度 250～300g/m，炮孔深 1000mm、孔径 40mm，炮孔间距 400～450mm。试验效果理想，如图 3 所示，孔内爆破后的断裂痕迹清晰可见，凸凹量小，最大值不超过 50mm，眼痕率高达 100% 以上，开采出的大理石损伤小，成材率高。试验结果初步验证了以上理论分析的正确性。

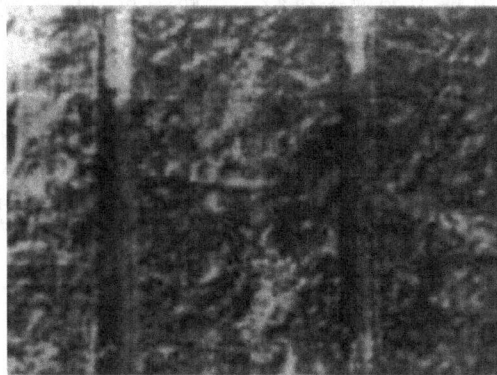

图3　切缝药包岩石定向断裂爆破大理石效果图

8　结论

以爆炸力学、岩石断裂力学理论为原理，对切缝药包用于岩石定向断裂爆破时的裂纹起裂和扩展进行了研究，表明了切缝药包岩石定向断裂爆破的致裂由导向裂纹的形成和扩展及爆生气体的残压推移过程三阶段构成。模型实验和现场初步试验结果表明：药包切缝对炮孔爆炸载荷的定向作用使得裂纹仅在预定方向上稳定扩展，大大减少了炮孔裂纹起始方向的随机性，定向断裂控制效果好。现场试验效果理想，断裂面较平整，孔内爆破后的断裂痕迹清晰可见，凸凹量小，最大值不超过 50mm，眼痕率高达 100%，开采出的大理石损伤小，成材率高。试验结果初步验证了理论分析的正确性。

由于爆破参数的设计与目标岩体的力学性能是密切相关的，因此在实际应用时，需要对目标岩体的力学性能有确切的了解，设计合理的爆破参数，充分发挥采用切缝药包岩石定向断裂爆破技术的先进性，有效保护围岩的目的。在实际矿山生产或者岩（土）开挖工程中，所见的绝大多数都是多孔爆破，对于多孔爆破的研究，还有待于进一步探讨。

参 考 文 献

[1] 谢圣权. 浅析聚能装药在预裂爆破中的应用 [J]. 铀矿冶, 2000, 19(4): 217-222.

[2] 王汉军, 黄风雷, 张庆明. 岩石定向断裂爆破的力学分析及参数研究 [J]. 煤炭学报, 2003, 28(4): 399-402.

[3] 王汉军, 付跃升, 蓝成仁. 定向致裂爆破法在煤矿瓦斯抽放中的应用研究 [J]. 安全与环境学报, 2001(4): 50-52.

[4] 张志呈. 定向断裂控制爆破 [M]. 重庆: 重庆出版社, 2000.

[5] Bjarnholt G. A system for contour blasting with guided crack initiation in swedish "bergs prangnings kommitten" stockholm. Jan 29, 1981.

[6] 徐芝纶. 弹性力学 (下册) [M]. 北京: 高教出版社, 1984.

[7] 徐颖, 宗琦. 光面爆破软垫层装药结构参数理论分析 [J]. 煤炭学报, 2000, 25(6): 610-614.

[8] 魏有志, 王仁树, 断裂控制的新方法及其理论 [C]//全国第二届采矿学术会议煤炭分册. 1986.

多点聚能切割爆破新技术

罗 勇[1,2] 沈兆武[1] 崔晓荣[1,2] 马宏昊[1]

（1. 中国科学技术大学力学和机械工程系，安徽 合肥，230027；
2. 广东宏大爆破股份有限公司，广东 广州，510623）

摘 要：针对当前光面爆破和定向断裂控制爆破存在的问题，以及高强度岩体复杂断面成型爆破的工程现状，提出了多点聚能切割爆破技术，对其特点、聚能爆破机理等作了详细介绍；并将该技术应用于大理石断裂控制爆破，收到了良好的爆破效果。该技术的开发与应用，为岩石断裂控制爆破、高强度岩体复杂断面成型爆破提供了一条高效低耗途径，有广阔的应用前景。

关键词：光面爆破；定向断裂控制爆破；爆破原理；切割爆破

New Technology of Cumulative Cutting Blasting with Multi-perforating

Luo Yong[1,2] Shen Zhaowu[1] Cui Xiaorong[1,2] Ma Honghao[1]

（1. Department of Modern Mechanics, University of Science and Technology of China, Anhui Hefei, 230027；
2. Guangdong Hongda Blasting Co., Ltd., Guangdong Guangzhou, 510623）

Abstract：Regarding the problems existing in smooth blasting and controlled blasting of directional fracture, and combining the status of complex outline shaped blasting in rock masses with high uniaxial compressive strength, the paper put forward and defined a new controlled blasting technology of cumulative cutting with multiple perforation. The characters and blasting mechanism of the cumulative cutting were discussed in detail. The application of this technology to the blasting of marble with high uniaxial compressive strength reached good result. The application and development of this technology offer an approach of high efficiency and low energy consumption to shaped blasting of rock body with high strength and complex sections, and is of extensive practical prospect.

Keywords：smooth blasting；controlled blasting of directional fracture；mechanism of blasting；cutting blasting

1 引言

自 20 世纪 50 年代后期，光面爆破技术在瑞典兴起以来，随后在各国广泛推广应用[1]。目前，国内外岩巷施工中普遍采用光爆技术，在我国高达 90%。相对于普通爆破，光爆巷道或硐室成型质量有较大改观，但围岩损伤仍较严重、轮廓不平整度大、周边孔痕率低，尤其在软弱破碎岩体中问题更为突出，超欠挖严重，很难保证周边质量[2-4]，在一定程度上限制了该技术的应用与发展。

为了克服光爆的不足及满足复杂条件下岩体定向断裂控制爆破的需要，国内外不少专家和学者在此方面进行了大量理论和探索性试验研究，岩石定向断裂爆破技术由此应运而生。该爆破方法大体上分为三类[5,6]，即切槽孔岩石定向断裂爆破、聚能药包岩石定向断裂爆破和切缝药包岩石定向断裂爆破。其中，炮孔切槽爆破法[7-10]增加了钻孔的难度，加大了辅助工序的时间，且需要采用专用钻具，钻孔效率低、成本高；聚能药包爆破法[11-13]尽管用药量少、效果好，但聚能药包制作工艺麻烦、适应性较差、不利于推广使用；相对而言，切缝药包爆破[12-17]取得了较好效果，这类方法药卷制作简单、取材方便、成本低、适应性强、易于推广，但对套管力学性质有一定的要求。目前，对坚硬岩体的复杂断面成型爆破，仍无理想的爆破技术。

针对当前定向断裂控制爆破中存在的问题，本文提出了一种新型岩石定向断裂控制技术——多点聚能切割爆破，并研制了相应的聚能装置。该技术充分考虑了岩石耐压怕拉的特性，用聚能装置进行多点聚能射孔，在设定方向产生拉应力集中，定向断裂岩体，将在岩石定向断裂爆破或硐室复杂断面成型爆破中取得令人满意的效果。

2 多点聚能切割爆破新工艺

2.1 新工艺的来源

多点聚能切割爆破新工艺的设想来源于邮票的启示，在一整张邮票上，由于纵向和横向都有整齐致密的针孔，所以只需要轻轻一撕，一张张小邮票就沿着针孔被整齐地撕下来，而且小邮票边缘不会受到破坏。鉴于聚能射孔作用，可以设想，如果在岩石炮孔中，用导爆索串联若干个小聚能药包，聚能药包的聚能穴均对准预定方向。当聚能药包被引爆后，沿炮孔轴向、在炮孔壁上预定的方向上形成一排射孔，如图1所示。若各个聚能药包间隔距离适当，则炮孔壁岩石在爆生气体的膨胀作用下沿着多个射孔的连线（预定方向）被拉开，致使岩体按设定方向拉裂成型。

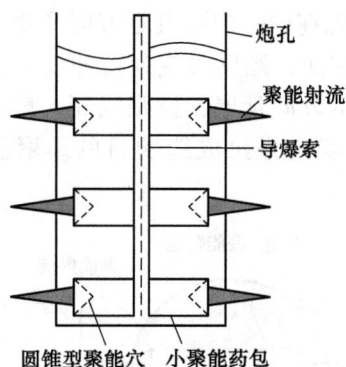

图1 多点聚能切割爆破示意图

Fig. 1 Schematic of cumulative tensile explosion with multiple perforation

2.2 新工艺的爆破装置

多点聚能切割爆破的聚能装置为"点"状聚能爆破装置，它具有如下特点：

（1）聚能小药柱由普通的PVC管加工而成，对于不同岩性的岩石，管材的强度并不需要作特别要求；

（2）聚能小药柱高度随炮孔直径的不同而异，依据它与炮孔的耦合关系确定；

（3）可以对任意方向聚能，聚能角度依据爆破工程轮廓线形状而定；

（4）聚能孔的孔径、孔间距与爆破岩体的岩性、结构以及原岩应力状态有关，通过相关计算确定。

3 多点聚能切割爆破原理及其特点

3.1 多点聚能切割爆破原理

此新工艺是通过多个聚能药包在设定方向上的聚能作用，实现岩石定向断裂控制爆破的。装药时，用导爆索将若干个聚能药包串联，而后按设计方位将其放入炮孔。当炸药引爆后，多个聚能药包形成的聚能射流集中作用于对应的孔壁上，在药包聚能穴的方向上形成一排"点"状射孔，并在射孔边缘产生初始裂纹。

根据弹性力学理论可知，相邻两射孔之间会产生应力集中，因而在爆轰产生的高温、高压、高速气体的强有力的"气楔"作用下，两射孔连线方向的裂纹会不断延展，使岩体沿设定方向拉张开裂。同时，由于管壁的抑制缓冲作用以及因爆轰产物从聚能穴方向优先卸载，应力作用急剧下降，减少了爆轰产物对孔壁的破坏，从而抑制了非设定方向裂纹的发展。当几个炮孔的聚能装药同时起爆时，将在炮孔间产生叠加应力场，炮孔间的拉张应力加大。若炮孔间距适当，相邻裂缝得以贯通，形成光滑的定向控制爆破面，实现精确控制爆破。

多点聚能切割爆破的实质是通过同一炮孔中的多点聚能射孔使炮孔孔壁在设定的方向上产生集中拉力，实现同孔岩体定向拉张断裂成型，然后在不同炮孔之间形成裂缝。这与光面（预裂）爆破相比，增加了同一炮孔中沿孔壁裂缝的定向控制，因而更具有优越性。

3.2 多点聚能切割爆破的特点

多点聚能切割爆破的特点如下。

（1）点条状聚能：多个聚能药包在同一炮孔中引爆后，爆轰产物优先从聚能穴方向卸压释放，在聚能穴方向形成（一排）"点"状能量流，从而在炮孔轴向方向、在炮孔壁设定方向上形成两个"点"状能量流面，如图1所示。因此，多点聚能切割爆破是点条状能量流，聚能效果比条状均布能量流更加集中。

（2）双向拉张作用：爆轰产物优先在同一炮孔设定方向产生微裂隙，为爆轰产物提供了导向卸压空间，当压缩应力波遇到新产生的裂隙面，经反射变为拉伸波，在垂直于裂隙面方向上产生拉应力集中，由于岩石耐压怕拉，使裂隙沿设定方向延展、拉张成面，最后贯通炮孔孔壁；同时，不同炮孔的引爆在炮孔之间产生受拉裂缝，达到双向张拉成缝的目的。聚能射孔拉裂岩石示意图如图1、图2所示。

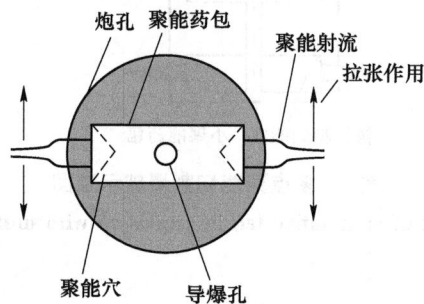

图2　聚能射孔拉裂岩石示意图
Fig. 2　Schematic of cumulative tensile explosion in rock

4　现场初步试验

4.1　试验介绍

工程试验场地在安徽泾县某大理石采石场。试验的大理石密度为 $2700kg/m^3$，抗压强度 131.7MPa，抗拉强度 7.6MPa，弹性模量 47GPa，动态断裂韧性为 $3.1 \times 10^6 N/m^{3/2}$。

炮孔直径为38mm，间排距均为350mm，炮孔深度4000mm。为了达到预期的爆破效果，将整块岩石（长24.5m、宽7m）从母岩上分离下来，利用内径为10mm、厚度为1mm PVC管，制作了一些聚能药柱，每个药柱长度为30mm、装约3g的乳化炸药，在药柱两端挖出一个顶角约为45°的圆锥空腔，不带药型罩。药柱中间挖一个小孔，便于导爆索串联，如图3所示。

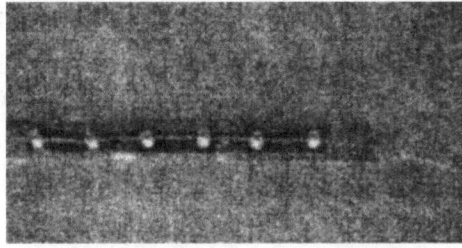

图 3 多点聚能药柱与起爆网路
Fig. 3 Shaped charges of cumulative tensile explosion with multiple perforation and blasting circuit

炮孔用略湿的黄泥堵塞 800~1000mm，在每个炮孔底部安放 2~4 个聚能药柱，聚能药柱用导爆索串联，间距约 150mm，然后绑在小竹片上放入炮孔，以保证聚能穴对准预定方向（炮孔连线方向）。起爆后，发现这种多点聚能切割爆破效果相当不错：24.5m×7.0m×4.0m 的整块岩石从母岩上分离，炮孔连线断裂整齐，炮孔周围无明显损伤。图 4 为爆破后的效果示意。

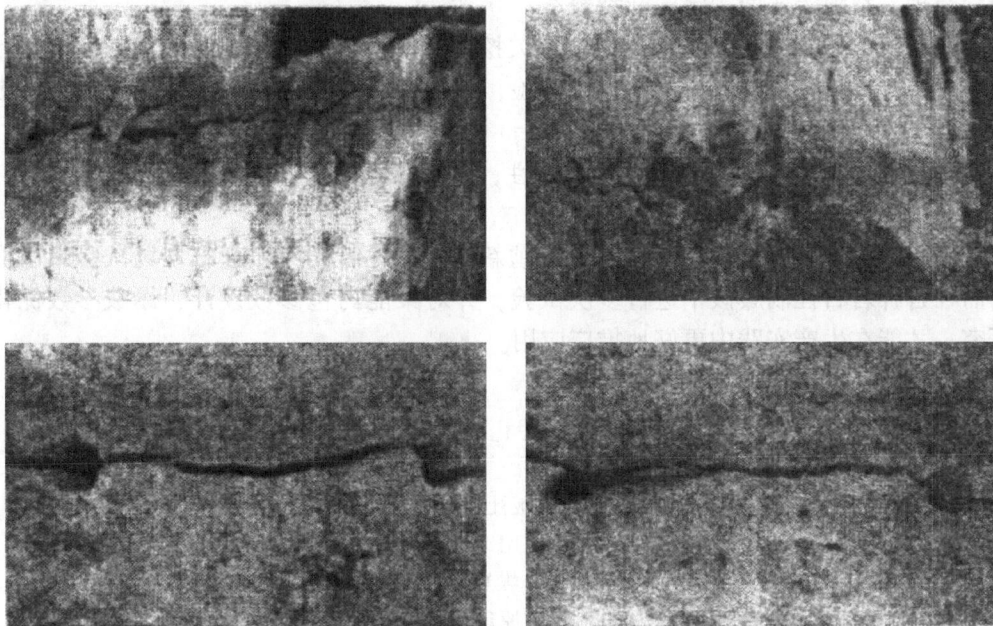

图 4 多点聚能切割爆破效果图
Fig. 4 Blasting effect of cumulative tensile explosion with multiple perforation

4.2 爆破新工艺的效果分析

从爆破切割大理石的现场试验可得出此新工艺的优点及应掌握的关键技术。

（1）多点聚能切割爆破的定向断裂爆破效果明显。起爆后爆炸能量优先沿设定的两个方向集中释放，在孔壁对应部位产生拉应力集中，致使岩体产生裂纹或断裂，沿炮孔连线形成平整贯通面。

（2）多点聚能切割爆破能很好地保护围岩。由于聚能拉伸作用，在非设定方向不产生或很少产生裂纹，对围岩起到了保护作用。鉴于此，可以设想：采用此新工艺对于完整岩体可以实现岩体高质量的成型控制爆破；对于节理、裂隙较发育的岩体，由于聚能定向作用，使爆破受其影响很小，并在聚能方向能够以小角度切穿节理，产生裂缝，实现岩体的控制断裂；而对于破碎区域，若采用该工艺、钻密集孔以及空孔导向联合控制爆破技术，也应能取得较好爆破效果。

（3）对于高抗压强度岩体的复杂断面，周边孔采用该技术进行成型爆破，应能取得良好成型效果。

（4）为保证成型爆破的质量，采用此爆破新工艺时应掌握以下几项关键技术：1）进行硐室爆破时，应预留厚度适当的岩石保护层，以减小硐室受到的爆破破坏作用；2）岩石定向断裂爆破或巷道断面成型爆破时，应保证炮孔（周边孔）钻孔质量，做到互相平行且孔底落在同一平面上；3）炮孔（周边孔）进行聚能装药前，每孔应放置一定量底药，以克服孔底岩石的夹制力、提高炮孔的利用率；4）严格按设计药量装药，保证聚能方向与周边孔连线（或预定方向）方向一致，并按设计要求堵塞炮泥；5）采用相同段数的雷管，尽量减少起爆时差，以提高炮孔间裂缝贯通质量、减少炮孔周围随机裂隙产生。

5 结论

本文结论如下。

（1）多点聚能切割爆破新技术充分考虑了岩石耐压怕拉的特点，利用聚能效应对爆轰产物有导向和瞬时抑制作用，实现爆轰能量在设定方向上的集中卸压释放，使炮孔壁对应处产生拉应力集中，实现岩体定向断裂，并相应减少了爆破对非设定方向围岩的破坏，保护了围岩的完整性。

（2）多点聚能切割爆破能量利用率高。即使对于完整性差的岩体，用该技术进行爆破，产生的高能流可以切穿节理、裂隙等弱面，定向断裂岩石。

（3）多点聚能切割爆破具有成型效果好、超欠挖岩石少、围岩损伤小等优点，经济和社会效益显著。它的成功应用为该技术的推广积累了丰富经验，为复杂断面的成型爆破开辟了一条有效途径，有广阔的应用前景。

（4）为了充分发挥多点聚能切割爆破的优越性，保证爆破质量，必须加强布孔、钻孔、装药、起爆等工序的全程质量管理。

（5）需指出的是，多点聚能切割爆破作为一项新技术，尽管此次大理石现场试验中已取得了显著效果，但仍需在各种岩石控制爆破中进行多次试验，并对聚能药包参数设计、爆破参数优化等方面做进一步的研究，才能在生产实践中更好地推广应用。

参 考 文 献

[1] 蔡福广. 光面爆破新技术 [M]. 北京：中国铁道出版社，1994.

[2] 于慕松，杨永琦，杨仁树，等. 炮孔定向断裂爆破作用 [J]. 爆炸与冲击，1997，17（2）：159-165.

[3] 戴俊，杨永琦. 软岩巷道周边控制爆破的研究 [J]. 煤炭学报，2000，25（4）：374-378.

[4] 杨永琦，戴俊，单仁亮，等. 岩石定向断裂控制爆破原理与参数研究 [J]. 爆破器材，2000，29（6）：24-28.

[5] 谢圣权. 浅析聚能装药在预裂爆破中的应用 [J]. 铀矿冶，2000，19（4）：217-222.

[6] 王汉军，黄风雷，张庆明. 岩石定向断裂爆破的力学分析及参数研究 [J]. 煤炭学报，2003，28（4）：399-402.

[7] 陈益蔚. 切槽爆破参数的确定 [J]. 金属矿山，1991（12）：26-31.

[8] 王树仁，魏有志. 岩石爆破中断裂控制的研究 [J]. 中国矿业大学学报，1985，14（3）：113-120.

[9] 李彦涛，杨永琦，成旭. 切缝药包爆破模型及生产试验研究 [J]. 辽宁工程技术大学学报（自然科学版），2000，19（2）：116-118.

[10] Langefors U，Kihlstorm B. Rock Blasting [M]. New York：John Wiley & Sons Inc.，1963.

[11] Henrych J. 爆炸动力学及其应用 [M]. 熊建国，等译. 北京：科学出版社，1987.

[12] 张志呈. 定向断裂控制爆破 [M]. 重庆：重庆出版社，2000.

[13] 王汉军，付跃升，蓝成仁. 定向致裂爆破法在煤矿瓦斯抽放中的应用研究 [J]. 安全与环境学报，2001（4）：50-52.

[14] 戴俊，王代华，熊光红，等. 切缝药包定向断裂爆破切缝管切缝宽度的确定 [J]. 有色金属，2004，56（4）：110-113.

[15] 张玉明，员永峰，张奇. 切缝药包相似模型试验研究 [J]. 西安矿业学院学报，1999，19（增）：151-155.

[16] 张继春. 岩体定向成缝爆破的方向控制与机理研究 [D]. 西安：西安建筑科技大学，1989.

[17] Foumey W L，Dally J W，Holloway D C. Controlled blasting with ligamented charge holders [J]. Int. J. Rock Mech. Min. Sci，1978，15：121-129.

Control of Yield Rate of Fines of Different Specification of Stone Quarrying with High Intensity

Zheng Bingxu   Li Zhanjun   Song Jinquan

(Guangdong Hongda Blasting Co., Ltd., Guangdong Guangzhou, 510623)

Abstract: According to the characteristics of deep-hole bench blasting and the geological conditions, the size requirement of finished stone and so on, the factors influencing the yield rate of fines were studied, and some new achievements have been made, and are of practical guiding significance to mining in super-large scale quarries and mines.

Keywords: bench blasting; yield rate of fine stone; charge structure

1 Introduction

In southern china a large quarry produce 3.5 ten thousand cubic meter a day and 80 ten thousand cubic meter blasting stones monthly average. The height of mine area is 180m and covers an area of 40 ten thousand square meters. The total blasting volume is about ten million cubic meters. The blasting production of stone is separated into 15 varieties according to the blocks specifications 10 to 2000kg and its grading is quite strict, the stone which above 10kg shall not be greater than 10 percent.

The rock in the blasting areas is diorite granite, f-value is $8-14$, joints and fissures of weathering groove crush zone are well-developed and the fissure water is rich. There have vein invasion in multiple places in the same platform, even in the same working face of blasting operation there have several different geological conditions of rock, and it will be very bad for blasting and sorting. The mining area of rock is separated into 3 varieties according to the complexity of blasting, which is first categories, relatively hard blasting rock; second categories, secondary explosive rock; third, explosive rock. According to the request of sorting stone, the mining machinery choose 1.0 to 1.6 cubic meter hydraulic backhoe, generally the efficiency of excavator can reach average 800 cubic meter per machine-team, because of the need to choose the qualified stone fromblasting heap, the efficiency of drivers is reduced to an average of 400 cubic meter per machineteam, it needs 90 backhoe to work, each backhole need 20m wire length to work, the normal operation needs 1800m critical pile length, it need more than 600m length of working face for drilling charging and so on. So, in order to achieve continuous balanced work, the total length of lines needs more than 2400m.

The quarries are united to 15m high bench, blasted 3-4 bench every day. The number of blasting row is not more than 3 rows; width is 100-150m, after blasting it will dig clean in one week. The volume of borehole can reach 2000m every day, the secondary blasting need more than 2000 detonator every day, using 10 DTH drill, the equipment of rock drilling are Ingersoll-Rand VHP750 DTH drill, the blast hole is $\phi140$ mm vertical hole. The charge structure of full hole is which the transverse uncoupling loading coefficient of charging at the bottom is small (using $\phi110$mm cartridges) and the toptransverse uncoupling loading coefficient of charging is big (using $\phi70$mm $\phi80$mm $\phi90$mm $\phi100$mm cartridges), we use waterproof emulsion explosive, the density of explosive is 1.16g per cubic meter. When meeting with the hard broken location of rock, we usually don't charge in vacuum space at the bottom of blasting hole.

原载于《第四届亚洲太平洋地区爆破技术研讨会论文集》，2014：121-124。

2 Different character of fines in blasting muck pile

In the process of cleaning in muck pile, the amount of stone and spoils of daily delivery in the muck pile can be seen in Fig. 1. From the figure we can see that it delivered rock materials most in a few days after blasting, then the spoils has increasing exponentially. The fines are mainly come from the central of muck pile, and it corresponds to the position of the coupling charging (bottom charging). The next is the weakness of interlayer and crush zone. The fines are less in the corresponding parts of stemming (blasting stone is distributed in the surface of muck piles), the yield rate of fines in the part of top charging (the part of uncoupling charging) is much less than that in the part of bottom charging. It should explain that the fines can be quarried after accumulating to a certain amount, and this is one of the reasons that the fines are less in preliminary stage.

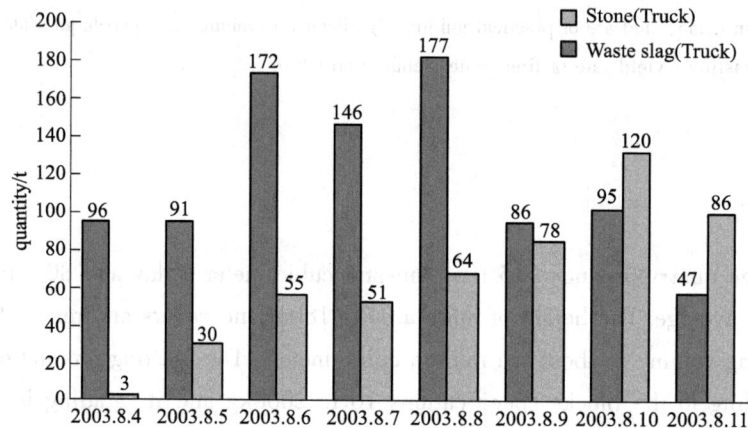

Fig. 1 Qualified stone and waste slag quantity statistics

The parameters of drilling and blasting on site: the aperture is 140mm, the vertical hole, the bench height is 15m, the sub drilling is 1.3m, and the bottom burden is 3.8m, the distance of hole is 6.5m.

3 Research of the influence of yield rate of fines

According to the characteristics of engineering, the block which is less than 10kg are designated as fines, the yield rate of fines are defined as the percentage which the block weight of less than 10kg in the total weight of blasting hole.

The range of the crushing zone which near the blast hole is depending on the conditions of the characteristics of rock and explosive drilling and blasting parameters charge structure and so on.

（1）On site the yield rate of fines after changing the unit volume consumption of dynamite, the parameter of the blasting hole in different explicability of rock. It can be seen in Table 1.

Table 1 Statistics of yield rate of fines

Number	Name of platform	Types of rock (explicability of rock)	Unit consumption	Row spacing/m	Distance of hole	Spacing	Yield rate of fines/%
1	+70m	I	0.32	3.8	6.5	24.7	9.28
2	+70m	I	0.36	3.5	6.5	22.8	13.93
3	+40m	I	0.43	3.5	6.2	21.7	15.21
4	+40m	I	0.46	3.5	6.5	22.8	15.74
5	+40m	I	0.48	3.5	6.0	21.0	28.76
6	+130m	II	0.31	4.2	6.0	25.2	16.93

Continues Table 1

Number	Name of platform	Types of rock (explicability of rock)	Unit consumption	Row spacing/m	Distance of hole	Spacing	Yield rate of fines/%
7	+40m	II	0.32	3.8	6.5	24.7	21.19
8	+85m	II	0.32	4.2	5.8	24.4	21.49
9	+100m	II	0.36	3.5	6.5	24.7	41.30
10	+85m	II	0.39	4.2	5.5	23.1	48.40
11	+130m	II	0.44	3.5	6.5	22.8	53.09
12	+100m	III	0.29	3.8	6.5	24.7	126.12
13	+100m	III	0.30	3.8	6.5	24.7	90.24
14	+100m	III	0.30	3.8	6.5	24.7	298.94
15	+130m	III	0.34	4.2	6.0	25.2	50.05
16	+115m	III	0.35	3.5	6.5	22.8	64.33
17	+115m	III	0.37	3.5	6.5	22.8	102.21
18	+115m	III	0.40	3.6	6.2	22.3	95.51

(2) In the same situation of unit volume consumption of dynamite, the yield rate of fines is decreased with the increase of the resistance line; the yield rate of II rock have more influence than that of I rock by the bottom burden. The bottom burden is reduced from 4.2m to 3.0m, the yield rate of II rock increase 1.63 times, while the yield rate of I rock only increase 0.79 times.

(3) In the range of same unit volume consumption of dynamite and a certain distance of hole, the yield rate of fine stone are decreased with the increase of the distance of hole, furthermore, the yield rate of fine stone of II rock have more influence than that of I rock on the distance of hole; the bench bottom burden have more effect than the distance of hole on the yield rate of fine stone; the broad pore technique has been test before in the field, but it produced the powder ore fines more easily, this project is to reduce the powder ore fines, the distance of hole should not be more than 6.0m and less than 5.0m, the value of spacing burden ratio is less than 1.5 and more than 1.2.

(4) Charge structure has much more influence on yield rate of fine stone than the properties of rock distance of hole and the bench bottom burden. In order to reach the requirements of the design of rock grading, we use the charge structure which is the transverse uncoupling loading coefficient of charging at the bottom is small and the upside transverse uncoupling loading coefficient of charging is big. Generally the density of bottom charge Δ_{bottom} is 11kg/m, the density of the top part Δ_{top} is no less than 4.5kg/m, in order to meet the need of density of charge line and uncoupling loading coefficient (1.2−2.0), we use the cartridges which the bottom lifting diameter is 110mm and the top are 70mm 80mm 90mm and 100mm.

In the same situation of borehole net parameters, the yield rate of fines increase in power characteristic with the increase of density of top charge, and it has a significant reduction with the decrease of density of bottom charge; II rock have much more influences than I rock on the yield rate of fines affected by density of top and bottom charge; The lower parts have much more influences on yield rate of fines with other factors such as bottom burden properties of rock and pith of holes; the smaller the density of charge, the larger uncoupling loading coefficient, with the decrease of maximum stress of the inner wall of blast hole, the broken circle is getting smaller, along with the decrease of powder fines.

(5) The influence on the property of explosive to yield rate of fines is great. This project adopt strip emulsion explosive in several factories, the detonation velocity is 3300−5600m/s, the greater the explosive detonation velocity, the larger range of hole damage is, and the yield rate of fines are high naturally. To reduce the fines, we should adopt low detonation velocity explosive.

4　Technical measures and engineering effect of controlling yield rate of fines

（1）To reduce the ore fines, do not adopt the wide-space patterns of blasting holes, the coefficient density of hole should be in 1.2–1.5.

（2）The charge structure has closely relationship with ore fines, the bottom charge need the bottom rocks which has large pushing clamping force, the uncoupling loading coefficient should be small, the ore fines produced is difficult to avoid, so, the top part is the key point to control ore fines, the upper charge should be controlled strictly, to make the top rock fall down simply.

（3）Themore the rock broken badly, the more valuable it is to control ore fines.

（4）By adopting comprehensive control technical measures, the yield rate of fines of this quarry is reduced from 50% to 18%.

（5）According to the influence degree that all technical measures to yield rate of fines, it is sorted in order of size: charge structure, lines charge density, unit volume consumption of dynamite, explosive detonation velocity, bottom burden, distance of holes.

References

［1］Rose Manis H P. Proceedings of the Fourth International Symposium on Rock Fragmentation by Blasting［M］. Beijing: Metallurgical Industry Press, 1995.

［2］Liu Dianzhong, Yang Shichun. A Practical Handbook of Engineering Blasting［M］. Beijing: Metallurgical Industry Press, 2003.

［3］Wan Yuanlin, Wang Shuren. Analysis of calculating borehole pressure under decoupled charging［J］. Blasting, 2001(1): 13–15.

［4］Zhang Zhengyu. Modern Water Power Engineering Blasting［M］. Beijing: China Water Power Press, 2003.

［5］Luo Xiuhao. Science and technology novelty search report［R］. Guangdong: Institute of Science and Technology Information, 2008.

［6］Zheng Bingxu, et al. Appraisal documents of research achievement on high-intensive exploitation technique of different dimensions stones［R］. Guangzhou: Guangdong Hongda Blasting Engineering Co Ltd, 2008.

［7］Liu Dianzhong. A Practical Handbook of Engineering Blasting［M］. Beijing: Metallurgical Industry Press, 2003.

［8］Yu Yalun. Theory and Technique of Engineering Blasting［M］. Beijing: Metallurgical Industry Press, 2004.

［9］Wang Xuguang, Yu Yalun. Present situation and development of engineering blasting［C］//Engineering blasting corpus (the sixth period), Shenzhen: Haitian Press, 1997.

［10］Wu Congshi, Qi Baojun, Liu Yufeng, et al. Press change and blasting effect of shot hole in slope sections［J］. Journal of Liaoning technical university (natural science edition), 2001, 20(4).

［11］Xiao Fuguo, Li Qiyueand, et al. Summary of joint rock blasting block prediction model［J］. Mining Research and Development, 2001, 20(4).

［12］Tan Zheng, Li Guangyue, Li Changshan, et al. Gary correlation analysis of blasting parameters influencing size performance of block blasted［J］. Mineral engineering, 2003(6).

［13］Li Xiangdong, Zhang Qiang. Study on optimization design of medium-length-hole blasting parameters［J］. Mining Research and Development, 1995(1): 35–39.

［14］Wu Zijun, Gao Shantang, Hu Renxing, et al. Research on rock fragmentation by blasting design parameters［J］. Mining Research and Development, 1983, 3(2).

凹陷露天铁矿下台阶路堑爆破实例

王文伟

（广东宏大爆破股份有限公司，广东 广州，510623）

摘　要：作者针对经山寺矿山路堑爆破工程，介绍了采用直孔拉槽，加大超深台阶以及在硬度较大的岩石中采用辅助斜孔的台阶爆破施工技术，相对于单纯的直孔拉槽爆破，爆破震动减小，更经济，其成功经验对类似工程具有参考价值。

关键词：露天矿山；台阶爆破；辅助斜孔

The Practice of Down Bench Cutting Blasting of the Depressed Surface Iron Mine

Wang Wenwei

（Guangdong Hongda Blasting Co., Ltd., Guangdong Guangzhou, 510623）

Abstract：Pointing at the mine and cutting blasting work of Jingshan Temple, the author introduces the construction technique of bench blasting, by means of adopting burn cut, Increasing super-deep bench and using assistant inclined-hole in the hard rock, the technique have an advantage over the pure burn cut blasting for its reducing blasting concussion and more economic, and its successful experience provides the reference for the similar blasting engineering.

Keywords：surface iron mine；bench blasting；assistant inclined-hole

1　引言

凹陷露天采矿每下一个台阶，必须进行堑沟开挖，为台阶爆破开拓出下一台阶面。堑沟开挖一般都是采用垂直孔和斜孔相结合，一次拉槽爆破的爆破方案。当爆破岩质硬度较大，硬度不同且周围环境复杂时，采用这种爆破方案爆破药量大，爆破震动较大，不利于边坡稳定和安全防护。对整个堑沟一次性拉槽爆破，爆破参数设计要求较高，否则难以达到堑沟设计的要求。本文通过河南经山寺露天铁矿路堑开挖爆破实例，介绍一种复杂环境下硬岩的堑沟开挖方法，即采用直孔拉槽爆破和加大超深台阶爆破相结合，并辅助斜孔的爆破方法。

2　工程概况

河南经山寺露天铁矿位于河南省中部，为凹陷露天铁矿，第一期工程剥采总量约 $1.1×10^7 m^3$。矿山内地层主要为变质岩系和沉积岩及第四系地层，矿岩节理缝隙中等发育，矿岩完整性较好，矿石硬度大于12，一般岩石硬度 $f=18$ 左右。

矿山台阶高度10m，设计堑沟长150m，宽20m；下台阶斜坡道路的坡度为8°，长125m。矿山周围有十个村庄，最近的不到200m，对爆破的减震要求比较高。考虑到岩石硬度较大，且各处硬度有所

原载于《煤矿爆破》，2017(1)：34-36。

不同，爆区环境复杂，采用传统堑沟开挖所采用的垂直孔和斜孔相结合，实施一次拉槽爆破的爆破方案是不可行的。经仔细研究并结合以往经验，决定采用将整个堑沟爆破分为若干次斜坡道开挖爆破，并在不同的深度采用不同的爆破方案，有效地控制了爆破震动，同时相应地降低了爆破成本。

3 爆破方案实施及效果

3.1 路堑下降 6m 前爆破方案

根据斜坡路堑坡度为 8° 的设计要求，路堑开挖下降 6m 之前，计算进深长度 75m，初次爆破路面宽度为 14m。根据地质条件和设计要求，决定采用直孔加强超深拉槽爆破。在爆破地质为 $f=12$ 的角闪岩段和 $f=20$ 的原生矿段分别采用不同的孔网参数进行爆破。根据设计坡度的要求，计算出每个布孔位置孔底的标高，并根据其值定出该孔的深度，超深 2m。开端处孔深不足设计要求的可统一孔深为 4m。根据开挖路堑坡度要求，由前至后孔深逐孔加深 0.5m，布孔如图 1 所示。

爆破参数如下：（1）中间两排孔距 $a=3$m，排距 $b=2$m；（2）两边四排孔距 $a=4$m（岩石硬度 $f=20$ 时，$a=3$m），排距 $b=3$m；（3）钻孔直径 $D=140$mm，超深 $h=2.0$m，乳化炸药装药直径 $d=110$mm，堵塞 $l=2.5$m；（4）最大抵抗线 $W=3.5$m，平均单耗 $q=0.9$kg/m³。

起爆方式如图 1 所示，采用一、三、五段毫秒延期起爆。爆破后形成良好爆堆，中间突起 2m 左右，挖走以后斜坡坡度达到设计的 8° 要求，用挖机稍微平整即可通车。

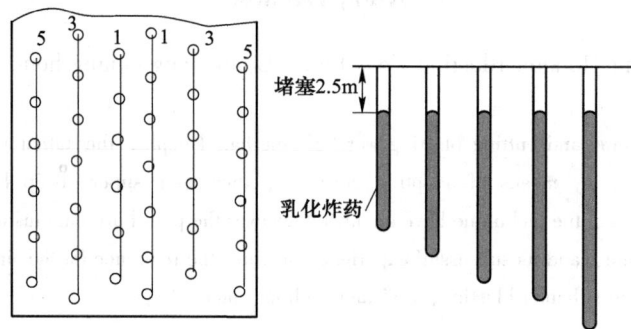

图 1 路堑下降 6m 前爆破设计

3.2 路堑下降 6m 后爆破方案

当直孔掏槽下挖到深 6m 且岩石硬度在 $f=12$ 左右时，不宜继续采用直孔掏槽，采用扩大工作面的加大超深台阶爆破。根据设计要求，计算出每个布孔点的孔底标高，并算出孔深，超深 $h=2.5$m，一般后一排孔深比前排深 0.5m。采用梅花等腰三角形布孔，每次爆破 4 排为宜，如图 2 所示。

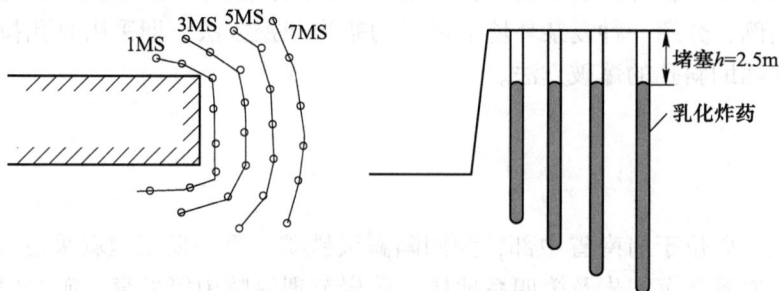

图 2 路堑下降 6m 后爆破设计

爆破参数如下：（1）孔距 $a=5.5$m，排距 $b=3.5$；（2）钻孔直径 $D=140$mm，超深 $h=2.5$m，装药直径 $d=110$mm，堵塞 $l=2.5\sim3.0$m；（3）最大抵抗线 $W=3.5$m，平均单耗 $q=0.6$kg/m³。

起爆方式如图 2 所示，采用一、三、五、七段毫秒延期起爆。爆破后基本上没有大块，爆堆良好。

断面很直并且眉线清晰，挖走后也能达到设计的坡度要求，不留跟脚，稍微平整即可通车。采用这种加大超深台阶爆破能有效地减小了爆破震动，与单一的直孔掏槽相比，减少了穿孔量，爆破单耗也相应减小。

当爆破地质为 $f=20$ 左右原生矿时，采用缩小孔网参数、加大超深、提高单耗的台阶爆破方法，爆破效果不理想，地板没有按预计的情况走低。按照上一台阶的经验，放四排炮孔可走低 2m 左右，但实测地板只下降了 0.5m，从爆破情况看单一采用这种方法无法达到设计要求。为了达到设计要求并减少损耗，采用辅助斜孔台阶爆破，即在台阶断面前加布一排斜孔，斜孔孔距 3m，孔深与直孔的孔底标高相同或略深一点，角度为 60°~70°，如图 3 所示。爆破时斜孔与第一排孔同时起爆。

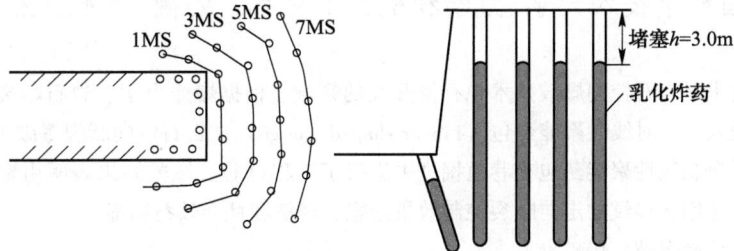

图 3　辅助斜孔台阶爆破设计

爆破参数如下：（1）孔距 $a=5.0$m，排距 $b=3.5$m；（2）钻孔直径 $D=140$mm，超深 $h=3.0$m，装药直径 $d=110$mm，堵塞 $l=2.5\sim3.0$m；（3）乳化炸药平均单耗 $q=0.7$kg/m^3。

爆破效果同样很好，形成良好的爆堆，没有大块。挖走后孔底标高按设计的要求下降了 2m 多，一次到位。与原来相比，不但加快了进度也节省了成本。

4　结论

凹陷矿山临时路堑爆破，采用上述直孔拉槽和加大超深台阶爆破的方法，不但可以减小震动，相对于一般的单纯的直孔拉槽更经济，但是在岩石很硬的情况下，加大超深也很难使台阶地板降低。采用与辅助斜孔相结合的方法能很好地达到降低地板的目的。

聚能爆破在岩石控制爆破技术中的应用研究

罗 勇[1] 崔晓荣[1] 沈兆武[2]

(1. 广东宏大爆破股份有限公司，广东 广州，510623；
2. 中国科学技术大学 力学和机械工程系，安徽 合肥，230027)

摘 要：聚能爆破技术是岩石控制爆破技术中有待开发的领域。根据爆炸力学、岩石断裂力学理论，从当前控制爆破面临的问题入手，对线性聚能药包（Linear shaped charge）在岩石定向断裂爆破中裂纹的产生及扩展进行了研究，并利用自制线性聚能药包在巷道掘进中进行了工程试验。试验结果表明由聚能药包岩石定向断裂爆破有明显的定向作用，裂纹的定向断裂控制效果理想，经济和社会效益明显。

关键词：聚能药包；控制爆破；爆破参数

Application Study on Controlled Blasting Technology with Shaped Charge in Rock Mass

Luo Yong[1] Cui Xiaorong[1] Shen Zhaowu[2]

(1. Guangdong Hongda Blasting Co., Ltd., Guangdong Guangzhou, 510623; 2. Department of Modern Mechanics, University of Science and Technology of China, Anhui Hefei, 230027)

Abstract：Cumulative explosion is a new controlled blasting technology, which can resolve the problems existing in present control blasting and the status of complex outline shaping blasting in rock masses. According to the dynamics of explosion and fracture mechanics, the initiation mechanism of the crack and its expansion of orientation fracture blasting with linear shaped charge were studied and the shaped charge cutter was designed and tested in field. The satisfactory blasting effects have been achieved, which suggests that the control blasting with linear shaped charge is a good means in directional fracture controlled blasting.

Keywords：shaped charge; controlled blasting; blasting parameters

随着工程爆破技术的迅猛发展，与之相关的巷（隧）道的掘进过程中不可避免地会碰上岩石爆破的问题[1]。然而，巷道断面的成型未能得到很好的解决，使得炮眼利用率偏低，是影响施工质量、速度的主要因素。

第二次世界大战之后，聚能炸药在军工方面得到了极大的重视[2]，同时聚能现象在民用工业技术中的应用也得到了迅猛发展，如石油开发、金属切割、岩石切割爆破等工业领域。研究证明，聚能爆破是一种比较适用于石材切割、巷道成型的爆破方法，它可以产生极大的能量射流，控制预定方向的裂纹的扩展、减少其他方向随机生成的裂纹；能大大提高炮孔的利用率，加快掘进速度，边壁超挖和欠挖大大减少。而且与其他爆破方法相比可采用更大的不耦合系数，这为减少对岩体的损伤创造条件。

另外，许多大型水电工程都要求采用精雕细刻的开挖爆破技术，不仅需要成型规格符合设计要求，而且要尽量减少爆破破坏深度，聚能爆破技术无疑是一项很好的途径。为此，笔者就聚能断裂爆破技术进行了研究，以期解决掘进巷道的断面成型问题。

原载于《力学季刊》，2007，28(2)：234-239。

1 聚能切割器作用机理

根据聚能原理[2-4]，当带楔形罩的聚能炸药被引爆后，由起爆点传播出来的爆轰波到达药型罩罩面时，金属罩由于受到强烈的压缩，迅速向对称面运动，速度很高，结果在对称面上金属发生高速碰撞，从药型罩的内表面挤出一部分高速向前运动的金属来，爆轰波连续地向罩底运动，内表面连续地挤出金属，当药型罩全部被压向对称面以后，在对称面上形成一股高速运动的刀片状金属射流和一个伴随金属流低速运动的杆体。这种高速、高能量密度的金属射流与靶子作用时，穿透效果大大超过无罩聚能装药。金属流后的杆体速度低，没有穿透作用。岩石为脆性物质，抗拉强度很低。线型聚能爆炸切割器对岩石的作用之一，就是利用它所生的高速，高能量密度的刀片状金属射流在岩石上开一槽，以控制断裂方向，然后在应力波和爆轰气体的作用下，把岩石拉断。线型聚能爆炸切割器（以下简称切割器）爆炸时，在炮孔连心方向上金属聚能流把岩石打出切割槽，造成应力集中。而高压爆轰气体进入切割槽后起到了"气楔"的作用，使切割槽前端产生裂隙并进一步向前发展。切割器爆轰所引起的径向压缩应力波，在传播过程中，必然会在切向形成伴生拉应力。如果炮孔间距合适，在相邻炮孔内安放切割方向相对的聚能切割器，即切割方向相对且处于炮孔连心面上，则两炮孔内的切割器齐发爆破时，应力波必然在两炮孔连心线中央点相碰并发生迭加作用，形成了切向合成拉应力。在以上几种力的共同作用下，炮孔连心线向上形成裂隙进而贯穿，控制了岩石的断裂方向，达到了控制爆破的目的。

2 聚能爆破主要爆破参数

目前，聚能切割器的制作没有一个统一的标准，只有一些经验和公式，每次使用都是根据工程的需要进行设计制作，使之既具有足够的切割能力达到工程设计的要求，又没有太多的爆炸能量剩余，同时还要便于安放。在确定爆破参数的过程中，既要考虑到取得良好的爆破效果，又要在经济技术上合理可行。因此，爆破参数确定的合理与否是该方法能否取得成功的技术关键。一般来说，对爆破效果影响最大的参数有钻孔长度、孔间距离、装药结构及装药量、封孔长度等。

聚能药包的金属罩在爆轰波的压挤作用下形成一股速度可达每秒几千米甚至十几千米的高速金属射流[2]，聚能射流的速度和射流对岩体的侵彻速度可通过下面的经验公式[2]计算：

$$v_j = v_0 \cdot \frac{\cos\left(\dfrac{\beta}{2} - \alpha - \delta\right)}{\sin\dfrac{\beta}{2}} \tag{1}$$

$$v = \frac{v_j}{1 + \sqrt{\dfrac{\rho_j}{\rho_t}}} \tag{2}$$

这种高温、高能量、高速度的射流很容易使岩石产生具有方向性的切缝，切缝深度 L 的计算表达式[2,5,6]为

$$L = L_e \cdot \left[\frac{k\left(1 + \sqrt{\dfrac{\rho_t}{\rho_j}}\right)}{\sqrt{1 - \dfrac{v_k}{v}}} - 1\right] \tag{3}$$

式中，L 为射流侵彻深度；L_e 为有效射流长度；ρ_j、ρ_t 分别为射流密度和目标岩体密度；k 为实验确定的系数；v_k、v 分别为临界速度和射流侵彻速度；v_j 为射流速度；v_0 为药型罩的闭合速度；α、β、δ 分别是药型罩的半锥角、闭合角和变形角。其中 k、v_k 在文献［2］中可以查到。

从上面可以看出，对于岩石定向切割，金属射流的速度 v 是关键，而 v 除了与金属罩几何参数有

关外，药型罩的闭合角 β、变形角 δ 及闭合速度 v_0 都是一个决定因素。众所周知，这几个决定性因素是与药包结构、炸药性能及药量有关的。因此，为了提高金属射流的速度 v，应根据岩石物理力学性质和施工要求，选择合适的炸药品种（高爆速、生成气体量多的炸药），并尽量提高炸药密度。参照聚能药包设计原则并考虑优化炮孔内的装药结构，最终设计出合理的聚能药包参数。

2.1 单孔装药量

为达到理想的工程效果，药量的控制显得更为重要。欲使初始裂纹扩展，单位长度炮孔中的聚能药包的个数 n[5] 至少应为

$$n = \frac{V_d}{V_0} \cdot \left(\frac{p_1}{p_k}\right)^{\frac{1}{k}} \cdot \left(\frac{p_k}{p_H}\right)^{\frac{1}{\gamma}} \tag{4}$$

式中，V_d 为单位长度炮孔体积；V_0 为每个聚能药包的体积；p_1 为使初始裂纹扩展所需要的最小的爆生气体准静态压力值（近似为炮孔壁的破坏强度）；p_k 为爆生气体膨胀的临界压力，一般取 $p_k = 200\text{MPa}$；p_H 为炸药的平均爆轰压力；γ 为爆生气体的局部等熵绝热指数；k 为等熵绝热指数。

聚能射流在炮孔壁上形成切缝后，爆生气体进入射流形成的裂缝内并使裂缝尖端产生裂纹并使裂纹朝预定方向扩展。为达到理想的工程效果，药量的控制显得更为重要。根据文献［5］和［7］，得到单孔装药量 q 的计算公式为

$$q = \frac{1}{4}\pi d_c^2 \rho_0 l_e l \tag{5}$$

$$\left(\frac{8K_b\sigma_c}{\rho_0 v_D^2}\right)^{\frac{1}{3}}\left(\frac{r_b}{r_c}\right) \geqslant l_e \geqslant \left(\frac{8K_{ID}}{\rho_0 v_D^2 \sqrt{\pi b \cdot F}}\right)^{\frac{1}{3}}\left(\frac{r_b}{r_c}\right) \tag{6}$$

式中，K_b 为在体积应力状态下岩体的抗压强度增大系数，取 $K_b = 10$；σ_c 为岩体的单轴抗压强度；F 为应力强度因子修正系数，是 b 与 r_b 的函数，即 $F = F(b/r_b)$，可由相应的表中查出，b 为任意时刻裂纹的长度；r_b 为炮孔半径；ρ_0 为炮孔装药密度；v_D 为炸药的爆速；r_c 为装药半径；l 为炮孔深度（堵塞长度除外）；l_e 为炮孔装药系数。

2.2 炮孔间距

射流在钻孔壁上形成裂缝后，爆生气体的准静态压力将对裂隙作进一步的扩展。根据爆破理论，其扩展程度由爆生气体的压力和岩体的断裂强度因子确定。当爆生气体开始作用后，随着裂缝的扩展，炮孔内准静态压力逐渐下降，使裂隙尖端的应力强度因子 K_I 降低。显而易见，应力强度因子降低的速度与切缝的数目有关，切缝数越多，压力和应力强度因子降低越快[5,7]。当满足式 $K_I = K_{ID}$（K_{ID} 为岩石的动态断裂韧度）时，裂隙止裂；此时，根据止裂判据就可计算出裂隙扩展的最大长度 $b_{\max}$，从而确定炮孔间距 a。在定向裂隙的扩展过程中，裂隙尖端的应力强度因子计算式为

$$K_I = 2p_b \cdot r_b \cdot \frac{1 - \dfrac{r_b^2}{b^2}}{(\pi b)^{\frac{1}{2}}} \tag{7}$$

式中，p_b 为裂缝止裂时炮孔内爆生气体压力，与炸药药量、装药结构及被爆岩体性质等因素有关，其余符号含义同上。

在这些因素确定后，利用爆炸力学理论易求得 p_b。

令 $\lambda = \dfrac{b}{r_b}$，$F(\lambda) = 2(r_b/\pi)^{\frac{1}{2}} \cdot (1 - \lambda^2) \cdot \lambda^{-\frac{1}{2}}$，则式（7）可写为

$$K_I = p_b \cdot F(\lambda) \tag{8}$$

用 K_{ID} 代替式（8）中的 K_I，则

$$K_{ID} = p_b \cdot F(\lambda) \tag{9}$$

代入相关参数，根据止裂判据，就可以求得裂隙扩展到最大长度 $b_{\max}$ 所对应的 λ 值，记为 λ_C，则

最大裂隙长度 $b_{\max}$ 可确定为

$$b_{\max} = \lambda_C \cdot r_b \tag{10}$$

由于炮孔孔径和聚能射流在孔壁上形成的切槽深度远小于裂隙扩展的最大长度 $b_{\max}$，故可忽略之，确定炮孔间距 a 为

$$a = 2b_{\max} \tag{11}$$

2.3 装药结构

炮孔内装药形式分为耦合装药和不耦合装药，在炮孔轴向上的不耦合装药指孔内非连续装药。实践表明，增加不耦合系数对爆破裂纹有着明显的影响，当炮孔内装药径向不耦合系数增大即炸高增加时，孔壁受到的冲击压力减小，应力波的作用被削弱。同时，爆生气体准静态压力的作用将得到加强，这样可以减小粉碎圈的大小而有利于裂纹扩展。工程经验表明，当装药径向不耦合系数为 1 时，炮孔壁上所产生的裂缝总是随机的，不耦合系数过大，也难以取得控制裂缝的良好效果。而裂纹数目随着不耦合系数的增大而减少。因此，在控制爆破中，若不采取合理的不耦合装药结构，会产生较密集的径向裂纹，造成需要扩展的裂纹得不到充分扩展，而不需要扩展的裂纹却扩展了，对爆破效果不利。炮孔轴向方向上不耦合系数一般根据工程经验确定。由于受到装药量及孔径大小的限制，不耦合系数选取还要结合工程实际，工程上一般选取 1.3 ~ 1.8。至于炮孔封孔的长度选择，一般采用抗滑稳定性计算并参考工程经验，并保证填塞长度不得小于最小抵抗线的 0.7 倍，封孔材料一般选择密度大、摩擦系数大的略潮的黄泥或水炮泥。

3 工程应用一

某特大型硐室爆破工程，所爆岩台面长度为 2.2m，上控高度为 1.5m，拱高 0.5m，岩体为花岗斑岩，单轴抗压强度为 127MPa，抗拉强度为 8.2MPa，弹性模量为 38GPa，动态断裂韧性为 $2.9 \times 10^6 \text{N/m}^{3/2}$。岩体局部节理、裂隙发育并有淋水。硐室的边墙与跨拱衔接段以小岩台连接，为保证岩台能够有效地支承大跨度拱底荷载，要求对其进行成型爆破。在使用普通光面爆破未能达到目标的情况下，采用了聚能药包爆破断裂爆破新技术，取得了满意的爆破效果。

聚能药包采用直径 32mm，长 180mm，重 200g 的 Ⅱ 号岩石乳化炸药药卷（密度 1.2g/cm^3）制作。由长 180mm、宽 12mm、厚度 1mm 的紫铜板加工而成锥角为 90° 的楔形罩，在标准药卷两侧沿其轴向对称挖两条槽，将楔形罩嵌入其中。即每个聚能药包有两个对称放置药形罩（如图 1），罩开口朝向预裂方向。每个聚能药包长 180mm，药包直径 32mm，装有 105g 炸药。爆破参数为：炮孔直径为 42mm，孔深 1600mm（主爆孔 1800mm）。孔内径向装药不耦合系数为 1.3，炮孔轴向采用不连续装药，用导爆索在炮孔内将药包等间隔串联，装药系数 l_e 取 0.7。堵塞长度根据装药调整，400 ~ 500mm。p_b 取岩石的抗拉强度值 8.2MPa，l 取 1100 ~ 1200mm。利用止裂条件，将已知参数代入式（7）得孔距为 520mm，取周边眼间距为 500mm。利用式（5）计算得到每孔需装药 693g，故周边孔每孔装 7 个聚能药包，装药量为 735g/孔；主爆孔以梅花形布眼，每个孔内装 8 个聚能药包，装药量为 840g/孔。采用非电毫秒雷管。岩台成型爆破结果如图 2 所示，试验前后经济技术指标对比见表 1。

表 1 经济技术指标对比

Table 1 The comparison results

项 目	实验前（光面爆破）	实验后（聚能药包爆破）
炮眼个数/个	57	45
炮眼深度/m	1.6	1.6
雷管消耗个数/个	57	45
炸药消耗量/kg	48.7	33.9
循环进度/m	1.1	1.5
单位雷管消耗/个	36	24

项　目	实验前（光面爆破）	实验后（聚能药包爆破）
单位炸药消耗/kg	24.9	17.8
周边眼痕率/%	36	100
最大超挖量/mm	180	50

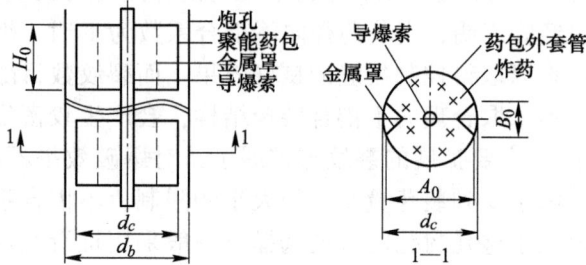

图 1　线性切割器炮孔内放置示意图

Fig. 1　Schematic of linear cavity effect cutter

d_c—药包直径；d_b—炮孔直径；A_0，H_0，B_0—聚能装药尺寸

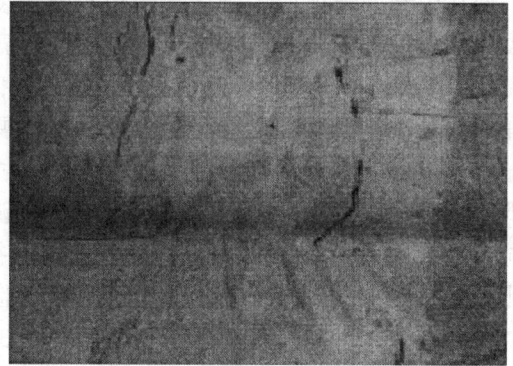

图 2　聚能药包爆破效果图

Fig. 2　Photos of blasting with shaped charge

爆破结果表明，复杂断面（岩台）采用聚能药包预裂爆破效果理想，眼痕率高达 100%，超欠挖量小，最大超欠挖量不超过 50mm，表面平整度高，巷道成形好。巷道轮廓外爆震裂隙不明显，裂隙范围明显减小，提高了巷道围岩稳定性。应用聚能药包爆破技术使炮眼数目减少，减少了掘进时间，提高了循环进度和工效。将聚能药包爆破同普通光面爆破进行比较，聚能药包爆破有以下优点：周边眼痕率提高，超挖量明显减少，巷道成形好，质量好；循环进度提高，降低了掘进成本；施工更安全，巷道不易发生片帮、冒顶；而且能减少投入，降低掘进成本，是一种值得大力推广的爆破技术。

4　工程应用二

4.1　试验巷道工程地质概况

试验在某矿十三水平东翼电车道（3101 掘进工作面）进行。巷道为直墙半圆拱形断面，净宽 4.5m，净高 3.1m，底洼 200mm 施工，掘进断面积 14.095m²。该巷道布置在石炭系地层 C_{14} 煤层底板与唐山灰岩之间，主要围岩为灰色粉砂岩，岩石硬度系数 $f=6\sim8$，局部岩层节理发育。

4.2　试验情况

聚能药包是靠聚能作用，将炸药爆炸后的能量沿聚能射流在孔壁上形成的（初始）切缝方向集中释放，从而沿导向切缝方向实现定向断裂爆破，减少次生裂隙，进而达到减轻爆破对围岩震动破坏的目的。因此，只要求周边眼使用聚能药包，并要求楔形罩开口方向与巷道周边轮廓线方向一致，以保证定向断裂爆破效果。

炸药仍选用 Ⅱ 号岩石乳化炸药。对于周边眼中放置的聚能药包，每个聚能药包有两个对称放置药型罩（如图 1），罩开口朝向预裂方向。药型罩为楔形，仍由长 180mm、宽 12mm、厚度 1mm 的紫铜板加工而成，锥角为 90°。每个药包长 180mm，直径 32mm，装有 105g 炸药。不耦合系数为 1.3；其余炮眼采用直径为 32 的普通药卷（非聚能药卷）。炮眼装药后，先充填两卷水炮泥，然后封填长度不少于 600mm 的黏土炮泥，以保证装药质量。起爆器为 MFB-100 型，全断面一次起爆。

由于巷道围岩为中硬粉砂岩，试验前采用楔形掏槽方式，全断面布置 60 个炮眼，掏槽眼深 2.0m，周边及崩落眼深 1.8m。周边眼间距 450mm，最小抵抗线 450mm。因聚能药包具有定向断裂爆破作用，试验中将周边眼间距由原先的 450mm 增大到 550~650mm，其余炮眼深度等参数不变，以便进行爆破效果比较。

4.3　试验效果

2003 年 7 月~2003 年 9 月期间，共进行了 60 个循环的爆破试验，有效试验天数 30 天，累计进尺 115m。试验期间与试验前爆破效果对比见表 2。

表 2　试验期间与试验前爆破效果对比

Table 2　Blasting effect of test and before test

项　目	试验前	试验后	对比值
每循环雷管消耗量/发	60	55	-8.3%
每循环炸药消耗量/kg	38.4	24.9	-35.2%
炸药单位消耗量/kg·m^{-3}	1.60	1.51	-5.6%
雷管单位消耗量/发·m^{-3}	2.50	2.19	-12.4%
周边眼半痕率/%	47	96	+104.3%
平均喷射混凝土/mm	150	90	-40%
掘进效率/m^3·工$^{-1}$	0.92	1.19	+29.3%

4.4　技术经济效益

试验表明，采用聚能定向断裂爆破技术能节省爆破器材，降低出矸量和喷射混凝土量，减少炮眼数目，缩短打眼时间，具有明显的技术经济效益。试验期间共节约炸药费用 349.2 元，节约雷管费用 258 元，节约喷射混凝土费用 8893.4 元，节约排矸费用 473.7 元，节约打眼电费 192.8 元，共计 10167.1 元；除去聚能药包的材料费用 3980 元，共节约费用 6187.1 元，平均每米巷道节约费用 53.8 元。另外，由于采用聚能定向断裂爆破技术，减轻了爆破对巷道围岩的震动破坏，减小了巷道后期维护工作量，间接经济效益更为明显。

4.5　推广应用情况

聚能定向断裂爆破技术试验取得成功后，又在该矿 3102、3201、3202 等掘进工作面推广应用；同时大胆采用了三角柱复式分段掏槽方法，以提高循环进尺。截止到 2004 年 5 月底，累计进尺已达 2780m，创直接经济效益 149564 元，收到了较好效果。

5　结论

本文结论如下。

（1）应用聚能定向断裂爆破技术，可提高巷道成形质量，缩短打眼时间，减少巷道超挖量和喷射混凝土量，提高了掘进效率和进度，降低了巷道施工成本；同时还减轻了掘进爆破对围岩的震动破坏，减小了巷道后期维护工作量，具有明显的技术经济效益。

（2）聚能爆破的机理是利用切缝的导压作用，合理分配爆炸能量，使孔壁上受到不均匀压力，在预定的方向应力集中生成并扩展裂隙，在其他方向上的作用大大减弱。

（3）聚能爆破技术是爆破技术中有待开发的领域，采用该爆破方法，几乎不影响现场周围的正常生产，缩短了工期，爆破安全系数高。经济和社会效益显著，它的成功应用为该技术的推广积累了丰富经验，为复杂断面的成型爆破开辟了一条有效途径，有非常广阔的应用前景。

（4）需指出的是，聚能药包定向断裂爆破作为一项新技术，尽管在工程爆破实践中已取得了显著效果，但仍需在聚能装置参数设计、爆破参数优化等方面做进一步的研究。

参 考 文 献

［1］ 于亚伦. 工程爆破理论与技术［M］. 北京：冶金工业出版社，2004.

［2］ 张守中. 爆炸基本原理［M］. 北京：国防工业出版社，1988.

［3］ 纪冲，龙源，杨旭，等. 线型聚能切割器在工程爆破中的应用研究［J］. 爆破器材，2004，31（1）：31-35.

［4］ 张新华，熊自立，刘永. 聚能爆炸切割岩体的试验研究成果［J］. 中南工学院学报，2000，12：23-27.

［5］ 陆守香，林玉印. 间隔聚能装药爆破技术与应用［J］. 煤炭学报，1997，22（1）：42-46.

［6］ 王昌建，颜事龙. 半圆形聚能装药爆炸切割的理论探讨［J］. 淮南工业学院院报，2000，20（4）：41-45.

［7］ 王汉军，付跃升，蓝成仁. 定向致裂爆破法在煤矿瓦斯抽放中的应用研究［J］. 安全与环境学报，2001，1（4）：50-52.

深孔台阶爆破径向不耦合不均匀装药数值模拟研究

王永庆[1,2] 李萍丰[1,2]

（1. 中国地质大学（北京），北京，100083；
2. 广东宏大爆破股份有限公司，广东 广州，510623）

摘 要：对台阶爆破深孔条件下径向不耦合不均匀装药爆破过程进行数值模拟，研究岩体在深孔径向不耦合不均匀装药时岩体中应力的变化过程。并与耦合装药爆破岩体中应力的变化过程进行比较，得出深孔条件下的径向不耦合不均匀装药爆破粉矿最低的结论，从理论上验证了某采石场采用径向不耦合不均匀装药爆破技术是控制粉矿的最佳手段之一。

关键词：台阶爆破；数值模拟；变化过程

Numerical Simulation on Uncoupling and Nonuniform Radial Projectile Filling in Bench Blasting for Deep Hole

Wang Yongqing[1,2] Li Pingfeng[1,2]

（1. China University of Geosciences(Beijing)，Beijing，100083；
2. Guangdong Hongda Blasting Co.，Ltd.，Guangdong Guangzhou，510623）

Abstract：The variation process of stress in rock mass under uncoupling and nonuniform radial projectile filling in bench blasting for deep hole was studied by means of numerical simulation. The result shows that fine ore is lowest by uses of uncoupling nonuniform radial projectile filling compared with coupling and uniformity. This result validated that the technique of uncoupling and nonuniform radial projectile filling in bench blasting for deep hole is the best to control fine ore.

Keywords：bench blasting；numerical simulation；variation process

1 引言

三亚某大型采石场为防波堤、码头提供工程用块石，开采强度为 5 万 m³/d，其块石需要的特点为：（1）石料有严格的规格（块度）要求；（2）10kg 以下的块石为弃渣；（3）需求规格石料随时间变化。在现场采用深孔台阶爆破径向不耦合不均匀装药技术取得了粉矿率最佳的效果。由于炸药爆破及其破岩过程高速、复杂，现有实验条件和测试手段有限，因此在实验室或现场难以对爆破现象进行详细的观测。利用现代计算机技术，再现爆破过程，模拟各种变量之间的关系，来获得较优的爆破参数和较佳的爆破工艺，采用计算机数值模拟从理论上验证某采石场采用径向不耦合不均匀装药爆破技术是控制粉矿的最佳手段之一[1-10]。

2 径向不耦合不均匀装药技术

径向不耦合不均匀装药结构见图 1。将单一装药结构（装药段延米装药相同）改变成上下段装药，

原载于《爆破》，2007，24：23-29。

下段延米装药量是上段延米装药量的 1.2~2.2 倍（上下不同装药直径），下部炸药量将底部岩石崩塌开（抛掷爆破）、上部药量则将上部岩石震塌（弱松动爆破）克服岩石的摩擦力，使其自由落体运动掉下（全孔不均匀不耦合装药技术）。该装药结构不仅有效地控制了粉矿，而且较大程度地提高了钻孔的利用率，综合成本大幅度降低（20% 左右）。它成功应用于以开采防波堤、各类码头工程用石料为主的三亚及洋浦等大型采石场中，每天开采合格石料达 3.5 万 m³，目前已经完成了 2000 万 m³ 的块石开采，规格尺寸符合工程要求。

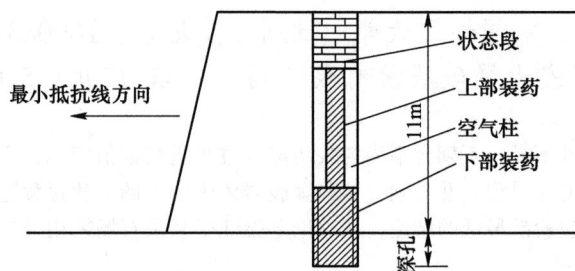

图 1　深孔台阶爆破不均匀不耦合装药结构示意图

Fig. 1　Structure schematic plan of deep hole bench blasting under uncoupling and uneven projectile filling

3　径向不耦合不均匀装药数值模拟

3.1　计算模型描述

爆破模型是爆破理论与技术研究的关键问题，目前常用的爆破模型有：弹塑性模型、流体弹塑性模型、BCM 模型、GK 损伤模型、Taylor-Chen 破坏累积模型、KUS 损伤模型等。

炸药的材料模型为 HIGH_ EXPLOSIVE_ BURN，状态方程由 JWL 来描述；岩石采用弹塑性模型（MAT_ PLASTIC_ KINEMATIC），空气采用空模型（MAT_ NULL）。

3.1.1　炸药

炸药为 TNT，采用 JWL 状态方程：

$$p_{\text{eos}} = A\left(1 - \frac{\omega}{R_1 V}\right)\mathrm{e}^{-R_1 V} + B\left(1 - \frac{\omega}{R_2 V}\right)\mathrm{e}^{-R_2 V} + \frac{\omega E}{V} \tag{1}$$

式中，p_{eos} 为压力；E 为爆轰产物单位体积的内能；V 为爆轰产物的相对体积（即为单位体积装药产生的爆轰产物的体积）；A、B、ω 均为材料常数。

3.1.2　岩石

选取 MAT_ PLASTIC_ KINEMATIC 材料模型，在此模型中，通过参数 β 在 0~1 变化得到等向、随动及等向和随动强化，见图 2；等向强化中，屈服面的中心是固定的，但半径是塑性应变的函数；随动强化中，屈服面半径是固定的，而中心随塑性应变的方向转换，因而，屈服条件如下：

$$\phi = \frac{1}{2}\xi_{ij}\xi_{ij} - \frac{\sigma_y^2}{3} = 0$$

式中

$$\xi_{ij} = s_{ij} - \alpha_{ij}$$

$$\sigma_y = \sigma_0 + \beta E_p \varepsilon_{\text{eff}}^p$$

α_{ij} 的变化率为

$$\alpha_{ij}^{\nabla} = (1 - \beta)\frac{2}{3}E_p \dot{\varepsilon}_{ij}^p$$

因此

$$\alpha_{ij}^{n+1} = \alpha_{ij}^n + (\alpha_{ij}^{\nabla n+1/2} + \alpha_{ik}^n \Omega_{kj}^{n+1/2} \alpha_{ki}^n + \Omega_{ki}^{n+1/2}\Delta t^{n+1/2}) \tag{2}$$

应变率用 Cowper 和 Symonds 模型计算，屈服应力由应变率依赖因子按比例确定。

$$\sigma_y = \left[1 + \left(\frac{\dot{\varepsilon}}{C} \right)^{\frac{1}{p}} \right] (\sigma_0 + \beta E_p \varepsilon_{eff}^p) \tag{3}$$

式中，p 和 C 是常数。

$\dot{\varepsilon}$ 是应变率

$$\dot{\varepsilon} = \sqrt{\dot{\varepsilon}_{ij} \dot{\varepsilon}_{ij}}$$

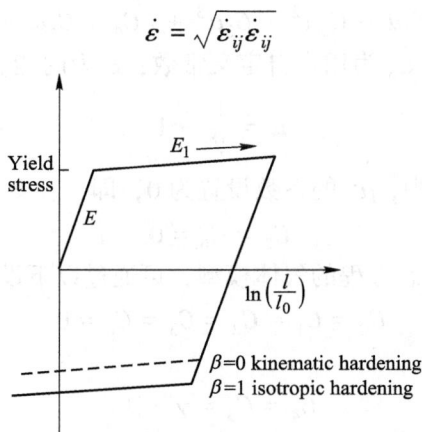

图2　等向和随动强化弹塑性特性图

Fig. 2　Elastic-plastic character diagram of Isoclinic and following strengthening

图2中，l_0 和 l 为试件单轴压缩变形前和变形后的长度，当前屈服面半径 σ_y 是初始屈服强度 σ_0 与增量 $\beta E_p \varepsilon_{eff}^p$ 之和，其中，E_p 塑性强化模量：$E_p = \dfrac{E_t E}{E - E_t}$，而 ε_{eff}^p 是等效塑性应变：

$$\varepsilon_{eff}^p = \int_0^t \left(\frac{2}{3} \dot{\varepsilon}_{ij}^p \dot{\varepsilon}_{ij}^p \right)$$

塑性应变率是总应变率与弹性应变率之差：

$$\dot{\varepsilon}_{ij}^p = \dot{\varepsilon}_{ij} - \dot{\varepsilon}_{ij}^*$$

在此模型中，如果满足屈服函数，则偏应力按下式变化：

$$\sigma_{ij}^* = \sigma_{ij}^n + C_{ijkl} \Delta \varepsilon_{kl}$$

式中，σ_{ij} 为试应力张量；σ_{ij}^n 为前一时间步应力张量；C_{ijkl} 为弹性剪切模量矩阵；$\Delta \varepsilon_{kl}$ 为应变张量增量。

如果不满足，则计算塑性应变增量，重新计算应力屈服面，且更新屈服面中心。

假定 s_{ij}^* 表示 $n+1$ 步试弹性偏应力，则：

$$s_{ij}^* = \sigma_{ij}^* - \frac{1}{3} \sigma_{kk}^*$$

且

$$\xi_{ij}^* = s_{ij}^* - \alpha_{ij}^*$$

定义屈服函数为

$$\phi = \frac{3}{2} \xi_{ij}^* \xi_{ij}^* - \sigma_y^2 = \Lambda^2 - \sigma_y^2 \begin{cases} \leqslant 0 & \text{弹性或不确定性加载} \\ > 0 & \text{塑性强化} \end{cases} \tag{4}$$

那么

$$\varepsilon_{eff}^{p^{n+1}} = \varepsilon_{eff}^{p^n} + \frac{\Lambda - \sigma_y}{3G + E_p} = \varepsilon_{eff}^{p^n} + \Delta \varepsilon_{eff}^p \tag{5}$$

应力偏量为

$$\sigma_{ij}^{n+1} = \sigma_{ij}^* - \frac{3G \Delta \varepsilon_{eff}^p}{\Lambda} \xi_{ij}^* \tag{6}$$

屈服面中心更新为

$$\alpha_{ij}^{n+1} = \alpha_{ij}^{n} + \frac{(1-\beta)E_{p}\Delta\varepsilon_{eff}^{p}}{\Lambda}\xi_{ij}^{*} \tag{7}$$

3.1.3 空气

选取 NULL 模型, 采用 LINEAR_ POLYNOMIAL 状态方程

$$p = C_0 + C_1\mu + C_2\mu^2 + C_3\mu^3 + (C_4 + C_5\mu + C_6\mu^2)E \tag{8}$$

式中, C_0、C_1、C_2、C_3、C_4、C_5、C_6 为用户自定义常数; E 为内能。

$$\mu = \frac{1}{V} - 1 \tag{9}$$

式中, V 为相对体积; 在膨胀单元中, μ^2 的系数设置为 0, 即

$$C_2 = C_6 = 0 \tag{10}$$

该状态方程可用于服从 γ 律状态方程的气体模型, 可通过以下设置得到:

$$C_0 = C_1 = C_2 = C_3 = C_6 = 0 \tag{11}$$

及

$$C_4 = C_5 = \gamma - 1 \tag{12}$$

式中, γ 为指定热率; 则压力方程变为

$$p = (\gamma - 1)\frac{\rho}{\rho_0}E \tag{13}$$

E 的单位为压力单位。

3.2 材料的基本参数

炸药具体参数见表 1。

表 1 炸药及其状态方程

Table 1 Explosive and state equations

密度/g·cm⁻³	爆速 D/m·s⁻¹	爆压 P_{CJ}/GPa	A/GPa	B/GPa	R_1	R_2	ω	E/GPa
1.10	4500	9.7	214.4	0.182	4.2	0.9	0.15	4.192

岩石的材料参数见表 2。

表 2 岩石材料参数

Table 2 Rock parameter

材料	密度/g·cm⁻³	杨式模量 E/10¹¹Pa	泊松比 μ	屈服强度 Y_c/10¹¹Pa
花岗岩	2.6	0.33	0.30	1.6×10^{-3}

空气材料参数见表 3。

表 3 空气及其状态方程

Table 3 Air and state equations

密度/g·cm⁻³	PC	MU	C0	C1	C2
1.29×10^{-3}	0.0	0.0	-1.0×10^{-6}	0.0	0.0

C3	C4	C5	C6	E0	V0
0.0	0.4	0.4	0.0	2.5×10^{-6}	1.0

3.3 几何模型及有限元模型

几何模型具体尺寸见图 3 及图 4, 采用 cm、g、μs 单位制, 即应力: 10^5MPa, 时间: μs。有限元模型见图 5 及图 6。

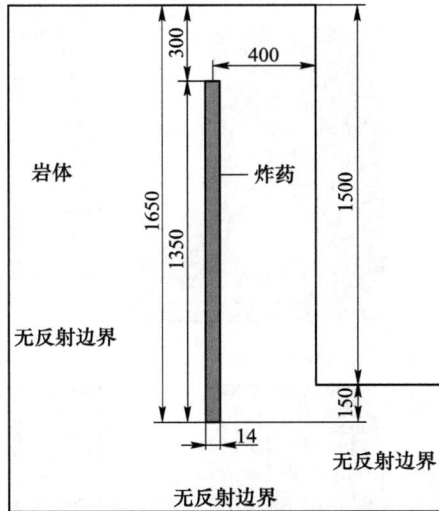

图 3 耦合装药几何模型（单位：cm）

Fig. 3 Geometric model of coupling projectile filling

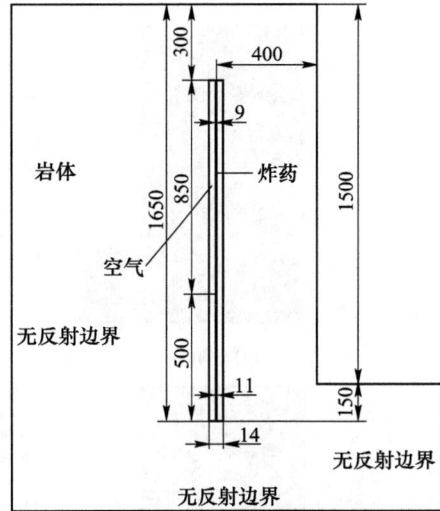

图 4 不均匀不耦合装药几何模型（单位：cm）

Fig. 4 Geometric model of uncoupling projectile filling

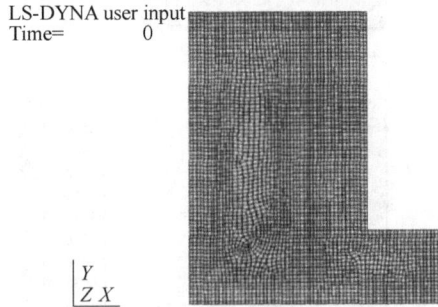

图 5 耦合装药有限元模型

Fig. 5 Finite element model of coupling projectile filling

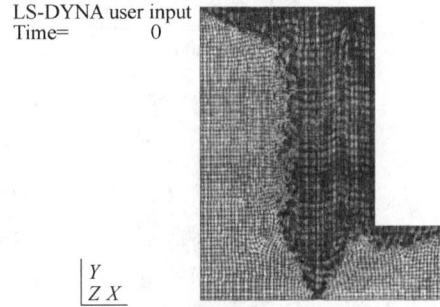

图 6 不均匀不耦合装药有限元模型

Fig. 6 Finite element model of uneven projectile filling

4 数值计算结果及分析

耦合装药动态过程可以分为下面几个阶段：（1）炸药引爆，爆轰波在炸药中传播；（2）爆腔开始膨胀，开始压缩岩石造成扰动，应力波在岩石中传播。图 7 为耦合装药情况下，不同时刻 von-mises 应力场等值线。

不耦合不均匀装药动态过程可以分为下面几个阶段：（1）炸药引爆，爆轰波在炸药中传播，但未对空气和岩石造成压缩；（2）爆轰波压缩空气，并经过空气层进入岩石；（3）爆腔开始膨胀，开始压缩岩石造成扰动，应力波在岩石中传播。图 8 显示了不耦合不均匀装药情况下，不同时刻 von-mises 应力场等值线。

由图 7 和图 8 可以看到，采用不耦合不均匀装药时，由于空气层的存在，岩体应力明显低于耦合装药，不耦合装药在合适的不耦合系数、一定的矿岩和炸药条件下，既能有效地降低作用在炮孔壁上的冲击压力峰值，又能延长爆破破岩的作用时间，增大应力波和气体膨胀的破岩冲量，增加用于破碎或抛掷岩石的爆炸能量，而且可以使装药重心提高，使比冲量沿炮孔分布更均匀，从而减小粉碎圈直径，减少粉矿率，而且提高炮孔上部爆炸能，增强上部矿岩的破碎，有效降低上部大块的产生。

图 9~图 11 为不同装药结构的孔壁应力图，由图中可以看出，爆破应力波作用时间增加，由于爆破裂纹的扩展，不仅决定于应力值的大小，也与应力作用时间有很大关系。对于已经起裂的裂纹来说，爆生气体的静压作用对裂纹扩展起到很大作用，而空气冲击波在空气中传播时，随着传播距离的增大，冲击波峰值压力下降，而波形拉长，即波长增大。因而在不耦合装药时，随着不耦合系数的增大，空

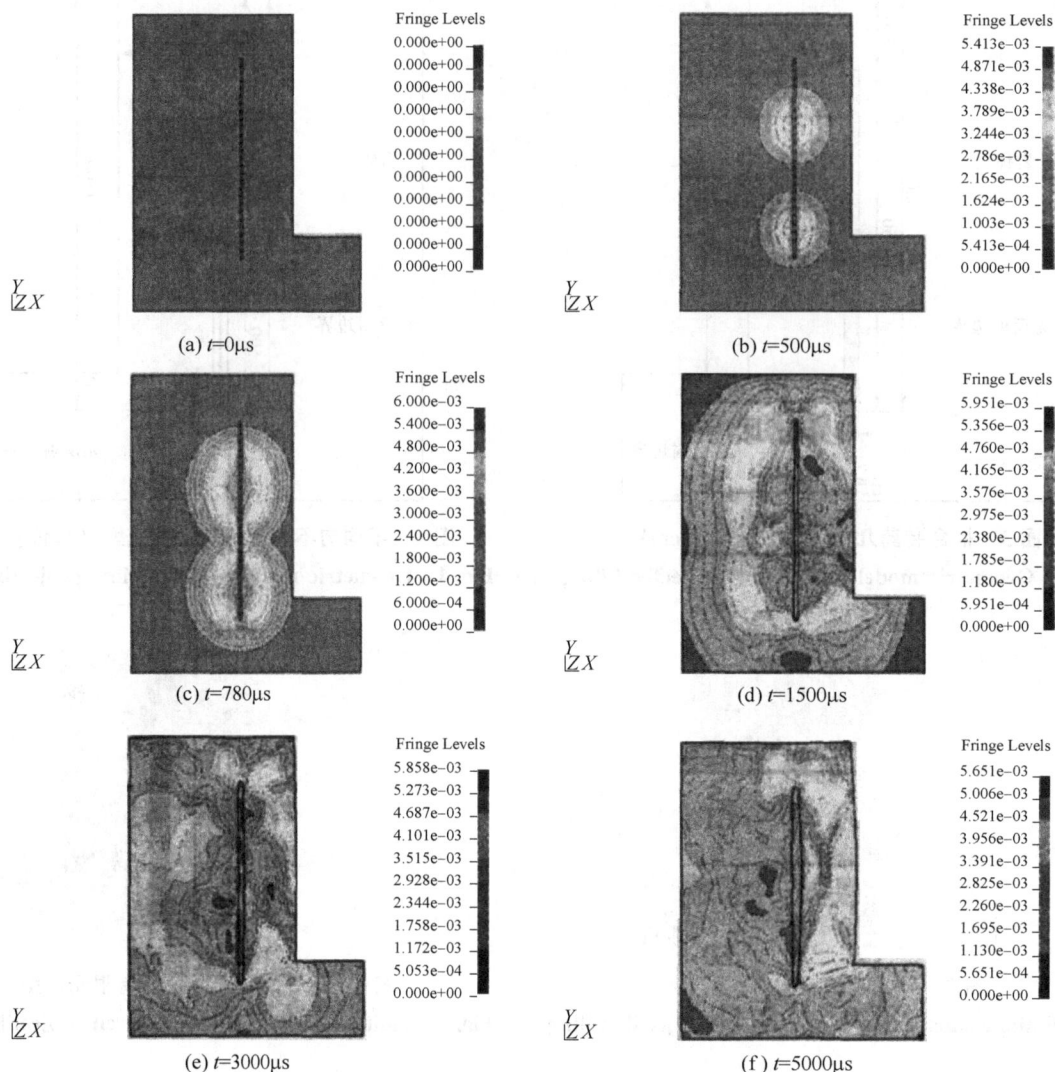

（a）*t*=0μs　　　　　　　　　　　　　（b）*t*=500μs

（c）*t*=780μs　　　　　　　　　　　　（d）*t*=1500μs

（e）*t*=3000μs　　　　　　　　　　　（f）*t*=5000μs

图 7　耦合装药不同时刻 von-mises 应力场等值线

Fig. 7　Von-mises stress field isoline of coupling projectile filling in different time

气冲击波波形拉长，正压区作用时间加长，孔壁受冲击压力作用的时间也加大。从微观角度也可以得出同样的结论：爆破后炮泥即将被冲出的瞬间，爆生气体分子的速度很大。由于环形不耦合装药时孔壁间隙的存在，使分子在运动过程中碰撞的次数增多，因此分子从一处迁移到另一处需要较长的时间，从而使分子到达炮孔壁时的动能减弱，降低了作用在炮孔壁上的冲击压力峰值，同时使冲击波形拉长，即增加了应力波的作用时间。

不耦合装药有效地降低炮孔壁的冲击压力峰值，炸药爆炸后，若产生的冲击压力过高，在岩体内激起冲击波，可使炮眼附近岩石过度粉碎，产生压碎圈，从而消耗大量能量，影响压碎圈以外岩石的破碎效果。采用环形不耦合装药时，由于孔壁与装药间存有环向空气间隙，当爆炸产物产生瞬间，它与炮孔内原有空气分布不均匀，温度差较大，由于分子的热运动，气体将逐渐向各部分均匀地平衡状态过渡，并出现诸如粘滞、热传导和扩散等现象，因而温度下降较大，损失热量大，爆生气体对周围岩体做功小，从而比耦合装药大大降低了孔壁冲击压力峰值。比较耦合装药，不耦合条件下，药卷和孔壁之间的空隙对爆炸击冲作用将起到一个很大的缓冲作用，从而使应力波的幅值大大降低。由于不耦合装药炮孔的上部装药直径更小，而形成不耦合不均匀装药，因此，其上部炮孔孔壁所受的冲击压力更低（见图 11），对炮孔上部矿岩的破碎更为有利，而且只出现很小的粉碎圈甚至不出现粉碎圈。

图 12 及图 13 为耦合装药和不耦合不均匀装药的粉碎圈范围，耦合装药的粉碎圈半径约 0.31m，

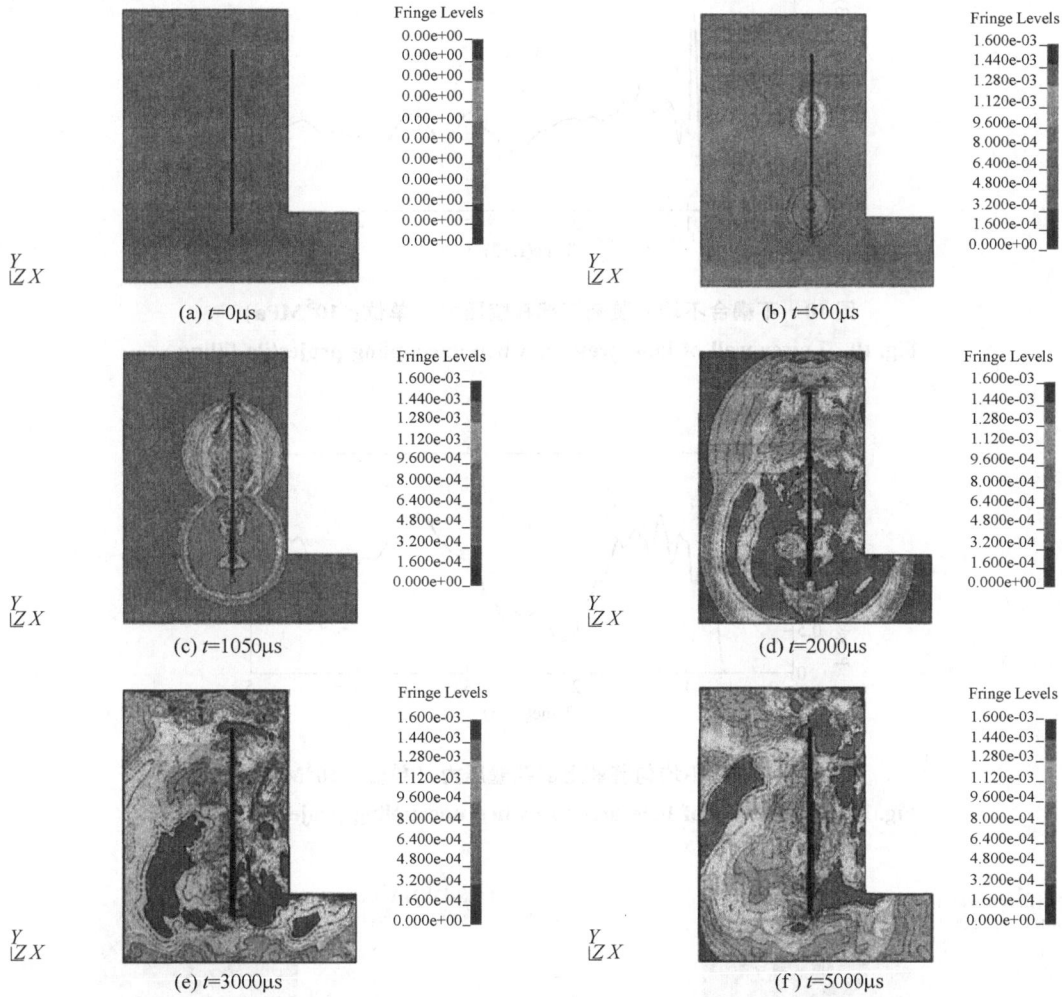

图 8　不耦合不均匀装药不同时刻 von-mises 应力场等值线

Fig. 8　Von-mises stress field isoline of uncoupling projectile filling in different time

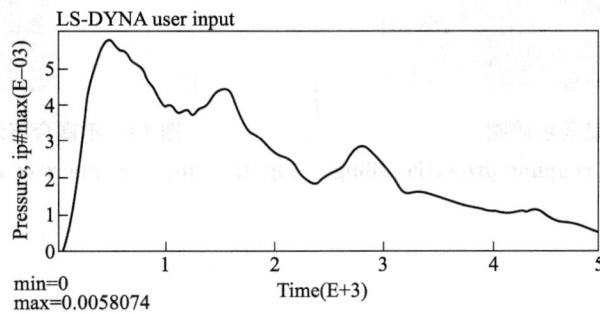

图 9　耦合装药孔壁压力（单位：10^5 MPa）

Fig. 9　Wall of hole pressure when coupling projectile filling

为炮孔半径的 4.4 倍，不耦合不均匀装药下部的粉碎圈半径约 0.16m，为炮孔半径的 2.3 倍，不耦合不均匀装药上部的粉碎圈半径约 0.12m，为炮孔半径的 1.7 倍。

由以上分析可知，采用不耦合不均匀装药，由于空气的存在，大大降低了炸药爆炸后作用在孔壁上的初始冲击压力和拉应力，减小了压碎圈半径，增加了能量的利用率。同时由于爆生气体作用时间的延长，孔间裂缝得以比耦合装药时形成更完全，能量的利用更充分，块度更均匀，故采用不耦合不均匀装药可提高炸药能量的有效利用和改善爆破效果，达到降低粉矿和大块的目的。

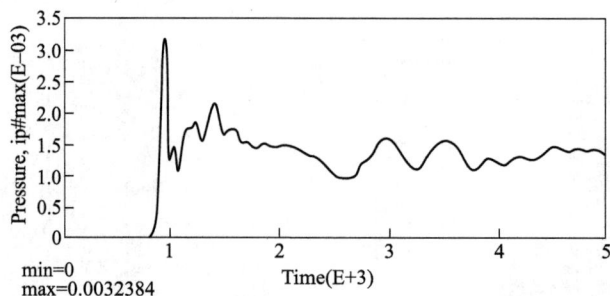

图 10　不耦合不均匀装药下部孔壁压力（单位：10^5 MPa）
Fig. 10　Lower wall of hole pressure when uncoupling projectile filling

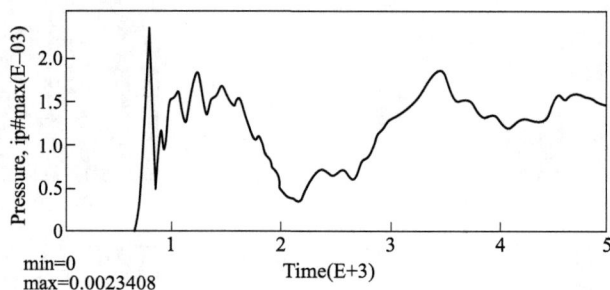

图 11　不耦合不均匀装药上部孔壁压力（单位：10^5 MPa）
Fig. 11　Upper wall of hole pressure when uncoupling projectile filling

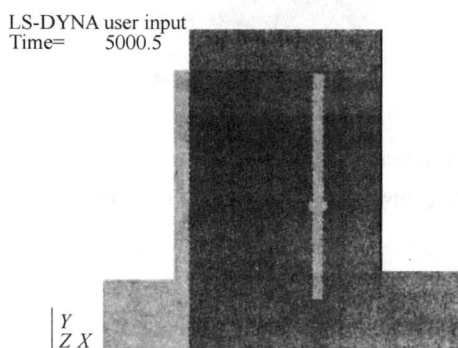

图 12　耦合装药粉碎圈
Fig. 12　Disperse sphere of coupling projectile filling

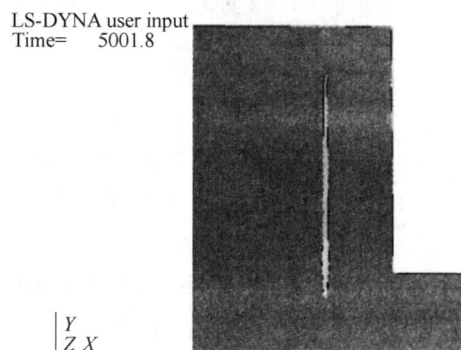

图 13　不耦合不均匀装药粉碎圈
Fig. 13　Disperse sphere of uncoupling projectile filling

5　结论

通过对深孔径向不耦合不均匀装药及深孔耦合装药进行数值模拟，结果表明：

（1）采用不耦合不均匀装药，由于空气的存在，大大降低了炸药爆炸后作用在孔壁上的初始冲击压力和拉应力，减小了压碎圈半径，增加了能量的利用率；

（2）耦合装药的粉碎圈半径约为炮孔半径的 4.4 倍，不耦合不均匀装药下部的粉碎圈半径约炮孔半径的 2.3 倍，不耦合不均匀装药上部的粉碎圈半径仅为炮孔半径的 1.7 倍，极大地减少了粉矿的产生；

（3）由于爆生气体作用时间的延长，孔间裂缝比耦合装药时形成更完全，能量的利用更充分，块度更均匀，故采用不耦合不均匀装药可提高炸药能量的有效利用和改善爆破效果，达到降低粉矿和大块率的目的。

参 考 文 献

［1］ Hallquist J O. LS-DYNA Theoretical Manual［M］. Livermore：Livermore Software Technology Corporation，1998.

［2］ 刘殿书. 岩石爆破破碎数值模拟［D］. 北京：中国矿业大学北京研究生部，1992.

［3］ 刘军. 岩石材料在冲击载荷下的各向异性损伤模型研究［D］. 北京：中国矿业大学北京校区，2001.

［4］ 王玉杰，陈先锋，彭天浩. 浅析岩石夹层对爆破效果的影响［J］. 岩石力学与工程学报，2004（8）：1385-1387.

［5］ 郑炳旭，王永庆，李萍丰. 建设工程台阶爆破［M］. 北京：冶金工业出版社，2005.

［6］ 杨军，金乾坤，黄风雷. 岩石爆破理论模型及数值计算［M］. 北京：科学出版社，1999.

［7］ Lee E，Fringer M，Collins W. JWL Equation of state coefficient for high explosive［R］. January 16，1973.

［8］ Jones N，Wierzbicki T. Structural Aspects of Ship Collisions，Chapter 11，in Structural Crashworthiness［M］. London：Butterworths，1983.

［9］ 李萍丰，廖新旭，罗国庆，等. 大型采石场深孔爆破参数试验分析［J］. 爆破，2004，21（2）：28-30.

［10］ Wang J. Simulation of landmine explosion using LSDYNA3D software：benchmark work of simulation of explosion in soil and air［R］. DSTO Aeronautical and Maritime Research Laboratory 506 Lorimer St Fishermans Bend Vic 3207 Australia，2001.

中深孔爆破炮孔精确定位新途径

王仕林　赵军伟　周名辉

（广东宏大爆破股份有限公司，广东 广州，510623）

摘　要：传统的中深孔炮孔现场定位布置方法，是由爆破工程师采用目测与简单的量具对爆破区域地形进行粗略估量，得出相应的爆破参数，然后根据现场情况进行孔网设计和标定。由于参数采集过程的粗略，很难精确地采集到爆破台阶高度、底盘抵抗线和前排孔的实际抵抗线等一些重要的参数，由此可能产生爆破弱面和抵抗线过大等问题，为爆破安全、质量埋下隐患。哈尔乌素项目部采用现代电子测绘技术与爆破技术相结合，提出一种中深孔爆破炮孔精确定位的新方法，很好地解决了这一问题。

关键词：中深孔爆破；底盘抵抗线；电子测绘；爆破设计

New Method of Hole-location in Bench Cut Blasting

Wang Shilin　Zhao Junwei　Zhou Minghui

（Guangdong Hongda Blasting Co., Ltd., Guangdong Guangzhou，510623）

Abstract：The traditional method of hole-location in medium and deep hole blasting were according to engineer's rough estimation for blasting region landform by eyenaked or with some simple measures, by this mean the parameters were made out and then adjusted in practice. It is difficult to precisely collect some important parameters such as bench height, bottom burden and actual burden of frontal line by rough estimation, soweak surface and larger burden would be caused and potential dangers would exist. The problem was well solved in haerwusu（哈尔乌素）project department by proposing a new method which combines the modern electronic surveying with blasting.

Keywords：medium and deep hole blasting; bottom burden; electronic surveying; blasting design

1　序言

传统的中深孔爆破标定炮孔步骤：先采集爆破区参数，再设计炮孔，最后在现场标定炮孔。对于采集参数这个步骤的具体做法在一般的文献中很少提及，讲解也很肤浅。而在实际施工中由于条件的限制，爆破工程师的采集过程比较粗糙，一般只是利用简易的测量工具（钢尺或测绳等）对台阶高度、爆区长度和爆区面积等一些爆破参数进行粗略采集。然后通过对现场爆破地形环境进行了解，结合爆区地质特性进行爆破孔网设计。最后的现场炮孔标定工作也是采用简单测量工具进行标定，也有直接用步伐标定的。炮孔深度一般会采用简易测量仪器例如水准仪进行标定，也有根据台阶高度直接对炮孔深度进行统一设定的。完成炮孔标定步骤之后就开始钻孔、装药和爆破[1-8]。

传统的炮孔定位方法存在着许多问题：在爆破参数采集过程中爆破底盘抵抗线不能精确测量；台阶高度只能粗略估计；自由面表面的凹凸程度不能精确量化；在现场炮孔标定过程中炮孔的排间距和炮孔深度只能粗略标定等。这些问题的存在，都给爆破安全质量事故埋下隐患。

2　中深孔爆破炮孔精确定位的新方法

为克服传统的孔位标定方法存在的弊端，哈尔乌素项目部按照传统的爆破孔网设计与标定步骤，

————————

原载于《爆破》，2007，24(4)：32-34，40。

将测量和电脑软件成图技术与爆破设计相结合，提出新的孔位标定方法，以精确标定炮孔位置，具体步骤如图1所示。

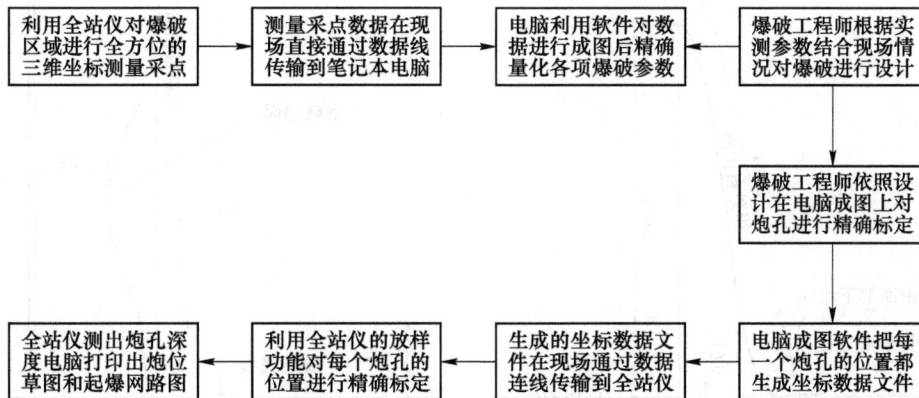

图1　炮孔精确定位的过程

Fig. 1　Process of precise blasthole-location

在标定炮孔前，首先利用全站仪对爆破区域进行爆破参数采集，例如爆破台阶高度、爆破台阶上下坎线在水平面的投影距离等。对于面积为2000m² 的爆破区域这个采集过程大约只需10min左右。采集的数据在现场直接输入笔记本电脑，成图软件对参数数据进行处理，几分钟后爆破区域的各项实际参数就很清楚地展现出来。接下来，爆破工程师就可在电脑上精确地设计标定每一个炮孔的位置，电脑成图软件将自动给出每个炮孔位置的三维坐标，并通过数据线把坐标数据传输到全站仪，最后由测量人员使用全站仪对炮孔进行精确放样。

3　两种方法的比较

中深孔爆破炮孔精确定位方法，在设计标定步骤上与传统方法基本一致。不同的是，新方法是在爆破工程师对爆区参数情况进行精确量化后，再综合其他相关爆破参数进行爆破设计，从而使爆破工程师的设计思想在实际爆破施工过程中得到最完美的体现。更重要的是，新方法能够消除传统方法在实际操作过程中存在的安全隐患，使爆破施工变得更加安全可靠。

（1）像图2的这种情况，施工设计底板高程为1112.5。由于爆破自由面的正前方底板没有到达设计标高，同时爆破自由面与爆破底平面不是成理想的90°夹角，如果不采用仪器来测量台阶高度，而只是用测绳进行粗略的估量，则台阶高度的真实值14.31m就会被采集成13.91m。台阶高度参数采集不准确就会导致爆破底板无法按设计标高1112.5进行控制。如果始终采用测绳采集台阶高度参数，最后出现的结果可能就是爆破实际底板高程越来越高。在哈尔乌素工地某标段就出现过这种情况：爆破底板开始还是能够达到设计高程，但是后来爆破底板越来越高，最终为了达到设计施工要求，超过设计标高的部分又重新进行爆破开挖，既增加了爆破成本，又严重影响了施工进度。

（2）在传统的爆破炮孔标定工作中，爆破自由面的凹凸程度不能精确量化。当爆破自由面出现图3这种情况时，用目测法很难对弱面进行精确定位，如果对存在的爆破弱面认识不清，采取的防范措施不当，爆破时可能产生的爆破飞石，将对爆破安全生产形成威胁。采用全站仪的免棱镜测量模式对爆破自由面进行数据采集，利用电脑成图软件对采集的数据进行处理，得出自由面的量化结果，及时地对存在的爆破弱面采取严密的防范措施。例如图3的这种情况，通过自由面的量化结果就能精确定位弱面所在的准确位置是在离底板高6.53m处，爆破工程师只需在该孔装药的时候采取间隔装药的方法，就可避免爆破飞石现象的发生。

（3）传统方法对爆破底盘抵抗线参数的采样，主要是由爆破工程师目测确认，其采样过程既不安全，采样结果也根本无法精确标示。图4是哈尔乌素项目部在2007年4月18日标定炮孔位置时，根据全站仪采集的数据，用电脑绘制的实际坎线图。由于上一次爆破时产生滑坡，使爆破自由面形成不规则斜面，在这种情况下，如果用传统方法根本无法精确反映滑坡斜面的真实状况。而用全站仪对滑

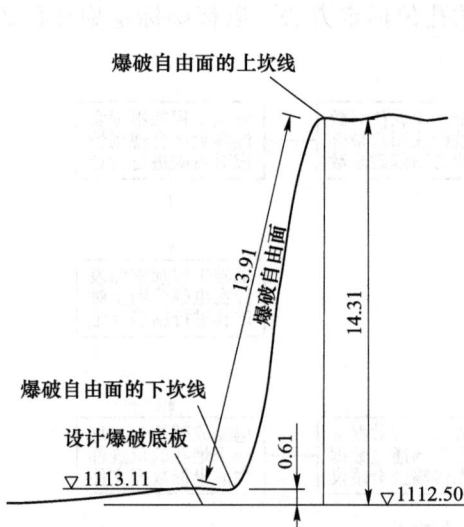

图 2　台阶高度的精确定位（单位：m）
Fig. 2　Precise measure of bench-height (unit：m)

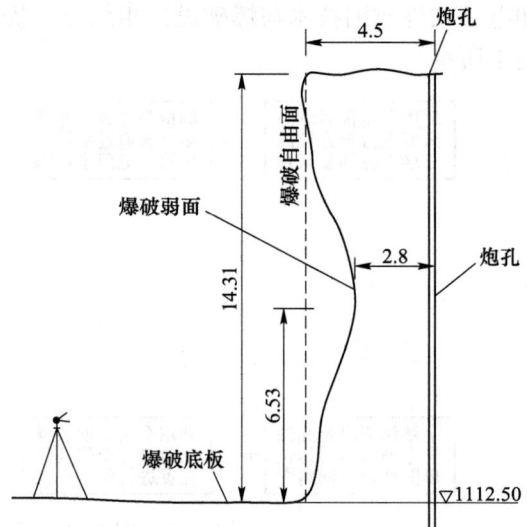

图 3　抵抗线的精确测量（单位：m）
Fig. 3　Precise measure of burden (unit：m)

坡斜面进行测量成图，可准确描绘出该滑坡斜面的长、宽、高等相关几何尺寸，为爆破工程师进行爆破设计提供了详尽可靠的参考数据。最后由于合理的设计使爆破取得了成功。哈尔乌素某标段在遭遇相同情况时，在没有对滑坡斜面进行精确测绘成图的情况下，即着手爆破设计和施工，起爆之后爆堆没有向前推移，岩石没有破碎只是岩面产生了大量的裂隙，近 2300m² 的爆破区域整体基本保持原貌，既不能重新钻孔爆破又无法进行机械挖运，二次破碎处理工作持续 4 个月之久，不但影响了施工进度，而且严重恶化了爆破安全施工环境，给工程施工带来了重大经济损失。

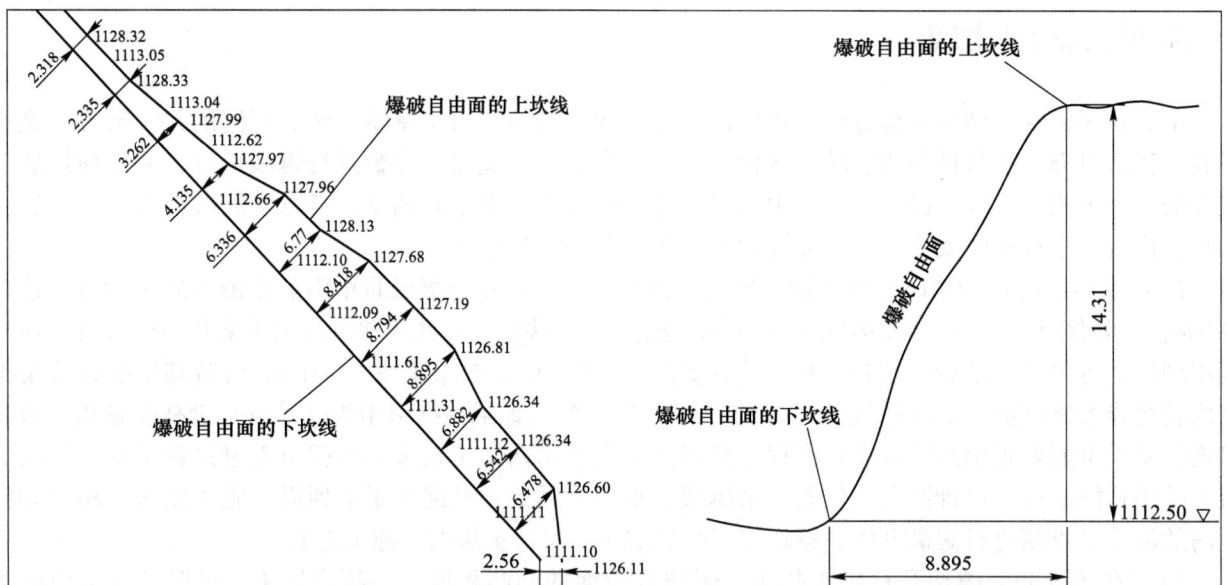

图 4　底盘抵抗线的精确测量（单位：m）
Fig. 4　Precise measure of toe burden (unit：m)

（4）传统的炮孔位置标定主要借助简单的量具配合水准仪来完成，其同一炮位的炮孔位置除标高相对精确外，平面位置（孔排距）往往与设计相差较大，特别是在地形复杂的炮区显得尤为突出。采用全站仪对炮孔进行定位，可以将爆破工程师的设计意图通过三维坐标精确地完成现场标定，从而使实际施工效果更接近于设计。

4　结论

长期以来，由于技术条件的限制，在进行中深孔爆破设计与施工过程中，难以对爆破对象进行精确的量化了解，从而增大了爆破安全质量事故发生的概率。哈尔乌素项目部通过采用现代电子测绘技术对中深孔爆破对象的各种参数进行采集量化，为爆破设计与施工提供了精准的参数依据与标定方法，使爆破设计效果可以在实际施工中得到完美的体现，为爆破工程施工开辟了一条安全、优质、高效新途径。特别是为一些爆破安全环境要求十分严格的区域（例如城镇、厂区的爆破工程施工），提供了可以借鉴的经验。

参 考 文 献

[1] 刘殿中. 工程爆破实用手册 [M]. 北京：冶金工业出版社，1999.

[2] 郑炳旭. 建设工程台阶爆破 [M]. 北京：冶金工业出版社，2005.

[3] 杨永琦. 矿山爆破技术与安全 [M]. 北京：煤炭工业出版社，1991.

[4] 王洪森，颜事龙，刘辉. 复杂环境下露天深孔爆破的若干技术 [J]. 工程爆破，2005(2)：61-63.

[5] 赵维清，刘殿中. 城市台阶爆破的飞石控制 [J]. 工程爆破，2004，6(2)：43-45.

[6] 管志强，焦锋. 露天深孔爆破设计的编制与审核 [J]. 工程爆破，2003，12(4)：36-38.

[7] 沈立晋，刘颖，汪旭光. 国内外露天矿山台阶爆破技术 [J]. 工程爆破，2004，6(2)：12-15.

[8] 王文玉，李源泉. 影响石灰石露天矿中深孔爆破质量的因素 [J]. 工程爆破，2003，3(1)：55-57.

爆破振动频率预测研究

王永庆[1,2]　魏晓林[2]　夏柏如[1]　陈庆寿[1]

(1. 中国地质大学，北京，100083；2. 广东宏大爆破股份有限公司，广东 广州，510623)

摘　要：根据粘弹性介质中地震波传播的动力方程频域解，经富氏反变换为时域波形，得到不同爆心距 r、起爆药量 Q 及岩石性质地震波幅值和频率。幅值近似萨氏经验公式计算值，简化后的频率预测公式也与萨氏公式有类似的形式，经实测数据验证，误差为工程所容许。

关键词：爆破振动；主频；峰值

Study on Forecast of Blasting Seismotic Frequency

Wang Yongqing[1,2]　Wei Xiaolin[2]　Xia Bairu[1]　Chen Qingshou[1]

(1. China Geology Univeristy，Beijing 100083，China；

2. Guangdong Hongda Blasting Co.，Ltd.，Guangdong Guangzhou，510623)

Abstract：The solution in frequency spectrum，which is solved by dynamic equation of transmitting seismic vibration in weak viscoelastic body，is varied by counterchange IFFT forwave in timescale. The PPV and frequency on different r、Q and rock characteristic are gotten. Reliance on the frequency has been demonstrated from approach between the PPV and it calculated by San's formula. The simplified empirical formula of frequency is approximated to San's formula and proved to be acceptable by measuring in practice.

Keywords：blasting vibration；frequency；amplitude

1　引言

爆破地震对爆源附近建（构）筑物的危害主要涉及振动的峰值、频率和持续的时间。由于爆破振动持续时间较短，振动峰值和频率对建筑物的破坏作用更加明显，因此，现有的"爆破安全规程"在规定峰值作为爆破振动安全标准的同时，也规定了爆破振动相应的频率范围。所以，必须在预测振动峰值的同时，粗略地预测振动的频率。

由于影响爆破振动的诸多地质因素预测困难，振动变化偶然性大，特别是振动频率测值离散，致使多年来难以从实测中统计出经验公式。因此，试图从大量实测中概括地震波的传播力学模型，经理论研究推导频率的变化，宏观考虑若干地质因素，留有安全富裕，总结出与峰值对应的爆破振动频率的规律，以供安全评定时参考。

2　爆破地震波在岩土中的传播

2.1　地震波的传播路径

对台阶深孔爆破和基坑开挖爆破，研究的是边坡上岩（土）面的爆破地震，当爆源距台阶底或边坡脚近时，表面积累而次生的面波弱，而边坡位移在坡顶生成的走向张性裂隙又减弱了面波的传播，因而这几年针对近百个边坡地震测震，均只见体波而未见面波。因此，对于中、近距离岩石爆破地震波，可以主要研究体波的传播，而相对忽略面波。

体波无论纵波还是横波在强风化岩层、土层内的传播速度，均比在微风化基岩内慢得多，根据折射定理，透射波应比入射波以更接近竖直的方向传播，因此工程中可以近似认为，体波在强风化层、土层中是竖直折射的[1,2]。到达地表的体波是从地表对应的岩层顶介面处入射的，因此基岩内体波可近似认为是从爆源沿直线入射到岩层顶介面，地震波传播路径见图 1，图中 V_{pi} 为 i 岩层、强风化层、土层的纵波波速，$V_{p1} < V_{p2} < V_{p3} < V_{p4} < V_{p5}$。

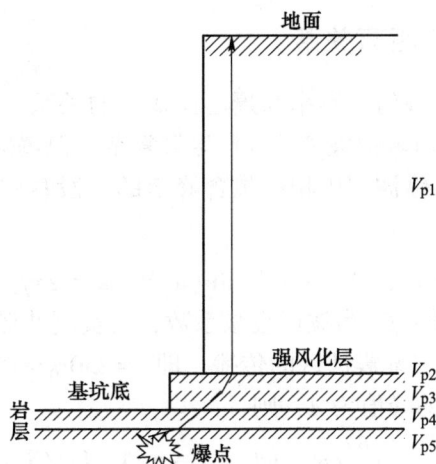

图 1　体波的传播路径

2.2　地震波在岩土内传播的衰减

岩土介质可认为是黏弹性体，地震波能量在岩土内传播是岩土介质动能与形变势能相互转化的过程。在这一过程中，内摩擦等蠕变性质及散射等作用使得原传播方向上的能量逐渐减少。岩体内的微观缺陷也以内摩擦形式消耗机械能，特别是高频情况下更显著，大量的岩体波速和衰减测试结果证实了这一事实。根据文献［2］，介质的这种蠕变性质可用粘滞性来表示，地震波在线性黏弹性介质中传播的运动方程可表示为：

$$\frac{\rho \partial \theta}{\partial^2 t} = \left[(\lambda + 2\mu) + (4/3)\eta \partial/\partial t \right] \nabla^2 \theta \quad （纵波） \tag{1}$$

$$\frac{\rho \partial^2}{\partial^2 t}(\nabla \times s) = \left[\mu + \eta \partial/\partial t \right] \nabla^2 (\nabla \times s) \quad （横波） \tag{2}$$

式中，λ 和 μ 分别为 Lamé 常数和剪切模量；η 为粘滞系数；$\theta = \sum e_{ii}$ 为体应变，s 和 ρ 分别为位移矢量和密度；t 为时间。对膨胀点源简谐纵波离源方向的解为：

$$u_r(\omega, r) = S(\omega) e^{-r\beta} \cdot e^{i(\omega t - kr)}/r \tag{3}$$

式中，$S(\omega)$ 为爆源的震谱；r 为爆源到测震点的距离；β 和 k 分别为衰减系数和波数。

通常地质为低粘滞介质，在工程应用频率范围内满足下列条件：纵波，$(4/3)\eta\omega/(\lambda + 2\mu) \ll 1$；横波，$\eta\omega/\mu \ll 1$。

由此，纵波的解：$\beta = (2/3)\eta\omega^2/(\rho V_p^3) = a\omega^2$，$k = \omega/V_p$，$a = 2\eta/(3\rho V_p^3)$，

$$V_p = \sqrt{(\lambda + 2\mu)/\rho} \tag{4}$$

同理，横波的解：$\beta = \left[\eta/(2\rho V_s^3) \right] \omega^2 = b\omega^2$，$k = \omega/V_s$，$b = \eta/(2\rho V_s^3)$，

$$V_s = \sqrt{\mu/\rho} \tag{5}$$

式中，a 和 b 为纵、横波的吸收系数。由上述诸式可以看出，在低粘滞性和工程应用频率范围之内，地震波的衰减系数与岩石介质的粘滞系数成正比，与频率的平方成正比，与波速的三次方成反比，此

时波速与频率无关，不发生频散。

到达岩面的地震波 $f(r, t)$ 是到达该点各频率的震动波的总和：

$$f(r, t) = \int_{-\infty}^{\infty} \left[S(\omega) \cdot e^{-\beta r} \cdot e^{i(\omega t - kr)} / r \right] d\omega \tag{6}$$

岩面地震频谱 $F(\omega, r)$ 为

$$F(\omega, r) = \int_{-\infty}^{\infty} f(r, t) \cdot e^{i\omega t} dt = S(\omega) e^{-a\omega 2r} / r \tag{7}$$

式中，爆源震谱 $S(\omega)$ 由爆源性质和炸药与岩石匹配性质的综合影响决定，吸收系数 a、b 因射线路径上岩石对不同频率地震波能量的吸收不同而异。

2.3 地震波峰值、频率与爆心距离关系

为了突出研究在地层内地震波峰值、频率与爆心距离 r 的关系，忽略了表土层的路径谱及其"类共振"。由爆源震谱 $S(\omega)$ 决定的时域振波 $f(r, t)$ 尽管复杂，但爆破安全所关心的仅仅是垂直振动的峰值及其主振频率，因此，可以将纵波震中相中包含峰值的一段衰减正弦波作为在岩层中传播的地震波来研究，即：

$$f_a(r, t) = A_a e^{-\beta_a t} \sin(\omega t), \quad \omega = 2\pi f_s \tag{8}$$

式中，A_a 为衰减正弦波的计算峰值；β_a 为波形衰减系数，由实测波形决定，$\beta_a = 8 \sim 15$，对于不同岩性地层的取值见表 1。由于研究爆震在地震波区的传播，即 $r = 250 r_0 = 15$m 以外，r_0 为钻孔最大半径，取 $r_0 = 0.06$m。衰减正弦波 $f_a(r, t)$ 的峰值为 A，则：

$$A_a = A \cdot e^{\beta_a t} / \sin(\omega t), \quad t = \arctan(\omega / \beta_a) / \omega \tag{9}$$

现将式（8）经式（7）富氏变换为频域的 $F_a(\omega, r) = \text{FFT}(f_a(r, t))$，以不同 $r = nr_1$，$r_1 = 25$，$n = 1, 4, \cdots, 13$，数值计算 $F(\omega, r)$，再经式（6）富氏反变换为 $f(r, t) = \text{IFFT}(F(\omega, r))$，将 r 的 $f(r, t)$ 数值按峰值全周原则计算出峰值波形的主频率 f_s 和峰值 A，并以经验方程整理表示为

$$f_s = b_s \cdot r^{a_s} \cdot f_q \tag{10}$$

式中，f_q 为频率 f_s 与炸药量 Q 的调整系数，Q 影响 $S(\omega)$，从而决定 f_q。

从实测看式（10），文献 [3] 中实测主振频率 f_s 与药量 Q、距离 r 的关系见图 2，整理成主振频率的预测公式为 $f_s = 158(Q^{1/3}/r)^{-0.83}/r$，当 $Q = 50$kg，经变换上式为

$$f_s = 53.3 r^{-0.17} \tag{11}$$

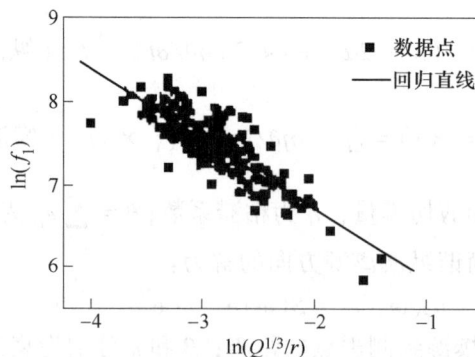

图 2 主振频率与比例药量的线性回归图

比较式（11）与式（10），可见文献 [3] 实测的爆破岩石为近地表"中等风化花岗岩"，接近中硬岩，其 $a_s = -0.17$，$b_s = 53.3$，而 $Q = 50$kg 时 $f_q = 1$，与表 1 中 a_s 和 b_s 接近，当 $r = 25100175250$m 时，式（11）与式（10）的比分别为 1.069、0.9864、0.9549、0.9353，误差在 6.9% 之内，为工程所容许，由此可见式（10）是符合实际的。

式（10）反映了各次爆破波随波峰衰减所对应的主频变化，在应用"爆破安全规程"对某次爆破振动进行安全判断时是适合的。对于相同爆心距离 r，波传播的路径可能不同，岩层性质存在差异，波传播折射路径越长，反射次数越多，波的衰减越大，峰值变小，其对应频率也会减小，但是这些较小

峰值的振波是安全的。传统的频率经验公式，企图将实测的不同衰减峰值波的频率集合加以统计，由于其频率随峰值衰减而减小，测值离散，致使难以归纳出涵盖不同岩层的偏安全的频率公式。即便整理出经验式，因相同 r 下的不同传播路径造成频率离散，使其频率数值相差可超过 10 倍，因而统计出的频率经验式也无应用意义。由此可见，式（10）不是传统意义上的频率经验式，从理论上而言是随波峰衰减所对应的主频公式。

2.4 主频率与炸药量的关系

起爆药量 Q 以及药包形状、炸药特征和炸药与岩石匹配性质综合影响了爆源震谱 $S(\omega)$，这里仅研究 Q 而略去了其他爆源性状。Q 将从两个方面影响式（8）、式（7）的计算，其一方面是 $r=25\mathrm{m}$ 时初始波波形的峰值 A_1，根据萨式公式，即：

$$A_1 = K_1(Q^{1/3}/r_1)^{\alpha_1} \tag{12}$$

式中，K_1、α_1 分别为初始波在 r_1 内的传播系数和衰减指数。

另一方面是 r_1 点的初始波频率 f_{s0}，从理论上推导弹性区 $f_{s0} \propto Q^{-1/3}$[4-6]，考虑到在黏弹性区取实测统计值[3]，$f_{s0} \propto Q^{-0.83/3}$；文献［3］中在 $Q=30\mathrm{kg}$ 时，$f_{s0}=35\mathrm{Hz}$。此外从理论上看，在弹性区 $f_{s0} \propto V_s\sqrt{1-V_s^2/V_p^2}$[6]，式中，$V_s$ 为剪切波波速，m/s；V_p 为纵波波速，m/s，考虑到波在爆源裂隙区的衰减，在近爆源的 $250r_0-30\mathrm{m}$ 范围内，因岩性对 f_{s0} 的影响，按经验取 $(V_p/V_{p0})^{0.4}$，并考虑频率安全系数 k_a，即

$$f_{s0} \propto \cdot (V_p/V_{p0})^{-0.4}/k_a$$

式中，V_{p0} 为中硬岩纵波波速，$V_{p0}=3000\mathrm{m/s}$；$k_a=1.1$。由于初始波取自实测统计均值[3]，因此所形成的式（10）在使用时也可适应多数振波。为留有安全富裕，并考虑直达波有可能与其他波叠加，引起频率降低，因而引入安全系数 k_a。

由此，炸药量 Q 将从初始波峰值 A_1 和初始频率 f_{s0} 两个方面，通过式（8）、式（7）的有关计算，决定频率与 Q 的调整系数 f_q，从而以式（10）决定频率 f_s。

3 计算及讨论

现将不同岩层岩性的波形衰减系数 β_a、岩性吸收系数 a、r 以及 k_1、α_1、f_{s0} 代入式（8）、式（7），计算 $Q=50\mathrm{kg}$ 时的 f_s，并总结出 r 的式（10），结果见表 1。纵波的吸收系数 a 受 ω、V_p 影响，将随 ω 的增加，而不完全遵循式（4）变化，并且还与经过岩石的裂隙、节理和层理的透射、反射有关，所以浅部岩层中的 a 值仍可近似由式（4）决定。

表 1 爆心距 r 与振速峰值、频率参数

岩性	纵波波速 $V_p/\mathrm{m \cdot s^{-1}}$	β_a	a /$\mathrm{s^2 \cdot m^{-1}}$	初始波萨氏系数		计算峰值萨氏系数		频率衰减系数		频率误差 /%
				α_1	K_1	α	k	a_s	b_s	
硬岩	5000	8	2.72×10^{-8}	1.4	100	1.39	100	−0.0333	36.9	−2.11
中硬岩	3000	12	1.36×10^{-7}	1.7	200	1.65	200	−0.112	41.37	10.08
软岩	1800	15	6.8×10^{-7}	1.9	300	1.91	300	−0.3213	68.29	22.62

从表 1 中可见，计算出的 α、k 与"爆破安全规程"的规定值近似，因此，a 参照地层深部取值并按岩性 V_p 调整是恰当的，由此相应的频率衰减系数 a_s、b_s 就是可靠的。因此，震波主频率

$$f_s = b_s \cdot r^{a_s} \cdot f_q \tag{13}$$

式中，a_s、b_s 的数值见表 1，根据岩性选取。从式（13）中可见，随着爆心距 r 增加，爆破地震波的主频 f_s 先在近距快速降低，而后在远距慢速减小；f_s 随着岩石纵波波速 V_p 从硬岩到软岩，其主频也随之变小，因此式（13）和表 1 是符合实际的，并且与文献［3］的实测一致，两者间误差较小，为工程

所容许。

将不同 Q 值代入式（11）、式（12），计算初始波，再代入式（8）、式（7），计算出炸药量的频率调整系数 $f_q = (Q/50)^{\lambda_q}$，式中，λ_q 为频率调整指数，

$$\lambda_q = 0.0025r_s^2 - 0.0202r_s - 0.2737 \tag{14}$$

式中，$r_s = r/25$，由于 λ_q 为负值，并随 r 的增加而增大，表明小药量 Q 形成高频波成分，将随着 r 的增加而迅速衰减，如式（7）所示。式（13）、式（14）是从地震波区的内限 $r=25\text{m}$ 的初始波实测统计值运算而来，因此，它的应用范围将在 $Q=15\sim80\text{kg}$，$r=20\sim250\text{m}$。当群孔齐发药量超过 80kg 时，只要单孔药量在 80kg 内也可按单孔药量 Q 计算。

式（13）、式（14）的主频率是与"爆破安全规程"的 a、k 值计算的震波峰值相对应的。由于地层的复杂性，如地震波透过裂隙，或折射路径增长，使能量吸收增大，幅值变小而可能引起频率降低，但只要将 a、k 预测的峰值和式（13）主频率联合判断对结构的危害，结果仍然是安全的；或者将 α、k、$|a_s|$、b_s 同时适当增减，预测的峰值和频率仍可以在工程中应用。

4 结论

爆破地震主频离散性大，难于从实测中统计出经验公式。从地震波在黏弹性介质中传播的动力方程出发，计算出起爆药量，岩层岩性和爆心距的主频公式，在考虑频率的安全富裕后，其峰值与萨氏公式计算值近似，由此相应的主频将是可靠的，可以在其范围内为爆破工程所应用，满足安全判别的需求，并经实测证明其误差较小，可以为工程所容许。

参 考 文 献

[1] 伯野无彦. 土木工程振动手册 [M]. 李明昭，译. 北京：中国铁道出版社，1992.
[2] 魏晓林. 浅眼爆破地震波传播规律 [J]. 工程爆破，2002(4)：12-15.
[3] 张立国. 爆破振动频率预测研究及其回归分析 [C]//中国爆破新技术. 北京：冶金工业出版社，2004：887-891.
[4] 赵永贵. 频率域地震吸收 CT 方法及其在工程应用 [J]. 中国科学（D 辑），2000(增刊)：109-113.
[5] 潘文锋. 高分辨率地震勘探中最佳药量及耦合条件的选取 [J]. 石油地球物理勘探，2000(4)：443-451.
[6] Ding Hua. Study on Blasting Vibration Source[M]. Beijing：Metallurgical Industry Press，2002：252-255.

工程爆破中装药不耦合系数的研究

罗 勇[1] 崔晓荣[2]

（1. 淮南矿业集团，安徽 淮南，232001；
2. 广东宏大爆破股份有限公司，广东 广州，510623）

摘 要：在爆炸动力学和岩石力学理论分析的基础上，对工程爆破中不耦合系数在不同的装药条件下进行了计算，得到了相应的计算表达式，并以轴向不耦合系数为例进行了相关的试验研究，得到了良好的效果，对理论分析和工程应用都有一定的参考意义。

关键词：工程爆破；装药；不耦合系数；预裂爆破

Study on the Decoupling Charging Coefficient in Engineering Blasting

Luo Yong[1] Cui Xiaorong[2]

（1. Huainan Mining Group，Anhui Huainan，232001；
2. Guangdong Hongda Blasting Co.，Ltd.，Guangdong Guangzhou，510623）

Abstract：Based on explosion dynam ics theory and analysis in theory of rock mechanics the decoupling charging coefficients of different conditions in engineering blasting are calculated，and the corresponding expressions and the range of axial decoupling coefficients under different conditions are obtained. The results of field experiment are satisfactory and it has reference meaning to the analysis of theory and applications in engineering blasting.

Keywords：engineering blasting；charging；decoupling coefficient；pre-splitting blasting

在岩石中装药爆破时，在爆炸冲击载荷作用下，岩石的破坏是一个相当复杂的动力学过程[1,2]。爆轰波和高温高压的爆生气体产物撞击孔壁在炮孔周围岩石中激起径向传播的爆炸冲击波。因其具有相当强的冲量和相当高的能量，且峰值压力远高于岩石的动态抗压强度，故受其冲击压缩作用，岩石极度粉碎而形成炮孔周围的粉碎区；同时孔壁岩石质点发生径向外移，爆腔扩大[2,3]。爆生气体对岩石的损伤断裂作用是在爆炸应力波作用后所产生的初始裂隙及损伤场的基础上发生的。

岩石的爆破破坏是爆炸冲击波、应力波和爆生气体共同作用的结果[1]。炸药在岩石中的爆破效果主要与炸药类型、地质条件、装药结构、装药线密度、炮孔间距、岩性等多种因素有关，人们对这些影响因素以及它们之间的相互关系作了较多的分析和研究。另外，装药不耦合系数也是个比较重要的影响因素。为了减少或避免爆炸冲击波和应力波作用于岩石产生的粉碎区以及爆炸空腔的影响，关于装药不耦合系数的研究，取得的比较一致的观点是：采用大的不耦合装药系数[2,3]。文献［4］分析了不耦合装药能够改善爆破效果的主要原因在于2个方面：（1）降低了爆炸时的初始压力，延长了爆炸产物在介质内部的作用时间；（2）减少了使周围介质发生过于破碎和产生塑性变形的能量。这样就使得爆炸冲击波、应力波的作用相对减弱，只在孔壁产生少量微裂纹而不产生或产生很小的粉碎区，而爆生气体作用相对增强，爆生气体迅速膨胀充满炮孔并以准静压力的形式作用于孔壁，形成岩石中的准静态应力场，炮孔之间的贯通就是通过应力波和爆生气体的共同作用实现的。但如何合理确定不耦

原载于《有色金属（矿山部分）》，2008，60(4)：39-43。

合系数，对于工程爆破来说还是一个比较棘手的问题。本研究以爆炸气体动力学和岩石力学理论为基础，来寻求解决不同装药条件下的不耦合系数的计算问题。

1　不耦合装药条件下的炮孔压力

炮孔中的不耦合装药分为径向不耦合装药和轴向不耦合装药。两种不耦合装药的作用原理一样，即当炸药爆炸后，产生的高压气体经炸药周围的空气（不耦合介质为空气）缓冲后，压力峰值降低，作用时间延长，其下降幅度与正压作用时间及空气介质有关[5]。

装药爆轰完毕，爆生气体随即开始膨胀，由于膨胀迅速，可以认为与周围岩石没有热交换，因此可以用绝热方程来描述其膨胀规律[1,6]：

$$p^{\rho-k} = PV^k = \mathrm{const}(p \geqslant p_k) \tag{1}$$

$$p^{\rho-r} = PV^r = \mathrm{const}(p \geqslant p_r) \tag{2}$$

式中，p 和 V 为爆生气体膨胀过程的瞬时压力和体积；ρ 为气体密度；k 和 r 分别对应等熵指数和绝热指数，取 $k=3$，$r=1.4$；p_k 为临界压力，$p_k=200\mathrm{MPa}$。

由于爆轰有快速的特点，炸药爆炸瞬间其产生的气体来不及扩散，气体被"局限"于炸药药包的体积范围 V_0 之内[7]。由式（1）得到：

$$\rho_k = \left(\frac{p_0}{p_k}\right)^k \rho_0 \tag{3}$$

即：

$$V_k = \left(\frac{p_0}{p_k}\right)^{\frac{1}{k}} V_0 \tag{4}$$

式中，V_k 是气体压力为 p_k 时对应的体积。假设爆生气体先按式（1）后按式（2）的规律膨胀，则由式（1）~式（4）可求得气体充满炮孔瞬间的炮孔孔壁压力为

$$p = p_k \left(\frac{p_0}{p_k}\right)^{\frac{r}{k}} \left(\frac{\rho}{\rho_0}\right)^r = p_k \left(\frac{p_0}{p_k}\right)^{\frac{r}{k}} \left(\frac{V_0}{V}\right)^r \tag{5}$$

式中，p_0 为平均爆轰压力，其值为 $p_0 = \dfrac{\rho D^2}{2(1+k)}$，其中，$\rho$ 和 D 分别为炸药的密度和爆速。

设 d_c 和 d_b 分别为装药直径和炮孔直径；炮孔除去堵塞段的总长度为 l_b，其对应体积 $V_b = \dfrac{1}{4}\pi d_b^2 l_b$；而炮孔中装药总长度为 l_c，对应的炸药体积 $V_c = \dfrac{1}{4}\pi d_c^2 l_c$。则式（1）又可写成

$$p = p_k \left(\frac{p_0}{p_k}\right)^{\frac{r}{k}} (k_r^2 k_1)^{-r} \tag{6}$$

显然爆生气体的作用效果必须同时考虑其轴向不耦合系数 $k_1 = l_b/l_c$ 和径向上的不耦合系数 $k_r = d_b/d_c$。不论是轴向还是径向不耦合装药，由弹性力学和波动理论可知：由于爆生气体作用在炮孔壁上的初始冲击压力而产生的径向拉力 p_r 和切向拉力分别为：

$$p_r = np \tag{7}$$

$$p_\theta = \lambda p_r = \lambda np \tag{8}$$

式中，n 为压力增大系数，取 8~10；λ 为侧压系数，$\lambda = \dfrac{\mu}{1-\mu}$，$\mu$ 为岩石泊松比。

2　炮孔装药不耦合系数的确定

炮孔装药爆破时，孔口采取有效的堵塞措施是必要的。堵塞的一个最显著的特点就是：由于堵塞，延长了爆生气体在炮孔中的存在时间，从而增加了爆炸应力波对岩石的作用时间及爆炸冲量。对于光面爆破、预裂爆破等，其孔间贯穿裂缝的形成主要是爆生气体的准静压作用，爆生气体作用时间延长，

爆生裂缝的扩展长度就增加[5,8]。假定炮孔堵塞良好，堵塞物在裂隙贯通之后才冲出，同时保证：（1）炮孔壁岩体不产生压缩性破坏，即 $p_r < \eta\sigma_c$，σ_c 为岩石的单轴抗拉强度，η 为体积应力状态下岩石抗压强度增大系数；（2）p_θ 大于岩石的抗拉强度 σ_t，即 $p_\theta > \sigma_t$，也就是 $\lambda np > \sigma_t$；（3）满足贯穿裂缝能生成的条件[9]：爆生气体膨胀压力作用产生的爆生裂隙长度 a 不小于炮孔间距 b 的一半，即 $a \geqslant \dfrac{b}{2}$，

$$a = \frac{d_b}{2}\left(\frac{p}{\sigma_t}\right)^{\frac{1}{2}}。$$

2.1 轴向不耦合系数

考虑平均爆轰压力 $p_0 = \dfrac{\rho D^2}{2(1+k)}$，其中，$\rho$ 和 D 分别为炸药的密度和爆速。按照上述三个条件并结合式（6），所计算得到的轴向不耦合系数 k_1 分别如下：

$$k_1 > \left(\frac{np_k}{\eta\sigma_c}\right)^{\frac{1}{r}}\left(\frac{p_0}{p_k}\right)^{\frac{1}{k}}\left(\frac{d_c}{d_b}\right)^2 \tag{9}$$

$$k_1 > \left(\frac{\lambda np_k}{\sigma_c}\right)^{\frac{1}{r}}\left(\frac{p_0}{p_k}\right)^{\frac{1}{k}}\left(\frac{d_c}{d_b}\right)^2 \tag{10}$$

$$k_1 > \left(\frac{d_b^2 p_k}{b^2\sigma_c}\right)^{\frac{1}{r}}\left(\frac{p_0}{p_k}\right)^{\frac{1}{k}}\left(\frac{d_c}{d_b}\right)^2 \tag{11}$$

式中，k 和 r 分别对应等熵指数和绝热指数；p_k 为临界压力；p_0 为平均爆轰压力；d_c 和 d_b 分别为装药直径和炮孔直径；b 为炮孔间距；σ_c 为岩石的单轴抗压强度。

2.2 径向不耦合系数

对于径向不耦合系数 k_r 的确定，也可按照上述的三个条件，并结合式（6）则有：

$$k_r > \left(\frac{np_0}{\eta\sigma_c}\right)^{\frac{1}{2r}}\left(\frac{p_0}{p_k}\right)^{\frac{1}{2k}}\left(\frac{l_c}{l_b}\right)^{\frac{1}{2}} \tag{12}$$

$$k_r < \left(\frac{\lambda np_k}{\sigma_t}\right)^{\frac{1}{2r}}\left(\frac{p_0}{p_k}\right)^{\frac{1}{2k}}\left(\frac{l_c}{l_b}\right)^{\frac{1}{2}} \tag{13}$$

$$k_r \leqslant \left(\frac{d_b}{b\sigma_r^2}\right)^{\frac{1}{4r}}\left(\frac{p_0}{p_k}\right)^{\frac{1}{2k}}(p_k)^{\frac{1}{2r}}\left(\frac{l_c}{l_b}\right)^{\frac{1}{2}} \tag{14}$$

式中，l_b 为炮孔除去堵塞段的总长度；l_c 为炮孔中装药总长度；其余符号含义同上。

显然，不论是径向还是轴向不耦合装药，二者都相互影响，且不耦合系数与炸药性能、岩石力学性质、炮孔孔径以及布孔参数等因素相关。在轴向不耦合系数 $k_1 = l_b/l_c$ 已经确定时，可以通过调整径向不耦合系数 $k_r = d_b/d_c$ 来达到更好的爆破效果，反之亦然。在实际应用时，可根据三个条件计算所得到的不同的值进行对比分析，最后确定最理想的值，并可以根据计算得到的数据来调整装药条件与布孔参数。

3 工程应用

3.1 工程实例 1

某矿竖井基岩掘进穿过寒武系片麻岩段光面爆破时采用了轴向不耦合装药结构。井筒掘进直径 6.8m，此段片麻岩主要是混合片麻岩、角闪片麻岩和混合花岗岩等，岩层总厚度 134.5m，实测其部分物理力学性能见表 2[10]。

选用 YT-27 型风动凿岩机，十字型合金钎头，考虑到现场条件及该矿工程经验，炮孔直径定为

42mm，炮孔长度2000mm，所选炸药为岩石水胶炸药，其密度1.2g/cm³，炸药爆速4500m/s，堵塞长度根据工程经验均确定为500mm。药卷规格为ϕ35mm×400mm，480g；第1~6段ms延期电磁雷管，装药连线不停电，作业时间短，安全可靠。由于药卷直径d_c和炮孔直径d_b确定，即装药径向不耦合系数k_r确定（$k_r = 1.2$），现只考虑装药轴向不耦合系数k_1。

根据所实测的岩石条件，选用不同的装药集中度200~350g/m，抗拉强度大的岩石取较大值。运用上面分析要求，根据前两个条件推得的理论计算公式求解出轴向不耦合系数k_1，再据第三个条件可得到炮孔间距b炮孔间距计算结果见表1。考虑钻孔施工方便，实际炮孔间距与计算值稍有差别。考虑待爆岩石条件，根据理论计算结合工程经验确定出每孔的装药量，然后根据计算得到的轴向不耦合系数的取值范围、药卷的规格（药卷长度），很容易得出适合的轴向不耦合系数使用值，见表1。

表1 岩石的物理力学性能和轴向不耦合系数

Table 1 Physicsmechanics properties of rocks and coefficient of axial decoupling

岩石名称	密度 /kg·m⁻¹	泊松比	抗压强度 /MPa	抗拉强度 /MPa	轴向不耦合系数		单孔药量/卷	装药集中度 /g·m⁻¹	炮孔间距/mm	
					计算值	使用值			计算值	使用值
混合片麻岩	2728	0.32	80.5	6.8	3.42~4.23	3.75	1.0	230	526	550
角闪片麻岩	2710	0.32	71.5	6.4	3.73~4.62	3.75	1.0	230	533	550
混合花岗岩	2650	0.26	157.5	9.4	2.07~3.33	2.5	1.5	345	436	500

为便于施工，在整个片麻岩段选用的炮孔布置参数基本一致，但装药参数却根据不同的岩石条件而改变（包括周边光爆炮孔），整体爆破效果良好，平均炮眼利用率达90%以上，井帮无明显的超欠挖现象，周边光面爆破成型质量高。由此也证明了对岩石光面爆破空气不耦合装药结构的合理性及计算结果的可行性。

3.2 工程实例2

某铁矿[11]是年采剥总量240万吨、年产铁精粉34万吨的采选联合中型矿山，有两个采场，生产台阶高度10m，两个台阶并段成20m形成最终的边坡，采场相对高差大，海拔在300~600m。采用KQG150Y和KQ150潜孔钻机钻孔（直径150mm）。矿体和上、下盘岩石致密坚硬，裂隙较多，节理发育，矿岩的硬度系数$f = 10~14$，抗压、抗剪强度为78.7~222MPa，属于难爆类型。

3.2.1 原预裂爆破技术（径向不耦合装药）

该铁矿自1990年投产以来，起先采场边坡采用径向不耦合装药的预裂爆破技术：炮孔底部为硝铵类散药，药量20kg，用2发导爆管雷管1个起爆药包起爆。紧接其上部是预裂药串，炸药采用2号岩石铵梯卷药，每串药量为22.5kg，下部为7卷一捆，连续10捆；上部为4卷一捆，间隔放置20捆。中间为1根麻绳和2根导爆索由底直到孔口，用两发导爆管雷管起爆导爆索，接着起爆整个药串。由于捆绑的2号岩石药卷直径小于150型潜孔钻的孔径，它们之间有个环柱形空间，这样就形成了径向的不耦合装药（径向不耦合系数为1.4~1.5）。

随着开采台阶的下降，边坡线也相应的增长许多，这种径向不耦合的预裂爆破呈现以下缺点。

（1）预裂边坡爆破后有时出现岩块悬挂在边坡上的情况，主要是炸药量集中在炮孔的底部，使得底部的预裂裂隙形成得较好，而对于台阶上部的爆破作用较小，不能完整地形成裂隙；前排的辅助孔药量较小，爆破后冲作用达不到上部边坡线的位置，以至于出现上述情况。

（2）爆破施工劳动强度大，施工时间长，影响生产。随着开采台阶地下降，边坡线越来越长，预裂爆破的工作量成倍增加，工人因为捆绑预裂药串的劳动强度很大，消耗大量的生产时间。

（3）这种径向不耦合装药结构在现场施工中难以准确实现。因为预裂药串会因为自重作用紧紧靠住孔的下壁，在径向上形成耦合装药，或者形成部分耦合部分不耦合的装药形式，如果再用其他措施来实现不耦合，也就增加了工序和劳动时间，使施工复杂化。

3.2.2 新预裂爆破技术（轴向不耦合装药）

轴向不耦合的预裂爆破技术：炸药采用露天矿用硝铵类散药，每孔药量为40kg，分3段平均分布于炮孔中，底部一段 20kg，上部两段各 10kg，上部的散药分别用间隔器固定在炮孔中部，每段炸药用2 发导爆管雷管起爆，三段共用 3 个起爆药包，共计 6 发导爆管雷管。

由于使用的是散药，各段药柱与孔壁充分接触（径向耦合），药柱与药柱之间为气体间隔，孔口堵塞严实，这就形成了气体间隔装药结构，即轴向不耦合装药。新方法的装药结构由于台阶上部两段药柱的药量为 20kg 比原来增加了，使得整个炮孔的炸药量相对上移，这样就使得台阶上部的爆破作用增强，因而本台阶上部分岩石形成裂缝后散落下来，就会消除岩块悬挂边坡的情形。其次，新方法的装药结构施工简单，不用捆绑预裂药串，将减轻工人劳动强度，大量减少由于大爆破而影响生产时间。再次，这种装药结构分段的各个药柱与孔壁直接接触（径向耦合），现场施工方便，只是增加了两个间隔器，但容易准确实施。

新的装药技术进行了 6 次试验，试验共 103 个预裂孔，边坡线长 206m，从铲装完后观察，取得了较好的预裂爆破效果。

（1）6 次预裂爆破，铲装后边坡平整光滑，半壁孔痕明显可见，没有出现岩块悬挂在边坡上的情况。

（2）这种预裂的装药方法现场施工简单方便，爆破设计与现场施工准确无误。每个循环比以前相对减少了 2~3 个小时，减少了爆破影响生产的时间。

（3）从成本角度看，两种方法的预裂爆破每孔消耗的材料和费用见表 2。从表中可以看到采用新的预裂爆破技术每孔可节约费用 95.32 元，6 次试验预裂爆破共节约费用 9817.96 元，这样边坡预裂爆破时每米可节约费用 47.66 元，降低了生产成本。

表 2　两种预裂爆破技术每孔消耗的材料和费用对比表

Table 2　Comparison of economical efficiencies between two pro-splitting blastings

材料	硝铵类散药 /kg	2 号岩石卷药 /kg	导爆管雷管 /发	导爆索 /m	麻绳 /m	间隔器 /个	电工胶布 /卷	总计 /元
原预裂爆破技术	20	23.55	4	20	12	0	6.2	308.63
新预裂爆破技术	40	3.15	6	0	0	2	0.6	213.31

通过 6 次实验，这种轴向不耦合预裂爆破技术，取得了成功。据统计，该矿每年的边破线长1200m 以上，采用新的预裂爆破技术后，每年可节约费用为 50 多万元，节约了大量的生产成本。某海军军事基地临时船闸直立边坡采用预裂爆破，根据选定的药卷直径，径向装药不耦合系数均定 3.0 左右，而轴向不耦合系数则根据现场实际情况，在计算值范围内选取，如表 3 所示。

表 3　爆破参数

Table 3　Blasting parameters

爆破方法		孔径/mm	孔距/mm	轴向不耦合系数		临空面距离 /m	炸药爆速 /m·s⁻¹	炸药容量 /kg·m⁻³
				计算值	使用值			
预裂	半无限	76	800~1100	3.57~4.35	4.0~4.2	3~18	3500	1080
爆破	有临空面	80~110	800~1100	3.62~4.41			3400~3600	1080

3.3　工程实例 3

现场振动监测，采用了以上轴向不耦合系数后，爆破开挖得到了较好的控制，在距爆区边界 10m处，爆破岩石质点振动速度控制在 10cm/s 以内，爆破振速均没有超过规定标准，符合船闸爆破开挖震动控制标准。爆后声波检测和外观检查结果都证明：在临时船闸侧向临空面处，壁面半孔率 95% 以上，壁面平整光滑，起伏差一般为 10~15cm；爆破裂隙少，仅在坡顶"松动区"分布少量爆破裂隙；爆破效果较好。

4 结论

本文结论如下。

（1）本文对不同装药条件下的不耦合系数的计算进行了研究，得出了炮孔装药的径向不耦合系数和轴向不耦合系数的计算表达式，并在确定装药的径向不耦合系数的情况下，对轴向不耦合装药爆破效果进行了相关试验研究，得到了理想的爆破效果。

（2）径向和轴向两个方向上的不耦合系数均与炸药性能、岩石力学性质、炮孔孔径以及布孔参数等因素相关。在工程应用中可以根据计算得到的数据来调整装药条件与布孔参数。岩石光面爆破时，光面爆破炮孔采用空气垫层装药结构，一方面减少了爆炸压力对孔壁岩石的破坏，另一方面又延长了爆生气体准静压力的作用时间，因而能够获得较为理想的光面爆破效果。在确定装药轴向不耦合系数和光面爆破（预裂）炮孔间距时，要以不造成孔壁岩石压缩性破坏和保证炮孔连心线方向孔壁起裂以及孔间贯通裂缝完全形成为条件，根据岩石情况通过调整以求得两者最好的组合。

参 考 文 献

[1] 宗琦. 爆生气体的准静态破岩特性 [J]. 岩石力学，1997，18(2)：73-78.

[2] 宗琦. 爆炸冲击波的动态破岩特性研究 [J]. 爆炸与冲击，1997，17(4)：369-374.

[3] 宗琦，曹光保，付菊根. 爆生气体作用裂纹传播长度计算 [J]. 阜新矿业学院学报（自然科学版），1994，13(3)：18-21.

[4] 王鸿渠. 多边界石方爆破工程 [M]. 北京：人民交通出版社，1994：465.

[5] Heinz Walter Wild. Sprengtchnik in Bergbaul Tunnel-und Stollenbau sowle in Tagbauen und Steinbarüuchen[M]. Belin：Verlag Glüuckauf Gmbh. Essen，1984.

[6] 万元林，王树仁. 关于空气不耦合装药初始冲击波压力计算的分析 [J]. 爆破，2001，18(1)：14-15.

[7] 张守中. 爆炸基本原理 [M]. 北京：国防工业出版社，1988：5.

[8] 宗琦. 炮孔堵塞物运动规律的理论探讨 [J]. 爆破，1996，13(1)：8-11.

[9] 柳传明，朱传云，李伟. 预裂爆破轴向不耦合系数的分析计算 [J]. 华中师范大学学报，2002，36(1)：47-49.

[10] 宗琦，陆鹏举，罗强. 光面爆破空气垫层装药轴向不耦合系数理论研究 [J]. 岩石力学与工程学报，2005，24(6)：140-144.

[11] 吴海军. 轴向不耦合的预裂爆破技术的研究 [J]. 矿业快报，2006(6)：573-575.

露天深孔爆破处理大型采空区的实践

叶图强[1]　曾细龙[2]　林钦河[2]　蔡进斌[2]

（1. 广东宏大爆破股份有限公司，广东 广州，510623；

2. 广东云浮硫铁矿企业集团公司，广东 云浮，527343）

摘　要：矿山由地下开采留下的大型采空区，在矿山转为露天开采时，会给日常生产留下安全隐患。本文通过实例，介绍采用露天深孔爆破对采空区进行处理，该方法可供同类矿山参考。

关键词：露天深孔爆破；大型采空区；地下开采；露天开采；效果评价

Practice of Solving Large Mined-out Area by Open Deep Hole Blasting

Ye Tuqiang[1]　Zeng Xilong[2]　Lin Qinhe[2]　Cai Jinbin[2]

（1. Guangdong Hongda Blasting Co., Ltd., Guangdong Guangzhou, 510623；

2. Yunfu Pyrite Group Co., Guangdong Yunfu, 527343）

Abstract：The large mined-out area that is left when a mine is mined from underground mining transiting into sureface mining is a security. This paper introudces the solution way of open deep hole blasting by using example. It is of certain reference value for the designer.

Keywords：open deep hole blasting；large mined-out area；underground work；open pit mining；evaluation

1　概述

广东省云浮硫铁矿是一个设计年生产能力为 300 万吨的露天矿。该矿在基建之前，经历了十余年地下开采，在 305m 水平以上共形成 17 个采空区（采空场），采空区水平面积 15112.4m²，总容积 192182m³。

随着露天台阶推进，存在于露天采场内的采空区严重阻碍了采场生产的正常进行，对矿山的安全生产构成威胁。为此，矿山成立专门机构对采空区进行处理，在不断摸索和总结的基础上，结合生产实际，形成了一套处理采空区的行之有效的方法——露天深孔爆破法。

露天深孔爆破法把探查采空区形态和穿孔爆破紧密结合，随着台阶采掘推进，在计算安全厚度内，确定爆破作业水平，采用深孔爆破技术将采空区上部围岩崩落充填至采空区内，达到处理采空区的目的。

2　露天深孔爆破法的步骤

地下开采转为露天开采时，对遗留的采空区通常的处理方法有：（1）井下潜孔爆破处理；（2）井下硐室爆破处理；（3）胶带运输机干式充填；（4）水砂充填；（5）尾矿充填；（6）露天深孔爆破。其中，（1）（2）（3）必须在井下处理，（4）（5）（6）可以在露天条件下处理。

原载于《中国矿业》，2008，17（8），97-101。

由于井下处理的方法和充填法，在设备、技术、费用上几方面矿山难以全部达到，而露天深孔爆破法处理采空区，可以将探查采空区形态、爆破处理和矿山正常采剥生产三方面结合起来，做到分期、分次、分区进行处理，只要人员、设备在采空区上作业时，保证有必要的安全厚度，露天深孔爆破优越性是较为明显的。

2.1 露天深孔爆破法的设计

采用露天深孔爆破法处理采空区设计的一般步骤说明如下。

（1）探查：是对采空区在平面和空间位置的准确掌握。要根据已有资料，对采空区进行摸底，了解采空区的范围、覆盖层的厚度、采空区的高度、采空区底的高程，以及采空区内矿柱和巷道的位置等，随着技术的进步，除采用钻探的方法外，还可以采用仪器进入采空区进行探查。

（2）计算安全厚度：安全厚度是指保证人员、设备在待处理采空区顶部覆盖层正常作业的最小厚度。安全厚度的确定，是露天深孔爆破处理采空区的关键，只有保证足够的安全厚度，露天作业的人员和设备才能安全，爆破设计和施工才能顺利完成。安全厚度的计算，要根据覆盖层岩石物理性质、力学结构原理及采空区的条件考虑，有三种情况。

1）采空区长度与宽度比例大于 2，此时采空区顶部覆盖层类似一块两端固定的梁[2]，受均衡连续载重作用：

$$H_n = L_n/8 \times \{rL_n + [r^2L_n^2 + 16\sigma(P + P_1)]^{1/2}\}/\sigma \tag{1}$$

式中，H_n 为最小安全厚度，m；L_n 为采空区宽度，m；r 为采空区覆盖层岩石的比重，t/m^3；σ 为采空区覆盖层岩石的准许拉应力，t/m^2；P_1 为设备对地面单位压力，t/m^2；P 为由爆破而产生地动荷载。

$$P = KrH(K_c + K_n)/K_p \tag{2}$$

式中，H 为台阶高度，m；K_c 为爆堆沉降系数；K_n 为钻孔超深系数；K_p 为爆破后岩石的碎胀系数；K 为载重冲击系数。

2）采空区长度与宽度比例等于或小于 2，最小安全厚度为：

$$H_n = L_n/\varphi_x \times \{3rL_n + [9r^2L_n^2 + 6\varphi_x\sigma(P + P_1)]^{1/2}\}/\sigma \tag{3}$$

式中，φ_x 为系数，视采空区长度与宽度比例及采空区稳定性不同取值。

3）按照普式地压理论[3] 计算：

自然拱拱高： $$h_0 = b/f \tag{4}$$

压力拱拱高： $$h_1 = b_1/f = [b + h\tan(45° - \varphi)]/f \tag{5}$$

破裂拱拱高： $$h_2 = b_2/f = [b + h\tan(90° - \varphi)]/f \tag{6}$$

式中，f 为岩石强度系数；b 为采空区宽度一半；φ 为岩石内摩擦角。

上述计算结果取大值作为最小安全厚度。

（3）确定爆破处理方案：包括在最小安全厚度的条件下确定深孔爆破处理水平。根据炸药量情况，选定一次爆破处理的规模，分次处理采空区时各区爆破顺序，深孔爆破处理的单耗、充填长度、最小抵抗线等参数。

炸药单耗按抛掷爆破[4]类型选取：

$$Q_抛 = f(n)KW^3 \tag{7}$$

底部抵抗长度也是一个关键参数，在保证炸药不掉落空区的情况下，底部抵抗长度小于上部充填长度。

（4）根据爆破处理方案，确定钻机作业的孔距和排距，在平面图上标出。布孔时，除采空区之间的保安矿柱外，尽可能避开其他矿柱，减少穿孔进尺，为减少牙轮钻因打三节杆需多次接卸杆带来操作上的不便，在未探明有空场面积存在和存在空间可能性不大的区域，孔网适度加大。

（5）根据钻孔平面图上的位置，测量人员在现场放出孔桩，钻机根据孔桩作业。此时，穿孔可能打穿采空区，因此，在采空区上穿孔有辅助探查采空区的作用。

（6）穿孔完成后，测量人员对现场孔位进行实测。根据穿孔过程中量得孔深，可以进一步了解空区情况，并对爆破选取的单耗、充填长度、底部抵抗线等参数进行重新验算。

（7）起爆网路设计。起爆网路对采空区的爆破处理也很重要，起爆网路设计要考虑以下因素：第一，要破坏采空区已形成的应力平衡，对布在采空区起支撑作用的矿柱等的炮孔要先起爆；第二，要考虑前后段起爆时相互影响，防止因爆破震动影响，孔内炸药掉落到空区；第三，要控制同段最大药量，不要超过允许震动速度；第四，分次处理采空区时，要考虑先处理的采空区对后处理的采空区的影响；第五，采空区爆破处理的覆盖层，应充分充填至采空区，为设备的正常采装创造有利条件。

（8）爆破安全距离的验算：根据爆破安全规程（GB 6722—2003），计算出：

1）允许同段最大药量

$$v = k(Q^{1/3\max}/R)^{\alpha} \tag{8}$$

2）爆破冲击波安全距离计算

$$R_k = 25Q^{1/3} \tag{9}$$

还要注意保护爆区附近的民居，要防止爆轰波从原采空区巷道出口溢出造成危害。

2.2 露天深孔爆破法的施工

采用露天深孔爆破法处理采空区时，施工的一般程序如图1所示。

现场量测孔深及实测平面位置 → 调整爆破参数的取值 → 打抵抗 → 现场装药 → 连线及起爆网路检查 → 起爆

图1 爆破施工的一般步骤图

露天深孔爆破法处理采空区的施工，与一般露天深孔爆破法相比有如下特点[5]。

（1）孔深要求不同。一般深孔台阶爆破孔深为14~16m，而空区处理达24m，有些孔深达30m，其孔深超过导爆管雷管脚线长度，增加了施工难度。

（2）采空区爆破处理需要打抵抗。一般深孔台阶爆破不需要打抵抗，采空区炮孔的下部抵抗长度，能保证装药到爆破这段时间不能掉落采空区。

（3）需要分段装药。分段装药增加了装药难度，要求施工质量高。

（4）施工时间更为紧迫。爆破作业特点之一，是时间紧、强度大，但采空区处理施工时间更为紧迫，由于车辆、人员在空区上作业，很容易引起不稳定的采空区顶板塌落。所以，整个爆破施工过程越短，施工效果越有保证，施工完成后，要在最短时间内起爆，以减少炸药在空区停留时间。

（5）露天穿孔探查处理是穿探结合，边穿孔边探查。一般露天深孔爆破穿孔的目的主要是爆破装药，但是在采空区的穿孔，除此外还起探查空区的作用。

（6）安全措施方面。采空区处理中，由于爆破冲击波可能从原地下开采井口传出造成危害，所以要求井口附近人员、设备提前撤离，并采取相应的安全措施。

另外，为了预防部分孔内温度高的炸药自燃，预备消防车在附近待命。

3 实例

2006年，云浮硫铁矿采用深孔爆破法对本矿最大的6号、8号两个采空区进行处理，具体过程如下。

（1）6号、8号两个采空区基本情况（见表1）。

表1 6号、8号采空区现状表

| 空区名称 | 围岩名称 | | 风化深度/m | 空区采空间位置 | | | 空区几何尺寸 | | 面积/m² | 空区容积/m³ |
	名称	硬度		沿走向	顶部标高/m	底部标高/m	长×宽×高/m×m×m	空场最大高度/m		
6号	变质碳质粉砂岩，千枚岩，褐铁矿	15	427~353	1~3	322	308	56×48×8.5	14	2500	21132
8号	碳质千枚岩，变质碳质粉砂岩	15	460~375	3~5	327	308.7	74×42×15	18.3	3108	46620
合计									5608	67752

（2）待爆破处理的6号、8号采空区位置，见图2。

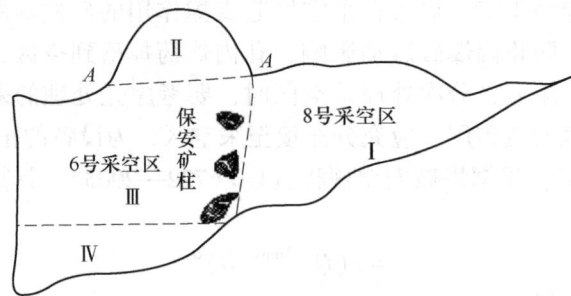

图2　6号、8号采空区现状图

（3）爆破处理采空区分区情况（见表2）。

表2　分区（Ⅰ～Ⅳ）需要炸药量表

分区情况		面积 /m²	平均标高 /m	爆破量 /m³	单耗 /kg·m⁻³	使用炸药量/kg
区号	位置					
Ⅰ	保安矿柱以北8号采空场	(40+10)/250=1250	(17.9+23.7+27.1+24.9+23.9+25.5+26.3+24.1+25.3)/9=24.3	30375	0.85	25818.75
Ⅱ	6号采空场A—A线以东3~3线	50×18=900	(34.6+31.4+32.2+35.2+35.8+36)/6=34.2	30780	0.85	26163
Ⅲ	A—A线以西与6号采空场东部边界之间	33×52=1716	(18.1+17+24.6+28.8+27.4+27.8+29.9)/7=24.8	42556.8	0.85	36173.28
Ⅳ	6号采空场东部边界以东	15×20=300	12	3600	0.7	2520
小计		4166		107311.8	0.84	90675.03

注：炸药量中未计8号采空场边界外一起爆破的正常孔药量，实际总炸药量可达100t，该炸药总量已经超过炸药库最大储存量，所以要采取分次处理。

（4）安全厚度计算：

$$H_n = L_n/8 \times \{rLn + [r^2L_n^2 + 16\sigma(P+P_1)]^{1/2}\}/\sigma = 8.9\text{m}$$，取9m。最小安全厚度 = 9+0.25×12 = 12（m）。

$$h_1 = b + h\tan(45° - \varphi)/f = 8.39\text{m}$$，取9m。

故验证6号采空场西边Ⅱ区最小安全厚度为12m<19m。

（5）爆破参数的选择如下：

1）取爆破作用指数函数$f(n) = 1.1 \sim 1.2$，单耗为$0.7 \sim 0.80\text{kg/m}^3$；

2）孔排距5m×6m~7m×5m；

3）下部抵抗线在3.0~4.5m；

4）一般每孔都需打抵抗，以防炸药掉落空区。上部冲填7~7.5m。

（6）装药结构见图3。

（7）起爆网路见图4。

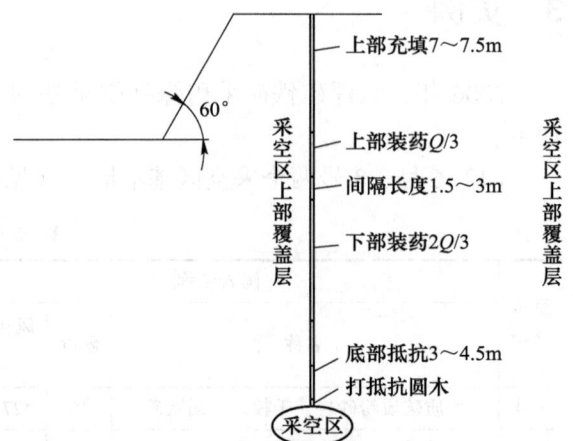

图3　装药结构图

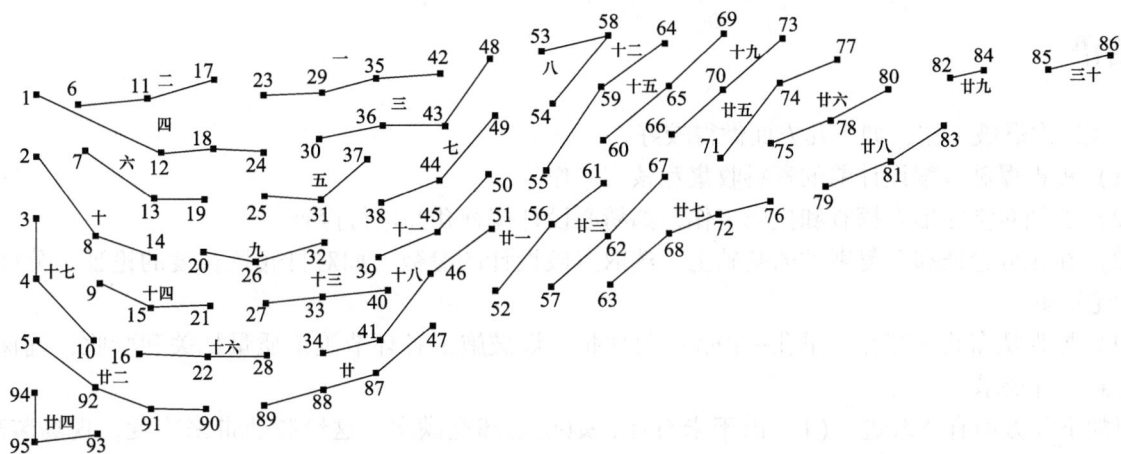

图4 起爆网路图

4 效果评价

4.1 实测情况

从实测图看，爆破后，炮区长130m，宽从北向南为12~65m不等；炮区长度方向有一条塌沟，其宽度最大为22m；在炮区西南方面，有爆破后岩石堆积，长约40m，宽25m。

测量人员对实测现状进行计算，结果如下：塌陷体积 $V_{塌}=7430m^3$，爆破后抛起岩石体积 $V_{抛}=3120m^3$。

4.2 对爆破实测现状分析

（1）爆破后，炮区范围内有明显的塌陷区，这是处理采空区最为明显的特点，这也是与正常台阶爆破不同点之一。由于空区的存在，空区上部覆盖层爆破后，在炸药能量抛掷及岩石重力作用下，爆破岩石填向空区，于是形成爆堆表面凹陷坑，也就是塌陷区。

（2）爆破后，炮区西南方向（Ⅱ区范围）出现抛起岩石现象。产生这种现象原因，主要与起爆网路设计中起爆方向有关。当整个炮区岩石向此方向挤压时，一部分岩石被炸药爆炸产生的能量抛向空区，另一部分岩石由于补偿空间不够，充满空区后岩石向此方向抛起。

（3）爆破后，炮区形成南北方向连续的凹陷坑。6号、8号采空场是以中间宽4.0m左右保安矿柱为界分为两个空场的，爆破后形成连续凹陷坑，说明6号、8号采空场中间的保安矿柱，在凹陷坑宽度范围内已被破坏。

（4）对爆破量与空区容积进行有关计算如下：

Ⅰ爆破实体体积：$V_{实}=8.5$ 万 m^3。

Ⅱ爆破前空区体积 $V_{空}=V_6+V_8=2.1-0.352+4.7/2=4.098$ 万 $m^3 \approx 4.1$ 万 m^3。

Ⅲ爆破塌陷体积 $V_{塌}=7430m^3=0.743$ 万 m^3。

爆破后岩石抛起体积 $V_{抛}=3100m^3=0.31$ 万 m^3。

Ⅳ查相关资料，岩石碎散系数选取1.5。

爆破后岩石体积 $V_1=V_{碎}=1.5V_{实}=1.5 \times 8.5=12.75$ 万 m^3；爆破前岩石与空区容积共计 $V_2=V_{实}+V_{空}=8.5+4.1=12.9$ 万 m^3；爆破后应形成塌陷区空间 $V_3=V_2-V_1=0.15$ 万 m^3；实际形成塌陷空间 $V_4=V_{塌}-V_{抛}=0.743-0.31=0.433$ 万 $m^3 >$ 应形成塌陷区空间 $V_3=0.15$ 万 m^3。

4.3 对爆破后结果评价

从以上分析和计算可以得出如下结论：本次6号、8号采空场爆破处理，塌陷充分，效果较理想，达到了预期目的。

5 结语

回顾这次爆破工作，如下几方面做得较好。

（1）重视爆破方案设计前的资料收集和核实工作。

（2）加强对空区形态探查和摸底工作，如精心设计探查孔并进行探查。

（3）在充分论证和反复斟酌的基础上，选取爆破设计的参数。如对打底抗长度的论证，分区方案提出和论证等。

（4）加强从布孔—穿孔—量孔—护孔—打底抗—爆破施工各环节施工质量把关和验收，确保施工质量达到设计要求。

但如下几方面有待改进：（1）由于未打穿，炮孔全部充满水，这给装药带来难度，现场装药时，个别孔充填未达到要求；（2）开始打抵抗用双铁线，给装药和量炮孔带来很多不便，在实际施工时，不得不改为单条铁线；（3）8号采空场出现未打穿炮孔，装药完成后有炸药掉落现象，值得今后处理采空场注意，以后处理采空场对未打穿炮孔也应打抵抗。

采用露天深孔爆破法处理采空区，将探查和爆破穿孔结合在一起，节省了费用，消除了矿山生产中的安全隐患，经济效益和社会效益明显。该方法适用同类矿山采空区处理，具有推广应用价值。

参 考 文 献

[1] 柯长安，陈炎江. 露天台阶爆破 CAD 系统 [J]. 爆破，1997（6）：85-86.

[2] 梁治明，丘侃，陆耀洪合编. 材料力学 [M]. 北京：高等教育出版社，1985.

[3] 蔡美峰，何满潮，刘东燕. 岩石力学与工程 [M]. 北京：科学出版社，2002.

[4] 陶颂霖. 凿岩爆破 [M]. 北京：冶金工业出版社，1986.

[5] 曾细龙，林钦河，蔡进斌. 云浮硫铁矿采空区处理施工经验浅谈 [J]. 化工矿物与加工，2005（12）：27-28.

露天矿炮孔钻机钻进过程中若干问题分析

陈晶晶　　杨树志

（广东宏大爆破股份有限公司，广东 广州，510623）

摘　要：针对露天矿山钻进炮孔过程中，孔口污染严重、易塌孔、漏失地层不易钻进等若干问题展开分析，提出了环保型钻孔施工工具有很大的应用前景。贯通式潜孔锤技术作为一项先进技术，在我国固体矿产勘察和开发过程中发挥了重要的作用，然而将其用于矿山钻进施工尚无先例，其效果有待研究。

关键词：炮孔钻机；环保型施工；露天矿山

Analysis on Several Problems During Drilling for Open Mine

Chen Jingjing　Yang Shuzhi

（Guangdong Hongda Blasting Co., Ltd., Guangdong Guangzhou，510623）

Abstract：There are some problems during drilling in open‐mine, for example pollution seriously around the blast holes, snaking in holes, hardly drilling in thirsty formation. These problem will be analyzed in the paper, raised that environmental protection construction possessed prodigious foreground, and introduced the reverse circulation drilling to blast holes for mine. Being an advanced drilling technique, run‐through DTH drilling technique plays an important role in the case of exploiting solid mineral resources at present. But it hasn't been designed to drill blast holes for mine. Therefore, it should be researched deeply in the future.

Keywords：blast hole drilling rig；environmental protection construction；open mine

1　前言

穿孔工作是露天矿生产工艺的重要环节之一，穿孔费用占矿岩开采成本的 20%~30%，穿孔速度和炮孔质量对爆破、采装以及破碎等各项作业都有影响。20 世纪 50 年代我国广泛采用吊绳冲击式钻机，以后逐渐被潜孔钻机和牙轮钻机所代替。目前潜孔钻机的比重约占 60%，驱动钻机的介质主要是压缩空气。气动凿岩机具有结构简单，重量轻，安全可靠，坚固耐用，适应性强，制造容易，成本低以及操作维护方便等优点。其主要缺点是：能量利用率低，噪声大，油雾重。正循环钻进，效率高，然而却有以下缺点：

（1）破碎产生的岩粉从钻杆与孔壁之间的环状间隙吹出，因此孔口污染严重，对现场工作人员危害很大（见图 1）；

（2）易塌孔，在某些卵砾石层、漂砾层钻进困难；

（3）不适宜在漏失、涌水地层钻进。

2　采用一般方式除尘的局限性

干式除尘，即采用捕尘罩、沉降箱、旁室旋风除尘器、小圆筒除尘器、脉冲布袋除尘器、高压离

(a)　　　　　　　　　　　　　　　　(b)

图1　炮孔钻机施工中

心式通风机等，除尘效果可达99.9%左右，干式除尘在涌水地层，易坍塌地层受到限制，另外带有布袋的干式除尘系统，在钻孔有水的情况下受到限制，潮湿的岩粉粘结在布袋上，妨碍除尘器正常工作。

　　湿式除尘，即在进气管中注入适量的水，水在孔底把粉尘湿润，这是一种有效的除尘方法，解决了二次尘源问题，并且设备简单，易于操作。然而其最大的缺点就是降低穿孔速度25%~50%，加水愈多，效率愈低。加水后冲击器的润滑条件差，零件易遭腐蚀，从而降低了使用寿命。

3　贯通式反循环钻进

　　在坚硬破碎、易于坍塌、漏失复杂地层实行全孔反循环钻进（见图2），可有效地提高钻进效率，维护孔壁稳定，把碎岩钻进和提取岩矿芯（样）统一为钻进、排屑、取芯（样）三种作业程序，同时进行。由原长春地质学院研制、无锡探矿工具厂加工制造GQ型贯通式气动潜孔锤已成为系列，其规格有GQ-89/30、GQ-100/44、GQ-108/44、GQ-127/44、GQ-146/44、GQ-160/60、GQ-200/60等七种规格，用于地质勘探与水文水井钻凿等工程。贯通式潜孔锤反循环钻进技术，其钻杆采用双通道，压缩空气由双壁钻杆环状通道通入，经潜孔锤做功后的废气携带孔内的岩屑进入双壁钻杆中心通道上返至地表。该类型潜孔锤主要特点如下：

　　（1）潜孔锤及钻头在结构上均为中空式；

　　（2）冲锤直接撞击钻头，能量传递效率高；

　　（3）耗气量低，热功效率高，冲击能量大；

　　（4）使用空气动力介质时，仍可使用各种液体冲洗介质保护孔壁，在破碎复杂的地层中应用具有特殊意义；

　　（5）与专用反循环钻头配套使用，不需封隔器可稳定形成全孔反循环连续取芯（样）钻进；

　　（6）不受季节及温度限制，在冬季或冷冻地区可全天候施工；

　　（7）贯通式潜孔锤反循环钻进，岩屑沿排渣管定向排出，易于收集与除尘，有利于保护环境。

图2　反循环钻进在边坡支护中的应用

4　贯通式反循环钻进过程中出现的问题

　　在钻孔施工中不可避免地会遇到一些复杂地层，贯通式潜孔锤在复杂地层钻进中经常会遇到一些问题，严重影响了正常的钻进工作和贯通式潜孔锤钻进技术的推广和应用。

（1）第四系覆盖层及风化基岩层。这些地层的特点是破碎、软硬不均、漏失，并往往含有卵砾石及松散黏土等。给潜孔锤带来的困难是钻孔坍塌、堵塞钻头气路，造成反循环不能形成、潜孔锤无法持续正常工作，卡钻、夹钻事故经常发生。

（2）有少量渗水的弱含水层。在贯通式潜孔锤不能完全形成反循环时，就会有少量细岩粉经钻头和钻孔壁间隙在孔内潜孔锤上方漂浮，由于孔内有少量水存在，这些细岩粉、岩屑与水混合后，呈黏稠的混凝土状，聚集在钻具周围和潜孔锤上方的孔壁上形成泥皮，当加接钻杆或终孔时造成提钻困难，甚至发生夹钻或埋钻事故。

（3）开孔阶段，由于上部地层受爆破冲击的影响，岩石破碎，裂隙发育，容易产生掉块、卡钻与埋钻事故，造成成孔困难。

（4）由于采用双壁钻杆，所以与同等口径的正循环钻进相比，效率相对较低，工程造价偏高。

5　结论

本文结论如下。

（1）在空压机效率一定的条件下，冲击器单次冲击功与冲击频率是成反比的，因此，我们可以研制低能高频的冲击器，优化参数，提高冲击效率；

（2）在钻头喷嘴的设计上可以考虑用超音速喷嘴，以提高空气喷射速度，增大气流的卷吸作用，降低动压力，从而增加气流对土的吹切能力，获得更好的钻进效果；在内喷射孔的设计上可以考虑人造龙卷风原理，减少黏土在钻杆内壁上的粘贴，以达到更好的排渣效果。

总之，反循环气动冲击器是未来钻孔发展的趋势，有很大的应用前景。

参 考 文 献

[1] 屠厚泽，高森. 岩石破碎学［M］. 北京：地质出版社，1990.

[2] 耿瑞伦，陈星庆，等. 多工艺空气钻探［M］. 北京：地质出版社，1998.

[3] 殷琨，蒋荣庆，等. GQ-100型贯通式风动潜孔锤研究报告［R］. 1993.

[4] 蒋荣庆，等. 潜孔锤钻进在复杂地层中的应用［J］. 地质与勘探，1999，35（6）：84-88.

缓冲爆破技术在河南经山寺露天铁矿边坡工程中的应用

刘　畅　杨树志　廖新旭　陈晶晶

（广东宏大爆破股份有限公司，广东 广州，510623）

摘　要：结合河南经山寺露天铁矿的设计开采要求，通过调整预保留层厚度、缓冲孔角度以及装药线密度等措施，优化了缓冲爆破工艺，得出一套操作简捷、安全可靠、经济合理的保护边坡爆破方法。

关键词：露天矿山边坡；缓冲爆破；优化设计

Application of the Side Slope Project Cushion Blasting in He'nan Jingshansi

Liu Chang　Yang Shuzhi　Liao Xinxu　Chen Jingjing

（Guangdong Hongda Blasting Co., Ltd., Guangdong Guangzhou, 510623）

Abstract：According to the designed mining requirements of Jingshansi Mutian Iron Mine in Henan Province, the cushion blasting process is optimized by adjusting the thickness of the pre-reserved layer, the angle of cushion holes and the linear density of charge, and a set of simple, reliable and economic blasting method for slope protection is obtained.

Keywords：open-pit mine slope; cushion blasting; design optimization

1　引言

经山寺露天铁矿为高强度开采型露天矿山，矿区内地层主要为新太古界太华群铁山庙组区域变质岩系，中元古界汝阳群海相碎屑沉积岩及第四系地层。经山寺矿段由经山北坡向斜和经山南坡背斜组成，矿体走向近东西，倾角100°~180°。构成边坡的岩组主要由白云石大理岩、磁铁大理岩、磁铁辉石岩、辉石大理岩、角闪岩组成，边坡中下部多由辉石磁铁矿层直接构成边坡。受褶皱构造控制，经山寺矿段构成南北帮边坡的岩组倾向与边坡倾向相反，只有南边帮局部边坡的岩组与边坡倾向一致。经计算分析，本矿坑最终边坡面积27.4万 m^2，稳定性较好，部分阶段边坡可能会产生沿层理面的边帮滑落及楔形帮滑落，部分边坡需采取疏干措施，才能保证整体边坡的稳定。

2　边坡缓冲爆破施工设计

2.1　优化设计要点

采用缓冲爆破主要是减小主爆炮孔的后冲和地震效应，控制超爆，保护边坡的稳定。缓冲爆破的特点是在边坡境界线上钻一排较密（为正常炮孔孔距的0.7倍）的缓冲斜孔，缓冲孔与主爆孔之间设

原载于《中国爆破新技术Ⅱ》，2008：330-332。

一排浅孔，缓冲孔装药量减半，采用径向不耦合装药结构，使炸药能量分布均匀。

在运用缓冲爆破技术的过程中，对一般缓冲爆破方法进行以下几方面的改进：增加边坡保护层厚度；减少缓冲孔穿孔角度；调整缓冲孔起爆顺序，不单独起爆，安排与主炮孔相应的顺序起爆，使其前排主炮孔爆破形成的裂隙起到浅孔的作用，省去浅孔施工工序；采用轴向连续不耦合装药和分段不耦合装药来调整线装药密度；同时尽量减少主炮孔布孔排数及整体爆破规模，以降低爆破震动对边坡的影响。

2.2 爆破参数

台阶高度 $H = 10$m，钻孔直径与主炮孔一致，为 $\phi = 140$mm，斜孔角度为 $80°$，装药结构采用人工单独装 $\phi 90$mm 和组合装 $\phi 110$ 与 $\phi 70$mm 的条状乳化炸药卷。

2.2.1 单孔装药量计算

（1）装药线密度：$q_1 = 7.5$kg/m；

（2）超深：$\Delta h = 1.5$m；钻孔深度：$L = H/\sin 80° + 1.5 = 11.7$m；

（3）堵塞长度：$h_0 = 2.8 \sim 3$m；

（4）装药长度：

1）单独装 $\phi 90$mm：

装药长度 $h_1 = H - h_0 = 8.7$m；

每孔装药量 $Q = q_1 h_1 = 65$kg；

2）组合装 $\phi 110$ 与 $\phi 70$mm：

底部装药 $\phi 110$ 长度：$h_2 = 2$m；上部装药 $\phi 70$ 长度：$h_1 = H - h_2 - h_0 = 6.9$m；

每孔装药量 $Q = q_1(h_2 + h_1) = 66$kg。

2.2.2 孔网设计

孔网设计如下。

（1）炮孔间距和抵抗线均为主炮孔的 0.7 倍。

（2）炮孔间距 $a = 2.7 \sim 3.5$m，抵抗线 $W = 4.8 \sim 5$m。

（3）布孔时距边坡线预留 1.8~2m 保护层。

主爆孔与缓冲孔布置见图 1。

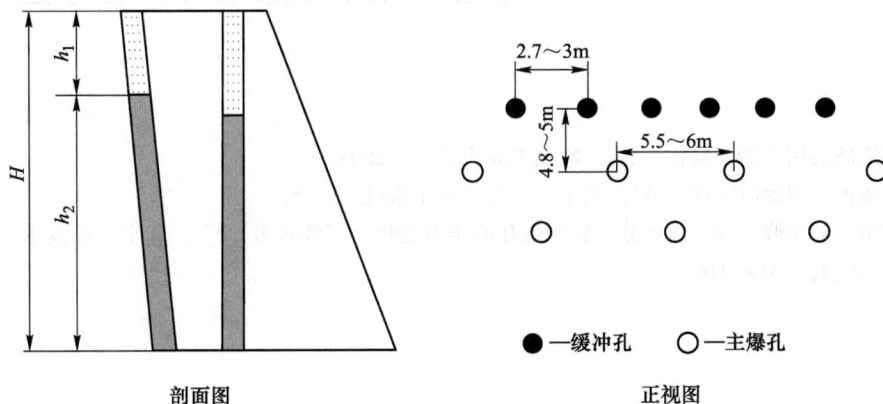

图 1 主爆孔与缓冲孔布置示意图

Fig. 1 Layout sketch of main blast hole and cushion blast hole

3 爆破效果

在经山寺露天铁矿边坡爆破施工中，多次采用上述缓冲爆破方法，边坡得到有效保护，爆破效果良好，有关缓冲孔的爆破参数见表 1。

表1 边坡爆破统计
Table 1 Statistics of the side slope blasting

表1 边坡爆破统计
Table 1 Statistics of the side slope blasting

时　间	爆破位置	岩石类别	边坡孔数	平均孔深/m	装药结构	装药量/kg	爆破方量/m³	爆破效果
2007-07-12	北矿坑80平台	石灰岩	29	12.0	φ110与φ70mm	2001	4176	效果良好，一次达标
2007-07-24	东矿坑90平台	沉积岩	7	14.6	φ90mm	620	1320	少许根脚突出，需二次处理
2007-08-05	北矿坑80平台	石灰岩	12	11.1	φ110与φ70mm	747	1692	效果良好，一次达标
2007-08-09	北矿坑80平台	磁铁辉石岩	18	11.7	φ90mm	1161	2592	效果良好，一次达标
2007-08-14	北矿坑80平台	磁铁辉石岩	24	11.4	φ90mm	1548	3352	效果良好，一次达标

4　缓冲爆破施工方法的特点分析

通过多次爆破施工观测，边坡坡比度、超欠挖度完全达标，稳定性良好。本工艺有如下特点。

（1）在距边坡线1.8~2m处布置缓冲孔，产生的预保留层对永久边坡起保护作用。本缓冲孔整体药量相对一般缓冲爆破药量（按一般缓冲爆破计算药量为主炮孔的一半，应为56kg）略加强，由于预保留层吸收了爆破能量，大大减弱了炸药爆炸对边坡的破坏。

（2）增大炮孔倾角，由原设计的70°优化为80°，降低了钻孔和装药施工难度，同时保证钻孔孔底位置设计要求。

（3）单一和组合装药结构灵活运用，便于施工操作，两者在施工中均能确保边坡整体稳定和坡比度达标。

（4）在经济效益方面，优化后的爆破施工工艺在节能降耗上也大有改观。

通过这些工艺优化，省略了浅孔的施工作业，简化了施工程序，降低了作业成本。

5　结语

从工程实践上看，该项技术简单易行，爆破效果上安全可靠，经济效益上客观，并且在钻孔深度小于10m的开拓工作面掏槽爆破中，采用该工艺也同样取得了理想的效果，得到了良好的效益。

参 考 文 献

[1] 刘殿中. 工程爆破实用手册 [M]. 北京：冶金工业出版社，2003.

[2] 郑炳旭，等. 建设工程台阶爆破 [M]. 北京：冶金工业出版社，2005.

[3] 吴从师，齐宝军，刘宇峰，等. 边坡分段装药炮孔的压力变化与爆破效果 [J]. 辽宁工程技术大学学报（自然科学版），2001，20(4)：414-416.

经山寺矿台阶爆破降低大块率措施

伏 岩 廖新旭 申卫峰 杜 山

（广东宏大爆破股份有限公司，广东 广州，510623）

摘 要：对经山寺矿深孔台阶爆破中生产的大块和根底的原因进行分析，提出有效的解决方法，包括确定合理的孔网参数、采用合理的装药方式、确定合适的堵塞长度以及采用合理的起爆形式等。

关键词：台阶爆破；大块率；技术措施；根底；超深值

The Measure to Lower Boulder Yield of Bench Blasting in Jingshansi Mine

Fu Yan Liao Xinxu Shen Weifeng Du Shan

（Guangdong Hongda Blasting Co., Ltd., Guangdong Guangzhou，510623）

Abstract：This paper analyzes the causes of large boulders and bootlegs produced in the deep hole bench blasting in Jingshansi mine, and puts forward effective solutions, like optimizing the hole network parameters, the charge mode, the stemming length and the initiation form.

Keywords：bench blasting；boulder rate；technical measures；bootleg；overbreak depth

1 引言

经山寺铁矿位于河南省舞钢市境内，矿区地层主要为新太古界太华群铁山庙区域变质岩系，矿区被七条断层截割为条块状。岩石的普氏系数 $f = 12 \sim 14$，矿石的普氏系数 $f = 16 \sim 22$。

露天矿台阶爆破矿岩的破碎块度是衡量爆破效果的重要指标。对大块率的统计一般有 Rosin-Rammler 经验式或用消耗破大块使用的雷管数来统计[1]。大块的多少不仅影响铲装作业效率，增加设备磨损，同时也增加二次破碎的工作量和爆破成本，更加严重的会带来安全隐患，解决好爆破大块是我们爆破技术人员始终追求的。

2 爆破大块产生的部位及原因分析

2.1 大块产生的部位

经山寺地质复杂多变，特别是在矿坑没有形成前期，其表层地质土夹石很突出。结合近两年的观察和统计发现大块主要在：（1）堵塞段；（2）爆破的前排；（3）爆区的两侧；（4）孔网面积较大的两孔之间；（5）地质构造复杂多变处；（6）超深偏小处；（7）掌子面前的根底；（8）爆区后部边界。

原载于《中国爆破新技术 II》，2008：350-352。

2.2 大块产生的原因分析

影响中深孔台阶爆破大块率的原因是多方面的，其中地质构造、爆破参数、布孔形式、钻孔质量、装药结构、起爆时间的选择、起爆顺序、炮孔的堵塞等是造成大块的主要因素。

（1）堵塞段产生大块的主要原因是装药主要集中在炮孔下部，导致表面的岩石得不到足够炸药能量而使其不能充分破碎。

（2）爆破前排产生大块的主要原因是由于前一炮的影响，使被爆岩体遭到破坏形成裂隙，爆炸应力波对这些裂隙破坏作用减弱，并且爆炸气体过早地从裂隙中逸散；再者在前排的岩石没有足够的运动阻力使被爆岩石相互作用减弱造成大块[2]。

（3）爆区两侧大块产生的主要原因是靠近两侧的炮孔没有有效的自由面，应力波和爆轰气体不能对岩体产生足够多的裂隙而使岩体破碎。

（4）孔网面积较大的两孔之间产生大块的主要原因是由于爆破参数（孔、排间距）不合理，炸药能量分布不均匀，使岩石得不到充分破碎。

（5）地质构造复杂地带产生大块的主要原因是由于裂隙存在导致应力波衰减或阻断，同时爆炸气体从裂隙中逸出，压力迅速下降，致使被爆岩体没有足够的爆炸能量。

（6）超深偏小处主要是根底的存在，由于没有足够的超深使底部药量没有足够的能量来破坏岩石的夹制而留下根底。

（7）掌子面前的根底主要是由于多排孔的存在使最后排相对阻力较大，使后排孔没有有效的移动空间。

（8）爆区后部边界产生大块的主要原因是后排炮孔的药包常常没有有效的自由面，应力波就对被爆岩体产生拉裂造成大块[1]。

3 降低大块的工艺措施

3.1 选择合理的前排抵抗线

设计时，在保证钻机安全条件下，并且也有利于后排孔的推动，应相对缩小前排抵抗线，根据经验本工程取 3.0~3.5m。对前排根底突出的部位要进行处理，钻孔深度和角度由根底的宽度大小来决定。

3.2 合理的爆破参数，采用宽孔距小抵抗线[4]

在矿山爆破中，为了取得良好的爆破效果，孔距和排距选择是关键。为发挥炸药相对能量，一般采取缩小排距、增加孔距调整爆破系数来实现宽孔距小排距爆破，能有效地改变爆破效果降低大块。根据经验，可取 $a = (1.3 ~ 1.8)b$（其中：a 为孔距；b 为排距）。

3.3 增大底部装药密度、改变装药方式

经山寺矿矿体产状变化大，针对这些特点，采取分段装药和不耦合装药来改变装药结构，这样有利于克服中部和堵塞段的大块。例如：采取直径 140mm 的炮孔，在其下部装直径为 110mm 的药卷，上部装直径为 90~110 的药卷。在装直径 90mm 药卷时，用炮绳吊装使药卷逐个垒起，延米装药量为 9kg（直径 110mm 延米装药量为 14kg），这样相对 10m 台阶每个孔可以节省 5kg 炸药，从爆破效果观察没有明显变化，大块率也没有明显提高。

3.4 选择合适炸药[5]

研究和理论分析表明，当炸药的密度与爆速乘积和被爆岩体的波阻抗相近时，爆炸能量可以有效地传递到被爆岩体中，有利于岩石的破碎，因此必须根据岩石的性质来选择炸药。本矿中，在爆破台阶水平高度为+130~+100m 时，岩石可爆性较好，一般采用铵油炸药；随着台阶水平高度的下降，岩

石可爆难度增大，且大量炮孔中有水存在，为了解决这些问题就选择了 2 号岩石乳化炸药，其优点：爆炸性能好、抗水性能好、安全性能好等。

3.5 选择合理起爆时间和顺序以及 V 形起爆

要求破碎程度好的爆区，使前排炮孔爆后为后排炮孔形成的自由面最大，是确定起爆时间的关键。本工程中在矿石集中区域，多采用多排孔梅花形方式布孔（5~6 排）。在矿岩好的区域采用 V 形起爆方式，V 形起爆比排间起爆多增加一个侧向自由面，并且也实现了宽孔距小排距起爆方式，同时 V 形起爆实现后排孔逐孔爆破，减少了对未爆岩体的破坏，有利于提高岩体在高速运动中碰撞几率，造成二次破碎，进一步减少大块[4]。

3.6 合理的堵塞长度和良好的堵塞质量

良好的堵塞长度和质量可有效提高药包的能量做功，堵塞长度过长会降低延米爆破量，增加爆破成本，使爆破表面的岩石破碎程度不佳；堵塞长度过短使爆破能量严重损失，产生大量的空气冲击波和飞石，并且会留下根底。经山寺矿台阶高度 10m，孔径 140mm，超深 1.0~2.0m，一般堵塞长度在 3.0~3.5m，矿石一般在 3.0m。

3.7 加深后排孔深度

采用同样的爆破参数及爆破技术，第四排的超深多加 0.5m，第四排超深为 2.0m，提高第四排的根底爆破能量。根据实践观察统计，抬炮率降到 5%，每天可以节省近 5000 元的费用，对大工程来说是一个相当可观的数字。

4 几点看法

本文得出几点看法如下。

（1）通过近两年的实践，矿山中深孔台阶爆破用小直径钻机是可行的。小直径钻机移动灵活、爬坡能力强的特点，在处理根底时更加方便。

（2）宽孔距小排距的爆破方式，平均分配炸药爆炸能量，有效地破碎矿岩，降低大块率。

（3）通过以上技术的合理运用和经验的总结，经山寺矿在解决大块和根底方面收到了明显效果：2007 年的年产量为 500 万 m³，消耗的电雷管数为 9 万发，平均大块率为 1.8%；2007 年全年的深孔钻孔米数 255323m，台炮 12746.15m，全年台炮为 5%。大块和根底控制在合理的范围之内，能有效地提高铲装作业效率。

参 考 文 献

[1] 郑炳旭，李萍丰，王永庆．建设工程台阶爆破 [M]．北京：冶金工业出版社，2005．
[2] 段海峰，侯运炳，燕洪全，等．爆破机理的推墙假说研究 [J]．矿业研究与开发，2003，23(1)：41-44．
[3] 于亚伦．工程爆破理论与技术 [M]．北京：冶金工业出版社，2004．
[4] 李娟．高村采场降低台阶爆破大块率和根底的措施 [J]．金属矿山，2005 (9)：72-73．
[5] 黄铁平，蔡进斌．浅析降低露天矿台阶爆破大块率的途径 [J]．化工矿物与加工，2005 (9)：27-28．

孔底空气间隔减震试验研究

邢光武　　魏晓林　　郑炳旭

（广东宏大爆破股份有限公司，广东 广州，510623）

摘　要：利用某特大型采石场深孔台阶爆破现场生产条件，对空气间隔减震措施进行研究并取得一些新的成果，对大型采石场、核电站工程及其他爆破工程有现实的指导意义。

关键词：台阶；爆破，装药结构；孔底空气段

Experimental Investigation of Shock Absorption in Blasthole Bottom with Air Interval Layer

Xing Guangwu　Wei Xiaolin　Zheng Bingxu

（Guangdong Hongda Blasting Co., Ltd., Guangdong Guangzhou，510623）

Abstract：Based on the field conditions of the deep hole bench blasting in a large quarry, this paper studies the impact of air spacer on shock reduction and obtains some new achievements, which could be used as a practical guiding for large quarries, nuclear power plants and other blasting projects.

Keywords：bench；blasting；charge structure；air spacer at borehole bottom

1　试验条件

某大型采石场工程是日产成品规格石 3.5 万 m^3，月平均爆破石方量 100 万 m^3 的大型石料开采工程。爆破作业区高差约 180m(+10~+190m)、面积约 40 万 m^2，总爆破方量约 1000 万 m^3。

采区内岩石为闪长花岗岩，f 值为 8~14，节理、裂隙十分发育，裂隙水丰富。在同一平台多处有岩脉入侵，甚至同一爆破作业工作面有几种不同地质条件的岩石，对爆破和分选相当不利。采区岩石按爆破难易程度分为三类：Ⅰ类——相对难爆岩石，Ⅱ类——中等可爆岩石，Ⅲ类——易爆岩石。

采用英格索兰 VHP750 潜孔钻机钻孔；台阶高度 H = 15.0m，垂直孔，孔径 140mm。孔底部用 ϕ110mm、上部用 ϕ70~100mm 乳化炸药不耦合装药结构，炸药密度 ρ = 1.16g/cm^3。

2　孔底空气间隔减震试验

2.1　孔底空气间隔

2.1.1　孔底空气间隔减震试验

在本试验中，采用底部空气段 L_a 为 2.5m，装药直径为 ϕ90mm、ϕ80mm 与 ϕ70mm 混装，与不采用底部空气段的试验进行对比，结果见表 1。

在孔底空段长度 L_a = 2.5m 且无水的情况下，做了 3 次实验，每次 2 孔，传播距离 280~360m，起

爆时差（17+2）ms 时，质点振动速度峰值 PPV 平均 0.0595cm/s；在孔底空段长度 2.5m 且有水的情况下，做了 4 次实验，每次 8 孔，传播距离 306~370m，起爆时差 19~21ms，PPV 平均 0.0934cm/s。以上两种情况下的实验条件主要区别在于孔底空段是否有水，实验结果无水条件下的 PPV 比有水条件下平均减小 36.3%。这说明孔底空气间隔的减震效果是明显的。

2.1.2 单孔爆破震动试验

由表 1 可知，在其他条件相同，孔底空气段长度 L_a 分别为 0、1.5m、2.5m 的情况下做对比实验。

表 1 某大型采石场减震爆破试验数据

Table 1 Test data of damping blasting of a large quarry

序号	起爆时间	爆破地点/m	孔径/mm	药径/mm	孔底空段 L_a/m	炮孔深 L/m	药柱中心深度 L_c/m	装药量/kg	传播距离/m	起爆时差/ms	台阶高度/m	最小抵抗线/m	孔间距/m	孔中积水状况	PPV /cm·s⁻¹	备注
1	5.2	+40	140	90~70	2.5	17.4~18.1	10.2~10.55	65.5	280 280	H17 M11	15.9~16.6	3.3~3.5	7	无水	0.0459 0.0841	2孔
2	5.3	+40	140	90~70	2.5	15.7~16.5	9.35~9.75	69.0	293 293	H17 M20	14.2~15.0	3.2~3.4	7	无水	0.0597 0.0582	2孔 2孔
3	5.6	+55	140	90~70	2.5	21.9~22.7	12.45~12.85	93.5	360 350	H17 M18	20.4~21.2		6.5	无水	0.0729 0.0575	2孔 2孔
4	5.13	+55	140	90~70	2.5	20.2	11.6	72.5	370	17	18.7	3.3	6	有水	0.084	8孔，组内、组间250ms
5	5.14	+40	140	90~70	2.5	16.5	9.75	67.5	304	18	15.0	3.3	6	有水	0.0896	8孔，组内、组间250ms
6	5.23	+40	140	90~70	2.5	17.5	10.25	70.0	306	19	16.0	3.3	6	2~5m水	0.1179	8孔，组内19ms，组间66ms，38ms，166ms
7	5.24	+55	140	90~70	2.5	20.4	11.7	82.5	378	19	18.9	3.3	6	2~9m水	0.0822	8孔，组内19ms，组间66ms，190ms，166ms
8	4.29	+40	140	110~80~70	无	17.6	10.3	107	250		16.1	3.5		无水	0.1872	单孔
9	4.29	+40	140	110~80~70	1.5	17.7	10.35	107	250		16.2	3.5		无水	0.1512	单孔
10	4.29	+40	140	110~80~70	2.5	18.0	10.5	107	250		16.5	3.5		无水	0.1131	单孔

当孔底空气间隔长度 L_a 由 0 增大到 1.5m 时，质点振动速度峰值（PPV）降低 0.036cm/s，降低了 19.2%。

当孔底空气间隔长度 L_a 由 1.5 增大到 2.5m 时，质点振动速度峰值（PPV）降低 0.0381cm/s，降低了 25.2%。

当孔底空气间隔长度 L_a 由 0 增大到 2.5m 时，质点振动速度峰值（PPV）降低 0.0741cm/s，降低了 39.6%。

2.2 炮孔底部空气柱效应作用机理

2.2.1 卸载作用、减低初始爆压

底部空气柱装药犹如在装药底部设置了一段卸压管，在装药爆轰后的初始阶段，部分压力迅速向底部空气柱卸载，降低了初始爆压，减轻了爆轰冲击作用，减小了粉碎或压缩圈的半径，从而应力波

能量得到加强，破坏作用范围增大，爆裂缝数量增多、长度增大。

2.2.2 储能作用、增大爆破冲量、减弱爆破震动

爆破中，岩石介质的破碎不但与作用力的大小 F 有关，而且与爆炸压力作用的时间 t 的长短有关，即与其冲量 $I = \int P \mathrm{d}t$ 有关。而底部空气柱恰似一个能量储存器（空气柱长度必须控制在适当范围内），装药爆炸时，部分能量撞击孔壁，对周围介质产生依次加压，形成主压缩波。而部分能量被储存在底部空气柱中，随着主压缩波的能量降低，空气柱开始释放能量，并扩展和贯通裂缝，空气柱多次脉动，对介质多次加载，增加了对介质破坏作用时间，提高爆破效果，减弱了爆破震动。

2.2.3 气压作用滞后、断裂破坏加强

底部空气柱装药爆破时，在初始阶段相当长时间内，高温高压的爆轰气体进入底部空气柱储存，待冲击压缩能量使介质产生许多裂缝而降低到一定程度后，底部空气柱才开始释放能量。因此，充分利用了爆轰冲击和气体压力这动静两相的独立破岩作用，延长了爆破作用时间，结果使爆轰冲击波和应力波充分创造裂缝，气体高压的断裂作用也得到了加强，爆破震动随着减弱。

在耦合装药的情况下，$L_\mathrm{a}/L_\mathrm{c} = 0.4 \sim 0.5$ 的底部空气柱装药爆破作用最强、爆破体积最大，产生的爆破震动最小；当底部空气柱长度接近药深时，则由于爆生气体膨胀的距离和体积的扩大，卸压作用增大，气压作用的滞后时间太长、压力太小，以致破岩作用减弱，爆破体积也因此而减少，爆破震动虽然减小，但容易出现岩坎。

本工程由于采用径向不耦合装药工艺，在底部空气段上端高于底盘 0.5m 时，爆破冲击波必须通过空气段对底盘发生作用，起到了一定的减震效果；当 L_a 等于 2.5m，即底部空气段上端高于底盘 1.0m 时，减震效果显著，同时爆破效果保持良好，也没有产生新的岩坎，这时 $L_\mathrm{a}/L_\mathrm{c} = 0.238$。

某大型采石场工地试验中底部空气柱发生较好效果时 $L_\mathrm{a}/L_\mathrm{c}$ 比值小于 0.4，原因在于采用径向不耦合装药结构（不耦合系数调节 1.5~2.0），与耦合装药情况下相比，爆生气体膨胀的距离和体积增大，卸压作用加强，气压作用的滞后时间延长、气压减小。

3 结论

本文结论如下。

（1）在深孔台阶爆破中，孔底空气间隔的减震效果是显著的。

（2）在小抵抗线宽孔孔距的台阶式中深孔爆破中，采用底部空气柱装药爆破，爆破震动可以减小 30%~40%，对同类工程有很好的指导作用。

参 考 文 献

[1] 祝树枝，等. 近代爆破理论与实践 [M]. 武汉：中国地质大学出版社，1993.
[2] 潘吉仁. 底部空气柱装药爆破效果模型试验研究 [J]. 淮南矿业学院学报，1993，13(4)：17-21.

露天开采凌乱矿脉矿石贫化及损失控制措施探究

陈晶晶　刘　畅　伏　岩

（广东宏大爆破股份有限公司，广东 广州，510623）

摘　要：结合河南经山寺露天铁矿工程实例，针对当地实际地质情况，为了控制矿石损失和贫化率高这个主要难题，总结出一套行之有效的施工方案，文章将对一些主要控制手段及方法予以分析总结，为类似工程提供借鉴和参考。

关键词：露天铁矿；凌乱矿脉；控制；措施

Study on Ore Dilution and Loss Control Measures of Disordered Veins in Open-pit Mining

Chen Jingjing　Liu Chang　Fu Yan

（Guangdong Hongda Blasting Co., Ltd., Guangdong Guangzhou, 510623）

Abstract：Based on the Jingshansi open-pit iron mine project in Henan Province, blasting engineers summarized a set of effective construction scheme for the local disordered geological situation to control the main problems of high ore loss and dilution rate. This paper focuses on the analyzation and summarization of the main control means, which could be used as a reference for similar projects.

Keywords：open-pit iron mine; disordered veins; control; measures

1　工程概况

河南经山寺露天铁矿位于河南省中部。矿区内地层主要为新太古界太华群铁山庙组区域变质岩系，中元古界汝阳群海相碎屑沉积岩及第四系地层。经山寺矿段由经山北坡向斜和经山南坡背斜组成，矿体走向近东西，倾角 $100°\sim180°$，开采矿体为缓倾斜、多层状矿体。矿床各段分为 C14 层、C13 层及 C12 层，每层矿由 $3\sim5$ 个小分层组成，单层矿厚 $1.06\sim31.68$m，平均 5.91m，总厚度 $23\sim253$m，平均 108m。根据矿体的赋存状态及开采技术条件，决定采用露天开采。然而与一般露天矿比，河南经山寺矿的特点是矿体小、状态复杂，分采、剔除工作量大。图 1 显示的是该矿段第 39 勘探线地质剖面图。

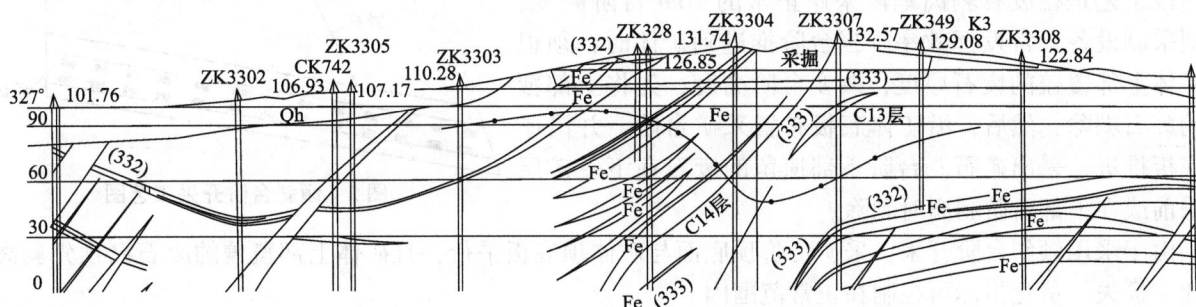

图 1　河南经山寺矿段第 39 勘探线地质剖面图

原载于《露天采矿技术》，2008（6）：21-23。

经山寺露天矿每年选矿处理量 240 万吨，若贫化率降低 1% 则每年少采 2.4 万吨废石。采、运、选总量减少，同时贫化率降低，入选矿石品位升高，选矿回收率将相应提高。另外，矿石损失是对矿产资源的一种浪费，损失过大将会缩短矿山的服务年限，造成储量后备不足，使每吨矿石所摊销的折旧费用增加。因此，如何降低矿石损失和贫化率成为一个主要难题。从 2006 年至今，我公司技术人员根据实际情况，总结出一套行之有效的施工方案，取得了不错的技术经济指标。

2 控制贫化率高和矿石损失的措施

2.1 建立合理的管理体系是基础

由于矿脉比较凌乱，开采区域多，现场管理人员需求多，经过双方协商，派相关人员进行矿石的分采、分运，对于爆破后的矿石爆堆，组织双方地质人员共同确认矿石品位，根据矿石品位确定矿石运送地点。施工现场实行作业划分，责任到人，我方实行 2 班倒制度，每班 2 人，包括质检工程师 1 人，全权负责现场拉运矿石质量。另外，配备采矿工程师 1 人，总体负责矿石拉运的指导协调工作。质检工程师随时向采矿工程师汇报情况。采矿工程师和质检工程师都有一定的权利，未经他们的允许，施工队不准私自拉运矿石，这样可以有效地避免了施工队队长仅考虑工程进度，忽视工程质量的现象。

2.2 中小型铲装设备有利于控制贫化、损失

根据矿体的分布特征，本工程选用台阶高度 10m，容易操作，即向上向下设备垂直移动在 4.0m 以内，从下向上设备移动亦在 4.0m 之内。移动设备为挖掘机、钻机、推土机，爬坡能力都很强，临时在渣堆上开路也容易。本工程对矿石贫化及损失的要求比较严格，针对实际情况，所选设备不易大，综合对比分析选用中小型设备：钻机的钻孔直径为 $\phi 140mm$、$\phi 80mm$，钻机爬坡能力 25° 左右；挖掘机爬坡能力与钻机差不多，移动起来很方便，斗容为 $1.0 \sim 1.6m^3$，很利于分装，选装作业。

2.3 减少贫化损失的开采工艺

经山寺铁矿体规模小、数量多、厚度薄、产状复杂，大部分矿体倾角小于 30°，厚度小于台阶高度 10m，属于难采矿体。因此，为了降低矿石的损失、贫化率，提高矿石回收率，开采过程中须根据矿体厚度和产状，采取有效措施进行控制，严格实行分采、分装、分运，最大限度地剔除夹层，回收矿石，使损失、贫化率达到设计指标。

2.3.1 缓倾斜矿体开采

缓倾斜薄矿体是矿山开采过程中损失、贫化控制难度最大的矿体，特别是矿体倾角为 10°~45° 时，其损失、贫化率控制更为困难。因此，为了降低矿石的损失、贫化率，根据国内外露天矿山的实际经验，设计采用倾斜台阶和小台阶开采工艺。

对于倾角小于 10° 的缓倾斜矿体，由于矿体底板相对比较平缓，采矿设备基本可以正常工作，设计采用倾斜台阶开采工艺（见图 2）。

该工艺是在废石剥离地段采用正常的 10m 台阶高度，以便采剥设备正常发挥效率。当台阶推进到矿体时，须根据矿体上部覆盖的废石厚度，改变台阶高度，先将上部覆盖的废石剥除，然后，沿矿体底板布置采矿台阶，并沿矿体底板推进，采出矿石。台阶下部遗留的废石在下一矿层开采前或在下部台阶剥离时剥除。

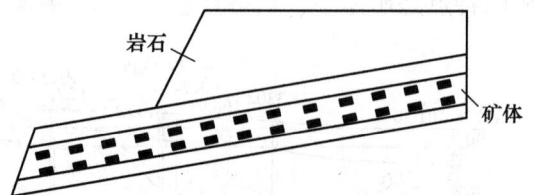

图 2 倾斜台阶开采工艺图

由于采用倾斜台阶开采，采矿台阶顶底面与矿体顶底板平行，且矿体上部覆盖的废石已预先剥离，因此，损失、贫化指标可控制在正常范围内。

采用倾斜台阶开采，由于设备作业的台阶面为倾斜面，设备效率将有所降低，因此，开采时应配备足够的采矿设备。同时，由于设备在倾斜面上作业，稳定性较差，特别是高大设备，因此，应注意生产安全，避免发生设备翻倒等安全事故。具体措施是在台阶局部，根据设备作业需要，修筑小平台，

设备尽可能在平台上作业,以保证生产安全。

当矿体倾角大于10°时,由于矿体倾角较大,设备无法在矿体底板上正常作业,因此,不适于采用倾斜台阶开采。对于这部分矿体,设计采用小台阶开采工艺(见图3)。

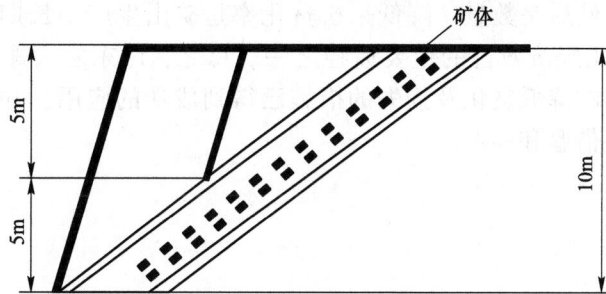

图 3 小台阶开采工艺图

该工艺尽管在废石剥离地段采用正常的10m台阶高度,但其采矿台阶布置与倾斜台阶开采工艺不同。当台阶推进到矿体时,为了减少矿石损失和贫化,须将其划分成高度较小的小台阶,以减少矿石损失和废石混入。从图3中可以看出,当一个10m高的台阶划分为2个5m高的小台阶开采时,台阶前部的废石混入可以减少一半,同时矿石损失也会明显降低。

由于采用小台阶开采,台阶高度低,设备效率会明显下降,同时会增加部分道路修筑工作量,生产管理比较复杂,因此,生产中应根据具体情况酌情采用。

2.3.2 原位爆破技术

原位爆破技术的实质是爆破后矿石和岩石依然各自成堆,边界依然在爆堆断面中清晰可见。

具体做法可通过调整爆、挖作业程序、改变起爆方式、变更起爆顺序、时差、改变孔径、单耗等工艺过程来实现原位爆破。

这样做的结果是简化了采矿爆破工艺,不用分采和剔除,在装运过程中用小挖掘机选装,将岩石与矿石分装分运。我公司在经山寺露天铁矿开采工程中,曾采用以下几种方法:(1)压渣爆破;(2)间隔起爆,第一排弱装药;(3)一声雷起爆;(4)整体弱装药,成大块,减少抛散;(5)留脉爆破。

2.3.3 大块采矿法

当矿脉复杂或矿脉较小时,可考虑大块采矿法,即将围岩炸碎,矿石炸成大块,便于挑出来,进行二次破碎,以减少损失。

尽管多花了二次破碎钱,但矿石价值较高,剥采比较大时,在经济上还是合算的。具体做法是:(1)矿段堵塞(见图4);(2)矿段弱装药;(3)矿段空气间隔。

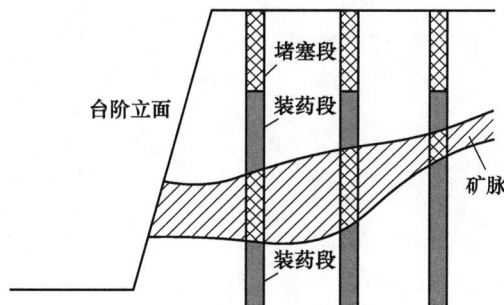

图 4 矿段堵塞示意图

如果矿块当中夹岩,也可以将矿爆碎,夹岩处堵塞,岩石出大块,便于分装,减少贫化。

3 结语

上述技术管理措施的成功应用,实现了高强度开采和贫化损失控制的双重指标:

（1）按生产能力与计划，前 19 个月完成采剥总量 2508 万吨，采出原生矿石量 169 万吨，并具备稳定的原生矿生产能力；

（2）实际生产过程中，矿石损失率不大于 6%，贫化率不大于 12%。

采矿工程首先是质量，然后是数量。降低采矿贫化率是矿山生产中长期的经常性的工作，是提高矿石质量（品位），提高矿山经济效益的重要途径之一。总之，广东宏大爆破股份有限公司在河南舞钢经山寺露天铁矿中所采用的降低贫化及损失的措施已得到成功的应用，并取得一定的经济效益和社会效益，可为类似工程提供借鉴和参考。

参 考 文 献

［1］刘殿中. 工程爆破使用手册 ［M］. 北京：冶金工业出版社，1999.
［2］河南省有色金属地质矿产局第四地质大队. 经山寺铁矿床经山寺矿段地质勘察图纸 ［R］. 2004.
［3］吕英平，杨立根. 缓倾斜极薄矿脉开采新技术 ［J］. 黄金，1999(9)：20-23.
［4］陈家斌，赵明星. 分期强化开采在缓倾斜中厚层矿体露天矿山的应用 ［J］. 化工矿物与加工，2007(7)：33-34.
［5］刘建平. 浅谈降低采矿贫化率的方法措施 ［J］. 有色金属，2007(4)：51-54.

三种端面形状的潜孔钻头流场 CFD 数值模拟仿真

陈晶晶　　王文伟

（广东宏大爆破股份有限公司，广东　广州，510623）

摘　要：通过计算流体力学软件 Fluent 对三种底唇面形状的钻头进行内部流场数值模拟仿真分析，比较真实地反映出其在孔底的工作状态，可以得出任意断面的流速和压力，这种方法为钻头结构参数的优选提供基础。

关键词：Fluent；潜孔钻头；CFD；数值模拟

Numerical Simulation of Inner Field for
Three Different Kinds of Down-the-hole Drill Bits

Chen Jingjing　Wang Wenwei

（Guangdong Hongda Blasting Co., Ltd., Guangdong Guangzhou, 510623）

Abstract：By applying Computational Fluid Dynamics software—FLUENT, numerical simulation of inner field for three different kinds of down-the-hole bits are analyzed in the paper, the work status of the bits are presented realistically, and we can received velocity and press at any position. This method supplies reference on the design of bit structure parameters.

Keywords：Fluent；down-the-hole drill bit；CFD；numerical simulation

1　前言

　　气动潜孔锤又称气动潜孔冲击器，发明应用于 21 世纪初，继气动凿岩机之后，气动冲击机构径向尺寸缩小，可以与冲击钻头同时潜入钻孔内，冲锤直接冲击钻头，减少能量损耗，并且不受钻孔深度的限制。冲击式凿岩，冲击力以应力波的形式作用于钻头，冲击作用时间极短（万分之几秒），产生的冲击力大，有效地破碎岩石，穿孔速度快，钻头磨损慢，是一种科学、合理的穿孔钻进方法。20 世纪 60 年代以来，气动潜孔锤钻进技术发展迅速，应用领域不断拓宽，从初始的爆破孔施工，逐步发展到水文水井钻凿，地质岩芯勘探，水库坝基帷幕灌浆，工程地质勘查，非开挖管线铺设，建筑基础及岩土工程等几乎所有钻孔施工领域。与其他钻进方法相比较，气动潜孔锤钻进穿孔效率提高数倍，钻头寿命长，成孔质量优，施工周期短，钻孔成本低，适应于冷冻及干旱缺水地域施工等优点，应用日渐广泛。

2　三种类型的钻头内部流场模拟仿真分析

　　钻头是直接破碎岩石的工具，凿岩效率、钻进速度及钻头寿命，在很大程度上与钻头结构型式和材质状况有关。过去对钻头结构参数的设计主要依据实验总结的经验规律，在制造出实物进行试验以前，不能预先确知钻头性能的优劣，实验次数多，成本高，周期长。流体力学仿真计算软件 Fluent 为钻头反循环结构的优化设计提供了一种高效、便捷、低成本的手段。通过应用 Fluent 软件对钻头内外流体通道的流场进行模拟仿真分析，可以比较不同钻头类型结构参数下其工作状况，从而为钻头结构参数的优选提供基础。

柱齿钻头是随着气动凿岩工具的发明而产生的一种新型钻头，它具有抗冲击能力大、寿命长、钻进效率高的优点，特别适合钻进坚硬地层。但国内外研究较少，多数凭经验设计。平头型钻头结构简单，但边齿容易磨损，不好镶焊，适用于中等强度、中等研磨性地层；中间凸出型有自行修磨的特性；有较高的转速，钻进速度平稳，中间凹陷型钻进时，中间能产生定心作用的岩心小柱，有利于防止孔弯，钻头的回转力矩相应减少。

2.1 建立计算流场模型

利用 Gambit 建立钻头流场模型，本文中是对流体通道建立模型。

2.2 建立边界条件

在 Gambit 软件中对模型进行网格划分，根据实际情况，看是否需要细分网格。在网格划分结束后，确定入口流道（Input），出口流道（Output），壁面（Wall）等，并输出 *.msh 文件。打开 Fluent 软件，调入网格文件。建立数学模型，确定边界条件。选择耦合显示求解，根据实际情况，取钻头进气孔压力为 10 个大气压，在中心通道以后即计算模型的出口处，压力为 1 个大气压，温度为 300K，流体为理想状态的空气，流体模型为 k-ε 模型（湍流两方程模型），其中 k 为湍流动能，取值为 0.08，ε 为湍流的黏性耗散率，取值为 0.06。

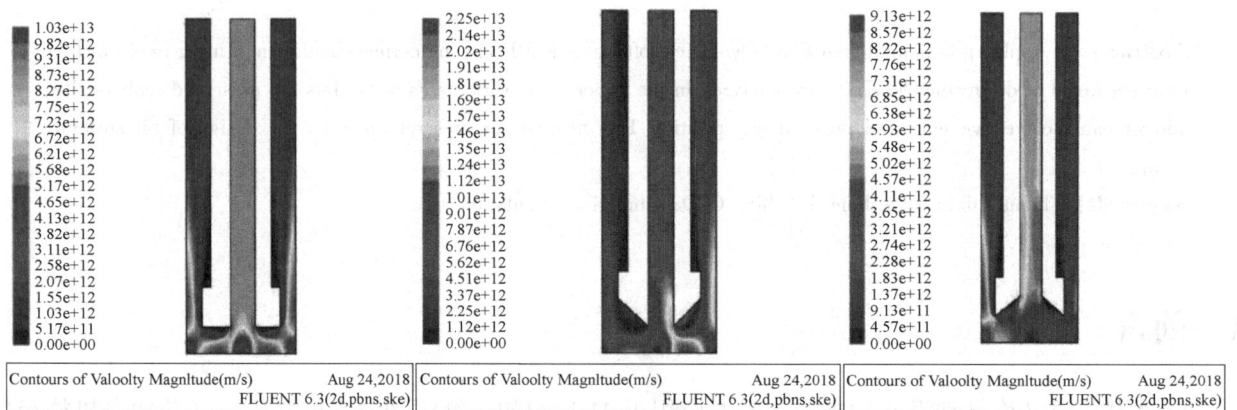

图 1　平底型、馒头型、锅底型钻头流场速度云图对比图

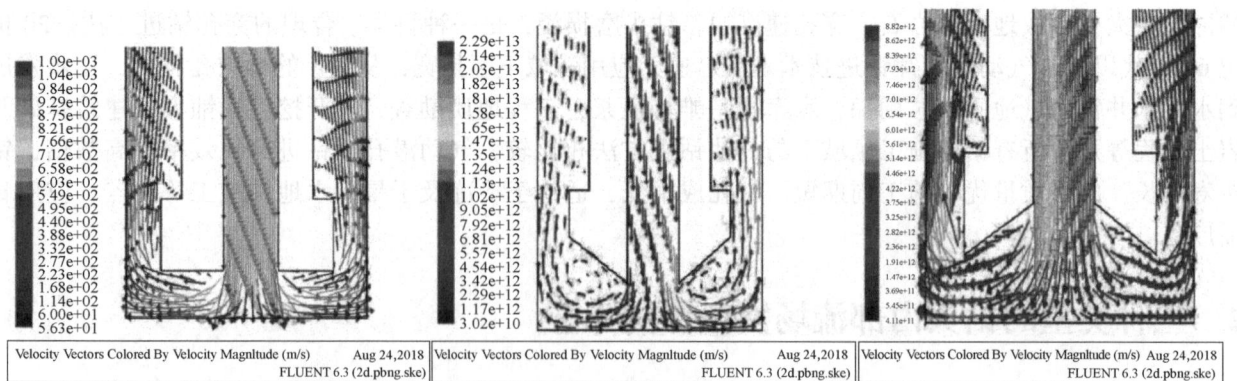

图 2　平底型、馒头型、锅底型钻头流场速度矢量图对比图

2.3 内部流场数值仿真模拟

分析：高压气流从底喷口高速吹出，通过速度矢量对比图可以看到，平底型在靠近钻头底唇面处形成了两个明显的对称"锁窝"，锁窝的作用推动高速射流远离底唇面，避免在唇面处产生附壁作用，以致冲刷钻头体，直至主喷射流在岩石面上有稳定的附壁点。这种形状的端面钻头在凿岩过程中钻凿的炮孔有较好的直线度，钻头排粉效果好，钻速快，是目前市场上使用较多的潜孔钻头。

馒头型钻头可以把前端部看作一个先导钻头，因此此类钻头钻进速度较快，在靠近孔壁处的速度明显比平底型钻头较低，说明其在钻进过程中在一定程度上能解决气流冲刷孔壁。另外在底唇面形成的"锁窝"较平底型大，其工作较平稳。在钻凿中硬和坚硬磨蚀性岩石时能保持较高的凿岩速率，但钻孔的平直度较差，不适用于炮孔平直度要求较高的凿岩工程。

锅底型钻头中心部分的结构起着扶正钻头和破碎钻头中心所形成的小圆柱岩心的作用。该部分设计不合理，常会造成钻头早期损坏。为了破碎中心小岩心柱，钻头内唇面上设有一特殊斜面来破碎它；内斜面上金刚石的分布应使小岩心获得全面破碎。由于钻头工作时，位于斜面上金刚石的线速度低、压强大、容易磨损，因此必须选用高质量的硬质合金柱齿。这种形状的钻头是由同类型球齿钎头演变来的，钻头的端面中心部有一深凹中心部分。用于凿岩过程中的成核作用，钻凿深孔时保证炮孔的平直度，只适用于钻凿软岩和中硬岩石。

3　结束语

本文尝试使用计算流体力学方法对三种底唇面形状的钻头进行分析，比较具体地描述了流场内部的流态分布情况，这种方法为钻头设计者提供一种新的设计思想和手段。另外，在进一步的研究过程中，可以进行三维动态仿真分析，更能反映出真实的钻进状态。

参 考 文 献

[1] 殷琨，蒋荣庆，赖振宇. 气动潜孔锤钻进技术 [J]. 世界地质，1999，2(18)：101-104.
[2] 陈家旺，殷琨，彭枧明. 贯通式风动潜孔锤反循环钻头结构流场的分析与结构优化 [J]. 探矿工程（岩土钻掘工程），2004(4)：35-36.
[3] 刘应中，缪国平. 高等流体力学 [M]. 上海：上海交通大学出版社，2000.

预裂爆破在矿山开挖边界上的应用

郑明钗

（福建省新华都工程有限责任公司，福建 厦门，361000）

摘　要：福建紫金山金矿计划 2008 年露采采剥总量 1400 万 m³。随着穿孔爆破作业的不断推进，有些地段已经接近或达到最终开采边界。通过精心设计和选取预裂孔、缓冲孔、主爆孔的爆破参数、装药结构及起爆网路，使预裂爆破达到了稳定最终边坡的效果，为探索适合该矿的预裂爆破参数，做了有意义的尝试。

关键词：露天矿开采；边坡稳定；预裂爆破；爆破参数

Application of Presplitting Blasting to Mine Boundary Excavation

Zheng Mingchai

（Xinhuadu Engineering Co., Ltd. of Fujian, Fujian Xiamen, 361000）

Abstract：The total stripping quantity of Zijinshan Gold Mine, Fujian, China, comes to 14 million cube meter in 2008. With the continuous advancement of drilling blasting, some mining sections are approaching or reach its final mining boundary. The paper discusses a presplitting blasting responsible for a blasting effect of stabilization of the slope in terms of its careful design and determination of the parameters of presplitting hole, cushion hole, primary blasting hole as well as the charge structure and initiating circuit. The paper makes a significant attempt to a rational presplitting blasting for the Mine.

Keywords：open-pit mining; slope stabilization; presplitting blasting; blasting parameter

1 矿区基本概况

紫金山金矿是福建紫金矿业集团的主体企业，位于上杭县才溪镇与旧县乡交界处的紫金山主峰地域，峰顶海拔标高 1138.5m，垂直标高 600~1000m。金矿主要赋存于西北向密集型裂隙次火山岩脉带中，海拔 600m 以上为氧化型金矿、以下为原生型铜矿，形成上金下铜垂直带分布。目前 600m 以下已由开采的金矿逐步过渡到铜矿，深部铜矿设计地下开采，将形成地面采金地下采铜的联合开采方式。紫金山金矿是一个集采矿、选矿、冶炼为一体的特大型综合企业。该矿 1994 年 10 月建矿，现已成为国内单体矿山保有储量最大、采选规模最大、黄金产量最大、矿石入选品位最低，经济效益最好的黄金矿山。就选矿而言，矿石入选品位下降到 0.2g/t，紫金山的含金矿石与氰化钠具有极大的亲和力，用堆浸喷淋、活性炭吸附，回收率可达 75% 左右，可选性极佳。据经济学家推算，紫金山金矿资源潜在价值可达百亿元，企业可获 25 亿元利润。

2 问题的提出

福建新华都工程公司承包该矿剥离采矿运输工程，2008 年计划采掘总量 1400 万 m³，每天采装运 11 万吨，工程量是全国黄金矿山之最。

原载于《工程爆破》，2008，14(4)：57-59。

目前剥离工程从 1048m 水平到 844m 水平，垂直高度 204m，台阶段高 12m、共 17 个台阶，上个台阶超前下台阶 20m 左右逐步推进。随着露天作业的不断推进，东采区 1048m 平台已经接近或达到最终开采边界，西采区 868m 平台也达到最终开采边界。国家对矿山开采所造成的生态失衡有十分明确的规定，要求恢复生态平衡，废石堆场要覆盖土壤恢复植被；对开采完毕的凹陷露天矿坑要建成湖泊公园，供游人游览。矿方已有规划并投入了大量资金恢复生态，逐步建成矿山公园。因此，确保最终开采边界边坡的稳定至关重要，如何保持最终开采边界边坡的稳定，这是我们施工中遇到的一个难题。

根据国内外大型露天矿的经验，用预裂爆破来保持最终边坡的稳定是比较理想的办法。

3 预裂爆破工艺设计

预裂爆破是在主炮孔爆破之前起爆布置在开挖线内侧的一排预裂孔，使预裂孔之间形成一条裂缝，整个预裂孔的布孔平面形成一个断裂面，以减弱主炮孔爆破时所产生的地震波向边坡岩体的传播并且阻断向边坡外的扩展，使主炮孔爆破后沿预裂面形成一个较为光滑的坡面。在预裂孔与主爆孔之间钻一排缓冲孔，其作用是缓冲主炮孔爆破时向预裂面所产生的地震波，其排距和孔距比主炮孔的小，分上、下两段装药用 2 个主动药包，中间用填塞物隔开。

3.1 预裂爆破孔网参数

金矿东采区 1048m 平台地段为中细粒中等硬度花岗岩，由于受地质造山运动影响，岩层均已蚀变，$f = 7 \sim 10$、局部 $f = 10 \sim 12$，台阶高度 12m，钻孔直径 $D = 150mm$，炮孔倾角均为 75°。

（1）主炮孔参数：孔距 $a = 7.0m$，排距 $b = 4.0m$，孔深 $L = 15m$（包括超深），头排孔最小抵抗线 $W = 4.0m$，炸药单耗取 0.41kg/m³。

（2）缓冲孔参数：孔距 $a = 4.5m$，排距 $b = 3.5m$，孔深 $L = 15m$，炸药单耗取 0.52kg/m³。

（3）预裂孔网参数：

1）孔间距 a：根据瑞典古斯塔夫公式，孔距一般取孔径的 8~15 倍，即 1.2~2.3m，考虑到岩石硬度大，炸药单耗也大，取 $a = 2.5m$。

2）线性装药密度 q：综合考虑孔径、孔距及岩性三要素，并参考《工程爆破实用手册》，取 $q = 2kg/m$。

3）孔深 L：与缓冲孔、主炮孔同深 $L = 15m$，使爆后成为基本平整的平台。

4）不耦合系数 n（指孔径 D 与药卷径 d 之比）：n 受岩石性质、钻机性能、炸药特性诸多因素制约，从理论上讲不耦合系数大些好，但 n 值太大会增加施工难度，不利于预裂爆破进行，在此取 $n = 3$。

（4）单孔装药量 Q 计算：$Q_主 =$ 孔距×排距×孔深×单耗 = 175kg；$Q_缓 = 125kg$；$Q_预 =$ 线装药密度×装药长度 = 30kg。

各类炮孔平面布置如图 1 所示。

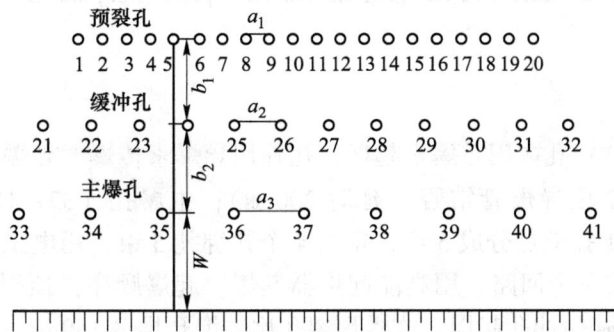

图 1 炮孔平面布置示意图

Fig. 1 Sketch of blastholes layout

炸药品种：主炮孔、缓冲孔为铵油炸药，预裂孔为 2 号岩石炸药（药卷直径 $d=50\text{mm}$）。以上预裂爆破参数是我公司近几年来经过不断实践、逐步修正比较成功的参数。主要爆破参数如表 1 所示。

表 1 爆破参数
Table 1 Blasting parameters

项目	d/mm	a/m	b/m	W/m	Q/kg	孔数
预裂孔	50	2.5			30	20
缓冲孔	150	4.5	3.5	3.5	125	12
主炮孔	150	7.0	4.0	4.0	175	9

注：1. 三种炮孔钻孔直径均为 150mm，孔深均为 15m；
　　2. 预裂爆破线装药密度为 2kg/m。

3.2 装药和填塞

装药和填塞设计如下。

（1）主炮孔：从孔底开始连续装 175kg 铵油炸药，每袋铵油炸药 25kg、装药高度 1.3m，7 袋装药高度 9.1m，填塞高度 5.9m 到地面。当装药高度 8.4m 时，置入用 6 段导爆管制成的起爆体于药柱中央，用钻孔产生的矿粉填塞。

（2）缓冲孔：分两段装药，底部装 75kg 铵油炸药，当药柱高度 3.9m 时置入用 7 段导爆管制成的起爆体，中间充填高 2m 岩粉，再装 50kg 铵油炸药，当药柱高度 2.6m 时置入用 7 段导爆管制成的起爆体，填塞 6.5m 到顶。

（3）预裂孔：用 2 号岩石炸药，单孔装药量 30kg。为了使预裂面从顶至底形成一个光滑的壁面，使保留的岩体既不遭受破坏也不残留埂子，药量应基本平均分布；但孔口 1.5m 以内不装药，用岩粉填塞以防止出现爆破漏斗。为了使炸药爆炸时获得良好的不耦合效应，2 号岩石炸药并排均匀地绑扎在半圆竹片上，因孔底受压制作用大，增加装药 2kg，加强装药长度为 3.5m。图 2 为预裂孔装药结构图，其中 L_a 为加强装药段 3.5m，装药量为 3.5m×2.6kg/m=9.1kg；L_b 为装药段 10m，装药量为 10m×2.1kg/m=21kg；L_c 为岩粉填塞段 1.5m。

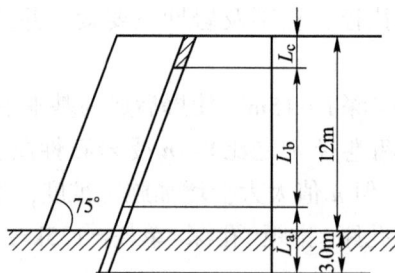

图 2 预裂孔装药结构示意图
Fig. 2 Sketch of charging structure for presplitting blastholes

3.3 起爆网路

预裂孔（1~20，见图 1）孔内用导爆索起爆，孔外用导爆索传爆，导爆索端头用电雷管击发。缓冲孔（21~32）孔内装 MS7 段导爆管雷管（延时 200ms）；主爆孔（33~41）孔内装 MS6 段导爆管（延时 150ms）。然后 21~41 孔就近分成 5 组，每组 4 个孔绑扎 5 束，用电工胶布包扎，用电雷管与击发导爆索的电雷管串联组成一个回路，用高能起爆器起爆。起爆顺序：预裂孔瞬间起爆，延时 150ms 后主爆孔起爆，再延时 50ms 缓冲孔起爆。这样预裂孔比主炮孔早爆 150ms，实践证明延时 150ms 能取得最好爆破效果。为提高半孔率，2 号岩石炸药绑扎在半圆竹片上，竹片置于倾斜孔的下侧即保留区一侧。

4 爆破效果与体会

爆破后预裂孔朝主炮孔方向全部粉碎，残留的一半还是原生岩石，即炸一半留一半，爆破后形成一条连续的沿着钻孔连心线方向的裂缝。裂缝顶部岩石完整，只有少量的表面破坏，但不影响预裂质量。爆区开挖清碴以后，预裂面全部显现出来，坡面平整光滑，不平整度在15cm以内，整个边坡预裂清晰可见，半孔率达80%~90%。本次预裂爆破取得圆满成功，有如下几点体会。

（1）根据瑞典古斯塔夫经验公式，预裂孔孔间距取钻孔直径的 8~15 倍，即 $a = 1.2 \sim 2.3$m。根据我们的实践经验取 2.5m，爆破仍取得了满意的效果。

（2）爆破成功的关键是合理地选择了预裂孔的装药结构、孔间距和三种炮孔的起爆顺序与延时时间。

（3）根据我们的经验，预裂爆破最好在岩石普氏硬度系数 $f = 8 \sim 10$ 以上的岩石应用，也就是说硬度越大效果越好，硬度系数小于 8 的中软岩石预裂爆破效果不一定理想。

参 考 文 献

[1] 中国力学工程爆破专业委员会. 爆破工程 [M]. 北京：冶金工业出版社，1992.
[2] 刘殿中. 工程爆破实用手册 [M]. 北京：冶金工业出版社，1999.
[3] 紫金矿业集团. 紫金山金矿西北矿段地质详勘报告 [R]. 1984.
[4] 秦健飞. 聚能预裂（光面）爆破技术 [J]. 工程爆破，2007，13(2)：19-24.
[5] 段浩焰. 不良地质条件下改善边坡预裂爆破效果的实践 [J]. 工程爆破，2007，13(1)：44-46.

台阶爆破效果预测方法及其应用

李战军　郑炳旭

（广东宏大爆破股份有限公司，广东 广州，510623）

摘　要：根据工程实例，介绍了在给定条件下，运用 Kuznetsov 和 Rosin-Rammler 数学模型进行爆破效果预测和爆破参数优化的方法及其计算过程。根据使用经验，对在台阶爆破中使用 Kuznetsov 和 Rosin-Rammler 数学模型进行爆破效果预测等提出了评价和建议。

关键词：台阶爆破；爆破效果；爆破参数优化；效果预测

Introduce and Application of a Forecasting Method of Bench-Blasting Effect

Li Zhanjun　Zheng Bingxu

（Guangdong Hongda Blasting Co., Ltd., Guangdong Guangzhou，510623）

Abstract：Based on the forecasting practices of bench blasting, it is introduced that the forecasting method and calculating process of the blasting effects and the blasting parameter optimizing under the given condition with the Kuznetsov and Rosin-Rammler model. According to the use experience, the appraisal and suggestion, concerning the blasting parameter optimizing and other model-applying matters in the bench blasting, are given.

Keywords：bench blasting；blasting effect；blasting parameter optimizing；effect forecasting

　　露天台阶爆破岩石块度及其分布是评判爆破质量的一个重要参数，因为它直接影响到铲装、运输、破碎等后续工序的生产效率和成本。由于矿岩破碎块度及其分布受到岩石性质、炸药性能、孔网参数及炸药单耗等诸多因素影响，因而对爆破后的岩块块度及其分布进行综合研究，是一项困难、繁重且费时的工作。多年来国内外有关爆破专家就其之间存在的内在关系和客观规律进行了大量的研究试验工作。随着爆破理论和计算机技术的发展，已取得一批经生产实践证明行之有效的理论成果，并已能对爆破效果进行可靠的预测和分析。在这些成果中 Kuznetsov 和 Rosin-Rammler 数学模型是比较有代表性的一种预测分析方法[1,2]。

　　借鉴国外的理论和实践，近年来，广东宏大爆破股份有限公司运用 Kuznetsov 和 Rosin-Rammler 数学模型，在多处露天台阶爆破开采工地对爆破参数进行预测及其爆破参数优化调整，积累了一些经验。现将此方法及其应用介绍于下。

1　Kuznetsov 和 Rosin-Rammler 数学模型

　　Kuznetsov 和 Rosin-Rammler 数学模型（简称 K-R 数学模型）是库兹涅佐夫（Kuznetsov）模型和罗森雷姆勒（Rosin-Rammler）模型的结合，前者是研究爆破的平均块度的数学模型，后者是研究块度的分布特征的数学模型。K-R 数学模型是利用 Rosin-Rammler 曲线把 Kuzestov 方程变成了一个预报爆堆级配的数学模型。

原载于《有色金属（矿山部分）》，2009，61(1)：50-52，55。

（1）Rosin-Rammler 曲线被公认能够给出被爆岩石破碎情况的较准确的描述。该曲线表示式为：

$$R = e^{-\left(\frac{x}{x_e}\right)^\beta} \tag{1}$$

式中，R 为筛上物料比率，即粒径大于 x 的物料所占的比率；x 为筛孔尺寸，cm，表示筛下最大粒径或筛上最小粒径；x_e 为特性尺寸，cm，该数由 Kuznestov 方程计算出；β 为均匀度指标，这是一个经验系数。β 决定块度分布曲线的形状，β 值的高值表示块度均匀，低值归因于粉矿和大块占较大比率，它的取值区间通常在 0.8~2.2。根据具体情况，它可通过下面的公式计算得出：

$$\beta = \left(2.2 - 14\frac{W}{\phi}\right)\left(1 - \frac{\Delta W}{W}\right)\left(1 + \frac{A-1}{2}\right)\frac{L}{H} \tag{2}$$

式中，W 为最小抵抗线，m；ϕ 为炮孔直径，mm；ΔW 为凿岩精度的标准误差，即孔底偏离设计位置的平均距离，m；A 为孔距/最小抵抗线；L 为底板标高以上药包长度，m；H 为台阶高度，m。

这样，式（1）中，只要能知道特征尺寸 x_e，就可以通过该方程计算出大于各种粒径的成分所占的比率，而 x_e 的计算要借助于 Kuznestov 方程。

（2）Kuznestov 方程是给出平均粒径大小的经验方程，认为平均粒径的大小只取决于平均炸药单耗、炸药威力及单孔装药量（孔径），其他参数不影响平均粒径，只影响各种粒径的分配。

Kuznestov 方程的表达式为：

$$x = K\left(\frac{V_0}{Q}\right)^{0.8} Q^{\frac{1}{6}}\left(\frac{115}{E}\right) \tag{3}$$

式中，x 为平均破碎块度，其详细描述是：有 50% 通过筛子，50% 留在筛上时对应的筛孔尺寸，或称筛下物料的最大尺寸，等于筛上物料的最小尺寸，可以表示为 xx_{50} 或 $x_{50} = \bar{x}$，数学上认为，所有碎块都是立方体，碎块体积的立方根即为块度；V_0 为每孔破碎岩石体积，m³；Q 为相当于每孔中药包能量的 TNT 的当量，kg；E 为炸药重量威力，TNT 炸药 $E = 115$，铵油炸药 $E = 100$，2 号岩石炸药 $E = 100 \sim 105$；K 为岩石系数，它是现场实验得到的数据，一般取法是：中等岩石时为 7，裂缝发育的硬岩时为 10，裂缝不太明显的硬岩时为 13。到目前为止，研究发现有些岩石很软，但其下限为 8，还有些岩石很硬，需要一个大于 13 的系数。岩石系数 K 按表 1[3] 取值。

（3）在式（1）中当 $x = \bar{x}$ 时，$R = 0.5$，于是由（1）式可以导出

$$x_e = \frac{\bar{x}}{0.693\left(\frac{1}{\beta}\right)} \tag{4}$$

表 1　部分岩石的岩石系数

Table 1　Rock coefficient of some blasted rocks

岩石名称	岩体特征	f 值	q（炸药单耗）/kg·m⁻³	K（岩石系数）
各种土	松软	<1.0	0.3~0.4	5~6
	坚实	1~2	0.4~0.5	6~7
土夹层	密实	1~4	0.4~0.6	7~9
页岩千枚岩	风化破碎	2~4	0.4~0.5	5~7
	完整、风化轻微	4~6	0.5~0.6	7~8
板岩泥灰岩	泥岩，薄层，层面张开，较破碎	3~5	0.4~0.6	6~7
	较完整，层面闭合	5~8	0.5~0.7	7~9
砂岩	泥质胶结，中薄层或风化破碎	4~6	0.4~0.5	5~7
	钙质胶结，中厚层，中细粒结构，裂隙不甚发育	7~8	0.5~0.6	8~9
	硅质胶结，石英质砂岩，厚层，裂隙不发育，未风化	9~14	0.5~0.7	9~12
砾岩	胶结较差，砾石及砂岩或较不坚硬的岩石为主	5~8	0.5~0.6	7~9
	胶结好，以较坚硬的砾石组成，未风化	9~12	0.6~0.7	9~11

岩石名称	岩体特征	f 值	q(炸药单耗)/kg·m⁻³	K(岩石系数)
白云岩 大理岩	节理发育，较疏松破碎，裂隙频率大于 4 条/m	5~8	0.5~0.6	7~9
	完整、坚实	9~12	0.6~0.7	10~11
石灰岩	中薄层，或含泥岩质的，或鲕状、竹叶状结构的及裂隙较发育	6~8	0.5~0.6	8~9
	厚层、完整或含硅质、致密	9~15	0.6~0.7	9~12
花岗岩	风化严重，节理裂隙很发育，多组节理交割，裂隙频率大于 5 条/m	4~6	0.4~0.6	6~8
	风化较轻，节理不甚发育或未风化的伟晶粗晶结构	7~12	0.6~0.7	8~11
	细晶均质结构，未风化，完整致密岩体	12~20	0.7~0.8	11~13
流纹岩 粗面岩 蛇纹岩	较破碎	6~8	0.5~0.7	7~9
	完整	9~12	0.7~0.8	10~12
片麻岩	片理或节理裂隙发育	5~8	0.5~0.7	7~9
	完整坚硬	9~14	0.7~0.8	10~12
正长岩 闪长岩	较风化，整体性较差	8~12	0.5~0.7	8~10
	未风化，完整致密	12~18	0.7~0.8	11~13
石英岩	风化破碎，裂隙频率>5 条/m	5~7	0.5~0.6	6~8
	中等坚硬，较完整	8~14	0.6~0.7	9~11
	很坚硬，完整致密	14~20	0.7~0.9	12~15
安山岩 玄武岩	受节理裂隙切割	7~12	0.6~0.7	8~10
	完整坚硬致密	12~20	0.7~0.9	11~15
辉长岩 辉绿岩 橄榄岩	受节理裂隙切割	8~14	0.6~0.7	9~12
	很完整，很坚硬致密	14~25	0.8~0.9	13~16

2　计算方法

　　根据上述原理，结合施工经验和生产实际情况，我们编制出了露天矿矿岩爆破质量预测与分析计算机应用系统。该系统可以辅助爆破设计人员根据不同的矿岩爆破条件，以爆破矿岩块度和爆破成本为优化目标函数，预测所选爆破和孔网参数对爆破矿岩大块产出率及爆破成本的影响，以便迅速确定出较合理的微差爆破参数，初步达到多方案优化，供决策参考。

2.1　由爆破参数和给定大块率预测爆破单耗

　　首先将爆破参数代入公式（2）求出均匀度指标 β 值，再将爆破要求的大块率，大块标准 x 和值代入式（1）求出特性尺寸 x_e，由 x_e 和 β 值根据公式（4）可得平均破碎块度 $\bar{x}$，由 $\bar{x}$ 和相关参数根据公式（3）即可得爆破的平均单位耗药量 q，其计算关系为：

$$\beta \to R = e^{-\left(\frac{x}{x_e}\right)^{\beta}} \to x_e = \frac{\bar{x}}{(0.693)^{\frac{1}{\beta}}} \to \bar{x} = K\left(\frac{V_0}{Q}\right)^{0.8} Q^{\frac{1}{6}}\left(\frac{115}{E}\right) \to \frac{V_0}{Q} \to q$$

2.2　由爆破参数预测大块率

　　首先将爆破参数代入公式（2）求出均匀度指标 β 值；再根据公式（3）的要求将相关参数代入，计算出平均破碎块度 $\bar{x}$；$x=\bar{x}$ 时候，筛上物料的质量百分比 $R=0.5$，代入式（1）则可以确定出 x_e；通过上述步骤，可以建立大块率预测模型。其过程为：

$$\beta \rightarrow \bar{x} = K\left(\frac{V_0}{Q}\right)^{0.8} Q^{\frac{1}{6}} \left(\frac{115}{E}\right) \xrightarrow{R=0.5} R = \mathrm{e}^{-\left(\frac{x}{x_e}\right)^{\beta}} \xrightarrow{x_e} R = \mathrm{e}^{-\left(\frac{x}{x_e}\right)^{\beta}} \rightarrow R$$

2.3 岩石爆破成本预测数模

（1）二次破碎总成本 C（元）：

$$C = \gamma \times V \times b \times (1 - G/100) \tag{5}$$

（2）二次破碎单位成本 C_p（元/t）：

$$C_p = C/(\gamma \times V) \tag{6}$$

（3）爆破总成本 T（元）：

$$T = C + q \times S \times V + N \times f \tag{7}$$

（4）爆破单位成本 T_p（元/t）：

$$T_p = T/(\gamma \times V) \tag{8}$$

式中，γ 为矿石体积质量，t/m^3；V 为爆破矿岩总量，m^3；b 为破碎每吨大块所需爆破材料费，元/t；G 为矿石累计通过率，%；q 为炸药单耗，kg/m^3；S 为炸药单价，元/kg；N 为炮孔总数，个；f 为每个炮孔爆破材料费，元/个。

3 台阶爆破预测实例

3.1 原生铁矿石的合理单耗预测

以河南舞钢经山寺铁矿在给定大块率 3%、大块的下限为 100cm 条件下的炸药单耗预测为例，介绍该矿岩爆破质量预测与分析系统的实际应用情况。

（1）计算值 β。按 $\beta = \left(2.2 - \frac{14W}{\phi}\right)\left(1 - \frac{\Delta W}{W}\right)\left(1 + \frac{A-1}{2}\right)\frac{L}{H}$，将 $W = 3.2m$；$\phi = 140mm$；$\Delta W = 0.3m$；$A = 5.0/3.2$；$L = 7m$；$H = 10m$ 代入后，求得 $\beta = 1.53$。

（2）计算 x_e。按 $R = \mathrm{e}^{-\left(\frac{x}{x_e}\right)^{\beta}}$，将大块率 3%（即 $R = 0.03$），$x = 100cm$，$\beta = 1.53$ 代入，得出 $x_e = 44$。

（3）计算 $\bar{x}$。按 $x_e = \bar{x}/0.693^{\frac{1}{\beta}}$，将 $x_e = 44$，$\beta = 1.53$ 代入，求得 $\bar{x} = 34.6cm$。

（4）计算单耗 q。按 $\bar{x} = K\left(\frac{V_0}{Q}\right)^{0.8} Q^{\frac{1}{6}} \left(\frac{115}{E}\right)$，将 $Q = 78kg$，$E = 105$，$\bar{x} = 34.6cm$，$K = 12$，代入得 $q = 0.74kg/m^3$。

计算结果表明，对原生铁矿石只要平均单耗不小于 $0.74kg/m^3$，不大于 100cm 的大块率不会高于 3%。

表 2 是广东宏大爆破公司在河南舞钢经山寺铁矿爆破开采时，运用 K-R 模型进行优化并在生产中采用的爆破参数和炸药单耗的纪录。

表 2 爆破参数表

Table 2 Blasting parameter of a open-pit iron mine

名称	孔间距/m	排距/m	超深/m	堵塞高度/m	平均单耗/kg·m⁻³
一般岩石	6.5	3.8	1.5	3.5	0.39
难爆岩石	6.2	3.5	1.5	3.0	0.41
氧化矿	6.2	3.5	1.5	3.0	0.47
原生矿	5.0	3.2	2.0	3.0	0.78

采用表 2 的爆破参数，工程平均大块率控制在 1.8%~2.2%，根脚率控制在 5% 左右。装药结构为直径为 110mm 的条形 2 号岩石乳化炸药，平均延米装药量为 14kg/m。从表 2 数据可以看出，用 K-R

模型，可以较为准确地预测出给定大块率对应的炸药单耗。

3.2　给定爆破参数情况下的爆破质量效果预测

某水泥厂采石场，以石灰岩为主，根据以往工作经验和该厂的实际情况选择了以下几种爆破孔网参数。孔网参数对爆破质量的影响预测结果列于表3，从表3可以看到随着炮孔密集系数的增大，矿岩大块产出率和爆破单位成本逐渐下降，说明宽孔距爆破可以显著改善爆破效果。根据该矿山实际生产爆破情况，炮孔邻近系数选择 1.6~2.0 较为合理，即孔距＝6.7~7.5m，排距＝4.2~3.8m 为宜。

表3　孔网参数对爆破效果的影响
Table 3　Effects of blasting parameters

项　　目	方案1	方案2	方案3	方案4
炮孔邻近系数/m	1.0	1.3	1.6	2.0
岩块分布参数/n	1.0	1.17	1.33	1.55
孔网参数 $a \times w$/m×m	5.3×5.3	6.0×4.6	6.7×4.2	7.5×3.8
爆岩平均块度/cm	30.4	30.4	30.4	30.4
大块率 R/%	16.1	11.6	8.1	4.5
二次破碎成本/元·t^{-1}	0.061	0.045	0.032	0.017
爆破成本/元·t^{-1}	0.29	0.27	0.26	0.24

3.3　影响矿岩爆破质量的其他因素分析

除孔网参数和爆破参数外，由式（2）可以看出，影响矿岩块度分布曲线形状指数 β，即决定矿岩爆破质量优劣的因素如下。

（1）钻孔标准误差 C：β 值随 C 值增大而减小。因此提高钻孔精度，减少凿岩误差，可以使大块的产出率明显降低。

（2）抵抗线与炮孔直径比（W/ϕ）：β 值随此比值的增大而减小。说明当增大炮孔直径时，要增加底盘抵抗线才能使爆破质量不受影响，反之亦然。

（3）装药长度与台阶高度之比（L/H）：β 值随此比值的增大而增大。所以在保证爆破安全的前提下，充分利用炮孔，增加装药长度是提高爆破质量的有效途径。

由式（3）可以看出，降低平均块度的方法如下。

（1）增加平均单耗可以降低平均块度。

（2）减少单孔装药量 Q。在台阶高度已定，超钻和堵塞不变的条件下（对于台阶爆破，这些参数均已定），减少药量表示要缩小钻孔直径。

（3）加大 E。E 是炸药相对重量威力，加大 E 即表示用高威力炸药。

4　结语

本文结论如下。

（1）K-R 数学模型建立了各种爆破参数（如最小抵抗线、孔距、炸药单位耗药量、台阶高度、凿岩精度、炮孔直径等）与爆破块度分布的定量关系，便于将这些参数与爆破块度分布进行量化分析。这一特点是其他爆破块度分布模型不具备或不完全具备的。

（2）K-R 数学模型可以较好地优化台阶爆破参数，可进行矿岩爆破成本预测及对影响矿岩爆破质量的其他因素进行分析。我们在台阶爆破开采中使用 K-R 爆破块度预报模型已有多年，认为此模型用于预报爆破块度虽有一定误差，但可利用少量的爆破试验资料对模型进行修正，提高预报精度。

（3）该模型简单实用，应用 K-R 数学模型和爆破成本预测数模进行生产爆破设计多方案比较和参数优选是提高爆破设计质量，改善爆破效果，降低生产成本的一条便利途径，预计它将在今后的工程实践中发挥越来越大的作用。

（4）尽管该模型没有就岩石节理裂隙对爆破块度影响机理进行细致分析和深入研究，但在计算爆破平均块度时，它用了一个综合性很强的岩石系数。该系数既包含岩石物理力学特性的影响，也包含岩石节理裂隙情况的影响，这样的计算成果虽有不精确的一面，但也有舍繁就简、综合性强、易于结合现场情况进行修正，使之接近实际的另一面。

（5）运用 K-R 数学模型进行矿山爆破采矿大块率或者单耗预测的关键是确定模型中的相关参数。其中对岩石系数的确定最为关键，在计算条件下，岩石系数由 8 增加到 12 时，大于 100cm 的大块率由 2% 左右增大到 20%。根据我们的经验，若仅依据岩石的普氏系数来确定岩石系数，预测结果与实际的偏差较大，运用岩石的普氏系数与炸药单耗结合起来确定岩石系数，预测数据较为准确。

参 考 文 献

[1] 郑炳旭，王永庆，李萍丰. 建设工程台阶爆破 [M]. 北京：冶金工业出版社，2005：56-62.

[2] 张坤. 露天矿矿岩爆破质量预测与分析方法 [J]. 水泥工程，2007(4)：38-41.

[3] 刘殿中. 工程爆破实用手册 [M]. 2 版. 北京：冶金工业出版社，2004：343-344.

炮孔水介质不耦合装药爆破的研究

罗 勇[1] 崔晓荣[2] 陆 华[2]

（1. 淮南矿业（集团）有限责任公司望峰岗井，安徽 淮南，232052；

2. 广东宏大爆破股份有限公司，广东 广州，510623）

摘 要：基于现有爆破理论和爆破技术，对钻孔爆破中水和空气不耦合装药爆破进行了研究，从理论上推导了采用不同耦合介质时炮孔孔壁初始压力，得到的结论是水介质不耦合爆破对爆炸能量的利用率更高，形成的准静态应力场强度更强，作用也更均匀持久。现场试验表明水不耦合装药爆破装药量少，爆破震动低，围岩稳定好，成孔率高，并可大大地节约施工成本、降低爆破烟尘和提高施工循环进度。

关键词：爆破理论；水介质不耦合装药；准静态应力场；工程爆破

Study on Blasting with Water Decoupling Charging in Borehole

Luo Yong[1] Cui Xiaorong[2] Lu Hua[2]

（1. Wangfenggang Coalmine, Huainan Mining Group Co., Ltd., Anhui Huainan, 232052;

2. Guangdong Hongda Blasting Co., Ltd., Guangdong Guangzhou, 510623）

Abstract：Based on the modern blasting theory and technology, blasting in borehole with different decoupling material was studied. Comparing blasting with water coupling and air coupling in boreholes, pressure in the wall of borehole was theoretically calculated, it concludes that quasi-static stress field in wall of borehole from the blasting with water coupling is stronger, its action is more effective and the action time is longer than that of other decoupling material. Comparing with other decoupling material, the experimental results of tests in field show that blasting with water coupling in boreholes has much merits, including low charging and blasting vibration, good stability of adjacent rock, high rate of half-hole marks. Blasting with water coupling can obviously reduce cost, reduce blasting smoke and dust, and improve construction process.

Keywords：theory of blasting; water decoupling charging; quasi-static stress field; engineering blasting

随着现代工程爆破技术的发展，人们对工程爆破的要求也越来越高。实际工程爆破中，为了装药方便或根据工程爆破要求，较多地采用不耦合装药。理论和实践均已证明，不耦合装药比耦合装药会产生更好的爆破效果。不耦合装药时，炸药爆轰后爆轰波首先强烈的冲击压缩不耦合介质，爆轰波在药柱与不耦合介质的交界面处发生反射和透射，在介质中形成透射冲击波，不耦合介质中激起的冲击波沿炮孔径向传播，当冲击波到达孔壁时，将再次发生反射和透射，最终将爆炸能量传递给岩石。

工程爆破大多以空气作为不耦合介质。然而，在许多大型的工程项目中时常受到自然条件和爆区的制约，比如降雨、淋水等原因，可能会出现含水炮孔，此时炮孔内实际上是以水作为传递爆炸能量的耦合介质进行装药爆破的，即炮孔水不耦合装药爆破。近年来，水不耦合装药爆破技术在工程爆破实践中占有了一席之地[1-4]，但要在各领域推广应用这一技术，在理论和实践上，还有许多问题有待解决。为此，本文拟在现有爆破理论和爆破技术的基础上，通过和常规的空气不耦合装药爆破的对比，对水不耦合装药爆破进行研究。

原载于《有色金属（矿山部分）》，2009，61(1)：46-49。

1 不同耦合介质爆破炮孔孔壁压力

1.1 空气不耦合装药时的孔壁压力

空气不耦合装药，炸药爆轰后，爆生气体在炮孔中膨胀，压缩径向间隙内的空气，产生空气冲击波，而后再由空气冲击波撞击孔壁，因空气的可压缩性很大，其对爆生气体膨胀的阻尼作用可忽略不计，因此，可以认为爆生气体膨胀充满整个炮孔。爆生气体在膨胀过程中，体积增大，密度减小，其音速也随之降低，并由此引起其波阻抗发生变化。

对于工程爆破中常用的混合炸药，近似认为爆生气体在炮孔中遵循等熵膨胀，其爆压随着爆轰气体的膨胀而下降。由于膨胀迅速，可以认为与周围岩石没有热交换，因此可以用绝热方程来描述其膨胀规律，在计算作用于炮孔孔壁上的爆轰气体压力时，可将膨胀过程按临界压力分段考虑[5,6]

$$p\rho^{-k} = pV^k = \text{const}(p \geqslant p_K) \tag{1}$$

$$p\rho^{-r} = pV^r = \text{const}(p < p_K) \tag{2}$$

式中，p 和 V 为爆生气体膨胀过程的瞬时压力和对应的单位质量的气体体积；ρ 为气体密度；k 和 r 分别对应等熵指数和绝热指数，取 $k=3$，$r=1.4$；p_K 为临界压力，取 200MPa。

记 p_H 为爆轰压力，$p_H = \dfrac{\rho_e D^2}{2(1+k)}$，$\rho_e$ 和 D 分别为炸药的密度和爆速，则膨胀到临界压力 p_K 时的气体体积 V_K 为

$$V_K = V_H \left(\frac{p_H}{p_K}\right)^{\frac{r}{k}} \tag{3}$$

当气体压力小于临界压力时，可进一步推导出作用于爆生气体充满炮孔瞬间孔壁上的压力，文献[6] 对此有详细推导：

$$p_b = p_K \left(\frac{V_H}{V_b}\right)^r \left(\frac{p_H}{p_K}\right)^{\frac{\gamma}{k}} = p_K \left(\frac{p_H}{p_K}\right)^{\frac{\gamma}{k}} (K_b^2 \cdot K_1)^{-\gamma} \tag{4}$$

式中，p_b 为孔壁处冲击波压力；V_b 为炮孔体积；K_b 和 K_1 分别为炮孔装药径向和轴向不耦合系数。

假设冲击波冲击孔壁岩石为弹性碰撞，则由声学公式求解可得孔壁上的初始冲击压力 p_m 为[7]

$$p_m = \frac{2\rho_c C_p}{\rho_c C_p + \rho_e D} p_b \tag{5}$$

将式（4）代入式（5）则有

$$p_m = \frac{2\rho_c C_p p_K}{\rho_e D + \rho_c C_p} \left(\frac{p_H}{p_K}\right)^{\frac{\gamma}{k}} (K_d^2 \cdot K_1)^{-\gamma} \tag{6}$$

式中，ρ_c 为岩体密度，C_p 为弹性纵波速度。

1.2 水不耦合装药时的孔壁压力

水不耦合装药爆破时，孔内作用过程大致如下：炸药爆炸后，当爆轰波到达爆轰产物与水的分界面时，发生透射和反射，向爆轰产物内反射一个向心稀疏波，向水中透射柱面冲击波，在水介质中激起爆炸冲击波。和在空气中爆炸相似，水中将产生一柱面波并沿径向传播，到达孔壁时发生透射和反射并向水中反射一个向心冲击波；这样的作用过程会在炮孔内重复多次，其结果是水中动压力幅值趋于平衡。

冲击波沿径向传播，压缩水介质，柱状装药能量衰减变化的规律可按以下公式计算[2-4,8]

$$p(t) = p_\varphi \cdot e^{-\frac{t}{\theta} \cdot \left(t - \frac{R}{C_0}\right)} \cdot \sigma_0 \left(t - \frac{R}{C_0}\right) \tag{7}$$

$$p_\varphi = 720\overline{R}^{-0.72}, \quad \overline{R} = \frac{R}{\sqrt{W_T}}, \quad W_T = W_C \cdot \frac{Q_C}{Q_T} \tag{8}$$

$$\sigma_0\left(t - \frac{R}{C_0}\right) = \begin{cases} 1, & t \geq \dfrac{R}{C} \\[2mm] 0, & t < \dfrac{R}{C} \end{cases} \tag{9}$$

式中，t 为从起爆开始算起的时间，s；l 为某点到药卷轴线的距离，m；C_0 是水中冲击波速，m/s；σ_0 是时间的函数；p_φ 为某点的冲击波峰值，是距离 R 的函数，$\overline{R}$ 称为比例距离；W_C 为总装药量；W_T 为总装药量的 TNT 当量；Q_C 为装药的爆热，kJ/kg；Q_T 为 TNT 的爆热，$Q_T \approx 4180$kJ/kg；θ 是 W 和 R 的函数，量纲是秒，对于柱状装药的 TNT 药包，$\theta = 10\sqrt[4]{W_T} \cdot \overline{R}^{0.45}$。因此，当冲击波传播到孔壁时其波阵面上的压力（孔壁入射冲击波峰值）为[8]

$$p_\varphi = 720\overline{R}_b^{-0.72} \tag{10}$$

此时的比例距离为 $\overline{R} = \dfrac{r_b}{\sqrt{W_T}}$，$r_b$ 是炮孔半径。当装药半径为 r_0，炸药密度为 ρ_e 时，炮孔内的装药量为

$$W_C = \pi r_0^2 \cdot \rho_e \cdot \frac{l_d - l_s}{K_l} \tag{11}$$

将其代入式（10），则有

$$p_\varphi = 720K_d^{-0.72}\left(\pi\rho_e \cdot \frac{l_d - l_s}{K_l} \cdot \frac{Q_C}{Q_T}\right)^{0.36} \tag{12}$$

式中，K_d 为炮孔装药径向不耦合系数，$K_d = \dfrac{r_b}{r_0}$；K_l 为炮孔装药轴向不耦合系数；l_d 为炮孔长度；l_s 为炮孔堵塞长度。

由此式可见，孔壁处冲击波压力随不耦合系数的增大而降低。当水中冲击波到达孔壁时，将发生反射和透射，其反射冲击波峰值 $p_{\varphi r}$ 为（淮南工业学院爆破教研室. 炮孔水介质不耦合装药爆破破岩机理研究 [R]. 2003：57）：

$$p_{\varphi r} = \frac{2p_\varphi + 2.5p_\varphi^2}{p_\varphi + 19000} \tag{13}$$

在孔壁处，根据连续条件，孔壁处的冲击压力 $p_{\varphi T}$ 为

$$p_{\varphi T} = p_{\varphi r} + p_\varphi \tag{14}$$

由式（12）~式（14）得到

$$p_{\varphi T} = \frac{2p_\varphi + 2.5p_\varphi^2}{p_\varphi + 19000} + p_\varphi = \frac{3.5p_\varphi + 19002p_\varphi}{p_\varphi + 19000} \tag{15}$$

故炮孔内水不耦合装药时，孔壁上的初始冲击压力 p_m 为

$$p_m = p_{\varphi T} = \frac{3.5p_\varphi^2 + 19002p_\varphi}{p_\varphi + 19000} \tag{16}$$

根据理论研究，在一般工程条件下，有 $p_\varphi \gg 19000$Pa，故上式还可简化为

$$p_m = p_{\varphi T} = 3.5p_\varphi \tag{17}$$

2 空气不耦合和水不耦合装药产生的孔壁压力对比

根据上述理论分析，选用 TNT 炸药，在相同条件下（主要指孔径、孔网参数、药包形式以及装药方式相同），为了对比，分别计算空气不耦合和水不耦合装药时的孔壁处初始冲击压力 p_m，计算参数如下：$\rho_e = 1.65$g/cm³，$D = 6900$m/s，$\rho_c = 2.8$g/cm³，$C_p = 5050$m/s。计算结果如图 1 所示。

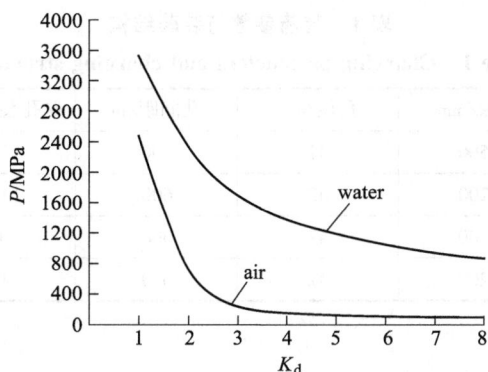

图1 不同耦合介质装药爆炸时的孔壁压力

Fig. 1 Pressure in borehole wall of blasting with different coupling material

从图1可以看出：（1）当轴向装药不耦合系数相同时，水不耦合装药比空气不耦合装药爆破时所产生的孔壁压力始终大；水不耦合装药爆破产生的孔壁压力随不耦合系数的变化的趋势相对要小。（2）当炮孔孔壁处初始冲击压力 p_m 同时，水不耦合装药的不耦合系数要大得多，由于炮孔直径相同，这说明要达到同样初始冲击压力，水不耦合爆破的装药直径要小得多，这说明了水比空气具有更好的传能作用，因此炮孔水压爆破可以节省药量，这对降低噪声的危害、减小震动以及减小粉尘时有利的；同时，由于水比空气难于压缩，因此在压力相同的情况下，水介质的爆炸能量利用率会更高，所形成的准静态应力场强度更强，其作用也会更均匀持久。

3 工程试验

3.1 工程概况

试验地点选在某矿−500m水平运输巷掘进工作面，巷道断面为4.8m×3.8m。该巷道所处岩体为砂岩，单轴抗压强度为120~200MPa，岩体局部节理、裂隙发育并有淋水。为了快速合理地解决掘进施工问题，结合该运输巷道的掘进，研究开发全断面开挖的控制光爆施工新工艺。掘进时全部采用机械化施工，以便加快施工进度。钻孔采用瑞典产阿特拉斯353E三臂凿岩台车，孔位偏差控制在5cm以内。根据现场条件，为便于施工，全部钻孔轴向都平行于掘进方向，采用激光导向技术，确保钻孔的准直性。炮孔爆破参数是根据工程实际情况，参考工程经验并进行相应调整后确定的，钻孔对称布置于巷道断面（竖直）对称轴。其中12个掏槽孔分3排，两边的2排掏槽孔轴线与巷道断面夹角为85°，其余所有炮孔轴线均垂直巷道断面，巷道断面形状及炮孔布置如图2所示。炮孔参数见表1。

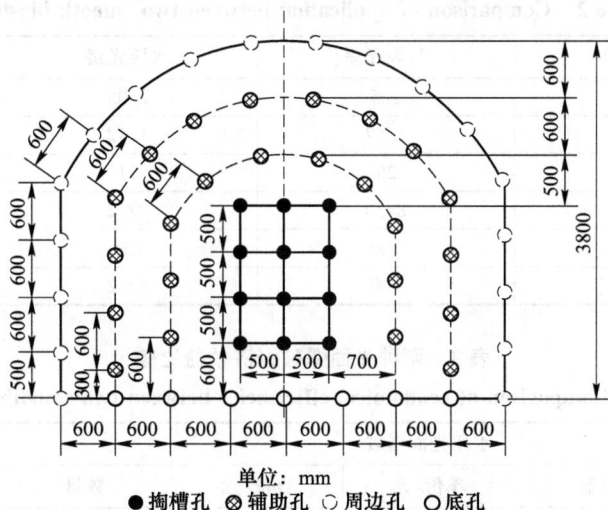

单位: mm
● 掏槽孔 ⊗ 辅助孔 ○ 周边孔 ◎ 底孔

图2 现场试验钻孔布置示意图

Fig. 2 Sketchmap of boreholes plan in field test

表 1　装药参数与装药结构

Table 1　Charging parameters and charging structures

钻孔类型	孔数/个	孔深/mm	孔径/mm	孔间距/m	单孔装药量/kg	装药结构	不耦合介质
掏槽孔	12	3500	42	500	2.0	连续装药	水
辅助孔	24	3200	42	600	1.4	连续装药	水
周边孔	18	3200	42	600	0.6	间隔装药	空气
底孔	7	3200	42	600	1.0	连续装药	水

3.2　装药方式

药卷为用塑料袋包装的乳化炸药。装药前将药卷等间隔地固定在竹片上，药卷之间用导爆索连接，然后送入炮孔。每个周边孔内装 6 个直径为 16mm 的药卷，每个药卷长 200mm，质量为 100g；由塑料水袋（200mm）加炮泥复合堵塞，泡泥堵塞长度为 400mm。

每个底孔装 10 个同周边孔内一样的药卷。每个掏槽孔内装 10 个直径为 32mm 的药卷，每个药卷长 200mm，质量为 200g；每个辅助孔内装 7 个同掏槽孔内一样的药卷。这三类孔均为水不耦合装药，竹片将绑好的药卷送入炮孔后，用凿岩台车向孔内注水，然后用炮泥堵塞，堵塞长度均为 500mm。炮泥由土、砂、水三种成分混合而成，比例为土：砂：水 = 0.75：0.10：0.15。

3.3　起爆顺序

所有炮孔均采用微差非电导爆管雷管起爆，雷管段位的选取以确保爆破掏槽的岩碴尽可能多地被抛出腔体，以及辅助孔、周边孔能依次崩落所负担的岩石为原则。起爆顺序为：（1）中间的一排掏槽孔（正向起爆）；（2）两边的两排掏槽孔（反向起爆）；（3）辅助孔（反向起爆）；（4）底孔（反向起爆）；（5）周边孔（双向起爆）。

3.4　试验结果分析

共进行了 3 个循环的水不耦合装药光面爆破施工。为了便于对比爆破效果，同时进行了 2 个循环的常规光面爆破施工。两种爆破的布孔方式及参数、堵塞一样，周边孔装药完全相同；所不同的是，常规光面爆破的不耦合介质为空气，由于水比空气具有更好的传能作用，故在装药时，常规光面爆破的每个掏槽孔、辅助孔及周边孔比水不耦合装药光面爆破对应的炮孔多装了一支相应的药卷。试验对比效果与经济效益分析分别见表 2 和表 3。

表 2　两种光面爆破实际应用效果比较

Table 2　Comparison of application between two smooth blasting

项　　目	常规光爆	水压光爆	水压光爆对比常规光爆
平均每个循环进尺/m	2.5	2.95	+0.45
装药量/kg·m⁻³	1.57	1.42	−0.15
爆堆长度/m	28	21	−7
炮孔利用率/%	84.0	92.2	+8.2
人工费用/%	100	135	+35
掘进面粉尘浓度/%	100	55.2	−44.8

表 3　两种光面爆破经济效益比较

Table 3　Comparison of economical efficiencies between two smooth blasting

材料	水压光面爆破			常规光面爆破		
	数量	单价/元	合价/元	数量	单价/元	合价/元
炸药	75.4（kg）	6.6	497.64	83.3（kg）	6.6	549.78
降尘费用			295			563

续表3
Continues Table 3

材料	水压光面爆破			常规光面爆破		
	数量	单价/元	合价/元	数量	单价/元	合价/元
人工费用			135			100
机械出碴	1.5(台班)	4000	6000	2(台班)	4000	8000
台车注水台班费用	0.1(台班)	5000	500			
塑料袋	584(个)	0.15	87.6			
合计			7515.24			9212.78

由表2可知道对于一个掘进循环，与常规的光面爆破相比，水不耦合装药光面爆破的人工费用增加了35%，但炸药成本约减少了9.48%，炮孔利用率增加了8.2%，循环进尺增加了0.45m，爆堆抛散距离缩短了7m左右，爆破后掘进工作面粉尘浓度降低了44.8%，因而大大降低了排烟、降尘的费用。同时与常规光爆相比，试验时发现水压光爆爆破块度均匀且大块率降低，提高了机械出碴速度，减少了工序循环时间，加快了施工进度。从表3可看出，每一个循环进尺水压光面爆破可节约人民币1697.54元，成本约降低了18.43%。显然，在巷道掘进中应用水压光面爆破，具有明显的经济效益。

4 结论

根据水介质和空气不耦合装药爆破的特点以及它们在爆破中的具体应用，得到了如下结论。

（1）与空气不耦合爆破相比，水介质不耦合爆破对爆炸能量的利用率更高，形成的准静态应力场强度更强，作用也更均匀持久。

（2）现场试验表明，水不耦合装药爆破时，装药量相对常规装药量少，这样有利于降低爆破震动，减轻爆破后冲效应，从而保护围岩的稳定性，增加光面爆破周边孔的成孔率。并可大大节约施工成本、降低爆破烟尘、降低大块率、便于机械化出碴，加快施工循环进度。

（3）炮孔利用率高，炸药单耗小，对于全断面一次成型的巷道，采用水不耦合光面爆破，可以获得较为理想的爆破效果。因此，该方法是一种合理且实用的爆破方法，具有推广使用价值。

参 考 文 献

[1] 张劲松. 长冲河矿区改善有水炮孔爆破效果的实践 [J]. 冶金矿山设计与建设，2000，32（4）：14-16.

[2] 宗琦，刘盛贤. 立井深孔光爆水不耦合装药和水柱装药 [J]. 煤炭科学技术，1996，24（6）：23-25.

[3] 管志强. 导爆索水不耦合炮眼爆破切割码头横梁 [J]. 化工矿山技术，1998，27（1）：50-53，60.

[4] 张明旭，尚辉，甘德清. 露天边坡含水炮孔预裂爆破试验研究 [J]. 有色矿山，2002，31（3）：8-10，22.

[5] 宗琦，孟德君. 炮孔不同装药结构对爆破能量影响的理论研究 [J]. 岩石力学与工程学报，2003，22（4）：641-645.

[6] 罗勇. 聚能效应在岩土工程爆破中的应用研究 [D]. 合肥：中国科学技术大学，2006：49-69.

[7] 颜事龙，徐颖. 水耦合装药爆破破岩机理的数值模拟研究 [J]. 地下空间与工程学报，2005，1（6）：921-924，943.

[8] 亨利奇J. 爆炸动力学及其应用 [M]. 熊建国，译. 北京：科学出版社，1987：55-79.

对两面临空矿段的控制爆破

夏鹤平

（福建省新华都工程公司，福建 厦门，361000）

摘　要：对于某露天矿开采两面临空矿段的控制爆破，采取了以下措施：（1）利用地形、地物的优势合理地选取爆破参数和布孔；（2）精确计算每孔装药量，并进行适当调整；（3）利用两面临空条件，设计起爆网路及延时间隔时间，巧妙地利用起爆时差使爆破产生的反作用力互相抵消。这些措施确保了施工安全及爆破质量，获得了满意的效果。

关键词：露天矿开采；控制爆破；延时起爆；安生防护

Controlled Blasting of Ore Body Overhanging on Both Sides

Xia Heping

（Xinhuadu Engineering Company of Fujian Province，Fujian Xiamen，361000）

Abstract：Some measures were taken in controlled blasting for surface mining of ore body overhanging on both sides，such as（1）making good use of landform and ground objects for the determination of blasting parameters and hole layout；（2）precisely calculating explosive charges for each hole with proper adjustment；and（3）using the condition of location overhanging on both sides to design ignition network and delay time interval which ingeniously uses the ignition moment to offset the antia－ction resulted from blasting. These measures guaranteed construction safety and blasting quality and a satisfactory blasting effect.

Keywords：open pit mining；controlled blasting；delay igniting；safety protection

1　矿山概况[1,2]

紫金山金矿位于福建省上杭县境内才溪镇与旧县乡交界的紫金山主峰（标高1138.5m）之下的地域，矿体主要赋存于西北向密集裂隙次火山岩脉带中，潜水面（约600m）以上为氧化型金矿，潜水面以下为原生型铜矿，形成上金下铜的垂直带分布。含金矿石和氰化钠溶液具有极大的亲和力，用堆浸喷淋、活性炭吸附回收率可达75%左右，虽然地质品位低，然而可选性极佳。近几年由于工程技术人员的不断探索，入选品位已从1.0g/t降低到0.2g/t，极大地提高了资源的利用率。本课题要解决的技术难题就是东采区940~952地段，两面临空的矿体进行控制爆破。该地段以蚀变花岗岩为主，隐爆碎屑岩和英安玢岩次之，矿体与围岩没有明显分界线，靠系统化验圈定。金矿物为自然金，赋存状态为裂隙金为主占77%、晶隙金占15%、包体金占8%，伴生有害组分极低，矿岩普氏硬度系数为8。

2　爆破地段现状

爆破地段东部及南部一部分为一陡岩，坡度为75°，海拔760m处有开拓公路环绕，公路下方是第一选厂以及部分民房，所以爆破时绝不能有滚石，否则滚石从180m高处滚下必然会损坏选厂和民居，

原载于《工程爆破》，2009，15(1)：41-43。

将造成严重后果。爆区西部下方为采场，每个台阶都布有装载机、推土机、挖掘机，严禁滚石打坏设备。

面对如此复杂的爆破环境，必须制定合理的爆破方案，在保证安全的前提下爆破的矿石块度要满足装载设备的要求，采矿场底板不留根底，爆堆少产生大块，为后续生产创造有利条件。

3 爆破工艺设计

该爆区南北长 82m、东西宽 36m，台阶高度 12m，被爆矿段体积约 35424m³（折合 8.7 万吨）。

3.1 爆破参数

被爆矿段为中细花岗岩，由于受地质造山运动影响，岩层已蚀变，$f = 7 \sim 10$，局部 $10 \sim 12$。根据采场地形条件和现有设备的规格，爆破参数选取如下：台阶高度 12m，钻孔直径 150mm，钻孔深度（包括超深）15m，倾角 75°，主炮孔孔距 7.0m、排距 4.0m，头排抵抗线 4.0m，炸药单耗取 0.41kg/m³。

3.2 炮孔布置

940 中段炮孔布置如图 1 所示。

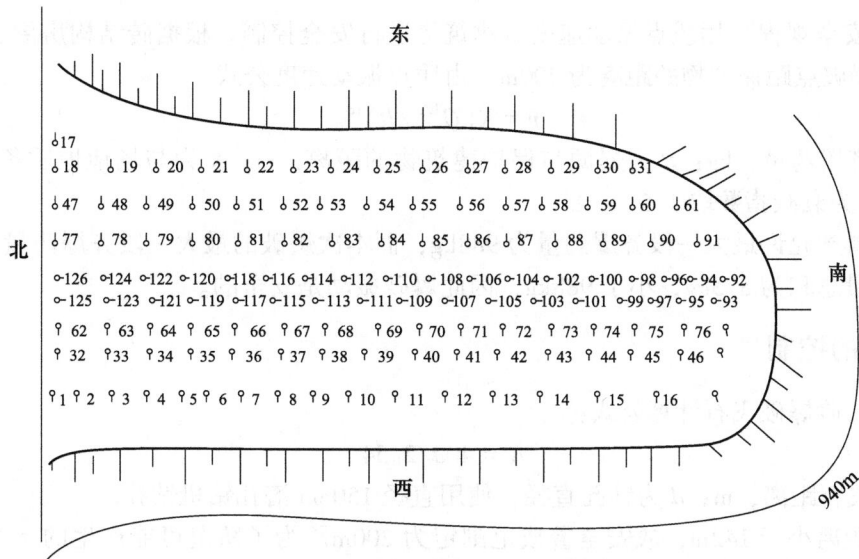

图 1 940 中段炮孔布置示意图
Fig. 1 Bastholes layout of 940 middle section

（1）主炮孔朝西方向 3 排（1~16，32~46，62~76）共 46 个孔，倾角 75°。
（2）主炮孔朝东方向 3 排（17~31，47~61，77~91）共 45 个孔，倾角 75°。
（3）扫根孔（92~126）共 35 个孔朝南方向，倾角 75°。炮孔总计 126 个。

3.3 起爆网路与起爆顺序

起爆网路与起爆顺序如下。
（1）西部第 1 排（1~16）与东部第 1 排（17~31）采用 MS6 段导爆管连接。
（2）西部第 2 排（32~46）与东部第 2 排（47~61）用 MS7 段导爆管连接。
（3）西部第 3 排（62~76）和东部第 3 排（77~91）用 MS8 段导爆管起爆连接。
（4）扫根孔（92~126）共 35 个孔用 MS10 段导爆管连接。

炮孔装完药后按地域每 8~10 个孔绑扎成一组，组与组之间用 MS1 段导爆管连接，用高能起爆器起爆。炸药爆炸时东 1 排与西 1 排反作用力互相抵消；50ms 以后，东 2 排与西 2 排起爆，反作用力互相抵消；50ms 以后，东 3 排与西 3 排起爆，反作用力互相抵消。岩石抛掷方向分别为东、西两个方向，第 3 排起爆 100ms 后，35 个扫根孔起爆，岩石向南抛掷。

3.4 药量计算与装药要求

本爆破工程选用铵油炸药，单孔药量计算：

$$单孔装药量 = 孔距×排距×孔深×单耗 = 7×4×15×0.41 = 175kg$$
$$总装药量 126×175 = 22050kg$$

根据爆破现场地形条件及岩石的破碎程度，对西部、东部的第 1 排炮孔的药量在理论计算的基础上及时进行调整，这是很重要的经验。施工人员必须严格执行技术人员确定的装药量，装药前对每个孔要用手电或镜子反光检查是否有积水，如有积水要立即处理；如发现石块卡住也要设法取出或捅下。对每袋铵油炸药在孔内的装药高度要详细记录（每袋 25kg、药柱高度 1.3m），防止孔底有裂缝漏药，爆破时造成大块；防止炮孔中被石块卡住造成炸药在上方而石块下部空孔，如果这样，爆破时炸药能量集中在上部，易形成爆破飞石、采场底板产生根底。

4 爆破安全校核

4.1 爆破振动的控制

按照《爆破安全规程》用质点振动速度对建筑物进行安全控制。根据砖结构房屋，选取安全振动速度为 2cm/s，爆破点距保护物的距离为 200m，由质点振动速度公式：

$$v = K(Q^{1/3}/R)^{\alpha}$$

式中，Q 为最大齐爆药量，kg；R 为爆源与保护建筑物的距离，m；K 为与场地地质条件有关的系数，这里选取 180；α 为衰减指数取 1.5。

由公式反算得到允许最大一段齐爆药量为 988kg，而本次爆破的最大一段齐爆药量在 27~31 号孔，这 5 个炮孔的药量总和为 875kg，小于 988kg，因此爆破振动是安全的。

4.2 爆破飞石的控制

按照露天矿台阶爆破飞石计算公式：

$$R = 40d/2.54$$

式中，R 为个别飞石距离，m；d 为钻孔直径，使用直径 150cm 潜孔钻机钻孔。

经计算飞石距离小于 142m，故安全警戒范围定为 200m。为了防范可能产生的飞石，选择松动爆破的药量，炸药单耗控制在 0.3kg/m³，并加强炮孔填塞质量，填塞长度大于最小抵抗线。

爆破后经检查塌落宽度为 20m，飞石控制在 80m 以内，爆区下面的选矿厂与民房远离 80m 以外，安然无恙。本爆破因采取松动爆破装药，产生的空气冲击波的影响极小，故不考虑。

4.3 安全防护措施

本次爆破采取的安全防护措施如下。

（1）参加爆破工作的人员应有公安部门颁发的爆破作业证，持证上岗。

（2）爆破作业人员必须按《爆破安全规程》的要求操作。

（3）爆破警戒范围为 200m，四周警戒固定专人，佩戴标志，听从统一指挥。

（4）爆破装药、连线完毕经检查无误后，指挥长发布"预警—起爆—解除警戒"口令。

（5）爆破结束后对现场进一步检查，爆后形成的浮石、危石认真排除，防止意外事故。

5 爆破效果与体会

2008 年 7 月 3 日实施爆破，爆后检查没有大块矿岩向东抛下，选矿厂和民房没有受到损害，西部采场台阶上的采掘设备安然无恙。爆堆宽度、高度、块度、松散度适合装载要求，采场没有根底、伞岩和后冲现象。这次爆破初步统计爆下矿石 8.7 万吨，消耗铵油炸药 22t，实际炸药单耗为 0.26kg/t。

本爆破工程获圆满成功，有以下两点体会。

（1）对东、西两部分第 1 排炮孔要精心设计爆破参数、精心布孔，并结合地形与岩石情况及时合理地调整装药量，这是取得爆破安全和理想效果的关键。

（2）由于采取了毫秒延时起爆技术，爆破后所产生的地震波、空气冲击波、飞石、粉尘毒气控制在最低限度。

参 考 文 献

[1] 紫金矿业公司 . 紫金山金铜矿区西北矿段金矿详查报告 [R]. 1994.
[2] 南昌有色冶金设计院 . 福建省上杭县紫金山金铜开发总体规划 [R]. 1998.
[3] 钟义旆 . 金属矿床开采 [M]. 北京：冶金工业出版社，1991.
[4] 王洪森，颜事龙，刘辉，等 . 复杂环境下露天深孔爆破的若干技术 [J]. 工程爆破，2005，11(2)：21-24.
[5] 刘殿中 . 工程爆破实用手册 [M]. 北京：冶金工业出版社，1999.

不同装药量下的爆破振动测试与分析

樊继永[1]　　解红军[1]　　叶图强[2]

（1. 中国人民解放军 92302 部队，辽宁 兴城，121600；
2. 广东宏大爆破股份有限公司，广东 广州，510623）

摘　要：本文研究了不同装药量下，距爆源距离相同的多个测点的爆破振动大小。根据爆破参数，得到了各测点的爆破振动速度计算值。测试值与计算值的比较结果表明，爆破产生的振动对当地居民楼没有影响，对类似工程具有一定的参考意义。

关键词：台阶爆破；振动测试；振动速度

Measurement and Analysis of Blasting Vibration Under the Condition of Different Blasting Explosives

Fan Jiyong[1]　Xie Hongjun[1]　Ye Tuqiang[2]

（1. 92302 PLA Troops，Liaoning Xingcheng，121600；
2. Guangdong Hongda Blasting Co.，Ltd.，Guangdong Guangzhou，510623）

Abstract：In this paper，Blasting vibration at the same distance was obtained basing on the actual situation under the condition of different blasting explosives. Calculation of vibration velocity was also obtained，at the same time，calculation and real of vibration velocity were compred according to blasting references. Real results and calculation expressed that vibration has no affection on local residents. All these could afford a certain references for the similar projects in future.

Keywords：bench blasting；vibration test；vibration speed

1　工程概况

某工程建设需要在辽宁岛某地进行石料的开采，但是在项目部大型采石场爆破中，爆破产生的振动遭到附近居民的投诉，居民经常到施工现场阻止爆破施工。在爆破时，由于钻孔数及钻孔深度会随实际情况改变，为了防止居民对正常施工的干扰，因此研究不同的装药量下爆破振动是否会对附近建（构）筑物造成影响，就显得有所必要。本文分析了在不同装药量下，爆破振动对居民建筑造成的影响，并根据实际情况探讨了有效降低爆破振动的方法，以防止扰民发生。

2　测试方案

采石场采用的是台阶爆破[1,2]，采用电雷管-非电导爆管复合网络，非电雷管孔内延期，瞬发电雷管孔外起爆，串联联结。本次测试主要利用现场采石爆破参数，根据现场实际情况改变装药量大小，对爆破振动进行测试，具体测试方案示意图如图 1 所示，实际测点根据现场情况布置。

测试点布置在以爆破区域为中心，半径为 300m 的圆周上，沿爆破区域均匀布置测振点，记录仪

原载于《中国矿业》，2009，18（3）：103-105。

和传感器布置在测点上。各测振传感器均牢固安装在岩石上，以形成系统的对比。考虑到山上没有建筑物，因此传感器主要布置在沿着山下以及山体两侧的某侧圆周上，传感器布置如图1所示。

测振仪器包括振动传感器、记录仪以及数据处理电脑，测试仪器如图2所示。

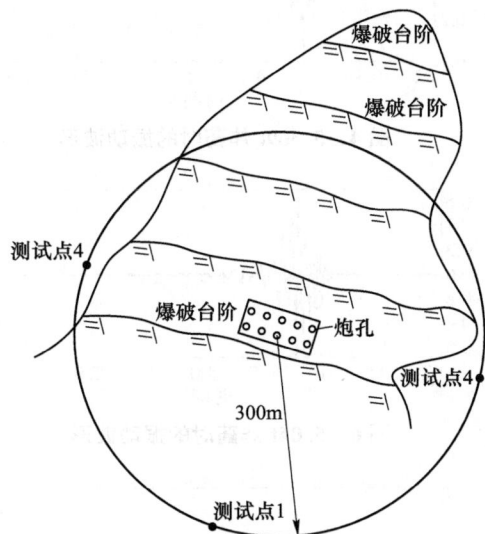

图1 爆破振动测点布置示意图

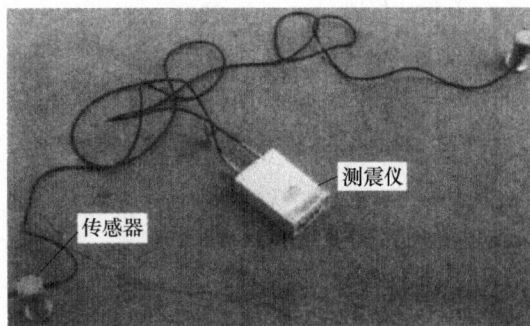

图2 测振传感器及测振仪

在测试系统中，振动速度传感器用磁电式竖直速度传感器，其频响范围应达到5~200Hz，测值范围应达到0.1~50cm/s，谐波失真不大于0.2%。

3 测试数据分析

在爆破时由于钻孔数及钻孔深度会随实际情况改变，因此研究不同的装药量是否会对附近建（构）筑物造成影响，就显得有所必要。测试装药量分别为5.08t、5.04t、6.90t、0.96t、3.696t、5.369t、4.032t、4.08t、6.10t及0.505t。其具体数据如表1所示，其具体的振动波形图见图3~图11。

表1 不同起爆药量时爆破振动测试结果

测点序号	记录仪编号	通道编号	传感器编号	灵敏度/v·(m/s)⁻¹	量程/v	采样率/kps	最大振速/cm·s⁻¹	距离/m	起爆药量/t
1	339—2	CH1	B218	28	2	4	0.4011	300	6.90
		CH2	B219	28	2	4	0.3887		
2	339—2	CH1	B217	28	2	4	0.4031	300	5.369
3	339—2	CH1	B218	28	2	4	0.6731	300	5.080
		CH2	B219	28	2	4	0.7108		
4	339—2	CH1	B218	28	2	4	0.6592	300	5.040
		CH2	B219	28	2	4	0.6863		
5	339—2	CH1	B199	28	2	4	0.5441	300	4.032
6	339—2	CH1	B205	28	2	4	0.1883	300	3.696
		CH2	B207	28	2	4	0.2276		
7	315—2	CH1	B205	28	2	4	0.1224	300	0.960
		CH2	B207	28	2	4	0.2367		
8	339—2	CH1	B197	28	2	4	0.1290	300	0.505
9	322—2	CH1	B197	28	2	4	无	500	4.08
10	322—2	CH1	B197	28	2	4	0.1963	500	6.10

注：启动电压1.5%，负延时-4k。

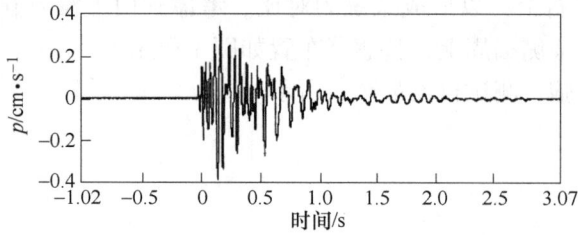

图 3　6.90t 炸药时的振动波形

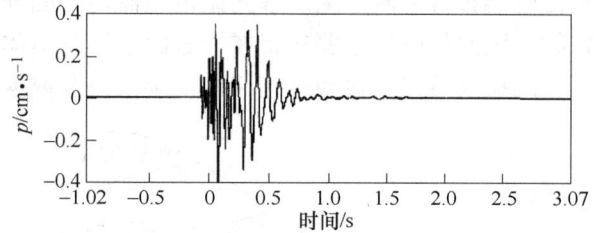

图 4　5.369t 炸药时的振动波形

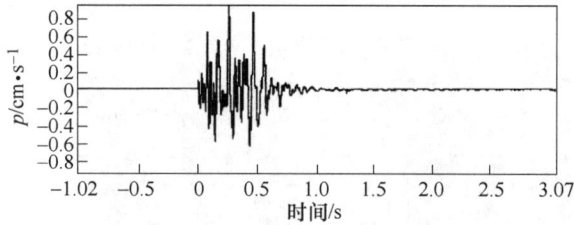

图 5　5.08t 炸药时的振动波形

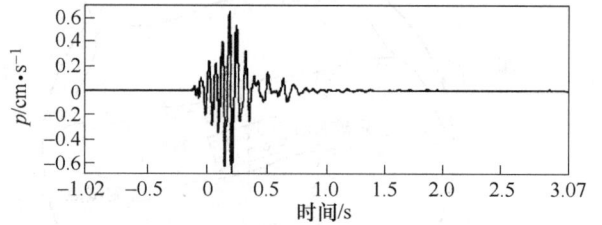

图 6　5.04t 炸药时的振动波形

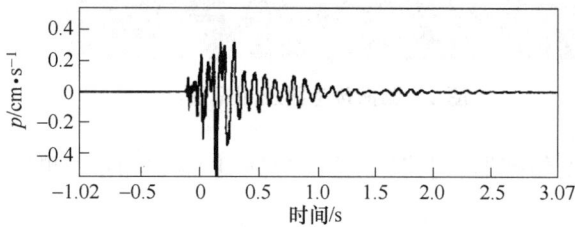

图 7　4.032t 炸药时的振动波形

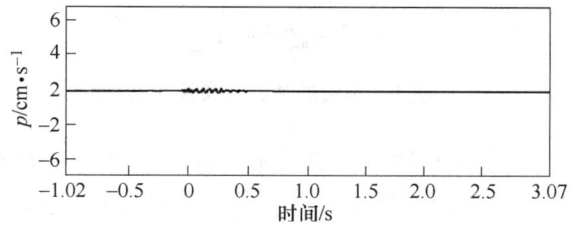

图 8　3.696t 炸药时的振动波形

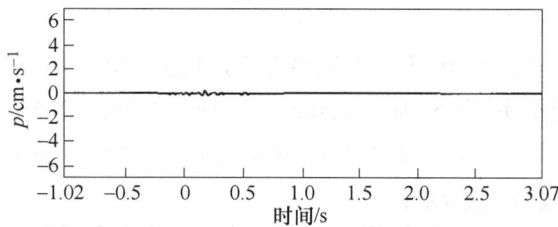

图 9　0.96t 炸药时的振动波形

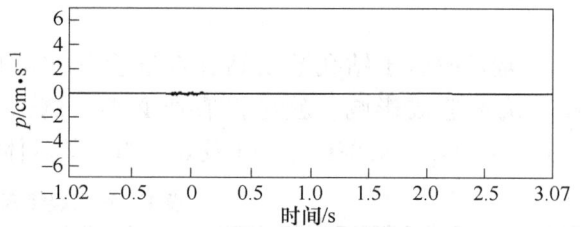

图 10　0.505t 炸药时的振动波形

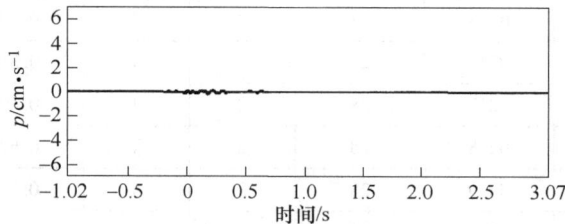

图 11　6.10t 炸药时的振动波形

测得的最大振速为装药量在 5.08t 时的 0.7108cm/s，最小的为装药量在 0.96t 时的 0.1224cm/s。其中，沿爆区北边居民住房 300m 的方向最大振速也只有 0.1290cm/s，总药量在 6.10t 时，沿爆区北边居民住房 500m 的方向最大振速也只有 0.1963cm/s，总药量在 4.08t 时，沿爆区北边居民住房 500m 的方向爆破振动太小没有测到数据。总体来说，每次爆破时产生的爆破振动都是比较理想，远远低于《爆破安全规程》规定的爆破振动速度。按照规程，爆破产生的振动对当地居民楼没有危害。

4　计算值与实测值的比较分析

由于每次爆破时都采用了延时起爆，每次单响药量都控制在 1t 以下，现取单响药量为前四的爆破以萨氏公式，按 k 取 150，a 取 1.5 进行振动计算，并与实际值进行比较，如表 2 所示。

表 2　计算值与实测值对比表

振动速度/cm·s⁻¹	最大单响药量/t			
	0.650	0.80	0.470	0.400
预计值	0.736	0.8164	0.6258	0.5774
实测值	0.4011	0.7108	0.6592	0.4031
总装药量/t	6.90	5.080	5.040	5.369

从表 2 可以发现，不管是计算值还是实测值，都远小于《爆破安全规程》中规定的安全振速，而当地居民楼都在 300m 以外的地方，根据规程规定，爆破产生的振动对居民楼没有影响。

5　结论

本次爆破测试主要是为了研究爆破产生振动对居民楼产生的影响，以利于重点工程的顺利实施。本文根据现场实际情况，测试研究了不同装药量下距爆源距离相同的多个测点的爆破振动大小。根据爆破参数，得到了各测点的爆破振动速度计算值。测试值与计算值的比较结果表明，爆破产生的振动对当地居民楼没有影响，对类似工程具有一定的参考意义。

参 考 文 献

[1] 郑炳旭，王永庆，李萍丰，等. 建设工程台阶爆破 [M]. 北京：冶金工业出版社，2004.
[2] 高金石，张奇. 爆破理论和爆破优化 [M]. 西安：西安地图出版社，1993.

苏丹国穆桑达姆半岛石料爆破工程施工技术与措施

邢光武　郑炳旭

（广东宏大爆破股份有限公司，广东 广州，510623）

摘　要：针对阿曼苏丹国穆桑达姆半岛热带沙漠恶劣环境中的石方爆破工程特点及难点，通过科学设计，采取一系列有利于生产级配块石的技术方法和措施，取得了多项技术成果和经验，为国内中小企业（特别是爆破企业）走出国门，发展对外合作与交流具有很好的借鉴作用。

关键词：阿曼苏丹；热带沙漠；石方爆破；工程措施；企业国际化

Construction Technology and Measure of Blasting Engineering for Quarry Practice in Musandam Byland of Oman

Xing Guangwu　Zheng Bingxu

（Guangdong Hongda Blasting Co., Ltd., Guangdong Guangzhou，510623）

Abstract：Here the auther adopted scientific design and actualized for amour blocks blasting project, aimed at the character and difficulty of rock blasting project in the scurviness tropic desert. The series of technique and measures were actualized for graded amour blocks produce. Multinomial technique productions and experiences are acquired. It sets up a good former for small and medium－sized domestic enterprises tend towards internationalization, and it is used for reference to domestic enterprises, especially blasting enterprises to develop international economic cooperation and technological exchange.

Keywords：Oman；tropic desert；rock blasting；engineering measure；domestic enterprises internationalization

　　中东地区计划在波斯湾的海面上建造海上人工岛、防波堤，建造海上高级酒店及娱乐设施，需要各种规格的石材、堤心石等大量的建筑石料，为此，欧洲的法国疏浚 DI 公司在阿曼苏丹国的穆桑达姆省购买海岛上的山体，开采石料以满足建设工程需要。2006 年 4 月应法国疏浚 DI 公司邀请，广东宏大爆破股份有限公司委派作者等人，赴阿曼海塞卜进行石方爆破工程合作项目的技术考察，于当年 11 月组织管理团队赴阿曼进行项目施工。

1　工程场地地理环境

　　工地位于阿曼苏丹国的穆桑达姆半岛南部，属热带沙漠气候，年均降雨量 130mm，全年分为两季 4 月至 10 月为热季，经现场测温，室外最高空气温度在 55℃以上；11 月至次年 3 月为温季，平均气温约为 28℃。有时还遭强劲的北风袭击。该地区崎岖多山，有高达百米的悬崖在海中耸峙，工程场地位于半岛南部的海上孤岛，高度 240m，寸草不生。山体为石灰岩，水平层理，岩体表面垂直节理较发育，见图 1。

　　到达工程场地须从海塞卜乘小船航行 30min 才能抵达。业主从海滩开始向岛屿上山方向，开辟出一条 12m 宽的便道，通往工程场地岛屿的最高处采石场。采石操作从最高处开始，在标高+50m 和

基金项目：国际合作爆破工程项目。

原载于《山西大同大学学报（自然科学版）》，2009，25（2）：70-72，79。

图 1　爆破山体的外形

+110m 处，分别设料石分选平台。工作台阶的取向为东西方向，每个台阶的高度约 15m，坡度 10%，以便工程机械通行。

2　爆破作业条件及施工难度

2.1　工程地质环境

工程场地位于海上孤岛，四周是茫茫大海。由于长年累月经受高温烈日暴晒及强劲的海风侵袭，山高坡陡，山坡上布满大小风化孤石。山顶+240m 以下有 0.5~1m 厚覆土，向下 10~15m 为土夹碎石风化层，再向下依次为裂隙、节理比较发育的岩层，+140m 以下为比较完整的岩层。

2.2　料石级配要求

采石目的是生产 7 吨以下的石料岩块，要求其中 300~2000kg 的岩块尽可能多，要求级配规格为 300~1000kg，1000~3000kg，3000~7000kg 的块石比例分别占 80%，10%，10%。任何造成级配低于 300kg 岩块数量的工作方法或技术都不得采用。对于石灰岩山体，通过爆破方法达到上述级配要求是相当困难的。业主根据工程需要每月可以修改石料的级配规格，因此，现场爆破工作须及时调整爆破设计及施工方案，以确保料石级配要求。

2.3　火工品管制

工地位于中东地区战略要塞，在工地可以眺望到伊朗边境，乘小船 1h 多可以到达伊朗。政府对穆桑达姆省的火工品的管制非常苛刻，整个穆桑达姆没有火工品临时存放库，尽管业主付出很大努力，但政府坚决不批准在工地设立火工品临时存放库。火工品的运输、爆破作业的装药、放炮、炮后安全检查以及剩余火工品的销毁过程，均由至少 2 名武装警察荷枪实弹严密警戒。每一次爆破作业，必须在 15d 之前上报计划，经政府主管部门批准后，从阿联酋进口雷管和炸药。工地爆破作业的当天早上 8：00，火工品经水路才能运至工地码头。一次爆破作业进口的炸药数量一般限制在 4000kg 以内，起爆器材的数量不受限制。每次爆破后，剩余的火工品必须立即在工地范围内彻底销毁。

2.4　施工场地气候条件

工地在高温及强烈紫外线条件下，现场人员的身体适应能力及设备保养难度极大。一天的施工之后，钻机被太阳晒得滚烫如烧红的烙铁，钻屑夹杂着海盐腐蚀着设备，需要从陆地运来淡水实施清洗保养。在温季，经常有强烈的飓风袭击，飓风来临时，工地上的无线电通信中断，海上狂风巨浪，浪头可达 3m，威胁着施工人员归营安全。

2.5　交通配套状况

阿曼苏丹国的穆桑达姆省是一块不足 2 万人口的国土，阿曼大陆至穆桑达姆省的公共交通仅有首都马斯喀特至海塞卜（穆桑达姆省政府所在地）之间的空中航线，仅每周四、周五才分别有一趟往返航班，项目部生活营地就设在海塞卜镇。阿曼大陆至穆桑达姆省没有开通公共陆地客运或水上客运，穆桑达姆省没有出租汽车。工地急需的配件必须搭乘飞机到阿曼大陆马斯喀特购买，或者办理阿联酋签证手续后，驾车至迪拜购买。由于很多配件在阿联酋很难买到，因此工地必须存储6个月内施工所需的钻机零配件及钻具耗材。工地生活及施工用水须从阿联酋采购并通过水路运输。作业人员每天早晨6：00乘坐汽车行5km至码头，再坐船10海里到达工地，晚6：00从工地返回营地；夜班作业则须等到第二天早晨6：30返回。

3 爆破工程关键技术参数选择

3.1 爆破作业平台的合理布置

从山脚至+110m修建一条宽12m、坡度为12.5∶1的运输道路，保证运输石料的大型铲车、自卸车的顺利通行。从+110m至山顶修建一条宽5m、坡度6∶1至4∶1的便道，保证钻机、铲车、挖掘机等履带式设备的行走安全。从码头到爆破工作面的火工品依靠铲车运输。

工程场地像个大型的金字塔，顶部+240m水平场地平台长10m，宽5m。为了便于施工设备的操作，首先用机械方法削平山顶，降低标高至+220m。+220m处台阶的长度为100m。根据工地实际情况，将作业平台的台阶高度 H 定为15m。因此，从+220m开始往下每15m布置1个爆破台阶。因台阶狭小，原则上需要布置细长的工作面。为了保证施工的计划进度及人员的安全，台阶的宽度一般规定不小于10m。开工初期3个月内，对应着4个作业平台台阶开辟4条通道，道路入口标高分别为+220m，+205m，+190m，+175m，与相应的作业台阶贯通。

3.2 爆破技术参数的确定

3.2.1 选择适合高温环境下的钻孔机械

由于环境温度特别高，一般的钻孔设备不宜采用。本项目采用当时国际上最先进的机电一体化的阿特拉斯D7-11型全液压履带式钻机，驾驶室自带空调及环保除尘装置，自动装卸钻杆，钻孔精度高，钻机操作手坐在驾驶室内完成整个钻孔作业。

3.2.2 设计合理的钻孔参数

炮孔按单排或双排布置，一般开辟台阶的第一炮采用单排孔爆破，第二炮开始采用双排孔爆破作业。钻孔直径76mm，孔距1.4~1.8m，排距2.8~3.5m，钻孔深度（ $H+\Delta H$ ）取16m，最小抵抗线 $w=$ 2.8~3.5m。炮孔平面布置形式为矩形。根据台阶自由面的天然坡度，选择炮孔的倾斜度。

3.2.3 装药量的控制

为了生产更多的合格块石，控制粉矿的产出，爆破炸药量只是用于使岩石裂开塌落，过大的炸药量会使岩石过于粉碎，针对这种情况，采用了国内成熟的崩塌爆破技术。但由于裂隙比较发育，爆破时有一部分爆炸能量从裂隙中释放，因此炸药平均单耗不宜过小，取 $q=0.30\text{kg/m}^3$ ，单孔药量一般取20kg。爆破器材采用爆速为3500m/s的袋装粉状铵油炸药及爆速为5000m/s的条状高能炸药、毫秒电雷管、10g/m的导爆索。

3.2.4 装药结构

为了提高大块岩石的成品率，采用径向不耦合装药技术。炮孔内一般无水，炮孔中部采用袋装粉状铵油炸药，并使用特制的条形塑料袋辅助装入孔内，径向不耦合系数为1.5~2.0，线装药密度1.8~2.5kg/m；底部及上部分别采用2kg的条状高能炸药加强松动；底部药包通过10g/m的导爆索引至堵塞段，导爆索不露出地面，由电雷管引爆导爆索，雷管脚线引至地面；上部药包由电雷管直接引爆，雷管脚线引至地面，同一炮孔内的2发雷管脚线在地面串联。炮孔上部的堵塞段长度 L_0 取3.0~4.5m，封堵材料采用中沙，装药结构参见图2。装药前，使用雷管电阻测量仪测雷管的电阻值，控制每发雷管的电阻偏差在5%以内，保证网路内的每发雷管正常起爆。

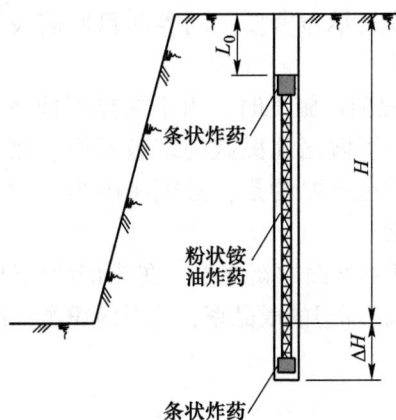

图 2　装药结构示意图

3.2.5　严密的爆破网路检查及安全警戒

爆破网路的连接及警戒是爆破作业的最后关键环节。为了保证安全准爆，采用大串联的电雷管起爆网路，同一排炮孔的雷管段别相同，前、后排炮孔分别采用 1 段、4 段毫秒电雷管，后排比前排延时 75ms。起爆母线长 500m 以上，引至台阶的背向 500m 外的起爆站。起爆站采用移动式安全避难钢筒，钢板厚 10mm，立式，有顶，无窗，可容纳 2 人进行作业躲避。

3.3　爆破工程施工管理及安全措施

3.3.1　施工组织

参与施工的各个专业工序人员分别来自 13 个国家，不同民族有着不同的宗教信仰、风俗习惯、饮食习惯、生活方式及语言特色，因此工地的工作协调、配合、语言沟通等方面难度比较大，在某种程度上影响现场管理的效率。工作中，借鉴以往的国际合作经验，发挥中方技术骨干的带头示范作用，采取激励机制，相互尊重协调，保证了施工作业正常进行。

3.3.2　作业人员健康保障措施

因作业场地地处赤道附近，每天早上 8 点之后头顶烈日，施工人员配备防紫外线工作服、太阳镜及草帽，工作面上设立多个遮阳伞，作为施工作业过程的临时遮阳设施。同时工地常备防暑凉茶及应急药品。

3.3.3　爆破器材的安全措施

因特殊高温环境，地面温度经常超过 60℃。钻孔后孔内温度高达 90℃以上，通过采取浇水等降温措施，使孔内温度降低到接近地面温度之后再装药放炮。在工作面装药作业过程中，因炙热阳光高温辐射，采用厚帆布分别覆盖炸药、起爆器材，以防意外。

4　爆破效果

爆破后，采用大型挖掘机清渣，再用油炮机及中小型挖掘机清底，保证爆破工作面的平整及质量。清出的块石按重量分级堆放、计量。采用法国地质局评估报告，该项目中的南山 +150m 水平以上岩层天然的大块岩石的理想成品率为 36%，而 +150m 以下的岩层天然的大块岩石的理想成品率则为 40%。经现场计量，结果显示，+150m 以上岩层的实际大块率达到 34%；+150m 以下岩层的实际大块率达到 38%。以上工程效果满足了苏丹建设项目的要求，获得了业主及当地政府的好评。

5　经验与结论

本文的经验与结论如下。

（1）该爆破工程项目是我国爆破企业走出国门的一个成功实例和一次技术检验。项目的安全顺利实施为施工企业取得对外爆破工程项目承包资质，同类项目所需设备和材料的出口权，为国内爆破企业拓展海外工程爆破市场取得了经验。

（2）进行国际化合作的爆破工程项目施工时，由于在异国他乡生活与工作诸多不便，应深入了解和掌握当地政府的管理政策和制度，了解当地民族的宗教习俗、风土人情，施工材料及配件市场供应情况，后勤保障条件，对于爆破工程更重要的是，必须明确当地的火工品供应渠道及审批程序，这是关系到工程能否顺利进行的关键因素。

（3）采用国内的级配规格块石开采方面的新技术，在热带沙漠环境下，针对石灰石山体，爆破生产规格石料，能取得较好的爆破效果和较理想的成品率，这对组织类似海外项目施工具有很好的参考价值。

参 考 文 献

[1] 赵优珍. 中小企业国际化理论与实践研究 [D]. 上海：复旦大学，2004.

[2] 鲁桐. 中国企业国际化实证研究 [D]. 北京：中国社会科学院研究生院，2002.

[3] 刘殿中. 工程爆破实用手册 [M]. 北京：冶金工业出版社，2003.

[4] 于亚伦. 工程爆破理论与技术 [M]. 北京：冶金工业出版社，2004.

[5] 王军. 乌龙泉矿降低粉矿率研究与块度图像处理 [D]. 武汉：武汉科技大学，2003.

[6] 龙在岗，杨振学. 露天台阶深孔爆破根底和大块的成因及解决措施 [J]. 山东冶金，1997(4)：29-31.

干扰减振控制分析与应用实例

魏晓林　郑炳旭

（广东宏大爆破股份有限公司，广东 广州，510623）

摘　要：分析了炮孔波形减振特征，提出了在相同炮孔地质特征区，对预定地域的最优化的有控干扰减振方法；以及双孔为组，组内爆破振动波时移主频半周起爆，孔间短延时最优干扰减振，为减弱波形随机变化的影响，组间合理长延时爆破的可靠起爆方案。提出了从实测多孔波中提取同区炮孔平均子波的"迭后减前"算法和提取子波收敛判据，由此可以从实测多孔波中，计算出真实的起爆间隔时间，炮孔相同波形子波，异频率子波和异振幅子波，为有控干扰减振和炮孔波形分区，准备了必要前提。工业性生产试验和台阶爆破开采结果表明，在炮孔具有前震相的近频衰减子波的易减振区，有前震相和次峰的衰减子波的可减振区，可以采用本文的干扰减振方法，将群孔的地震动降低到单孔爆破振动以下水平。在易减振区和可减振区，子波振幅比 k_t 在 $1.0 \sim 0.6$ 内变化，不会改变原相同子波的干扰减振效果；干扰两子波的主振相频率比 k_f 在 $1.0 \sim 0.9$ 内随机变化，也能干扰减振。

关键词：延时爆破；有控干扰减振；提取炮孔子波；迭后减前算法

Analysis of Control Blast−induced Vibration & Practice

Wei Xiaolin　Zheng Bingxu

（Guangdong Hongda Blasting Co., Ltd., Guangdong Guangzhou，510623）

Abstract：A nalyzed characteristic of wave with blast−reduced vibration of blast hole, the method to optimistically control blast−reduced vibration at a predetermined location in same geological area of blastholes has been rainsed. The delayed blasting scheme is optimum, which detonation time of double blastholes in same group is delayed with half period from each other by short delayed ignition and longer delayed ignition between the groups should be reasonable to prevent effect on reducing reliably seism from circum stantial variety of wave. The averaged blasting wave of blastholes is extracted by calculating method "Repeatedly Subtract Front from Behind" and by discriminating with wave optimum collecting together. According to the method the actual delay interval, the equal wave of single blasthole, its wave of different frequency and the wave of different amplitude between double blastholes can be calculated by measuring wave of many blastholes, in order to prepare necessary premise to control blast−induced vibration and to divide different area of wave of single blasthole. Shown by industrial test and work a mine, in area to reduce seism easy, by blasthole in which blasting wave has waning characteristic with front vibrational phase and approximate frequency, and in area able to reduce seism, where blasting wave has waning characteristic with front vibrational phase and second−peak of approximate frequency, the method of controlling blast−induced vibration introduced by this paper will be adopted to reduce seism of many blastholes lower than single. If amplitude ratio k_t of single blasthole wave varies between $1.0 \sim 0.6$, in the area to reduce seism easy and able to reduce it the effect of seism reduced by disturbance will not be changed. If frequency ratio k_f at main seismic phase between two waves disturbed varies within $1.0 \sim 0.9$, in the area the effect of reducing seism still remains and its vibration is lower than single.

Keywords：delay blasting；control blast−induced vibration；extract wave of single blasthole；calculating method "repeatedly subtract front from behind"

原载于《工程爆破》，2009，15(2)：1-6，69。

1 引言

延时起爆技术降振已得到广泛的应用，确定干扰减振延时间隔的时间，可分为以下 4 种意见。

（1）爆源应力波干扰减振：20 世纪 80 年代以前，依据爆源岩石和炮孔参数决定其延时时间[1-4]。

（2）被动干扰减振：20 世纪 80 年代后期，出现等间隔延时爆破[5,6]，如澳大利亚 ICI 公司在研制高精度雷管和电子雷管时，分别采用 15ms、25ms、45ms、60ms 等间隔孔间延时逐孔爆破[7]，试验出 25ms 间隔延时减振效果最好。

（3）减小单响药量、加大延时间隔，使各段地震波互不干涉，以此来获得减振效果[8,9]。这种降振方法由于采用较大的间隔时间，失去了孔间延时爆破协同破岩和进一步干扰降振的优点。

（4）主动控制干扰减振：2001 年文献［10］提出，以计算机模拟到达该点炮孔的地震波形相互叠加干扰，求出最优干扰减振的各炮孔起爆时间间隔。但是如果不解决从实测的多孔波中，提取分解单炮孔波，则在干扰减振中难于把握炮孔波形变化，使干扰仍带较大盲目（本文将多孔爆破形成指定地面波形中的单孔爆破波，称为炮孔子波）。同年，专利文献［11］，采用时域内的逐次分解推算法，频域内的傅里叶变换法以及反褶积法，从实测的多药包爆炸波中，提取并分解出单药包爆炸子波。

2004 年我们从台阶爆破工作面的多孔实测波中，用时域的叠加逆算原理的"迭后减前"法，求解提取炮孔子波，并从起爆方案，计算方法，炮孔地质和波形特征上，对频率和振幅相异的子波进行研究，进行了主动控制干扰减振的工业性试验。开发了对固定地域，可以把群孔爆破地震强度减至单孔爆破强度以下的实用新技术——"电算精确延时干扰减振爆破技术"[12,13]。

2 干扰减振控制分析

主动控制干扰减振是应用最优化原理，电算出各炮孔延迟时间而实施的精确爆破。

2.1 最优化减振

将各炮孔产生并传播到指定地域的子波相位时移 Δt，振幅叠加，如图 1 中组内两孔波形 $v_1(t)$、$v_2(t)$ 叠加所形成的合成波 $v_1(t) + v_2(t + \Delta t)$，求各时移相位的最大峰值，而最大峰值中的最小者 MIPV 对应的子波时移 Δt，为两孔干扰减振最优的起爆时间间隔，即

$$MIPV = Min[Max | v_1(t) + \cdots + v_i(t + \Delta t) + \cdots |] \tag{1}$$

式中，$i=2$(见图 2)。

$Max | v_1(t) + v_2(t + \Delta t) |$ 与 Δt 的关系，从图中可见 $\Delta t = 17ms$，MIPV 为子波峰值的 0.92 倍，为 Δt 最优减振时间间隔，并且该 Δt 前后有 6.4ms 较宽的时间区间，可允许起爆时间误差仍能实现降振。

同理，相邻两组的合成波相位时移，也能求出组间最优干扰减振的起爆时间间隔。

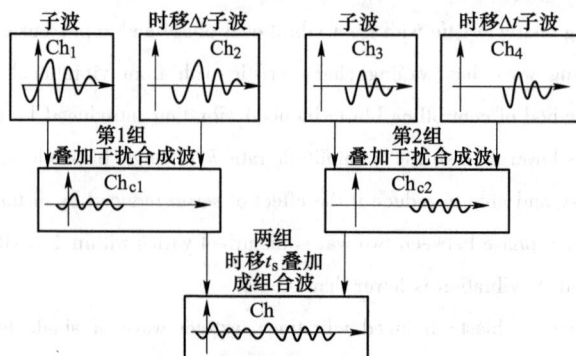

图 1 子波及合成波叠加合成组合波框图

Fig. 1 Frame figure of wave composed of single blasthole wave

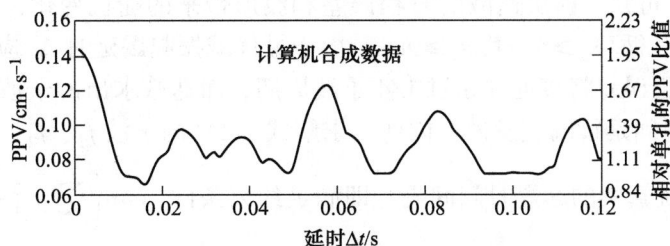

图2 双孔不同延迟时间的合成波最大峰值

Fig. 2 Peak of wave composed at different delayed ignition between two blastholes

2.2 起爆方案

从式（1）可知，单炮孔子波，只要叠加另一相同单孔子波，相位时移峰值对应的半个周期，让两子波峰谷干扰，相互抵消，即可达到最优减振。将式（1）的 i 取奇数，可以证明，衰减正弦波的偶数子波干扰，比大于该偶数的奇数子波叠加更为减振[13]。经验表明，4孔以上孔间延时爆破，无论是等间隔延迟还是任意组合的短延迟，都将遵从苏联从实践中总结的"二分之三定律"[14]，即多孔波的地震效应峰值 v_c 为单孔波峰值 v_s 的3/2，为 $v_c = (3/2)v_s$。由此可见，双孔波干扰减振后，再叠加干扰炮孔子波，其减振效果将大为削弱，而起爆时差和子波波形的随机变化，却可能增大了干扰波的峰值。由此可见，双孔为组，组内爆破振动波时移主频半周起爆，组内孔间短延时；组间合理长延时，以削弱子波波形随机变化的影响；因此该起爆方案是既减振、可靠又能孔间协同破岩，提高爆破效果的方案。

2.3 提取炮孔子波

主动控制干扰减振的起爆时间间隔，应根据单孔爆破波形最优化计算。

爆破前应当提供反映该场地条件的初始炮孔子波。然后，我们从以下方面解决了由监测点的多孔实测波形中提取炮孔真实子波的方法。

2.3.1 分解双孔波

从多孔实测波中，计算提取单孔子波。由于波形的随机变化、雷管起爆的时间误差等因素，孔数越多，分解提取子波误差也越大。而从两孔为组的短延时干扰实测波中，能既简便又准确地计算分解提取子波。

2.3.2 迭后减前算法

本文提出时域的"迭后减前"算法，能实测出多孔波中真实起爆时差与雷管名义起爆时间误差，同时又求出单孔波波形。即在 Δt 起爆延时形成的实测合成波 $F(j\Delta t + t)$ 中，将 Δt 作为迭减时间分段区间，j 为迭减循环数，从 $j\Delta t < t \leqslant (j+1)\Delta t$ 区间，干扰子波 $f_1(j\Delta t + t)$ 是合成波 $F(j\Delta t + t)$ 与被干扰子波 $f_2((j-1)\Delta t + t)$ 相减之差，即

$$f_1(j\Delta t + t) = F(j\Delta t + t) - f_2((j-1)\Delta t + t) \tag{2}$$

$$f_2(j\Delta t + t) = f_1(j\Delta t + t) \cdot k_t$$

式中，k_t 为子波间的比例系数，$k_t = f_2(t)/f_1(t)$，等子波提取时，$k_t = 1$；幅值相异子波提取 k_t 为 $0.7 \leqslant k_t < 1$；由于后炮孔未起爆前 $f_2(t) = F(t)$，即 $j = 1$ 时，$f_2((j-1)\Delta t + t) = F(t)$，由此式（1）不断迭减（$j = 2, \cdots, T/\Delta t$），并求解出炮孔真实子波 f_1 和 f_2，T 为 F 波的延续时间。从上可见，式（2）算法实质是两孔波形叠加的逆运算。

从式（2）可见，f_1、f_2 计算是否正确，取决于 k_t 和 Δt 两因素。由于我们只知道雷管的名义起爆时差 Δt_n，而起爆系统的真实起爆时间，是以名义起爆时差为均值而随机变化，由此带来分解子波的误差。设 t_ε 为名义起爆延时 Δt_n 与实际的起爆延时 Δt 的误差，由 t_ε 引起子波的时程误差 ε_t 符合以下规律

$$\varepsilon_t \leqslant (2j - 1)t_\varepsilon \tag{3}$$

从式（2）、式（3）可知，前次迭减的时程误差和波形带来的随机变化，将累加到以后的迭减之中。若 $|t_\varepsilon| \geqslant 1\text{ms}$，当迭减循环 $j \geqslant 5$，其 $\varepsilon_t \geqslant 9\text{ms}$，由于最优减振起爆延时 Δt 应等于子波峰值半周，若都为 20ms，则计算的时程误差将接近并超过 1/4 子波周期，而迭减求出的子波波形将完全不符实测单孔波形变化趋势，而随时间延续畸变发散。因此，求解式（2）的子波 f_1、f_2，能随时间延续最快收敛于零的 Δt，就为起爆系统真实的起爆时间间隔，即满足约束条件：$\min\left(\sum_1^n f_1^2 + \sum_1^n f_2^2\right)$ 存在，且满足收敛条件：

$$\max|f_1(j\Delta t + t)| < 0.4\max|F| \quad j \to \frac{T}{\Delta t} \quad \text{和} \quad \max|f_2(j\Delta t + t)| < 0.4\max|F| \quad j \to T/\Delta t \quad (4)$$

式中，n 为时间测点数，$n = T \cdot f_t$，f_t 为采样率；0.4 为经验数，以判断子波发散。而满足约束条件式（4）的 Δt 为真实的起爆时差，其对应的所求解 f_1、f_2 为炮孔真实子波。

250ms 延时的高精度雷管，起爆误差为 $\pm 2\text{ms}$，因此需要式（4）配合式（2）来分解子波并同时确定真实的起爆延时。

在采用电子雷管或延时起爆器起爆时，当起爆延时已经明确，可令 f_1、f_2 子波周期比为 k_f，以求解不同频率的子波，即计算异频率子波的"迭后减前"算法如下：

$$f_1(j\Delta t_j + t) = F(j\Delta t_j + t) - f_2((j-1)\Delta t_{j-1} + t) \quad (5)$$
$$f_2(j\Delta t_j + t) = f_1(j\Delta t_j + k_f \cdot t), \quad \Delta t_j = \Delta t_{j-1} \cdot k_f$$

且满足收敛条件：

$$\max|f_1(j\Delta t + t)| < 0.4\max|F| \quad j \to T/\Delta t$$
$$\text{或} \quad \max|f_2(j\Delta t + t)| < 0.4\max|F| \quad j \to T/\Delta t \quad (6)$$

$k_f \leqslant 1$ 的域内，并有对应的 k_f，当 $\min\sum f_1^2$ 或 $\min\sum f_2^2$ 存在，则 f_1 和 f_2 为频率相异而峰值相等的炮孔子波。在 $k_f \pm 0.03$ 的子波，可认为处于同区，其子波振幅相等。而横跨区的交界处同组钻孔，若频率相近而振幅相异，则可从相邻两区内炮孔取振幅比 k_t，以式（2）、式（4）提取相异振幅子波。

2.3.3 炮孔地质分区提取平均子波

相同炸药量和装药结构的炮孔，在相同的岩石性质的地域中爆破，经同一路径传播的炮孔爆破地震波，波形也基本相同，其差异在 10% 之内，可以认为炮孔处于同一近频率近振幅波形地质分区。区内子波平均，可消除其随机振动，用该平均子波作为同区邻近排炮孔子波干扰减振设计，其孔间起爆间隔降振可信度更高。

大量的深孔爆破表明，对固定区域，经同一岩土路径传播的地震波，由于大地滤波作用相同，炮孔子波的主频率相近[5,7]，由此才可能实现孔间叠加干扰减振，若主频其差异在 6% 以内，可以认为是炮孔处于近主频波形区，区内子波主峰半周期也可以平均，为近频率的平均子波。

但是炮孔爆破范围内不同的地质特征，也将一定程度改变子波的振幅和频率。在软弱岩层区爆破，因地震波被吸收较多，而子波峰值降低，频率减小[15]。软弱岩层弹性模量越小，子波振幅降低越多[15]。炮孔周围细小结构面，如裂隙、节理越多、越密，层理越薄等，子波的振幅也越小[16]。因此，应研究台阶工作面地质特征，结合炮孔子波的频率和振幅，按波形地质分区，从实测合成波中计算提取平均子波。

2.4 干扰减振的波形特征和炮孔设计

干扰减振的炮孔子波，波形应相接近，特别是频率要尽可能相等。因此同组干扰炮孔应布置在相同地质分区的同一台阶工作面。炮孔炸药量、装药结构、炮孔参数均应相同，以确保炮孔子波波形特征尽可能等同，以便于计算提取分解炮孔子波。

实测表明，带前震相的近频率衰减波减振效果最好，如图 3 所示（图中标注①为某基坑开挖台阶爆破实测，地面测点距爆源 21.9m 时，峰值①振速为 0.95cm/s），炮孔具有该子波的区域为易减振区；有近频后次峰的衰减波，如图 4 所示（图中为三亚铁炉港开采台阶爆破实测，测点距炮孔 250m，药量 107kg），只要两峰的半周期相比在 1.0~0.7，或后次峰值小于主峰 1/2 的子波，其叠加波仍可比单孔波减振，炮孔子波具有该特征的区域为可减振区。

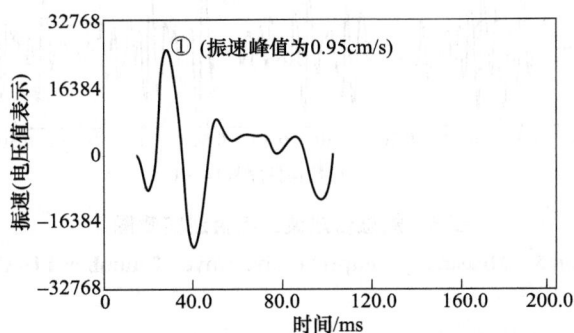

图 3　具有前振相衰减波速度波形图

Fig. 3　Wave of waning velocity with front vibrational phase

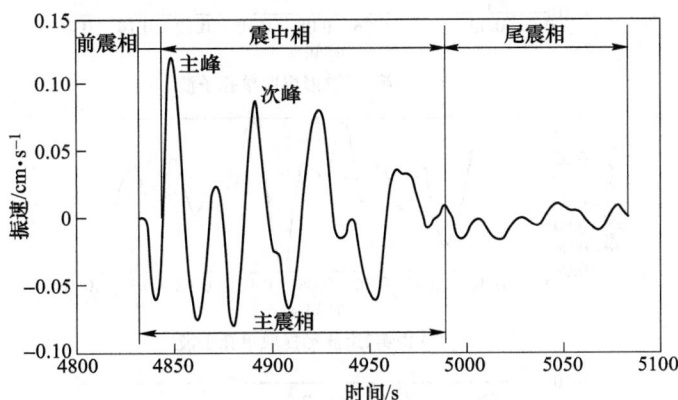

图 4　有前振相和次峰的衰减波

Fig. 4　Wave of waning velocity with front vibrational phase and second peak

计算表明，同频率的振幅变化而相似的子波，叠加干扰波峰值总小于其中之一子波，而当两子波振幅比大于某特定值 k_{ts} 时，叠加干扰波峰值均小于两子波。改变实测子波主峰半波周期与相邻半波之比 k_λ，k_λ 在 1.0~0.7 内，其干扰波仍比单孔子波减振。由于相邻炮孔地震波的传播路径相同，决定的大地滤波作用相同，干扰两子波的主振相频率比变化在 1.0~0.9 间，不会改变减振效果。

3　应用实例

三亚铁炉港采石场，弱风化至微风化花岗岩，岩石坚固系数 $f=7$~15，为相对难爆岩石，爆破台阶高度 15m，深孔孔径 $\phi140$，轴向不耦合上下不均匀装药。进行 6 次单排 8~9 孔干扰减振爆破，单孔药量 70~85kg，每次爆破方量 2400~3400m³。采用延时起爆器起爆时，每孔串联 4 发瞬发电雷管，起爆时间误差可降至 1ms，采用高精度导爆管雷管起爆时，每孔两发 250ms 孔内管和一发地表管。高精度导爆管雷管起爆间隔时间，可用导爆管长度适当调整。单孔波延时 180~200ms，8 孔在 500~600ms 内完成起爆，爆破地震强度控制在单孔地震强度以下。台阶爆破后没有根底、无伞檐，孔间无岩坎，大块率与齐发爆破相比无加大，爆破效果良好。

举例 5 月 14 日 8 孔 4 组爆破，以提取单孔子波，组内二孔间雷管名义延迟时差 17ms，组间名义延迟 250ms，实测波形如图 5 所示。将实测多孔波形分 4 组，按式（2）、式（4）分别"送后减前"计算提取炮孔真子波结果，见图 6(a)~(d)，其峰值分别为 0.083cm/s、0.077cm/s、0.129cm/s、0.074cm/s；计算机提取真子波的程序见图 7，其中 $k_t=1$，$k_f=1$；以炮孔地质同区的（a）~（d）波形平均，得到单孔平均子波，峰值为 0.077cm/s，如图 8 所示。从图中可见，该波形为有前震相和后次峰的衰减波，为可减振波形。

(5月14日序号14~17)

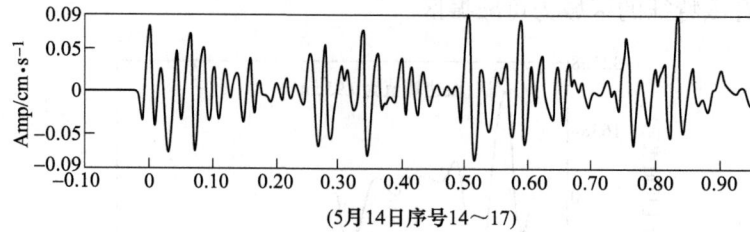

图5　爆破合成波、组合波实测图

Fig. 5　Measuring comprehensive wave of number 14~17

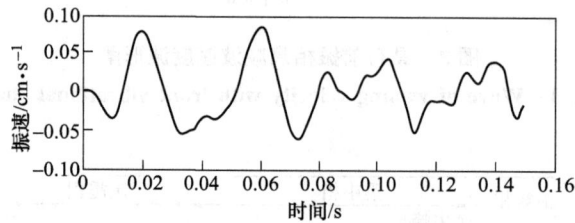

(a) 由第1组波形提取单孔子波

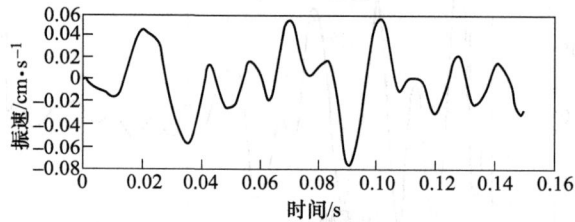

(b) 由第2组波形提取单孔子波

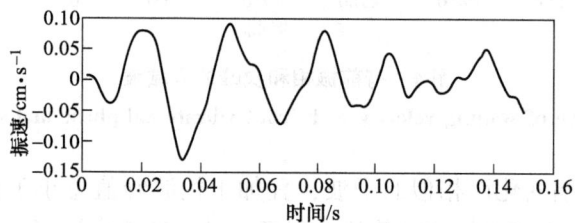

(c) 由第3组波形提取单孔子波

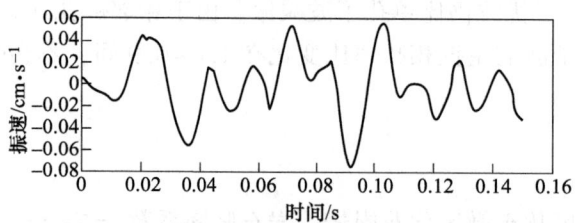

(d) 由第4组波形提取单孔子波

图6　由第1~4组波形提取的单孔子波图

Fig. 6　Waves of single blasthole extracted from first group to fourth group

以平均真子波用式（1）求最佳起爆时差 Δt，程序框图见1，得 $\Delta t = 18$ms，迭加后干扰的双孔合成波如图9所示，峰值为 0.072cm/s。由此可见双孔干扰的合成波振动强度，其峰值分别为单孔波的0.87、0.94、0.56和0.97，均小于各子波振动峰值，但其中有两组的子波减振效果较差，其干扰波振动强度与子波相当。

6月29日再以单排8孔验证爆破，组内短延迟18ms，组间用式（1）分别计算长延迟为105ms、191ms、166ms爆破，另在旁设有对照单孔提前0.5s爆破，综合波形见图10。图中可见8孔中仅距对照单孔35m处的第3组双孔爆破波 PPV 峰值为对照单孔的1.06倍，与计算机预测相差仅9.3%，因此可以认为振动强度与单孔相当，而其他各组干扰孔的爆破地震强度均小于对照单孔。8孔在550ms内起爆，而单孔波延时可达180ms以上，由此可见，各孔波相互干扰达到了减振。

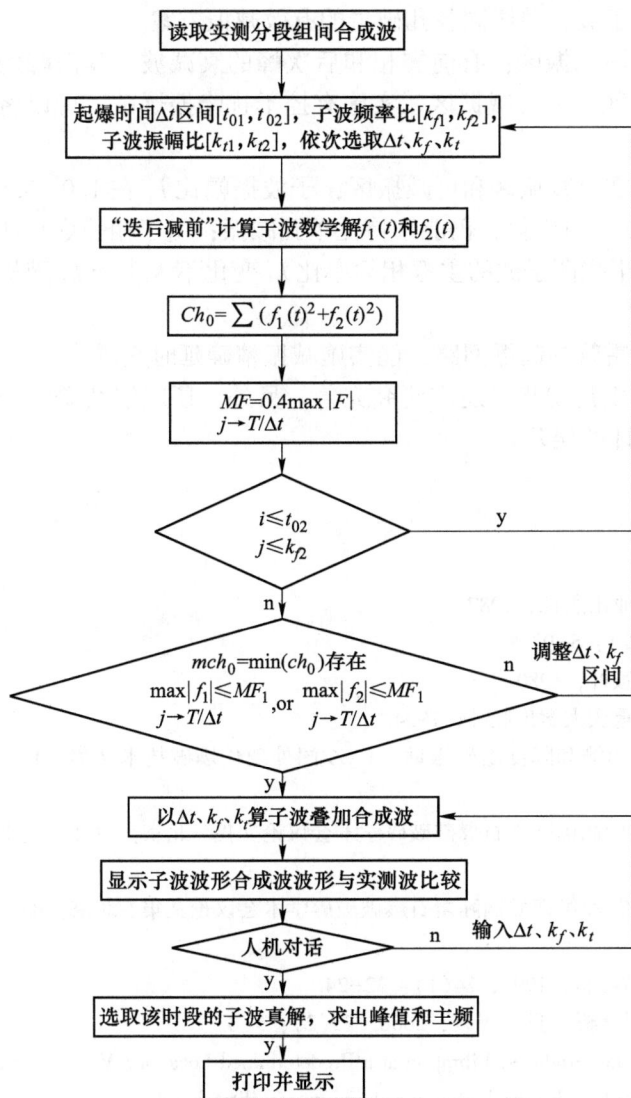

图 7　单孔子波提取框图

Fig. 7　Frame figure to extract wave of single blasthole

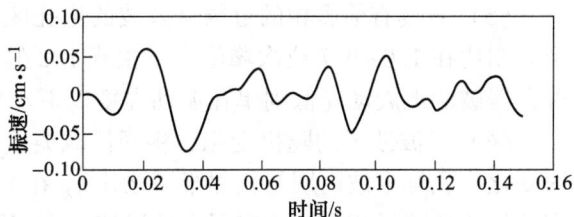

图 8　平均单孔子波图

Fig. 8　Averaging wave of single blasthole

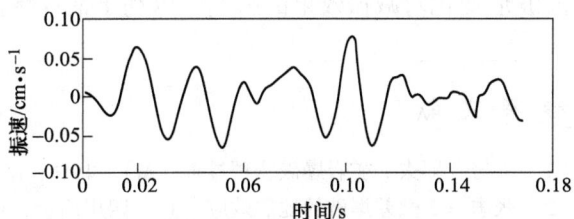

图 9　合成波图（双孔延时 18ms）

Fig. 9　Composed wave（detonation delay 18ms between two blastholes）

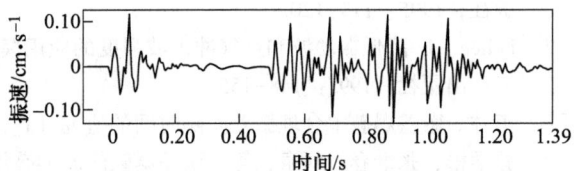

图 10　单孔爆破与 8 孔爆破实测波形比较（单孔爆破时差为 0.5s）

Fig. 10　Measure wave contrasting of 8 blastholes and single blasthole

　　实测证明，在炮孔地质同区的实测多孔波中，分解提取单孔平均子波，可以用来求解最优减振的起爆间隔时间，其实施的爆破减振效果与计算机预测相近，误差为工程所容许。对具有前震相的近频衰减波，有前震相和后次峰的衰减波，都可以主动地将群孔的地震动，有控制地干扰降低到单孔振动强度以下水平。

4　结论

　　综上所述，提取炮孔子波的测算方法和控制干扰减振技术，是干扰降振爆破的新技术、新方向。工业性试验及开采爆破证明如下结论。

　　（1）在炮孔子波频率变化小于 6% 的炮孔地质同区，可以用最优化减振原理，确定爆破间隔时差，实施精确起爆干扰降振。

　　（2）"迭后减前"算法，可以从实测多孔波中同时计算提取炮孔等子波和起爆真实时差，也可以提取频率相差 10% 之内的异频率子波。分区平均的炮孔子波，消除了波形随机振动，为最优化减振和有控干扰减振的必要前提。

　　（3）将各炮孔产生的子波相位时移，使峰谷叠加，相互干扰抵消，可实现最优化干扰减振。

　　（4）双孔为组，组内爆破振动波时移主频半周起爆，孔内短延时干扰减振；组间合理长延时爆破，是既可靠减振、又便于"迭后减前"提取炮孔子波，并协同各孔破岩的有效减振方案。

（5）对具有前震相的近频衰减波的炮孔区，为易减振区；有前震相和后次峰的衰减波，其两峰的半周相比在 1.0~0.7 或次峰值小于主峰 1/2 的子波区，为可减振区。实施有控干扰降振爆破，可以将群孔爆破的地震动降低到单孔振动强度以下水平。

（6）子波波形的随机变化，将降低减振效果。在易减振区和可减振区，子波振幅比 k_t 在 1.0~0.6 内变化，主峰半波周期与相邻半波之比 k_λ 在 1.0~0.7 内变化，仍能维持比单孔减振；由于相邻炮孔地震波的传播路径相同，决定了大地滤波作用相同，干扰两子波的主振相频率比 k_f 变化不大，当 k_f 随机变化在 1.0~0.9 间，也能维持比单孔减振。

（7）以高精度导爆管雷管、延时起爆器或电子雷管的起爆网路，能实施减振精确延时起爆。

本文提出的提取炮孔子波的"迭后减前"算法仅是初步，还应研究完善。另外，还应继续研究子波波形变化对减振效果的影响，以利于估计减振预计的误差。

参 考 文 献

[1] 哈努卡耶夫. 矿岩爆破物理过程 [M]. 北京：冶金工业出版社，1987.

[2] 张志呈. 微差爆破的地震效应 [J]. 四川冶金，1992(2)：5-9.

[3] 冯叔瑜，马乃耀. 爆破工程 [M]. 北京：中国铁道出版社，1980.

[4] 张志呈. 爆破基础理论与设计施工技术 [M]. 重庆：重庆大学出版社，1994.

[5] 孙丕强，译. 采用地震波曲线模拟及新电子起爆系统预测和降低爆破振动 [C]//国外现代爆破技术文集. 1996 (4)：65-79.

[6] Blair D P. 减小采矿爆破引起的城区住宅震动 [C]//第四届国际岩石爆破破碎学术会议论文集. 北京：冶金工业出版社，1995：113-120.

[7] Felice J J. 降低振动波和空气冲击波强度的应用模型 [C]//第四届国际岩石爆破破碎学术会议论文集. 北京：冶金工业出版社，1995：148-155.

[8] 王林. 微差爆破中合理微差间隔时间的研究 [J]. 爆破器材，1995，24(1)：22-24.

[9] 郭学彬，张继春，刘泉，等. 微差爆破的波形叠加作用分析 [J]. 爆破，2006，23(2)：5-8.

[10] Kou S Q，Hoshino T，Mckinsey，et al. Active Control of Blast-Induced Vibration at a Predetermined Location. Vibrationer，2001，544，Fredrisson Anders，Stille H. kan，Clab etapp‖_Bergmekanisk utredning av stabiliteten och.

[11] 山本雅胎，野田英宏，佐佐宏一. 爆破方法：97199355.6[P]. 2001-05-16.

[12] 中国工程爆破协会. 电算精确延时干扰减震爆破技术. 北京：国家科学技术委员会，中爆协鉴字 [2004] 第13号，2004-07-10.

[13] 魏晓林. 电算精确延时干扰减震爆破方法：ZL200410052569.9[P]. 2008-06-18.

[14] 郑炳旭，王永庆，李萍丰. 建设工程台阶爆破 [M]. 北京：冶金工业出版社，2005.

[15] 尚晓江，丁桦. 爆破近区地质结构特征对震动信号传播的影响研究 [J]. 工程爆破，2005，11(3)：57-61.

[16] 田振农. 节理岩体中爆炸效应的离散元数值模拟及实验研究 [D]. 北京：中国科学院研究生院，2007.

特大型采石场粉矿率控制研究

邢光武　郑炳旭

（广东宏大爆破股份有限公司，广东 广州，510623）

摘　要：针对某特大型采石场深孔台阶爆破的特点、岩石地质条件、成品石规格要求等特点，开展了粉矿率的影响控制因素研究，并取得一些新的成果，对大型采石场和矿山开采有现实的指导意义。

关键词：台阶爆破；粉矿率；装药结构

Control of Yield Rate of Fines in a Super－large Scale Quarry

Xing Guangwu　Zheng Bingxu

（Guangdong Hongda Blasting Co., Ltd., Guangdong Guangzhou, 510623）

Abstract：According to the characteristics of deep－hole bench blasting, the geological conditions, the size requirement of finished stone and so on, the factors in fluencing the yield rate of fines were studied, and some new achievements have been made, and is of practical guiding significance tomining in super－large scale quarries and mines.

Keywords：bench blasting；yield rate of fine stone；charge structure

中国南部某大型采石场日产成品规格石 3.5 万 m^3，月平均爆破石方量 80 万 m^3。采区高差 180m、面积为 40 万 m^2。总爆破方量约 1000 万 m^3。爆破生产的石料按块度规格 10~2000kg 分选为 15 个品种，其岩石级配相当严格，10kg 以下块石不得大于 10%。

爆破作业区岩石为闪长花岗岩，f 值为 8~14，节理、裂隙、风化沟、破碎带十分发育，裂隙水丰富。在同一平台多处有岩脉入侵，甚至同一爆破作业工作面有几种不同地质条件的岩石，对爆破和分选相当不利。采区岩石按爆破难易程度分为 3 类，即：Ⅰ类，相对难爆岩石；Ⅱ类，中等可爆岩石；Ⅲ类，易爆岩石。

1　开采方法概述

根据分选石料要求，挖掘机械选用 1.0~1.6m^3 液压反铲，一般挖掘机效率平均可以达到 800m^3/台班，由于需要从爆堆中挑选合格石料，挖机平均效率降为 400m^3/台班，需要 90 台反铲工作，每台反铲需要 20m 工作线长度，现场正常作业共需要 1800m 爆堆长度，为均衡生产还需 600m 以上工作面长度作钻孔、装药等工作面，所以，要实现连续均衡作业，每天需要有 2400m 以上的作业线总长度。

采场统一为 15m 高台阶，每天爆破 3~4 个台阶，爆破排数不超 3 排，宽度 100~150m，爆破后一周挖干净。钻孔量每天达 2000m，二次爆破每天 2000 发雷管以上，使用 10 台潜孔钻机钻孔，凿岩设备为英格索兰 VHP750 潜孔钻机，炮孔为 ϕ140mm 垂直孔。装药用底部横向不耦合系数小（用 ϕ110mm 药卷）、上部横向不耦合系数大（用 ϕ70mm、ϕ80mm、ϕ90mm、ϕ100mm 药卷）的全孔不耦合装药结构，炸药选用防水的乳化炸药，炸药密度为 1.16g/cm^3。在岩石坚硬破碎地段，孔底留 2~2.5m 空段不装药。

原载于《矿业研究与开发》，2009，29(3)：77-79。

2 粉矿率的控制研究

根据工程特点，10kg 以下岩块定为粉矿，粉矿率定义为：爆堆中 10kg 以下岩块重量占爆堆总重量的百分比。

炮孔附近破碎区的范围取决于岩石特性、炸药特性、钻爆参数、装药结构等条件。

（1）可爆性不同的岩石中改变炸药单耗对粉矿率的影响见图 1 和图 2。经曲线拟合，发现粉矿率与炸药单耗符合下式：

$$\eta = k_1 q k_2 \tag{1}$$

式中　η——粉矿率，%；

　　　q——炸药单耗，kg/m^3；

　　　k_1——与岩石性质有关的系数，Ⅰ类岩石取 96.602，Ⅱ类岩石取 1002.9；

　　　k_2——与炸药性质有关的系数，Ⅰ类岩石取 2.0272，Ⅱ类岩石取 3.356。

在易爆岩石（Ⅲ类岩石）中，通过调整单耗难以控制过粉矿Ⅱ类岩石的 k 值大于Ⅰ类岩石，说明Ⅱ类岩石炸药单耗对粉矿率的影响较Ⅰ类岩石大。

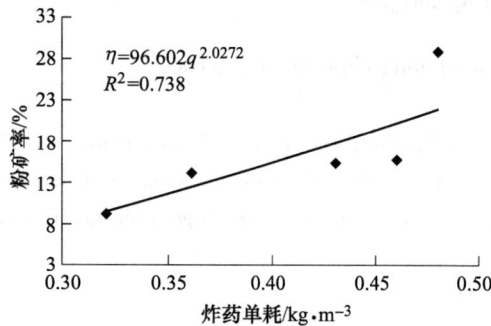

图 1 Ⅰ类岩石炸药单耗与粉矿率的关系	图 2 Ⅱ类岩石炸药单耗与粉矿率的关系

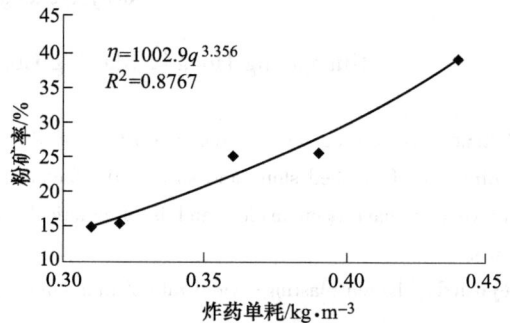

（2）在炸药单耗相同的情况下，粉矿率随抵抗线的增加而减小；Ⅱ类岩石较Ⅰ类岩石的粉矿率受底盘抵抗线影响大。底盘抵抗线从 4.2m 减小到 3.0m，Ⅱ类岩石的粉矿率增加 1.63 倍，而Ⅰ类岩石的粉矿率只增加了 0.79 倍（见图 3）。

（3）在炸药单耗相同和一定的孔间排距范围内，粉矿率随孔距的增加而减小（见图 4）。此外，Ⅱ类岩石较Ⅰ类岩石的粉矿率受孔距影响大；底盘抵抗线较孔距对粉矿率的影响大；现场试验过"宽孔距"技术，但较易产生过粉矿，本工程要降低过粉矿，孔距不应大于 6.0m，不宜小于 5.0m，炮孔密集系数要小于 1.5 而大于 1.2。

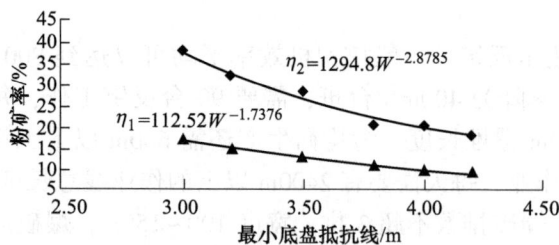

图 3 最小底盘抵抗线与粉矿率关系	图 4 孔距与粉矿率的关系

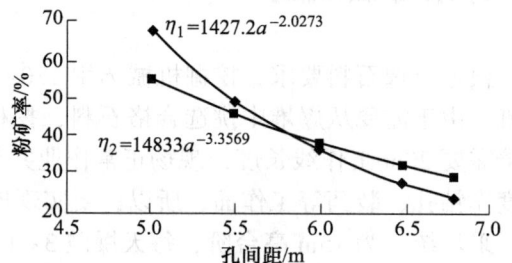

（4）装药结构对粉矿率的影响较岩石性质、孔距及底盘抵抗线大得多。为达到设计的岩石块度级配要求，采取底部不耦合系数小、上部不耦合系数大的装药结构。一般下部装药线密度 $\Delta_下$ 为 11kg/m，上部装药线密度 $\Delta_上$ 不小于 4.5kg/m，为达到装药线密度及不耦合系数（1.2~2.0）的需要，下部吊装直径 110mm 的药卷，上部吊装直径分别为 70mm，80mm，90mm 和 100mm 的药卷。

上部装药线密度对粉矿率的影响见图 5 和式（2）；下部装药线密度对粉矿率的影响见图 6 和式（3）。

$$\eta = k_1(0.015\Delta_下 + 0.026\Delta_上)k_2 \tag{2}$$

$$\eta = k_1(0.026\Delta_下 + 0.015\Delta_上)k_2 \tag{3}$$

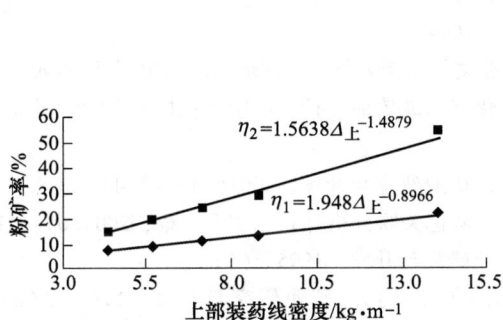

图 5 上部装药线密度与粉矿率的关系

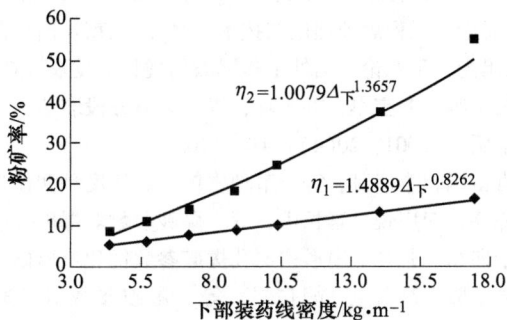

图 6 下部装药线密度与粉矿率的关系

在孔网参数相同的情况下，粉矿率随上部装药线密度的增加而呈幂指数增加，随下部装药线密度的减小而显著减小；II类岩石较 I 类岩石的粉矿率受上部、下部装药线密度影响大得多；下部装药线密度对粉矿率的影响较底盘抵抗线、岩石性质、孔距的因素都大得多；装药线密度越小，不耦合系数越大，炮孔内壁最大应力降低，破碎圈随之缩小，过粉矿也随着降低。

（5）炸药性能对粉矿率的影响见图 7。本工程采用了不同厂家的条状乳化炸药，爆速为 3300~5600m/s，经统计，炸药爆速越大，对炮孔破坏的范围也越大，粉矿率自然就高。要减少过粉矿，应采用爆速较低的炸药。

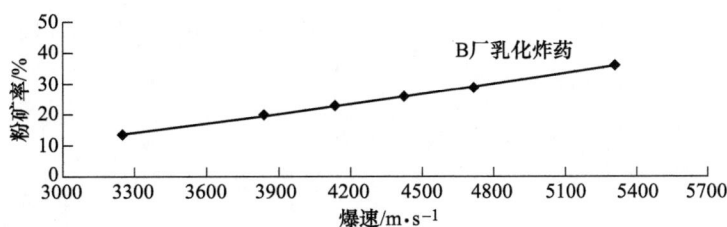

图 7 炸药爆速对粉矿率的关系

3 结论

本文结论如下。

（1）要降低过粉矿，不能采用宽孔距的布孔方式，炮孔密集系数为 1.2~1.5。

（2）装药结构与过粉矿密切相关，下部装药需要推开夹制作用较大的底部岩石，不耦合系数应小些，产生过粉矿难以避免，因此，上部是控制过粉矿的重点，上部装药应严格控制，能将上部岩石崩塌下来就行。

（3）岩石越破碎，对粉矿的控制越有价值。

（4）通过采用综合控制技术措施，该采石场粉矿率从 50% 下降到 18%。

（5）根据各项技术措施对粉矿率的影响程度，按大小排序是：装药结构，线装药密度，岩石炸药单耗，炸药爆速，抵抗线，孔间距。

参 考 文 献

[1] HP 罗斯马尼思 . 第四届国际岩石爆破破碎学术会议论文集 ［M］. 北京：冶金工业出版社，1995.

[2] 刘殿中，杨仕春 . 工程爆破实用手册 ［M］. 北京：冶金工业出版社，2003.

[3] 万元林，王树仁 . 关于空气不耦合装药初始冲击压力计算的分析 ［J］. 爆破，2001（1）：13-15.

[4] 张正宇 . 现代水利水电工程爆破 ［M］. 北京：中国水利水电出版社，2003.

[5] 罗秀豪．科技查新报告 [R]．广东：广东省科学技术情报研究所，2008．

[6] 郑炳旭，等．多种规格石料高强度开采技术研究成果鉴定文件 [R]．广州：广东宏大爆破股份有限公司，2008．

[7] 刘殿中．工程爆破实用手册 [M]．北京：冶金工业出版社，2003．

[8] 于亚伦．工程爆破理论与技术 [M]．北京：冶金工业出版社，2004．

[9] 汪旭光，于亚论．国外工程爆破的现状与发展 [C]//工程爆破文集（第六期）．深圳：海天出版社，1997．

[10] 吴从师，齐宝军，刘宇峰，等．边坡分段装药炮孔的压力变化与爆破效果 [J]．辽宁工程技术大学学报（自然科学版），2001，20(4)：414-416．

[11] 肖富国，李启月，等．节理岩体爆破块度预测模型综述 [J]．矿业研究与开发，2001(2)：42-44．

[12] 谭臻，李广悦，李长山，等．爆破参数对爆破块度效果影响的灰色关联分析 [J]．矿业工程，2003(6)：41-43．

[13] 李向东，张强．扇形中深孔爆破参数优化试验研究 [J]．矿业研究与开发，1995，(1)：35-39．

[14] 吴子骏，高善堂，胡仁星，等．爆破参数对矿岩破碎影响的研究 [J]．矿业研究与开发，1983，3(2)：24-34，77．

中型矿山小设备开采的经济环境效益分析

刘　畅　崔晓荣　李战军　郑炳旭

（广东宏大爆破股份有限公司，广东　广州，510623）

摘　要：以经山寺矿为例，分别从爆破技术、设备选型、开采顺序、道路规划、排水设计、设备利用率等方面综合分析了中小型设备高强度采矿技术的经济效益和环境效益。实践证明，小型设备高强度开采值得在矿体规模小、数量多、厚度薄、产状复杂的中小型露天矿中推广，有利于控制贫化和损失。

关键词：露天矿；开采；优化设计；经济效益分析；环境效益分析

Economic and Environmental Effect Analysis of Open-pit Mine Exploitation with Small-Size Equipment

Liu Chang　Cui Xiaorong　Li Zhanjun　Zheng Bingxu

（Guangdong Hongda Blasting Co., Ltd., Guangdong Guangzhou, 510623）

Abstract：The paper, by taking the blasting technology used in Jingshansi open-pit Mines an example, discussed the economic and environmental effects resulted from the employment of small-medium capacity facilities of high ability in terms of blasting technology, equipment selection, mining sequence, road layout, drainage design and equipment operational rate. Practical operation showed that small-size equipment was favorable in terms of the control of ore leaning and losing to open-pit mine of small and medium capacity with small ore body but much quantity occurring in thin strip and complex nature.

Keywords：open pit; mining; optimization design; economic effect analysis; environmental effect analysis

1　工程概况

河南中加矿业发展有限公司是采选联合企业，其选矿所需矿石主要来源于河南省舞钢市境内的经山寺矿床和尚庙矿床。根据矿床赋存情况，中加矿业公司在上述两矿床上组建了经山寺矿、扁担山矿、冷岗矿和小韩庄矿进行矿石开采。经山寺矿和扁担山矿采用露天开采；冷岗矿和小韩庄矿为井下开采。经山寺矿和扁担山矿由广东宏大爆破股份有限公司以合同采矿形式组织生产。

经山寺矿段由经山北坡向斜和经山南坡背斜组成，矿体走向近东西，倾角为100°~180°，开采矿体为缓倾斜、多层状矿体，每层矿由3~5个小分层组成，单层矿厚1.06~31.68m，平均5.91m，总厚度23~253m以上，平均108m。与一般露天矿比，经山寺矿的特点是矿体小、状态复杂，分采、剔除工作量大。扁担山矿段的矿体赋存情况及特点与经山寺矿段类似。

2　原设计面临的问题

按照原设计，经山寺矿段初步设计开采境界内矿石量1251.62万吨、岩石量3921.62万吨，平均剥采比3.13t/t。扁担山矿段初步设计开采境界内矿石量1107.71万吨，岩石量4371.85万吨，平均剥

原载于《工程爆破》，2009，15(2)：37-40。

采比 3.95t/t。两座矿山年设计生产能力均为 120 万吨，服务年限均为 11 年。

根据多年的矿山开采施工经验和现场实地踏勘分析，经山寺等矿区原设计面临两个主要问题。

（1）从基建期至达产期时间较长，经山寺矿第 2 年投产，第 3 年达到设计规模；扁担山矿第 2 年投产，第 3 年末达到设计规模。

（2）经山寺和扁担山的矿体上部基本上是氧化矿，意味着按原设计开采，在矿山投产的前 4 年之内所生产的矿石基本上都是氧化矿，第 4 年以后才可以见到原生矿，而氧化矿的选矿工艺复杂、单一磁选可选性差、选出率低、经济效益不高。

另外，扁担山矿段存在棘手的搬迁问题，根本无法按期完成搬迁工作，扁担山矿段不能按计划形成年产 120 万吨的生产能力。

以上问题产生的后果是：矿山生产期长，生产能力只有设计的一半，不能按期形成规模生产；而当时国内外铁原料市场看好，精矿粉价格持续走高，铁原料市场的最好时期不容错过，否则将失去发展机遇。

3 原设计的优化要点

针对原设计面临的问题，提出了在露天开采设计方案不变情况下，采用加大剥岩量、提高采矿强度等强化开采方案。所谓强化开采，即通过合理组织，让一座矿山高强度开采的产量，达到甚至超过两座矿山正常进度的产量，将原设计的经山寺、扁担山两矿同时开采变为先经山寺矿、后扁担山矿的顺序强化开采。

甲乙双方经过充分研究论证，提出小型设备强化开采方案，用以解决前期原生矿生产不足、矿山初期投资大、成本收回晚的问题。综合考虑采矿、选矿、炼钢铁的系统工程，甲方提出如下强化开采要求。

（1）先期只对经山寺矿段进行开采，生产规模达到原来经山寺和扁担山矿同时开采的总规模，即年产 240 万吨。

（2）开采量：前 19 个月采出原生矿石量 120 万吨以上。

（3）生产能力及出矿量：第 7 个月原生矿生产能力达到每月 10 万吨以上，并具备稳定的原生矿生产能力。

设计优化后，经山寺和扁担山露天矿的生命周期均由 11 年变为 5.5 年。在采掘设备选型方面，将原来的大型设备开采，变为使用适于贫化矿山开采的小型设备高强度开采。此举减小了初期投资、加快了投资收益、减少了能源资源的消耗、大大节省了工期，走出了一条我国贫化矿山环境友好型高强度开采的新模式。

4 小型设备高强度开采模式的效益分析

该项工程自 2006 年 2 月 5 日正式开工以来，结合现场实际灵活运作，根据情况及时调整生产工艺和生产次序，积累了丰富的现场施工经验，在以下几个方面取得了骄人战绩。

4.1 多种爆破新技术提高回采率

综合运用多种开采工艺，包括分段开采技术、原位爆破技术、大块采矿技术，提高了矿石的回采率，节约了资源[1,2]。

（1）分段开采技术，即倾斜台阶和小台阶开采工艺。对于倾角小于 10° 的缓倾斜矿体，由于矿体底板相对比较平缓，采矿设备基本可以正常工作，采用倾斜台阶开采工艺。倾斜台阶开采工艺如图 1 所示。

当矿体倾角大于 10° 时，由于矿体倾角较大，设备无法在矿体顶板上正常作业，不适宜采用倾斜台阶开采。对于这部分矿体，设计采用小台阶开采工艺，见图 2。

（2）原位爆破技术的实质是爆破后矿石和岩石依然各自成堆，边界依然在爆堆断面中清晰可见。具体做法是通过调整爆挖作业程序、改变起爆方式、变更起爆顺序及时差、改变孔径及单耗等工艺过程来实现原位爆破。这样做简化了采矿爆破工艺，不用分采和剔除，在装运过程中用小挖机选装，将岩石与矿石分装分运。

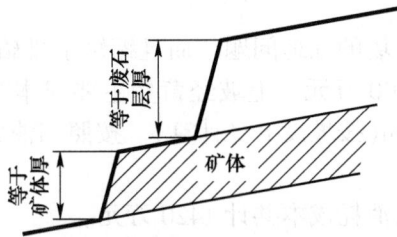

图1　倾斜台阶开采工艺
Fig. 1　Exploitation technology using lean step

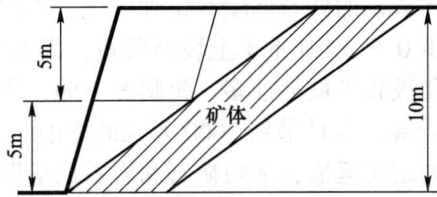

图2　小台阶开采工艺
Fig. 2　Exploitation technology using little height step

（3）当矿脉复杂或矿脉较小时，采用大块采矿法，即将围岩炸碎，矿石炸成大块便于挑出来，进行二次破碎，以减少损失。具体做法包括矿段填塞、矿段弱装药、矿段空气间隔。当然，如果矿块当中夹岩，也可以将矿爆碎，夹岩处填塞（或弱装药，或空气间隔），岩石出大块，便于分装剔除，减少矿石贫化。

根据具体情况，综合采用多种爆破新技术[3,4]，为矿石和废岩分采、分装、分运提供技术保障，提高铁矿石资源的回采率，有效控制贫化。

4.2　合理选型开采设备提高矿石质量

经山寺矿区原设计中钻孔选用 YZ-35 型牙轮钻，设计孔径为 $\phi 250mm$。考虑到本矿山矿脉特性、矿石规格要求和贫化损失控制要求：

（1）矿体规模小、数量多、厚度薄、产状复杂，属于难采矿体；
（2）送往一选厂的矿石块度要小于 80cm，送往二选厂的矿石块度要小于 60cm；
（3）矿石的贫化控制在 6% 以内，损失控制在 12% 以内。

不难看出，如果选用 YZ-35 型牙轮钻，孔径比较大，台阶爆破的孔网参数比较大，不利于难采矿石的分采分装，很难满足严格的贫化和损失的控制要求；比较大的孔网参数，容易产生大块，相对于选矿厂的块度要求，大块率偏高，解炮和机械二次破碎的工作量大，影响钻爆和挖运工作的高效协调开展，很难满足强化开采的要求。

原设计中选用 $1.0\sim4.0m^3$ 电铲，以 $4.0m^3$ 电铲为主，对于矿体规模小、数量多、厚度薄、产状复杂的中型矿山，不利于分采分装和矿石的贫化、损失控制，不利于矿石的块度控制要求，容易夹杂超规格的大块送往选矿厂。

结合本工程的特点及类似工程的经验，选用小型的钻孔、铲装、运输设备，选用潜孔钻钻 $\phi 140$ 孔径爆破，选用 $1.0\sim1.6m^3$ 反铲挖掘机，$1.2m^3$ 左右反铲挖掘机配置 $15\sim20t$ 自卸汽车，$1.6m^3$ 挖掘机配 25t 自卸汽车。合理选型小型设备，便于装车时挑选矿石，将矿石的损失控制在 12% 以内，贫化控制在 6% 以内。矿石损失的控制，提高了矿石的回采率，节约了资源；矿石贫化的控制，提高了入选比，大大降低了选矿能耗。

4.3　优化开采模式和开采顺序减少征地

原设计需要两个排土场，经山寺露天矿的碴石排往 2 号排土场，扁担山露天矿的碴石排往 1 号排土场。采用先经山寺矿、后扁担山矿强化开采模式，扁担山矿的碴石可以回填经山寺采坑，减少占用土地面积，为矿山开采和后期农田复垦带来极大方便。

采用强化开采模式后，经山寺采坑作为扁担山排土场可减少 1 号排土场的征地费用 500 万元，约 600 亩（1 亩 $=666.7m^2$）。

4.4　合理规划组织运输减少燃油消耗

经山寺露天矿将原来的单出入沟优化为双出入沟，增加南采区至露天开采境界西南端的总出入口，修筑了一条矿石运输道路，长度 455m，节约矿石运距约 1km。经山寺露天矿设计矿量为 1200 万吨，即矿石运输减少了 1200 万吨公里，节约了大量的燃油。按成本 0.7 元/吨公里计算（其中 50% 为燃油消耗），合计节约 420 万元的燃油。

扁担山露天矿的碴石回填经山寺采坑，不仅避免了排土场的征地问题，而且缩短了排碴石的运距，排土费可减少 0.5 元/吨重车上坡经营费，即 0.5×4000＝2000 万元。上坡经营费主要成本为燃油的消耗，因汽车爬坡较平坡耗油多，每爬坡 10m，增加运距 125m（按坡度 8 % 计算）。按照燃油成本为运输成本的 50% 计算，合计节约 1000 万元的燃油。

合理规划组织运输，缩短矿石和岩石的运距，减少燃油消耗成本共计 1420 万元。

4.5 优化矿山排水系统降低耗能

根据生产和排水需要，结合工程实际情况，将原设计中的水汇聚到坑底一次抽排至采场外优化为逐级接力排水至采场外。调整后的排水系统由集水坑、泵站、管道、排水沟四部分构成。初期每下降一个台阶时先掘出一个临时集水坑，然后随工作面的推进尽快形成半永久集水坑，半永久集水坑每两个水平设置一个，集水坑选择不影响生产的地点布置，逐级接力排水至采场外。矿山生产中期 +60 水平形成永久集水坑以后，为了简化排水系统、提高排水效率，在 +60 水平集水坑设扬程 90m 的泵站，选用离心泵一次从 +60 水平集水坑排水至采场外，+60 水平以下继续延用临时泵站和半永久泵站相结合的接力排水方式排水至 +60 水平集水坑。

矿山初期排水系统示意流程：临时集水坑 $\xrightarrow{\text{潜水泵、排水管}}$ 第 1 级半永久集水坑 $\xrightarrow{\text{潜水泵、排水管}}$ 第 2 级半永久集水坑 $\xrightarrow{\text{潜水泵、排水管}}$ 采场外排水沟。

矿山中期以后排水系统示意流程：临时集水坑 $\xrightarrow{\text{潜水泵、排水管}}$ 第 1 级半永久集水坑 $\xrightarrow{\text{潜水泵、排水管}}$ 第 2 级半永久集水坑 $\xrightarrow{\text{潜水泵、排水管}}$ +60 水平永久集水坑 $\xrightarrow{\text{离心泵、排水管}}$ 采场外排水沟

改变后的排水系统，各台阶的水可以汇往此阶段的集水坑，不再下流至坑底，减小了排水压力、节约了排水费用，尤其是电能的消耗。

另外，原设计中经山寺矿和扁担山矿的排水周期均为 11 年；采用先经山寺矿、后扁担山矿的顺序强化开采模式后，只需先后对一矿排水（经山寺矿和扁担山矿均为 5.5 年），单矿排水在时间上减少一半。所以，强化开采的排水费用只有原设计的 1/4，节省配电和排水设施 658 万元，大大减少了排水电耗。

4.6 设备利用率高，避免重复购置和闲置

采用强化开采模式，变经山寺、扁担山两矿同时开采为先经山寺矿、后扁担山矿顺序开采，提高钻爆、铲装、运输等主要设备的利用率，避免了设备的重复购置和长期闲置问题。按原设计进行开采，需要经山寺和扁担山同时基建，购买设备；强化开采以后，先期只建经山寺一矿，这样初始设备投资减少一半；经山寺露天矿进入后期扫尾阶段，设备渐渐转移到扁担山矿的开采，从而大大提高了设备的利用率，避免了设备的重复购置和长期闲置。

另外，排水设备、道路维护设备、洒水降尘设备等辅助设备，总服务年限不变，为 11 年；但由原来的两矿均 11 年变为两矿先后共 11 年，设备投资和运营费用减少一半，大大提高了辅助设备的利用率，避免了设备的重复购置和长期闲置。

4.7 现场运营维护量少周期短

采用强化开采模式，变经山寺、扁担山两矿同时开采为先经山寺矿、后扁担山矿顺序开采，现场运营维护工程量由两矿均持续 11 年，变成两矿先后共持续 11 年，排水的电耗、道路养护的油耗、洒水降尘的水耗油耗等均减少一半，节约了资源能源。

5 结语

随着人类社会的发展，人口与资源的矛盾越来越尖锐。我国虽是资源总量大国，但却是人均资源

量小国。在我国有限的矿产资源中，类似于河南舞钢这种赋存条件不好的矿产资源很多，如何在尽量减少资源浪费的情况下将这些矿产资源快速采出，以满足我国经济的高速发展需要，是摆在全体矿业人面前的一个崭新课题。广东宏大爆破公司在河南舞钢采用的这种环保节约型的中型矿山高强度合同采矿模式，为此类问题的解决开辟了一条甲乙双方共赢的新路，希望这种模式能对类似问题的解决有所裨益。

参 考 文 献

[1] 刘殿中，杨仕春. 工程爆破实用手册 [M]. 2版. 北京：冶金工业出版社，2003.

[2] 郑炳旭，王永庆，李萍丰. 建设工程台阶爆破 [M]. 北京：冶金工业出版社，2005.

[3] Wang Xuguang, Wang Zhongqian, Zhang Zhengyu, et al. Status quo and outlook for engineering blasting in China [C]// Aditor：Wang Xuguang, New Development on Engineering Blasting. Beijing：Metallurgical Industry Press，2007：3-9.

[4] 汪旭光. 中国工程爆破与爆破器材的现状及展望 [J]. 工程爆破，2007(4)：1-8.

矿石质量分析与爆破参数优化

郑明钗

（福建省新华都工程公司，福建 厦门，361000）

摘　要：对于储量大、品位低的露天金矿要达到稳产高产的经济目标，必须保证最低入选品位。本文就如何确保矿石质量、防止损失贫化，采用数理统计的方法进行质量控制。同时根据采场矿岩性质及设备型号，对采场台阶高度、底盘抵抗线、布孔方式、炸药单耗等爆破参数进行了探索和优化，显著地改善了爆破效果，损失贫化得到有效的控制，经济效益逐年提高。

关键词：露天开采；爆破参数优化；矿石质量控制

Ore Quality Analysis and Blasting Parameter Optimization

Zheng Mingchai

（Fujian Xinhuadu Engineering Company，Fujian Xiamen，361000）

Abstract：Gold mine of low grade with abundant reserves, when open mined, must promise a economlcal feeding content of gold so as to promise a stable and high capacity production. The present paper was about the quality control in terms of how to ensure the ore quality and avoid ore loss and leaning, which were realized by adopting the method of mathematical statistics. And meanwhile, it explored and optimized the blasting parameters such as the bench height, bench bottom burden, borehole pattern and unit explosive based on the rock nature and the types of mining facilities. Dramatically improved Blasting effect was achieved in terms of the efficient control of the ore loss and leaning, promising a year on year increasing, conomical benefit.

Keywords：open pit mining；blasting parameter optimization；ore quality control

1　矿山概况

　　紫金山金矿是一个集采矿、选矿、冶炼为一体的特大型综合企业，金矿储量大、品位低，如果不解决选矿课题，根据地质资料所彰显的品位，国内其他大型金矿只能作为废石处理。然而二十几年来紫金山金矿的采、选矿技术人员，经过不断实践、探索，矿石入选品位下降到 0.2g/t，紫金山的含金矿石与氰化钠具有极大的亲和力，采用堆浸喷淋、活性炭吸附的选矿方法，金的回收率可达 75% 左右。由于摸索出一套正确的采、选、冶工艺方法，黄金产量逐年提高，经济实力迅速增强，紫金山金矿成为国家黄金局挂牌的全国第一大黄金矿山。

2　矿石质量静态管理

　　为了长期满足堆浸、炭吸附法选金对矿石质量的要求，提高出矿品位，在地质部门提交的钻探坑探地质品位数据基础上，如何满足入选品位的要求，采取以全面质量管理 TQC 理论为指导，运用数理统计方法进行矿石质量控制。

原载于《工程爆破》，2009，15(2)：52-54。

2.1 数理统计与直方图

地质部门在开采境界内共提交地质品位 232 个，运用数理统计的方法，计算统计出矿石品位的频数、分布范围及平均值如表 1 所示。

表 1 金矿石品位频数分布
Table 1 Grade and frequency number of gold ore

序　号	分布范围/g·t⁻¹	组中值/g·t⁻¹	频　数
1	0.680~0.796	0.738	10
2	0.796~0.912	0.854	16
3	0.912~1.028	0.970	39
4	1.028~1.144	1.086	63
5	1.144~1.260	1.202	46
6	1.260~1.376	1.318	20
7	1.376~1.492	1.434	11
8	1.492~1.608	1.550	13
9	1.608~1.724	1.666	3
10	1.724~1.840	1.782	11

矿石品位直方图也称为质量分布图，表示矿石质量离散程度。通过直方图可以了解矿石品位静态分布状况，为矿山达产后的出矿品位进行预测，进而查找影响矿石质量的因素，为质量控制提供有力依据。从直方图可以看出矿石的质量分布，计算分析平均值和标准偏差是研究质量的重要指标。矿石品位平均值的大小直接决定矿石的优劣，直接体现经济效益；而标准偏差是衡量矿石品位离散程度的重要定量标志，它是描述各测定值的接近程度即分布范围大小的指标。矿石品位分布如图 1 所示。

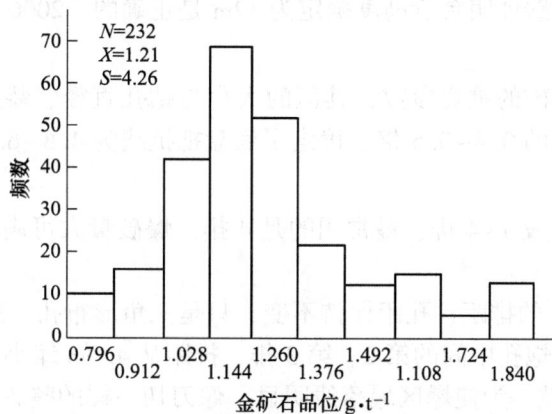

图 1 金矿石品位直方图
Fig. 1 Histogram of gold ore grade

从直方图可以看出，矿石质量呈山峰状，1.028~1.144g/t 为主峰（1.086g/t 是主峰线），向左右两侧变缓，矿石质量为正态分布，全部高于最低工业品位，质量处于理想状态，低品位区（0.680~0.796g/t）只占总品位数的 4.31%，质量在 0.796~1.376g/t 的品位数占总品位数的 79.31%，高品位区（1.376~1.840g/t）占总品位数的 16.38%，品位主峰右侧有 0.680~0.793g/t 过渡、左侧有 1.760~1.840g/t 高值延伸。经过数理统计计算，全矿平均地质出矿品位 1.21g/t。

2.2 矿石质量分析结论

通过矿石总体质量分析可以得出结论：在不考虑生产过程中的贫化损失，紫金山金矿矿石品位平均值为 1.21g/t，这是一个十分重要的指标，是矿山能够持续稳定发展的基础。这样的低品位国内其他大型金矿只能作为废石处理，而紫金山金矿的技术人员经过多年不懈努力，采取反复喷淋、活性炭吸附的选金方法，金的回收率达到75%左右，黄金单体产量以每年500kg递增，2004年产金达13t，成为我国第一大黄金矿山，在全球黄金企业排行22位。

3 深孔爆破参数的优化

为了不断提高出矿品位，把贫化损失率降到最低，采矿技术人员结合采场的实际情况。经过长期的实践探索，摸索出一条适合自己发展的道路，他们对采矿过程中的爆破参数，如台阶高度、底盘抵抗线、孔距、排距、孔深、炸药单耗等技术参数不断优化和完善，最终形成与选矿相匹配的数据。

3.1 采矿对爆破作业的要求

每天的爆破量能满足采矿设备3天的装载要求，大块率应在允许的范围内，否则增加二次破碎工作量。爆堆的高度、宽度、松散度要适合采装要求，爆破以后不允许出现根底、伞岩和后冲现象。应用延时起爆技术，把爆破振动、空气冲击波、飞石、粉尘浓度降至最低限度，节约爆破器材，降低采矿成本。

3.2 爆破参数的优化与确定

钻孔爆破是采矿的核心环节，随着采场不断推进，当被爆段的岩性、走向、倾向发生变化时，爆破技术参数也应随之调整，以期获得最佳的爆破效果。

3.2.1 台阶高度的选择

台阶高度是采矿的基本参数，选择小了抑制采装运设备性能的发挥，选择大了造成钻孔机难操作、挖掘设备不安全。根据矿岩硬度 $f=9\sim11$、矿石容重 $2.36t/m^3$，矿石类型主要是中细粒蚀变花岗岩等特点，南昌设计院设计的台阶高度为12m。前几年为了加快采矿速度，有的地段台阶高度改成14m，结果发生了不少生产事故，实践证明台阶高度确定为12m是正确的，2006年底全部作了调整。

3.2.2 底盘抵抗线 W

底盘抵抗线是台阶深孔爆破的重要参数，其值的大小与钻孔直径、装药直径、炸药特性等因素有关。紫金矿采用的是台阶高度的 $0.4\sim0.5$ 倍，确定了底盘抵抗线为 $4.8\sim6.0m$。

3.2.3 布孔方式

实行多排孔延时爆破，一般 $3\sim4$ 排、最常用的是4排，爆破量大可满足选矿量的需要。采用两种布孔方式。

（1）三角形布孔法：各排的排距、孔距保持不变，只是三角形布孔。这种方法使用最普遍。

（2）大孔距布孔法：4排炮孔中间的第2、第3排，排距从4.0m缩小到3.5m，孔距从5.0m增加到7.0m。实现大排孔延时爆破。为使爆区塌落线明显、像刀切一样的整齐、不留根底，最后一排孔的孔距与第1排孔的孔距相同，实践证明，这种布孔方法可明显地降低炸药单耗、减少大块率。

3.2.4 排距 b、孔距 a 及临近系数 m

排距和孔距对露天采场来说是个很重要的参数，因为它控制了钻孔之间的相互作用效应，按如下原则确定：

第1排孔 $a_1 = m_1 W (m_1 \leqslant 1.0)$；

后排孔 $a_2 = m_2 W (m_2 \leqslant 1.15 \sim 1.50)$。

近年来，国内外露天矿布多排孔延时爆破中，从第2排、3排孔采用增大孔距减小排距即大孔距小抵抗线的深孔爆破新技术，就是在保持每个炮孔担负爆破面积不变的情况下，适当减少排距、增大孔距，从而增加临近系数，可使大块减少、爆破质量提高。

3.2.5 钻孔深度及超深

钻孔深度（现场生产不考虑倾斜角度）就是指台阶高度加超深之和。超深是指低于下台阶水平部分的深度，它的作用是降低药柱中心位置，以便克服台阶底部的阻力。超深的多少取决于岩石的性质构造。超深与底盘抵抗线、钻孔直径以及炸药的性质有关。根据紫金矿的生产实践,钻孔长度按 14m 进行设计和施工是安全可靠的,超过 14m 爆破中心下沉、孔口会增加大块。

3.2.6　填塞长度

填塞长度对深孔爆破炸药能量的利用有很大影响:填塞长度不足,炸药能量会从孔中冲出,造成矿岩飞散,填塞长度过大,不仅浪费钻孔而且在孔口容易产生大块。根据紫金矿岩性,炸药单耗 $0.4 \sim 0.5 \mathrm{kg/m^3}$ 即可达到爆破要求,每袋散装 25kg 炸药,装药高度 1.3m 左右,每孔以 7 袋炸药计算药柱高度 9.1m,填塞长度 4.9~5.0m 为宜,填塞材料为钻孔产生的岩粉。

3.2.7　炸药单耗

由于岩石的坚固性以及岩体结构和构造的差异,矿岩的可爆性不同,炸药的单耗也不同,单耗则随着矿体岩性、走向、倾向的变化而变化,紫金山矿的炸药单耗为 $0.4 \sim 0.5 \mathrm{kg/m^3}$。

4　结语

日前福建省新华都工程有限责任公司负责紫金山全矿的剥离、采矿任务。2008 年采剥总量 1400 万 $\mathrm{m^3}$,以每年工作 300 天计算,每天采装运 4.7 万 $\mathrm{m^3}$,就是说每天完成钻孔 195 个及相应的爆破工作,采剥任务十分艰巨。为了完成生产任务,采矿技术人员根据采场岩层变化及时调整爆破参数,以期取得最佳爆破效果、提高矿石采装效率、减少贫化损失率,提高矿石入选品位。

参 考 文 献

[1] 紫金矿业 . 西北矿段金矿详查报告 [R]. 1994.
[2] 紫金矿业 . 生产补充地质勘探报告 [R]. 1998.
[3] 南昌有色设计院,紫金矿业 . 紫金山金铜开发总体规划 [R]. 1998.
[4] 刘殿中 . 工程爆破实用手册 [M]. 北京:冶金工业出版社,1999.

露天铁矿爆破开采炸药单耗预测

李战军　温健强　郑炳旭

（广东宏大爆破股份有限公司，广东 广州，510623）

摘 要：以某铁矿爆破开采的炸药单耗预测为例，介绍了运用 Kuznetsov 和 Rosin-Rammler 数学模型在给定大块率情况下，所需炸药单耗的预测方法及其计算过程。根据使用经验，对在露天矿爆破开采中使用 Kuznetsov 和 Rosin-Rammler 数学模型进行爆破参数优化等提出了评价和建议。

关键词：露天矿；爆破；大块率；炸药单耗

Forecast of the Unit Explosive Consumption for Blasting in Open-Pit Iron Mine

Li Zhanjun　Wen Jianqiang　Zheng Bingxu

（Guangdong Hongda Blasting Co., Ltd., Guangdong Guangzhou，510623）

Abstract：With the forecast practice of the unitexplosive consumption for blasting in an open-pit iron mine, the forecast method and calculation method by Kuznetsov and Rosin-Rammlerma the matical model at a given boulder yield are presented. Evaluation and suggestions are made on the optimization of blasting parameters of open-pit blasting by the saidmodel based on the practical experience.

Keywords：open-pitmine；blasting；boulder yield；unit explosive charge

　　露天矿生产爆破矿岩块度及其分布是评判爆破质量的一个重要参数，因为它直接影响到铲装、运输、破碎等后道工序的生产效率和成本。矿岩破碎块度及其分布受到岩石性质、炸药性能、孔网参数及炸药单耗等诸多因素影响，在以上诸因素中，炸药单耗是一个非常重要的指标。若能根据矿山条件，在爆破前预测出给定大块率的爆破炸药单耗，并能通过爆破前的爆破参数的优化调整，为安排生产提供依据，使露天矿爆破工程取得炸药单耗低，爆破后大块率符合工程要求的效果，无疑是十分理想的。

　　借鉴国外的理论和实践，近年来广东宏大爆破股份有限公司运用 Kuznetsov 平均矿岩块度预测数模和 Rosin-Rammler 矿岩块度分布数模，在多处露天爆破开采工地对爆破参数进行预测及其爆破参数优化调整，积累了一些经验。现以河南舞钢经山寺铁矿爆破开采的炸药单耗预测为例，将此方法介绍于下。

1　Kuznetsov 和 Rosin-Rammler 数学模型

　　Kuznetsov 和 Rosin-Rammler 数学模型（简称 K-R 数学模型）是库兹涅佐夫（Kuznetsov）模型和罗森雷姆勒（Rosin-Rammler）模型的结合，前者是研究爆破的平均块度的数学模型，后者是研究块度的分布特征的数学模型。K-R 数学模型是利用 Rosin-Rammler 曲线把 Kuzestov 方程变成了一个预报爆堆级配的数学模型[1,2]。

　　（1）Rosin-Rammler 曲线被公认能够给出被爆岩石破碎情况的适合的描述。该曲线表示式为

原载于《金属矿山》，2009(7)：33-35，38。

$$R = e^{-\left(\frac{x}{x_e}\right)^{\beta}} \tag{1}$$

式中，R 为筛上物料比率，即粒径大于 x 的物料所占的比率；x 为筛孔尺寸（表示筛下最大粒径或筛上最小粒径），cm；x_e 为特性尺寸（该数由 Kuznestov 方程计算出），cm；β 为均匀度指标，这是一个经验系数。β 决定块度分布曲线的形状，β 值的高值表示块度均匀，低值归因于粉矿和大块占较大比率，它的取值区间通常在 0.8 到 2.2。根据具体情况，它可通过下面的公式计算得出

$$\beta = \left(2.2 - 14\frac{W}{\phi}\right)\left(1 - \frac{\Delta W}{W}\right)\left(1 + \frac{A-1}{2}\right)\frac{L}{H} \tag{2}$$

式中，W 为最小抵抗线，m；ϕ 为炮孔直径，mm；ΔW 为凿岩精度的标准误差，即孔底偏离设计位置的平均距离，m；A 为孔距/最小抵抗线；L 为底板标高以上药包长度，m；H 为台阶高度，m。

这样，式（1）中，只要能知道特征尺寸 x_e，就可以通过该方程计算出大于各种粒径的成分所占的比率，而 x_e 的计算要借助于 Kuznestov 方程。

（2）Kuznestov 方程是给出平均粒径大小的经验方程，认为平均粒径的大小只决定于平均炸药单耗、炸药威力及单孔装药量（孔径），其他参数不影响平均粒径，只影响各种粒径的分配。

Kuznestov 方程的表达式为

$$\bar{x} = K\left(\frac{V_0}{Q}\right)^{0.8}Q^{\frac{1}{6}}\left(\frac{115}{E}\right) \tag{3}$$

式中，$\bar{x}$ 为平均破碎块度，其详细描述是：有 50% 通过筛子，50% 留在筛上时对应的筛孔尺寸，或称筛下物料的最大尺寸，等于筛上物料的最小尺寸，可以表示为 x_{50} 或 $x_{50} = \bar{x}$，数学上认为，所有碎块都是立方体，碎块体积的立方根即为块度；V_0 为每孔破碎岩石体积，$V_0 = $ 抵抗线×孔距×台阶高，m^3；Q 为相当于每孔中药包能量的 TNT 的当量，kg；E 为炸药重量威力，TNT 炸药 $E = 115$，铵油炸药 $E = 100$，2 号岩石炸药 $E = 100 \sim 105$；K 为岩石系数，它是现场试验得到的数据，一般取法是：中等岩石时为 7，裂缝发育的硬岩时为 10，裂缝不太明显的硬岩时为 13。到目前为止，研究发现有些岩石很软，但其下限为 8，还有些岩石很硬，需要一个大于 13 的系数。岩石系数 K 按表 1[3] 取值。

（3）在式（1）中当 $x = \bar{x}$ 时，$R = 0.5$，于是由式（1）可以导出

$$x_e = \frac{\bar{x}}{0.693^{\left(\frac{1}{\beta}\right)}} \tag{4}$$

表 1　部分岩石的岩石系数

岩石名称	岩体特征	f 值	炸药单耗 q /kg·m^{-3}	岩石系数 K
各种土	松软	<1.0	0.3~0.4	5~6
	坚实	1~2	0.4~0.5	6~7
土夹层	密实	1~4	0.4~0.6	7~9
页岩 千枚岩	风化破碎	2~4	0.4~0.5	5~7
	完整、风化轻微	4~6	0.5~0.6	7~8
板岩 泥灰岩	泥岩，薄层，层面张开，较破碎	3~5	0.4~0.6	6~8
	较完整，层面闭合	5~8	0.5~0.7	7~9
砂岩	泥质胶结，中薄层或风化破碎	4~6	0.4~0.5	5~7
	钙质胶结，中厚层，中细粒结构，裂隙不甚发育	7~8	0.5~0.6	8~9
	硅质胶结，石英质砂岩，厚层，裂隙不发育，未风化	9~14	0.6~0.7	9~12
砾岩	胶结较差，砾石及砂岩或较不坚硬的岩石为主	5~8	0.5~0.6	7~9
	胶结好，以较坚硬的砾石组成，未风化	9~12	0.6~0.7	9~11
白云岩 大理岩	节理发育，较疏松破碎，裂隙频率大于 4 条/m	5~8	0.5~0.6	7~9
	完整、坚实	9~12	0.6~0.7	10~11

岩石名称	岩体特征	f 值	炸药单耗 q /kg·m^{-3}	岩石系数 K
石灰岩	中薄层，或含泥岩质的，或鲕状、竹叶状结构的及裂隙较发育	6~8	0.5~0.6	8~9
	厚层、完整或含硅质、致密	9~15	0.6~0.7	9~12
花岗岩	风化严重，节理裂隙很发育，多组节理交割，裂隙频率大于5条/m	4~6	0.4~0.6	6~8
	风化较轻，节理不甚发育或未风化的伟晶粗晶结构	7~12	0.6~0.7	8~11
	细晶均质结构，未风化，完整致密岩体	12~20	0.7~0.8	11~13
流纹岩 粗面岩 蛇纹岩	较破碎	6~8	0.5~0.7	7~9
	完整	9~12	0.7~0.8	10~12
片麻岩	片理或节理裂隙发育	5~8	0.5~0.7	7~9
	完整坚硬	9~14	0.7~0.8	10~12
正长岩 闪长岩	较风化，整体性较差	8~12	0.5~0.7	8~10
	未风化，完整致密	12~18	0.7~0.8	11~13
石英岩	风化破碎，裂隙频率>5条/m	5~7	0.5~0.6	6~8
	中等坚硬，较完整	8~14	0.6~0.7	9~11
	很坚硬，完整致密	14~20	0.7~0.9	12~15
安山岩 玄武岩	受节理裂隙切割	7~12	0.6~0.7	8~10
	完整坚硬致密	12~20	0.7~0.9	11~15
辉长岩 辉绿岩 橄榄岩	受节理裂隙切割	8~14	0.6~0.7	9~12
	很完整，很坚硬致密	14~25	0.8~0.9	13~16

2　计算方法

根据上述原理，结合以往的施工经验和河南舞钢经山寺铁矿的矿山生产实际情况，编制出了露天矿矿岩爆破质量预测与分析计算机应用系统。该系统可以辅助爆破设计人员根据不同的矿岩爆破条件，以爆破矿岩块度和爆破成本为优化目标函数，预测所选爆破和孔网参数对爆破矿岩大块产出率及爆破成本的影响，以便迅速确定出较合理的微差爆破参数，初步达到多方案优化，供决策参考。下面以河南舞钢经山寺铁矿在给定大块率的炸药单耗预测为例，介绍该矿岩爆破质量预测与分析系统的实际应用情况。

首先将爆破参数代入式（2）求出均匀度指标 β 值，再将爆破要求的大块率3%（$R = 0.03$），大块标准 $x = 100\text{cm}$ 和 β 值代入式（1）求出特性尺寸 x_e，由 x_e 和 β 值根据式（4）可得平均破碎块度 $\bar{x}$，由 $\bar{x}$ 和相关参数根据式（3）即可得爆破的平均单位耗药量 q，其计算关系为

$$\beta \rightarrow R = e^{-\left(\frac{x}{x_e}\right)^{\beta}} \rightarrow x_e = \frac{\bar{x}}{(0.693)^{\frac{1}{\beta}}} \rightarrow \bar{x} = K\left(\frac{V_0}{Q}\right)^{0.8} Q^{\frac{1}{6}} \left(\frac{115}{E}\right) \rightarrow \frac{V_0}{Q} \rightarrow q$$

3　经山寺铁矿台阶爆破炸药单耗预测

3.1　难爆岩石的合理单耗预测

（1）计算 β 值。按 $\beta = \left(2.2 - \frac{14W}{\phi}\right) \times \left(1 - \frac{\Delta W}{W}\right) \times \left(1 + \frac{A-1}{2}\right)\frac{L}{H}$，将 $W = 3.5\text{m}$；$\phi = 140\text{mm}$；$\Delta W = 0.3\text{m}$；$A = 6.2/3.5$；$L = 6.5\text{m}$；$H = 10\text{m}$ 代入后，求得 $\beta = 1.52$。

（2）计算 x_e。按 $R=e^{-\left(\frac{x}{x_e}\right)^{\beta}}$，将大块率3%，即 $R=0.03$，$x=100cm$，$\beta=1.52$ 代入，得出 $x_e=43.8$。

（3）计算 $\bar{x}$。按 $x_e=\bar{x}/0.693^{\frac{1}{\beta}}$，将 $x_e=43.8$，$\beta=1.52$ 代入求得 $\bar{x}=34.4$。

（4）计算单耗 q。按 $\bar{x}=K\left(\frac{V_0}{Q}\right)^{0.8}Q^{\frac{1}{6}}\left(\frac{115}{E}\right)$ 将 $Q=62kg$，$E=105$，$\bar{x}=34.4cm$，$K=7.5$，代入得 $q=0.39kg/m^3$。

计算结果表明，对难爆岩石只要平均单耗不小于 $0.39kg/m^3$，不大于 $100cm$ 的大块率不会高于3%。

3.2 原生铁矿的合理单耗预测

（1）计算 β 值。按 $\beta=\left(2.2-\frac{14W}{\phi}\right)\times\left(1-\frac{\Delta W}{W}\right)\times\left(1+\frac{A-1}{2}\right)\frac{L}{H}$，将 $W=3.2m$；$\phi=140mm$；$\Delta W=0.3m$；$A=5.0/3.2$；$L=7m$；$H=10m$ 代入后，求得 $\beta=1.52$。

（2）计算 x_e。按 $R=e^{-\left(\frac{x}{x_e}\right)^{\beta}}$，将大块率3%（即 $R=0.03$），$x=100cm$，$\beta=1.53$ 代入，得出 $x_e=44$。

（3）计算 $\bar{x}$。按 $x_e=\bar{x}/0.693^{\frac{1}{\beta}}$，将 $x_e=44$，$\beta=1.53$ 代入，求得 $\bar{x}=34.6cm$。

（4）计算单耗 q。按 $\bar{x}=K\left(\frac{V_0}{Q}\right)^{0.8}Q^{\frac{1}{6}}\left(\frac{115}{E}\right)$，将 $Q=78kg$，$E=105$，$\bar{x}=34.6cm$，$K=12$，代入得 $q=0.74kg/m^3$。

计算结果表明，对原生铁矿石只要平均单耗不小于 $0.74kg/m^3$，不大于 $100cm$ 的大块率不会高于3%。

3.3 实际爆破参数及效果

表2是广东宏大爆破公司在河南舞钢经山寺铁矿爆破开采时，运用 K-R 模型进行优化并在生产中采用的爆破参数和炸药单耗的纪录。

采用表2的爆破参数，工程平均大块率控制在 1.8%~2.2%，根脚率控制在 5% 左右。装药结构为直径为 110mm 的条形2号岩石乳化炸药，平均延米装药量为 14kg/m。从表2数据可以看出，用 K-R 模型，可以较为准确地预测出给定大块率对应的炸药单耗。

表 2　爆破参数

名　　称	孔间距/m	排距/m	超深/m	堵塞高度/m	平均单耗/kg·m⁻³
一般岩石	6.5	3.8	1.5	3.5	0.39
难爆岩石	6.2	3.5	1.5	3.0	0.41
氧化矿	6.2	3.5	1.5	3.0	0.47
原生矿	5.0	3.2	2.0	3.0	0.78

4　结论

本文结论如下。

（1）K-R 数学模型建立了各种爆破参数（如最小抵抗线、孔距、炸药单位耗药量、台阶高度、凿岩精度、炮孔直径等）与爆破块度分布的定量关系，便于将这些参数与爆破块度分布进行量化分析。这一特点是其他爆破块度分布模型不具备或不完全具备的。

（2）K-R 数学模型可以较好的优化台阶爆破参数，可以预测出给定大块率对应的炸药单耗，可以预测与一定炸药单耗对应的大块率，可进行矿岩爆破成本预测及对影响矿岩爆破质量的其他因素进行分析。在矿山爆破开采中使用 K-R 爆破块度预报模型已有多年，我们认为此模型用于预报爆破块度虽有一定误差，但可利用少量的爆破试验资料对模型进行修正，提高预报精度。

（3）该模型简单实用，应用 K-R 数学模型和爆破成本预测数模进行生产爆破设计多方案比较和参数优选是提高爆破设计质量，改善爆破效果，降低生产成本的一条便利途径，预计它将在今后的工程实践中发挥越来越大的作用。

（4）尽管该模型没有就岩石节理裂隙对爆破块度影响机理进行细致分析和深入研究，但在计算爆破平均块度时，它用了一个综合性很强的岩石系数。该系数既包含岩石物理力学特性的影响，也包含岩石节理裂隙情况的影响，这样的计算成果虽有不精确的一面，但也有舍繁就简、综合性强、易于结合现场情况进行修正，使之接近实际的另一面。

（5）运用 K-R 数学模型进行矿山爆破采矿大块率或者单耗预测的关键是确定模型中的相关参数。其中对岩石系数的确定最为关键，在计算条件下，岩石系数由 8 增加到 12 时，大于 100cm 的大块率由 2% 左右增大到 20%。根据我们的经验，若仅依据岩石的普氏系数来确定岩石系数，预测结果与实际的偏差较大，运用岩石的普氏系数与炸药单耗结合起来确定岩石系数，预测数据较为准确。

（6）为了提高模型预测的精度，需要注意积累类似工程的经验和数据，并结合工程实际对该数学模型进行及时修正。

参 考 文 献

[1] 郑炳旭，王永庆，李萍丰. 建设工程台阶爆破 [M]. 北京：冶金工业出版社，2005.
[2] 张坤. 露天矿矿岩爆破质量预测与分析方法 [J]. 水泥工程，2007(4)：38-41.
[3] 刘殿中. 工程爆破实用手册 [M]. 2 版. 北京：冶金工业出版社，2004.

延时起爆干扰减震爆破技术的发展与创新

邢光武　郑炳旭　魏晓林

（广东宏大爆破股份有限公司，广东 广州，510623）

摘　要：总结了国内外延时起爆干扰减震领域的科研成果及发展，分析了电算精确延时干扰减震爆破技术的科学性，提出了爆破震动安全控制技术研究的方向。

关键词：微差爆破；爆破震动；单孔爆破；起爆时差；地震子波

Development and Innovation Delay Initiating Techniques to Reduce Blasting Vibration

Xing Guangwu　Zheng Bingxu　Wei Xiaolin

（Guangdong Hongda Blasting Co., Ltd., Guangdong Guangzhou，510623）

Abstract：The paper summarizes the development and scientific achievements in delay initiating techniques to reduce blasting vibration at home and abroad, analyzes the scientificity of blasting vibration reduction technique with exactly delay initiating time computed by program, and points out the research direction of techniques to control blasting vibration.

Keywords：millisecond delay blasting; single – hole blasting; difference of igniting time; blasting vibration; seismic wavelet

1　国内微差爆破降震概况

国内爆破界使用微差起爆技术降震已有几十年历史，积累了许多经验，其中包括：大区微差爆破技术；等间隔微差爆破技术；孔内微差爆破技术。

依托这些经验和技术，《爆破安全规程》规定了以单响药量计算爆破地震效应的方法，即多响微差爆破地震效应相当于其最大单响药量的地震效应。但是由于认识不一致，国产毫秒雷管误差较大，出现过许多偶然震速很大的情况，所以许多地方在评审爆破地震安全时，既要考虑单响药量，又要控制一次爆破的总药量。自从 1990 年代澳瑞凯公司生产高精度毫秒雷管之后，南芬铁矿、安太堡煤矿等大型矿山利用澳瑞凯公司的技术，改排间微差爆破为孔间微差爆破，单响药量大大降低，其爆破地震效应大幅度降低。

但 20 世纪没有任何关于使用多段微差爆破的地震效应比单段爆破还低的报道；也没有利用单孔爆破震波形态，采用计算机技术优选延迟时间，控制被保护点地震效应，使之小于单响药量地震效应的报道；更没有利用计算机优选组内、组间微差时间，使地震效应低于单孔地震效应的工程实践报道。

2　国外干扰减震概况

20 世纪 80 年代国外开始提出孔间干扰减震，但一般是采用等间隔时差多孔干扰减震。

原载于《矿业研究与开发》，2009，29(4)：95-97。

澳大利亚 ICI 公司开始研制和使用高精度雷管和电子雷管，在澳大利亚和新西兰的几个露天矿进行爆破减震工业性试验。澳大利亚珀斯铝土矿爆破试验方案是分别采用 15ms，25ms，45ms，60ms 的等间隔孔间延时，其试验结果是多孔爆破引起的震动比单孔爆破震动速度幅值要大。在新西兰的科罗芒多派尼苏拉的金矿爆破试验方案中采用等间隔 25ms 逐孔顺序起爆方式，在距离起爆点 80m 以外测定震动水平在 5cm/s 左右。

澳大利亚的墨尔本大学地质力学部分析了成排爆破在延迟误差及炮孔间的随机偏差震动频谱输出，结论是：假如单排由 10 个以上的炮孔组成，降低城区住宅结构震动的最佳延时应是排内各炮孔间的延迟时间为 30ms（标准），且排间延时最大可增至 100ms。进一步实验表明，增加孔间延时为 30ms 的炮孔的数量也能降低结构震动指数；提高延时时间 30ms 的延时精度，也能降低结构震动。为了减小城区住宅的结构震动，应尽量减小处于 4~28Hz 范围内的震动能量（该能量是延时时间的函数）。该理论将用于减小有可能引起邻近爆区的边坡底部共振的震动能量。边坡的共振频率范围通过震动监测和动态有限元模拟两种途径来确定。

20 世纪 80 年代德国地质和自然资源联邦研究院对 150 个采石场进行地震波曲线模拟、新电子起爆系统预测和降低爆破震动研究。研究表明，如果在开采爆破中得到精确最佳引爆时间，震动强度的降低才能实现。代那买特诺贝尔公司采用了非常现代化的电子线路技术，研制出一代新起爆系统。新的电子雷管具有特别精确的延期精度，这种雷管与常规的毫秒级延期雷管大小相同。其电子元件部分由一个电容器和大规模集成电路组成。点火头、起爆药和猛炸药的装配与常规雷管一样，电子雷管的延期时间是在引爆前由计算机的发爆机编入程序的。该发爆机是在精密的时基条件下工作的，通过一个八位二进制微机加以控制。这种电子引爆系统不仅能用来控制地面震动，而且可以用于控制爆破以及控制拆除物的破碎程度和形状。

20 世纪 90 年代末，日本大阪旭化成工业株式会社提出一种"精确等间隔延时减震爆破"方法，并申请了专利，使用高精度雷管和水胶炸药，在水中进行等间隔时差逐个延迟爆破，对其专利设想进行了验证性试验，但其实验条件有很大的局限性，因而存在一些不足。

3　国内电算精确延时干扰减震爆破

21 世纪初，广东宏大爆破股份有限公司为了减小大区爆破的震动以及工业性试验核电站工程的减震措施，在海南某大型采石场实施了"电算精确延时干扰减震爆破"，进行了孔间干扰减震爆破试验，取得了一项群孔爆破减震至单孔爆破震动水平以下的新型实用技术，与前述日本专利相比较，有明显的进步，它表现在以下几个方面。

（1）"电算精确延时减震"爆破新技术，首次将群孔爆破震动减震至单孔爆破震动水平以下，该成果是一项世界首创的实用新技术。

（2）"双孔为组，组内时移主频半周起爆，孔间干扰减震，组间适当延长"的起爆方案既减震又可靠，并且在理论上和工业性生产中得到了验证。

（3）在工业性生产中，从实测波中以"迭后减前"数值分解出任意延时的单孔子波，并从众多子波数值解中提取子波真解，在国际上尚属首次；按地质条件和波传播路径分区平均子波，是消除随机振动的创新思维和方法；综合构成的程序循环是达到精确延时减震的必需措施。

（4）提出了从理论、数值方法、计算机程序到实施程序、起爆网路及器材的整套减震技术，性能可靠，操作性强，便于推广。

（5）本技术开辟了毫秒微差爆破的新方向，必然随着电子雷管技术的推广，在国民经济中发挥更大的经济效益和社会效益。

上述的双孔为组，组内孔间干扰减震，组间适当延时的减震爆破方案，在海南某大型采石场的生产应用中获得了成功。

近年来，广东宏大爆破股份有限公司分析了炮孔波形减震特征，提出了在炮孔地质同区，对预定地域的最优化的有控干扰减震方法；以及双孔为组，组内爆破震动波时移主频半周起爆，孔间短延时最优干扰减震，为减弱波形随机变化的影响，组间合理长延时爆破的可靠起爆方案。提出了从实测多孔波中提取同区炮孔平均子波的"送后减前"算法和子波最优收敛判据，由此可以从实测多孔波中，计算出真实的起爆间隔时间，炮孔等子波，异频率子波和异振幅子波，为有控干扰减震和炮孔波形分区，准备了必要前提。工业性生产试验和台阶爆破开采结果表明，在炮孔具有前震相的近频衰减子波的易减震区，有前震相和次峰的衰减子波的可减震区，可以采用该干扰减震方法，将群孔的地震动降低到单孔爆破震动以下水平。在易减震区和可减震区，子波振幅比在 1~0.6 内变化，不会改变等子波的干扰减震效果；干扰两子波的主振相频率比在 1~0.9 内随机变化，能维持比单孔减震更好的减震效果。

4 发展与展望

工程爆破技术在矿山、铁路、交通、水利电力工程以及城市和厂矿改扩建工程建设中发挥了重要的作用。但是我国工程爆破科学技术水平与发达国家相比，还存在一定的差距，爆破安全与环保技术还不能充分满足建设需求，因此，要重点研究爆破作业安全与周围环境保护的控制技术，特别是爆破震动安全技术，通过爆破技术创新，改善爆破安全和环境污染问题。在爆破安全及监测技术方面要有新突破。

（1）爆破地震控制标准的修正及减震技术的研究。爆破震动对环境的影响是人们关注的热点问题。应在研究爆破地震波的产生机制和传播规律的基础上，提出爆破震动安全评定的破坏标准，包括振动频率的影响研究；人员对爆破地震效应的反应指标；在重要爆破工程中倡导爆破地震效应的实时监测；结合重要工程项目开展减震技术的研究，如大区爆破精确延时干扰减震技术等。

（2）降低水下爆破冲击波、地震波技术的研究。主要包括进一步加强不同水深条件下的裸爆、钻孔爆破和硐室爆破的水中冲击波、地震波产生机理和传播规律研究；建立大坝、防波堤、承台等建（构）筑物及闸门、水（海）底管道等结构的冲击波、地震波安全判据；建立鱼类、贝类及水中植物等水生物的水中冲击波安全判据；研究降低水下爆破对环境影响的安全防护技术；水中冲击波的消波机制及工程措施。

（3）爆破地震波传播机理及其分析技术的研究。加强对爆破震动产生机理、传播与衰减规律的研究（需区分直达波和面波）；研究探讨不同爆源及传播介质的爆破地震波传播规律和振动特性，建立可靠的物理模型；针对爆源近区，建立岩石、混凝土等介质的爆破冲击损伤安全判据；针对爆源中远区，通过爆破震动作用下的结构（构筑物）动力响应研究，建立体现频率影响的爆破振动安全判据；加强水体及水饱和岩土介质中的爆破震动传播规律研究。研究爆破振动波的分析技术，并建立体现力学机理的爆破振动安全判据；研究改变爆破设计参数和装药结构以及起爆顺序对爆破振动的影响；研究在爆破振动作用下不同结构物的响应特征；控制和降低爆破振动影响的技术。

参 考 文 献

［1］张志呈，等. 露天深孔爆破降低震动强度的方法试验［J］. 化工矿物与加工，2003（8）：27-29.

［2］孙丕强. 采用地震波曲线模拟及新电子起爆系统预测和降低爆破震动［C］//国外现代爆破技术文集. 1996（4）：65-79.

［3］罗秀豪. 科技查新报告［R］. 广东省科学技术情报研究所，2004.

［4］Blair D P. 减小采矿爆破引起的城区住宅震动［C］//第四届国际岩石爆破破碎学术会议论文集. 北京：冶金工业出版社，1995.

［5］Felice J J. 降低震动波和空气冲击波强度的应用模型［C］//第四届国际岩石爆破破碎学术会议论文集. 北京：冶金工业出版社，1995.

［6］山本雅昭，等. 发明专利说明书［P］. 北京：知识产权出版社，1999.

［7］郑炳旭，等. 电算精确延时干扰减震爆破成果鉴定报告［R］. 广东宏大爆破股份有限公司，2004.

［8］冯叔瑜，等. 城市控制爆破［M］. 2 版. 北京：中国铁道出版社，1996.

［9］ 孟吉复．爆破测试技术［M］．北京：中国铁道出版社，1992.

［10］ 娄德兰．导爆管起爆技术［M］．北京：中国铁道出版社，1995.

［11］ 中国力学学会爆破专业委员会编．爆破工程［M］．北京：冶金工业出版社，1992.

［12］ 刘静．铜绿山矿露天减震爆破地震效应观测与分析［J］．矿业研究与开发，1996（1）：45-47.

［13］ 左宇军，王茂玲，等．光面爆破装药量的确定［J］．矿业研究与开发，2001，21(S1)：3.

［14］ 田会礼，田运生，于亚伦．露天采场孔间微差爆破技术的试验研究［J］．矿业研究与开发，2005，25（6）：67-68.

光面爆破与多面聚能切割爆破的比较

崔晓荣[1]　罗　勇[2]

(1. 广东宏大爆破股份有限公司，广东 广州，510623；
2. 淮南矿业（集团）有限公司，安徽 淮南，232001)

摘　要：文章分析了光面爆破和多面聚能切割爆破的机理，从爆破振动、裂纹密度、径向裂纹长度及眼痕率4个方面对比分析爆破效果和爆破危害。现场试验表明，多面聚能切割爆破能够减小爆破振动，减轻对保留岩体的损伤，提高眼痕率，但装药结构复杂，施工步骤稍多。2种爆破方法各具优点和缺点，应该根据工程的具体情况，选择安全可靠、经济合理的方案。

关键词：聚能切割爆破；光面爆破；爆破振动

Comparison Between Smooth Blasting and Multidimensional Cumulative Cutting Blasting

Cui Xiaorong[1]　Luo Yong[2]

(1. Guangdong Hongda Blasting Co., Ltd., Guangdong Guangzhou, 510623；
2. Huainan Mining Group Co., Ltd., Anhui Huainan, 232001)

Abstract：Mechanisms of smooth blasting and multidimensional cumulative cutting blasting are analyzed, and ground vibrations, increase in crack frequency, the length of radial cracks and the half cast factor induced by multidimensional cumulative cutting blasting and smooth blasting are compared. Compared with smooth blasting, multidimensional cumulative cutting blasting can reduce ground vibration and damage to remaining rock mass, and improve the half cast factor, but the structure of charging and the process of construction are more complex. For the smooth blasting and the multidimensional cumulative cutting blasting have their own merits and demerits, the blasting technology should be selected appropriately by the characteristics of technology and the concrete condition of a project.

Keywords：cumulative cutting blasting; smooth blasting; ground vibration

自20世纪50年代后期，光面爆破技术在瑞典兴起以来，在各国得到广泛推广应用。目前，国内外岩巷施工中普遍采用光面爆破技术。巷道断面既要符合设计轮廓要求，又要保持岩体的完整性和自身承载能力，经过许多爆破科研工作者的长期努力，无论在光爆机理、光爆参数、光爆炸药等方面都取得了可喜成绩[1-3]。为了获得平整、稳定的爆后岩面，并控制爆破危害，多面聚能切割爆破作为一种新技术，也开始得到推广应用[4-7]。

但是，光面爆破和多面聚能切割爆破各具优点和缺点，应该根据工程的具体情况和制约因素，扬长避短，选择安全可靠、经济合理的方案。例如，城市内的沟渠开挖，如果临空面的岩石性能好，规模适当的光面爆破（同时起爆）不失为比较理想的选择；如果爆破工程对爆破振动要求严格，则可以采用光面爆破（微差起爆）；贵重石材的开采，对爆破振动、裂纹等方面的要求均比较严格，多面聚能切割爆破比较理想。

基金项目：广东省科技计划资助项目（2006B37301005）。

原载于《合肥工业大学学报（自然科学版）》，2009，32(10)：1477-1480。

1 光面爆破

1.1 周边孔装药不耦合系数的确定

目前较为成功的光面爆破装药结构理论是不耦合装药理论，包括径向间隙不耦合和轴向长度不耦合装药，不耦合介质多为空气或水等。炮孔装药爆轰后，高温高压的爆生气体迅速膨胀，首先作用于不耦合介质，由于不耦合介质的波阻抗值相对岩石要小，因此爆炸冲击波在不耦合介质中得到了缓冲，压力降低，从而消除或减少了孔壁岩石的压缩性破碎；再者不耦合介质的存在延长了爆生气体在炮孔中的膨胀时间，即延长了爆生气体准静压力的作用时间，为炮孔间贯通裂缝的充分形成创造了有利条件。不耦合介质在受到轴向冲击波压缩的同时，必将产生侧向扩张，对孔壁产生径向扩张压力。而对于孔底而言，轴向冲击波在孔底岩石界面的反射和透射又增大了孔底压力，从而增强了孔底岩石的破坏，提高了爆破效率。分析表明，为了获得较为理想的光面爆破效果，在确定软垫层装药结构参数时就必须从以下几个方面进行综合考虑[8]。

（1）保证孔壁岩石不发生压缩性破坏，要求作用于孔壁岩石上的初始压应力低于岩石的抗压强度。满足该条件的轴向不耦合系数为：

$$K_L > \frac{1}{K_d}\left(\frac{\beta P_k}{R_c}\right)^{1/\gamma}\left(\frac{P_0}{P_k}\right)^{1/k} \tag{1}$$

（2）保证炮孔连心线方向上孔壁起裂，要求作用孔壁岩石上的初始拉应力大于岩石的抗拉强度。满足该条件的轴向不耦合系数为：

$$K_L < \frac{1}{K_d^2}\left(\frac{\lambda\beta K_\theta P_k}{R_t}\right)^{1/\gamma}\left(\frac{P_0}{P_k}\right)^{\gamma/k} \tag{2}$$

（3）保证形成孔间贯通裂缝，要求炮孔内爆生气体准静压力有足够长的作用时间。满足该条件的轴向不耦合系数为：

$$K_L < \left(\frac{d_b}{L}\right)^{2/\gamma}\frac{1}{K_d^2}\left(\frac{P_k}{R_t}\right)^{1/\gamma}\left(\frac{P_0}{P_k}\right)^{\frac{1}{k}} \tag{3}$$

式（1）~式（3）中，P_0 为爆生气体的初始平均压力；γ 为绝热指数，计算时取 1.3；k 为等熵指数，计算时取 3；P_k 为临界压力；β 为压力增大系数，计算时可取 $\beta = 8\sim10$；λ 为侧压系数，可近似取 $\lambda = \mu/(1-\mu)$，μ 为岩石的泊松比；K_θ 为拉应力增大系数；K_d 为径向不耦合系数，$K_d = d_b/d_c$；d_b、d_c 分别为炮孔直径和装药直径；R_c 为动态多向加载时岩石的抗压强度，一般可取单轴静态抗压强度的 10 倍；R_t 为岩石的单轴抗拉强度；L 为炮孔间距。

1.2 周边孔间距

根据炮孔孔内爆轰气体均匀分布的静压作用及爆轰气体的气楔作用使裂隙扩展贯通，形成巷道轮廓的原理，计算其孔距：

$$L \leqslant 2k_1 r_0 (2\sigma_{压}/\sigma_{拉} + 1)^{1/2} \tag{4}$$

其中，k_1 为光爆孔轴心上破坏作用半径增大的倍数，一般取 $k_1 = 2\sim3$，其值随岩石硬度的增大而增大；r_0 为炮孔半径；$\sigma_{压}/\sigma_{拉}$ 为岩石的压拉比，一般取 $10\sim20$。

1.3 周边孔装药集中度

光面爆破要求爆轰能量既要崩落光爆层岩体，又要使相邻两周边孔间形成贯穿裂隙，不使围岩受到破坏，这种装药要求的集中度为：

$$q = 72.5r_0 L^{1/2} f^{1/3}/D^2 \tag{5}$$

其中，q 为装药集中度；f 为岩石的坚固性因数；D 为炸药爆轰速度。

1.4 光爆炮孔的密集系数

两炮孔之间发生欠挖与超挖主要决定因素是光爆炮孔的密集系数 m，即最小抵抗线 W 与光爆炮孔间距 L 间的比值，$m = L/W$。如果 m 值较小时，就会在两孔之间形成超挖；如果 m 值较大时，就会在两孔之间留下岩石残根形成欠挖。

对于超挖和欠挖的形成原因，可从岩石破碎机理进行分析，当孔距较小或抵抗线较大时，爆炸对自由面的影响不大，炮孔附近产生的裂缝有一些向围岩内发展，较迟到的反射冲击波，将这一块岩石一同拉断形成一个相连的漏斗形，因而产生了超挖；当孔距较大或抵抗线较小时，在贯穿裂缝形成之前就已产生了爆破漏斗，爆生气体逸出，没有力量将两炮孔之间的岩石炸掉，因而产生了欠挖。只有当 $m = 0.8 \sim 1.0$ 时，才能使贯穿裂缝的形成超前于反射冲击波而领先到达，因为此时反射冲击波已被产生的贯穿裂缝所隔断，不能再向围岩内发展，较好地保护了围岩的稳定性。

在外圆周边上孔间弦距一般选择 $300 \sim 400mm$，软岩石或节理发育时取较小值，反之取较大值。在第二圆周边上孔间弦距选择是否合理，决定了预留光爆层的好坏，它直接影响到光爆的效果，在正常条件下取 $500 \sim 600mm$。当距离偏小时，由于爆轰波的作用，将会破坏预留层；而当距离偏大时，将在第二圆周上两孔之间出现欠挖，增大了预留光爆层，使周边孔爆破困难。所以第一或第二圆周边上孔间弦距选择是否合理均会影响光爆的效果。

1.5 周边孔合理起爆时差的确定

两个周边孔之间形成贯穿裂缝，是光面爆破技术中最关键的问题，因为贯穿裂缝就是巷道轮廓线的一部分，它的整齐光滑或凹凸决定了巷道的成形。贯穿裂缝是由于爆炸后的气体压力产生的静应力场的相互叠加而形成的裂缝，因此要求在装药结构上应使爆生气体在炮孔全长上有均匀的作用力。

周边孔同时起爆、逐孔起爆、微差起爆三者的根本不同点在于起爆微差不同，从而导致作用机理和爆破效果的不同。同时起爆的起爆时差为 0，逐孔起爆的起爆时差为 ∞，而微差起爆的起爆微差介于上述两者之间，合理的起爆时差为 t_0，按（6）式计算[1]。

$$t_0 = k\left(\frac{W + \sqrt{W^2 + L^2}}{c_S}\right) \times 10^3 \tag{6}$$

式中，t_0 为炮孔间的最佳延期时间；W 为抵抗线长度；L 为孔距；c_S 为 S 波的传播速度；k 为安全系数，当 S 波的传播速度不能准确知道时取用，一般取大于 1 的值。

经实际操作证明，掏槽孔有效破岩和抛渣以形成漏斗空间，起爆微差小于 10ms 的光爆效果最好。采用精度高、起爆时差较小的毫秒雷管，在岩巷施工中的光面爆破时，能获得较好的光爆效果。

2 多面聚能切割爆破

随着工程爆破技术的迅猛发展，工程中不可避免地会碰上岩石爆破的问题。然而，断面成型以及岩石切割问题未能得到很好解决，使得炮孔利用率偏低，是影响施工质量、速度的主要因素。研究证明，多面聚能切割爆破是一种比较适用于石材切割、巷道成型的爆破方法，它可以产生极大的能量射流，控制预定方向的裂纹的扩展、减少其他方向随机生成的裂纹；能大大提高炮孔的利用率，加快掘进速度，减少边壁的超挖和欠挖。与其他爆破方法相比可采用更大的不耦合系数，这为减少对岩体的损伤创造了条件。

2.1 聚能切割作用机理

聚能切割药包的聚能罩为面对称性的楔形聚能罩。根据聚能原理，当带楔形罩的聚能炸药被引爆后，由起爆点传播出来的爆轰波到达药型罩罩面时，金属罩由于受到强烈的压缩，迅速向对称面运动，速度很高，结果在对称面上金属发生高速碰撞，从药型罩的内表面挤出一部分高速向前运动的金属，爆轰波连续地向罩底运动，内表面连续地挤出金属，当药型罩全部被压向对称面以后，在对称面上形成一股高速运动的刀片状金属射流和一个伴随金属流低速运动的杆体。这种高速、高能量密度的金属射流与靶子作用时，穿透效果大大超过无罩聚能装药。岩石为脆性材料，抗拉强度低。线型聚能爆炸切割器对岩石的作用之一，就是利用它所生的高速、高能量密度的刀片状金属射流在岩石上开槽，以控制断裂方向，然后在应力波和爆轰气体的作用下，把岩石拉断。聚能炸药包爆炸时，在炮孔连心线方向上金属聚能流把岩石打出切割槽，如图1(a)所示，而后高压爆轰气体进入切割槽后起到了"气楔"的作用，如图1(b)所示，使切割槽前端产生裂隙并进一步向前发展。在以上2种力的共同作用下，炮孔连心线方向上形成裂隙进而贯穿，控制了岩石的断裂方向，达到了控制爆破的目的。

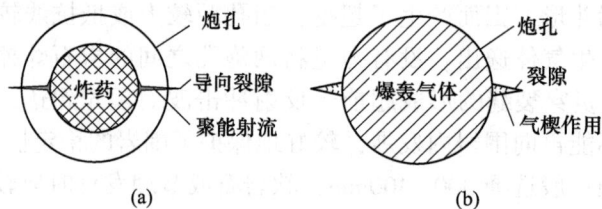

图1 多面聚能切割爆破的作用机理

2.2 多面聚能切割爆破的现场试验

淮南某特大型硐室爆破工程[5]，所爆岩台面长度为2.2m，上控高度为1.5m，拱高0.5m，岩体为花岗斑岩，单轴抗压强度为127MPa，抗拉强度为8.2MPa，弹性模量为38GPa，动态断裂韧性为$2.9 \times 10^6 \text{N/m}^{3/2}$。岩体局部节理、裂隙发育并有淋水。硐室的边墙与跨拱衔接段以小岩台连接，为保证岩台能够有效地支承大跨度拱顶荷载，要求对其进行成型爆破。试验前使用普通光面爆破，主要爆破参数见表1所列。但光面爆破效果不令人满意，平均循环进尺不超过2.8m，爆堆长度约27m，眼痕率仅有84%，最大超欠挖量超过60~80mm。

表1 现场试验光面爆破主要参数

坚固系数	掏槽孔						周边孔			
	孔深/m	孔径/mm	空孔数/个	空孔距离/mm	与空孔距离/mm	装药密度/kg·m⁻¹	孔距/mm	最小抵抗线/mm	密集系数	装药密度/kg·m⁻¹
10~14	3.2	42	4	500	500~700	0.72	450	450	0.86	0.35

在采用普通光面爆破达不到理想的爆破效果后，试验了掏槽孔不变，而周边孔间距为500mm的聚能切割爆破的新技术，取得了满意的效果，如图2所示。复杂断面（岩台）采用聚能切割爆破，周边孔的装药量约为普通光面爆破的60%~70%。爆破效果理想，眼痕率高达95%，最大超欠挖量不超过40~50mm，表面平整度高，巷道成型好。

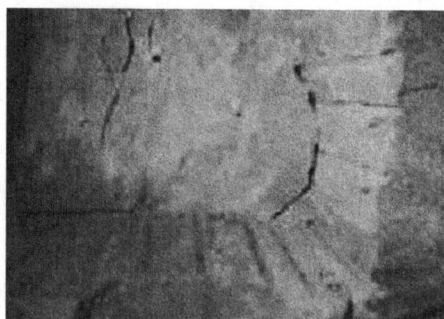

图2 聚能药包爆破效果图

爆破结果表明，多面聚能切割爆破与光面爆破相比，有以下优点：药量大大减少，爆破振动降低；能抑制随机裂纹的产生；孔间距离增加；周边眼痕率提高，超挖量明显减少，巷道成型好；巷道不易发生片帮、冒顶。

3 聚能切割与光面爆破的比较

爆破振动：尽管逐孔起爆的爆破振动比较小，但工作效率低，爆后岩面的平整度不高，违背了光面爆破的初衷。根据研究测定，钻爆参数、工程地质、装药量一定，选择合理的爆破微差，爆破振动为同时起爆的 1/6 至 1/4。如果采用如图 1 所示的双面条形聚能药包，采取相同的起爆微差，与光面爆破相比，炸药用量可以降低 1/3~1/2，即可获得相当的爆破效果，爆破振动速度和加速度降低到光面爆破的 0.7~0.8。

裂纹密度与裂纹长度：光面爆破炮孔间的爆破微差选择合理，不但能够形成比较平整的岩面，而且在保留岩体中产生的裂纹密度大大减少，但径向裂纹的平均长度稍长[1]。聚能切割爆破用于石材切割、巷道成型，首先利用聚量射流的侵彻作用，形成预定方向的引导裂纹、减少其他方向随机生成的裂纹；随后利用爆轰气体的气楔作用，扩展定向裂纹，从而降低保留岩体的裂纹密度和裂纹长度。

眼痕率：微差起爆与同时起爆的眼痕率相当，一般为 80%~90%，而聚能切割爆破的眼痕率高达 95% 以上。多面聚能切割爆破，无论高速射流引起的导向裂纹还是随后的爆轰气体引起的裂纹扩展，都沿着炮孔连心线方向发展，因此眼痕率高，爆后岩面平整。

多面聚能切割爆破虽然在控制爆破振动、减小保留岩体内的裂纹密度和平均长度以及提高眼痕率等方面有优势，但其装药施工略显麻烦，仍需进一步研究，以便推广应用。

4 结论

本文结论如下。

（1）对于光面爆破，选择合理的爆破微差，爆破振动降为同时起爆的 1/6 至 1/4，可减小保留岩体中的裂纹密度。聚能切割爆破与光面爆破相比，炸药用量可以降低 1/3~1/2，振动速度和加速度均为光面爆破的 0.7~0.8，而且可减小保留岩体中的裂纹密度和裂纹长度。

（2）光面爆破眼痕率为 80%~90%，而聚能切割爆破的眼痕率高达 95% 以上，大大提高了爆后岩面的平整度。

（3）多面聚能切割爆破虽然在控制爆破振动、减小保留岩体内的裂纹密度和平均长度以及提高眼痕率等方面有优势，但其装药结构较复杂，且施工要求严格，需进一步系统研究。

参 考 文 献

[1] Rustan A P. Micro-sequential contour blasting—how does it influence the surrounding rock mass [J]. Engineering Geology, 1998, 49(3/4)：303-313.

[2] Kuzyk G W, Lang P A, Peters D A. Integration of experimental and construction activities at the Underg round Research Laboratory[C]//Proceedings of 6th Annual Canadian Tunnelling Conference. Niagara Falls, Ontario, 1986a：31-44.

[3] Kuzyk G W, Babulic P J, Lang P A, et al. Blast design and quality control procedures at AECL's Underground Research Laboratory[C]//Proceedings of 6th Annual Canadian Tunnelling Conference, Niagara Falls, Ontario, 1986b：361-375.

[4] Bjarnholt G, Holmberg R, Ouchterlong F. A linear shaped charge system for contour blasting[C]//Proceeding of 9th Conference on Explosives and Blasting Technique. Dallas, 1983：350-358.

[5] Luo Yong, Shen Zhaowu. Study on orientation fracture blasting with shaped charge in rock[J]. Journal of University of Science and Technology Beijing, 2006, 13(3)：193-198.

[6] 罗勇，沈兆武，崔晓荣. 线性聚能切割器的应用研究 [J]. 含能材料, 2006, 14(3)：236-240.

[7] 罗勇，崔晓荣，沈兆武. 聚能爆破在岩石控制爆破技术中的应用研究 [J]. 力学季刊, 2007, 28(2)：234-239.

[8] 刘永胜，夏红兵，徐颖. 软岩巷道掘进中的光面爆破控制参数研究 [J]. 安徽建筑工业学院学报（自然科学版）, 2007, 15(3)：5-7.

国外热带沙漠环境中石方爆破工程特征与实践解析

邢光武　郑炳旭

（广东宏大爆破股份有限公司，广东 广州，510623）

摘　要：阿曼苏丹国穆桑达姆半岛需要生产级配要求苛刻的规格石料，针对热带沙漠恶劣环境中的爆破工程特点及难点，通过采取一系列有利于生产级配块石和克服恶劣条件的技术方法及措施，取得了块石实际成品率34%~38%的良好爆破效果，为类似工程项目及国内爆破企业发展对外合作与交流提供了良好的借鉴经验。

关键词：热带沙漠；工程爆破；块石级配；不耦合装药

Characteristics and Practice of Rock Blasting Project in Tropical Desert Environment

Xing Guangwu　Zheng Bingxu

（Guangdong Hongda Blasting Co., Ltd., Guangdong Guangzhou, 510623）

Abstract：The artificial island project in Musandam Peninsula, Sultanate of Oman needed dimension block stone with a demanding size-distribution. In light of the characteristics and difficulties of the blasting project in severe tropical desert environment, the good blasting result with 34%~38% real yield of finished block stone was achieved by a series of technique and measures favorable to producing graded block stone and overcoming the adverse affects brought about by the severe tropical desert environment. It has provided good experience and lessons for similar projects and for domestic enterprises engaged with blasting to expand cooperation and exchanges with other countries.

Keywords：tropical desert；engineering blasting；gradation of block stone；decoupled charge

中东地区计划在波斯湾地区的海面上建造海上人工岛、防波堤，建造海上高级酒店及娱乐设施，需要各种规格石、堤心石及大量的建筑石料，为此，欧洲的法国疏浚 DI 公司在阿曼苏丹国的穆桑达姆省购买海岛上的山体开采石料以满足建设工程需要。

1　工程概况

Aisha 湾位于霍尔木兹海峡中的穆桑达姆半岛。它被阿拉伯联合酋长国的领土 Fujayrah 和 Ras Al Khaimah 从阿曼的主要部分隔开。

该地区极其崎岖多山，有些地方高达百米的悬崖在海中耸峙。Ghassah 湾是带有一个小半岛的天然港，半岛保护其免遭温季有时刮起的强劲北风"夏马"的袭击。

没有任何道路通达工地，须从海塞卜乘小船经 30min 才能到达。南部小山是高达 240m 的丘陵，寸草不生。从"韦迪"Aisha 湾左岸露出地面的丘陵中部将被利用以生产 300~7000kg 的石灰石防护岩石（见图1）。

（1）通路。从 Khasab 通达 Aisha 湾须乘小船航行

图1　爆破山体的外型

原载于《矿业研究与开发》，2009，29（5）：93~96。

30min。业主修建一条通往工地的便道，从海滩开始到南部小山的最高处，采石操作即从该处开始。该便道还必须通达标高+50m 和+110m 处，供以后使用。+50m、+110m 水平设立分选平台。

（2）工作台阶和平台的组织。台阶的取向是东西向，每个台阶的高度约 15 m。台阶坡度将保持在 5∶1，而工作平台的坡面与水平面间成 10% 倾角。

必须在建造初始标高+170m，+110m，+50m 的工作台阶的同时，炸开一条 12 m 宽同样标高通往碎石倾卸坑的便道。

必须修建且不间断维护、清理次级标高（约+225m，+200m，+140m，+80m）和主要标高间的必要坡道，以便大型施工机械设备的通行。

2 工程难点

2.1 严格要求的级配规格

采石目的是生产 7 吨以下的岩块，要求其中 300~2000kg 的岩块尽可能多，任何会造成级配低于 300kg 岩块数量增加的工作方法或技术都不得采用。业主根据工程需要可以每月修改需要块石的级配要求，现场爆破工作必须及时调整爆破设计及施工方案。一般情况下，业主要求级配规格见表1。对于石灰岩山体，通过爆破方法达到这种级配要求是相当困难的。

表 1 块石级配要求

序号	规格/kg	配比/%
1	300~1000	80
2	1000~3000	10
3	3000~7000	10

2.2 恶劣的气候条件

工地位于阿曼苏丹国的穆桑达姆半岛，属热带沙漠气候。全年分为两季，4 月至 10 月为热季，经现场测温，室外空气温度最高达摄氏 55℃ 以上；11 月至次年 3 月为温季，平均气温约 28℃。年均降雨量 130mm。在这样恶劣的高温及强烈紫外线条件下工作，人员的身体适应能力及设备保养是一个严峻的挑战。一天的施工之后，钻机被太阳晒得滚烫如烧红的烙铁，钻屑夹杂着海盐腐蚀着设备，需要从陆地运来淡水实施清洗保养。

2.3 近乎苛刻的火工品供应方式

由于工地位于中东地区战略要塞，在工地可以眺望到伊朗边境，乘小船 1 个多小时可以到达伊朗，政府对穆桑达姆省的火工品管制非常苛刻，整个穆桑达姆没有火工品临时存放库；尽管业主付出很大努力，政府也坚决不批准在工地设立火工品临时存放库。每一次爆破作业，必须在 15d 之前上报计划，经政府主管部门批准后，从阿联酋进口。在工地放炮的当天早上 8 点钟，火工品经水路运至工地码头。一次爆破作业进口的炸药数量一般限制在 4000kg 以内，起爆器材的数量不受限制。每次爆破后，剩余的火工品必须立即在工地范围内彻底销毁。火工品的运输、爆破作业的装药、放炮、炮后安全检查以及剩余火工品的销毁过程，均由至少 2 名武装警察荷枪实弹严密警戒。

2.4 复杂的地质条件

南部小山位于海上孤岛，四周是茫茫大海，长年累月经受高温烈日暴晒及强劲的海风侵袭，山高坡陡，地质条件相当复杂，岩性为石灰岩，山坡上布满大小孤石，暴风来临时，险象环生，山顶 +240m 以下有 0.5~1m 厚覆土，往下 10~15m 为土夹石，再往下依次为裂隙、节理比较发育的岩层，+140m 以下为比较完整的岩层。

2.5 极为恶劣的基础配套环境

阿曼苏丹国的穆桑达姆省是一块不足 2 万人口的国土，阿曼大陆至穆桑达姆省的公共交通仅有首都马斯喀特至海塞卜（穆桑达姆省政府所在地）之间的空中航线，仅每周四、周五才分别有一趟往返航班；阿曼大陆至穆桑达姆省没有开通公共陆地客运或水上客运，穆桑达姆省没有出租汽车。工地急需的配件必须搭乘飞机到阿曼大陆马斯喀特购买，或者办理阿联酋签证手续后，驾车至迪拜购买。由于很多配件在阿联酋很难买到，因此工地必须存储 6 个月内施工所需的钻机零配件及钻具耗材。工地生活及施工用水必须从阿联酋采购并通过水路运输。项目部生活营地设在海塞卜镇，每天早晨 6 时坐车 5km 至码头，再坐船 10 海里到达工地，晚 6 时从工地返回营地；上夜班则须等到第二天早晨 6：30 返回。在温季，经常有强烈的飓风袭击，飓风来临时，工地上的无线通信中断，海上狂风巨浪，浪头可达 3m 高，不少施工人员在晚上归途的海面上，小船遇上骇人恶浪，死里逃生。

2.6 复杂的组织协调工作

工地上施工的各个专业工序人员分别来自 13 个国家，不同民族有着不同的宗教信仰、风俗习惯、饮食习惯、生活方式及语言特色，因此工地的工作协调配合、语言沟通等方面难度比较大，在某种程度上影响现场管理的效率。

3 施工技术及组织管理

前期从山脚至 +110m 修建一条宽 12m、坡度为 12.5：1 的运输道路，保证运输石料的大型铲车、自卸车的顺利通行。

从 +110m 至山顶修建一条宽 5m、坡度 6：1~4：1 的便道，保证钻机、铲车、挖掘机等履带式设备的行走安全。从码头到爆破工作面的火工品依靠铲车运输。

3.1 台阶布置

南部小山像个大型的金字塔，顶部 +240m 水平的场地长 10m，宽 5m。为了便于设备施工操作，首先用机械方法削平山顶，降低标高至 +220m。+220m 处台阶的长度为 100m。根据工地实际情况，将台阶高度定为 15m。因此，从 +220m 至 +160m 按 4 个台阶进行布置和开采。经实践证明，继续往下施工时，保持台阶高度 15m 是合适的。因台阶狭小，原则上需要布置细长的工作面。为了保证施工计划及人员安全，台阶宽度一般应不小于 10m。

在开工初期 3 个月内，对着 4 个台阶需要 4 条路，道路入口标高分别为 +220m、+205m、+190m、+175m，与相应的台阶贯通。

3.2 爆破参数

3.2.1 炮孔布置

由于环境温度特别高，一般的钻孔设备不宜采用。本项目采用当时国际上比较先进的机电一体化的阿特拉斯 D7-11 型液压钻机，自带空调驾驶室及环保除尘装置，自动装卸钻杆，钻孔精度高，钻机操作手坐在驾驶室内完成整个钻孔作业。

炮孔按单排或双排布置，钻孔直径 d = 76mm，孔距 a = 1.4~1.8m，排距 b = 2.8~3.5m，超钻深度 ΔH = 1.0m，钻孔深度 $h = H + \Delta H$ = 16m，最小抵抗线 W = 2.8~3.5m。炮孔平面布置形式为矩形（见图 2）。

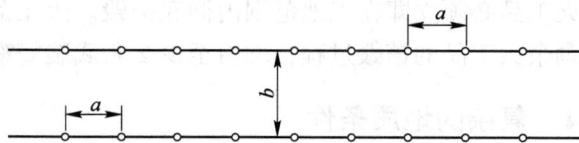

图 2　炮孔布置

一般开辟台阶的第一炮采用单排孔爆破，第二炮开始采用双排孔爆破作业。根据台阶自由面的天然坡度，选择炮孔的倾斜度。钻孔的定位满足表 2 的要求。

表 2　钻孔允许容差

项目	容差/cm	项目	容差/cm	项目	容差/cm
孔口标高	20	顶部孔距	10	平台标高	+/-50
孔底标高	50	底部孔距	20		

3.2.2　装药量的控制

为了生产更多的合格块石，控制粉矿的产出，爆破炸药量只是用于使岩石裂开塌落，过大的炸药量会使岩石过粉碎，针对这种目的，采用了国内成熟的崩塌爆破技术。但由于裂隙比较发育，爆破时有一部分能量从裂隙中释放，因此炸药平均单耗不宜过小，取 $q=0.30\text{kg/m}^3$（铵油炸药，爆速 3500m/s），当 $a=1.5$ m，排距 $b=3.0\text{m}$ 时，单孔药量取 20kg，起爆器材选用毫秒电雷管及 10g/m 的导爆索。

3.3　装药结构及装填

装药前，使用雷管电阻测量仪测雷管的电阻值，控制每发雷管的电阻偏差在 5% 以内，保证网路的每发雷管正常起爆。

为了提高大块岩石的成品率，采用径向不耦合装药技术。炮孔内一般无水，炮孔中部采用袋装粉状铵油炸药，并使用特制的条形塑料袋辅助装入孔内，实现径向不耦合装药结构，不耦合系数为 1.5~2.0，线装药密度 1.8~2.5kg/m；底部及上部分别采用 2kg 的条状高能炸药加强松动；底部药包通过 10g/m 的导爆索引至堵塞段，导爆索不露出地面，由电雷管引爆导爆索，雷管脚线引至地面；上部药包由电雷管引爆，雷管脚线引至地面，同一炮孔内的 2 发雷管脚线在地面串联。同一炮孔上、下部使用的 2 发电雷管段别应相同。

炮孔上部的堵塞段长度 L_0 取 3.0~4.5m，堵塞材料采用中沙或细石米。装药结构见图 3。

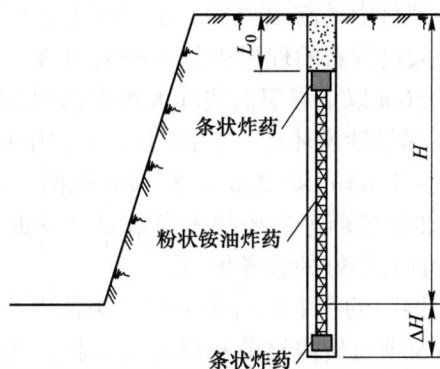

图 3　装药结构

3.4　爆破网路

采用大串联的电雷管起爆网路，同一排炮孔的雷管段别相同，前、后排炮孔分别采用 1 段、4 段毫秒电雷管，后排比前排延时 75ms（见图 4）。

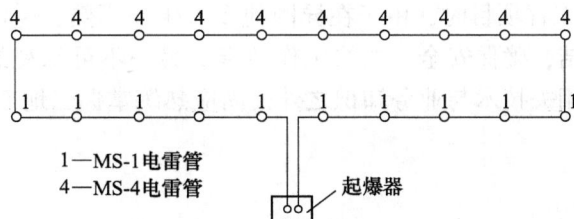

1—MS-1电雷管
4—MS-4电雷管

图 4　起爆网络示意

起爆母线长 500m 以上，引至台阶的背向 500m 外的起爆站。起爆站是移动式安全避难钢筒，钢板厚 10mm，立式，有顶，无窗，可以容纳两个人同时避难。

3.5　警戒及爆破

爆破前30min进行清场警戒，警戒范围500m，除起爆站工作人员外，工地的所有人员必须集中到本项目码头的20000t驳船仓内避难。等放炮后，经安全检查确认安全并解除警戒后，方许离开驳船。

爆破前对于海上的船只或正在作业的渔船，用扬声器呼叫或悬挂不同颜色的旗子警告注意回避。

3.6　高温安全措施

3.6.1　爆破器材的安全措施

因特殊高温环境，地面温度超过60℃。钻孔后孔内温度高达90℃以上，通过采取浇水等降温措施，使孔内温度降低到接近地面温度之后再装药放炮。

在工作面装药作业过程中，因炙热阳光如高温火炉辐射，采用厚帆布分别覆盖炸药、起爆器材，以防意外。

3.6.2　人员健康保障措施

因地处赤道附近，每天早上8点之后头顶烈日炎炎，痛苦难耐，每个施工人员配备防紫外线工作服、太阳镜及草帽，工作面上设立多个遮阳伞，作为施工作业过程的临时遮阳设施。同时工地常备防暑凉茶及应急药品。

4　工程成果及经验总结

爆破后，采用大型挖掘机清渣，再用油炮机及中小型挖掘机清底，保证爆破工作面的平整及质量。清出的块石按重量级分别堆放，过磅计量。

按照法国地质局评估报告，该项目中的南山+150m水平以上岩层天然的大块岩石的理想成品率为36%，而+150m以下的岩层天然的大块岩石的理想成品率则为40%。经现场计量结果显示，+150m以上岩层的实际大块率达到34%，+150m以下岩层的实际大块率达到38%。

（1）实践证明，在阿曼海塞卜热带沙漠环境下，针对石灰石山体爆破生产规格石施工，采用15m台阶高度，76mm钻孔直径，$(1.4 \sim 1.8)m \times (2.8 \sim 3.5)m$ 孔网，1.8~2.5kg/m线装药密度、1.5~2.0径向不耦合系数、孔底及上部加强装药等主要技术参数是合理的，取得了较好的爆破效果和较理想的成品率。对类似工程项目施工具有很好的参考价值。

（2）该项目是我国爆破界走出国门的一个成功实例和一次技术检验，项目的安全顺利实施为承包单位取得了对外工程项目承包资质及项目所需设备和材料出口权，为爆破界发展对外合作与交流积累了经验，对拓展海外爆破市场具有很好的借鉴作用。

（3）通过该项目的考察、洽谈、签约及实施，充分认识到了海外工程项目的运作，不是一个纯技术问题：首先必须进行实地考察，除了项目的内容、要求、工程地质情况外，尚应深入了解和掌握当地政府的管理政策和规章制度、办事效率，当地民族的宗教习俗、风土人情，周边环境的施工材料及配件市场供应情况，生活物价情况及后勤保障条件；对于爆破工程更重要的是必须明确当地的火工品供应渠道及审批程序，这是关系到工程能否顺利进行的关键因素。

（4）进行国际化合作的工程项目时，由于在异国他乡人生地不熟，生活与工作诸多不便，尤其工期紧任务重时，必须精诚团结，确保安全，加快工作节奏。另一不可忽视的方面，作为肩负重任的工程项目负责人，除必须把握相关技术与业务知识之外，尚应熟练掌握当地通用的外语，这点至关重要。

参　考　文　献

[1] 刘殿中. 工程爆破实用手册 [M]. 北京：冶金工业出版社，2003.

[2] 于亚伦. 工程爆破理论与技术 [M]. 北京：冶金工业出版社，2004.

[3] 郑炳旭，等. 多种规格石料高强度开采技术研究成果鉴定文件 [R]. 广州：广东宏大爆破股份有限公司，2008.

[4] 姚志华. 矿岩坚韧矿床开采的爆破技术研究 [J]. 矿业研究与开发，2001，21(5)：40-42.

［5］赵斌.现代爆破理论的最新进展［J］.爆破，1997（1）：21-27.

［6］邹定祥.矿岩爆破块度分布规律及其在爆破工程中的应用［J］.爆破，1985（2）：35-41.

［7］郭跃良.露天台阶深孔爆破的大块产出部位及原因分析［J］.矿业研究与开发，1989，9(4)：19-22.

［8］黄苹苹.露天台阶深孔爆破鼓包发展过程的摄影观测［J］.矿业研究与开发，1989，9(4)：99-102.

［9］王克军.浅谈对露天台阶深孔爆破参数的选取［J］.矿业快报，2000(17)：13-14.

［10］王军.乌龙泉矿降低粉矿率研究与块度图像处理［D］.武汉：武汉科技大学，2003.

［11］龙在岗，杨振学.露天台阶深孔爆破根底和大块的成因及解决措施［J］.山东冶金，1997(4)：29-31.

精确延时干扰减震爆破网路的试验研究

邢光武　陈清平　郑炳旭

（广东宏大爆破股份有限公司，广东 广州，510623）

摘　要：为了完成精确延时干扰减震爆破工业性试验，在国内现有的器材条件下，通过起爆器材的时差测定和控制完成网路设计，并在铁炉港采石场台阶爆破工程中实施了工业性试验，取得了理想的效果，对干扰减震研究及类似需要减震控制的工程实践有很好的借鉴作用。

关键词：爆破；减震控制；网路；时差

Experimental Research on Detonating Meshwork for Controlling Blast-induced Vibration by Exact Delay

Xing Guangwu　Chen Qingping　Zheng Bingxu

（Guangdong Hongda Blasting Co., Ltd., Guangdong Guangzhou，510623）

Abstract：In order to accomplish experiments on controlling blast-induced vibration by exact delay with the help of computer, the meshwork for blasting via the time difference mensuration and control was designed under the current condition of domestic explosive materials. The blasting was conducted in the industrial test in the sidestep blasting of the Tielugang quarry and perfect achievements were made. The presented work provides good reference for the research on blast-induced vibration by delay and other engineering practice which needs the shock absorption control.

Keywords：blasting; shock absorption control; meshwork; time difference

　　21 世纪初，为了减小大区爆破的震动以及探索工业性试验核电站工程的减震措施，研究人员采用双孔为组，组内孔间干扰减震，组间适当延时的减震爆破方案，通过"电算精确延时时干扰减震爆破"工业性生产试验，取得了一项群孔爆破减震至单孔爆破震动水平以下的新型实用技术，并在海南某大型采石场进行了生产应用获得成功。近年来，通过分析炮孔波形减震特征，研究者提出了在炮孔区域地质条件相近，对预定地域的最优化的有控干扰减震方法；以及双孔为组，组内爆破震动波在观测点时移主频半周起爆，孔间短延时最优干扰减震，为减弱波形随机变化的影响，组间合理长延时爆破的可靠起爆方案。一些研究者还提出了从实测多孔波中提取同区炮孔平均子波的"迭后减前"算法和子波最优收敛判据，并从实测多孔波中，计算出真实的起爆间隔时间[1]。"电算精确延时干扰减震爆破"是一项可将群孔爆破减震至单孔以下的新型实用技术[2]，可以在有严格减震要求的爆破环境，包括国家级文物、城市地铁、核电站等重要保护对象附近爆破开挖时推广使用。干扰减震的技术关键是在合理的单孔药量及装药结构条件下，电算出精确的延时时间，这些时差需要通过高精度起爆器材和精确的网路设计来实现，因此时差控制及网路试验研究是干扰减震爆破的技术关键。

1　起爆器材的选择

　　在铁炉港采石场工业性试验中采用的起爆器材有毫秒电雷管和高精度毫秒导爆管雷管。

原载于《合肥工业大学学报（自然科学版）》，2009，32(10)：1473-1476。

（1）毫秒电雷管。采用符合文献［3］规定的8号工业电雷管，MS1段电雷管，标称延迟时间0ms，雷管全电阻（2.6±0.4)Ω，延时精度3ms。

（2）高精度毫秒导爆管雷管。采用Exel® MS毫秒导爆管雷管和Exel® SDD地表延期导爆管雷管。

试验孔内雷管及组与组之间的部分延时雷管采用Exel® MS毫秒导爆管雷管10段，雷管延期时间250ms，延迟时间误差≤2ms，导爆管脚线长度18m，按导爆管传爆速度2000m/s计算，每发孔内雷管的总延期时间为259ms。

Exel® SDD地表延期导爆管雷管是用于露天爆破中，在地表连接孔内导爆管以实现"逐孔起爆"的毫秒延期起爆系统。它由4号雷管、塑料导爆管、塑料连接块及塑料J型钩或旗标构成，可以在2个方向起爆5根3mm外径的导爆管。延期时间见表1。

表1　Exel·SDD地表延期导爆管雷管延期时间　　　　　　　　　　　　（ms）

标称延时	实测平均值	误差绝对值
17	17.9	≤1
25	25.9	≤1
42	43.6	≤2
65	64.1	≤1
100	101.7	≤2

试验组内两孔之间的延时采用Exel® SDD地表延期导爆管雷管17ms段，导爆管脚线长度4m，按导爆管传爆速度2000m/s计算，每发地表管的总延期时间19ms。

2　时差测定控制及起爆设备的选择

工业性试验采用雷管时差测定仪测定雷管延迟时间，采用BS型8段数字微差起爆器作为起爆装置。

2.1　雷管时差测定

采用CGL-2型毫秒雷管测定仪。

电雷管时间测定（声控），雷管距探头1.0m，实验条件下声波传播平均速度330m/s，毫秒电雷管的实际延迟时间，见表2。

表2　MS1段电雷管延迟时间实测结果

序号	电阻/Ω	触发时间/ms	起爆时间/ms
1	0.26	3.90	0.87
2	0.26	3.65	0.62
3	0.25	4.90	1.87
4	0.25	4.53	1.50

电阻值0.25Ω的MS1段电雷管平均起爆时间2.0025ms，离散值0.5025~0.7075ms，4个电雷管串联引爆，延迟时间小于0.14ms。

2.2　BS型8段数字微差起爆器

2.2.1　主要性能指标

段数：引爆8路独立的雷管网路。每段引爆能力：桥丝8号工业雷管单发串联40发。延期时间范围：每路延期时间分别在0.001~2s之间连续可调。时间分辨率：1ms。

2.2.2　工作原理

仪器使用时，根据需要将段数选择开关K5置于适当挡位，如要引爆3路独立的雷管网路，可把段数开关 K5 置于"3"挡。

每路的延时时间由"时间预置器"进行预置，第二路对于第一路的延时若为 T1，第三路对于第二路的延时若为 T2，则"时间预置器"的第二段应置 T1，第三段应置 T2+T1，其余各段预置延时确定依次类推。

3 起爆网路研究

在电算精确干扰减震爆破延迟时间的基础上，通过地面完成 1:1 的网路试验之后，总结出 4 种起爆网路连接方案，其共同点是：采用 8 个炮孔，每 2 个炮孔分为 1 组，共分为 4 组。

方案一：每个炮孔内采用 Exel® MS10 段，脚线长度 18m；孔外采用地表管 Exel® SDD17ms 雷管脚线长度 4m，地表延迟用的 Exel® MS10 段脚线长度 9m，毫秒电雷管 1 段；孔间间隔时间 19ms，组间间隔时间 254.5ms。起爆网路如图 1 所示。该方案的优点是网路连接直观简单，其局限性是调节时间范围有限。

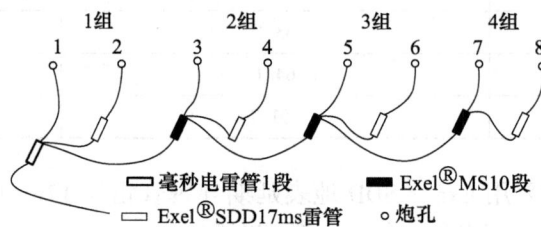

图 1 典型的起爆网路示意图

方案二：每个炮孔内采用 Exel® MS10 段，脚线长度 18m；孔外采用地表管脚线长度 4m 和 MS1 段电雷管，组内间隔时间 19ms，组间间隔时间分别为 T1、T2，T3。起爆网路如图 2 所示。本方案优点是可以实现组间时间任意调节。

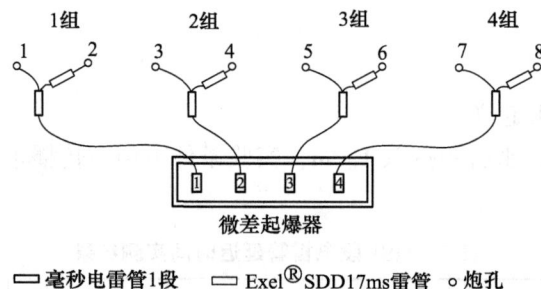

图 2 任意调节组间间隔时间的起爆网路

方案三：每个孔内使用 Exel® MS10 段，脚线长度 18m，可以任意调节组间及组内延迟时间。起爆网路如图 3 所示。在当前的工程爆破行业科技水平条件下，本方案具有广阔的推广应用前景。

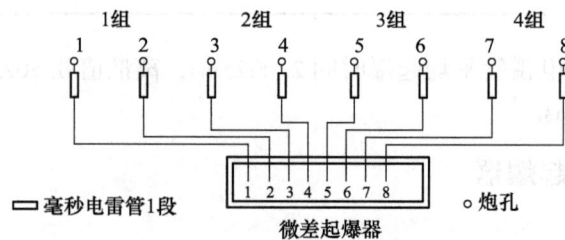

图 3 任意调节组间及组内延迟时间起爆网路

方案四：每个炮孔内采用 MS1 段电雷管，串联成闭合回路，每个毫秒电雷管回路直接与微差起爆器连接，通过微差起爆器调节控制各孔的起爆时间，可以任意调节组间及组内延迟时间。在这种情况下，要求组内雷管的电阻值相差在 0.2Ω 以内。起爆网路如图 4 所示。本方案的缺点是每孔的起爆回路太长。

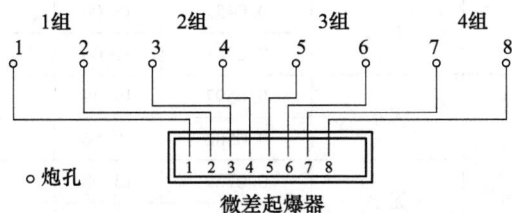

图 4　任意调节组间及组内延迟时间的电雷管起爆网路

4　网路保护措施及爆破效果

4.1　网路安全保护措施

为保证网路安全，地面上的每个雷管采用胶套进行保护，对于导爆管特别是地表管 Exel·SDD17ms 至孔口的导爆管采取了适当保护措施，避免传爆过程中地面飞石造成网路的中断。

4.2　爆破效果

本试验采用上述 4 个起爆网路方案都能做到点火数维持 3 个，即第一个炮孔起爆前，后续的 2 个炮孔都已经点火，经试验证明，不会出现瞎炮，网路安全可靠。

试验中组间延迟时间增大到 250ms，未发现网路被炸坏。但第四个起爆方案，即任意调节组间及组内延迟时间的电雷管起爆网路，因每孔起爆回路太长、线路复杂，不适合工业性生产使用，不提倡选用。

试验测得的减震研究结果见表 3、表 4。试验中孔径均为 140mm。对其分析处理，结果如下：单孔爆破试验在测点处测得的爆破震动速度峰值为 0.1131~0.1872cm/s，双孔爆破试验在测点处测得的爆破震动速度峰值为 0.0459~0.0841cm/s，8 孔爆破试验在测点处测得的爆破震动速度峰值为 0.0822~0.1179cm/s。

表 3　某大型采石场减震爆破试验数据（一）

序号	起爆时间	爆破地点	药径/mm	孔底空段/m	炮孔深/m	药柱中心深度/m	装药量/kg	传播距离/m	起爆时差/ms	台阶高度/m
1	5.2	+40	90~70	2.5	17.4~18.1	10.20~10.55	65.5	280	H17	15.9~16.6
								280	M11	
2	5.3	+40	90~70	2.5	15.7~16.5	9.35~9.75	69.0	293	H17	14.2~15.0
								293	M20	
3	5.6	+55	90~70	2.5	21.9~22.7	12.45~12.85	93.5	360	H17	20.4~21.2
								350	M18	
4	5.13	+55	90~70	2.5	20.2	11.60	72.5	370	17	18.7
5	5.14	+40	90~70	2.5	16.5	9.75	67.5	304	18	15.0
6	5.23	+40	90~70	2.5	17.5	10.25	70.0	306	19	16.0
7	5.24	+55	90~70	2.5	20.4	11.70	82.5	378	19	18.9
8	4.29	+40	110~80~70	无	17.6	10.30	107	250		16.1
9	4.29	+40	110~80~70	1.5	17.7	10.35	107	250		16.2
10	4.29	+40	110~80~70	2.5	18.0	10.50	107	250		16.5

表4 某大型采石场减震爆破试验数据（二）

序号	起爆时间	最小抵抗线/m	孔间距/m	孔中积水状况	PPV/cm·s^{-1}	PPA/mg	备注
1	5.2	3.3~3.5	7	无水	0.0459	18.00	2孔
					0.0841	31.00	
2	5.3	3.2~3.4	7	无水	0.0597	19.39	2孔
					0.0582	18.66	2孔
3	5.6		6.5	无水	0.0729	13.93	2孔
					0.0575	13.93	2孔
4	5.13	3.3	6	有水	0.0840	23.60	8孔，组内、组间250ms
5	5.14	3.3	6	有水	0.0896	37.88	8孔，组内、组间250ms
6	5.23	3.3	6	2~5m水	0.1179	42.00	8孔，组内19ms，组间66、38、166 ms
7	5.24	3.3	6	2~9m水	0.0822	14.40	8孔，组内19ms，组间66、190、166 ms
8	4.29	3.5		无水	0.1872	56.50	单孔
9	4.29	3.5		无水	0.1512	47.00	单孔
10	4.29	3.5		无水	0.1131	37.60	单孔

注：表3、表4数据为同一次试验获得。

以上爆破试验效果，说明在地质条件相近的群孔爆破，实现了预定区域的爆破震动小于单孔爆破震动，达到了干扰减震目的，因此，上述爆破网路是精确准爆的，满足了精确延时干扰减震爆破技术的要求。

5 应用前景

新中国成立特别是改革开放以来，工程爆破技术在矿山、铁路、交通、水利电力、核电工程以及城市改扩建工程建设中发挥了重要的作用[4-6]；新世纪，我国已将建设资源节约型、环境友好型社会作为重要的战略目标，但是我国工程爆破科学技术水平基本上还处于中等发达国家水平，与发达国家相比，还存在一定的差距，爆破安全与环保技术还不能充分满足建设需求，同时，爆破工程的实施直接影响到人民生命财产的安全和环境保护，因此，要重点研究爆破作业安全与周围环境保护的控制技术，特别是爆破震动安全技术，通过爆破技术创新，改善爆破安全和环境污染问题[7]。在重要爆破工程中倡导爆破地震效应的实时监测；结合重要工程项目开展减震技术的研究，如大区爆破精确延时干扰减震技术，降低水下爆破冲击波、地震波技术，以及研究并建立体现频率影响的爆破振动安全判据[8]。

为达到这些目标，在器材条件还比较落后的情况下，上述精确控制延时起爆时差的网路及方法，具有很好的参考和借鉴作用。

随着电子雷管生产成本的降低和应用普及，实现精确延时干扰减震爆破的起爆网路将会越来越简单可靠。

参 考 文 献

[1] 郑炳旭，王永庆，李萍丰．建设工程台阶爆破［M］．北京：冶金工业出版社，2005．

[2] 郑炳旭．电算精确延时干扰减震爆破方法：ZL200410052569.9［P］．2008-06-18．

[3] 国家机械工业委员会．工业电雷管：GB 8031—1987［S］．1987．

[4] 孙丕强．采用地震波曲线模拟及新电子起爆系统预测和降低爆破震动［C］//国外现代爆破技术文集．1996：65-79．

[5] 刘清泉，李玉民．城市地下工程的减震爆破技术［J］．煤炭科学技术，1991（10）：13-15．

[6] 刘静．铜绿山矿露天减震爆破地震效应观测与分析［J］．矿业研究与开发，1996（1）：45-47．

[7] 汪旭光．中国工程爆破行业中长期科学和技术发展规划（2006—2020）［R］．中国工程爆破协会，2008．

[8] 田会礼，田运生，于亚伦．露天采场孔间微差爆破技术的试验研究［J］．矿山研究与开发，2005，25（6）：67-68．

装药结构对硫铁矿爆破效果的影响

温健强　郑炳旭　叶图强　李战军

（广东宏大爆破股份有限公司东莞分公司，广东 东莞，523129）

摘　要：对硫铁矿深孔台阶爆破的不耦合装药结构、全耦合装药结构和复式装药结构的爆破效果进行了对比实验研究，认为爆破强度较高的硫铁矿使用复合装药结构爆破效果较好，并对爆破效果较好的参数进行了整理，建议复式装药爆破参数应根据下部装药量计算。

关键词：装药结构；硫铁矿；台阶爆破

Influence of Charge Structure on Pyrite Mining Blasting

Wen Jianqiang　Zheng Bingxu　Ye Tuqiang　Li Zhanjun

（Guangdong Hongda Blasting Co., Ltd., Dongguan Branch, Guangdong Dongguan, 523129）

Abstract：This paper compared the blasting results of the decoupled, coupled and compound charge structures in deep hole bench blasting in pyrite mine, and believes the compound charge structure has the best blasting effect for the high-strength pyrite. Additionally, it collates the parameters with good blasting effect, and suggests to calculate the compound change blasting parameters with the charge weight of the lower part of the borehole.

Keywords：charge structure；pyrite；bench blasting

1　概况

云浮硫铁矿为我国大型硫铁矿基地之一。矿床地层为前泥盆系浅变质岩系，岩相有片岩、变质粉砂岩、炭质千枚岩、结晶灰岩、石英岩。岩相变化大，易风化。矿体为一巨型沉积变质热液富集成因黄铁矿矿床，产于前泥盆系第四分层，共 5 个硫铁矿体，目前正在开采的Ⅳ和Ⅲ矿体为主要矿体，占矿区总储量的 92%，是露天开采范围的主要采掘对象[1,2]。

自 2005 年开始，云浮硫铁矿使用 BCJ-3 型装药车生产散装乳化炸药进行炸药装填。散装乳化炸药为胶状体，具有较好的流动性，不论什么形式的炮孔（如泥孔、溶洞等），均能可靠地将炸药装到孔底，并实现完全的耦合装药。同时，BCJ-3 型装药车可根据现场矿岩对乳胶基质进行配方优化，在实现炸药与岩石性能匹配的前提下，为了确保爆破效果，在现场对不同装药结构的爆破效果进行了对比试验[3]。爆破试验的岩石种类主要为条带状、块状黄铁矿，砂岩，f 值在 14~18。

2　主要爆破参数

2.1　孔网参数的确定

在炸药单耗（$g=0.810\text{kg/m}^3$）、钻孔超深值（$\Delta h=2.5\text{m}$）、充填长度（$l_c=5.5\text{m}$）、装药结构（复式装药）、起爆方式和延时时间不变的条件下，即：下部 2/3 为全耦合装药结构，装药长度约为 6.0m，装药量360kg(6.0m)，上部1/3为不耦合装药结构，装药药卷为210mm，装药长度约为3.0m，装药量120kg(3.0m)，总装药长度为9.0m，充填长度为5.5m，单孔装药量480kg；起爆方式为孔底起爆，延时时间为50ms。分别对以下5种孔网参数（7m×7m、9m×5.5m、11m×4.5m、13m×3.8m、15m×3.3m）共进行25次的穿孔爆破实验，实验结果见表1，二次爆破雷管消耗量与炮孔密集系数的关系见图1。

表1 孔网参数爆破实验结果

组别	孔距/m	排距/m	炮孔密集系数	单孔控制面积/m²	单孔装药量/kg	炸药消耗/kg·m⁻³	块度	根底	爆破效果	二次爆破雷管消耗量/发·万m⁻³
1	7	7	1.0	49	480	0.816	不均	有	不好	105
2	9	5.5	1.64	49.5	480	0.808	不均	有	不好	95
3	11	4.5	2.44	49.5	480	0.808	一般	有	一般	76
4	13	3.8	3.42	49.4	480	0.810	均匀	无	好	62
5	15	3.3	4.55	49.5	480	0.808	一般	有	一般	78

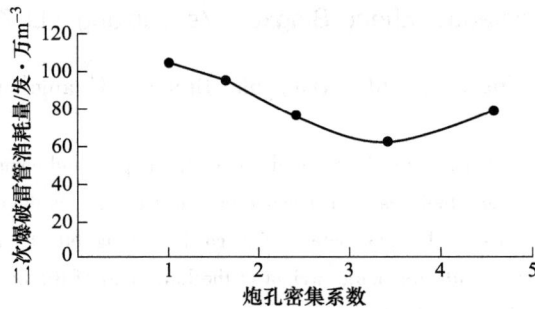

图1 炮孔密集系数与二次爆破雷管消耗量关系图

通过以上5种不同孔网参数的爆破实验对比，密集系数在2.5~4.0时二次爆破雷管消耗量较少，在密集系数在3.42时宽孔距小抵抗线的爆破效果达到极值，爆破效果最好，因此确定使用爆破炮孔密集系数为3.42，孔网参数为13m×3.8m。

2.2 超深值的确定

根据云浮硫铁矿岩石的情况，选择8~12d即2.0~3.0m的超深值进行爆破实验，共进行15次穿孔爆破实验。见表2。

表2 超深值爆破实验结果表

组别	孔距/m	排距/m	超深值/m	充填长度/m	装药方式	起爆方式	块度均匀度	根底及平整情况
1			2.0				均匀	有，不平整
2	13	3.8	2.5	5.5	复式	孔底	均匀	无，平整
3			3.0				均匀	无，不平整

超深值为2.0m有少量根底，底板不平整，超深值为2.5m没有根底，底板平整；超深值为3.0m没有根底，但底板有松层，不平整。确定使用2.5m超深值。

2.3 堵塞长度

根据云浮硫铁矿岩石的情况，选择20~24d即5.0m、5.5m、6.0m 3种充填值，共进行15次的穿孔爆破实验，结果见表3。

表3 充填长度值爆破实验结果表

组别	孔距/m	排距/m	超深值/m	充填长度/m	装药方式	起爆方式	爆破效果
1				5.0			一般
2	13	3.8	2.5	5.5	耦合	孔底	较好
3				6.0			一般

充填值为 5.0m 时，有部分炮孔上冲，有飞石，部分爆破能量损失，表面大块一般；充填值为 5.5m 时，无炮孔上冲，爆破能量利用较充分，表面大块很少；充填值为 6.0m 时，无炮孔上冲，但上部能量不足，表面大块较多。根据实验确定使用堵塞长度 5.5m。

3 实验结果

3.1 装药结构实验

根据云浮硫铁矿岩石的情况，在孔径 $D=250$mm，台阶高度 $H=12$m，孔网参数 13m×3.8m，超深值 $\Delta h=2.5$m 和起爆方式相同的条件下进行不耦合装药、全耦合装药和复式装药结构进行对比实验。

（1）不耦合装药。药卷直径为 210mm，充填长度为 5.5m，装药长度为 9.0m，单孔装药量 360kg，单位炸药消耗量：$q=0.612$kg/m³。

（2）全耦合装药结构。充填长度为 5.5m，装药长度为 9.0m，单孔装药量 540kg，单位炸药消耗量：$q=0.918$kg/m³。

（3）复式装药结构。充填长度为 5.5m，下部 2/3 为全耦合装药结构，装药长度约为 6.0m，装药量 360kg（6.0m）；上部 1/3 为不耦合装药结构，装药药卷为 210mm，装药长度约为 3.0m，装药量 120kg（3.0m）；总装药长度为 9.0m，充填长度为 5.5m；单孔装药量：$Q=480$kg；单位炸药消耗量：$q=0.810$kg/m³。

实验结果：不耦合装药的爆破效果明显不如全耦合装药的爆破效果，大块率多，装车效率和磨矿效率均低；全耦合装药结构与复式装药结构相比，大块率和装车效率相近，无根底，爆破效果相近。复式装药结构，降低单耗 11.76% 左右，爆破效果与全耦合装药结构相近。

3.2 起爆点及其延时试验

（1）起爆点位置实验的结果及分析。共进行 10 次穿孔爆破实验，其结果是：孔底起爆与孔口起爆相比，大块率明显少，无根底，装车效率较高，爆破效果较好。因此确定使用孔底起爆的方式进行爆破。

（2）延时时间的实验结果及分析。根据云浮硫铁矿岩石情况，在孔径、台阶高度、孔网参数、超深值、炸药单耗、装药结构和起爆点位置不变的条件下，分别对 3 个不同的延时时间：25ms、50ms、75ms 共进行 15 次计 780 个孔的穿孔爆破实验，实验结果：25ms 和 75ms 与 50ms 的延时时间相比，大块率稍多，爆破块度不均匀，装车效率及爆破效果稍差，因此使用 50ms 延时时间间隔。

3.3 实验结果的综合评价

在云浮硫铁矿进行了散装乳化炸药的复式装药结构与卷装乳化炸药的不耦合装药结构进行工业实验，采用雷管消耗量（包括主爆破和解炮二次爆破）、装车效率、粗碎机台时处理量、自磨机台时处理量和棒磨机台时处理量对爆破效果进行评价。从 2005 年 6 月~2008 年初，依据综合评价指标共进行了 30 次统计分析，得到的实验结果见表4。

表4 不同装药结构爆破实验结果综合评价表

项目	两次爆破雷管消耗量 /发·万m³	装车时间	粗碎机处理量 /t·(台·h)⁻¹	棒磨机处理量 /t·(台·h)⁻¹	自磨机处理量 /t·(台·h)⁻¹
不耦合装药结构（卷装药）	110	4′	615.05	44	49.85
复式装药结构（散装药）	60	2′40″	821.22	61	64.84

从表4可以看出，采用散装药的复式装药结构的爆破效果较好。其中：两次爆破雷管消耗量从110发/万 m^3 减少到60发/万 m^3；减少大块和根底率45.45%；装车效率提高33.33%；粗碎机破碎效率提高33.52%；棒磨机磨矿效率提高了33.52%；自磨机磨矿效率提高了30.07%。

4　结论

复式装药特点是下部用耦合装药，装密度高、威力大的炸药；上部装低密度、低威力炸药或用不耦合装药，使装药线密度为下部的50%左右；复式装药布孔参数根据下部装药计算。

（1）云浮硫铁矿的矿岩为强度较高的块状岩石，且矿山爆破对粉矿率和破碎效果要求较高，因此需要能产生爆破应力峰值和应力值较大的炸药与装药结构。由于卷装乳化炸药用的是不耦合装药结构，而不耦合装药结构的炮孔峰值压力和应力值较小，因此爆破效果较差；散装乳化炸药可以根据矿岩的波阻抗来调整炸药的密度和爆速以改变炸药的作功能力，采用耦合装药结构或复式装药结构，爆破应力峰值较高，因此散装乳化炸药的爆破效果较好。

（2）对孔网参数的工业实验表明，采用12m高的台阶，250mm的孔径爆破，在单耗一定时，采用宽孔距小抵抗线的炮孔布置方式爆破效果明显好，爆破炮孔密集系数选用3.42较好；超深值为2.5m较合理；复式装药结构的充填长度为5.5m时较合适。

（3）复式装药结构与全耦合装药结构，可以降低炸药单耗11.76%，爆破效果相近。

（4）使用孔底起爆，延时时间间隔为50ms时爆破效果较理想；孔底起爆破碎优于孔口起爆，除气体的静压作用外，还有以下几方面的原因：1）孔底起爆叠加的高强度应力波传向自由面，有利于岩石破碎；2）孔底起爆的入射波与反射波叠加后，岩石的质点运动速度高于孔口起爆；3）孔底起爆的质点运动方向有利于岩石破碎；4）孔底起爆爆炸波产生的裂纹方向有利于爆轰产物的气楔作用。

参 考 文 献

[1] 曾细龙．云浮硫铁矿边坡靠帮控制爆破［J］．化工矿物与加工，2004(7)：24-26.
[2] 杨波．宽孔距小抵抗线爆破技术在云浮硫铁矿的应用［J］．广东化工，2007，34(6)：146-147.
[3] 林钦河，蔡进斌．广东云浮硫铁矿穿孔爆破的实践［J］．采矿技术，2006，6(3)：521-537.

露天矿的中小型设备高强度开采技术

崔晓荣　周名辉　吕　义

（广东宏大爆破股份有限公司，广东 广州，510623）

摘　要：对露天矿的中小型设备高强度开采技术进行系统分析和经验总结。中小型设备高强度开采技术应用于工作面小、生产周期短、矿脉比较乱、采石级配要求多的土石方开采项目，成本低，调度灵活。中小型设备高强度开采，组织管理机构扁平，需要协调的工作多，要建立健全的管理和培训机制，规范施工工艺，灵活统筹调度；需要采用合理的爆破技术，提高爆破质量确保装车和运输的高效运转；宜采用施工进度动态控制管理技术，及时收集施工进度实际值并发现进度偏差，从而采取相应措施进行纠偏。

关键词：开挖爆破；中小型设备；高强度开采

High Intensity Mining Technology of Small and Medium Equipment in Open-pit Mine

Cui Xiaorong　Zhou Minghui　Lü Yi

（Guangdong Hongda Blasting Co., Ltd., Guangdong Guangzhou, 510623）

Abstract：The paper systematically analyzes the high intensity mining technology of small and medium-sized equipment in open-pit mine and summarizes its application experience. The technology costs less and is flexible while applied to the earthwork mining projects with small working face, short production cycle, disordered ore veins and more grading requirements of quarrying. High-intensity mining with small and medium-sized equipment leads to flat management organization. Therefore, it needs more coordination and a sound management and training mechanism for standardized operation procedure and flexible overall scheduling. It is also necessary to adopt reasonable blasting technology to improve the blasting quality and ensure the efficient operation of loading and transportation. Moreover, it is advisable to adopt the technique of dynamic control of construction progress to collect the actual value of construction progress and find the progress deviation in time, so as to take corresponding measures to correct the deviation.

Keywords：blasting excavation；small and medium-sized equipment；high intensity mining

露天矿山开采设备的大型化是发展趋势，其工作效率高、管理程序简单，但其初始投资大、设备进场组织周期长、灵活调度难，主要应用于工作面大、生产周期长的矿山工程。对于一些特殊的高强度开采项目，由于工作面狭小、生产周期短、矿脉较乱等原因，不宜利用大型设备进行高强度开采。例如我公司遇到的以下几个工程特点均适合采用中小型设备进行高强度开采，如表1所示。

表1　中小型设备高强度开采工程

工程名称	工程特点	中小型设备开采的优点
海军某采石场石料供应工程	（1）开采的普通块石要符合深水防波堤块度级配要求，共分14个级配；（2）开采的低磁石要符合相关标准，低磁石矿分布较分散	便于根据裂隙和节理情况灵活控制采石级配要求；提高分布较散的低磁石矿的开采率
河南舞钢经山寺铁矿采矿工程	（1）矿脉比较乱，设备调度频繁；（2）业主要求见矿快	提高矿脉较乱的铁矿石的开采率，便于现场灵活调度

原载于《西部探矿工程》，2009（11）：102-105。

工程名称	工程特点	中小型设备开采的优点
哈尔乌素露天煤矿矿建剥离工程	（1）工期比较短；（2）单个山头的工作面比较小	便于组织多山头平行施工，提高开采强度
越堡水泥矿山土石剥离工程	（1）工期比较短；（2）剥离的土石覆盖层厚度小，高低不平	便于根据地形适时调整钻爆参数，便于现场灵活调度

根据上述工程的经验和教训，对中小型设备高强度开采的适用范围，以及施工过程中的质量控制、管理与调度、施工进度控制等方面进行概括和总结，提出了中小型设备高强度开采方法的技术要点和技术措施。

1　施工组织与现场调度

1.1　建立健全的管理机制

项目经理采取一对一的谈心方式，坦诚地与每个人进行深入细致的交流，广泛征询并采纳对项目工程施工及管理的可行性建议，建立健全的项目经营、生产、技术、安全、质量管理网络体系，切合实际地制定了各项施工管理及考核制度，进而确保从项目管理机制上形成了既有明确分工，又能协同配合，责权明晰的工程施工系统管理模式。在此基础上，根据所掌握的个人的工程经历、专业能力及性格特征，扬长避短，分别安排到项目生产、安全、质量及技术管理等职能部门或岗位任职。

1.2　加强综合技能培训

在施工实践过程中，项目部成员要相互学习，取长补短，虚心接受别人的好建议。年轻人的培养，指定老师对青年技术骨干进行"传、帮、带"。与此同时，大力倡导跨专业交流，互帮互学，共同促进的学习风气，使项目部在较短时间内，涌现出集爆破、测量专业技术与施工管理经验于一身的复合型人才。

1.3　优化施工布局，科学计划工期

组织工程技术人员着手展开施工前的技术准备工作：（1）组织对标段采区境界、设计运输道路及排土场境界内的原始地形、地貌及水文地质情况进行现场踏勘调查；（2）完成原始地形数据采集成图的内外业工作，将自测原始地形图与业主提供的地形图进行实物工程量复核验算，并将验算结果反馈给业主、监理，及时有效地规避了因实物工程量的负差给项目工程施工带来的经营风险；（3）组织对施工设计图纸资料的内部会审，结合现场勘察调查掌握的实际情况，对采区平台规划，采、排运输线路进行反复的比较论证，优化制定出可操作性强的施工技术方案。前期技术工作准备缜密充分，为施工期的整体布局循序展开，实现产能最大化提供了可靠的技术支持。

1.4　项目管理"算"和"干"相结合

为消化各种外部因素对项目施工造成的不利影响，战胜冬季施工的自然困难，需要优化整合构成施工生产的各类资源要素，创造出了良好的安全生产环境。（1）对参与项目施工的协作队伍，在强调合同化、制度化管理的同时，加入以诚信为本的人性化投入，理顺个人与整体、甲方与乙方的绩效关系；（2）建立各种施工机械设备台账，统计维护保养及使用的实时数据，确保机械设备生产能力的正常发挥；（3）针对施工属地对民爆器材管制以及燃油供应的特殊性，加强内部计划的严密管理，及时根据施工进展与气温情况，调整进货品种及库存量，为施工用料提供可靠保障；（4）在严格按照施工方案组织展开生产布局的前提下，对施工过程中出现的问题及时会诊，改进施工方法，完善施工措施，保证施工生产始终沿着持续稳定的轨道进行；（5）为适应并融入施工属地的人文环境，采取请进来、走出去的方法，加强与业主、监理、设计单位的部门和人员的工作联系与感情交流，并积极主动地走

访当地农户、村镇领导及公安等政府部门，坦诚相对，以求得支持和理解，最大限度地为项目施工经营创造出了和谐的外部环境。

项目管理不但要精于算，还得踏实地去干。管理人员只有经常深入现场，掌握第一手资料，把握施工脉搏，才能确保施工生产始终处于可控状态。管理人员不在多，而在于精勤，知识面广，技术和管理双肩挑。

1.5　缩短进度控制周期，灵活组织生产

通过采取缩短进度控制周期办法，实时对各工序环节进行动态跟踪控制管理，避免机械设备停产闲置。每次爆破前后测量人员利用全站仪对现场跟踪采样，把采集的数据利用测绘软件成图，可随时精确查询同次爆破的点、线、面、体相关数据。生产调度部门可以根据作业面线长及工程量，结合各作业单元和作业群的生产能力，相应组织一个或多个作业群进行集群作业。测量人员再对各作业单元或作业群分别担负的施工区域进行标定采样，并在测绘图上对各自的挖运区域进行量化。这样既可消除了划分固定挖运区域的弊端，又可相对准确地计算出后续爆破工序的作业时段，为爆破作业的人员、机械、材料的组织计划提供了可靠的依据。通过缩短进度控制周期，实时跟踪掌控施工动态，及时发现并纠正进度偏差，机动灵活地组织调度生产要素，实现高强度开采。

1.6　严格施工工艺

在项目施工质量管理上，坚持以工艺纪律约束工作质量，以工作质量保证工程质量。在工作中，将现代电子测绘技术与爆破技术相结合，利用全站仪对现场进行数据采集后成图，为严格控制设计孔网的精度，优化孔网设计提供精确参数。工序作业上，配备专职验孔人员对炮孔质量进行检查，检查内容包括炮孔孔位、孔深、垂直度偏差等。发现不合格炮孔，即报爆破工程师及时处理。平台平整度直接关系到项目工程的观感质量水平，对此，技术部及时对开挖后的区域进行跟踪测量，将测量结果反馈到调度室，对不合格区域立即处理，控制平台平整度。钻爆施工组织严密，作业指导书实用、具体，充分发挥了钻机台班效率，保证合理爆破块度，大幅度提高了铲装效率。

2　施工质量安全控制措施

中小型设备的高强度开采，爆破和挖运两个主要施工工序需要高度协调。爆破质量主要体现在爆破炮孔精确定位、减少根底、控制冲炮和减小大块率等方面。严格的爆破质量控制工艺，从源头控制和避免安全事故发生，避免返工，提高钻爆组的协调程度，提高爆破工作效率。优良的爆破质量，块度比较均匀，大块率低，台阶平整，确保挖运过程的装车和运输的高效、安全运转。

2.1　中深孔爆破炮孔精确定位

为克服传统的炮孔位标定方法存在的弊端，按照传统的爆破孔网设计与标定步骤，将测量和电脑软件成图技术与爆破设计相结合，采取高精度的炮孔位标定方法，具体步骤如下：利用全站仪对爆破区域进行全方位的三维坐标测量采点→测量采点数据在现场直接通过数据线传输到笔记本电脑→电脑利用软件对数据进行成图后精确量化各项爆破参数→爆破工程师根据实测参数结合现场情况对爆破进行设计→爆破工程师依照设计在电脑成图上对炮孔进行精确标定→电脑成图软件把每一个炮孔的位置都生成坐标数据文件→生成的坐标数据文件在现场通过数据连线传输到全站仪→利用全站仪的放样功能对每个炮孔的位置进行精确标定→全站仪测出炮孔深度电脑打印出炮位草图和起爆网络图。

在标定炮孔前，首先利用全站仪对爆破区域进行爆破参数采集，如爆破台阶高度，爆破台阶上下坎线在水平面的投影距离等。对于 $2000m^2$ 的爆破区域这个采集过程大约只需要 $10min$。采集数据在现场直接输入笔记本电脑，成图软件将参数数据进行处理，几分钟后爆破区域的各项实际参数就很清楚地展现出来了。接下来，爆破工程师就可在电脑上精确地设计标定每一个炮孔的位置，电脑成图软件将自动给出每一个炮孔的位置的三维坐标，并通过数据线把坐标数据传输到全站仪，最后由测量人员使用全站仪对炮孔进行精确放样。

2.2 减少根底、控制冲炮

露天矿爆破施工中，爆破工程师常因对台阶坡面角、前排孔坡顶至坡底的水平距离不能准确把握，所布前排孔容易出现顶部薄弱、底盘抵抗线过大的现象。在爆破工程师布孔时，可采取全站仪测量爆区地形，利用测绘软件成图，根据图形计算台阶坡度、坡顶至坡底的水平距离，借助测绘成图软件进行孔网设计，依据炮位三维坐标，用全站仪精确定位炮位。台阶坡角过大时，考虑钻机作业条件，可在坡角处增加倾斜浅孔辅助爆破。利用成图软件进行孔网设计，降低了水平冲炮、残留根坎的几率。

例如哈尔乌素露天矿岩石主要为砂岩、砾岩和泥页岩，岩石颗粒度大、胶结性差，容易出现坍塌、滑落；另外岩石受前次爆破的破坏，原生弱面张裂，岩石不稳定，临近台阶坡面区域往往发生塌滑，造成台阶局部区域较薄弱。前排孔坡面塌滑后，人们很难依靠目视和简单的测量尺具判断其准确位置，给装药带来极大困难。遇到这种情况可用全站仪免棱镜测量测出塌滑的准确空间位置，然后在薄弱带采取间隔装药，消除在塌滑处发生冲炮的可能。装药结构如图 1 所示。

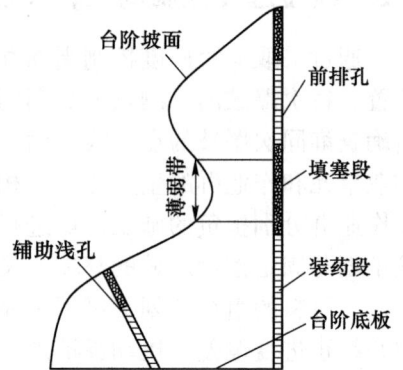

图 1 装药结构图

2.3 减少大块率

岩体节理、裂隙较发育，岩石结构复杂多变，岩性不均一，多夹层与难爆硬岩分散体，处于夹层中的硬岩分散体是该矿产生大块的主要原因。硬岩分散体大块是由于岩石节理、裂隙纵横较发育，被自然切割成孤立大块的坚硬致密岩石，多出现于夹层部位。由于爆轰气体难以侵入并易于从原生裂缝中泄漏，致使硬岩分散体得不到有效破碎。根据现场实践和总结，可采取以下两点措施来减少或避免因夹层中的硬岩分散体导致的大块。

（1）小抵抗线、宽孔距的爆破法。在不改变单孔负担面积的前提下，通过改变起爆顺序来增大孔距、减小抵抗线的方法改善爆破质量。采取大斜线与大 V 形起爆，减少大块产出。

（2）采用合理的装药结构。根据应力集中原理，爆生气体瞬间聚集于岩层软弱带，能量首先从软弱处泻出，导致处于夹层的硬岩分散体得不到充分作用；加之岩石软弱程度的变化，使其碰撞效应减弱，岩石破碎不充分。根据夹层硬岩厚度及其所在空间位置采取间隔装药，在硬岩段装药，硬岩上下部位用空气间隔或炮泥堵塞，间隔堵塞长度通常为 12~15 倍炮孔直径，削弱应力波聚集于软弱岩的程度，改善岩石破碎效果。

3 施工进度动态控制管理

露天矿剥离工程施工进度动态控制法使构成工程进度施工链的爆破与挖运两个环节始终处于严密的控制状态。

3.1 钻爆工序的动态跟踪控制管理

3.1.1 布孔工艺动态控制

爆破工程师确定出布孔区域后，利用全站仪对布孔区域进行跟踪测量采样，将采样数据借助测绘软件输入计算机建立数据模型，绘制地形图，爆破工程师根据绘制的地形图进行爆破设计，并将炮孔位置的三维坐标信息生成数据文件，测量工程师根据生成的数据文件现场对炮孔进行精确定位。

借助测绘软件将炮孔三维坐标、布孔区域坐标、布孔时间、布孔数量、孔深等信息元素制成炮孔信息图库，可以随时查询炮孔信息，并可精确计算每炮爆破器材的计划用量。例如在计算机中输入距离查询、坐标查询命令，炮孔的孔距、排距及其三维坐标信息即刻准确地显示出来。

3.1.2　超爆及前排孔抵抗线的动态控制

在岩石节理发育相同的区域，将每次布孔的炮孔信息及爆后边坎的测量数据借助测绘软件绘制成图，可以很直观地看到前后两次布孔衔接区域的爆破成形效果，并且可以精确地查询出超爆信息数据。

实际施工过程中，通过多次对爆破成形的上下坎线数据采集、成图、统计分析，较为准确地获得了不同岩石结构、不同节理发育的岩石超爆系数，从而达到爆后无须等待挖掘形成空场就直接展开后续炮位布置与钻孔，为最大限度地利用施工作业面，紧密工序衔接创造了条件。

另外，利用全站仪及测绘软件及时对爆破形成的上下坎线进行跟踪采样，绘制爆破边坎地形图，为爆破工程师在进行后续爆破设计时确定前排孔抵抗线提供了准确的数据参考。借助测绘软件的数据处理功能，还可将炮孔信息转换成数字表格，利用数字表格把炮孔信息参数形成数据链，根据爆破设计要求调整孔网参数中某一个或某几个参数来修正其他参数，将计算出的结果用到后续爆破施工中去，从而达到改善爆破效果的目的。

3.2　挖运工序的动态控制管理

露天矿采剥施工中，作业面能否有序展开和合理利用、挖运效率与吞吐能力的大小都直接影响到施工进度网络计划完成。挖运环节的动态控制作为施工进度的动态控制管理的一个方面，可分三个步骤完成：

（1）按照进度控制要求，收集施工进度实际值；

（2）定期对施工进度的计划值和实际值进行比较；

（3）通过对施工进度计划值和实际值的比较，如果发现进度偏差，则采取相应的措施进行纠偏。

4　结论

本文结论如下。

（1）工作面狭小、生产周期短、矿脉比较乱、采石级配要求多的土石方高强度开采项目，宜利用中小型设备，其生产成本低，调度灵活。

（2）中小型设备高强度开采，组织管理机构扁平，需要管理协调的工作多，要建立健全的管理和培训机制，规范施工工艺，灵活统筹调度。

（3）中小型设备高强度开采，需要灵活采用合理先进的爆破技术，提高钻爆质量，避免返工，确保施工安全。优良的爆破效果是装车和运输安全、高效运转的前提。

（4）中小型设备高强度开采，宜采用施工进度动态控制管理，及时收集施工进度实际信息，发现进度偏差，并采取相应措施进行纠偏。

参 考 文 献

[1] 刘殿中，杨仕春. 工程爆破实用手册 [M]. 2版. 北京：冶金工业出版社，2003.

[2] 汪旭光. 中国工程爆破与爆破器材的现状及展望 [J]. 工程爆破，2007(4)：1-8.

[3] Wang xuguang, Wang Zhongqian, Zhang Zhengyu, et al. Status quo and outlook for engineering blasting in China[C]// Dditor：Wang Xuguang, New Development on Engineering Blasting. Metallurgical Industry Press，2007：3-9.

[4] 郑炳旭，王永庆，李萍丰. 建设工程台阶爆破 [M]. 北京：冶金工业出版社，2005.

[5] 林爱民，马增光，徐全军. 台阶爆破抵抗线对块度影响试验研究 [J]. 工程爆破，2006(2)：36-39.

采石场爆破块度分区及块度预测研究

邢光武　郑炳旭

（广东宏大爆破股份有限公司，广东 广州，510623）

摘　要：提出了基于岩石强度、岩石种类、裂隙平均间距、炸药单耗、爆破漏斗参数和爆破块度分布指数等六项指标的采石场爆破块度分区方法，并采用该方法对铁炉港采石场进行了合理的开采分区；通过结合块度预测模型研究、即时优化爆破参数设计及全孔不均匀不耦合装药技术较好地满足了深孔台阶爆破块度需求，最大限度地减少了粉矿，降低了综合成本。

关键词：爆破；采石场；块度分区；块度预测；即时优化

Study on Prediction of Block Zoning and Block Size in Quarry Blasting

Xing Guangwu　Zheng Bingxu

（Guangdong Hongda Blasting Co., Ltd., Guangdong Guangzhou，510623）

Abstract：In this paper, a new method for block zoning in quarry blasting is put forward based on six indicators including the hardness of rock, rock types, the average spacing between cracks, explosive consumption per unit volume, parameter of explosion crater and block size distribution index of blasting. And this method was adopted for reasonable exploitation zoning in Tielu Harbeur Quarry. This method satisfied well the requirement for block size distribution of rock in deep-hole bench blasting by combining it with the results from study of block size distribution prediction, real-time blasting parameter optimization design and the whole hole non-uniform non-coupled charge technology. It made the volume of rock powder much reduced, and also lowered the comprehensive cost for blasting.

Keywords：blast; quarry; block size zoning; block size prediction; real-time optimization

1　引言

南方某特大型防波堤石料控制爆破开采是某地一项非常重要的建设工程，主要工程任务是进行特大型采石场的普通块石的台阶爆破开采，是某重点工程的龙头项目。因该采石场地质条件复杂，节理、裂隙、风化沟、破碎带十分发育、裂隙水丰富，爆破块度很难控制，为此，进行了采石场爆破块度分区研究，并在项目中进行应用验证。

2　本采石场爆破开采特点

2.1　开采要求

（1）爆破的主要目的是生产不同块度要求的规格石，而且要求的块度及数量每天不同、数量最大要求是一天生产 5 万 m^3 符合要求的规格石；

（2）块石的规格品种多达 16 种，在规格石开采史上尚属首次；

（3）爆破技术主要控制 10 千克以下石料含量最低，以提高石料合格率；

（4）爆破开采是在狭小的采区空间、小型设备、低单价的条件下进行的。

2.2 技术措施

根据该采石场爆破工程的重要性、工期的紧迫性，需要对多种因素进行综合研究，其中主要的项目为：

（1）如何按照日生产调度指令的块度数量及规格大小的要求适时调整爆破参数设计；

（2）以 10 公斤以下石料最少为目标函数进行爆破技术优选。

3 采石场岩体块度分区及块度预测研究

3.1 影响采石场岩体爆破块度的主要因素

对岩体爆破最大块度及平均块度的影响因素主要有：

（1）岩体结构特性（其中包括各种结构面、弱面的分布情况以及结构面内充填物质的性质）；

（2）岩石特性（包括岩石的动态抗压强度、岩石波阻抗等）；

（3）炸药特性（包括炸药的爆速、密度、波阻抗）；

（4）钻爆参数（包括台阶高度、底盘抵抗线、孔排距、炮孔布置型式、超深、堵塞长度等）、装药结构（包括不耦合系数、上部装药线密度及长度、下部装药线密度及长度等）。

3.2 采石场岩体的块度分区

根据影响采石场岩体爆破块度的主要因素，结合本工程的复杂地质情况，提出了基于岩石强度、岩石种类、裂隙平均间距、炸药单耗、爆破漏斗参数和爆破块度分布指数等六项指标的采石场爆破块度分区方法，并采用该方法对铁炉港采石场进行了合理的开采分区。分区结果如下。

整个采石场分成粉块区（<10kg）、小块区（10~200kg）、中块区（200~800kg）、大块区（>800kg），共 4 个区。

采区内岩体受构造影响较大，整个采区有六组很有规律的结构面，其中：$130°\angle80°$ 及 $60°\angle60°~70°$ 为主要结构面；$90°\angle30°~45°$ 倾向南侧的一组低倾角裂隙对爆破的根坎也有影响。采区东侧节理密度为 3~4 条/m，西侧为 1~3 条/m，参见表 1 和图 1。

表 1　采区岩石按爆破难易程度分类表

Table 1　Rock classification by blasting difficulty level in the mining area

块度描述		大块	中块	小块	粉块
岩石种类		花岗岩	花岗岩	花岗岩	花岗岩、辉绿岩
岩石强度		弱风化、微风化 $f>12$	弱风化 $f=8~12$	强风化 $f=4~8$	全风化 $f<4$
节理裂隙状况	$130°\angle80°$	间距 40~70cm	间距 70~200cm	间距 10~40cm	
	$60°\angle60°~80°$	间距>50cm	间距>50 或>100cm	间距 50cm 之间	
标准爆破漏斗体积/m³		<0.03	0.03~0.10	0.10~0.20	>0.20
炸药单耗/kg·m⁻³		0.5±0.05	0.4±0.05	0.3±0.05	±0.2±0.05
爆破块度发布指数		1.7~2.2	1.4~1.9	1.1~1.6	0.8~1.3
所处区域位置		平台西部	+115m 平台以下各平台中部	+115m 平台以下各平台东部	+115m 平台以上平台

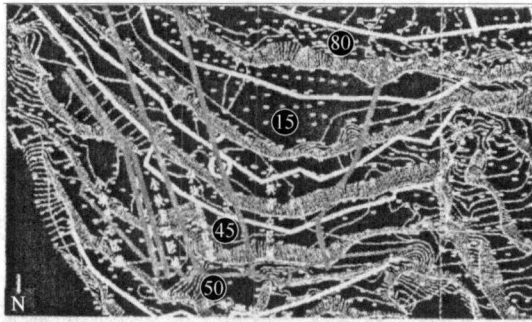

注：横白线表示辉绿岩矿脉；1515 表示+15m 平台；红线表示块度分区边界

图 1 某采石场岩体的块度分区图

Fig. 1 Zoning map of block size of rock in the quarry

4 块度分布预测研究及应用

4.1 模型研究

防波堤石料按其施工工艺要求的块石规格多、数量大，且随时间不断地变化。如何按照每日的生产调度指令需求块度的数量、尺寸，对台阶爆破参数进行优化设计是确保防波堤石料供应的关键。岩石爆破块度分布预报模型和方法很多，都有其局限性和适用性。经多项工程实践，我们认为采用 Kuz-Ram 模型结合采石区岩体结构特性，通过现场爆破试验，确定其相关系数后拟合应用，取得了较好的结果。

Kuz-Ram 模型是利用 Rosin-Rammler 曲线把 Kuznestov 方程变成了一个预报爆堆级配的数学模型。这里以 Kuz-Ram 模型为基础，采用铁炉港采石场台阶爆破现场数据对其进行修正，结果如下：

$$R_s = 1 - e^{-\left(\frac{X}{X_0}\right)^n} \tag{1}$$

$$n = \left(2.2 - 14\frac{W}{\varphi}\right)\left(1 - \frac{\Delta W}{W}\right)\left(1 + \frac{A-1}{2}\right)\frac{L}{H} \tag{2}$$

$$\overline{X} = K(q)^{-0.8}Q_e^{\frac{1}{6}}\left(\frac{115}{E}\right)^{\frac{19}{30}} \tag{3}$$

式中，R_s 为粒径小于 X 的物料所占的比率；X 为筛孔尺寸，表示筛下最大粒径或筛上最小粒径，cm；X_0 为特性尺寸，cm，该数由 Kuznestov 方程

$$\overline{X} = K\left(\frac{V_0}{Q_e}\right)^{0.8}Q_e^{\frac{1}{6}} \tag{4}$$

计算得出：n 为均匀度指标，这是一个经验系数，n 决定曲线的形状，它通常由 0.8 到 2.2，高值表示块度均匀，低值归因于粉矿和大块占较大比率；W 为最小抵抗线，m；φ 为炮孔直径，mm；ΔW 为凿岩精度的标准误差，即孔底偏离设计位置的平均距离，m；A 为孔距/最小抵抗线；L 为底板标高以上药包长度，m；H 为台阶高度，m；$\overline{X}$ 为平均破碎块度，其物理意义是：有 50%通过筛子，50%留在筛上时对应的筛孔尺寸，可以表示为 X_{50} 或 $X_{50} = \overline{X}$；K 为岩石系数，是现场经验数据，一般情况下，中等岩石取 7，裂缝发育的硬岩取 10，裂缝不太明显的硬岩取 13；到目前为止，研究发现，有些岩石很软，但其下限为 8，还有些岩石很硬，需要一个大于 13 的系数；Q_e 为相当于每孔中药包能量的 TNT 的当量，kg；q 为平均单位耗药量，kg/m³；E 为炸药相对威力，对铵油炸药取 $E = 90$，乳化炸药取 $E = 80$。

4.2 块度分区及模型的应用

块度分区及模型的应用如下。

（1）对生产调度指令块度的级配按式（1）进行曲线拟合，得出生产要求的块度分布曲线；

（2）根据生产要求的块度分布曲线首先确定最适宜的采石爆破区域；

（3）根据生产要求的块度分布曲线的 n、X_0 值，按如式（2）、式（3）确定爆破参数；

（4）按确定的爆破参数实施爆破作业；

（5）采用 BlastSprite Mobile 软件 PDA 在现场对爆堆进行图像处理分析得出实际的块度分布曲线；

（6）比较生产要求的块度分布曲线与实际爆破块度分布曲线的区别（见图2），如相近则爆破参数合理，否则调整爆破参数，因采石场块度分区按块石质量大小来分，而图2中按块石尺寸来控制，这是因为模型研究是以块石尺寸为基础的，由于块石的密度相对稳定，这一差别对生产控制基本没有影响。

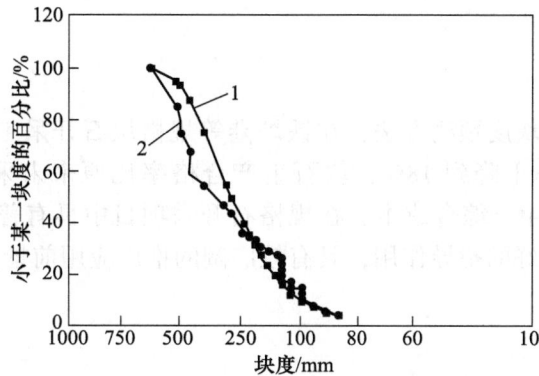

图2 铁炉港采石场中块区域爆破块度分布曲线

Fig. 2 Blasted blocks distribution curve in the middle-size block area of the Tielu Port quarry

1—生产要求的块度分布曲线；2—实际块度分布曲线

上述研究成果在铁炉港采石场的块石生产中应用，其实际块度分布满足了业主近乎苛刻的块石级配生产要求。

4.3 降低粉矿的技术措施

在上述即时优化爆破参数的基础上，为了进一步降低10公斤以下石料的产出，采用了崩塌爆破技术。为此炮孔内采用不耦合装药结构，分成上、下两部分，下部炸药单耗较大，以克服根底阻力，有利于炸开底部岩石，上部炸药单耗较小，不耦合系数较大，以增加块度尺寸，使其自由爆落即可，不要抛出，最大限度地减少粉矿、降低炸药的使用量为原则。经试验分析，最后采用的合理炮孔参数为：台阶高度15m，炮孔直径140mm，炮孔底部不耦合系数小，约为1.27(用 ϕ110 药卷)、上部不耦合系数较大，为1.4~2.0（用 ϕ70、ϕ80、ϕ90、ϕ100 药卷）。全孔不均匀不耦合装药结构爆破工艺，参见图3。

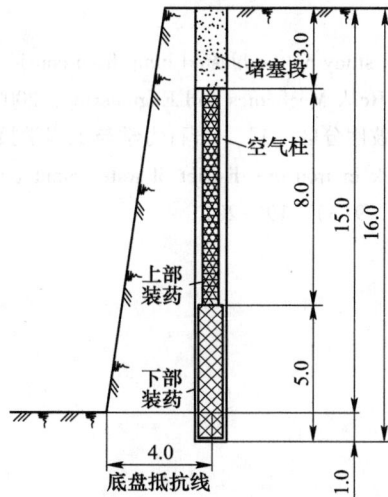

图3 全孔装药结构示意图（单位：m）

Fig. 3 The structure of whole hole charging(unit：m)

5 应用效果

采石场岩体的块度分区及爆破块度预测方法，在铁炉港二期工程中进行了全面应用，并结合即时优化爆破参数设计和全孔不均匀不耦合装药爆破技术较好地满足了深孔台阶爆破块度需求，最大限度地减少了粉矿，降低了综合成本。

采石场岩体的块度分区方法，在阿曼苏丹国海塞卜规格石爆破开采项目中进行了应用，取得了较好的效果。

6 结论

采石场岩体的块度分区及块度预测方法，在铁炉港等规格块石开采工程中进行了应用，收到了比较满意的效果，粉矿率从50%下降到18%，块石生产合格率比原来未采用该方法之前提高了5%～10%，有效地利用资源，降低生产综合成本，在规格石开采项目中具有普遍推广应用价值，对复杂地质条件的贫薄矿产开采也有很好的指导作用，具有较广阔的推广应用前景。

参 考 文 献

[1] 刘永清，贺福明，陈亚宇. 爆破破碎度及块度分布的试验研究 [J]. 煤炭工程，2005(4)：58-60.
Liu Yongqing, He Fuming, Chen Yayu. Experimental study on blast fragmentation and block distribution [J]. Coal Engineerfing, 2005(4)：58-60.

[2] 盛聚. 概率论及数理统计 [M]. 北京：高等教育出版社，1997.
Sheng Ju. Discussion on the Probability of Mathematical Statistics[M]. Beijing：Higher Education Press, 1997.

[3] 史瑾瑾，肖正学，郭学彬，等. 岩石动态损伤块度分布的试验研究 [J]. 矿业快报，2006(1)：31-32.
Shi Jinjin, Xiao Zhengxue, Guo Xuebin, et al. Experimental study on rock dynamics injury block distribution[J]. Express lnformation of Mining Industry, 2006(1)：31-32.

[4] 陈士海，王明洋，钱七虎. 岩体中爆破破坏分区研究 [J]. 爆破器材，2004，33(3)：33-36.
Chen Shihai, Wang Mingyang, Qian Qihu. Study on distinction of biasting crack zones and time course of stress in rocks [J]. Explosive Materials, 2004, 33(3)：33-36.

[5] 汪义龙，牛海成，李奇，等. 节理岩体爆破块度预测模型分析 [J]. 建井技术，2006，27(4)：19-22.
Wang Yilong, Niu Haicheng, Li Qi, et al. Analysis on prediction model of blasted lump from jointed rock mass[J]. Mine Construction Technology, 2006, 27(4)：19-22.

[6] 张宪堂，陈士海. 考虑碰撞作用的节理裂隙岩体爆破块度预测研究 [J]. 岩石力学与工程学报，2002，21(8)：1141-1146.
Zhang Xiantang, Chen Shihai. Prediction study on the blasted lump from considering the role of collision crack jointed pieces of rock blasting[J]. Chinese Journal of Rcok Mechanics and Engineering, 2002, 21(8)：1141-1146.

[7] 于亚伦，王德胜. 水厂铁矿的岩石爆破性分区 [J]. 岩石力学与工程学报，1990，9(3)：195-201.
Yu Yalun, Wang Desheng. Zoning of rock in iron ore district of water plant by blasting character[J]. Chinese Journal of Rock Mechanics and Engineering, 1990, 9(3)：195-201.

对露天爆破施工中火工品管理的几点看法

樊运学

（广东宏大爆破股份有限公司，广东 广州，510623）

摘　要：根据工作经验，针对露天爆破工程的特点，详细阐述了做好露天爆破施工中火工品管理工作的六个重点环节，第一要完善火工品管理的各项规章制度；第二要规范火工品管理流程；第三要注重涉爆人员的教育；第四要加强硬件设施的建设；第五要加强监炮队伍的建设；第六要规范火工品的销毁程序，认真落实好每个环节，才能减少漏洞，达到预期目的。

关键词：火工品；管理；露天爆破；安全

Views on the Management of Explosive Materials in Open-pit Blasting Operation

Fan Yunxue

（Guangdong Hongda Blasting Co., Ltd., Guangdong Guangzhou, 510623）

Abstract：This paper, based on the characteristics of open-pit blasting engineering, elaborates in detail six key links of explosive materials management from experience. First, improve the rules and regulations of explosive management. Second, standardize the management process of explosive materials. Third, focus on the education of workers involved in explosives. Fourth, strengthen the construction of hardware facilities. Fifth, strengthen the construction of the supervisor team. Sixth, standardize the destruction procedure of explosive materials. Every link should be conscientiously implemented to reduce loopholes and achieve the desired goal.

Keywords：explosive materials；management；open-pit blasting；security

露天爆破施工的火工品使用量大而频繁，在火工品进入工地至完成爆破这一工作过程的诸环节中，接触火工品的人员很多，存在着许多火工品流失隐患。并且，许多大型露天爆破施工工地往往是开放式的，工地的进出管理往往较粗放，进出工地的人员成分复杂，这又进一步增加了火工品工地管理的难度。作者结合自己多年的现场火工品管理经验，就露天中深孔爆破工程项目中火工品的管理谈几点看法，以求对当前的和谐社会建设有所裨益。

1　完善火工品管理规章制度和岗位职责

国家有关火工品管理的法律法规主要是《民用爆炸物品安全管理条例》和《爆破安全规程》，这是规范火工品安全管理的强制性文件，但在具体的实践中不便于操作，缺少针对性，要做好项目的火工品管理工作，在项目开工之始，就应该结合项目的实际情况制定出详尽的火工品管理制度，包括火工品在保管、领用、登记、使用、清退、销毁等各个环节，具有较强的可操作性和强制性，将火工品安全管理责任落实到所有员工的安全生产责任制中，将制度规定和岗位职责制作成镜框上墙，以便经常学习，及时提醒，并在以后的安全教育时间进行再学习，做到人人时时事事，警钟长鸣，安全责任牢记在心。

原载于《采矿技术》，2010，10(1)：98-100。

2 规范火工品管理流程

从民爆公司把火工品配送到工地库房开始，到火工品确认爆破使用完结，中间的验收、保管、领用、登记、使用、清退等环节流程都应该十分明确清楚，不管是爆破员、仓库管理员，还是普通的辅助工，谁在哪个环节应该做什么，怎么做，每一个人都应该清清楚楚，没有职责交叉，没有工作漏档。按照宏大公司的管理经验，一般工地库房储量有限，仅发挥调剂用量的作用，爆破作业前，爆破工程师按爆破设计填写《爆破火工品使用申请表》，由爆破总负责人签字确认，表中详细填明炸药、雷管及其他火工品的计划使用数量和规格，以及计划使用的时间、位置、技术负责人等，此表一式两份，一份交仓管人员通知民爆公司配货，按照库房先进先出的原则，一般仓库有存货的优先使用库存，库存不足部分由民爆公司配货补充；民爆公司将火工品运输到工地仓库之后，由仓库管理人员按计划的规格要求和质量标准验收入库并录入手持机，另一份申请表交给爆破队当班班长，爆破班长持表到火工品库房领取计划使用的火工品，仓管人员对申请表进行审核后在表上签字确认，按计划的规格、数量进行发放，同时，当班持证的爆破人员按分工限额领取火工品并录入个人电子信息，发放过程中，由监炮队负责监督发放全过程，严禁违规操作并现场记录每个爆破员领取的火工品规格数量等，以备监炮时使用[1,2]。

爆破员领取火工品后应立刻到爆破作业地点，严禁中途拐弯在人多地方停留，不得转交他人，禁止乱丢乱放。雷管和炸药应分别放入两个专用背包（箱）内，严禁放在衣袋里。从专用运输车上向炮孔搬运炸药时，要按规程执行，一人一次背运炸药不能超过一箱（袋），挑运炸药一人一次不超过2箱（袋），装卸搬运炸药应轻拿轻放，装好、码平、卡牢、捆紧，不得摩擦、撞击、抛掷、翻滚、侧置及倒置，对起爆体、起爆药包或已经接好的起爆雷管，只准爆破员转运[3]。

装药区域应划定警戒范围，警戒区内禁止烟火和无关人员进入。晚上作业时禁用明火照明，应用投射照明设施或随身携带采用安全蓄电池灯、安全灯或绝缘手电筒照明。

在装药过程中，制作、装填起爆体和联网等必须由爆破员进行，辅助工只能协助爆破员进行装药作业，以及堵塞炮孔、清理作业现场等，监炮队负责整个装药过程的安全监管工作，监督作业人员遵守操作规程的情况，对火工品的实际使用量进行统计，以及对现场不安全因素的及时发现与消除等，并将以上情况如实填写到监炮记录上。

装药结束后所有火工品应及时清退入库，禁止将火工品带回宿舍或转交他人，退库过程中，仓管人员应认真清点退库的火工品规格、数量和品质，准确记录库房台账，并将本班火工品的详细情况记入《爆破火工品使用申请表》退库一栏，爆破班长签字确认，受损火工品应做报废登记另外存放。监炮员参与退库全过程，将火工品使用情况填入监炮记录，要求被监督对象签字确认，正常情况下，监炮检查的实际用量和退库的记录用量应该一致。以上签字的记录应同火工品台账一样长期（不少于2a）保存，确保火工品在使用的全过程中责任主体记录明晰，强化爆破员的责任意识，增强其遵纪守法的自觉性。

爆破后要及时认真检查，发现盲炮、哑炮能及时处理的应及时处理，不能及时处理的做好明显警示标志，并由专人负责看守，防止挖运作业时造成意外事故或火工品的流失，处理盲炮、哑炮回收的火工品应做报废登记集中处理。

3 注重涉爆人员的教育和培养

"爆破四员"是直接管理、使用火工品的技术工人，其业务能力和思想素质对火工品的安全使用极为重要，如果其爆破业务能力不强，则难以落实爆破作业的各项技术要求和安全措施，如果其思想素质不过硬，法制观念淡薄，在其他诱惑面前或受到严重挫折时就可能丧失原则性，利用接触火工品的便利，做出严重违纪违法的事件，所以，培养教育一支业务能力强、思想素质好的"爆破四员"队伍，对做好爆破施工中火工品的安全管理是十分重要的。

首先是选择思想稳定的人员作为挑选对象，了解其历史表现，掌握其家庭情况，本人无犯罪记录，经过一段的跟踪了解，合格的人员确定为培养对象，对培养对象进行爆破知识、安全规程和法律法规等方面的重点教育，优中取优，将重点培养对象选送公安机关进行教育学习，考试合格者升为"爆破四员"使用[4]。

要保持"爆破四员"队伍的稳定，强化"爆破四员"队伍的管理，将"爆破四员"人员纳入人才数据库管理，不能像一般的民工那样，有工程开工需要人的时候，招之即来，工程结束了，挥之即去；要在全公司范围内合理调配，人员确实富裕时，可以采用适当轮休的方式，以休待岗。规范化对"爆破四员"的再教育计划，不断提高其业务能力和法律意识，特别是采用新技术、新工艺时，要进行严格教育培训并考试，考试合格方准上岗。

对于爆破作业中的辅助工也要从严要求，特别是做好入场教育，考试合格才能上岗，平时做好安全教育和法制教育，职责分工明确，不该动的不动，另外还要杜绝班组长或管理人员擅自扩大辅助工的作业范围，分派其做违犯操作规程的工作。

4 加强硬件设施的建设

特别要加强火工品临时库房建设、购买专用火工品运输车辆等。火工品的临时库房一般都远离生活区，库房的安全也是十分重要的，库房建设方案必须经由具备相应资质的安评机构进行安全评估，建设过程中要保证质量，建成后经安评合格后方可投入使用，确保库房和周边围墙的建筑质量过关，防盗报警和监控设施完善，安全管理制度健全，消防设备和防雷装置符合要求，同时，防盗、防火等应急预案完善，每年进行不少于一次应急演练，仓管人员（兼警卫）昼夜守卫，应急通讯工具（最好是对讲机）24h畅通，保证遇突发事件时增援人员能第一时间赶到现场[5]。

5 加强监炮队伍的建设

建设一支业务熟练、责任心强的监炮员队伍。监炮员的职责是全过程、全方位监督涉爆人员在爆破作业过程中遵守操作规程的情况，及时发现违规操作和不安全因素并更正消除，对火工品的实际使用量进行统计，保证不发生火工品的流失、遗失和被盗事故，强化涉爆人员遵纪守法的自觉性。监炮员在监炮过程中，要认真负责，并做好监炮记录，发现火工品使用数量与实际不符应及时报告上级安全机关，并进行复核审查，不放过任何疑点，确保火工品进入工地后的使用和监督两个过程能准确相符。监炮队隶属于项目部管理，确保监督作用的职能发挥。

6 规范火工品的销毁程序

对超过贮存期、出厂日期不明、质量可疑和哑炮盲炮回收的火工品，应进行严格的检验，并由爆破总负责人根据检验结果，确认其能否继续保管、使用或销毁。销毁爆破器材时，应登记造册并编写书面报告，报告中应说明被销毁爆破器材的名称、数量、销毁原因、销毁方法、销毁地点及时间，报上级主管部门批准，在不影响爆破效果的情况下，销毁方法一般采用混装入炮孔爆破销毁。销毁后应有两名以上销毁人员签名，并建立台账及档案[6]。

火工品安全是爆破施工企业的生命线，是企业生存和发展的基础，也是社会和谐稳定的需要，特别是当前国外局势不稳、恐怖事件频发，国内分裂势力也在借机制造事端的情况下，给火工品的安全管理提出了新的要求，企业要把火工品的安全管理作为安全管理工作的头等大事来抓，广泛学习他人的成功管理经验，不断探索新的管理方法和思路，努力提高对火工品的管理能力和管理水平，确保火工品在工程项目广泛应用的同时，杜绝对社会造成的不安全因素。

参 考 文 献

[1]《民用爆炸物品安全管理条例释义》编委会．民用爆炸物品安全管理条例释义［M］．北京：中国市场出版

社，2006.

[2] 刘义新，郑卓渊.民用爆炸物品的安全管理及对策 [J].采矿技术，2007(3)：153-154.

[3] 中国工程爆破协会.爆破安全规程：GB 6722—2003[S].2003.

[4] 毛晖.城市复杂环境下岩石控制爆破及安全管理 [J].采矿技术，2008(2)：72.

[5] 武强，王珊珊.矿山爆炸灾害及其安全措施 [J].采矿技术，2009(3)：108.

[6] 李绪平.石油勘探民用爆炸物品安全管理的实践与思考 [J].爆破，2009(1)：103-104.

降低深孔台阶爆破中大块率和根底的措施

申卫峰[1]　单承质[2]

(1. 广东宏大爆破股份有限公司，广东 广州，510623；

2. 煤炭科学研究总院爆破技术研究所，安徽 淮北，235039)

摘　要：对经山寺铁矿深孔台阶爆破产生大块和根底原因进行分析，提出有效解决方法，包括确定合理孔网参数、采用合理装药方式、确定合适堵塞长度以及采用合理起爆形式等。

关键词：台阶爆破；大块率；技术措施；根底；超深值

Measures to Lower Boulder Yield and Root Bottom in Step Deep Hole Blasting

Shen Weifeng[1]　Shan Chengzhi[2]

(1. Guangdong Hongda Blasting Co., Ltd., Guangdong Guangzhou, 510623；

2. Blasting Technology Research Institute of CCRI, Anhui Huaibei, 235039)

Abstract：The factors of causing big block and root bottom produced in step deep hole blasting of Jingshansi mine are analyzed and the effective methods including determining reasonable hole parameter, taking reasonable loading mode, determining jam length and taking reasonable detonate fashion are put forward.

Keywords：step blasting；boulder yield；technological measure；root bottom；extra-deep value

1　引言

经山寺铁矿位于河南舞钢市境内，矿区地层主要为新太古界太华群铁山庙区域变质岩系，矿区被七条断层截割为条块状。岩石普氏系数 $f=12\sim14$，矿石普氏系数 $f=16\sim22$。

露天矿台阶爆破矿岩破碎块度是衡量爆破效果的重要指标，其中大块和根底是关键，如何统计和解决大块是很重要的工作。大块率统计一般有 Rosin-Rammler 经验式和用消耗破大块使用电雷管数来统计[1]。大块率高不仅影响铲装作业效率，增加设备磨损，也增加二次破碎工作量和爆破成本，严重时会带来安全隐患。

2　爆破大块和根底产生的部位及原因分析

2.1　大块和根底产生的部位

经山寺铁矿地质复杂多变，特别是在矿坑没有形成前期，表层地质以土夹石为主。结合近两年的观察和统计发现大块主要在：(1) 堵塞段；(2) 爆破前排；(3) 爆区两侧；(4) 孔网面积较大的两孔之间；(5) 地质构造复杂多变处；(6) 爆区后部边界。根底主要在：(1) 超深偏小处；(2) 掌子面前。

2.2 大块和根底产生的原因分析

影响中深孔台阶爆破大块和根底原因是多方面的，其中地质构造、爆破参数、布孔形式、钻孔质量、装药结构、起爆时间选择、起爆顺序、炮孔堵塞等是造成大块和根底的主要因素。

（1）堵塞段大块主要是装药主要集中在炮孔下部，导致表面岩石得不到足够炸药能量而使其不能充分破碎。

（2）爆破前排大块主要是由前一炮影响，使被爆岩体遭到破坏形成裂隙，爆炸应力波对裂隙破坏作用减弱，并且爆炸气体过早地从裂隙中逸散；再者在前排的岩石没有足够运动阻力使被爆岩石相互作用减弱造成大块[1]。

（3）爆区两侧大块主要是靠近两侧炮孔没有有效自由面，应力波和爆轰气体不能对岩体产生足够多的裂隙而使岩体破碎；再者爆区两侧炮孔气体很快从裂隙逸出（先爆临近爆区造成的），导致岩石破碎块度差而形成大块[2,3]。

（4）孔网面积较大的两孔之间大块主要是由于爆破参数，即孔、排间距不合理，炸药能量分布不均匀，使岩石得不到充分破碎。

（5）地质构造复杂地带大块主要是由裂隙存在使应力波衰减或阻断，同时爆炸气体从裂隙中逃逸，压力迅速下降，致使被爆岩体没有足够的爆炸能量。

（6）爆区后部边界大块主要是后排炮孔药包常常没有有效自由面，这些药包很难爆破所负担面积，应力波就对被爆岩体产生拉裂造成大块[1]。

（7）超深偏小处根底主要是由于没有足够超深，底部没有足够炸药能量来破坏岩石夹制而留下根底。

（8）掌子面前根底主要是由于多排孔存在使最后排相对阻力较大，使后排孔没有有效移动空间。

3 降低大块和根底的工艺措施

3.1 选择合理的前排抵抗线

在设计时，保证钻机安全条件下，同时有利于后排孔的推动，应相对缩小前排抵抗线，根据经验本工程取 3.0~3.5m。对前排根底突出的部位要选择打抬炮的方式进行处理，钻孔深度和角度由根底宽度大小来决定。

3.2 选择合理的爆破参数，采用宽孔距小抵抗线[4]

在矿山爆破中，为了取得良好爆破效果，孔排距选择是关键。为发挥炸药相对能量，采取缩小排距、增加孔距调整爆破系数来实现宽孔距小排距爆破，能有效改变爆破效果降低大块。根据经验取：$b = W = 3.5 \sim 4.1m$，$a = (1.3 \sim 1.8)b$，$h = 1.0 \sim 1.5m$。其中：a 为孔距；b 为排距；W 为抵抗线；h 为超深。

3.3 增大底部装药密度、改变装药方式

经山寺铁矿矿体产状变化大，针对这些特点，采取不耦合和分段装药来改变装药结构，这有利于克服中部和堵塞段大块。例如：采取直径 140mm 炮孔，在下部丢装 1.4W，直径为 110mm 药卷，上部装直径 90~110 药卷。在装直径 90mm 药卷时，用炮绳吊装使药卷逐个垒起，延米装药量 9kg（直径 110mm 延米装药量为 14kg），这样相对 10m 台阶每孔可节省 5kg 炸药（34 元，药价为 6800 元/吨），从爆破效果观察没有明显变化，大块率也没有明显提高。

3.4 选择合适炸药[5]

研究和理论分析表明，当炸药密度与爆速乘积和被爆岩体波阻抗相近时爆炸能量可有效地传递到被爆岩体中，有利于岩石破坏，对此必须根据岩石性质选择炸药。本矿中，爆破台阶水平高度为

+130～+100m 时，岩石可爆性较好，一般采用铵油炸药；随台阶水平高度下降，岩石可爆难度增大，大量炮孔有水存在，为解决这些问题选择 2 号岩石乳化炸药，具有爆炸性能、抗水性能、安全性优等特点。

3.5 选择合理起爆时间和顺序以及 V 型起爆[6]

要求破碎度好的爆区，使前排孔爆后为后排孔形成自由面最大，是确定起爆时间关键。另外最优排间延迟时间范围是使被爆岩石很好移动和破碎而不出现爆破网路切断，一般按每米抵抗线 5～10ms 来选取，软岩取大值硬岩取小值。本工程中矿石集中区域，多采用多排孔梅花型布孔（5～6 排）。在矿岩好区域采用 V 型起爆方式，V 型起爆比排间起爆多增加一个侧向自由面，并且实现宽孔距小排距起爆方式，使其多面临空，同时 V 型起爆实现后排孔逐孔爆破，减少对未爆岩体破坏，使下次爆破大块相对减少。再者，V 型起爆两侧同段炮孔对称（除前排），有利于岩体高速运动中碰撞，二次破碎进一步减少大块[4]。

3.6 合理堵塞长度和良好堵塞质量

炸药爆炸能量以爆破应力波和爆炸气体来破坏周围介质，其中爆炸气体对岩石破碎和移动有重要作用，良好堵塞长度和质量可有效提高药包能量做功[7]。堵塞长度过长时会降低延米爆破量，增加爆破成本，使爆破表面岩石破碎程度不佳；堵塞长度过短时爆破能量严重损失，产生大量冲击波和飞石，且留下根底。经山寺矿台阶高度 10m，孔径 140mm，超深 1.0～2.0m，一般堵塞长度 3.0～3.5m，矿石堵塞 3.0m。

3.7 增加后排超深

采用同样爆破参数及爆破技术，增加最后排超深，提高其根底爆破能量。根据实践观察统计，抬炮率降到 5%。经济效益上分析，假设每炮区炮孔个数在 40 个左右，超深 1.5m 时，总穿孔米数 460m。据统计需抬炮处理穿孔米数 56m（每个 4m，14 个抬炮），总装药长度 21m。布孔采用梅花型布孔，后排孔 8 个，每孔比正常多超 0.5m 时，只要多穿孔 4.0m，多装药 4.0m。在抬炮率下降 50% 的情况下，相比每个炮区可以节省穿孔 24m，节省装药量 97kg。经济上很合理。

4 结论

通过以上技术合理运用和经验总结，经山寺矿在解决大块和根底方面收到了明显效果。经山寺 2008 年产量 500 万立方米，消耗电雷管数 9 万发，全年平均大块率 1.8%；2008 全年深孔钻孔米数 255323m，台炮 12746.15m，年台炮 5%。

参考文献

[1] 郑炳旭，李萍丰，王永庆．建设工程台阶爆破 [M]．北京：冶金工业出版社，2005.
[2] 段海峰，侯运炳，燕洪全，等．爆破机理的推墙假说研究 [J]．化工矿物与加工，2003，23(1)：41-44.
[3] 于亚伦．工程爆破理论与技术 [M]．北京：冶金工业出版社，2004.
[4] 李娟．高村采场降低台阶爆破大块率和根底的措施 [J]．金属矿山，2005(9)：72-73.
[5] 黄铁平，蔡进斌．浅析降低露天矿台阶爆破大块率的途径 [J]．化工矿物与加工，2005(9)：27-28.
[6] 汪旭光，于亚论．国外工程爆破的现状与发展 [C]//工程爆破文集（第六期）．深圳：海天出版社，1997：6-14.
[7] 刘殿中．工程爆破实用手册 [M]．北京：冶金工业出版社，2003.

装药结构对台阶爆破粉矿率的影响研究

刘玲平[1]　唐　涛[2]　李萍丰[2]　李战军[2]

（1. 广东省安全生产监督管理局，广东 广州，510623；

2. 广东宏大爆破股份有限公司，广东 广州，510623）

摘　要：分析了台阶爆破粉矿产生的原因，认为台阶爆破的粉矿控制应从改变装药结构着手。采用数值模拟，对台阶爆破采用不同装药结构时的炮孔内的应力等值线、孔壁应力和粉碎圈范围进行了对比研究，发现与耦合装药相比，采用不耦合不均匀装药时，炮孔壁岩体应力明显变小，炮孔壁的应力波的幅值降低，炮孔压碎圈半径减少。通过试验和实践，确定了不耦合装药的相关参数，提出了降低台阶爆破粉矿的建议。

关键词：粉矿；装药结构；不耦合；台阶爆破

Influence of Charge Structure on Fine Ore Rate of Bench Blasting

Liu Lingping[1]　　Tang Tao[2]　　Li Pingfeng[2]　　Li Zhanjun[2]

（1. Work Safety Administration of Guangdong Province, Guangdong Guangzhou, 510623；

2. Guangdong Hongda Blasting Co., Ltd., Guangdong Guangzhou, 510623）

Abstract：The paper analyzes the cause of fine ore in bench blasting and holds that the control of fine ore in bench blasting should start from changing the charge structure. By numerical simulation, this paper compared the blast hole stress contour, the hole wall stress and the crushing scope of different charge structures during bench blasting, and found that compared with the coupled charge, the borehole wall rock stress is decreased significantly by using decoupled inhomogeneous charge, and the hole wall stress wave amplitude and crushing circle hole radius were also decreased. Through experiment and practice, this paper provides the related parameters of decoupled charge, and suggests to reduce fine ore in bench blasting.

Keywords：fine ore; charge structure; decoupled; bench blasting

通常，为了便于装车和控制成本，石方的开采多以控制爆破大块为主要目标，对粉矿率不作规定。但在某些情况下，低于一定规格的粉矿被认为是无用的废料，比如某海防防波堤工程规定：石料中小于10kg的粉矿（或称细料）不能使用，只能作为废渣扔掉。近几年，随着城市和工业发展速度的加快，广东省资源与利用的矛盾越来越突出，特别是沿海地区稀有石材的供需更是如此。为了充分利用有限的资源，广东省安全生产管理局组织有关专家对石料爆破开采的粉矿控制技术进行了系统研究。

1 台阶爆破粉矿产生原因及应对措施

1.1 粉矿产生原因

台阶爆破的粉矿主要来自以下几个方面[1]。

（1）由于管理、装载及运输设备等因素，在平台留下的碎渣。

原载于《采矿技术》，2010，10(1)：67-70。

（2）自然因素：指矿石在未被开采活动扰动的原始状态下其固有性质对粉矿产生量的影响因素，包括赋存条件及工程地质，如层理、节理及裂隙和物理力学性质等。

（3）炮孔近区的粉碎区：由于炸药爆炸能量导致炮孔近区的岩石产生粉碎。粉碎区范围大小取决于岩石特性（包括岩石的动态抗压强度、岩石波阻抗等）、炸药特性（包括炸药的爆速、密度、波阻抗）、钻爆参数（包括底盘抵抗线、孔距、炮孔密集系数、超深、堵塞长度等）、装药结构（包括不耦合系数、上部装药线密度及长度、下部装药线密度及长度等）等条件。

1.2 应对措施

根据上述分析，对（1）可以通过加强管理、改进设备来降低粉矿；对（2）靠按块度级配要求将采场分区来改善；而对（3）只能通过改善爆破技术加以解决。具体到一个采石场，有些爆破参数已经固定，例如：岩石特性、台阶高度、钻孔直径、炸药特性等，降低粉矿爆破技术的研究主要从改变钻孔的装药结构、起爆方式、孔网参数入手。本文主要论述装药结构的改进。

根据对全孔耦合装药、全孔不耦合装药及全孔不均匀不耦合装药的现场工业性对比试验及计算机模拟对比分析，得出不均匀不耦合装药的粉矿控制爆破技术是降低粉矿、充分利用钻孔，使钻、爆、运综合成本最低的爆破技术。其基本设想是：下部炸药量将底部岩石崩开（从母岩上抛出）、上部药量则将上部岩石震塌（弱松动爆破），使其靠自重掉下。图1是一个台阶高为15m的台阶爆破装药结构图。

将15m高台阶的岩体分为上、下两部分进行装药设计（全孔不均匀不耦合装药技术）。将单一装药结构（装药段延米装药相同）改变成上下两段装药，下段延米装药量是上段延米装药量的1.2~2.2倍（上下装药直径不同）。

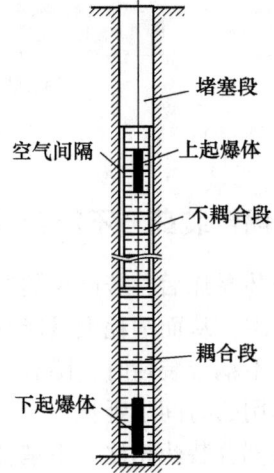

图1 全孔不均匀不耦合装药结构

2 径向不耦合不均匀装药爆破数值模拟

不耦合装药爆破主要靠间隔介质来实现能量的转移，使得原本过度浪费在粉碎区的爆炸冲击波能量被充分利用，转化成破碎区"有用"的能量，来达到预期的破岩效果[2]，从而达到降低粉矿的目的。

由于炸药爆破及其破岩过程高速、复杂，现有实验条件和测试手段有限，在实验室或现场难以对爆破现象进行详细的观测。利用现代计算机技术，再现爆破过程，模拟各种变量之间的关系，已是目前工程爆破和爆破理论研究的热门课题，并取得了众多的成果[3,4]。本文采用LS-DYNA数值模拟软件。

2.1 应力等值线对比

耦合装药动态过程可以分为下面2个阶段：炸药引爆，爆轰波在炸药中传播；爆腔开始膨胀，开始压缩岩石造成扰动，应力波在岩石中传播。

不耦合不均匀装药动态过程可以分为下面3个阶段：

（1）炸药引爆，爆轰波在炸药中传播，但未对空气和岩石造成压缩；

（2）爆轰波压缩空气，并经过空气层进入岩石；

（3）爆腔开始膨胀，开始压缩岩石造成扰动，应力波在岩石中传播。

从起爆后不同时刻的von-mises应力场等值线可以看出，采用不耦合不均匀装药时，由于空气层的存在，岩体应力明显低于耦合装药。图2为起爆后3000μs时的耦合装药与不耦合不均匀装药von-mises应力场等值线对比。

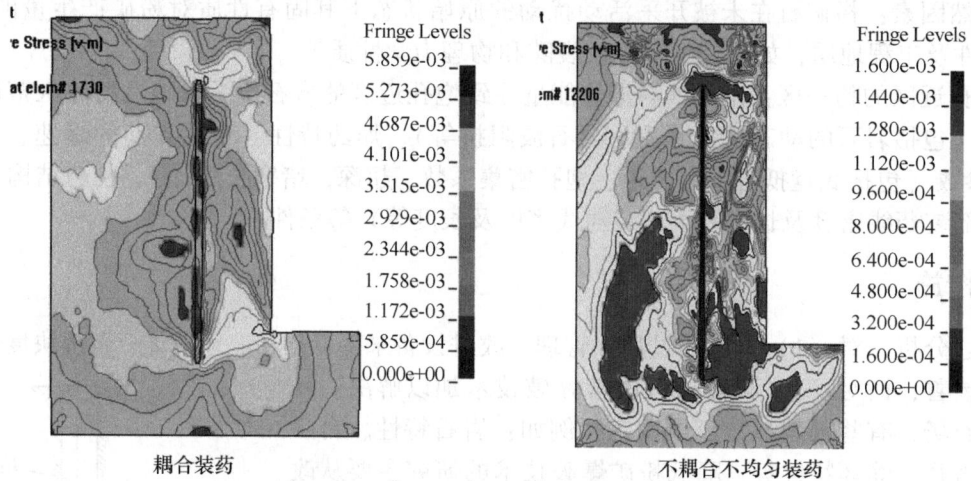

图2 起爆后 3000μs 时的 von-mises 应力场等值线

2.2 耦合装药与不耦合装药的孔壁应力对比

炸药爆炸后，若产生的冲击压力过高，则会在岩体内激起冲击波，使炮眼附近岩石过度粉碎，产生压碎圈，从而消耗大量能量。不耦合装药有效地降低炮孔壁的冲击压力峰值。由孔壁应力图可以看出，在不耦合装药时，随着不耦合系数的增大，冲击波波形拉长，正压区作用时间加长，孔壁受冲击压力作用的时间也延长。

与耦合装药相比，不耦合条件下，药卷和孔壁之间的空隙对爆炸冲击作用将起到一个很大的缓冲作用，从而使应力波的幅值大大降低。由于不耦合不均匀装药炮孔的上部装药直径更小，因此，其上部炮孔孔壁所受的冲击压力更低，这对提高炮孔上部岩体的成材率更为有利。图3为耦合装药孔壁应力图，图4为不耦合不均匀装药下部孔壁应力图。

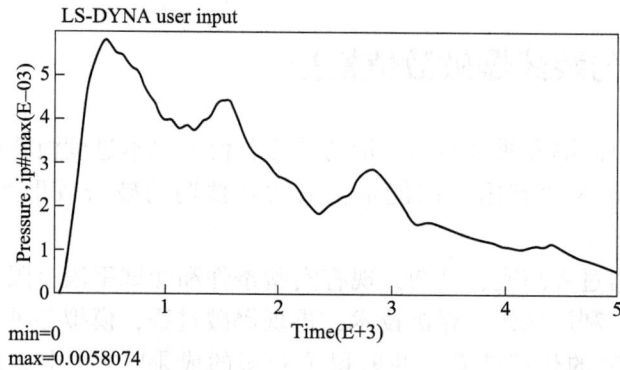

图3 耦合装药孔壁压力（单位：10^5 MPa）

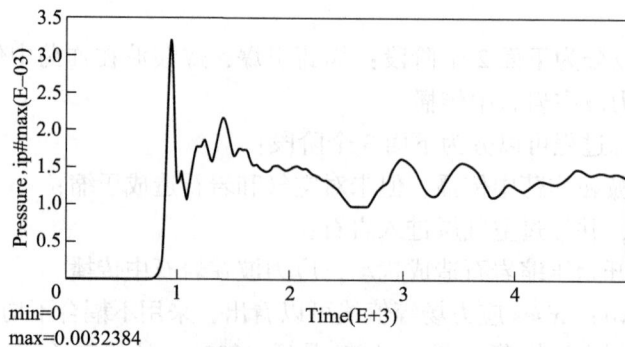

图4 不耦合不均匀装药下部孔壁压力（单位：10^5 MPa）

2.3 粉碎圈范围的对比

图 5 为耦合装药和不耦合不均匀装药的粉碎圈范围图。从图中可以看出，耦合装药的粉碎圈半径约为 0.31m，为炮孔半径的 4.4 倍，不耦合不均匀装药下部的粉碎圈半径约为 0.16m，为炮孔半径的 2.3 倍，不耦合不均匀装药上部的粉碎圈半径约为 0.12m，为炮孔半径的 1.7 倍。

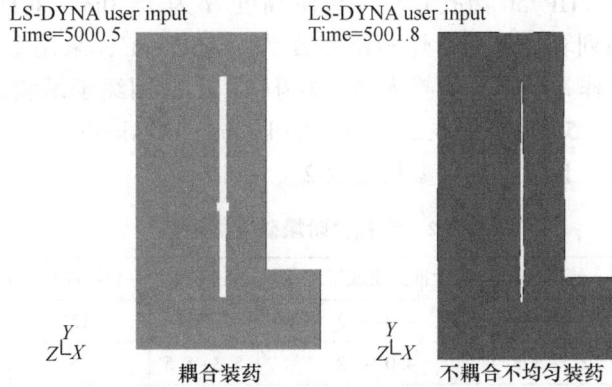

图 5　不同装药结构的粉碎圈对比

由以上数值模拟分析可知，采用不耦合不均匀装药，由于空气的存在，大大降低了炸药爆炸后作用在孔壁上的初始冲击压力和拉应力，减少了压碎圈半径，增加了能量的有效利用率。不耦合装药在合适的不耦合系数、一定的矿岩和炸药条件下，既能有效地降低作用在炮孔壁上的冲击压力峰值，又能延长爆破破岩的作用时间，增大应力波和气体膨胀的破岩冲量，增加用于破碎或抛掷岩石的爆炸能量，而且可以使装药重心提高，使比冲量沿炮孔分布更均匀，从而减少粉碎圈直径，降低粉矿率。

3　不同装药结构对比爆破试验

为了确定合理的装药结构，保证粉矿较低，钻、爆、装、运综合成本最低的目标，在不同的爆破块度区域对耦合装药、全孔不耦合装药及全孔不均匀不耦合装药进行了数次现场工业性对比试验。从表 1 可以看出：在相同的孔网参数下，耦合装药、全孔不耦合装药、全孔不均匀不耦合装药的粉矿率依次降低，这与计算机模拟的结果完全一致。

表 1　不同装药结构爆破试验数据

装药结构	孔径 /mm	超深 /m	堵塞 /m	底盘抵抗线或排距/m	孔距 /m	台阶高 /m	爆破规模			
							孔数/个	孔深/m	炸药/kg	爆破量/m³
耦合装药	140	1.0	3.0	4.2	5.5	15	55	880	12584	19067
不耦合装药	140	1.0	3.0	4.2	5.5	15	43	688	8066	14938
不均匀不耦合装药	140	1.0	3.0	4.2	5.5	15	36	576	4260	12531

装药结构	下部装药				上部装药				排数	单孔药量/kg	平均单耗 /kg·m⁻³	粉矿率 /%
	装药长度/m	直径 /mm	药量 /kg	装药线密度 /kg·m⁻¹	装药长度/m	直径 /mm	药量 /kg	装药线密度 /kg·m⁻¹				
耦合装药	4.5	140	79.2	17.6	8.5	140	149.6	17.6	2~3	228.8	0.66	55.23
不耦合装药	4.5	110	64.8	14.4	8.5	110	122.4	14.4	2~3	187.6	0.54	47.2
不均匀不耦合装药	4.5	110	64.8	14.4	8.5	90	53.55	6.3	2~3	118.35	0.34	33.3

4　粉矿控制爆破技术应用

根据数值模拟结论和实验结果，在某大型采石场的规格石爆破开采生产中使用了该粉矿控制爆破技术[5]。

4.1　爆破参数

某大型采石场采区内岩层为黑云母二长花岗岩，f 值为 11~14，饱和抗压强度为 70~150MPa。采区内地质条件复杂，节理、裂隙、风化沟、破碎带均十分发育，整个采区有 6 组很有规律的结构面，裂隙水丰富。设计院设计粉矿率为 43%，前期工程由其他施工单位施工，粉矿率曾经达到 61%。

钻孔设备选用英格索兰 VHP750 潜孔钻机，台阶高度 H 为 15.0m，垂直孔孔径为 ϕ140mm。因钻孔中有水，炸药选用 WR 系列乳化炸药，炸药密度 Δ 为 1.16g/cm^3，采用全孔不均匀不耦合装药结构爆破工艺，现场实际装药操作是下部直接投入 ϕ110 药卷，上部用绳子吊装 ϕ70，ϕ80，ϕ90，ϕ100 药卷，线密度分别为 4.3kg/m，5.1kg/m，6.3kg/m，9.0kg/m，14.4kg/m。

岩石可爆性分为 I，II，III 级，穿爆参数见表 2。

表 2　深孔台阶爆破穿爆参数

岩石类别	孔径/mm	超深/m	堵塞/m	底盘抵抗线或排距/m	孔距/m	台阶高/m	单孔药量/kg	平均单耗/kg·m^{-3}
I	140	1.0~1.5	2~3	4.0~4.2	5~5.3	15	170~145	0.5
II	140	0.7~1.2	2.5~3.5	4.0~4.2	5.3~5.5	15	145~125	0.4
III	140	0.3~0.8	3.5~5.5	4.0~4.2	5.5~6.0	15	125~100	0.3

岩石类别	下部装药			上部装药			排数
	装药长度/m	直径/mm	药量/kg	装药长度/m	直径/mm	药量/kg	
I	5	110	70~80	7~8	80~100	75~90	3~4
II	4.5	110	60~70	7~8	80~100	65~75	2~3
III	4	100~110	50~60	5.5~7.5	70~100	50~65	2~3

4.2　爆破效果

爆破前，根据岩石硬度、岩石种类、爆破漏斗体积、爆破块度分布指数、裂隙平均间距、炸药单耗等 6 项指标将整个采石场岩体划分为：大块区（800kg 以上）、中块区（100~800kg）及小块区（100kg 以下）。

经过近两个月 84 次工业性对比爆破试验，累计钻孔 34347.7m，爆破总方量为 734071.67m^3，用炸药 274040kg。现场统计，在不同的爆破块度区域中，不同炸药单耗、孔网参数的平均粉矿率分别为 16.58%，33.73%，98.20%。小块区的粉矿率高，说明小块岩本身已经被裂隙切割成小块，不需要爆破它都非常破碎，爆破的作用只是将其松散开便于装运而已，要想在小块区爆破中降低粉矿率非常困难。

5　结论

本文结论如下。

（1）采用全孔不均匀不耦合装药结构，可以有效降低爆破粉矿，减少资源浪费。

（2）为了确保爆破效果，上下部装药的线密度可相差一倍以上，这种装药结构不但可以减少炸药单耗、减少后冲，而且是降低粉矿率的重要技术措施。

（3）生产中发现，通过宽孔距的布孔方式降低粉矿效果并不好；要降低粉矿，炮孔密集系数应为 1.0~1.5。

（4）微差爆破技术可以改善爆破质量，虽然当前尚没有一种能准确可靠地确定适于不同要求的微差爆破的间隔时间的权威方法，但生产经验证实，采用 25ms 的微差时间较 50ms 及其以上的微差时间，可减少粉矿率 3% 以上。

（5）在不影响生产的情况下，可以适当增加大块以保证粉矿率较低，虽增加二次破碎成本，但可以降低总成本。

（6）调整起爆顺序可以改变爆破作用的方向，利用这一特点可以减少爆落体互相撞击的几率，减少粉矿的产生。

参 考 文 献

[1] 李萍丰，罗国庆，廖新旭，等．影响深孔台阶爆破粉矿率的因素初步分析［C］//中国爆破新技术．北京：冶金工业出版社，2004：961-966.

[2] 于亚伦．工程爆破理论与技术［M］．北京：冶金工业出版社，2004：176-211.

[3] 肖绍清，朱文彬，曹桂祥，等．炮孔复合装药结构的功能和设计要求［J］．工程爆破，2003(2)：12-15.

[4] 题正义，衣东丰．爆堆矿岩块度分布测试方法概述［J］．辽宁工程技术大学学报，2003(S)：1-3.

[5] 李萍丰，宋常燕．大型采石场深孔台阶爆破的实践总结［C］//中国爆破新技术．北京：冶金工业出版社，2004：170-174.

堑沟掘进工艺

申卫峰　张万忠　张佩涛　付　岩

（广东宏大爆破股份有限公司，广东 广州，510623）

摘　要：详细介绍了经山寺露天铁矿开采中所采用的堑沟掘进工艺，包括堑沟掘进数量、运输道路和堑沟位置选择、堑沟爆破技术、堑沟掘进安全、堑沟掘进工作效率及成本分析等组成部分。

关键词：堑沟掘进；爆破技术；爆破成本

Trench Excavation Technology

Shen Weifeng　Zhang Wanzhong　Zhang Peitao　Fu Yan

（Guangdong Hongda Blasting Co., Ltd., Guangdong Guangzhou，510623）

Abstract：The paper details the trench excavation technology used in Jingshansi open-pit iron mine, including the number of trench excavated, the selection of transportation road and trench location, trench blasting technology, trench excavation safety, trench excavation efficiency and cost analysis.

Keywords：trench excavation；vlasting technology；blasting cost

1　引言

经山寺露天铁矿采用的是中小型矿山高强度开采生产模式，矿山剥采总量2000万 m^3，工期54个月。在开采前19个月，要提供120万吨原矿，设计要求平均每天剥采量在2万 m^3 以上，属于高强度纵深开采。

露天矿山生产中，堑沟开拓是一项非常重要的工作，关系到以后整个矿山采剥生产诸多问题。为了开拓出新的台阶面，每一个台阶都必须进行堑沟开挖。开挖过程中，堑沟开拓段地质构造及岩石性质对堑沟开挖有着重要影响。因此需选择合理爆破开挖方案，既能提高爆破效果，保证爆破安全，降低开拓成本，还可以大大缩短开挖周期，顺利完成堑沟掘进任务。

2　堑沟掘进

经山寺露天矿属于凹陷露天开采，设计台阶高度10m，下降深度130m，堑沟总数10个以上，长125m，宽15m，坡降比8%，堑沟多而复杂。在开采前，由于盗采盗挖，开采境界内已形成三个露天采坑，初期将露天采场划分为三个相对独立作业区，从而开拓出三个施工作业区（南采区、北采区和西采区），以加快台阶推进和下降速度，达到强化开采的目的。

该方案优点在于不需要改变台阶高度，可以采用小型采剥设备，生产能力有保障，便于组织生产，且对设备效率影响较小。缺点是设备分散，管理复杂，堑沟掘进工作量大。

原载于《现代矿业》，2010(2)：102-103。

3 堑沟位置选择

3.1 堑沟位置选择原则

根据矿山生产计划安排，露天矿堑沟选择应考虑到上部和深部开拓相互衔接，其原则为：（1）起初堑沟距工业场地近，减少原料运距；（2）剥采比小，经济效益明显；（3）地质结构完整，有利爆破和道路修复；（4）开口方向有利工作面延伸；（5）排水和防洪方便。

3.2 开段沟位置和延深方向

开段沟位置和延深方向有如下要求：（1）开段沟位置和延深方向尽量接近矿体，使基建剥离量最小，加快建设速度；（2）尽量减少矿石贫化损失；（3）缩短运距，有利于工作线推进；（4）堑沟开设考虑作业面的衔接，保证后续施工进度，开设过早受上一台阶限制，阻碍堑沟延伸速度；过晚作业面接替困难，要合理组织施工和管理，保证多台阶推进模式。

4 堑沟爆破技术及安全

4.1 爆破方案选择

为克服岩石夹制作用，采取中间加密加强垂直孔拉槽爆破。在拉槽初期，为降低震动、保护堑沟边坡，节省费用，初次拉槽长度30~40m为宜，之后在此基础上采用阶梯式钻孔爆破方案。根据经山寺露天采矿道路设计，为满足上述要求，初次拉槽采用六排孔毫秒延期控制爆破方案。

4.2 孔网参数设计

孔网参数设计如下。

（1）布孔方式。爆破设计当中，采用梅花型布孔方式，初次拉槽，中间要布置两排加密掏槽孔（见图1）。

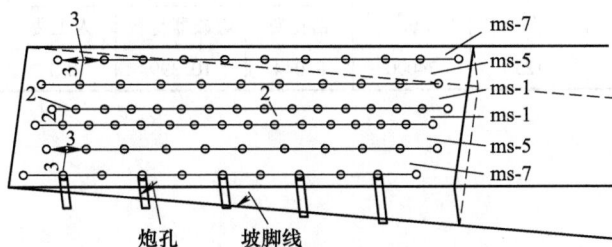

图1 初次拉槽布孔及网络起爆图

（2）基本参数。炮孔直径140mm，用经验法定出超深值$h=2m$。

1）初次拉槽基本参数：根据经验，参考同类矿山堑沟开挖，确定孔距$a=3m$，排距$b=3m$，孔深$H=4m$；2）阶梯钻爆基本参数：孔距$a=4m$，排距$b=3m$（为消灭根底、改善破碎质量、减少飞石，从上至下逐渐增加孔深。在初次拉槽基础上，每排孔沿着堑沟推进方向均匀增加50mm，到堑沟初次形成），$H=12m$。

（3）堵塞长度。堵塞长度L与孔深H有关：$H=4m$时，取$L=2.5m$；$H \geqslant 4m$时，取$L=3m$。堑沟形成后采用正常堵塞长度。

（4）初选单耗q。$q=1.0kg/m^3$。

4.3 起爆顺序

爆破起爆顺序采用非电毫秒延期导爆管雷管，初次拉槽起爆时，中间加强孔先起爆，两侧后起爆

（见图 1）；当孔深大于 7m 时，为排间倒的方式从前向后起爆（见图 2）。中间加强孔起爆选取 1 段，两侧选取 5 段和 7 段导爆管雷管。

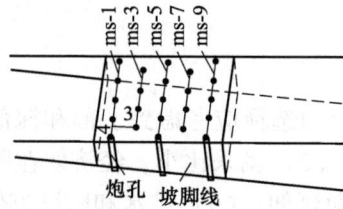

图 2　阶梯钻爆布孔及网络起爆图

4.4　堑沟掘进中的安全

堑沟掘进中的安全举措如下。

（1）爆破震动。堑沟爆破时，单耗比较高，震动比较大，采用微差爆破技术和控制单响药量可减少震动。

（2）爆破飞石。加强堵塞，保证堵塞质量，对水孔表面加压沙袋。

（3）堑沟边坡。为尽可能保证堑沟边坡稳定，堑沟边孔应向堑沟中心线倾斜，该矿山取倾斜角取 $\beta = 70°$。

（4）堑沟开挖完成后，要及时修筑集水坑，防止雨水及地下水对堑沟造成损坏。

5　堑沟掘进的工作效率及成本分析

堑沟掘进包括堑沟爆破和堑沟挖运两大部分。根据经验，堑沟掘进挖掘和运输耗时最长，必须选择合适堑沟开挖位置，减少运距，调度协调周密。

堑沟掘进成本由爆破、挖运、管理费用三部分组成，堑沟掘进各种费用的计算见表 1。

表 1　堑沟掘进工艺技术指标和费用汇总表

台阶高度 /m	坡降比 /%	道路宽 /m	道路长 /m	爆破量 /m³	爆破费用/万元			挖运费 /万元	抽排水等其他费 /万元
					钻孔费	爆破器材费	人工费		
10	8	15	125	24000	8.044	10.399	2.1	18	0.75

6　结语

为满足业主迫切需要矿石产量要求，经山寺露天铁矿开采速度远远超出原设计，堑沟开挖效率也满足强化开采要求，带来了可观经济和社会效益，主要表现在以下几个方面：（1）合理选择了开设堑沟爆破位置，减少运输距离；（2）采用合理爆破工艺；（3）挖运设备选择合理；（4）合理有序的施工组织管理。

对于开采强度高，工期短，服务年限短的中小型露天矿山，合理选择堑沟开挖方式、数量和位置，在减少露天矿工程投资，降低运营费用，提高运输效率等方面会起到积极作用，对同类型矿山和采石场具有借鉴作用。

参 考 文 献

[1] 刘殿中．工程爆破实用手册［M］．北京：冶金工业出版社，1999.

[2] 杨文渊．工程爆破常用数据手册［M］．北京：人民交通出版社，2002.

[3] 于亚伦．工程爆破理论与技术［M］．北京：冶金工业出版社，2004.

中深孔爆破技术在经山寺铁矿的应用

申卫峰　刘承见　樊运学　伏岩　程辰　张佩涛

（广东宏大爆破股份有限公司，广东 广州，510623）

摘　要：介绍了中深孔爆破技术在经山寺矿山应用中的爆破方案、爆破参数、起爆网络的设计，以及施工工艺的控制。

关键词：中深孔爆破；大块率；毫秒延时爆破

Application of Medium-deep Hole Blasting Technology in Jingshansi Iron Mine

Shen Weifeng　Liu Chengjian　Fan Yunxue　Fu Yan　Cheng Chen　Zhang Peitao

（Guangdong Hongda Blasting Co., Ltd., Guangdong Guangzhou，510623）

Abstract：The paper introduces the blasting scheme, the blasting parameters, the design of initiation network and the control of operation technology of the medium-deep hole blasting technology applied in Jingshansi mine.

Keywords：medium-deep hole blasting；boulder rate；millisecond delay blasting

1　前言

经山寺铁矿属中小型高强度、纵深开挖、合同采矿方式。矿区内地层主要为新太古界太华群铁山庙组区域变质岩系，中元古界汝阳群海相碎屑沉积岩及第四系地层，矿体走向近东西，倾角100°~180°。与一般露天矿相比，经山寺矿的特点是矿体狭小、加层多、状态复杂，分采工作量大、难度高。

随开采台阶下降，设备机械集中和地下水增多等原因，爆破施工中矿石大块率相对较高，油锤二次破碎压力大，铲装效率低，一定程度上影响施工进度，使施工成本增加。除地质原因外，如何确定合理的爆破参数和施工工艺来解决大块率，是摆在爆破技术人员面前的一道难题。通过技术人员不断现场试验，摸索总结出行之有效的办法，很好地解决了大块问题，取得了良好的经济和社会效益。

2　爆破设计方案

根据爆破环境和开采条件，结合本公司设备阿特拉斯 ROC460 和 ROC351 型柴油动力潜孔钻机，采用 ϕ140mm 孔径，梅花型多排孔布孔方式。具体布孔如图 1 所示。

2.1　爆破参数设计

爆破参数设计如下。

（1）台阶高度 H=10m，炮孔倾角 90°，边坡孔倾角 70°。

（2）最小抵抗线：根据有关理论并结合实际经验，在保证钻机安全条件下，同时有利于后排孔推

原载于《露天采矿技术》，2010（2）：33-34，59。

(a) 平面布孔图

(b) 布孔剖面图

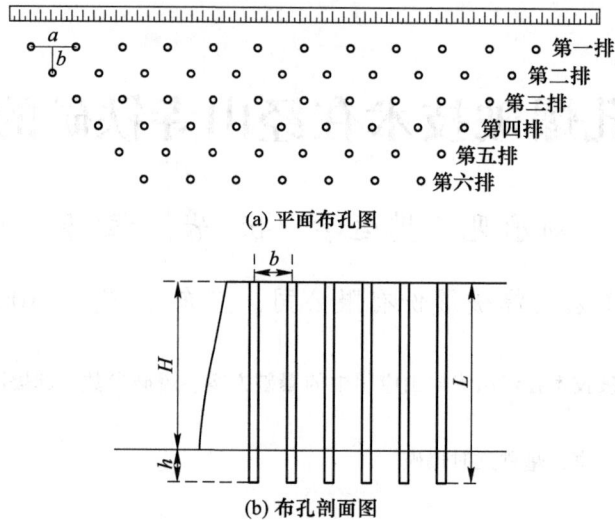

图1 台阶爆破布孔示意图

动，应相对缩小前排抵抗线，根据经验取2.5~3.0m。

（3）孔距 a 和排距 b：孔距 $a=5.0~5.5$m；对于前排 b 一般在2.5m左右，其他排 $b=3.0~3.5$m。在布置前排孔时，由于前一炮的影响和地质等原因，应根据实际确定合适孔位。

（4）超深 h：根据经验 $h=2.0$m。

（5）孔深 L：为保证爆破后形成平整台阶，孔深 $L=H+h$。有时台阶高度不完全在同一高程上，采用全站仪确定具体孔深。

（6）单孔装药量 Q：应用体积计算公式，$Q=qabH$，根据矿石特性 $q=0.72~0.9$kg/m³。

（7）装药结构：由于是负挖开采，根据实际有水炮孔采取连续耦合装药方式，起初用炮绳吊装药卷，慢慢送到底部，防止水的阻力使药卷到达不了孔底，并用炮棍压实药卷，增加装药量；无水炮孔采取如图3的方式装药。每孔设置2个药包，分开放置，并用炮绳小心送到设计位置，保证起爆可靠性。

（8）堵塞长度 h_0：为减少表面大块，防止飞石，堵塞长度 h_0 一般取2.8~3.0m。

2.2 爆破网络设计

爆破网络设计如下。

（1）在本工程中，采用非电毫秒延期雷管，"V"型起爆实现挤压控制爆破，从而使矿石破碎均匀、大块明显降低，有效降低爆破震动效应。起爆网络如图2所示。

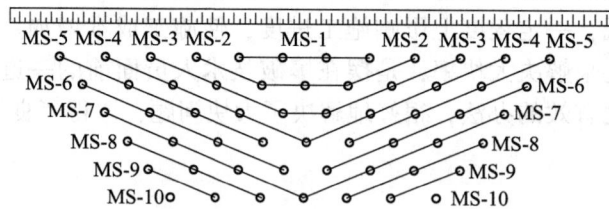

图2 台阶爆破网络图

（2）为保证起爆网络可靠性，每个炮孔中放置双发非电雷管，分开放置，起爆药包用炮绳小心送到设计位置。孔外采用"大把抓"捆绑电雷管，用连接线连接成闭合网络，这种混合起爆网络连接方式简单易操作，易导通。

3 新工艺探索

3.1 多排孔的选择

在以往爆破中，为保证爆堆高度有利铲装，爆堆内部具有均匀破碎块度和较好的爆堆松散度，每次安排 4 排孔方式，经过长期观察跟踪，发现前沿和两侧大块较多，占整个爆区大块的 80% 左右，不仅增加二次破碎难度，也严重影响设备铲装效率。为减少前排和两侧大块，经过多次摸索试验，采用 6 排孔布孔，多者达 8 排布孔方式，从爆破效果看，爆堆松散度没有明显降低，后排推动仍然达到 4m 左右，眉线整齐。多排孔爆破方法采用，不仅使前排大块减少了 1/3，也大大降低了前排根底的产生几率，光这项每年节省的费用十分可观。

3.2 增加不耦合装药系数

炮孔装药结构有耦合和不耦合，采用不耦合装药，可以提高装药高度，改善爆破质量，减少表面大块，并降低爆破振动。原先在装药施工中完全采用 φ110 的药卷，从施工过程和实际爆破效果反映炸药作功能量过于集中中下部，表面大块和中下部矿石粉碎现象明显。为使炸药能量分布均匀，采用提高装药不耦合系数。方法是炮孔底部丢装 2.5 箱 φ110 乳化药卷，中部装 1 箱 φ90 乳化药卷，上部用炮绳吊装 φ110 乳化药卷，回填长度从初始设计的 3.0m 减少至 2.8m。实际表明，每个炮孔平均节省 12kg 炸药，平均单耗降低了 0.15kg/m³ 左右，降低了爆破成本。装药设计如图 3 所示。从实际铲装观察，中下部也没有增加矿石大块，铲装效率没有明显降低，反而对减少表面大块起到一定帮助。

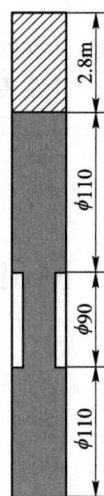

图 3　不耦合装药示意图

3.3 起爆方式

经山寺矿爆破过程中采用 "V" 型起爆方式，使每个炮孔的侧向都有两两折曲的自由面，使实际孔距及实际抵抗线变得更加合适，增加岩石之间的碰撞，改善破碎状况，从而降低大块率。"V" 型起爆方式使后排炮孔单个起爆，有助于减小岩石拉裂，使未爆岩石稳定。"V" 型起爆网络的起爆等时线和延时时间如图 2 所示，这样爆堆比较集中，有利于铲装和汽车运输。由于 "V" 型起爆尖端炮孔受到极大夹制作用，必须合理选择 "V" 型张角，根据实践一般选取 4 个炮孔作为 "V" 型张角。

4 结语

经山寺铁矿在生产过程中，矿石产量平均为 20 万吨/月。通过不断优化爆破参数、改变装药结构、起爆方式，在节约成本的同时爆破效果得到了改善，降低了矿石大块率，减轻了油锤二次破碎压力，提高了生产效率，经济效益达到最大化。实践表明：

（1）中深孔台阶矿石爆破，必须根据矿石质量要求合理确定爆破参数，确保大块率低；

（2）选取排数和炸药单耗要考虑爆堆松散度和现有设备挖运能力大小，爆堆松散度合适，有利于提高设备铲装效率，减少设备挑大块时间；

（3）单孔炸药作功能量主要集中在炮孔中下部，炮孔中下部采用不耦合装药，减少回填长度，可有效降低实际单耗并减少表面大块率；

（4）每个炮孔中设置 2 发非电雷管，给起爆上了双保险，提高爆破安全可靠性；

（5）"V" 型起爆方式在降低大块率及减少根底方面效果明显，给类似工程提供参考。

参 考 文 献

[1] 刘殿中. 工程爆破实用手册 [M]. 北京：冶金工业出版社，1999.

[2] 郑炳旭. 建设工程台阶爆破 [M]. 北京：冶金工业出版社，2005.

[3] 于亚伦. 工程爆破理论与技术 [M]. 北京：冶金工业出版社，2004.

[4] 李娟. 高村采场降低台阶爆破大块率和根底的措施 [J]. 金属矿山，2005(9)：72-73.

规格石高强度爆破开采技术

刘 翼 吴 栩 刘志才

（广东宏大爆破股份有限公司，广东 广州，510623）

摘 要：本文以辽宁一大型石方爆破工程的实施为例，介绍了实施规格石高强度开采的几个关键技术以及要注意的几个主要问题。可供类似工程参考。

关键词：规格石；高强度开采；石料级配；底板处理

Technology of Exploitation for Multi−Dimension Stone by Blasting in Finite Term

Liu Yi Wu Xu Liu Zhicai

（Guangdong Hongda Basting Co., Ltd., Guangdong Guangzhou，510623）

Abstract：This paper took a large−scale ballast pit in Liaoning province for example. It in troduces that some key technologies and main problems must be pay attention to when you would expliotmutli−dimension stone by blasting in the finite term. It would take a reference for similar project.

Keywords：dimension stone；high−intensity exploitation；grade−stone；floor treatment

1 工程简介

本爆破工程是一座孤立的山体，地形起伏变化大，属于辽西低山丘陵的东南边缘，东、南濒临辽东湾。爆破开挖区基岩一般直接出露，覆盖层较薄。岩性主要以安山岩为主，中等风化。本工程是将山体爆破并挖运至山体周围指定的夯填区。

2 主要工程量

工程的主要内容为挖方区土方和植被的清理及外运、山体石方爆破和挖装、基坑爆破开挖及挖装施工。本工程的土石方总量996万 m^3，其中清挖表土50万 m^3，爆破石方946万 m^3。而石方爆破粒径多种，级配要求和需求量各不相同，其中最大粒径≤10cm，工程量12万 m^3；最大粒径≤25cm，工程量23万 m^3；最大粒径≤40cm，工程量128万 m^3，不均匀系数 C_u >5，曲率系数 C_c =1~3；最大粒径≤80cm，工程量674万 m^3，不均匀系数 C_u >10；粒径规格无要求工程量108万 m^3。本文以下所称规格石专指粒径小于40cm和80cm的石料，其余粒径石料爆破开采另作详细说明，在此不作详述。

3 重点和难点

本工程存在许多与以前工程不一样的特点，它们既是本工程的难点也是本工程的重点。

原载于《有色金属（矿山部分）》，2010，62(2)：53-55，78，52。

（1）工程量大，石方爆破开挖量达到946万 m³。

（2）工期紧，施工准备时间紧，业主给定准备时间只有8天（包括2009年春节），946万 m³ 爆破要在5个月内完成，平均每个月完成石方挖运189万 m³，平均每天需完成爆破运输石方量6.3万 m³，高峰期每天要达到10万 m³，工期非常紧。

（3）人员设备多、相互协调工作量大。本工程爆破施工现场人员达500多人，挖机70~80台，钻机25台，运输车300多台。爆破区与夯填区接临范围广，施工单位多，机械设备种类和数量多，相互穿插，相互干扰，施工区域内爆破施工频繁，爆破警戒困难，耗时多，安全隐患多。工地离村民近，爆破施工常受附近村民阻挠。爆破挖运受外部制约因素多，爆破与挖运不统一，石方挖装运输分布不均衡，常受夯填工序周期限制，运输工程量波动大。因此，相互协调接口工作多，协调不好将影响工程总体进度。

（4）石料规格要求多，填料区所用石粒径各有严格的要求。有最大粒径小于10cm、25cm、40cm和80cm的不同要求，且不均匀系数、曲率系数等均有相应的严格要求，岩石爆破技术要求非常高。

（5）底板处理面积大，处理面积70万 m²，底板控制要求高，底板处理允许平整度为设计标高的0~-20cm，超过-20cm部分，按施工图设计回填至设计标高，不允许欠挖。而且底板标高控制不在同一水平面上，既有纵坡又有横坡，且道槽区底板低于草坪区底板80cm，最后还有深5m、宽60m、长70m的基坑需要单独爆破处理。底板处理大大影响石方台阶爆破的进度。

（6）施工工序多，每道工序监督、审查严格，报批手续繁杂。爆破施工工序包括表土剥离、剥离验收、清理炮位、爆破工程师布孔、测量工程师炮孔测量、孔深计算、钻队钻孔、炮孔验收、爆破施工设计与报审（炸药和雷管用量计算，起爆网路设计）、待监理和业主批复爆破施工设计后，按照爆破设计参数装药、联线，同时通知监理现场监督、装药、联线工作完成后，在工区限定的爆破时间内做好警戒，按照制定的警戒信号和起爆程序，在爆破总指挥下达起爆命令后起爆、爆破效果检查、解除警戒、挖运、方量计算、底板效验。业主、监理不但要求爆破结果，而且每炮的炮孔参数都要求严格按设计来操作。

4 主要技术措施

本项目工程量大，工期紧，施工工序全且要求严格，针对本工程的特点，从全局着手，主要抓好道路布置，台阶划分，爆破质量控制，节点工期，爆破安全，底板处理这几项大的工作。为了达到最后的质量和工期要求，施工过程中采取了以下主要技术措施。

（1）通读施工图纸，弄清楚开挖边界和底板高程，特别是底板高程，贯穿了整个施工过程，在最初阶段，它关系到主要运输道路的规划，台阶的划分和台阶高度的选取，最后一层台阶高度的选择和对底板的控制。

（2）划分台阶，主要是台阶高度选择，选择原则：台阶高度每层控制在15m左右[1]，最后一层台阶高度控制在10m以内。台阶层数越少越好，尽量减少道路维护和运输距离。

（3）开拓工作面：除最底一层外，每层的工作面开始要低于台阶底板控制高程1~2m，这样在以后的推进中，底板由低向高推进，而不会出现门坎；工作面开拓时，第一炮需要打斜孔，如图1所示，否则，第一炮往往在靠自由面一侧要留门坎，不利于运输车辆运行，降低了挖运效率，也对车辆损耗严重。

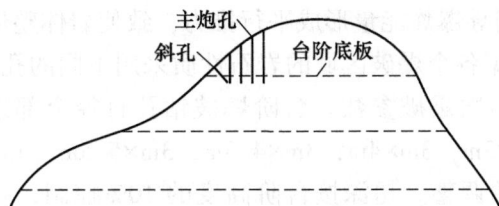

图1 台阶开口处理图

Fig. 1 Method of bench open

（4）运输道路规划[2]：包括主要运输干道和小便道。运输干道主要为了出料，干道质量要好，运输距离要合理优化成最短，要保证主干道距离每处开挖面不大于300m，本次爆破山体是一座孤立的山头，台阶爆破前修了三条绕山体的主干道，分别位于三个台阶的底板高程，三个环路之间又修了若干条上下联通的干道，道路规划如图2所示。主干道道路较宽12~15m，修筑成本高，因此，不可随意变动，至少保持1~2个月的使用时间。小便道主要是为了方便挖机、钻机、油炮机、加油车等机械设备出入而修建，使用时间较短，修筑灵活方便，但也需保持1~2个星期的使用时间。

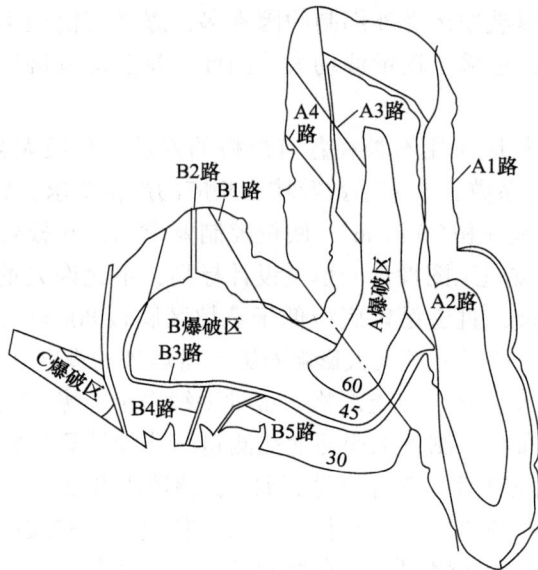

图 2 施工道路规划平面图
Fig. 2 Plan sketch of construction roading

（5）人员分配：本项目将爆破区域分为三个区，爆破工程师分为三个组，每个组分别负责一个爆区，爆破工程师的主要职责是负责本爆区的炮孔布置，地脚、抬炮处理，关注本爆区爆破效果，根据爆破效果及时调整下次的爆破参数。在爆破工作强度不均匀时，爆破辅助工之间相互调配，合理分配爆破辅助人员。测量任务也比较繁重，内容也比较多、比较细，主要工作内容有每个炮孔位置和孔深的测量、爆破方量和挖运方量的计量、底板高程的跟踪和底板处理的监控。因此，根据测量的分工不同，测量组也分为三个小组，分别负责测量炮孔、石方计量和底板处理。由于山体面积比较大，挖运队伍比较多（达15个之多），调度员来回调动的距离比较远，因此，调度员也按区域划分成五个小组，每个小组负责本区域的调度工作，主要是指挥本区域内炮位的清理，石料挖运，大块石处理，底板处理等。

（6）规格石料生产的主要技术：1）减少前排抵抗线，创造并形成良好的爆破临空面，避免前排挤压作用太大，致使爆炸能量释放受阻而造成岩石挤压破碎；2）采用调整炸药单耗，来提高规格石料的成材率；3）减少或增加单次爆破排数和提高爆破孔数，以减少或增加爆破时的排间碰撞和挤压，提高规格料的产率[3]；4）装药结构采用不耦合装药结构，适当调整不耦合系数，减少粉渣率[4]；5）采用间隔装药结构，药量布置均匀，减少集中药包对岩石的粉碎作用[5]；6）采用单排分段齐响，排间增长微差延时的起爆网络，以引导爆炸能量形成平行推力，致使岩体整体向前倾倒。

（7）爆破孔网参数[6]：根据各个爆破区域的岩石性质采用不同的孔网参数，每个爆区的孔网参数依据前炮的爆破效果不断调整后次爆破参数。台阶爆破钻孔直径全部采用ϕ140mm，根据孔深不同，孔网参数主要有以下几种：3m×3m，3m×4m，3m×4.5m，3m×5.5m，3.5m×6.5m，4m×7m，局部岩石性质有变化，孔网参数作相应的调整。超深按台阶高度的10%控制，孔深7m以上堵塞约3m，孔深14m以上间隔装药1.5~2m，单耗按0.4~0.5kg/m³控制，采用排间起爆或V型起爆。本文根据整个工程的爆破实践，总结了根据石料规格和岩石可爆性的孔网参数对应表，如表1~表4所示。

表 1　难爆 80 石料孔网参数表

Table 1　Parameter list of hole grid for stone hard to blast less 80cm

岩石特性：难爆；粒径要求：≤80cm

台阶高度/m	爆破参数				
	超深/m	排距/m	孔距/m	延米爆破方量/m³	堵塞/m
≤3.0	0.8	3.0	4.5	13.5	≤2.0
3~7	1.0	3.2	5.0	16	2.0~3.2
7~12	1.2	3.5	6.0	21	3.2~3.5
12~17	1.5	3.7	6.5	24	3.5

表 2　易爆 80 石料孔网参数表

Table 2　Parameter list of hole grid for stone easy to blast less 80cm

岩石特性：易爆；粒径要求：≤80cm

台阶高度/m	爆破参数				
	超深/m	排距/m	孔距/m	延米爆破方量/m³	堵塞/m
≤3.0	0.8	3.2	4.5	14.4	≤2.0
3~7	1.0	3.5	5.2	18.2	2.0~3.2
7~12	1.2	3.7	6.5	24	3.2~3.5
12~17	1.5	4.0	7.0	28	3.5

表 3　难爆 40 石料孔网参数表

Table 3　Parameter list of hole grid for stone hard to blast less 40cm

岩石特性：难爆；粒径要求：≤40cm

台阶高度/m	爆破参数				
	超深/m	排距/m	孔距/m	延米爆破方量/m³	堵塞/m
≤3.0	0.8	3.0	4.3	12.9	≤2.0
3~7	1.0	3.2	4.5	14.4	2.0~3.2
7~12	1.2	3.5	5.0	17.5	3.2~3.5
12~17	1.5	3.5	6.2	21.7	3.5

表 4　易爆 40 石料孔网参数表

Table 4　Parameter list of hole grid for stone easy to blast less 40cm

岩石特性：易爆；粒径要求：≤40cm

台阶高度/m	爆破参数				
	超深/m	排距/m	孔距/m	延米爆破方量/m³	堵塞/m
≤3.0	0.8	3.2	4.3	13.8	≤2.0
3~7	1.0	3.5	5.0	17.5	2.0~3.2
7~12	1.2	3.5	6.2	21.7	3.2~3.5
12~17	1.5	3.7	6.2	22.9	3.5

（8）大块料石控制措施：正确选取孔网参数是规格石生产的关键，前炮没有爆破好，将影响挖运、清渣、钻孔等后续工序，少则影响 3~5 天，多则 10 天半个月，但爆破效果好坏，还与钻孔精度，装药，起爆网路有关，是一个综合复杂的系统工程。不管孔网参数布置如何精确，往往难免有些大块。如果发现有超规格的大块料石，调度员首先禁止挖机手装运大块，然后调派油炮机集中破碎，有时爆破刚完，在爆堆上面大块石就比较多，油炮机可以先在爆堆上把大块石破碎一遍。挖机手在刚开始时对规格石料的尺寸没有直观的概念，经常无法把握规格块石尺寸，对这种现象，可以在现场多个地方

堆放标准规格料石，并标明规格尺寸，作为规格料石样板。在夯填区，有时也发现超规格大块，这时，要及时调派油炮进行及时处理。

（9）根坎控制措施：由于在最初台阶高度划分没有统一，在45m平台底板控制相差很大，变化范围在40~45m之间，这一平台的根坎也比较多，比较大。除了各爆区岩石性质的差别造成根坎外，钻孔精度低是留有根坎的共同原因。因此，将钻孔垂直度控制在3%以内，是控制根坎的关键；另外将逐排起爆改为V型起爆，对减少根坎也可以起到一定的作用。

（10）爆破山体贯通：本工程是一座孤立的山头，环绕主干道运输道路长，又由于石料需求分布不均匀，加长了石料的运输距离，在爆破施工过程中，有意识地加快一些狭窄截面的贯通，可以提前减少运输道路的距离，加快出料的速度，增加爆破工作面。本工程共进行了4次爆破工作面的贯穿，每一次都大大加快了爆破施工的进度，为完成节点工程创造了有利条件。

5　结语

本工程在预计工期内，按照业主的要求按质按量完成了石方爆破任务，特别是几个节点工期，都按时完成了计划，但由于是第一次遇到如此高强度和多种规格石的大型爆破工程，因此，在整个施工过程中出现了许多考虑不周的地方，致使工程进展不很顺利，主要以下几点，以供类似工程参考。

（1）没有通读施工图纸，匆忙施工，导致施工主干道布置不合理，带来最后一层台阶过高，底板控制困难的被动局面。

（2）预先没有充分估计到浅孔对成本控制的不利影响，导致浅孔过多，增加很大一部分钻孔成本，降低了延米爆破方量和增大了单耗。要尽量减少浅孔，需想尽办法消耗开台阶的浅孔，可以将上层开台阶的浅孔规划到下一台阶的炮孔中。

（3）开台阶没有打斜孔，台阶留有门坎，台阶开口高于台阶底板，运输车辆运料不方便，降低了运输效率。

（4）最后一层台阶过高，平均孔深达16~17m，不利于控制底板，应该将最后一层台阶高度控制在10m以内，这样可以有效控制底板，减少底板二次处理的工作量。

参 考 文 献

［1］于亚伦. 工程爆破理论与技术［M］. 北京：冶金工业出版社，2007.
［2］刘殿中，杨仕春. 工程爆破实用手册［M］. 北京：冶金工业出版社，2004.
［3］孙宝平，徐全军，单海波. 深孔爆破岩石破碎块度的控制研究［J］. 爆破，2004，3：28-31.
［4］李萍丰，廖新旭，罗国庆. 大型采石场深孔爆破参数实验分析［J］. 爆破，2004，2：28-30.
［5］程玉泉. 深孔爆破作用效果改善对策［J］. 爆破，2002，4：16-18.
［6］于治斌，李坚，高波. 露天多段深孔微差爆破孔网参数优化设计［J］. 爆破，2003，2：24-28.

宽孔距小抵抗线技术在深孔爆破中的应用

郑灿胜　　庄健康　　李战军

（广东宏大爆破股份有限公司，广东 广州，510623）

摘　要：根据深孔爆破工程实践，对宽孔距小抵抗线爆破技术进行了研究，该技术可改善爆破质量。为了确保爆破效果，炮孔密集系数应通过试验确定，采用三角形布孔，控制一次起爆的炮孔排数。

关键词：宽孔距；小抵抗线；深孔爆破；台阶爆破

Wide Hole Spacing Small Burden Technology Applied in Deep Hole Blasting

Zheng Cansheng　　Zhuang Jiankang　　Li Zhanjun

（Guangdong Hongda Blasting Co., Ltd., Guangdong Guangzhou，510623）

Abstract：According to deep hole blasting practice，the wide hole spacing small burden technology is studied because the technology can improve quality of blasting. To ensure blasting performance，the coefficient of blast – hole concentration should be determined by test；the holes should be in a triangular arrangement；and the hole rows for the first blasting should be controlled.

Keywords：wide hole spacing；small burden；deep hole blasting；bench blasting

1　宽孔距小抵抗线爆破技术与机理

爆破能量利用率提高。适当增大孔间距可以避免爆炸气体产生物由于相邻孔之间裂隙过早贯通而逸散，使炸药能量利用率提高。当两孔齐爆时应力波首先在炮孔周围形成一些径向裂缝，在两孔连线方向上，由于叠加作用，出现较长裂缝的几率较其他方向要大。爆生气体在应力波之后以准静态压力形式作用于孔壁，用宽孔距时爆生气体的作用时间要长。在准静态压力作用下，炮孔连心线上的各点均产生较大的拉应力。最大的拉应力发生在炮孔的连心线与炮孔壁相交处。因此，拉伸裂缝首先发生在炮孔壁，然后沿炮孔连心线向外延伸，直至贯通两个炮孔。

采用宽孔距小抵抗线可以避免爆生气体过早由于贯通而逸散，可增加爆破能量的利用率[1]。

爆破漏斗角增大形成弧形爆破自由面，有利于提高爆破质量。增加炮孔的密集系数，可使爆炸产生的入射与反射应力波充分发挥破碎作用，使径向和环向裂隙充分发展，使爆破漏斗角增大。前排炮孔的爆破漏斗角增大为后排产生一个凸弧形状且有微小裂隙的自由面。凸弧形自由面比平面自由面反射波的拉应力范围大，能量更集中，可促进漏斗边部径向裂隙扩展，为后排炮孔爆破创造良好的条件。由于抵抗线越小，入射波在岩体中的传播距离随之减小，入射波传播过程中的能量损失也小。反射拉应力相应地增加，自由面及附近的拉裂作用得到加强使凸弧形的自由面更易产生较小的块体，从而降低大块率的产生。

合理的炮孔密集系数有利于改善爆破效果。选取合理的密集系数 m 值，是为了获得最佳破碎效

原载于《矿业工程》，2010，8（3）：40-42。

果，而不是单纯增大孔间距，要寻求一个既能保证最佳破碎质量，又能使爆破的矿岩体积最大的抵抗线——最佳破碎抵抗线。在此条件下，采用小于最大合理孔间距的任何孔距，均可获得良好的爆破效果。

炮孔密集系数。宽孔距小抵抗线爆破技术于 70 年代瑞典 U. 兰格费尔斯提出，然而，参数多大值是最合理的，至今还无统一的认识。有人认为炮孔密集系数取 2 最优，也有人认为系数应大于 2。当然，密集系数的大小，还要看爆破的条件（如岩性、地质条件等）而定，在一般条件下适当地增大炮孔的密集系数都会取得良好的爆破效果。

2 炮孔密集系数的实证性

在施工过程中，主要采用 140 钻机钻孔，爆破台阶一般高 10～15m，几个典型工地的孔网参数如下。

2.1 三亚某工程（台阶高 15m）

三亚某工程采区内岩层为黑云母二长花岗岩，$f=11\sim14$，饱和抗压强度为 70～150MPa。采区内地质条件复杂，节理、裂隙、风化沟、破碎带均十分发育，裂隙水丰富。根据不同的岩石类型设计爆破参数，经初步探索后，将采区岩石按爆破难易程度划分为 Ⅲ 类（见表1）[2,3]。

表 1　采区岩石爆破难易程度分类

类别	可爆性描述	风化程度	节理裂隙状况/cm		爆破描述
			$130°\angle80°$	$60°\angle60°\sim80°$	
Ⅰ	相对难爆	弱微风化	70～200	>50～100	需要强烈破碎才能达格岩块
Ⅱ	中等可爆	弱风化辉绿岩	40～70	>50	需将天然岩石进一步破碎
Ⅲ	易爆	强全风化	10～40	50	只需将岩体松散

按照综合成本最低原则，选择的爆破参数见表2。

表 2　不同岩性的爆破参数

岩性	孔距/m	排距/m	单耗/kg·m⁻³	炮孔密集系数
相对难爆	5	4	0.5	1.25
中等可爆	5.3	4.1	0.4	1.6
易爆	5.5	4.2	0.3	1.3

2.2 河南经山寺铁矿（台阶高 10m）

经山寺铁矿位于河南舞钢市境内，矿区地层主要为新太古界太华群铁山庙区域变质岩系，矿区被 7 条断层截割为条块状。岩石普氏系数 $f=12\sim14$，矿石普氏系数 $f=16\sim22$。根据生产实际将矿岩分为 4 类（见表3）。

表 3　爆破参数

名称	孔间距/m	排距/m	平均单耗/kg·m⁻³	炮孔密集系数
一般岩石	6.5	3.8	0.39	1.71
难爆岩石	6.2	3.5	0.41	1.77
氧化矿	6.2	3.5	0.47	1.77
原生矿	5.0	3.2	0.78	1.56

采用表 2 的爆破参数，工程平均大块率控制在 1.8%～2.2%，根脚率约控制在 5%。装药结构为 $\phi110mm$ 的条形 2 号岩石乳化炸药，平均延米装药量为 14 kg/m。

2.3 大红山二期工程（台阶高 15m）

大红山二期工程爆破施工区域地形起伏变化大，基岩一般直接出露，覆盖层较薄。该区岩性主要以安山岩为主，局部为安山质角砾岩、安山质凝灰岩，属安山岩岩相变化。3 种岩性分部无规律，具典型熔岩流特征，即在水平及垂直向上无明显界限。该区岩石以中等风化为主，局部强风化，一般厚 1~2m。施工区域内工程地质条件良好，主要工程地质问题为局部破碎带对岩基整体稳定性的影响。根据岩石可爆性和所产石料要求，采用的爆破参数见表 4。

表 4　不同的爆破参数

名称	孔间距/m	排距/m	平均单耗/kg·m^{-3}	炮孔密集系数	石料规格要求
易爆岩石	5.8	3.5	0.59	1.66	≤40cm
一般岩石	5.5	3.5	0.62	1.57	≤40cm
难爆岩石	5.0	3.3	0.73	1.52	≤40cm

3　爆破时间间隔问题

在选择微差间隔时间时应考虑如下几方面：（1）新自由面的形成，前排爆落的碎石向前移动一定距离以后，后一段爆破孔才能起爆，这符合爆破作用空间补偿原理；（2）充分考虑利用应力波之间作用，加强炮孔之间的破碎；（3）选择微差间隔时间要考虑到震波和空气冲击波对周围环境影响；（4）保证前排孔爆破后不破坏后排的起爆网络，即要求微差间隔时间的选取要满足整个网络传爆的要求。

对于国内生产的非电毫秒雷管而言，第一段的起爆时差精度为 ≤3ms，第二段为 ±5ms，段别越高，误差范围越大，因此，完全依靠导爆管起爆的爆破网络存在毫秒级时差。目前国产导爆管最小的时间差也在 25ms，所以，现场最终应用的段与段之间的微差只能是 25ms、50ms 和 75ms 等，一般选 25ms 间隔。

4　装药结构

根据以往的经验，采用不均匀不耦合装药（见图 1）的崩塌爆破技术，上、下段各布置一个起爆药包，每个药包安放 2 发毫秒延期导爆管雷管，以便实现降低粉矿、充分利用钻孔，使钻、爆、运综合成本达到最低的爆破效果。其基本设想是：下部炸药量将底部岩石崩开、上部药量则将上部岩石震塌（弱松动爆破），使其靠自重掉下。将单一装药结构（装药段延米装药相同）改变成上下两段装药，下段延米装药量是上段延米装药量的 1.2~2.2 倍（上下不同装药直径），对控制粉矿率可起到关键作用。

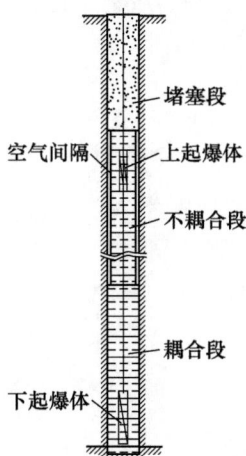

图 1　不均匀不耦合装药结构图

当需要控制爆破大块和保证根底质量时，使用全孔耦合装药；在岩性较脆，对爆破的块度质量要求不严格时，可采用炮孔中部 0.5~1.2m 不装炸药的分隔装药技术，以便降低爆破成本。

5　宽孔距小抵抗线应用现况及结论

宽孔距小抵抗线应用现况及结论如下：

（1）宽孔距小抵抗线爆破技术可降低大块率，提高爆破质量；

（2）宽孔距小抵抗线微差爆破技术并不是单纯地改变孔距和排距，而是一个系统工程，应用该技术时要综合考虑矿岩性质、矿床条件和采矿参数等多种因素，爆破效果与装药结构、网络连接和起爆方式等爆破施工中的每个环节都相关联；

（3）该技术在实际应用中，炮孔密集系数的上限值应不大于 2，由于现场情况复杂，炮孔的密集系数应通过试验来确定；

（4）在实际应用中，先通过实验确定爆破排距，并基本固定排距，根据现场实际情况适当调整孔距的方法，比较便于操作。一次起爆的排数不要太多，一般在 4 排以内；

（5）实践表明，无论从爆破能量的均匀性还是从实际爆破效果来看，三角形布孔要优于矩形布孔；

（6）应重视第一排孔的布置及装药。第一排孔抵抗线过小，易产生大量的飞石，抵抗线过大，则不易爆起推出，而且会导致连锁反应。

参 考 文 献

[1] 葛勇，题正义. 宽孔距小抵抗线微差爆破技术在露天矿中的应用 [J]. 中国煤炭，2004(11)：38-39.
[2] 李萍丰，廖新旭，罗国庆，等. 大型采石场深孔爆破参数试验分析 [J]. 爆破，2004(2)：28-30.
[3] 李萍丰. 铁炉港采石场二期工程深孔台阶爆破实践 [J]. 爆破，2004(2)：59-62.

斜坡面上孔底设计高程计算方法

刘　翼　师东亮　王仕林

（广东宏大爆破股份有限公司，广东 广州，510623）

摘　要：在爆破平场的炮孔测量实践中，探索出了一种斜坡面孔底设计高程的计算方法。在已知设计地面四个角点坐标和高程的情况下，不但可以计算四点共面的矩形内钻孔孔深，还可以将矩形划分为两个直角三角形计算四点异面的钻孔孔深。原理简单，既适用于少量炮孔的手工计算，也适用于通过计算机编程来计算大批量炮孔孔深。

关键词：炮孔孔深；斜坡面；孔底设计高程；投影矩形

Calculations of the Hole Bottom Design Elevation on Slope Surface

Liu Yi　Shi Dongliang　Wang Shilin

（Guangdong Hongda Blasting Co., Ltd., Guangdong Guangzhou，510623）

Abstract：A computing method had been explored to calculate the design elevation of hole bottom on slope surface in the practice of hole surveying. Given the coordinates and the elevation of the four points on the corner of the rectangle of projection, this method could calculate the elevation of the hole bottom not only on the four-point coplaner slope but also on the non-uniplanar sope, which could be divided into two right triangles. According to this method, the hole elevation on slope surface could be calculated quickly on-site.

Keywords：hole depth; slope surface; design elevation of hole bottom; rectangle of projection

1　引言

　　在大面积采用爆破方法平整场地的工程施工中，爆破平场施工程序是先布置炮孔，然后测量炮孔的位置和根据设计标高计算孔深，钻机手根据每个炮孔位置和孔深钻孔。如果平整场地的设计高程是一个水平面，则孔深计算相对简单，用孔顶地面高程减去孔底设计高程即可得孔深，现场测量就可以得到结果。然而有时平整场地的设计高程不是水平面，而是一个甚至多个带有一定倾角的斜面，这种斜坡面上炮孔设计高程计算需要有一定的方法。为了解决斜坡面炮孔孔深测量这一难题，本文在炮孔测量实践中，寻找到了一种在实践中可以解决单斜面、双斜面，甚至多斜面的孔底高程的计算方法。

2　斜坡面孔底高程计算方法

2.1　计算方法总体思路

　　炮孔孔深测量计算原理如图1所示。为了方便计算，首先选取一块投影面是矩形的爆破区域作为研究对象，炮孔孔深计算时，图1中设计地面的四个角点（*EFHG*）坐标和高程已知，要求炮孔在由四个角点组成的设计地面上。在实际爆破平整场地中，由于爆破地形的影响和爆破方向的限制，设计地面的两条对边一般很难同时平行于投影矩形面，如图 2(a) 所示单斜面 1 的情形，也就是沿矩形边一个坡度就能计算孔底高程的情况很少，即使是单斜面，一般其相邻两边都有坡度变化，如图 2(b) 所示单斜面 2 的情形。因此，区域内的炮孔孔底标高一般需要借助四边形的四个角点坐标来计算。为了简化计算，按照从易到难的原则，首先考虑四点共面的情况，即图 2 中单斜面的情形，然后再进一步考虑四点异面的情况，如图 2 中双斜面的情形。

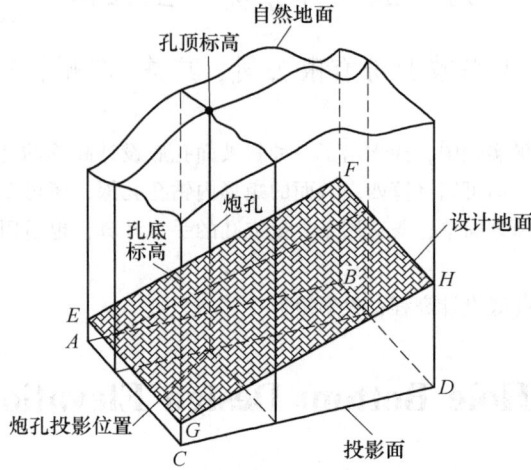

图 1　炮孔孔深测量计算原理图

Fig. 1　Skeleton drawing of hole-depth measure

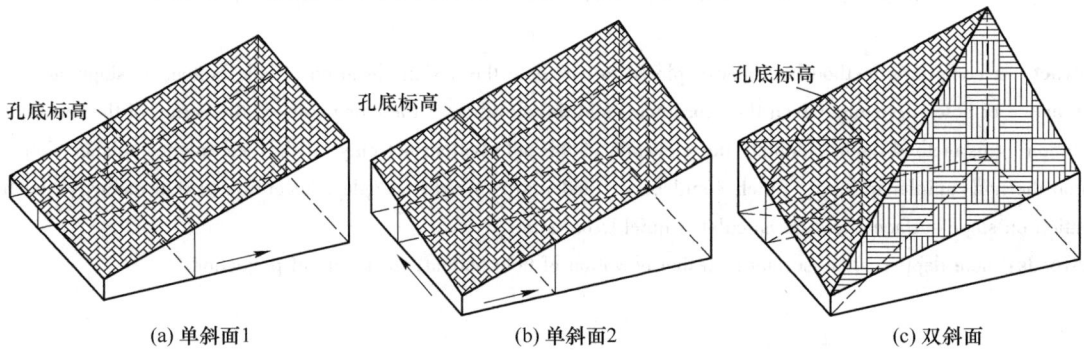

(a) 单斜面1　　　　(b) 单斜面2　　　　(c) 双斜面

图 2　设计地面斜面类型图

Fig. 2　Slope types of ground surface by design

首先判断设计地面的四个角点是否共面，共面是单斜面问题，不共面则是双斜面问题。单斜面按矩形算法来计算，双斜面则要将空间四边形分成两个相对的直角三角形来分别计算。这时又会出现两种可能情况，即一对是左上直角和右下直角，一对是右上直角和左下直角。设计地面内一个炮孔，具体用哪一对直角三角形来计算，需要看具体情况。炮孔孔底高程计算流程如图 3 所示。

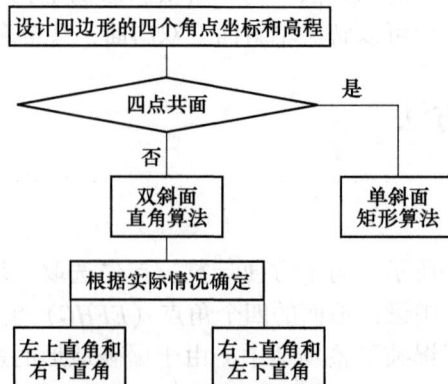

图 3　斜面上炮孔孔底高程计算流程图

Fig. 3　Computation flow process chart for elevation of hole bottom in slope

2.2 四点共面判断

已知空间四边形 $EFHG$ 的四个角点坐标和高程（见图 4）。图中 A、B、C、D 为空间四边形的投影矩形角点，括号内为角点坐标和高程。在直角梯形 $GCBF$ 中，PQ 为该梯形的中位线，则有 $PQ_{GCBF} = (z_2 + z_3)/2$，同样在直角梯形 $EADH$ 中，PQ 为该梯形的中位线，则有 $PQ_{EADH} = (z_1 + z_4)/2$，由于 AD 与 BC 相交于 Q，如果 $PQ_{GCBF} = PQ_{EADH}$，则有 EH 与 FG 相交，即由 EH 与 FG 两相交直线组成的平面上 E、G、H、F 四点共面；如果 $PQ_{GCBF} \neq PQ_{EADH}$，则有 EH 与 FG 不相交，即 E、G、H、F 四点不共面。又由于 E、G、H、F 四点共面时，$PQ_{GCBF} = (z_2 + z_3)/2 = (z_1 + z_4)/2 = PQ_{EADH}$，则有 $z_2 + z_3 = z_1 + z_4$。因此可以得出：在投影面为矩形的前提下，如果空间四边形 $EFHG$ 对角两点高程和与另外一对对角两点高程和相等，则空间四边形 $EFHG$ 共面。

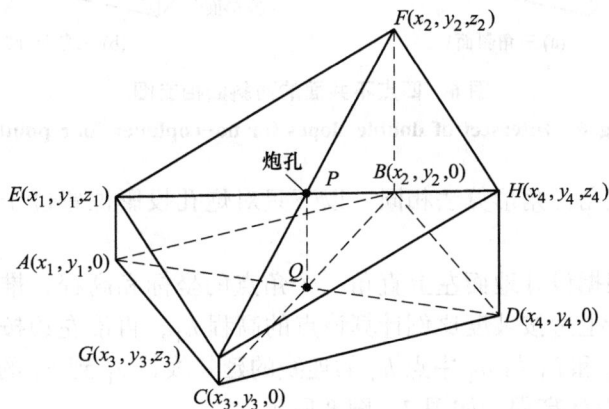

图 4 四点共面判断图

Fig. 4 Identification coplaner for four points

2.3 单斜面矩形算法

矩形算法，即是根据已知设计四边形的四个角点坐标和高程，推算投影矩形范围内炮孔位置的设计高程。其算法为：先沿投影矩形上边按坡度比例计算该点的高程 h_1，再沿投影矩形下边按坡度比例计算该点的高程 h_2，最后按 h_1 到 h_2 的坡度比例计算该点的高程 h_3，h_3 即为该点的最终孔底设计高程。单斜面矩形算法如图 5 所示。

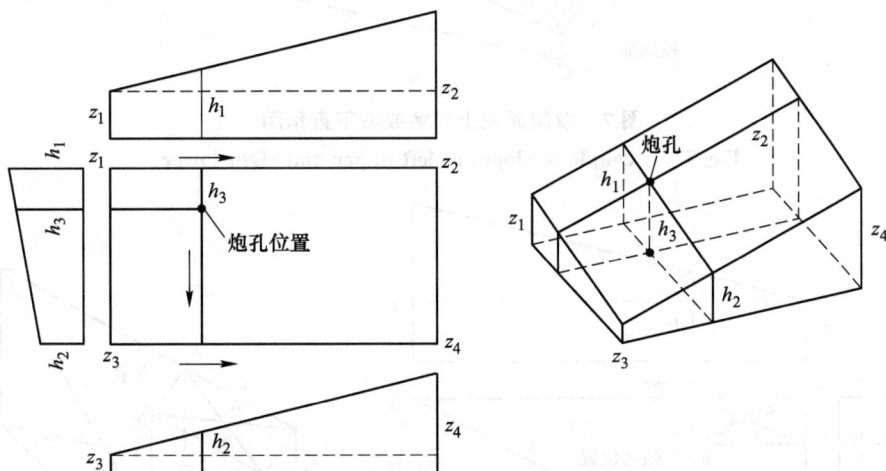

图 5 单斜面矩形算法图

Fig. 5 Rectangular algorithm for single slope

2.4 双斜面算法

当投影前四点不共面时，会出现两个相交的斜面，由于两斜面相交有上凸和下凹两种情况，仅依据已知设计地面的四个角点坐标和高程，还不能确定两斜面是哪种相交情形，因此如图 6 中的炮孔可能属于三角斜面 1，也可能属于三角斜面 2。一个炮孔具体用哪对直角三角形来计算，还要根据实际情况来判断。

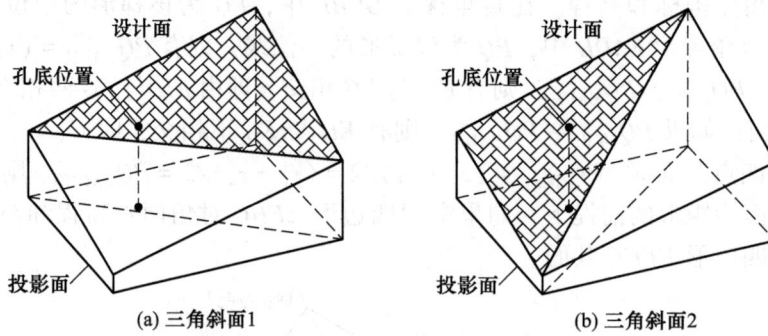

图6 四点不共面的两斜面相交图

Fig. 6 Intersect of double slopes for no-coplaner four points

由于以上几种情形的直角三角形算法相同，以下只对炮孔投影位置位于左上直角时的孔底设计标高算法进行描述。

左上直角算法，即是根据设计地面左上直角三个角点的坐标和高程，推算左上直角范围内炮孔的设计高程。其算法为：先沿上边按坡度比例计算该点的高程 h_1，再沿左边按坡度比例计算该点的高程 h_2，最后沿左上角点高程 z_1 和 h_1 与 h_2 中点 h_3 的连线的延长线按 z_1 到 h_3 的坡度比例，计算该点的高程 h_4，h_4 即为最后该点的设计高程，如图 7、图 8 所示。

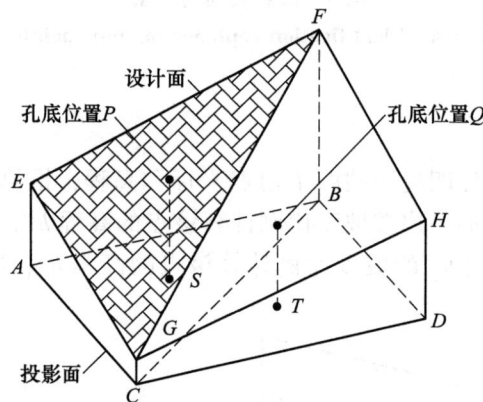

图7 双斜面左上直角或右下直角图

Fig. 7 A couple of slopes at left upper and right lower

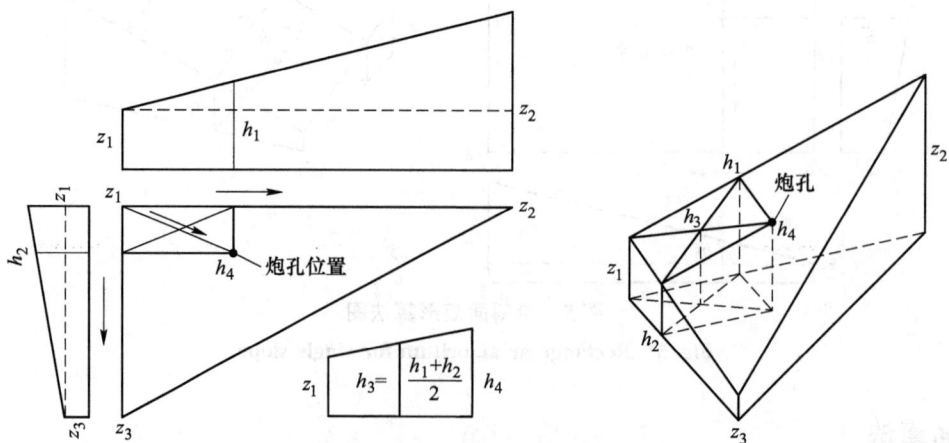

图8 左上直角算法原理图

Fig. 8 Skeleton drawing of right angle algorithm at left upper

3 计算方法举例

某建筑公司为了修建一条沿北面山坡绕建筑群而行的道路，需要对岩石山坡进行爆破平整，其中一部分炮孔布置如图9所示，图中标高为20m×20m方格网角点设计高程，方格网角点坐标和设计高程如表1所示。矩形 *ACGE* 内黑点为炮孔布置位置（在平面图中，设计面与投影面重合）。通过全站仪现场测量炮孔，每个炮孔的坐标和实测高程见表2和表3，并给出每个炮孔的设计钻孔深度（暂不考虑超深）。

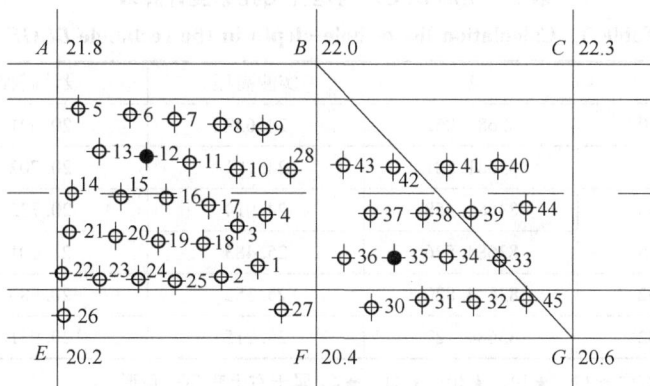

图9 炮孔布置平面图

Fig. 9 Plan view of hole layout

表1 方格网角点坐标和设计标高

Table 1 Coordinate and design altitude of angular point at grid quare

点号	Y	X	设计标高/m
A	53707.201	83698.842	21.80
B	53727.201	83698.842	22.00
C	53747.201	83698.842	22.30
E	53707.201	83678.842	20.20
F	53727.201	83678.842	20.40
G	53747.201	83678.842	20.60

表2 矩形 *ABFE* 内炮孔钻孔深度计算表

Table 2 Calculation list of hole-depth in the rectangle *ABFE*

点号	Y	X	实测高程	设计高程	钻孔深度/m
1	53722.722	83684.058	24.800	20.778	4.022
2	53719.916	83683.304	24.690	20.719	3.971
3	53721.090	83687.021	25.040	20.986	4.054
4	53723.285	83687.810	25.270	21.050	4.220
5	53708.810	83695.573	25.220	21.571	3.649
6	53712.819	83695.182	25.110	21.552	3.558
7	53716.281	83694.845	24.760	21.541	3.219
8	53719.754	83694.407	25.810	21.523	4.287
9	53723.039	83694.156	26.120	21.520	4.600

点号	Y	X	实测高程	设计高程	钻孔深度/m
10	53720.997	83691.175	25.480	21.288	4.192
11	53717.501	83691.660	24.900	21.311	3.589
12	53714.052	83692.097	24.520	21.329	3.191

注：原表列出 1~18 点号数据，此表省略 13~18 点号。

表3 矩形 $BCGF$ 内炮孔钻孔深度计算表
Table 3 Calculation list of hole-depth in the rectangle $BCGF$

点号	Y	X	实测高程	设计高程	钻孔深度/m
30	53731.520	83681.062	24.639	20.621	4.018
31	53735.447	83681.581	24.781	20.702	4.079
32	53739.468	83681.458	24.914	20.732	4.182
★33	53741.425	83684.576	25.483	21.001	4.482
34	53737.352	83684.820	25.352	20.980	4.372
35	53733.282	83684.722	25.215	20.931	4.284

注：原表列出 30~45 点号，其中★33、★39、★40、★41、★44 属于右上直角三角形。

3.1 单斜面矩形算法

在图9炮孔位置图中，由于四边形 $ABFE$ 对角高程和相等（21.8+20.4=22.0+20.2=42.2），则用单斜面矩形算法。以点号12的炮孔为例，M 为所求炮孔投影位置（见图10(a)）。为了方便数据在电子表格中进行批量处理，用电子表格中的字母列号代表某一数值，参见图10(b) 和表1、表2。先用两点之间的距离公式求得 $AB=Q=20$，$AE=P=20$，$MA=S=9.614$，$MB=R=14.778$，$ME=T=14.921$，再用余弦公式求得 AM 与 AB 和 AE 夹角的余弦值，即 $\cos V=(Q^2+S^2-R^2)/2QS=0.7126$ 和 $\cos U=(P^2+S^2-T^2)/2PS=0.7016$，由此求得 M 到 AB 的距离 $J=S\cos U=9.614\times0.7016=6.745$，$M$ 到 AE 的距离 $K=S\cos V=9.614\times0.7126=6.851$。按 A 到 B 的坡度比例计算，M 在 AB 上对应的高程 $h_1=21.8+6.851\times(22.0-21.8)/20=21.869$，同理，$M$ 在 EF 上对应的高程 $h_2=20.2+6.851\times(20.4-20.2)/20=20.269$；再按从 h_1 到 h_2 的坡度比例计算 $z=21.869-6.745\times(21.869-20.269)/20=21.329$，$z$ 即为所求炮孔孔底设计高程，而该炮位钻孔深度为实测高程减设计高程=24.52-21.329=3.191m。其余炮孔钻孔深度计算结果见表2。

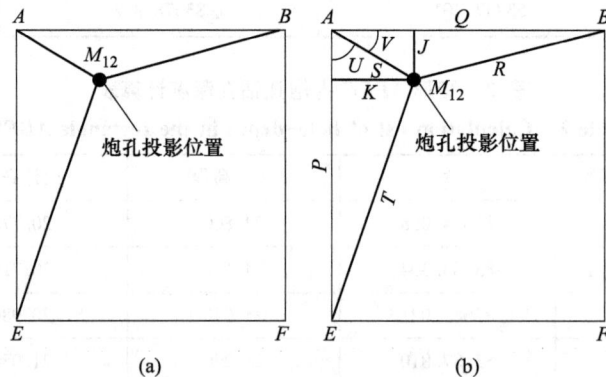

(a)   (b)

图10 单斜面矩形算法计算图
Fig. 10 Calculation of rectangular algoeithm for single slope

3.2 双斜面直角三角形算法

在图9炮孔平面图中，由于四边形 $BCGF$ 对角高程和不相等（22.0+20.6≠20.4+22.3），则用双斜面直角三角形算法，空间四边形两斜面实际相交于 BG，因此在计算设计孔深时，需要沿 BG 将投影矩形 $BCGF$ 划分为两个直角三角形，每个炮孔根据所属的三角形范围，分别用所属直角三角形算法进行计算。在投影矩形 $BCGF$ 中，炮孔 33、39、40、41、44 属于右上直角三角形（表 3 中带星号的炮孔），其余炮孔属于左下直角三角形。以点号 35 的炮孔为例，双斜面直角三角形算法见图 11 和表 3，先用两点之间的距离公式求得 $BF = Q = 20$，$FG = P = 20$，$MB = S = 15.374$，$MG = R = 15.110$，$MF = T = 8.459$，再用余弦公式求 FM 与 BF 和 FG 夹角的余弦值，即 $\cos V = (Q^2 + T^2 - S^2)/2QT = 0.6951$ 和 $\cos U = (P^2 + T^2 - R^2)/2PT = 0.7189$，由此求得 M 到 BF 的距离 $J = T\cos U = 8.459 \times 0.7189 = 6.081$，$M$ 到 FG 的距离 $K = T\cos V = 8.459 \times 0.6951 = 5.880$。按 F 到 B 的坡度比例计算，M 在 FB 上对应的高程 $h_1 = 20.4 + 5.880 \times (22.0 - 20.4)/20 = 20.461$，同理，$M$ 在 FG 上对应的高程 $h_2 = 20.4 + 6.081 \times (20.6 - 20.4)/20 = 21.675$；再按 F 到 M 的坡度比例计算 M 的高程 $z = h_1 + h_2 - z_F = 20.461 + 21.675 - 20.4 = 20.931$，$z$ 即为所求炮孔孔底设计高程，而该炮位钻孔深度为实测高程减设计高程 $= 25.215 - 20.931 = 4.284 m$。按照类似的方法，可以将属于右上直角三角形内的炮孔设计高程算出，并计算出钻孔深度，其余炮孔钻孔深度计算结果见表 3。

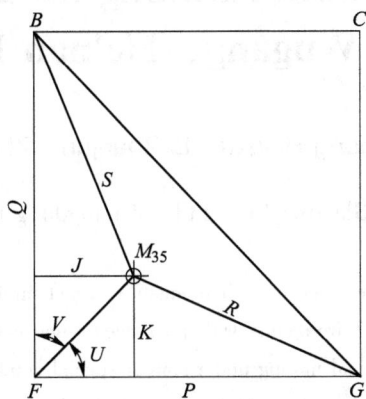

图 11　双斜面直角三角形算法计算图

Fig. 11　Calculation of right angle algoeithm for double slopes

4　结论

在以前的斜坡面炮孔孔深测量实践中，往往是将设计斜面人为地划分成许多水平小块，按照小块的近似平均设计高程来计算这一小块内炮孔孔深。用这种方法进行孔深计算来控制底板，精度较低，特别是对于坡度较大的设计斜面，误差比较大、底板控制效果不好、二次处理工作量大。

本文在爆破平场的炮孔测量实践中，探索出了单斜面炮孔孔底设计高程的矩形算法，通过分析矩形算法的原理，并将四点不共面的投影矩形划分成一对直角三角形，推导出了四点不共面的直角三角形算法，即双斜面直角三角形算法，通过直角三角形算法分析，推导出了四点共面的判断方法。本计算方法还可以进一步推广到多斜面情形，将多斜面划分成多个矩形或三角形进行分别计算。以上计算方法原理简单，不但适用于少量炮孔的手工计算，还适用于用计算机编程来处理大批量炮孔孔深计算，方便了炮孔孔深测量，提高了底板控制精度。

参 考 文 献

[1] 刘殿中，杨仕春 . 工程爆破实用手册 [M] . 北京：冶金工业出版社，2004.

[2] 于亚伦 . 工程爆破理论与技术 [M] . 北京：冶金工业出版社，2007.

[3] 王书兵，金捷，李明松，等 . 新读山场平工程复杂环境下的石方爆破技术 [J] . 工程爆破，2008，14（2）：42-44.

河南舞钢经山寺铁矿高强度节约开采模式

李应儒　郑炳旭　李战军　郑永伟

（广东宏大爆破股份有限公司，广东 广州，510623）

摘　要：介绍了在赋存条件较差的中型露天铁矿，采用常规中小型设备进行高强度合同采矿的经验。这些经验可为类似特殊条件下的快速节约采矿提供重要参考。

关键词：露天铁矿；合同采矿；高强度采矿

High Intensity Economical Mining Mode of Jingshansi Iron Mine in Wugang，He'nan Province

Li Yingru　Zheng Bingxu　Li Zhanjun　Zheng Yongwei

（Guangdong Hongda Blasting Co.，Ltd.，Guangdong Guangzhou，510623）

Abstract：The paper introduces the experience of high intensity contract mining with conventional medium and small scale equipment in the medium open-pit iron mine with poor occurrence conditions. The experience can provide an important reference for rapid and economical mining under similar special conditions.

Keywords：open-pit iron mine；contract mining；high intensity mining

1　工程概况

河南省舞钢中加矿业发展有限公司经山寺矿和扁担山矿由广东宏大爆破股份有限公司以合同采矿形式组织生产。经山寺矿段由经山北坡向斜和经山南坡背斜组成，矿体走向近东西，倾角为100°～180°，开采矿体为缓倾斜、多层状矿体，每层矿由3～5个小分层组成，单层矿厚1.06～31.68m，平均5.91m，总厚度23～253m，平均108m。与一般露天矿比，河南经山寺矿的特点是矿体小、状态复杂，分采、剔除工作量大。扁担山矿段的矿体覆存情况与特点与经山寺类似。

2　高强度开采问题的提出

经山寺和扁担山的矿体上部，基本上是氧化矿，氧化矿分布深度一般为30～40m。开采境界确定后，经山寺矿段氧化矿矿量611.14万吨，扁担山矿段氧化矿矿量为357.44万吨。经山寺露天开采境界内氧化矿矿量占境界内可采矿量的48.8%，扁担山露天境界内氧化矿矿量占可采矿量的32.3%。这就意味根据业主的原规划，在矿山投产的前4年之内所生产的矿石基本上都是氧化矿，4年以后才可以见到原生矿。而氧化矿的选矿工艺复杂，单一磁选可选性差、选出率低、经济效益不高。

2005年广东宏大爆破股份有限公司应中加矿业公司邀请参与这两座露天矿的开采投标。根据自己多年的矿山开采施工经验和现场实地踏勘分析，宏大爆破公司提出了在露天开采设计方案不变情况下，采用加大剥岩量，提高采矿强度等强化开采方案。

原载于《矿业工程》，2010(增刊)：179-181。

所谓强化开采，即通过合理组织，让一座矿山高强度开采的产量，达到甚至超过两座矿山正常进度的产量。将原设计的经山寺、扁担山两矿同时开采变为先经山寺矿后扁担山矿的顺序强化开采。将经山寺和扁担山露天矿的生命周期由 11 年均变为 5.5 年。在采掘设备选型方面，将原来的大型设备开采，变为使用适于贫化矿山开采的中小型设备高强度开采。此举，减小了初期投资，加快了投资收益，减少了能源资源的消耗方面，大幅节省了工期。

3 高强度开采的优点与效果

该项工程自 2006 年正式开工以来，宏大爆破股份有限公司结合现场实际灵活运作，根据情况及时调整生产工艺和生产次序，积累了丰富的现场施工经验，在以下几个方面取得了骄人战绩。

3.1 同时开采变为顺序开采 大幅减少了征地量

原设计中需要两个排土场，经山寺露天矿的碴石排往 2 号排土场，扁担山露天矿的碴石排往 1 号排土场。采用先经山寺矿后扁担山矿顺序强化开采模式，扁担山矿的碴石可以回填经山寺采坑，减少占用土地面积，为矿山开采和后期农田复垦带来极大方便。采用强化开采模式后，经山寺采坑作为扁担山排土场可减少 1 号排土场的征地 600 余亩。

3.2 开采设备选型合理 提高了矿石质量 减少了资源浪费

经山寺矿区的矿体规模小、数量多、厚度薄、产状复杂，属于难采矿山。原设计中钻孔选用 YZ-35 型牙轮钻，设计孔径为 $\phi 250mm$。考虑到该矿山矿脉特性、矿石规格要求和贫化损失控制要求：（1）矿体规模小、数量多、厚度薄、产状复杂，属于难采矿体；（2）送往一选厂的矿石块度应小于 80cm，送往二选厂的矿石块度应小于 60cm；（3）矿石的贫化控制在 6% 以内，损失控制在 12% 以内；不难看出，如果选用 YZ-35 型牙轮钻，孔径比较大，台阶爆破的孔网参数比较大，不利于难采矿石的分采分装，很难满足严格的贫化和损失的控制要求；另外，比较大的孔网参数，爆破后矿石的块度较大，相对于选矿厂要求的块度要求，大块率偏高，解炮和机械二次破碎的工作量大，影响钻爆和挖运工作的高效协调开展，很难满足强化开采的要求。

原设计中选用 $1.0 \sim 4.0m^3$ 电铲，以 $4.0m^3$ 电铲为主，对于矿体规模小、数量多、厚度薄、产状复杂的中型矿山，不利于分采分装，不利于矿石的贫化和损失的控制，不利于矿石的块度控制要求，容易夹杂超规格的大块送往选矿场。

结合本工程的特点以及类似工程的经验，选用中小型的钻孔、铲装、运输设备，选用潜孔钻钻 140 的孔爆破，选用中小型的 $1.0 \sim 1.6m^3$ 反铲挖掘机，$1.2m^3$ 左右反铲挖掘机配置 $15 \sim 20t$ 运输汽车，$1.6m^3$ 挖掘机配 25t 自卸汽车。合理选型中小型设备，便于装车时挑选矿石，将矿石的损失控制在 12% 以内，贫化控制在 6% 以内。矿石损失的控制，提高矿石的回采率，节约了资源；矿石贫化的控制，提高入选比，大幅降低了选矿能耗。

3.3 设备利用率高 避免了重复购置

采用强化开采模式，变经山寺、扁担山两矿同时开采为先经山寺矿后扁担山矿顺序开采，提高钻爆、铲装、运输等主要设备的利用率，避免了设备的重复购置和长期闲置问题。按原设计进行开采，需要经山寺和扁担山同时基建，购买设备；强化开采以后，先期只建经山寺一个矿，这样初始设备投资减少一半；经山寺露天矿进入后期扫尾阶段，设备渐渐转移到扁担山矿的开采，从而大幅提高了设备的利用率，避免了设备的重复购置和设备长期闲置。

另外，排水设备、道路维护设备、洒水降尘设备等辅助设备，总服务年限不变为 11 年；但由原来的两矿均 11 年变为两矿先后共 11 年，设备投资和运营费用减少一半，大幅提高了辅助设备的利用率，避免了设备的重复购置和设备长期闲置。

3.4 维护量少周期短 资源能源消耗减少

采用强化开采模式，变经山寺、扁担山两矿同时开采为先经山寺矿后扁担山矿顺序开采，现场运营维护工程量由两矿均持续 11 年，变成两矿先后共持续 11 年，排水的电耗、道路养护的油耗、洒水降尘的水耗、油耗等均减少一半，节约了资源能源。

3.5 合理规划组织运输 减少燃油消耗

经山寺露天矿将原来的单出入沟优化为双出入沟，增加南采区至露天开采境界西南端的总出入口，修筑了一条矿石运输道路长 455m，这样可以节约矿石运距约 1km。经山寺露天矿设计矿量为 1200 万 t，即矿石运输减少了 1200 万 t·km，节约了大量的燃油。按成本 0.7 元/t·km 计算（其中 50% 为燃油消耗），合计节约 420 万元的燃油。

扁担山露天矿的碴石回填经山寺采坑，不仅避免了排土场的征地问题，而且缩短了排碴石的运距，排土费可减少 0.5 元/t 重车上坡经营费，即 0.5×4000＝2000 万元。上坡经营费主要成本为燃油的消耗，因汽车爬坡较平坡耗油多，每爬坡 10m，增加运距 125m（按坡度 8% 计算）。按照燃油成本为运输成本的 50% 计算，合计节约 1000 万元的燃油。

合理规划组织运输，缩短矿石和岩石的运距，减少燃油消耗成本共计 1420 万元。

3.6 结合实际优化矿山排水设计 降低耗能

根据生产和排水需要，结合工程实际情况，将原设计中的水汇聚到坑底一次抽排至采场外优化为逐级接力排水至采场外。调整后的排水系统分为集水坑、泵站、管道、排水沟 4 部分构成。初期每下降一个台阶时先掘出一个临时集水坑，然后随工作面的推进尽快形成半永久集水坑，半永久集水坑每两个水平设置一个，集水坑选择不影响生产的地点布置，逐级接力排水至采场外。矿山生产中期+60 水平形成永久集水坑以后，为了简化排水系统，提高排水效率，在+60 水平集水坑设一扬程 90m 的泵站，选用离心泵一次从+60 水平集水坑排水至采场外，+60 水平以下继续延用临时泵站和半永久泵站相结合的接力排水方式排水至+60 水平集水坑。

矿山初期排水系统示意流程：

临时集水坑 $\xrightarrow{\text{潜水泵、排水管}}$ 第一级半永久集水坑 $\xrightarrow{\text{潜水泵、排水管}}$ 第二级半永久集水坑 $\xrightarrow{\text{潜水泵、排水管}}$ 采场外排水沟。

矿山中期以后排水系统示意流程：

临时集水坑 $\xrightarrow{\text{潜水泵、排水管}}$ 第一级半永久集水坑 $\xrightarrow{\text{潜水泵、排水管}}$ 第二级半永久集水坑 $\xrightarrow{\text{潜水泵、排水管}}$ +60 水平永久集水坑 $\xrightarrow{\text{离心泵、排水管}}$ 采场外排水沟。

改变后的排水系统，各台阶的水可以汇往此阶段的集水坑，不再下流至坑底，减小了排水压力，节约了排水费用，尤其是电能的消耗。

另外，原设计中经山寺矿和扁担山矿的排水周期均为 11 年；采用先经山寺矿后扁担山矿的顺序强化开采模式后，只需先后对一矿排水（经山寺矿和扁担山矿均为 5.5 年），单矿排水在时间上减少一半。所以，强化开采的排水费用只有原设计的 1/4，节省配电和排水实施 658 万元，大幅减少了排水电耗。

4 强化开采为业主带来的经济效益

基建投资方面，按原开采设计，需要经山寺和扁担山同时基建，强化开采以后，先期只建经山寺一矿，这样先期投资基建费用可以节省一半；

运营成本方面，强化开采使得矿山生产变得集中，原来两矿运营，强化开采后只需一矿运营，这样矿山的管理和运营成本大幅降低；

收回成本时间方面，经山寺露天铁矿强化开采以后，前 19 个月采出原生矿石 130 万吨，而按原设计开采，第 4 年才可以看到原生矿，强化开采使原生矿提前两年达产。这样收回成本的时间至少可以提前两年。

5 结语

随着人类社会的发展，人口与资源的矛盾越来越尖锐。我国虽是资源总量大国，但却是人均资源量小国。在我国有限的矿产资源中，类似于河南舞钢这种覆存条件不好的矿产资源很多，如何在尽量减少资源浪费的情况下，将这些矿产资源快速采出，以满足我国经济的高速发展需要，是摆在全体矿业人面前的一个崭新课题。广东宏大爆破有限公司在河南舞钢采用的这种高强度中型矿山节约采矿模式，为此类问题的解决开辟了一条新路。我们希望这种模式能对类似问题的解决有所裨益。

多种规格石料开采爆破工法

邢光武　郑炳旭

（广东宏大爆破股份有限公司，广东 广州，510623）

摘　要：介绍了多种规格石料开采爆破工法特点、工艺原理、施工工艺、主要材料及机具、质量控制措施、环保措施、安全措施。在三亚采石工程、北方大红山采石工程中，应用本工法进行施工，施工效率和级配块石产出率都有了显著提高，取得了显著的经济效益。

关键词：规格石料；开采；爆破；工法

Exploiting and Blasting Method of Multiple Dimension Stone

Xing Guangwu　Zheng Bingxu

（Guangdong Hongda Blasting Co., Ltd., Guangdong Guangzhou，510623）

Abstract：Themethod charactristic and principle of exploiting and blasting of multiple dimension stone was introduced with construction technology, mainmeterial and machines and tools, quality control measures, environm ental protection and safety measures. In the engineering of Sanya and Beifang Dahongshan, the construction efficiency and the yield of graduation stone is improved visibly and get remarkable economic benefit.

Keywords：dimension stone；exploit；blasting；method

在大型矿区和采石场石方爆破工程中，采用深孔台阶爆破控制最大粒径，实现多种规格级配爆堆的目的，一直是深孔台阶爆破技术难点和研究的重点。特别是地质条件复杂的特大型采石场多种规格级配块石的爆破开采工程，要求爆破块度级配严格，爆破技术难度更大[1,2]。

为此，我公司研究开发出多种规格石料开采爆破工法，该工法先后在三亚采石工程、北方大红山采石工程等项目中得到成功应用，取得了显著的经济和社会效益，具有广泛的推广应用价值。

1　多种规格石料开采爆破工法特点

与传统的台阶爆破施工技术相比，本工法具有如下特点。

（1）采用深孔台阶崩塌爆破法代替松动爆破法和弱抛掷爆破法，充分利用炸药能量和势能合理破岩，降低了单位岩石炸药消耗量，控制了最大粒径，减少过粉矿，满足控制爆破块度级配的要求。

（2）采用全孔不均匀不耦合装药结构代替全孔耦合装药结构[3-5]，不仅满足爆破块度级配需求，而且有效地减少了10kg以下碎块粉渣含量。

（3）采用长方形布孔方式代替梅花形布孔方式，有利于减少粉矿，提高级配块石的产出率[6]。

（4）采用同排炮孔同时起爆代替同排炮孔按设计顺序先后起爆，有利于形成级配块石。

（5）应用爆堆块度图像处理技术，简便、快捷地检验爆堆块度分布，指导爆破参数调查和优化，提高了级配块石的产出率[7]。

合理安排开采平台和施工道路，满足高强度爆破开采的需要。

本工法适用于矿山、水利、港口等大型采石场多规格级配块石开采工程。

原载于《爆破》，2010，27（3）：36-40，57。

2 工艺原理

在深孔台阶爆破工作面，应用崩塌爆破技术，采用全孔不均匀不耦合装药结构进行装药，下部装药线密度大，上部装药线密度小，孔口不装药段则用中细砂或炮泥严密堵塞。因爆破时下部炸药要推开夹制作用较大的底部岩石，不耦合系数应小些，确保能将下部岩石炸开并让上部岩石崩塌下来；上部装药一定要控制，不耦合系数宜大些，上部是控制过于粉矿的重点。按照以上控制爆破，充分利用炸药能量和岩石势能控制多规格级配开采要求。

3 施工工艺流程及操作要点

3.1 施工工艺流程

测量放线→台阶及道路布置→爆破设计→安全评估→钻孔→清孔和验收炮孔→装炸药、雷管并堵塞炮孔口→连接起爆网路→清场、四周警戒→起爆→爆后检查：盲炮检查与排除→清除斜坡上的危石→清运石渣和清底。

3.2 操作要点

3.2.1 测量放线

测量放线是为了保证台阶高度、钻孔位置及深度、道路修建使其符合设计要求。

3.2.2 台阶及道路布置

平台和施工便道是高强度生产多种规格石料的关键，根据工程实际情况分别确定分级平台，采用不同爆破参数爆破。

道路是高强度生产的重要保障，根据不同平台产量设计不同宽度的道路，应按时维护便道、清理次级标高和主要标高间的必要坡道，以便机械设备的通行，满足高强度车流畅通实现高效施工。

3.2.3 爆破设计

根据规格石的级配要求及地形地质条件进行爆破设计，实现每个炮孔的爆破级配合格率最大化。

（1）爆破设计的几何参数说明，如图1所示。

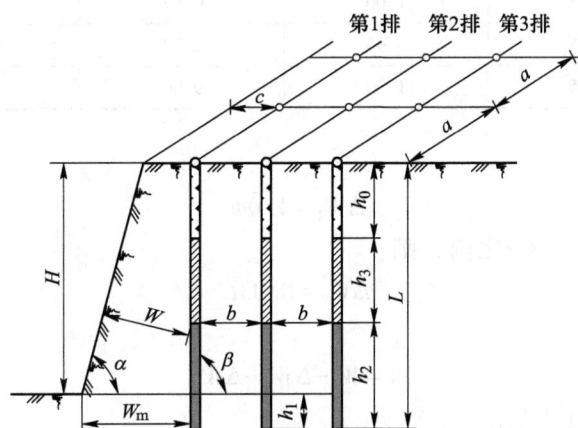

图1 台阶爆破炮孔布置示意图

1）台阶高度 H，一般 $H = 8 \sim 20\text{m}$，而台阶高度以 $12 \sim 15\text{m}$ 居多。

2）钻孔直径 ϕ，在台阶高度为 $12 \sim 15\text{m}$ 时，取 $\phi = 140\text{mm}$。

3）台阶面倾角为 α。

4）钻孔角度为 β，一般情况下，为了方便炮孔不耦合装药的操作，β 取 $90°$。

5）前排抵抗线为 W，m；炮孔间距 a，m；炮孔排距 b，m；取 $b = W$，$a = 1.25b$；前排炮孔上沿宽

c，cm。长方形布孔方式。

6）钻孔孔深 L，m。$L \geqslant H$，$L = h_0 + h_2 + h_3$。

7）堵塞长度 h_0，m。$h_0 = (20 \sim 30)\phi$。

8）钻孔超深又称超钻 h_1，m。一般取 $h_1 = 0.3 W_m$，或 $h_1 = (10 \sim 20)\phi$。

9）底部装药长度 h_2，m。一般取 $h_2 = (1.2 \sim 1.3) W_m$。

10）上部装药长度 h_3，m。$h_3 = L - h_0 - h_2$。

11）底盘抵抗线 W_m，m。$W_m = (1.2 \sim 1.3) W$，但 $W_m \leqslant 40\phi$。

（2）布药参数说明

1）单孔负担面积 S，m^2。$S = ab = aW$。

2）下部装药线密度 q_2，kg/m。$q_2 = (0.25/m) \cdot \pi\rho\phi^2$，式中，$\rho$ 为装药密度，kg/m^3；ϕ 单位为 m；m 为径向不耦合系数。

3）上部装药线密度 q_3，kg/m。$q_3 = (0.3 \sim 0.6) \cdot q_2$，一般取 $q_3 = 0.5 q_2$。

4）单孔下部装药量 Q_2，kg。$Q_2 = q_2 h_2$。

5）单孔上部装药量 Q_3，kg。$Q_3 = q_3 h_3$。

6）单孔装药量 Q，kg。$Q = Q_2 + Q_3$。

（3）设计方法说明

采用抵抗线控制设计法，设计过程如下：

1）定出下部装药线密度 q_2。

2）定出设计抵抗线 W。

$$W_m = 1.4 \sqrt{q_2}$$

按使用炸药类别、钻孔夹制条件由 W_m 定出计算抵抗线 W'：

$$W' = k_1 k_2 W_m$$

式中，k_1 为炸药系数，对 2 号岩石炸药中等可爆岩石时 $k_1 = 1$；对其他岩石以及乳化炸药和铵油炸药，按表 1 选取 k_1 值；k_2 为夹制系数，对垂直孔取 $k_2 = 1.0$。

表 1 不同岩石的炸药系数 k_1 取值表

炸药名称	不同等级岩石的 k_1 值				
	Ⅰ类岩石	Ⅱ类岩石	Ⅲ类岩石	Ⅳ类岩石	Ⅴ类岩石
2 号岩石	1.15	1.00	0.97	0.94	0.90
铵油炸药	1.15	0.95	0.92	0.89	0.85
乳化炸药	1.15	1.00	0.96	0.93	0.88

开孔偏差

$$\Delta W_1 = 1.0\phi$$

钻孔斜度偏差 ΔW_2 控制在 3% 之内，则

$$\Delta W_2 = 0.03 L$$

设计抵抗线

$$W = W' - \Delta W_1 - \Delta W_2$$

3）定出堵塞长度 h_0、超钻 h_1。

$$h_0 = (20 \sim 30)\phi$$
$$h_1 = 0.3 W_m$$

4）定出钻孔间排距和单孔负担面积。

$$b = W$$
$$a = 1.25 b$$
$$S = ab$$

5）计算底部装药长度和底部装药量。

底部装药长度：

$$h_2 = 1.3W_m$$

底部装药量：

$$Q_2 = q_2h_2$$

6）计算上部装药长度和上部装药量。

上部装药长度：

$$h_3 = L - h_0 - h_2$$

上部装药量：

$$Q_3 = q_3h_3$$

7）计算单孔装药量和平均单耗。

单孔装药量：

$$Q = Q_2 + Q_3$$

平均单位耗药量：

$$q = Q/(abH)$$

3.2.4 安全评估

每一项石料开采爆破设计在向当地公安机关提出爆破作业申请前，应请有资质的爆破公司组成的专家组进行评估，安全评估的内容包括：

（1）设计和施工单位的资质是否符合规定；

（2）设计所依据资料的完整性和可靠性；

（3）设计方法和设计参数的合理性；

（4）起爆网路的准爆性；

（5）设计选择方案的可行性；

（6）存在的有害效应及可能影响的范围；

（7）保证工程环境安全措施的可靠性；

（8）对可能发生事故的预防对策和抢救措施是否适当。

将石料开采爆破设计文件和安全评估报告装订成册向当地公安机关提出申请，对符合条件的，公安机关做出批准的决定，作业单位即可进行爆破作业。

施工中如发现实际情况与评估时提交的资料不符，并对安全有较大影响时，应补充必要的爆破对象和环境的勘察及测绘工作，及时修改原设计，重大修改部分应重新上报评估。

3.2.5 钻孔

（1）布孔。炮孔布置形式直接影响爆破的级配，该工法炮孔平面布置成长方形，参见图2。

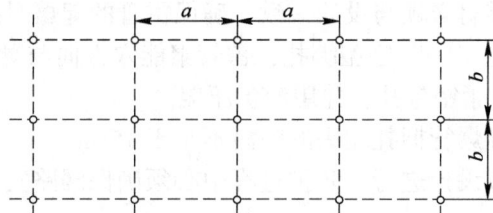

图2 炮孔平面布置示意图

（2）钻机对位。钻机的对位直接影响钻孔质量，其要求为：对位准、方向正、角度精。

（3）钻孔的作业的基本要求：

1）必须熟悉岩石性质，摸清不同岩层的凿岩规律；

2）掌握钻孔操作要领：孔口要完整，孔壁要光滑，保证排渣顺利；

3）钻孔基本操作方法：软岩慢打，硬岩快打。

（4）清孔和验收。炮孔钻好以后，用压缩空气清除孔底的岩粉和岩屑，测量炮孔深度及角度，验收合格后，做好炮孔防护工作，防止地表水及杂物流入孔内。

3.2.6 装药

3.2.6.1 装药结构

（1）采用全孔不均匀径向不耦合装药结构，炮孔下部径向不耦合系数取 $m=1.0\sim1.3$，炮孔上部径向不耦合系数取 $m=1.5\sim2.0$。

（2）对于钻孔直径为 $\phi140mm$ 时，上部装药段长度为 h_3，采用 $\phi70mm$、$\phi80mm$、$\phi90mm$ 和 $\phi100mm$ 炸药药卷，药卷直径从上向下逐渐增大；下部装药段长度为 h_2，采用 $\phi110mm$ 炸药药卷；顶部填塞段长度为 h_0，采用岩粉或炮泥逐层捣实，参见图3。当台阶高度 $H=15m$，垂直钻孔，超深取 $h_1=1m$，炮孔长度 $L=16m$ 时，取 $h_2=4m$，$h_3=8m$，$h_0=4m$。

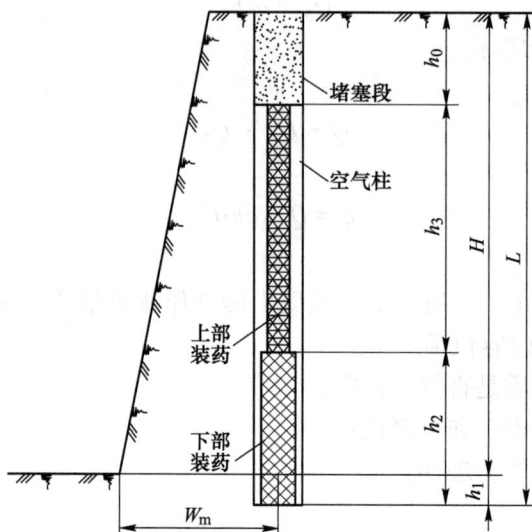

图3 炮孔装药结构示意图

3.2.6.2 装药方法

采用人工装药，装药前每孔顶面预先按设计数量放置各种不同规格炸药，装药人员必须按装药结构及数量装药，装药必须到位。

3.2.7 连接起爆网路

宜采用毫秒导爆管雷管，连接成簇并联起爆网路。同排炮孔雷管宜采用同段别雷管，后排雷管比前一排雷管延迟 $100\sim150ms$ 起爆。

3.2.8 验收网路

验收网路要求如下。

（1）网路连接所用的爆破器材必须与设计一致，确保雷管的起爆时间与设计相符。

（2）网路节点传爆雷管应呈"一"字型绑扎，雷管聚能穴方向与导爆管的传爆方向相反，导爆管均匀分布在起爆雷管上，用胶布紧密包扎，并用沙包压盖。

（3）起爆导爆管的雷管与导爆管捆扎端头的距离不小于15cm。

（4）爆破网路的防护必须按设计进行，防护过程中必须确保网路安全。

3.2.9 清场、警戒和起爆

深孔台阶爆破最小安全距离不得小于200m；沿山坡爆破时，下坡方向飞石安全允许距离应增大50%。

根据警戒信号，对爆区进行清场，确认安全后，起爆站按指挥部指令准时起爆。

3.2.10 爆后检查和清除斜坡上的危石

起爆后15min，在烟尘消散后，由爆破技术人员对爆破工作面及警戒区内进行安全检查，其检查内容包括：

（1）确认有无盲炮；

（2）爆堆是否稳定，有无危坡、危石；

（3）警戒区内的设备、建筑物有无受损。

经确认爆区安全后报告爆破现场指挥人员，解除警戒。怀疑有盲炮时，参照 3.2.11 节执行。

3.2.11 盲炮检查与排除

（1）盲炮的检查。深孔台阶爆破后，正常情况下的爆堆前抛明显；堆积块度均匀，爆堆高度明显低于台阶面；爆堆与未爆岩体之间的沟缝明显。爆后检查若发现以下情况：

1）1 组炮孔或个别炮孔未响，爆堆不完整，没爆炮孔承担的爆破岩体完整；

2）个别炮孔爆破后，岩体出现少量裂缝，大部分未动；

3）爆破的局部区域岩体完整，局部区域的顶面明显高于爆堆面，四周可见清晰的沟缝。

出现以上情况，可以按盲炮进行检查处理。

（2）盲炮排除处理方法。

1）处理前爆区周围 100m（具体距离由爆破工程师确定）以外设立危险标志，进行警戒，无关人员不应接近。

2）派有经验的爆破员进行处理，爆破工程师参与。

3）具体处理应严格遵照 GB 6722—2003《爆破安全规程》中深孔爆破的盲炮处理方法进行。

4 材料与设备

爆破作业所需材料与设备如下。

（1）爆破作业所需的炸药、雷管、起爆器、塑料导爆管、导爆管四通接头等爆破器材的质量必须符合爆破器材标准 GB 18095—2000、GB 19417—2003 等规定。

（2）柴油、机油、钻头、钻杆、耐压风管等备足。

（3）施工机具及其台数应根据工程特点、工程规模、工期要求及工点具体条件综合考虑，合理安排。

（4）多种规格石料开采爆破时，主要机具配备及爆破器材见表2。

表2　主要机具设备及爆破器材一览表

序号	名称	型号	用途
1	潜孔钻机	$\phi140$	钻孔作业
2	液压挖掘机	斗容 1.0~1.6m³	分选、采装
3	自卸汽车	载重量 15~30t	运输
4	推土机	功率 200 马力	道路平整清方
5	装载机		道路和场地维护
6	洒水车		道路维护
7	毫秒导爆管雷管	8 号工业雷管	引爆炸药
8	乳化炸药		用于爆破炸开岩石
9	起爆器		用于爆破作业的点火
10	塑料导爆管		用于连接起爆网路
11	导爆管四通接头		用于连接起爆网路

例如：三亚铁炉港采石场进行多种规格石料开采爆破时，平均日产 3 万 m³ 级配石料，主要机具配备见表3。

表3　三亚铁炉港采石场主要机具设备及爆破器材一览表

序号	名称	型号	数量	用途
1	潜孔钻机	英格索兰 $\phi140$	8 台	钻孔作业
2	液压挖掘机	日本产 1.0~1.6m³	40 台	分选、采装

序号	名 称	型 号	数量	用 途
3	自卸汽车	载重量15~30t	130辆	运输
4	推土机	日本产200马力	2台	道路平整清方
5	装载机	Z40	1台	道路和场地维护
6	洒水车		2辆	道路维护
7	毫秒导爆管雷管	8号工业雷管		引爆炸药
8	乳化炸药	$\phi70$，$\phi80$，$\phi90$，$\phi100$，$\phi110$		用于爆破炸开岩石
9	起爆器	DB-500F		用于引爆雷管
10	塑料导爆管	传爆速度（1950±50）m/s		用于连接起爆网路
11	导爆管四通接头	普通塑料制品		起爆网路连接件

5　质量控制

质量控制要求如下。

（1）钻孔的孔口位置偏差不超过10cm，孔深达到设计要求。

（2）爆破后边坡面欠挖应不超过15cm。

（3）爆破产生的爆堆块石级配符合生产需求，大块率应不超过5%，粉矿含量小于10%。

6　安全措施

（1）多种规格石料开采爆破施工企业应取得"爆破施工企业资质证书"，或在其施工资质证书中标有爆破施工内容，或持有当地公安机关批准同意爆破作业的批文。爆破施工企业应设有爆破工作领导人、爆破工程技术人员、安全员、爆破员；应持有由县级以上（含县级，下同）公安机关颁发的"爆炸物品使用许可证"；设立爆破器材库的，应配备保管员。

（2）爆破作业人员应参加专业技术培训经考核合格，取得《爆破作业人员许可证》后，方可从事爆破作业。爆破员、保管员、安全员、押运员必须持证上岗。

（3）爆破作业及爆破器材（雷管、炸药等）的购买、运输、储存、使用和回收处理等都应遵守《民用爆炸物品安全管理条例》及《爆破安全规程》（GB 6722—2003）相关规定。

（4）针对多种规格石料开采爆破作业的特殊地质条件和环境条件，依照《爆破安全规程》（GB 6722—2003）及有关规定，在多种规格石料开采爆破设计中应附施工安全专项方案，一起报当地公安机关审批、备案。

（5）在实施爆破装药前，应对所有使用的爆破器材进行外观检查。雷管管体不应压扁、破损、锈蚀，加强帽不应歪斜；导爆管管内无断药，无异物或堵塞，无折伤、油污、穿孔，端头封口；乳化炸药不应稀化或变硬。

（6）热带风暴或台风即将来临时，雷电、暴雨雪来临时，应停止爆破作业，人员应立即撤到安全地点。

（7）必须保证堵塞质量，爆破前将孔口加以防护，防止飞石危害。

（8）应做好起爆网路的保护工作，防止损坏起爆网路，确保准爆。

（9）在爆破烟尘消散后，应由爆破技术人员进行安全检查，回收处理残余爆破器材。怀疑有盲炮时，参照（10）执行。

（10）应做好盲炮检查和排除。检查和排除盲炮，按3.2.11节进行操作。

（11）每次爆破后，采用挖掘机清理边坡上的危石和浮石，消除不安全因素，确保后续施工过程的安全。

7　环保措施

（1）使用低噪声的潜孔钻机，降低噪声。

（2）使用有集粉尘装置的钻机，减少粉尘污染。

（3）钻机和空压机要维修保养好，运转中防止漏油而污染环境。

（4）施工过程中即时优化爆破参数，降低粉矿率，提高资源利用率。

（5）保养好运输道路，保持路面平、直，旱季常洒水，确保运输顺畅，减少扬尘[8]。

8　效益分析

以块度控制和降低粉矿为目的的多种规格石料开采爆破工法，解决了多种规格块石生产的难题，减少二次破碎工作量，有效地降低粉矿含量，节约了资源，降低了综合成本，推动我国工程爆破技术创新发展。在铁炉港采石场二期工程中，应用多种规格石料开采爆破工法，安全保质完成了 550 万 m^3 合格级配块石的爆破开采工程任务，由于采用该工法，开采成本比传统工艺方法节约了 2.50 元/m^3，该工法创造了显著的经济和社会效益。

9　应用实例

（1）三亚铁炉港采石场二期工程，工程的主要任务是进行多种级配块石的深孔台阶爆破开采。该采石场开采的是花岗岩块石，地质条件复杂，节理、裂隙、风化沟、破碎带十分发育、裂隙水丰富；工程场地狭小，东西长仅 400m，高差 180m，工程施工难度很大。2003 年 6 月 22 日~2004 年 11 月 28 日应用多种规格石料开采爆破工法，完成了 550 万 m^3 合格级配块石的爆破开采工程，工程质量符合合同及规范要求，整个施工过程安全环保。由于采用该工法，开采成本比传统工艺方法节约了 2.50 元/m^3，该项工程比合同工期提前 20d 完成，有力地保障了国家重点工程建设。

（2）北方大红山特大型采石工程，山形比较平缓，高差 60m，场地规模大，地质条件相当复杂，工程要求的爆破级配近乎苛刻，爆破开采难度非常大。2008 年 12 月~2009 年 7 月应用多种规格石料开采爆破工法，完成了 1978 万 m^3 合格级配规格石料开采工程，工程质量符合合同及规范要求，整个施工过程安全环保。由于采用该工法，施工效率和级配块石产出率都有了显著提高，创造了日最大生产合格级配石料 20 万 m^3，整个工程综合开采成本比传统工艺方法节约了 4945 万元，实际工期比合同工期提前了 45d，创造了显著的经济效益和社会效益，有力地保障了国家重点工程建设。

10　结论

本文结论如下。

（1）多种规格石料开采爆破工法比传统的台阶爆破方法的施工效率和级配块石产出率都有显著提高。

（2）多种规格石料开采爆破工法可以缩短工期，节约综合成本。

（3）在目前自然资源紧缺的形势下，多种规格石料开采爆破工法具有广泛的推广应用前景。

参 考 文 献

[1] 刘殿中，杨仕春. 工程爆破实用手册 [M]. 北京：冶金工业出版社，2003.

[2] 周洪文，李波文. 温州泽雅水库堆石坝料的组合爆破实践 [J]. 爆破，2007，24（2）：42-44.

[3] 吴亮, 位敏, 钟冬望, 等. 空气间隔装药爆破动态应力场特性研究 [J]. 爆破, 2009, 26(4): 17-21.

[4] 曹跃, 赵泉, 孔安. 不耦合装药爆炸扩腔机理研究 [J]. 爆破, 2005, 22(3): 21-25.

[5] 王家来, 程玉生. 爆生气体作用过程的模拟试验研究 [J]. 爆破, 1998, 15(2): 5-9.

[6] 邢光武, 郑炳旭. 特大型采石场粉矿率控制研究 [J]. 矿业研究与开发, 2009, 29(3): 77-79.

[7] 邢光武, 郑炳旭. 采石场爆破块度分区及块度预测研究 [J]. 地下空间与工程学报, 2009, 5(6): 1258-1261.

[8] 邢光武, 郑炳旭. 苏丹国穆桑达姆半岛石料爆破工程施工技术与措施 [J]. 山西大同大学学报 (自然科学版), 2009, 25(2): 70-72, 79.

预裂爆破在紫金山金铜矿高陡边坡的应用

唐小军[1]　赖红源[1]　夏鹤平[2]　袁　桥[3]

（1. 紫金山金铜矿，福建 上杭，364200；2. 新华都工程有限责任公司，
福建 上杭，364200；3. 紫金矿冶设计研究院，福建 上杭，364200）

摘　要：针对紫金山金铜矿露天采场东帮台阶到达采场境界情况，采取控制爆破措施保护边坡稳定，通过试验获得合理的爆破参数，为今后临近终了的靠帮爆破提供依据。文中给出了预裂爆破和缓冲爆破有关参数。

关键词：预裂爆破；缓冲爆破；露天采场；最终边坡

Application of Presplitting Blasting to High Rock Slope in Zijinshan Gold-copper Mine

Tang Xiaojun[1]　Lai Hongyuan[1]　Xia Heping[2]　Yuan Qiao[3]

（1. Zijinshan Gold-copper Mine, Fujian Shanghang, 364200；2. Xinhuadu Engineering Co., Ltd.,
Fujian Shanghang, 364200；3. Zijin Mining and Metallurgy Design Institute, Fujian Shanghang, 364200）

Abstract：According to the condition of the east ending to open-pit in Zijinshan Gold-copper Mine blasting methods are taken to protect the stability of slope and the reasonable blasting parameters will be obtained through the experiments that will help provide a basis for the blasting of ending slope in the future.

Keywords：the pre-split blasting; buffer blasting; open-pit; the ending slope

0　引言

　　紫金山金铜矿属"上金下铜"特大型金铜共生矿床，上部金矿采用露天陡帮开采方式，下部铜矿采用坑采方式。按联合露采规划设计，最终边坡高度将近 900m，终了边坡角 42°～46°，服务年限在 40a 以上，其规模为国内罕见高陡边坡。边坡稳定性直接制约着金铜矿今后的生产安全，对其可持续性稳定发展，意义重大[1]。

　　目前露采最高标高为+1036，露采坑底+688，随着金矿露采场不断推进，东帮北部山头首先靠帮，此时须对临近边帮爆破进行严格设计与控制，减少临近边帮爆破对边坡岩体的损伤破坏，确保最终边坡在矿山服务年限内的稳定。一般临近边帮控制爆破多采用预裂爆破[2-5]，其做法是在圈定的露天境界上穿凿预裂孔，在台阶推进到最终边帮前 20～40m 提前实施预裂爆破，旨在提前形成一定宽度的较为平整的裂缝，阻隔台阶生产爆破产生的爆破地震波传播，起到保护、稳固边坡的作用。

1　工程地质概况

　　露天采场东帮北部山头主要岩性为碎裂中细粒花岗岩，属五龙寺岩体主体部分，具变余花岗结构、碎裂状构造；原生矿物除部分石英外均已蚀变，被硅化石英、明矾石、地开石及少量绢云母取代，形

成强烈蚀变的花岗岩或交代石英岩。顶部+1012平台至+988平台，岩石分布以褐色、灰白色强风化地开石硅化花岗岩体为主，局部风化，岩石较软弱，裂隙发育，局部段易碎裂成粉末状，力学强度差，易透水，工程地质条件较差；+988平台至+952平台，以较坚硬-坚硬的中风化硅化、地开石化花岗石为主，台阶中部和南部岩性为较软弱的强地开石化英安玢岩，该段岩体均一性差，强度差异较大[1]。

2　终了边坡的预裂爆破设计

2.1　预裂爆破参数及装药结构

2.1.1　孔径

露采场目前只有KQG150型露天潜孔钻和CM351潜孔钻2种钻机设备，2种设备的钻孔孔径分别为$D_1 = 165mm$和$D_2 = 150mm$，由于KQG150潜孔钻穿孔效率较高，成本更低，故优先采用KQGY165潜孔钻，但处理并段边坡时，KQG150潜孔钻体积较大，无法靠近边坡穿凿预裂孔和缓冲孔，所以在并段台阶进行预裂爆破穿孔时才采用CM351潜孔钻。

2.1.2　孔深

按联合露采设计，终了边坡坡角70°，并段台阶高24m，超深按$h = 0.7m$算，单台阶穿孔深度$L = (H + h)/\sin 70° = (12 + 0.7)/\sin 70° = 13.5m$。

2.1.3　孔间距

孔间距一般取孔径的8~12倍，即$a = (8 \sim 12) \times D = 1.2 \sim 1.98m$，根据边坡岩性分布，硬岩取$a = 1.7m$，软弱破碎的岩石取$a = 1.2m$。

2.1.4　线装药密度

按经验公式：

$$q_1 = \frac{1}{4000}\pi D^2 \frac{\rho_0}{m^2}$$

式中，ρ_0为炸药密度，取$1.2g/cm^3$；m为不耦合装药系数；预裂爆破采用直径为32mm，长200mm，重200g条状乳化炸药作为爆破用药，所以$m = 4.7 \sim 5.2$。

计算得$q_1 = 0.965kg/m$，取1kg/m，单孔装药量1kg/m×13.5m=13.5kg，实际中取13.6kg。炮孔底1.2m为加强装药，线装药密度2.5kg/m；炮孔中部正常装药，线装药密度1.0kg/m；炮孔上部减弱装药，取0.4kg/m，炮孔口处吊装充填0.5~1.2m。

预裂孔参数计算结果汇总见表1和表2。

为防止孔壁因局部药量过大造成孔壁破坏，装药结构设计为连续不耦合装药。药卷全程绑缚在导爆索和竹片上。

表1　预裂孔参数

孔径/mm	165/150	孔深/m	13.5
倾角/(°)	70±1	充填长度/m	0.5~1.0
孔间距/cm	150		

表2　预裂孔装药密度

位　置	上　部	中　部	底　部
线装药密度/kg·m⁻¹	0.4	1.0	2.5
装药长度/m	1.5	10.0	1.2
装药量/kg	0.6	10.0	3.0

2.2　缓冲孔与主爆孔孔网参数及装药结构

2.2.1　主爆孔爆破参数

采场的生产爆破孔网参数一般为6m×6.5m，孔深14~15m，单耗0.30~0.32kg/m³，所以主爆孔单

孔装药量取 $Q=0.32×12×6×6.5=150kg$。

2.2.2 缓冲孔爆破参数

为使主爆孔和预裂孔之间的岩土得以破碎且使主爆孔的能量得以缓冲，在主爆孔和预裂孔之间穿凿 1 排缓冲孔。缓冲孔的孔深 $h=13.5m$，倾角 $α=70°$。

当 $D=165mm$ 时，孔距 $a=3m$，至主爆孔的排距 $b=4m$，缓冲层厚度 2.5m，装药量取 $Q=87.5kg$。

当 $D=150mm$ 时，孔距 $a=4m$，至主爆孔的排距 $b=3m$，缓冲层厚度 2.5m，装药量取 $Q=75kg$。

主爆孔和缓冲孔装药为多孔粒状铵油炸药。主爆孔孔内含 1 个起爆药包，缓冲孔采用间隔装药形式，其孔内含 2 个起爆药包，起爆药包雷管为 400ms 高精度导爆管雷管。如图 1 所示。

采用 CM351 潜孔钻穿缓冲孔工期较长，改倾斜缓冲孔为垂直孔，用 KQG150Y 替代 CM351，大大提高了穿孔效率。垂直缓冲孔的孔口距均为 4m，第 1 排缓冲孔与预裂排的孔口距离为 4.5m，2 排缓冲孔的排距为 2.5m，缓冲孔与主爆孔排距为 2.5m。第 1 排和第 2 排缓冲孔的孔深分别为 6.5m 和 13.5m，装药量分别为 3.75kg 和 87.5kg。如图 2 所示。

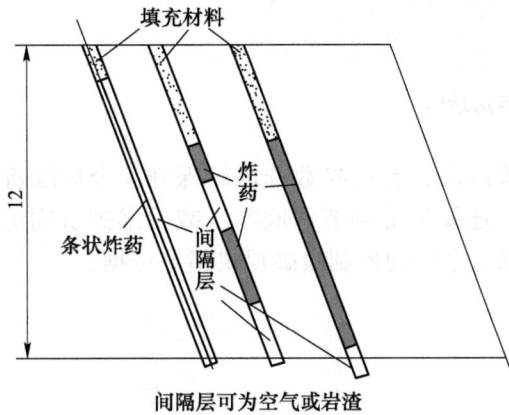

图 1 预裂爆破装药图（单位：m）

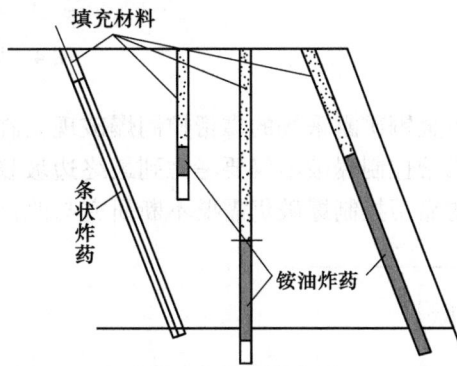

图 2 预裂爆破装药图

2.3 起爆方式

预裂孔采用导爆索搭接网路同时起爆。主爆孔、缓冲孔采用地表导爆管雷管和孔内导爆管雷管实施逐孔起爆。预裂孔首先起爆，且时间应超前于主爆孔 100ms 以上，主爆孔、缓冲孔依次起爆。为使预裂孔超前主爆孔起爆，在预裂孔导爆索网路上联接 1 发 400ms 高精度导爆管雷管，在主爆孔引出的主线上联接 2 发 65ms 高精度导爆管雷管。这样，预裂孔起爆时间超前于主爆孔 130ms 起爆，保证预裂孔首先贯通成缝，而且不会因起爆延期过长导致爆破飞石砸断主爆孔和缓冲孔的爆破网路。

有时为了赶工期，对预裂孔单独实施爆破，考虑到预裂孔孔数较多，此时采用分段间隔微差起爆，微差间隔时间 25ms，同响段药量不超过 300kg。

某次预裂爆破网路连接图如图 3 所示。

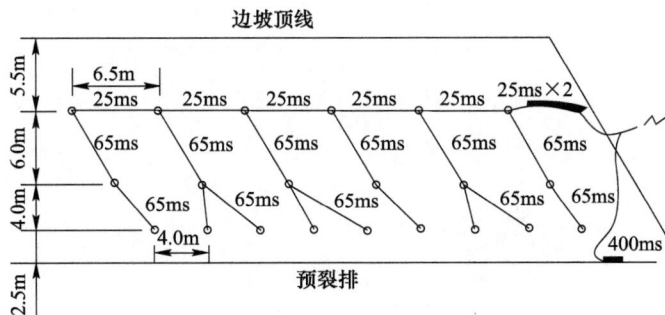

图 3 某次预裂爆破孔网设计示意图

3　结语

　　露采场东帮北部山头现已有 6 个台阶到最终境界，爆破后的边坡顶线后方岩土表面未出现拉裂破坏现象，边坡面平整无危石，除岩性较差区域难以形成半孔外，各平台的半孔率基本在 80% 以上。效果图如图 4 所示。

图 4　爆破后边坡照片

　　紫金山金铜矿露采场的靠帮控制爆破现处在试验阶段，有些参数选取较保守，今后随着靠帮台阶的增多，靠帮控制爆破不仅要考虑到最终边坡稳定，还要考虑到节约成本，减少维护费用等因素，因此现阶段的靠帮控制爆破仍需要不断研究与改进，以为今后的控制爆破提供指导依据。

参 考 文 献

[1] 代永新. 紫金山金铜矿露天开采高陡边坡稳定性研究报告 [R]. 安徽：中国集团马鞍山矿山研究院，2008.

[2] 庙延钢. 爆破工程与安全技术 [M]. 北京：化学工业出版社，2007：170-172.

[3] 邹智斌. 预裂爆破在露天终了边坡中的应用 [J]. 江西冶金，2009，29(1)：17-19.

[4] 齐宝军，璩世杰，王爱民，等. 水厂铁矿邻近边坡控制爆破技术研究与应用 [J]. 爆破，2009，26(3)：38-39.

[5] 赵建光. 路堑边坡岩体开挖与控制技术 [J]. 爆破，2009，26(1)：47-49.

中国高温介质爆破研究现状与展望

郑炳旭

（广东宏大爆破股份有限公司，广东 广州，510623）

摘 要：论述了高温爆破的应用领域，从高温爆破的降温措施、高温爆破技术、耐高温爆破器材、爆破器材隔热防护材料 4 个方面阐述了我国高温爆破的研究现状，并提出了目前我国高温爆破存在的问题，最后，对我国未来高温爆破的研究方向提出了看法。

关键词：高温爆破；降温措施；爆破器材；隔热材料

Current Status and Prospect of High-temperature Blasting Research in China

Zheng Bingxu

（Guangdong Hongda Blasting Co., Ltd., Guangdong Guangzhou，510623）

Abstract：The application field of high-temperature blasting was discussed. From the cooling means, the blasting technology and the blasting equipment to heat-resisting material, the research of high-temperature blasting were introduced in our country. The current problems existing in high-temperature blasting in our country are also put forward. Finally, the development direction of high-temperature blasting reseach is proposed.

Keywords：high-temperature blasting；cooling means；explosive materials；heat-resisting material

高温爆破是指炮孔孔底温度高于 60℃ 的爆破作业[1]，在不同的爆破工程领域中有时候遇到的温度常高达几百摄氏度。我国《爆破安全规程（GB 6722—2003）》中明确规定，当爆破温度超过 60℃ 时要采取特殊的爆破安全作业措施，包括药包隔热防护、炮孔降温和使用耐高温炸药等。炸药与起爆器材在高温下不稳定的特点，决定了高温爆破与一般的爆破的区别，由高温爆破引起的安全事故也时有发生。高温爆破给爆破工作带来了安全隐患，多年以来，我国的爆破和科研工作者为高温爆破的发展一直在努力研究，并取得了一系列非常可喜的成绩，这些都为我国爆破事业的发展起到了有利的推动作用。

1 高温介质爆破应用领域

1.1 煤矿自燃火灾治理中的高温介质爆破

在我国新疆、内蒙古、宁夏等很多煤矿中，煤层自燃火灾十分严重。煤层自燃不仅直接烧掉了宝贵的煤炭资源，而且破坏了煤层的赋存条件，危及煤矿的安全生产，更为严重的是煤层无控制地不充分燃烧，释放出大量有毒有害气体，引发一系列的生态环境恶化效应。在煤矿自燃火灾的治理中，采用高温深孔爆破技术将火区下部存在的采空区和煤层长时间燃烧形成的大空洞炸塌垮落，将空洞充填，再向塌陷区裂隙灌注少量复合胶体，将塌陷区进行覆盖、隔氧、降温，可起到熄灭火源治理火区的作用，典型工程如攀枝花宝鼎矿区海宝箐片区 4 号煤层露头火灾综合治理工程[2]。

原载于《爆破》，2010，27（3）：13-17，35。

在有些煤层自燃治理工程中，将火区上部的山体采用硐室爆破的方法剥离，再采取其他的方法对自燃煤层的进行治理，这类硐室爆破就属于高温硐室爆破，典型工程如新疆轮台阳霞煤田灭火工程 2 号子火区高温大爆破工程[3]、宁煤大峰矿羊齿采区硐室爆破工程等[4]。

在这些高温爆破中，通过将炮孔降温、采用耐高温炸药和耐高温材料包装药包的方法，来实现爆破作业的安全。

1.2 煤矿露天开采中的高温介质深孔台阶爆破

在进行自燃煤层的露天开采时，高温火区的深孔台阶爆破是一个不可避免的难题。无论是先采取其他的方法灭火还是先将高温孔降温，由于地下火区的隐蔽性和地质环境的复杂性，将火区矿山治理到自然的原始状态是很困难的，在这些火区煤矿开采时不可避免地还会遇到一些高温孔，即煤矿露天开采中的高温深孔台阶爆破，典型工程如宁煤大峰煤矿露天开采工程[5]、乌鲁木齐矿务局铁长沟露天煤矿等[6]。

实施高温深孔台阶爆破时，常采用火区洒水降温、高温孔注水降温，使用特殊的爆破器材和采用特殊的爆破安全技术措施来达到爆破作业安全的目的。

1.3 硫化矿开采中的高温介质爆破

硫化矿中的各种硫化矿物与水和氧气接触，产生一系列的氧化还原等复杂的化学反应，放出大量热量，在特定条件下，热量积聚产生高温，严重者能致矿石自燃发火，形成高温矿床。这类矿床开采时，如果不采取特殊的爆破措施，可能导致硫化矿体高温炮孔内炸药的自燃自爆。典型工程如广西大厂矿务局铜坑矿开采工程[7]、江西铜业公司武山铜矿等[8]。

这类工程的高温爆破安全措施常采用低火焰炸药、耐高温爆破器材和将药包进行隔热包装防止与孔壁接触等。

1.4 油气井修复工程中的高温介质爆破

在我国石油、天然气开采工程中，由于油气井的输送套管长期受地应力变化、地层腐蚀、井内微生物腐蚀等因素影响，常导致套管损害变形、破损、错断或出现孔洞，在进行套管修复或补贴时，常采用爆炸整形、爆炸焊接（贴合）等爆破技术[9]，由于爆破环境具有高温高压的特点，因此这类高温爆破的常采用爆速低、威力适中、安定性耐热性好、腐蚀性小的耐高温炸药。

1.5 冶炼生产中的高温介质爆破

在钢铁企业或水泥工厂的生产中，有时根据生产的需要常进行高炉出铁口高温凝铁爆破、混铁炉内凝铁爆破、高炉炉底凝铁爆破、高炉炉内结瘤浮爆破、炼铁炉体的拆除爆破、水泥生产线的堵塞清理爆破等[10,11]，这些爆破涉及的温度常高达几百摄氏度，甚至上千摄氏度，这类高温爆破常采用的安全技术措施是强制降温和将起爆器材进行隔热包装处理。

2 高温介质爆破研究现状

从目前我国不同领域的高温爆破来看，一般采用炮孔降温、特殊的爆破安全技术、耐高温爆破器材和爆破器材的隔热包装的方法，来保证爆破施工的安全。在实际的操作中常根据不同的炮孔温度，采用不同的爆破器材和不同的安全技术措施，几种方法综合使用的情况较多。

2.1 高温介质爆破的降温措施研究现状

在实际的高温爆破中，有时遇到的温度常高达几百摄氏度甚至上千摄氏度，在这样的温度下无论采用耐高温爆破器材还是隔热防护都是不可行的，一般都必须使炮孔降到一定的温度之后才开始装药。降温分为区域降温和炮孔降温，目前降温的方法有洒水降温、灌浆降温和胶体降温。而洒水降温作为一种传统、简单、实用的方法在各个领域的高温爆破中均得到了广泛的应用。

周俊峰等人对煤矿火区爆破采用大面积的洒水区域降温、炮孔注水降温以及装药前的水袋降温方法起到了很好的降温效果[12]。陈亚军等人也就铁长沟露天煤矿火区爆破的洒水降温发表过看法[6]。在冶炼生产和其他的高温爆破中洒水降温应用也非常普遍，陈寿如、宋文学等人就此方面作过论述[13,14]。硫化矿高温爆破中的洒水降温一直以来是备受争议的方法，这主要是由于水在硫化矿石自燃过程中所起到的催化和阻化双重作用，但目前的研究结果表明[15]，只要水量控制好，水在硫化矿中的降温作用是很有效的，而且水量越多降温效果越明显。

灌浆降温的主要原料是黄泥浆，主要用于孔温较高、孔壁裂隙较多的深孔露天爆破，由于黄泥浆具有堵塞裂隙和隔热的效果，配合洒水降温能起到非常好的降温效果。胶体降温研究的最初目的是用于煤层自燃防灭火方面的。徐精彩、邓军等人对此进行过深入的研究[16]，胶体降温的主要原料是多种材料组成的复合凝胶，通过将复合凝胶充入多个钻孔中，将煤层自燃的区域进行阻隔，起到区域降温的目的，对于高温爆破中的个别高温孔也可采用胶体降温的方法，其效果要优于灌浆降温。

2.2 高温介质爆破技术研究现状

高温爆破技术在矿山开采领域研究得较为深刻，很多长期进行高温开采的矿山在爆破技术方面都积累了丰富的经验，并在爆破规程的基础上制定了相应的高温爆破安全操作规程和炸药防自爆措施。而高温爆破技术研究开始最早的应属硫化矿山，早在19世纪60年代，国内的铜山铜矿、硫铁矿等就开展了硫化矿山高温爆破安全技术的试验研究，其出发点是防止炸药与矿岩接触和避免炸药在高温炮孔中发生燃烧和剧烈分解。主要围绕炸药自燃自爆机理、危险性评价、硫化矿用炸药、炸药隔热包装等几个方面进行研究，其爆破技术主要采用热稳定性好的炸药、降低炮孔温度、缩短装药时间和将药包隔离包装等方法。如陈寿如等人针对硫化矿中的炸药自爆判据进行过研究[17]，孟廷让等人对硫化矿的炸药自爆机理、危险性及安全装药评价进行过论述[18]；王国利等人就硫铁矿高温下的爆破技术从药包包装、炮孔降温等几个方面进行了研究[7,8]，提出将药包进行内层和外层包装制成防自爆柱状药包，同时要求在施工中要进行炸药耐高温试验、装药前检验炮孔温度、炮孔降温和缩短装药时间等。

而煤矿火区的高温爆破技术在硫化矿高温爆破要求的炮孔降温、药包隔热包装和缩短装药时间的基础上，对缩短装药时间进行了深入的研究和试验，并在爆破工序上进行了改进。一般的爆破基本工序为"布孔—钻孔—装药—堵塞—连线—警戒—起爆—爆后检查—解除警戒"。而在露天煤矿的深孔高温爆破中，由于爆破器材在高温环境下的不稳定的特性，可以说从高温炮孔开始装药起就存在了潜在的危险，只要高温炮孔不装药就是安全的，缩短装药时间也就是要缩短炸药在炮孔内的时间。根据我们的经验，将爆破工序改为"布孔—钻孔—连线—警戒—装药—堵塞—起爆—爆后检查—解除警戒"，具体的要求是每次爆破炮孔不超过8个，在装药前将炸药按每孔装药量进行分配，采用导爆索连接网路，然后进行警戒，开始装药、堵塞、撤离、起爆。在此工序中节省了装完药后连线、警戒的时间，从开始装药到起爆的时间要求在3min内完成，装药前做好所有的准备工作。这样就大大减少了炸药在炮孔内的时间，提高了安全性。此方法在高温深孔台阶爆破中得到了广泛的应用。

在冶炼生产中的高温爆破，由于其爆破的工程量小、用药量少等特点，一般采用炮孔注水强制降温、药包隔热包装等方法，其研究的重点也主要集中在药包隔热材料方面，如湖北大冶有色冶炼厂高温爆破破清除炉结时研制的隔热保护管等。

2.3 高温介质爆破器材研究现状

2.3.1 耐高温炸药的研究现状

高温爆破器材的研究一直是高温爆破研究的重点，主要从爆破器材的耐高温角度进行考虑，而耐高温炸药的研究则是高温爆破器材研究的核心，在硫化矿、油气井修复工程领域中的要求尤为突出。在硫化矿的高温爆破中，最初使用的是硝铵类炸药，但这类炸药和硫化矿接触后会发生化学反应，严重者会造成炸药自爆。针对这种情况，1981年长沙矿山研究院研制出了GW型硫化矿耐高温炸药，但仍没有摆脱包装；北京矿冶研究总院与武山铜矿合作，于1989年共同开发研制了一种防高温、防早爆型炸药——BMH型硫化矿用安全炸药，该炸药散装时在70℃以下炮孔温度下24h无任何反应，耐高温性能较硝铵炸药有了很大的提高，该发明于1990年申请了专利，并在武山铜矿得到了大面积推广，效果良好；1995年，北京矿冶研究总院与德兴铜矿合作，研制成功了BDS系列安全乳化炸药[19]，该炸药不仅适合混装车生产，满足了现代大型露天矿爆破作业机械化装药的要求，而且在硫化矿预装药7~10d仍可保证安全；贵池市铜山铜矿与长沙矿冶研究院合作，根据高硫矿中炸药自燃自爆机理，采用在普通炸药中加抑制剂的方法，研制成温度在100~130℃范围内可使用的防自爆炸药，为高硫矿床开采爆破工程又提供了一种新型炸药。

中国兵器工业第213研究所的胡继国、张玲香等人为了解决油气井高温高压条件下石油套管整形、修补问题，通过调整不同的炸药配方研究出了温度在100~170℃之间使用的不同种类的炸药，其中包括以硝酸脲为主体的爆破炸药（耐温100℃）、以高氯酸钾为主氧化剂的爆破炸药（耐温170℃）、以硝酸钠为氧化剂的爆破炸药，并在此基础上，通过添加其他药剂配成了适合不同环境下的油气井高温爆破的烟火爆破炸药[9]。攀枝花恒威化工有限责任公司研制了的耐高温三级煤矿型高分子胶状乳化炸药，但对温度超过100℃装药的仍需采取防高温措施。西安近代化学研究所的符全军、郭锐等人为了解决油田超深井使用的射孔弹装药，发明了耐热黏结炸药，该炸药可在250℃的环境下耐热48h而不燃不爆，该发明已于2002年申请了国家专利。

与此同时，耐高温炸药的理论研究工作也在继续，如吕早生进行了耐热炸药1，3-二（3′-氨基，2′，4′，6′-三硝基苯胺基）-2，4，6-三硝基苯的合成研究工作[20]；颜世龙、马志刚等人对不同炸药的基质燃烧机理进行了研究[21]，北京矿冶研究总院的科研人员对不同炸药的热分解动力特性提出了新的见解[22]。我公司对乳化炸药、二号岩石铵梯炸药、铵油炸药曾做了耐高温的实验研究，并得出了炸药在不同温度下、不同时间内的性能变化结果，这些都为耐高温炸药的研究提供了参考。

2.3.2 耐高温起爆器材的研究现状

目前常使用导爆索作为高温爆破的主要起爆器材，这主要是因为导爆索中的主要成分黑索金具有一定耐热性，导爆索本身在高温条件下只会发生燃烧不会发生爆炸。根据我们的试验结果，普通导爆索在150℃高温下2min内即可发生燃烧，虽然燃烧的导爆索不会对人身安全造成大的伤害，但由于其在高温下可燃烧的特点，在温度超过150℃的高温爆破中由于燃烧中断，容易产生盲炮，所以导爆索的使用也有一定的局限性。

而对耐高温雷管的研究工作目前比较少见。清原红光电器厂研制生产了高强度耐高温导爆雷管，该雷管具有一定的耐高温性能，可在100℃温度下正常使用；沈兆武发明了高精度高安全无起爆药延期雷管，该雷管同样具有一定的耐高温性能，在100℃温度下24h内可保证安全[23]；杨耀华、崔勇等人进行了煤矿许用耐温电雷管可燃气安全性研究[24]。根据我公司的试验结果，一般的高精度雷管均具有一定的耐高温性能，在不超过100℃的高温下，均可在一定的时间段内保持稳定。而在温度超过100℃情况下的电雷管使用情况国内很少见到。导爆管雷管由于导爆管在50~100℃时变软，强度降低，而且容易穿孔，影响秒量精度，在高温爆破中很少使用。

2.4 爆破器材隔热防护材料的研究现状

在高温爆破中，对爆破器材进行隔热包装是非常有效的安全措施。特别在高硫高温矿床开采的爆破作业中，炸药中的硝酸铵与硫化矿石接触反应后将引起炸药自燃、自爆。因此国家爆破安全规程规定，对硝铵类炸药采取隔离包装。最初采用的是牛皮纸包装，该包装材料在50℃低温下具有一定的效果，但当硫化矿体内的炮孔温度大于70~80℃时，则不仅要求药包外部包装在装药过程中不发生机械性破损，而且要求包装材质本身具有良好的耐高温、耐酸性腐蚀以及能防止酸性蒸汽渗透，达到高度密封隔离的性能。在特别恶劣的条件下，为保证充分可靠需考虑采用内外双层包装，现代高分子合成的耐高温树脂涂料和薄膜，以及玻璃丝布之类的致密防火织物，可以充分满足上述全部要求，能在100~300℃的孔内环境条件下应用。廖明清等人采用双层耐热包装其外包装为Z型涂胶药筒，内包装为JB型药袋，能在100℃多的温度下正常使用。另外用玻璃丝布外涂水玻璃防水包装炸药也可应用在100℃以下高温硫化矿爆破中。

在煤矿高温矿山的深孔爆破中，主要的隔热材料为PVC管和特制的隔热石棉管，其直径可根据孔径的大小进行选择。在硐室高温爆破中，常使用隔热石棉板，硐室底部铺 1 层红砖进行隔热，我公司在宁夏的高温硐室爆破中就采用了这种方法。

在冶炼生产中，由于遇到的高温常高达上千摄氏度，因此对隔热材料的要求也特别高，但由于其爆破的规模和用药量较小，因此这类爆破常常采用多种隔热材料进行多层包装以保证爆破的安全。如宋文学等人在清除炉膛高温凝结物时，采用耐热的石棉布、石棉绳以及其他耐热材料，将药包和导火索包裹或包缠起来，将爆破材料与热源隔开，再在石棉层上面均匀涂 1 层耐热泥浆或黄泥浆[13]。史秀志等人在诺兰达炉炉结高温爆破中采用耐温阻燃 PVC 管，外部再缠绕石棉橡胶板，管底用石棉绳和水玻璃进行堵塞[14]。目前常用的隔热材料有石棉布、石棉橡胶板并辅以耐火泥，为使高温爆破工艺更简单，史秀志等人研制出了一种新型隔热材料——海泡石[25]，加工后呈白色毛毡状，也便于缠绕到药包表面，其耐热温度高达 700℃。

3　目前我国高温介质爆破中存在的问题

从我国目前高温爆破的现状来看，每个涉及高温爆破的领域均根据自身的特点进行了研究和应用，高温爆破灭火主要采用灭火降温、使用隔热材料和耐高温爆破器材来保证爆破的安全；高硫矿山主要从隔热材料、耐高温爆破器材方面进行入手；煤矿高温深孔爆破主要从灭火降温、隔热材料、爆破技术等几个方面进行研究；冶炼生产中的高温爆破由于其规模小主要采用炮孔降温、隔热材料包装的方法；油气井修复工程主要对耐高温耐高压炸药进行研究。这些研究保证了高温爆破的安全，对推动我国高温爆破技术的发展起到了一定的推动作用，但从使用的现状来看还存在着许多问题。

3.1　降温措施方面

洒水降温是应用非常广泛的方法，但在煤矿火区爆破中，遇到的温度常高达数百摄氏度，高温岩石遇水产生的大量水蒸气直冲孔外可高达 5m 以上，一不小心容易发生伤人事故，注水降温存在安全隐患。另外，煤矿火区主要在内蒙古、宁夏和新疆地区，这些地区干旱少雨、冬季时间长，天气和水源也是影响高温爆破的主要问题。

灌浆降温由于孔壁裂隙的存在，灌浆的稠稀度需要很好地把握，灌浆稀则会由孔隙流走，灌浆稠又不利于浆液的流动容易堵塞钻孔。胶体降温主要用于火区的灭火，用于高温深孔爆破操作起来不太方便，同时造价上也较高。

3.2　高温爆破技术方面

高温爆破的钻孔，是能否进行高温爆破的关键，特别在高温煤矿矿山深孔爆破时由于温度常高达上百度，很多情况下可看见孔内的明火，这为钻孔工作带来了困难。目前高温矿山常使用的钻机为潜孔钻和牙轮钻，在如此高的温度下若要钻出 10m 左右深的钻孔确实困难，工人受高温火区蒸烤比较严重，裂隙严重的地方还有二氧化硫、硫化氢等有毒有害气体逸出，同时由于高温岩体的易碎和不完整性，钻出的钻孔孔壁不规整，常出现卡孔现象。

另外，高温爆破的矿山一般规模比较大，每次爆破量要求比较多，钻孔和用药量也比较大，装药时间长，快速装药操作比较困难，采用改进后的高温爆破工序虽然可以快速装药，但由于其爆破量小常影响工程的进度。

3.3　耐高温爆破器材方面

耐高温炸药的研究已取得了非常大的进展，但耐温温度高的炸药由于其造价高并不适用于规模大的矿山爆破，而耐温温度低的炸药又不能满足高温矿山爆破的要求，况且高温矿山遇到的温度常高达几百摄氏度，目前的耐高温炸药也满足不了其要求。同时，起爆器材的研究也是制约高温爆破发展的关键，目前国内见到的导爆索、耐高温雷管的耐高温度只在 100℃ 左右，不满足和耐高温炸药配套使用的要求。

3.4　爆破器材的耐高温防护材料方面

爆破器材的隔热包装用于小规模的冶炼生产中的高温爆破较多，在硫化矿山和煤矿矿山的高温爆破中，药包的隔热防护包装操作起来比较困难，容易卡孔和划破包装，特别在煤矿矿山的深孔高温爆破中，孔深10m左右，包装后的爆破器材很难放到孔底，采用PVC管和特制石棉管由于其重量和长度原因实际应用操作中存在困难。

3.5　爆破人员方面

高温爆破是一种很特殊的爆破作业，由于炸药在高温环境下的不确定性，这就要装药工人不但要求反应快、动作熟练，而且要求工人业务素质高，能严格按照操作规程进行装药。在一个有潜在危险的环境中，爆破人员的信心、相互之间的信任和合作是非常重要的，这一问题被认为是高温爆破成功的关键因素。

4　展望

高温爆破的研究作为我国爆破行业研究的一个分支，目前的研究还不能完全满足生产中的要求，随着爆破领域的不断拓展，人们对施工要求的不断提高，爆破作业更需安全、高效、经济和环保。目前，高温爆破还存在诸多问题，将来的研究可从以下几个方面着手。

（1）区域性的高温治理研究。将高温区域进行综合治理，使高温区降为正常的温度或满足爆破要求的温度，起到釜底抽薪的作用，所有的高温爆破难题均可迎刃而解，此治理的时间周期较长、投入较大，有条件的矿山企业可进行此方面的研究。

（2）高温爆破技术研究。可对快速钻孔、快速装药以及高温爆破的安全技术措施进行研究，在安全准爆条件下研究确定准确可控制的装药爆破技术参数、作业工艺、时间和流程，研究和编制涉及高温火区爆破操作规程和安全技术措施，形成高温火区安全爆破技术。

（3）耐高温爆破器材的研究。可进一步研究炸药在高温下的自燃自爆机理，为耐高温炸药的研究提供理论基础。从耐高温炸药的组成配方来看，一般的耐高温炸药是在原有炸药的基础上添加其他的添加剂，耐高温炸药的耐高温度具有一定的限定性，在此基础上可对耐高温炸药的包装进一步改进。起爆器材的研究是很重要的方面，可对导爆索类的起爆器材进行研究，从起爆药、导爆索外包皮的研究入手，耐高温雷管的研究可从激发药的耐高温方面进行考虑。

综上所述，高温爆破的研究不是单一方面的工作、涉及爆破的多个环节，目前我国安全形势非常严峻，人们对安全、环保的要求越来越高，高温爆破涉及我国的多个领域，如何保证高温爆破的安全是我们爆破界同仁需要关注的问题。

参 考 文 献

[1] 中国工程爆破协会. 爆破安全规程：GB 6722—2003[S]. 北京：中国标准出版社，2004.

[2] 费金彪，孙宝亮. 攀枝花宝鼎矿区海宝箐片区4#煤层露头火灾综合治理 [J]. 煤炭技术，2008，27(3)：83-85.

[3] 齐德香. 新疆轮台阳霞煤田灭火工程2#子火区高温大爆破工程 [J]. 中国煤炭，2008，34(11)：88-90，112.

[4] 蔡建德，李战军，傅建秋，等. 硐室爆破时高温硐室装药的安全防护试验研究 [J]. 爆破，2009，26(1)：92-95.

[5] 周俊峰. 露天矿火区爆破灭火降温方法 [J]. 露天采矿技术，2004(4)：8-9.

[6] 陈亚军，陈宪. 铁长沟露天煤矿火区爆破安全性分析 [J]. 能源技术与管理，2005(1)：39-41.

[7] 廖明清，李荣其，邹素珍. 硫化矿高温采区的爆破技术 [J]. 长沙矿冶研究院（季刊），1987，7(3)：64-71.

[8] 王国利. 硫化矿爆破安全技术的发展 [J]. 工程爆破，1997，3(2)：65-68.

[9] 胡继红，张玲香. 油气井耐高温爆破炸药 [J]. 火工品，2000(2)：27-31.

[10] 张运福，高育滨，莫仲华. 高温金属（钢铁）控制爆破的探讨 [J]. 采矿技术，2007，7(3)：139-140，146.

[11] 李建彬. 高温钢筋混凝土基础爆破拆除 [J]. 工程爆破，2007，13(1)：66-68.

[12] 刘宝龙，周俊峰. 煤田地面灭火方法的探讨 [J]. 露天采矿技术，2005(2)：35-38.

[13] 宋文学，吕小师，陈彦波．爆破清除大型窑炉炉膛内高温凝结物 [J]．安徽水利水电职业技术学院学报，2005 (3)：44-46.

[14] 史秀志，罗周全，陈寿如．保护炉衬的诺兰达炉炉结的高温控制爆破拆除 [J]．工程爆破，2002，8(3)：29-32.

[15] 李孜军．硫化矿石自燃机理及其预防关键技术研究 [D]．长沙：中南大学，2007.

[16] 邓军，孙宝亮．胶体防灭火技术在煤层露头火灾治理中的应用 [J]．煤炭科学技术，2007，35(11)：58-60.

[17] 陈寿如，徐国元，李夕兵．硫化矿中炸药自爆判据的简化及应用 [J]．中南工业大学学报，1995，26(2)：167-171.

[18] 孟廷让，吴超，谢永铜．高硫矿床开采中炸药自爆危险性及安全装药评价法研究 [J]．中南矿冶学院学报，1994，25(1)：19-23.

[19] 王国利，贯荔，李建军．露天硫化矿用安全乳化炸药的研究 [J]．矿冶，1998，7(4)：16-20.

[20] 吕早生，汪铁．耐热炸药1,3-二 (3′-氨基，2′,4′,6′-三硝基苯胺基) -2,4,6-三硝基苯的合成研究 [J]．爆破，2004，21(2)：21-24.

[21] 颜事龙，陈锋，马志刚．乳化炸药基质燃烧机理的研究 [J]．爆破器材，2006，35(6)：7-10.

[22] 马平，李国仲．粉状乳化炸药热分解动力学研究 [J]．爆破器材，2009，38(3)：1-3.

[23] Shen Zhaowu, Ma Honghao. The key technique of high-precision high-safe non-precise delay detonator [M]. Rock Fragmentation by Blasting-Sanchidrián(ed)，2009.

[24] 杨耀华，崔勇，宋春梅，等．煤矿许用耐温电雷管可燃气安全性研究 [J]．煤矿爆破，2001，53(2)：6-8.

[25] 史秀志，谢本贤，鲍侠杰．高温控制爆破工艺及新型隔热材料的试验研究 [J]．矿业研究与开发，2005，25(1)：68-71.

台阶爆破大面积盲炮处理

谭卫华　　温健强　　李战军

（广东宏大爆破股份有限公司，广东 广州，510623）

摘　要：介绍了一次大面积台阶爆破盲炮的处理过程，提出了避免台阶爆破大面积盲炮的措施。措施包括起爆次序、爆破网路连接和网路检查等。

关键词：台阶爆破；盲炮；爆破安全

Treatment of Large Amount of Misfire Hole in the Case of Bench Blasting

Tan Weihua　Wen Jianqiang　Li Zhanjun

（Guangdong Hongda Blasting Co., Ltd., Guangdong Guangzhou, 510623）

Abstract：The whole course of treating large amount of misfire hole in a case of bench blasting is explained. Some measures（check of detonation sequence, of blasting network connection & status etc）are recommended to avoid misfire hole in the future.

Keywords：bench blasting；misfire hole；safety for blasting work

1　简介

某大型采石工程日产石料上万方，台阶爆破高 15m，钻孔直径 140mm，设计钻孔超深 1.2m，工地少水，主要使用铵油炸药进行爆破，使用乳化炸药作起爆药，孔内使用非电雷管，地面用四通连接，最后用电雷管起爆。

该工程岩石质地坚硬，工期较紧，爆破后经常留根底。通常，根底的爆破处理与台阶爆破的主炮孔爆破同次进行，根底炮孔（地脚炮）的起爆时间比主炮孔的起爆时间超前 25~50 毫秒。

工程初期，受前一日赶工影响，工地某一台阶爆破后出现大面积凸起（根底）。为了减少爆破次数和便于石方运输，该工地在出现大面积根底的地方钻了 43 个炮孔处理爆破后的根底。这些炮孔分布在 30m×35m 的一个不规则区域内见图 1，此次处理地面根底的爆破 43 个，炮孔深 2~4m，平均孔深约 3m，平均每孔装药 6kg，总装药量达 270kg。

爆破前地脚炮孔与其上部的台阶爆破主炮孔，通过导爆管和四通连接，传爆次序为：起爆雷管、台阶爆破区域和地脚炮爆破区域，见图 2。

起爆时，由于连接地脚炮与台阶爆破主炮孔之间的导爆管拉得过紧，导致地脚炮区域的 43 个炮孔全部出现盲炮。

由于该工程所处的位置较特殊，且盲炮数量多。为了安全起见，业主单位对该盲炮区域进行警戒，并要求该工程暂时停工，邀请专家对此次盲炮进行处理。

原载于《矿业工程》，2010，8(5)：44-45。

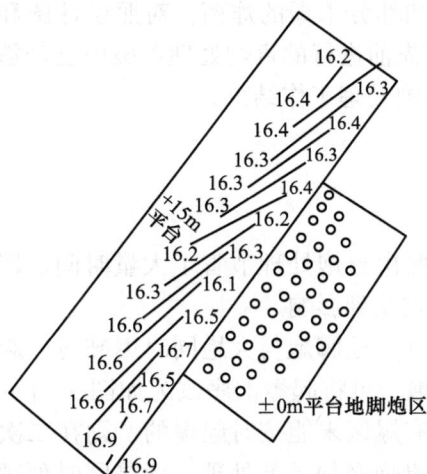

图1 台阶爆破与地脚炮相对位置图

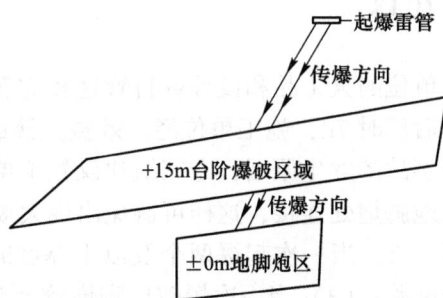

图2 事故前传爆方向示意图

2 现场情况及安全措施

专家组进入现场后，发现地脚炮区域大部分被台阶爆破形成的爆堆掩埋，爆堆厚1~13m，露在爆堆外面的炮孔14个，经过人工稍作清理，又清理出炮孔3个。从现场情况看，露在地面的非电起爆网路已经全部损坏。根据上述情况专家组建议施工单位成立盲炮处理指挥小组，并制定了安全措施[1,2]：（1）现场确定盲炮排查区域并做出标识；（2）排查警戒范围300m内（以排查点为中心），严禁无关人员、设备进入，同时在相关入口处设置人员警戒；（3）所有参与盲炮排查处理的人员，必须经由技术组人员进行安全技术交底后，方可进入现场参与排查处理工作，特殊工种人员应持证上岗；（4）所有参与盲炮排查处理的人员，必须佩戴相应的劳动防护用品；（5）排查过程中，发现民爆物品或残孔，监护人员应立即下令停止排查作业并做好标记，同时向指挥组组长报告，并做好相关记录；（6）严禁携带烟火、手机和对讲机等进入排查处理现场。排查点100m范围内严禁使用对讲机、手机；（7）排查处理工作在白天进行，禁止夜间作业；（8）对进出现场的人员、设备应进行清点、签字登记；（9）未接收到指挥组组长指令，不得解除警戒。

3 盲炮处理

露在爆堆外部的盲炮处理。根据现场情况专家组决定先处理露在爆堆外部的17个炮孔，将暴露出的未爆孔掏出一部分堵塞段，然后绑电雷管起爆。

对露在爆堆外面的炮孔进行爆破处理前，用全站仪测量绘图，并推算出了埋在爆堆内的盲炮孔的大致位置。

埋在爆堆内的盲炮处理：（1）事故孔上方及周边爆碴开挖清理由外向里推进，开挖清理过程设专人监护。（2）安排少量挖掘机和车辆将压在盲炮上面的石料进行清理，为了安全，将覆盖地脚炮的石料清运至孔口以上约1m处。对于装不上车的大石块，用挖掘机将其推至盲炮区域外侧，便于后期盲炮的处理。（3）利用人工进行剩余石料的清理，另外根据现场实际情况，在局部区域采用高压风管清理表面碎石及石粉，直至露出炮孔。（4）每发现一个炮孔，均要进行测量记录。并确定盲炮孔是垂直还是倾斜炮孔，对于倾斜炮孔要准确确定炮孔的倾斜方向。（5）若确实无法找到所有未爆孔时，将底板清理干净后，根据现场底板高度情况，在底板突出位置选择安全区域重新钻孔诱爆，直到所有未爆孔全部处理完毕为止。（6）进行诱爆钻孔时，钻孔前爆破工程师必须再次确认钻孔部位无残孔，且诱爆孔深度要比原炮孔深0.5m，诱爆孔要在原炮孔两侧1.2~1.5m处分别钻孔。对于倾斜炮孔，要确保诱爆孔不会穿过残孔。（7）警戒范围必须在300m以外，尽量一次处理完毕。（8）处理过程中，项目部主要成员至少有一人在现场，地脚炮布孔的爆破工程师及验孔员、安全员必须全程参与。

按照上述方法，在清理过程中发现了 3 发未爆雷管和部分未爆的炸药，对照设计图和已经爆炸处理过的 17 个炮孔位置，专家组认为 3 发雷管所在炮孔在先前进行的盲炮处理爆破中已经震松损坏，雷管在清理中被挖出。随后又清理出了 23 个炮孔，整个盲炮处理工作结束。

4　结论与建议

由于施工单位的火工品和设计资料管理较完善，为此次盲炮处理节省了大量时间。即便如此，此次盲炮处理前后历时 7d，施工单位经济效益直接或间接均受到影响。

根据盲炮事故的发生原因，专家组建议施工单位：（1）地脚炮与大炮同时爆破时，起爆站与主爆区之间必须从地脚炮处连接，这样可避免出现大规模盲炮，可将起爆次序改为如图 3 所示（以此次事故爆破为例）；（2）当一次起爆两个及以上爆区时，若有爆区未能按时起爆的，则在二次起爆前必须重新仔细检查网路；（3）当一次爆破地脚炮较多时，地脚炮必须提前处理，确需同时处理时，地脚炮与主爆区要用 4 根导爆管连接；（4）加强对爆破员的教育与监督，每次爆破前必须检查起爆器。

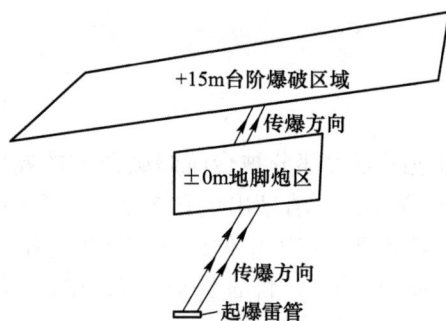

图 3　事故后传爆方向建议图

参 考 文 献

[1] 中国工程爆破协会. 爆破安全规程：GB 6722—2003[S]. 2003.
[2] 于亚伦. 工程爆破理论与技术 [M]. 北京：冶金工业出版社，2004.

采空塌陷区施工的组织与管理

陈晶晶[1]　蓝　宇[2]

（1. 广东宏大爆破股份有限公司，广东　广州，510623；
2. 大宝山矿业有限公司，广东　曲江，512128）

摘　要：由于民采泛滥，数年以来广东大宝山矿一直都面临着采空区的困扰，曾经发生过3次大的塌方，目前已转为露天开采，然而地下采空区对露天开采的安全生产构成不小的威胁。通过我司在大宝山矿一年来的施工经验，浅谈在采空区塌陷区的施工，供相关技术人员参考。

关键词：采空塌陷区；组织与管理；治理

Organization and Managment of
Mined－out Subsidence Area Construction

Chen Jingjing[1]　Lan Yu[2]

（1. Guangdong Hongda Blasting Co., Ltd., Guangdong Guangzhou，510623；
2. Dabaoshan Mining Co., Ltd., Guangdong Qujiang，512128）

Abstract：Because of unlicensed mining by native, Guangdong Dabaoshan mine has been faced with goaf for many years. There was three large landslide happening, and then it has been turned for open－pit mine. However, the underground goaf affect safety mining. We achieved great effect by near one year construction, it would be use for reference to correlation technique personals.

Keywords：mined－out and subsidence area; organization and management; treatment

1　引言

由于20世纪80年代大宝山矿周边民采泛滥，民采巷道多达百余条。几十年的民采没有进行充填和采空区处理，矿上虽然从1997年开始对采空区进行处理，但还是远远达不到采充平衡的要求，致使了2004年的3次大塌方，严重影响到井下安全生产。

经过3次大塌方和2004～2006年的采空区集中整治，地下采空区重大安全隐患得到了初步缓解，井下生产也已全面停止，仅进行露天开采。但是仍然存在垮塌而空区没有全部充满的采空区、充填接顶不严的采空区、没有处理的小采空区，以及2004年采空区调查时没有探明的民采小采空区。随着露天开采深度的下降，井下采空区对露天开采安全生产构成了一定的威胁。目前，采空区是矿上危险源分类分级管理办法中的 I 类危险源，属于重大危险源。

我公司自2009年12月份施工至今，一直致力于采空区塌陷区内施工经验的总结，取得了一定的成效。

原载于《露天采矿技术》，2011（4）：35－36。

2　采空区塌陷区的施工组织与管理

2.1　设置专门的采空区处理管理机构

配备采矿、地质、安全及仪器管理（三维激光扫描仪及地压监测仪器）方面的人员组成采空区处理管理机构，充分调研和熟悉已有资料（原地下开采采空区资料以及物探空区资料）。

2.2　设置采空区治理专项基金、建立相应的制约机制

设置采空区治理专项基金，解决采空区治理费用来源的难题。

从设计、开采、监管等方面确立明确的要求，并制定相应的约束机制，使得采空区得到及时治理。

2.3　建立采空区分类与分级管理体系

对采空区和塌陷区进行分区分级管理，分为重点区域、次重点区域、一般区域、安全区域 4 个等级。

（1）重点区域（大采空区或者采空区群，一般位于赋存铅锌矿或者高品位铜矿的位置）坚持"有疑必探、先探后进"，并针对每个施工区域编制采空区作业指导书；施工时限制人员、设备的投入量；对该区域进行全程监管、监控，并收集施工过程信息，不断优化调整采空区作业指导书；总结和验收采空区处理结果。

（2）次重点区域（存在小的采空区或者井巷，一般位于主矿脉的边缘）坚持"有疑必探、先探后进"，并针对每个施工区域进行安全技术交底，防范风险；施工过程中进行安全监管、巡查，发现问题及时处理。

（3）一般区域（可能存在小的采空区或者井巷，盲矿体开采留下的采空区）进行安全技术交底，防范风险，施工过程中进行安全巡查，发现问题及时处理。

（4）安全区域（存在采空区的可能性很小，距离矿脉较远的围岩区域）按照一般的土石方爆破进行管理，严格执行采空区施工的要求。

2.4　采空区塌陷区施工

2.4.1　采空区塌陷区稳定性的安全监控

挖装过程中专人监控、巡视，及时发现安全隐患和征兆。另外根据地压监测仪得到采空区检测信息，再结合现场情况对检测结果进行综合分析，确定地压活动状况，判定地压危害程度。

2.4.2　勘探孔施工

原则上要求勘探孔深度等于台阶高度加保安层厚度（根据本工程地质条件约为 19m）。然而采空区塌陷区范围内绝大部分岩层较破碎，钻探施工比较困难，大部分都达不到钻孔深度或钻后垮塌，无法钻至设计标高。

钻探的主要目的是保证运输道路的安全、保证作业平台的安全以及探明采空区的崩落处理。

（1）钻探过程中，发现空区或疑似空区，立即停止钻探作业，并及时将情况汇报给现场管理人员。

（2）测量出所发现的空区或疑似空区的具体位置，并结合周边情况，补充和核查相关资料，进行研究分析，确保在安全的情况下继续后续施工。

（3）由测量人员现场放样，圈定核实后的采空区范围，并在工作面上设立标记，禁止无关人员进入该区域。

（4）钻探施工中，由周边向中心逐渐推进，以便对岩层稳定性和空区情况进行试探，每 10m 左右布一勘探孔打穿岩体，根据勘探孔的情况，进一步了解空区的情况。勘探孔可作为爆破孔使用。在钻孔作业时，必须有专人观察周围岩层的动态，发现异常，立即撤离。

2.4.3　采空区的探测及处理

当勘探孔穿透采空区顶板后，通过已有钻孔，采用三维空区激光扫描仪确定空区形状及位置，并在此基础上补充完善采空区与生产作业台阶的关系平、剖面图，据此进行采空区处理方案设计。

2.4.4　采空区塌陷区挖装作业

（1）作业前必须认真检查作业区域和附近岩性稳定及其变化状况；作业时要有经验丰富的人员作警戒工作；各施工队及现场管理必须严格交接班制度，做好交接班的记录。

（2）作业平台必须保持平整，不留根底，无大块或其他障碍物，每个作业点至少要有两处以上安全撤离路线。

（3）挖掘机侧面或正面推进移动工作平台时，用挖斗支撑起挖掘机，给底板施加一个向下的力，试探一下底板的承载力，看有没有开裂、局部下沉、塌陷等变化，确认没有变化方可施工。

（4）空区附近进行挖运作业，要限制人员和设备投入量，一个工作面不得多于 2 台挖掘机，且间隔大于 20m；运输汽车不得排队积压等候；限制现场管理人员数量。

（5）空区挖运作业安排在白天进行，建立起定时巡查制度，以便及时发现危险征兆。空区挖运作业平台，必须安排现场调度或者安全员监守，发现地表开裂、下沉、滑坡等现象，及时汇报，不得擅自离岗，确保有作业就有人员监守。

（6）挖装作业过程中，发现空洞（井巷、空区）等，立即停止作业，报告现场管理人员，待确认无安全隐患后方可恢复作业。

3　结语

采空区的治理不仅要从制定规章制度、技术、治理措施 3 个方面制定相应对策，还应设立采空区治理专项经费。另外需密切跟踪国际先进技术的发展动向，采用"产、学、研"联合科技攻关的方式应对亟待解决的采空区治理难题。我公司在采空区塌陷区施工近一年时间，积累了一定的经验，可为后续工程的顺利开展和类似的工程提供参考。

参 考 文 献

[1] 王启明，徐必根，唐绍辉，等．我国金属非金属矿山采空区现状与治理对策分析 [J]．矿业研究与开发，2009，29(4)：63-67.

[2] 王有生．加强对采空区灾害的防治 [J]．矿山安全，2004(8)：65.

[3] 王荣林．宜昌磷矿采空区现状及隐患分析和建议 [J]．化工矿物与加工，2008(1)：25-29.

[4] 李连济．煤炭城市采空区塌陷及经济转型 [J]．晋阳学报，2006(5)：56-60.

高强度规格石开采施工管理成败之我见

卢 磊[1] 吴 栩[1] 王学兵[2]

（1. 广东宏大爆破股份有限公司，广东 广州，510623；

2. 中国核工业华兴建设有限公司，江苏 扬州，225002）

摘 要：以辽宁某大型石方爆破挖装工程的实施为例，对规格石高强度开采的技巧以及在开采过程中有待提高与优化之处进行了分析与研究，为类似工程的开展与实施提供了宝贵意见。

关键词：规格石；高强度开采；分层开挖；组织管理

Key Points on the Success or Failure of Operation Management in High Intensity Dimension Stone Mining

Lu Lei[1] Wu Xu[1] Wang Xuebing[2]

（1. Guangdong Hongda Blasting Co., Ltd., Guangdong Guangzhou, 510623；

2. China Nuclear Industry Huaxing Construction Co., Ltd., Jiangsu Yangzhou, 225002）

Abstract：This paper analyzes the high strength mining skills of dimension stone and discusses the problems to be improved and optimized in the mining process of a large stone blasting excavation project in Liaoning Province. It could provide a valuable reference for the operation of similar projects.

Keywords：dimension stone；high intensity mining；stratified excavation；organization and management

1 工程概况

本工程位于辽宁省某地，工程地形起伏变化大，位于辽西低山丘陵的东南边缘，东、南濒临辽东湾。工作主要内容为挖土方、表皮植被的清理与外运、山体石方的爆破与挖装以及基坑爆破开挖及装运等。

合同工程量大，工期紧，清单工程量为各类规格要求石料 946 万 m³，作为填筑的用料，合同工期为 213 天。然而，在施工中，因各方面的努力，使工期得以压缩，从开始爆破施工至完成合同规定工程量仅历经 160 天，完成各类填方区需要规格石料 945 万 m³，日均爆破工程量为 5.9 万 m³，最高日爆破量达到 19.32 万 m³，最高挖装工程量也达 11.8 万 m³，该工程施工强度已超过国内同类型工程中遇到的高强度规格石的开采。

2 成功之处

（1）责任到人，紧扣每一环节。在项目中标后，公司立即成立了一套有丰富土石方工程施工经验的项目部班子，并按照涉及的相关职责搭建了完整的项目经理部，成立了以公司副总为负责人的前线指挥部，协调项目经理部与公司之间的资源调配问题，包括资金、技术管理人员调配等。

原载于《河南建材》，2011(4)：176-177。

（2）爆破分区。综合考虑爆破管理、爆渣运输施工单位的运输距离和填料工作面的展开，将爆破区域分成了三个：即 A 爆破区、B 爆破区和 C 爆破区，每一个爆破区都配备了爆破、测量等工程师，其中爆破工程师的主要职责是负责本爆区的炮孔布置、地脚、抬炮处理及爆破效果，并根据每次的爆破效果及时调整爆破参数；在爆破工作强度不均匀时，负责爆破辅助工的合理调配。测量工程师主要负责测量炮孔、石方计量和底板处理。由于山体面积比较大，挖装班组多（达 15 个之多），给现场调度员来回调动的距离带来困难，因此，调度员也按区域配备了三个小组，每组负责一个区域的调度工作，负责指挥区内炮位的清理、石料挖运、大块石处理以及底板处理等工作。

（3）分层开挖土石方。土石方开挖采用分层开挖的施工方案。根据本工程设计底标高的要求和现场实际情况及配备的钻孔设备情况，将工程分为了 +30m、+45m、+60m 三个工作平台，按标高自上至下进行开挖，工程按照山体爆破高度分成三个施工台阶，平均台阶高度为 15m。为确保爆破与挖装施工工艺有足够的作业工作面，保证各作业面之间不相互干扰，工程土石方开挖采用了断面分层施工，施工顺序为 1-1，1-2，1-3，2-1，…，见图 1。

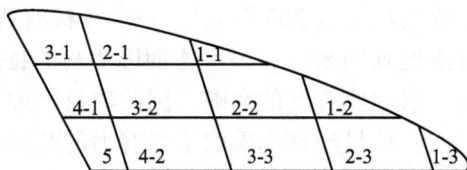

图 1 断面分层施工

（4）规划施工道路网。由于本工程开挖工程量大，山体平缓，开挖面积大，所以施工道路的合理布置对整个工程施工局面的又快又顺利的展开有着决定性的作用。根据本工程施工现场的实际地形、地貌和地质情况，并结合工程设计要求，进场后通过钻机凿眼爆破，挖掘机、推土机配合施工，设计了一个安全适用、经济合理、符合规范要求的临时施工道路网，以确保施工机械安全便捷的运行。

在进场爆破手续未批准前，首先集中力量突击修建土石方开挖施工区各个平台主体施工区的道路网，以保证各个平台的土石方的迅速外运，打开山体爆破施工工作面。道路网包括运输干道和便道。设置运输干道主要是为了出料，要求干道质量要好，运输距离要合理优化为最短，并要保证主干道距离每处开挖面不大于 200~300m。本次爆破山体是一座孤立的山头，台阶爆破前修了三条绕山体的主干道，分别位于三个台阶的底板高程，三个环路之间又修了若干条上下连通的便道。主干道路宽 12~15m，修筑成本高，因此，不可随意变动，至少保持 1~2 个月的使用时间。便道主要是为了方便挖机、钻机、油炮机、加油车等机械设备出入而修建，使用时间较短，修筑灵活方便，但也需保持 1~2 个星期的使用时间，道路规划示意图如图 2 所示。

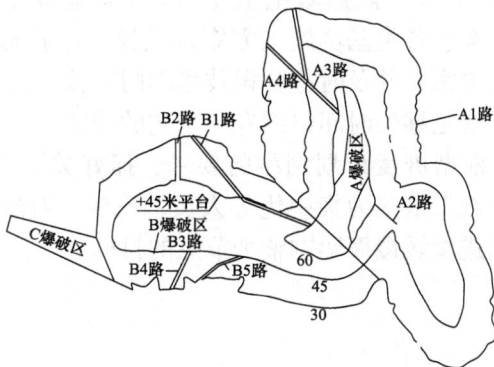

图 2 施工道路规划示意图

（5）设备配备齐全。针对本工程特点，由于合同中对石料有粒径和产量要求，为充分利用社会资源，选用的主要生产设备为 140mm 潜孔钻机和 1.2~1.5m³ 的挖掘设备，并配备了 115mm 液压钻机和 2m³ 挖机 20T 自卸汽车及其他土石方设备，实际施工中高峰期投入生产潜孔钻 17 台套，液压反铲挖掘机 68 台。

（6）爆破与挖装工艺的紧密配合。以爆破为先导，以挖装为保证，内部须良性配合，爆破效果不好会导致挖装效率的降低，而挖装的不彻底又会影响下一步的爆破施工，因此在施工过程中，要求爆破与挖装工艺紧密配合，因此每次爆破后，都要对爆渣进行严格挖装，挖装之后要及时对根底进行处理，以保证道路运输顺畅和后一阶段的爆破效果。外部协调填筑体施工单位车辆问题，挖掘机班组按照填筑体区域划分和山体可安排工作面情况分成 15 个。

（7）山体贯通爆破。本工程是一座孤立的山头，环绕主干道运输道路长，石料需求分布又不均匀，加长了石料的运输距离，因此在爆破施工过程中，不得不有意识地加快一些狭窄截面的贯通，通过缩短运输道路的距离，达到了加快出料的速度，进而增加爆破操作工作面的效果。本工程共进行了 4 次爆破工作面的贯穿，每一次都大大加快了爆破施工的进度，为完成工程的每个节点创造了有利条件。

（8）资金获取有手段。本工程工期紧，任务重，我公司施工历经 4~6 月，期间每个月完成的爆破工程量均超过 200 万 m³，一个月材料费支出最多的近 1600 万元，但是，一方面业主只能结算上期的月进度款的 80%，另一方面因主材的特殊性，每次购买后都需要及时支付 100%，而且 6 月份前每个月的产量都要有新的突破，因此项目经理部面临着巨大的资金压力。在此种危机情况下，经我公司领导批准，项目经理部采取了强有力的两手准备：即一方面积极申报进度款，与业主协调预借下一个月的工程款；另一方面从公司总部筹集资金，暂缓我项目经理部的资金压力。

（9）材料供应设计限额制。制定了一系列完善的规章制度，例如材料计划的审批制度、材料采购制度、材料统计制度、材料储存保管制度、限额领料制度、爆破器材的管理办法等，为材料管理的工作打下了坚实的基础。主材为炸药、柴油，其中炸药是地方民爆销售公司专供，但材料的生产又在外地，因此我项目部在施工过程中做到从月到周，从周到日逐步细化，每个月的月初有月度火工品使用计划，每周又有当周的计划，甚至细化到当天的炸药用量提前一天到业主、民爆公司等部门申报。柴油采用及时配送的方案，在施工现场设有临时油料库，每天及时补充，确保有 2 天以上的储备用量，以防因天气等原因出现配送不及时的情况。

（10）有效的组织管理。机械作业专业班组分为钻孔组、挖装组和道路维护组等，人工作业班组分为装药组、调度组和道路维护组，除道路维护组（机械、人工）外，其他作业班组均按照划分的施工区域分成三个小组，每个班组有负责人，每个小组也有负责人，小组负责人归属所在区域的工程师和班组负责人管理，所有的生产由项目部统一安排，各施工区域的工程师和作业班组负责人每天晚上均在项目经理部碰头协调生产中的相关问题。同时项目经理部建立了相关奖惩机制，以奖励为主，包括施工进度奖和施工安全质量奖，以各施工区域和作业班组为考核对象，以业主、监理及石料使用单位评价为标准，形成各区域、各作业班组争先创优的局面。

（11）公司大力援助。在本项目中，除爆破施工专项方案需要业主等部门评审外，边坡开挖施工专项方案、底板超挖控制施工方案、各类基坑施工方案以及控制爆破施工方案等，要以技术部门为主体，项目总工指导编制专项施工方案，并及时报公司技术部门审核，然后再报本项目监理和业主审批，做到了及时跟进审批情况，从而有足够的时间组织专项工艺的施工。

（12）应急措施启动及时。根据进度计划网络的要求，抓好关键线路的施工，控制好节点工期。本公司施工时，采取的主要应急赶工措施为集中优势人员、设备，对影响施工工期的各个工作面开展歼灭战，确保了不因个别工作面进度缓慢而影响整个节点的目标。

3　需要改进之处

（1）设备闲置较多。按照我公司原先的设备计划，主要生产设备潜孔钻和液压钻共 10 台套，液压反铲挖掘机 37 台，高峰期实际投入的生产设备超出 1 倍多，主要因为填筑体单位填筑用料不均衡、业主工期压缩等原因，造成部分时间段设备闲置较为严重。

（2）技术有待进一步优化。在最初的施工组织设计中，因时间紧迫，未将图纸读透，只是结合历来的常规设计，按照山体爆破高度分成三个施工台阶，每个台阶 15m 高，而图纸对最后一个台阶下面的底板有严格的控制要求，绝对不允许漏挖、严格控制超爆扰动，造成施工过程中，为控制底板不能不进行二次处理，增加了大量的投入，对工程移交也造成了一定的延误，因此笔者认为可以将上面两个台阶设计得高一些，以将最后一个台阶控制在 10m 内。

（3）设备使用欠考虑。因为合同中对石料粒径有严格的要求，因此在配备挖装设备的时候全部使

用了斗容 $1.2m^3$ 以下的挖掘机，其实在实际施工中，完全可以以大小挖掘机搭配（一大配四小）的挖装作业班组的施工效率明显高于全部使用 $1.2m^3$ 以下的作业班组，因为大一些的挖掘机在处理一些岩石节理发育比较异常的部位有优势，进而大大提高整个作业班组的施工效率。

参 考 文 献

[1] 刘殿中，杨仕春. 工程爆破实用手册 [M]. 北京：冶金工业出版社，2004.
[2] 于亚伦. 工程爆破理论与技术 [M]. 北京：冶金工业出版社，2007.
[3] 郑炳旭，王永庆，李萍丰. 建设工程台阶爆破 [M]. 北京：冶金工业出版社，2005.

大规模采石工程爆破施工技术

刘春林　邢光武　陈　飞

（广东宏大爆破股份有限公司，广东 广州，510623）

摘　要：某大型采石工程山体岩石风化，岩性不均，为保证开采石料符合块度级配要求，确保坚硬岩石爆破块度小且粉矿率低，经现场实验，针对不同岩性岩石和不同要求的料石，分别采用不同的孔网参数、装药结构、炸药单耗并减少一次起爆排数等措施，工程效果良好。

关键词：块度及级配；爆破块度小减少粉矿率；爆破施工技术措施

Blasting Technology of Large-scale Quarrying

Liu Chunlin　Xing Guangwu　Chen Fei

（Guangdong Hongda Blasting Co., Ltd., Guangdong Guangzhou，510623）

Abstract：The mountain rock of a large quarrying is weathering and uneven lithology，to guarantee mining stone fit for the requirements of graded fragmentation and ensuring the hard rock blasting block is small and powder grinding rate is low，the field experiments for different lithology rocks and different requirements were done with different blast parameters，charge structure，specific charge and reduce the fire rows once a time.

Keywords：fragmental and grading；small and reduce the blasting powder grinding rate；blasting technology measures

1　工程概况

某采石工程要求爆破采石约 800 万 m^3。采区主要为中粗粒花岗岩，岩石节理裂隙极其发育，原岩本身被切割成许多小块，含有大量粉矿成分，且不同位置和深度风化程度差异很大。

该工程要求工期为 14 个月，开采石料的规格及其要求见表 1。

表 1　石料规格及其要求统计表

石料名称	规格要求	其他要求
堤心石	≤800kg 开山石	含泥量≤3%，泥砂总含量≤5%，碎石～10kg 块石≤10%，水中浸透后的强度不低于 30MPa
	碎石加工料	最长边小于 60cm 的块石，水中浸透后的强度不低于 50MPa
规格石	10～30kg、10～100kg、100～200kg、200～500kg、500～800kg、1000～1500kg	不应成片状，水中浸透后的强度不低于 50MPa

2　工程重难点

山体岩石属于中粗粒花岗岩，大部分区域颗粒之间胶结程度差，且节理、裂隙非常发育，因此造

原载于《爆破》，2011，28(3)：50-51，70。

成爆破后石料块度极不均匀，粉矿率较高，而业主单位对开采的石料均有一定的规格及级配要求，因此对爆破技术及质量提出了较高要求[1]。

对石料的强度要求高，由其加工的碎石、石米将作为高强度混凝土的原材料；并且受碎石加工厂碎石机进料口尺寸的限制，要求提供的料石最大尺寸小于60cm。为了保证石料的强度，业主单位指定了采区内石料强度最高、岩石最完整的一个区域作为碎石加工料的生产场地，因此对如何保证坚硬、完整的岩石爆破块度小同时粉矿率低也是本工程的一个难点。

3　施工技术

3.1　施工技术措施

根据经验，该工程钻孔直径为 ϕ140mm，主体台阶高度为15m，钻孔超深1.5m，布孔形式均为长方形[2,3]。

针对山体部分区域岩石风化严重，岩石岩性极不均匀，而又要开采具有一定规格及级配的石料，经过反复试验，采取了以下爆破施工技术措施。

（1）现场岩石节理裂隙非常发育，岩石块度已基本形成，按松动爆破进行设计施工，降低炸药单耗[1]。经过现场反复试验，大部分区域炸药单耗为 $0.3 \sim 0.35$ kg/m³，局部区域炸药单耗降至 0.25 kg/m³。

（2）装药结构采用间隔装药、不耦合装药、根据岩性分层装药等措施提高爆破质量。装药结构主要为：为减少残根，无水炮孔底部装 ϕ110mm 成品乳化炸药，中部装混装铵油炸药，顶部吊装由 ϕ90mm 塑料薄膜包装的混装铵油炸药；有水炮孔底部装 ϕ110mm 成品乳化炸药，中部及顶部吊装 ϕ95mm 或 ϕ70mm 成品乳化炸药，吊装炸药的主要目的是一方面减少总装药量，避免爆破后岩石过于破碎；另一方面减少堵塞长度，降低顶部大块率[3]。对于极度风化区域，中间采用间隔装药，间隔长度一般为2~3m。

（3）传统的土石方工程爆破中通常采用宽孔距、小抵抗线毫秒爆破技术，该项爆破技术无论在改善爆破质量，还是降低单耗、增大延米爆破方量方面都表现出巨大的潜力。

1）增加爆破漏斗角，形成弧形自由面，为岩石受拉伸破坏创造有利条件。在炮孔负担面积不变的情况下，减小最小抵抗线，则爆破漏斗角随之增大。由于每个爆破漏斗增大，就为后排孔爆破创造了一个弧形且含有微裂隙的自由面。试验表明：弧形自由面比平面自由面的反射拉伸应力作用范围大，有利于促进爆破漏斗边缘径向裂隙的扩展，破碎效果好。

2）防止爆炸气体过早泄漏，提高炸药能量利用率。由于孔距增大，爆炸气体不会因相邻炮孔之间的裂隙过早贯通而逸散，提高了炸药能量利用率。

3）炮孔间应力叠加作用减弱，使单孔的径向裂隙得到充分发育，有利于改善岩石的破碎质量。

4）增强辅助破碎作用。由于抵抗线减小，弧形自由面的存在，既可使拉伸碎片获得较大的抛掷速度，又可延缓爆炸气体过早逸散的时间，使其有较大的能量推移破碎的掩体，有利于岩块的相互碰撞，增强了辅助破碎作用。

而本工程要求岩石具有一定的块度，尽量减少粉矿率，因此需加大排距、减小孔距，从而减小炮孔密集系数。岩石较好的区域采用相对较大的孔网密集系数，岩石较差的区域采用相对较小的孔网密集系数，根据爆破后岩石块度及时进行调整，当块度较大时，就进一步加大孔网密集系数，当块度仍较小时，再减小孔网密集系数，直到块度均匀、合适。本工程中岩石完整、坚硬的区域布孔及爆破时炮孔密集系数在1.85左右，岩石相对完整、一般坚硬的区域布孔及爆破时炮孔密集系数在1.38左右，岩石强风化区域布孔及爆破时炮孔密集系数为1~1.2；另外在起爆方式上采用排间起爆，并且适当延长排间起爆延时时间，最大限度减少岩石间的相互碰撞[4]。

（4）控制一次性爆破排数。正常台阶爆破排数为2排，特殊情况下采用单排爆破，减少排与排之间岩石的相互挤压和碰撞[2,5]。

对于碎石加工料的爆破，为了使爆破后岩石块度小且均匀，经过现场试验，炸药单耗调整到

$0.65kg/m^3$，采用大斜线起爆方式，同时为了减少粉矿率，装药结构仍采用底部耦合、中部及顶部不耦合装药[6-8]。

3.2 爆破参数

通过现场统计，各类炸药不同的装药方式延米装药量见表2。

表2 各类炸药不同装药方式延米装药量统计表

炸药规格	直接装延米装药量/kg	吊装延米装药量/kg
φ110mm 乳化炸药	17.8	14.0
φ90mm 乳化炸药	—	8.2
φ70mm 乳化炸药	—	6.6
混装铵油炸药	13.3	—
φ90mm 混装铵油炸药	—	6.0

为了保证底板平整，炮孔底部适当加强装药[9]。不同岩石及碎石加工料爆破参数见表3。

表3 不同岩石及碎石加工料爆破参数

参数	坚硬岩石	次坚硬岩石	风化岩	碎石加工料
单耗/kg·m⁻³	0.50	0.43	0.32	0.65
孔距排距/m×m	3.3×6.1	4.1×5.7	5.2×5.7	3.1×5.7
堵塞长度/m	非水孔：3.5 水孔：3.0	非水孔：4.0 水孔：3.5	5.0	非水孔：3.0 水孔：2.5
起爆方式	大斜线或 V 型	排间	排间	大斜线或 V 型
装药结构	非水孔：底部直接装 φ110mm 乳化炸药；中部装混装铵油炸药；顶部吊装 φ90mm 混装铵油炸药 水孔：底部吊装 φ110mm 乳化炸药；中部吊装 φ90mm 乳化炸药，顶部吊装 φ70mm 乳化炸药			

4 爆破效果

通过采取上述爆破施工技术措施，爆破成本及粉矿率均有明显降低，碎石加工料的生产进度及质量均达到业主单位的要求。

爆破成本方面：炸药单耗由 $0.45kg/m^3$ 降低为 $0.3 \sim 0.35kg/m^3$，局部区域炸药单耗甚至只有 $0.25kg/m^3$；延米爆破方量也由 $18.4m^3/m$ 提高到 $22.6m^3/m$，炸药成本及钻孔成本均有大幅度降低。

粉矿率方面：据统计在采取上述措施前粉矿率为27%，而采取措施后粉矿率降低到20%，且产量高峰期持续一个月达到了日产6万 m^3 合格石料，最高日产达7.2万 m^3，山体石料得到了充分利用，业主单位十分满意。

5 认识

（1）对于山体岩石极其风化而又要开采具有一定规格及级配石料的爆破采石工程，利用宽孔距小抵抗线爆破的逆向原理，减小孔距，加大抵抗线，对爆破效果有一定的改善作用。

（2）对于坚硬完整岩石爆破成碎石加工料，要缩小孔网参数，增加炸药单耗。

（3）采用不耦合装药结构，可以减少粉矿、提高规格石料成品率。

（4）降低炸药单耗、控制一次爆破排数等措施，可以改善爆破效果、降低爆破成本。

参 考 文 献

[1] 于亚伦. 工程爆破理论与技术 [M]. 北京：冶金工业出版社，2009.

[2] 邢光武，郑炳旭. 多种规格石料开采爆破工法 [J]. 爆破，2010，27(3)：36-40，57.

[3] 邢光武，郑炳旭. 国外热带沙漠环境中石方爆破工程特征与实践解析 [J]. 矿业研究与开发，2009，29(5)：93-96.

[4] 李萍丰，廖新旭，罗国庆，等. 大型采石场深孔爆破参数试验分析 [J]. 爆破，2004，21(2)：28-30.

[5] 李萍丰. 铁炉港采石场二期工程深孔台阶爆破实践 [J]. 工程爆破，2004，10(2)：59-62.

[6] 孙宝平，徐全军，单海波，等. 深孔爆破岩石破碎块度的控制研究 [J]. 爆破，2004，21(3)：28-31.

[7] 张有才，朱传云. 堆石坝级配料爆破块度分布模型的研究 [J]. 爆破，2005，22(1)：44-47.

[8] 郭学彬，肖正学. 堤防工程砂岩填筑料的块度控制爆破 [J]. 爆破，2006，23(3)：38-40.

[9] 崔正荣，梁开水，赵明生，等. 中深孔爆破在金山采石场的应用 [J]. 爆破，2007，24(2)：39-41.

露天合同采矿工程中的快速投产

蔡建德[1,2]　李战军[2]　施建俊[1]　陶刘群[1]

（1. 北京科技大学，北京，100083；2. 广东宏大爆破股份有限公司，广东 广州，510623）

摘　要：结合工程实际，从设备配置、道路规划和施工、台阶工作面的快速开拓、组织和后勤保障几个方面介绍了露天合同采矿工程的快速投产技术，减少了露天采矿工程的投产工期，为类似工程提供了借鉴。

关键词：合同采矿；快速投产；设备配置；工作面开拓

Rapid Production in Open-pit Contract Mining Engineering

Cai Jiande[1,2]　Li Zhanjun[2]　Shi Jianjun[1]　Tao Liuqun[1]

（1. University of Science and Technology Beijing, Beijing, 100083;

2. Guangdong Hongda Blasting Co., Ltd., Guangdong Guangzhou, 510623）

Abstract：Combined with practical engineering, the rapid production in open-pit contract mining engineering is introduced, such as the equipment allocation, road planning and construction, rapid opening of working faces, and organizations & logistical support etc. The rapid production can reduce the commissioning time and provide experience for other similar engineering projects.

Keywords：contract mining; rapid production; equipment allocation; working face opeing

合同采矿是能源开采行业的新模式，是指矿山企业通过招投标引进采矿专业队伍，以合同方式明确双方的责任义务，从采矿石的数量、质量以及相关技术经济指标方面给予明确[1]。在露天合同采矿中，矿山业主和矿山开采承包商签署矿山开采合同后，为了快速获得相应的效益，往往对矿山开采承包商投产的期限要求很短[2]，有的工程在签署合同后一个月内就要进行正式投产。而矿山承包商签署合同后要完成资金投入、材料设备进场、人员配置、基础设施建设、初期工程安排、工作面调整等一系列工作[3]。本文结合工程实际，从不同的方面研究了露天合同采矿中实现快速投产的技术。

1 快速投产的设备配置

在合同采矿开采工程中，设备的配置和快速入场是实现快速投产的前提，不同规模的工程对设备的要求也不一样，合理的设备配套和选型也是影响设备高效率工作的客观条件，工程中一般要根据公司的现有设备和能尽快调集到的其他设备进行配置和选型。

1.1 大型合同采矿工程的设备配置

目前，大型矿山要用大型开采设备已经是采矿界的共识。大型设备如电铲、大型矿用汽车和牙轮钻等以其工作效率高、潜在安全隐患少、管理程序简单越来越得到国内外采矿界的认可[4]。但是，这些大型设备从订购到入场都要花费一定的时间，同时，大型的采矿工程都会有几个月的基建期，基建期不能满足大设备施工的动力要求和施工具体条件（水、电均不能接通）。针对这种情况若要实现工

基金项目：广东省科技计划项目（2010A040308004）。

原载于《有色金属（矿山部分）》，2011，63（5）：23-26。

程的快速投产，起初只能配置中小型设备实现生产中设备的过渡，通过高强度开采保证工程的产量和质量[5]。待大设备到位和基建工程完成后就可实现大设备的生产，在我们承接的哈尔乌素露天煤矿剥离工程中采用此方法保证了采矿工程的快速投产。

1.2 中小型合同采矿工程的设备配置

在中小型采矿工程中，往往不需要大型设备就可完成工程的产量要求。在这类合同采矿工程中，若要快速完成开采设备的入场应尽可能采用中小设备进行配置，包括穿凿炮孔 $\phi250\text{mm}$ 的牙轮钻机和穿凿炮孔 $\phi100 \sim 140\text{mm}$ 的高风压潜孔钻机、斗容为 $1.0 \sim 2.0\text{m}^3$ 的液压挖掘机、载重 $15 \sim 20\text{t}$ 的自卸汽车等，这类设备入场不需订购，可利用自有设备和能尽快调集到的设备实现快速入场。

2 快速投产的道路规划与施工

施工道路的建设是快速投产的前提条件，不但要满足快速投产的要求，更要满足正常生产期间的运输要求。因此，在道路的规划和施工时应把握两个原则。

(1) 为了缩短基建工期，在确定道路布置方案时，应尽可能利用已有的条件尽快投产。

(2) 应尽量减少上山公路的工程量，以便尽可能缩短上山公路的施工周期。

为了实现快速投产，在道路的规划和施工中我们实行了分段修筑施工道路（包括干线道路和临时道路）的方法，并保证路面平整和车流畅通，施工道路随采场平台标高的下降逐步进行调整，包括主要运输干道和小便道。运输干道主要为了出料，干道质量要好，运输距离要合理优化成最短。

3 施工台阶面的快速开拓

在投产要求快的合同采矿工程中，施工准备时间短，这类工程的关键环节就是必须尽快大规模拉出台阶工作面。主要开拓方法为深孔爆破，根据不同的地形台阶工作面，采取不同的开拓方法。

3.1 山坡露天开采的台阶工作面快速开拓

3.1.1 平缓地形台阶的快速开拓

平缓地形的台阶开拓较容易，这种方法类似于正常的台阶爆破，使用垂直炮孔，只不过是前排的钻孔较浅，爆破参数较小；后排钻孔较深，常采用均匀布孔爆破法，见图1。

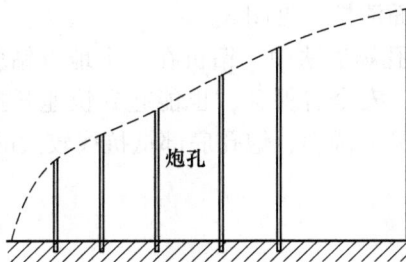

图1 均匀布孔爆破开台阶

Fig. 1 Bench face opening of uniform hole blasting

在这类地形的台阶开拓时，若为山体地形，台阶开拓的地点应选择在临山沟的地点，以利于爆破块石的迅速排料，一般在 $2 \sim 3$ 天就可开出正规的台阶。若为平缓地形，可由环形施工运输道路扩展成平台。

3.1.2 缓斜坡地形台阶的快速开拓

在很多山坡式露天开采中遇到的台阶开拓为缓斜坡地形，为了快速实现投产，通常采取缓斜坡大规模爆破工艺快速拉出工作面台阶。

缓斜坡拉台阶爆破的布孔方式一般从形式上分为两种，其主要区别就在前两排孔上。第一种是前两排炮孔采取双直孔的布孔形式,称为双直孔拉台阶爆破;第二种采取第一排炮孔布置斜孔,后面布置直孔的布孔形式,称为斜孔拉台阶爆破(见图2)。双直孔拉台阶爆破采取前两排同响,为后排爆破提供自由面。斜孔拉台阶爆破是第一排斜孔先响。两种爆破方式各有优缺点:双直孔拉台阶爆破形式简单,便于施工,但会留"门坎",不利于车辆的运输和台阶面的平整;而斜孔拉台阶爆破可以克服其缺点,不会留"门坎",但是施工较为复杂。

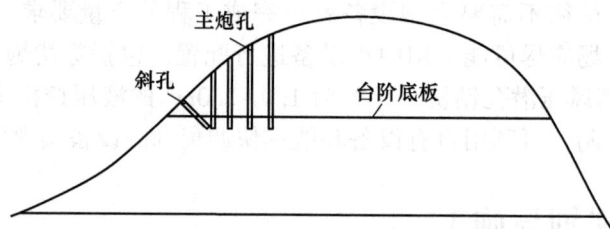

图 2 缓斜坡台阶开口处理图

Fig. 2 Bench face opening of glacis terrain

缓斜坡大规模爆破拉台阶在排数的选择上也要结合工程实际情况而定。根据我们现场试验的结果(见表1),采取 7~8 排,孔深 3~7m,爆破效果良好,作业平台宽度 20m 以上,可具备标准台阶爆破推进的条件。

表 1 缓斜坡大规模爆破拉台阶的布孔规模及效果

Table 1 Hole scales and effect of blasting in glacis terrain

布孔规模/排	孔深/m	爆破效果	形成台阶高度/m	形成台阶宽度/m
3~4	3~5	良好	4~5	8~10
5~6	3~6	良好	5~6	10~15
7~8	3~7	良好	6~8	15~20

3.1.3 陡坡地形台阶的快速开拓

当采区山体顶部很陡,岩石裸露,大型钻孔设备很难到达顶部进行钻孔作业,有时钻机即使能上到山顶顶部,钻机的移动也存在很大的困难和危险。针对这类地形我们采用了水平孔爆破(抬炮)、扇形布孔爆破和准集中药包爆破法,可快速形成台阶工作面。

(1)水平孔爆破(抬炮)。对于陡峭山体,一般采用水平钻孔(抬炮)爆破开拓顶部初始工作平台。顶部水平钻孔布置及初始工作面清挖,见图3。

(2)扇形布孔爆破法。扇形布孔爆破法中,钻机在一个地方钻多个倾斜炮孔,呈扇形分布,钻机不用移动到边缘打孔。钻机移动少,安全有保证,也能起到快速开拓台阶面的效果,根坎也少。这种方法比较适合能上钻机但又不方便灵活调动、炮孔底部抵抗线较大的山体,见图4。

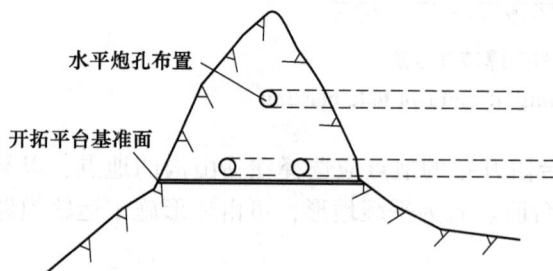

图 3 水平炮孔爆破方法开台阶

Fig. 3 Bench face opening of horizontal hole blasting

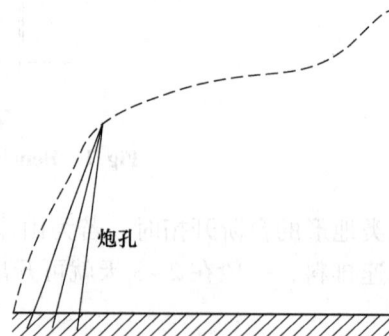

图 4 扇形布孔爆破开台阶

Fig. 4 Bench face opening of scallop hole blasting

(3)准集中药包爆破法。对于有些山体,底部抵抗线不大,钻机在山体上又不方便前后移动,可采用准集中药包爆破法进行台阶面开拓。此种方法采用垂直炮孔，钻机也不用移动到前缘打孔，钻机前后基本不移动，只进行左右移动，炮孔基本布置在一条直线上，采用小间距布孔，效果良好，见图5。

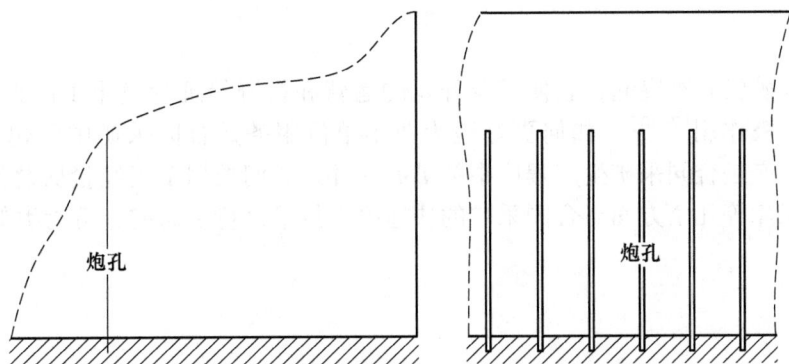

图5　准集中药包法爆破开台阶

Fig. 5　Bench face opening of horizontal concentrate loading blasting

3.2　凹陷露天开采的台阶工作面快速开拓

对凹陷露天开采矿山堑沟的开挖是快速投产的关键，若要在此阶段加快工程进度就要根据有利地形条件选择合适的堑沟开挖位置。然后采用直孔拉槽和超深辅助斜孔相结合的方法来加快台阶工作面的开拓[6]。

我们承接的经山寺露天铁矿开采工程属于凹陷露天开采。在开采前，由于盗采盗挖，开采境界内已形成三个露天采坑。根据这个有利条件，将露天采场划分为三个相对独立作业区，在同一开采面三个相对独立采剥区采用直孔拉槽和加大超深台阶爆破的方法进行堑沟快速开挖。在岩石很硬的情况下，采用直孔与辅助斜孔相结合的方法能达到快速拉槽的效果，从而开拓出三个施工作业区（南采区、北采区和西采区），然后在工作面推进过程中逐渐实现贯通，实现了工作面快速开拓的目的。

4　露天合同采矿快速投产的组织和后勤保障

为了实现进场后快速投产，在开工前要尽可能地做好准备工作，包括项目领导班子的组建、物资供应的前期准备、施工道路及台阶开拓条件调查等。另外，一些辅助设施也应早考虑，提前安排，早做计划，保证所需设备、材料、配件及时到位，以减少不必要的时间浪费，缩短投产的时限。

4.1　组织和后勤保障措施

在合同采矿快速投产的过程中，施工中主要负责人要紧靠施工一线，成立精干的指挥部，实施对工程项目的全面管理。并加强工程调度指挥，做到一切行动听指挥，步调一致，齐抓共管，重点工程重点保障，集中优势力量，确保重难点工程施工。

在制度方面，实行工期责任考核制，进场后将目标总工期详细分解，实行阶段性工期控制并把计划落实到工班，从上至下推行工期、质量奖惩责任制。并定期召开工程分析会，安排布置工程任务，解决施工中遇到的问题，顺利实现各阶段性工期，从而确保总工期目标的实现。

在后勤保障方面，根据施工组织设计中机械配备计划，从全公司范围内，征集调拨性能优良、技术先进的新购或既有设备，投入工程中，从数量上、技术上优先满足工程的施工需要。

4.2　技术保障措施

在快速投产工程中技术保障是不可少的重要环节，应发挥技术管理的保障作用，制定详细的分项工程施工组织设计，在实施过程中不断优化，做到科学施工，信息反馈及时，适时调整和优化施工进度计划，确保各工序提前或按时完成。组织好一条龙的施工作业线，保证一环扣一环的施工程序。各专业工程师和技术人员，要深入一线跟班作业，及时搞好技术交底，并做到发现问题及时解决，不留任何质量隐患，从而保证施工的顺利进行。

5 结语

近年来，合同采矿已异军突起，它使矿业开发的运营和投资等理念发生了巨大变化，为提高矿山效益和活力发挥了积极作用[7-10]。如何更好地为业主单位服务是合同采矿中承包方不得不考虑的问题，而让工程快速投产是合同采矿生产程序中关键的一环。我们根据工程经验从设备配置、道路施工、工作面开拓、后勤保障等几个方面对合同采矿的快速投产技术进行了研究，可为类似工程提供参考。

参 考 文 献

[1] 张彤. 采矿新模式—合同采矿的探索 [J]. 矿业快报，2005(11)：17-18.

[2] 陈国利，邵必林. 论经山寺露天铁矿高强度合同采矿 [J]. 金属矿山，2008(8)：30-32，44.

[3] 于润仓. 采矿工程师手册 [M]. 北京：冶金工业出版社，2009.

[4] 汪绍元，王杰，杨金林. 我国金属矿山采矿装备现状与趋势 [J]. 现代矿业，2010(3)：16-17，80.

[5] 崔晓荣，周名辉，吕义. 露天矿的中小型设备高强度开采技术 [J]. 西部探矿工程，2009(11)：102-105.

[6] 王文伟. 凹陷露天铁矿下台阶路堑爆破实例 [J]. 煤矿爆破，2007(1)：34-36.

[7] 石恩元. 澳大利亚矿山承包开采业发展迅速 [J]. 世界采矿快报，1997(23)：5-6.

[8] 孙宗顾，罗建华，高阳. 锡铁山办矿模式研究 [J]. 中南工业大学学报，1997，6(28)：599-602.

[9] 张彤，余正方. 大红山矿业公司的合同采矿制及存在的问题 [J]. 采矿技术，2008，8(6)：94-95.

[10] 李雪明. 大红山铁矿采矿新模式管理初析 [J]. 采矿技术，2008，8(4)：146-147.

采空区采矿施工安全的组织与管理

崔晓荣　叶图强　陈晶晶

（广东宏大爆破股份有限公司，广东 广州，510623）

摘　要：在大宝山矿铜露天采场采矿施工过程中，摸索和总结出了采空区采矿施工安全的管理模式，其无论对现有矿山规模的正常生产，还是后续铜硫大开发项目的基建工程和正式运营均大有裨益，创造了巨大的社会经济效益，推动了大宝山矿的危机矿山转型。该模式包括地质钻潜孔钻联合钻探分析方法、基于空区三维扫描的崩落爆破处理方法和空区采矿配矿施工管理流程等。

关键词：露天多金属矿；危机矿山；采空区；高强度开采；流水作业

Management of Safe Ore-exploitation in Region with Underground Mined-out Area

Cui Xiaorong　Ye Tuqiang　Chen Jingjing

（Guangdong Hongda Blasting Co., Ltd., Guangdong Guangzhou, 510623）

Abstract：The management mode of ore-exploitation in the region with underground mined-out area, which was explored and summarized during construction. It is benefit to present ore-production in middle-strength and capital construction & daily ore-production of high-strength exploitation of copper-ore and sulfur-ore in the future. And then help Dabaoshan Mine to realize the transformation of crisis mine. This mode included the multiple drilling-test of underground mined-out area, disposition of underground mined-out area by blasting based on 3D scan instrument, and the flow of ore exploitation & blending in complicated geology region with underground mined-out area.

Keywords：open multi-metal mine; crisis mine; underground mined-out area; high-strength exploitation; flow line production

广东省大宝山矿业有限公司原名广东省大宝山矿，1958 年建矿，1966 年 10 月恢复矿山建设，1975 年正式投产。按照早期规划，大宝山矿区铁、铜、铅锌、硫主要是以大型露天的形式开采，露天开采结束后转入井下开采。露天开采境界从 +6 线至 +47 线，上部开采境界全长 1940m，下部全长 450m；采场上部宽 670~880m，下部宽 50~60m。开采水平从 +1015m 开始，到 +673m 最终闭坑[1,2]。

20 世纪 80 年代，周边民采对井下铜硫铅锌资源进行了掠夺式开采，民窿最多达 112 条，其采出矿量远远超出大宝山井下采矿量，采矿深度至 +420m。为了治理民采，保护矿产资源，1997 年大宝山矿区铜矿露天采区中止采剥，转入井下开采，形成露天与井下联合开采的格局，并开始采空区的处理，但远远达不到采充平衡的要求，2004 年发生了 3 次大塌方，严重影响到井下安全生产。为此，大宝山矿区地下开采于 2005 年 8 月 15 日停产整顿，进行系列的采空区研究分析和处理。复工后，大宝山矿停止井下开采，进行单一的露天开采，但井下的民采仍然很猖獗。

1　采空区施工安全的紧迫性与长远意义

1.1　采空区施工安全的紧迫性

大宝山矿铜选厂年消耗铜原矿约 800kt，由于设备陈旧、老化等原因，主要选铜露天采场北部的可

原载于《金属矿山》，2011(11)：150-154。

选性较好的矿石。按照露天采场的早期规划设计，坑底为+673m，2009 年开采至 709m，2010 年初开拓 697m 水平，2011 年初开拓 685m 水平，已经接近设计坑底。近 3 年来的主要采矿区域，2004 年经历 3 次大塌方，曾塌至当时的采场天面 769m 水平，在往下开采过程中遇到不少未塌实的次生空区。采场内从 730m 层面开始见空区，2008 年于 733m 水平开采过程中发生 1 起局部塌陷事故，1 台挖掘机被埋。

2006~2009 年，因采空区和塌陷区的影响，铜露天采场北部施工进展缓慢，不敢继续向深处推进，导致给铜选厂供矿的形势十分紧张，储备矿量仅够 1 周消耗；铜露天采场西部留下悬崖峭壁，剥离本已严重滞后，仍不得不采取掏槽挖矿、高边坡强行开采等手段应急，导致边坡越来越陡，最终七八个台阶并段。因采矿总是处于应急状态，不具备合理配矿的条件，原矿性能差别大，铜选厂的金属回收率低（一般为 50%左右）；铜选厂的金属回收率低，反过来又要求采场采富弃贫，导致矿产资源不能有效利用，剥采比大，形成恶性循环。

考虑到上述情况，2009 年底宏大爆破公司进驻大宝山矿进行铜露天采场的采矿和剥离施工。经过甲乙双方以及国内科研机构的共同调查研究分析，为了彻底解决供矿形势紧张的局面，保证现有 800kt/a 铜选厂的持续稳定生产，决定加强空区的钻探分析，加快铜露天采场北部的充满采空区和塌陷区的深部矿区的开采强度，确保近期持续稳定供矿，意义有二：

（1）扭转现有的危机局面，确保 800kt/a 铜选厂的持续生产，稳住现有人才队伍，平稳向大开发过渡；

（2）铜金属价格不断攀升，抓住良好的市场机遇创造效益，为大宝山矿"3300kt/a 铜硫矿大开发项目"注入一定量的启动资金和基建资金。

1.2 采空区施工安全的长远意义

考虑到原矿山规划的境界接近尾声，大宝山矿目前正在有序推进"3300kt/a 铜硫矿大开发项目"，其采坑最深处至+450m，较+673m 水平下降了 223m，矿体主要在新规划圈定的采矿境界的中下部（即+697 水平以下），该处充满了大量的采空区和塌陷区，至毕坑仍有不少采空区[3,4]。由此可见，采空区施工安全将是大宝山矿"3300kt/a 铜硫矿大开发项目"长期困扰的问题，从投产、达产到毕坑，长达 40a。因此，采空区施工安全对大宝山矿来说有两点长远意义：

（1）采空区施工安全是"3300kt/a 铜硫矿大开发项目"有序推进的保障，牵涉到国家的环评情况、采矿证的申请、上级部门的投资决策和银行的贷款融资等；

（2）采空区施工安全是"3300kt/a 铜硫矿大开发项目"投产后正常运转的保障。

2 采空区塌陷区施工安全的探索

2.1 采空区塌陷区施工安全监控与处理

考虑到有色金属矿井下开采转露天开采，进行矿产资源回收的历史不长，水文地质条件复杂，很多研究还不充分，现场总结的经验教训还不全面，所以工作过程中不断总结和完善；经过大量的调查研究分析，总结出采空区施工安全管理流程[4-8]，如图 1 所示。

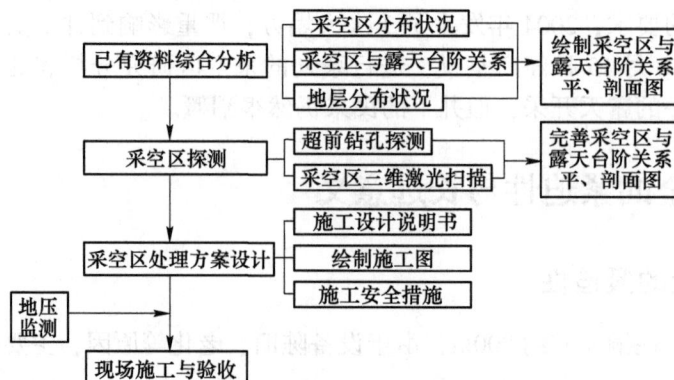

图 1 采空区处理流程

（1）已有资料综合分析：根据已有资料分析不同开采阶段采空区与露天生产作业台阶的相互关系，绘出采空区与露天生产作业台阶关系的平、剖面图。

（2）采空区探测：在生产作业台阶采用超前钻孔探测、物理探测及三维空区激光扫描探测等手段，探明空区分布情况。

（3）采空区处理方案设计：根据采空区分布状况和工程地质条件，对采空区处理方案进行施工设计，并提出安全措施。

（4）现场施工与验收。

2.2 采空区的探测与分析

大宝山矿前期做了一些物探分析，物探成果资料和收集的部分井巷图作为采空区钻探分析的指导资料。

2010年上半年，坚持"有疑必探、先探后进"的原则，用高风压潜孔钻机（移动方便）进行空区钻探，但经常因塌陷区、破碎层影响难以达到设计深度（原则上为"1个台阶高度+保安层厚度"），不得不在挖装作业的过程中穿插空区钻探，确保挖掘受力位置的底板厚度大于空区保安层厚度，从而实现空区风险的可控。

2010年下半年以后，随着开采层面的下降，空区施工安全问题更加突出，开始面临大空区和空区群。单一使用高风压潜孔钻机进行空区钻探，难以满足空区群，尤其是多层空区的钻探分析要求，因此采用地质钻深勘（一般大于50m）和潜孔钻详勘相结合的方式，两者互补，稳步推进空区钻探。前者主要探测大空区和空区群，防止类似2004年大塌方事故的发生，其很可能引起群死群伤事故，风险极大；同时亦是矿山地质的生产勘探，其地质分析结果可指导后续采矿配矿，赋存高品位铜矿、铅锌矿的位置亦是农民盗采形成的盲空区的频发地带，提醒潜孔钻空区详勘时加密孔网。后者进行空区的生产勘探，防止局部塌陷引起人员伤亡事故的发生。

近2年来的钻探分析，共探测到20多个空区，最大空区的面积超过3000m²，高度20余米；共在采空区密集区域采出矿石近2Mt，没有发生一起人员伤亡或设备损伤事故。钻探到的采空区，通过三维激光扫描仪进行空区扫描（见图2），确定空区的位置、大小、形状等，为空区处理提供技术资料。

(a) 激光探头下放　　　　　　(b) 探头扫描空区

图2　通过地表钻孔探测采空区

空区三维激光扫描后，得到如图3所示的描述空区位置和形状的点云图，可以对该点云图进行平面投影落到采场平面图上，亦可切剖面看不同位置空区的剖面形状，反映空区高度和保安层厚度等参数。

2.3 采空区的处理

目前用于采空区处理的方法主要为充填法和崩落法，由于大宝山矿处理的采空区均在铜硫大开发设计境界内，如采用充填法进行处理，技术上可行，但存在二次装运的问题，经济上

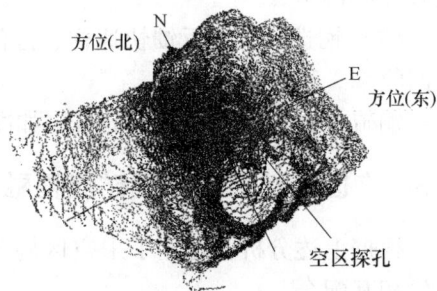

图3　空区激光扫描点云图

不合理。因此大宝山矿采空区的处理采用崩落爆破法。

对于单层采空区，采用如图 4 所示的强制崩落施工方法（1 次处理完毕），强制崩落 B 区后，对 C 区地表部分进行松碴清理，以满足 C 区的钻孔要求，C 区爆破完成后，再进行统一装运。

对于多层采空区群，根据具体情况由建设单位、施工单位与科研机构联合进行崩落爆破方案的论证与设计，此处不再赘述。

近 2 年来，共成功崩落爆破处理了近 10 个采空区，最大的空区体积约 5000m^3。

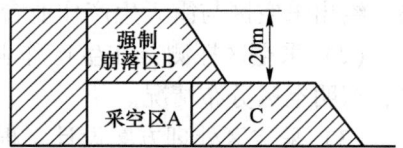

图 4 强制崩落爆破方案施工方法

3 采空区区域的采矿配矿施工组织与管理

3.1 采矿配矿的地质情况分析

大宝山矿的地质十分复杂，铜露天采场的地质资料不全，很难按照较大规模的矿山地质工作管理流程指导采矿、配矿工作，主要原因如下。

（1）大宝山矿系多金属矿，矿脉凌乱，矿体较小，矿性差异大，不利于具体规划、计划，需不断收集现场地质资料并优化原采矿配矿方案。

（2）为防止地质资料泄露导致富矿被盗采，大宝山矿铜露天采场暂停生产勘探多年，现有地质资料为 60m×60m 的孔网，对现场采矿配矿的指导意义有限。

（3）大宝山矿地下矿床采用分段空场法开采，多年来由于民采与矿山开采形成了数百万立方米的采空区，开采资料不全（民采根本没有资料），给地质钻探、地质分析带来困难。

（4）局部采空区的冒落片帮最终导致了大规模的地压灾害，4 次大的采空区冒落波及数个中段，冒落一直贯穿到地表，导致原有地质资料显示的矿区或被采空或塌陷移位。

3.2 采矿配矿生产组织流程

根据上述实际地质情况，为了确保铜选厂的持续稳定供矿，科学合理采矿配矿，注重现场地质资料的收集和快速分析，主要采取的措施如下。

（1）根据原有地质资料和现场地质情况，分析矿脉走向及变化情况，爆破、采矿、地质工程师共同协商确定爆区规模，做到矿岩分采分爆，弥补地质界线不明的缺陷。

（2）钻炮孔过程中，根据钻进时的钻屑变化情况（主要依靠经验），再适当调整爆区规模（矿岩分区爆破）和孔深（矿岩分层爆破），进一步促进矿岩分采分爆。

（3）爆区钻孔完毕，立即对矿体和疑似矿体进行取潜孔样分析，一般要求 24h 内能够出化验结果。

（4）根据潜孔样化验结果及炮孔位置图，由爆破工程师和采矿工程师共同协商装药结构、起爆顺序等，必要时将 1 个爆区分为几个小爆区分别进行爆破和挖运，以便更好地控制矿石的贫化和损失。

（5）选用中小型设备进行矿石的挖装作业，便于矿岩的分离和挑选。

（6）根据潜孔样和工作面样的矿石品位不同，按一定比例进行配矿并堆存到临时堆场，再进行二次破碎后供矿。

（7）铜选厂及时反馈快速样、溢流样的分析结果给采矿工程师，以便科学合理配矿，提高选厂金属回收率。

铜硫矿石开采循环推进的流程如图 5 所示。

3.3 空区监控与采矿配矿流程融合推进强化开采

根据上述分析，建立了采空区施工安全监管流程和采矿配矿快速反应流程，人员之间责任明确，提倡相互配合。

经过一段时间的磨合和总结，将采空区的现场钻探分析作为一个工序，纳入采矿配矿的工作流程（即钻孔、爆破、挖装、配矿堆存）进行流水作业，其中布孔及钻孔后的潜孔样分析归并到钻孔中，

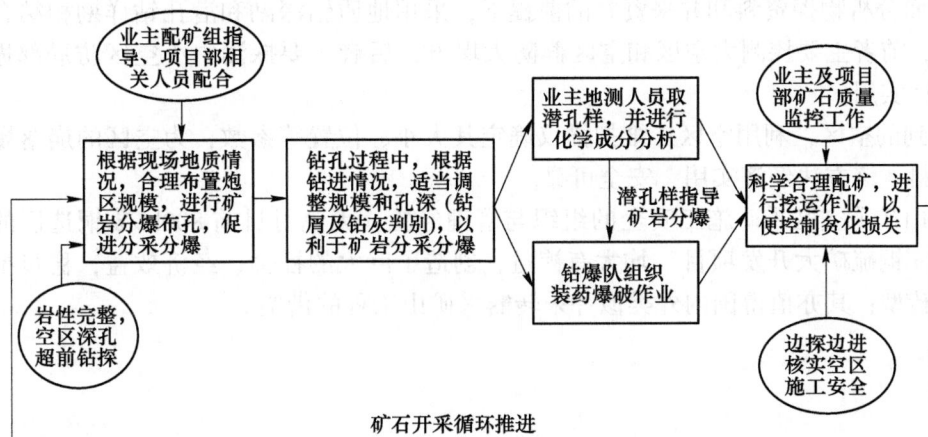

图5 复杂地质采矿配矿流程

在保障施工安全的情况下提高生产效率。因采空区生产勘探（主要用潜孔钻机，移动方便，效率高，但钻孔深度有限）的具体情况不同，采取"有疑必探、先探后进"和"有疑必探、边探边进"2种方式。

采空区的超前勘探深度原则上是"台阶高度+保安层厚度"，其安排在爆区钻孔之前完成（见图6(a)），这样才能保证爆破后挖装作业的安全；如因塌陷区影响难以钻深孔，在挖装作业过程中"边探边进"，即挖装作业每向前推进5m进行1次空区勘探核实，确保挖掘地的着力点处的保安层厚度满足要求（见图6(b)）。

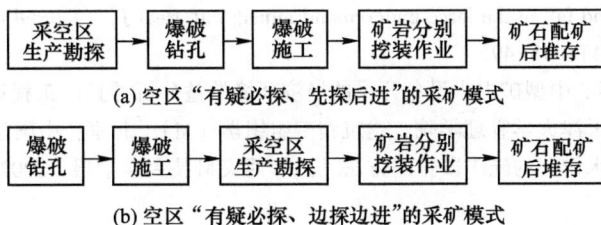

(a) 空区"有疑必探、先探后进"的采矿模式

(b) 空区"有疑必探、边探边进"的采矿模式

图6 空区勘探及采矿施工流程

如果该采矿区域发现需要三维扫描分析、崩落爆破处理的较大采空区，空区监控管理流程为主，采剥作业管理流程为辅；如果没有发现空区或者仅仅发现巷道等，采剥作业流程为主，空区监控管理流程为辅。两者相互配合，确保施工安全。

在该运行模式比较顺畅的时候，逐渐引进流水作业管理的思路，促进各个工艺流程之间的协调和平稳过渡[9-11]，从原来的断断续续施工变成连续施工（严禁晚上作业的较危险区域除外），无效等待时间大大减少，大大加快了采空区、塌陷区施工的节奏，一个采矿流程循环从原来的10~12d减少到5~6d。

近2年来，在富集采空区的区域成功开采出近2Mt铜矿，采矿量持续稳定，并组织矿性相近的矿体进行科学合理的配矿，矿石质量稳定，可选性好，铜选厂的金属回收率从50%提高到85%左右；因金属回收率高，铜矿石开采的边际品位从原来的0.4%减低到0.2%~0.3%，进一步促进了矿产资源的有效利用。

4 结论

本文结论如下。

（1）融合采空区安全监控和采矿配矿的流程，并逐渐引进流水作业管理的思路，促进各个工艺流程之间的协调和平稳过渡，从原来的断续施工变成连续施工（严禁晚上作业的较危险区域除外），加快了采空区、塌陷区施工的节奏，达到了采空区、塌陷区较高强度安全采矿配矿的目标。

（2）在全面分析物探资料和井采资料的前提下，采用地质钻深勘和潜孔钻详勘相结合的方式进行空区超前钻探，前者主要探测大空区和空区群防大塌方，后者主要探测中小空区防局部塌方，两者互补，该方法经济实用。

（3）钻探到的空区，利用空区三维扫描仪确定其大小、位置等参数，为空区的崩落爆破设计提供翔实的基础资料，该方法经济实用、安全可靠。

（4）大宝山矿采空区采矿施工安全的组织与管理经验，无论对目前800kt/a铜选厂的生产还是将来的"3300kt/a铜硫矿大开发项目"均大有裨益，创造了巨大的社会、经济效益，稳步推进了大宝山矿的危机矿山转型；其亦值得国内外类似井采转露采矿山工程的借鉴。

参 考 文 献

[1] 长沙黑色设计院. 广东省大宝山铁矿扩大初步设计说明书 [R]. 长沙：长沙黑色设计院，1969.

[2] 长沙黑色设计院. 广东省大宝山铁矿露天采场段高修改设计说明书 [R]. 长沙：长沙黑色设计院，1973.

[3] 长沙有色冶金设计研究院. 广东省大宝山矿北部铜硫矿体开发（中型规模）预可行性研究 [R]. 长沙：长沙有色冶金设计研究院，1993.

[4] 中南大学资源与安全工程学院. 广东省大宝山矿大型复杂塌陷与充填区域稳定性及近区开采安全性研究 [R]. 长沙：中南大学，2006.

[5] 卢清国，蔡美峰. 采空区下方厚矿体安全开采的研究与决策 [J]. 岩石力学与工程学报，1999，18(1)：86-91.

[6] 李俊平，彭作为，周创兵，等. 木架山采空区处理方案研究 [J]. 岩石力学与工程学报，2004，23(2)：3884-3890.

[7] 乔春生，田治友. 大团山矿床采空区处理方法 [J]. 中国有色金属学报，1998，8(4)：734-738.

[8] Zhao Wen. The rock failure and fall of the large underground mined-out area[J]. Journal of Liaoning Technical University：Natural Science，2001，12(4)：45-49.

[9] 刘畅，崔晓荣，李战军，等. 中型矿山小设备开采的经济环境效益分析 [J]. 工程爆破，2009，15(2)：37-40.

[10] 同济大学经济管理学院，天津大学管理学院. 建筑施工组织学 [M]. 北京：中国建筑工业出版社，2002.

[11] 姚玉玲，周往莲. 基于流水作业的施工段排序方法 [J]. 西安科技大学学报，2007，27(3)：511-515.

大型土石方爆破工程的钻孔统计分析

刘 翼　卢 磊　董金成

（广东宏大爆破股份有限公司，广东 广州，510623）

摘　要：为了找出炸药单耗和延米爆破方量的实际值与预算值之间的差别原因，对我国北方一大型土石方爆破工程的钻孔按施工进度进行了统计，并对孔深与延米爆破方量的关系进行了分析。研究发现小于5m深的炮孔数量的比例较大，是降低综合延米爆破方量的一大主要因素。因此得出，缓斜坡的台阶爆破工程中，在孔网参数和台阶高度一定的条件下，通过优化组合，减少浅孔的数量，可以有效地提高项目综合延米爆破方量，从而为缓斜坡台阶爆破降低项目成本指明了方向。

关键词：土石方爆破；延米爆破方量；孔网参数；台阶爆破；钻孔统计分析

Statistics and Analysis on Bore-holes of Large-scaled Soil and Rock Blasting Project

Liu Yi　Lu Lei　Dong Jincheng

（Guangdong Hongda Blasting Co., Ltd., Guangdong Guangzhou，510623）

Abstract：In order to find the deviation of unit explosion consumption and blasting stone quantity of pre-meter between actual value and estimated value. Bore-holes statistics of a large-scaled cubic meter of earth and stone project in north china were carried out according to construction progress. The relation of hole-depth and blasting stone quantity of pre-meter was analyzed. It was found that high proportion of bore-holes less that 5m deep was main factor that induced comprehensive blasting stone quantity of pre-meter. So it can draw a conclusion that comprehensive blasting stone quantity of pre-meter can be increased effectively through optimization and combination and decreasing quantity of shallow bore-holes in the condition of given hole grid parameter and bench height to flat gradient bench blasting project. The conclusion points out direction for reducing cost of flat gradient bench blasting project.

Keywords：soil and rock blasting; blasting stone quantity of pre-meter; hole grid parameter; bench blasting; statistics analysis of bore-hole

1　工程概况

我国北方一大型土石方爆破工程总工程量996万 m³，其中清挖表土50万 m³、石方爆破946万 m³，工期7个月。爆破山体为一个孤立的山头，爆破开挖绝对高程最高+76m，开挖到底板高程+30m。山头东面濒临海湾，其他三面为需要平整的开阔场地，爆破开挖区基岩一般直接出露，覆盖层较薄，岩性主要以安山岩为主，中等风化。爆破区域平面图如图1所示。

本工程工期为7个月，去掉前期表土剥离及后期底

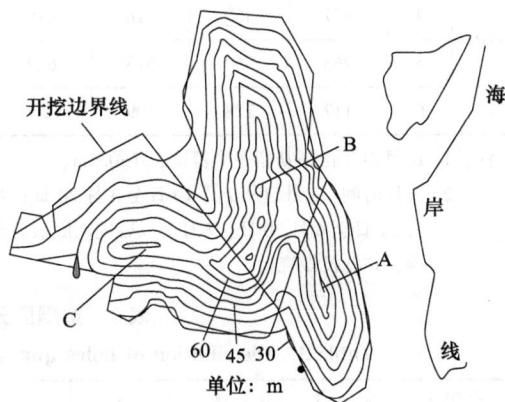

图1　爆破区域平面图
Fig.1　Plane scheme of blasting region

原载于《工程爆破》，2011，17(4)：41-44。

板处理的时间，实际石方爆破主要集中在 2 月 10 日至 7 月 10 日的 5 个月中，平均日爆破石方 6.3 万 m³，最高日爆破石方达 24 万 m³，消耗炸药 122t。

在 6 月底，当本工程石方主体爆破工程量完成约 93% 时，对炸药的总用量与石料的爆破总方量（即炸药平均单耗）以及石料的爆破总方量与钻孔总长（综合延米爆破方量）进行了对比分析，发现炸药平均单耗和综合延米爆破方量都与预算值有很大的偏差。为了找出偏差产生的原因，决定依据钻孔记录和炸药领用记录对所有钻孔和炸药用量进行统计和分析[1-4]。

2 炮孔统计

本文钻孔统计截至 6 月 20 日，总钻孔约 5 万个，钻孔总长约 50 万 m，爆破次数约 500 次。爆破钻孔以 φ140mm 为主，孔网参数依孔深变化选取，局部因岩石性质变化大也作相应的调整，超深按孔深的 10% 计算。孔网参数与对应孔深如表 1 所示。本工程依山体地形分为 A、B、C 3 个爆区（见图 1）和 30m、45m、60m 3 个爆破平台，爆破台阶高度 15m，以便统筹规划运输道路，分区分层将整个山体爆破开挖。因各区岩石性质不同，为区别岩石性质对研究对象的影响，在炮孔统计时，除了按施工进度以月份分别统计外（见表 2），还按爆破区域进行了统计（见表 3），最后进行了整个项目的炮孔统计，如表 4、表 5 和图 2 所示。

表 1　孔网参数与孔深对应表

Table 1　Counterpart between hole parameters and hole depth

孔深/m	<5	5~8	8~10	>10
排距/m	3	3	3.5	3.5
孔距/m	4	4.5	5.5	6.5

表 2　按施工进度排列的不同孔深的炮孔数量分布

Table 2　Distribution of holes quantities for different deep holes following construction progress

孔深/m		1	2	3	4	5	6	7	8	9	10	11
月份	3	0	111	422	926	1209	1246	1135	956	760	600	554
	4	28	425	1328	1751	2206	1419	955	685	547	476	414
	5	83	649	1010	969	1554	806	532	316	268	278	250
	6	111	762	1191	759	408	167	138	94	118	124	133

孔深/m		12	13	14	15	16	17	18	19	20	21	合计
月份	3	484	436	307	260	209	161	77	54	25	7	9939
	4	477	469	418	479	508	778	432	153	68	30	14046
	5	263	350	513	682	945	1033	528	231	61	9	11330
	6	117	228	709	1230	1096	945	513	254	71		9168

注：1. 这里炮孔孔深 H 指一个范围，$H\pm0.5$m。

　　2. 统计时间：3 月份从 2 月 10 日至 3 月 20 日；4 月份从 3 月 21 日至 4 月 20 日；5 月份从 4 月 21 日至 5 月 20 日；6 月份从 5 月 21 日至 6 月 20 日；7 月份以后进入底板处理、基坑开挖和边坡预裂爆破等，爆破类型较多，炸药类型较杂，统计不准确，在此没做统计。

表 3　按爆区分类的不同孔深的炮孔数量分布

Table 3　Distribution of holes quantities for different deep holes following blasting region

孔深/m		1	2	3	4	5	6	7	8	9	10	11
爆区	A	37	141	554	1062	1045	919	566	393	337	352	288
	B	12	486	1174	2070	1921	2142	1784	1227	1019	848	738
	C	7	265	1024	1976	1330	1446	1115	647	500	420	373

孔深/m		12	13	14	15	16	17	18	19	20	21	合计
爆区	A	288	332	347	292	497	603	324	105	12		8494
	B	680	675	727	1141	1276	1594	1395	554	205	37	21705
	C	500	387	574	946	900	800	553	388	198	80	14056

表4　不包含地脚炮的炮孔统计表

Table 4　Statistic chart of holes quantities exclusion tail holes

A 孔深 /m	B 孔数 /个	C 总孔深 /m	D 百分比 /%	E 装药 /kg	F 百分比 /%	G 延米方量 /m³·m⁻¹	H 百分比 /%	I 单耗 /kg·m⁻³	J 延米方量 /m³·m⁻¹	K J*D	L I*H
<5	8980	31513	8.1	165441	5.2	339241	4.7	0.49	10.8	0.88	0.023
5~8	8638	54159	14.0	350657	11.1	702050	9.8	0.50	13.0	1.82	0.049
8~10	3471	30866	8.0	235846	7.5	575303	8.0	0.41	18.6	1.49	0.033
>10	18053	270136	69.9	2409430	76.2	5530934	77.4	0.44	20.5	14.30	0.337
合计	39142	386674	100.0	3161374	100.0	7147528	100.0			18.48	0.442

表5　包含地脚炮的炮孔统计表

Table 5　Statistic chart of holes quantities inclusion tail holes

A 孔深 /m	B 孔数 /个	C 总孔深 /m	D 百分比 /%	E 装药 /kg	F 百分比 /%	G 方量 /m³·m⁻¹	H 百分比 /%	I 单耗 /kg·m⁻³	J 延米方量 /m³·m⁻¹	K J*D	L I*H
<5	14782	54413	13.3	291785	8.9	339241	4.7	0.86	6.2	0.83	0.041
5~8	8638	54159	13.2	350657	10.7	702050	9.8	0.50	13.0	1.71	0.049
8~10	3471	30866	7.5	235846	7.2	575303	8.0	0.41	18.6	1.40	0.033
>10	18053	270136	66.0	2409430	73.3	5530934	77.4	0.44	20.5	13.50	0.337
合计	44944	409574	100.0	3287718	100.0	7147528	100.0			17.45	0.460

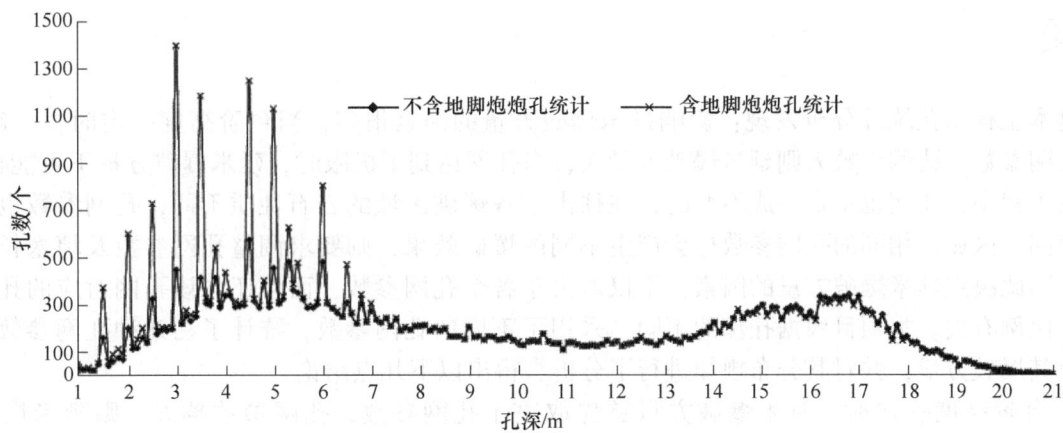

图2　不同孔深的炮孔数量分布图

Fig. 2　Distribution diagram of holes quantities for different hole's depth

3　统计结果分析

3.1　按施工进度进行炮孔统计分析

从施工进度排列的不同孔深的炮孔数量分布表中可以看出，3月份不大于9m深的炮孔占当月炮孔数量的 67%，而且各种深度的炮孔数量分布比较均匀，大于 9m 深的炮孔不到三分之一，说明该月爆破施工主要目的是在进行开拓台阶；4 月份 3~7m 的炮孔占该月炮孔总数的 54%，16~18m 深的炮孔占 12%，表明 4 月份是进行台阶开拓的高峰时期，同时也进行了一部分深孔爆破；5 月份孔深 4~6m 的炮孔占该月炮孔总数的 30%，而 2~3m 的炮孔占 15%，表明该月台阶开拓基本结束，浅孔增加的原因主要是地脚炮（处理台阶爆破留下来的根脚所需另外钻的炮孔）增多，大多数地脚炮孔深 4~6m，主要进行的是 40m 平台遗留山包的处理；6 月份的浅孔占该月炮孔总数的 35%，大量浅孔孔深小于 4m，主要的浅孔消耗在地脚处理上，6 月份大于 14m 的深孔占总炮孔的 53%，说明该月是台阶爆破的高峰期。

3.2　按爆区分类进行炮孔统计分析

B、C 两区爆破面积相当，但 C 区山矮、平缓，爆破方量小于 B 区，A 区爆破面积不到 B 区的一半，但 A 区较 C 区高、较 B 区稍矮，因此 C 区的平均孔深（15m）小于 A、B 区平均孔深（均为 17m）约 2m。B、C 区的地脚炮数量相差无几，但在孔深 5~7m 范围内 B 区的浅孔多于 C 区，A 区的浅孔和地脚炮数目都不到 B、C 区的一半，基本上和爆破面积比例一致，表明地脚炮主要用于最下层的底板处理。

3.3　不同孔深的炮孔数量统计分析

由图 2 可见，地脚炮孔深基本上在 7m 以下，而且主要集中在小数位为 0 和 5 的孔深上，这主要是为方便操作的人为原因所致，在不包含地脚炮的孔深—孔数曲线图中，小于 7m 的炮孔孔深也有相同的现象，人为调整孔深的因素较多。

3.4　分段炮孔孔深统计分析

从表 5 和表 4 中小于 5m 的炮孔数之差得出，地脚炮数量为 5802 个，占炮孔总数的 13%，孔深占总钻孔深度的 5.6%。包括地脚炮在内，三分之一的炮孔孔深小于 5m，消耗炸药 8.9%，爆破方量只占 4.7%；40% 的炮孔孔深大于 10m，而大于 10m 的钻孔孔深占总孔深的 66%。对比表 4 和表 5，综合延米爆破方量从 $18.48m^3/m$ 降为 $17.45m^3/m$，降低 5.6%，降低值相当于地脚炮长度占炮孔总长度的百分比（5.6%）。

4　结论

通过本工程钻孔统计分析发现：影响延米爆破方量的因素很多，当台阶高度一定时，一般来说，主要是孔网参数；孔网参数大则延米爆破方量大，当孔网达到了极限时，延米爆破方量不可能再增大。实际爆破工程中，孔网也不是一成不变的，往往由于各爆破区域的岩石性质不同，孔网参数也各不相同，即使同一区域，相同的孔网参数也会产生不同的爆破效果，则要求调整孔网参数及填塞长度或起爆方式。因此决定延米爆破方量的因素，不仅取决于各个孔网参数，而且还与该孔网对应的孔数所占总孔数的比例有关。本项目根据孔深的不同，采用了不同的孔网参数，统计了在几种孔网参数下的炮孔数量及其爆破方量，并对其分布规律进行了分析，得出以下几点结论。

（1）台阶高度一定时，延米爆破方量首先取决于孔网参数，孔网参数越大，则延米爆破方量越大。

（2）延米爆破方量还取决于超深，在一定的孔网参数下，超深越大，延米爆破方量越小，延米爆破方量随超深与孔深的比例增大而减少。在一定的孔网参数下，如果超深是按孔深一定的比例增加，则不同的孔深不会影响延米爆破方量，在这种情况下延米爆破方量仅取决于孔网参数。

（3）延米爆破方量不仅与孔网参数有关，还与浅孔所占整个爆破工程炮孔数的百分比有关。实际爆破工程中，孔网参数多种多样，不会是统一的孔网，小孔网参数的炮孔越多，则整个工程的延米爆破方量越少，而孔网参数往往取决于孔深，因此浅孔越多，工程综合延米爆破方量越少。

（4）延米爆破方量取还决于地脚炮的多少。由于地脚炮多占用大量炮孔而不产生有效的爆破方量，因此延米爆破方量很大一部分取决于地脚炮炮孔的多少。地脚炮炮孔越多，项目综合延米爆破方量越少，地脚炮炮孔总深度所占整个炮孔总深度的比例，其结果将按大致相同的比例降低延米爆破方量，如本项目统计的地脚炮炮孔总孔深占 5.6%，则综合延米爆破方量降低 18.48m³/m 的 5.6%，约降低 1m³/m。

通过以上分析可以得出，缓斜坡台阶爆破施工中，在保证爆破效果的前提下，增大孔网参数、减小超深、合理规划台阶高度、灵活调整台阶开拓面、尽量避免浅孔、减少地脚炮，可以有效地提高项目综合延米爆破方量，从而达到降低项目成本的目的。

参 考 文 献

[1] 刘殿中，杨仕春. 工程爆破实用手册 [M]. 北京：冶金工业出版社，2004.

[2] 于亚伦. 工程爆破理论与技术 [M]. 北京：冶金工业出版社，2007.

[3] 郑炳旭，王永庆，魏晓林. 城镇石方爆破 [M]. 北京：冶金工业出版社，2004.

[4] 郑炳旭，王永庆，李萍丰. 建设工程台阶爆破 [M]. 北京：冶金工业出版社，2005.

未确知测度模型在爆破工程安全评价中的应用

陶铁军[1,2]　蔡建德[1,2]　张光权[1,2]　闫国斌[2]

（1. 广东宏大爆破股份有限公司，广东 广州，510623；
2. 北京科技大学 土木与环境工程学院，北京，100083）

摘　要：结合当前工程爆破的实际情况，从安全管理、安全技术、安全防范三方面出发，建立了一套完备的爆破工程安全评价的二级指标体系。针对指标体系中诸多因素的不确定性问题，在未确知测度理论的基础上，构建了爆破工程安全评价的未确知测度模型。通过对单指标未确知测度、多指标综合测度的计算以及指标定权等过程，实现了对爆破工程的安全综合评价。在各评价指标权重和识别准则的确定上，分别采用了信息熵和置信度识别准则，避免了模糊层次分析法中在这两方面的缺陷，使评价结果更具客观性。实例分析表明，运用未确知测度模型进行爆破工程安全评价问题的研究，理论上是可行的，评价结果是可信的，从而为爆破工程的安全综合评价提供了一种新方法。

关键词：爆破工程；安全评价；未确知测度；指标权重

Application of the Unascertained Measurement Model in the Safety Evaluation of Blasting Engineering

Tao Tiejun[1,2]　Cai Jiande[1,2]　Zhang Guangquan[1,2]　Yan Guobin[2]

（1. Guangdong Hongda Blasting Co., Ltd., Guangdong Guangzhou, 510623；2. School of Civil and Environmental Engineering, University of Science and Technology, Beijing, 100083）

Abstract：In combination with the actual situation of current engineering blasting, a complete second-level index system for the safety evaluation of blasting engineering was established based on the following three aspects：safety management, safety engineering and safety protection. In order to solve the problem of the uncertain factors of index system, an unascertained measurement model of the safety evaluation of blasting engineering was established based on the unascertained measurement theory. Through the process of the calculation on the unascertained measurement of single indicator and the unascertained measurement of multiple comprehensive indicators as well as the determination of index weight, safety comprehensive evaluation of the blasting engineering was realized. The information entropy and confidence identifying criterion was respectively used to ascertain the evaluation index weight and identifying criterion, the two defects of Fuzzy-Analytic Hierarchy Process comprehensive evaluation were avoided and the evaluation results were more objective in the unascertained measurement model. The analysis of the practical examples indicated that it is theoretically feasible to use the unascertained measurement model to study the problem of safety evaluation of blasting engineering and the evaluation results are credible, thus provides a new way for safety comprehensive evaluation of blasting engineering under unascertained conditions.

Keywords：blasting engineering；safety evaluation；unascertained measurement；index weight

1　引言

随着工程爆破的迅猛发展和生活水平的日益提高，使得人们对爆破工程实施的安全性要求越来越

原载于《中国安全生产科学技术》，2011，7(12)：108-111。

高。不仅需要充分利用炸药的能量，完成工程目的，而且需要控制爆破产生的有害效应，避免事故的发生。因此为了保护人民生命财产的安全，确保爆破工程的安全实施，有必要对工程爆破中潜在的危险性和有害因素进行辨识，分析引起爆破事故的管理和技术原因，论证安全技术措施的合理性，避免选用不安全的施工工艺和危险的材料，提出降低或消除危险的有效方法。工程爆破安全评价是一个多准则多目标的复杂决策问题。在现有的对爆破工程安全综合评价的方法中，应用较多是模糊层次分析法[1,2]、灰色关联分析法[3]。但是在每次单独评价的权重赋值上，也会因专家知识水平和个人偏好的影响，导致构造的判断矩阵很难满足一致性条件[4]。为此，本文提出了利用未确知测度模型对爆破安全进行综合评价的方法。

2 评价指标体系的建立

爆破工程安全评价指标体系的应建立在满足《爆破安全规程》（GB 6722—2003）中对爆破工程安全评估所包括的内容的基础之上，立足于爆破工程的实际情况，结合爆区周围环境，运用系统工程的理论和方法建立一套结构完整、内容齐备、使用方便的爆破质量评价指标体系，为爆破工程的安全、可靠、经济实施提供依据[5]。就当前工程爆破的发展趋势而言，本文全面系统地考虑了影响爆破安全的评价因素，以安全管理、安全技术、安全防范作为一级指标，以设计和施工单位资质、爆区环境影响、爆破飞石的防范等 14 个因素作为二级指标，建立了爆破质量综合评价指标体系，如表 1 所示。

表 1　爆破工程安全评价指标体系

一级指标	二级指标	一级指标	二级指标	一级指标	二级指标
安全管理	设计和施工单位资质 a_1	安全技术	爆区环境 a_5	安全防范	早爆、迟爆、拒爆的防范 a_{10}
	安全规章制度 a_2		爆破器材质量 a_6		爆破飞石的防范 a_{11}
	管理人员素质 a_3		爆破方案与爆破参数设计 a_7		爆破地震的防范 a_{12}
	施工人员素质 a_4		起爆网络 a_8		有害气体的防范 a_{13}
			装药与填塞 a_9		其他有害效应的防范 a_{14}

3 未确知测度模型

设 a_1，a_2，$\cdots$，a_i 表示 n 个待评价的爆破质量测评因素，记 $A=\{a_1,a_2,\cdots,a_i\}$，称之为论域；每个单因素评价指标 a_i 有 j 个评价等级 b_1，b_2，$\cdots$，b_j，记为 $B=\{b_1,b_2,\cdots,b_j\}$。用 a_{ij} 表示评价对象的单因素 a_i 在第 j 个评价等级 b_j 的观测值。

3.1 单指标未确知测度

单因素评价指标 a_i 处于第 j 个评语等级的程度记为 a_{ij}，本文采用专家组打分法，规定每个评价因素的所有评语等级的程度的分值总和为 10 分，由专家组将 0~10 分别打给每个评价因素 a_i 的每个评语等级 b_j，使 $\sum_{j=1}^{j} a_{ij} = 10$。用 $u_{ij} = a_{ij}/10$ 表示观测值 a_{ij} 使 a_i 处于 b_j 评语等级的未确知测度。u_{ij} 是对"程度"的测量结果，是一种可能性测度，作为测量结果的这种可能性测度必须满足"非负有界性、可加性、归一性"三条测量准则[6]。由此可得到评价对象的单指标测度评价矩阵。

$$u_{ij} = \begin{bmatrix} u_{11} & u_{12} & \cdots & u_{1j} \\ u_{21} & u_{22} & \cdots & u_{2j} \\ \vdots & \vdots & & \vdots \\ u_{i1} & u_{i2} & \cdots & u_{ij} \end{bmatrix} \quad (i=1,2,\cdots,n) \tag{1}$$

3.2 指标权重的确定

对于观测值有关的不确定性的描述，应该是对不确定性数量上的度量，是观测值分布的泛函，这就是熵[7]。熵（entropy）是简单巨系统的一基本概念。最早是在热力学中由克劳修斯提出用来描述系统的状态，而后其被引入多个领域。对于离散型随机变量，其信息熵为 $S = -k\sum\limits_{i=1}^{k} P_i \ln P_i$。其中 $P_i \geqslant 0$，$\sum\limits_{i=1}^{k} P_i = 1$。熵具对称性、非负性、可加性、极值性等特点。设自然状态空间 $X = (x_1, x_2, \cdots, x_n)$ 是不可控制的因素，其中 x_i 为实际发生的状态[8]。设 X 中各状态发生的先验概分布为 $p(x) = \{p(x_1), p(x_2), \cdots, p(x_n)\}$。该状态的不确定程度定义为熵函数：$H(x) = -\sum\limits_{i=1}^{n} p(x_i) \ln p(x_i)$，式中 $0 \leqslant p(x_i) \leqslant 1$，$\sum\limits_{i=1}^{n} p(x_i) = 1$。

爆破质量评价对象关于指标 a_i 的观测值 x_{ij} 使对象处于各个评语等级 b_i 的未确知测度为 u_{i1}，u_{i2}，$\cdots$，u_{ij}。将未知测度 u_{ij} 的视为 $H(x)$ 中的 p_i，则有

$$H(u) = -\sum_{j=1}^{j} u_{ij} \ln u_{ij} \tag{2}$$

令

$$V_i = 1 - \frac{1}{\lg j} H(u) = 1 + \frac{1}{\lg j} \sum_{j=1}^{j} u_{ij} \cdot \lg u_{ij}, \quad W_i = \frac{V_i}{\sum\limits_{i=1}^{i} V_i} \tag{3}$$

$W_i \left(0 \leqslant W_i \leqslant 1, \text{且} \sum\limits_{i=1}^{i} W_i = 1\right)$ 即为爆破质量评价对象关于评价指标 a_i 的权重。

3.3　综合评价系统

若关于评价对象的单指标测度评价矩阵（1）已知，则关于评价对象的各指标分类权重可有公式（3）求得。令

$$\boldsymbol{u}_i = W_i \cdot \boldsymbol{u}_{ij} = (w_1, w_2, \cdots, w_i) \begin{bmatrix} u_{11} & u_{12} & \cdots & u_{1j} \\ u_{21} & u_{22} & \cdots & u_{2j} \\ \vdots & \vdots & & \vdots \\ u_{i1} & u_{i2} & \cdots & u_{ij} \end{bmatrix}$$

$$\boldsymbol{u}_i = (u_1, u_2, \cdots, u_i) \tag{4}$$

则 $\boldsymbol{u}_i$ 为爆破质量评价对象的综合评价向量，描述了不确定性分类。为了得到确定性分类，需进行置信度识别。因为评语等级划分是有序的，第 j 个评语等级 b_j "对于" 第 $j+1$ 个评语等级 b_{j+1}，所以最大测试识别准则不适合这种情况，改用置信度识别准则。

设置信度为 λ，（$\lambda > 0.5$），通常取 0.6 或 0.7[9,10]，令

$$j_0 = \min_j \left\{ \sum_{j=1}^{j} \mu_{il} \geqslant \lambda, j = 1, 2, \cdots, j \right\} \tag{5}$$

则判爆破质量评价对象属于第 j_0 个评价等级 b_j。

4　实例检验

根据上述未确知测度评价模型，对鄂尔多斯某露天台阶爆破进行爆破安全综合评价。将各个评判爆破安全的单因素的评价等级分为：优、良、中、及、差，由专家组将 10 分别打给单因素的每个评价等级（见表 2）。

表 2　专家组打分结果

评价因素	评价等级				
	优	良	中	及	差
设计和施工单位资质 a_1	1	3	5	1	0

评价因素	评价等级				
	优	良	中	及	差
安全规章制度 a_2	1	3	4	1	1
管理人员素质 a_3	1	2	4	2	1
施工人员素质 a_4	0	3	4	2	1
爆区环境 a_5	1	3	4	2	0
爆破器材质量 a_6	2	5	3	0	0
爆破方案与爆破参数设计 a_7	1	3	5	1	0
起爆网络 a_8	1	3	5	1	0
装药与填塞 a_9	1	3	4	2	0
早爆、迟爆、拒爆的防范 a_{10}	2	3	4	1	0
爆破飞石的防范 a_{11}	3	3	4	0	0
爆破地震的防范 a_{12}	1	2	5	2	0
有害气体的防范 a_{13}	3	4	3	0	0
其他有害效应的防范 a_{14}	1	2	6	1	0

根据表 2 的打分结果，得到单指标未确知测度矩阵：

$$\boldsymbol{u}_{ij} = \begin{bmatrix} 0.1 & 0.3 & 0.5 & 0.1 & 0 \\ 0.1 & 0.3 & 0.4 & 0.1 & 0.1 \\ 0.1 & 0.2 & 0.4 & 0.2 & 0.1 \\ 0 & 0.3 & 0.4 & 0.2 & 0.1 \\ 0.1 & 0.3 & 0.4 & 0.2 & 0 \\ 0.2 & 0.5 & 0.3 & 0 & 0 \\ 0.1 & 0.3 & 0.5 & 0.1 & 0 \\ 0.1 & 0.3 & 0.5 & 0.1 & 0 \\ 0.1 & 0.3 & 0.4 & 0.2 & 0 \\ 0.2 & 0.3 & 0.4 & 0.1 & 0 \\ 0.3 & 0.3 & 0.4 & 0 & 0 \\ 0.1 & 0.2 & 0.5 & 0.2 & 0 \\ 0.3 & 0.4 & 0.3 & 0 & 0 \\ 0.1 & 0.2 & 0.6 & 0.1 & 0 \end{bmatrix}$$

由公式（3）计算评判因素的指标权重可得：

$W = (0.07, 0.08, 0.08, 0.07, 0.07, 0.07, 0.07, 0.07, 0.07, 0.07, 0.07, 0.07, 0.07, 0.07)$

由公式（4）求得最终的评判结果

$$\boldsymbol{u} = (0.13, 0.30, 0.43, 0.12, 0.02)$$

取置信度 $\lambda = 0.7$，由置信度识别准则及公式（5）判定该露天台阶爆破质量评价等级为第三等级，即"中"。未确知测度方法注意了评价空间的有序性，给出了比较合理的置信度识别准则和排序的评分准则，而这正是模糊综合评判所不具有的。

5 结论

本文将基于熵权的未确知测度评价模型应用于爆破工程安全的综合评价中，并结合工程实例对未确知测度模型在爆破工程安全评价中的应用进行了初探，实现了对爆破工程的安全评价，为爆破工程的安全综合评价提供了一种新方法。运用系统工程的理论和方法，从爆破工程的安全管理、安全技术和安全防范等三个主要方面对爆破工程的安全状况进行综合评价，建立了一套结构完整、内容齐备，使用方便的爆破安全综合评价的二级指标体系。在各评价指标权重和识别准则的确定上，分别采用了信息熵和置信度识别准则，避免了模糊综合评判法中在这两方面的缺陷，使评价结果更具客观性。评价指标可根据具体情况选择，评价模型计算简单，便于实现爆破现场的科学管理，通过程序化的方法，实现了对爆破工程安全的综合评价。

参 考 文 献

[1] 周强，庙延钢，张智宇，等．基于 AHP 的爆破安全评价指标体系及权重赋值研究 [J]．云南冶金，2008, 37(2)：16-20.

Zhou Qiang, Miao Yangang, Zhang Zhiyu, et al. Blasting safety assessment based on analytic hierarchy process[J]. Yunnan Metallurgy, 2008, 37(2)：16-20.

[2] 李俊涛，王凤英．模糊综合评价在拆除爆破安全评价中的应用．科技情报开发与经济，2006, 16(1)：173-174.

Li Juntao, Wang Fengying. The application of the fuzzy comprehensive evaluation in demolition blast safety evaluation[J]. SCI/TECH Information Development & Economy, 2006, 16(1)：173-174.

[3] 胡新华，杨旭升．基于灰色关联分析的爆破效果综合评价 [J]．辽宁工程技术大学学报，2008(27)：142-144.

Hu Xinhua, Yang Xuesheng. Comprehensive evaluation of the blasting effect based on grey correlation analysis[J]. Journal of the Liaoning Technical University(Natural Science), 2008(27)：142-144.

[4] 周强，庙延刚，张智宇，等．工程爆破安全评价指标体系及权重赋值研究 [J]．采矿技术，2008, 8(3)：133-135.

Zhou Qiang, Miao Yangang, Zhang Zhiyu, et al. The research of the safety evaluation index system and weight evolution of blasting engineering[J]. Mining Technology, 2008, 8(3)：133-135.

[5] 万善福，蒋仲安，周姝嫣．集对分析法在煤矿通风系统评价中的应用研究 [J]．中国安全生产科学技术，2008, 4(6)：62-65.

Wan Shanfu, Jiang Zhongan, Zhou Shuyan. The study on SPA application into coalmine ventilation system[J]. Journal of Safety Science and Technology, 2008, 4(6)：62-65.

[6] 石华旺，高爱坤，牛俊萍．一种基于熵权的未确知测度评价方法及应用 [J]．统计与决策，2008(12)：162-164.

Shi Huawang, Gao Aikun, Niu Junping. Method of evaluation and application of an uncertain measure based on entropy[J]. Statistics and Decision Making, 2008(12)：162-164.

[7] 贾正源，赵亮．基于熵权未确知度模型的电能质量综合评价 [J]．电力系统保护与控制，2010, 38 (15)：33-36.

Jia Zhengyuan, Zhao Liang. Comprehensive evaluation of power quality based on the model of entropy weight and unascertained measure[J]. Power System Protection and Control, 2010, 38(15)：33-36.

[8] 邱菀华．管理决策与应用熵学 [M]．北京：机械工业出版社，2002.

[9] 涂圣文，过秀成，苏州．基于未确知测度模型的一级公路设计安全性评价 [J]．重庆交通大学学报（自然科学版），2010, 29(4)：592-596.

Tu Shengwen, Guo Xiucheng, Su Zhou. Safety assessment of first - class highway design based on unascertained measurement model[J]. Journal of Chongqing Jiaotong University(Natural science), 2010, 29 (4)：592-596.

[10] 史秀志，周健，董磊，等．未确知测度模型在岩爆烈度分级预测中的应用 [J]．岩石力学与工程学报，2010, 29(Supp.1)：2720-2726.

Shi Xiuzhi, Zhou Jian, Dong Lei, et al. Application of unascertained measurement model to prediction of classification of rockburst intensity[J]. Chinese Journal of Rock Mechanics and Engineering, 2010, 29(Supp.1)：2720-2726.

合同采矿模式及宏大爆破的探索

唐　涛　赵博深　吴　昊

（广东宏大爆破股份有限公司，广东 广州，510623）

摘　要：本文简要介绍合同采矿的现状，重点分析了宏大爆破在合同采矿方面的优势，并进行了实例分析，宏大爆破在合同采矿方面取得较大成绩。

关键词：合同采矿；优势；精准爆破技术

Contract Mining Mode and Hongda's Exploration

Tang Tao　Zhao Boshen　Wu Hao

（Guangdong Hongda Blasting Co., Ltd., Guangdong Guangzhou, 510623）

Abstract：This paper briefly introduces the status of contract mining at home and abroad, and focuses on the analysis of the advantages of Hongda in contract mining through case study, which reveals that Hongda has made great achievements in contract mining.

Keywords：contract mining；advantage；precise blasting technology

1　合同采矿发展现状

合同采矿历史悠久，但目前世界各地的矿山公司对采矿自营或者外包仍然各行其是。在很多情况下，整体转包的合同采矿依然受宠，发包和承包双方易于协调。很多北美公司仍坚持购买矿区开采权而不是有形的矿产方针，似乎是找到了风险较轻的避风港，既能取得不错的收益，又不为日常生产作业的意外事件所困扰。

国际镍（Inco）公司与动力技术（Dynatec）采矿服务公司签订了一项合同，将其位于加拿大安大略省西部桑德湾附近的谢班多万（Shebandowan）镍矿的 250 万 t 高品位镍矿石的开采和加工发包给动力技术公司。目前国外矿山的采矿作业以合同采矿方式进行采矿生产活动的范围越来越大，以合同采矿方式开采的矿石产量占总产量的 60%，其中合同采矿的职工数已占 40%。

外包（outsourcing），英文直译为"外部寻求资源"，指企业整合利用其外部最优秀的专业化资源，从而达到降低成本，提高效率，充分发挥自身核心竞争力和增强企业对环境的迅速应变能力的一种管理模式。归根结底，将全部或部分作业外包的公司只有一个目的，即降低风险。随着市场经济的深化，矿山业主自主经营全部采矿活动的弊病增多，在这种情况下，国内的合同采矿开始迅速发展。一般来说，合同采矿有以下优点。

（1）减轻业主投资负担，不必购买大量的钻孔、铲装、运输设备等，可使业主集中资金用于其他更有价值的领域。

（2）业主可避免大量的项目风险，项目融资的大部分责任都转移给承包商，减轻了业主借贷和还本付息的压力以及社会负担。

（3）劳动生产率大幅提高。合同采矿模式可以优化企业管理程序、简化管理职责，降低运营风险，生产组织高效，生产成本得以控制，劳动生产率和经济效益大幅度提高。

（4）达产、稳产快。自己临时组建采矿队伍，经验不足，磨合期长；而引进专业队伍，采取合同采矿模式能更好地实现高效开采的目标，确保持续稳定的供应矿石能力。基建期的优势更加明显，不需大量采购设备，无须对新人进行培训，所以能很快完成基建任务，矿山尽快达产。

（5）项目回报率明确，严格按照中标价实施，有利于提高项目的运作效率。

合同采矿在我国已经实践了 10 余年，从小外包到剥离外包，再到整体外包。华冶、酒钢镜铁山矿、抚顺莱河露天矿均取得了成功的经验。云南昆钢的大红山特大型铁铜矿床、广东大顶矿业股份有限公司的大顶铁矿、宝钢集团新疆八钢公司的蒙库铁矿及江西新钢的铁坑铁矿等金属矿山，均实行了合同采矿模式并且取得了良好的经济效益。太钢集团袁家村铁矿是目前中国最大的整体外包矿山，地质储量约 12.5 亿 t 矿石，年产铁矿石 2200 万 t，由山坡露天转深凹露天开采，服务年限 39 年，目前已由中铁十九局进行合同采矿承包。袁家村铁矿的整体外包在一定意义上标志着中国的合同采矿行业进入了新的发展阶段，更多的有技术实力和经济实力的合同采矿承包商涌现出来。

此外，神华新疆公司、中电投蒙东能源公司都拟在所属的新建矿产采用地面生产系统自营，采矿、运输、排土生产系统外委的生产运行模式。神华新疆公司已完成了招标，蒙东能源公司正在进行市场调研，从招标和调研的情况看，有很多设备生产厂家和工程施工队伍对此表示了浓厚的兴趣，只是合作方式和时间有待于进一步研究。

2 宏大爆破在合同采矿的实践

广东宏大爆破股份有限公司（以下简称宏大爆破）是国内最具实力的矿山采掘工程承包商之一。经过 20 多年的发展，公司在矿山采掘工程及工程爆破领域已经取得了令世人瞩目的成绩。

2.1 宏大爆破在合同采矿中的优势

宏大爆破在合同采矿中的优势如下。

（1）采用快速达产技术与成熟的强化开采工艺。露天矿采剥方法多为陡帮开采，如组合台阶开采、高台阶开采、倾斜分条开采以及横采、横扩。同时采用分期开采、分区开采，尽可能地通过强化开采缩短建设周期，以提高经济效益。

（2）配置大型采矿设备。世界露天矿的发展要求设备大型化，250mm 和 310mm 钻机开始使用。国内重点冶金矿山穿孔设备主要是牙轮钻机与潜孔钻机，牙轮钻机比例较高（占 88%），钻孔直径以 250mm 和 310mm 为主；中型矿山以潜孔钻机为主，钻孔直径以 200mm 为主。

（3）采用先进的采矿工艺。过去，合同采矿主要是小外包，或者剥离外包，主要依靠小设备。随着合同采矿的发展和整体外包的趋势，宏大爆破准备在大唐胜利东二号露天矿投入运营一套半固定破碎站半连续系统，将来继续投入他移式破碎站半连续系统甚至更先进的自移式破碎站半连续系统。

（4）拥有民爆一体化服务的优势。民爆企业采用了对民爆产品的科研开发、原材料制备、生产、检测、配送和爆破服务等全寿命周期于一体的服务模式。在矿山，应用现场混装炸药车技术，实施炸药现场混制、自动装填、爆破作业于一体。由于现场混装炸药较传统袋装成品炸药能从根本上保证炸药运输、生产、使用的安全，具有安全、高效、经济及环保的优点，并具有"一体化"作业的特征，在发达国家已经成为主流应用技术，我国行业主管部门也确立现场混装生产方式为主要发展方向。宏大爆破致力于打造民爆一体化服务，将其融入合同采矿中，以为业主创造更好的价值。

（5）与矿山设备制造商、矿山设计研究院，高校的良好合作关系。近几年，宏大爆破与矿山设备制造商、设计院和高校，利用资源优势也积极寻求合作机会，使社会资源得以合理分配。目前，宏大爆破与中煤科工集团沈阳设计研究院、北京矿冶研究总院、中国矿业大学（徐州）、中国矿业大学（北京）、北京科技大学及中南大学等相关科研单位保持着良好的合作关系。

（6）奉行长期承诺，信誉至上的理念。信誉是大型承包商实现合同采矿的重要前提，正如蒂斯承包商的阿隆比先生在第一届澳大利亚煤炭经营者大会上所说："要取得成功，客户和承包商必须懂得各方的业务，而且要相互信任。双方都要挣钱，只要有一方出错，合同就会失败。"

宏大爆破在业内拥有良好的口碑，想业主所想，急业主所急，以共享共赢的理念为业主创造更好的效益。

2.2 宏大爆破合同采矿工程实例

宏大爆破近几年在合同采矿领域也积极探索，在河南舞钢经山寺露天铁矿、广东大宝山硫铁矿、云浮硫铁矿及神华准能哈尔乌素露天煤矿等进行合同采矿并取得了优异的成绩，得到了业主单位的赞赏。未来，该公司还将与大唐集团、神华集团和太钢集团等进行更大范围、更深层次的合作，投资大设备，半连续系统等先进的采矿生产工艺。

作为一个爆破企业，宏大爆破拥有炸药生产许可能力9万吨/年，雷管8000万发/年。该公司拥有炸药混装车，可以大幅降低爆破成本，性能安全可靠，达到民爆一体化，为业主单位取得良好的经济效益。

2.2.1 广东云浮硫铁矿

广东云浮硫铁矿是国家"六五"计划重点建设项目之一，是我国最大的硫铁矿生产基地，素有"东方硫都"之美誉，如图1所示。

图1 云浮硫铁矿

2004年，宏大爆破与云浮硫铁矿业集团达成采矿及剥离工程总承包协议，采用灵活的合同采矿模式，矿山原有可用设备租给宏大爆破使用，按规定缴纳设备折旧费给矿山，矿山留用技术及工作人员，其工资、资金及福利均由宏大爆破负责支付。同时，宏大爆破投入新的钻机、挖机及运输车辆，以提升矿山能力。2005年，采剥总量创造了历史最高的全年总剥离量1200万吨，总采矿量320万吨的骄人成绩。通过科技创新和技术改造使矿石生产成本降低10%~20%，通过对生产管理机械进行了重组和改造，制定了一系列管理及激励制度，年平均劳动生产率提升20%。

2.2.2 河南舞钢经山寺铁矿

在河南舞钢经山寺露天铁矿（见图2），为了满足业主中加矿业对铁矿石的需求，宏大爆破通过实施高强度合同采矿。2007年12月至2008年4月，5个月共采出矿石550.87万吨；平均月采出矿石110.17万吨，月最高矿石量141万吨，是初步设计的2倍多，达到了高强度开采的要求，为合作双方取得了良好的经济效益。

图2 经山寺铁矿

经山寺露天铁矿按原设计要开采12年，现在强化开采后只需用5年半时间就可以完成矿山的全部开采计划，运营时间缩短，相应费用大减。

（1）边坡成本方面，由于矿山服务年限的缩短，边坡处理采用缓冲爆破代替原设计的预裂爆破可以满足矿山对边坡的要求，仅此一项节省费用800万元；

（2）排水成本方面，设备投资方面节省一半，而且强化开采后在时间上减少一半以上，排水费用只有原设计的1/4；

（3）其他方面，如道路维护费用，采场和排土场管理费用等都因为矿山服务年限缩短一半而减半或者更多。

鉴于宏大爆破在矿山开采中的优异表现，中加矿业决定将经山寺铁矿的西北扩帮以及南扩帮工程全部交由宏大爆破公司合同采矿开采。

2.2.3　广东大宝山金属矿地采转露采

广东省大宝山矿业有限公司于1975年正式投产，矿区为铁、铜、铅锌及硫等多金属矿区，目前矿山从地下开采转到露天开采。2009年，宏大爆破承接了大宝山矿业有限公司的年产330万吨铜硫原生矿露天采剥工程。

20世纪80年代，周边居民对井下铜硫铅锌资源进行了掠夺式开采，民窿多达112条，加上该矿的原地下开采留下的采空区给施工作业人员和设备带来严重的安全威胁。2004年曾经发生了3次大塌方，严重影响到矿区的安全生产。所以采空区的探测、监测及处理是确保该工程顺利安全施工的必要条件。此外，大宝山矿区（见图3）海拔高，全年有1/3时间笼罩在雾气和阴雨天气中，道路湿滑泥泞，部分采区出现积水、烂泥，严重影响了工程的正常进度。

图3　大宝山金属矿

面对出现的种种困难，宏大爆破项目部员工团结一致，群策群力，保证施工进度，确保安全生产。针对目前大宝山矿业有限公司矿山地下开采转露天开采过程中所遇到的开采方法和安全作业的技术问题，防止采空区坍塌造成伤亡事故的发生，项目部与矿里相关部门积极沟通，成立了采空办专门解决采空区的施工及安全问题的部门，并就天气影响所带来的道路及排土场问题，对采区的排水、道路排水与道路运输进行统一规划，修建排水系统，逐步改善采场的道路问题，以保证矿山生产任务的按期、按量完成。

2.2.4　哈尔乌素露天煤矿合同采矿

哈尔乌素露天煤矿是中国最大的露天煤矿之一，设计年产原煤2000万吨，隶属于中国神华集团。

2006年开始，宏大爆破参与了哈尔乌素露天煤矿的基本建设，以自己精湛爆破技术、一流的项目管理质量及优良的服务意识，赢得了业主好评。哈尔乌素露天煤矿参建单位多为中国特大型施工企业，虽然如此，在每年的施工形象评比中，宏大爆破在安全、质量、进度等指标均获第一名，一直担当各家参建施工单位的爆破总指挥，赢得了各家参建单位的尊重。哈尔乌素露天煤矿每年委托宏大爆破的剥离任务约1000万m^3，截至2009年底宏大爆破已经完成剥离总量约4000万m^3。

2009年，宏大爆破与神华准格尔能源集团结成战略联盟，投入近1.5亿元购置特大型先进的露天采矿设备（YZ-35C型牙轮钻2台、WK-10B型电铲3台，TR100型自卸汽车15辆），如图4所示，参与哈尔乌素露天煤矿的剥离和采煤工作，力争每年完成2000万m^3矿物开采。

图4 哈尔乌素露天矿使用的大型设备

宏大爆破承接的神华哈尔乌素露天煤矿2009~2010年东扩帮剥离工程，位于哈尔乌素露天煤矿首采区，剥离量近2000万 m^3，其中土方近680万 m^3，岩石近1300万 m^3，工期596天。工程工期短、石方开挖量大，排土场较远，平均日完成土石方量达4.6万 m^3，最高日产量6万 m^3。2010年，宏大爆破与业主方通力合作，年完成剥离量2000万 m^3。最大日产10余万方，平均日产达8万 m^3，创造了新的纪录。

2.2.5 太西民爆一体化项目

该项目位于宁夏石嘴山市，是宏大爆破民爆一体化服务的典型项目，从民爆产品的科研开发、原材料制备、生产、检测、配送和爆破服务等全寿命周期于一体的服务模式。从炸药服务到工程服务，宏大爆破为业主创造更高的经济效益和社会效益。

总之，目前中国的合同采矿正处于快速发展时期，机遇与挑战并存。"精细的矿山开采工程项目管理+精准的爆破技术+高效安全的现场炸药混装车与移动地面站技术"，宏大爆破将以个性化的合同采矿施工工艺引领矿山开采工程模式新时代，从安全、高效、成本、环保等方面实现客户价值的最大化，为业主提供专业化的一体化的采矿解决方案，以实现双赢的目标。

露天开采复杂采空区的危险性探测与分析

叶图强　陈晶晶　王　铁

（广东宏大爆破股份有限公司，广东 广州，510623）

摘　要：广东大宝山矿存在地下采空区，隐患较多，严重危及矿山安全生产。结合实际工程实例，提出了在采空区塌陷区内利用超前勘探孔并辅以三维激光探测仪进行安全探测，经过近一年的施工取得了一定的效果，对后续工程的顺利开展和类似工程借鉴意义。

关键词：采空区；勘探孔；三维激光扫描仪；安全分析

Risk Detecting and Analysis of Complex Gob in the Opencast Mining

Ye Tuqiang　Chen Jingjing　Wang Tie

（Guangdong Hongda Blasting Co., Ltd., Guangdong Guangzhou，510623）

Abstract：Many gobs in Dabaoshan Mine affected the safety in production. Put forward to detecting risk by exploratory hole and C－ALS in the opencast mining, achieved a good effect during a year by applying that, and provided experience for similar and subsequent projects.

Keywords：gob；exploratory hole；C-ALS；security analysis

自 20 世纪 80 年代以来，大宝山矿周边民采泛滥，几十年的民采形成了大量采空区。大宝山矿虽然从 1997 年就开始对采空区进行处理，但远远达不到采充平衡的要求，导致了 2004 年的 3 次大塌方。经过 2004~2006 年的集中整治，地下采空区重大安全隐患得到初步治理，井下生产也已全面停止。但是，原来已出现垮塌而没有全部充满的采空区、充填接顶不严的采空区、没有处理的采空区，以及 2004 年采空区调查时没有探明的民采采空区仍然存在。大宝山矿转为露天开采后，随着露天开采深度的下降，井下采空区对露天开采安全生产构成了极大的威胁，2008 年 10 月 8 日就发生一起施工车辆陷入采空区的车毁事故。目前，大宝山矿采用超前钻探孔和三维空区探测相结合的方法对采空区进行探测，取得了一定的成效。

1　露天开采复杂采空区的探测

1.1　大宝山矿采空区分布情况

大宝山矿由于采用空场法进行地下开采，特别是民采泛滥，在开采区段即 11~57 线沿走向 2000m 地段，形成了大量的采空区。最为密集的区段为 45~49 线及 25~29 线，且采空区面积较大，其中 21~49 线存在有相互贯穿的采空区群。在采空区的水平范围内，其密集程度随着采矿中段的作业程度呈增加趋势，从 470m 水平至 670m 水平均有采空区分布，特别是在该区段内有多个中段采空区相互贯通，构成了大跨度、大高度采空区，如图 1 所示。

1.2　采空区的探测方法

采用超前勘探和自动激光扫描系统相结合的方法进行采空区探测[1,2]。超前勘探能及时发现采空

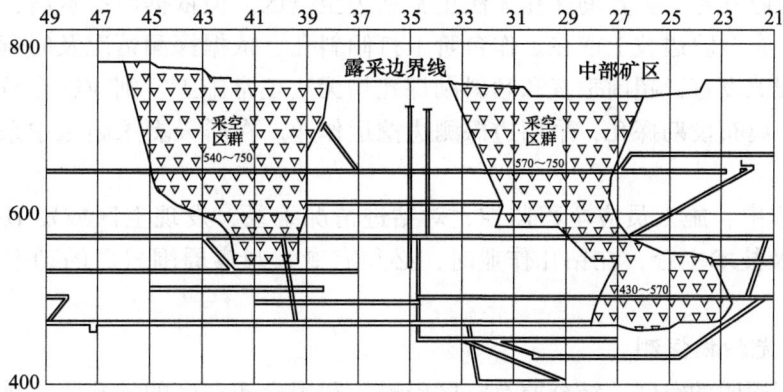

图1 大宝山矿采空区纵投影图

区的位置，但采空区的具体形状只有通过自动激光扫描系统才能确定[3]。大宝山矿采空区主要采用国际上先进的空区激光三维探测设备 C-ALS(空区自动激光扫描系统) 进行探测。采用 C-ALS 可以对下覆空区进行精确测量，一方面可以详细了解下覆空区以指导安全生产，另一方面可以为空区处理提供翔实的数据。

1.2.1 采空区钻探的原则

本着"有疑必探、先探后进"的原则，探明地下采空区情况，具体问题具体分析，确保爆破孔、装药、爆破、挖装、运输等环节的施工安全。

原则上要求勘探孔深度不小于一个台阶高度加上保安层厚度（根据本工程中的地质条件，勘探孔设计深度约为 19m)。由于采空区塌陷区范围内绝大部分岩层已破碎或是存在大量裂隙，所以在本工程中经常遇到打不到设计深度的情况。为了保证施工过程中的安全，在台阶推进过程中，根据挖机作业情况，在挖机前方每隔一定距离布设勘探孔，然后再用三维激光扫描系统探测采空区和塌陷区的具体形状[4,5]。

采空区钻孔勘探的依据为：(1) 原地下开采采空区的资料及物探探明的空区资料；(2) 原地下采空区治理图；(3) 铅锌矿、高品位铜矿富集区（因为无论民采还是大宝山矿开采，均是开采价值较高的矿体，部分民窿没有详细资料，民采过程中发现好的盲矿体，往往进行采掘留下空区)。

1.2.2 采空区钻孔勘探

本工程采用分体式阿特拉斯高风压潜孔钻机，钻进过程中遇裂隙或破碎带时采用黄泥护壁等措施进行处理。钻探的主要目的是保证运输道路的安全，保证作业平台的安全以及探明采空区的崩落处理情况。

(1) 钻孔位置的选择。由于采场经历了 3 次大的塌方，可以推断大部分采空区已经坍塌，因此在布设勘探孔时，应把着重点放在采空区中心和空区边缘地带，勘探孔设计孔深应根据采空区跨度来设计，孔位应由测量人员现场放样，本工程主要采用超前垂直孔勘探（见图2）和超前倾斜孔勘探（见图3）两种方法。

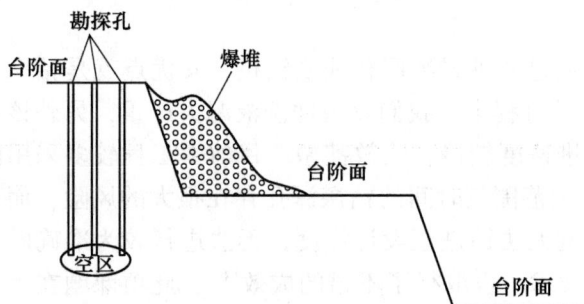

图2 超前垂直勘探孔

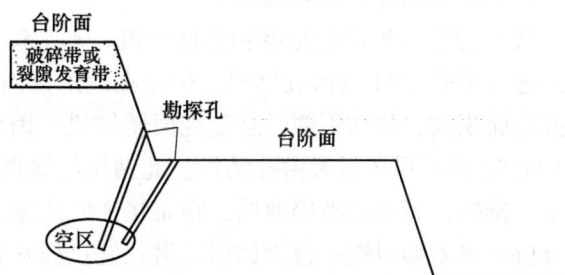

图3 超前倾斜勘探孔

(2) 钻孔的施工。首先，在存在采空区的工作平台的上一个台阶布设超前勘探孔（见图2），如果因上部虚碴过厚或裂隙发育，垂直勘探孔无法正常钻进至空区，但依据原有资料，下部确实存在多层空区，为确保安全，在台阶边坡上或在工作台阶上打倾斜孔，依据探测情况及时调整处理方案；若因地质条件差，岩层裂隙发育，超前垂直和倾斜勘探孔均无法正常施工，则应在台阶推进过程中，根据实际情况每隔一定距离布设勘探孔，采用边探测边挖运作业。在露天剥采施工中采用此法取得了一定成效。

采空区钻探过程中，施工员应全程监控，对钻进情况编录，发现空区或疑似空区，应实测空区深度后报现场主管及技术主管，在钻孔作业时，必须有专人观察周围岩层的动态，发现异常，立即撤离。

1.2.3　三维激光扫描探测

根据采空区钻探探明的空区，结合原有空区资料，利用穿透空区的钻孔将三维激光探测仪激光探头下放至空区，进行全方位扫描，由地表计算机记录探测数据，再由 Surpac 或 AutoCAD 软件根据采集的数据绘制空区三维空间图，然后由测量人员现场放样圈定，进一步核实的采空区范围，并在工作面上树立明显标志，禁止无关人员进入该区域。根据三维激光探测仪扫描结果，编写采空区崩落设计方案，进行采空区的处理。

该方法优点是施工简单，探测精度高，探测周期短，但是要求孔径不小于 90mm，孔壁稳定且孔内不能有大量水。另外，有时应根据需要随时补加钻孔，确保扫描工作无盲区。

2　采空区探测结果分析

2.1　采空区的判断方法

根据潜孔钻吹出的钻屑和钻孔过程情况，并结合已经收集的资料可推断采空区的情况。

（1）若取样分析钻探到铅锌矿、高品位铜矿，则很可能存在采空区。

（2）若钻孔过程中发现空洞，则有空区，可以根据钻孔深度判别保安层厚度。

（3）若在塌陷区钻探，岩石完整则可能存在整体移位的局部小采空区。

（4）若在塌陷区钻探，岩石松软则说明前期塌陷已经基本将原采空区填充满。

（5）当岩层未塌时，形成的采空区岩层透气性差，当发生坍塌并延伸至地表，由于采空区上部岩层的裂隙增加，微通道丰富，低温的差异，地下压力的差别，在对流作用下，在地表会冒明显的热气，则说明下部采空区已基本坍塌。

（6）一般情况下，钻探过程中岩性比较完整，且有一定的保安层厚度，能够保证作业平台的安全，顶板塌陷前有一定的征兆，如地表开裂等。

（7）一般情况下，钻探过程中岩性比较松软，如果继续塌陷，则地表出现局部沉降、滑落、滚石等现象。

2.2　采空区探测存在的问题

采空区探测存在的问题如下。

（1）急需一种能有足够钻力的钻机。本工程也采用过立轴式纯回转地质钻机，其优点就是钻探深度远远大于 CM351 型潜孔钻机。但是在塌陷区内施工的过程中，我们发现冲洗液漏失严重，另外该钻机占地面积大，移动不便，且是纯回转钻机，因此钻进速度较慢，收效甚微。目前本工程较多采用的是 CM351 型高风压露天潜孔钻机。此钻机的缺点就是大范围长时间的钻探深孔存在很大的风险，而且正循环排碴，若遇较破碎地层，很难将碴吹出来，也就无法钻进至设计深度，无法进行较为准确的安全分析。洛阳栾川钼矿曾尝试引入潜孔锤反循环钻进技术，也取得了不错的成效[6]，此项课题在大宝山矿还有待进一步研究。

（2）若空区内水较多，则下放的三维探测仪很难进行激光扫描，也就不能准确地圈定空区的形状，进而不能进行空区的安全分析。

3 结语

采空区塌陷会给矿山带来巨大的经济损失，因此，采空区范围内施工作业的安全问题是露天开采过程中剥采工作的重中之重。采空区安全生产问题并不可怕，但必须引起足够重视。顶板塌陷前有一定的征兆，如地表开裂、局部沉降、滑落、滚石等现象，所以在采空区塌陷区内施工，必须要坚持"有疑必探，先探后进"的原则，做好技术交底，坚持按章操作。

采用超前勘探和自动激光扫描系统相结合的方法对大宝山矿采空区进行了探测。探测结果表明，该方法能获得采空区的精确空间数据，对采空区探测具有较好的实用价值，对指导矿山安全生产具有现实意义。

参 考 文 献

[1] 彭欣，崔栋梁，李夕兵，等．特大采空区近区开采的稳定性分析 [J]．中国矿业，2007，16(4)：70-72.

[2] 李夕兵，李地元，赵国彦，等．金属矿地下采空区探测、处理与安全评价 [J]．采矿与安全工程学报，2006，23(1)：24-28.

[3] 过江，古德生，罗周全．金属矿山采空区3D激光探测新技术 [J]．矿冶工程，2006，26(5)：16-18.

[4] 庞曰宏，宫德玉，彭卫杰．采空区失稳分析及监控 [J]．化工矿物与加工，2009(10)：31-32.

[5] 郭广礼，何国清，崔曙光．部分开采老采空区覆岩稳定性分析 [J]．矿山压力与顶板管理，2003(3)：70-73.

[6] 李冬霜，王茂森，梁毅．洛阳栾川钼矿复杂地层钻进工艺研究与试验 [J]．探矿工程：岩土钻掘工程，2009(6)：10-12.

大宝山矿降低矿石贫化损失的对策

陈晶晶　　叶图强

（广东宏大爆破股份有限公司，广东 广州，510623）

摘　要：分析了大宝山矿开采过程中导致贫化损失的原因，结合采场实际情况提出了几种降低贫化损失的措施，经过近 2 年的工程实践，取得了较好的效果，降低了矿山生产成本，创造了较高的经济效益，为类似工程提供借鉴和参考。

关键词：露天采矿；降低贫化损失；对策

Countermeasures of Reducing Ore Dilution and Loss in Dabaoshan Mine

Chen Jingjing　　Ye Tuqiang

（Guangdong Hongda Blasting Co., Ltd., Guangdong Guangzhou，510623）

Abstract：The paper analyzes the cause of ore dilution and loss in the mining process of the Dabaoshan Mine，and puts forward several measures to reduce the dilution and loss based on the practical situation of the stope. After nearly 2 years' engineering practice，the project reduced the mine production cost，and created a higher economic benefit，which could provide a reference for similar projects.

Keywords：open-pit mining；reducing dilution loss；countermeasures

　　大宝山矿主要矿产为风化褐铁矿、海相火山喷发沉积型菱铁矿、斑岩型钼矿及铜、铅、锌等多金属矿。矿体的形态、产状因受大宝山向斜构造的影响，轴部厚大，两翼较薄，一般呈层状、似层状且随岩层褶皱起伏，局部呈不规则透镜状，除个别矿体较大，其余皆为小矿脉零星矿体。矿体走向北北西，倾角多数较缓，约为 25°。矿体的赋存状态决定了采矿的分采、剔除工作量很大。由于铜选厂生产受到铜原矿的制约，生产一直处于不饱和状态，为了确保矿业公司的正常生产经营，最大限度地回收矿产资源，较好地控制矿石贫化损失，从 2009 年底至今，摸索出一套用小型设备采小矿脉的采矿方法，并取得了不错的技术经济指标。

1　影响贫化损失的因素

　　影响矿石贫化损失的因素主要有以下几方面：（1）地质条件的复杂性造成矿体圈定不明确；（2）施工工艺，包括开采工艺及爆破施工的不当；（3）设备选型的不当和施工操作人员的失误；（4）约束管理机制薄弱[1]。

2　降低贫化损失的对策

2.1　加强地质勘探

　　通过提高勘探控制程度，弄清矿体赋存的规律及开采技术条件，有关矿体的形态、空间分布情况、储量及品位变化规律等，提高储量可靠程度，取得准确的地质资料，给现场及时指导。

2.2 合理选择施工机械

针对工程实际情况，选用机动灵活、移动方便的小型设备。如钻机选用阿特拉斯分体式高风压潜孔钻机，孔径 140mm 或 95mm，该钻机爬坡能力在 25°左右。用斗容 $1 \sim 1.2m^3$ 的小型挖机，斗容小，便于分选、分装作业，选用 20~25t 自卸汽车。

2.3 分段开采工艺

根据《采矿设计手册》，阶段高度 8~12m 的露天矿，其分采厚度应不小于 3~5m，如果矿体赋存在台阶顶部与底部，则分两层分采，如果存在台阶中部，则视矿体厚度决定是否回收，如果达到 3~5m，则必须将台阶分为 3 段自上而下回收[1]。

（1）矿石在上部，如图 1（a）所示。按矿体厚度钻孔爆破，用推土机和挖机把矿石推至下一台阶装运。上部保留临时斜坡道，钻机下到采矿之后的岩面再进行剥离。根据厚度选孔径、设计孔网，一个台阶分成两段爆破，但在同一水平装运。

（2）矿石在下部。先剥离后采矿，采矿工艺与矿石在上部相同。

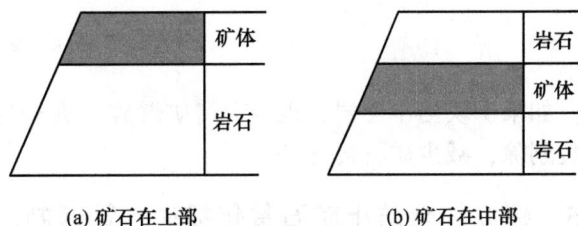

(a) 矿石在上部   (b) 矿石在中部

图 1　分段爆破原理图

（3）矿石在中部，如图 1（b）所示。分 3 段爆破，先爆破上部岩石，倒运到下部水平。中部矿体钻孔，待岩石清运完毕起爆，倒运到下部水平。下部岩石钻孔，待矿石清运完毕后起爆挖运。

（4）上、下都是矿石，中间夹一层岩石。分采方法同图 1（b），分 3 段爆破，同一水平挖运。

2.4 爆破施工工艺[2]

2.4.1 原位爆破技术

针对倾角较大矿体采用原位爆破技术，爆破后矿石和岩石依然各自成堆，边界在爆堆断面中清晰可见。通过调整爆、挖作业程序、改变起爆方式、变更起爆顺序、时差、改变孔径、单耗等实现原位爆破。简化了采矿爆破工艺，不用分采和剔除，在装运过程中用小挖机选装，将岩石与矿石分装分运。

2.4.1.1 压渣爆破技术

压渣爆破是为限制爆堆宽度而使用的爆破工艺，不清完台阶前的爆堆爆破。爆完之后，爆堆基本上是原地膨胀，便于矿石、岩石分装。具体做法是头排孔靠近石渣爆松面，要加大药量，比正常装药增加 10%~20%，如图 2 所示。

2.4.1.2 留脉爆破

留下矿脉及其分布范围部分矿岩，作为最后一段爆破，其四周先爆的爆堆围住矿脉，矿脉再爆时就不会散得很开，这样形成的爆堆方便分装，如图 3 所示。

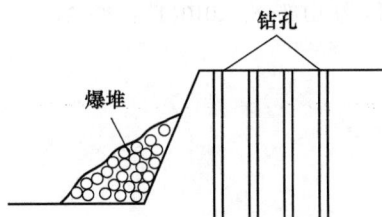

图 2　压渣爆破

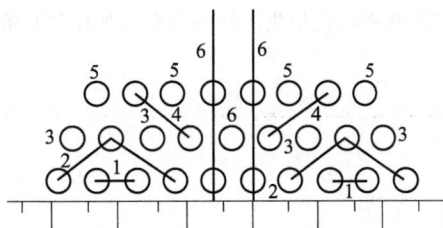

图 3　留脉爆破（数字表示起爆顺序）

2.4.2 大块采矿法

当矿脉复杂或矿脉较小时，可考虑大块采矿法，即将围岩破碎，矿石破成大块，挑出来进行二次破碎,以减少损失。此工序需进行二次破碎,但矿石价值较高,剥采比较大时,在经济上还是合算的。

(1) 矿段堵塞。围岩段装药,破碎岩石,矿石破成大块后再二次破碎,实现采矿,如图4所示。

(2) 矿段弱装药。围岩段常规装药,矿段弱装药,破碎岩石,矿石破成大块后再二次破碎。

(3) 矿段空气间隔。围岩段常规装药,矿段空气间隔,爆破岩石,矿石破成大块后再二次破碎。

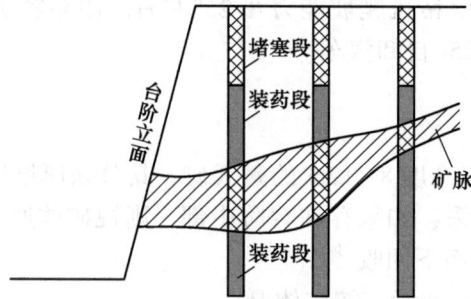

图4 矿段堵塞示意

如果矿块当中夹岩,也可以将矿爆碎,夹岩处堵塞(或弱装药、空气间隔),岩石出大块,便于分装剔除,减少矿石贫化[3]。

2.5 建立健全防止矿石贫化损失的管理制度

建立健全防止矿石贫化损失的管理制度需做到:

(1) 成立矿石贫化损失控制管理小组,制定有一定约束力的奖惩机制[4],责任到人,层层落实;

(2) 建立定期或不定期培训制度,提高现场管理人员及施工操作人员的技术水平和思想认识;

(3) 定期召开矿石贫化损失控制总结分析会,针对出现的问题制定相应的措施;

(4) 加强现场配矿工作,合理充分利用矿产资源。

3 结语

矿石的贫化损失指标是反映矿山企业管理水平和生产技术经济效果的重要指标。降低采矿贫化损失是矿山生产的中长期工作,是提高矿石质量和矿山经济效益的重要途径之一。经过近2年的摸索实践,大宝山露天采矿剥离工程在矿石贫化损失控制方面取得了不错的成绩,矿石贫化率控制在8%以内,损失率控制在5%以内,大幅度地降低了矿山企业的生产成本,尽可能多地回收矿山资源,提高了矿山经济效益。

参 考 文 献

[1] 刘荣泽. 试论我矿贫化损失的影响因素及其控制对策 [J]. 云南冶金,2001,30(6):10-12.

[2] 罗映南,刘荣春,邹凯. 紫金山金矿低品位资源的开发利用技术 [J]. 黄金科学技术,2003,11(3):29-31.

[3] 刘殿中. 工程爆破手册 [M]. 北京:冶金工业出版社,1999.

[4] 周斌. 试论我矿贫化损失的影响因素及其控制对策 [J]. 有色金属:矿山部分,2010(1):22-24.

支架钻在陡峭山体道路修筑及台阶开拓中的应用

刘春林　邢光武　陈　飞

（广东宏大爆破股份有限公司，广东 广州，510623）

摘　要：为克服在陡峭山体上高强度、大规模采石的难点，采用支架钻进行道路修筑及台阶开拓，实践表明，采用支架钻施工达到了工程要求。文中给出了工程中支架钻的爆破参数和施工组织模式。

关键词：支架钻；道路修筑；台阶开拓

Support Drilling in the Steep Mountain Road Construction and the Steps to Open up Application

Liu Chunlin　Xing Guangwu　Chen Fei

（Guangdong Hongda Blasting Co., Ltd., Guangdong Guangzhou，510623）

Abstract：This paper expounds on the steep mountain stent drill roads and steps in the construction of the successful experience of development, and the problems needing attention in the construction are summarized, for reference in similar engineering.

Keywords：stents drill；construction of roads；steps to exploit

1　工程概况

某爆破采石工程共可采石约 800 万 m³，采石区域为 2 个明显分离的小山，山顶标高分别为 116.6m 和 61.33m，最终平场高程平均为 8.5m。山体陡峭、狭长，山体表面凹凸不平，孤石较多，如图 1 所示。

图 1　山体远景照片

Fig. 1　The peak of the mountain

该工程工期为 14 个月，且要求开工 3 个月后要达到最高日产 30000m³ 合格石料。

由于爆破山体陡峭、狭长，山体表面凹凸不平，孤石较多，因此前期施工中潜孔钻机无法正常投入使用，导致施工道路修筑难度大，时间长，台阶开拓极其困难，无法实现大面积爆破及挖装；另一方面要求开工 3 个月后最高日产达到 30000m³ 的合格石料，而最高日产时现场需 25 台挖机正常挖装，按每台挖机最小工作线长度 50m 计算，需 1250m 挖装工作线。因此，在最短的时间内完成施工道路的修筑及 3 个月内完成 1250m 挖装工作线的开拓成了施工前期的难点。

2 施工技术

2.1 施工设备选型和爆破参数

为了满足施工进度的要求，必须尽快完成施工道路修筑及台阶的开拓，经过仔细分析研究，决定在施工前期采用支架钻进行修路、削顶及开拓台阶等爆破钻孔施工[1]。

本工程中选用的支架钻为 XQ100B 钻机，该钻机稳定性好，操作简单，最主要的是其定位方便、可靠，其主要技术参数见表 1。

表 1 XQ100B 钻机技术参数表
Table 1 The technical parameter of the XQ100B driller

钻机型号	XQ100B
岩石硬度	$f = 8 \sim 16$
使用气压/MPa	$0.5 \sim 0.7$
钻孔直径/mm	$90 \sim 100$
钻孔深度/m	50
耗气量/m³·min⁻¹	12
总质量/kg	260

整个采区共修筑了 3 条主施工道路，主施工道路总长约 1450m，同时施工，共投入了 6 台支架钻。

该工程中支架钻钻孔直径为 ϕ90mm，炸药采用 ϕ70mm 乳化炸药。由于道路修筑、削顶及台阶开拓均是为后续大面积爆破开采创造条件，且工程开工初期产量压力大，因此施工进度一定要快。根据现场岩石情况，此类爆破炸药单耗基本在 0.5kg/m³ 左右，以利于削顶及台阶开拓施工中爆破后的挖装[2-5]。

不同的孔深各项爆破参数[4-7]，见表 2。

表 2 不同孔深爆破参数表
Table 2 The parameter table of the different hole depth

孔深/m	堵塞长度/m	孔距 a/m	排距 b/m	备 注
4	2.0	3.5	2.3	孔浅，延米装药量按吊装计算
5	2.0	3.8	2.5	孔浅，延米装药量按吊装计算
6	2.0	3.9	2.6	底部直接装 2m，然后吊装 2m
7	2.0	4.1	2.7	底部直接装 3m，然后吊装 2m
8	2.5	4.1	2.7	底部直接装 3.5m，然后吊装 2m
9	2.5	4.2	2.7	底部直接装 4.5m，然后吊装 2m
10	2.5	4.2	2.8	底部直接装 5.5m，然后吊装 2m

注：超深按孔深 10% 计算。

2.2 施工过程的组织

2.2.1 道路修筑施工组织

本采石工程属于短工期、大规模、高强度的爆破采石工程，因此施工道路修筑的快慢及质量对整个工程的进度影响非常大。开工之初，项目部对开采山体原始地形进行了仔细测量，根据测量后生成的地形图并结合现场实际情况确定出最合理的道路路线，在选择道路路线时，除考虑道路能够满足整个山体的石料运输及修筑的道路路长最短外，还遵循了以下原则。

（1）道路路线尽量选择在山体坡度较缓或有天然冲沟的区域，从而可以减少修路施工中的爆破及回填工作量。

（2）修筑的道路确需经过坡度很陡的区域时，应考虑高处爆破后的石料与低处回填的石料量的平衡，从而达到施工进度最快及成本最低，如图2所示。

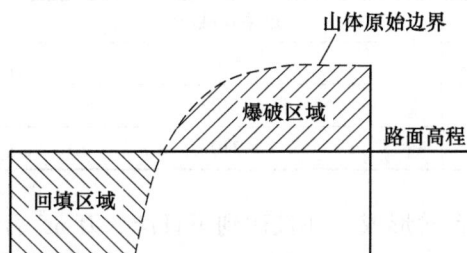

图2 陡峭山体道路修筑施工平面示意图
Fig. 2 The section plan of the steep mountain road construction

道路路线选好后，先用挖机将表土剥离干净，然后在需要进行爆破的区域用支架钻钻孔爆破，爆破完毕后再将爆破后的石料回填至路面回填区，在回填过程中，用15t压路机进行分层碾压，确保道路质量[5,6]。

2.2.2 台阶开拓施工组织

台阶开拓由路面向山体逐步延伸如图3所示，将开采山体分为3块，分别表示为Ⅰ、Ⅱ、Ⅲ。其中Ⅰ、Ⅱ两个区采用支架钻进行钻孔爆破，Ⅲ区采用潜孔钻进行钻孔爆破。施工时，先利用支架钻对Ⅰ区进行钻孔爆破，然后对爆破的石料进行挖运，在对Ⅰ区石料进行挖运的同时，支架钻在Ⅱ区进行钻孔爆破施工，受施工道路的影响，运输车辆往往无法到达Ⅱ区直接对Ⅱ区爆破后的石料进行挖运，需要用挖机将Ⅱ区的石料甩至Ⅰ区再进行挖运。为了保证爆破效果，Ⅱ区一次的爆破规模不能太大，同时为了确保Ⅱ区爆破后的石料能一次甩至Ⅰ区，降低施工成本，需特别注意Ⅱ区与Ⅲ区施工进度的平衡[7]。

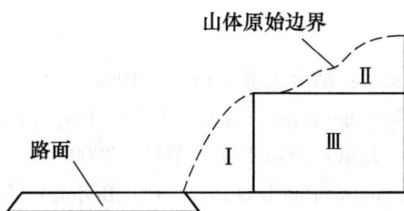

图3 陡峭山体台阶开拓施工平面示意图
Fig. 3 The section plan of the steep mountain bench construction

3 效果

在修路、削顶及台阶开拓施工中，通常采用潜孔钻机作为主要钻孔工具，而潜孔钻机在陡峭山体中进行施工作业时，主要以抬炮爆破为主，抬炮施工主要有以下3个弊端：

（1）钻孔速度慢，影响施工进度；

（2）炸药单耗高，炮孔利用率低，爆破后岩石块度大，导致二次破碎工作量大；

（3）安全性低。

而利用支架钻施工则克服了以上问题。由于支架钻定位方便、灵活，大部分施工工作面适合钻垂直孔，因此在进行修路、削顶及台阶开拓作业时，可以按正常台阶爆破进行布孔及施工。本工程前期在修路、削顶及开拓台阶施工中，通过6台支架钻的投入使用，无论在加快进度还是降低成本方面都起到了很大的作用。

3.1 进度方面

（1）在不到 2 个月的时间内，完成了 1450m 道路的爆破及修筑，各条施工道路长度及完成历时时间见表 3。

表 3 主施工道路施工时间表
Table 3 The length and the completion period of the main road

道路名称	道路长度/m	施工完成时间/d
1 号路	500	52
2 号路	740	59
3 号路	210	24

（2）开工 3 个月后，大部分台阶形成，并且达到了日产 3 万 m^3 合格石料的生产能力。

3.2 成本方面

支架钻一般钻的是垂直孔，炮孔利用率高、炸药单耗低，且爆破后岩石块度均匀，减少了二次破碎的工作量，从而大大节约了综合成本。

4 结语

本文结论如下。

（1）支架钻在陡峭山体道路修筑及台阶开拓中的应用是成功的，不仅加快了工程施工进度，而且降低了施工成本。

（2）在选择道路布置前，要充分考虑爆破区域与回填区域工程量的平衡关系，使修路施工中爆破与回填量均达到最小。

（3）台阶开拓时，要充分考虑削顶与台阶爆破的进度平衡关系，缩短平台开拓时间，降低成本。

参 考 文 献

[1] 刘殿中. 工程爆破实用手册 [M]. 北京：冶金工业出版社，1999.

Liu Dianzhong. A practical coursebook for engineering blasting [M]. Beijing：Metallurgical Industry Press，1999.

[2] 于亚伦. 工程爆破理论与技术 [M]. 北京：冶金工业出版社，2009.

Yu Yalun. The theory and technology of engineering blasting [M]. Beijing：Metallurgical Industry Press，2009.

[3] 张志毅，王中黔. 建设土建工程爆破工程师手册 [M]. 北京：人民交通出版社，2002.

Zhang Zhiyi, Wang Zhongqian. An engineering blasting engineer manual at civil works [M]. Beijing：China Communication Press，2002.

[4] 彭乐平. 露天矿高台阶深孔爆破施工改进实例 [J]. 爆破，2001，18(1)：89-91.

Peng Leping. Implementation of open-pit high-bench deephole blasting [J]. Blasting，2001，18(1)：89-91.

[5] 丁恩荣. 中深孔爆破在矿山削顶工程中的应用 [J]. 爆破，2002，19(1)：35-36.

Ding Enrong. Application of medium-length hole blasting in the project of mines marapitation [J]. Blasting，2002，19(1)：35-36.

[6] 邢光武，郑炳旭. 多种规格石料开采爆破工法 [J]. 爆破，2010，27(3)：36-40，57.

Xing Guangwu, Zheng Bingxu. Exploiting and blasting method of multiple dimension stone[J]. Blasting，2010，27(3)：36-40，57.

[7] 邢光武，郑炳旭. 国外热带沙漠环境中石方爆破工程特征与实践解析 [J]. 矿业研究与开发，2009，29(5)：93-96.

Xing Guangwu, Zheng Bingxu. Characteristics and practice of rock blasting project in tropical desert environment[J]. Mining Research and Development，2009，29(5)：93-96.

三维空区自动扫描系统在露天矿山中的应用

崔晓荣[1]　陆　华[2]　叶图强[1]　陈晶晶[1]

（1. 广东宏大爆破股份有限公司，广东 广州，510623；
2. 中国矿业大学（北京），北京，100083）

摘　要：以广东大宝山矿为例，在利用地质钻和潜孔钻对采空区进行钻探的基础上，通过在钻孔中下放三维激光扫描仪对空区进行扫描，获得矿山空区形状、方位、埋深等参数，为后续空区处理提供准确资料。实践证明，该方法无论对矿山现有规模的正常生产，还是对后续铜硫大开发项目的基建工程和正式运营均大有裨益，创造了巨大的社会经济效益。

关键词：露天多金属矿；危机矿山；采空区；空区自动扫描系统

Applications of 3D Auto-scanning Laser System in Mined-out Areas Detection in Open Pit Mine

Cui Xiaorong[1]　Lu Hua[2]　Ye Tuqiang[1]　Chen Jingjing[1]

（1. Guangdong Hongda Blasting Co., Ltd., Guangdong Guangzhou, 510623；
2. China University of Mining & Technology（Beijing），Beijing，100083）

Abstract：Based on drilling-survey of mined-out areas by geological dril and down-the-hole drill, cavity autoscanning laser system is used to scan the mined-out areas through penetrating holes. By the 3D auto-scanning laser system, the shape, location and depth of the mined-out areas all can be obtained accurately, and these parameters are helpful for subsequent treatment of mined-out areas. This technique is a great benefit to present ore-productionas well as the future high-strength exploitation of copper-ore and sulfur-ore, which helps Dabaoshan Mine to make great economic and social benefits.

Keywords：open multi-metal mine；crisis mine；mined-out area；cavity auto-scanning laser system

广东省大宝山矿为多金属矿山，按照其早期的规划，矿区铁、铜、铅锌、硫主要以大型露天的形式开采，露天开采结束后再转入井下开采[1-3]。20世纪80年代，周边民采对井下铜硫铅锌资源进行了掠夺式开采，其采出矿量远远超出大宝山矿井下采矿量。为了保护矿产资源，大宝山矿于1997年中止采场北部露天铜采区的作业，转入井下开采，形成南部露天铁矿采区与井下铜硫铅锌采区联合开采的格局。

无序的民采导致大宝山矿2004年发生3次大塌方，井下生产安全受到重大威胁。为此，大宝山矿区地下开采于2005年8月15日停产整顿，进行系列的采空区研究和治理。复工后，逼迫停止井下开采，进行单一的露天开采，但井下的民采仍然很猖獗。

目前，随着露天开采层面的下降，采空区的安全隐患越来越大，采空区施工安全意义重大，如：（1）采空区治理可以扭转目前采矿难以持续的局面，平稳向"330万t/a铜硫矿大开发项目"过渡并为之注入一定量的启动资金；（2）采空区施工安全是近40年采矿生命周期正常生产运营的保障，是国家环评、采矿证申请、上级部门投资和银行融资等工作的决策依据。

基金项目：广东省安全生产专项资金项目（2010—91）。

原载于《有色金属（矿山部分）》，2012，64（3）：7-10。

考虑到有色金属矿井下开采转露天开采进行矿产资源回收的历史不长，水文地质条件复杂，很多研究还不充分，现场总结的经验教训还不全面[3-6]，所以在工作过程中不断总结和完善，摸索出一套相对完善的采空区钻探与扫描的方法，并成功应用到大宝山危机矿山采矿施工中。

1　空区钻探设计的原则

要对采空区进行三维激光扫描分析，首先需要发现采空区。考虑到大宝山矿地质条件十分复杂，物探干扰多，故推荐采用直观明了、经济合理的钻探方法探测采空区[3,4]。

根据原地下开采采空区资料、物探探明空区资料、露天采场进度图及地质资料，在对不同开采阶段采空区与生产作业台阶相互关系进行综合分析的基础上，进行采空区探孔的设计、施工和总结分析，判别、探明工程地质情况，做到"有疑必探、先探后进"[7-10]。

经过经验总结，认为采空区钻探设计与施工的原则宜为：

（1）地质钻主要探测大空区和空区群，防止大塌方事故的发生；

（2）潜孔钻主要探测小空区、次生空区、盲空区等，防止采场局部塌陷引起人员伤亡事故的发生；

（3）地质钻探的采空区探孔亦可作为矿山地质生产勘探的组成部分，节约部分地质勘探成本，其地质分析结果可指导后续采矿配矿，赋存高品位铜矿、铅锌矿的位置也是农民盗采形成的盲空区的频发地带，提醒潜孔钻空区详勘时加密孔网；

（4）潜孔钻的采空区探孔与爆破炮孔同时安排，即选择合适位置的爆破炮孔加深到空区勘探深度，待装药爆破时再将空区勘探孔回填至爆破炮孔深度，既减少空区生产勘探成本，又可避免钻机频繁调动。

2　采空区三维探测扫描

2.1　仪器简要说明

C-ALS（Cavity Auto-scanning Laser System）是英国 MDL 公司生产的一套用于地下空区激光三维探测的先进设备。空区自动激光扫描系统是一个非常实用且坚固耐用的 3D 激光扫描系统，产品直径仅为50mm，可通过地面钻孔延伸至地下空间和洞穴中进行勘测（见图1），可测量空间的三维形状和表面反射率。空区自动激光扫描系统适应各种类型空区的探测，包括采石场、废弃矿区、放矿溜井、矿柱回收区域、充填区域、筒仓或矿仓、隧道等[11,12]。

图1　通过地表钻孔探测空区

Fig. 1　3D scanning of mined-out area through surface drilling

2.2　施工步骤

露天采场采剥作业施工过程中，无论地质钻深勘还是潜孔钻生产勘探发现的采空区，均可通过钻探采空区的穿孔（穿透采空区顶板的探孔，孔径一般需要大于90mm）进行采空区三维激光扫描，其主要步骤如下[11-14]。

（1）连接探头。将主电缆线连接探头的一端，从加长件的钻孔延伸杆连接头处穿入，从连接销端穿出，连接到探头上。

（2）连接加长件和C-ALS探头。将加长件连接到C-ALS探头上，具体操作为：对准两个连接销，加上覆盖部分，然后紧固两个黄铜紧固螺母（一个在加长件上，另一个在探头上），即可将加长件连接到C-ALS探头上（见图2）。

（3）连接地面装置。接下来将主电缆线的另一端连接到地面装置上。该地面装置的左侧有三个连接到所附电缆的端口，它们的用途分别为：直接连接到C-ALS探头的主数据传输和电源电缆，连接到运行C-ALS控制软件的笔记本电脑的以太网电缆（也可采用无线通信的方式）和用于内部电池充电或连接外部电源的电源连接。

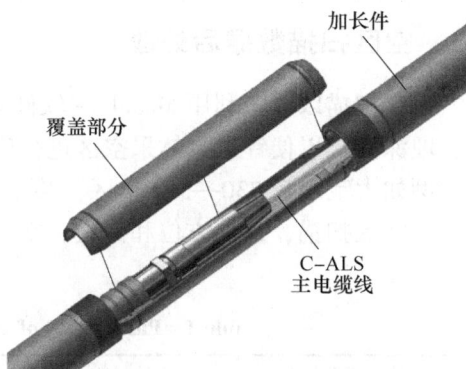

图2　C-ALS探头连接
Fig. 2　Connection of C-ALS detector

（4）向系统供电。完成上述1~3步后便可向系统供电，C-ALS可从地面装置的内部电池组、外部直流电源或交流电源获取电能。连接完系统元件后，打开地面装置的电源开关，探头就会通过旋转扫描头记录编码器零点标志的方式进行初始化。在这一开始阶段应确保探头的水平和垂直轴能够自由旋转，从而避免外界对扫描头的水平枢轴和垂直枢轴产生过大的张力而损坏仪器。

（5）配置钻孔跟踪杆。钻孔跟踪杆的间距为1m，装于相应的钻孔跟踪杆架中。玻璃纤维材料的钻孔跟踪杆的设计具有较好的灵活可动性，探杆之间的铰链保证探头不会从其原始位置发生横向扭曲，从而能够为系统提供精确、稳定的方位角。

（6）跟踪钻孔。用网线（黄色）将地面装置和笔记本电脑连在一起，一旦网络得到确认，即可启动C-ALS控制软件。钻孔跟踪时需要预先测量或者设定探孔孔位及三维扫描仪的方位角（用于采空区的定位）钻孔口坐标及探杆架方位角（Probe Azimuth）确定并输入以后，下放探头，如图3所示，同时可通过视频输出窗口查看探孔周边情况，如图4所示。

图3　下放探头就位
Fig. 3　Placement of C-ALS detector

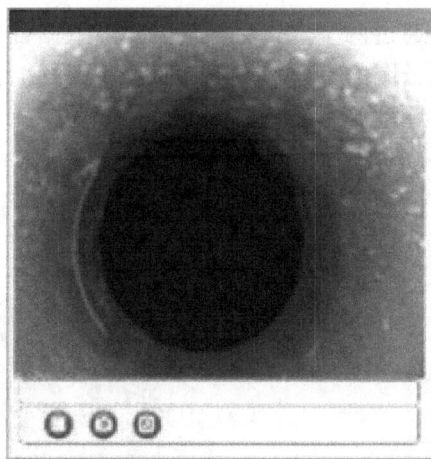

图4　视频输出窗口
Fig. 4　Window of video output

（7）扫描空区。钻孔跟踪，发现探头进入空区1~2m以后，固定好孔口的钻孔跟踪杆，防止空区扫描时错动和滑动，并可开始进行扫描设置和空区扫描。扫描类型包括仅水平切片扫描、水平扫描或垂直扫描，连续扫描行之间的增量可在增量数值中输入。

（8）回收仪器。扫描完成后，点击信息框上的"确定"按钮。数秒钟后，扫描头将返回到准备收回的停留位置。在状态栏显示探头扫描停止确认后才能关闭控制软件，收回探头。

3 空区扫描数据分析

3.1 空区扫描数据后处理

空区扫描以后，利用 Modelace 软件对扫描所得的激光点云数据进行处理，描绘出空区的形状、位置、埋深等，以便针对具体采空区进行崩落爆破处理的方案设计，排除隐患。

例如大宝山矿 730—3 号空区，共布置了 3 个钻探孔，其中有两个钻探孔钻到采空区，并通过透孔进行了空区扫描，透孔方位和深度、空区扫描方位角等参数见表 1。

表 1 两个透孔的参数

Table 1   Parameters of two detection holes penetrating into mined-out area

空区钻探透孔信息		X 坐标/m	Y 坐标/m	Z 坐标/m	探孔位置顶板厚度/m	空区扫描方位角/(°)
透孔 1	孔口	18274.961	71168.833	768.399	31.0	282.7
	杆尾	18274.547	71170.666	768.434		
透孔 2	孔口	18271.462	71169.602	768.523	31.5	280.3
	杆尾	18271.051	71171.861	768.378		

通过上述两个穿透采空区顶板的钻探孔，分别对该采空区进行了三维激光扫描，具体扫描信息见表 2。

表 2 730—3 号空区三维扫描信息

Table 2   3D scanning information of 730—3# mined-out area

透孔编号	面积/m²	体积/m³	孔口对应位置空区高度/m	备　　注
透孔 1	78	616	3.08	通过两个透孔获得的扫描数据基本一致，说明扫描获得的空区信息完整
透孔 2	78	600	2.80	
合成	79	620		

将通过两个透孔所获得的扫描数据合并，得到如图 5 所示的描述空区位置和形状的点云图，可以将该点云图的平面投影落到采场平面图上，也可切剖面看不同位置空区的剖面形状，反应空区高度和保安层厚度等参数。

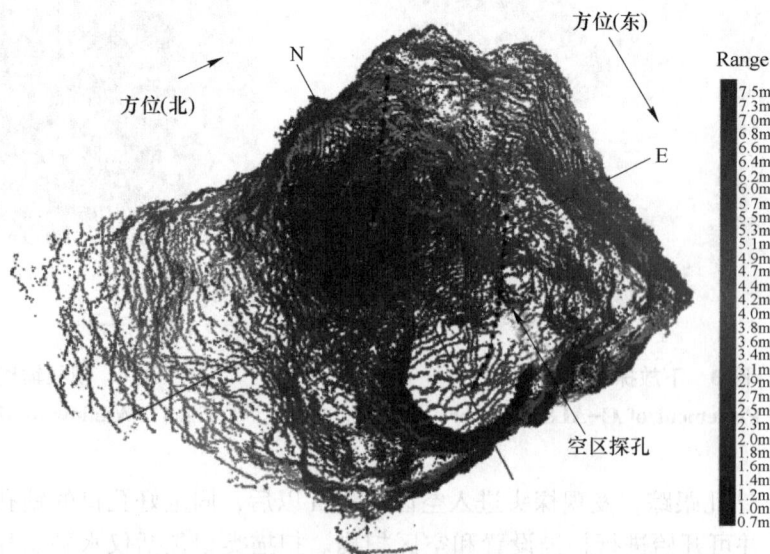

图 5 空区激光扫描点云图

Fig. 5 Point cloud of mined-out area laser scanning

3.2 空区探测扫描分析注意要点

空区探测扫描分析注意要点如下。

（1）如果采空区中存在积水，则扫描获得的采空区点云图的底部无数据，且数据遗失点形成一个闭合区域，往往在同一水平上开始遗失数据。

（2）如果扫描的点云图存在因矿柱遮挡或空区拐弯导致漏扫区域（非同一水平高度开始遗失数据），则无法一次扫描完整个空区，需要在漏扫位置再钻孔进一步扫描，直到空区扫描的点云图闭合。

（3）如果扫描空区的跨度特别大，可能导致超出量程或者空区远端的点云稀疏，需要多位置下放探头扫描，最后合成整体点云图。

4 结论

本文结论如下。

（1）采空区钻探，宜用地质钻深勘，主要探测大空区和空区群，防止大塌方事故的发生。用移动方便的潜孔钻进行空区的生产勘探，主要针对小空区、次生空区、盲空区等，防止采场局部塌陷。

（2）如果空区钻探孔探测到采空区，即空区钻探孔钻通采空区的顶板，在确保探测施工安全的情况下，推荐采用三维激光扫描仪对采空区进行三维扫描，获得精确描述空区位置和形状的点云图，为后续空区处理提供准确的资料。

（3）近两年在大宝山矿的安全施工表明，坚持"有疑必探、先探后进"的原则进行采空区钻探，对钻探到的采空区进行三维扫描，确定大小和方位后再处理，能够将采空区施工的安全隐患可控化。

参 考 文 献

[1] 长沙黑色冶金矿山设计院. 广东省大宝山铁矿扩大初步设计说明书 [R]. 1969.

[2] 长沙有色冶金设计研究院. 广东省大宝山矿北部铜硫矿体开发（中型规模）预可行性研究 [R]. 1993.

[3] 中南大学资源与环境工程学院. 广东省大宝山矿大型复杂塌陷与充填区域稳定性及近区开采安全性研究 [R]. 2006.

[4] 童立元, 刘松玉, 邱钰, 等. 高速公路下伏采空区问题国内外研究现状及进展 [J]. 岩石力学与工程学报, 2004, 23(7): 1198-1202.

[5] 宫凤强, 李夕兵, 董陇军, 等. 基于未确知测度理论的采空区危险性评价研究 [J]. 岩石力学与工程学报, 2008, 27(2): 323-330.

[6] 国家安全生产监督管理总局. 国家安全生产科技发展规划——非煤矿山领域研究报告（2004—2010）[R]. 北京: 国家安全生产监督管理总局, 国家煤矿安全监察局, 2003.

[7] 卢清国, 蔡美峰. 采空区下方厚矿体安全开采的研究与决策 [J]. 岩石力学与工程学报, 1999, 18(1): 87-92.

[8] 李俊平, 彭作为, 周创兵, 等. 木架山采空区处理方案研究 [J]. 岩石力学与工程学报, 2004, 23(22): 3884-3890.

[9] 乔春生, 田治友. 大团山矿床采空区处理方法 [J]. 中国有色金属学报, 1998, 8(4): 734-738.

[10] 赵文. 地下巨型采空区顶板岩石的破坏与冒落 [J]. 辽宁工程技术大学学报: 自然科学版, 2001, 12(4): 507-509.

[11] 中南大学资源与安全工程学院. 空区自动激光扫描系统（C-ALS）简介、注意事项及简明操作步骤 [R]. 长沙: 中南大学, 2009.

[12] 刘希灵. 基于激光三维探测的空区稳定性分析及安全预警的研究 [D]. 长沙: 中南大学, 2008.

[13] 过江, 古德生, 罗周全. 金属矿山采空区 3D 激光探测新技术 [J]. 矿冶工程, 2006, 26(5): 16-19.

[14] 刘敦文, 徐国元. 金属矿采空区探测新技术 [J]. 中国矿业, 2000, 9(4): 54-57.

爆堆级配预报设计及参数间的关系研究

王 铁

（广东宏大爆破股份有限介司，广东 广州，510623）

摘 要：工程场地平整回填石料块度和级配有明确的要求，块度粒径有 10cm、25cm、40cm、80cm 以下的等级，其中粒径 80cm 以下的级配要求爆破块度不均匀系数 C_u 大于 10，曲线系数 C_c 为 1~3。因此，爆破后的爆堆能否满足填料块度和级配要求是爆破设计的关键。

关键词：爆破；块度；级配；不均匀系数；曲线系数

Study on the Gradation Prediction Design of Blast Fragments and the Relationship Between the Parameters

Wang Tie

（Guangdong Hongda Blasting Co., Ltd., Guangdong Guangzhou，510623）

Abstract：There are clear requirements for the size and grade of backfill stones in site leveling, and they are size ≤ 10cm，≤25cm，≤40cm and ≤80cm，among which the grade of size ≤ 80cm requires $C_u > 10$，and $C_c = 1$ to 3. Therefore，whether the blast fragments can meet the requirements of size and grade is the key of blast design.

Keywords：blasting；particle size；gradation；non-uniformity coefficient C_u；coefficient of curvature C_c

1 爆堆块度的分布规律

爆破块度分布服从 Rosin-Rammler(R-R) 分布函数。R-R 分布函数由下式表达，它包含石料特征尺寸 x_0 和块度分布不均匀指数 n 这 2 个变量。

$$R = 1 - e^{-(x/x_0)^n}$$

爆破块度不均匀系数 C_u 和曲线系数 C_c 的值可用下式表示：

$$C_u = x_{60}/x_{10} \tag{1}$$

$$C_u = x_{30}^2/x_{60}x_{10} \tag{2}$$

式中，x_{60}，x_{30} 和 x_{10} 分别为筛下累计量为 60%，30% 和 10% 所对应的块度尺寸。当块度满足 R-R 分布时，式（1）和式（2）可改写为下式：

$$C_u = 8.697^{1/n} \tag{3}$$

$$C_c = 1.318^{1/n} \tag{4}$$

从上式可以看出，爆破块度不均匀系数 C_u 和曲线系数 C_c 的值大小取决于块度均匀系数指标 n 值，n 值决定曲线的形状，它通常由 0.8~2.2。高值表示块度均匀，低值表示块度不均匀，中间粒径料相对较少，大料和细粒料占的比例较大。如果要 C_u 值要大于 10，$C_c = 1~3$ 的话，相应的 n 值必须小于 0.939。当 n 值小于 0.8 时，二次破碎的工作量太大，因此要求 n 值大于 0.8。可见 n 值是取较小值，表示爆堆中石料粒径不要太均匀，要有一定的粒径级配比例，更有利于回填的密实度。而 n 值的大小取决于下式：

$$n = \left(2.2 - 14\frac{W}{\phi}\right)\left(1 - \frac{\Delta W}{W}\right)\left(1 + \frac{A-1}{2}\right)\frac{L_0}{H} \tag{5}$$

从式（5）可以看出：

（1）W/ϕ 越大，n 值越小，在孔径 ϕ 已定时，抵抗线越大，则 W/ϕ 越大，（$2.2-14W/\phi$）越小，n 值越小；

（2）A 越小，n 值越小，按符号定义，$A=a/b$，$1+\dfrac{A-1}{2}$ 称为布孔参数，当 $a=b$ 时（方形布孔），$A=1$，n 值较小；

（3）L/H 越小则 n 值越小，L/H 越小，表示堵塞段长度在台阶全高中所占的比例越大，因此加大堵塞长度或分段间隔装药，可取得 n 的较小值。

综上所述，要使 n 值小于 0.939 必须从三方面入手：第一，加大抵抗线；第二，方形布孔；第三，孔内分段间隔装药。

2　爆破设计

根据上述原则，我们对粒径 80cm 以下的级配要求爆破块度不均匀系数 C_u 大于 10，曲线系数 C_c 为 1~3 的爆破参数设计和验算；对粒径 10cm、25cm、40cm 以下的等级的回填料采用单一的爆破方法难以达到要求，合格的回填料要借助于机械破碎方法来处理。

本设计选用潜孔钻机，ϕ140mm 孔径钻孔，装铵油炸药，用 ϕ100mm 乳化炸药卷作起爆药。

2.1　爆破参数确定

2.1.1　基本条件

台阶高 15.0m，孔径 $\phi=140$mm，垂直孔，岩石为坚硬鞍山岩，$f=9\sim16$，炸药铵油炸药。

2.1.2　钻孔参数

钻孔参数见表 1。

表 1　爆破参数

参数名称	取值	装药结构示意
梯段高度 h/m	15.0	
孔距 a/m	4.0	
排距 b/m	4.0	
抵抗线 w/m	4.0	
钻孔倾角 α/(°)	90	
钻孔超深（Δh）/m	1.5	
孔深 L/m	16.5	
孔径 D/mm	140	
延米装药量 q_1/kg·m^{-1}	14	
底部装药长度 h_3/m	5.98	
底部装药量 Q_2/kg	83.73	
中部堵塞长度 h_2/m	3.0	
上部装药长度 h_1/m	3.52	
上部装药量 Q_1/kg	49.28	
孔口堵塞长度 h_0/m	4.0	
单孔装药量 Q/kg	133.0	
炸药单耗 q_d/kg·m^{-3}	0.55	

（1）允许抵抗线最大值计算。线装药密度：取铵油炸药密度 $\Delta = 0.9 g/cm^3$，每米装药量 $q = 14 kg$，按如下经验公式计算：

$$W_m = K_0 q \sqrt{K_1 K_2} \tag{6}$$

式中，q 为线装药密度，铵油炸药延米装药量 $q = 14 kg/m$；K_0 为炸药系数，$K_0 = 1.36$；K_1 为夹制系数，对垂直孔 $K_1 = 1.00$；K_2 为岩石可爆性系数，对难爆岩石取 $K_2 = 0.90$。代入公式：$W_m = 1.36 \times 14 \times \sqrt{1.00 \times 0.90} = 4.6 m$。

（2）超钻。根据经验孔深 15m 时

$$\Delta h = 1.5 m$$

（3）钻孔长度：

$$L = 15 + 1.5 = 16.5 m$$

（4）钻孔偏差：钻孔孔底偏差 E 要求控制在炮孔孔口孔径内，垂直偏差不大于 3%。

$$E = 0.14 + 0.03 \times 16.5 = 0.64 m$$

（5）设计抵抗线：

$$W = W_m - E = 4.6 - 0.64 = 4.0 m$$

排距 $b = W = 4.0 m$。

（6）孔间距 a：为了得到较小的 n 值采用方形布孔

$$a = b = 4.0 m$$

（7）堵塞长度：

$$h_0 = W = 4.0 m$$

（8）延米爆破量：

$$V_1 = \frac{abH}{L} = 14.5 m^3/m$$

2.1.3 装药量和装药结构

为得到爆破块度小于 80cm，不均匀系数 C_u 大于 10，曲线系数 C_c 为 1~3 值，相应的 n 值必须小于 0.939，必须加大堵塞长度或分段装药，为此采用孔内分段装药结构。

（1）底部装药：

1）底部装药高度 h_3：

$$h_3 = 1.3 W_m = 1.3 \times 4.6 = 5.98 m$$

2）底部装药密度 q_2：

根据施工经验，一般取 $q_2 = q = 14 kg/m$。

3）底部装药量 Q_2：

$$Q_2 = q_2 h_3 = 14 \times 5.98 = 83.72 kg$$

（2）中间堵塞段长度 h_2：

$$h_2 = 3.0 m$$

（3）孔口堵塞段长度 h_0 按经验公式计算：

$$h_0 = W = 4.0 m$$

（4）上部装药：

1）上部装药长度 h_1：

$$h_1 = L - h_3 - h_2 - h_0 = 16.5 - 5.98 - 3 - 4.0 = 3.52 m$$

2）上部装药密度 q_1：

$$q_1 = 14 kg/m$$

3）上部装药量 Q_1：

$$Q_1 = q_1 \cdot h_1 = 14.0 \times 3.52 = 49.28 kg$$

（5）单孔装药量 Q：

$$Q = Q_1 + Q_2 = 83.72 + 49.28 = 133.0 kg$$

（6）平均单耗 q_d：

$$q_d = Q/v = 133.0/(4.0 \times 4.0 \times 15) = 0.55 \text{kg/m}^3$$

（7）爆破参数表见表1。

2.2 爆堆粒径评价

爆破施工得到的碎石，由于不同粒径、不同形状的块石和粉粒组成，其孔隙率大，排列状况复杂。爆破碎石石料的特征，对填筑方案的设计、填筑体的稳定性等都具有重大意义。

通过现场所作爆破后爆堆块石的级配试验结果表明，按上述设计的爆破参数爆破后其爆堆的岩石块度级配是可满足填石料级配的要求。这结果也可以从理论上验算上述爆破参数是否合理的。下面就上述台阶的设计参数进行计算爆破块度不均匀系数 C_u 和曲线系数 C_c 的值。

Kuznetsov 提出了表达爆破平均块度 X 与爆破能量和岩石特性的经验方程：

$$X = A_0(q)^{-0.8} Q^{1/6} (115/E)^{19/30} \tag{7}$$

$$n = \left(2.2 - 14\frac{W}{\phi}\right)\left(1 - \frac{\Delta W}{W}\right)\left(1 + \frac{A-1}{2}\right)\frac{L_0}{H} \tag{8}$$

式中，W 为最小抵抗线，m；ϕ 为钻孔直径，ΔW 为最小抵抗线精度，m；A 为炮孔密集系数；L_0 为台阶底板高程以上的药包长度，m；H 为台阶高度；A_0 为岩石系数，它的取值大小与岩石的节理裂隙发育程度有关，是现场实验得到的数据，一般取法：中等岩石为7，裂隙发育的硬岩取10，裂隙不太明显的硬岩取13；q 为炸药单耗，kg/m³，Q 为单孔装药量，kg；E 为炸药相对于 TNT 炸药的相对重量威力，TNT 炸药为115 2 号岩石炸药为100。

（1）求平均块度：

$$X = A_0(q)^{-0.8} Q^{1/6} (115/E)^{19/30} \tag{9}$$

式中，A_0 为岩石系数，中等岩石为7；q 为炸药单耗，kg/m³，15 台阶设计单耗为0.55；Q 为单孔装药量，kg，取133；E 为炸药相对于 TNT 炸药的相对重量威力，TNT 炸药为115 2 号岩石炸药为100，取100。

代入式（9）得

$$X = 7(0.55)^{-0.8} 133^{1/6} (115/100)^{19/30}$$

$$X = X_{50} = 27.88 \text{cm}$$

（2）求均匀系数 n：

$$n = \left(2.2 - 14\frac{W}{\phi}\right)\left(1 - \frac{\Delta W}{W}\right)\left(1 + \frac{A-1}{2}\right)\frac{L_0}{H} \tag{10}$$

将 $w = 4.0\text{m}$，$\phi = 140\text{mm}$，$\Delta W = 15 \times 3\% = 0.45\text{m}$，$A = a/b = 1$，$H = 15\text{m}$，$L_0 = 16.5\text{m} - 1.5 - 4.0 - 3.0 = 8.0\text{m}$。

代入式（10）得：

$$n = \left(2.2 - 14\frac{4.0}{140}\right)\left(1 - \frac{0.45}{4.0}\right)\left(1 + \frac{1-1}{2}\right)\frac{8}{15}$$

$$n = 0.85$$

（3）求特尺寸 X_e：

$$X_e = \frac{X}{(0.693)^{\frac{1}{n}}} \tag{11}$$

将 $\bar{x} = x_{50} = 27.88\text{cm}$，$n = 0.85$ 代入式（11）求得

$$X_e = 42.892\text{cm} = 428.92\text{mm}$$

将数值代入得出 R-R 分布函数：

$$R = 1 - e^{-(x/428.92)^{0.85}}$$

通过计算得出：按爆破设计参数爆破作业后爆堆岩石块度级配曲线值见表2及图1。从图表中可以看出：不均匀系数 C_u 为12.84，曲率系数 C_c 为1.38，符合不均匀系数 C_u 大于10，曲率系数 C_c 为1~3 的块度要求，表明上述爆破参数设计是合理的，能满足回填料块度的要求。

表2　设计爆破参数爆破后爆堆岩块粒径分布

级配名称	各个粒径组的含量百分数/%										d_{60}	d_{50}	d_{30}	d_{10}	C_u	C_c
	5mm	10mm	20mm	40mm	60mm	100mm	200mm	400mm	600mm	800mm						
	0~5	5~10	10~20	20~40	40~60	60~100	100~200	200~400	400~600	600~800						
小于某一粒径的块石百分比/%	0.99	1.96	3.89	7.62	11.21	17.98	32.72	54.74	69.55	79.51						
设计爆破参数级配	0.99	0.98	1.92	3.73	3.59	6.77	14.75	22.01	14.81	9.96	387	278	127	30	12.84	1.38

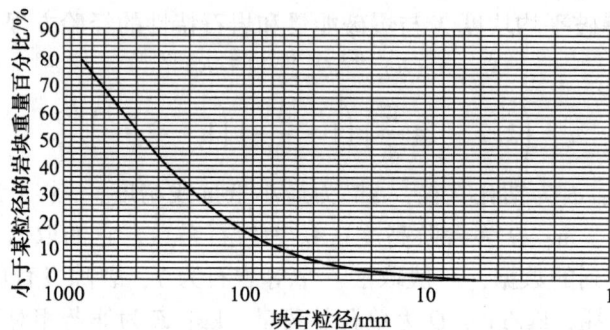

图1　设计爆破参数爆堆岩块粒度大小分布曲线

3　Kuz-Ram 模型分析各主要参数间的关系

当允许的大块率为3%时，x_{97} 可由下式表达：

$$x_{97} = 2.426^{\frac{1}{n}} \bar{x} \tag{12}$$

合格的级配料要求 x_{97} 在允许的范围之内。

3.1　x_{97}，C_u，C_c 值与孔网参数间的关系

假定炸药单耗 q、台阶高度 H、装药长度 L、钻孔直径 d 和钻孔精度 e 不变。

（1）每米钻孔进尺爆破方量不变。当抵抗线 W 增大时。炮孔密集系数 A 将降低，随即 n 值将降低，所以 C_u 值将增大。当孔距增大时，炮孔密集系数 A 值将增加，同样得 n 值将增加，C_u 值将降低。当 m 值增大到一定程度时将导致 C_u 值小于10，使得爆破开采获得的级配料不能满足要求，因此盲目地追求宽孔距爆破不利于开采合格级配料。每米钻孔进尺爆破方量不变时，$\bar{x}$ 不变，n 值降低将使 x_{97} 增加，因此不可盲目地追求大的 C_u 值。一般 C_u 值小于50，即 n 值在 0.553~0.939，对于开采合格的级配料有利。

（2）每米钻孔进尺爆破方量改变。增加每米钻孔进尺的爆破方量，将使单孔装药量增加，从式（12）可知 $\bar{x}$ 将增加，过大的每米钻孔爆破方量，将使爆破块度过大。

3.2　x_{97}，C_u，C_c 值与炸药单耗 q 的关系

其他参数不变，炸药单耗 q 的变化对块度均匀性指标基本没有影响，也即对 C_u，C_c 值没有影响。当炸药单耗 q 降低时，将使 $\bar{x}$ 增加，过低的炸药单耗将使爆破块度过大，使开采权料不合格。

3.3　x_{97}，C_u，C_c 值与台阶高度 H 的关系

假定炸药单耗 q、孔网参数、钻孔精度 e 和炮孔直径 d 不变。如果不改变炸药直径，台阶高度 H 增加，将使单孔装药量增加，装药长度 L 同样增加；由于堵塞长度不变，间隔长度有所增加，L/H 是稍

微减少的,也即 n 值有所减小,而 C_u,C_c 值将有所增加。

总的来说台阶高度主要由钻机生产效率及施工场地布置和挖装设备安全因素来决定,只要是深孔梯度爆破,台阶高度的变化对级配料的块度影响不大。

3.4 x_{97},C_u,C_c 值与装药长度 L 的关系

假定台阶高度 H、炸药单耗 q、孔网参数、钻孔精度 e 和炮孔直径 d 不变。

改变炸药直径使得装药长度 L 增加时,将使 n 值增大,C_u,C_c 值将降低,有可能使得开采料不合格。大量的工程实例证明,采用间隔装药,有利于开采合格级配料,目前大多采用中间间隔 $2\sim3.0\mathrm{m}$(台阶高度为 15m 左右时)。

3.5 x_{97},C_u,C_c 值与炮孔直径 d 的关系

假定台阶高度 H、装药长度 L、钻孔精度 e 不变。当炮孔直径 d 增大时,必定使得每米钻孔进尺的爆破方量增加,最小抵抗线 W 也将增加,但可通过合理调整孔网参数使得 n 值基本不变,所以 d 的变化对 C_u,C_c 值的影响可以不考虑。但炮孔直径 d 的增加将使单孔装药量增加,使得 $\bar{x}$ 增加,当炮孔直径 d 太大时,对控制爆破块度不利。一般来说,采用硐室爆破开采主堆石料和过渡料时,合格率较低。因此,盲目地采用大孔径爆破是不可行的。

3.6 x_{97},C_u,C_c 值与钻孔精度 e

假定其他任何参数不变,当钻孔误差 e 增大时,从上式可知将使 n 值降低,虽然有利于 C_u,C_c 值的提高,但不利于块度的控制,因此进入正常施工,要求钻孔精度变化不大。

4 结论

利用现场试验资料对 Kuz-Ram 块度预报模型进行修正后,该模型可用于堆石坝级配料的块度预报。

利用 Kuz-Ram 模型,分析爆破参数的变化对级配料的影响后可提出以下看法。

(1)盲目地追求宽孔距爆破,不利于获得合格的级配料,合理的密集系数 m 为 $1\sim2$。

(2)为获得合格的级配料,主要通过调整孔网参数及装药结构,当 C_u 值小于 10 时,可通过采用增大最小抵抗线 W,采用间隔装药(减少装药长度),减小密集系数 m 等措施,以增加 C_u 值。

(3)以台阶高度 H 及炮孔直径 d 的大小对开采爆破级配料的影响不大,主要取决于现场施工设备的生产效率。此外,d 的大小还受开挖规范的制约,不可盲目追求大孔径。

(4)为稳定开采料的质量,必须确保钻孔精度。

(5)每米炮孔爆破方量及炸药单耗受开采料规格限制;当块度偏大时,可采用提高炸药单耗 q 以及减少每米钻孔爆破方量来降低块度。

参 考 文 献

[1] 郑炳旭,王永庆,李萍丰. 建设工程台阶爆破 [M]. 北京:冶金工业出版,2005.

[2] 刘殿中. 工程爆破实用手册 [M]. 北京:冶金工业出版社,1999.

经山寺露天矿爆破质量分析及改进措施

王　铁　王佩佩

（广东宏大爆破股份有限公司，广东　广州，510623）

摘　要：通过大量的日常统计数据，综合分析了经山寺露天铁矿爆破后产生大块和根底的位置及其主要原因，提出了采用隔孔孔间微差爆破等技术，合理选择爆破孔网参数、使应力波产生迭加作用，提高了炮孔的密集系数，增加了自由面，同时使岩块在爆破过程中产生相互碰撞，降低了大块率，且由于毫秒爆破明显地减少了单响药量，在时间上和空间分布上都减少了爆破振动的有害作用。使露天矿中深孔台阶爆破质量得到了很大的提高。

关键词：孔网参数；大块；根底；隔孔孔间微差爆破

Blast Quality Analysis and Improvement Measures of Jingshansi Open-pit Mine

Wang Tie　Wang Peipei

（Guangdong Hongda Blasting Co., Ltd., Guangdong Guangzhou，510623）

Abstract：Based on the mass daily statistics, the paper summarizes the locations of big lumps and bootlegs after blasting in the Jingshansi open-pit mine, and comprehensively analyzes the main causes. It proposes to use the millisecond delay blasting technology between every other borehole with optimized blasting pattern parameters to realize stress wave superposition. The technology improves the intensive coefficient of boreholes, creates more free faces, and makes the rocks collide with each other in the blasting process to reduce the bulk rate. It reduces the single charge so as to reduce the harmful effects of blasting vibration in both spatial and spatial distribution. It greatly improved the blasting quality of deep hole bench blasting in the open-pit mine.

Keywords：blasting pattern parameters; big lump; bootleg; millisecond delay blasting between every other borehole

随着开采水平的不断下降，经山寺铁矿地下水不断增多、工作面设备相对集中，爆破施工中的大块率较高，产生根底，铲装效率低，爆破质量较差，一定程度上影响了施工进度，同时，大块对铲装设备及人员的安全也构成潜在的威胁。因此，提高经山寺铁矿的爆破质量对矿山生产和矿山安全具有重要意义。

1　产生大块和根底的位置及原因

1.1　产生位置

根据爆破理论和对经山寺铁矿现场实际情况及爆破后爆堆的观察发现，大块主要产生在台阶上部的临空面和孔口位置、台阶坡面、同一爆区软硬岩的分界处、孔网参数过大的中心部位、抵抗线过大的台阶根部、爆区的后部边界、装药堵塞部位；根底主要出现在抵抗线过大的台阶根部、孔网参数过大的台阶根部、超深不足的岩石底部和发生盲炮的位置。

原载于《中国采选技术十年回顾与展望》，2012：466-467。

1.2　原因分析

原因分析如下。[1]

（1）同一爆区不同钻孔超深变化大。如果超深过大，导致药柱重心下降，台阶上部岩石易产生过多大块；如果超深过小，台阶底部岩石受炸药冲击作用减小，易产生根底。

（2）孔网参数过大。孔网参数过大的爆区，由于中心部位受炸药爆炸时的冲击作用较小，因此易产生大块，在情况严重时还可能产生根底。

（3）岩石可爆性差异。在同一爆区可能存在2种或2种以上的矿岩且交互出现，可爆性差异较大。在保持孔网参数不变时，会有一部分炮孔布置在矿岩交界处，而交界处的炮孔由于抵抗线不均匀的原因导致改变了原设计的爆破作用方向，使得设计方向的爆破作用不够充分，就会产生大块和根底。

（4）底盘抵抗线过大。在露天矿爆破生产中，前排孔抵抗线过大是造成根底的主要原因。由于台阶坡面的凹凸不平以及考虑安全因素等原因，常会出现前排孔抵抗线过大，导致台阶根部在爆破漏斗之外，受不到炸药能量的作用而产生根底。

（5）装药结构。装药高度过小，往往导致台阶上部受炸药能量作用不充分而产生大块。

（6）炮孔超深。超深过小，台阶下不易产生根底；超深过大，浪费钻孔和炸药，还会在台阶上部产生大块，并且会破坏下一台阶面的整体性。

2　技术措施

2.1　爆破参数[2]

根据经山寺铁矿开采条件和环境，结合原勘察设计中的地质条件和水文条件，爆破参数选取如下。

（1）台阶高度。台阶高度 $H=10\text{m}$，炮孔倾角 $\beta=90°$，边坡孔倾角 $\gamma=70°$。

（2）最小抵抗线。根据相关理论并结合实际经验，在钻机安全作业范围内，同时有利于后排孔推动，最小抵抗线取按照下述公式计算：

$$W_d = H\cot\alpha + e \tag{1}$$

式中，H 为台阶高度；α 为台阶坡面角；e 为钻机作业与崖边安全距离，根据公式（1）我们得到的最小抵抗线为3m。

（3）孔距和排距。根据实践经验，孔距 $a=5.0\sim5.5\text{m}$；排距 $b=3.0\sim3.5\text{m}$。

（4）钻孔超深：

$$h = (0.15 \sim 0.35)W \tag{2}$$

根据矿山爆破实践经验，取 $h=2\text{m}$。

（5）钻孔深度。钻孔深度 $L=H+h$，在现场实际中，有时台阶高度不完全在同一高度，采用全站仪确定具体孔深。

（6）填塞高度。合理的填塞高度可以防止爆炸生成的气体从炮孔口冲击，引起能量的损失和产生飞石。为减少表面大块，堵塞长度 h_0 一般取 $2.8\sim3.0\text{m}$。

2.2　隔孔孔间微差爆破

此时每个孔均与周围的孔有时间空差，并且在爆破时比其他毫秒延时方法多一个自由面，爆破块度比较均匀，减小了地震和冲击波，还可以增大炮孔密集参数，爆破量同时也降低了炸药单耗[3]。

先爆的炮孔产生的压缩应力波，使自由面方向及孔与孔之间的岩石强烈变形和移动，随着裂隙的产生和爆炸气体的扩散，孔内空腔压力下降，作用力减弱。此时相邻药包起爆，后爆药包是在相邻先爆药包的压力尚未完全消失时起爆的，2组深孔的爆炸应力波相互迭加，加强了爆炸应力场的作功功能。

先爆的深孔刚好形成了爆破漏斗，新形成的爆破漏斗侧边以及漏斗体外的细微裂隙对后爆的炮孔，相当于新增加的自由面。当第一响炮孔起爆后，破碎岩块尚未回落到地表时，相邻第二响，第三响炮孔已经起爆，岩块在空中相遇，产生了补充破碎作用。且由于毫秒爆破明显地减少了单响药量，在时间上和空间分布上都减少了爆破振动的有害作用。

（1）密集系数。图1为正方形布孔，从图中可以看出，密集系数 $m = AB/CD = 2$。图2为隔孔孔间微差爆破，从图2中计算出的密集系数 $m = AB/CD = 5$。由上述计算结果可知，隔孔孔间微差爆破比其他毫秒延时爆破的密集系数大，而密集系数增大，爆破效果得到改善。

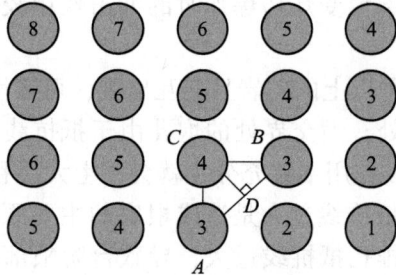

图1　孔间微差爆破　　　　　　　　　图2　隔孔孔间微差爆破

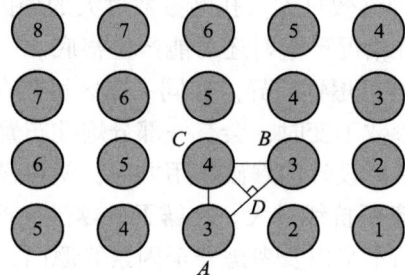

（2）自由面。采用隔孔孔间微差爆破比利用孔间微差爆破多一个自由面。如图3所示，图中1，2，3，4，5，6，7为毫秒延时爆破顺序号；①，②，③，④，⑤，⑥，⑦，⑧，⑨为隔孔孔间微差爆破顺序号。在孔间微差爆破时的起爆顺序为5，它的自由面有⑤4～③3，③3～④4和上面，共3个面；在隔孔孔间微差爆破时，它的起爆顺序为6，自由面有⑤4～③3，③3～④4，④4～⑤5和上面，总共4个。

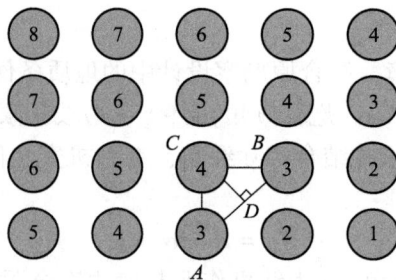

图3　孔间微差爆破和隔孔孔间微差爆破

隔孔孔间微差爆破为两侧崩落的矿岩创造了条件，为后面崩落的矿岩留下了空间。

3　结论

通过分析经山寺铁矿可能产生大块和根底的位置以及原因，采取合理的爆破参数，合理的装药结构，隔孔孔间微差爆破等技术措施，减少了爆破中的大块和根底，提高了爆破质量，提高了后续铲装的效率，对矿山生产具有十分重要的意义。

参 考 文 献

[1] 税承慧. 露天爆破中产生大块和根底的原因及对策 [J]. 矿业快报，2003（3）：11-13.

[2] 申卫峰，刘承见，樊运学，等. 中深孔爆破技术在经山寺铁矿的应用 [J]. 采矿工程，2010（2）：33-34，59.

[3] 刘方挺. 最佳顺序微差爆破及其起爆手段 [J]. 大宝山科技，1987（4）.

深孔爆破在大型采石场中的应用

苏　鹏　樊运学

（广东宏大爆破股份有限公司，广东 广州，510623）

摘　要：某大型采石场具有大采深、窄工作面、岩石级配要求高、地质条件复杂等特点。爆破效果的好坏直接影响生产，本文通过对爆破参数、炸药类型、装药结构进行多次调整，不但确保每天生产任务的完成，也使得爆破综合成本显著降低。同时，对装药结构进行理论分析，得出最优装药结构并应用于采石场爆破作业。

关键词：爆破效果；孔网参数；装药结构；爆破成本

The Practical Application of Deep Hole Blasting in Large-Scale Quarry

Su Peng　Fan Yunxue

（Guangdong Hongda Blasting Co., Ltd., Guangdong Guangzhou, 510623）

Abstract：The large quarry has the characteristics of large mining depth, narrow working face, high level of rock gradation and complex geological conditions. Therefore the blasting effect has directly impacted on the product efficiency. This paper adjusted blasting parameters, types of explosives and charging structures, to reduce the cost to a maximum extent while ensuring the daily production task. Meanwhile, this paper found out the optimal charging structure through theoretical analysis of the charging structure, and furthermore applied it into quarrying explosion operations.

Keywords：blasting effect; hole pattern parameters; charging structure; blasting cost

1　工程概况

　　某大型采石场位于沿海，整座采场平台高差200m（10～210m），40、25、10平台水资源丰富，采区岩石以闪长花岗岩、黑云母二长花岗岩为主，岩石坚固性系数f值为10～14，饱和抗压强度为70～150MPa。采场内岩体节理、裂隙、风化沟、破碎带十分发育，裂隙水资源非常丰富，+60、+75、+90平台夹层带岩石风化严重，雷雨季节过后强风化带会出现塌方情况，且该处岩石遇到雨水会变成泥状，该处岩石坚固性系数f值为4～6，饱和抗压强度为30～65MPa。采场内整体地质条件复杂。

　　石料开采对规格要求非常严格。品种分为堤心石、规格石。堤心石、规格石共分为15种规格石料，从800kg到10kg要求不等，大于800kg属于大块，小于10kg为废料。

2　爆破参数

2.1　孔径

　　钻孔直径（90mm、115mm、140mm）从爆破成本、劳动力强度及岩石破碎程度（平均块度和大块标准）等方面综合考虑，最优参数选取140mm作为指导钻孔孔径。

2.2 底盘抵抗线

底盘抵抗线的选取对爆破效果的好坏影响至关重要。若前排抵抗线过大，会造成根底多、大块率高、后冲作用大；相反，若过小，则不仅浪费炸药，增加钻孔工作量，而且岩块易抛散和产生飞石危害，甚至造成爆破安全事故。合理的底盘抵抗线长度主要取决于爆破的岩体条件（节理、裂隙的发育情况以及致密和坚硬程度），一般选取炮孔直径的 20~50 倍，通过本采石场多次试验：强风化台阶底盘抵抗线为 4.5~5.0m，其余台阶底盘抵抗线均采用 4~4.5m。

2.3 孔距 a 及排距 b

提倡宽孔距，小抵抗线（排距）。宽孔距，小抵抗线爆破在保持炮孔负担面积不变的前提下，加大孔距，减小抵抗线，增大炮孔密集系数 k，作用如下：

(1) 防止爆炸气体过早泄出，提高炸药能量利用率，增强破碎效果；

(2) 降低单耗，增加延米爆破量，一般选取：$k = a/b = 1~1.5$，b 取 $(20~30)d$。

2.4 超深 h

超深是指深孔在台阶底盘标高以下的深度，作用是降低装药中心的高度，超深值确定如下：$h = (5~10)d$。选取适当超深条件：

(1) 确保底板平整，减少根底；

(2) 防止超深过大，浪费凿岩、炸药费用，破坏底部平台，本采石场（60、75、90 平台属于强风化岩石）超深选取 1.0~1.2m，其余平台超深均采取 1.5~1.8m。

2.5 堵塞长度

合理的堵塞长度取决于爆破的岩体条件。节理、裂隙极端发育的岩体（60、75、90 平台强风化岩体），只要台阶下部的岩石能破碎和抛出，台阶上部的大部分岩体在重力作用下垂直下落，因而可以采用较长的堵塞（本采石场堵塞长度：6~7m）；致密、坚硬，节理裂隙不发育的岩体，堵塞长度合理的堵塞长度一般为最小抵抗线的 0.7~1 倍，或是装药直径 d 的 20~35 倍（若低于 20 倍孔径，一般认为容易产生飞石）。本采石场选取堵塞长度为 4.5~5m。在现场作业时，堵孔质量非常关键，直接影响到爆破质量和爆破成本。

采石场作业分为钻孔、爆破、挖运等作业环节。施工单位盈利与否主要在于爆破与挖运作业协调配合的紧密性，确保钻孔、爆破、挖运综合成本达到最低。采区特点如下：

(1) 爆破岩石块度级配要求高（10~800kg）；

(2) 工作面狭小、均衡生产难度大；

(3) 爆破作业区内地质条件非常复杂；

(4) 开拓运输系统的规划要求高，受台风暴雨影响大，道路高差大。

以下爆破实验是在考虑种种因素的前提下进行的，并且指导爆破作业。

3 不同装药结构实验

不同装药结构分为：全孔耦合装药、全孔不耦合装药及全孔不均匀不耦合装药。

3.1 （10、25、40 平台）水孔实验

由于 10 平台、25 平台、40 平台与海平面相平或者低于海平面，导致炮孔均为水孔，且基本是满孔水。通过多次实验，微调孔网参数，主要考虑改变上部装药型号来调整粉矿效果（基本大块率很低，且根底几乎没有）。从开始上部吊装 $\phi 90$ 乳化炸药（3kg、$1.15kg/m^3$）改变为用 $\phi 70$（2kg、$1.15kg/m^3$）、$\phi 80$（2kg、$1.15kg/m^3$）乳化炸药替代，但由于满孔都是水，$\phi 70$、$\phi 80$ 乳化炸药基本浮于水中，该处容易产生大块、盲炮。南方盛产竹片，容易获得。故将 $\phi 70$、$\phi 80$ 乳化炸药放入两片长为 2m 的竹

片中（一米竹片可以放入 3 条该型号炸药）用炮绳吊入水孔中。经过多次实验证明：大块、根底基本处于最低水平，岩石级配符合要求。爆破成本得到降低。装药结构图和实验抽样数据如图 1 和表 1 所示。

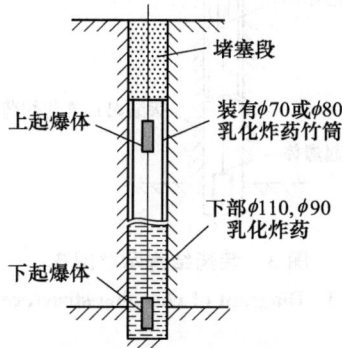

图 1　装药结构示意图 1

Fig. 1　Diagram of charging structure 1

表 1　实验抽样数据 1

Table 1　Sample data 1

实验抽样	超深 /m	堵塞 /m	孔距 /m	排距 /m	台阶高 /m	爆破规模				下部装药			
						孔数 /个	孔深 /m	炸药 /kg	爆破量 /m³	装药长度 /m	直径 /mm	药量 /kg	装药线密度 /kg·m⁻¹
1	2.0	3.8	5.4	3.2	10.0	40.0	426.3	2332.0	5984.0	2.3	110.0	24.0	10.5
2	1.8	4.0	5.6	3.3	10.0	38.0	410.4	2052.0	6150.0	2.3	110.0	24.0	10.5
3	1.8	5.0	5.6	3.3	10.0	40.0	417.7	1920.0	6389.0	2.3	110.0	24.0	10.5
4	1.7	3.5	5.8	3.5	10.0	29.0	312.2	1821.3	5337.0	2.3	110.0	24.0	10.5
5	1.8	3.5	6.0	3.6	10.0	24.0	257.1	1416.0	4620.0	2.0	110.0	21.0	10.5

实验抽样	中部装药				上部装药				备　注
	装药长度 /m	直径 /mm	药量 /kg	装药线密度 /kg·m⁻¹	装药长度 /m	直径 /mm	药量 /kg	装药线密度 /kg·m⁻¹	
1					4.6	90.0	34.5	7.5	
2	2.4	90.0	18.0	7.5	2.0	70.0	12.0	12.0	实验1、实验2、实验3、实验4为强风化岩石，实验5岩石变化，f值为12的花岗岩
3	2.4	90.0	18.0	7.5	1.0	70.0	6.0	6.0	
4	1.6	90.0	12.0	7.5	4.0	80.0	24.0	6.0	
5					5.2	90.0	39.0	7.5	

注：各个实验抽样排数均为 2~3 排，单孔炸药量分别为 58.3kg、54kg、48kg、60kg、60kg。平均单耗分别为 0.39kg/m³、0.33kg/m³、0.3kg/m³、0.34kg/m³、0.31kg/m³。分矿率分别为：43%、24%、10.97%、18.67%、12.46%。

理论分析：炮孔水不耦合装药时，炸药爆炸后爆生气体产物膨胀压缩间隙中的水介质，引起水的扰动形成冲击波并沿径向传播。用竹片捆绑的小型号药卷和孔壁之间的介质水对爆炸冲击作用将起到一个很大的缓冲转换过程（由炸药爆炸冲击波转换为水介质冲击波），从而使应力波的幅值大大降低，水不耦合装药可以使爆破能量分布更加均匀，减少爆破飞石。

3.2　干孔不同装药结构实验

岩性：岩石新鲜，层理、节理、裂隙均较少的难爆岩体。

干孔不同装药结构与实验数据如图 2~图 4 及表 2~表 4 所示。

图中标注（图2）：堵塞段、φ90乳化炸药、上起爆体、吊装φ110乳化炸药、下起爆体

图中标注（图3）：堵塞段、φ90乳化炸药、上起爆体、丢装φ110乳化炸药、下起爆体

图中标注（图4）：堵塞段、φ90颗粒状铵油炸药、上起爆体、颗粒状铵油炸药、下起爆体

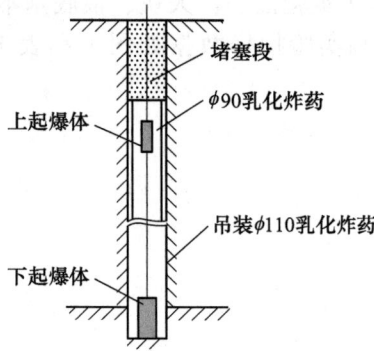

图2　装药结构示意图2　　　图3　装药结构示意图3　　　图4　装药结构示意图4

Fig. 2　Diagram of charging structure 2　　Fig. 3　Diagram of charging structure 3　　Fig. 4　Diagram of charging structure 4

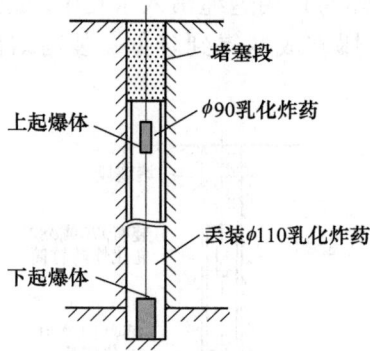

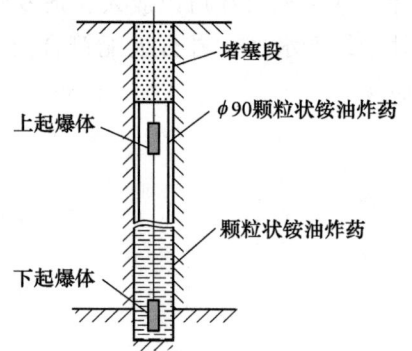

表2　实验抽样数据2
Table 2　Sample data 2

实验抽样	超深/m	堵塞/m	孔距/m	排距/m	台阶高/m	爆破规模				下部装药			
						孔数/个	孔深/m	炸药/kg	爆破量/m³	装药长度/m	直径/mm	药量/kg	装药线密度/kg·m⁻¹
1	1.5	4.5	6.5	3.8	15.0	33.0	506.0	2828.1	12340.0	4.0	110.0	48.0	12.0
2	1.5	4.5	6.5	3.8	15.4	39.0	613.0	3432.8	14930.0	4.0	110.0	48.0	12.0
3	1.5	4.5	6.5	3.8	15.6	45.0	728.0	4013.1	17470.0	4.0	110.0	48.0	12.0

实验抽样	上部装药				排数	单孔药量/kg	单耗/kg·m⁻³	粉矿率/%	备注
	装药长度/m	直径/mm	药量/kg	装药线密度/kg·m⁻¹					
1	6.5	90.0	37.7	5.8	2~3	85.7	0.23	22.0	
2	6.5	90.0	40.0	5.8	2~3	88.0	0.23	23.8	
3	6.5	90.0	41.2	5.8	2~3	89.2	0.23	24.0	

表3　实验抽样数据3
Table 3　Sample data 3

实验抽样	超深/m	堵塞/m	孔距/m	排距/m	台阶高/m	爆破规模				下部装药			
						孔数/个	孔深/m	炸药/kg	爆破量/m³	装药长度/m	直径/mm	药量/kg	装药线密度/kg·m⁻¹
1	1.5	3.8	6.5	3.8	15.0	63.0	960.0	14112.0	23750.0	2.4	130.0	48.0	20.0
2	1.5	4.0	6.5	3.8	15.0	48.0	743.0	10560.0	17920.0	2.4	130.0	48.0	20.0
3	1.5	4.0	6.5	3.8	15.0	51.0	787.0	11220.0	18976.0	2.4	130.0	48.0	20.0

实验抽样	上部装药				排数	单孔药量/kg	单耗/kg·m⁻³	粉矿率/%	备注
	装药长度/m	直径/mm	药量/kg	装药线密度/kg·m⁻¹					
1	8.8	130.0	176.0	20.0	3~4	224.0	0.59	53.0	
2	8.6	130.0	172.0	20.0	3~4	220.0	0.59	48.6	
3	8.6	130.0	172.0	20.0	3~4	220.0	0.59	47.8	

表4 实验抽样数据4

Table 4 Sample data 4

实验抽样	超深/m	堵塞/m	孔距/m	排距/m	台阶高/m	爆破规模				下部装药			
						孔数/个	孔深/m	炸药/kg	爆破量/m³	装药长度/m	直径/mm	药量/kg	装药线密度/kg·m⁻¹
1	1.5	4.5	6.2	4.1	17.0	24.0	410.2	2678.0	9512.0	4.0	140.0	60.0	15.0
2	1.5	5.5	6.2	4.1	21.0	18.0	382.7	2300.0	9042.0	4.0	140.0	60.0	15.0
3	1.5	5.5	6.4	4.2	16.0	28.0	434.7	2685.0	10500.0	4.0	140.0	60.0	15.0
4	1.5	4.5	6.0	4.1	16.0	19.0	300.0	1800.0	6679.0	4.0	140.0	60.0	15.0

实验抽样	上部装药				排数	单孔药量/kg	单耗/kg·m⁻³	粉矿率/%	备注
	装药长度/m	直径/mm	药量/kg	装药线密度/kg·m⁻¹					
1	8.5	90.0	49.3	5.8	2~3	109.3	0.28	18.3	
2	11.5	90.0	66.7	5.8	2~3	126.7	0.25	15.2	
3	6.5	90.0	37.7	5.8	2~3	97.7	0.25	16.4	
4	7.5	90.0	43.5	5.8	2~3	103.5	0.28	17.5	

实验抽样2、3、4分别为全孔不耦合装药、全孔耦合装药、全孔不均匀不耦合装药。

实验抽样3装药结构：下部直接投入两件 $\phi110$ 乳化炸药（3kg、1.15kg/m³）、上部直接投入 $\phi90$ 乳化炸药（3kg、1.15kg/m³），从表格中数据可以看出粉矿率极高，岩石级配效果差，虽然方便挖运，可是10kg以下废料占到一半还多。既浪费了岩石有效采剥，又需另外花钱将废料挖运走（因为工程款中不含废料挖运费用）。

实验抽样2装药结构：下部吊装 $\phi110$ 乳化炸药（3kg、1.15kg/m³），上部吊装 $\phi90$ 乳化炸药（3kg、1.15kg/m³）或者 $\phi90$ 铵油炸药（5.8kg、0.91kg/m³）。爆破效果分析：粉矿率符合盈利要求，但是大块率相对较高，根底较多，岩石级配较差，二次爆破费用增加，影响挖运效率，不安全因素也随之增加（爆破安全事故一半以上出自二次爆破）。

实验抽样4装药结构：下部倾倒袋装颗粒状铵油炸药（30kg、0.91kg/m³），上部吊装 $\phi90$ 铵油炸药（5.8kg、0.91kg/m³）。爆破效果分析：大块率适中、根底很少或者没有根底、粉矿率明显下降。

实验抽样2和4对比：（1）上、下部装药长度相等，炸药量4组较高，从根底方面来说，4组较2组少很多，虽然乳化炸药爆速和猛度均大于铵油炸药，但其爆力小于铵油炸药，且4组底部为耦合装药；（2）4组炸药成本明显低于2组，目前全国乳化炸药费用远高于颗粒状铵油炸药，4组实验对推广铵油炸药的使用有积极意义；（3）4组在不影响生产的情况下，可以适当增加大块以保证粉矿率较低，虽增加二次破碎成本，但可以降低总成本，装药结构目前普遍应用于现场爆破作业。

全孔不耦合装药，由于药卷与孔壁间存在空气间隙，爆轰波首先在空隙内产生空气冲击波，并与空隙内气体相互作用，爆轰气体达到孔壁的冲击压力降低，然后与孔壁撞击后透射到介质中的应力值也随之降低，且孔内空隙越大，即 K（不耦合系数）越大，应力值降低越多。其次，由于爆生气体的膨胀（爆生气体膨胀充满整个炮孔）及与孔壁膨胀后压力等状态量的改变，使得其弛豫过程需要较长时间，且孔隙越大该时间越长。音速随之降低，波阻抗发生变化。

岩石炮孔爆炸模型可以认为：下部炸药量将底部岩石崩塌，使得其从母岩脱落；上部药量则将上部岩石震塌，属于弱松动爆破，上部岩石在重力作用下落下。下部耦合装药缩短能量延迟转换时间，使得大量爆生能量直接冲击下部岩石，冲击波粉碎圈更好地确保下部岩石崩塌。上部不耦合装药，药卷和孔壁之间的空隙对爆炸冲击作用将起到一个很大的缓冲作用，从而使应力波的幅值大大降低。由于不耦合不均匀装药炮孔的上部装药直径更小，因此，其上部炮孔孔壁所受的冲击压力更低，这对提高炮孔上部岩体的成材率更为有利。

4 结束语

本文结论如下。

（1）经过多次实验得知：难爆岩体炮孔密集系数介于 1.0~1.5 之间，对于粉矿率降低，岩石块度级配具有现实指导意义。

（2）对于一个合格的爆破作业者，保证安全是最基本的。最重要的是始终牢记确保综合成本的前提下，尽可能地提高爆破技术。

（3）铵油炸药完全可以通过改变装药结构替代乳化炸药（除水孔）。

（4）通过实验表明：全孔不均匀不耦合装药结构可以保证综合成本、工作效率等达到最优。

（5）对于强风化岩石平台，确保下部推出，上部弱松动爆破即可，可以适当加大堵塞长度，调整孔网参数来实现。

参 考 文 献

[1] 刘玲平，唐涛，李萍丰，李战军. 装药结构对台阶爆破粉矿率的影响研究 [J]. 采矿技术，2010(1)：69-70.
[2] 郑炳旭，等. 建设工程台阶爆破 [M]. 北京：冶金工业出版社，2005.
[3] 宗琦，孟德君. 炮孔不同装药结构对爆破能量影响的理论探讨 [J]. 岩石力学与工程学报，2003(4)：641-645.

大幅度提高岩体边坡爆破开挖稳定性的缓冲垫研究

成　旭[1,2,3]　宋锦泉[2]　叶图强[2]　蔡建德[1,2,3]　张光权[1,2,3]

（1. 北京科技大学土木环境学院，北京，100083；2. 广东宏大爆破股份有限公司，
广东 广州，510623；3. 北京矿冶研究总院，北京，100070）

摘　要：本文在对岩体高边坡爆破减振分析的基础上，提出了一种简单、有效及成本低的降低岩体高边坡爆破振动加速度的缓冲垫装置，半孔率可达到95%以上，大幅度增加岩体边坡稳定性并可以提高边坡稳定角度3°以上。用动光弹爆破试验加以定性论证。

关键词：动光弹爆破试验；爆破缓冲垫；岩体边坡稳定角；半孔率

Sutdy of Cushions for Largely Improving the Stability of Rock Slopes While Excavating by Blasting

Cheng Xu[1,2,3]　Song Jinquan[2]　Ye Tuqiang[2]　Cai Jiande[1,2,3]　Zhang Guangquan[1,2,3]

（1. Civil & Environment Engineering School, Beijing University of Science & Technology, Beijing, 100083;
2. Guangdong Hongda Blasting Co., Ltd., Guangdong Guangzhou, 510623;
3. Beijing General Research Institute of Mining & Metallurgy, Beijing, 100070）

Abstract：The paper introduces a kind of cushion device which is simple, effective and cheap but could largely reduce the vibration acceleration while blasting high rock slopes. The half hole rate could be up to 95%. It could greatly improve slope stability and increase the stable degree of the slope by 3 degrees.

Keywords：test by the dynamic photo-elastic apparatus; blasting cushion; stability angle of rock mass slopes; half hole rate

1　引言

在我国基本建设中，出现了许多岩石边坡工程，如水电工程高边坡、铁路和公路及矿山形成的边坡等。岩石边坡稳定性方法一直是岩土工程中重要的研究内容。

岩质高边坡的稳定问题[1]是许多重要的水利水电工程、铁路、公路及露天矿山都面临的重大技术问题。来自边坡施工开挖爆破所产生的地震效应，作为一种影响边坡稳定的重要外部因素，越来越受到人们的关注。爆破振动对边坡的稳定能否构成威胁，往往与边坡本身的稳定程度密切相关。

岩质高边坡开挖爆破振动荷载及其对边坡稳定性影响研究的动力特性和爆破振动响应分布规律有如下认识。

（1）随着爆心距的增大，岩坡的爆破振动响应加速度逐渐衰减，在距爆源约40m范围内，振动加速度急剧衰减，我们称其为急剧衰减段。在此范围以外，振动加速度的衰减显著变缓。

（2）爆破振动荷载及对边坡稳定性的影响，需视爆源情况而定。但依据爆源处的实际反应值转换成绝对值既不合理也不可能，因为在爆源附近，实际上是一个复杂的冲击波与应力波作用区域，爆破能量大部分消耗在该区域。

2　模型实验

多火花式动态光弹性仪的结构和工作原理在有关文章中[2]已有较详细介绍，在此仅简述其主要的动态技术性能。该光弹仪每次动作能同时获得16幅照片。其幅速可以在2.5万~100万幅/s之间分七个不连续的档级选择，其光学系统如图1所示。环氧树脂模型板材和切缝管分别如图2和图3所示。

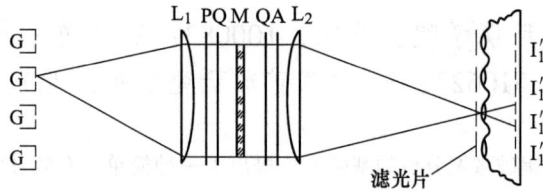

图1　多火花式高速相机的光学系统示意图

Fig. 1　Diagram of optical system of the multiple spark type dynamic photo elastic instrument

L_1，L_2—场镜；P—起偏镜；Q—$\frac{1}{4}$波片；M—模型；A—分析镜；G—气隙；I_1'—底片

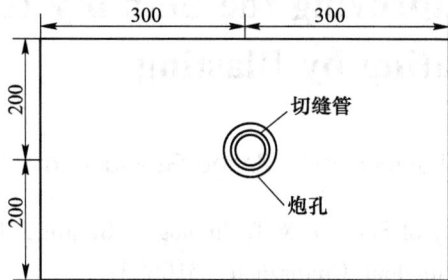

图2　环氧树脂模型板材

Fig. 2　The epoxy resin board

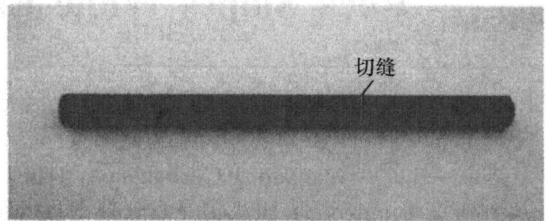

图3　切缝管

Fig. 3　Pipe with kerfs

加载源为DDNP，药量为60mg。

炮孔间距为130mm，曝光时间是在爆轰后67μs。从图4[3]中可以看出：同时起爆后，应力发展从两个炮孔开始，但是它呈现非对称椭圆形分布。在切缝连线方向，P波前沿有一个尖角，P波与S波过渡区也有一个尖角，而在其他方向没有这些特征。这说明切缝方向受力大于其他方向，将最先在切缝连线方向汇集和叠加。

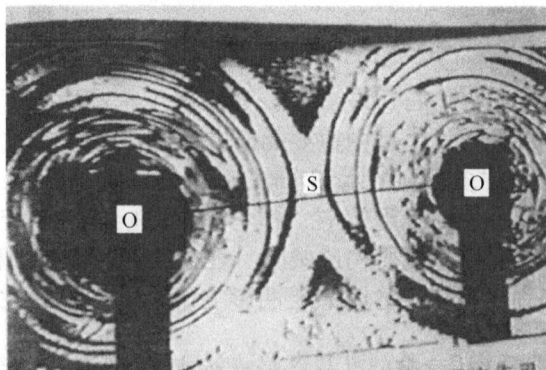

图4　炸药外装有切缝套管的动光弹爆破试验

Fig. 4　Dynamic photo−elastic test with cutting pipes around explosives

切缝药包[4]爆炸后，冲击波直接作用于切缝对应的孔壁部位上。由于初始爆轰压远远超过岩石介质的屈服强度，因此在切缝对应的孔壁部位将产生微小的径向裂缝。而在其他方向，冲击波首先作用于塑料外壳，此时除产生透射波外，还有向爆炸中心反射的压缩波。透射波经环形空间衰减后，能量

大大降低。同时套管本身也产生变形与位移，吸收部分能量。这样就大大降低了未切缝区域产生径向裂缝的可能性。在切缝药包爆破中，由于外壳的阻挡作用，使炸药爆炸后保持较高的爆轰压力，对爆生气体的径向膨胀又起着限制作用，延长了爆生气体在装药空间的滞留时间。而对准切缝方向，由于没有外壳阻挡，所以聚集了较多的爆生气体，能流速度加大，能量相对集中的爆生气体驱动预裂纹优先扩展，直至最终形成较为理想的断裂面。切缝药包爆破时，切缝方向产生较强的应力集中，应力强度因子最大。因此，采用该技术可在相同条件下增大炮孔间距、提高周边孔痕率。根据试验结果，切缝方向的应力强度因子为其他方向的 3.75~5.4 倍，炮孔间距比光面爆破提高了 0.5~2.5 倍[5]。

图 5[2] 所示为炸药外没有装切缝套管的动光弹爆破试验，两个炮孔的应力波条纹图是大小相等的同心圆，表明炮孔周围的作用力相等。

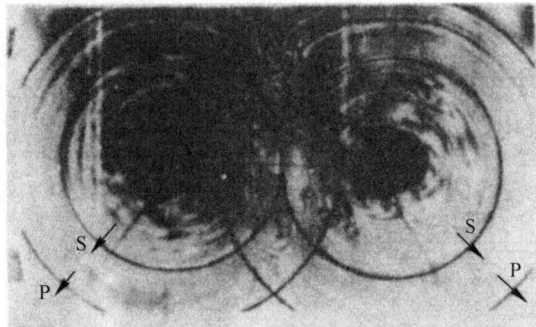

图 5 炸药外没有装切缝套管的动光弹爆破试验

Fig. 5 Dynamic photo-elastic test without cutting pipes around explosives

从图 6[2] 可以看到，炸药外没有装切缝管爆破后，炮孔周围分布着很多裂缝。

从图 7[6] 可以看到，炸药外装有切缝管爆破后，基本上只有一条沿切缝方向的裂缝。

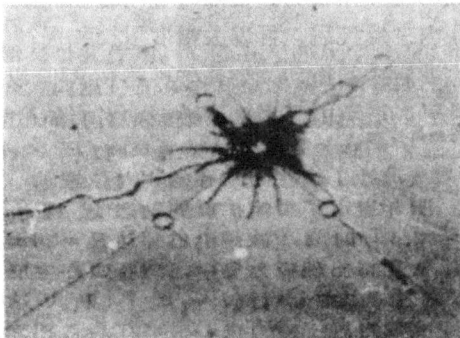

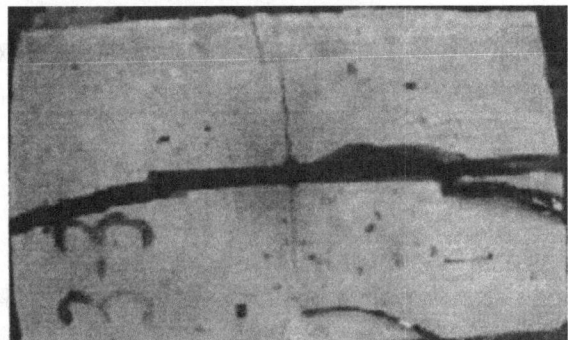

图 6 炸药外没有装切缝管的爆破试验

Fig. 6 Result of the dynamic photo-elastic test without cutting pipes around explosives

图 7 炸药外装有切缝管的爆破试验

Fig. 7 Result of the dynamic photo-elastic test with cutting pipes around explosives

3 缓冲垫爆破

根据工程实际情况，合理的选用参数，进行动力稳定控制和从施工工艺方面更为严格地控制爆破振动强度。爆源附近，实际上是一个复杂的冲击波与应力波作用区域，爆破能量大部分消耗在该区域。

爆破产生的弱化效应和爆破动荷载产生的振动作用一方面产生了惯性力，增加了岩体下滑力；另一方面由于频繁的振动影响，使软弱结构面产生不可逆的累积变形[7]，造成原有裂隙或层面产生错动、扩展，裂隙部分或全部贯通甚至产生残余变形，降低了结构面的力学强度，对岩体力学参数产生弱化效应，对摩擦系数、凝聚力、内摩擦角均会造成不同程度的降低，且随振动频率的增加，有进一步减少的趋势。目前这方面研究资料很少，还不能定量地描述不同振动强度、频率、作用时间对岩体物理力学指标的影响。

从理论分析看来，在爆破荷载的作用下，岩体累积残余变形是导致岩体稳定性变化的合理判据。

在预留边坡的炮空内采用一种缓冲垫（见图8），该缓冲垫采用两根半圆套筒，套筒之间夹上一种缓冲材料，套筒两端用螺栓固定，做成缓冲垫，然后将缓冲垫放入与边坡岩体相邻的炮孔内，爆破后，可以大幅度阻挡和缓冲炸药爆破对岩体产生的巨大冲击，极大降低爆炸对预留边坡岩体的振动，半孔率可达到95%以上，不仅可以避免对炮孔半周边岩石产生大量裂缝而且可以避免由于多次爆破振动对岩体产生的累积损伤，从而大幅增加岩体边坡爆破开挖的稳定性并可以提高边坡稳定角度3°以上，图9示出采用炸药外装有套管缓冲爆破后，留在岩壁上的半壁炮孔。

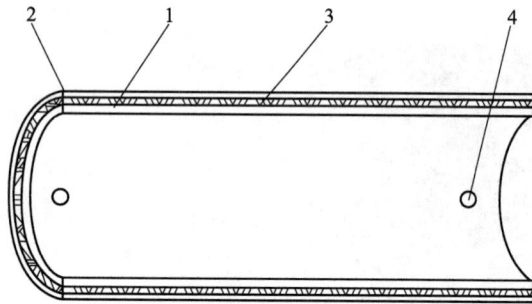

图 8　缓冲垫

Fig. 8　Blasting cushion

1，2—半圆套管；3—缓冲垫；4—螺栓

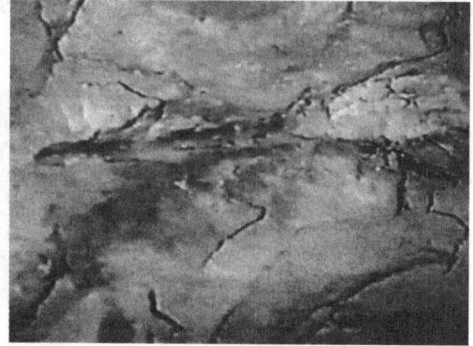

图 9　采用炸药外装有套管缓冲爆破后，
留在岩壁上的半壁炮孔

Fig. 9　The half hole by blasting in the rock
with pipes outside explosives

4　结论

采用缓冲垫爆破可以极大程度降低爆破振动对边坡岩体的冲击，从而大幅度增加岩体边坡稳定性并可以提高边坡稳定角度3°以上，必将产生巨大的经济效益。

参 考 文 献

[1] 宋锦泉，汪旭光. 中国工程爆破发展现状与展望［J］. 铜业工程，2002（3）：6-9.

[2] 朱振海，杨永琦. 多火花式动态光弹性仪在爆炸力学实验中的初步应用［J］. 爆炸与冲击，1985（3）：67-76.

[3] 成旭，杨永琦，李彦涛. 岩石定向断裂爆破模型试验研究——矿山建设理论与实践［M］. 北京：中国矿业大学出版社，1995.

[4] 杨永琦，杨仁树，成旭. 定向断裂爆破机理实验研究［J］. 煤矿爆破，1995（2）：1-5，11.

[5] 李彦涛，杨永琦，成旭. 切缝药包爆破模型及生产试验研究［J］. 辽宁工程技术大学学报（自然科学版），2000（2）：116-118.

[6] 岳中文，杨仁树，等. 切缝药包空气间隔装药爆破的动态测试［J］. 煤炭学报，2011，36（3）：398-402.

[7] 曾勇. 论爆破减震技术在露天矿的应用［J］. 矿业快报，2003（6）：39-41.

NOSA 风险评估体系在爆破工程中的应用

崔晓荣　许汉杰

（广东宏大爆破股份有限公司，广东 广州，510623）

摘　要：爆破工程是一个风险系数较高的行业，稍有不慎，就会导致大的安全事故。将"安、健、环"风险评估与管理体系，包括人身财产安全、职业健康、环境保护3个方面引入工程爆破领域，能够有效提高行业的安全管理水平。本体系既符合国家的可持续发展、以人为本的方针政策，而且可操作性强，灾前能控制潜在风险，灾后能采取有效救援措施。

关键词：爆破工程；风险评估；安、健、环

Application of NOSA Risk Evaluation System in Blasting Projects

Cui Xiaorong　Xu Hanjie

（Guangdong Hongda Blasting Co., Ltd., Guangdong Guangzhou, 510623）

Abstract：There are more risks in blasting projects than other fields of industry. When there is a minor negligence, a large accident may be resulted in. The introduction of NOSA risk evaluation system, based on safety, health and environment, into engineering blasting can effectively improve the level of safety menagement of the blasting field. The risk evaluation system tallies with the policy of state, and can be executed expediently. Therefore the potential risk can be avoided before accident, and the measures can be taken promptly and efficiently after accident.

Keywords：blasting engineering；risk evaluation；safety, health and environment

1　引言

NOSA(National Occupational Safety Association) 是国家职业安全协会的英文缩写，是目前世界上具有重要影响并被广泛认可和采用的一种企业综合安全风险管理系统。它是专门针对人身安全而设计出来的一套比较完整的安全管理体系[1,2]。本系统特别强调应综合解决安全、健康、环保问题，特别强调在实现"安、健、环"管理过程中员工的积极主动参与，特别注重"安、健、环"管理过程中对风险的认识、控制和管理的有效性。

NOSA 综合五星管理系统为企业在控制风险因素上提供了一个优良的平台，以危害辨识、风险管理为核心，侧重于对未遂事件的预防和控制，其核心理念是：所有意外均可避免，所有危险均可控制，每项工作均应顾及安全、健康、环保。在国内，"安、健、环"风险评估控制体系在电力、矿山、煤炭行业应用较多，大大降低了安全管理的被动性和逆反心理，提高了安全管理的主动性、参与性，可执行性强[3,4]。本体系有利于实现由事故防范型向安全健康型、由"要我安全"向"我要安全"、由传统的"被动型"安全管理向"主动型"安全管理的转变。"安、健、环"管理是一个主动的、动态的、不断改进和提高的循环过程，最终达到控制风险的目的，即风险未发生时，有效预防，有效排除；风险发生后，有效控制，有效救援。

原载于《中国爆破新技术Ⅲ》，2012：1025-1030。

2　危害辨识

危害识别需要具有全面性，集思广益，尽量不要遗漏潜在的危害和风险。对安全及职业健康的危害进行识别时，应针对本部门所有生产过程和作业活动可能产生的安全及职业健康危险进行识别，需考虑常规和非常规的所有活动、所有进入作业场所人员的活动、作业场所内的所有设备的状况。

危险和环境因素存在三种状态，包括正常、异常、紧急，即不仅要考虑设备正常状态下的状况，还要考虑变工况状态及异常或紧急状态下的状况中存在的危险。

危险和环境因素存在三种时态，包括过去、现在、将来，即不仅要考虑目前控制措施情况下的危险，还要考虑过去遗留下来的残余危险以及未来开发、改造活动中可能伴随的新危险。

危害辨识必须掌握的主要环节包括：（1）危险源的类型，即危险源所在系统与类别；（2）可能导致的事故模式及后果预测，即由危险因素引起的事故发生的机理与事故发生后对系统及外系统的影响；（3）事故发生的条件分析，即寻求由危险因素转化为危险状态，由危险状态转化为事故的转化条件；（4）设备的可靠性，即设备的安全状况；（5）人机工程（效），即人机环境之间的匹配；（6）安全措施，即控制危险源的手段与方法；（7）应急措施，即事故或危险发生后减少损失或伤害程度的措施。

另外，海因里希的冰山理论指出，重伤事故与一般事故和未遂事故的比例关系是1：29：100，而未遂事故以下的安全偏离事项的数目更大，这一理论的启示就是，在一般情况下，只有重伤事故和一般事故能引起人们的注意，只有重伤以上的事故才引起人们的关注是局限的，要看到"冰山"的底层，才能发现事故形成的因素，才能将事故消除在萌芽时期，如图1所示。因此，危害辨识还应具有自身完善性，不是一劳永逸的纸上谈兵，而是一个动态的管理系统。随着安全管理工作的细化、安全管理水平的提高，发现新的潜在危害，需要及时补充并进行安全分析。内部或者外部发生新的意外、突发事故，常常得出新的教训和启示，也需要及时补充并进行安全分析。

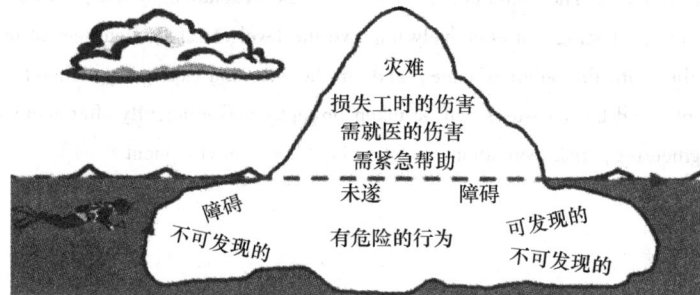

图1　冰山理论
Fig. 1　Theory of iceberg

传统的安全管理工作是在发生事故后进行原因分析及处理，并没有把危险意识及未遂行为等大量潜在的危险进行有效的控制，没有从源头上避免事故的发生。NOSA"安、健、环"要做的就是充分辨识危险源，看到"冰山"的底层，从源头开始杜绝事故发生，故其特别适用于危险性较高的工程爆破行业。

3　风险管理

3.1　风险评估体系的选择

风险评估方法很多，但有些可操作性不强。工程爆破是一个风险比较高的行业，具有人身财产安全、职业健康、环境三方面的潜在危害，所以需要选择可执行性强的、全方位的评估指标体系。

基于安全（Safety）、健康（Health）、环境（Environment）三个指标的"安、健、环"三维风险评估体系，采用风险评估表与风险矩阵标准以及风险矩阵对照表相结合对工作活动、运动物体进行风险评估，就是一个非常适用于爆破行业的风险评估体系。本体系中，对安全、健康、环境三个方面均进行严重度、发生频率、暴露期三个指标的评估，最后综合三维指标打分，进行风险分级管理。

以安全（Safety）为例，严重度指标分为五个等级，依次为灾难性的、危险的、严重的、轻微的和可忽略的，各个等级均有相应的明确定义，从事故性质、财产损失、公众影响和财政影响四个方面评估，可执行性强。安全方面的严重度评估指标如表 1 所示。

表 1 关于安全的严重度评估指标
Table 1 Index of severity about safety in risk evaluation

代号	严重度	事故性质	财产损失	公众影响	财政影响
a	灾难性的	多个伤亡	破坏性财产损失	导致商业停止的压力	永久的财政瘫痪
b	危险的	不幸或多宗伤残	广泛及严重的财产损失	媒体广泛持久的关注和调查	广泛及严重的财政损失
c	严重的	严重或致残伤害	重大财产损失	地方政府和媒体的关注	重大的财政损失
d	轻微的	轻微伤害	轻微的财产损失	公众投诉	轻微的财政损失
e	可忽略的	急救处理	可忽略的财产损失	个人投诉	可忽略的财政损失

安全方面，事故发生的频率指标也分为五个等级，依次为频繁的、经常的、偶然的、罕见的、几乎没有的，用事故发生的概率来定量。暴露期指标也分为五个等级，依次为大量的、普遍的、明显的、有限的和可以忽略的，用暴露量来定义，即事故发生后处于危险状态的人数占班组总人数的比例来定量。

健康（Health）和环境（Environment）同样用严重度、发生频率、暴露期三个指标进行评估，分五个等级，只是定性定量的具体评估标准不同。

根据安全（Safety）、健康（Health）、环境（Environment）三个方面的评估等级，三维风险指数矩阵中获得风险指数。根据风险指数的大小，将风险分为五个等级：1 级，红色；2 级，紫色；3 级，黄色；4 级，蓝色；5 级，绿色。1 级表示此区域有极高风险，对人身危害极大，不能继续作业，需要立即实施整改计划及实施降低风险的有效的控制措施。2 级表示此区域存在高风险，对人身有较大危害，不能继续作业，必须在一星期内整改及实施降低风险的有效的控制措施。3 级表示此区域风险值为中，可以作业但对人身有可能造成危害，必须在一个月内实施降低风险的有效控制措施。4 级表示此区域风险值较低，对人身基本上不造成危害，需要引起注意和监测其风险值的变化。5 级表示此区域风险值很低，对人身无任何危害，只需注意监测其风险值的变化。

3.2 风险评估

风险评估和管理是一个动态的过程，需要分清管理的主次，将风险大的作为管理和控制的主要任务，并采取有效的风险控制措施，降低或消除风险，再重新评估剩余风险，如此循环，不断改进和提高。"安、健、环"风险评估表中，分为原始风险评估和剩余风险评估等内容，如表 2 所示。

表 2 "安、健、环"风险评估表
Table 2 Table of risk evaluation on safety, health and environment

序号	生产设备、工艺流程及业务活动	产品、工艺程作活	"安、健、环"属性	危险源	可能导致的事故	原始风险评估					安全控制措施	剩余风险评估					建议的控制措施	风险量化	成本/效益分析	确定的控制措施						补充/额外控制措施	评估员姓名	备注
						严重度 S	频率 F	暴露期 e	原始风险值 R	原始风险等级		严重度 S	频率 F	暴露 e	剩余风险值 R₃	剩余风险等级				消除	取代	隔离	工程	管理	PPE	紧急预案			
1																													
2																													
3																													

对不同的生产设备、工艺流程及作业活动等进行"安、健、环"风险评估后，需要根据风险的大小，列出重大"安、健、环"因素清单，作为风险管理和控制的重点，研究改进的方法。

4 工作安全分析

风险初步评估以后，为了降低风险，需要进行工作安全分析（Job Safety Analysis），以便采取有效的控制措施，降低风险。工作"安、健、环"分析，首先将生产设备、工艺流程及作业活动分解为基本工作步骤，再对各个工作步骤进行"安、健、环"分析，识别危险源，评估风险，最终采取有效的改进措施，控制风险。

根据宏大爆破公司多年的安全管理经验[5,6]，结合韶关电厂B厂拆除爆破工程[7]的特点，对搭脚手架、人工预拆除、机械预拆除、布孔、钻孔、验孔、爆破器材临时储存及发放、装药堵塞、联网、网路检查、爆破警戒、起爆、爆后检查、气割、人工机械回收钢筋等工作项目进行工作安全分析。现以"装药堵塞"为例，其工作"安、健、环"分析如表3所示。

表3 工作"安、健、环"分析表

Table 3 Table of job safety analysis on safety, health and environment

专业	爆破	作业区域	韶关电厂		评估人	崔晓荣
工作项目			装药堵塞		JSA 编号	008
基本工作步骤		接触的危害	风险及后果	控制措施		
1	办理工作票	S		1. 确认安全措施安全可靠； 2. 作业前培训； 3. 对作业人员进行安全技术交底		
		H				
		E				
2	火工品领取	S	器材丢失	财产损失，社会危害	爆破工程师领取签收	
			爆炸	人员伤亡	雷管和炸药分开搬运	
3	火工品加工	S	器材丢失	财产损失，社会危害	火工品加工区域50m内警戒，距离明火及电气设备50m以上	
			爆炸	人身伤亡	对进场人员检查，上缴香烟、打火机、手机等； 穿棉质衣服； 现场炸药与雷管分开10m摆放； 加工完毕及时装进炮孔	
		H	腐蚀	人身伤害	佩戴手套加工散装炸药	
		E	散落	化学品污染	切分炸药时地面铺垫纸皮	
4	装药	S	爆炸	人身伤害，财产损失	购买感度低的乳化炸药、导爆管雷管； 采用木质或竹质炮棍轻装药	
		H	腐蚀	人身伤害	佩戴手套搬运散装炸药	
		E	散落	化学品污染	防止炸药遗漏地表	
5	堵塞	S	误爆	人身伤害	购买感度低的乳化炸药、导爆管雷管； 炮棍堵塞，炮泥封堵密实，力度适中	
6	火工品退库	S	器材丢失	人身伤害，财产损失，社会危害	退库交接签收	
			爆炸	人身伤害，财产损失	雷管和炸药分开搬运、临时储存	

为了便于管理和检查，可以在上表底下附加工作中应使用的防护用品、安全设备及安全条件等内容。

工作安全分析充分体现由事故防范型向安全健康型、由"要我安全"向"我要安全"、由"被动型"安全管理向"主动型"安全管理的转变。随着工作安全分析的深入，需要进一步完善危险识别表、安健环风险评估表、重大安健环因素清单等，是一个相互促进的、循环开展、不断提高的动态管理体系，最终实现爆破工程的安全管理[8]。

5 应急预案

尽管经过危害识别和风险评估，对生产过程中出现的危险有了相当程度的认识；经过工作安全分析，并采取有效的改进措施将生产经营过程中的风险降到了可以接受的程度，且对危险场所和部位也加强了管理和检查，但是由于操作、物料、设施、环境等方面的不安全因素的客观存在，或由于人们对生产过程中的危险认识的局限性，事故发生的概率有时还比较高，重大事故发生的可能性也还存在。

为了在重大事故发生后能及时予以控制，防止重大事故的蔓延，有效地组织抢险和救助，应对已初步认定的危险场所和部位进行重大事故危险源的评估。对所有被认定的重大危险场所，应事先进行重大事故后果定量预测，估计在重大事故发生后的状态、人员伤亡情况及设备破坏和损失程度。依据预测，提前制订重大事故应急救援预案，组织、培训抢险队伍和配备救助器材，以便在重大事故发生后能及时按照预定方案进行救援，在短时间内使事故得到有效控制。

综上所述，制订事故应急救援预案的目的如下：

（1）采取预防措施使事故控制在局部，消除蔓延条件，防止突发性重大或连锁事故发生；

（2）能在事故发生后迅速有效控制和处理事故，尽力减轻事故对人和财产的影响。

例如在韶关电厂 B 厂拆除项目施工中，对各"生产设备、工艺流程及作业活动"进行风险评估和工作安全分析后，除对爆破施工中比较关注的火灾事故、爆炸事故、触电事故、高空坠落、物体打击、坍塌事故进行防范并采取相应应急措施外，还针对风险较大的厂房西扩端钢结构预拆除（含超 50 余米高脚手架的搭建与拆除）和装药起爆（含爆破安全警戒）这两个重点作业活动编制了安全专项施工方案（要求有设计、有计算、有详图、有文字说明）和安全事故应急预案，从而切实做到风险发生前有效预防、有效排除，风险发生后有效控制、有效救援，实现本质安全，确保施工安全。

6 结论

本文结论如下。

（1）NOSA 综合五星管理系统为企业在控制风险因素上提供了一个优良的平台，以危害辨识、风险管理为核心，侧重于对未遂事件的预防和控制，其核心理念是：所有意外均可避免，所有危险均可控制，每项工作均应顾及安全、健康、环保。

（2）NOSA 体系有一套完善的风险管理体系，可执行性和执行力强，运用到风险较大的工程爆破领域，能够很好地控制风险，实现由事故防范型向安全健康型、由"要我安全"向"我要安全"、由"被动型"安全管理向"主动型"安全管理的转变，即使发生意外事故，也能迅速响应，有效救援。

（3）在韶关电厂 B 厂拆除项目等的实践中，证明执行该体系大大提高了项目部的质量安全管理水平，值得推广应用。

参 考 文 献

［1］栗文明，孙艳辉，宋和军. NOSA 综合五星管理系统的应用现状 [J]. 安全与环境工程，2007，14(4)：89-92.

［2］Schreiber W, Kielblock J. Self-contained self-rescuer legislation within the context of the Mine Health and Safety Act of South Africa：a critical analysis[J]. Journal of the Mine Ventilation Society of South Africa，2004，57(4)：119-123.

［3］中国南方电网发电厂安健环设施标准：Q/CSG10003—2004[S]. 北京：中国电力出版社，2004.

［4］赵长春. 引进 NOSA 管理系统实现煤矿生产长治久安 [J]. 煤炭工程，2005(6)：19-21.

［5］李战军，郑炳旭，魏晓林. 拆除爆破工程安全管理的特点与对应措施 [J]. 爆破，2007，24(1)：97-100.

［6］崔晓荣，李战军，傅建秋，等. NOSA 体系在城市爆炸灾害管理中的应用 [J]. 防灾减灾工程学报，2009，29(4)：457-461.

［7］崔晓荣，郑炳旭，傅建秋. 大型多跨厂房及烟囱定向爆破拆除 [J]. 工程爆破，2008，24(4)：29-33.

［8］爆破安全规程：GB 6722—2003[S]. 北京：中国标准出版社，2004.

RTK 技术在露天矿山的应用与优势分析

吴 昊

（广东宏大爆破股份有限公司，广东 广州，510623）

摘 要：随着科学技术的进步，测量新技术——RTK 定位技术在矿山测量的工作重要性日益显现。RTK 定位技术在矿山测量多方面的应用将极大地提高测量工作效率和成果的可靠性，随着其技术的不断成熟，具有很大的技术推广价值。

关键词：露天矿；测量；RTK 技术

Application and Advantage Analysis of RTK Technology in Open Pit

Wu Hao

（Guangdong Hongda Blasting Co., Ltd., Guangdong Guangzhou, 510623）

Abstract：With the development of scientific technology, new measurement technology—RTK positioning technology in mine survey shows more importance. RTK positioning technology in the application of various mine surveying will greatly improve the efficiency of measurement work and reliability of the results with its maturing, and it has lot of technology popularization value.

Keywords：open pit mine；surveying；RTK technology

1 RTK 定位技术简介

实时动态测量（RTK，Real Time Kinematic）定位技术是基于载波相位观测值的实时动态 GPS 定位技术，它是 GPS 测量技术发展中的一个新突破，它能够实时地提供测站点在指定坐标系中的三维定位结果，并达到厘米级精度。在 RTK 作业模式下，基准站通过数据链将其观测值和测站坐标信息一起传送给移动站。移动站不仅通过数据链接收来自基准站的数据，还要采集 GPS 观测数据，并在配套的软件内组成差分观测值进行实时处理。RTK 技术的关键在于数据处理技术和数据传输技术。

2 RTK 技术优点

2.1 作业效率高

在一般的矿山地形地势下，RTK 设站一次即可覆盖 2km 半径的测区，大大减少了传统测量所需的控制点数量和测量仪器的"搬站"次数，仅需一人操作，一般的环境下几秒钟即得一点坐标，作业速度快，劳动强度低，节省了作业费用，提高了劳动效率。

2.2 定位精度高，数据安全可靠

在没有转换控制点和四参数坐标之前没有误差积累，只要满足 RTK 的基本工作条件，在一定的作

业半径范围内（一般为 2km），RTK 的平面精度和高程精度都能达到厘米级。RTK 技术当前的测量精度：

平面：5mm+2ppm；高程：10mm+2ppm。

2.3 降低了作业条件要求

RTK 技术不要求两点间满足光学通视，只要求满足"电磁波通视"。因此，和传统测量相比，RTK 技术受通视条件、能见度、气候、季节等因素的影响和限制较小，在传统测量看来由于地形复杂、地物障碍而造成的难通视地区，只要满足 RTK 的基本工作条件，它也能轻松地进行快速的高精度定位作业。

2.4 RTK 作业自动化、集成化程度高，测绘功能强大

RTK 可胜任各种测绘作业。移动站利用软件控制，在人为的操作下可自动实现多种测绘功能，使辅助测量工作极大减少，减少人为误差，保证了作业精度。

2.5 操作简便，容易使用，数据处理能力强

第一次使用根据相应的步骤求出相应的四参数，在根据其配套软件进行常用设置。其日后使用只需校验相应的已知控制点坐标就可以获得测量结果坐标或进行坐标放样。数据输入、存储、处理、转换和输出能力强，能方便快捷地与计算机、其他测量仪器之间进行数据转换。

3 RTK 定位技术在矿山测量中的应用

在露天矿区地形图和地籍图测绘中应用 RTK 定位技术。露天矿区地理信息的采集和管理、露天矿区储量管理和开采监督、露天矿区规划建设等都离不开大量的测绘工作，由于矿区发展快、露天矿区地表变化日新月异，为了能给决策层提供准确的信息，必然对图纸的现势性要求高，矿山测量工作者需要不断地对露天矿区地形图进行补测和修测，并测绘大量的专用地籍图、规划地形图，而 RTK 的技术特点给我们的测图工作带来很大的便捷，与传统测量手段相比大大减小了工作量，提高了工作效率。

结合上述 RTK 技术特点和在广东宏大哈尔乌素项目部的实际使用，下面具体说明一下其在测图工作中的效率和 RTK 在哈尔乌素露天矿上测量的一些使用经验总结，并对其在实践中的不足提出解决方案。

3.1 测量效率极大提高

测量效率极大提高具体表现如下。

（1）减少了人员投入。在 60 万平方米的作业面积，3 人一个正常工作日便可完成原始地形的采点。基准站安置好以后在仪器有效作业半径内不需迁站，作业效率和精度大大提高，出错率减少。

（2）安置好基准站后，在控制点上校验好移动站后便可测量。

（3）在高坎下作业，用 RTK 测设控制点配合全站仪进行测图，大大提高测图精度和速度。

3.2 实际使用经验

实际使用经验如下。

（1）基准站周围应设立 3~5 个高精度测量控制点，控制点应与矿区控制点进行联测（最好用静态 GPS），并尽量设置在地质条件稳定的制高点上，控制点离基准站的距离不超过 1km，周围对 RTK 影响因素尽量要少。每次测量移动站应校验同一控制点，用其他控制点校验。

（2）当移动站出现接收基准站信号不稳定时，解决这类问题的有效办法是把基准站布设在测区中央的最高点上（基准站应与移动站呈 45°~70°夹角）。

（3）初始化能力和所需时间问题。在山区沟壑错杂、一般林区作业时，GPS 卫星信号被阻挡机会较多，容易造成失锁，采用 RTK 作业时有时需要经常重新初始化，这样测量的精度和效率都受影响。

解决这类问题的办法主要是选用初始化能力强、所需初始化时间短的 RTK 机型。

（4）电量不足问题。RTK 耗电量较大，需要多个大容量电池、电瓶才能保证连续作业，最好选用外置电台作为发射装置，以确保信号的稳定和电量充裕。

（5）精度和稳定性问题。RTK 测量的精度较容易受卫星状况、天气状况、数据链传输状况影响。不同质量的 RTK 机型，其精度和稳定性差别较大。要解决此类问题，首先要选用精度和稳定性都较好的高质量机种，然后，要在布设控制点时多布置一些"多余"控制点，作为 RTK 测量成果质量控制的校验点。

4 RTK 的不足及其解决办法

4.1 受卫星状况限制

当卫星系统位置对美国是最佳的时候，世界上有些国家在某一确定的时间段仍然不能很好地被卫星所覆盖，容易产生假值。另外，在高山峡谷深处及密集森林区、城市高楼密布区，卫星信号被遮挡时间较长，使一天中可作业时间受限制。产生假值问题采用 RTK 测量成果的质量控制方法可以发现。作业时间受限制可由选择作业时间来解决。

4.2 天空环境影响

白天中午，受电离层干扰大，能使用的卫星数少，常接收的卫星信号不到 5 颗卫星，因而不能得出稳定的数据，也就无法进行测量。根据现场试验，在同样的条件和地点上进行 RTK 测量，上午 11 点之前和下午 3：00 分之后，RTK 测量结果准而快，而中午时分，很难进行 RTK 测量。可见选择作业时段的重要性。

4.3 数据链传输受干扰和限制、作业半径比标称距离小的问题

RTK 数据链传输易受到障碍物如高大山体、高大建筑物和各种高频信号源的干扰，在传输过程中衰减严重，严重影响作业精度和作业半径。在地形起伏高差较大的山区和城镇密楼区数据链传输信号受到限制。另外，当 RTK 作业半径超过一定距离（一般为几公里，每种机型在不同的环境又各不相同）时，测量结果误差超限，所以 RTK 的实际作业有效半径比其标称半径要小很多，工程实践和专门研究表明，RTK 确定整周模糊度的可靠性最高为 95%，RTK 比静态 GPS 还多出一些误差因素如数据链传输误差等。因此，和 GPS 静态测量相比，RTK 测量更容易出错，必须进行质量控制。

5 质量控制的方法

5.1 已知点校验比较法

即在布测控制网时用静态 GPS 或全站仪多测出一些控制点，然后用 RTK 测出这些控制点的坐标进行比较校验，发现问题即采取措施改正。

5.2 重测比较法

每次校验成功后，先重测 1~2 个已测过的 RTK 点或高精度控制点，确认无误后才进行 RTK 测量。

5.3 不同基准站检测法

在测区内建立两个以上基准站，每个基准站采用不同的频率发送改正数据，移动站选择性地分别接收每个基准站的改正数据从而得到两个以上解算结果，比较这些结果就可判断其质量高低。

以上方法中，最可靠的是已知点校验比较法，但控制点的数量总是有限的，所以没有控制点的地方需要用重测比较法来检验测量成果，不同基准站实时检测法的实时性好，但它需具备一定的仪器条件。

6 结语

实践证明（GPS）RTK 测量技术给现代矿山测量带来了重大的技术手段变革，极大地方便了矿山测量工作者的日常工作，随着其技术的不断进步，必将给矿山测量带来更大的便利，其在矿山测量中的应用领域将更为广泛。

参 考 文 献

[1] 李征航，黄劲松. GPS 测量与数据处理 [M]. 武汉：武汉大学出版社，2005.
[2] 吴北平. GPS 网络 RTK 定位原理与数学模型研究 [D]. 武汉大学，2003.
[3] 郭志达. 测绘科技与矿山测量的新进展 [J]. 矿山测量，2006(1)：4-9，45.

采空区处理爆破设计与施工

武 亮

（广东宏大爆破股份有限公司，广东 广州，510623）

摘 要：在大宝山矿山井采向露天开采转变的过程中，为确保露采施工作业的人员设备安全，必须对临采空区进行处理。本文在分析采空区基本特征的基础上，提出了采空区处理方案，编制了爆破设计及施工安全管理措施。

关键词：采空区；毫秒延时爆破；爆破振动；起爆网路；安全措施

Blasting Design and Construction in the Goaf

Wu Liang

（Guangdong Hongda Blasting Co., Ltd., Guangdong Guangzhou，510623）

Abstract：In the process of transformation from well mining to open-pit mining in Dabao Mountain mine, to ensure the safety of workers and equipment in construction, the dispose of adjoining goaf is essential. Based on the analysis of basic characteristics of the goaf, the treatment scheme is put forward, and safety management measures of blasting design and construction are worked out.

Keywords：goaf；delay blasting；blasting vibration；blasting network；security measures

1 1号采空区特征

1.1 1号采空区爆破的必要性和难点

大宝山矿因多年的滥采、私采形成了大量的采空区，现已严重影响正常生产作业。采空区范围集中在697m平台至640m平台，这一区域距选矿厂较近，故爆破难度较大，本文将对1号采空区爆破处理方案进行探讨。

本爆区位于697m平台，$35_2 \sim 37$线之间，爆区面积约$1140.33m^2$。爆区中心距铜矿车间150m，距选矿厂200m，距中心硐48m。爆破振动对厂区正常生产会产生较大影响。由于厂区生产不可停止，给本次爆破带来了很大的困难。又因为爆区距中心硐巷道较近，爆破冲击波会使巷道内的碎石形成飞石，给选场设备和人员安全带来极大危害。

1.2 1号采空区三维模型

对697m平台进行采空区钻孔（71290.1，17950.0）勘查时，在683.8m探明存在1号采空区，通过皮尺测量得出采空区顶板厚度约为14.5m，高度为15.5m。利用钻孔（71290.1，17950.0）对该采空区进行了三维激光探测[2]，结果显示与原采空区测量资料相差较大。三维激光探测仪对采空区进行探测结果如图1所示。

原载于《中国爆破新技术Ⅲ》，2012：467-472。

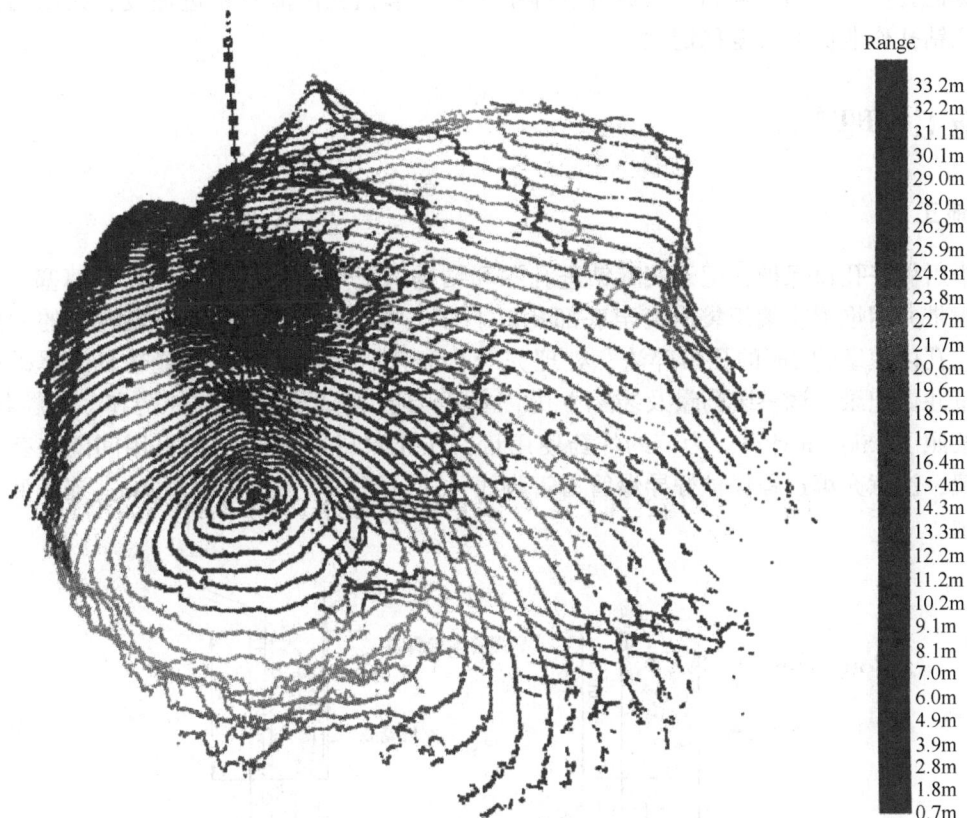

图 1 采空区三维扫描图

Fig. 1 The 3D scanning image of the goaf

利用三维激光探测结果，采用 SUPAC 软件对 1 号采空区进行了真实还原[3]，经综合分析得到采空区的参数如表 1 所示。

表 1 采空区体积及范围

Table 1 The mined-out area and volume

采空区最大跨度/m	顶板体积/m³	采空区面积/m²	采空区体积/m³
28.6	17046	890	9088

根据矿山提供的采空区资料、探测资料以及扫描资料显示，三维激光扫描结果与实际情况基本吻合，但由于采空区范围较大，离探测孔较远区域采空区扫描结果存在一定误差。

1.3 1 号采空区岩性及顶板保护层安全性分析[1]

1 号采空区位于中泥盆统东岗岭组下亚组（$D_2 d^a$），工程地质钻孔所取岩芯显示，岩体硅化岩与矽卡岩为主，局部含有铜硫矿体。从钻孔岩石颗粒推断岩体连续性较好，卡钻现象较少。

经资料查阅得知，采空区最大跨度 28.6m，预留保护层厚度应不小于 19.29m。综合考虑 1 号采空区立体形状，在保证只有一台阿特拉斯 976 型钻机在采空区上方作业的条件下，预留保护层厚度应不小于 16.5m。保安层厚度小于 16.5m 区域。

1.4 爆破参数选取及钻孔施工管理

本次穿孔施工在 697 平台打垂直孔，由一台阿特拉斯 976 型高风压钻机施工，孔径为 140mm，为保证爆破岩石块度较小平台可完全塌陷，设计为 4.0m×4.0m 孔网，设计孔深为 14.6~43.16m。

使用定位仪确定每个孔位及孔深并做标记，所做标记包括孔号、孔深、装药量、孔雷管段别和雷管数。空区上方孔完全打穿，空区边缘孔有可能未打穿，对于钻进困难的孔可用套管做孔壁或使用泥土护孔壁以保证孔壁稳定钻孔顺利。在钻进过程中全程了解钻孔出渣及钻进速度，判断岩体岩性和完整性，并注意钻孔作业面的安全稳定性。

2 爆破施工管理[5]

2.1 爆破施工

钻孔完毕后做好孔口保护，记录实际钻进孔深和钻进情况。对打穿孔进行孔底填塞，孔底填塞使用铁丝吊编织带并用炮棍将编织袋压离至底部孔口上方 1.5m 处左右，相邻外表孔口的铁丝用铁钳相连固定，再向孔内填塞约 2m 的孔口碎渣，处理完所有穿孔后保护孔口，静置几日。爆破前对孔深进行再次的校正并做记录，调整装药量及装药方式。本爆破使用 2 号岩石乳化炸药和多孔粒状铵油炸药，延米装药量按照 13.5kg/m 计算。为节约炸药使用量，在孔深超过 15m 的孔采用间隔装药，间隔段使用细碎石充填，注意充填过程保护好导爆管雷管脚线，孔口堵塞段保持长度为 4m。连续装药和间隔装药如图 2 所示。

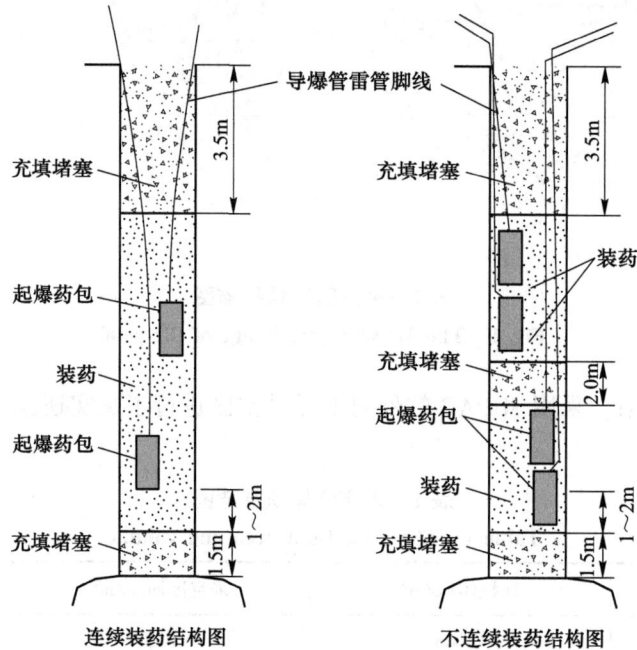

图 2 连续装药结构和间隔装药结构及堵塞示意图

Fig. 2 The schematic diagram of the continuous charge structure and the interval charge structure and their blocking

2.2 爆破网路设计

1 号空区爆破离矿山厂区和施工人员生活区较近，为降低爆破振动和噪声，本次爆破采用孔内毫秒延时爆破技术，孔外脚线使用四通进行双线复式连接网路，三根线搭桥以保证网路较高的安全性。爆破网路如图 3 所示。

为保证选矿厂区和中心硐等周边设施不受到影响，同段雷管最大装药量不得超过 1006.1kg。

3 爆破安全措施[4]

3.1 爆破安全计算

3.1.1 爆破振动效应
根据爆破区附近各建筑物质点允许振动速度，用下式计算最大段装药量：

$$Q = R^3 \left(\frac{v}{K}\right)^{\frac{3}{a}}$$

式中　v——质点最大允许速度，cm/s；

　　　R——测点到爆源中心距离，m；

　　　Q——装药量，即最大一段装药量，kg；

　　　K——与炸药性质、爆破方式、地形地质条件有关的系数；

　　　a——衰减系数。

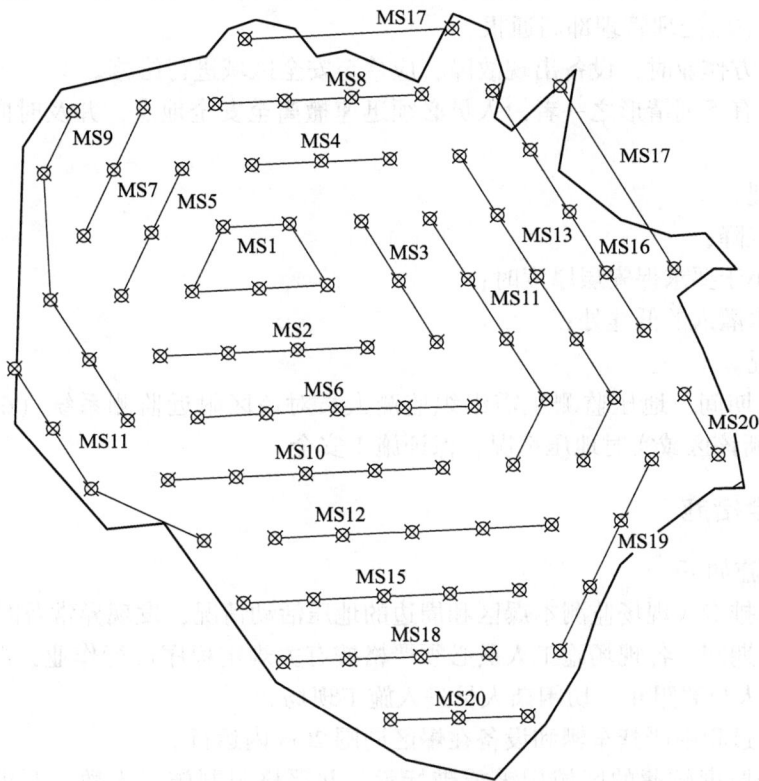

图3　孔内毫秒延时爆破网路图

Fig. 3　Inter-hole milliseconds delay blasting network diagram

车间允许最大单段起爆药量：

$R = 168.2$m，砖混结构，取 $v = 2.3$，$K = 150$，$a = 1.5$。

计算得：$Q = 1118.8$kg。

中心硐允许最大单段起爆药量：

$R = 48$m，取 $v = 20$，$K = 150$，$a = 1.5$。

计算得：$Q = 1966$kg。

通过计算，最大单段装药量为 1106.3kg，小于最大单段允许药量 1118.80kg，均符合要求。

3.1.2　爆破飞石最大抛掷距离

爆破飞石最大抛掷距离按下式计算：

$$R_f = 20K_I n^2 W$$

式中　R_f——个别飞石最大抛掷距离，m；

　　　K_I——与地形、风向有关的影响因素，取 1.5；

　　　n——爆破作用指数，取 0.8；

　　　W——最小抵抗线，m。

计算得出 $R_f = 76.8$m，但考虑个别孔充填质量未达到要求，预计个别飞石可达成 150m。

3.2 钻孔施工安全措施

钻孔施工安全措施如下。

（1）作业前必须认真检查作业区域和附近的岩性稳定及其变化状况，作业时要有经验丰富的人员作警戒工作，各施工队及现场管理工段必须严格交接班制度，做好交接班的记录工作。

（2）作业平台必须保持平整，无大块或其他障碍物，每个作业点至少要有两处以上安全撤退路线。

施工单位穿孔作业人员必须认真如实记录穿孔的施工情况，只允许白天作业，对异常现象必须记录清楚，并及时向采空区处理管理部门通报。

（3）在采空区上方作业时，设备出现故障，应移至安全区域进行维修。

（4）现场施工中有下列情形之一者，人员必须迅速撤离至安全地点，并及时向采空区处理管理人员汇报：

1）地表新鲜开裂；

2）地表松动、沉降；

3）遇到空区，小于要求保安层厚度时；

4）雨天地表汇水灌入的低洼处；

5）其他异常情况。

（5）在穿孔施工期间，地压监测组需组织监测人员对该区附近监测系统（650 监测系统）进行24h 不间断监测，判断该区域实时地压情况，保证施工安全。

3.3 爆破施工安全措施

爆破施工安全措施如下。

（1）在施工中安排专人现场监测本爆区和周边的地压活动情况，发现异常及时报告并撤离。

（2）在爆破施工期间，各现场施工人员必须严格按有关规定程序进行作业，严禁携带烟火和手机进入爆区，安全保卫人员要阻止一切闲杂人员进入施工现场。

（3）装药、连线过程中严禁车辆和设备在爆区周围20m 内运行。

（4）在空区安全厚度较薄的区域用警戒带标示，并严格限制施工人数，要求两人运药，两人装药，两人充填。

（5）如发现危及人身安全的险情，应立即组织人员撤离。

（6）爆破施工作业，必须严格按照国家有关爆破规程操作。

4　爆破后效果评价

本次爆破使用乳化炸药 8568kg、多孔粒状铵油炸药 7200kg，共计使用炸药 15768kg，比设计少使用 500kg。爆破使用雷管总计 278 发、导爆管 500m。爆破后 50m 范围内振动较为明显，无飞石冲孔现象，大块率低，利于挖运，眉线砍边较明显，爆堆降低显著，最深处下降约 10m，凹陷面积约 1100m^2，达到设计预期效果。

参 考 文 献

[1] 李地元，李希兵，赵国彦. 露天开采下地下采空区顶板安全厚度的确定 [J]. 露天采矿技术，2005(5)：12-17.

[2] 夏永华，方源敏，孙宏生，等. 三维激光探测技术在采空区测量中的应用与实践 [J]. 金属矿山，2009(2)：112-114.

[3] 闫小伟，邓甲昊. 三维激光成像探测系统建模与仿真 [J]. 科技导报，2011，29(28)：28-32.

[4] 汪旭光，刘殿中，周家汉，等. 爆破安全规程 [S]. 北京：中国标准出版社，2004.

[5] 汪旭光. 爆破手册 [M]. 北京：冶金工业出版社，2010：935-948.

大宝山高温硫化矿区爆破安全的实践

段君杰

（广东宏大爆破股份有限公司，广东 广州，510623）

摘　要：介绍了大宝山高温硫化矿区，对高温区隐患提出分析，确定向炮孔注饱和石灰水。根据高温区炮孔温度选取适当的材料，通过合理的防爆措施，并对现场装药遭遇空区的问题提出自己的意见，降低了高温区作业的危险系数，增强了现场施工的可操作性，提高了火区作业的安全性。

关键词：高温；硫化矿区；采空区；危险隐患；安全措施

Practice of Blasting Safety in High Temperature Vulcanization Zone of Dabaoshan Mine

Duan Junjie

（Guangdong Hongda Blasting Co., Ltd., Guangdong Guangzhou，510623）

Abstract：This paper introduces the high-temperature sulfide mine of Dabaoshan, analyzis the hidden danger and finds the solution of injecting saturated lime water into the holes. According to the hole temperature of the high temperature zone, it selects proper materials, takes proper measures of explosion prevention, and puts forward its view on site charging encuntering empty area, reducing the danger coefficient of the high temperature operation area, enhancing the operability of site construction, and improving the operating safety in the fire area.

Keywords：high temperature; sulfide mine; goaf; hidden danger; safety measures

1　引言

大宝山矿属于一座大型多金属矿山，矿区主矿体上部为褐铁矿体，下部为大型铜硫矿体，并伴有钨、铋、钼等多种稀有金属和贵金属。大宝山矿体呈两侧分布，主要矿体集中，小矿体呈零星分布。大宝山矿区开采主要以铜矿、铁矿为主。采区硫化矿较多，存在自燃发火现象。大宝山由于多年来私人掠夺式开采影响，造成山体内部空区众多。空区内部硫化矿含量高，使大宝山开采矿区过程中，常常受到硫化物氧化放热的影响，局部地区温度异常，爆破作业过程中炮孔内温度过高，对施工造成了不利影响，采区和硫化矿区的综合问题给矿区开采留下了安全隐患。

裸露在外表面的硫化物直接与氧气反应会迅速氧化放热，这样的地区需闲置一段时间才能进行爆破作业。而在矿区矿石开采过程中，在地底下空区内部以及裂隙处的硫化矿遇到钻孔过程中带来的新鲜空气，会被逐步氧化放热，使得内部温度上升。同样，由于山体内部空区以及断层破碎带、氧化矿带会大大地影响钻进效果，使得钻进困难，容易卡钻，达不到预定设计深度，大大提高了钻孔成本，直接影响到爆破效果，导致开采速度慢，消耗时间和精力。

原载于《中国爆破新技术Ⅲ》，2012：1016-1020。

2　硫化矿区爆破作业隐患

2.1　硫化矿危险隐患

硫化矿危险隐患如下。

（1）在矿区持续供氧通风情况下，炸药发生自燃自爆现象的条件有：1）硫化矿中Fe^{2+}、Fe^{3+}离子量之和达到0.3%；2）FeS_2含量在30%以上；3）矿石中含水量为3%~14%；4）矿石温度在30℃以上；5）使用粉状硝铵类炸药，如使用铵梯炸药、铵油炸药等；6）炸药与硫化矿的直接接触。这些条件将会导致药包自爆，会严重影响到爆破作业的安全性，要时刻提高警惕，投入必要的人力物力检测。

（2）大宝山硫化矿部分采区处于破碎带，黄铁矿会在裂隙处渗透水和空气的共同作用下发生预氧化，在采区钻进过程中黄铁矿暴露在钻进带来的潮湿空气中会加速氧化反应速度，放出大量的热量。硫矿氧化放热使炮孔温度升高，使得常用的爆破材料在孔内受高温影响，造成其结构性能的变化。当温度达到了临界温度的时候，就会发生爆炸事故或是炸药拒爆形成盲炮，给安全作业带来严重危害。

2.2　硫化矿高温放热反应机理[1] 和降低高温孔危险性的思考

正是由于硫化矿不断的氧化放热造成了现场施工的危险性，下面就对硫化矿的放热机理做出分析，探索其反应机理，寻找解决硫化矿氧化放热的办法。硫化矿矿石所含硫化物以黄铁矿为主，在适宜条件下会发生氧化反应：

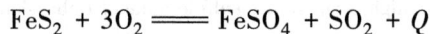

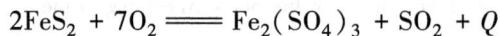

$$2FeS_2 + 7O_2 + 2H_2O = 2FeSO_4 + 2H_2SO_4 + Q$$
$$FeS_2 + 3O_2 = FeSO_4 + SO_2 + Q$$
$$2FeS_2 + 7O_2 = Fe_2(SO_4)_3 + SO_2 + Q$$

硫酸亚铁不稳定与氧气继续反应：

$$12FeSO_4 + 3O_2 + 6H_2O = 4Fe(OH)_3 + 4Fe_2(SO_4)_3$$

硫酸铁做氧化剂与黄铁矿反应，生成硫酸亚铁，继续参与到反应中去：

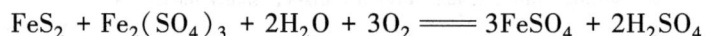

$$FeS_2 + Fe_2(SO_4)_3 + 2H_2O + 3O_2 = 3FeSO_4 + 2H_2SO_4$$

上述反应中生成的硫酸在与炸药接触的情况下，与炸药中所含的硝酸铵发生反应，生成了硫酸铁，又会参与到反应中去：

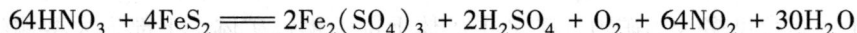

$$H_2SO_4 + 2NH_4NO_3 = (NH_4)_2SO_4 + 2HNO_3$$
$$64HNO_3 + 4FeS_2 = 2Fe_2(SO_4)_3 + 2H_2SO_4 + O_2 + 64NO_2 + 30H_2O$$

上述反应生成的硫酸铁会与黄铁矿发生氧化还原反应，而与黄铁矿反应生成的产物中硫酸会与硝酸铵发生反应，不断促进整个反应的进行。随着氧化过程的不断进行，这些反应会相互促进不断加速，不断放出热量，导致孔内温度不断积累，直到安全事故的发生。

在高温环境下还会发生硝铵炸药的热分解：

$$8NH_4NO_3 = 2NO_2 + 4NO_2 + 5N_2 + 16H_2O + Q$$

在反应过程中不断生成的气体和孔内高温产生的水蒸气，在炮孔被堵塞后，会不断提高孔内的压力，与孔内温度一起升高，形成高温高压的密闭环境条件，达到起爆器材的起爆条件，直接导致爆炸事故的发生。

从上述反应可以看出隔绝硫化矿与氧气的接触，就能阻止硫化矿氧化放热反应进行，从这点考虑提出了在处理高温孔时向孔内注入饱和碱性石灰水的设想。饱和碱性石灰水首先能有效地降低孔内温度，中和硫酸这个中间产物，阻碍硫化矿与空气接触，并能有效吸收反应中产生的有害气体，降低孔内的压力，由此可以看出注入碱性石灰水是一个降低炸药自爆的有效手段。

3 高温硫化矿区爆破器材的选取

3.1 炸药的选取[2]

现在市场选用的硫化矿用安全炸药有 BMH 型硫化矿用散装安全炸药和 BDS 系列安全乳化炸药等，这两种炸药的价格再加上运输成本，大大增加了爆破成本。现场使用的炸药是铵油炸药、膨化硝铵炸药、乳化炸药三种，通过对这几种炸药进行低于 140℃ 的高温区爆破可行性试验来判断选用的炸药类型。铵油炸药在高温放置条件下，爆速降低过大。硝铵炸药在高温放置条件下，因其本身严重的吸湿性，不利于现场选用，而且选用硝铵类炸药，还会提高炸药自爆的可能性。乳化炸药为油包水性混合物，在高温放置后爆速降低小，而且不必担心现场装药过程中石灰水对炸药的影响。

3.2 起爆器材和耐高温材料的选用[3]

孔底温度在 60~80℃ 时，直接使用普通导爆索和乳化炸药起爆；孔底温度在 80~140℃ 时，使用经过热处理的导爆索起爆，亦可以同时注碱性石灰水装药操作；孔底温度超过 140℃ 时，使用耐高温起爆材料起爆，高温隔热包装材料为石棉绳、海泡石等。

由表 1 可知，外侧温度在 180℃ 左右时，两者之间差异不大，选用价格便宜的。外界温度为 248℃ 时，含水海泡石效果最佳。

表 1 含水海泡石和石棉绳相同温度对比
Table 1 Contrast of hydrated sepiote and asbestors rope at the same temperature

隔热材料	外侧水温 100℃		外侧熔岩温度 180℃		外侧熔岩温度 248℃		隔热效果
	内侧温度/℃	内外温差/℃	内侧温度/℃	内外温差/℃	内侧温度/℃	内外温差/℃	
含水海泡石	91	9	105	75	108	140	含水时较好
含水石棉网	76	24	104	76	120	128	含水时较好

3.3 测量炮孔温度计的选取

现场选用 HD-SXM 防爆就地温度显示仪测量温度。测量温度时，用金属套管保护好后将温度计送入炮孔，测量孔温的稳定值和最高值，孔口温度大于 80℃ 时要测定孔底温度，测温器材要经常标定。

4 硫化矿高温采区的防爆措施及现场操作难点

4.1 硫化矿高温采区的防爆措施

硫化矿高温采区的防爆措施[4]如下。

（1）安排专门人员检测炸药自爆前的四个条件。为了方便，先检测矿石内部温度，如若发现温度比一般矿石温度高或有怀疑时，再进一步进行其他条件的分析。相对于这种检测方法，还可以对矿样水溶液的 pH 值进行检测，pH 值能更直观地反映炸药是否与硫化矿反应，可以用 pH 极限值为 4.40~1.32 作为炸药自燃自爆的判定依据。

（2）在钻孔过程中安排专门人员记录钻孔情况，对于穿孔的炮孔要详细记录，以此推算空区情况，并且记录下钻孔钻进困难的位置。由于受硫矿含量高的地区断层破碎带的影响，钻孔过程中容易出现状况，要及时通知现场技术人员调整孔位。

（3）确定放炮区域时，要提前用仪器测量炮孔温度，记录孔温，并在周围做相应的标记，在放炮前尤其是注水前后要及时测量孔深，遇石头卡孔要提前处理。

（4）处理高温区要分台阶爆破[5]，要求一次爆破高温孔不得超过 15 个。爆破作业前要对工作面进行洒水降温，使得工作面温度降到 28℃ 以下。

（5）现场装药操作过程中，现场起爆时间要经过模拟实验确定，尽量减少现场作业时间。根据采区实际情况确定每次火区爆破时的最大高温孔数，每孔安排两人负责装填；一切准备工作就绪后，炸药雷管导爆索等材料按先前准备情况分配到每个炮孔，炸药包装打开，方可开始装药；在高温孔和常温孔一起爆破时，装孔顺序是先把常温孔装好，再装高温孔；从装药到起爆整个过程不能超过一定的时间，这个时间需根据具体采区情况而定。

（6）用不含硫化矿的矿岩粉做堵塞物。装药时，应安排专人监视，发现炮孔逸出棕色浓烟等异常现象时，应立即报告爆破指挥人员，迅速组织撤离。如发生自燃现象，立即采用洒水车对炮孔注碱性石灰水降温。一般情况下，低于140℃的高温区装药，时间控制在1h以内。无关人员不得进入爆区，附近不安排钻孔、挖装作业。合理组织装药、联网、警戒作业，尽量缩短炸药在高温孔内的时间，高温孔装药、联网完毕，及时清场、起爆。

4.2 爆区炮孔空区装药措施

现场装药采用吊装装药，孔径为φ140mm，采用不耦合装药，炸药选用乳化炸药。现场操作由于空区（见图1）的存在使得炮孔的温度不会升得过高，同时也是因为空区为现场装药带来新的问题。由于孔内装药在遇未知空区的情况下，药包会向旁边倾倒，现场装药人员如果没有注意的话，很有可能会多装药。如果空区面积过大，钻孔的同时未详细记录空区钻进状况，现场装药一般采用将药包吊到一定深度以避开空区，这又提高了炮孔冲孔的可能性，而且炮孔内炸药还会分段，做不到装药的连续性，在起爆效果上就达不到预期的效果。

为了达到预期爆破效果，笔者认为可以采用竹片固定φ90mm的2号岩石乳化炸药放置到空区所在位置，竹片可以准备3m、5m、7m等固定的长度，通过钻孔记录就可以判断空区大小，随后在现场装药前提前制作，及时投放，这样做

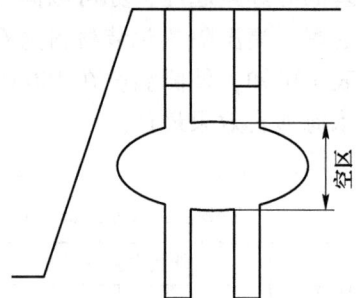

图1 爆区炮孔遭遇空区示意图
Fig.1 Diagram of empty area in the blasthole

既能做到连续装药，减小冲孔可能性，又提高了安全性并改善了爆破效果。由此可见在空区硫化矿区存在的同时，必须做好充足的准备工作，在钻孔作业期间记录钻进遇到空区的详细记录，才可以及时处理解决现场遇到的问题。

5 结语

适当的准备和合理的技术再加上足够的重视是处理高温硫化矿区的关键。在处理高温硫化矿时保持对矿样水溶液进行检测。其次对温度进行测量，决定处理步骤，通过注饱和石灰水来抑制炸药自爆可能性，并且选取合适的材料和合理的操作步骤来降低爆破危险系数。爆破准备阶段通过详细的钻孔记录，以此为依据来提前准备爆破所用器材，并对空区装药提出应对措施。

高温硫化矿区爆破作业是大宝山矿山开采中的一个重要环节，本文对矿山开采提出了一系列思路，并且在大宝山火区开采施工中取得了一定成绩，在近几年内没有出过一起爆炸安全事故。由此可见，只要有规范的制度，适当的防治体系，有安全部门的重视和现场工作人员认真负责，高温硫化矿山开采作业将不再是重大难题。

参 考 文 献

[1] 国家经贸委安全生产局. 爆破工 [M]. 北京：气象出版社，2005.

[2] 傅建秋. 胶状乳化炸药和电雷管的耐高温性能试验研究 [J]. 爆破，2008，25(3)：4-10.

[3] 廖明清. 普通导爆索在高温爆破中的应用 [J]. 爆破器材，1991(1)：19-21.

[4] 汪旭光，郑炳旭，张正忠，刘殿书，等. 爆破手册 [M]. 北京：冶金工业出版社，2010：612-622.

[5] 齐俊德. 宁夏煤田火灾的危害及综合治理研究 [J]. 能源环境保护，2007，21(2)：36-39.

基于 MATLAB 回归分析的硫铁矿炸药单耗优化研究

张光权[1,2] 叶图强[1] 汪 平[3] 陶铁军[1,2]

(1. 广东宏大爆破股份有限公司，广东 广州，510623；2. 北京科技大学，北京，100083；3. 中国工程爆破协会，北京，100142)

摘 要：本文通过单孔爆破漏斗试验，根据爆破漏斗试验的基础理论，使用 MATLAB 软件对试验数据进行三次项回归，得到出了表述药包的埋深与爆破漏斗体积之间关系的三次多项式，从而得到最佳埋深，最后求得了在试验条件下的炸药单耗。该分析方法合理、结果可靠，提供的试验方法使小型试验系列化、科学化，值得在行业内推广，对爆破漏斗试验的数据处理具有重要的参考价值。

关键词：硫铁矿；爆破漏斗试验；回归分析；*V-L* 曲线；最佳单耗

Research on Optimum of Unit Explosive Consumption in Sulfurous Iron Ore Based on MATLAB Regression Analysis

Zhang Guangquan[1,2] Ye Tuqiang[1] Wang Ping[3] Tao Tiejun[1,2]

(1. Guangdong Hongda Blasting Co., Ltd., Guangdong Guangzhou, 510623; 2. Beijing University of Science and Technology, Beijing, 100083; 3. China Society of Engineering Blasting, Beijing, 100142)

Abstract: In this paper, through the single-hole explosion crater test, a cubic polynomial was derived, which expresses the relationship between embedded depth of blasting cartridge and bulk of blasting cone by means of cubic regression analysis to experimental data with MATLAB according to basic theories of explosion crater test. Furthermore, the optimum buried depth was acquired. At last, the optimal unit explosive consumption under experimental conditions was figured out. The analytical method is reasonable and the result is reliable. The empirical method makes the minitype test more systematic and scientific, which is worth promoting in the industry and has important reference value to data processing of explosion crater test.

Keywords: sulfurous iron ore; explosion crater test; regression analysis; *V-L* curve; optimal unit explosive consumption

1 引言

穿爆工作是露天矿山四大生产工艺之一[1]，穿爆质量直接制约着采装效率。理想的爆破效果需要根据不同区域的不同岩性，合理选取爆破参数，精心设计，精心施工。炸药单耗是爆破参数中的一项重要指标，也是检验爆破工作是否经济的指标，其不仅影响爆破成本和爆破安全，还直接决定爆破效果。单耗过小，会产生大量大块，增加铲装运和二次破碎成本，单耗过大，会增加爆破成本，同时会产生飞石等安全隐患。不同矿山、不同岩性以及不同地质环境炸药单耗也不一样，针对不同的具体情况，确定合适的炸药单耗对改善爆破效果、降低爆破成本、增强爆破安全有着重要意义。长期以来国内外学者和工程技术人员对此进行了大量的研究，取得了不少研究成果。

有研究人员以兰格弗尔斯（U. Langefors）药量计算公式为基础，提出了露天矿深孔爆破合理炸药

原载于《中国爆破新技术Ⅲ》，2012：458-462。

单耗的新方法[2]。在卡布其石灰矿的应用和一些露天矿山生产爆破参数验证表明，该方法可用于露天矿设计和生产中合理炸药单耗的研究与确定。广东宏大爆破公司工程技术人员[3] 以某铁矿爆破开采的炸药单耗预测为例，介绍了运用 Kuznetsov 和 Rosin-Rammler 数学模型在给定大块率情况下，所需炸药单耗的预测方法及其计算过程。根据使用经验，对在露天矿爆破开采中使用 Kuznetsov 和 Rosin-Rammler 数学模型进行爆破参数优化等提出了评价和建议。在洋鸡山金矿露天矿中深孔爆破开采中，为了确定该矿爆破炸药单耗，研究人员进行了矿岩的可爆性和爆破漏斗试验研究，应用模糊理论对爆破过程中影响爆破作用的诸多不清晰性因素进行了模糊评判，从而初步得出了该矿矿岩露天中深孔爆破炸药单位消耗量[4]。此外，统计分析方法也是一种较好的确定炸药单耗的途径，有学者在矿山生产中对某报告期内的炸药资料，分平盘、岩种、炸药种类、孔径等进行数理统计分析，利用 AutoCAD 软件包将数据展点成图等有效办法，审验其中错误数据，修正存档资料，然后，根据各平盘炸药单耗资料进行频度分析，确定合理的消耗指标，再依据采矿计划相关资料制定炸药单耗计划指标[5]。

尽管业内专家和学者通过大量理论或试验研究取得了许多研究成果，但这些研究有的从理论分析角度来计算炸药单耗，计算数据很多根据经验选取，缺乏试验的直接验证，现场情况的针对性不够，有的从统计学角度来进行反向分析，缺乏对生产工作事前的指导。本文针对某硫铁矿实际情况和现场使用的散装乳化炸药，通过爆破漏斗试验，借助于 MATLAB 软件对试验数据进行三次项回归，得出表述药包的埋深与爆破漏斗体积之间关系的三次多项式，从而得到最佳埋深，最后求得了在试验条件下的炸药单耗。

2 爆破漏斗试验

2.1 试验地点选择

试验地点选择在某硫铁矿矿业分公司采场 380 水平矿体部分，位于 1 线与 4 线之间，该块段位于 $F_1 \sim F_3$ 之间，主要为矿石，有少部分岩石，比较有代表性。矿石类型为厚条带状黄铁矿（致密块状），浸染状黄铁矿。矿石品位为 16~36，$f = 18 \sim 26$，平均为 20，矿石的密度 3.78t/m³。在进行现场试验之前，先将试验地点的场地清理干净，以便获得规范的爆破漏斗。

2.2 试验参数及方案

爆破漏斗试验采用 φ140mm 的炮孔。炮孔布置在 380 水平 1~4 线之间，相邻炮孔间距为大于或等于 7m，钻孔深度为 0.7~2m，共 20 个炮孔。布孔的原则是要求各孔爆破后形成的漏斗互不干扰，孔口尽可能有足够大的平整自由面，钻孔轴线要垂直于地面。

试验用炸药采用该矿山现用的罗定化工厂生产的 2 号岩石乳化炸药，猛度 12mm，殉爆距离 5cm，爆速 4300m/s，密度约 1.15g/cm³，其规格为 φ60mm×400mm，质量 1kg。按照单孔爆破漏斗试验的炮孔设计埋深，在每个炮孔内装填 1 卷乳化炸药，即每孔装药长度为 400mm，总装药量 1kg。采用电雷管–非电导爆雷管起爆系统，孔底反向起爆，药包中心埋深 0.7~1.8m，超深炮孔用炮泥调整到设计的装药深度，孔口部分用炮泥填塞，填塞长度大于 0.5m。

3 试验测试及数据处理

3.1 爆破漏斗半径测量

图 1 和图 2 所示为爆破漏斗照片，炮孔爆破后扣除漏斗口周边岩石片落部分圈定漏斗口边界，然后以炮孔为中心，每隔 45°，直接量取 8 个不同方位的漏斗边界 R_i，然后取其平均值作为爆破漏斗半径。可见深度直接用直尺量取。

3.2 爆破漏斗体积测量

用垂直断面法，即以垂直炮孔轴线的平面为基准面，在爆破前后，分别按 20cm×20cm 的网度测量

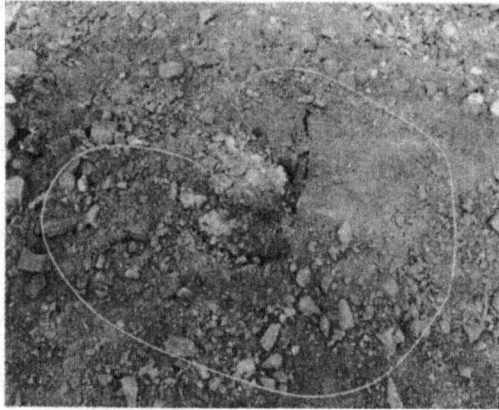

图 1 临界埋深爆破漏斗照片

Fig. 1 Blasting cone with critical depth

图 2 单孔爆破漏斗照片

Fig. 2 Blasting cone of single hole

原始自由面和漏斗轮廓距基准面的距离，其差值即为各测点爆破深度，然后再计算求得各断面的面积 S_i 和漏斗体积 V_i：

$$S_i = \frac{1}{2} \sum_{i=0}^{n} (y_i + y_{i+1}) d \tag{1}$$

$$V_i = \frac{1}{2} \sum_{i=0}^{n} (S_i + S_{i+1}) d \tag{2}$$

式中　y_i，y_{i+1}——断面各测点爆破深度，m；

S_i，S_{i+1}——各断面漏斗面积，m^2；

d——测点间距，$d = 0.2m$；

V_i——漏斗体积，m^3。

3.3 爆破漏斗试验数据分析处理

炮孔装药起爆后，按照上述方法，依次测量出爆破漏斗的半径和体积等数据，结果见表 1。

表 1 单孔爆破漏斗试验数据

Table 1 Data of single hole crater test

序　号	药包中心埋深/m	漏斗半径/m	漏斗体积/m^3
1	0.8	0.9502	0.827
2	0.67	0.8681	0.618
3	0.85	0.9392	0.854
4	1.2	1.0511	1.272
5	1.5	0.775	0.1886
6	1.4	0.875	0.3205
7	1.3	0.9675	1.019
8	1.45	0.8125	0.2976
9	1.35	0.8953	0.906
10	1.25	0.9935	1.157
11	0.7	0.8828	0.668
12	0.75	0.9234	0.763
13	0.9	0.9657	0.961
14	0.95	0.9687	1.017
15	1	0.9807	1.057

序　号	药包中心埋深/m	漏斗半径/m	漏斗体积/m³
16	1.1	1.0638	1.303
17	1.35	0.9287	0.975
18	1.55	0	0
19	1.6	0	0
20	1.8	0	0

依据表1数据，作 V-L 曲线（见图3），根据最小二乘法原理，用 MATLAB 软件对试验数据进行三次项回归，求得2号岩石乳化炸药的药包埋深（L）与爆破漏斗体积（V）的多项表达式为：

$$V = -6.4079L^3 + 16.5350L^2 - 12.5747L + 3.5628 \tag{3}$$

通过对式（3）求解，得爆破漏斗最佳状态的技术参数为：

炸药的临界埋深

$$L_e = 1.5412m$$

最佳埋深

$$L = 1.1529m$$

根据资料，在脆性岩石中最佳埋深比 Δ_o 较小，为 0.5~0.55；在塑性岩石中 Δ_o 值较大，为 0.9~0.95。由此可知，该矿山试验场地的矿体处于脆性和塑性之间，韧性较大，属较难爆的矿体。故可取最佳埋深比 $\Delta_o = 0.748$。

应变能系数：$E = 1.5412$。

最佳爆破漏斗体积：$V = 1.2237m^3$。

最佳爆破漏斗体积时单位炸药消耗量：$q = 1/1.2237 = 0.8172kg/m^3$。

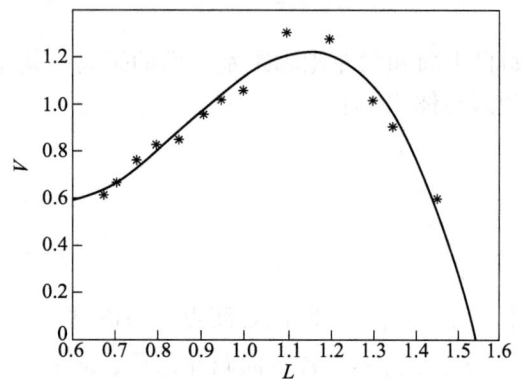

图3　爆破漏斗 V-L 曲线图

Fig. 3　V-L curve graph of crater test

4　结论

通过爆破漏斗试验和 MATLAB 回归分析可知，某硫铁矿最佳炸药单耗为 0.8172kg/m³，最佳埋深比为 0.748。本文得到的药包最佳埋深和炸药单耗等参数，完全适用于该矿试验场地所在采区的爆破设计，但由于地质结构、矿岩的物性和构成等的差别，对于别的采区或矿山爆破作业来说，本文得到的各参数只能作为参考，要根据爆破介质的实际情况进行适合调整。

参 考 文 献

[1] 石生龙. 露天矿山爆破炸药单耗合理性的探讨 [J]. 钼业经济技术，1991，35：1-3.

[2] 王文才. 露天矿深孔爆破合理炸药单耗的确定方法 [J]. 包头钢铁学院学报，1996，15(2)：43-49.

[3] 李战军，温健强，郑炳旭. 露天铁矿爆破开采炸药单耗预测 [J]. 金属矿山，2009，397：33-35.

[4] 谭章禄，熊民新，孙力强，等. 洋鸡山金矿露天开采中深孔爆破炸药单耗的确定 [J]. 爆破，1990，1：49-52.

[5] 霍云露. 炸药单耗计划指标确定方法 [J]. 露天采矿技术，1999，4：41-42.

某大型采石场降低爆破成本技术措施

王月辉

（广东宏大爆破股份有限公司，广东 广州，510623）

摘　要：结合南方某大型采石场爆破施工，提出了爆破工艺改进与完善的具体措施，并将最新的装药填塞方式引入到露天采石开采中，实践证明取得较好的效果，有效地减少了粉矿，降低了爆破成本。

关键词：采石场；爆破成本；粉矿；不耦合装药

Technique Measures of Reducing Blasting Cost in a Large Quarry

Wang Yuehui

（Guangdong Hongda Blasting Co., Ltd., Guangdong Guangzhou, 510623）

Abstract：Based on blasting construction in southern quarry yard, this paper tries to propose measures to improve blasting and introduce the latest way of explosive loading and padding into open-surface excavation. Through practice the result has been encouraging. Both powder ore and blasting cost are greatly reduced.

Keywords：quarry；blasting cost；fine ore；uncoupling charge

1　引言

露天采石开采中，主要有钻、爆、挖、运、排五大工序，其中钻爆成本占直接成本的比例较重，是除挖运之外的第二大高成本工序，其比例占生产成本的15%左右。因此，为了进一步提升爆破效果、降低爆破成本，很多专家学者对此做了大量的研究，通过不断的探索和实践，取得了明显的效果。本文以南方某大型采石场爆破采石为实例，从布孔方式、炸药的选择、装药结构、堵塞长度以及起爆方式等几个方面着手探讨改善爆破效果、降低爆破成本的途径。

2　工程实例

采石场钻爆成本由人员工资、钻孔费用、雷管消耗、炸药消耗等4部分组成。其中人员工资只要合理定员、定额，加强管理就可控制，其费用是固定的。因此，对爆破成本影响最大、最直接的就是爆炸物品的消耗以及延米方量，尤其是炸药单耗。影响炸药单耗的主要因素有：岩石的物理力学性质，爆区的地质构造和岩体结构。

2.1　工程概况

南方某采石工程要求爆破采石约 $1200 \times 10^4 m^3$，日产 $3 \times 10^4 m^3$ 以上，日均爆破自然方为 $2 \times 10^4 m^3$。采区主要为中粗粒花岗岩，小部分地带为辉绿岩，f 值为 $11 \sim 14$，密度 $2.7g/cm^3$，采区岩体倾向及倾角大多为 $130° \angle 80°$，岩石节理、裂隙、风化沟、破碎带均十分发育，裂隙水丰富。大部平台原岩本身被切割成许多小块，含有大量粉矿成分，且不同位置和深度风化程度差异很大。

钻孔设备为阿托拉斯潜孔钻机，孔径 140mm，设计台阶高度 $H=15.0m$，钻垂直孔，对 $f=11\sim14$ 的花岗岩超深 1.5m。炸药为成品乳化炸药卷和现场混装铵油炸药。

2.2 工程重难点

本采石场部分地段岩石颗粒之间胶结程度差，且节理、裂隙非常发育，因此造成爆破后石料块度极不均匀，粉矿率较高。业主所需石料主要包括堤心石和规格石两大类，总计 15 种规格，对开采的石料的规格及级配要求非常严格。石料大于 1500kg 视为大块，需要二次解炮处理；10kg 以下石料为粉矿，作为弃渣排出，要付出 1 倍以上的单价来处理粉矿。良好的爆破效果及降低粉矿率是本工程的重难点。

工程为高陡扩帮开采，共有 14 个平台，高差为 225m，每个平台宽度约为 50m，基本上炸 6~7 排孔就到平台马道边缘了。爆破作业工作面短，均衡生产困难。日产 3 万立方米成品石料，工作面需摆放 30 台大型挖掘机，每台设备需 20m 宽才能旋转工作，正常作业需要 600m 爆堆长度，为均衡生产还需 200m 以上工作面长度供钻孔、装药，所以要实现连续均衡作业，必须每天都保证有 800m 以上的作业线长度，即有 4 个平台正常作业。这就要求计划、调度、钻爆、装运、工作面清理等各个方面要互相配合，各个环节做到最好。

3 降低爆破成本的措施

3.1 合理布孔

日产 $2\times10^4m^3$，对于 15m 台阶，需要至少 70 个孔才能满足日产需要，对于本采石场，岩性变化较大，地质条件复杂，所以对布孔提出了很高的要求。布孔是深孔爆破中的重要一环，合理布孔能为爆破创造良好的条件，爆破效果好，大块率低，延米爆破量高；反之，则爆破条件不利，虽可在以后工序中做些适当调整，但由于先天不足，爆破效果仍有可能不佳。所以，布孔对爆破质量有着极大的影响。

由于是单帮工作面开采，所提供的可供布孔的区域不大，基本上一个平台可布置炮孔 30 个左右，三角形布孔排间顺序起爆是本采石场在生产中用得最多的一种起爆方法。实践证明，按排间顺序起爆时，爆堆成型较好便于挖运，并且可降低粉矿率。因此，与之配套的布孔方式一般应采用三角形，尽量避免矩形或方形布孔。采用三角形交错布置，使炸药能量分布均匀，减少根底、大块。它的另一个优点是能更好地调整爆破实际邻近系数，合理的爆破邻近系数有利于改善爆破效果。

前排孔应布在难爆的位置，并保证抵抗线均匀，避免出现弱面效应；后排孔尽量拉直，使得爆后眉线整齐便于下次布孔；布完后根据岩性、抵抗线等因素微微调整孔位，使其基本均匀。

3.2 改善装药结构及堵塞方式

在露天采石开采中，选择合理的装药方式，可使用较少的炸药达到较好的爆破效果，从而提高经济效益以及减小爆破振动。装药方式一般分为连续装药和间隔装药。由于全耦合装药，底部单耗过大，堵塞段过长，上部容易产生大块，底部容易产生过粉的区域，所以本工程只是在前期剥离时使用。当形成工作面平台时，基本上都是应用崩塌爆破技术，采用全孔不均匀不耦合装药结构进行装药，下部装药密度大，上部装药密度小，不装药段采用中细砂或炮泥堵塞。因爆破时下部炸药要推开夹制作用较大的底部岩石，采用 $\phi110mm$ 药卷连续不耦合装药，确保能将下部岩石炸开并让上部岩石崩塌下来；上部装药一定要控制，采用 $\phi90mm$ 药卷连续不耦合装药，并且改变先前底部装 $\phi110mm$ 药卷达到 1.3 倍抵抗线，将底部 $\phi110mm$ 药卷长度变为 0.7 倍抵抗线，按照以上控制爆破，充分利用炸药能量和岩石势能控制多规格级配开采要求，并且使得底部粉矿减少一半。

台阶爆破最容易出大块的是前排及堵塞段，因此我们要充分利用前排及堵塞段能出规格石的良好条件。此种装药条件下，我们采取的堵塞方式是：两排装药高度一样，留出 5m 不装药，前排全部岩粉，后排只堵塞 2.5m，在最上面空出 2.5m，此种做法提高了大块产出率，节省了炸药，又保护了眉线，给下次布孔创造良好条件。

3.3 采用分区分段爆破

本采石场工程地质条件复杂，岩石硬度分布不均，岩石分化程度不一。可按岩石的可爆性和炸药能量利用率进行可爆性分区分级。在具体施工中，可根据岩石的硬度、密度、裂隙、是否为水孔区 4 个指标，结合岩体结构、风化程度进行爆破分区，每区按照不同级别进行试验，从而确定各区的爆破参数和炸药单耗。前期开采中逐渐摸索，将采区主要分出 4 个区：

西边平台，岩石较硬，岩石走向基本上与临空面垂直，爆破条件较好，不易出根脚；

东边 75 平台以上靠东，岩石较硬，自由面与岩石走向一致，夹制作用大，需增加单耗；

东边 75 平台以上靠西，岩石较硬，多为水孔区，夹层很多，爆破容易泄能；

60 平台以下，岩石整体较差，颗粒胶结不强，部分岩石稍微松动以下就可挖运。

针对不同区域，以单耗为核心，采取不同的布孔方式、爆破参数和装药结构，对改善爆破效果很有利。

3.4 合理选择炸药

根据炸药与岩石特性匹配的理论，结合炮孔不同部位岩性，选择不同威力炸药，以达到炸药爆炸能量均匀分布，提高爆炸能量利用率，可获得良好的爆破效果。

爆破坚硬岩石时应选用高威力炸药，坚硬岩石的密度大，纵波速度快，波阻抗大，对应力波传播的阻尼作用大；而爆破软岩时应选低威力炸药，软岩一般属低波阻抗岩石，不需很高的应力即可破碎。在硬岩中采用低威力炸药，往往效果极差。原因是爆炸时，炸药的特性阻抗未达到岩石的波阻抗之前，随着炸药特性阻抗的增加，岩石破碎程度也增强。

本采石场使用的是成品乳化炸药和现场混装铵油炸药，由于价格不一，所以两种炸药的使用比例对钻爆成本影响很大，若以前期总数 2000t 为例，乳化铵油比例从 1:0.8 降低到 1:1.3 之后，总的炸药成本将减少 100 万元，所以在炸药选取时，除特坚硬石和水孔，其他全部采用铵油炸药以降低炸药成本。

3.5 细化爆破设计，选择最佳起爆方法

在爆破设计时，根据技术质量部提供的炮孔数据，结合该平台钻孔数据，逐孔计算出实际孔排距、孔深、底盘抵抗线等，根据不同岩性和爆破难易度，选择合理的单耗，并逐孔计算炸药消耗量。同时可采用方形孔排间微差起爆方法，增大自由面数目，提高炸药能量利用率，降低炸药消耗。

除上述的技术措施外，加强挖运施工管理、加强爆破施工管理、加强爆破物品监督管理、采用招标的方式采购爆炸物品等管理措施也会影响到露天矿的爆破成本。

4 爆破效果

2011 年 3~8 月，平均炸药单耗 0.40kg/m^3，延米爆破方量 18.25m^3/m，粉矿率近 30%，钻爆成本为 5.63 元/m^3。通过采取上述爆破施工技术管理措施后，爆破成本及粉矿率均有明显降低，生产进度及质量均达到业主单位的要求。2011 年 9 月至 2012 年 3 月，平均炸药单耗降低到 0.33kg/m^3，局部区域低至 0.20kg/m^3，延米爆破方量 21.8m^3/m，粉矿率低于 20%，钻爆成本为 5.01 元/m^3。后期多使用铵油炸药，火工品成本均有大幅度降低。在产量高峰期 12 月份达到了月产 88 万立方米石料，最高日产达到 4.2×10^{4}m^3，山体石料得到了充分利用，受到业主单位肯定。

5 认识

露天矿山采场地质构造、采剥工艺、爆破技术等条件不同，控制爆破成本、降低爆破费用的手段方法也不相同。只要在工艺技术与管理上挖掘潜力，从爆破工序的各个环节抓起，改善爆破质量、控

制爆破成本并使爆破与采装总体经济效益最佳是可以达到的。

（1）对于山体岩石极其风化而又要开采具有一定规格及级配石料的爆破采石工程，利用宽孔距小抵抗线爆破的逆向原理，采用 $m=1.25$ 以下的密集系数，对爆破效果有一定的改善作用。

（2）对于爆破条件较好的地段，走向垂直临空面的，要增大孔网参数，减小炸药单耗。

（3）采用不耦合不均匀装药结构，可以减少粉矿，提高规格石料成品率。

（4）降低炸药单耗，控制一次爆破排数等措施，可以改善爆破效果、降低爆破成本。

（5）精细化管理钻孔以及平台底板控制，可以提高延米方量，减少重复钻孔。

参 考 文 献

[1] 邢光武，郑炳旭. 采石场爆破块度分区及块度预测研究 [J]. 地下空间与工程学报，2009，5(6)：1258-1261.
[2] 刘殿中. 工程爆破实用手册 [M]. 北京：冶金工业出版社，2003.
[3] 李萍丰. 铁炉港采石场二期工程深孔台阶爆破实践 [J]. 工程爆破，2004，10(2)：59-62，30.

浅谈大型露天矿山治理粉尘措施

张 斐

（广东宏大爆破股份有限公司，广东 广州，510623）

摘 要：随着哈尔乌素露天煤矿的不断开采，矿山生产过程中产生的粉尘已经成为影响环境、作业效率、运输安全和生产成本的重要因素，空气中的粉尘恶化了采装和运输作业条件，给每天在现场作业的职工身心健康带来了较大危害，防尘工作越来越显得尤为重要，文中针对哈尔乌素煤矿采区粉尘污染出现的问题，分析了粉尘污染源产生的原因，提出了大型露天矿山治理粉尘的具体措施。

关键词：粉尘污染；原因；治理措施

A Brief Talk on Dust Control Measures of Large Open Pit Mine

Zhang Fei

（Guangdong Hongda Blasting Co., Ltd., Guangdong Guangzhou, 510623）

Abstract：With the constant exploitation in Haerwusu open pit coal mine, mine dust generated in the process has become an important factor for the environment, work efficiency, safe transportation and production costs. The dust in the air has deteriorated mining and transportation conditions, brought greater harm to the workers on their physical and mental health. Dust control appear, particularly important. This paper analyzed the causes of dust pollution at Haerwusu coal mine and put forward specific measures of dust control in the large open pit mine.

Keywords：dust pollution；reasons；control measures

1 概述

哈尔乌素露天煤矿地处准格尔煤田，可采原煤储量17亿吨。煤层平均厚度为21.01m，岩石平均厚度为95m。露天煤矿采用单斗卡车及吊斗铲倒堆作业以及单斗挖掘机追踪开采的采矿工艺，60m以上的岩石剥离采用单斗电铲-汽车运输的间断工艺。随着哈尔乌素露天煤矿的不断开采，矿山生产过程中产生粉尘已经成为影响环境、作业效率、运输安全和生产成本的重要控制因素。空气中的粉尘恶化了采装和运输作业条件，给每天在现场作业的职工身心健康带来了较大的危害，曾经发生过道路因粉尘浓度过高能见度低而导致的恶性撞车事件，所以防尘工作越来越显得尤为重要。因此，防尘已经成为矿山生产中一项十分重要的工作。根据采矿场采区防尘工作现状和特点，煤矿多年来对采区道路的防尘、抑尘控制做了多次尝试和研究，本文对采场各个工序粉尘污染源的产生原因逐一进行了分析，并提出了大型露天矿山抑尘控制的具体措施。

2 露天矿山粉尘污染源产生的因素分析

粉尘污染源几乎产生于露天采区生产的各个环节，如穿孔、爆破、铲装、运输、破碎、排土等。另外，采区内的辅助车辆和采矿工程的施工（如斜坡道的施工、边坡清理等）也会产生粉尘污染源，但比较而言，前者产生的污染程度要严重得多。

2.1 穿孔作业产尘

牙轮钻机或二次破碎所使用的手持式、气腿式或凿岩机在工作面过程中，由于钻头对岩石的冲击、挤压以及切剥、摩擦，被碎成大小不一的颗粒烟尘，其中有一部分排出孔口后就形成粉尘。凿岩产尘的特点是时间长而持续，而且大量粒尘的直径小于微米级，它是露天采区微细矿尘的主要来源之一。尤其是牙轮钻机分布点广且散，造成产尘点多而散，而接触这类粉尘作业的人较多，接触时间较长，对职工的危害性较大。

2.2 爆破作业产尘

爆破作业时，因矿岩受到药包爆破的巨大压力、高温及应力波作用而粉碎，位移后形成粉尘。其瞬时产尘量极大，产尘量与一次爆破的炮孔数目、炮孔参数、炸药种类、矿岩性质、地质构造体伤害极大。

2.3 铲装作业产尘

首先电铲挖掘矿岩时，沉落在矿岩表面上的和摩擦、碰撞产生的粉尘因受振动而扬起形成二次扬尘；其次铲斗在向电动轮车卸下矿岩时，由于落差，会产生巨大粉尘。另外，电铲在清扫爆堆时也会产生粉尘。

2.4 运输作业产尘

运输路面沉积的粉尘在受到电动轮汽车经过时所产生的压挤、振动和气流的影响，无规则地运动起来，造成二次扬尘。同时从有关露天矿大气质量监测表明，汽车运输矿岩时，路面行车扬尘是露天矿采区最大的粉尘污染源，占采区总产尘量的 70%~90%。

2.5 排土场排土作业产尘

排土场因电动轮汽车在卸岩时岩石的碰撞、摩擦而产尘。特别是采矿场采区高段排土的排土场，其落差较大，且排放量又大，所形成的二次扬尘量很大，对周边环境污染严重。

2.6 边坡清理、道路修筑、工作面平整的二次扬尘

这些部位的粉尘受到振动和气流作用时，飞散到空气产生二次扬尘。

3 露天矿山粉尘污染源的治理对策

从采区粉尘源的产生原因情况来看，各道工序都会产生粉尘污染，只是产生的强度不同。我们要分清主次，抓住重点，对这些产尘部位进行综合治理，粉尘污染才能得到有效的控制。

3.1 尘源的封闭

采取密封措施，严格封闭产尘部位和产尘设备，使粉尘封闭在一定的空间内。如牙轮钻机的凿岩平台设置孔口积尘罩，使得产尘部位全部密封，就地控制粉尘。

3.2 湿式作业

增加矿岩和工作面、道路湿度，防止粉尘飞扬，降低空气中含尘量。这是我们矿山在旱季防尘采取的主要手段。

3.2.1 穿孔作业防尘

牙轮钻机穿孔。利用设于钻机上的水泵向气压管路中送入一定量的水，水与气形成风水混合物，沿钻杆中心送到孔底，在钻进过程和排渣过程中湿润粉尘，形成潮湿粉团或泥浆，然后排至密封罩内。

3.2.2 爆破作业防尘

在爆破前可向预爆区洒水。水不仅能湿润矿岩表面和粉尘，还可通过裂隙渗透到矿体内部，起到

很好的防尘效果。

3.2.3 铲装作业防尘

铲装作业防尘如下。

（1）预先湿润爆堆。装载硬岩，采用水枪冲洗；挖掘软而容易起尘的岩土时，采用洒水器喷洒。

（2）装载时喷雾洒水。在电铲上设水箱及扇风机，使之形成风水混合喷雾，并使之随铲装和卸装作业移动，直接喷向尘源，以取得良好降尘效果。

3.2.4 运输道路防尘

运输道路防尘如下。

（1）洒水车喷洒。路面行车扬尘是采区最大的粉尘污染源，搞好路面防尘是粉尘污染治理最重要的手段。旱季时，在主要的运输线上铺设适当规格的路料，定期用洒水车向路面洒水，实行坡道间断洒水或雾状洒水，使干线粉尘合格率达到安全技术要求。

（2）管路加压喷洒。随着采区凹陷开采固定坑线越来越长，采区防尘工作难度加大，尤其在夏季，用电动轮洒水车喷洒抑尘，难于满足安全防尘工作需要，面对这种局面，通过在采区部分有条件的固定坑线采用管路喷洒水，以缓解电动轮洒水压力，达到提高抑尘效果。

3.3 二次扬尘的处理

向粉尘二次飞扬点（如工作面、整修边坡、排土场等）洒水或氯化钠溶液，或在扬尘物料表面喷洒覆盖剂。覆盖剂和废石间具有黏结力，它们互相渗透扩散。在化学作用和物理吸附作用下，废石表面形成薄层硬壳，以防风吹日晒而扬尘。

3.4 实行技术改造

实行技术改造手段如下。

（1）采用合理的炮孔网和空气间隙装药结构，减少粉尘产生量。

（2）水封爆破。将水袋放置在炮孔外部表面，利用辅助起爆药包，与爆破同时将水袋破碎，使水分散成细水滴，并与产生的粉尘接触湿润，以达到降尘效果。

（3）向水中加入氯化钠，洒水效果和作用时间也将大大增加。

3.5 加强现场管理

加强现场管理举措如下。

（1）防尘工作是采矿场的一项重要工作，各有关部门在布置、检查、评比生产工作的同时，把防尘工作也应放在相等的地位。

（2）各相关部门实行防尘目标管理。对每月的各个工序的防尘制定相应的目标，然后月底进行总结，改善防尘措施，加强现场防尘管理。

4 结语

通过综合治理，尤其是要增加对爆破产尘、道路产尘进行严格控制。在我们国家，矿山防尘工作依然很艰巨，特别是在二次扬尘、技术改造方面与国外还存在较大的差距，我们只有不断探索，总结经验，才能在矿山粉尘治理方面得到改善，以保证矿山施工环境质量。

参 考 文 献

[1] 李敬之. 冶金矿山废气与粉尘治理现状及对策 [J]. 中国矿业，1997(2)：72-76.
[2] 房殿奎. 浅谈黄金矿山粉尘治理存在的问题 [J]. 矿业快报，2000(19)：13-14.
[3] 王安智. 露天矿山粉尘污染与治理 [J]. 中国钼业，1998(4)：59-61.

一种调整深孔爆破线装药密度改善爆破效果的方法

王　兵　傅荣璋

（广东宏大爆破股份有限公司，广东 广州，510623）

摘　要：本文结合广东翁源铁龙采场石灰石矿山的生产实践，借助岩石破碎和炸药爆炸能量分布理论，阐述了加大深孔爆破孔底装药密度爆破技术的原理和施工方法，以及加大孔底装药密度对于深孔松动爆破效果的影响。实践应用表明：合理的炮孔药量分布使整个炮孔炸药能量的利用更均匀、提高了炸药能量的利用率、避免根底的产生和获得理想的块度，深孔爆破作业时应充分考虑孔底装药密度这一原则。

关键词：深孔爆破；线装药密度；根底；块度；爆破效果

A Method of Adjusting Deep Hole Blasting Powder Charge Line Density to Improve Blasting Effect

Wang Bing　Fu Rongzhang

（Guangdong Hongda Blasting Co., Ltd., Guangdong Guangzhou，510623）

Abstract：The thesis states the principle and methods of increasing deep-hole blasting the hole charge density blasting technology and the influence of increasing hole charge density on the effect of deep-hole shock blasting by combining Guangdong Wengyuan Tielong limestone mine's production practice and by using rock-crushing and explosive energy distribution theory. Practice application demonstrates that reasonable explosive quantity distribution of blasthole has made whole blast-hole's energy used more homogeneous, improved the explosive's energy utilization rate, avoided the bedrock's emergence and got the ideal lumpiness. Therefore, the principle of bottom hole charge density should be considered adequately when deep-hole operations proceed.

Keywords：deep-hole blasting；density of wire-bound drugs；bedrock；lumpiness；blasting effect

1　引言

随着爆破技术及相关学科的发展，爆破理论的研究有着长足的进步。特别是岩石结构力学、岩石动力学、损伤力学、断裂力学和计算机模拟爆破技术的发展，使爆破理论的研究更具实用化也更具系统化了。就深孔爆破而言，爆破研究人员和工程爆破作业人员已经对布置药包、布孔方式、填充系统、起爆方式、间隔时间等技术积累了丰富的经验[1]，但是，从总体上来讲，爆破理论的发展仍然滞后于爆破技术的要求，理论研究和生产实际有着不小的差距。影响深孔爆破效果的因素有很多，这对深孔爆破技术人员提出了更高的要求[2]。当前，深孔爆破的应用越来越广泛，施工竞争也越来越激烈，火工品材料的上涨，使得爆破成本日益增大。就如何通过合理的设计、施工来改善爆破效果、降低大块率，提高挖掘机效率，降低生产成本、确保安全、高效和提高经济效益成为工程技术人员所必须解决的问题。本文就炸药爆炸能量分布、装药量及装药结构的问题结合翁源铁龙采石场的工程实例进行了分析研究。

原载于《中国爆破新技术Ⅲ》，2012：375-381。

2　岩石破碎机理与炸药爆炸能量

2.1　岩石破碎机理

岩石破碎是爆炸冲击波和爆炸气体综合作用的结果。爆炸冲击波（应力波）使岩石产生裂隙，并将原始损伤裂隙进一步扩展；随后爆炸气体使这些裂隙贯通、扩大形成岩块，脱离母岩。炸药在岩体中爆炸时所释放出来的能量，通过爆炸应力波和爆轰气体膨胀压力的方式传递给岩石，使岩石破碎。但是，真正用于破碎岩石的能量只占炸药释放出能量的极小部分，大部分能量消耗在无用功上。

2.2　炸药爆炸能量分布

以能量守恒为基础，爆炸载荷在岩体中产生的总能量等于破碎岩体做功所需要的能量与无用能量之和，即

$$W = W_G + W_U \tag{1}$$

式中　W——炸药产生的能量；

　　　W_G——破碎岩石体做功所需的能量；

　　　W_U——爆破过程损耗的能量。

破碎岩体做功所需要的能量 W_G 是冲击波能量和高温高压的爆生气体能量构成，冲击波能量使岩体产生破碎、裂隙、变形等破坏；爆生气体能量则进一步扩展裂隙和产生抛掷等。

3　爆炸冲击波及药量计算

3.1　爆炸冲击波

炸药爆炸后，首先爆轰波在药柱中传播，爆轰波在炮孔底部岩石界面发生反射和透射，当炸药爆炸产生的爆轰波强度足够大使得炮孔周围各点受的爆炸应力几乎同时达到拉断强度时，使得炮孔壁各部分裂隙得到充分发育，得到放射状裂隙，形成受裂隙包围的爆炸条件。与此同时爆炸气体膨胀使裂隙进一步发育，从而使岩石破碎。

在露天台阶爆破中当炮孔装药量太少达不到设计要求时，炸药爆炸后仅能使岩石破裂松动，其冲击波、应力波的能量太小，以致不能产生自由面的反射破坏，只在炮眼附近形成一个不太大的径向裂隙圈。此时主要靠爆轰气体的压力，将径向裂隙延伸到自由面。

露天台阶爆破具有两个自由面，其爆炸冲击波呈圆柱状，如图1所示。在深孔爆破中，岩石的抗暴能力随着孔深而增大，孔底部分的抗爆能力最大，要破碎这部分岩石需要较多的爆炸能量[4]。在多排孔爆破技术中，单孔装药量特别是前排炮孔装药量达不到设计药量时，炸药爆炸所释放出来的能量就不足以克服炮孔底部的阻力，从而形成根底，情况严重时会导致整个爆区出现连成一片的根底。

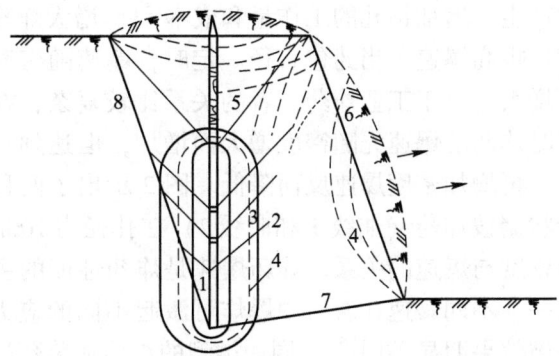

图1　露天台阶中深孔爆破作用示意图

Fig. 1　Deep-hole blasting effect in open bench

1—压缩粉碎区；2—径向裂隙；3—切向（环向）裂隙；
4—断裂裂隙；5—复合裂隙；6—表面裂隙；
7—底部径向裂隙；8—边坡径向裂隙

3.2　装药量计算原理

装药量计算的基本公式包括下面几个。

根据量纲分析理论推导及能量守恒，爆破药量计算的基本公式可以表示为：

$$Q = k_2 W^2 + k_3 W^3 + k_4 W^4 \tag{2}$$

式中，第一项（$k_2 W^2$）的物理意义是表示克服张力形成断裂面所需要的能量；第二项（$k_3 W^3$）表示介质体积变形所需要的能量；第三项（$k_4 W^4$）表示介质克服重力场所需要的能量。

在一般岩石松动爆破的药量计算公式为：

$$Q = 0.007 W^2 + 0.35 W^3 + 0.004 W^4 \tag{3}$$

在抵抗线 1.0m<W≤20.0m 时，爆破装药量可以不考虑岩土的重力和内聚力的影响，主要用于使介质变形所需要的能量，其药量计算公式可以只采用第二项，即

$$Q = k_3 W^3 \tag{4}$$

上式即是工程爆破常用的体积药量计算公式。

国内在条形药包爆破设计中，大多采用如下公式的一般公式：

$$q = \frac{Q}{L} = K W^2 f_c(n) \tag{5}$$

式中　　Q——条形药包装药量，kg；

　　　　L——条形药包长度，m；

　　　　q——炸药线装药密度，kg/m；

　　　　K——标准抛掷爆破单位用药量，kg/m^3；

　　　　W——最小抵抗线，m；

　　$f_c(n)$——条形药包爆破作用指数函数，n 为爆破作用指数。

条形药包爆破作用指数 $f_c(n)$ 和集中药包爆破作用指数 $f_c(n)$ 在含义和形式上是不相同的。对于条形药包爆破作用指数函数 $f_c(n)$，中国铁道科学研究院建议的公式为：

$$f_c(n) = \left(\frac{1 + n^2}{2} \right)^{1.4} \tag{6}$$

4　装药密度对爆破效果的影响

岩石爆碎主要靠炸药爆炸释放出来的能量。在保证安全、高效和经济上可行的基础上，通过合理的增加炸药的装药密度，可以提高单位体积炸药的能量密度；反之，炸药能量密度的降低，会导致根底和大块的产生，增加钻孔的工作量和成本[5]。增大炸药装药密度可提高爆速，当药包直径一定时，爆速随密度的增加而增大。对于工业炸药二者的关系比较复杂，在直径一定时炸药的爆速先随密度增大而增加，但达到一定极限后，再增加密度爆速反而降低。图 2 示出了两种不同的粉状硝铵炸药（曲线 1 和曲线 2）在孔径为 100mm 时装药密度与爆速的关系。炸药爆速是炸药性能的主要参数之一，不同爆速在岩石中爆炸可激起不同的应力波，其爆破效果明显不同[6]。同一类型的炸药在装药过程中提高其装药密度，加大单孔药量特别是深孔孔底部分的药量，使炸药爆炸能量的分布更加合理，是避免深孔爆破根底的产生、提高爆破效果的有效途径。

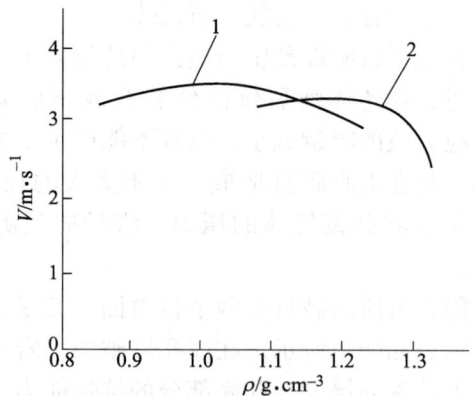

图 2　硝铵炸药密度与爆速的关系

Fig. 2　The relationship between density and detonation velocity of ammonium nitrate explosive

5　工程实例分析

5.1　工程背景

铁龙采石场是广东翁源中原水泥厂石灰石原料配套矿山，山体位于中上石炭壶天群组第二层和第

三层的下部，岩体属中等硬度，$f=8\sim10$，容重 $2.65t/m^3$。开挖山体的主体为石灰岩，局部为白云岩。在矿石开采过程中，由于地形地貌的影响，矿区 $+280m$ 水平以上节理、裂隙较为发育，山势陡峭，对穿孔、爆破影响较大。由于山体条件限制，开采过程中采用深孔爆破，复杂的地质和地貌给爆破技术带来了更大的难度。

5.2 问题的提出

矿山选用价廉、方便的岩石膨化硝铵炸药，爆破后台阶在台阶根部出现高度为 $1\sim3m$ 的成片根底，严重影响了挖装，增加了生产成本。

5.3 减少根底的技术措施

为避免出现底根，以前采用了较高的炸药单耗，以增加爆炸压力作用，但岩石过度破碎，导致粉矿率高，也没有很好地解决爆后根底问题。在原有的爆破设计中，根据爆破后的效果分析，逐步减少炸药的单耗，结合装药结构的变化进行爆破设计，爆破施工中，不断调整炸药单耗等可控变量，使之更加切合生产需要；通过采用大孔距小抵抗线、减少单耗等措施，爆破后大块率及粉矿率明显降低，但由于根底没能很好地控制，影响了生产。为此，通过对岩石破碎理论及炸药爆炸能量分布原理的分析，提出了在不改变其他条件下通过加大炮孔孔底装药量的方法，以期达到消除根底的爆破效果。以往炮孔装药过程中，整个炮孔都直接装散装岩石膨化硝铵炸药，乳化炸药仅作为起爆药包使用。由于散装膨化硝铵炸堆积药密度较低，实际炮孔线装药密度为 $4.38\sim4.7kg/m$（炮孔直径 $\phi=90mm$），远低于设计药量（设计值为 $5.7kg/m$），具体装药情况见表1。分析认为，根底的出现主要是由于底部受到的破坏程度较小，炸药爆破时释放出来的能量密度不够，致使底部岩石未能充分破坏。而加大炮孔孔底装药增加了炮孔底部的药量，提高了炮孔底部的能量密度，使底部岩石得到充分破坏，从而减少根底的产生。

表 1 未调整前散装膨化硝铵炸药炮孔装药情况

Table 1 The expansive ammonium nitrate explosive in bulk before adjustment

孔 序	孔深/m	装药长度/m	堵孔长度/m	装药量/kg	线装药密度/kg·m⁻¹
1	17.5	14.0	3.5	64.5	4.61
2	18.3	14.8	3.5	69.0	4.66
3	17.8	14.3	3.5	65.0	4.55
4	17.5	14.0	3.5	64.5	4.61
5	18.0	14.5	3.5	66.0	4.55
6	18.4	14.9	3.5	70.0	4.70
7	18.8	15.3	3.5	67.0	4.38
8	17.6	14.0	3.6	65.5	4.68
9	18.0	14.5	3.5	66.0	4.55
10	17.6	14.0	3.6	65.0	4.64
11	18.3	14.8	3.5	68.0	4.59
12	18.0	14.5	3.5	65.0	4.48
13	17.8	14.3	3.5	66.5	4.65
14	17.5	14.0	3.5	65.0	4.64

5.4 工程具体设计

矿山初期采用减少孔、排距以期解决爆后根底问题，虽然在一定程度上减少了爆后的根底，但是过密的孔网参数导致爆后岩石过于破碎，粉矿率高，提高了钻孔和炸药成本，经济上不划算。根据前文讲述的炸药爆炸能量分布理论及矿山的实际情况，在不增加钻孔和炸药成本的前提下，炮孔下段装药，采用密度高、威力大、防水能力较强的 2 号岩石乳化炸药，炮孔上段采用密度低的岩石膨化硝铵炸药进行爆破。由于孔深过大，当采用炮孔下部全部使用乳化炸药直接下到孔底的装药方式时，导致其装药密度过大，通过计算装药密度达到了 7.1kg/m，增加了炸药成本，经济上不划算。经过调整，采用乳化炸药和膨化硝铵炸药混合装药，在装药过程中先装入 1/4 袋的散装膨化硝铵炸药然后装入 2 支乳化炸药（炸药直径 $\phi = 60mm$），如此循环直到达到设计装药高度。同时为了解决炸药过于集中在炮孔下部，使台阶中部和上部矿岩也能受到不同程度的破碎，减少因塌落而形成的大块，采用中间间隔装药形式。间隔装药既可提高炮孔上部药柱的高度，使爆轰波能量进行更合理的分布，降低粉矿率及因堵孔长度过大而产生的大块，又可以减低炸药成本。具体药量分布取底部装药为 60%，上部装药为 40%，上部填塞长度大于 3~3.5m，中间填塞 2~2.5m[7]，装药示意图如图 3 所示。其参数设计及实际装药情况见表 2、表 3。

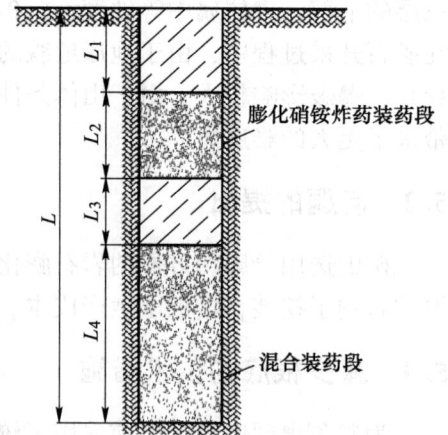

图 3 装药结构示意图

Fig. 3 The schematic diagram of chagre structure

表 2 孔网参数设计表

Table 2 Network parameters design

孔径/mm	孔深/m	孔距/m	排距/m	炮孔倾角/(°)	抵抗线/m
90	18	4	3	90	3

表 3 混合装药实际炮孔装药情况

Table 3 Mixed charge of actual blasthole

孔深/m	L_1/m	L_2/m	L_3/m	L_4/m	Q_2/kg	Q_4/kg	Q/kg	q_2/kg·m^{-1}	q_4/kg·m^{-1}
18.0	3.0	5.0	2.5	7.5	22.5	47.0	69.5	4.5	6.3
17.5	3.0	5.0	2.5	7.0	23.0	44.5	67.5	4.6	6.4
17.5	3.0	5.0	2.5	7.0	22.5	43.0	65.5	4.5	6.1
18.3	3.0	5.3	2.5	7.5	23.0	47.0	70.0	4.3	6.3
18.5	3.0	5.5	2.5	7.5	23.5	47.5	71.0	4.3	6.3
18.0	3.0	5.0	2.5	7.5	22.0	46.5	68.5	4.4	6.2
17.6	3.0	4.6	2.5	7.5	20.0	46.0	66.0	4.3	6.1
17.8	3.0	4.8	2.5	7.5	20.5	46.0	66.5	4.3	6.1
18.0	3.0	5.0	2.5	7.5	22.0	47.0	69.0	4.4	6.3
18.3	3.0	5.3	2.5	7.5	22.5	47.5	70.0	4.2	6.3
18.0	3.0	5.0	2.5	7.5	23.0	46.5	69.5	4.6	6.2
18.5	3.0	5.5	2.5	7.5	23.5	47.5	71.0	4.3	6.3
18.0	3.0	5.0	2.5	7.5	20.0	46.0	66.0	4.0	6.1
17.5	3.0	4.5	2.5	7.5	20.5	46.0	66.5	4.6	6.1
17.6	3.0	4.6	2.5	7.5	20.5	46.0	67.0	4.5	6.2
18.0	3.0	5.0	2.5	7.5	23.0	47.0	70.0	4.6	6.3
18.5	3.0	5.5	2.5	7.5	25.9	47.5	73.4	4.7	6.3

由表 1 和表 3 的分析，我们可以看到炮孔下部在采用混合装药技术后炮孔的线装药密度比之前未采取任何措施的直接装药方式相比提高了近 40%，虽然炮孔下部混合装药线装药密度比设计密度稍大，但是炮孔整体装药密度为 5.3kg/m，接近设计值 5.7kg/m。从爆破现场看到岩石整体爆破后爆堆分布均匀，岩石块度大小适中。在挖装过程中没有出现根底、岩墙，取得了预定的爆破效果。

通过矿山生产实例可知：按照本文介绍的炸药爆炸能量分布及岩石破碎机理，采用膨化硝铵炸药与岩石乳化炸药混合装药方式进行施工对改善爆破效果特别是解决炮后根底、岩墙是很有效的。

6　结论

深孔爆破设计时，为了保证爆破效果，除了考虑岩石的物理力学性质、炸药种类、爆破参数和起爆顺序之外，还应重点考虑提高炸药爆破能量这一原则，此原则对药包布置、装药结构、装药密度、优化爆破设计、改善炸药能量分布都有要求，对提高爆破效果有一定的指导意义。矿山工程实例中实践证明此原则是行之有效的。但是影响深孔爆破爆破效果的因素有很多，本文仅从炸药爆炸能量匹配及岩石破碎机理的角度对改善深孔爆破爆破效果进行初步尝试性研究和实践。

参 考 文 献

[1] 郭声琨，汪旭光，陈积松. 中国的工程爆破的成就与发展战略 [J]. 工程爆破，1999(4)：1-7.

[2] 曹棋，颜事龙，韩早. 岩石爆破中爆炸能量分布规律的研究现状 [J]. 煤矿爆破，2007(4)：25-28.

[3] 陈章林，熊华明. 深孔爆破合理参数选择 [J]. 工程爆破，2007(2)：39-41.

[4] 李晓杰，曲艳东，闫鸿浩. 中深孔爆破分层装药分层填塞研究 [J]. 岩石力学工程学报，2006(S1)：3269-3275.

[5] 汪旭光. 爆破设计与施工 [M]. 北京：冶金工业出版社，2011.

[6] 庙延钢，栾龙发. 爆破工程与安全技术 [M]. 北京：化学工业出版社，2007.

[7] 陶颂霖. 凿岩爆破 [M]. 北京：冶金工业出版社，1986.

遗传算法在经山寺铁矿爆破参数优化中的应用

王佩佩

（广东宏大爆破股份有限公司，广东 广州，510623）

摘　要：采用遗传算法基本原理和求解方法，并应用遗传算法对工程爆破参数优化这一非线性问题进行分析和求解。以河南经山寺铁矿台阶爆破为例，采用遗传算法对爆破参数进行优化求解，工程实例验证了计算结果的可靠性。

关键词：遗传算法；工程爆破；参数优化

Application of Genetic Algorithm in Optimization of Blasting Parameters of Jingshansi Iron Mine

Wang Peipei

（Guangdong Hongda Blasting Co., Ltd., Guangdong Guangzhou, 510623）

Abstract：Using the principle of genetic algorithm and its solution methods. Through the bench blasting of Henan Jingshansi iron mine as an example, optimization the blasting parameters, the result of engineering validated the calculation reliability.

Keywords：genetic algorithms；engineering blasting；parameter optimization

1　引言

经山寺铁矿位于河南省中部，介于平顶山至漯河之间以南。矿体围岩为大理岩，之上为角闪片麻岩组，之下为白粒岩、石英片麻岩岩组。与一般露天矿相比，经山寺矿的特点是矿体狭小、夹层多、状态复杂，分采工作量大、难度高。

随开采台阶下降、设备机械集中和地下水增多等原因，爆破施工中矿石大块率相对较高，破碎锤二次破碎压力大，铲装效率低，一定程度上影响施工进度，使施工成本增加。除地质原因外，如何确定合理的爆破参数和施工工艺来解决大块率，是摆在爆破技术人员面前的一道难题。合理的爆破参数对于提高爆破生产经济效益、加快工程进度等具有重要意义。遗传算法摆脱了传统算法在处理这类问题时陷入局部最优解的困境，可以得到爆破参数与爆破块度的最优组合，使采矿总成本最低。

2　遗传算法

遗传算法（Genetic Algorithms，简称 GA）是由 J. Holland 于 1975 年受生物进化论的启发而提出的，它将问题的求解表示成"染色体"的适者生存过程，通过"染色体"群的一代代不断进化，包括复制、交叉和变异等操作，最终收敛到"最适应环境"的个体，从而求得问题的最优解或满意解。标准遗传算法的流程如图 1 所示。

原载于《中国爆破新技术Ⅲ》，2012：349-354。

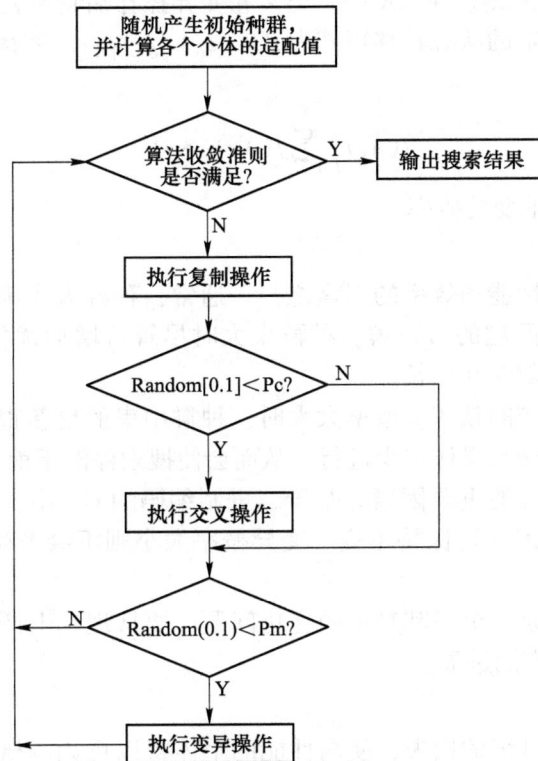

图1 遗传算法的优化框图

Fig. 1 Optimization block diagram of genetic algorithm

2.1 算法关键参数与操作的设计[1]

通常遗传算法的设计是按照以下步骤来执行的：

(1) 确定问题的编码方案；

(2) 确定适配值函数和选择操作；

(3) 遗传算子设计；

(4) 算法参数的选取，包括种群数目、交叉和变异概率、进化代数等；

(5) 确定算法的终止条件。

2.1.1 编码

编码就是将问题的解用一种码来表示，从而将问题的状态空间与 GA 的码空间相对应，这很大程度上依赖于问题的性质，并将影响遗传算法的设计。函数优化中，不同的码长和码制，对问题求解的精度和效率有很大影响。遗传算法常采用的编码方式有二进制、十进制和实数编码等，相比较而言，实数编码在优化问题的处理上有更高的效率和可靠性，因此，我们采用实数编码方案。

2.1.2 适配值函数和选择操作

适配值函数用于对个体进行评价，也是优化过程发展的依据。在简单问题的优化时，通常可以直接利用目标函数变换成适配值函数，譬如将个体 x 的适配值 $f(x)$ 定义为 $M - c(x)$ 或 $e^{-ac(x)}$，其中 M 为一足够大的正数，$c(x)$ 为个体的目标值，$a>0$。在复杂问题的优化时，往往需要构造合适的评价函数，使其适应 GA 进行优化。

对采矿成本这个目标函数的优化问题而言，其属于最小值优化问题，因此需要对目标函数进行如下规则的转换[1]：

$$\text{eval}(x) = \begin{cases} C_{\max} - f(x) - \overline{P}(x) & \text{若 } f(x) + \overline{P}(x) < C_{\max} \\ 0 & \text{其他情况} \end{cases} \tag{1}$$

选择操作是将父代中适应度高的群体以一定的规则或模型遗传给子代。选择操作体现了生物进化

中的"自然选择、适者生存"原则。在 GA 中，交叉和变异操作后得到的种群经选择操作后又将转移到另一个种群，记选择操作决定的状态转移矩阵为 $S = (s_{ij})_{|G| \times |G|}$。考虑比例选择策略，种群中染色体 X_i 被选中的概率为

$$f(X_i) \bigg/ \sum_{k=1}^{N} f(X_k) > 0 \tag{2}$$

则种群 i 经过选择操作后保持不变的概率。

2.1.3　算法参数

种群数目是影响算法优化性能和效率的因素之一。通常，种群太小则不能提供足够的采样点，以致算法性能很差，甚至得不到问题的可行解；种群太大时尽管可增加优化信息以阻止早收敛的发生，但却增加了计算量，从而使收敛时间加长。

交叉概率用于控制交叉操作的频率。概率太大时，种群中串的更新很快，进而会使高适配值的个体很快被破坏掉；概率小时，交叉操作很少进行，从而会使搜索停滞不前。

变异概率是加大种群多样性的重要因素。基于二进制编码的 GA 中，通常一个较低的变异率足以防止整个群体中任一位置的基因一直保持不变。变异概率太小则不会产生新个体，概率太大会使 GA 成为随机搜索。

由此可见，确定最优参数是一个极其复杂的优化问题，要从理论上严格解决这个问题是十分困难的，它依赖于 GA 本身理论研究的进展。

2.1.4　遗传算子

复制操作是为了避免有效基因的损失，使高性能的个体得以更大的概率生存，从而提高全局收敛性和计算效率。交叉操作用于组合出新的个体，在解空间中进行有效搜索，同时降低对有效模式的破坏概率。

当交叉操作产生的后代适配值不再进化且没有达到最优解时，就意味着算法的早收敛。这种现象的根源在于有效基因的缺损，变异操作一定程度上克服了这种情况，有利于增加种群的多样性。

2.1.5　算法的终止条件

实际应用 GA 时是不允许让它无止境地发展下去的，而且通常问题的最优解也未必知道，因此需要有一定的条件来终止算法的进程。最常用的终止条件就是事先给定一个最大进化步数，或者是判断最佳优化值是否连续若干步没有明显变化等。

2.2　非线性规划问题的遗传算法[2]

对于约束条件为非线性的非线性规划问题，种群进化的过程中有可能会产生不可行解，因此我们必须对传统的遗传算法进行改进。针对以上问题，目前采用最多的是以惩罚函数法将不可行解的适应度降低，从而在进化过程中逐渐被淘汰。惩罚函数法的本质是通过惩罚不可行解，将约束问题转化为无约束问题，在每一代的遗传中保持部分不可行解，从而使搜索可以从可行域和不可行域两边来达到最优。对于非线性规划问题：

$$\min f(x)$$
$$\text{s.t.} \left.\begin{array}{ll} g_i(x) < 0 & \text{当 } i = 1, 2, \cdots, m_1 \\ h_i = 0 & \text{当 } i = m_1 + 1, m_1 + 2, \cdots, m \end{array}\right\} \tag{3}$$

可取下面的惩罚函数

$$\overline{P}(x) = \sigma \left(\sum_{i=1}^{m_1} \max\{0, g_i(x)\}^{\beta_1} + \sum_{i=m_1+1}^{m} |h_i(x)|^{\beta_2} \right) \tag{4}$$

式中，$\sigma > 0$ 为可变罚因子，通常取 $\sigma = (\lambda t)^a$；λ，a 为常数；$\beta_1 \geq 0$，$\beta_2 \geq 0$ 为选定的常数，通常取 $\beta_1 = \beta_2 = 2$。

3　爆破参数优化数学模型

现以经山寺露天铁矿的爆破为例，利用单目标优化模型来分析，以采矿工程中成本优化为目标函

数，建立了爆破块度预测模型来进行爆破优化设计。

3.1 爆破块度分布预测模型[3]

在矿山生产中，爆破效果（大块率、块度分布及爆堆形态）直接影响着铲装、运输和破碎等后续工作和采矿总成本，爆破块度是影响采矿成本的主要因素。目前，在块度预测中采用最多的是 Kuz-Ram 模型。

平均块度可由 Kuznetsov 方程得到：

$$\overline{X} = A(Q/V_0)^{-0.8} Q^{1/6} (115/E)^{2/3} \qquad (5)$$

式中　$\overline{X}$——平均块度；

　　A——岩石硬度系数；

　　Q——单孔装药量；

　　V_0——每孔破碎岩石体积；

　　E——所用炸药的相对质量威力。

岩石的特征尺寸 X_c 由平均块度决定，即：

$$X_c = \overline{X}/0.639^{1/n} \qquad (6)$$

3.2 爆破参数优化

矿山爆破参数优化通常是以采矿总成本为目标函数，通过调整各个爆破参数，以达到使采矿总成本最低的目的。目前，许多爆破参数优化模型都是在加拿大钟汉荣爆破参数优化数学模型的基础上发展起来的。与矿石开采总成本相关的费用有：穿孔费用 C_1；爆破费用 C_2；破碎费用 C_3；铲装成本 C_4；运输成本 C_5，取采矿总成本的目标函数表达式为下面的表达式[2]：

$$C = C_1 + C_2 + C_3 + C_4 + C_5 \qquad (7)$$

其中，穿孔费用与炮孔深度、最小抵抗线和孔间距等参数有关；爆破费用与炸药量有关；破碎、铲装、运输费用都与岩石爆破块度有关。根据经山寺铁矿实际情况采用回归分析法建立各个工序的成本函数，结果如下：

（1）穿孔成本函数：

$$C_1 = K_{pm}L/HS\gamma \qquad (8)$$

（2）爆破成本函数：

$$C_2 = K_1 q + K_2 L/HS\gamma + K_3 D \qquad (9)$$

（3）破碎成本函数：

$$C_3 = a_2 \exp(b_2 \overline{X}) \qquad (10)$$

（4）铲装成本函数：

$$C_4 = a_1 D + b_1 \qquad (11)$$

（5）运输成本函数：

$$C_5 = K(a_3 \overline{X}^2 - b_3 \overline{X} - c) \qquad (12)$$

式中　　　　　　K_{pm}——每米的穿孔费用；

　　　　　　　D——大块率；

　　　　　　　L——钻孔深度；

　　　　　　　S——炸药所担负的区域面积，m^2，$S = aW$；

　　　　　　　K_1——炸药单价；

　　　　　　　K_2——每米爆破器材消耗费用；

　　　　　　　K_3——大块的处理费用；

　　　　　　　γ——岩石密度；

　　　　　　　q——炸药单耗；

K——采场到选场每吨矿的运输费用；

$\overline{X}$——平均块度；

a_1，a_2，a_3，b_1，b_2，b_3，c——经验系数。

综合式（8）~式（12）可知，采矿总成本的目标函数表达式为：

$$C = K_{pm}L/HS\gamma + K_1q + K_2L/HS\gamma + K_3D + a_2\exp(b_2\overline{X}) + a_1D + b_1 + K(a_3\overline{X}^2 - b_3\overline{X} - c) \tag{13}$$

4 实例分析

根据前面叙述的遗传算法原理，对经山寺铁矿建立爆破参数优化数学模型，应用改进的遗传算法对其进行优化求解，寻找最优的爆破参数组合，使得采矿总成本最低。

经山寺露天铁矿采用台阶爆破、钻机钻孔，采用 $\phi140mm$ 孔径，台阶高度 $H = 10m$，炮孔倾角90°，边坡倾角70°；钻孔深度一般为 $h = 12m$；装药长度 $l = 9m$；岩石密度 $\gamma = 2.7t/m^3$；根据业主单位要求，定义粒径超过80cm为大块。结合前面所叙述的块度预测模型和爆破优化数学模型，经过分析之后确定的爆破优化数学模型为[3]：

$$\min C = 5.5/aW + 2.3q + 8D + (1.9\overline{X}^2 - 1.2\overline{X})/10^5 + 0.09\exp(0.05\overline{X}) + 5.58$$

$$D = \exp[-(110/\overline{X})\ln2]$$

$$\overline{X} = 15 \cdot q^{-0.8} \cdot 2.7^{-0.8} \cdot (32.4aWq)^{1/6} \cdot (1.15)^{2/3}$$

在这些变量中我们选取孔距 a，抵抗线 W，炸药单耗 q 为染色体，用染色体 $V = (a, W, q)$ 作为解的代码。

遗传算法的各个遗传因子的取值为：种群数目 $num = 100$，交叉概率 $p_c = 0.8$，变异概率 $p_m = 0.2$，$\lambda = 5$，$a = 1$，$\beta_1 = \beta_2 = 2$。在迭代的过程中每次都能得到一组最优解，选取了几组其中具有代表性的解，如表1所示。

表1 经山寺铁矿爆破参数优化结果
Table 1 The results of optimization of blasting parameters in Jingshansi iron mine

组次	孔距/m	抵抗线/m	密集系数	炸药单耗/kg·t^{-1}	平均块度/cm	大块率/%	总成本/t·元$^{-1}$
1	5	2.5	2.00	0.75	30.79	8.41	7.56
2	5.41	2.7	2.00	0.72	32.43	9.53	8.45
3	5.39	2.9	1.86	0.82	30.20	8.01	7.25
4	5.34	2.76	1.93	0.9	28.20	6.69	6.21
5	5.26	2.82	1.87	0.85	29.27	7.39	6.76
6	5.18	2.75	1.88	0.82	29.74	7.70	7.00
7	5.24	2.68	1.96	0.73	31.94	9.19	8.18
8	5.38	2.55	2.11	0.79	30.26	8.05	7.28
9	5.09	2.94	1.73	0.83	29.76	7.71	7.01
10	5.2	2.72	1.91	0.88	28.41	6.83	6.31
11	5.48	2.61	2.10	0.81	29.99	7.87	7.14
12	5.5	2.97	1.85	0.86	29.52	7.56	6.89

在实际的矿山生产中，爆破参数的选取还与矿山设备情况、安全要求及工程经验等有关系，综合考虑各个方面的因素方能取得良好的经济效益。应用遗传算法可以获取更多的最优可行解，为工程应用提供更多的参考。

5 结论

本文采用遗传算法对爆破参数优化这一非线性规划问题进行求解。经过现场实例验证结果表明，采用遗传算法求出的优化结果是可行的、高效的，克服了可能获得局部最优解的缺点，比传统算法具有更高的准确性。

参 考 文 献

[1] 许红涛，卢文波．遗传算法在工程爆破参数优化中的应用 [J]．中国工程科学，2005(1)：76-80.
[2] 马建军，蔡路军．遗传算法在爆破优化中的应用 [J]．矿业研究与开发，2001(3)：40-42.
[3] 马建军，陈付生，颜钦武，等．基于统计规律的爆破优化实用模型 [J]．黄金，2003，24(2)：23-26.

多种规格石料开采块度预测与爆破控制技术研究

蔡建德[1,2]　郑炳旭[2]　汪旭光[1]　李萍丰[2]

（1. 北京科技大学 土木与环境工程学院，北京，100083；
2. 广东宏大爆破股份有限公司，广东 广州，510623）

摘　要：针对多项工程要求的多种规格石料开采难题，以铁炉港采石场为工程背景，采用现场调研、工程试验、计算预测和爆破控制技术等方法，研究多种规格石的高效爆破开采技术。施工前，结合采场结构面调查结果和采场爆破漏斗试验，对采场进行岩体块度分区，绘制出满足工程开采的爆破块度分区图，提高了规格石开采的效率；借助 Kuz-Ram 数学模型，建立爆破设计参数与爆后石料不同块度所占百分率的关系式，根据此关系式可由爆破参数预测爆堆块度和爆破效果，并可根据预测结果对爆破参数进行优化；施工过程中，研究降低粉矿率的崩塌爆破技术，分析其作用机制，并通过对比耦合装药、全孔不耦合装药和不均匀不耦合装药结构的爆破效果，表明不均匀不耦合装药结构崩塌爆破技术能大大降低粉矿率和工程成本。现场应用情况表明，采用这一系列保证规格石开采的技术，不但能满足工程高质量的要求，而且经济效益显著。

关键词：爆破工程；规格石料；块度分区；块度预测；Kuz-Ram 数学模型；崩塌爆破

Research on Blasting Control Technique and Block Size Prediction of Different Dimensions Stones

Cai Jiande[1,2]　Zheng Bingxu[2]　Wang Xuguang[1]　Li Pingfeng[2]

（1. School of Civil and Environment Engineering, University of Science and Technology Beijing, Beijing
100083；2. Guangdong Hongda Blasting Co., Ltd., Guangdong Guangzhou, 510623）

Abstract：According to problems of different dimensions stones mining of many engineering requirements, on the background of the Tielu port quarry, the site investigation, engineering test, mathematical model prediction and blasting control technique are used to study efficient blasting mining techniques. Before construction, the blasting area is divided into different sizes stones in the mining region according to investigating result and blasting crater test, drawing fragmentation map of different sizes stones mining and improving the efficiency of the specifications stone mining. With Kuz-Ram mathematical model, the relation between the blasting design parameters and the percentage of different sizes block stones after blasting is established. Based on the relation, blasting fragmentation and blasting effect can be predicted by blasting parameters. Simultaneously, the blasting parameters are optimized by the prediction results. The decoupling and nonuniform charge collapse blasting to reduce the rate of ore powder is studied during construction；and the mechanism is analyzed. The collapse blasting of the decoupling and nonuniform charge structure can reduce the ore powder and cost, by comparing the blasting effects of coupling charge, the hole charge and the decoupling and nonuniform charge structure. The field application shows that these techniques can meet the engineering requirements and bring economic benefits.

Keywords：blasting engineering；dimension stones；regional division；size prediction；Kuz-Ram mathematical model；collapse blasting

原载于《岩石力学与工程学报》，2012，31（7）：1462-1468。

1 引言

随着我国基础建设的不断扩大和快速发展，越来越多的规格石料被大量用于建筑、堆石坝、防波堤等工程[1-4]，这些工程对石料的规格要求不一，有些工程对石料的规格要求有十几种，而这些规格石料主要依靠爆破开采获得。规格石的开采爆破不同于普通石方爆破，通常的石方爆破只需把岩体破碎到一定程度，满足就地装载的要求即可。而规格石的爆破开采既要控制大块率，又要降低粉矿率，并有一定的块度级配要求，如表1所示。

表 1　规格石爆破开采与其他爆破工程的不同

Table 1　Difference between dimension stone mining and other blasting engineerings

爆破类型	粉矿要求	大块要求	块度级配要求
规格石爆破	有	有，且经常变化	有，且每天变化
一般岩石爆破	无	满足铲装要求	无
水利筑坝爆破	有	有	有固定的级配要求

近年来，为了国防建设的需要，我国多项重要场平、码头和防波堤工程建设快速发展，这些工程都对规格石的质量和级配有严格的要求，如，三亚铁炉港防波堤工程用石料数量达 $1100×10^4 m^3$，堤心石要求 10kg 以下块石含量小于 10%，200~800kg 含量小于 20%，100~200kg 含量大于 70%，各种石料规格有 8 种；东北一重要军事场平工程填料石块有 5 种规格，且粒径大于 0.3m 的颗粒含量不超过 30%，含泥量不大于 5%；青岛一重要防波堤建设工程规格石料有 10 种，堤心石有 4 种规格，且要求含泥和含石粉总量不大于 5%，10kg 以下块石不大于 10%，500~800kg 块石含量不超过 10%。这些工程的共同特点是工程量大，规格石种类要求多，供需不平衡，质量要求严，因此，如何通过爆破的方法获得工程要求的多种规格石是这类工程的难题。

本文以三亚铁炉港防波堤建设工程为背景，根据爆破块度要求对采场进行岩体块度分区和借用 Kuz-Ram 数学模型进行爆破方案设计，并对爆破要求的块度进行预测，施工中采用爆破控制技术等方法对爆破效果进行控制和反馈，从而保证了多种规格石爆破开采的质量和进度。

2 根据块度对采场进行岩体块度分区

2.1 工程概况

三亚铁炉港防波堤采石场地质条件复杂，节理、裂隙、风化破碎带十分发育，裂隙水丰富，采石场面积仅为 $240000 m^2$，建设工期 3a，用石料数量达 $1100×10^4 m^3$，工程质量要求 10kg 以下的块石基本上作为弃渣处理，如图 1 所示。

图 1　三亚铁炉港防波堤采石场现场施工图

Fig. 1　Tielu port quarry construction site in Sanya city

规格石料主要包括两部分，即堤心石和规格石。

2.1.1 堤心石的规格及要求

南堤-9m 标高以下堤心石为 800kg 以下块石，其中，10kg 以下块石含量不得大于 10%，200～800kg 块石含量不得大于 20%；南堤-9m 标高以上堤心石为 500kg 以下块石，其中，10kg 以下块石含量不得大于 5%，200～500kg 块石含量不得大于 20%；西堤堤心石为 500kg 以下块石，其中，10kg 以下块石含量不得大于 10%，200～500kg 块石含量不得大于 20%。

2.1.2 规格石的规格及要求

规格石共有 8 种，其规格为：60～100kg，100～200kg，150～300kg，300～400kg，400～800kg，700～900kg，1000～1500kg 和 1500～2000kg。10kg 以下的块石含量不得大于 10%。

根据防波堤施工工艺的要求，需要每天供应块石的规格、数量均不相同，随时间变化而变化，施工中若从采石场直接挑选、供料，势必会产生供需不平衡，影响施工进度，因此，采用爆破的方法直接获取不同规格石是工程的必然需求。

2.2 采场的岩体块度分区

为了保证各种规格石的供需平衡，对采石场进行针对性开采分区，目前，岩石爆破性分级种类繁多，但无论哪一种分级方法都不适合满足规格石块度要求的防波堤石料爆破开采，因为在易爆破的岩石中，岩石很容易爆破剥离出来。但是要生产块度为 500～1000kg 的石料时，在易爆破的岩石中无法采用爆破方法获得，只有在难爆破的岩石中才能爆破开采，所以相对爆破 500～1000kg 块度的石料来说，原"易爆岩石"成了"难爆岩石"，相反，原"难爆岩石"则成"易爆岩石"。同时，在现场生产实践中，现有的岩石爆破性分级局限性较大。

根据工程实践，岩体的爆破性分级应根据爆破的目的，结合不同的工程实践来分析研究，因此采用按爆破块度分级指标，通过现场试验方法确定采石场哪个区域适合开采哪种规格的石料，然后按每天的不同规格石要求安排分区域开采。

2.2.1 采场矿岩结构面调查

矿岩由于成矿的作用和成矿后在长期岁月中遭受过多次地质构造运动的破坏、损伤，在矿体内形成了各种各样的结构面。其中，断层是规模最大的结构面，而结构面更多的则以节理、裂隙、层面的形式出现，使矿岩分割为大小不等、形状各异的天然块体。在不连续岩体中进行穿孔爆破时，结构面实际上已经形成了众多的破裂面，很大程度上将影响爆破效果，特别是对破碎块度的影响非常大[5,6]，因此，对采场的矿岩结构面进行调查是保证规格石开采的前提，通过采用测线法对采场的节理、裂隙和破碎带分布情况进行调查，得到结果的如下。

2.2.1.1 节理、裂隙分布情况及特点

主要节理组有 6 组：其中，走向 310°～320°、倾向 NE、倾角 65°～75°和走向 240°、倾向 S、倾角 60°～80°左右的节理为主要节理结构面；东侧较西侧节理发育，东侧节理密度为 3～4 条/m；西侧节理密度为 1～3 条/m，节理、裂隙分布玫瑰图如图 2 所示。

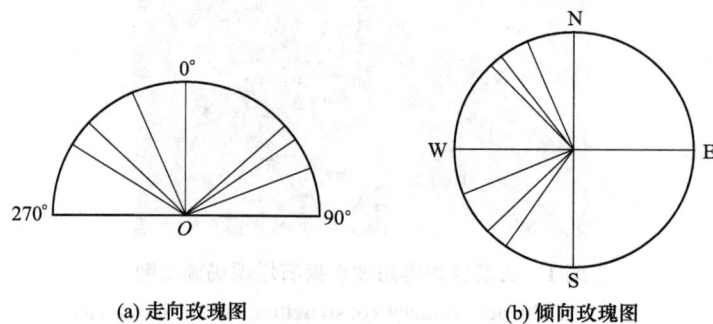

(a) 走向玫瑰图　　　　　(b) 倾向玫瑰图

图 2 节理、裂隙分布玫瑰图

Fig. 2 Joint fissure distribution rose diagrams

2.2.1.2 破碎带分布情况及特点

经调查，开采区破碎带中等发育，主要为风化沟和挤压破碎带。破碎带内的岩石主要为花岗岩，其破碎带的特征多呈挤压破碎，节理发育，含有一定的风化土，岩石切割强烈，块度尺寸为5~15cm，破碎带宽度为1~20m。在100m台阶发现有4条破碎带，宽度为0.6~3.0m。现场调查发现，100m台阶存在由于辉绿岩体破坏作用而产生的与辉绿岩体产状相似的花岗岩泥化带，宽度为3~4m，呈强烈动力变质与强风化特征，带内物质全部泥化，如图3所示。

2.2.1.3 辉绿岩体分布情况及特点

在采场工作面存在与岩体结合的辉绿岩体，现场对100m台阶进行测量，150m长度内发现有5条呈黑色的辉绿岩侵入体，走向为250°，倾角陡立，宽度为0.5~5.0m，带内辉绿岩受动力作用呈破碎状态，局部泥化，如图4所示。

图3 采石场局部破碎带分布图
Fig. 3 Partial fracture zone distribution in quarry

图4 三亚铁炉港采石场局部矿岩结构分布图
Fig. 4 Partial rock and ore structure distribution map in Tielu port quarry

2.2.2 爆破漏斗试验

按林韵梅等人[7-9]的试验标准，在该大型采石场的5个不同区域进行爆破漏斗试验。钻孔孔径约46mm，孔深1m，每孔装2号岩石炸药0.45kg，药径约32mm，装药长度60mm，柱状连续装药，石碴填塞，一发8号雷管起爆。爆破之后，对各种块度尺寸的岩块用台秤分别按块度尺寸>300mm（称为大块）、<50mm（称为小块）、50~300mm（称为合格块）3个级别予以称量统计，并分别换算成大块、小块和合格块所占的体积，然后测量漏斗的几何尺寸，分别将大块、小块和合格块体积与形成的漏斗体积相比计算，并互相校核验证后得出该处爆破漏斗的大块率、小块率和平均合格率，如图5所示。该大型采石场矿岩岩体试验数据的计算结果如表2所示。

图5 现场爆破漏斗试验
Fig. 5 Field explosive funnel test

表2 铁炉港采石场矿岩试验数据计算结果
Table 2 Rock and ore test data results in Tielu port quarry

矿岩名称	漏斗体积 /m³	炸药单耗 /kg·m⁻³	矿岩块度分布率/%		
			大块率	合格率	小块率
辉绿岩	0.2976	1.51	50.36	35.39	14.25
中风化花岗岩	0.1141	3.94	38.36	39.23	22.41
裂隙非常发育岩体	0.1480	4.93	45.95	37.05	17.00
裂隙中等发育岩体	0.0707	6.36	32.27	66.66	1.08
裂隙不发育岩体	0.0267	16.85	56.86	32.50	10.64

从表2中可知，裂隙不发育岩体中爆破漏斗体积最小，裂隙中等发育岩体爆破漏斗体积次之，裂隙非常发育、中风化花岗岩、辉绿岩岩体爆破漏斗体积为0.1141~0.2976m³，采用这些爆破漏斗统计

结果可对采石场块度分区进行指导。

2.2.3 采石场爆破块度分区

根据岩石硬度、岩石种类、采场矿岩结构面的现场调查和爆破漏斗等指标将整个采石场岩体划分为大块区（800kg以上）、中块区（100~800kg）及小块区（100kg以下），分区结果如表3所示。

表3 采石场爆破块度分区表
Table 3 Zones of block size of quarry blasting

类别	岩体爆破块度	岩石种类	风化程度	节理、裂隙间距/cm		爆破漏斗体积/m³	炸药单耗/kg·m⁻³	岩石硬度 f 值
				130°∠80°	60°∠60°~80°			
I	大块	花岗岩	弱风化、微风化	70~200	>100	<0.03	>0.45	>12
II	中块	花岗岩及辉绿岩	弱风化及辉绿岩	40~70	>50	0.03~0.10	0.35~0.45	6~12
III	小块	花岗岩及辉绿岩	全风化、强风化及辉绿岩	10~40	<50	>0.10	<0.35	<6

通过对该大型采石场的岩体结构面的地质编录，并标注在地图上，绘制出矿岩爆破块度分区图，如图6所示，将岩体按爆破块度分区域，其优点是比较符合防波堤块石爆破开采的实际情况，能够按生产计划的块度要求，选择不同的岩体区域进行爆破作业。

图6 铁炉港采石场开采区域划分图（局部）
Fig. 6 Partial regional division of Tielu harbour quarry

3 根据爆破参数对规格石块度预测

3.1 多种规格石块度预测模型

防波堤建设要求石料块度大小及数量每天或者几天一变化，爆破参数也随着改变，爆堆级配也随时随地变化，对爆破设计和施工的要求非常高，所以规格石料开采的台阶爆破技术与露天矿山和普通台阶爆破不同，而是有自己的特点，如果能根据爆破设计参数预测爆破效果和石料块度的级配，可大大提高施工效率，经工程实践，采用 Kuz-Ram 数学模型结合采石场的岩体特性可达到对爆破效果和块度级配进行预测的目的。

众所周知，Kuz-Ram 模型是库兹涅佐夫（Kuznetsov）和罗森拉姆（Rosin-Rammler）模型的结合，前者是研究爆破的平均块度，后者是研究块度的分布特征。Kuz-Ram 模型是用筛下累计为50%的筛孔尺寸为平均块度 $\bar{x}$ 和块度分布的均匀性指标 β 来预测爆破块度，它的基本数学表达式[10]如下：

（1）Kuznestov 方程：

$$\bar{x} = K\left(\frac{V_0}{Q}\right)^{0.8} Q^{\frac{1}{6}} \left(\frac{115}{E}\right)^{\frac{19}{30}} \tag{1}$$

均匀度指标：

$$\beta = \left(2.2 - 14\,\frac{W}{\phi}\right)\left(1 - \frac{\Delta W}{W}\right)\left(1 + \frac{A-1}{2}\right)\frac{L}{H} \tag{2}$$

（2）Rosin-Rammler 方程：

$$R = e^{-\left(\frac{x}{x_e}\right)^{\beta}} \tag{3}$$

式（1）~式（3）中，R 为粒径大于 x 的物料所占的比例；x 为筛孔尺寸，表示筛下最大粒径或筛上最小粒径，cm；x_e 为特性尺寸，cm；W 为最小抵抗线，m；ϕ 为炮孔直径，mm；ΔW 为凿岩精度的标准误差，m；A 为孔距/最小抵抗线；L 为底板标高以上药包长度，m；H 为台阶高度，m；$\bar{x}$ 为平均破碎块度，其详细描述为：50%通过筛子、50%留在筛上时对应的筛孔尺寸，可以表示为 $x_{50} = \bar{x}$；V_0 为每孔破碎岩石体积，m³；Q 为相当于每孔中药能量的 TNT 当量，kg；E 为炸药重量威力，TNT 炸药 $E = 115$，铵油炸药 $E = 100$，2 号岩石炸药 $E = 100 \sim 105$；K 为岩石系数，可根据刘殿中和杨仕春[11] 的研究进行取值。

当 $x = \bar{x}$ 时，$R = 0.5$，于是由式（3）可以导出：

$$x_e = \bar{x}/0.693^{\left(\frac{1}{\beta}\right)} \tag{4}$$

借助 Kuz-Ram 模型，根据爆破参数在计算机上可对爆破块度进行预测，预测结果如不能满足工程需要可根据爆破块度预测结果对爆破参数进行调整，其方法为：根据爆破参数，由式（1），式（2）分别计算出 $\bar{x}$ 和 β，再由 $\bar{x}$ 和 β 根据式（4）得出 x_e，由 β 和 x_e 根据式（3）可知不同块度所占的百分率。

3.2　Kuz-Ram 预测模型的应用

三亚铁炉港防波堤石料采场 85 平台的爆破参数设计如表 4 所示。

表 4　爆破参数设计表
Table 4　Design of blast parameters

台阶高度 H/m	孔径 ϕ/mm	超深 h_0/m	垂直孔深 h/m	堵塞 h_1/m	下部装药 长度 h_2/m	下部装药 线密度 q_2/kg·m⁻¹	下部装药 药量 Q_2/kg	上部装药 长度 h_3/m	上部装药 线密度 q_3/kg·m⁻¹	上部装药 药量 Q_3/kg	单孔装药量 Q/kg	孔网参数 孔距 a/m	孔网参数 排距 b/m	平均单耗 q/kg·m⁻³
15	140	1.7	16.7	2.8	6.8	14	95.4	7.1	7	49.7	145.1	5.3	4.2	0.43

根据设计参数，采用预测模型对爆破块度进行预测，经计算：

$$\bar{x}_{\text{设计}} = 7 \times (0.43)^{-0.8} \times 145.1^{1/6} \times (115/100)^{19/30} = 7 \times 1.9644 \times 2.2923 \times 1.09 = 344\text{mm}$$

$$\beta_{\text{设计}} = \left(2.2 - 14 \times \frac{4.2}{140}\right)\left(1 - \frac{0.5}{4.2}\right)\left(1 + \frac{1.26 - 1}{2}\right) \times \frac{12.2}{15} = 1.78 \times 0.88 \times 1.13 \times 0.81 = 1.44$$

由式（4）可知：$x_e = 442\text{cm}$。

则不同块度的百分率关系式为

$$R_{\text{设计}} = \exp\left[-\left(\frac{x}{442}\right)^{1.44}\right]$$

则由此关系式，根据爆破设计参数可知不同规格石料所占的百分率。

4　多种规格石开采的爆破控制技术

4.1　多种规格石开采爆破控制技术

根据岩石爆破破碎机制和长期爆破工程实践[12]，岩石爆破后的块度分布受多种因素影响，其中，主要影响因素有岩石的结构、构造和物理力学性能、爆破参数、炸药类型、装药结构和起爆方式等，其中爆破参数包括最小抵抗线（台阶爆破为底盘抵抗线）、孔距、排距、堵塞长度、单位炸药消耗及单孔装药量等。对多种规格石进行爆破开采常用到不耦合装药和间隔装药结构，这种装药结构可提高石料开采过程中的利用率，减少粉矿等不合格料，增加合格块石含量，由于不耦合装药和间隔装药结构使用的是非常成熟的工艺和技术，在此不再赘述。

4.2 减小粉矿的崩塌爆破技术

铁炉港规格石料开采要求小于10kg的细料（下称粉矿）为废渣，根据工程要求，粉矿率要控制在10%以下，超出部分的粉矿量不但不计爆破费用，而且还要自费排弃到废渣场。为了按规定采出符合要求的多种规格石，降低粉矿减少经济损失是该工程爆破的关键，经过现场实践和比较，总结出针对该类爆破工程的经济、有效的不均匀不耦合装药结构的崩塌爆破技术，能满足工程要求。

全孔不均匀不耦合装药技术的主要思想是将深孔分上、下两部分进行装药设计，将单一装药结构（装药段延米装药量相同）改变成上下2段装药，下段延米装药量是上段延米装药量的1.2~2.2倍（上、下不同装药直径），下部炸药量将底部岩石崩开（从母岩上抛出）、上部药量则将上部岩石震塌（弱松动爆破），克服岩石的摩擦力，使其靠自重掉落下，大块采用二次爆破进行分解。

装药结构是崩塌爆破技术有别于其他台阶爆破技术的最重要的特点。它采用炮孔上部不耦合系数大、下部不耦合系数小的全孔不均匀不耦合装药结构，如图7所示。在现场按岩性不同，下部靠自重装 ϕ110mm 或 ϕ100mm 的药卷，上部用绳吊装 ϕ100mm，ϕ90mm，ϕ80mm，ϕ70mm 的药卷，爆破参数的确定为：下部按加强抛掷爆破，上部按弱松动爆破设计。不耦合装药系数及炮孔装药线密度见表5，从表中可以看出，最小上部装药线密度仅是下部装药线密度的25%。

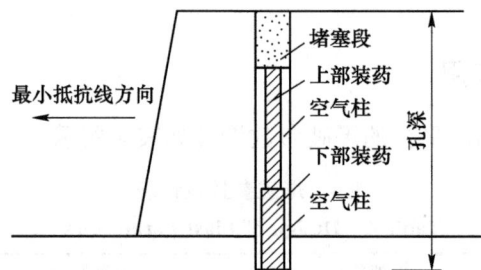

图7 崩塌爆破技术不均匀不耦合装药结构图

Fig. 7 Structure of decoupling and non-uniform charge collapse blasting

表5 不同装药结构不耦合系数及装药线密度比较表

Table 5 Comparisons of decoupling factor and charge line density of different charge structures

部位	钻孔直径/mm	装药直径/mm	不耦合系数	装药线密度/kg·m⁻¹
下部装药	140	140	1.00	17.39
		130	1.08	15.04
上部装药	140	100	1.40	8.87
		90	1.56	7.19
		80	1.75	5.68
		70	2.00	4.35

4.3 崩塌爆破技术爆破效果比较及分析

为了检验不均匀不耦合装药爆破技术的爆破效果，在不同的爆破块度区域对耦合装药、全孔不耦合装药及全孔不均匀不耦合装药进行了数次现场工业性对比试验，试验结果统计见表6。从表中可以看出，在相同的孔网参数下，耦合装药、全孔不耦合装药、全孔不均匀不耦合装药产生的粉矿依次降低。从爆破后岩壁上留下的痕迹，可以清楚地看到全孔不均匀不耦合装药形成雨滴状的轮廓，如图8所示。全孔不耦合装药形成的是酒瓶状轮廓，耦合装药形成的是椭圆形轮廓。岩壁上留下的痕迹是受爆炸冲击波主要作用的体现，这表明，全孔不均匀不耦合装药在钻孔的下部受爆炸冲击波最大，上部对岩体损伤不大，粉矿主要产生在下部，全孔不耦合装药中下部产生粉矿，而耦合装药则上、中、下受到强大的爆炸冲击波冲击，产生的粉矿也最多。根据岩石爆破机制的分析可知，采用不均匀不耦合装药，由于空气的存在，大大降低了炸药爆炸后作用在孔壁上的初始冲击压力和拉应力，减小了压碎圈半径，增加了能量的有效利用率。同时由于爆生气体作用时间的延长，孔间裂缝的形成得以比耦合装药时的更完全，能量的利用更充分，块度更均匀，故采用不耦合不均匀装药可提高炸药能量的有效利用和改善爆破效果。需要指出的是，相对耦合装药和全孔不耦合装药结构，采用不均匀不耦合装药结构虽然能达到降低粉矿的目的，但也会产生适量的大块，大块可采用二次爆破进行破碎，从经济成本的角度进行分析，虽然大块的二次破碎浪费了一些成本，但相对耦合装药和全孔不耦合装药结构产生的粉矿的处理成本，大块的处理成本就显得更加经济。

表 6 不同装药结构爆破试验对比结果
Table 6 Comparison of blasting test result of different charge structures

装药结构	孔径/mm	超深/m	堵塞/m	底盘抵抗线或排距/m	孔距 a/m	台阶高/m	爆破规模				下部装药				上部装药				排数	单孔药量/kg	平均单耗/kg·m⁻³	粉矿率/%
							孔数/个	孔深/m	炸药量/kg	爆破量/m³	装药长度/m	直径/mm	药量/kg	装药线密度/kg·m⁻¹	装药长度/m	直径/mm	药量/kg	装药线密度/kg·m⁻¹				
耦合装药	140	1	3	4.2	5.5	15	55	880	12584	19067	4.5	140	79.2	17.6	8.5	140	149.60	17.6	2~3	228.80	0.66	55.23
不耦合装药	140	1	3	4.2	5.5	15	43	688	8066	14938	4.5	110	64.8	14.4	8.5	110	122.40	14.4	2~3	187.60	0.54	47.20
不均匀不耦合装药	140	1	3	4.2	5.5	15	36	576	4260	12531	4.5	110	64.8	14.4	8.5	90	53.55	6.3	2~3	118.35	0.34	33.30

图 8 全孔不均匀不耦合装药形成雨滴状的轮廓
Fig. 8 Raindrop contours after decoupling charge and nonuniform decoupled collapse blasting

5 结论

针对工程需要的多种规格石质量开采要求，进行开采前预测，采用开采过程中爆破控制等方法，建立了一套保证多种规格石爆破开采的技术，得出以下主要结论。

（1）根据工程质量要求，对采场进行矿岩结构面调查，得到影响爆破效果的节理、裂隙和破碎带分布状况，在采场的不同区域进行爆破漏斗试验，得到采场不同区域的块度分布率，结合岩石硬度、岩石种类、爆破漏斗体积等指标将整个爆破区域划分为大块区（800kg 以上）、中块区（100~800kg）及小块区（100kg 以下）。并通过大量的地质编录，绘制出铁炉港采石场爆破块度分区图，在实践中得以成功应用。

（2）采用 Kuz-Ram 数学模型建立了爆破设计参数与爆后石料不同块度所占百分率的关系式，根据此关系式可由爆破参数预测爆堆块度和爆破效果，并可根据预测结果对爆破参数进行优化，使爆破设计参数满足工程质量的要求，此方法简单易操作，可对现场施工提供参考。

（3）从爆破控制技术出发，在工程中应用了保证多种规格石产量的间隔装药和不耦合装药技术，同时为了降低粉矿提高经济效益，采用了崩塌爆破技术全孔不均匀不耦合装药结构，通过多次对比试验，确定了全孔不均匀不耦合装药结构的最佳爆破参数，结合爆后轮廓和爆破理论进行了机制上的分析，工程应用表明，不均匀不耦合装药结构的崩塌爆破技术在降低粉矿率和工程成本方面效益显著。

参 考 文 献

[1] 郭学彬，肖正学. 堤防工程砂岩填筑料的块度控制爆破 [J]. 爆破，2006，23（3）：38-40.
Guo Xuebin, Xiao Zhengxue. Block controlled blasting of sandstone filling materials in embankment project[J]. Blasting, 2006, 23(3): 38-40.

[2] 邢光武，郑炳旭. 苏丹国穆桑达姆半岛石料爆破工程施工技术与措施 [J]. 山西大同大学学报：自然科学版，2009，25（2）：70-72.
Xing Guangwu, Zheng Bingxu. Construction technology and measure of blasting eengineering for quarry practice in Musandam Byland of Oman[J]. Journal of Shanxi Datong University: Natural Science, 2009, 25(2): 70-72.

[3] 梁向前，傅海峰. 面板堆石坝坝料爆破开采技术研究进展 [J]. 水利规划与设计，2007，（5）：71-73.
Liang Xiangqian, Fu Haifeng. Material for concrete faced rockfill dam of blasting mining technology research progress[J]. Water Resources Planning and Design, 2007, (5): 71-73.

[4] 王英，罗运诚，王群. 规格石开采爆破试验 [J]. 爆破，2010，27（3）：33-35.
Wang Ying, Luo Yuncheng, Wang Qun. Blasting test of dimension stone exploitationt[J]. Blasting, 2010, 27(3): 33-35.

[5] 于亚伦. 工程爆破理论与技术 [M]. 北京：冶金工业出版社，2007：164-150.
Yu Yalun. Theory and Technique of Engineering Blasting[M]. Beijing: Metallurgical Industry Press, 2007: 164-150.

[6] 张志呈. 裂隙岩体爆破技术 [M]. 成都：四川科学技术出版社，1999：55-61.
Zhang Zhicheng. Blasting Technique for Cracked Rock Mass[M]. Chengdu: Sichuan Science and Technology Press, 1999: 55-61.

[7] 林韵梅. 岩石分级的理论与实践 [M]. 北京：冶金工业出版社，1996：78-84.
Lin Yunmei. Theory and Practice on Rock Classification[M]. Beijing: Metallurgical Industry Press, 1996: 78-84.

[8] 李萍丰，廖新旭，罗国庆，等. 大型采石场深孔爆破参数试验分析 [J]. 爆破，2004，21（2）：28-30.
Li Pingfeng, Liao Xinxu, Luo Guoqing, et al. Experimental analysis of the parameters about deep hole blasting in a large quarry[J]. Blasting, 2004, 21(2): 28-30.

[9] 汪旭光. 爆破手册 [M]. 北京：冶金工业出版社，2010：31-35.
Wang Xuguang. Handbook of Blasting[M]. Beijing: Metallurgical Industry Press, 2010: 31-35.

[10] 郑炳旭，王永庆，李萍丰. 建设工程台阶爆破 [M]. 北京：冶金工业出版社，2005：56-59.
Zheng Bingxu, Wang Yongqing, Li Pingfeng. Construction Engineering Blasting[M]. Beijing: Metallurgical Industry Press, 2005: 56-59.

[11] 刘殿中，杨仕春. 工程爆破实用手册 [M]. 北京：冶金工业出版社，2003：164-167.
Liu Dianzhong, Yang Shichun. A Practical Handbook of Engineering Blasting[M]. Beijing: Metallurgical Industry Press, 2003: 164-167.

[12] Wang X G. New development on engineering[C]//Asia-Pacific Symposium on Blasting Techniques. Beijing: [s. n.], 2011: 217-222.

露天矿生产爆破设计软件研究现状及发展趋势综述

王佩佩

（广东宏大爆破股份有限公司，广州市珠江新城华夏路北塔 21 楼，广东 广州，510623）

摘　要：本文详述了当前国内外露天矿爆破设计软件的研究现状和发展趋势，总结了国内目前在露天爆破设计软件开发方面的研究成果，并在此基础上说明了我国在露天矿生产爆破设计软件开发中存在的问题以及解决途径，最后分析了爆破设计软件未来发展趋势。

关键词：露天矿；爆破设计；研究现状及发展趋势；综述

Current Research Situation and Development Trend of the Open-air Blasting Design Software

Wang Peipei

（Guangdong Hongda Blasting Co., Ltd., 21 Floor North Tower Building Huaxia Road Zhujiang New City Guangzhou, Guangdong Guangzhou, 510623）

Abstract：This article details the current present situation and development trend of open pit mine blast design software at home and abroad, and summarizes the current domestic research results about the open-air blasting design software development, and on the basis of that illustrates the problems and solutions in China in the open-air blasting design software development, finally, this article analyses the future trends of blasting design software.

Keywords：open-pit; blasting design; current research situation and development trend; review

1　引言

爆破作业是露天开采的一道重要工序，通过爆破作业，为后续的采装作业提供工作条件。爆破工作的质量、爆破效果的好坏，直接影响着后续采装作业的生产效率和采装作业成本。

随着计算机应用技术的不断发展，利用计算机软件实现爆破设计的自动化已经成为一种趋势。开发露天矿爆破设计系统能够帮助专业技术人员轻松地进行爆破设计工作，快速优化爆破参数，评估爆破效果及安全性，能有效提升矿山开采的现代化程度，对提高矿山的经济效益具有非常重要的实用价值。

2　国外露天爆破设计软件发展现状

自计算机技术应用于矿山开采以来，尤其是近十年来，澳大利亚、美国等国的 50 多个露天矿山已先后研制、应用了计算机辅助设计（CAD）软件。如 Minex3D、Surpac、Mintec、Geo-Model、Geostat System、Lynx、Mincromine、Eagles、MinCom、DATAMINE、GeoMath 等，主要用于描述矿床和管理矿山原始资料，侧重于地、测、采的技术管理。

进入 20 世纪 90 年代，国外以三维矿床模型为代表的矿用软件发展较快，涉及地质资料处理、矿床建模、开采辅助设计等各个方面，其中部分软件如 DATAMINE、VULCAN 已实现了真三维集成图形环境。下面我们将列举一些国外比较著名的软件。

2.1 Surpac Vision 软件

Surpac Vision 是由澳大利亚 Surpac Software International 国际软件公司开发的，由最初的测量工程软件发展到现在的综合性的矿山环境软件[1]。该软件可应用于矿山地质、测量、采矿设计以及进度管理。

Surpac Vision 软件具有以下特点：

（1）采用客户服务器结构，所有的数据和功能都存储在服务器中，这样，所有的图形就可以在整个网络上共享；

（2）处于不同地点的多用户可以通过网络与单一用户取得联系，这样就可以很方便地获得专家的帮助；

（3）用户可将 AutoCAD 图形输入 Surpac Vision 进行二次开发。

Surpac Vision 软件有着出色的 3D 图形功能，良好的图形用户界面、强大的图形绘制显示模块，适用于在地质、测量、采矿等专业推广使用。

2.2 Micromine 软件

Micromine 是由澳大利亚 Micromine 公司开发的一套矿业软件。Micromine 适用于所有矿物开发建设的矿山，它可以应用于地质、勘探、资源评估、储量计算、露天和地下矿山的生产设计。

Micromine 软件的特点是：简单易用、性能价格比合理，功能齐全，数据兼容性好。

Micromine 软件具有丰富、强大的地质、勘探、采矿、矿业经济评价、系统优化功能，可以满足地矿管理和设计工作的基本要求，是地矿管理和设计工作的助手。

2.3 DATAMINE 软件

DATAMINE 软件是由英国 DATAMINE 国际软件公司研发的一款矿用软件。主要包括了目前同类软件所具有的三维地质建模、品味估值和储量计算、地下及露天开采设计、生产控制，同时还增加了虚拟现实仿真、进度计划编制、结构分析等延伸应用。

DATAMINE 软件的特征如下。

（1）基于脚本语言的网页。DATAMINE 采用标准的 HTML 和 JavaScript 语言作为他们的宏语言。

（2）个性化用户界面。用户可以添加自己的命令按键到操作界面，这样用户就可以很方便地运行一些常用的指令。

（3）开采应用。数据的基本输入、统计，钻孔的编辑，输出图形的保存等。

（4）地质建模。DATAMINE 软件运用线框模块组建地形表面和结构体，用块状模型精确地描述地质结构体和采场里面的品位变化。

（5）露天矿开采计划。矿坑设计优化，长期计划，矿坑和运输道路的设计。

DATAMINE 软件是北京有色设计研究院于 1997 年引进于矿山的设计工作中的，由于缺乏专业的技术人员，因而在国内推广速度较慢。

总结国外关于露天矿爆破设计的软件，其功能模块主要如下。

（1）数据库模块。对工程数据、地质地形数据进行输入、编辑和查错，以及对空间属性数据进行管理。

（2）图形编辑模块。能对基本的点、线、文字、多边形等进行创建和编辑。

（3）三维地质模型。提供对矿体的三维描述及操作的全部功能。

（4）三维工程设计。提供了与用户进行的交互设计，地下工程开掘、地下工程结构分析、露天采矿设计的强大平台。

3　国内露天爆破设计软件发展现状

在国内，20 世纪 80 年代，一些致力于矿山自动化方面的研究人员一直在寻求发展国产软件。一些矿山企业与科研院所、大专院校合作探索计算机技术在矿山设计和生产中的应用，并开发了一些应用系统软件。其中一些比较著名的软件如下。

（1）北京科技大学、鞍山钢铁学院等单位也开发了露天矿生产爆破系统，将神经网络技术引入系统中，使系统的自学习功能得到明显的增强，这些系统主要完成对爆破方案的设计、爆后岩石块度预测等。由于爆破理论模型研究不足，这些建立在传统设计理念基础上的模拟结果与实际存在差距，极大影响了该研究的现场推广应用。

（2）DIMINE 软件。DIMINE 软件是由中南大学数字矿山研究中心的矿业及软件专家们，在全面研究了国内外数字矿山相关软件和国内矿业企业实际需求的基础上，经过多年的艰苦努力，研究开发出的一版基于数字化矿山整体解决方案的矿山数字化软件系统。DIMINE 主要适用于矿业企业的地质、测量、采矿专业的技术人员及技术管理人员，全面实现了从矿床三维地质建模、储量计算与动态管理、测量验收及数据的快速成图；露天矿开采境界优化、露天采场设计、采剥顺序优化与计划编制到各种工程图表的快速生成等工作的可视化、数字化与智能化。

（3）鞍山赛尔科技发展有限责任公司开发的赛尔爆破优化软件。它是鞍山赛尔科技发展有限责任公司在吸取国外先进爆破技术基础上自主研发的爆破优化软件，这个软件可以自动进行台阶爆破设计，功能全面，适合各类型露天矿山爆破优化设计。当爆破相关参数确定后，软件能够按照不同的布孔方式和爆破排数，自动生成孔网平面图，并自动显示每个孔的坐标位置；能够自动生成剖面图，在图中能够真实地显示台阶的坡面形状，显示填塞、间隔药柱高度及所在的位置及尺寸；既能自动布孔、又能手动布孔，软件设有干水孔区别标志；在相关参数确定后，能自动生成爆破参数表；能按照用户要求自动进行直孔、斜孔爆破设计；能够按被爆岩体的实际岩石系数大小，自动计算孔间、排间微差时间，并能自动显示国产非电和奥瑞凯各段雷管微差时间表供用户选用；能自动或手动进行地表、孔内网络连接，起爆点及起爆顺序可按用户要求进行设计。

（4）华易软件有限公司研发的华易露天深孔爆破辅助设计软件。这个软件可以计算出各孔的孔距、排距、爆破体积、炸药量、充填长度、回填长度等爆破参数、画出爆破网络图。该系统的操作只要将炮孔实际测量数据、炸药单耗输入计算机，电脑即可按要求提供炮孔平面图、爆破网络图、爆破参数、单孔装药量及汇总表，并可通过多次演示，优化出最佳起爆顺序。

该软件具有如下功能：1）以原始的测量数据为基础，自动按比例形成爆破平面布置图；2）使用鼠标可直观方便地画出爆破网络图；3）以原始的孔深及炸药单耗、炸药类型为基础，以设计爆破高程为标准，以爆破网络为依据，自动计算出各孔的孔距、排距、爆破体积、炸药量、充填长度、回填长度等爆破参数；4）可打印出美观且按比例的爆破平面布置图、爆破网络布置图及爆破参数表；5）使用鼠标方便地把整个图形或表格随意向各个方向来回移动；6）根据起爆网络的不同以及其他爆破设计参数的不同要求可以方便地形成各种不同方案，进行方案优化，择优使用，以便提高爆破质量。

4　国内露天爆破设计软件存在的问题及解决途径

目前在我们国内，虽然关于露天矿生产爆破设计软件取得了一些进展，也开发了多个成功的系统，但是软件或多或少都存在一些缺陷，与国外的一些著名软件相比，其差距主要表现如下。

（1）国内的矿业软件往往是几个单位或很少的几个人开发与研制，其覆盖范围、涉及领域极其有限。

（2）矿业软件创新能力不足。

（3）系统集成度低。采矿类软件和地质类软件分离，整合性比较差，数据共享程度不高。

（4）三维建模技术和显示技术普遍落后于国际水平。

针对上述国内在露天矿生产爆破设计软件开发方面存在的问题，笔者认为应该从以下途径解决。

（1）根据我们国内现状，建议由国家立项，投入一定的财力和物力，并组织研究院所和国内有关高校的地质、矿业工程、计算机、经济等相关研究人员组建一支强有力的研发队伍。

（2）针对我国矿业软件研究水平较低的特点，应该选择新的切入点，在吸取国外同行的先进成果的基础上，开发出适合我国特色的矿业软件，融入地质统计学、克立格等高新算法，特别是要吸收三维地质成图发面的高新成果，加大三维实体模型方面研究力度。

（3）针对当前我国矿山普遍存在生产效率低、管理水平落后等现状，国家应出台相应的优惠政策，鼓励矿山应用矿业软件，以提高生产效率和管理水平，同时也为国产矿业软件提供巨大市场。

5　发展趋势

国内软件开发的发展趋势如下。

（1）网络共享。当今时代最重要的特点就是国际互联网的普及，因此实现网络共享也是矿业软件适应时代发展所必须具备的功能。

（2）将三维实体模型界面、体积模拟能力和三维矿块模型品位分布规律的描述能力结合起来，共同来描述三维实体模型，使模型生成能更精确。

（3）将出现具有高质量的图像渲染和虚拟现实环境的真正的可视化图像显示环境。

（4）加强企业生产调度与控制、企业与车间生产信息自动采集及处理、企业外部环境信息的收集及处理等问题的研究。

（5）进行矿产勘查经济核算，确定合理的矿床工业指标，确定最佳采矿损失贫化率和精矿品位，矿产经济评价参数的计算，品位、吨位模型的建立，矿床财务评价等。

（6）将地质测量和爆破设计这两部分内容统一考虑，来构建自主知识产权的爆破可视化数字设计平台。

6　小结

本文在国内外矿山爆破设计软件分析、对比的基础上阐述了目前在矿山软件开发中存在的问题及解决途径。国内软件业始终是快速发展的，因而本文只是笔者在某一个时期的观点和认识。

参 考 文 献

[1] 陈伟，薛清泼，赵洋. 当前国际上较为流行的矿业软件评价 [J]. 有色金属（矿山部分），2007(4)：22-25，37.

[2] 姜华，秦德先，陈爱兵，等. 国内外矿业软件的研究现状及发展趋势 [J]. 矿产与地质，2005(4)：422-425.

[3] 云庆夏，陈永锋. 我国采矿系统工程的技术进展 [J]. 金属矿山，1999(11)：7-11.

[4] 裴传广，胡建明. 开发应用具有中国特色的矿业软件势在必行 [J]. 中国矿业，2007(10)：110-113.

[5] 张幼蒂. 矿业系统工程的发展与展望 [J]. 金属矿山，2003(1)：1-3，10.

[6] 邵安林，孙豁然，刘晓军，等. 我国采矿 CAD 开发存在的问题与对策 [J]. 金属矿山，2004(2)：1-4，19.

[7] Hobbs B E, Henley S. Computing for Exploration and Mining Industries to the Year 2000. 25th A PCOM, 1995.

经山寺铁矿优化开采综合爆破技术

郑炳旭

（广东宏大爆破股份有限公司，广东 广州，510623）

摘　要：为实现经山寺露天铁矿的高速开采，提出优化开采综合爆破技术，解决矿石块度控制、采场边坡稳定控制和零星矿脉高效开采等技术难点，取得较好的效果。首先，利用 Kuz–Ram 数学模型建立控制矿石大块率的炸药单耗预测模型，结合实际工程地质条件，计算出经山寺铁矿控制爆破矿石块度合理的炸药单耗；其次，通过将原设计的边坡预裂爆破改为缓冲爆破，减少炸药使用量，并通过调整装药量和装药结构来控制生产爆破对邻近最终边坡的损伤，在降低工程施工成本的同时满足边坡安全的使用要求；最后，针对矿体赋存分散的特点，采用分段爆破开采、原位爆破等技术降低矿石的贫化和损失率，减少资源浪费。多种爆破技术的综合应用为中小型矿山高效开采开辟了一条新的途径。

关键词：采矿工程；块度预测；缓冲爆破；分段采矿

Multiple Blasting Techniques for Exploitation Optimization of Jingshansi Iron Mine

Zheng Bingxu

（Guangdong Hongda Blasting Co., Ltd., Guangdong Guangzhou，510623）

Abstract：In order to achieve high speed exploitation of Jingshansi open iron mine, optimal exploitation multiple blasting techniques are proposed, which solve the technical difficulties, such as ore block degree controlling, stope slope stability controlling and sporadic veins high efficient exploitation, so as to obtain good effect. Firstly, the Kuz-Ram mathematical model is used to establish explosives consumption prediction model to control the rate of ore chunk. Combined with practical engineering geological conditions, the reasonable explosive consumption to control the blasting ore block of Jingshansi iron mine controlled blasting is calculated. Secondly, in order to reducing explosive using, the slope pre-splitting blasting of original design is changed into buffer blasting. By adjusting the amount of explosive charge and charging structure to control production blasting damage to the adjacent end slope, reducing construction cost and satisfying the requirements of slope safety at the same time. Finally, aiming at the dispersive characteristics of ore body, the segmented blasting mining, in-situ blasting techniques are used to reduce the ore dilution and loss rate, and reduce the waste of resources. Multiple usages of various blasting techniques open a new way for the efficient exploitation of small and medium-size mines.

Keywords：mining engineering; blast fragmentation prediction; buffering blast; segmented exploitation

1　引言

经山寺铁矿位于河南省中部，介于平顶山至漯河之间以南，隶属舞钢市的八台镇与庙街乡的西部交界区，矿床西北部范围已跨入叶县辛店乡境内。南扩工程地处经山寺露天矿南部，矿区周围有张李国村、大韩庄村、冷岗村、小刘沟村等。与一般露天矿相比，经山寺矿的特点是矿体狭小、夹层多、状态复杂、分采工作量大、难度高。

基金项目：广东省科技计划项目（2010A040308004）。

原载于《岩石力学与工程学报》，2012，31（8）：1530–1536。

该露天铁矿年设计生产能力为 $1.2×10^9$kg，服务年限为 11a，根据开采进度计划在第 2 年投产。广东宏大爆破股份有限公司以合同采矿形式承担该矿山采矿任务后，强化开采，生产规模达到原开采规模的 2 倍，即 $2.4×10^9$kg/a，并保证前 19 个月采出 $1.2×10^9$kg 原生矿。

为了实现高强度开采，采用分区作业的强化开采方案，根据矿体的埋藏条件、设计强化开采的生产规模，以及拟选用的采、装、运设备，重新确定了台阶高度、工作台阶坡面角、工作平台宽度、工作线长度、台阶推进方向等主要参数[1]，快速开拓台阶工作面[2]；同时，采取有效措施，保证矿山开采的安全和矿石的质量，利用 Kuz-Ram 数学模型建立了控制矿石大块率的炸药单耗预测模型，结合实际工程地质条件，计算出经山寺铁矿控制爆破矿石块度合理的炸药单耗。由于实行了优化开采，边坡的稳定性要求大大降低，通过将原设计的边坡预裂爆破改为缓冲爆破，减少了炸药使用量，在满足工程质量和安全的要求下，实现了工程成本最小化和经济效益最大化。特别是针对矿体赋存分散、夹层多、贫化率不高于 6%、矿石损失率不高于 12% 的工程要求，采用减少矿石贫化及减少矿石损失的多种爆破技术，优化了爆破设计，降低了矿石的贫化和损失率，减少了资源浪费，为环保节约型的中小型矿山开采开辟了一条新的途径。

2 矿区工程地质条件及综合爆破技术的提出

2.1 工程地质条件

矿区地势较平坦，标高基本在 100~110m 范围内，东面为小树林，西面为原奥瑞特露天采场，北面为经山寺露天采场和排土场。矿体赋存特点是西高东低，大部分被第四系土层覆盖，西部较浅，局部出露地表。

矿体呈单斜以层状产出，矿体走向近 NS，倾向 E，倾角 30°~35°，平均约 33°，矿体走向长度大于 300m，倾向方向向南延展具有一定规模。如图 1 所示。

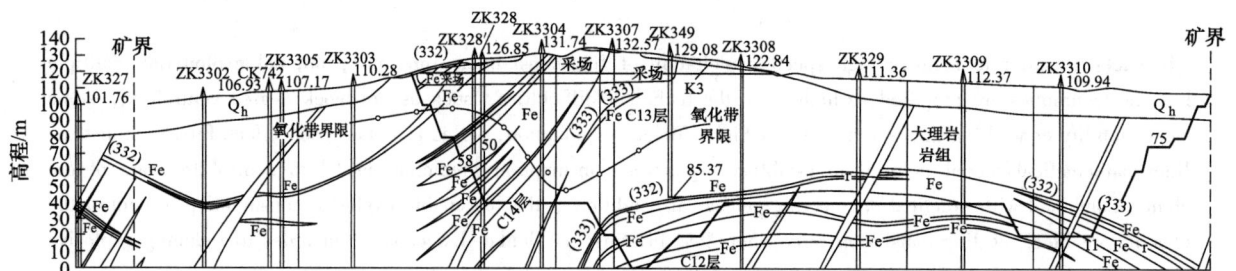

图 1 经山寺矿段第 39 勘探线地质剖面图

Fig. 1 Geological profile of exploratory line No. 39 at Jingshansi temple mineral deposit

采区南部有 F31 断层，该断层走向 SE110°~140°，倾向 NE，倾角 85° 左右，为正断层，长约 1000m，垂直断距 100~200m。

地表为黄土黏性土沙砾石，厚度 10~40m，在西部可达 60m。矿体围岩为大理岩，上为角闪片麻岩组，下为白粒岩、石英片麻岩岩组。岩石普氏系数 f=12~14，矿石普氏系数 f=16~22。

2.2 综合爆破技术的关键点

经山寺采区上层为黄土、下层为破碎岩石，在风化和雨水的侵蚀下边坡破坏严重，出现不同程度的裂隙。特别是近几年由于雨水较大，导致东北部边坡出现多处垮塌，并有滑移加重的趋势，严重威胁着下部运输线路和矿区开采的安全。

经山寺铁矿开采条件复杂，为解决上述难题，本文提出的开采综合爆破技术，主要涉及以下 3 个方面的关键点。

（1）矿石爆破块度预测及块度与炸药单耗间的关系。在经山寺铁矿开采过程中，对矿石的块度进行控制可大大减少碎矿的工作量，达到"以爆代碎，以爆代磨"的目的，因此在经山寺铁矿开采时提出矿石的大块率不超过 3%，大块的下限尺寸为 100cm 的条件。因为它直接影响到铲装、运输、破碎等后道工序的生产效率和成本。矿岩破碎块度及其分布受到岩石性质、炸药性能、孔网参数及炸药单耗等诸多因素影响，在以上诸因素中，炸药单耗是一个非常重要的指标[3,4]。借鉴国外的理论和实践，在经山寺铁矿的露天开采中，通过运用 Kuz-Ram 数学模型，实现了对爆破参数进行预测及其爆破参数优化调整。

（2）采场高边坡在爆破扰动作用下的稳定性控制问题。经山寺露天铁矿原设计开采 11a，采用强化开采后，开采速度和产量提高 1 倍，开采年限缩短为 5.5a，边坡的保护年限也大大缩短，针对本矿坑边坡地质构造特点和对边坡稳定性要求，结合具体实际开采情况，在施工中对原设计的边坡预裂爆破施工设计方案进行优化，通过调整边坡预保护层厚度、边坡孔穿孔角度、装药结构及线装药密度等措施，采用缓冲爆破施工工艺进行边坡爆破，大大节省了投资和爆破器材使用量[5,6]。经山寺露天铁矿采用的缓冲爆破的特点是在距最终边坡线钻一排较密（为正常炮孔孔距的 0.7 倍）的缓冲斜孔，缓冲孔与主爆孔之间设一排浅孔，缓冲孔装药量减半，采用径向不耦合装药结构，使炸药能量分布均匀。

（3）对零星矿脉的有效开采问题，及如何减少零星矿脉的开采贫化和损失等问题。经山寺铁矿体规模小、数量多、厚度薄、产状复杂，大部分矿体倾角小于 30°，厚度小于台阶高度 10m，属于难采矿体，如图 1 所示。为了降低矿石的损失、贫化率，运用分段爆破开采技术、原位爆破技术和大块爆破技术等多项爆破分采工艺进行控制，通过爆破手段实现矿石和废石分离。

3 爆破炸药单耗预测模型

3.1 台阶爆破炸药单耗预测模型

Kuz-Ram 模型是库兹涅佐夫（Kuznetsov）和罗森拉姆（Rosin-Rammler）模型的结合，前者是研究爆破的平均块度，后者是研究块度的分布特征。该模型是用平均破碎块度 $\bar{x}$（筛下累计质量为 50% 的筛孔尺寸）和块度分布的均匀度指标 β 来预测爆破块度，其基本数学表达式[7-13] 如下：

Kuznestov 方程：

$$\bar{x} = K\left(\frac{V_0}{Q}\right)^{0.8} Q^{\frac{1}{6}} \left(\frac{115}{E}\right)^{\frac{19}{30}} \tag{1}$$

均匀度指标：

$$\beta = \left(2.2 - 14\frac{W}{\phi}\right)\left(1 - \frac{\Delta W}{W}\right)\left(1 + \frac{A-1}{2}\right)\frac{L}{H} \tag{2}$$

Rosin-Rammler 曲线：

$$R = e^{-\left(\frac{x}{x_e}\right)^{\beta}} \tag{3}$$

式（1）~式（3）中，R 为粒径大于 x 的物料所占的比率；x 为筛孔尺寸，表示筛下最大粒径或筛上最小粒径，cm；x_e 为特性尺寸，cm；W 为最小抵抗线，m；ϕ 为炮孔直径，mm；ΔW 为凿岩精度的标准误差，m；A 为孔距与最小抵抗线之比；L 为底板标高以上药包长度，m；H 为台阶高度，m；V_0 为每孔破碎岩石体积，m^3；Q 为相当于每孔中药包能量的 TNT 的当量，kg；E 为该炸药的相对重量威力，$E = 115$（TNT 炸药），100（铵油炸药），100~105（2 号岩石炸药）；K 为岩石系数，可参考刘殿中和杨仕春[1] 的研究取值。

当 $x = \bar{x}$ 时，$R = 0.5$，于是由式（3）可以导出：

$$x_e = \frac{\bar{x}}{0.693^{\frac{1}{\beta}}} \tag{4}$$

根据上述原理，结合施工经验和生产实际情况，建立了根据爆破参数、大块率和大块尺寸要求预测炸药单耗的预测模型。该模型可以近似地预测炸药单耗，为工程的爆破块度控制提供参考。

3.2 炸药单耗预测模型的应用

在给定大块率 3%、大块的下限为 100cm 的条件下，根据式（1）~式（4）可求得炸药单耗 $q=0.74kg/m^3$。即对原生铁矿石只要平均单耗不小于该值，那么不大于 100cm 的大块率不会高于 3%。

表 1 为经山寺铁矿爆破开采时，运用 Kuz-Ram 模型得到爆破参数和实际工程应用的炸药单耗。

表 1 经山寺铁矿爆破参数

Table 1 Blasting parameters of Jingshansi iron mine

爆破对象	孔径/mm	孔深/m	孔间距/m	排距/m	超深/m	堵塞长度/m	平均单耗/kg·m⁻³
一般岩石	140	15	6.5	3.8	1.5	3.5	0.39
难爆岩石	140	15	6.2	3.5	1.5	3.0	0.41
氧化矿	140	15	6.2	3.5	1.5	3.0	0.47
原生矿	140	15	5.0	3.2	2.0	3.0	0.78

工程应用表明，采用表 1 的爆破参数，平均大块率控制在 1.8%~2.2%，基本符合预测模型计算结果，大于 100cm 的大块率不高于 3%，根底率控制在 5% 左右。装药结构为直径为 110mm 的条形 2 号岩石乳化炸药，平均延米装药量为 14kg。从表 1 可以看出，用 Kuz-Ram 模型可以较为准确地预测出给定大块率对应的炸药单耗。

4 边坡缓冲爆破技术

4.1 边坡缓冲爆破的设计思想

采用缓冲爆破主要是减小主爆炮孔的后冲和地震效应，控制超爆，保护边坡的稳定[14-16]。在经山寺露天铁矿运用缓冲爆破技术的过程中，对一般缓冲爆破方法进行以下几方面的改进：增加边坡保护层厚度；减少缓冲孔穿孔角度；调整缓冲孔起爆顺序，不单独起爆，安排与主炮孔相应的顺序起爆，使其前排主炮孔爆破形成的裂隙起到浅孔的作用；省去浅孔施工工序，采用轴向连续不耦合装药和分段不耦合装药来调整线装药密度，同时尽量减少主炮孔布孔排数及整体爆破规模，以降低爆破振动对边坡的影响。

4.2 边坡缓冲爆破设计

台阶高度 $H=10m$，缓冲爆破钻孔直径与主炮孔一致，$\phi=140mm$，斜孔角度为 80°，装药结构采用人工单独装 $\phi90mm$ 和组合装 $\phi110m$ 与 $\phi70mm$ 的条状乳化炸药卷。缓冲爆破设计如图 2 所示，具体设计参数见表 2。

表 2 缓冲爆破设计参数

Table 2 Design parameters of buffering blast

序号	药卷直径/mm	装药长度/m	堵塞长度/m	单孔药量/kg
1	90	8.7	1.3	65
2	110	2.0	1.1	66
	70	6.9		

炮孔间距和抵抗线均为主炮孔的 0.7 倍；炮孔间距 $a=2.7~3.5m$；最小抵抗线 $W=4.8~5.0m$；布孔时距边坡线预留 1.8~2.0m 保护层。

从工程实践上看，该项技术简单易行，爆破效果上安全可靠，经济效益显著，通过多次爆破施工观测，边坡坡比度、超欠挖度完全达标，稳定性良好，如图 3 所示。

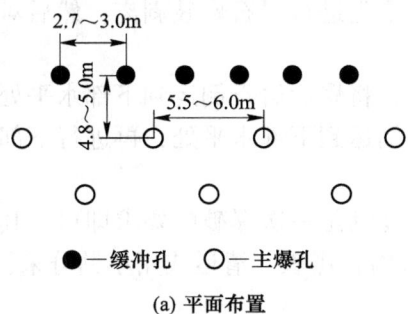

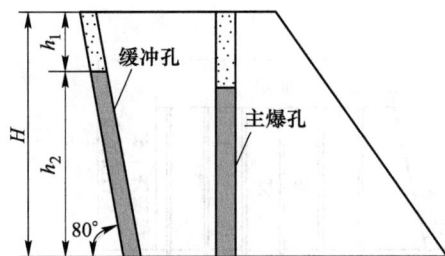

● 一缓冲孔　○ 一主爆孔

(a) 平面布置

(b) 立面布置

图 2　主爆孔与缓冲孔布置示意图

Fig. 2　Layouts of main blast holes and buffing blast holes

图 3　经山寺铁矿边坡

Fig. 3　Slope of Jingshansi iron mine

经山寺铁矿露天开采工程采用边坡缓冲爆破后，取得了良好的效果，部分边坡爆破结果见表 3。

表 3　经山寺铁矿边坡缓冲爆破效果

Table 3　Effect of buffering blast of Jingshansi iron mine

日期	岩石类别	边坡孔数	平均孔深/m	装药直径/mm	爆破效果
2009-07-12	石灰岩	29	12.0	110, 70	效果良好，一次达标
2009-07-24	沉积岩	7	14.6	90	少许根脚，二次处理
2009-08-05	石灰岩	12	11.1	110, 70	效果良好，一次达标
2009-08-09	磁铁辉石岩	18	11.7	90	效果良好，一次达标
2009-08-14	磁铁辉石岩	24	11.4	90	效果良好，一次达标

从工程实践上看，该项技术简捷易行，爆破效果上安全可靠，经济效益上合理，并且在钻孔深度小于 10m 的开拓工作面掏槽爆破中，采用该工艺也同样取得了理想的效果，发挥了良好的效益。

5　减少开采贫化和损失的爆破技术

为了充分利用矿产资源，减少矿石损失贫化，提高矿石质量，应分析产生矿石损失贫化的各种原因，采取措施把矿石损失贫化降到最低水平。

5.1　分段爆破开采技术

爆破法分采主要应用定位爆破技术，通过爆破手段实现矿石和废石分离，达到分别装载的目的，其实质是通过采取一系列措施，使爆破后的矿石和废石各自成堆，边界依然在爆堆断面中清晰可见，使挖掘机司机能够分别挖掘、装载。

该技术的核心是尽可能地降低矿石的损失，当矿石层在台阶上部时，无论矿体厚度大小，水平还是倾斜，按矿体厚度进行钻孔，将矿石层进行单独爆破，如图 4(a) 所示，用推土机和挖掘机将破碎后的矿石推移动到下一台阶进行装运，如图 4(b) 所示。设计进深为一次普通爆破的进深，上部保留临时斜坡道，钻机钻到矿石之后的岩面，再对坡道进行爆破剥离。根据孔深，设计孔网参数，将一个台阶分成 2 段爆破，可大大减少矿石的贫化和损失。

矿石层在台阶下部时,与矿石在上部的采矿工艺相同,只是先进行岩石爆破剥离,然后对矿体进行爆破开采。

矿石层在台阶中部时,分3段进行爆破。先爆破上部岩石,将爆后岩石倒运到下部水平处。中部矿体钻孔,待岩石清运完毕对矿石进行爆破,然后将爆后矿石倒运到下部水平处,再进行下部岩石钻孔,待矿石清运完毕后起爆挖运下部岩石。

倾斜矿体较陡时,采取留柱分采,留柱宽度可以比较大,能满足一次爆破的要求即可。其开采顺序为:(1)上盘岩石爆破、清运,如图4(c)所示;(2)矿带斜孔爆破、清运或用小钻分采,如图4(d)所示;(3)下盘岩石扇形孔爆破。

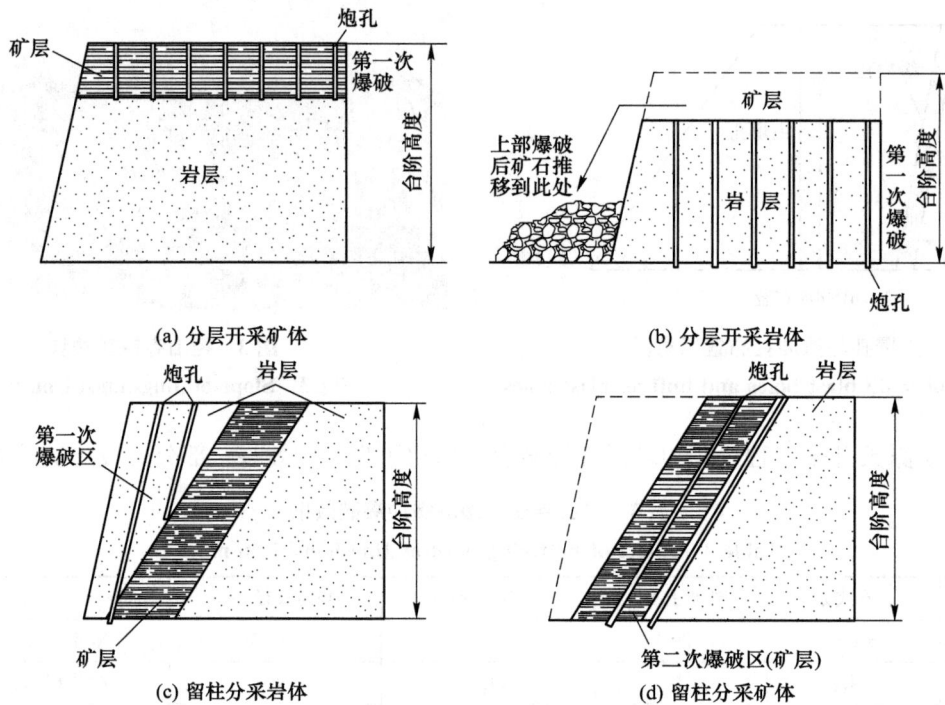

图 4　分段爆破原理图

Fig. 4　Sketch of stage blasting principle

对于倾角小于10°的缓倾斜矿体,由于矿体底板相对比较平缓,采矿设备基本可以正常工作,设计采用倾斜台阶开采工艺。

该工艺是在废石剥离地段采用正常的10m台阶高度,以便采剥设备正常发挥效率。当台阶推进到矿体时,需根据矿体上部覆盖的废石厚度,改变台阶高度。先将上部覆盖的废石剥除,然后,沿矿体底板布置采矿台阶,并沿矿体底板推进,采出矿石。台阶下部遗留的废石在下一矿层开采前或在下部台阶剥离时剥除。由于采用倾斜台阶开采,采矿台阶顶底面与矿体顶底板平行,且矿体上部覆盖的废石已预先剥离,因此,损失、贫化指标可控制在正常范围内。

采用倾斜台阶开采,由于设备作业的台阶面为倾斜面,设备效率将有所降低,因此,开采时应配备足够的采矿设备。同时,由于设备在倾斜面上作业,稳定性较差,特别是高大设备,因此,应注意生产安全,避免发生设备翻倒等安全事故。具体措施是根据设备作业需要,在台阶局部修筑小平台,设备尽可能在平台上作业,以保证生产安全。

5.2　原位爆破技术

原位爆破技术的核心是爆破后矿石和岩石各自成堆,边界依然在爆堆断面中清晰可见。具体做法可通过调整爆、挖作业程序、改变起爆方式、变更起爆顺序、时差、改变孔径、单耗等工艺过程来实现原位爆破。在经山寺露天铁矿开采工程中,曾采用以下几种方法。

(1)压碴爆破。压碴爆破是铁路运输矿山为限制爆堆宽度而使用的爆破工艺,有较为成熟的经验,具体是指不清完台阶前的爆堆就爆破。爆完之后,爆堆基本上是原地膨胀,矿石、岩石不会混淆,便于分装。

（2）排间起爆，第一排弱装药。

（3）无延时同段起爆。

（4）整体弱装药，成大块，减少抛散。

（5）留脉爆破。留下矿脉分布范围内的部分矿岩，作为最后一响爆破，其四周先爆的爆堆围住矿脉，矿脉爆破时就不会散乱。

5.3 大块爆破采矿法

当矿脉复杂或矿脉较小时，可采用大块爆破采矿法，即将围岩炸碎，矿石炸成大块，便于挑出来，进行二次破碎，以减少矿石的损失。当剥采比较大时，在经济上还是非常可观的，具体做法如下。

（1）矿段堵塞。围岩段装药，矿段为堵塞段，岩石爆破时，由于没有装药，矿石段会被爆破成大块，将矿石大块挑出后再进行二次破碎，实现采矿，如图 5 所示。

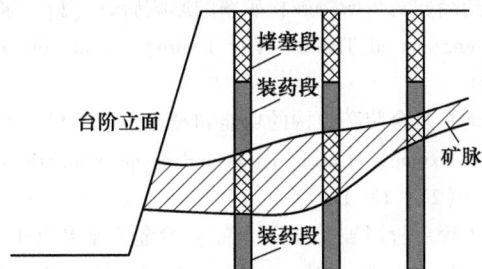

图 5　矿石段堵塞示意图

Fig. 5　Sketch of stemming at ore section

（2）矿段弱装药。对岩石段进行正常装药，矿石段进行弱装药，对岩石进行爆破，矿石爆破成大块后再进行二次破碎。

（3）矿段空气间隔。岩石段将进行正常装药，矿石段为空气间隔，整个孔为不耦合装药[17]，对岩石进行爆破，矿石爆破成大块后再二次破碎。当然，如果矿石中夹杂岩块，也可以将矿石进行爆破，夹杂岩石段进行堵塞（或弱装药、空气间隔），将岩石爆破成大块进行分装剔除，减少矿石贫化。

6　结论

为解决经山寺铁矿矿石块度控制、采场边坡稳定控制和分散矿脉高效开采等技术难点，实现经山寺露天铁矿的快速开采，提出了优化开采综合爆破技术，经研究和工程应用取得了较好的效果。得出如下主要结论。

（1）为实现经山寺露天铁矿的高速开采，提出了优化开采综合爆破技术，该技术主要包括矿石块度控制、采场边坡稳定控制和零星矿脉高效开采等关键点。

（2）利用 Kuz-Ram 数学模型，建立了台阶爆破炸药单耗预测模型，结合经山寺铁矿工程地质条件和台阶爆破设计参数，可得原生铁矿石的平均单耗不小于 $0.74 kg/m^3$，可满足开采要求。

（3）对采场边坡缓冲爆破和预裂爆破分别在开挖边界上产生的爆炸动应力进行了对比理论分析，表明采用缓冲爆破代替预裂爆破可以更好地保证边坡的安全，降低施工成本，满足了工程节能减排的要求。

（4）根据矿体分散赋存规律，采用分段爆破开采技术、原位爆破技术、大块爆破采矿等技术，对岩石和矿石进行分采分离，实现矿石的损失率不高于12%、贫化率不高于6%的工程要求，减少了资源浪费，保证了工程质量。

参 考 文 献

[1] 刘殿中，杨仕春. 工程爆破实用手册 [M]. 北京：冶金工业出版社，2003：225-227.

Liu Dianzhong, Yang Shichun. A Practical Handbook of Engineering Blasting［M］. Beijing：China Metallurgical Industry Press, 2003：225-227.

［2］蔡建德，李战军，施建俊，等. 露天合同采矿工程中的快速生产［J］. 有色金属：矿山部分，2011，63（5）：23-26.

Cai Jiande, Li Zhanjun, Shi Jianjun, et al. Rapid production in open-pit contract mining engineering［J］. Nonferrous Metals：Mine, 2011, 63（5）：23-26.

［3］邓端正."新型"间隔装药技术降低露天矿深孔爆破炸药单耗的应用［J］. 水泥工程，2009，（2）：39-40.

Deng Duanzheng. The application of new interval charge technology to reduce the consumption of explosives about deep-hole blasting in open-pit mine［J］. Cement Engineering, 2009, （2）：39-40.

［4］赵同彬，顾士坦，马志涛. 岩石爆破理论与工程综述及其展望［J］. 山东科技大学学报：自然科学版，2003，22（1）：108-112.

Zhao Tongbin, Gu Shitan, Ma Zhitao. Summary of rock blasting theory and engineering and its prospect［J］. Journal of Shandong University of Science and Technology：Natural Science, 2003, 22（1）：108-112.

［5］刘玲平，唐涛，李萍丰，等. 装药结构对台阶爆破粉矿率的影响研究［J］. 采矿技术，2010，10（1）：67-70.

Liu Lingping, Tang Tao, Li Pingfeng, et al. The effect of loading on fine ore ratio in shoulder blasting［J］. Mining Technology, 2010, 10（1）：67-70.

［6］肖绍清，朱文彬，曹桂祥，等. 炮孔复合装药结构的功能和设计要求［J］. 工程爆破，2003，9（2）：12-15.

Xiao Shaoqing, Zhu Wenbin, Cao Guixiang, et al. Function and design regulations of compound charge in a blasting hole［J］. Engineering Blasting, 2003, 9（2）：12-15.

［7］郑炳旭，王永庆，李萍丰. 建设工程台阶爆破［M］. 北京：冶金工业出版社，2005：56-59.

Zheng Bingxu, Wang Yongqing, Li Pingfeng. Construction Engineering Shoulder Blasting［M］. Beijing：China Metallurgical Industry Press, 2005：56-59.

［8］郑炳旭，王永庆，肖文雄，等. 条形药包硐室爆破 K-R-D 模型与爆堆级配及大块率预测方法的探讨［C］//刘殿书. 中国爆破新技术Ⅱ论文集. 北京：冶金工业出版社，2008：101-105.

Zheng Bingxu, Wang Yongqing, Xiao Wenxiong, et al. Discussion of forecast method of muchpile graduation and hunk ratio and K-R-D mathematic model of chamber blasting of linear charge［C］//Liu Dianshu. Proceedings of Blasting New Technique of China（two）. Beijing：China Metallurgical Industry Press, 2008：101-105.

［9］Paine A S, Please C P. An improved model of fracture propagation by gas during rock blasting—some analytical results［J］. International Journal of Rock Mechanics and Mining Sciences and Geomechanics Abstracts, 1994, 32（4）：699-706.

［10］Bhandari S. On the role of stress waves and quasi-static gas pressure in rock fragmentation by blasting［J］. Acta Astronautica, 1979, （6）：365-383.

［11］Martì J, Folch A, Neri A, et al. Pressure evolution during explosive caldera forming eruptions［J］. Earth and Planetary Science Letters, 2000, 175：275-287.

［12］Ma G W. Modeling of wave propagation induced by underground explosion［J］. Computers and Geotechnics, 1998, 22（3/4）：283-303.

［13］Sanchidrian J A, Segarra P, Lopez L M. Energy components in rock blasting［J］. International Journal of Rock Mechanics and Mining Sciences, 2007, 44（1）：130-147.

［14］喻长智，古德生. 柱状药包爆破冲击波作用区域的理论计算［J］. 矿冶工程，2000，20（4）：33-34.

Yu Changzhi, Gu Desheng. Theoretical calculation of action area of shock wave of cylindrical charge blasting［J］. Mining and Metallurgical Engineering, 2000, 20（4）：33-34.

［15］王明洋，邓宏见，钱七虎. 岩石中侵彻与爆炸作用的近区问题研究［J］. 岩石力学与工程学报，2005，24（16）：2859-2863.

Wang Mingyang, Deng Hongjian, Qian Qihu. Study on problems of near cavity of penetration and explosion in rock［J］. Chinese Journal of Rock Mechanics and Engineering, 2005, 24（16）：2859-2863.

［16］Ханукаев А Н. 矿岩爆破物理过程［M］. 刘殿中译. 北京：冶金工业出版社，1980：33-34.

Ханукаев А Н. Physical Process of Rock Blasting of Rock Mining［M］. Translated by Liu Dianzhong. Beijing：China Metallurgical Industry Press, 1980：33-34.

［17］吴海军. 间隔装药在露天矿爆破中的实验与应用［J］. 金属矿山，2005，（增）：87-90.

Wu Haijun. Experiment and application of spaced loading at open pit blasting［J］. Metal Mine, 2005, （Supp.）：87-90.

多规格石高强度流水作业开采

崔晓荣　叶图强　刘春林

（广东宏大爆破股份有限公司，广东 广州，510623）

摘 要：分析了多规格石台阶爆破开采的技术、管理方面的特性，以便更好地借鉴和应用常规机械及其零部件流水作业生产组织的经验，实现多规格石的流水作业高强度开采。两者的相同点是其生产过程均由不同工序组成，且各个工序之间的顺序不能随意打乱；不同点是规格石开采的工程背景和开采石料的技术要求，有工程自身的特性制约，不同于统一、规范的工厂车间建立和组织。因此，根据上述两者间的异同点，对流水作业技术进行优化改进并引入到多规格石爆破开采领域，大大提高了规格石开采的效率和效益。

关键词：台阶爆破；多规格石；高强度开采；流水作业；管理科学

Flow Line Production of Multiple-dimension Stones with High-strength Exploitation

Cui Xiaorong　Ye Tuqiang　Liu Chunlin

（Guangdong Hongda Blasting Co., Ltd., Guangdong Guangzhou，510623）

Abstract：The mining technology and management characteristics of multiple-dimension stones by bench blasting were analyzed, in order to realize the flow line production of multiple-dimension stones with high-strength exploitation, by the application and reference for flow line production experience of accessories and machines. The same points were that both were composed of several processes and the order couldn't be disorganized; while the different points were that the characteristics were restricted in engineering background and technical requirements for exploitation, it was different from establishment and organization by a unitive and normal factory workshop. Therefore, based on the same and different points between them, the technology of flow line production was optimized and introduced into the field of blasting exploitation of multiple-dimension stones, the benefit and efficiency were both improved obviously.

Keywords：bench blasting; multiple-dimension stone; high-strength exploitation; flow line production; management science

1　工程概况

某机场建设工程位于辽宁省葫芦岛兴城市，前期主要进行多规格石爆破开采及挖装作业（位于挖方区，由爆破企业施工）和多规格石的运输、回填及地基处理（位于填方区，由填筑企业施工）。其中多规格石爆破开采 I 标段土方剥离 55.5 万 m^3、石方爆破 1032.9 万 m^3，工期 250d。该区地形起伏变化大，基岩一般出露、覆盖层较薄，岩性以安山岩为主，中等风化、局部强风化，强风化一般厚约 1~2m。填料岩石有 5 种规格要求：

（1）最大粒径≤0.10m，且满足设计填筑级配要求；

（2）最大粒径≤0.25m，且满足设计填筑级配要求；

（3）最大粒径≤0.40m、不均匀系数>5、曲率系数 1~3，且粒径>0.3m 的颗粒含量不宜超过全重

原载于《工程爆破》，2012，18（4）：88-91。

的 30%，含泥量不大于 5%；

（4）最大粒径≤0.40m、不均匀系数>5、曲率系数 1~3；

（5）最大粒径≤0.80m、不均匀系数>10。

考虑到规格石开采的强度、质量等方面的苛刻要求，采用常规的土石方爆破的管理思路很难满足要求，因此提出"多规格石高强度流水作业开采"这一思路：一是提高整体施工效率，使钻孔、爆破、挖装、运输、回填等工艺环节更加流畅，避免窝工和无效等待；二是采用工厂化的流水作业管理，能够提高规格石的质量，确保工程质量。

2　多规格石高强度爆破开采的施工组织要求

多规格石的高强度开采，其具有常规土石方爆破工程的特性（主要指施工工艺和顺序，即钻、爆、挖、运、排），又具有工厂作业的特点，要求施工工艺流畅、质量监控到位、产品质量稳定[1,2]。因此多规格石爆破开采时，要求施工精细化、标准化，管理动态化、灵活化，才能组织顺畅的流水作业，确保工程质量、提高工作效率[3]。

2.1　爆破施工标准化和精细化的要求

为了确保多规格石高强度开采流水作业的顺畅性，实现爆破施工的标准化和精细化，主要对以下问题进行分析并寻求解决的办法。

（1）规格石的开采强度特别高，首先要求台阶爆破中的各个施工环节能够顺畅过渡，爆破质量是关键，避免因爆破质量不佳返工导致流水作业的节奏被打乱。

（2）填料所用块石约 924.7 万 m³，有严格的块度规格要求，包括最大粒径、不均匀系数、曲率系数等，需要确保爆破后岩块的级配基本满足填料的技术要求；因此爆破前要建立爆破石料级配预测的模型，指导爆破参数设计和施工，确保石料规格满足填筑质量控制要求。

（3）工程地质情况比较复杂，需要根据各个区域的层理节理、岩石强度等进行实时的分区分块组织爆破施工，即选择合适的原材料（山体）生产各种产品（规格石）可达到事半功倍的效果。

（4）本工程系机场建设的场平工程，爆破开挖区域大，有较密的底板高层控制网，需要区分跑道区（跑道区爆破后形成沟槽，沟槽深度与道面结构厚度相关，深度不断变化，且有纵横坡要求）和非跑道区（主要是纵横坡的要求）。由于山坡平缓，爆破平整面积达 70 万 m²，须保证底板平整，不欠挖、不超爆，所以要对爆破孔位、孔网、孔深、超深等进行精细化控制，达到中深孔台阶爆破底板一次成型。

（5）超小块度（最大粒径<0.25m）的块石数量较大（约 30 万 m³），直接爆破开采难度大，且需求集中在工程后期，需要进行合格原材料（振动筛分和颚式破碎系统的原料）及超细规格石成品的生产和储备，减少机械设备的一次性投入，保障后期的高强度需求。

2.2　过程控制动态化和灵活化的要求

为了使多规格石开采的流水作业更加顺畅，对现场的管理和协调要求进行了分析，并采取了以下针对性的措施。

（1）本工程有多家爆破单位和填筑体单位，前者负责爆破和挖装，后者负责运输和回填。爆破方的生产强度一般呈"抛物线型"，中间为生产高峰期，前期和尾期产量稍低；填筑体方因其强夯回填工艺特性，生产强度一般呈"波浪型"，回填时为需料高峰期，强夯和检测阶段为需料低谷期，一个周期为 10d 左右，所以供求结构上存在矛盾。采取的对策是：1）需料低谷期多储备爆堆，以便确保需料高峰期的供应；2）说服对方减小回填质量检验批的规模，增加检验批次，避免双方的设备闲置，共创双赢局面。

（2）由于规格石开采施工中挖、运分家，两家的轻重缓急不一样。爆破方希望山体高宽且需要负挖的山体北部加快推进速度，以便基坑负挖施工；而填筑体方考虑更多的是运距，对运距远的北部山体没有兴趣（设计时山体留有余方）。针对上述问题，一是通过供料位置进行引导，需料高峰期加大紧急区域的爆破强度；二是通过甲方说服填筑体方，按时提交平整场面是双方共同的目标；三是爆破方对紧急区域的挖运适当给予补贴。

（3）本工程为高强度的规格石开采，决定了必须使用中小型设备生产，因此现场投入的设备多，调度和管理较难，尤其是挖填双方石料供求结构、生产轻重缓急不一时，很容易造成设备的窝工或停滞，动态、灵活的流水作业管理正是对症良方。

（4）本工程系国防工程，业主的工程管理经验和水平有限，且军队管理模式与企业的项目管理模式不同，前者更注重口令的响应和执行，后者更注重实际的效果和成本。针对此，一是主动和业主沟通协调，做好规划和计划，引导其按照规划、计划监督和指挥施工；二是通过科学的管理手段，做好流水作业的标准和示范，让其感受流水作业的好处。

3 施工现场的规划布局与组织实施

3.1 现场规划与布局（空间）

整个爆破占地面积为 71 万 m^2，爆破山体的主体呈南北向，南北长 1500m、东西宽 500m。考虑到高强度开采的工作面需要以及石料供需双方供求结构不同，需要一定的储备工作面，填筑体需料少的强夯和检测阶段，仍然能够钻爆施工进行石料储备，填筑体需料多的回填阶段，消耗储备爆碴，保证规格石供应。

考虑到现场设备多，采用配套分组流水作业的管理方式组织施工。人员、设备、工作面均进行标准化的分组、编号，三者工效匹配，组合相对固定，统一调度和管理，进行流水作业施工。流水施工组织方式，就是将拟建工程项目全部建造工程，在工艺上分别为若干个施工过程（布孔测孔、钻孔、装药爆破、挖装），在平面上划分为若干个施工段（标准工作平台、爆区）；然后按照施工过程组建相应的施工专业工作队，各专业工作队按施工顺序的先后，依次不断地投入各施工层中的各施工段进行工作[3,4]。该施工组织方式的特点是：（1）既可充分利用空间，又可充分利用时间；（2）各专业工作队能连续作业；（3）实现专业化生产，有利于提高操作技术、工程质量和劳动生产率；（4）资源使用均衡，有利于资源供应的组织和管理。

在组织流水施工时，如果同一施工过程在各施工段上的流水节拍之间存在一个最大的公约数，能使各施工过程的流水节拍互为整数倍，据此组织的流水作业称为成倍流水作业。本工程人员、设备、工作面的配套分组就是基于成倍流水作业思想编组，使三者效率匹配（见图1），纵向上不同的工作面（用①、②、③表示）上，按照施工工艺（指布孔测孔、钻孔、装药爆破、挖装）的先后顺序连续施工，充分利用有限的施工空间；横向上，不同工序对应的专业施工人员和设备（布孔测孔和装药爆破为同一批人员，布孔测孔和装药爆破、钻孔、挖装分别对应不同的专业人员和设备），通过其在不同作业面的轮转，确保其作业连续，充分利用各类人员和设备。

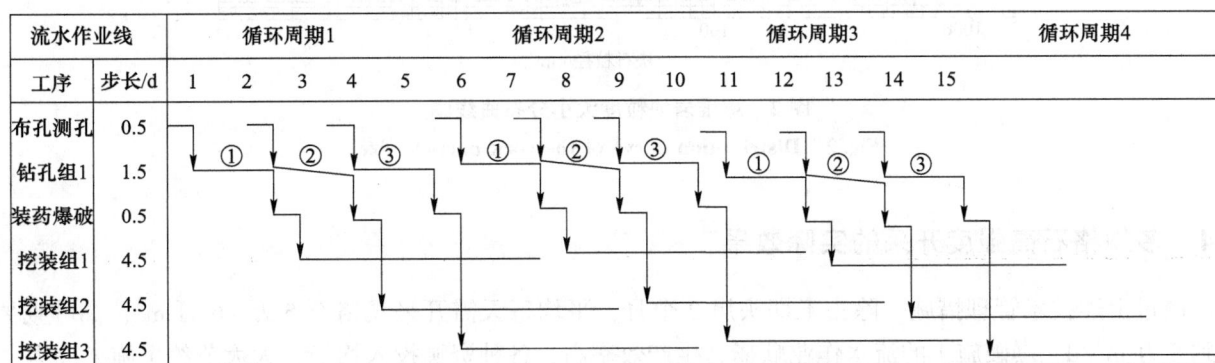

图 1 两台钻机组成的配套组流水作业线安排

Fig. 1 The schedule of flow line production by a suit of machine with two drilling rigs

按照1个施工工作面、1个储备工作面的原则，规划好工作面，进行流水作业安排，加快循环推进速度，将原来的每循环 7d 缩短为 4~5d。

根据工作平台和流水作业理论，合理安排组织施工，可防止设备的窝工和闲置，提高设备的有效利用率；相对固定的人员、设备、工作面配套组合，进一步强化了责任区划分管理，责任落实到责任人，确保不因质量问题耽误生产，促进了爆破、挖装的良性循环推进。

3.2 生产计划与组织（时间）

项目部进一步强化了项目管理的计划性和有序性，加强了施工管理的可执行性和执行力建设。生产计划从大到小，环环相扣，逐步细化。月计划主要是指导性的方针，生产计划目标具体到各个生产平台的合理推进速度，并进行施工的重点和难点分析，分清近期工作的轻重缓急。周计划主要是为了现场执行时将生产目标进一步细化，具体到每个工作平台的预计爆破时间，促使各部门能够统一思想、相互配合，完成具体施工任务。每日生产协调会主要是解决流水作业安排中遇到的各种协调配合问题、技术难题、施工中的疑难杂症，促进流水作业循环推进的顺畅。

另外，针对工程重点、难点下达任务单，落实到责任人，限期完成，对不能按期完成的进行问责，进一步促进了钻、爆、挖的协调，促进流水作业的顺畅循环推进。

3.3 级配预测分析优化爆破质量

规格石高强度开采施工、流水作业安排均具有明显的周期性，因此引入包括计划（plan）、实施（do）、检查（check）和处理（action）4 个阶段的 PDCA 管理模式，强调人性化管理和持续改进的理念[5,6]，不断完善安全、技术、管理等方面的不足和漏洞，确保爆破质量可靠、流水作业顺畅。

施工中，爆破开采的多规格石质量控制通过基于 Kuz-Ram 数学模型的级配预测理论[7]，进行"爆前预测→爆后筛分实验→复核验算→优化调整预报参数"循环管控，优化模型实现持续改进，最终达到准确预报、指导施工的目的。例如现场的难爆区域进行 80 料开采，就通过自主研发的、方便快捷的爆堆岩石块度统计分析的 PDA 系统（原理基于近景摄影测量分析理论[8,9]），获得爆堆级配分配图，如图 2 所示。由此图可算出不均匀系数为 10.80、曲率系数为 1.35，符合不均匀系数>10、曲率系数为 1~3 的要求，表明爆破参数是合理的；如果级配不符合质量要求，则根据实际级配反演来优化爆破设计参数，使下一个爆区的爆破质量满足要求。

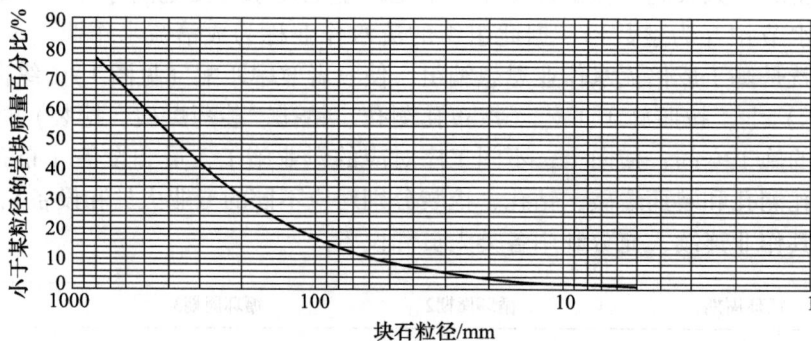

图 2　爆堆岩块粒度大小分布曲线图
Fig. 2　Distribution curve of the rock particle size

3.4 多规格石高强度开采的实际效果

通过上述技术管理措施，除去工期头尾 2 个月，平均每天需开采规格石 5 万~6 万 m^3，高峰期要达到 8 万 m^3/d，爆破施工的流水作业顺畅、生产效率高、各种资源投入均衡，大大节约了施工成本。

生产出的多规格石质量可靠，符合级配要求，且满足填筑体的"波浪型"供料强度要求。关于挖填双方石料供求结构、生产轻重缓急不一等问题，彼此交接工艺流程，进行更大范围的流水作业安排，即"布孔测孔→钻孔→装药爆破→挖装→运输→回填→强夯→检测"，将整个施工流程串通起来考虑，达到双赢的目标。

4 结论

本文结论如下。

（1）采用流水作业进行多规格石的高强度开采，首先要分析工程本身的特性，找出技术上和管理上的重点和难点，以便预先采取针对性的措施，才能保证执行过程的顺畅。

（2）利用中小型设备组织流水作业进行规格石的高强度开采，空间上要对现场进行合理的规划和布局，时间上要对现场生产安排合理的产量计划指导施工，同时要加强质量的监控。

（3）规格石高强度开采施工管理，需要建立完善的管理协调和监督执行体系，科学合理预测和分析爆破岩石的级配指导现场生产，实现持续改进。

参 考 文 献

[1] 崔晓荣，周名辉，吕义. 露天矿的中小型设备高强度开采技术 [J]. 西部探矿工程，2009，21(11)：102-105.

[2] 刘畅，崔晓荣，李战军，等. 中型矿山小设备开采的经济环境效益分析 [J]. 工程爆破，2009，15(2)：37-40.

[3] 同济大学经济管理学院，天津大学管理学院. 建筑施工组织学 [M]. 北京：中国建筑工业出版社，2002.

[4] 姚玉玲，周往莲. 基于流水作业的施工段排序方法 [J]. 西安科技大学学报，2007，27(3)：511-515.

[5] Schreiber W, Kielblock J. Self-contained Self-rescuer Legislation within the Context of the Mine Health and Safety Act of South Africa: a Critical Analysis[J]. Journal of the Mine Ventilation Society of South Africa, 2004, 57(4): 119-123.

[6] 崔晓荣，李战军，傅建秋，等. NOSA 体系在城市爆炸灾害管理中的应用 [J]. 防灾减灾工程学报，2009，29(4)：457-461.

[7] 郑炳旭，王永庆，李萍丰. 建设工程台阶爆破 [M]. 北京：冶金工业出版社，2005.

[8] 冯文灏. 近景摄影测量——物体外形与运动状态的摄影法测定 [M]. 武汉：武汉大学出版社，2002.

[9] 崔晓荣，魏晓林，郑炳旭，等. 建筑爆破倒塌过程的近景摄影测量分析（Ⅲ）——测试分析系统 [J]. 工程爆破，2010，16(4)：67-72.

袁家村露天铁矿基建剥离工程优化研究

赵博深[1,2]　王晓帆[2]　赵洪泽[1]　蒋孝海[2]

（1. 中国矿业大学（北京）资源与安全工程学院，北京，100083；
2. 广东宏大爆破股份有限公司，广东 广州，510623）

摘　要：袁家村露天铁矿设计年产2200万吨铁矿石。前期开采为山坡露天，后转为深凹露天矿，设计服务年限为38a(不含基建时间)，矿山基建期3a，第4年投产，第5年达产，稳产34a。剥采比为2.9t/t。前期山坡露天基建面临工作面小且少，新水平准备慢，设备效率不能充分发挥，破碎站场地提前准备等问题。同时，也要尽量缩短基建期和正常生产期的过渡时间，做好大小设备的过渡衔接。因此，对基建计划，尤其是新水平准备与基建期和正常生产期的过渡进行优化，保证了基建期的顺利进行，以便在正常生产第1年达到设计生产能力。

关键词：山坡露天矿；基建期；新水平准备；剥离工程优化

Optimization Research of Stripping Engineering in Capital Construction of Yuanjiacun Open Pit Iron Mine

Zhao Boshen[1,2]　Wang Xiaofan[2]　Zhao Hongze[1]　Jiang Xiaohai[2]

（1. School of Resource and Safety Engineering, China University of Mining and Technology(Beijing),
Beijing, 100083; 2. Guangdong Hongda Blasting Co., Ltd., Guangdong Guangzhou, 510623）

Abstract：Yuanjiacun Iron Open-pit Mine owns the design production capacity of 22Mt per year. It is hillside stripping open pit at first phase, and subsequently converted to deep open pit. The design service life is 38a (excluding construction period, 3a) . The mine is put into production at the fourth year, reaches the production capacity at the fifth year with the stable production period of 34a and the stripping ratio of 2. 9t/t. During the construction period, some difficulties exist in capital construction of the hillside stripping, such as, narrow and small working face, inadequate new level preparation, low equipment efficiency, and the advance preparation of crushing station etc. . Meantime, it is also with great significance to shorten the period from the capital construction to the regular production and make the transition of small-sized excavator and large-sized electric shovel smooth and stable. Therefore, this paper focuses on the optimization of the capital construction plan, especially the new level preparation and the transition from capital construction to the stable production. These ensure the capital construction smoothly, and make Yuanjiacun open pit reach the design capacity at the first year of stable production.

Keywords：hillside open pit; capital construction period; new level preparation; stripping engineering optimization

1　矿床地质条件

袁家村矿区铁矿分布在南北长4.2km，东西宽1.5~2.6km的范围内，共有矿体21个，其中10号矿体规模最大，占总储量的57.88%，其次为1号和11号矿体，分别占总储量的17.62%和10.94%。其他矿体规模较小。

原载于《金属矿山》，2012(12)：17-19。

全矿区有 15 种矿石类型，其中 9 种氧化矿，6 种原生矿。全矿床的地质品位为 TFe 32.37%、SFe 30.79%，其中氧化矿 TFe 33.09%、SFe 32.50%，原生矿 TFe 31.67%、SFe 29.13%。区内矿体平均品位以位于矿区中部规模最大的 10 号矿体较高，SFe 品位 32.20%，在其西、东侧较大的 1 号和 15 号矿体 SFe 品位分别为 29.88% 和 30.82%，在其南北端矿体规模均为中、小型，品位明显降低，多小于 30%。

袁家村露天铁矿的地质储量为 125247.0 万吨，其中探明及控制的内蕴经济资源量（331＋332）80036.9 万吨，推断的内蕴经济资源量（333）45210.1 万吨。

2　设计矿石与岩石开拓方式

袁家村铁矿初期山头剥离期间，由于采场工作面小，分层岩量相对小，采场下降速度快，并且上、下盘土场距离采场较近，汽车排岩运距较短，可充分发挥汽车运输灵活机动、适应性强的特点。因此前期山坡露天开采时，岩石运输采用单一汽车运输。

矿石开拓采用汽车—半移动破碎站—胶带系统，破碎机为旋回破碎机，半移动破碎—胶带系统能力为 2200 万 t/a。

山坡露天开采时，首先将半移动破碎站布置在采场内西侧的山脊上，汽车卸矿平台标高 1650m，该位置胶带标高 1629m。从选矿厂原矿堆场（卸矿标高 1518.5m）建一条明胶带到露天采场半移动破碎站，胶带机另一端与半移动破碎机排料胶带机相连。主胶带机以明胶带布置方式沿地形布置。

3　基建期存在的主要问题

袁家村露天铁矿初期为山坡露天开采，随着水平不断下降，转为深凹露天矿，山坡露天初期存在的主要问题和困难集中在新水平的准备与开拓道路的修筑，具体有以下几点。

（1）工作面较短，设备效率的发挥受到很大限制，因此，新水平准备工作显得十分重要。以最短时间为原则，要求 2 个月以内尽快完成坡顶剥离，延伸至 1770m 水平，确保足够的采场空间，为后续设备的进场作业创造条件。

（2）1650m 破碎站场地的提前准备。山坡露天开采时，首先将半移动破碎站布置在采场内西侧的山脊上，汽车卸矿平台标高 1650m，该位置胶带标高 1629m。

（3）道路的修筑。包括固定道路和临时道路。主要有采矿 1 号上山道路，采矿 2 号上山道路，采矿 0 号联络道路，尾矿坝道路。

（4）基建期与正常生产期的过渡。基建期由于资金投入、大设备订货周期等因素，初始道路与工作面要使用小设备进行开拓。

上述问题的解决，主要在于新水平的准备速度，以便于顺利拉开掌子面，保证足够的工作空间和矿山开采时间与空间上的协调。另外，如何保证基建末期，矿山具备年产 2200 万吨的生产能力，也是需要面对的一个问题。

4　基建期优化的原则

基建期优化的原则如下。

（1）充分发挥现有外包设备的效率。各施工分队，其设备型号各异，数量亦较多。以对矿建工程影响较大的采装设备为例，有挖掘机、前装机。现对各种设备的作业特点以及采场作业面的布置要求分述如下。1）对不同种类设备要安排最能发挥自身效率的作业面，尽量减少相互影响。前装机具有成本低、效率高的特点，适合采掘土方，采取土方爆破时可高段作业。但在岩石台阶上，几乎不能作业，如勉强作业，对设备磨损较大，成本较高。挖掘机作业范围较宽可挖土方、石方，其经济效益相差不大。分层采掘时效率最高，直接挖掘软岩、露岩、延深是其优势，但在较高台阶不能充分发挥效率。在某个时期，有许多工作面（土、岩台阶），有不同的作业条件，如采黄土、露岩、岩石台阶延深、岩石台阶推进等，合理配置这些设备，就显得非常重要。配置好，就可以充分发挥效率，否则设备能力就会受到限制。因此在计划安排上必须考虑这一特点。2）在保证量接续的前提下，尽可能多地开辟工作面，以投入大量的设备。在实际施工过程中，结合采场采掘状况，采用工作线分段、台阶分层的开采方法，充分利用地形条件形成多个工作面，扩大采场设备容量。这样既能满足穿爆、采装设备的作业要求，亦保证了剥离量的接续和平盘的延深速度。

（2）均衡向前发展与重点推进相结合。只有保证采掘工程的均衡发展，才能在较低的推进度下，保证采掘工程量向下延深。施工队伍力量有强弱，所以应适当调配队伍，保证工作面均衡向前发展，不能因为个别队伍、个别地段滞后而影响整个工程。

（3）重视开拓系统的适时改造。适时地改造运输系统，使运距最短。利用少量的超前剥离修筑道路，实现最大限度地降低运输成本，从而降低基建投资费用。

（4）优先延深。基建期需要开拓 +1800m、+1785m、+1770m、+1755m、+1740m、+1725m、+1710m、+1695m、+1680m、+1665m、+1650m 共 11 个台阶。在向下延深的过程中，充分利用挖掘机适于下挖和采装岩石的特点，并将工作线分为若干段，各段同时向下延深，以缩短平盘延深周期。

（5）适当超前剥离黄土。黄土主要存在于北坡，剥离黄土季节性较强，虽然不同季节都能作业，但对成本影响较大。冬季（12月到次年2月）由于表层冻土挖不动，雨季（一般7月~8月）由于下雨，造成道路泥泞，工作面积水等。作业条件恶化，使设备月能力相差很大，柴油消耗等也因此变化大。因此，在年计划范围内应适当超前剥离，尽量安排在春季多挖黄土。同时，在采场大面积露岩后，由于受到穿爆能力的限制，岩石爆量不足时，黄土可作为工程接续量。

5　基建期剥离工程的优化

5.1　新水平准备的优化

新水平准备的优化如下。

（1）根据对现场地形的研究，北坡较南坡地形较缓，因此采用由北向南推。并且，初期山顶有 2 个山包，同时开始剥离掌子面，至 1770m 水平时开始合并为 1 个掌子面。

（2）在北坡山腰较缓处，与山顶同时开单臂沟，经研究比较，最终确定开沟水平为 1785m 与 1755m。这样，保证开工初期有 3 个台阶同时作业，最多可同时投入 7 台挖掘机进行剥离工作。1 周以后，将山顶 1800m 平盘 4 台挖掘机调至 1785m 平盘，并在 1785m 平盘继续增加 2 台挖掘机，在之后的适当短期内，在 1770m 平盘继续增加投入 2 台挖掘机，这样可以保证初期高强度剥离的需要，并可以在尽可能短的时期内，尽可能多地增加新掌子面，保证后续的剥离与采矿工作。

（3）破碎站场地的准备。根据现场地形与采剥进度计划、设备情况，在基建工程进行到第 13 个月时，从 1755m 平盘调 1 台挖掘机至 1650m 平盘，从北部坡度较缓处开始新水平准备，根据测量的工程量，一直至第 16 月末，将准备好 1650m 水平破碎站场地，从而保证基建的施工进度，为破碎站的准时进场提供前提保证。

（4）基建期矿石的临时存放。基建期回采矿石总量 322.81 万 m^3，即 1000 多万吨的铁矿石，由于基建期破碎站尚未安装调试好，不能进行正常的生产作业，因此需要为基建期的回采矿石安排合适的堆放场地，方便之后的破碎与运输。经计算，矿石存放在 1650m 水平临时堆放地，在时间与空间上皆满足要求，也可保证后续工作的要求。

5.2　基建期与正常生产期的过渡措施

基建期与正常生产期的过渡措施如下。

（1）在基建剥离工程结束前 2 个月，增加 4 台 ϕ310mm 牙轮钻，矿山生产第 1 年第二季度再增加 1 台穿孔设备，加强穿孔能力。

（2）矿山生产第 1 年年初投入 6 台 WK-20 电铲，一季度末再投入 1 台电铲，二季度末继续投入 1 台电铲，共计 8 台，确保年度生产的需求。

（3）矿山生产第 1 年年初，投入 20 台 200t 级矿用汽车，第二季度末再投入 4 台矿用汽车，第二季度末继续投入 3 台矿用汽车，共计 27 台。

（4）矿山生产第 1 年年初，保留 6 台基建期使用的挖掘设备及相应的配套设备。一季度末保留 3 台。

（5）根据生产计划的要求做好订货准备。要考虑到大型采矿设备的制造周期、运输周期及安装调试时间，应提前订购，保证采场过渡时期生产能力的迅速提高。

（6）根据采场情况安排好大型设备的穿孔位置、采掘空间、道路通过能力、排土场排土条件，对存在的问题要提前按重点工程进行安排，保证生产衔接的平稳过渡。

（7）提前做好大型设备的操作、检修、安装人员的招聘培训，以保证大型设备的顺利投入。

6　基建期末生产能力核定

经过上述措施与优化，在基建期末，矿石工作线长度合计 1379m，采矿强度 7251.6t/m，平均水平推进速度 146.5m/a，年下降速度 21.2m/a，新水平准备时间 8.49 个月，满足 2200 万 t/a 的生产能力。

参 考 文 献

[1] 段起超，段国华. 安家岭矿基建期矿建工程的合理规划 [J]. 露天采煤技术，2000(1)：16-17.
[2] 符希宏，刘继良，赵继银. 露天矿山基建期矿车调度管理 [J]. 现代矿业，2009(12)：113-122.
[3] 刘宏伟. 浅析袁家村铁矿开拓系统设计 [J]. 矿业工程，2011(12)：16-17.
[4] 唐步洲. 山坡露天矿大爆破的设计与施工 [J]. 煤矿设计，1986(9)：43-47.

复杂环境中采空区爆破处理实践

陈晶晶[1] 蓝 宇[2]

（1. 广东宏大爆破股份有限公司，广东 广州，510623；

2. 广东省大宝山矿业有限公司，广东 广州，510623）

摘 要：从爆破参数、起爆方法和起爆网络等几方面加以考虑，介绍在复杂环境中爆破处理采空区的实践，供相关技术人员参考。

关键词：金属矿山；采空区处理；露天开采；复杂环境

Practice of Mined-out Area Blasting in Complicated Surroundings

Chen Jingjing[1] Lan Yu[2]

（1. Guangdong Hongda Blasting Co., Ltd., Guangdong Guangzhou，510623；

2. Guangdong Dabaoshan Mining Industry Co., Ltd., Guangdong Guangzhou，510623）

Abstract：Considering several aspects of blasting parameters，initiating method and initiating circuit，the practice on treating mined-out area in complicated surroundings is introduced，which provide a reference for the technique personals.

Keywords：metal mine；mined-out area treatment；surface mining；complicated surroundings

1 工程概况

1.1 基本情况

大宝山矿 668（五）采空区是在 697m 平台施工 6 号探测孔（71233.8，17988.4）时发现的。扫描后得到采空区的扫描点云图形如图 1 所示。

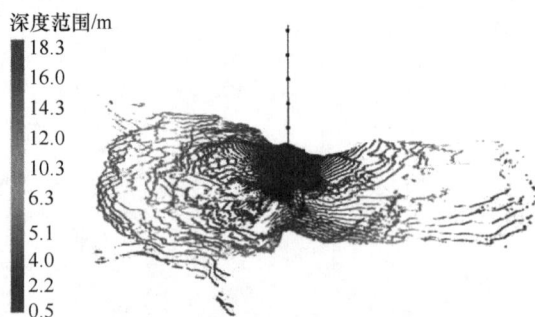

图1 采空区三维点云数据

该采空区为原有资料上 668（五）采空区，扫描空区比原有资料空区大了很多。现实际采空区面积约为 440m²，体积约为 2200m³，空区最大高度为 14.5m，顶板厚度为 24m，底板高程为 668m，采空区最大跨度为 25m。

原载于《金属矿山》，2013(1)：64-65，79。

1.2 采空区地质情况

根据地质勘察资料，668（五）号采空区顶板大部分为铜硫矿石，围岩为矽卡岩，岩体条件较好，普氏系数 $f=10\sim12$，根据长沙矿山研究院实验表明，岩石松散系数为 1.4。

1.3 采空区处理的紧迫性和难度

目前台阶已经下降至采空区塌陷区范围，必须根据不同的采空区分布特点，采取经济合理有效的处理方法消除隐患，同时所确立的采空区处理措施必须兼顾未来采空区的处理要求，以实现矿山持续、稳定、安全生产。668（五）采空区位于 697m 台阶，是采场采矿的重要区域，如果不及时处理，北部采区范围将大大减少，采矿将受到极大限制，不但影响年度生产任务的完成，而且对大宝山矿发展极为不利。因此必须对其进行处理。

然而，经过资料分析和现场实地踏勘，发现若处理该空区，存在 2 点安全隐患：第一，爆区中心距选矿厂约 200m，爆破产生的地震波对厂区正常生产会有较大影响。第二，爆区中心距 640m 平硐中心约 48m，由于爆区距中心硐巷道较近，产生的地震冲击波可能会对 640m 平硐产生破坏性的影响。综合各种因素，对本次爆破限制极大，对爆破施工要求极高。

2 668（五）采空区处理方案选择

目前用于采空区处理的方法主要为充填法和崩落法，由于大宝山矿处理的采空区均在大露天开采设计范围内，如采用充填法进行处理，技术上可行，但存在二次装运的问题，经济上不合理。因此大宝山矿地下采空区的处理采用崩落法，优点如下。

（1）利用现有露采设备，投资省，处理费用低，且周期短，进度快。

（2）施工均在地面进行，工作条件好，作业安全。

（3）再处理过程中，可以对空区进行补探，可靠性高。

另外，考虑到本次爆破是在建筑物附近爆破，所以在爆破设计方面要从控制最大单响药量、起爆网络设计和孔网参数等几方面仔细考虑。

2.1 孔网参数设计

本次选用钻机为 CM351 钻机，空压机选用阿特拉斯 836 型，孔径为 140mm。设计穿孔施工全部在 685m 台阶钻进垂直孔，孔网参数采用 4.0m×4.0m，特殊部位可局部加密，设计孔深为 11.7～17.5m，共设计钻孔 27 个。

2.2 装药结构设计

对打穿孔进行孔底填塞，孔底填塞使用铁丝吊编织带并用炮棍将编织袋压至底部孔口上方 1.5m 左右处，相邻外表孔口的铁丝用铁钳相连固定，再向孔内填塞约 2m 的孔口碎渣，处理完所有穿孔后保护孔口，静置几日。爆破前对孔深进行再次校正并做记录，调整装药量及装药方式。本爆破使用 2 号岩石乳化炸药和多孔粒状铵油炸药，延米装药量按照 13.5kg/m 计算。孔口堵塞段保持长度为 3.5m。图 2 为连续装药结构堵塞示意图。

2.3 起爆网络设计

考虑到沿最小抵抗线方向上的爆破振动强度最小，反向最大，侧向居中，而最小抵抗线方向又是主抛方向，从减振和控制飞石危害考虑，调整本次爆破的自由面方向，使之与 640m 平硐走向和选矿厂车间成一定角度，最好垂直，避免与之平行，以降低反作用力产生反向冲击造成的爆破振动。起爆顺序如图 3 所示。

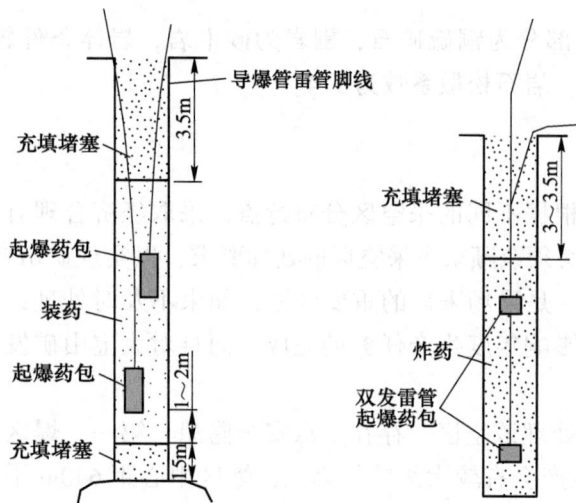

图2　连续装药结构堵塞示意图

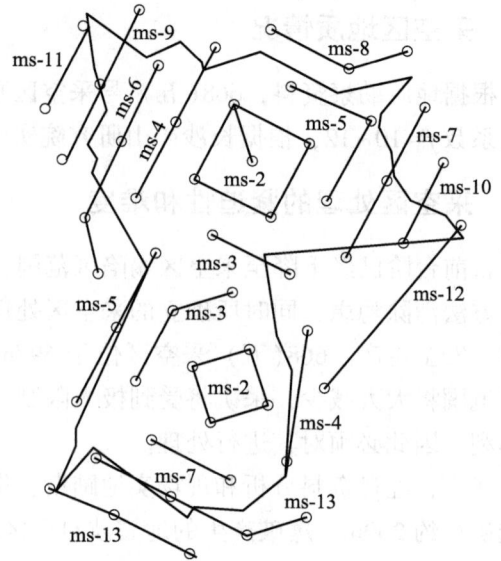

图3　起爆网络

3　爆破安全验算

地表建筑物（砖木结构）的安全距离 R_d：

$$R_d = K_d a \sqrt[3]{Q} \tag{1}$$

式中，R_d 为安全距离，m；K_d 为地基系数；a 为地形系数；Q 为装药量。由于该区内建筑物全部建立在坚硬致密岩石之上，计算得出 $R_d = 31.03$m，即在该范围以内的建筑物有危险，应采取相应的措施。

668（五）空区中心距选矿厂191m，距640m平硐中心斜线60m。最大段装根据爆破区附近各建筑物质点允许振动速度，装药量 Q 公式如下：

$$Q = R^3 \left(\frac{V}{K} \right)^{3/\alpha} \tag{2}$$

式中，Q 为最大段装药量，kg；R 为安全距离，m；K 为地基系数；α 为地形指数；V 为质点最大允许速度，m/s。

车间允许最大单段起爆药量 $Q = 1638.2$kg（$R = 191$m，砖混结构，取 $V = 2.3$m/s，$K = 150$，$\alpha = 1.5$）。

640m平硐允许最大单段起爆药量 $Q = 3840$kg（$R = 60$m，取 $V = 20$m/s，$K = 150$，$\alpha = 1.5$）。

通过计算，最大单段装药量为1605.8kg，小于最大单段允许药量，均符合要求。

爆破飞石最大抛掷距离按 R_f：

$$R_f = 20K_I n^2 \tag{3}$$

式中，R_f 为最大抛掷距离，m；K_I 为系数，一般取 $1 \sim 1.5$；n 为爆破作用指数。

得出 $R_f = 76.8$m，但考虑个别孔充填质量未达到要求，预计个别飞石可飞出150m。

采空区处理中，由于爆破冲击波可能从原地下开采井口传出造成危害，所以要求井口附近人员、设备提前撤离，并采取相应安全措施。

4　效果评价及结论建议

效果评价及结论建议[3]如下。

（1）爆破处理后，为防止空区有未塌实现象，立即在空区周边拉起警戒，72h后利用全站仪无棱镜反射测出空区爆破后的地形图，与爆破前对比分析，该空区塌陷体积与预计相差不大，达到预期目的，且640m平硐和选矿车间未受到任何影响。

（2）经过此次处理，消除了采场一个重大的安全隐患，对生产安全起到了重要保障作用。同时积累了采空区处理经验，为下一步其他空区的处理提供了参考。

（3）该采空区局部地层比较破碎，有些难以成孔，有些则无法钻至设计深度，且孔内事故频发。目前在河南洛钼等一些矿山有过采用贯通式潜孔锤的实践，也取得了不错的效果，该项技术不失为采空区钻探的一个研究方向。

参 考 文 献

[1] 李科. 银山矿露天采区内采空区的爆破处理 [J]. 矿冶, 2002, 11(4): 13-15.

[2] 叶图强, 等. 露天深孔爆破处理大型采空区的实践 [J]. 中国矿业, 2008, 17(8): 97-101.

[3] 叶图强, 陈晶晶, 王铁. 露天开采复杂采空区的危险性探测与分析 [J]. 中国矿业, 2012, 21(1): 87-89.

魏家峁露天煤矿爆破试验分析及应用

苏　鹏　樊运学

（广东宏大爆破股份有限公司，广东 广州，510623）

摘　要：魏家峁露天煤矿地质条件复杂，采区土层厚度大，煤层赋存稳定。窄平台、多设备、长运距均对爆破作业造成影响。根据采区现状，对岩层台阶进行了抛掷爆破试验，得出该方法不适合采区岩层平台。通过多次爆破试验，岩层、煤层、夹矸煤层均适合松动爆破。岩层台阶爆破的重点是降低单耗、控制成本。煤层顶板岩石台阶、夹矸煤层均在孔内安装间隔器，确保生产效率、原煤回采率得到提高。煤层爆破改变传统装药工艺，将5个药卷捆绑，使安全性更加可靠，减少了原煤贫化，采矿综合成本降低。

关键词：露天煤矿；抛掷爆破；松动爆破；爆破参数

Blast Test Analysis and Application in Weijiamao Open-pit Coal Mine

Su Peng　Fan Yunxue

（Guangdong Hongda Blasting Co., Ltd., Guangdong Guangzhou，510623）

Abstract：The geological conditions of Weijiamao open-pit coal mine are complex with thick soil layer and stable coal occurrence. The narrow platform, multiple equipment and long haul distance all affect the blasting operation. Based on the present situation of the mining area, the throwing blasting test is carried out on the rock strata bench, and found not suitable for the rock strata platform. Through several blasting tests, loose blasting is suitable for rock strata, coal seam and gangue coal seam. Key points of rock strata bench blasting are to reduce the powder factor and control the cost. Spacers are installed in holes of the rock bench on the roof of coal seam and gangue seam to improve production efficiency and raw coal recovery rate. The traditional charging technology is changed in the coal seam, and five cartridges are bundled together for higher safety, which reduces the dilution of raw coal and lowers the comprehensive cost of mining.

Keywords：open-pit coal mine；throw blasting；loose blasting；blasting parameters

1　矿区概况

1.1　地理位置及环境

魏家峁露天煤矿位于内蒙古准格尔煤田东南部，行政隶属内蒙古自治区鄂尔多斯市准格尔旗龙口镇管辖。露天区南北最长处 8.79km，东西最宽处 10.02km，面积 55km²，其中先期开采地段面积 7.54km²。

魏家峁露天煤矿属大陆性干旱气候，冬季严寒，夏季温热而短暂，寒暑变化剧烈，昼夜温差大，年平均气温 5.3~7.6℃，最高气温 38.4℃，最低气温 -36.3℃。一般结冰期为每年 10 月至翌年 4 月，积雪厚度为 20~150mm，最大冻土深度 1.50m。降雨多集中在 7、8、9 三个月，且冬春季多风，风速大。

原载于《采矿技术》，2013，13(1)：80-83。

1.2 初步设计[1]

试验初步设计如下。

（1）土层段。采区上部为典型的黄土高原地貌，被广厚的黄土和风积沙大面积覆盖。黄土覆盖层厚度为 70~90m（采坑西南方向甚至达上百米），土层剥离占总剥离量的 57%。黄土层及下面少量岩层土质松软，不需爆破可直接挖掘，采用单斗（斗容 35m³ 电铲）—卡车（厢斗容积 145m³）开采工艺。

（2）岩层段。由于魏家峁露天煤矿地处准格尔煤田东南部边缘，地层遭受剥蚀严重，部分地层缺失。根据地表出露及钻孔揭露，本区地层层序自下而上为：奥陶系、中石炭统本溪组、上石炭统太原组、下二叠统山西组、下石盒子组、第三系上新统、第四系上更新统及全新统的近代沉积。6 号煤层顶板上覆盖 35~70m 的岩层，该岩层物理参数为：基岩自然状态单轴抗压强度 Rc 为 6~60MPa，岩石坚硬性系数 f = 1~6，属于中等硬度岩石。爆破方式采用大孔径、多药量、高平台的抛掷爆破。由于倒堆台阶爆破后的爆堆高、抛掷远等特点，开采方式为：采用吊斗铲（斗容 68m³，作业半径 87m）无运输倒堆开采工艺。

（3）煤层段。本矿区煤储量丰富、资源可靠，煤质为低硫高热值长焰煤。主采为 6 号煤层，7 号、8 号煤层储量偏低，为井工开采。煤层厚度为 6~23.85m，平均厚度为 14m，且赋存平稳，结构简单，煤层倾角一般为 0°~3°，最大 6°。煤层的物理参数为：抗压强度一般为 6~30MPa，岩石坚硬性系数 f = 1~3，属于中硬以下。爆破方式采用松动爆破。采用单斗（斗容 21m³ 电铲）—卡车（91t，TR100）开采工艺。

1.3 目前采区现状

目前采区现状如下。

（1）机械设备。因为资金、征地拆迁等多重问题，大设备（电铲、TR100、吊斗铲）没有投入使用。现场设备为普通挖掘机（斗容 1~2m³），矿用卡车或者是普通卡车（厢体容积 30~40m³）。

（2）煤顶板岩层厚度为 30~40m，且采剥过程中将岩层分为两个平台依次推进。

（3）煤层厚度为 6~17m，煤层分为两个平台依次推进，煤底板平台水资源极为丰富，煤层由东北方向向西南方向倾斜，倾角 3°左右，且平稳。

由于前期采区平台带宽、台阶高度均未形成规模，大设备不足等因素影响，爆破、采掘工艺均作出相应调整，爆破方案结合采区现状合理计划安排，采掘设备根据生产量要求合理购置，以满足当前采区日常生产的要求。

2 爆破方案试验分析及应用

2.1 初期抛掷爆破

抛掷爆破为炸药爆炸时，被爆破岩体的一部分沿最小抵抗线方向抛出的爆破方法，如图 1 所示。抛掷爆破适用于水平或者缓倾斜煤层，煤顶板覆盖岩石厚度大于 10m，且覆盖岩石带宽大，岩石的裂隙、节理不发育，防止爆轰气体泄漏，严重影响爆破效果[2]。

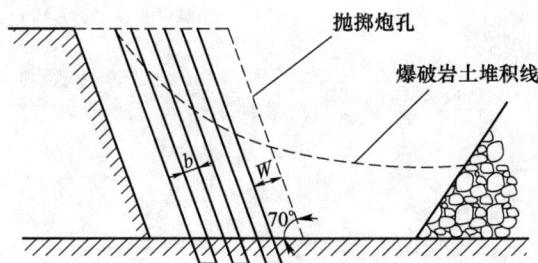

图 1 抛掷爆破效果示意

本次爆破试验为岩石台阶未分之前，岩石台阶高 30m，钻 70° 倾斜孔，钻孔深度 32m（含 2m 超深），排间微差逐孔起爆。爆破参数为：孔距 11m，排距 7m，堵塞长度 7m，单孔装药量 1821kg。孔数 11 个。$Q_{总} = 21311$kg，$V_{总} = 28415$m³，$q = 0.75$kg/m³。

试验结果为：岩石抛掷率 17.5%。其优点为：爆破量大、部分破碎岩体被抛至目的地，减少了单斗电铲、卡车和推土机的工作量。缺点为：岩层中主要构成有细砂岩、中砂岩、粗砂岩、泥岩等，其岩石坚硬性系数 $f = 4 \sim 6$，属于中等强度岩石，单耗为 0.7kg/m³ 左右的抛掷爆破无疑将岩层爆破过粉，可以认为炸药被"浪费"；岩层超深处（煤顶板）破碎度更加严重，产生粉煤无法过洗或者大量的泥煤、粉煤随矸石排弃；每个炮区一般都有数十孔，每孔炸药量均为 2t 甚至 3t，若有盲炮，后果非常严重；对平台高度、宽度、采区设备配置、周围作业环境要求甚高。

2.2　岩石平台分割后松动爆破

受采区工作面、大设备资金、征地等多方面因素影响，采区开采进行调整，大设备开采转为小设备，岩层、煤层均采用松动爆破，如图 2 所示。岩层分为 2 个平台采掘：土层底板岩石（1064 平台），煤层顶板岩石（1050 平台）。

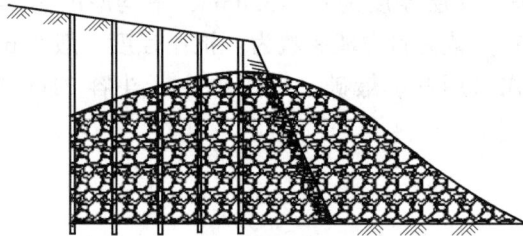

图 2　松动爆破爆堆示意

2.2.1　1064 平台爆破

1064 平台岩层结构简单，主要组成依次为泥岩、粗砂岩、中砂岩等硬度系数为 3~6 的中等硬度岩石，节理、裂隙均不发育。该台阶为获得良好爆破效果，爆破、采掘成本合理分配，确保采矿综合成本最低，从以下两方面实践。

（1）钻孔直径的选取[3]。本文对孔径 140mm 和 120mm 均做过试验比对，相同孔网参数（6×4 或 7×5）、相同孔深的情况下，孔径 140mm 装药量肯定大于孔径 120mm 装药量，爆破效果为前者比后者岩石破碎很多，虽然爆堆对采掘极为有利，但爆破成本增加了 15%。因此，1064 平台钻孔孔径选择 120mm。

（2）装药结构和起爆方式的选取。装药结构在全孔耦合装药、全孔不耦合装药、全孔不均匀不耦合装药 3 种方式中做选择，如果岩石结构、走向、节理等认识不清，很容易造成"瞎"装药。起爆方式选择上，则通过本平台试验得出：大斜线、V 型起爆破碎度均好于排间起爆。

因此，本次试验确定 1064 平台钻孔孔径为 120mm，装药结构为全孔耦合装药（粒状铵油炸药），起爆方式为 V 型起爆，平均单耗为 0.27~0.3kg/m³。最终，大块率为 10.5% 左右，根底率为 7.8%，两者均可以通过破碎锤处理，爆破效果如图 3 所示。

图 3　岩层平台爆破效果

2.2.2　1050 平台爆破

1050 平台台阶高度为 13m，岩石底板为煤层顶板，临界段岩石性质变化较大。本台阶岩石坚硬性系数由 4~6 渐变为 1~3(岩层至煤层)。对于 1050 平台爆破，需要把握 2 个原则：一是降低煤岩混杂、煤的贫化与损失；二是采矿综合成本最低。降低煤的贫化与损失，只改变煤岩接触的超深部分，其他爆破因素均不做改变。改变超深部分分为以下 3 种：无超深或者负超深、超深部分装药、超深部分设置间隔器，以下通过爆破试验予以说明。

钻孔孔径为 120mm，爆破参数 $a = 6$m，$b = 4$m。装药结构：全孔耦合装药（粒状铵油炸药），防止煤岩接触段岩石破碎过粉，采用条状粒状铵油炸药（ϕ70mm），网络连接采用 V 型结构，孔外延时微差起爆，如图 4 所示。

（1）无超深炮区：炮孔数 48 个，堵塞长度为 5m，耦合装药延米装药量为 10kg/m，$Q_{总} = 3950$kg，$V_{总} = 14830$m³，$q = 0.27$kg/m³。

（2）超深（1m）段装药：超深部分装 ϕ70mm 条状粒状铵油炸药（延米装药量 6kg/m），炮孔数 72 个，堵塞长度为 5m，耦合装药延米装药量 10kg/m。$Q_{总} = 6750$kg，$V_{总} = 23970$kg，$q = 0.28$kg/m³。

（3）超深（1m）段设置间隔器：在煤岩接触段设置 1.0~2.0m 间隔器，炸药量相对减少，通过多次试验验证，炸药单耗为 0.25~0.26kg/m³。

以上 3 种情况的爆破效果、煤岩分离、成本等说明见表 1。

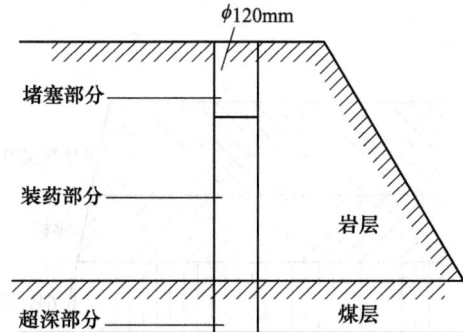

图 4　煤层顶板爆破示意

表 1　不同装药结构下爆破效果对比

超深	装药	煤回采率	回采方式	成本说明	备　注
无超深负超深	无超深，不存在装药	岩石存在根底，煤层基本没有破坏	1. 存在根底，二次破碎（破碎锤）；2. 推土机、挖掘机配合作业	爆破、二次爆破费用，机械费用	优点：煤层基本未受破坏 缺点：爆破成本偏高，爆破效率低下（煤、岩分台阶爆破），不适合大型矿山
超深（1m）	粒状铵油炸药或条形粒状铵油炸药	岩石、煤层均破碎，难以回收	推土机（煤岩混杂，推土机很难将煤岩分离）	爆破费用、机械费用	优点：岩石、煤层破碎效果均好，利于采掘 缺点：单耗大，煤回采率太低
	间隔器	岩石、煤层块度均匀，容易分离	1. 挖掘机（将表层大块岩石清离）；2. 推土机（将煤层表面岩石浮渣推离）	爆破费用、机械费用	优点：单耗小，煤基本都予以回采 缺点：机械使用率较高

2.3　煤层松动爆破

首采区煤层为 6 号煤层，煤层倾角一般为 0°~3°，最大 6°，煤层坚固性系数为 1~3，赋存稳定，首采区煤层厚度大多为 10~18m。夹矸总厚度为 0.1~5.1m，平均厚度 1.62m，煤层分为 2 个台阶，矮台阶煤层水资源丰富，炮孔均为水孔，接近满孔水。煤层爆破有 2 种[4]：一是上下均为煤层，中间夹矸厚度为 2.0~2.5m 的煤层爆破；二是矮台阶煤层爆破。

2.3.1　夹矸煤层松动爆破

煤层爆破过程中，随着夹矸厚度的不断增加，煤层爆破、采掘困难不断加大，原煤成产成本不断提高。6 号煤层含有 2.0~2.5m 夹矸，如图 5 所示，必须将原本完整的煤层划分为 3 个台阶进行钻孔爆破和采掘，爆破后煤贫化严重、铲装效率低下，不能满足生产的要求，因此必须对深孔爆破的装药结构进行改进。

为了能够减少煤的贫化和岩石剥离量、提高铲装效率，采用深孔分段爆破，装药结构如图6所示，夹矸及以下煤层安装间隔器，夹矸以下空间不装药，这样6号煤层便可以进行一次爆破。爆破参数为：钻孔孔径为120mm，夹矸上部粒状铵油炸药，夹矸高度2.0m，夹矸下部煤层高度3m，夹矸上部煤层高度7m。孔网参数$a=7$m，$b=5$m，炮孔数58个，耦合装药延米装药量为10kg/m，堵塞长度为3m，$Q_{总}=2918$kg，$V_{总}=24281$m^3，$q=0.12$kg/m^3。

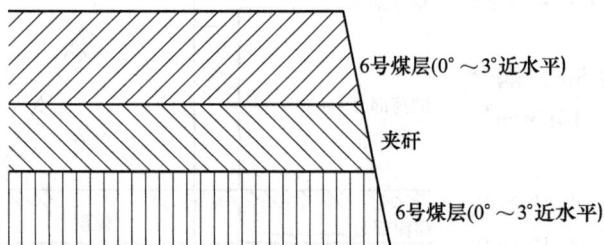

图5　6号煤结构示意

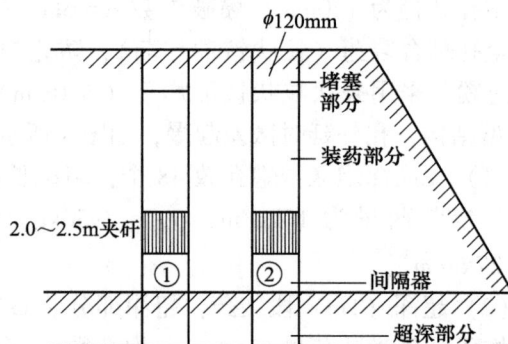

图6　深孔分段爆破示意

6号煤层深孔分段（间隔器）的优点如下。

（1）采用间隔器深孔分段爆破，一次完成三层爆破，缩短爆破时间，加快了6号煤层工作面的推进速度，生产效率提高。

（2）爆破次数减少，爆破成本降低，机械使用率降低，采矿综合成本降低。

（3）通过多次爆破试验得出，夹矸及夹矸下部煤层块度较大，利于原煤的有效回采，降低了原煤贫化。

2.3.2　矮台阶煤层松动爆破

矮台阶煤层为6号煤层下部，其煤层底板岩石为泥岩、粗砂岩，容易爆破，且煤岩接触段大多岩石、煤层为层状结构，采掘方便。矮台阶煤层水资源极为丰富，安装的排水系统作用小，爆破、采掘作业受到严重影响。

矮台阶煤层爆破受底部煤层分布影响[5]，台阶高度为4~6m，钻机作业过程中遇到岩石则停止钻孔（本台阶超深为0m）。受水孔、岩石性质影响，选用ϕ70mm乳化炸药，装药过程中，药卷（长30cm、1.2kg）悬浮在炮孔中，无法下沉，尝试过用炮棍将药卷压至孔底，存在2个问题：一是压缩后的药卷延米装药量大，煤层爆破块度过粉（成为泥煤），原煤贫化严重；二是炮棍压缩过程中发生过多次导爆管被扯断（作业人员没有发现），导致盲炮多次出现。改进措施为：将5个ϕ70mm乳化炸药药卷用胶带固结为1m高新药卷（6kg），炮棍辅助下沉，如图7所示。

试验爆破参数为：孔网参数$a=6$m，$b=4$m，炮孔数74个，全孔不耦合装药延米装药量为6kg/m，堵塞长度为3m，$Q_{总}=1128.5$kg，$V_{总}=9832$m^3，$q=0.11$kg/m^3。

试验爆破效果为：爆破块度均匀，采掘设备容易装运，且原煤底部岩石为层状结构，原煤、岩石容易分离，原煤贫化低，回采率高。

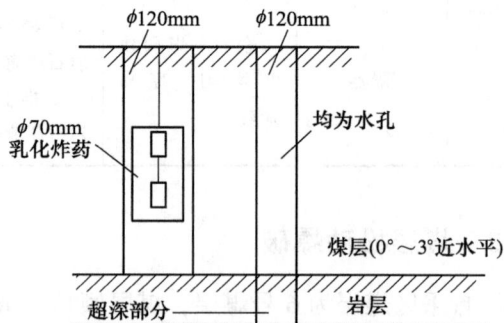

图7　无超深煤层爆破示意

3　结论

本文得出结论如下。

（1）为了取得良好的爆破效果，结合岩层和煤层的地质条件、台阶高度、采掘带宽、煤层夹矸等因素，选择合适的爆破方法，根据复杂的外部条件，对爆破方法进行改进，提高爆破质量，优化爆破作业方法，使爆破、采掘、原煤回采达到最优效果。

（2）煤层顶板岩层台阶爆破，采用在超深段安装间隔器的方式，可以降低原煤贫化、提高采掘速度，采矿成本得到降低。

（3）煤层夹矸爆破中，传统三炮三采爆破工艺改进后，实现一炮三采，爆破效果良好、生产效率提高、采矿成本降低、原煤回采率提升。

（4）煤层爆破中，改进传统水孔装药工艺，将5个药卷捆绑，且炮棍辅助下沉，爆破效果明显改善，块度均匀、装药安全可靠、爆破成本降低，适合日常生产需求。

参 考 文 献

[1] 内蒙古煤矿设计研究院 . 魏家峁露天矿初步设计［R］. 呼和浩特：内蒙古煤矿设计研究院，2008.
[2] 闫文斌 . 哈尔乌素露天煤矿抛掷爆破技术的研究［J］. 露天采矿技术，2012（3）：96-98.
[3] 郑炳旭，等 . 建设工程台阶爆破［M］. 北京：冶金工业出版社，2005.
[4] 周连国，王冲，张瑞新 . 霍林河南露天矿煤层爆破方法研究［J］. 露天采矿技术，1997（4）：39-43.
[5] 常永刚，贺昌斌，王艳萍 . 露天矿煤层爆破机理与煤炭粒度关系分析应用［J］. 露天采矿技术，2009（4）：18-22.

预裂爆破对边坡岩体损伤的试验研究

徐雪原　孟祥争　罗国庆　李学锋

（广东宏大爆破股份有限公司，广东 广州，510623）

摘　要：在进行岩石边坡的爆破开挖中，采用预裂爆破可以有效地减少边坡超挖以及岩石塌落的情况发生，并且能使坡面更加的平整，美观和稳定。但是在进行预裂爆破时，极易发生安全事故，并且根据相应的要求，爆破性能也是不一样的。针对这一问题，实验研究了预裂爆破对边坡岩体的损伤。

关键词：预裂爆破；边坡岩体；损伤；试验

Experimental Study on Damage of Slope Rock Mass by Pre-splitting Blasting

Xu Xueyuan　Meng Xiangzheng　Luo Guoqing　Li Xuefeng

（Guangdong Hongda Blasting Co., Ltd., Guangdong Guangzhou，510623）

Abstract：In the blasting excavation of rock slopes, the pre-splitting blasting can effectively reduce slope over-excavation and rock collapse, and can make the slope more smooth, beautiful and stable. However, it is easy to cause safety accidents in the pre-split blasting, and the blasting performance is not the same based on the corresponding requirements. Aiming at this problem, pre-splitting blasting tests are carried out to study its damage to slope rock mass.

Keywords：pre-split blasting; slope rock mass; damage; test

1　试验地点的选择以及爆破方式的选择

在进行预裂爆破对边坡岩体损伤的试验中，选择了青岛的某工地进行预裂爆破试验，其工地岩体大致被风化，但是上层岩体风化严重，下层岩体风化较弱的边坡岩体层，并且其裂隙发育停止。而试验采用了普通小口径爆破来和预裂爆破进行对比。在上层岩石采用以挖掘机为主，小口径爆破方法为辅的开挖方法，其坡度的设计值为1：1.2；而下层则采用深孔加预裂爆破的开挖方法，其坡度的设计值为1：0.6，并且两者之间留出了100m的距离来避免相互之间的影响，从而对两种爆破方法进行详细的对比。

2　爆破试验检测的方法

为了直观有效地对预裂爆破区和小孔径爆破区段的坡内岩体损伤情况进行评价，在所选青岛的某工地路段对两种爆破方式使用了超声波检测技术。超声波检测仪可以检测到在爆破过程中超声脉冲在岩体介质内的传播速度和首波幅度等声学参数，然后通过所得到的这些数据及其相应的变化来评价介质的物理特性，从而实现对两种爆破方式的比较。

超声波检测分为单孔法和跨孔法，但是由于单孔法对脉冲在岩体介质内检测的结果受钻孔壁面和岩体局部裂缝的影响很大,随爆破产生的浅层岩体破坏程度无法进行区分,所以本次试验采用了跨空超声波检测法。具体的准备过程是将两孔平行之间的距离保持在1m左右,这样既适合超声波的穿透能力,又能及时准确地判读到爆破对岩体松动以及局部细小裂缝的影响;而预裂爆破区段和小口径爆破区段的两个代表性试验地点都是距离坡脚以上的3m处,处于同一层岩石上,其地质条件也都相同,具有可比性。各个试验点都要同时进行3组跨空超声波检测法。

超声波检测中所用到的所有仪器设备为RS-ST01C非金属声波检测仪,分别用FYS-45柱状换能器在两个平行的跨孔中激发和接收超声波信号。2号孔为超声波发射孔,其他的孔主要进行接收器的放置,每一组超声波检测点由深至浅,相互间的间隔密度保持在25cm左右。利用超声波来对检测孔的布置以及检测结果进行处理,图形如图1所示。

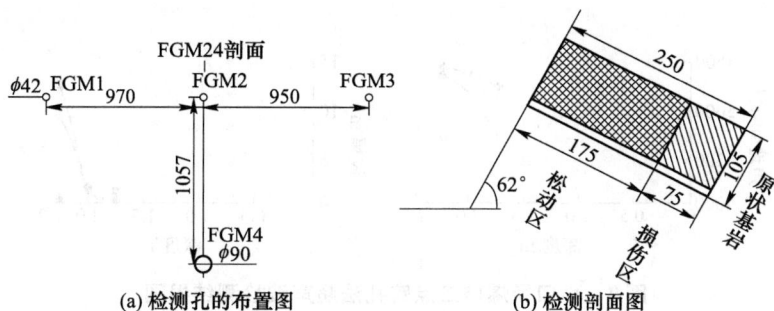

(a) 检测孔的布置图   (b) 检测剖面图

图1 非预裂爆破面的检测结果剖面图以及检测孔的布置图

3 结果分析

在进行预裂爆破和小口径爆破以后,根据边坡内部由浅至深岩石受到扰动程度的不同,同时结合到跨孔法检测的超声波特征进行分析,主要将边坡内的岩体分为了三个区域。

第一个区域定义为岩石破损松动区,这是因为该区域内的坡面岩石受到的冲击力和扰动比较强,内部的裂隙较发育,声学特征为超声波不能正常地对其进行穿透,从而造成接受的波形发生了严重的畸变,声波的能量衰减速度也很快,不能进行有效的超声波检测;而岩体的主要特征是肉眼观看到的岩体仍然比较完整,但是其内部裂隙在受到爆破冲击力后大量扩展,造成了岩体的松动,强度发生显著的降低,抗风能力也变弱了。

第二个区域定义为岩石损伤区。主要是因为这一区域内的岩石受到的冲击扰动比较弱,只有岩体内部微小裂隙较发育,其声学特征为超声波穿透时声波的能量有所衰减,首波波幅有较大的下降,但是接收到波形却是正常的;岩体特性表现为岩体完整性比较好,但是其内部微小裂隙受到爆破冲击力和卸荷作用的影响后岩体有所扩展,岩体的强度适当下降,属于边坡扰动范围。

第三个区域定义为原状基岩区。这一区域的岩体基本没有受到扰动。其声学特征表现为声波的波速比较快,首波波幅较大,超声波穿透岩体时期声波能量的损失很小,可以忽略不计,岩石还处于原应力状态。

进行跨孔法超声波检测时,对结果的评价按照以下情况进行分析:深度在1.00~1.75m范围内属于岩石损伤区域,所测得的波形较为正常,但是首波波幅有较大幅度的下降,超声波波速和原来的原状基岩相比下降了10%以上;深度超过了1.75m以后属于原状基岩区域,在该区域内接收到的波形衰退很小,首波波幅比较大,超声波的波速普遍都在5000m/s以上。

预裂爆破跨点的超声波检测结果如图2所示,GM2-GM1和GM2-GM3组中深度在1m以内,GM2-GM4组深度在0.75m以内,属于岩石破损松动的区域。在该区域测得的波形发生了畸变,声学参数无法进行有效的判读。

普通小孔径爆破工点跨孔法超声波检测结果如图3所示,按照上述同样的方法进行分析,小口径爆破区域段坡内受到冲击发生破损松动的岩石深度达到1.5~1.75m,明显大于预裂爆破所产生的松动区域厚度,而损伤区域厚度也和预裂爆破区域相当,也是0.75m,再往下深入就属于原状基岩了。

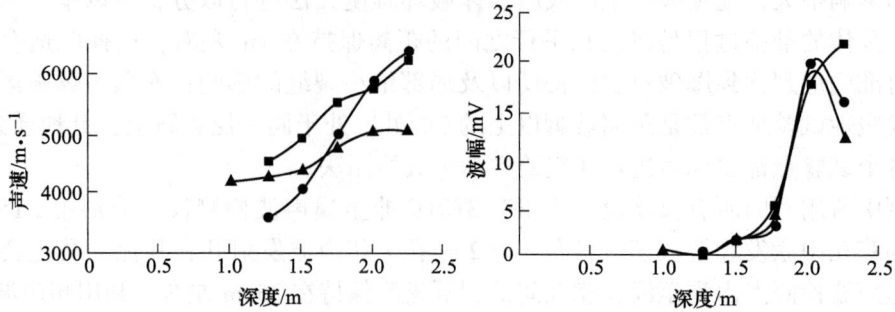

图 2 预裂爆破工点跨孔法超声波检测结果图

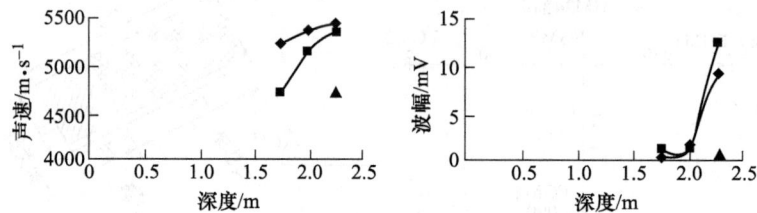

图 3 小口径爆破工点跨孔法超声波检测结果图

在进行实际边坡坡面岩体的松动和损伤判断时主要受到两方面的因素影响：（1）爆破冲击扰动；（2）卸荷作用后应力的垂直分布。这两个影响因素难以被区分开来，但是通过对相同条件下预裂爆破和小口径爆破边坡的对比试验可以证明，在相同的地质条件之下，卸荷作用产生的岩体松动损伤程度大致相同，但是其爆破方法的不同对边坡内岩体损害程度和深度有较大的区别。小口径爆破比预裂爆破所产生的松动区域要大上 1.5 倍以上，这说明采用预裂爆破降低爆破冲击扰动对改善边坡质量有着相当重要的作用。

此外试验之后的监测数据表明，尽管预裂爆破形成的坡面外观较为平整、美观，但是其中坡内的岩体仍然出现了一定的松动以及损伤，有很大一部分是由于卸荷应力重分布造成的，而当前还不能用试验来区分卸荷应力重分布和爆破冲击的影响程度，其中的数值模拟可以进行估算。

4 结论

本文结论如下。

（1）经过跨孔法超声波检测结果表明，声学参数的变化直接有效地反映了其爆破岩体的损伤程度。随着检测深度的增加岩体的声速和首波波幅都呈现出了增加的趋势。在进行预裂爆破的区域段到 1.75m 深左右就达到了原状围岩的声速，而小口径台阶爆破的区域段 2.00～2.30m 处深度才达到原状围岩深度。

（2）若按照超声波检测声学参数可否进行判读为标准，那么推断出的爆破破损界面为：预裂爆破区域内的围岩破损界面深 1.00m 左右，小口径爆破区域内围岩破损界面深 2.0m 左右。

（3）由于爆破的方式不同，对边坡内岩体的损伤程度也大不相同。小口径爆破所产生的松动破坏区域比预裂爆破产生的松动破坏区域要大上 1.5 倍左右，所以预裂爆破把对边坡岩体的损伤降到了最小。而利用预裂爆破技术不仅减少了对边坡超欠挖的工作量，使边坡比起其他的爆破方式要更加的美观，同时对边坡内的岩体的损害和扰动程度很小，不会对边坡开挖质量造成影响，应该大力推广这种爆破方式。

5 总结

在进行了预裂爆破法对边坡岩体的损伤试验以后得出结论，预裂爆破法具有减少坡内岩体损害造成岩体发生坍塌的优势，并且在进行爆破后边坡表面比起小口径爆破法更加的平整，美丽。所以在地质较为松弛的地段进行开挖工作，最好应使用预裂爆破法。

参 考 文 献

[1] 高天荣．露天矿预裂爆破对边坡的损伤研究［J］．铜业工程，2011(6)：15-17.

[2] 杨年华．关于预裂爆破与浅孔爆破的岩体损伤对比试验研究［C］//第九届全国工程爆破学术会议论文集．2008.

[3] 唐海，李海波，周青春，等．预裂爆破震动效应试验研究［J］．岩石力学与工程学报，2010，29(11)：2277-2284.

高边坡排土场综合管理与监测

谢信平　陈晶晶　赵博深

（广东宏大爆破股份有限公司，广东　广州，510623）

摘　要：高边坡排土场的安全排弃及日常监控是矿山管理的一项重要内容，直接关系到露天采矿的安全有序生产，因此建立健全排土场安全生产管理制度显得尤为重要。大宝山757排土场具有陡、高、险、湿滑等特点，针对影响排土场安全的主要因素（沉降、位移、裂缝及其他辅助因素等）进行科学监测与分析，对作业管理工序做统筹布置。从而保证了排土场的施工安全，实现分台阶排土的良性格局，为今后类似工程提供了宝贵的借鉴。

关键词：高边坡排土场；安全管理；监测

Comprehensive Management of High Slope Dump and Monitoring

Xie Xinping　Chen Jingjing　Zhao Boshen

（Guangdong Hongda Blasting Co., Ltd., Guangdong Guangzhou，510623）

Abstract：Safety disposal and daily monitoring of high slope dump are an important part in mine management and directly relate to secure and orderly production of open-pit mining, so it's very important to establishing and perfecting the management system of safety production of dump. Dabaoshan 757 dump had characteristics like steep, high, dangerous, wet and slippery and so on, scientific monitoring and analysis were done aim at the main factors (subsidence, displacement, crack and other hypurgia) which influence the safety of dump, overall planning arrangement was done on operation management process. So the safety of construction of dump could assured, benign pattern of substep dumping realized. Provided valuable reference for similar projects in the future.

Keywords：high slope dump；safety management；monitoring

　　大宝山矿区位于韶关市曲江区沙溪镇境内，距市区28km，于1958年建立，1966年正式投产，矿区主矿体上部为褐铁矿体，下部为大型铜硫矿体。建矿初期，因技术、经济及历史等诸多原因的限制，大宝山矿区采用人工井下巷道进行开采，改革开放初期又经历过一段明采及暗采无序开采的过程。目前，在上级的统一协调安排下，改用露天开采。但随之而来的是大规模的基建剥离工程，因地形、地质及环保要求，并考虑矿区设计开采程序及工艺的实际情况，矿区排土场的选址及由此产生的安全、环境等问题成为矿山急需解决的问题[1]。

1　排土场概括

　　因大开发需要，2008年启用757m排土中段，边坡顶高程761m，坡底高程649m，相对高差约110m，边坡角约38°。根据年产330万吨铜硫矿的设计方案，规划排土场高程约335~765m，相对高差430m，设计分4个高台阶排弃，台阶标高分别为757m，681m，605m和529m，段高76m，边坡角为27°，安全平台宽度大于30m，最小工作平台宽度为70m，规划容积2.5亿m³，为一等排土场。排土场选址位于剥离区的南侧山沟，区内年降雨量为1532.7~2470.1mm，全年雨水丰富，降水量随季节变化

原载于《现代矿业》，2013（2）：31-34。

幅度大，春季细雨连绵，大雨、暴雨集中于夏季。

目前排土作业平台高程为 +757m，平均自然坡度为 38°，排土场排土高度约 257m（即 +500～+757m），南北长约 150m，形成了因巨型人工松散堆垫体山坡陡峭疏松的高边坡排土场。高边坡排土场在水蚀发生后的重力作用下坡面极易发生蚀沟、泥石流、崩塌和滑坡等严重安全事故，不仅影响到矿山的正常生产，也将使矿山蒙受巨大的经济损失[2]。

2 排渣方式

由于存在巨型人工松散堆垫体，山坡陡峭疏松，排土线稳定状态不确定，排土安全有不可预见的安全隐患，排土前沿的沉降、塌陷、滑塌等在车辆的重压下随时可能发生，尤其是在排土石块对松散堆垫体边坡的扰动下。有鉴于此，高边坡排土场的排土应采用推土机配合自卸车排渣的方式；汽车在排土场卸土时，车后轮距排土场坡顶线要有足够的安全距离，无裂缝线时排土安全距离为 6m，排岩安全距离为 3m；有裂缝时以裂缝线算起，严禁靠排土场边坡边缘线直排。

3 排土场综合管理

3.1 实时监控

排土场的实时常态化监控为排土区域内安全范围的界定、安全排土线的确认、非安全区的警示、非安全区转化为安全区的定性等提供了直观和可靠的依据。其中，应将排土场的沉降、位移作为日常常态化监控的基本要素，并将排土场内裂缝发生、发展的观测，监测及其管理作为重点。

3.1.1 排土场沉降、位移的常态监控

排土线的稳定状态对于排土场安全至关重要，根据大宝山矿《铜业分公司危险源分类分级管理方案》规定，排土场属二级危险源，排土场的监测是为安全生产的稳定性研究服务的，对排土场变化发展进行监测，探求规律，指导生产；因为新堆置的岩土松散，孔隙率高，排土台阶变形频繁，容易造成安全事故。为了保证安全生产和研究排土场的沉降过程，以便掌握排土场的稳定机理和减少安全事故带来的经济损失，有必要采取监测手段对排土场进行定期或不定期监测。安全监测除现场安排安全员对排土场不定期巡视外，还要结合现代测量技术进行测量。用测量仪器来观测排土工作面的沉降和水平位移。

在排土面沿眉线横向观测线 30m 以内，眉线竖向观测，在眉线附近 15m 范围内，每隔 10m 设置一个观测点；附近山坡上每隔 10m 设置一个点。根据大宝山矿 757 排土场的工作面积，现设置 4 个观测点，每个观测点用水泥浇灌制作并涂成红色，以利于辨别观测点位，在水泥桩顶面打入小钢钉便于定位观测，每个观测点按顺序进行编号，依次为 1 号、2 号、3 号、4 号。现场观测采用一台标称精度优于 ±（5+1×10^{-6}D）mm 的华测 X90D 双频 GPS 接收机进行 RTK 测量。在观测之前先在已有控制点上进行坐标点校核。观测时逐次在每个观测点上架立仪器，保持立杆上的圆水准气泡居中，每次观测都必须保证仪器精确度稳定且有 5 颗以上有效观测卫星，然后进行测量数据记录。

大宝山矿 757 排土场是生产排土场，单位容积受土量达到一定量时排土面就会向前推进，当排土面发展到一定程度时，要重新设置观测点，保证观测数据的实时性、准确性，符合排土场的动态要求。某次观测的点位观测数据见表 1。

表 1　2011 年 8 月 20 日 757 排土场监控点观测数据

点号	观测时间	观测点坐标/m			坐标差/m			备　注
		X	Y	H	ΔX	ΔY	ΔH	
1 号	07：10	18892.952	61063.790	758.343				点位变化不大，排土面基本稳定
	09：00	18892.954	61063.780	758.271	0.002	−0.010	−0.072	
	14：05	18892.970	61063.774	758.158	0.016	−0.006	−0.113	
	16：30	18892.982	61063.771	758.102	0.012	−0.003	−0.056	

点号	观测时间	观测点坐标/m			坐标差/m			备　注
		X	Y	H	ΔX	ΔY	ΔH	
2号	07：10	18851.700	61062.593	759.562				点位变化不大，排土面基本稳定
	09：00	18851.711	61062.585	759.542	0.011	-0.008	-0.020	
	14：05	18851.724	61062.575	759.518	0.013	-0.010	-0.024	
	16：30	18851.731	61062.578	759.501	0.007	-0.007	-0.017	
3号	07：10	18808.952	61068.790	759.343				点位变化，排土面略微下沉
	09：00	18892.983	61063.770	759.191	0.031	-0.020	-0.152	
	14：05	18893.019	61063.748	759.052	0.036	-0.022	-0.166	
	16：30	18893.037	61063.731	759.945	0.028	-0.017	-0.107	
4号	07：10	18878.700	61081.593	758.562				点位变化，排土面略微下沉
	09：00	18851.722	61062.577	758.451	0.022	-0.016	-0.111	
	14：05	18851.747	61062.567	758.308	0.025	-0.010	-0.143	
	16：30	18851.760	61062.560	758.212	0.013	-0.007	-0.096	

以上数据可以看出，排土场较为稳定，排土场略微下沉属于可控制防范范围。排土场排土面的沉降位移观测是为了监测表面点位置随时间的动态变化，必须进行定时定期观测，每次观测的时间间隔根据实际情况而定，采动影响大，沉降位移对时间的变化速率大时必须加强观测。一般，如果速率达到 0.4~0.5m/h，说明将要有滑坡发生。通过分析数据，掌握排土场表面及边坡的动态情况，对坍塌或滑坡做出准确的预测。

3.1.2　裂缝监测及管理

排土场的裂缝一般多见于排土线内侧几米至几十米范围内，其形成的主要原因是排土场前沿内部整体下沉，从而引起上部部分已压实堆土结构的整体位移和滑动，其发展的结果为出现下沉和滑塌。尤其在外力、重力的扰动下，滑塌的可能性大幅增加，为避免上述情况的发生，必须加强对其发生及发展情况进行观测和记录，并重点加强雨后复工前的分析。

裂隙的观测记录内容应包括：初现时间、前后的天气情况、附近范围内的排土情况、长度、宽度及深度。监测内容应包括：时间、天气、长度、深度、宽度、位移、沉降等。其中位移和沉降量为判别其发展结果的重要参数。

针对位移和沉降量的观测，可分别在裂隙两侧埋设一排或多排观测点（当裂隙距排土线较近时，埋设一排即可；当距离较远时，应考虑在排土线侧增设观测点），其中一排为基点，埋设应牢固，通视性好，可作为阶段性的观测点。相对观测点应根据裂隙的发展情况适当增加。

观测方法宜采用全站仪法，记录各点相对基点的位移和沉降量变化，并以此形成时间-位移、时间沉降量变化曲线，根据曲线形态判断堆土体的发展和稳定情况，如图1~图3所示。

图1所显示区域稳定，收敛结束后可进行排土作业。

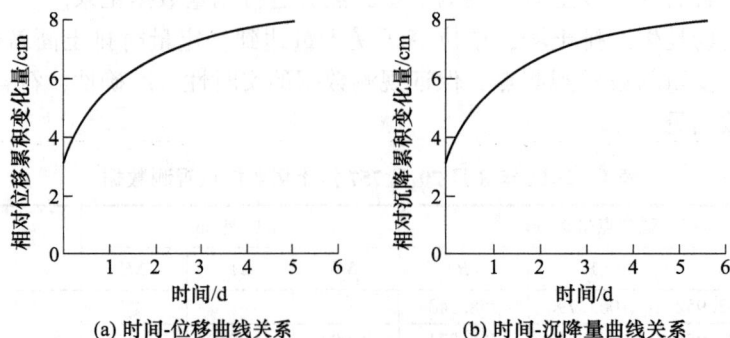

(a) 时间-位移曲线关系　　　　(b) 时间-沉降量曲线关系

图1　土体收敛变化曲线

图 2 所显示区域稳定，收敛结束后可进行排土作业，但应对突变原因进行分析。

图 3 所显示区域无自稳能力，极易发生滑塌，应进行安全隐患排除后方可作业。

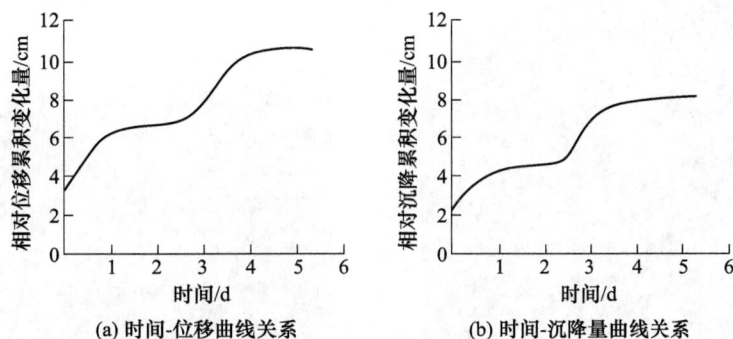

(a) 时间-位移曲线关系　　(b) 时间-沉降量曲线关系

图 2　土体收敛突变变化曲线

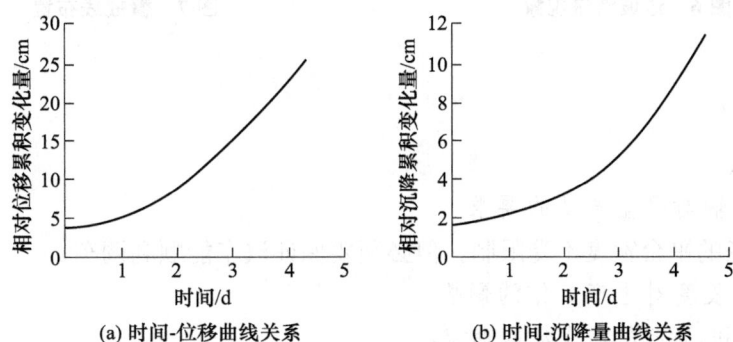

(a) 时间-位移曲线关系　　(b) 时间-沉降量曲线关系

图 3　土体不收敛变化曲线

3.1.3　其他辅助观测

排土场的监测不仅要通过仪器观测，测量员的肉眼观察也是非常重要的，通过肉眼观察能发现很多直观的问题，如图 4~图 7 所示。

图 4　泥泞道路

图 5　前沿线裂缝

通过照片可以发现，雨天过后，排土场平台道路泥泞，前沿线出现裂缝，边坡泥石松垮并有滑塌现象。此时排土场有重大安全隐患，立即向有关部门反映，有关部门研究后立即封闭排土场，在有裂缝和滑塌现象的区域拉起警戒线和立警示牌；并加强对排土场的后续观测，待排土场趋于稳定，且确定没有新的裂缝和滑塌现象生成后方可解除对排土场的封闭，全力保障排土场的安全。

图 6　边坡滑塌现象

图 7　警戒线布置

3.2　作业管理

3.2.1　生产管理

3.2.1.1　现场车辆对平盘宽度的要求

一般单台阶排土场的平台宽度不受限制，但必须要保证汽车能顺利调车。

3.2.1.2　排土线长度对生产工作的影响

排土线长度应按同时翻卸的汽车数量确定：

$$L_{\mathrm{p}} = n_0 b \tag{1}$$

式中，L_{p} 为排土线长度，m；n_0 为同时翻卸的汽车数，$n_0 = Nt_{\mathrm{px}}/T_{\mathrm{z}}$（$N$ 为出勤汽车总数，辆；T_{z} 为汽车运行周期，min；t_{px} 为每辆汽车调车和翻卸时间，min）；b 为汽车正常作业的间距，一般取 $10\sim15\mathrm{m}$。

考虑到备用和维护，排土线总长应为：

$$L = 3L_{\mathrm{p}} \tag{2}$$

排土线长度的确定很重要，它关系到同时排卸岩土的汽车的多少，从而对每天剥离土岩量产生影响。大型矿山每天需要剥离数万方的土岩量，这就需要大量的汽车去装运这些废弃的土岩，如果排土场的排土线太短，在排土线上同时容纳汽车的数量就会相应少，这就造成大量的汽车不能按时排卸，影响着矿山的生产任务。根据生产需求量合理确定排土线的长度，对提高生产效率起到至关重要的作用。

3.2.2　排土场安全管理

排土场是一个不稳定结构体，经常会出现滚石、滑坡、塌方等现象，采用汽车运输—推土机排土工艺设计具有一系列的优点：机动灵活，爬坡能力大，适宜在地形复杂的排土场作业，宜实行高台阶排土，排土场的运输距离较短，可在采场外就近排土，而且排土线路建设快，投资少，又容易维护，其排土工艺和土场技术管理也比较简单，所以特别适合于矿体分散、开采年限短的中小型矿山。

严禁直接汽车排土。现场如遇下雨道路泥泞容易陷车、打滑，驾驶员视线不足或超速行驶致使车辆侧翻或碰撞，由于边坡不稳定因素，满载的汽车后轮压强集中很容易造成边坡坍塌，推土机因为是履带，压强较为平均，即使沿线坍塌也能及时响应后退。排土场的现场安全管理不善，也可能造成矿山机械损坏甚至矿山生产活动中断，给人员安全带来严重的威胁。因此，有必要采取预防控制措施，从而确保生产人员的安全和设备的安全。

4　分台阶排土格局的初步探讨

多台阶排土场格局不仅能有效减少施工中的安全隐患，而且能极大减少排土场形成后的地质灾害的发生，并为后期的复耕创造必要的条件。规划设计的 4 个高台阶排土场，即 757m，681m，605m 和 529m 排土场，应按照设计要求及实际堆土情况进行合理统筹，逐步实现分台阶排土格局。

5 结语

排土工作是露天采矿的重要一环，科学合理管理排土场，对节约生产成本，提高生产效率起到明显作用。此外，排土场是露天开采矿山重大危险源之一，通过建立科学、合理、健全的排土场安全管理制度，保证了排土场安全稳定、持续生产；以现代测量技术为基础，通过分析测量数据，采取相应的技术措施，结果成功预测了多起塌方、滑坡事故，为矿山安全生产提供了重要保障。

参 考 文 献

[1] 龙虎荣. 露天矿山排土场灾害分析与防治措施 [J]. 矿冶工程，2010(1)：13-15.
[2] 席宇鹏，王江文. 金堆城露天矿红旗沟排土场的综合治理 [J]. 现代矿业，2009(10)：131，138.

近景摄影测量技术在台阶爆破可视化中的应用

刘 亮[1a,1b] 陈 明[1a,1b] 郑炳旭[2] 卢文波[1a,1b] 宋锦泉[2]

（1. 武汉大学 a. 水资源与水电工程科学国家重点实验室；b. 水工岩石力学教育部重点
实验室，湖北 武汉，430072；2. 广东宏大爆破股份有限公司，广东 广州，510623）

摘　要：爆破可视化是爆破设计结果三维可视化显示和爆破施工过程的仿真模拟。基于爆破可视化技术的研究现状，分析了其关键技术三维地质建模的方法和特点，针对该技术存在的获取资料难、建模周期长、精度差等问题，引入近景摄影测量技术。分析了近景摄影测量建模高效、操作简单的优势，介绍了利用该技术获取地形地质资料的步骤，讨论了其在爆破可视化中的应用。

关键词：近景摄影测量；爆破可视化；三维数字模型

Application of Close-range Photogrammetry Technology in Visualization of Bench Blasting

Liu Liang[1a,1b] Chen Ming[1a,1b] Zheng Bingxu[2] Lu Wenbo[1a,1b] Song Jinquan[2]

（1. a. State Key Laboratory of Water Resources and Hydropower Engineering Science,
Wuhan University, Hubei Wuhan, 430072; b. Key Laboratory of Rock Mechanics in
Hydraulic Structural Engineering, Ministry of Education, Wuhan University, Hubei Wuhan, 430072;
2. Guangdong Hongda Blasting Co., Ltd., Guangdong Guangzhou, 510623）

Abstract：The blasting visualization refers to the 3D visual display of the blasting design and the simulation of the blasting construction progress. The key technology 3D modeling is introduced based on the developing level of the blasting visualization technology. In light of the facts of the difficulty of data acquisition, the long period of modeling and the low precision, the close-range photogrammetry is applied in blasting visualization. Result shows that the Close-range Photogrammetry Technology is efficient and feasible to obtain the geological data in the blasting visualization.

Keywords：close-range photogrammetry; blasting visualization; 3 dimensions digital modeling

在露天工程中，台阶爆破作为最常用的开挖手段，在我国矿山、公路、铁路、水电等工程中，得到了了广泛的应用[1]。台阶控制爆破在爆破安全施工、改善破碎质量、维护边坡稳定、提高装运效率和经济效益等方面，具有很大的优越性。

随着计算机技术、人工智能技术[2]、三维建模技术的飞速发展[3]，爆破设计在工程应用中，逐步走向自动化、智能化[4]。在已开发的人工智能的爆破设计系统中，基于采集的空间数据资料建立的三维数字模型，爆破设计可清晰明确地在模型中得到反映，爆破可视化技术正逐步得到发展[5]。通过相关的软件，可以较容易地实现爆破设计的空间三维显示。然而，现代施工具有快速高效等特点[6]。在获取初始爆区资料方面，传统的手段是进行实地勘察、人工测量、手工输入[3-7]，这在工程应用中周期较长，误差较大，精度不高，存在诸多缺点，不足以满足快速施工的要求。而近景摄影测量技术在获取小范围地形资料方面，具有其独特的优势，能够快速精确地进行数据采集、数据处理并建立三维

基金项目：国家重点基础发展规划计划（973）项目（2011CB013501）；国家自然科学基金资助项目（51079111）。
原载于《爆破》，2013，30（1）：45-49。

数字模型[8-13]。将近景摄影测量技术应用到台阶爆破可视化设计中去，对解决这一问题有重要意义，可以更好地优化爆破设计方案，提高爆破的质量。

就这一技术展开讨论，主要分析爆破可视化技术的发展和存在的问题，探讨近景摄影测量的技术特点及其在爆破可视化中的应用优势。

1　爆破可视化技术现状及存在的问题

爆破可视化在国内尚属一个新的提法，现在并没有明确的定义，一般是指爆破设计结果三维可视化显示和爆破施工过程仿真模拟[14,15]。这些技术在国内外已经得到较多的研究，开发出相关的可视化软件进行仿真模拟，并已在工程中得到了成功的应用。

1.1　爆破设计可视化

爆破设计可视化的关键技术是进行三维数字建模，通过采集地形地质资料，建立三维模型，得到爆区表面模型和爆区实体模型[16]。基于三维数字模型，进行计算机辅助爆破设计，应用专家系统进行工程类比分析、知识推理，最终得到智能的爆破设计结果。将爆破设计结果在爆区三维模型中显示出来，通过 AutoCAD、3DS MAX 等三维可视化软件，能够进行平移、旋转、缩放、漫游等操作，实现爆破设计三维可视化。

目前，三维建模技术已经得到比较充分的发展，根据构模方法的不同，一般可以分为 3 类：基于面模型、基于体模型、以及混合模型[17]。面模型主要的构模方法有不规则三角网法（TIN）、格网法、边界表示法、线框法等，其主要优点是可以较方便地实现地层的可视化，模型更新速度快，但是对实体内部信息的描述比较欠缺，目前在工程应用中主要采用不规则三角网 TIN 来构建三维模型[16,18]。体模型主要的构模方法有实体几何模型法、体素法、八叉树法、金字塔法、非规则块体法等多种方法，其主要优点是可以描述复杂的地质体模型，但是模型更新速度较慢，同时存在着数据量大的问题，在工程中基于八叉树的方法应用较多[19]。

国内开发出了爆破设计可视化系统，成功应用到工程中去。洛阳栾川钼业公司开发了露天矿台阶爆破设计系统[5,20]，该系统结合三维空间建模技术，实现了台阶爆破三维可视化设计；河北理工大学王晓庆等人开发出一套硐室爆破设计可视化系统[14]，能够预览爆破设计成果，提高爆破质量。

已开发出的系统，能够基于钻孔勘探数据、地形等高线数据、地质地貌等初始资料，通过构模方法得到三维可视化地质模型。根据具体的施工要求，在模型上划分爆区边界，建立爆破台阶，进行布置设计、装药结构设计、起爆网路设计等，最后将设计结果反映到三维模型中去，同时能够生成炮孔平面布置图、装药结构图、起爆网路图等现场施工图纸。

1.2　爆破施工过程仿真模拟

爆破施工过程仿真模拟就是利用已构建的三维模型，通过三维动画制作软件或其他动态模拟软件，对爆破过程进行三维动态模拟，可以直观表达各种施工工艺和施工方法，并对爆堆形态和爆破块度进行有效预测，从而分析评价爆破设计方案的合理性，该技术常用的模拟方法是三维动画模拟[15]。

目前，该技术已经取得了一定的成果。武汉大学朱传云等人采用不连续变形分析方法 DDA 对台阶爆破全过程进行仿真模拟[21]，较好地实现了节理岩体的破坏、移动和抛掷过程的计算机动态模拟。在宏观爆破过程模拟方面，程晓君等人利用弹道理论建立岩体抛掷速度和角度模型[22]，预测台阶爆破的爆堆形态，利用 3DS MAX 软件制作演示动画，可以对爆破过程和爆堆形态进行模拟，直观地反映整个爆破过程。国外学者 Chung，Stephen H 等人开发出一套模拟台阶爆破的程序 DMC-Blast，该程序能够根据用于自定义的台阶参数，指定钻孔直径和倾向，确定装药类型，同时预测爆破抛掷轮廓，模拟抛掷过程[23]。

在国内，利用三维动画模拟爆破过程还是一个全新的尝试，三维模型的建立多采用模拟软件自带的建模工具，精确可靠的数字模型有待于进一步建立；碎岩抛射的轨迹，存在失真问题，与实际爆破效果还有些差距；该项技术在实际的工程施工设计中，还有待于进一步的完善。

1.3 爆破可视化技术现存的主要问题

爆破可视化技术中，三维建模资料的获取，通常有以下这些手段：现场实地勘测、地形数据测量、遥感测量、地图数字化等方法[7,20,24]。这存在着以下几个方面的问题。

（1）通过实地勘测资料，效率低，精度差，建立三维模型周期长，不能满足快速施工的要求，不适应施工计划的变更。

（2）爆破工程施工现场，多在高山峡谷地区，地形复杂，交通不便，环境恶劣，不便于进行实地测量，获取地形资料[25]。

（3）获取爆后资料难度大，同时对测量获取的资料，处理时人工干预多，误差大。

目前，这些存在的问题，严重制约了爆破可视化技术的发展，需要提出新的解决方法。

2 近景摄影测量技术在爆破可视化中的应用

近年迅速发展的近景摄影技术具有快速获取地形资料、建模效率高、精度高、安全方便等优点，可以解决当前爆破施工中存在的获取资料难、建模周期长、精度差等问题。

近景摄影测量是摄影测量学的一个分支，一般指摄影距离小于100m的摄影测量，属于非地形测量，以通过摄影测量手段以确定目标的外形和运动状态为主[8]。近景摄影测量在测绘方面主要适合于陡峭山区、桥隧、悬崖等小面积测图。在当前，利用高质量的数码相机获取数码影像，采用全数字摄影测量工作站获取立体像对数据、数字地图、数字高程模型等测绘产品，已经成为当今数字摄影测量影像的主流[9,26]。

在获取目标三维空间坐标信息方面，相对于传统的激光扫描、实地测量等方法，数字近景摄影测量有很多优点[9]：（1）它是一种非接触式量测手段，可以瞬间获取目标大量物理和几何信息，很适合在高山峡谷中大型工程的实地测量；（2）它具有严谨的理论基础和现代化的硬件设备支持，能够提供高精度和高可靠度的数据，在岩体工程中对于解决地形资料的不确定性有重要意义；（3）它是一种基于数字信息和数字影像的技术，可提供基于三维空间坐标的各种产品，包括各类数据、图形、数字表面模型以及三维动态序列影像等；（4）设备轻便，操作简单，自动化程度高，能够自动成图。

2.1 近景摄影测量获取地形地质资料的步骤

近景摄影测量系统，能够获取空间特征点坐标，建立三维数字模型，在爆破工程中，应用这一技术，可以有效地获取地形地质资料。在国内，应用较多的是 VirtuoZo 系统，利用 VirtuoZo 系统进行摄影测量，获取数字地形资料，一般需要7个步骤：（1）数字摄影测量数据准备，包括相机参数，外业控制点成果，VirtuoZo 接受的多种图像格式数据，一般选用 TIFF 格式；（2）建立测区与模型的参数设置，诸如测区参数、模型参数、影像参数、相机参数、控制点参数、地面高程模型参数、正射影像参数和等高线参数等；（3）相片的内定向、相对定向和绝对定向；（4）同名核线影响的采集与匹配；（5）生成 DEM、DOM 与等高线等数字产品；（6）基于立体影像的数字化测图；（7）多个模型的拼接、成果图输出[27,28]。通过摄影测量技术获取的三维实景图如图1所示。

图1 台阶爆破三维实景图
Fig. 1 3D reality image of bench blasting

摄影测量技术在岩体工程中应用这一方面，国内外已有很多学者展开了研究，针对岩体工程资料的复杂性，提出了很多解决方法。吉林大学王凤艳等人提出基于数字摄影测量技术[29]，获取岩体结构面几何信息的方法，该方法应用 VirtuoZo 系统，测得边坡岩体结构面特征点的空间坐标信息，和结构面的迹线和产状数字信息，在精度和效率方面都优于传统方法，便于建立精确的边坡数字模型，能够满足现代工程快速施工的要求[30]。河海大学李冬田提出了测量结构面产状的"灭线法"[31]，建立岩坡空间信息系统（RSIS），能将摄影的图像、描述的文字、解译的图形、试验的参数和勘探资料等存储于资料库中，便于资料的匹配和校核，同时有利于建立三维岩坡模型。西安理工大学范留明等人提出一种以"几何变换→图像增强→智能识别→形状解析"为解译路线的岩体裂隙现场采集方法[32]，实践证明该方法是一种高效率、高精度、低成本的裂隙调查方法。

2.2 近景摄影测量在爆破可视化中的应用

在近距离测图方面，近景摄影测量技术能够方便快捷地获取测区资料，建立三维模型，这对解决小范围台阶爆破中资料的获取问题，有着巨大的优势。将近景摄影测量技术应用到爆破可视化中去，能够实时更新爆区资料，做到三维模型与实地地形同步，真正做到爆破可视化。近景摄影测量技术在爆破可视化中的应用如图 2 所示。

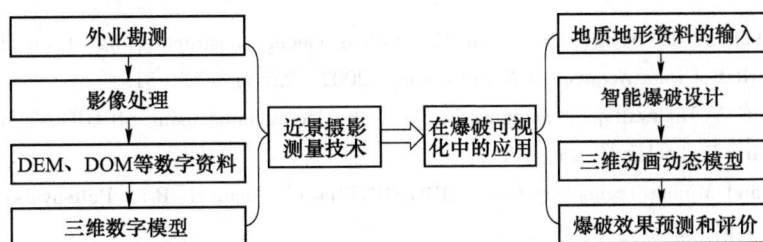

图 2　近景摄影测量技术在爆破可视化中的应用
Fig. 2　Application of close-range photogrammetry technology in blasting visualization

（1）通过近景摄影测量系统，能够进行快速测图，获取爆区资料，通过线性变换得到三维坐标，生成数字高程模型 DEM、数字目标模型 DOM，建立三维数字模型。

（2）将获取的资料通过影像解译，得到数字模型，存入工程数据库，能够逐步取代地形地质资料的人工获取和输入，便于智能化爆破设计。

（3）基于建立的三维模型和爆破效果分析模型，通过 3DS MAX 等软件，绘制三维动画，能够动态地反映爆破过程。

（4）将获得的三维模型数字资料，与 AutoCAD 和 ANSYS 等商业软件对接，能够通过应力分析，进行爆破效果预测，得到更加精确的结果。

（5）在爆破效果评价方面，应用摄影测量技术，能够获取更加精确的爆破结果，通过相关分析，能够给出更加合理的评价，对指导下一次爆破设计，有重要意义。

3　结论

在现代化施工中，数字化程度越来越高，爆破施工过程三维模拟是新时代快速施工的迫切要求。而近景摄影测量技术已经发展得非常成熟，将其应用到爆破工程中，具有可行性。采用该技术采集地形地质资料，进行图像解译获取三维物像坐标，建立三维数字模型，具有建模速度快、自动化程度高、获取数据信息精度高、安全方便等优点，非常适合在高山峡谷的野外测量，对于实现台阶爆破可视化，优化爆破设计方案，具有巨大的优势。基于近景摄影测量的台阶爆破可视化技术具有很广阔的发展前景。

参 考 文 献

[1] 韦爱勇. 控制爆破技术［M］. 成都：电子科技出版社，2009.

[2] 王万良. 人工智能及其应用［M］. 北京：高等教育出版社，2008.

［3］ 钟登华，李明超．水利水电工程地质三维建模与分析理论及实践［M］．北京：中国水利水电出版社，2006．

［4］ 肖清华．隧道掘进爆破设计智能系统研究［D］．成都：西南交通大学，2006．

Xiao Qinghua. Study on intelligent system of blasting design for tunneling［D］. Chengdu：Southwest Jiaotong University，2006.

［5］ 段玉贤，李发本．基于三维模型的露天矿台阶爆破设计及其应用［J］．现代矿业，2011，8(8)：10-13．

Duan Yuxian，Li Faben. Open-pit mine bench blasting design and the application based on three-dimensional model［J］. Modern Mining，2011，8(8)：10-13.

［6］ 张正宇，张文煊，吴新霞，等．现代水利水电工程爆破［M］．北京：中国水利水电出版社，2003．

［7］ 刘科伟，李夕兵，刘希灵，等．复杂空区群露天开采境界三维可视化及其应用［J］．中南大学学报（自然科学版），2011，42(10)：3118-3125．

Liu Kewei，Li Xibing，Liu Xiling，et al. 3D visualization of complicated cavity group under open-pit limit and its application［J］. Journal of Central South University(Science and Technology)，2011，42(10)：3118-3125.

［8］ 张剑清，潘励，王树根．摄影测量学［M］．武汉：武汉大学出版社，2003．

［9］ 张卡，盛业华，李永强，等．基于数字近景立体摄影的三维表面模型构建［J］．数据采集与处理，2002，22(3)：309-316．

Zhang Ka，Sheng Yehua，Li Yongqiang，et al. 3D surface model constructing based on digital close-range stereo photography［J］. Jourllal of Data Acquisition & Processing，2002，22(3)：309-316.

［10］ Roberts G，Poropat G V. Highwall joint mapping in 3D at the Moura mine using SIROJOINT［R］. Pullenvale：CSIRO Exploration and Mining Technology Court，2000.

［11］ CSIRO Exploration and Mining Technology Court. SIROJOINT user's manual［R］. Pullenvale：CSIRO Exploration and Mining Technology Court，2003.

［12］ Castellani U，Fusiello A，Murino V，et al. A complete system for on-line 3D modeling from acoustic images［J］. Signal Processing：Image Communication，2005，20：832-852.

［13］ Park S Y，Subbarao ubbarao M. A multiview 3D modeling system based on stereo vision techniques. Machine Vision and Applications［J］. Signal Processing，2005，16：148-156.

［14］ 王晓庆，张云鹏，甘德清，等．硐室爆破设计可视化系统技术框架研究［J］．金属矿山，2010(3)：100-103．

Wang Xiaoqing，Zhang Yunpeng，Gan Deqing，et al. Research on technical framework of chamber blasting designing visualization system［J］. Mental Mine，2010(3)：100-103.

［15］ 田斌，孟永东．水利水电工程三维建模与施工过程模拟技术及实践［M］．北京：中国水利水电出版社，2009．

［16］ 钟登华，李明超，王刚．水利水电工程三维数字地形建模与分析［J］．中国工程科学，2005，7(7)：65-70．

Zhong Denghua，Li Mingchao，Wang Gang. 3d digital terrain modeling and analysis in water resources and hydropower engineering［J］. Engineering Science，2005，7(7)：65-70.

［17］ 谭正华．三维可视化环境下采矿设计与生产规划关键技术研究［D］．长沙：中南大学，2010．

Tan Zhenghua. Study on key technology of mining design and production planning based on 3d visualization system［D］. Changsha：Central South University，2010.

［18］ Tsai V J D. Delaunay triangulations in TIN creation：an overview and a linear-time algorithm［J］. International Journal of Geographical Information Systems，1993，7(6)：501-524.

［19］ 黄亮．滑坡的三维可视化模拟［D］．南京：南京师范大学，2007．

Huang Liang. 3d visualization simulation of landslide［D］. Nanjing：Nanjing Normal University，2007.

［20］ 冀晓伟．露天矿台阶爆破三维数字化设计系统研究［D］．西安：西安建筑科技大学，2011．

Ji Xiaowei. Research on 3d digitization bench blasting design system of open-pit mine［D］. Xi'an：Xi'an University of Architecture and Technology，2011.

［21］ 朱传云，戴晨，姜清辉．DDA方法在台阶爆破仿真模拟中的应用［J］．岩石力学与工程学报，2002，21(S2)：2461-2464．

Zhu Chuanyun，Dai Chen，Jiang Qinghui. Numerical simulation of bench blasting by discontinuous deformation analysis method［J］. Chinese Journal of Rock Mechanics and Engineering，2012，21(S2)：2461-2464.

［22］ 程晓君，朱传云．3ds max在台阶爆破计算机模拟中的应用［J］．中国农村水利水电，2006(10)：87-89．

Cheng Xiaojun，Zhu Chuanyun. Application of 3ds max in bench blasting［J］. China Rural Water and Hydropower，2006(10)：87-89.

［23］ Chung，Stephen H，Haid，et al. DMC_Blast-versatile branch blasting simulation［J］. Mining Magazine，2004，12：

OR2-OR3.

[24] 王宝山. 煤矿虚拟现实系统三维数据模型和可视化技术与算法研究 [D]. 郑州：解放军信息工程大学，2006.

Wang Baoshan. Study on the coal mine virtual reality system three dimensional data model and virtual technology and arithmetic[D]. Zhengzhou：The PLA Information Engineering University, 2006.

[25] 郑文棠，张勇平，李明卫. 基于三维可视化模型的高边坡演化过程分析 [J]. 河海大学学报（自然科学版），2009，37(1)：66-70.

Zheng Wentang, Zhang Yongping, Li Mingwei. Evolution process of high slopes based on 3D visualization model[J]. Journal of Hohai University(Natural Sciences), 2009, 37(1)：66-70.

[26] 李国敏，李淑彬，胡素霞. JX4ADPS 在数字近景摄影测量中的应用 [J]. 华北水利水电学院学报，2010，31(6)：118-119.

Li Guomin, Li Shubin, Hu Suxia. Application of JX4ADPS digital photogrammetric working station in close-range photogrammetry[J]. Journal of North China Institute of Water Conservancy and Hydroelectric Power, 2012, 31(6)：118-119.

[27] 杨可明，李苗苗，郭达志. 数字摄影测量基础实习的七步教学法 [J]. 测绘通报，2008(1)：74-77.

Yang Keming, Li Miaomiao, Guo Dazhi. Sevenstep training ways of basic digital photogrammetry[J]. Bulletin of Surveying and Mapping, 2008(1)：74-77.

[28] 胡惠娟，张月琴. 基于 VirtuoZo 数字摄影测量系统的影像处理及 DOM 制作思路研究 [J]. 科技创新导报，2010，28：1.

Hu Huijuan, Zhang Yueqin. Research on image processing and DOM production ideas of the digital photogrammetry system in VirtuoZo[J]. Science and Technology Innovation Herald, 2010, 28：1.

[29] 王凤艳，陈剑平，付学慧. 基于 VirtuoZo 的岩体结构面几何信息获取研究 [J]. 岩石力学与工程学报，2008，27(1)：169-175.

Wang Fengyan, Chen Jianping, Fu Xuehui. Study on geometrical information of obtaining rock mass discontinuities based on virtuoso[J]. Chinese Journal of Rock Mechanics and Engineering, 2008, 27(1)：169-175.

[30] 王凤艳，陈剑平，庞贺民. 应用数字近景摄影测量提取岩体裂隙迹长信息方法研究 [J]. 世界地质，2006，26(1)：39-42.

Wang Fengyan, Chen Jianping, Pang Hemin. Research on method of distilling trace length information of rock mass crevice by digital close-range photogrammetry[J]. Global Geology, 2006, 26(1)：39-42.

[31] 李冬田. 岩坡摄影地质测量与岩坡空间信息系统 [J]. 河海大学学报，1999，27(1)：25-29.

Li Dongtian. Geologic photogrammetry and spatial information system for rock slope[J]. Journal of Hohai University, 1999, 27(1)：25-29.

[32] 范留明，李宁. 基于数码摄影技术的岩体裂隙测量方法初探 [J]. 岩石力学与工程学报，2005，24(5)：792-798.

Fan Liuming, Li Ning. Study on rock mass joint measurement based on digital photogrammetry[J]. Chinese Journal of Rock Mechanics and Engineering, 2005, 24(5)：792-798.

露天煤矿高温区爆破安全作业技术研究

蔡建德[1,2]

（1. 北京科技大学，北京，100083；2. 广东宏大爆破股份有限公司，广东 广州，510623）

摘　要：针对露天煤矿高温区爆破开采的难题，分析了几种常用的高温爆破方法，进行了爆破器材高温条件下的安定性试验，经过结果分析，选定了进行深孔高温爆破的器材，在立足于常规深孔台阶爆破的基础上，对常规深孔爆破的施工工艺进行了优化，探索出了进行深孔高温爆破的反程序爆破方法，经过工程应用，效果良好，保证了深孔高温台阶爆破的施工安全。

关键词：高温爆破；安定性试验；反程序爆破法；安全管理

Security Technology of High-temperature Blasting in Open Pit Coal Mine

Cai Jiande[1,2]

（1. University of Science and Technology Beijing，Beijing，100083；

2. Guangdong Hongda Blasting Co.，Ltd.，Guangdong Guangzhou，510623）

Abstract：Focusing on the problem of high-temperature zone blasting in open coal mine, some common blasting methods of high temperature have been analyzed and security and stability test of explosive materials for bench blasting under high-temperature has been conducted. The explosive materials for deep-hole high-temperature blasting have been chose after analysis. Based on the conventional bench blasting, construction technology has been optimized, and got a reverse order blasting method for deep-hole high-temperature zone blasting which has achieved good practical effects through engineering application. This technology could also ensure the safety of deep-hole bench blasting construction in high temperature zone.

Keywords：high-temperature blasting；security and stability test；reverse order blasting；safety management

1　引言

深孔台阶爆破开采是露天煤矿的主要开采方法，然而由于多种原因，在我国露天煤矿较多的西部地区，煤田自燃现象非常严重。根据调查，我国北方煤田自燃火区有 56 处，其中以新疆、内蒙古和宁夏三个自治区的煤层露头火灾最为严重。这些存在自燃的露天煤矿给深孔爆破开采带来了极大的安全隐患，虽然近年来很多科研人员从不同的方面对露天煤矿火区的高温治理进行了研究和探索[1-3]，但在露天煤矿高温火区开采作业中所引发的爆破事故却时有发生[4]。高温区的深孔爆破仍是露天煤矿自燃火区开采面临的难题。

宁煤大峰煤矿羊齿采区由于煤层自燃的影响，将原井工开采转为露天开采，在露天开采剥离工程中遭遇到了大面积的高温和火区[5,6]，虽然施工人员采取了多种灭火和降温措施[7]，然而处理后的高温区仍有高于常温很多的余温影响着爆破安全，为了解决露天深孔高温爆破的安全技术难题，我们在现场试验和工程实践的基础上探索出高温火区的反程序爆破方法，保证了高温火区的安全爆破作业。

原载于《工程爆破》，2013，19(1-2)：92-95，73。

2 深孔高温爆破存在的问题

目前国内外高温条件下的爆破多采用耐高温爆破器材、注水降温、隔热防护[8]等方法，但由于种种限制，有些方法并不适用于露天煤矿高温火区的爆破工程，主要是露天煤矿高温爆破与其他高温爆破相比有其自身的特点。

（1）高温区爆破的钻孔较难。由于受煤层自燃的影响，钻爆岩石松脆裂隙多，这为钻机钻孔工作带来了难题，钻出的钻孔孔壁不规整，常出现卡孔堵孔现象。工人在高温区熏烤比较严重，裂隙严重的地方还有二氧化硫、硫化氢等有毒有害气体。

（2）高温区洒水降温存在安全隐患。根据我们现场的工作经验，往高温孔注水时会产生大量的水蒸气，高温岩石遇凉水产生的大量水蒸气直冲孔外高达数米，稍有不慎就可发生伤人现象，注水降温存在安全隐患。同时在西部地区水源比较缺乏，尤其冬天结冰期长，取水更加困难，为注水降温带来了难题。

（3）高温矿山爆破的规模比较大。高温矿山的爆破一般规模比较大，每次爆破量比较多，钻孔和用药量也比较大，采用耐高温炸药成本较高。采用常规爆破器材隔热防护，则装药时间长，不宜操作，影响工程的进度。

如何找到一种成本低、施工方便易操作，又能保证安全的爆破方法是深孔高温爆破工程的迫切需求。

3 爆破器材在高温条件下的安定性试验

高温爆破是指炮孔孔底温度高于60℃的爆破作业[9]，因为爆破器材有一定的热感度，在高温条件下，如果达到了热感度，爆破器材便会发生早爆或失效，从而威胁爆破作业人员的生命安全。因此，爆破器材的安定性对深孔高温爆破的安全有很大的影响，针对不同炸药和起爆器材的特点我们做了常用爆破器材在高温条件下的安定性试验，以获得爆破器材在不同高温条件下安定性状况，用来指导深孔高温爆破实践。

3.1 高温条件下深孔爆破器材的选择

在深孔台阶爆破工程中，常用的爆破器材有毫秒延时电雷管、导爆管雷管、导爆索、胶状乳化炸药、粉状乳化炸药、铵油炸药。

考虑到胶状乳化炸药在装药时会出现卡孔情况，在高温条件下处理卡孔比较危险，不宜作为高温爆破炸药；因为高温孔中常有注水降温后的少量存水，铵油炸药易受到水的影响，也不宜作为高温爆破的主爆药，因此我们选择在温度高于60℃的条件下对雷管、导爆索和粉状乳化炸药进行不同温度下的耐高温试验，以了解常用爆破器材在高温下的安定性。

3.2 爆破器材高温条件下的安定性试验

试验地点在宁煤大峰矿羊齿采区，为了研究爆破器材在不同高温条件下的安定性规律，利用钻机在高温区不同的区域钻出深6m、直径140mm的钻孔作为试验孔，采用红外线测温仪测量不同试验孔的孔底温度，试验孔温度应高于60℃，由于爆破安全规程规定超过80℃严禁爆破作业，试验中略高于80℃但低于100℃的部分试验孔我们也进行了尝试性试验，其方法为：分别将1发毫秒延时电雷管、导爆管雷管、5m长普通导爆索、0.5kg的粉状乳化炸药分别放入不同温度的试验孔中，1小时后得到爆破器材在不同温度下的安定性情况如表1所示。

通过试验结果可知，毫秒延时电雷管、导爆管雷管受温度影响有一定的变化，普通导爆索在低于100℃的高温下安定性较好，而粉状乳化炸药随高温的变化和时间长短慢慢进行分解，温度越高分解速度越快，分解或燃烧的速度和炸药与温度接触的时间成正比关系。炸药分解产生大量的热量和高温气体,当产生的热量和高温气体在孔内无法扩散并达到一定的程度时就会发生爆炸。

表1　高温条件下爆破器材安定性试验结果

Table 1　Security and stability test of explosive materials under high-temperature

孔温/℃	毫秒延时电雷管	导爆管雷管	普通导爆索	粉状乳化炸药
98	塑料塞轻微变形,能正常引爆	导爆管变软,个别不传爆	表面热,完好,能正常引爆	微黄烟,有刺鼻气味
87	塑料塞轻微变形,能正常引爆	导爆管变软,个别不传爆	表面热,完好,能正常引爆	微黄烟,有刺鼻气味
79	表面无变化,能正常引爆	导爆管变软,能正常传爆	表面微热,完好,能正常引爆	有刺鼻气味
64	表面无变化,能正常引爆	导爆管变软,能正常传爆	表面微热,完好,能正常引爆	有刺鼻气味

由此可知,采用普通导爆索作为深孔高温爆破的起爆器材是比较安全的,同时,减少炸药在高温孔中的时间可降低高温爆破的危险[10,11]。

4　深孔高温爆破的反程序爆破方法

根据上述试验的结果,进行了深孔高温爆破的原则是采用导爆索作为高温爆破的起爆器材,采用粉状乳化炸药作为主爆药,尽可能地减少炸药在高温孔中的时间。通过工程实践,发现了一种减少炸药在高温孔中的时间的爆破方法,可称之为反程序深孔高温爆破法。

4.1　反程序深孔高温爆破法

众所周知,一般深孔爆破的施工程序为钻孔—装药—填塞—联网—警戒—起爆,在这一套程序中,从装药到起爆要完成填塞、联网和警戒这一系列工作,而装药到起爆前的这一段时间则是深孔高温爆破的危险期,如图1常规中深孔爆破工作顺序所示。如果我们把联网和警戒工作做在装药工作前面,同时加快装药、填塞的速度,就可大大减少炸药在高温孔中的时间,那么危险时间段就可大大缩短,深孔高温爆破的安全性就可大大增加,如图2所示。图2中的装药顺序与常规的装药顺序是不同的,可称之为反程序深孔高温爆破法,这种方法具有工艺简单、可操作性强、施工安全高效、施工成本低等特点。

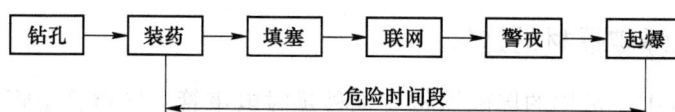

图1　常规深孔爆破工作顺序

Fig. 1　The working routine of conventional deep-hole bench blasting

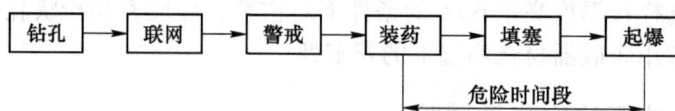

图2　反程序深孔高温爆破工作顺序

Fig. 2　The working routine of reverse order deep-hole high-temperature blasting

4.2　反程序深孔高温爆破操作工艺

为了保证装药的速度,进行深孔高温爆破孔数不宜过多,孔不宜太深,一般为8个,孔深不超过8m,坚持"少孔多爆"的原则,深孔高温爆破必须严格按照爆破安全规程的规定将孔温降到80℃以下才可进行爆破作业。降温的方法主要是洒水,洒水有普遍性洒水降温和孔内注水降温,一般钻孔前要根据情况进行普遍性洒水降温,钻孔后装药前进行孔内注水降温。根据测温仪测量结果,10min内温度不超过80℃时方可开始装药,否则继续注水降温,直至低于80℃时才能装药。

4.2.1 高温爆破装药前的准备

反程序深孔高温爆破的主要思想就是把爆破施工的很多工作做在装药前，尽量减少装药后的工作，装药前的准备工作主要如下。

（1）钻孔注水降温和钻孔二次检验。孔内温度超过80℃的钻孔要在装药前采用注水降温，注水时间要根据孔内温度的高低进行确定。注水降温后，要对钻孔的深度进行二次检验，以确定注水过程中是否发生塌孔，堵塞孔和钻孔变浅等现象。

（2）孔口填塞物的准备。钻孔检测完毕后，要在装药孔口备碴（填塞物），碴料不易过大，一般充填物粒径不大于5mm，以防砸断导爆索，碴料要备在编制袋里面，并摆放在孔口，碴料的多少要根据孔口填塞长度确定。

（3）钻孔药量的量分。碴料准备完毕后要根据孔深和填塞长度计算出装药长度，再根据装药长度计算出每孔的装药量，对于粉状乳化炸药 ϕ140mm 的钻孔，装药量约为12.8kg/m，将分好的药摆放在孔口，对结块炸药用木槌进行处理，以防装药过程中发生堵塞。

（4）网路敷设。高温爆破时爆区采用导爆索做起爆网路，导爆索要放到孔底，以防装药时发生漏药，使导爆索放不到炸药中，导爆索放到孔底的端头可绑一小石块，以方便将导爆索快速地放入孔底，导爆索要先做一条主线，孔内拉出的导爆索绑在主导爆索上面，主导爆索拉出爆区，绑两发电雷管并和电起爆网路连接，装药前起爆人员要到达起爆站，导爆索网路连接图如图3所示。

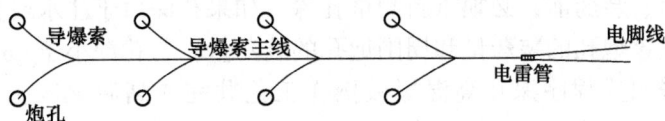

图3　导爆索网路连接图

Fig. 3　Detonating cord circuit connection

（5）装药人员的分配。8个孔的装药要同时开始，一般情况下每个孔要分配两名装药人员，装药前要准备好碴袋和炸药编织袋，摆放在孔口易装药的位置，同时还要把导爆索理顺，不得有导爆索打结等现象。

（6）清场、警戒。一切准备工作完毕后，就要派人去清场、警戒，一般情况下高温爆破的警戒范围为300m，清场、警戒完毕后要报告爆破总指挥，说明清场、警戒完毕可以开始装药。

4.2.2 高温爆破装药的快速施工

高温爆破装药的快速施工步骤如下。

（1）装药。一切准备工作做完后，爆破总指挥下令开始装药，8个孔同时开始装药，先放导爆索，再倒药，然后倒碴，爆破总指挥要在现场进行监督、指挥。

（2）人员撤离。装药完毕后，装药人员迅速撤离，撤离时要注意脚下的导爆索和电脚线，以防踢断，爆破指挥迅速检查爆区网路，并和起爆人员沟通网路是否正常，确定无损后迅速撤离爆区。

（3）起爆。待装药人员撤离至安全地点后，爆破总指挥下达连线、充电和起爆命令，为了节省时间，下达起爆命令时可免去"5、4、3、2、1，起爆"口令，充电完毕后可直接下达起爆命令。

（4）爆区检查。爆破后10min待炮烟散去后可派2名爆破员去检查爆区，如不能确认有无盲炮，应经15min后才能进入爆区检查，主要检查内容包括爆破效果、有无盲炮、爆堆是否稳定等。

4.3 反程序深孔高温爆破的安全管理

为了保证深孔高温爆破的施工安全，要做到如下几点。

（1）对爆破人员进行思想教育，消除对高温爆破的恐惧、侥幸和麻痹心理，严格听从指挥。

（2）爆破人员对深孔高温爆破的操作方法要提前进行演练，熟练掌握操作规范，3min内完成装药和填塞工作。

（3）在装药过程中发生卡堵现象，应立即用炮棍进行处理。若在两分钟内处理不了，立即放弃该孔。已入孔的火药如发生燃烧冒烟等异常现象，立即停止装药工作，并向指挥人员汇报，指挥人员应立即发出撤离命令，并将剩余火药迅速搬出炮区，人员迅速撤离。

（4）火区爆破过程中如发现盲炮，要立即上报火区爆破领导小组，制定具体措施。处理前，设备、人员必须撤到火区爆破最小警戒距离以外。

5　工程应用

大峰矿羊齿采区井工开采改露天开采工程总剥离工程量为 1710.00 万 m³，由于煤层自燃，造成部分剥离区温度高达 300 多摄氏度，对钻爆工作造成很大的安全隐患，也严重影响了工程的施工进度。根据岩石性质及工程要求，钻孔采用双排垂直孔布置形式，钻孔直径 ϕ140mm、孔距 5m、排距 4m、孔深 6m、超深 1m，炸药选用粉状乳化炸药，装药长度为 4.0m，填塞长度为 3.0m，每次爆破孔数 8 个。为了确保安全，起爆方式为导爆索引爆，并用瞬发电雷管起爆导爆索。

工程施工过程中，在钻孔完成后用红外测温仪对炮孔进行逐孔测温，火区爆破的炮孔按温度划分为低温孔（50℃以下）、中温孔（50~80℃）、高温孔（80℃以上）。根据对爆破工作面的温度测定，确定火区爆破区域，并在现场和施工图上标明。

每次火区爆破，炮孔温度不超过 80℃视为合格孔，超过 80℃的高温孔必须进行注水降温，使炮孔降到 80℃以下并在 10min 之内炮孔温度仍在 80℃以下方可进行装药爆破。

每次火区爆破注水后、装药前，必须重新测量孔深，如果孔深由于注水或其他原因变浅或坍塌时，可及时根据具体情况调整该炮孔的装药量和周围炮孔的装药量，若孔深小于 4m 时，视为弃孔。

自开始施工至今，采用反程序深孔高温爆破操作工艺共完成高温火区土石方爆破工程量 100 多万 m³，达到了安全、高效、经济的施工目的。

6　结语

深孔高温爆破是露天煤矿生产的一大难题，但并不是无法可施，宁煤大峰矿羊齿采区部分剥离区温度高达 300 多摄氏度，我们承接工程后对高温区的爆破进行了精心设计，严格按照反程序深孔高温爆破作业方法，坚持"少孔多爆"的原则，使得整个施工过程没有发生安全质量事故，保证了施工进度。需要强调如下内容。

（1）爆破前必须严格测量孔温，孔底温度超过 80℃时必须进行注水降温，不可存有侥幸心理。

（2）深孔高温爆破时，孔不可太深，孔越深孔内不确定性越大，一般不超过 8m，装药速度越快越好。

（3）深孔高温爆破时一切以工人安全为前提，遇到任何形式的危险首先要保护工人人身安全。

采用反程序深孔高温爆破法进行施工不但可保证高温爆破的安全，而且工艺简单、易操作，可为同类工程提供借鉴。

参　考　文　献

[1] 费金彪，孙宝亮．攀枝花宝鼎矿区海宝箐片区 4# 煤层露头火灾综合治理 [J]．煤炭技术，2008，27（3）：83-85．

[2] 齐德香．新疆轮台阳霞煤田灭火工程 2# 子火区高温大爆破工程 [J]．中国煤炭，2008，34（11）：88-90．

[3] 齐俊德．宁夏煤田火灾的危害及综合治理研究 [J]．能源环境保护，2007，21（2）：36-39．

[4] 许晨，李克民，李晋旭，等．露天煤矿高温火区爆破的安全技术探究 [J]．露天采矿技术，2010（4）：73-75．

[5] 傅建秋，李战军，蔡建德，等．胶状乳化炸药和电雷管的耐高温性能试验研究 [J]．爆破，2008，25（3）：4-10．

[6] 蔡建德，李战军，傅建秋，等．硐室爆破时高温硐室装药的安全防护试验研究 [J]．爆破，2009，26（1）：92-95．

[7] 周俊峰．露天矿火区爆破灭火降温方法 [J]．露天采矿技术，2004（4）：8-9．

[8] 陈寿如，柳健康，史秀志，等．高温控制爆破中新型隔热材料的试验研究 [J]．爆破器材，2002，31（5）：32-34．

[9] 中华人民共和国国家标准．爆破安全规程（GB 6722—2003）[S]．北京：中国标准出版社，2004．

[10] 李战军，郑炳旭．矿用火工品耐热性现场试验 [J]．合肥工业大学学报（自然科学版），2009，32（10）：1498-1500．

[11] 汪旭光．爆破手册 [M]．北京：冶金工业出版社，2010．

经山寺铁矿减少深孔台阶爆破根底的工程实践

陈晶晶[1] 赵博深[2] 白玉奇[2]

（1. 广东宏大爆破股份有限公司，广东 广州，510623；
2. 中国矿业大学（北京），北京，100083）

摘 要：在河南经山寺露天铁矿深孔台阶爆破中，对近千次爆破实际工程进行观察与分析，在爆破参数及其他因素基本合理的情况下，通过局部加大超深、在不同地质条件下改变炮孔密集系数 m 值、采用 V 型起爆技术等爆破措施，减少了根底从而降低了爆破成本，提高了经济效益。

关键词：爆破根底；深孔台阶爆破；超深；密集系数；V 型起爆

Engineering Practice of Reducing Blasting Tight Bottom of Deep-Hole Bench in Jingshansi Iron Mine

Chen Jingjing[1] Zhao Boshen[2] Bai Yuqi[2]

（1. Guangdong Hongda Blasting Co., Ltd., Guangdong Guangzhou，510623；
2. China University of Mining and Technology(Beijing)，Beijing，100083）

Abstract：Almost one thousand deep-hole bench blasting projects of Jingshansi open-pit iron ore in Henan were observed and analyzed. When blasting parameters and other factors were reasonable, increasing super-deep partly and changing coefficient of hole spacing under different geological conditions, V-type initiation was adopted. It reduced the blasting tight bottom so as to reduce the cost of blasting and increase economic benefit.

Keywords：blasting tight bottom; deep hole bench blasting; super-deep; coefficient of hole spacing; V-type initiation

1 引言

河南经山寺露天采矿工程强化开采的是深凹露天矿，地质条件比较复杂，岩体的节理、裂隙发育并相互交错，给爆破开采带来一定困难。矿山开采设计台阶高度 10m，钻孔直径 140mm，装药采用直径 110mm、爆速 3500~4200m/s 的条装乳化炸药，在干孔的情况下延米装药量可达 14kg/m。对于一般岩石（硬度系数 f=12~14）爆破孔网参数为：孔间距 a=6.5m、排距 b=3.8m，炮孔填塞 3.5m、超深 1.5m，炸药单耗控制在 0.42kg/m³，然而在前期施工过程中爆破根底率较大的问题始终未解决。在露天采矿深孔台阶爆破中，爆后残留根底率是衡量爆破质量的一个重要指标，根底率过大直接降低了挖运设备的效率，增大了挖运设备的故障率以及机械设备材料的消耗，从而影响整个矿山作业的效率，增加成本。虽然影响爆破质量的因素很多，但对于一个具体的露天矿台阶爆破工程而言，每一次台阶爆破所涉及的开采条件、矿石赋存、地质结构、台阶高度、钻孔设备甚至炸药均具有一定的相似性。通过长期的爆破实践和经验总结，在同一个露天矿山爆破开采中，综合考虑经济成本，在各种不同的地质条件下，不同岩体爆破的单耗、孔网参数、底盘抵抗线、超深及装药填塞都会有一个合理的数值

原载于《工程爆破》，2013，19(3)：30-32。

（一般来说不会有太大变化，而且爆破过程中不可避免地留下一定数量的根底）。

经分析影响露天深孔台阶爆破根底率的主要因素有[1]：（1）钻孔质量；（2）爆破器材的选择；（3）深孔台阶爆破的孔网参数；（4）超深；（5）底盘抵抗线的大小；（6）填塞长度；（7）台阶深孔爆破逐排爆破排间的延时时间。

本文主要介绍在一些基础地质条件变化不大的情况下，通过局部加大超深，改变炮孔密集系数 m 值，采用 V 型起爆技术等爆破措施，在一定程度上减少了根底率，从而提高了经济效益。

2   减少根底的爆破技术

2.1   局部超深

在工程施工中采用等边三角形（梅花形）布孔，爆破网路采用孔内毫秒延时、孔外电雷管串联的爆破方式逐排爆破，一般每次爆破排数为 4 排，各排延时时间为 0、50ms、110ms、200ms。通过对大量工程爆破效果的观察和数据统计，大块率在 3% 左右，基本符合挖运要求。然而每个炮区的第 4 排（下一次爆破的前排）总会留下一定的根底，下次爆破前总要对前排进行根底抬炮处理（图1），根据数据统计，抬炮率在 10% 左右。抬炮率为每个爆破区需要处理抬炮所打的穿孔米数与每个台阶爆破区深孔穿孔米数的百分比。抬炮处理一般是在根底上面打斜孔，根据根底实际情况，通常倾斜角度为 $30° \sim 60°$，根据需要确定孔深，一般不超过 4m。根据矿山按方量的计量方式，抬炮处理的是深孔留下的方量，为附加费用，所以减小抬炮率可以提高矿山爆破经济效益。

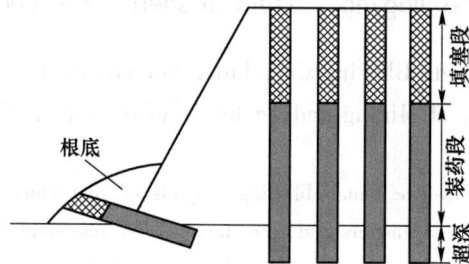

图 1   装药结构图
Fig. 1   Charging structure

观看了大量的深孔台阶爆破录像后，发现深孔台阶爆破逐排起爆后，每排岩石逐排往斜上方翻动。由于后排爆破岩石的翻动受前一排的限制，其起爆扩散的空间相对变小，后排岩石随着前排岩石向斜上方翻动，因此受到前 3 排的夹持作用，第 4 排根底岩石的翻动需克服的阻力更大，所以正常的情况下如果没有适当加大底部的爆破能量，就会由于能量不足无法使根底的岩石翻动，从而留下根底。从爆破技术上分析，在爆破参数都基本合理的情况下，前 3 排的爆碴对第 4 排有压制，使其爆碴的膨胀空间不足，导致第 4 排留下根底。经过近千次的爆破观察与对比分析，采用同样的爆破参数，在第 4 排的超深多加 0.5m，即第 4 排超深为 2.0m，并且提高第 4 排的根底装药量，可使抬炮率降到 6% 左右。

从经济效益上考虑，假设每个矿区 40 个炮孔、台阶高度 10m、超深 1.5m，则总共穿孔米数为 460m，根据统计需要 14 个抬炮处理的穿孔米数为 56m，总共需要装药长度为 21m。爆破施工中采用等边三角形（梅花形）布孔，后排的孔数为 8 个，每孔超深比正常多超 0.5m，则多穿孔米数为 4.0m，多装药 4.0m。在抬炮率下降 50% 的情况下，相比较每个炮区可以节省穿孔米数为 24m，节省装药 6.5m。按照当地的穿孔及炸药的价格计算，每个炮区相对可以节省费用约 1640 元。经山寺铁矿一期 19 个月开采过程中，采用此种爆破方法，经计算节约了工程造价约 270 万元。

2.2   改变炮孔密集系数

在深孔台阶爆破中，经常遇到各种不同的地质条件。当为土岩夹层时，采用正常的爆破孔网参数

（$a=6.5\mathrm{m}$、$b=3.8\mathrm{m}$，密集系数 $m=a/b=1.8$），爆破后只把岩石周围的土层抛开，而土层中的孤石仍岿然不动，如果这种情况发生在前排，那么将严重影响后排的推动，给爆破带来不利影响。

造成这种情况的根本原因是炮孔炸药提前泄能。根据爆破漏斗原理，炸药爆炸后的能量总是往最薄弱的自由面作用，如果爆破的深孔恰好位于土层中间，则土层方向的自由面就相当于一个薄弱面，容易造成炸药提前泄能。在单耗基本不变的前提下，采用加大最小抵抗线、减小孔间距可以有效地控制爆破效果。如图 2 所示，$a_1>a_2$，增加了相邻两深孔之间存在土层的概率；最小抵抗线 $b_1<b_2$，且爆破漏斗的夹角 $A_1>A_2$，那么在相同的地质条件下，炸药爆炸后爆炸气体在后者孔内作用的时间必然大于前者，而爆炸气体作用于岩体的时间越长，越能使爆炸气体在岩体中引起的裂隙得到更充分的胀裂和延伸，使岩体破坏相对均匀，从而尽可能地减少爆炸气体提前泄能，有效地改善爆破效果，同时提高了炸药的利用率[2]。通过改变爆破系数 m，使 $a/b=1.5$，即 $a=6.0\mathrm{m}$、$b=4.0\mathrm{m}$，采用同样的爆破方式进行爆破，基本解决了上述问题。即使爆堆不是很好，依然可将孤石翻起，岩石基本已经震裂，可以正常进行挖掘作业。

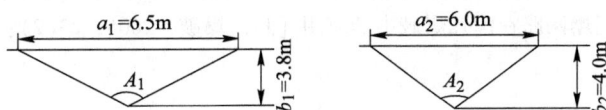

图 2 爆破漏斗分析

Fig. 2 The analysis of blasting crater

2.3 采用 V 型起爆技术[3-6]

V 型起爆的特点是起爆从爆区的中心部位开始，以 V 型顺序向两侧发展，相当于两个不同方向的斜线起爆同时进行，两个方向的同段起爆孔连线与台阶眉线均成斜交。由此得出如下结论。

（1）V 型起爆网路起爆时，被爆岩石受到的挤压和碰撞作用强烈，爆破抛堆方向指向爆区中心，爆堆抛掷的距离缩小，爆堆集中加快了装车速度。

（2）可有效地减少根底，使爆破断面平整，并能有效地控制后冲现象。

（3）两个方向起爆，岩石间互相撞击，矿石的破碎效果好，大块率明显降低。

（4）地震效应小。

（5）炮孔不需要过大的超深。

根据爆破实际工程统计，在地质条件相对均匀密实的矿岩中，同样的爆破参数采用宽孔距 V 型起爆，可以减少爆破根底，如图 3 所示。但在裂隙、节理发育的台阶中采用 V 型起爆反而会留下更多的根底。

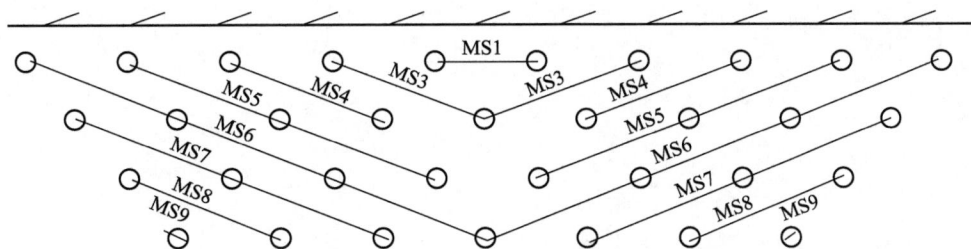

图 3 V 型爆破网路

Fig. 3 V-type blasting network

3 结论

在露天矿山深孔台阶爆破中，有效地减少根底是降低矿山爆破成本、提高铲装效率的一项重要措施。通过对前人爆破效果的总结分析，结合实际情况，合理地改善爆破技术，对提高矿山开采的经济效益具有重要意义。河南舞钢经山寺露天铁矿开采工程，通过局部加大超深、改变炮孔密集系数、采用 V 型起爆技术等爆破措施，将爆破根底率由 8% 降至不足 4%，使经山寺仅一期工程就节约直接成本近 800 万元。从间接经济效益上讲，根底的减少，使工作面更平整，利于电铲的走铲，提高了电铲的采装速度，利于卡车的出入，相应地减少了辅助设备整理工作面的作业时间，取得了良好的综合经济效益。

参 考 文 献

[1] 刘殿中，杨仕春. 工程爆破实用手册 [M]. 2 版. 北京：冶金工业出版社，2003.

[2] 于亚伦. 工程爆破理论与技术 [M]. 北京：冶金工业出版社，2004.

[3] 郑炳旭. 建设工程台阶爆破 [M]. 北京：冶金工业出版社，2005.

[4] 夏红兵，徐颖，宗琦. 煤系高岭土开采中的控制爆破应用技术研究 [J]. 工程爆破，2007，13(1)：35-38.

[5] 吕向东，魏炳，马小兵. 西沟石灰石矿在降段与掘沟爆破中的经验 [J]. 工程爆破，1998，4(2)：42-46.

[6] 白晓成. 塑料导爆管 V 型起爆网路在深孔爆破中的应用 [J]. 爆破，2006，23(2)：53-56.

露天金属矿山边坡缓冲爆破技术优化研究与应用

郑炳旭[1] 张光权[1,2] 宋锦泉[1] 李战军[1] 赵博深[1,3]

(1. 广东宏大爆破股份有限公司,广东 广州,510623;2. 北京科技大学 土木与环境工程学院,北京,100083;3. 中国矿业大学(北京),北京,100083)

摘　要:边坡缓冲爆破可以有效减少超欠挖,降低爆破对保留区岩体的损伤破坏,维护边坡稳定,减少不必要的支护费用。此外,在相同条件下,采用缓冲爆破时边坡角可以适当增大,从而减少剥岩量,降低开采成本。因此,其对露天矿山生产具有非常重要的意义。在现有研究的基础上进一步阐述和分析了边坡缓冲爆破技术机理,对传统的缓冲爆破技术进行了优化,并在经山寺铁矿进行了应用研究。结果表明:该优化后的边坡缓冲爆破技术简单易行,经济效益显著。通过多次爆破施工观测,边坡坡比度、超欠挖度等指标完全达标。

关键词:露天矿山;边坡控制;缓冲爆破;优化设计

Optimization Research and Application of Slope Cushion Blasting Technology in Open-pit Iron Mine

Zheng Bingxu[1] Zhang Guangquan[1,2] Song Jinquan[1] Li Zhanjun[1] Zhao Boshen[1,3]

(1. Guangdong Hongda Blasting Co., Ltd., Guangdong Guangzhou, 510623; 2. Civil and Environmental Engineering School, University of Science and Technology, Beijing, 100083; 3. China University of Mining and Technology(Beijing), Beijing, 100083)

Abstract:The slope buffer blasting is enormously significant to the production of open-pit mine, which can reduce damages to remaining rock effectively so as to stabilize the slope and cut shoring costs. In addition, the slope angle may increase properly under the same conditions when the slope buffer blasting was performed. Consequently, the stripping rock volume may be also reduced as well as the mining cost. The mechanism of slope buffer blasting was further analyzed based on the existing studies in this paper. The traditional slope cushion blasting technology was optimized and applied in Jingshan temple iron mine. Result shows that the optimal slope buffer blasting technology was simple and practicable.

Keywords:open-pit mine; controlling of slope; buffer blast; optimal design

　　矿山生产爆破开挖的过程中对预留边帮的稳定性影响一直是爆破工程界亟待解决的难题之一。缓冲预裂爆破技术的应用大大改善了爆破开挖过程中地震波对边帮的破坏影响[1]。但是,随着矿山生产爆破逐渐采用大孔径和大孔网参数爆破,缓冲预裂爆破在实际应用中也存在很多问题。大型露天矿山的生产爆破往往采用大孔径和大孔网参数,确保了矿山的生产能力,但在临近边坡采用大孔径爆破会对边坡稳定性产生不利影响。由于大孔径主爆孔和预裂孔距离过近,大孔径和大孔网参数产生的后冲效应较大,易造成预裂边坡面因台阶后裂而产生破坏,若加大主爆孔和预裂孔之间的距离,就可能会出现大块率上升和根底增多的现象,严重影响铲装效率[2,3]。

　　国内外学者和工程技术人员对缓冲爆破技术进行了大量的研究,取得了大量的研究成果。陈立强等人通过某露天矿爆破实例,依据生产爆破、缓冲爆破和预裂爆破参数选择,结合爆破反馈的数据,从防止边坡过爆和减少爆破振动对边坡的破坏两个方面,提出了具有操作性的建议[4]。唐智超通过声

原载于《爆破》,2013,30(2):7-11。

波测试，对比分析了采用缓冲爆破和未采用缓冲爆破时，爆破施工对边坡的影响范围[5]。测试结果表明采用缓冲爆破技术可以明显减小爆破施工对边坡的影响范围，对于边坡具有良好的保护作用。吕淑然等人在大量生产实践的基础上，提出了边孔不装药或少量不耦合装药，最大限度保护边坡，利用主炮孔、缓冲孔的联合作用，靠帮控制爆破的施工思路、原则和新的靠帮爆破技术方法的缓冲光面爆破技术[6]。唐小军对紫金山金铜矿露天采场东帮台阶到达采场境界情况，采取控制爆破措施保护边坡稳定，通过试验获得合理的爆破参数，为临近终了的靠帮爆破提供了参考[7]。

这些研究及其成果的取得对缓冲爆破技术的发展起到了重要作用，也为类似工程提供了有益借鉴。但是传统的缓冲爆破技术施工工艺相对较复杂，操作技术难度相对较大，作业成本较高，效率也会受到一定的影响。对于生产年限不太长的露天矿山适用性不强，技术经济性较差。为此需要针对服务年限不太长的露天矿山，对传统缓冲爆破技术进行适当优化，既能满足一定年限内矿山生产对边邦稳定性的要求，以确保生产安全，又能尽量简化生产工艺、提高生产效率、降低生产成本，本研究将对此进行初步探讨。

1 缓冲爆破技术原理及其优化研究

1.1 缓冲爆破技术原理分析

爆破作业主要利用炸药爆炸瞬间释放的大量能量对被爆体做功，达到一定的工程目的。关于炸药爆炸破岩的机理，目前主要有 3 种，即冲击波拉伸破坏理论、爆炸气体膨胀压破坏理论及冲击波与爆炸气体联合作用理论。其中被广泛认同的是冲击波与爆炸气体联合作用理论。随着爆破技术和相邻学科的发展，爆破理论的研究也越来越实用化、系统化[8]。

由于炸药爆炸在瞬间完成，炸药爆炸后能量以药包或药柱为中心向各向迅速传播，以目前的技术水平尚难以完全有效地控制其释放的方向和大小。因此，在边帮处，炸药爆炸后释放的能量对被保留岩体难免会造成损伤。如何最大限度地减小对保留岩体的损伤，维护边坡的稳定性，确保安全施工，又尽量避免边帮前方主爆区岩石破碎块度适中、不留或少留根底，成为露天台阶爆破技术研究的主要内容之一。

炸药对岩石的破坏本质是炸药能量向岩体的输入和转移，要保证边帮前方主爆区有适当的块度，必须有适当的能量输入，且输入的能量在岩体内产生的爆炸应力或反射拉伸波产生的拉应力以及爆生气体压力足够大，能够超过岩石的破坏强度；而要使边帮上被保留岩体不产生破坏或尽量少产生破坏，必须尽量减少炸药爆炸后产生的能量向被保留岩体的输入。为达到这一目的，必须较好地控制边帮附近炮孔中炸药爆炸后释放能量的大小及其释放方向和衰减梯度。释放能量的大小和释放强度可以通过减弱装药、降低炸药单耗以及不耦合装药等技术措施方便地实现，而要改变释放能量的传播方向及其衰减梯度则可以通过 2 种途径来实现，即"疏"和"堵"。"疏"可以采用特殊的聚能装药结构和药包形状，通过聚能槽的聚能作用对炸药爆炸的能量释放方向进行控制，使其沿边坡面方向释放能量加强，而向被保留区的岩体方向释放能量减弱，以达到减小对边帮岩体的损伤以及形成较光滑平整边帮的目的；"堵"可以利用炸药能量及爆炸应力波的这一传递特性进行控制，由于炸药爆炸应力波在传递过程中逐渐减弱，且在松散或裂隙较多的介质中传播时速度较低、衰减更快，传播到结构面或破裂面处时会发生反射，透射过结构面或破裂面的应力波能量会大幅衰减，对结构面或破裂面后方岩体的破坏与损伤大大减小。

缓冲爆破正是通过减弱装药和不耦合装药降低炸药能量释放大小及强度、在边帮处形成破碎带和破裂面或增加缓冲层厚度以使炸药爆炸释放的能量在传播过程中衰减这两种途径来实现保护边坡的工程目的，利用缓冲爆破技术可以有效地减小主爆炮孔的后冲和爆破振动效应，控制超爆，减少对保留岩体的损伤，维护边坡的稳定。

1.2 缓冲爆破技术优化研究

传统的露天矿边帮控制爆破常采用多孔径和相对应的孔网参数，即在主爆区和预裂爆破区之间采取比生产爆破小的孔网参数和单孔装药量较少的缓冲爆破技术，或临近边坡采用比正常生产爆破的主爆孔要小的小孔径、小孔网参数爆破，以有效降低后冲效应和爆破振动对边帮的破坏作用。其施工工艺是在边坡境界线上钻一排较密（为正常炮孔孔距的 0.7 倍）的预裂或光爆倾斜孔，倾斜孔与主爆孔之间设一排浅孔作为缓冲孔，缓冲孔和预裂（光爆）孔装药量减半，采用径向不耦合装药结构，使炸药能量分布均匀，保证边坡的平整，减少边坡的超欠挖。

若严格按照边坡预裂爆破设计施工，首先要对预裂孔钻孔角度进行严格控制，否则不能保证其孔底位置达到设计边界线；其次，对于浅孔的定位不便于掌握，且其深度难以控制，因为它们是由不同地质构造决定的；再次，对于大规模爆破，采用人工装条状乳化炸药，很难确保装药质量；最后，按预裂爆破设计施工带来的经济成本对本工程而言既是浪费，也让施工单位难以承受。

针对以上问题，同时考虑到采用强化开采模式，经山寺矿山的生命周期由 11 年降到 5.5 年，边坡稳定的持久性要求降低。在经山寺露天铁矿运用缓冲爆破技术的过程中，针对本矿坑边坡地质构造特点和对边坡稳定性要求，结合实际强化开采情况，充分分析缓冲爆破的作用机理，经过大胆探索和尝试，对传统缓冲爆破技术进行了合理有效的优化，优化内容主要包括以下几个方面：减少缓冲钻孔角度；增加边坡保护层厚度；省去浅孔施工工序；采用轴向连续不耦合装药和分段不耦合装药来调整线装药密度，降低了装药质量要求；同时尽量减少主炮孔布孔排数及整体爆破规模，以降低爆破振动对边坡的影响。

2 优化缓冲爆破技术的应用

2.1 工程概况

经山寺露天铁矿为高强度开采型露天矿山，矿区内地层主要为新太古界太华群铁山庙组区域变质岩系，中元古界汝阳群海相碎屑沉积岩及第四系地层。经山寺矿段由经山北坡向斜和经山南坡背斜组成，矿体走向近东西，倾角 100°～180°。构成边坡的岩组主要由白云石大理岩、磁铁大理岩、磁铁辉石岩、辉石大理岩、角闪岩组成，边坡中下部多由辉石磁铁矿层直接构成边坡。受褶皱构造控制，经山寺矿段构成南北帮边坡的岩组倾向与边坡倾向相反，只有南边帮局部边坡的岩组与边坡倾向一致。经计算分析，本矿坑最终边坡面积 27.4 万 m²，稳定性较好，部分阶段边坡可能会产生沿层理面的边帮滑落及楔形帮滑落，部分边坡需采取疏干措施，才能保证整体边坡的稳定。

2.2 缓冲爆破孔网设计

炮孔间距和抵抗线均为主炮孔的 0.7 倍；炮孔间距 $a=2.7\sim3.5\mathrm{m}$；抵抗线 $w=4.8\sim5\mathrm{m}$；布孔时距边坡线预留 $1.8\sim2\mathrm{m}$ 保护层，如图 1 所示。

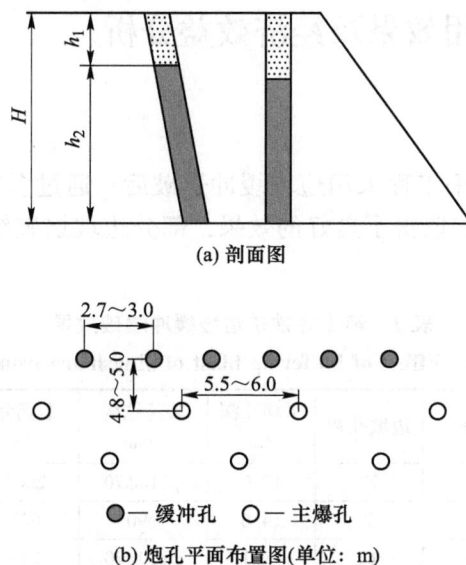

(a) 剖面图

(b) 炮孔平面布置图(单位：m)

● — 缓冲孔　○ — 主爆孔

图 1　主爆孔与缓冲孔布置示意图

Fig. 1　Layout of main hole and buffing hole of blasting

2.3 缓冲爆破参数设计

台阶高度 $H=10m$，钻孔直径与主炮孔一致，$\phi=140mm$，斜孔角度为80°，装药结构采用人工单独装 $\phi90mm$ 和组合装 $\phi110mm$ 与 $\phi70mm$ 的条状乳化炸药药卷。装药线密度 $q_1=7.5kg/m$，超深 $\Delta h=1.5m$；钻孔深度 $L=H/\sin80°+1.5=11.7m$。

组合装 $\phi110mm$ 与 $\phi70mm$ 药卷与单独装 $\phi90mm$ 药卷的装药长度、填塞长度及弹孔装药量如表1所示。

表1 缓冲爆破设计参数

Table 1 Design parameters of buffering blast

序号	药卷直径/mm	装药长度/m	填塞长度/m	单孔装药量/kg
1	90	8.7	1.3	65
2	110	2.0	1.1	66
	70	6.9		

2.4 优化后缓冲爆破技术特点分析

优化后的缓冲爆破施工技术及工艺主要有以下几方面特点。

（1）在距设计边坡线1.8~2m处布置缓冲孔，缓冲孔与设计边坡面间预留的保护层对永久边坡起保护作用。由于保留层吸收了爆破能量，大大减弱了爆破地震对边坡的扰动，优化后的缓冲孔即使整体药量相对一般缓冲爆破药量略加强，也不会对最终边帮造成过大的损伤和破坏，能满足生产要求。

（2）优化后的缓冲爆破设计中，缓冲孔起爆后的炮孔壁面并非最终边坡面，缓冲孔与设计边坡间预留了保护层，由于岩体从孔底到孔口对爆破的抵抗作用逐渐减弱，因此保留层方向岩体的破坏范围从下到上依次减小，最终形成的坡面角度会比缓冲孔的钻孔角度小。因此，在需要形成相同坡面角的最终边坡时，优化后的缓冲爆破技术缓冲孔的钻孔倾角可以适当增大，本生产实践中由原设计的70°优化为80°，降低了钻孔和装药施工难度，同时保证钻孔孔底位置达标。

（3）单一和组合装药结构灵活运用，便于施工操作。单一装药操作简单，炸药能量整体均匀分布；组合装药增加了缓冲孔装药量，底部用 $\phi110mm$ 乳化炸药加强装药，克服了底盘的夹制问题，减少根底；上部不耦合顺装 $\phi70mm$ 乳化炸药，增大了不耦合装药系数，减少爆破粉碎带的形成。二者在施工中均能确保边坡整体稳定和坡比度达标。

3 优化缓冲爆破技术应用效果及经济效益分析

3.1 应用效果

河南舞钢经山寺铁矿露天开采工程采用边坡缓冲爆破后，通过多次爆破施工观测，边坡坡比度、超欠挖度完全达标，稳定性良好。取得了良好的效果，部分边坡爆破统计见表2，使用缓冲爆破后的边坡状况如图2所示。

表2 经山寺铁矿边坡缓冲爆破效果

Table 2 Effect of buffering blast of Jingshansi iron mine

时间	爆破位置	岩石类别	边坡孔数	平均孔深/m	装药结构/mm	装药量/kg	爆破方量/m³	爆破效果
2009-07-12	北矿坑50平台	石灰岩	29	12.0	$\phi110\phi70$	2001	4176	效果良好一次达标
2009-07-24	东矿坑50平台	沉积岩	7	14.6	$\phi90$	620	1320	少许根底二次处理
2009-08-05	北矿坑50平台	石灰岩	12	11.1	$\phi110\phi70$	747	1692	效果良好一次达标
2009-08-09	北矿坑50平台	磁铁辉石岩	18	11.7	$\phi90$	1161	2592	效果良好一次达标
2009-08-14	北矿坑50平台	磁铁辉石岩	24	11.4	$\phi90$	1548	3352	效果良好一次达标

图2 经山寺铁矿边坡

Fig. 2 Slope of Jingshansi Iron Mine

从工程实践上看，该项技术简捷易行，爆破效果上安全可靠，经济效益上合理，并且在钻孔深度小于10m的开拓工作面掏槽爆破中，采用该工艺也同样取得了理想的效果。

3.2 经济效益分析

在经济效益方面，采用优化后的缓冲爆破施工工艺在节能降耗上也大有改观。首先，该施工工艺在保证底部抵抗线和正常炮孔一致的前提下，上部孔网略有加大，增大了炮孔延米爆破方量，提高了炮孔利用率。其次，减少了浅孔施工工艺。由于边坡有充分的预保留层，一般缓冲孔前只布置1~2排主炮孔，在爆破网路延时上加以控制，保证缓冲孔较其前排主炮孔延迟100~150ms，这样出现的爆破裂隙就起到了浅孔的作用。最后，由于钻孔角度增加，在一定台阶高度的情况下，其缓冲孔深度将相应减少，钻孔成本相应降低，钻孔难度相应降低，钻孔效率势必提高。通过这些工艺优化，简化了施工程序，降低了作业成本。

4 结论

通过对缓冲爆破技术的机理分析，针对经山寺铁矿边坡稳定性及服务年限要求以及地质特点，提出了缓冲爆破技术优化设计方法和简化的施工工艺。并在经山寺铁矿的生产实践中进行了应用，对传统缓冲爆破技术进行适当优化，省去了缓冲浅孔施工，将缓冲浅孔与预裂孔合二为一，同时，适当增加保护层厚度、缓冲孔倾角和装药量，并调整装药结构及起爆时差，达到了既定工程目标和施工要求，取得了良好的经济和社会效益。实践表明，优化后的缓冲爆破技术在安全上可靠、技术上可行、经济上合理。

参 考 文 献

[1] 张袁娟，黄金香，袁红. 缓冲爆破减震效应研究 [J]. 岩石力学与工程学报，2011，30(5)：967-973.

Zhang Yuanjuan, Huang Jinxiang, Yuan Hong. Study of shock absorption effect of buffer blasting[J]. Chinese Journal of Rock Mechanics and Engineering, 2011, 30(5)：967-973.

[2] 郑炳旭，王永庆，李萍丰. 建设工程台阶爆破 [M]. 北京：冶金工业出版社，2005：56-59.

[3] 刘殿中，杨仕春. 工程爆破实用手册 [M]. 北京：冶金工业出版社，2003.

[4] 陈立强，杨风华. 边坡控制爆破技术的应用 [J]. 中国矿山工程，2011，40(3)：5-9.

Chen Liqiang, Yang Fenghua. Application of controlled slope blasting technology[J]. China Mine Engineering, 2011, 40(3)：5-9.

[5] 唐智超. 爆破对边坡影响范围的声波测试与评价 [J]. 爆破，2009，26(3)：108-110.

Tang Zhichao. Measure and analysis of influence scope of blasting on slope using ultrasonic test technology[J]. Blasting, 2009, 26(3)：108-110.

[6] 吕淑然，夏梦会，李金河，等. 缓冲光面爆破技术在露天边坡中的应用 [J]. 金属矿山，2004(9)：1-3.

Lv Shuran, Xia Menghui, Li Jinhe, et al. Application of cushioned smooth face blasting technology in open-pit mine[J]. Metal Mine, 2004(9): 1-3.

[7] 唐小军, 赖红源, 夏鹤平, 等. 预裂爆破在紫金山金铜矿高陡边坡的应用 [J]. 爆破, 2010, 27(3): 48-50.
Tang Xiaojun, Lai Hongyuan, Xia Heping, et al. Application of presplitting blasting to high rock slope in Zijinshan Gold-copper Mine[J]. Blasting, 2010, 27(3): 48-50.

[8] 汪旭光. 爆破手册 [M]. 北京: 冶金工业出版社, 2010: 25-31.

基于事故树分析的电爆网路盲炮预防研究

占必文[1]　张光权[2,3]　陶铁军[2,3]　李海港[3]

（1. 贵州久联民爆器材发展股份有限公司，贵州 贵阳，550001；2. 广东宏大爆破股份有限公司，广东 广州，510623；3. 北京科技大学，北京，100083）

摘　要：根据电爆网路盲炮产生的原因，构建了盲炮事故树，通过对盲炮事故树结构重要度分析，求出了盲炮事故树的最小割集，并对各基本事件重要度进行了排序，从而找出了盲炮产生的主要原因。最后从安全系统工程的角度对电爆网路盲炮预防措施进行了系统的梳理和分析，提出了避免产生盲炮的主要对策，对电爆网路中盲炮的预防具有较好的指导意义。

关键词：电爆网路；盲炮预防；事故树；定性分析

Research on the Prevention of Misfire in the Blasting Electric Circuit Based on FTA

Zhan Biwen[1]　Zhang Guangquan[2,3]　Tao Tiejun[2,3]　Li Haigang[3]

（1. Guizhou Jiulian Industrial Explosive Materials Development Co., Ltd., Guizhou Guiyang, 550001;
2. Guangdong Hongda Blasting Co., Ltd., Guangdong Guangzhou, 510623;
3. University of Science and Technology Beijing, Beijing, 100083）

Abstract：According to causes of the misfire in the blasting electric circuit, fault tree analysis(FTA) of misfire was constructed. On that basis, each elementary event was ranked orderly, and then, the minimum cut sets were obtained through analyzing the structure importance of the FTA. Consequently, the main reasons attributed to misfire were found out. Finally, preventive measures of misfire were sorted and analyzed systematically from the perspective of safety systems engineering, and a series of fundamental countermeasure were put forward to prevent the emerging of misfire, which could have some guiding significance for taking precautions against misfire in the blasting electric circuit.

Keywords：blasting electric circuit; misfire prevention; FTA; qualitative analysis

1　引言

盲炮又称瞎炮，是指预期发生爆炸的炸药或起爆器材出现拒爆的现象[1]。拒爆分为全拒爆、半拒爆和残爆3种，故盲炮也相应地分为3种情况。盲炮在爆破施工中十分常见，是影响爆破安全和爆破效果的主要因素之一。在爆破施工中一旦出现盲炮，轻则停工减产，严重影响作业效率和效果；重则造成人员伤亡、企业停产倒闭。多年来，预防和尽可能消除盲炮一直是科研和工程技术人员要解决的难题。盲炮和盲炮事故时有发生，尤其是在电爆网路中，发生的几率更高。尽管目前非电导爆管雷管已经在很大程度上取代了电雷管，爆破网路可靠度有了一定的提升，但是在井工煤矿及高瓦斯、煤尘等特殊作业环境下不能使用普通非电导爆管雷管，电雷管仍然是首选。近年来我国生产的工业雷管中电雷管所占比例呈上升趋势，电雷管依然是当前主要的起爆器材，电爆网路在爆破作业尤其是煤矿井下作业及一些特殊环境中不可或缺。因此，电爆网路盲炮的预防研究对于爆破安全作业具有十分重要的意义。

　　国内外众多学者和工程技术人员对盲炮进行了大量的研究，取得了丰硕的成果。如王连华等人[2]结合涩滩水下钻孔爆破工程实践，分析水下爆破施工中出现盲炮的原因，提出了预防盲炮发生的措施。王清华等人[3]分别针对起爆器材质量、爆破网路设计、施工管理及工艺操作采取了一系列措施，并重点分析了反射四通复式多闭合起爆网路和反射四通复式多桥接起爆网路可靠度，建立了计算模型。颜景龙等人[4]分析了爆破工程中盲炮产生的原因和危害，提出了用数码电子雷管替代传统导爆管雷管，运用电子雷管精确延时可量化计算的特性，结合分析爆破振动波的方法来识别盲炮。谭卫华等人[5]结合某大型采石工程，介绍了大面积台阶爆破盲炮的处理过程，提出了优化起爆次序、爆破网路连接和网路检查等避免台阶爆破大面积盲炮的措施。方明山[6]分析了云南大理一次硐室盲炮的原因，提出了简单、安全、可靠、快速的硐室盲炮处理方法。这些研究为工程实践提供了非常宝贵的经验，对爆破安全生产有着非常重要的指导和借鉴意义。前人大多从出现盲炮后的识别与处理角度进行事后控制，鲜有从防止盲炮产生的方面进行相关研究。然而，最大限度地避免盲炮事故的发生，事前和事中控制同样非常重要，即从源头上防止盲炮的产生，符合"安全第一，预防为主"的安全生产基本原则。本文运用事故树分析法（FTA），旨在找出导致电爆网路盲炮产生的主要原因，并提出预防盲炮的关键措施。

2　盲炮事故树分析

2.1　事故树分析

事故树分析方法起源于 20 世纪 50 年代。由于美国火箭发射基地接连发生事故损失惨重，从而意识到系统安全工程的重要性。之后，以美国空军为主进行了相关技术研究，提出试验方法及规格要求等。美国贝尔研究所为防止洲际弹道导弹发生意外爆炸，正式开发了这种系统安全分析方法。

　　事故树分析通过树形图显示出事故因素及其相互关系，它不仅可作为事故发生后的因素分析，而且能预先将设想的所有事故因素恰当地编制成事故树，使其作为一种危险预知图或设想危险简要结构图使用[7]。该分析方法在爆破工程领域也有应用，如张云鹏等人[8]根据爆破工程的特点，提出了采用事故树分析和预先危险性分析等方法进行爆破工程的安全评价。

2.2　盲炮事故树构建

　　本研究旨在找出预防盲炮出现的措施和方法，避免盲炮的产生，故选择产生盲炮作为事故树顶上事件 T。电爆网路产生盲炮的原因是多方面的，结合工程实践和前人研究成果[1,6,9,10]，事故树各基本事件和中间事件如表 1 所示，按照表 1 中事件间的逻辑关系建立盲炮事故树（见图 1）。

表 1　盲炮事故树事件及代号

Table 1　Events and symbols of the misfire fault tree

序号	事件	代号	序号	事件	代号
1	产生盲炮	T	10	电雷管起爆能不够	B_6
2	炸药及雷管均未爆炸（全拒爆）	A_1	11	雷管与药包脱离	B_7
3	只有雷管爆炸，炸药未爆炸（半拒爆）	A_2	12	炸药爆轰感度过低	B_8
4	炸药爆轰不完全或传爆中断（残爆）	A_3	13	药包间隔大于殉爆距离	B_9
5	电爆网路局部电流过小	B_1	14	发生沟槽效应	B_{10}
6	起爆器起爆电流不够	B_2	15	电爆网路部分支路电阻偏大或偏小	C_1
7	电爆网路断路	B_3	16	电爆网路设计不当	X_1
8	电爆网路短路	B_4	17	选用非同厂、同批、同型号的电雷管	X_2
9	电雷管拒爆	B_5	18	电雷管电阻差值过大	X_3

序号	事　件	代号	序号	事　件	代号
19	电雷管桥丝断裂或脱焊	X_4	32	起爆药包送入炮孔方式不当	X_{17}
20	电雷管连入网路前未进行电阻值检测	X_5	33	炸药受潮变质	X_{18}
21	起爆器未充电或充电不足	X_6	34	炸药过期	X_{19}
22	起爆器选型不当	X_7	35	炸药质量不合格	X_{20}
23	电爆网路联网施工不当，形成虚接	X_8	36	装药密度过大	X_{21}
24	装药、填塞不当，造成脚线脱落	X_9	37	装药密度过小	X_{22}
25	电爆网路裸露接头未经绝缘包缠或包缠不合格	X_{10}	38	在有水环境下选择了非抗水炸药	X_{23}
26	地面积水潮湿或炮孔含水	X_{11}	39	在火区作业中选择了感度过低的炸药	X_{24}
27	联网完成后未进行导通检测	X_{12}	40	炮孔装药过程中堵孔未及时进行透孔处理	X_{25}
28	电雷管过期	X_{13}	41	散装炸药装药时混入了碎石或杂物	X_{26}
29	电雷管受潮变质	X_{14}	42	装药过程中孔口部分塌落掉入孔内	X_{27}
30	电雷管选型不当	X_{15}	43	使用筒状炸药	X_{27}
31	起爆药包加工不合格	X_{16}	44	不耦合系数一般在1.122~3.713范围内	X_{29}

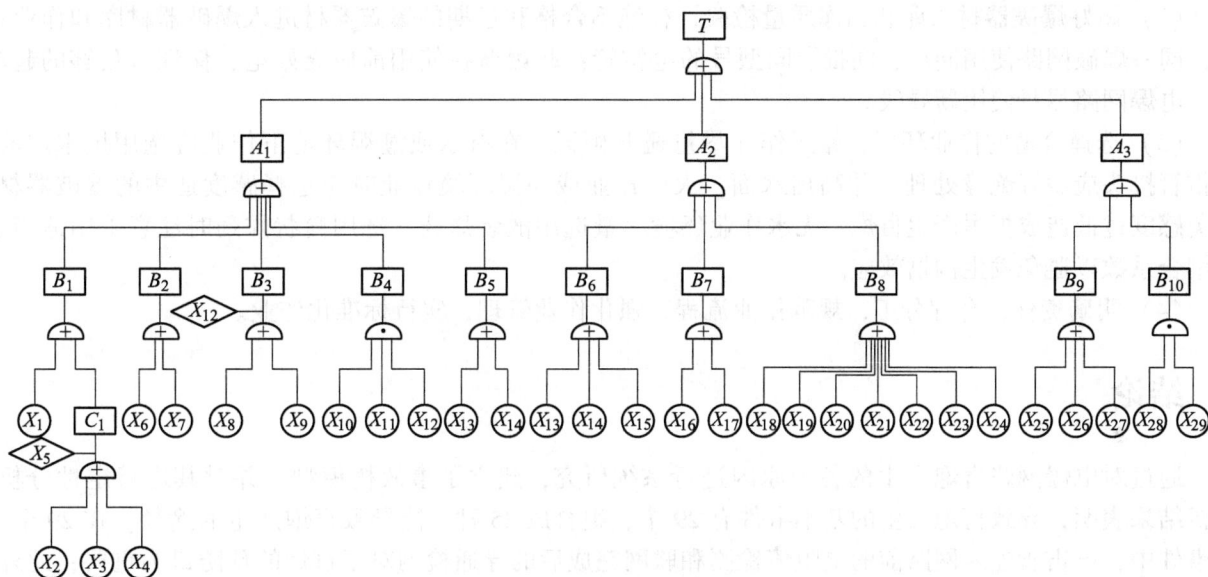

图1　电爆网路盲炮事故树

Fig. 1　Misfire fault tree of the blasting electric circuit

2.3　盲炮事故树定性分析

　　事故树中一组基本事件发生就能够导致顶上事件的发生，这组基本事件称割集，最小割集就是导致顶上事件发生的最低限度的割集。对某一系统而言，最小割集越多，该系统出现故障的可能性越大。

　　用布尔代数化简[11]求图1所示的事故树的最小割集：

$$T = A_1 + A_2 + A_3 = (B_1 + B_2 + B_3 + B_4 + B_5) + (B_6 + B_7 + B_8) + (B_9 + B_{10})$$

$$= [X_1 + X_5(X_2 + X_3 + X_4) + (X_6 + X_7) + X_{12}(X_8 + X_9) + (X_{10}X_{11}X_{12}) + (X_{13} + X_{14})] +$$

$$[(X_{13} + X_{14} + X_{15}) + (X_{16} + X_{17}) + (X_{18} + X_{19} + X_{20} + X_{21} + X_{22} + X_{23} + X_{24})] +$$

$$[(X_{25} + X_{26} + X_{27}) + X_{28}X_{29}]$$

$$= X_1 + X_2X_5 + X_3X_5 + X_4X_5 + X_6 + X_7 + X_8X_{12} + X_9X_{12} + X_{10}X_{11}X_{12} + X_{13} + X_{14} + X_{15} + X_{16} + X_{17} +$$

$$X_{18} + X_{19} + X_{20} + X_{21} + X_{22} + X_{23} + X_{24} + X_{25} + X_{26} + X_{27} + X_{28}X_{29}$$

　　由化简后的事故树得到该事故树共有最小割集25个，即这25个最小割集中的任意一组出现都将会形成盲炮，所以电爆网路盲炮的预防涉及多方面的因素，通过对事故结构重要度分析可得各基本事件的重要性排序为[11]：

$$I_\varphi(5) > I_\varphi(12) = I_\varphi(1) = I_\varphi(6) = I_\varphi(7) = I_\varphi(13) = I_\varphi(14) = I_\varphi(15) = I_\varphi(16) = I_\varphi(17) = I_\varphi(18)$$
$$= I_\varphi(19) = I_\varphi(20) = I_\varphi(21) = I_\varphi(22) = I_\varphi(23) = I_\varphi(24) = I_\varphi(25) = I_\varphi(26) = I_\varphi(27) > I_\varphi(2)$$
$$= I_\varphi(3) = I_\varphi(4) = I_\varphi(8) = I_\varphi(9) > I_\varphi(28) = I_\varphi(29) > I_\varphi(10) = I_\varphi(11)$$

从结构重要度排序可看出，基本事件 X_5 和 X_{12} 重要度最高，即电雷管连入网路前未进行电阻值检测和联网完成后未进行导通检测最容易导致出现盲炮，可见人的因素即不规范行为是导致出现盲炮的主要因素。

3 预防盲炮的关键措施

从上述事故树事件列表及事故树分析可知，要最大限度地避免盲炮的产生，应从安全系统工程的角度考虑，分别从"人的因素、物的因素、环境因素、管理因素" 4 个方面着手。

（1）加强设计和施工人员选拔培训，设计人员严格按规范设计并核算起爆网路，选用合适的起爆器，电雷管使用前应严格按要求做好电阻差值检测；装药前清理孔周，避免碎石掉入孔内堵塞炮孔或隔断药柱，装药、填塞时注意炮棍力度，保证按设计装药密度进行装药，并避免损坏雷管脚线，网路连接完成后要立即进行导通测试。

（2）做好爆破器材入库和出库质量检验，杜绝不合格和过期的爆破器材进入爆破器材库和作业现场，同一爆破网路使用同厂、同批、同型号的电雷管；起爆器在使用前应充好电，保证有足够的起爆能，电爆网路尽量使用新导线。

（3）选择合适的作业环境，露天作业尽量避开雨天，在有水或潮湿环境下作业应选用抗水炸药，电雷管接头应做好绝缘处理，并高出水面；火区作业或高温环境作业时应选择感度适中的爆破器材，避免感度过低造成拒爆产生盲炮；无水作业环境尽量选用散装炸药，选用筒状炸药时注意采用适当的不耦合系数以避免发生沟槽效应。

（4）明确责任，合理分工，规范作业流程，强化作业管理，实行标准化作业。

4 结论

通过对电爆网路盲炮产生的各种原因进行系统研究，建立了事故树模型，并对其进行定性分析。分析结果表明，导致盲炮发生的基本事件有 29 个，组合成 25 种可能导致盲炮产生的途径。在 29 个基本事件中，电雷管连入网路前的电阻值检测和联网完成后的导通检测对于盲炮的预防最为重要；此外，在这些基本事件以及最小割集中绝大部分与爆破器材和人的行为因素有关。控制好了这些因素，盲炮发生的几率就会大大降低，而要控制好人和物的因素必须通过规范有效的管理来实现。因此，企业树立牢固的安全意识，强化管理，严格实行标准化作业，加大日常监察力度，就可以最大限度地避免盲炮及盲炮事故的发生，保证爆破生产安全、高效、有序地进行。

参 考 文 献

[1] 汪旭光. 爆破手册 [M]. 北京：冶金工业出版社，2010.

[2] 王连华，林少江. 涩滩水下钻孔爆破盲炮的成因及预防措施 [J]. 广西交通科技，2002，27(3)：83-85.

[3] 王清华，江小波. 某工程盲炮原因分析及预防措施 [J]. 金属矿山，2009(1)：177-181.

[4] 颜景龙，张乐. 电子雷管爆破振动波分析识别盲炮的方法 [J]. 工程爆破，2011，17(1)：74-77.

[5] 谭卫华，温健强，李战军. 台阶爆破大面积盲炮处理 [J]. 矿业工程，2010，8(5)：44-45.

[6] 方明山. 一次硐室盲炮的原因分析及处理 [J]. 爆破，2000，17(4)：109-111.

[7] 王文才，张世明，周连春，等. 大型露天金属矿爆破的事故树分析 [J]. 金属矿山，2010(4)：163-166.

[8] 张云鹏，于亚伦. 爆破工程安全评价初探 [J]. 工程爆破，2004，10(4)：81-84.

[9] 章海象. 德兴铜矿盲炮事故原因及其预防 [J]. 采矿世界快报，2000，16(7)：234-235.

[10] 张光权，崔波. 基于模糊层次法的炮采工作面安全性评价研究 [J]. 中国安全生产科学技术，2012，8(5)：87-90.

[11] 徐志胜. 安全系统工程 [M]. 北京：机械工业出版社，2007.

邻边坡爆破对高边坡岩体的影响分析

王 铁

（广东宏大爆破股份有限公司，广东 广州，510623）

摘 要：为了研究邻边坡爆破对保留边坡岩体产生的损伤，结合河南舞钢经山寺铁矿施工现场进行了高边坡岩体预裂及缓冲爆破试验，分析岩体破碎质量、开挖轮廓成型质量及其对岩体的损伤，取得有利于矿山边坡成型和岩体爆破损伤控制的邻边坡爆破控制成套技术。

关键词：邻边坡；爆破；岩体损伤

Influence Analysis of Adjacent Slope Blasting on High Slope Rock Mass

Wang Tie

（Guangdong Hongda Blasting Co., Ltd., Guangdong Guangzhou，510623）

Abstract：In order to study the blasting damage to the adjacent slope, the high slope rock mass pre-splitting and cushion blasting tests are carried out in the Jingshansi iron mine in Wugang, Henan Province. By analyzing the rock fragmentation quality, excavated contour shape quality and blasting damage to rock mass, a set of adjacent slope blasting control technology, which is beneficial to mine slope forming and rock damage control, is obtained.

Keywords：adjacent slope；blasting；rock mass damage

露天开采时，多个台阶组成的斜坡称为露天矿边坡。我国许多露天矿山已越采越深，边坡已形成规模。由于边坡不稳定因素的影响和边坡安全管理的不善，特别是在邻近矿山边坡部位爆破时对保留边坡岩体产生的严重损伤，可能会导致露天矿边坡岩体滑动或崩落坍塌，给矿山人员安全、国家财产和矿产资源带来严重的危害和损失。因此，开展邻边坡爆破对高边坡岩体影响的试验研究对矿山安全生产有着重要的现实意义。

1 研究区概况

经山寺露天矿位于河南省中部，隶属舞钢市八台乡与庙街乡的西部交界区；矿床西北部跨入叶县的辛店乡界内，东南距铁山矿床6km。矿区内地层主要为新太古界太华群铁山庙组区域变质岩系，中元古界汝阳群海相碎屑沉积岩及第四系地层。经山寺矿段由经山北坡向斜和经山南坡背斜组成，矿体走向近东西，倾角10°~18°。构成边坡的岩组主要由白云石大理岩、磁铁大理岩、磁铁辉石岩、辉石大理岩、角闪岩组成，岩石普氏系数 $f=12~14$，矿石普氏系数 $f=16~22$，边坡中下部多由辉石磁铁矿层直接构成边坡。受褶皱构造控制，经山寺矿段构成南北帮边坡的岩组倾向与边坡倾向相反，只有南边帮局部边坡的岩组与边坡倾向一致；构成东西端帮的岩组则呈截切层状构造，F_{31} 和 F_{35} 断层离设计的最终边坡较远，并且倾角较陡，构造结构面对边坡稳定影响很小。

经山寺露天矿南扩工程是在原经山寺露天矿基础上的南扩帮工程。随着露天开采深度的增加，边坡越来越高（局部边坡高度 50m 以上），且平台扩帮已接近最终设计境界。所以，在生产过程中，必须考虑生产爆破对边坡的影响问题。

2 爆破对边坡的影响分析

由于爆破荷载的作用，在完成岩体破碎的同时，在承载岩体的表层不可避免地存在动力损伤区。经山寺露天矿山开采工程中采用现场混装车装药进行爆破作业，炮孔内的装药耦合情况通常为耦合装药，这样可以提高爆破破碎效率，降低单位开采量的钻孔数量。但若在邻近矿山边坡部位采用现场混装车装药，必然对保留边坡岩体产生严重损伤。因此，需要采用现场混装车装药相配套的不耦合装药技术（空气间隔装药、套管内装药技术等），以控制爆破效应，减少爆破对矿山边坡部位的损害。

结合河南舞钢经山寺铁矿南扩工程的具体情况，进行采用现场混装车装药条件下的预裂及缓冲爆破试验。通过该实验，分析爆破对岩体破碎质量、开挖轮廓成型质量及其对岩体的损伤特征，取得有利于矿山边坡成型和岩体爆破损伤控制的邻边坡爆破控制成套技术。

2.1 实验内容

2.1.1 爆破试验初步设计

空气间隔装药预裂爆破参数设计如下。炮孔布置横剖面图如图 1 所示，梯段高 10m，孔径 140mm，炸药采用现场混装乳化炸药。

空气间隔装药预裂爆破孔，炮孔倾角 80°，炮孔间距分别取 12 倍、15 倍及 18 倍孔径，距离前排缓冲孔 3.0m，孔底装药，空气层长度占空气层与装药段总长的比例取为 25.6%，堵塞长度 1.2m，采用特制的水袋及相关岩土材料作为堵塞物。

缓冲孔间距 4.5m，距离前排主爆孔 4.0m，采用空气间隔装药，空气层比例为 40%，孔底装药，堵塞长度 1.5m，使用空气囊（空气间隔器），上部堵塞段采用常规的炮泥。

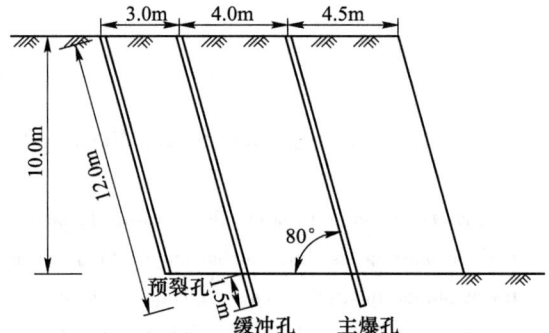

图 1 预裂爆破试验区炮孔布置横剖面

主爆孔间距 6.0m，抵抗线 4.5m，采用耦合装药，堵塞长度 3.0m。炮孔装药结构及空气间隔装药预裂爆破起爆网路如图 2 和图 3 所示，爆破设计参数见表 1。

表 1 现场空气间隔装药爆破试验参数

炮孔名称	钻孔参数						装药参数			
	雷管段别	孔径/cm	孔深/cm	孔距/cm	排距/cm	孔数/个	药径/mm	装药长度/cm	堵塞长度/cm	单孔药量/kg
预裂孔	MS1	140	1260	170	300	18	140	300	120	60.8
缓冲孔 I	MS8	140	1300	210	300	11	140	700	150	143.5
缓冲孔 II	MS10	140	1300	300	450	5	140	400	150	81.2
缓冲孔 III	MS10	140	1300	250	450	5	140	400	150	81.2
主爆孔	MS6	140	1300	600	450	5	140	1000	300	205
合计						44				

注：孔深为现场试验实际孔深的平均值。

2.1.2 空气间隔装药缓冲爆破参数

炮孔布置横剖面图如图 4 所示，梯段高 10m，孔径 140mm，炸药采用现场混装乳化炸药。

空气间隔装药缓冲爆破孔，炮孔倾角 80°，为了比较不同布孔参数条件下开挖轮廓成型质量及爆堆块度，炮孔间距分别取 2.5m、3.0m，距离前排主爆孔 4.5m，孔底装药，空气层比例即空气层长度占空气层与装药段总长的比例取为 65%，堵塞长度 150cm。III 型缓冲孔采用特制的水袋及相关岩土材料

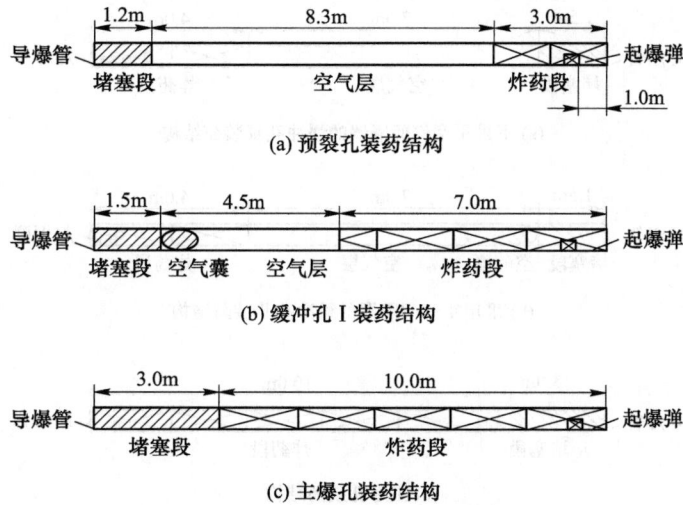

(a) 预裂孔装药结构

(b) 缓冲孔Ⅰ装药结构

(c) 主爆孔装药结构

图 2 预裂爆破试验装药结构

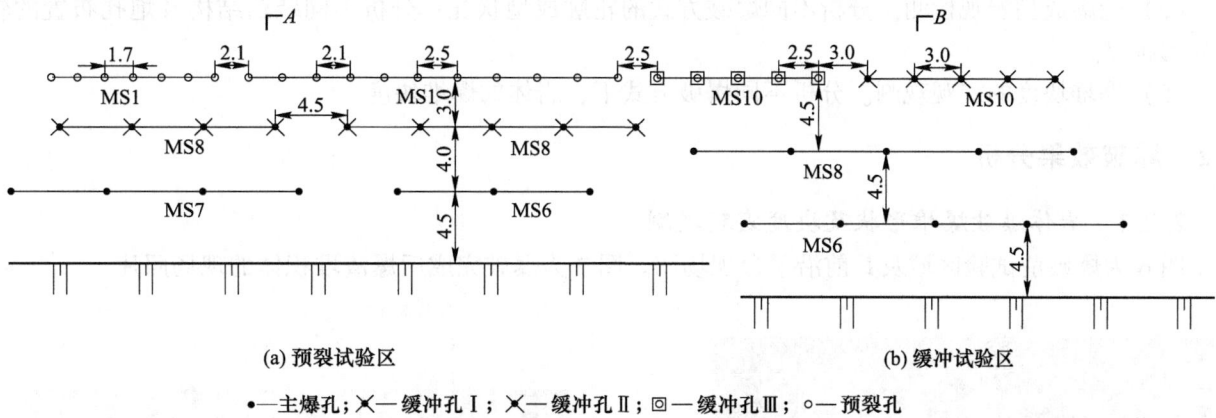

(a) 预裂试验区

(b) 缓冲试验区

●—主爆孔；✕—缓冲孔Ⅰ；✕—缓冲孔Ⅱ；◉—缓冲孔Ⅲ；○—预裂孔

图 3 爆破试验炮孔布置（单位：m）

作为堵塞物；Ⅱ型缓冲孔采用空气囊（空气间隔器），上部堵塞段采用常规的炮泥。主爆孔间距 6.0m，抵抗线 4.5m，采用耦合装药，堵塞长度 3.0m。空气间隔装药缓冲爆破起爆网路及炮孔装药结构如图 3 和图 5 所示，爆破参数见表 1。

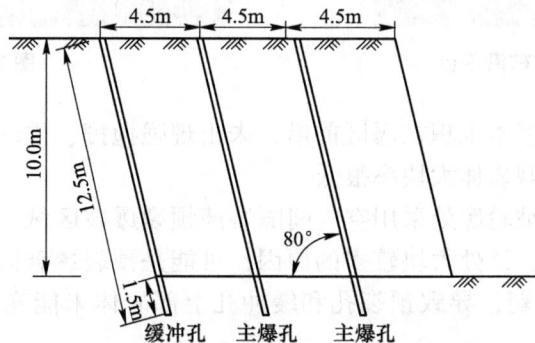

图 4 缓冲爆破试验区炮孔布置横剖面

2.1.3 岩体损伤、轮廓成型与爆堆块度的宏观观测

岩体损伤、轮廓成型与爆堆块度的宏观观测如下。

（1）岩体损伤宏观检测。分析爆破后轮廓面上爆生裂隙的分布规律；分析残留炮孔壁上爆生裂隙的分布规律。

(a) 不采用空气间隔器的缓冲孔Ⅲ装药结构

(b) 采用空气间隔器的缓冲孔Ⅱ装药结构

(c) 主爆孔装药结构

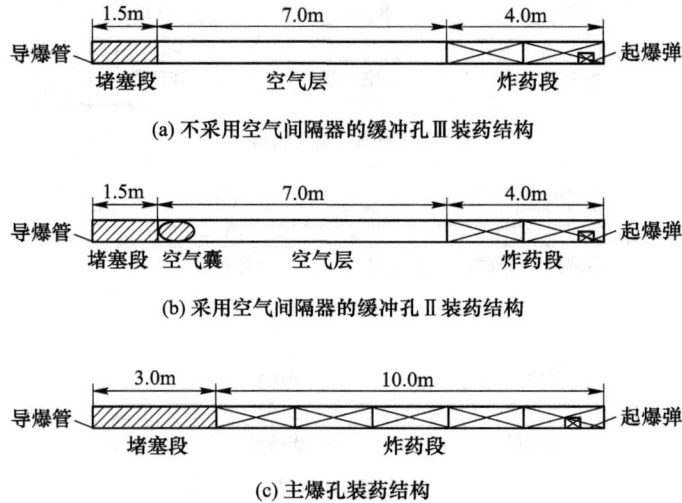

图5 缓冲爆破试验装药结构

（2）轮廓成型宏观检测。分析不同爆破方式的轮廓成型状况；分析不同装药结构及炮孔布置的轮廓成型状况。

（3）爆堆块度的宏观观测。分析不同爆破方式下，岩体的爆堆块度。

2.2 爆破效果分析

2.2.1 岩体爆破爆堆形状及块度宏观观测

图6为爆破前试验区域及其前沿平台现场图。图7为爆破完成后爆渣堆积体的现场照片。

图6 爆破前试验区域及其前沿平台

图7 爆堆总体

从照片中可以看出，爆渣基本堆积在爆区前沿，未出现强抛掷、推动现象。爆渣块度分布较为均匀，表面岩体的大块极少，表观岩体大块率很低。

实际出渣过程中发现，边坡轮廓处采用空气间隔装药预裂爆破区域，大块岩体较边坡轮廓处采用缓冲爆破的多，通过分析发现，该处大块较多的原因，可能是预裂爆破区前排设置了缓冲孔，预裂孔和缓冲孔均是采用空气间隔装药，导致预裂孔和缓冲孔上部岩体未能充分破碎，从而产生了较多的大块。

2.2.2 岩体轮廓面成型分析

爆破完成后，总体形成了平整的轮廓面，图8、图9给出了爆后2个部位的轮廓面现场照片。

本次爆破试验受岩体结构面的影响较大，尤其是缓冲爆破试验区，开挖后的轮廓面基本沿岩体结构面形成，因此较难判断缓冲爆破试验的轮廓成型效果。在预裂爆破区，由于试验区域跨过一段较为破碎的岩体段，该区段难以发现残存的半孔，但在岩性较好的试验段，岩体的半孔率较高。尤其是孔间）距为2.5m(18倍孔半径）的空气间隔装药预裂爆破试验段，如图8所示，轮廓的平整度较好，半

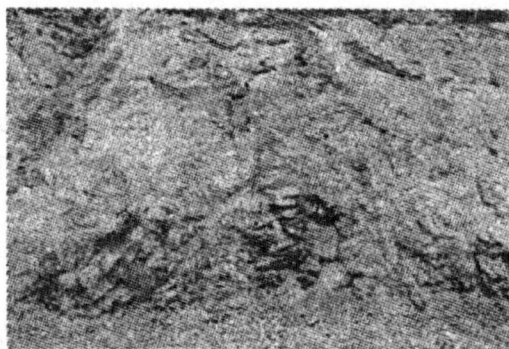

图 8　空气间隔预裂爆破孔间距 2.5m 处轮廓面

图 9　缓冲孔的轮廓成型效果

孔率较高（说明对周边岩体的破坏程度小）。试验结果表明，在岩性较好的开挖段，采用较大的孔间距，仍可取得较好的效果，但是轮廓的成型效果受岩体岩性、结构面及钻孔质量影响较大。

2.2.3　岩体损伤破坏宏观观测

图 10~图 12 给出了爆破完成后，开挖轮廓面附近保留岩体的宏观损伤破坏照片。

图 10　后台阶损伤破坏

图 11　不同试验段损伤破坏

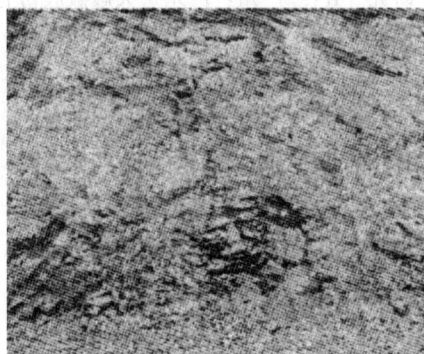

(a) 预裂爆破试验装药段开挖轮廓

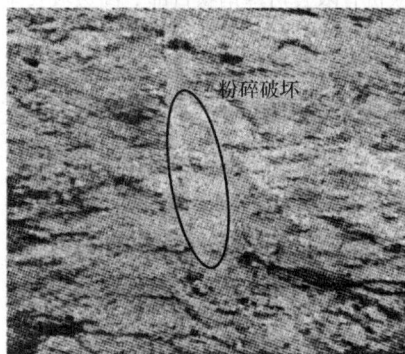

(b) 炮孔装药段岩体的粉碎破坏

图 12　预裂爆破段损伤破坏特性

由图 10 可知，爆破过程中，爆炸荷载对后台阶上部岩体有较强的抬动、拉裂作用。由图 11 和图 12 可知，岩体爆后保留岩体表层分布有不同密集程度的爆生裂隙，这些裂隙以张开拉裂为主要特征，分布无明显规律，在地质条件较好，岩体均一性较强的区域裂纹密度较低，而在地质条件较差的区域，不但裂纹密度大，而且伴随有岩体破碎的特征。其中装药段的保留岩体较未装药段岩体的裂隙明显增大，装药部位炮孔壁岩体被明显粉碎。

3 结论

本文得出结论如下。

（1）爆渣基本堆积在爆区前沿，未出现强抛掷、推动现象。爆堆表面爆渣块度分布较为均匀，大块极少，大块率很低。边坡轮廓处采用空气间隔装药预裂爆破区域，大块岩体较边坡轮廓处采用缓冲爆破多的原因，可能是预裂爆破区前排设置了缓冲孔，预裂孔和缓冲孔均是采用空气间隔装药，导致预裂孔和缓冲孔上部岩体未能充分破碎，从而产生了较多的大块。因此，为降低大块率，空气间隔装药预裂爆破前排应避免使用空气间隔缓冲爆破技术。

（2）爆破试验受岩体岩性及结构面的影响较大，尤其是缓冲爆破试验区，开挖后的轮廓面基本沿岩体结构面形成，较难判断缓冲爆破试验的轮廓成型效果。在岩性较好的开挖段，空气间隔装药预裂爆破采用较大的孔间距（2.5m，18倍孔半径），可取得较好的效果。

（3）爆破过程中，爆炸荷载对后台阶上部岩体有较强的抬动、拉裂作用。岩体爆后保留岩体表层分布有不同密集程度的爆生裂隙，这些裂隙以张开拉裂为主要特征，分布无明显规律，在地质条件较好，岩体均一性较强的区域裂纹密度较低，而在地质条件较差的区域，不但裂纹密度大，而且伴随有岩体破碎的特征。其中装药段的保留岩体较未装药段岩体的裂隙明显增大，装药部位炮孔壁岩体被明显粉碎。

参 考 文 献

[1] 唐海，李海波，周青春，等．预裂爆破震动效应试验研究 [J]．岩石力学与工程学报，2010，29(11)：2277-2284.

[2] 杨风威，李海波，刘亚群，等．台阶与预裂爆破岩体振动特征的对比研究 [J]．煤炭学报，2012，37(8)：1285-1291.

[3] 丁小华，李克民，任占营，等．露天矿高台阶预裂爆破技术的发展及应用 [J]．矿业研究与开发，2011，31(2)：94-97.

[4] 张袁娟，黄金香，袁红．缓冲爆破减震效应研究 [J]．岩石力学与工程学报，2011，30(5)：967-973.

[5] 葛虎胜，薛兴伟，冯会强．预裂-缓冲爆破在雷门沟钼矿露天开采中的应用 [J]．采矿技术，2008，8(6)：72，75.

[6] 广东宏大爆破股份有限公司舞钢项目部．高边坡安全生产研究 [R]．广州：广东宏大爆破股份有限公司，2011.

复杂条件下多种控制爆破技术的综合应用

王晓帆

（广东宏大爆破股份有限公司，广东 广州，510623）

摘　要：以多种控制爆破技术在某体育训练场地平整爆破中的应用为例，介绍了在复杂条件下，浅孔控制爆破和预裂爆破的参数设计、起爆网路及起爆顺序设计和爆破安全技术措施等问题，供类似工程设计与施工借鉴。

关键词：复杂条件；控制爆破；爆破参数；爆破震动

Comprehensive Application of Multiple Controlled Blasting Techniques Under Complex Conditions

Wang Xiaofan

（Guangdong Hongda Blasting Co., Ltd., Guangdong Guangzhou, 510623）

Abstract：Taking the practice of various controlled blasting techniques in the land leveling blasting of a sports training site as an example, the paper introduces the parameter design, initiation network and sequence design and blasting safety measures of the shallow hole controlled blasting and pre-split blasting under complex conditions, which can be used as a reference for the design and construction of similar projects.

Keywords：complex conditions; controlled blasting; blasting parameters; blasting vibration

1　工程概况

某海边有一体育训练设施现场场坪需按设计要求爆破开挖到位，需开挖石方约 15.4 万 m^3（其中爆破方量 7.2 万 m^3，浮渣方量 3.88 万 m^3），回填石方约 3.5 万 m^3，剩余 11.9 万 m^3（松方）。土石方清运至指定位置（运距 2km 以内），工期 2 个月。

该区域地形起伏变化大，基岩一般直接出露，局部有小于 1m 的覆盖层。

岩性主要以安山岩为主，局部为安山质角砾岩、安山质泥灰岩、属安山岩岩相变化。颜色以淡紫红色为主，间有灰色、灰绿色、灰黄色。坚硬~较坚硬，块状~碎块状结构，局部层状结构，层理间距 10~20cm，层理部分裂开，大多紧密。裂隙较发育，一般 2~3 组，局部可见气孔、杏仁状构造。该区岩石以中等风化为主，局部强风化，强风化厚 1~2m。岩石单轴抗压强度 R_c 在 73.07~155.54MPa，饱和单轴抗压强度 R_b 在 33.08~120.56MPa，弹性模量 E 在 27.94~54.50GPa。

2　爆破环境

该体育训练设施现场场地平整，爆破施工环境极为复杂，场地周围全为要保护的建筑物和设施。东侧约 10m 为码头道路，道路直通港口码头，道路边上安装有路灯，路旁地下有各种管线；北侧约 7m

为一号道路，道路边上安装有路灯，路旁地下有各种管线；西侧 10m 为规划中的码头后方道路，道路边上已建成地下输油管道；南侧为规划中的驻泊区东西向道路，路边已建成 2 栋房屋，且码头上停放着各种大小船只。爆破施工作业时要防止爆破飞石对房屋和路灯以及船舶的损坏，也要降低爆破震动对地下各种管线及码头的影响，确保码头设施的绝对安全。目前，场地内正进行护岸建设，施工单位多，施工道路交叉多，施工现场人员设备多，车辆流量大、交通状况复杂。

3 爆破方案

对于体育训练场地的开挖区域，采用小孔径和密孔距的控制爆破方法施工，来控制爆破飞石和降低爆破震动对附近建筑物的影响。为了保证工程的进度，钻孔的孔径选择 $\phi 40 \sim 76mm$，离保护体比较近时，采用 $\phi 40mm$ 的孔径，开挖深度小于 1m；离保护体远的区域，采用 $\phi 76mm$ 孔径，开挖深度 $1 \sim 4m$。对于一些有轮廓要求的沟槽，基坑等则采用预裂爆破技术控制边坡，确保边界平整。

4 爆破设计

4.1 主体爆区爆破设计

爆破参数的确定主要依据岩体的性质、爆破区域周边环境、钻孔机械、炸药种类等。如遇特殊地质构造等情况应适当调整爆破参数。

为了满足粒径要求，降低大块率，同时满足爆破、挖装效率的最优化，主爆破区域钻孔直径选择 $\phi = 76mm$。

（1）基本条件：平整场地高度 $1 \sim 4m$，小于 4m 的区域，施工台阶高度将根据开挖台阶高度来确定，大于 4m 的区域，进行分层爆破开挖。台阶高度按 4m 设计，钻垂直孔，采用梅花形布置，炸药选用乳化炸药。

（2）爆破参数。爆破参数见表 1。

表 1　不同台阶高度控制爆破参数

台阶高度/m	钻孔超深/m	总孔深/m	堵塞长度/m	排距/m	孔距/m	单孔装药量/kg	平均单耗/kg·m⁻³
1.0	0.4	1.4	1.2	1.0	1.5	0.6	0.40
1.5	0.5	2.0	1.7	1.3	1.8	1.4	0.40
2.0	0.6	2.6	2.0	1.5	2.0	2.4	0.40
2.5	0.7	3.2	2.2	1.8	2.3	4.1	0.40
3.0	0.8	3.8	2.4	2.1	2.5	6.3	0.40
3.5	1.0	4.5	2.5	2.3	2.8	9.0	0.40
4.0	1.2	5.2	2.5	2.5	3.0	12.15	0.41

注：钻孔直径 $d = 76mm$。

4.2 小孔径浅孔控制爆破

小孔径浅孔控制爆破主要用于体育训练设施场地平整南侧区域超高（$0.3 \sim 1.0m$）部位的底板平整。由于该部位紧靠码头和南侧房屋，为了降低爆破对码头及房屋的影响，必须对爆破药量进行严格控制，对爆破作业安全有更高的要求。控制范围应该包括爆破振动、爆破飞石（进行覆盖防护）、爆破冲击波等。

控制爆破部位采用 YT-24 或 7655 型手风钻穿孔，炮孔直径选用 $d = 40mm$，其爆破参数确定如下。

（1）抵抗线 W

$$W = (20 \sim 45)d \tag{1}$$

对于浅孔爆破，由于炮孔直径 d 较小，一般取 $W = 25d$，则：$W = 25 \times 0.04 = 1.0m$。

（2）炮孔长度 L 和超深 Δh（H 为孔深）

$$L = H + \Delta h \tag{2}$$

$$\Delta h = 0.25W = 0.25\text{m}$$

（3）最小炮孔堵塞长度 h_0

$$h_0 = 1.25W = 1.25\text{m}$$

（4）炮孔间距 a

$$a = m_1 W \tag{3}$$

式中，m_1 为炮孔密集系数，一般取 $m_1 = 1$，则：

$$a = 1 \times 1 = 1.0\text{m}$$

（5）炮孔排距 b

$$a = m_2 b \tag{4}$$

式中，m_2 为排间炮孔密集系数，一般取 $m_2 = 1.15$，则：

$$b = 0.80\text{m}$$

（6）炸药单耗 q

浅孔控制爆破炸药单耗较低，一般 $q = 0.4\text{kg/m}^3$。

不同台阶高度浅孔控制爆破参数见表 2。

表 2　不同台阶高度爆破参数

台阶高度/m	钻孔超深/m	总孔深/m	堵塞长度/m	排距/m	孔距/m	单孔装药量/kg	平均单耗/kg·m⁻³
0.3	0.3	0.6	0.55	0.5	0.6	0.05	
0.5	0.3	0.8	0.7	0.6	0.7	0.1	0.40
0.7	0.3	1.0	0.8	0.7	0.9	0.2	
1.0	0.4	1.4	1.1	0.8	1.0	0.3	

注：钻孔直径 $d = 40\text{mm}$。

4.3　预裂爆破

根据施工图纸要求，体育训练设施场地内还有各种规格的基坑及边坡必须采用预裂爆破。预裂爆破是在主炮孔爆破之前起爆布置在开挖边线的 1 排预裂孔，爆破的结果是相邻孔之间形成裂缝，整个预裂孔的布孔平面形成 1 个断裂面，以减弱主爆区爆破时地震波向边坡岩体的传播并阻断向边坡外发展的裂缝。主爆孔爆破后，沿预裂面形成一个超挖很少或没有超挖的光滑边坡。

4.3.1　爆破参数

爆破参数如下。

（1）炮孔间距：对 $\phi76\text{mm}$ 的炮孔，结合现场情况，炮孔间距取 $0.6 \sim 0.9\text{m}$ 能取得最佳效果，设计孔间距取 0.6m。

（2）线装药密度 $Q_{\text{线}}$：本工程按类似负挖工程经验，选 $Q_{\text{线}} = 0.45\text{kg/m}$。

（3）不耦合系数：预裂爆破采用不耦合装药结构，本工程预裂爆破钻孔直径为 76mm，药卷直径为 32mm。不耦合系数为 $76/32 = 2.375$。

（4）堵塞长度：堵塞长度按 $L_1 = 1.0\text{m}$ 计，用黄泥堵塞。

（5）钻孔角度：钻孔时按设计实际坡度进行操作。

4.3.2　装药结构

不耦合装药结构，将直径为 32mm 的小药卷捆绑在竹片上放入炮孔中，药卷之间用导爆索串起来，孔底装药要加强（加两卷标准药卷）。

4.3.3　起爆方法

采用导爆索起爆法，同排预裂孔必须在主炮孔起爆前同段起爆，造成爆轰波应力场及高压气体准静态应立场的叠加，形成裂缝。凡裸露导爆索全部用沙包覆盖。

4.3.4 拐角的处理

本负挖工程边线拐角多，故常出现图1(a)所示的阳角，在四边形坑中往往又常遇到如图1(b)所示的阴角，统称为拐角。这种拐角成型很困难，爆破后往往按图中虚线成型，出现超、欠挖，甚至使保留岩体不稳定。为此，采取以下方法防止超欠挖和保留岩体失稳。

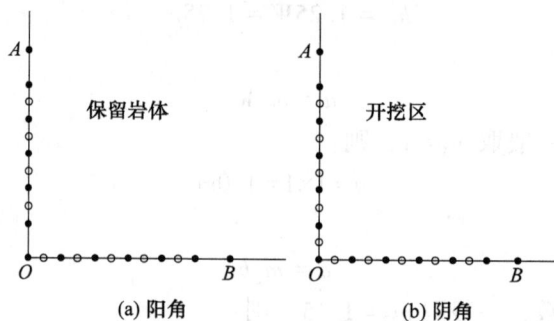

图1 拐角的龟裂处理法
○—装药孔；●—空孔

为防止爆破 A_O 面对 B_O 面 O 点附近产生破坏使得 B_O 面在 O 点附近无法成孔而影响预裂质量，在施工 A_O 面时，必须在 B_O 面上少量钻几个孔与 A_O 面同时点火，分段起爆。为使预裂爆破能沿设计的轮廓线充分成缝，利用相邻2孔越接近，应力集中现象越明显的空孔效应原理，在正常预裂孔距不变的情况下，间隔钻5个比装药孔浅一半的空孔作导向，用龟裂的方法使之成型。

4.3.5 预裂缝的超长

为了保证保留岩体的轮廓面的完整，应避免主爆孔爆破对保留岩面的强力冲击，故此，预裂面必须超出主爆孔布孔范围，此超出部分即预裂缝的超长。

预裂缝的超长亦即预裂孔的水平布置超出最后1排主爆孔的水平布置长度。一般取 $b = (50 \sim 100)d$，在宽度较小台阶施工时，为减少前一炮次预裂缝超长给后一炮次穿孔施工带来的难度。较宽的台阶施工时可根据情况适当取大值。一般情况下预裂孔每端要比爆破孔超长5~7个孔。

4.4 爆破网路

本工程采用非电复式导爆管起爆网络，导爆管与导爆管之间用四通连接件相连，外接塑料导爆管用击发枪进行起爆。为保证孔内炸药可靠起爆及稳定爆轰，每个炮孔放两发起爆雷管。

本期工程的台阶爆破采用梅花形布孔，根据爆破区域的环境不同，爆破的规模和网路连接方式也不一样。在离保护体较远的主爆区，形成了良好作业条件的工作台阶，采用大角度V型起爆网络。利用大角度V型起爆，相当于宽孔距爆破，是改善爆破质量、控制大块率的有效技术措施，同时可改善尖顶位置的炮孔的夹制状态和易产生大块根底的缺点。在保护设施附近的小孔径浅孔控制爆破，需要减小爆破规模，采用逐孔起爆顺序。逐孔起爆网路孔内毫秒雷管一般为 ms9~12 段，孔间毫秒雷管一般为 ms2 段，排间毫秒雷管一般为 ms3 段。

5 爆破安全

5.1 爆破飞石的控制

本次爆破环境都比较复杂，尤其是体育训练设施场地周边都有建筑物要保护，为防止飞石损坏一号路、驻泊路的路灯和南侧房屋，爆破作业施工期间采取如下防护措施。

对浅孔控制爆破，在被爆岩体上方覆盖防护材料。网络连接完毕后，组织覆盖防护，堵塞前将覆盖炮孔的沙袋置于炮孔边，把覆盖钢板运至爆区附近，爆破网络连接好后，按设计要求进行防护，防护操作时注意保护好爆破网络的完好性，若出现网络损伤必须及时告知爆破技术人员进行修复、重新连接损伤处。爆破时，在爆破区域内炮孔口压沙袋、盖钢板、再压沙袋进行直接防护。爆区防护做法如图2所示。

5.2 爆破震动的控制

本爆破区域离地下油管、地下输水管较近，为了避免或减少震动对油管的破坏性，就必须找出控制爆破地震强度的措施和确定出爆破地震的安全距离。

（1）控制最大单响起爆装药量，以降低爆破的瞬间能量过大带来的地震效应。可根据最大单响起爆安全装药量经验公式来计算控制。

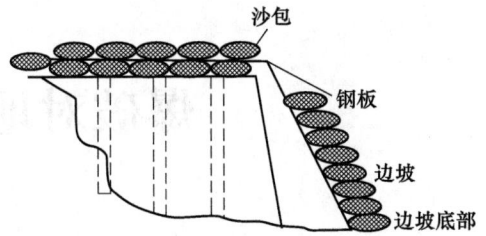

图2 爆破飞石防护示意

$$Q_{安} = \left[R(v/k)1/\alpha \right]^3 \tag{5}$$

式中，$Q_{安}$ 为最大一段安全装药量，kg；R 为爆区距被保护体间的距离，m；本工程要求保护的重点是输油管、电缆线、供水线及附近房屋等设施；v 为安全上允许的振动速度，取 2cm/s；k 为与爆破场地有关的系数；α 为与地质条件有关的系数。其中，k、α 值根据类似爆破试验数据取：$k = 180$，$\alpha = 1.75$。经计算，允许同段药量见表3。爆破时要参照本表，严格控制药量。由表3可知，爆破区域距离保护对象10m时，单响药量只有0.44kg，实际爆破时，采用分台阶（1m）小孔径和逐孔起爆技术，单响装药可控制在计算值范围以内，即可确保输油管等建筑物不受爆破振动破坏，逐孔起爆爆破设计药量满足安全要求。施工过程中接近地下油管、电缆、供水管和建筑物范围时对爆破地震波进行检测，掌握爆破地震波影响范围。

表3 最大一段起爆药量控制

距离/m	药量/kg	距离/m	药量/kg	距离/m	药量/kg
10	0.44	60	96.55	110	594.96
20	3.58	70	153.32	120	772.42
30	12.07	80	228.86	130	982.06
40	28.61	90	325.86	140	1226.57
50	55.88	100	447.00	150	1508.63

（2）在开挖区域与保留区域（管线）之间，使用潜孔钻钻1排密集空孔作为减震孔，降低爆破振动速度。

6 结语

（1）本次工程的爆破量不大，但爆破环境非常复杂，采用不同的炮孔直径、不同的爆破方式安排施工，既保证了工程进度，又保证了爆破的安全。

（2）如果经济和工期条件允许，为了更加安全可靠，在地下输油管道等重要设施附近，可以采用静态膨胀剂施工法（静力爆破），做到无声、无飞石、无振动开挖。

参 考 文 献

[1] 刘殿中. 工程爆破实用手册 [M]. 北京：冶金工业出版社，2003.

[2] 陈彬，杜汉青，安萍. 复杂条件下的地下厂房岩壁梁岩台开挖爆破实践 [J]. 爆破，2006，23(2)：38-52.

[3] 朱忠节，何广沂. 岩石爆破新技术 [M]. 北京：中国铁道出版社，1986.

[4] 张正宇，等. 中国爆破新技术 [M]. 北京：冶金工业出版社，2004.

[5] 郑炳旭，王永庆，魏晓林. 城镇石方爆破 [M]. 北京：冶金工业出版社，2004.

爆破对地下采场的影响度分析

贺顺吉　王晓帆

（广东宏大爆破股份有限公司，广东 广州，510623）

摘　要：地下采矿的爆破震动对采场围岩的稳定性会产生很大的影响，使岩石的力学性能劣化，造成岩石的强度和弹性模量降低，还会在围岩内产生裂纹，使围岩中原有裂纹扩展，影响岩体的完整性。从爆破对岩体损伤的评价方法、损伤程度的分布规律方面来探讨，进行爆破对采场岩体影响度的分析。

关键词：爆破；地下采场；影响度；分析

Impact Analysis of Blasting on the Underground Stope

He Shunji　Wang Xiaofan

（Guangdong Hongda Blasting Co., Ltd., Guangdong Guangzhou，510623）

Abstract：Blasting vibration in the underground mining has a great influence on the stability of surrounding rock. It degrades the mechanical properties of rock, reducing its strength and elastic modulus, and affects the integrity of rock mass by producing cracks and expands the original cracks in the surrounding rock. This paper discusses the evaluation method of blasting damage to rock mass and the distribution law of damage degree, and analyzes the impact degree of blasting on stope rock mass.

Keywords：blasting；underground stope；degree of impact；analysis

随着我国国民经济发展对资源日益增长的需求，地下开采的比重日益增大。地下采场大多采用爆破方法进行开采，频繁的爆破会对采场的稳定性造成很大影响，其对采场岩体稳定性的影响主要体现在两方面：一是使岩石的力学性能劣化，造成岩石的强度和弹性模量降低；二是在围岩内产生裂纹或使围岩中原有裂纹扩展等，从而影响岩体的完整性。以上两个方面都将降低岩体基本质量指标值，从而影响采场岩体的稳定性。本文拟在如何准确评价爆破对采场岩体的破坏程度这个方面作出一点尝试。

1　爆破损伤的评价方法

岩石爆破损伤问题的研究国内外已有不少研究成果。国外的 Grady 与 Kipp 应用应变率敏感的损伤理论，提出了冲击作用下的连续损伤模型，对油母页岩的爆破断裂进行了预测。Kusmaul 提出了在动力荷载作用下岩石变形的本构模型；R. Yang 也提出了爆破损伤的本构模型，可以估算爆破区的裂纹分布情况。国内的许多学者也研究了岩石爆破的机理和损伤模型，可对爆破区的大小和块度分布进行大致评估。这些研究都主要针对爆破范围内岩石的破裂和块度分布情况，而对受爆破作用后的巷道围岩的损伤特性分析并不适用。

按照损伤力学的观点，岩石作为一种脆性损伤材料存在着大量的微裂隙、微裂纹等缺陷，爆破对岩体破坏和损伤的过程是由于在爆破载荷作用下岩石内部大量微裂纹的成核、长大和贯穿，导致岩石宏观力学性能的劣化，乃至最终失效或破坏的一个连续损伤演化积累过程。其损伤机制可归结为岩石内部微裂纹的动态演化。因此，采用损伤力学的方法来研究岩石爆破机理和爆破影响岩体的力学特性是目前该问题研究的主要手段和方向。

1977 年法国学者 Lemaitre 和 Chaboche 等人利用连续介质力学方法，根据不可逆过程热力学原理，建立起"损伤力学"这门新科学。他们认为，随着损伤的发展，材料内部逐渐出现微观裂纹，使有效面积相应地减小，而真正作用在有效作用面上的应力则相应地增加，表达式为：

$$\sigma' = \frac{\sigma}{1 - D} \tag{1}$$

式中，σ' 为有效应力；σ 为名义应力；D 为损伤因子，$D = 1 - \varphi$，φ 为实际作用面积与名义作用面积之比。

1963 年苏联学者 Rabotnov 提出的"损伤因子"，是损伤力学中的重要参量，损伤力学发展至今，已形成了 10 余种损伤因子测量方法。但近年来对冲击载荷作用下，岩石损伤过程的波速衰减规律的研究，使细观破坏的特征测量分析与岩石损伤演化过程联系起来，开辟了用声学参量表达损伤程度的研究途径。由于损伤裂纹的存在和发展会引起应力波波速的衰减，所以应力波波速衰减系数和损伤参量之间存在着某种对应关系。这为用声波参数参与构造损伤模型提供了理论依据。

Rabin 和 Ahrensi 采用如下损伤参量表达式：

$$D = 1 - (C_1 - C_0)^2 \tag{2}$$

式中，C_0 为岩石损伤前的波速；C_1 为岩石损伤后的波速。

由于 $(C_1/C_0)^2$ 是受载损伤前后岩石弹性模量之比，所以 D 表达的也是岩石弹性模量的变化。

即：

$$D = 1 - E_1/E_0 \tag{3}$$

式中，E_0 为爆破前岩体的弹性模量；E_1 为含裂纹岩体的宏观等效弹性模量（爆破后的等效弹性模量）。

如果由试验模量得到了岩石的应力-应变曲线，损伤变量可表示为以下形式：

$$D = \left(\frac{\varepsilon}{\varepsilon_s}\right)^n \tag{4}$$

根据文献的应变等效假定，可得到考虑损伤的岩石单轴本构关系式为：

$$\sigma = E(1 - D)\varepsilon = E\left[1 - \left(\frac{\varepsilon}{\varepsilon_s}\right)^n\right]\varepsilon \tag{5}$$

式中，ε_s 为材料常数；n 为指数，是表征材料脆性的特性参数，n 值越大反映材料越脆。

ε_s 和 n 可由材料的单轴压缩应力-应变曲线的峰值点 $P(\sigma_p, \varepsilon_p)$ 条件 $d\sigma/d\varepsilon/p = 0$ 求得：

$$\varepsilon_s = \varepsilon_p \sqrt[n]{n + 1} \qquad n = \frac{\sigma_p}{E\varepsilon_p - \sigma_p} \tag{6}$$

根据以上模型对爆破损伤岩石的实际曲线进行参数计算，然后根据细观损伤模型拟合作出合应力-应变曲线，可以比较模型的理论曲线与实际曲线的一致性。

2　爆破损伤程度分布规律的研究

关于爆破损伤的范围和程度及其损伤分布规律，中国矿业大学的高全臣等人做过很有价值的研究，其主要思路是根据相似模拟，测试不同岩石试件爆破前与爆破后的声波速度，据此判断岩石的损伤程度。其研究方法如下。

2.1　相似模拟方法

考虑到地下采矿爆破对围岩的损伤，主要是周边孔的爆破作用引起的，设计的围岩损伤试验为边孔爆破。试验模型除选用 30cm×30cm×20cm 的砂岩、石灰岩和花岗岩块外，还制作了材料性能较均匀的水泥砂浆试块，其尺寸为 60cm×50cm×30cm。

每个试验模型上布置一个边孔，装药为 5.0~10g 乳化油，8 号雷管起爆。水泥砂浆试件炮孔距自由面 10cm；岩石试件为 5cm。采用不耦合装药；炮孔直径均为 25mm。

每个试块在爆破前后分别取芯，砂浆试块的芯样直径为50mm；爆破后的芯样在距爆源不同距离处钻取；岩石试件的爆后芯样直径为30mm。对取得的芯样进行切割、打磨处理后，采用压力试验机和超声波检测仪对其屈服强度、破坏强度和声波速度等进行检测和对比分析。

2.2　研究成果

通过对爆破后距炮孔不同位置处芯样的检测数据分析表明，炮孔爆炸的强冲击作用对围岩造成了不同程度的损伤；受损伤岩石的力学行为以及其声波速度与爆破前相比，发生了明显变化。本文主要引述其关于声波速度变化规律方面的成果。测试的结果如表1所示。

表 1　爆破前后部分芯样声波参数检测结果

芯样名称	取样比例 R	声波速度/m·s^{-1}	首波幅度/dB	主频/kHz
砂浆 3	爆前	2849	100.56	51.27
砂浆 3	10	2646	107.00	48.83
石灰岩	爆前	5208	98.69	51.30
石灰岩	10	4817	100.49	39.10
砂岩	爆前	4574	97.93	51.30
砂岩	10	4368	102.40	51.30

由表1中的数据可知，超声波在损伤岩石内的传播速度明显降低，随到爆源的比例距增加，声波速度降低幅度减小。在比例距为10处，水泥砂浆芯样的降低幅度为7.0%~12.0%，韧性强的砂岩仅降低4.5%，石灰岩降低7.5%。波速降低说明爆炸冲击作用使岩石内部的裂纹扩张与数目增加，围岩的密度降低；脆性岩石损伤严重，波速降低幅度较大。

研究结果表明，随比例距增大，声波速度增加。当比例距为40时，声波速度与爆破前接近，说明爆破造成的损伤很小。声波速度沿芯样高度的分布是不均匀的，靠近自由面附近的损伤严重，到爆源的比例距小时损伤较重，因此，爆炸冲击荷载造成的损伤具有非均匀性。由于自由面的反射拉伸作用强，引起的损伤较严重，说明在岩体内部存在层节理面或裂隙时，在其附近的损伤将较严重。

2.3　爆破损伤程度分布规律

根据以上的分析，爆破损伤区域可以分为爆破近区、爆破中区和爆破远区，各区域的损伤程度是不相同的，一般在爆破近区，损伤程度较大，而在爆破中远区，损伤程度减小，特别是爆破比例距在40以外时，爆破对岩体基本上无影响。

3　爆破对采场岩体的影响度分析

由以上的研究可知，爆破对采场岩体的影响主要体现在对临近采空区岩体的影响，且在爆破近区，岩体声波速度降低的比较大，而在远区，其值比较小。为了评价爆破对采场岩体的影响，现用损伤因子来评价爆破的影响度 I_b，计算公式如（2）所示，即：

$$I_b = D = 1 - (C_1/C_0)^2 \tag{7}$$

因此，只要测出采场爆破后岩体的纵波波降率，就可以根据式（7）评价爆破的影响度，从而作出爆破的影响度分析。

4　爆破影响度分析实例

4.1　测点布置

根据采场的现场情况，为了更好地反映爆破对采场岩体的损伤影响，选取了某矿通往7313采场凿岩硐室的巷道作为测试巷道，沿此巷道布置7个测点（见图1），测点间距2m。每测点布置2个测试钻孔，钻孔间距 0.2m，孔深 0.5m，孔径 30mm，钻孔时注意保持钻孔向下微倾斜。

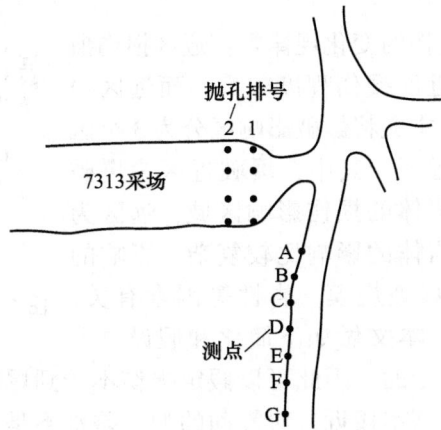

图 1　采场声波测试测点布置

4.2　现场测试

在 7313 采场进行爆破前后，进行岩体声波测试，具体步骤如下：

（1）下井前，记录好当天爆破设计参数。设置好传感器参数和声波测试仪有关参数。

（2）首先测试爆破前的岩体声波速度，测试时，从测点 A 开始，依次测试 B 点、C 点直至 G 点的声波速度，测试完毕后，将数据保存。

（3）在第一天采场爆破完毕之后，于第二天进行第二次声波测试，测试方法同（2）。

4.3　结果整理

测试结果整理见表 2。

表 2　声波测试结果整理

发收点	距离/m	时间/ms	爆前 P 波波速/m·s^{-1}	爆后 P 波波速/m·s^{-1}
A_1–A_2	0.2	0.062	3217	2486
B_1–B_2	0.2	0.072	2783	2415
C_1–C_2	0.2	0.050	4007	3793
D_1–D_2	0.2	0.039	5174	5050
E_1–E_2	0.2	0.053	3800	3720
F_1–F_2	0.2	0.045	4491	4442
G_1–G_2	0.2	0.061	3300	3280

4.4　影响度分析

根据式（7），可计算出各测点受爆破影响的损伤程度，如表 3 所示。

表 3　各测点爆破影响损伤程度

测点	距爆破点距离/m	计算损伤值	测点	距爆破点距离/m	计算损伤值
A	2	0.40	E	10	0.04
B	4	0.25	F	12	0.02
C	6	0.10	G	14	0.01
D	8	0.05			

将上述数据拟合成曲线，可以得出距离爆破点不同位置损伤程度的变化规律，如图 2 所示。

由上图 2 可知，爆破影响区损伤的变化规律是：近区损伤值下降得较快，而远区趋于平缓；近区损伤程度较大，而远区损伤程度较小。观察上述变化规律，本文将爆破影响区分为 3 个区域：爆破近区、爆破中区和爆破远区。其中，爆破近区为爆破时岩石的粉碎区，中区为爆破对岩体的损伤影响区域，远区为无爆破影响的区域。由于爆破对岩体的影响比较复杂，影响的因素不仅与爆破距离有关，还与爆破规模、岩性等因素有关，为了评价爆破对采场的影响程度，本文做如下简化和假设：由

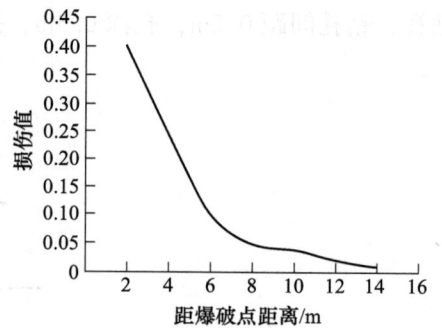

图 2　爆破影响区损伤变化规律拟合曲线

于采场每次爆破的规模基本上是一定的，因此可以假定损伤不受到爆破规模的影响，同样，由于采场岩体虽然有几种岩性，但岩体性质基本接近，对震动的响应差别不是很大，为简化起见，不考虑岩性对爆破损伤的影响。因此，本文只考虑爆破距离对损伤的影响。根据表 2 中的实验数据，利用回归分析，可以得出该采场爆破距离与爆破损伤的函数关系如下：

$$\frac{10}{D + 2.8} = 3.8 - \frac{3}{d + 2.6} \tag{8}$$

即：

$$D = \frac{10}{3.8 - 3/(d + 2.6)} - 2.8 \tag{9}$$

式中，D 为爆破对岩体的损伤值；d 为采场岩体某一部位到爆破点的距离。

欲得出采场爆破对岩体的影响度，本文做这样的规定：爆破粉碎区的影响度为 1，而爆破远区的影响度为 0。由于采场内的矿体在每次爆破中都有相应部分成为爆破粉碎区，因此可以认为在爆破粉碎区与松动区的交界上，爆破影响度为 1。设爆破点距交界面的距离为 d_0，爆破对采场岩体的影响度可用下列公式表示：

$$I_b = \begin{cases} 1 & d \leq d_0 \\ \dfrac{10}{3.8 - 3/(d + 2.6)} - 2.8 & d_0 \leq d \leq 10 \\ 0 & d > 10 \end{cases} \tag{10}$$

由于采场爆破采用的是柱状药包，因此，上述的规律只适用于炮孔的径向。要掌握轴向的规律，则需要明白柱状药包的作用机理。球状药包爆破时，应力波以环状球面波的形式向外传播，同时爆炸气体压力所产生的能量自药包中心沿径向方向呈整体球形均匀放射，这是产生爆破漏斗的根本原因。柱状药包爆破时，与球状药包不同，应力波以柱面波的形式向外传播，同时爆炸气体压力所产生的全部能量绝大部分冲向垂直于炮孔轴线的横向，只有一小部分能量作用于柱状药包的两端。如图 3 所示。

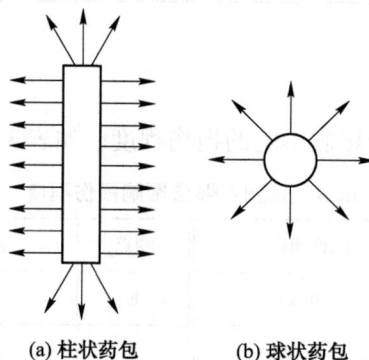

(a) 柱状药包　　(b) 球状药包

图 3　柱状药包与球状药包爆炸气体的做功形式

根据文献可知，端部的影响范围大约为径向影响范围的 1/3，且衰减得很快。因此，本文认为端部的影响范围为 3m，3m 之外，爆破对岩体不产生损伤。由于径向爆破影响严重的范围为 2m 之内，因

此，根据柱状药包的爆破影响规律，可以设定端部影响严重的范围为0.6m，所以，端部影响规律可以对比径向影响规律预测得出，如表4所示。

表4　预测的柱状药包端部爆破影响损伤分布值

距柱状药包端部距离/m	0.6	1.3	2	2.7	3	4
设定损伤值	0.40	0.25	0.10	0.05	0.04	0.02

同样将上述数据进行回归，可将柱状药包端部损伤分布函数设定如下：

$$D = \frac{825}{482 - 192/(d' + 1)} - 1.86 \tag{11}$$

因此，柱状药包端部对采场的影响度可表示如下：

$$I_b = \begin{cases} 1 & d' \leq d_0 \\ D = \dfrac{825}{482 - 192/(d' + 1)} - 1.86 & d_0 \leq d' \leq 3 \\ 0 & d > 3 \end{cases} \tag{12}$$

5　结论

本文在进行爆破损伤分析时，由于现场试验条件的限制，只是研究了在炸药量不变的情况下，爆破对周围岩体的损伤。实际上，爆破对岩体的损伤不仅与爆距有关，还与岩体性质、炸药量以及装药方法有关。因此，研究爆破对岩体损伤的定性和定量规律，对实际工程具有深远的意义。

参 考 文 献

[1] Grady D E, Kipp M L. Continual Modeling of Explosive Fracture in Oil Shale [J]. Int. J. Rock Mech. sei & Geomech. Abstr. 1987, 17：147-157.

[2] Kusmaul J S. A new constitutive model for fragmentation of rock under dynamic loading [C]//2nd Int. Symp. on Rock Fragm. by Blast. 1987：412-424.

[3] Yang R, et al. A new constitutive model for blast damage[J]. Int. J. Rock Mech. Min. Sci. & Geomech. Abstr., 1996, 33 (3)：245-254.

[4] 杨小林，王树仁，王梦恕. 爆破对围岩力学性质和稳定性的影响 [C]//第七届工程爆破学术会议论文集，成都：[出版社不详]，2001：46-52.

[5] Zhang W. Numerical Analysis of Continuum Damage Mechanics[D]. Australia：University of New South Wales, 1992.

[6] 熊先仁. 损伤力学的最新发展 [J]. 江西电力职业技术学院学报，2006，3(1)：1-2.

[7] Ahrens T J, Rubin A M. Impact-Induced Tensional Failure in Rock[J]. J. G. R., 1993, 98(E1)：1185-1203.

[8] 高全臣，翁丽娅，岳德金，等. 巷道围岩的爆破损伤与支护对策研究 [C]//矿山建设工程新进展——2005全国矿山建设学术会议文集（下册）：196-201.

基于声波检测的空气间隔装药预裂爆破损伤特性研究

陈　明[1]　朱洋洋[1]　郑炳旭[2]　宋锦泉[2]　李江国[2]　宁淑元[1]

（1. 武汉大学 水资源与水电工程科学国家重点实验室，湖北 武汉，430072；
2. 广东宏大爆破股份有限公司，广东 广州，510623）

摘　要：采用空气间隔装药预裂爆破技术进行岩体开挖，在提高爆破有效能量利用率的同时，能够取得理想的爆破效果。结合河南省经山寺铁矿上覆岩层剥离进行的空气间隔预裂爆破现场试验，采用声波检测技术，以岩体声波速度降低10%为判据，分析了空气间隔装药预裂爆破对岩体的损伤特性。结果表明，炮孔装药段爆破对岩体的损伤较严重，并有明显的粉碎区，最大深度可达2m左右，空气间隔段的岩体损伤相对较小。岩体的爆破损伤深度与地质条件以及装药结构密切相关。

关键词：空气间隔；预裂爆破；声波检测；损伤特性

Study of Damage Characteristics of Presplitting Blasting with Air-decking Charge base on Sound Wave Tests

Chen Ming[1]　Zhu Yangyang[1]　Zheng Bingxu[2]　Song Jinquan[2]　Li Jiangguo[2]　Ning Shuyuan[1]

（1. State Key Laboratory of Water Resources and Hydropower Engineering Science, Wuhan University, Hubei Wuhan, 430072; 2. Guangdong Hongda Blasting Co., Ltd., Guangdong Guangzhou, 510623）

Abstract：The application of presplitting blasting technique of air-decking charge can both improve the use efficiency of explosion energy and achieve ideal blasting effect in rock mass excavating. Combined with the field blasting test of iron mine overburden stripping in Jingshan temple of Henan province, the damage characteristics under air-decking charge presplitting blasting was studied base on the sound wave tests and the rock damage zone was set as that the average wave speed reduction was more than 10%. The sound waves tests of the rock mass were taken in the air interval zone and the charging zone respectively. Results show that the rock mass damage was larger in the charging zone where smash area was obviously found, and the maximum depth can reach up to about 2 meters. The damage characteristics of the rock mess were influenced deeply by the geological conditions and the charging structure.

Keywords：air-decking charge; presplitting blasting; sound wave test; damage characteristics

现代矿山的开采过程中，采用空气间隔装药爆破技术，可以有效克服连续装药爆破带来的弊端，不仅提高了炸药的有效利用率，而且控制了爆破危害，降低了开挖成本[1]。将空气间隔装药引入到矿山开挖的预裂爆破中，能够形成更加理想的爆破开挖轮廓面，为矿山能够安全、高效、经济地生产提供了新型的爆破开挖方法。

将空气间隔装药应用到预裂爆破中，国内外学者都有一定的研究。Fourney、D S Preece、Pal Roy P 等国外学者在实验室内针对空气间隔装药的破坏机理、空气间隔方式等方面进行了深入的研究[2-4]。在实验室内试验的同时，也有专家学者将其引入到工程实践中进行现场试验。Monhanty B 首次在矿山开采中引入空气间隔装药的预裂爆破[5]。随后，Chironis 和 Nicholas P 也将空气间隔装药技术运用在矿山开采的预裂爆破中[6,7]。我国对空气间隔装药预裂爆破技术的研究起步较晚，卢文波等人在空气间隔装药在轮廓爆破中的技术应用进行了研究[8]。寇明三等人在竖井口的爆破开挖中对空气间隔预裂爆

原载于《爆破》，2013，30(3)：1-4，42。

破进行了应用研究[9]。朱金福在公路边坡开挖工程中应用了空气间隔装药的预裂爆破技术[10]。由于空气间隔装药的预裂爆破技术应用越来越广泛，其对岩体的损伤特性也得到了更加广泛的关注与探讨。

结合河南省经山寺露天铁矿现场爆破试验，通过分别对空气间隔装药预裂爆破的空气间隔段与装药段保留岩体的声波速度检测，对空气间隔装药预裂爆破对岩体的开挖扰动进行定量分析，从而确定空气间隔装药预裂爆破的部分损伤特性。

1 现场试验

为了定量探讨空气间隔预裂爆破的损伤特性，此次现场试验在位于河南省中部的经山寺露天铁矿矿山进行。钻孔爆破炮孔布置如图 1 所示，梯段高 10m，孔径 140mm，炸药采用现场混装乳化炸药。试验段炮孔有预留孔、缓冲孔及主爆孔。

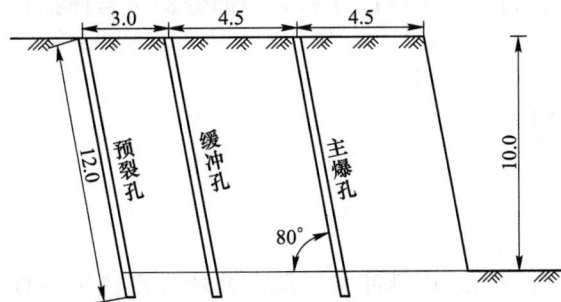

图 1 预裂爆破试验区炮孔布置横剖面图（单位：m）
Fig. 1 Cross section of drilling hole in pre-splitting blasting test side(unit：m)

空气间隔装药预裂爆破孔长约 12m，炮孔倾角 80°，由于不同炮孔间距对岩体损伤程度不同[11]，为了比较不同布孔参数条件下预裂缝的成缝质量，炮孔间距分别取 12 倍、15 倍及 18 倍孔径，距离前排缓冲孔 3.0m，孔底装药，空气层比例约为 75%，堵塞长度 1.2m。

由于该矿山矿体狭小、夹层多、状态复杂，在其赋存地质条件并不理想的情况下，采用空气间隔装药预裂爆破技术，形成了较理想的开挖轮廓面，对保留岩体的损伤呈现以下特点。

从现场观察看，爆破过程中，爆炸荷载对后台阶保留岩体有较强的抬动与拉裂作用，导致爆破后保留岩体的结构面张开发展，如图 2 所示。

图 2 爆破后张开的岩体结构面
Fig. 2 The patulous rock discontinuity structural plane after blasting

同时，岩体爆破后，保留岩体的表层分布有不同密集程度的爆生裂隙，这些裂隙以张开拉裂为主要特征，分布没有明显的规律。在地质条件较好、岩体均一性较强的区域，裂纹密度较低；在地质条件较差的区域，裂纹密度偏大，且伴随有岩体的破碎。其中，装药段的保留岩体裂隙明显更多，且出现了较严重的粉碎区，损伤破坏特征如图 3 所示。

以上通过对空气间隔装药爆破开挖对岩体破坏的宏观层面进行了损伤观测分析，定性地得出了空

图3 爆破后保留岩体损伤破坏特征
Fig. 3 Damage characteristics of remaining rock mass after blasting

气间隔装药爆破开挖的部分损伤特性，现通过分别对两部分保留岩体损伤范围的声波检测试验来进行定量分析。

2 声波速度检测及结果

2.1 检测原理

声波速度检测边坡损伤的原理为：由超声脉冲发射源向介质发射高频弹性脉冲波，并用高精度的接收系统记录该脉冲波在岩体内传播过程中表现的波动特性；当岩体内存在不连续或破损界面时，缺陷面形成波阻抗界面，波到达该界面时，产生波的透射和反射，使接收到的透射波能量明显降低；当岩体内存在松散、裂隙、结构面和孔洞等严重缺陷时，将产生波的散射和绕射；根据波的初至到达时刻、能量衰减特性、频率变化以及波形畸变程度等特征，可获得测区范围内介质的纵波速度 V_p（m/s）和密实度等参数[12]。

由于矿山岩体声波检测损伤评价的相关规范在修订中，本次现场试验声波检测主要依据水电工程中《水工建筑物岩石基础开挖工程施工技术规范》（DL/T 5389—2007）。

2.2 检测方法

本次现场试验采用岳阳奥成科技有限公司生产的 HX-SY02A 型智能型非金属声波仪，换能器为 40kHz 单孔一发双收换能器。在测孔内按 20cm 的间隔进行声波速度检测。爆破后，分别在爆破孔空气间隔段与装药段钻设测试孔，测孔深入到边坡轮廓内约 9m，孔径 90mm，测孔与水平方向成 10° 向下倾角的倾斜，以便检测时注水耦合。根据测试目的，现场数据采集共设置 3 组，每组共两个检测孔，上部声波检测孔位于炮孔的空气间隔段，下部声波检测孔位于炮孔的装药段，每组测孔水平间距约 20m。声波测孔的布置图如图 4~图 6 所示。

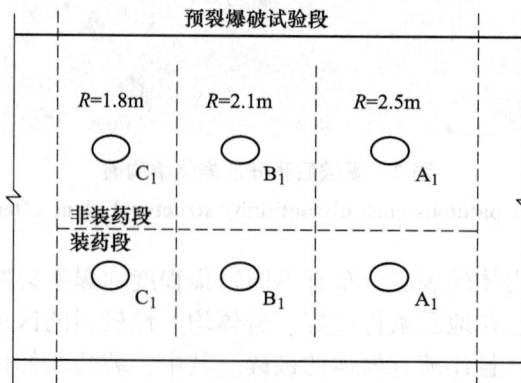

图4 声波测孔布置正视图
Fig. 4 Front view of acoustic detection hole

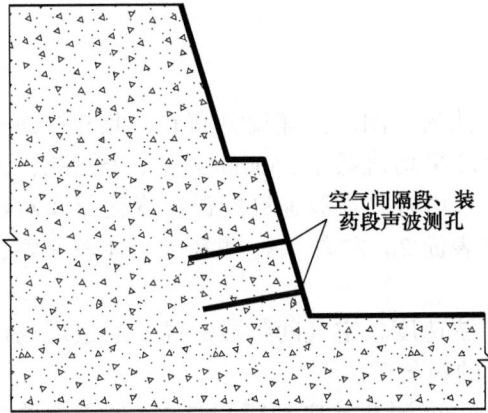

图5　声波测孔布置侧视图

Fig. 5　Side view of acoustic detection hole

图6　声波测孔现场布置图

Fig. 6　Side layout of acoustic detection hole

为确保检测成果的可靠性，声波检测前，对所采用的仪器设备按规范要求进行校验，并对声波仪和换能器系统的零延时进行测定；声波测试过程中，按照0.2m的间隔进行读数；对每一测点应测读两次，取其平均值为读数值；对异常测段和测点，必须读数三次，读数差不宜大于3%，以最接近的两次测值平均值作为读数值。为减小人工判读的误差，分别将两个接收探头设置40倍与80倍增益。

具体声波检测步骤为：按连线图连好设备，设置声波仪参数；将换能器置于检测孔底部，向检测孔注水至钻孔孔口有水流出，关小钻孔注水阀门，保持钻孔孔口有水流出即可；操作声波仪进行检测、读数并记录；向上移动换能器0.2m到下一检测位置；重复上述步骤。

2.3　检测结果

图7(a)~(c)分别给出了预裂爆破试验区对应爆破开挖炮孔空气间隔段与装药段的测孔声波速度随深度方向的分布情况，图中实线为实测岩体声波速度，虚线为所实测声波速度分布的对数趋势图。

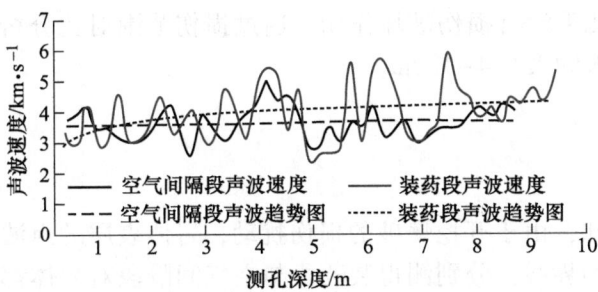

(a) 孔间距为18倍孔径试验段声波检测结果

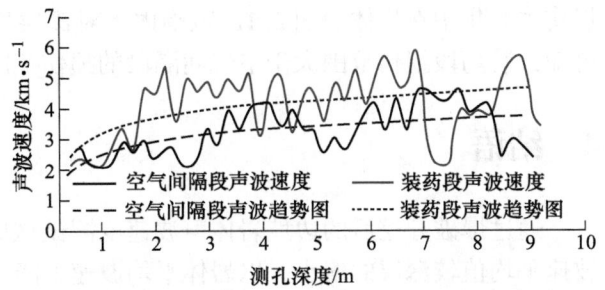

(b) 孔间距为15倍孔径试验段声波检测结果

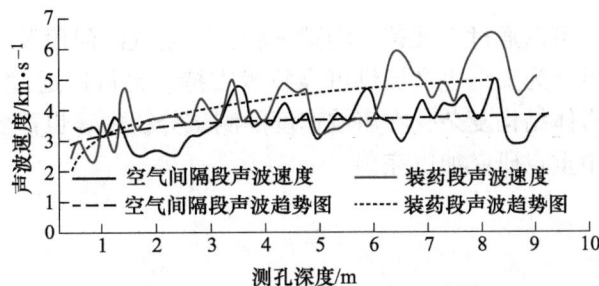

(c) 孔间距为12倍孔径试验段声波检测结果

图7　预裂孔试验段声波检测结果

Fig. 7　Acoustic test results in pre-splitting blasting test side

3 检测结果分析

由于此矿山矿体较狭小且夹层较多，从6个声波检测孔的实测声波速度分布看，此开挖面大部分测点的声波速度分布在3200~4300m/s之间，其中声波速度平均值低于3500m/s有1个测孔，为测孔B_1；其余钻孔的声波速度平均值在3500~4500m/s之间。且由各孔声波速度随深度变化值及对数渐近线趋势可以看出边坡爆破开挖对岩体损伤破坏主要集中在表面2m左右。A_1测孔处岩体较完整，损伤深度不明显。

另外，从图中可以看出，装药段声波测试孔的平均声波速度较空气间隔段的高，通过现场调查与咨询，装药段的岩体更加靠近矿体，可能是含有几个品位的极贫矿。

由于表层岩体受爆破损伤影响，波速整体较深层的低，取测孔孔底到距洞口2m处声波波速平均值衰减10%的幅度范围为损伤区[13]，从6个声波检测孔的实测声波速度分布看，边坡爆破开挖对岩体损伤破坏主要集中在表面2.1m范围内，具体数据见表1。

表1 保留岩体的损伤深度分布

Table 1 Damage depth Distribution of remaining rock mass

检测孔号	A_1	B_1	C_1
损伤深度/m	不明显	1.4	0.9
检测孔号	A_2	B_2	C_2
损伤深度/m	1.2	1.8	2.1

由于检测孔所处的岩体物理力学性质的差异，使得不同检测孔处岩体的损伤扰动区域有较大差异，如炮孔间距为2.5m的预裂爆破试验段（对应检测孔A组所在地），其空气间隔段没有明显的损伤，而在其装药段的损伤深度也较其他炮孔的显著偏小。

空气间隔装药爆破开挖时，空气层的存在导致爆炸作用过程激发产生二次和后续系列加载、卸荷波的作用，延长了爆炸作用时间，降低了应力波峰值压力[1]。从声波速度检测数据来看，布置在空气间隔段A_1-C_1测孔处的岩体损伤深度主要分布在表层岩体0.9~1.4m范围内，而布置在装药段A_2-C_2测孔处的岩体损伤深度主要分布在表层岩体1.2~2.1m范围内。总体上，边坡爆破开挖对剩余岩体的损伤主要集中在岩体表面2.1m范围内，对深层岩体几乎没有损伤破坏作用。通过损伤范围对比分析可知，装药段损伤范围大于空气间隔段的损伤范围，大约大0.4~1.2m。

4 结语

通过爆破开挖后的边坡岩体声波速度测试试验可知，由于开挖爆破的损伤扰动，岩体表层的声波波速平均值较深层的偏小。以岩体平均波速下降10%为界线，分别测得装药段与空气间隔段对岩体都有一定程度的损伤，且装药段相比于空气间隔段的损伤范围更广，波速降低也更明显，对岩体的破坏程度更深。

在爆破开挖的施工中，可以通过声波速度测试试验，对空气间隔段及装药段的损伤做出初步分析，以保证取得最佳的施工效果，为安全生产提供可靠技术支持。也可以通过改变空气段所处位置来满足不同的工程要求，但由于岩体结构复杂，在声波速度的测试分析中，也需要加大对频谱及波幅的分析，这个需要在接下来的工作中重点研究加以完善。

参 考 文 献

[1] 吴亮，朱红兵，卢文波. 空气间隔装药爆破研究现状与探讨 [J]. 工程爆破，2009，15(1)：16-19.

　　Wu Liang, Zhu Hongbing, Lu Wenbo. An overview and discussion of the study on air-decking blasting [J]. Engineering Blasting, 2009, 15(1)：16-19.

［2］ Fourney W L, Barker D B, Holloway D C. Model studies of explosive well stimulation techniques ［J］. International Journal of Rock Mechanics and Mining Sciences & Geomechanics Abstracts, 1981, 18(2): 113-127.

［3］ Preece D S. Development and application of a 3D rock blast computer modeling capability using discrete elements DMC BLAST 3D［C］//Proc 27 Annual Conference on Explosives and Blasting Technique. Orland, Florida USA, 2001(1): 1-18.

［4］ Pal Roy P, Singh R B, Mondal S K. Air-deck blasting in opencast mines using low cost wooden spacers for efficient utilization of explosive energy［J］. Journal of Mines Metals & Fuels, 1995, 43(8): 5-15.

［5］ Mohanty B. Wall control blasts and explosive systems［Z］. C-I-L Technical, 1981.

［6］ Chironis, Nicholas P. Air-shock blasting-smoother blasts for your buck［J］. Coal Age, 1987, 92(11): 48-51.

［7］ Carland Robert M, Biggs Horace Gene, Holland David. Achieving ore-waste separation by dual-fragmentation blasting［C］// Proceedings of the Conference on Explosives and Blasting Technique, 1990: 423-428.

［8］ 卢文波, 舒大强, 朱红兵, 等. 空气间隔装药结构在轮廓爆破中的应用研究 ［C］//中国爆破新技术, 2004: 296-301.
Lu Wenbo, Shu Daqiang, Zhu Hongbing, et al. The application of air-deck charge in contour blasting［C］//China's New Blasting Technology, 2004: 296-301.

［9］ 寇明三, 梁建银. 控制爆破在竖井口的应用 ［J］. 爆破器材, 1992, 30(4): 24-26.
Kou Mingsan, Liang Jianyin. The application of controlled blasting in pit mouth［J］. Demolition Equipments and Materials, 1992, 30(4): 24-26.

［10］ 朱金福. 预裂爆破技术在公路石质路堑开挖中的应用 ［J］. 山西建筑, 2010, 36(9): 275-276.
Zhu Jinfu. The application of pre-splitting blasting technique in rock cutting excavation of highway［J］. Shanxi Architecture, 2010, 36(9): 275-276.

［11］ 程康, 苏微倩, 张桂涛, 等. 空气间隔装药技术周边孔间距对爆破效果的研究 ［J］. 爆破, 2011, 28(4): 15-19.
Cheng Kang, Su Weiqian, Zhang Guitao, et al. Analysis on influence of contour boreholes space with air-decked charge on smooth blasting effect［J］. Blasting, 2011, 28(4): 15-19.

［12］ 程康, 徐学勇, 谢冰. 工程爆破动力学基础 ［M］. 武汉: 武汉理工大学出版社, 2011: 2-34.

［13］ 朱传云, 卢文波. 三峡工程临时船闸与升船机中隔墩爆破安全判据的研究 ［J］. 爆炸与冲击, 1998, 18(4): 375-380.
Zhu Chuanyun, Lu Wenbo. Blasting safety criterion for the rock wall between temporary shiplock and shiplift in three gorges project［J］. Explosion and Shock Waves, 1998, 18(4): 375-380.

模糊综合评判技术在爆破效果评价中的应用

王佩佩

（广东宏大爆破股价有限公司，广东 广州，510623）

摘 要：爆破效果是影响矿山经济效益的重要因素，而爆破效果的模糊性和不可确定性给客观评价带来了一定的困难。通过应用模糊数学方法，将爆破效果定量化，合理地选择爆破参数，从客观上对爆破效果进行了评价，对矿山生产具有一定的指导意义。

关键词：爆破效果；模糊数学；综合评价

Application of Fuzzy Comprehesive Judgement Technique in Blasting Effect Evaluation

Wang Peipei

（Guangdong Hongda Blasting Co., Ltd., Guangdong Guangzhou，510623）

Abstract：The blasting effect is the important factors of mine economic benefits, its vagueness and uncertainty bring certain difficulty to the objective evaluation. This paper evaluated the blasting effect from go up objectively through blasting effect quantitative and reasonable selection of blasting parameters, by using the method of fuzzy mathematics, to evaluate the effect of blasting from the objective, the result has a certain guiding meaning to mine production.

Keywords：the blasting effect；fuzzy mathematics；comprehensive judgment

1 概述

经山寺铁矿矿床属中小型矿体，采用高强度、纵深开挖、合同采矿方式。矿体走向近东西，倾角 $100° \sim 180°$。矿区地势较平坦，标高基本在 $100 \sim 110m$。矿体赋存特点是西高东低，大部分被第四系覆盖，西部较浅，局部出露地表。

采用的爆破参数：台阶高度 $H = 10m$，炮孔倾角 $\beta = 90°$，边坡孔倾角 $\gamma = 70°$，最小抵抗线为 $3m$，孔距 $a = 5m$，超深 $h = 2m$，堵塞长度 $h_0 = 2.8m$。

随着开采台阶的下降，地下水增多、设备相对集中等原因，引起爆破施工中的大块率较高，铲装效率低，一定程度上影响了施工进度。而爆破效果是影响矿山生产的主要因素，是一个定性的参数，要对其进行评价就应该先将其定量化。在本文中我们采用模糊数学的方法将爆破效果定量化，进而对其进行评价，为矿山生产提供参考。

2 模糊综合评判原理[1]

2.1 模糊综合评判数学模型

已知某事物的影响因素有 n 个，构成的因素集记为：$U = (u_1, u_2, \cdots, u_n)$；

原载于《露天采矿技术》，2013(11)：37-39。

V 为该事物的评语集，设该事物可能出现的评语为 m 个，则评语集 $V=(v_1, v_2, \cdots, v_m)$；

设 a_i 是第 i 个因素 u_i 所对应的权重，则对因素的权分配为 U 上的模糊子集，且 $\sum_{i=1}^{n} a_i = 1$，而权分配集 $A=(a_1, a_2, \cdots, a_n)$；

对第 i 个因素的单因素模糊评判为 u_i 上的模糊子集，记为：$R_i = (r_{i1}, r_{i2}, \cdots, r_{im})$；

R_i 是关于因素 u_i 的评语模糊向量，它是对因素 u_i 的一个评价。r_{ij} 表示关于 u_i 具有评语 v_j 的程度 ($i=1, 2, \cdots, n$；$j=1, 2, \cdots, m$)。于是单因素评价矩阵为：

$$R = \begin{vmatrix} r_{11} & r_{12} & r_{13} & \cdots & r_{1m} \\ r_{21} & r_{22} & r_{23} & \cdots & r_{2m} \\ r_{n1} & r_{n2} & r_{n3} & \cdots & r_{nm} \end{vmatrix}$$

则该评判对象的模糊综合评判 B 是 V 上的模糊子集：$B = A \cdot R = (b_1, b_2, \cdots, b_m)$。其中 $B_j = V_{k=1}^{n}(a_k \wedge r_{kj})(j=1, 2, \cdots, m)$。将 B 归一化，即令 $B' = (b_1', b_2', \cdots, b_m')$。

而
$$b_j' = b_j / \sum_{i=1}^{n} b_j (j=1, 2, \cdots, m)$$

根据总体评价 B' 及最大隶属原则，对该事物作决策。要找出多个事物的最优者，可进行下一步：$N = B' \cdot C^T$。这里 $C^T = (c_1, c_2, \cdots, c_m)$ 是对评语集的权重分配。

2.2　评价指标

露天矿生产爆破是由多种因素决定的，具有瞬发性、模糊性和不确定性，这就导致爆破效果也是由多种因素共同决定的。各个指标因素对爆破效果的评价作用是不相同的，因此对于不同的矿山，评价指标的选取也应该有所不同，应该从矿山实际情况出发，考虑其具体条件再做选择。我们在对经山寺铁矿爆破效果进行评价时从实际情况出发，选择大块率、每米崩矿量、爆破搬运效果和炸药单耗 4 项指标为评价指标，相应的评价因素集为：

$U = $（大块率，每米崩矿量，爆破搬运效果，炸药单耗），可表示为：$U = (u_1, u_2, u_3, \cdots, u_n)$

爆破效果评价等级分为 4 个，其评价集为：

$$V = （很好，好，一般，不好），V = (v_1, v_2, v_3, \cdots, v_m)$$

2.3　隶属函数

上述选择的爆破评价指标构成一个模糊集合，可用 [0，1] 区间的数值表示，该数值称为隶属度，隶属度可以用 $u_A(x)$ 表示。

2.3.1　建立效果分级单因素指标

根据矿山爆破的实际经验，对于各指标的等级划分见表1。

表 1　单因素指标分级表

等级	大块率/%		爆破搬运效果/分		炸药单耗/kg·t^{-1}		每米崩矿量/t·m^{-1}	
	范围	均值	范围	均值	范围	均值	范围	均值
很好	<3	3	>90	95	<0.6	0.6	>8	8
好	3~4	3.5	80~90	85	0.6~0.7	0.65	7~8	7.5
一般	4~5	4.5	65~80	73	0.7~0.8	0.75	5.5~7	6.2
不好	>5	5	<65	60	>0.8	0.8	<5.5	5.5

2.3.2　隶属函数确定[2]

（1）大块率隶属函数：矿山企业一般对大块率的要求是在 5% 以下，大多数都能满足要求，控制在 3%~5%。其中，小于 3%，说明很好，高于 5% 则不合适。大块率的隶属函数如下：

$$A(x) = \begin{cases} 1 & x \leq m_i \\ \dfrac{1}{1 + 0.2 \times (100X - m_i)} & x > m_i \end{cases} \tag{1}$$

其中，m_i 为表 1 中各个评价标准对各评价等级的平均值。

（2）每米崩矿量隶属函数：

$$A(x) = \begin{cases} 1 & x \geq m_i \\ \dfrac{x-1}{1+m_i} & 0 < x < m_i \end{cases} \tag{2}$$

（3）爆破搬运效果隶属函数：

$$A(x) = \begin{cases} 1 & x \geq m_i \\ \dfrac{x-10}{10+m_i} & 0 \leq x < m_i \end{cases} \tag{3}$$

（4）炸药单耗隶属函数：

$$A(x) = \begin{cases} 1 & x \leq m_i \\ \dfrac{1}{1+5(x-m_i)} & x > m_i \end{cases} \tag{4}$$

3 爆破效果综合评价

以经山寺露天矿南扩 50 台阶中的任意 10 次爆破数据作为综合评价的数据来源，对所进行的爆破工作进行一个综合性的评价。

3.1 数据选取

在对爆破效果进行评价时，选取经山寺铁矿南扩 50 台阶任意 10 次爆破之后的评价指标计算结果作为样本数据。其中，爆破搬运效果采用专家打分的方法计算，满分为 100 分。详细的爆破评价参数计算结果见表 2。

表 2 爆破评价指标计算结果

试验	爆破效果			
	大块率/%	每米崩矿量/t · m^{-1}	爆破搬运效果/分	炸药单耗/kg · t^{-1}
1	2	7.5	70	0.75
2	15	7.4	60	0.72
3	7	7.1	60	0.82
4	1	7.5	60	0.9
5	7	8	90	0.82
6	10	7.4	70	0.73
7	3	5.9	80	0.79
8	11	7.4	60	0.83
9	4	6.2	70	0.88
10	6	7.6	85	0.86

3.2 计算隶属函数

根据表 1 中所做的效果评分等级，对隶属度作如下规定：

$$\begin{cases} u(A)u \geq 0.9 & \text{很好} \\ 0.9 > u(A)u \geq 0.7 & \text{好} \\ 0.7 > u(A)u \geq 0.5 & \text{一般} \\ u(A)u < 0.5 & \text{不好} \end{cases} \tag{5}$$

根据表中"好"的评价等级取值，将大块率、每米崩矿量、爆破搬运效果和炸药单耗隶属函数中

的 m_i 分别取 3.5、7.5、85、0.65，代入到式（1）~式（4）中，得到的参数隶属函数如下：

（1）大块率隶属函数：

$$A(x) = \begin{cases} 1 & x \leqslant 3.5 \\ \dfrac{1}{1 + 0.2 \times (100X - 3.5)} & x > 3.5 \end{cases} \tag{6}$$

（2）每米崩矿量隶属函数：

$$A(x) = \begin{cases} 1 & x \geqslant 7.5 \\ \dfrac{x - 1}{1 + 7.5} & 0 < x < 7.5 \end{cases} \tag{7}$$

（3）爆破搬运效果隶属函数：

$$A(x) = \begin{cases} 1 & x \geqslant 85 \\ \dfrac{x - 10}{10 + 85} & 0 \leqslant x < 85 \end{cases} \tag{8}$$

（4）炸药单耗隶属函数：

$$A(x) = \begin{cases} 1 & x \leqslant 0.65 \\ \dfrac{1}{1 + 5(x - 0.65)} & x > 0.65 \end{cases} \tag{9}$$

3.3 计算指标隶属度

将表 2 中 10 次爆破之后的评价指标计算结果分别代入到式（6）~式（9）中，计算各个评价指标的隶属度。计算的指标隶属度结果如表 3 所示。

表 3 指标隶属度计算结果

爆破次序	大块率		每米崩矿量		爆破搬运效果		炸药单耗	
	隶属度	评价	隶属度	评价	隶属度	评价	隶属度	评价
1	1	很好	1	很好	0.63	一般	0.67	一般
2	0.3	不好	0.75	好	0.53	一般	0.74	好
3	0.59	一般	0.72	好	0.53	一般	0.54	一般
4	1	很好	1.00	很好	0.53	一般	0.44	不好
5	0.59	一般	0.82	好	1	很好	0.54	一般
6	0.43	不好	0.75	好	0.63	一般	0.71	好
7	1.000	很好	0.58	一般	0.74	好	0.59	一般
8	0.40	不好	0.75	好	0.53	一般	0.53	一般
9	0.91	很好	0.61	一般	0.63	一般	0.47	不好
10	0.67	一般	1	很好	1	很好	0.49	不好

3.4 建立单因素评价矩阵

经山寺铁矿南扩 50 水平在一段时间内爆破 n 次，取这 n 次爆破的统计结果进行指标计算，并对这些指标用隶属度公式确定其单因素评价矩阵。因此，单因素评价矩阵中的 r_{ij} 表示的是第 i 个因子中属于第 j 个评价指标的爆破次数占爆破总次数的百分数。也就是说，如果在上述的 10 次评价中有 3 次是"很好"，则其所对应的评价矩阵中的值为 3/10。根据表 3 的计算结果，可以得到如下的评价矩阵：

大块率的评价矩阵：$R_1 = (4/10, 0, 3/10, 3/10)$，该矩阵说明在选取的南扩 50 台阶 10 组数据中，大块率评价"很好"所占的比例为 4/10，"一般"所占的比例为 3/10，"不好"所占的比例为 3/10。依照此方法，计算其他评价指标的评价矩阵。

每米崩矿量评价矩阵：$R_2 = (3/10, 5/10, 2/10, 0)$；

爆破搬运效果评价矩阵：$R_3 = (2/10, 1/10, 7/10, 0)$；

炸药单耗评价矩阵：$R_4 = (0,\ 2/10,\ 5/10,\ 3/10)$；

单因素评价矩阵为：

$$R = (R_1,\ R_2,\ R_3,\ R_4)^T = \begin{vmatrix} 4/10 & 0 & 3/10 & 3/10 \\ 3/10 & 5/10 & 2/10 & 0 \\ 2/10 & 1/10 & 7/10 & 0 \\ 0 & 2/10 & 5/10 & 3/10 \end{vmatrix}$$

3.5　爆破效果综合评价

爆破效果综合评价如下。

（1）建立权系数矩阵。在选取的4个评价指标中，各个指标对爆破效果的影响程度不同，有的对其影响占主导地位、有的次之。因此我们要对这些指标做一个权衡分配，在这里采用专家打分法来建立各个因素之间的权衡分配，分配矩阵为：$A = (0.3,\ 0.3,\ 0.2,\ 0.2)$。

（2）综合评价。综合评价按照下述公式进行

$$B = A \cdot R = (0.3,\ 0.3,\ 0.2,\ 0.2) \begin{vmatrix} 4/10 & 0 & 3/10 & 3/10 \\ 3/10 & 5/10 & 2/10 & 0 \\ 2/10 & 1/10 & 7/10 & 0 \\ 0 & 2/10 & 5/10 & 3/10 \end{vmatrix} = (0.25,\ 0.21,\ 0.39,\ 0.15)$$

（3）计算综合评测值。以百分制设定评分值：100～85分为很好；85～75为好；75～60为一般；60～50为不好。得到各个等级的权重分配为：

$$C^T = (c_1,\ c_2,\ c_3,\ c_4)^T = (95,\ 84.5,\ 72,\ 57)^T = \begin{pmatrix} 92.5 \\ 80 \\ 67.5 \\ 55 \end{pmatrix}$$

则综合评价为：

$$N = B \cdot C^T = (0.25,\ 0.21,\ 0.39,\ 0.15) \begin{pmatrix} 92.5 \\ 80 \\ 67.5 \\ 55 \end{pmatrix} = 74.5$$

由综合评价矩阵 B 的计算结果可知，爆破效果评价等级中"很好"占25%，"好"占21%，"一般"占39%，"不好"占15%。从爆破效果综合评价分数 $N = 74.5$ 来看，爆破效果属于"一般"范围内。总体爆破效果属于一般，原因是炸药单耗太大，所占比例达到39%，应该进一步改进爆破参数，减少炸药单耗。

4　结论

爆破效果的好坏直接影响后续铲装工作能否顺利进行，同时，台阶爆破又是一个涉及诸多因素的复杂过程，再加上目前设计中需要发挥人的主观能动性的地方比较多，导致设计结果差别很大，难以比较设计优劣和进行技术交流。采用模糊数学方法将爆破效果这一定性的参数定量化，使得模糊的问题变得清晰、易于做出评价，对矿山生产具有一定的指导意义。

参 考 文 献

[1] 张强，祝方才，李夕兵. 模糊数学在中深孔爆破中的应用 [J]. 矿冶，1998(4)：22-26.

[2] 崔宝. 露天矿爆破效果影响因素分析 [J]. 中国矿业，2004(9)：54-55.

规格石爆破施工技术的探讨

程新涛[1]   闫大洋[2]   陈运成[1]   吴　坤[1]

（1. 广东宏大爆破股份有限公司，广东 广州，510623；
2. 安徽理工大学 化学工程学院，安徽 淮南，232001）

摘　要：某大型采石场地质条件复杂，既要开采石料符合块度级配要求，又要控制大块率、降低粉矿率。根据采场地质结构及生产条件，经过反复实验，发现通过控制一次起爆排数、选取适当的孔网参数、采取合理的装药结构等措施，可以显著改善爆破效果。现场应用情况表明，采用这一系列措施，不但能满足工程高质量的要求，而且经济效益显著。可供类似工程参考。

关键词：块度及级配；装药结构；爆破施工技术措施；爆破效果

Discussion on Blasting Construction Technique of Dimension Stone

Cheng Xintao[1]   Yan Dayang[2]   Chen Yuncheng[1]   Wu Kun[1]

（1. Guangdong Hongda Blasting Co., Ltd., Guangdong Guangzhou, 510623；
2. Anhui University of Science and Technology, Anhui Huainan, 232001）

Abstract：Geological conditions is very complex in a large quarry, it is required that the stone must satisfy the block grading, bulk must be controlled and the rate of ore fines must be reduced. According to the geological structure and production conditions of the job site, after repeated experiments, it is found that the blasting effect can be improved significantly by controlling initiation rows, selecting the appropriate pore network parameters, taking reasonable charge structure and so on. The field applications show that these techniques can meet the engineering requirements and bring economic benefits dramatically. It would offer references for similar project.

Keywords：fragmental and grading；charge structure；technique measures of blasting；explosive effect

随着我国基础建设的不断扩大和迅速发展，越来越多的规格石料被大量用于建筑、堆石坝、防波堤等一些重大工程，这些工程对石料的规格要求不一，有些工程对石料的规格要求有十几种，而这些规格石料主要依靠爆破开采获得[1]。规格石开采爆破不同于普通石方爆破，它既要求控制大块率，更要求减少粉矿率，因此如何通过爆破的方法获得工程要求的多种规格石是这类工程的难题。

1　工程特点和要求

某大型采石场地质条件复杂，岩石颗粒之间胶结程度差，且节理、裂隙非常发育，采石场面积仅为240000m²，建设工期3a，用石料数量达1100×10⁴m³。

（1）业主所需石料主要包括规格石和堤心石两大类，总计15种规格，对开采的石料的规格及级配要求非常严格。规格石的规格共计12种：10～100kg，60～100kg，100～200kg，150～300kg，200～400kg，200～500kg，300～400kg，400～800kg，500～1000kg，700～900kg，1000～1500kg，1500～2000kg。堤心石的规格要求：堤心石为800kg以下块石，其中，10kg以下块石含量不得大于10%，200～800kg块石含量不得大于20%；堤心石为500kg以下块石，其中，10kg以下块石含量不得大于

5%，200~500kg 块石含量不得大于 20%；堤心石为 500kg 以下块石，其中，10kg 以下块石含量不得大于 10%，200~500kg 块石含量不得大于 20%。石料大于 2000kg 视为大块，需要二次解炮处理；10kg 以下石料为粉矿，作为弃渣排出，要付出 1 倍以上的单价来处理粉矿。

（2）爆破作业区内地质条件相当复杂。采区主要为中粗粒花岗岩，小部分地带为辉绿岩，f 值为 11~14，密度 $2.7g/cm^3$，采区岩体倾向及倾角大多为 $130°\angle80°$，岩石节理、裂隙、风化沟、破碎带均十分发育，裂隙水丰富。大部平台原岩本身被切割成许多小块，含有大量粉矿成分，且不同位置和深度风化程度差异很大，爆破生产条件相当不利。

（3）爆破作业工作面短，均衡生产困难[2]。工程为高陡扩帮开采，共有 14 个平台，高差为 225 米，每个平台宽度约为 50 米，基本上炸 6~7 排孔就到平台马道边缘了。日产 3 万方成品石料，工作面需摆放 30 台大型挖掘机，每台设备需 20 米宽才能旋转工作，正常作业需要 600 米爆堆长度，为均衡生产还需 200 米以上工作面长度供钻孔、装药，所以要实现连续均衡作业，必须每天都保证有 800 米以上的作业线长度，即有 4 个平台正常作业。这就要求计划、调度、钻爆、装运、工作面清理等各个方面要互相配合。各个环节都影响着爆破作业产量，直接影响工程进展程度。

2 采区岩体分级

根据本采区前期爆破揭露的开采岩体的岩石种类、风化程度、节理裂隙状况，经反复的现场爆破试验，将采区岩石按爆破难易程度划分为 3 类，将采场岩体划分为 3 类，采区岩体分类情况列于表 1。

表 1 采区岩体分布表
Table 1 The distribution table of mining area rock mass

类 别	I	II	III
岩石可爆性	相对难爆	中等可爆	易爆
岩石种类	花岗岩	花岗岩及辉绿岩	花岗岩及辉绿岩
风化程度	弱风化、微风化	弱风化及辉绿岩	全风化、强风化及辉绿岩
节理裂隙 $130°\angle80°$	间距 70~200cm	间距 40~70cm	间距 10~40cm
状况 $60°\angle60°~80°$	间距>100cm	间距>50cm	间距<50cm

3 主要施工技术措施及爆破效果

该工程钻孔设备为阿托拉斯潜孔钻机，孔径 140mm，设计台阶高度 $H=15.0m$，钻垂直孔，对 $f=11~14$ 的花岗岩超深 1.5m，布孔形式均为长方形[3]。

采区内岩石节理、裂隙、风化沟、破碎带均十分发育，裂隙水丰富，又要开采出具有一定规格及级配的石料。为了增加规格石产率，经过反复试验，采取了以下爆破施工技术措施：

（1）控制一次性爆破排数，减小前排抵抗线。正常台阶爆破排数为 2 排，特殊情况下采用单排爆破，减少排与排之间岩石的相互挤压和碰撞[2,3]。减少前排抵抗线，创造并形成良好的爆破临空面，避免前排挤压作用太大，致使爆炸能量释放受阻而造成岩石挤压破碎[4]。

（2）根据爆破效果及时调整孔网参数[5]。对于新鲜花岗岩孔网在 3.8m×6.2m，对于弱风化，可调整为 4m×6.5m，对于辉绿岩（硬岩）4.2m×6.2m，对于强风化和辉绿岩（软岩）可调至 4m×7m。爆后效果表明适当提高排距，减小孔距，粉矿率低，规格石产量较高。

（3）采用不耦合装药结构，适当调整不耦合系数，减少粉渣率。干孔底部装 110mm 成品乳化炸药，中部装混装铵油炸药，顶部吊装由 90mm 塑料薄膜包装的混装铵油炸药；水孔底部装 110mm 成品乳化炸药，中部及顶部吊装 95mm 或 70mm 成品乳化炸药，吊装炸药的主要目的是一方面减少总装药量，避免爆破后岩石过于破碎；另一方面减少堵塞长度，降低顶部大块率[6]。对于新鲜花岗岩，采用单排孔，适当提高前排抵抗线，孔距为 6.0~6.2m，前排抵抗线为 4.5~5.5m，然后适当堵塞，对于 15

米的台阶可以堵塞 4~6m。本采石场东 60 平台，单排孔 9 个，平均孔深在 18.5 米，超深 1.5m，孔距 6.2m，前排抵抗线 5m 左右。爆破后规格石产率大幅提高，其中 500~800kg、800~1200kg 共占 35% 左右，300~500kg 占 35%，可利用石料达 70% 左右。爆后底部会产生根脚，根底率在 15%，约为 36m，根脚处理，平均 100 元/m，即需 3600 元，显著降低了爆破成本。对于同一岩段采用双排孔进行双排孔实验，前排五个孔，后排四个，孔网为 6.5m×3.8m，超深 1.5 米，堵塞为前排 4m，后排 5m。采用排间起爆，爆后挖装弃渣率明显提高，规格石产率占 60%，根底率只占 5%，需 825 元处理根脚，但相对于 10% 的规格石产率来说，规格石单价在 24.5 元/m³，同样降低了爆破成本。

（4）采用间隔装药结构，药量布置均匀，减少集中药包对岩石的粉碎作用[7]，有效提高石料利用率，降低粉矿率，并显著降低炸药单耗。炮孔间隔装药主要包括孔底间隔和中部间隔装药，其共同的本质是用水、岩粉或空气等材料为间隔介质，由此来改变药柱与炮孔壁的接触关系，从而降低压缩应力波和爆轰气体产物作用于孔壁的初始压力，使这种压力的作用时间延长使之不至于形成压碎区或明显减小压碎区的范围，使炮孔在装药量减少的情况下，依靠炸药能量有效利用率的提高，来达到保证爆破破碎质量的目的[8]。当采用空气作为间隔介质时，可以改变炸药沿炮孔长度方向上的分布，使之与炮孔不同区段的抵抗线大小更相适应，有助于爆堆岩体的破碎更均匀。对于孔径为 140mm 的炮孔，采用 90mm 的 PVC 塑料管，进行空气间隔，价格为每 4m 45 元。对于 15m 台阶，超深 1.5m，每个孔可间隔 3m，堵塞 4m，平均每米装药量在 68kg，价格在 6~10 元/kg，即节省 36~80 元/m，间隔 3m 即节省 108~240 元。单耗可从 0.30kg/m³ 降至 0.27kg/m³，每万方可节省炸药 400kg，年产量 500 万 m³，即节省 200t 炸药，同时规格石产率也会大幅提高，最高达 70%。

4 结论

本文得出结论如下。

（1）控制一次性爆破排数、减小前排抵抗线等措施，可以改善爆破效果。

（2）适当提高排距，减小孔距，可以提高规格石产量。

（3）采用不耦合装药、间隔装药结构，可以减少粉矿率、提高规格石成品率，显著降低爆破成本。

参 考 文 献

[1] 蔡建德，郑炳旭，汪旭光，等. 多种规格石料开采块度预测与爆破控制技术研究 [J]. 岩石力学与工程学报，2012，31(7)：1462-1468.

[2] 李萍丰. 铁炉港采石场二期工程深孔台阶爆破实践 [J]. 工程爆破，2004，10(2)：59-62.

[3] 邢光武，郑炳旭. 多种规格石料开采爆破工法 [J]. 爆破，2010，27(3)：36-40，57.

[4] 刘翼，吴栩，刘志才. 规格石高强度爆破开采技术 [J]. 有色金属，2010，62(2)：53-55.

[5] 于治斌，李坚，高波. 露天多段深孔微差爆破孔网参数优化设计 [J]. 爆破，2003，(2)：24-28.

[6] 邢光武，郑炳旭. 国外热带沙漠环境中石方爆破工程特征与实践解析 [J]. 矿业研究与开发，2009，29(5)：93-96.

[7] 程玉泉. 深孔爆破作用效果改善对策 [J]. 爆破，2002，4：16-18.

[8] 史维升. 不耦合装药条件下岩石爆破的理论研究和数值模拟 [D]. 武汉：武汉科技大学，2004.

FLAC3D 数值模拟在路基施工中的应用

张建华[1]　夏岸雄[1]　王　涛[1,2]

（1. 武汉理工大学 资源与环境工程学院，湖北 武汉，430070；
2. 广东宏大爆破股份有限公司，广东 广州，510623）

摘　要：为找出路基施工过程中的变形影响因素，运用 FLAC3D 软件进行数值模拟分析路基中心和坡脚的变形，研究在不同填土干密度、弹性模量和泊松比的条件下，路基中心处竖向沉降和路基坡脚处的水平侧向位移随路基填土高度的变化情况。研究结果表明：对沉降影响因素排序为干密度>弹性模量>泊松比，而对侧向位移的变化很小可以忽略不计。因此在满足规范要求的条件下，尽可能地选用干密度小的填土或提高路堤弹性模量，能够改善公路沉降变形。
关键词：路基施工；FLAC3D；数值模拟；沉降；侧向位移

Application of FLAC3D Numerical Simulation in the Subgrade Construction

Zhang Jianhua[1]　Xia Anxiong[1]　Wang Tao[1,2]

（1. School of Resources and Environmental Engineering, Wuhan University of Technology, Hubei Wuhan，430070；2. Guangdong Hongda Blasting Co., Ltd., Guangdong Guangzhou，510623）

Abstract：In order to find out the influencing factors of the deformation process of the subgrade construction, the vertical settlement of the center subgrade and the level lateral displacement at toe of subgrade foot is analyzed with filling height changes under the condition of different filling dry density, elastic modulus and Poisson's ratio by using FLAC3D numerical simulation software. The conclusion is that the factors of settlement ranking：dry density＞elastic modulus＞Poisson's ratio, and the change to the lateral displacement is negligible. Therefore, use of less dry density filler or increased embankment elastic modulus can improve the highway settlement deformation under the regulatory requirements conditions.
Keywords：subgrade construction；FLAC3D；numerical simulation；settlement；lateral displacement

　　路基作为轨道结构的基础，必须具有强度高、刚度大、稳定性和耐久性好等特点，并能抵抗各种自然因素的影响[1]。近几年来，计算机技术的发展突飞猛进，把计算机技术应用到土力学中的计算软件也越来越多，采用有限拆分和有限元等数值计算分析地基沉降已成为现实。过去对路基工程主要满足强度的要求，而高速铁路更强调对地基及路堤变形的严格控制。地基沉降变形分析是土力学的重要研究课题之一。

　　随着中国"五纵七横"高速公路网的全面展开，高填方路堤和软土路基越来越多，路基沉陷造成的公路病害也日益突出。比如常引起基床翻浆冒泥、路肩鼓胀、路堑侧沟壁挤出等问题[1]。因此，如何准确地预测路基的沉降壁将是高速公路建设中的一个重要课题，其中信息化路基施工是发展方向。对软土地基和高填方地基而言，实施路基的信息化施工控制显得尤为重要。

　　目前用于计算路基沉降的方法[2]很多，主要有传统计算法、根据现场实测资料推测的经验公式法、数值计算法等。现以湖北普遍的一个二级公路路基为例，进行路基在施工过程中的变形研究，采

原载于《辽宁工程技术大学学报（自然科学版）》，2013，32(11)：1447-1452。

用 FLAC3D 数值模拟，探讨其在土质边坡稳定性分析中的应用及边坡失稳的主要影响因素，对其他类似工程具有一定的工程价值[3,4]。

1   FLAC3D 的简介

1.1   FLAC3D 计算原理

FLAC 是 Fast Lagrangian Analysis of Code 的缩写，可译为连续介质快速拉格朗日分析。它由美国 I-TASCA 咨询集团于 1986 年研制推出。FLAC 是一种显式有限差分程序，能较好地解决非线性大变形问题。

FLAC3D 软件的基本原理是拉格朗日差分法。随着构形的不断变化，不断更新坐标，允许介质有较大的变形。模型经过网格划分，物理网格映射成数学网格，数学网格上的某个结点就与物理网格上相应的结点坐标相对应，自动求解结果。

1.2   FLAC3D 求解步骤

FLAC3D 进行实际工程分析计算过程的步骤：（1）实体建模；（2）选择合适的本构模型；（3）赋予材料的物理力学参数；（4）确定边界条件；（5）赋予初始条件；（6）计算求解；（7）后处理。

采用 FLAC3D 进行数值模拟时，有 3 个部分必须指定：有限差分网格；本构关系和材料特性；边界和初始条件。网格是分析模型的几何形态，本构关系和材料特性是用来表征模型在外力作用下的力学响应特性，边界和初始条件用来定义模型的初始状态。

在定义完这些条件之后，即可进行求解获得模型的初始状态；接着，执行开挖或变更其他模拟条件，进而求解获得模型对模拟条件变更后作出的响应。一般的求解流程如图 2 所示。

2   路基施工过程模拟

2.1   工程概况

地基计算深度为 50m，分为两层，上部为回填土，厚度为 10m，下部为黏土层，厚度为 40m；路基计算宽度为 200m，填筑高度为 5m，坡度为 1：1.5，地基分为两层，厚度为 20m，上部为黏土层，厚度 8m，下部为砂土层，厚度为 12m，具体参数如图 1 所示。路堤填筑高度为 4m，分两次进行填筑。要求分析路堤填筑后土层的应力、位移状态。各土层物理、力学参数见表 1。

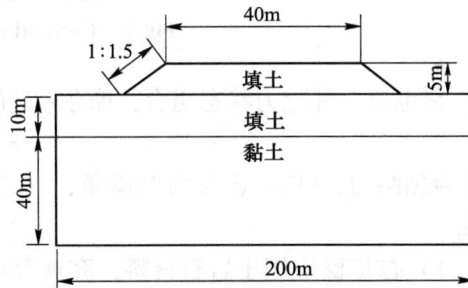

图 1   路堤施工的几何模型

Fig. 1   Geometric model of embankment construction

表 1   各土层物理力学参数

Table 1   Physical and mechanical parameters of each soil

土层名称	密度 ρ/kg·m^{-3}	黏结力 c/kPa	内摩擦角 φ/(°)	弹性模量 E/MPa	泊松比 ν
回填土	1500	10	15	8.0	0.33
黏土	1800	20	20	4.0	0.33

2.2   模型的建立

FLAC3D 程序提供了 10 种材料模型：1 个 NULL 模型，该模型可用于模拟开挖等 3 个弹性模型，分别模拟各向同性、横观各向同性、各向异性弹性材料；6 个塑性模型（如摩尔-库仑准则，D-P 准则等）。针对岩体工程中经常遇到的断层、节理等结构面，程序提供了一种界面或滑动面模型。在岩土工程的分析中常用的是摩尔-库仑准则。岩石的破坏准则常常是应力状态的组合。强度理论提示了材料破

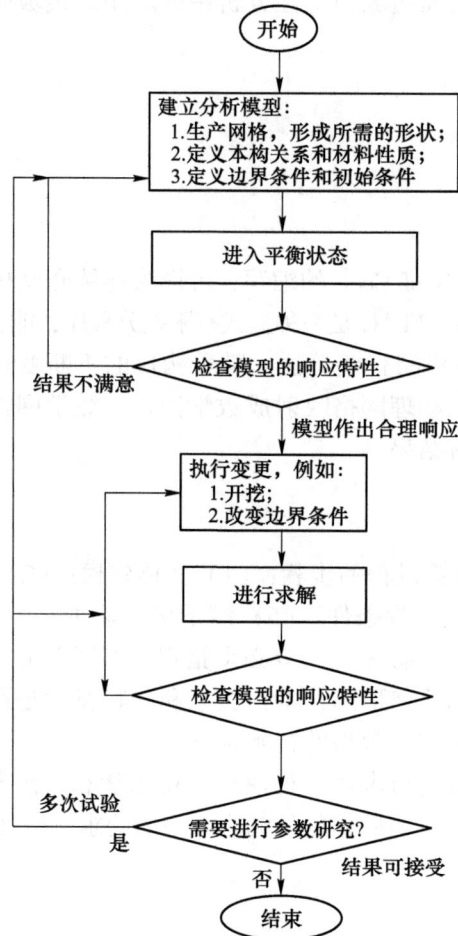

图2　FLAC3D 的一般求解流程

Fig. 2　General solving procedure of FLAC3D

坏机理，它也是一种应力状态组合，摩尔-库仑强度准则[5]为

$$\tau = c + \sigma \tan\varphi \tag{1}$$

式中，c 为黏结力，kPa；φ 为内摩擦角，（°）；τ 为抗剪强度，kPa；σ 为作用于剪切面上的法向应力，kPa。

式（1）被广泛应用于岩石材料，客观存在表明岩石的抗剪强度与作用在该平面上的正应力有关，引起岩石破坏不是由于最大剪应力，而是决定在某个平面上的应力的最危险组合。FLAC3D 程序还提供了结构元素（例如锚杆、锚索、桩等）来模拟边坡加固，可以很方便地评价支护效果。

在 FLAC3D 程序中，岩土体的变形参数用的是剪切模量 G 和体积模量 K，而不是弹性模量 E 和泊松比 ν。它们之间的关系[7]为

$$\begin{cases} K = \dfrac{E}{3(1 - 2\nu)} \\ G = \dfrac{E}{2(1 + \nu)} \end{cases} \tag{2}$$

由于几何模型具有对称性，可以用 1/2 模型进行分析，如图 3 所示，坐标系的原点 O 设置在地表平面与模型对称轴的交点，水平向右为 X 方向，竖直向上为 Z 方向，垂直于分析平面的方向为 Y 方向，考虑到网格尺寸的一致性，Y 方向只设置一个单元，该方向单元尺寸为 5m。

2.3　施工过程模拟

在进行路基施工模拟前要将初始应力计算过程中产生的节点位移和速度进行清零处理。本例中路基高度为 5m，高度方向共划分了 5 个单元，为了模拟路基填筑的施工过程，采用分级加载的方法激活

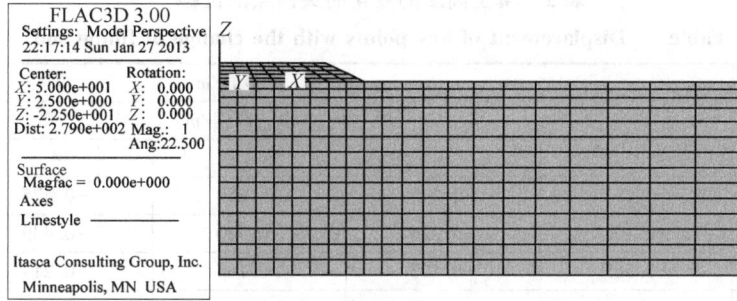

图 3　路堤网格模型

Fig. 3　Embankment grid model

路基单元，每次激活 1m 高度的单元，相当于每次填筑高度为 1m，分 5 次填筑完成，每次填土进行一次求解。填筑结束后，路堤的沉降云图和水平位移云图如图 4、图 5 所示。

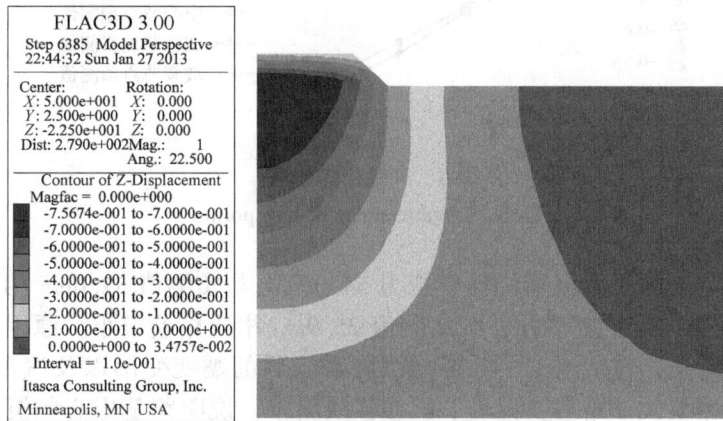

图 4　填筑结束时的沉降云图

Fig. 4　Settlement nephogram after filling

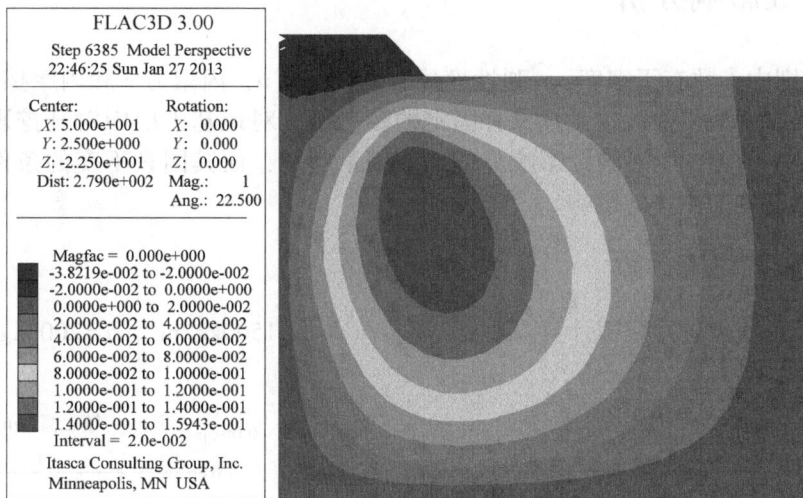

图 5　填筑结束时水平位移云图

Fig. 5　Horizontal displacement after filling

从图 4 和图 5 可以看出，路堤堆载作用引起的地基最大沉降位置位于地基表面的左侧边界处；最大水平位移发生在坡脚附近以下的深部地基中。

在实际工程中常常需要得到某些关键路基节点的沉降曲线，如中心节点和坡脚节点的变形结果。表 2 给出了实测的中心节点沉降和坡脚节点的侧向位移随填土高度的变化情况，其变形结果如图 6 所示。

表2 填土高度的变化时关键点的位移

Table 2 Displacement of key points with the change of filling soil

关键点	位移值/m				
	填土高度/m				
	1	2	3	4	5
中心节点实测值	-0.136	-0.249	-0.350	-0.475	-0.576
中心节点预测值	-0.111	-0.220	-0.330	-0.439	-0.540
坡脚节点实测值	-0.065	-0.123	-0.183	-0.214	-0.259
坡脚节点预测值	-0.056	-0.105	-0.149	-0.189	-0.223

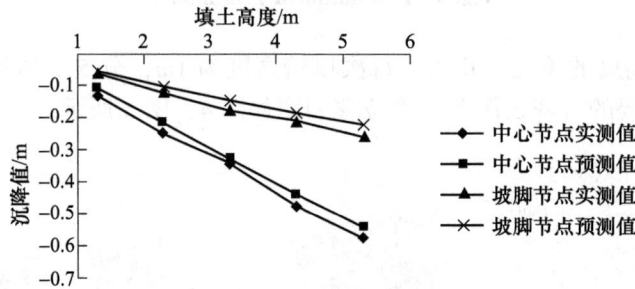

图6 关键点的位移

Fig. 6 Displacement of key points

从图6可知,中心节点的最大沉降位移模拟为54.0cm,与实测值57.6cm相比略微偏小;另外坡脚节点的最大水平位移模拟值为22.3cm,与实测值25.9cm相比相差很小。原因在于实际所测结果是填土和地基土的最终沉降量。包括施工中的瞬时沉降和工后的蠕变变形以及汽车等机器的碾压所致。路基中心沉降曲线的斜率要大于路基坡脚水平位移移线斜率,说明路基中心的沉降幅度大于路基坡脚的水平位移,在施工中要首要考虑路基的中心沉降问题。

3 土壤岩性参数影响分析

在摩尔-库仑准则中参数有干密度 ρ,弹性模量 E,泊松比 ν,内聚力 c 和内摩擦角 φ 等5大因素。由于填土的内聚力和内摩擦角为常数,且没有固定的参考值。对地基土层中对开挖影响较大的是回填土,在此仅讨论填土中前面3个参数的影响,现以单因素变动,而其因素不变的条件下分析对路基中心的沉降和路基坡脚的侧向位移的影响。

3.1 干密度对施工的影响分析

选取3种不同干密度值进行模拟计算: $\rho=1200kg/m^3$、$\rho=1500kg/m^3$、$\rho=2000kg/m^3$。其结果如图7、图8所示。

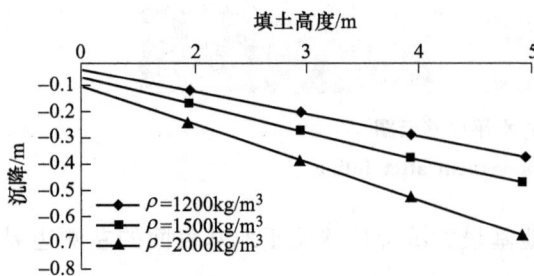

图7 不同填土干密度路基中心沉降

Fig. 7 Settlement of foundation center of different dry density

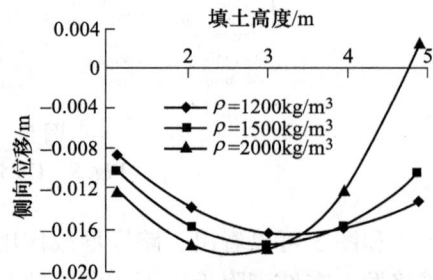

图8 不同填土干密度路基坡脚侧向位移

Fig. 8 Side settlement curve of basal slope of different dry density

从图 7 看出，随着干密度的增大，路基沉降随之增大；且密度越小，沉降曲线曲率也越缓。因此，路堤填土高度对路堤的沉降有较大的影响，在满足要求情况下，尽可能选用干密度较小的填土。

从图 8 可以看出随着填土高度的增加，坡脚侧向位移先增大后减小，呈抛物线形状。且随着干密度的增大，最终的位移逐渐减小，当 $\rho = 2000\text{kg/m}^3$ 时出现了正向位移。还可以发现侧向位移最大的位置出现在中部。随着干密度的增大而逐渐往前移，但位移变化却不大，说明干密度对侧向位移的影响还是比较小的。

3.2 弹性模量对施工的影响分析

由于填筑路堤回填土的土体的物理力学参数的差异，以及路堤施工方法的不同，在不同的路段路堤的弹性模量会有所不同。为了探究弹性模量对施工的影响，取 $E = 5\text{MPa}$，$E = 8\text{MPa}$ 和 $E = 12\text{MPa}$ 分别进行计算，分析在路堤弹性模量不同的情况下对原有路堤沉降和坡脚的侧向位移的影响，分别如图 9 和图 10 所示。

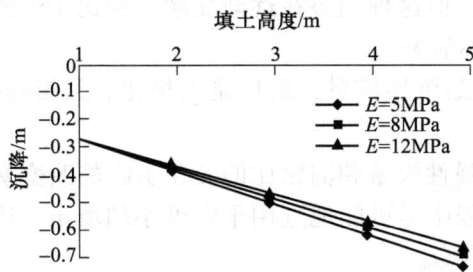

图 9　不同弹性模量路基中心沉降
Fig. 9　Settlement of foundation center of different elastic modulus

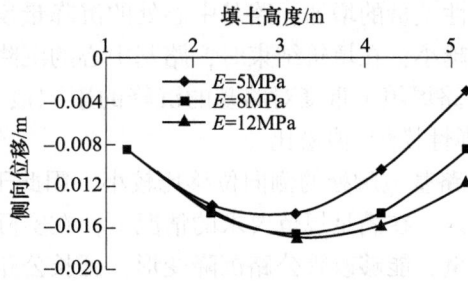

图 10　不同弹性模量路基坡脚侧向位移
Fig. 10　Side settlement of basal slope of different elastic modulus

由图 9 可看出随着弹性模量的增大，路基中心的沉降逐渐变小，当 $E = 5\text{MPa}$ 时，最大沉降值为 58.25cm，当 $E = 12\text{MPa}$ 时，变为 51.64cm，减少 11%，说明变化幅度不大。因此提高填土的弹性模量可以减小公路的沉降。

从图 10 得，随着弹性模量的增加，坡脚的侧向位移也增加了，且最大的沉降位移也增大了；随着填土高度的增加，侧向位移先增大后减小的，呈开口往上的抛物线。最终侧向位移都非常微小，基本可以忽略不计。因此，总的来说弹性模量对填土的施工影响比较小，可以适当提高填土的弹性模量，从而减小公路的沉降。

3.3 泊松比对施工的影响分析

泊松比的影响主要体现在式（2）中，当泊松比接近 0.5 时就不可盲目使用了，否则，K 就会过高，使解题收敛困难。对于黏土来说，泊松比在 0.2~0.4 范围内，分别取 $\nu = 0.2$，$\nu = 0.33$，$\nu = 0.4$，得到结果如图 11 和图 12 所示。

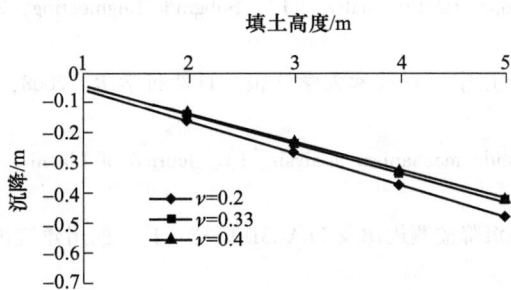

图 11　不同泊松比路基中心沉降
Fig. 11　Settlement of foundation center of different Poisson's ratio

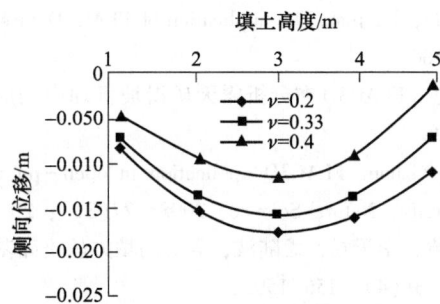

图 12　不同泊松比路基坡脚侧向位移
Fig. 12　Side settlement of basal slope of different Poisson's ratio

　　由图 11 可以看出泊松比的变化对沉降的影响很小，比弹性模量的影响还小，几乎可以忽略。从图 12 看出泊松比的变化对坡脚侧向位移影响较弹性模量的大。且出现最大位移的填土高度几乎一样，随着泊松比的变大而减小，当 $\nu = 0.2$ 时最大值为 1.97cm，当 $\nu = 0.4$ 时为 1.4，减少 28.9%。

4　结论

　　（1）FLAC3D 数值分析方法可较好地模拟路基填筑过程中路堤填筑后沉降量大小，位移变形和曲线的形态。可计算在填土荷载作用的瞬时沉降和其后的固结沉降和次固结沉降。通过计算反馈，可实现信息化指导施工。

　　（2）对比图 7、图 9、图 11，分层填筑路基之后地基沉降最大位置出现在路基中心处；水平方向上，地基沉降由中心向两侧递减，且在竖直方向上，随地基深度的加深，沉降值逐渐放缓。

　　（3）沉降随着干密度的减小，路基中心处沉降随之减小；且重度越小，沉降曲线曲率也越缓；随着路基弹性模量的增加，路基中心处的沉降量反而变少，但这种趋势在逐渐变缓，相比于干密度它的影响越来越小；在填筑结束时，路基中心的沉降变化很不显著。

　　（4）路堤填土重度对路基的沉降的影响最大，其次是弹性模量，最后是泊松比。其影响排序为：干密度>弹性模量>泊松比。

　　（5）路基坡脚处的侧向位移比较小，因此干密度，弹性模量和泊松比的变化引起的改变基本都可以忽略不计。在满足规范要求的情况下，在实际施工过程中尽可能地选用干密度小的填土，适当地提高路堤模量，能够改管公路沉降变形，延长公路的使用寿命。

参 考 文 献

[1] 孙宏林．软土地基及其路堤的变形分析［J］．岩土工程技术，2003(5)：276-280，293.
Sun Honglin. Analysis for deformation of ground and embankment［J］. Geotechnical Engineering Technology, 2003(5)：276-280, 293.

[2] 卢树盛，辛全才，李紫东．基于有限差分法的路基施工数值仿真［J］．路基工程，2011(1)：126-127，130.
Lu Shusheng, Xin Quancai, Li Zidong. Numerical simulation of subgrade construction based on finite difference method［J］. Subgrade Engineering, 2011(1)：126-127, 130.

[3] 张宇旭．路基施工过程变形研究的 FLAC3D 数值模拟［J］．武汉工程大学学报，2011，33(6)：72-75.
Zhang Yuxu. FLAC3D numerical simulation study on deformation of subgrade construction process［J］. Journal of Wuhan Institute of Technology, 2011, 33(6)：72-75.

[4] 刘伟韬，申建军，王连富．基于 FLAC3D 的断裂滞后突水数值仿真技术［J］．辽宁工程技术大学学报：自然科学版，2012，31(5)：646-649.
Liu Weitao, Shen Jianjun, Wang Lianfu. Numerical simulation on lag waterbursting at fault zone based on FLAC3D［J］. Journal of Liaoning Technical University：Natural Science, 2012, 31(5)：646-649.

[5] 郭波，路娟．FLAC3D 在路基边坡稳定性分析中的应用［J］．路基工程，2009(1)：158-160.
Guo Bo, Lu Juan. The application of FLAC3D in subgrade slope stability analysis［J］. Subgrade Engineering, 2009(1)：158-160.

[6] 王熙忠．FLAC3D 在分析露天矿滑坡机理中的应用［J］．辽宁工程技术大学学报：自然科学版，2008，27(S1)：20-22.
Wang Xizhong. FLAC3D application in open-pit mine landslide mechanism analysis［J］. Journal of Liaoning Technical University：Natural Science, 2008, 27(S1)：20-22.

[7] 龙海涛，李天斌，孟陆波，等．高填方软土路基快速填筑沉降监测规律及 FLAC3D 模拟［J］．四川建筑科学研究，2012，38(4)：156-159.
Long Haitao, Li Tianbin, Meng Lubo, et al. The settlement monitoring regulation of fast-filling high refilled soft clay and the FLAC3D simulation［J］. Sichuan Building Science, 2012, 38(4)：156-159.

[8] 吴大志，李夕兵，王桂尧．高速公路路基沉降计算方法［J］．湖南交通科技，2001，27(4)：4-5，23.
Wu Dazhi, Li Xibing, Wang Guiyao. Highway embankment settlement calculation method［J］. Hunan Communication

Science And Technology, 2001, 27(4): 4-5, 23.

[9] 陈育民, 徐鼎平. FLAC/FLAC3D 基础与工程实例 [M]. 北京: 中国水利水电出版社, 2009.
Chen Yumin, Xu Dingping. FLAC/FLAC3D Foundation With Engineering Examples [M]. Beijing: Chinese Water Conservation and Water Electricity Publishing House, 2009.

[10] 彭文斌. FLAC3D 实用教程 [M]. 北京: 机械工业出版社, 2007.
Peng Wenbing. FLAC3D Practical Tutorial [M]. Beijing: Machinery Industry Press, 2007.

大宝山矿危机转型爆破技术研究

崔晓荣　叶图强　陈晶晶

（广东宏大爆破股份有限公司，广东 广州，510623）

摘　要：通过对采场现状的研究分析，认为加强采空区的探测与处理确保施工安全和综合运用多种精细爆破工艺提高采矿效率和采矿质量是解决目前供矿形势紧张、创造合理配矿条件的关键所在。因此，针对大宝山矿的具体情况，一是加大采场北部空区区域的采矿强度确保近期供矿，二是加大采场西部剥离强度揭露深部矿体确保后续供矿，从而实现了该危机矿山的转型。实践证明，在危机矿山转型中开发并运用的安全可靠的采空区采矿施工模式和中小型设备流水作业高强度剥离施工模式，无论对现有矿山规模的正常生产，还是后续铜硫大开发项目的基建工程和正式运营均大有裨益。

关键词：露天多金属矿；危机矿山；采空区；高强度开采；流水作业

Key Blasting Technique Used in Dabaoshan Mine for the Transformation of Crisis Mine

Cui Xiaorong　Ye Tuqiang　Chen Jingjing

（Guangdong Hongda Blasting Co., Ltd., Guangdong Guangzhou，510623）

Abstract：Based on the analysis of present situation of Dabaoshan mine, this two aspects, enhancing survey and treatment of goafs for the safety of mine-construction, and using different blasting techniques to improve the efficiency and quality of mining, were important to alleviate the pressure of ore-supply and offer precondition of ore-blending. Specifically, to realize the transformation of this crisis mine, increasing ore-exploitation strength of the north goaf regions for present ore-supply and peeling strength of the west regions to expose the deep orebody for future ore-supply have been conducted. These practices showed that methods for the transformation of crisis mine, including the safety ore mining in the goaf regions and flow process of exploitation & peeling with high-strength by middle and small equipment were benefit not only to present ore-production but also capital construction & daily ore-production of the development of copper sulfur project in the future.

Keywords：open polymetallic ore；crisis mine；goaf；high-strength exploitation；flow process

1　大宝山矿露天开采状况

按照大宝山矿早期规划，先露天开采上部的铁、铜、铅锌、硫等资源，再转入井下，开采深部的铜硫、铅锌资源；但由于农民对井下铜硫铅锌资源的盗采，为了保护资源，迫使大宝山矿提前转入井下开采，且多用空场法采矿。周边民窿最多达112条，留下大量不明采空区，导致大宝山矿2004年发生了3次大塌方，严重影响到井下采矿安全，由此不得不停止井下开采，对部分隐患空区进行了集中整治，并重新转入露天开采。

露天复采过程中，铜采场北部因采空区超前钻探滞后，强行向深部推进安全隐患大，严重影响了

基金项目：广东省安全生产专项资金项目（2010-91）、广东省科技计划项目（2010A040308004）。

原载于《工程爆破》，2013，19(6)：17-21。

剥采施工的进度,导致供矿形势十分紧张。为确保向铜选厂供矿,采场西部采用掏槽挖矿、高边坡强行开采等手段应急,又导致该区域剥离严重滞后,七八个台阶并段。因采矿始终处于应急状态,加上北部和西部矿体的可选性差别大,合理配矿难,金属回收率低。金属回收率低,又要求采富弃贫,导致剥采总量增加,生产任务加重,进一步影响采矿过程的贫化损失控制和合理配矿工作,如此形成恶性循环。经调查研究,为彻底解决供矿形势紧张的局面,决定采取如下措施:

(1)根据地形地质情况,综合运用多种开采工艺,包括分段开采技术、原位爆破技术、大块采矿技术控制贫化和损失,科学合理采矿配矿以解燃眉之急;

(2)加强铜露天采场北部采空区的超前探测与处理,排除露天剥采作业的安全隐患,加大深部矿体的开采强度,确保近期供矿稳定;

(3)进行西侧高边坡的扩帮爆破,采用流水作业技术加大剥离力度,揭露出该区域下部的矿体,确保半年后持续稳定供矿。

2 采空区塌陷区安全监控与崩落爆破处理

2.1 采空区塌陷区施工安全监控

地采转露采进行矿产资源回收的历史不长,采空区治理的相关理论研究还不充分,工程经验总结还不全面,加上有色金属矿脉分布相对凌乱、南方矿山水文地质条件复杂,又有农民盗采留下盲空区,导致采空区采矿施工安全问题特别突出。在施工过程中不断总结和完善,建立如下采空区采矿施工安全监管流程[1-5]。

(1)已有资料分析。无论大宝山矿的历史开采还是周边农民的盗采,均对矿产资源价值较高的矿体进行开采,所以矿脉中往往会留下较大的空区(包括盲空区),围岩中仅会存在跨度较小的巷道,对露天生产安全影响不大。因此,根据矿产资源分布图、地下开采资料、物探空区资料和露天采场施工进度图,分析作业台阶与地下采空区的空间关系,初步判断采空区的安全稳定性和露采区域安全作业条件。

(2)采空区探测。剥采施工过程中,本着"有疑必探,先探后进"的原则,用地质钻和潜孔钻对存在采空区和可能存在盲空区的区域进行钻探分析,并借助三维空区激光扫描仪,经由采空区顶板的钻探穿孔进入空区,扫描获得空区形状和位置的点云图,作为空区安全稳定性分析和崩落爆破处理方案设计的基础资料。

(3)采空区处理方案设计。根据工程地质条件、采空区分布状况、采空区顶板厚度,进行采空区的安全稳定性分析和崩落爆破方案设计。

(4)现场施工与验收。根据圈定的安全施工范围及采空区崩落爆破设计方案,组织钻孔、装药、填塞、联网,进行爆破作业。爆破后,需要检查爆堆塌落情况,确保空区塌落完全,安全隐患排除;同时查看地压检测数据,判断采空区崩落爆破施工是否对周边围岩稳定带来较大影响。

2.2 采空区处理施工安全分析

根据大宝山矿和长沙矿山研究院关于"地下采空区稳定性分析和露天开采安全技术研究"的研究报告中采用多种理论方法分析得出不同采空区跨度条件下,各种岩性预留保安层厚度,并进一步回归分析得出预留保安层厚度与采空区跨度关系:(1)矽卡岩、硅化岩:$h=0.71b-1.02$;(2)次英安斑岩:$h=0.782b-2.23$;(3)硫铁矿:$h=0.76b+3.53$;(4)褐铁矿:$h=1.195b+5.76$,各种强风化岩组(高岭土、孔雀石)保安层厚度同褐铁矿。

实际施工中,除了根据上述公式初步判断探明采空区的安全性外,还需要根据具体地质情况、空区跨度、顶板厚度和施工荷载等参数,进一步进行数值模拟分析,确保空区处理时钻爆施工过程的安全。

一般情况下,空区顶板中间最薄弱,四周相对安全。如果空区顶板中间位置不足以承受施工载荷(指轻型潜孔钻机质量,配套空压机留在空区外围,尽量减小施工载荷),空区顶板中间危险区域不钻孔爆破，待空区顶板崩落以后再二次处理。钻孔爆破时，按照先周边后中间的顺序进行，同时需要监测钻孔过程中的地质异常并保证安全撤退通道畅通，如果发现异常立即安全撤退。

2.3　采空区的崩落爆破处理

目前采空区处理的方法主要有充填法、崩落法、支撑法和封闭法，以及上述 4 种方法的组合应用。按照大宝山矿的铜硫大开发项目的大露天开采设计，近期需要处理的采空区均在大开发境界内，所以封闭和支撑均是暂时的，充填又存在二次装运，故宜采用崩落爆破法。

崩落爆破法处理采空区，因空区及其顶板的不规则性，每个炮孔孔位不同，钻孔深度和装药量均不同，需要逐孔论证设计。根据施工经验及典型地质情况建议保安层厚度，选取具体爆破参数如下：

（1）当顶板岩层为未风化的矽卡岩、硅化岩、次英安斑岩工程岩组时，保安层高度 $H=20\text{m}$，孔深 $h=18\text{m}$，孔径 $D=140\text{mm}$，孔距 $a=5\text{m}$，排距 $b=4.6\text{m}$，填塞长度 $L_2=4\text{m}$，炸药单耗 $q=0.42\text{kg/m}^3$，每孔装药量 $Q=q×a×b×H=193\text{kg/}$孔；

（2）在风化较严重的岩组（高岭土、孔雀石、褐铁矿）及岩移塌陷区内，保安层高度 $H=30\text{m}$，孔深 $h=28\text{m}$，孔径 $D=140\text{mm}$，孔距 $a=7\text{m}$，排距 $b=4\text{m}$，填塞长度 $L_2=4\text{m}$，炸药单耗 $q=0.4\text{kg/m}^3$，每孔装药量 $Q=q×a×b×H=336\text{kg/}$孔。

起爆方法采用非电起爆网路延时爆破技术，创造或充分利用已有临空面，提高爆破效果。当空区四周均没有揭露时，空区顶板中间减小孔网密度，提高炸药单耗，利用延时爆破技术先中间掏槽后向四周扩帮，一次爆破崩落空区顶板；当空区一侧被台阶坡面揭露或者距离台阶坡面较近时，则临空面的炮孔先爆，再向深部炮孔推进。

在实际操作过程中，还应通过爆破试验确定最优的爆破参数和起爆方法，装药结构如图 1 所示。

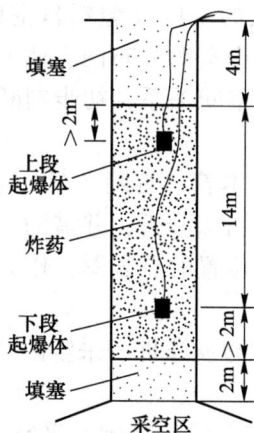

图 1　采空区典型炮孔装药结构图
Fig. 1　Typical charge structure in blastholes of the goaf region

3　精细爆破施工控制采矿贫化损失

3.1　控制采矿贫化损失的爆破技术

综合运用多种开采工艺，包括分段开采技术、原位爆破技术、大块采矿技术[6]，促进矿石和岩石分采、分装、分运，以控制矿石贫化损失，提高矿石回采率。

（1）分段开采技术，即当矿体较薄或者矿体倾角大于 10°，设备无法在倾斜矿体顶板上正常作业时，采用小台阶破段开采工艺。

（2）原位爆破技术，即爆破后矿石和岩石的爆堆区分断面仍清晰可见，再用小挖机对岩石和矿石分装分运，从而简化采矿爆破工艺，不必分采和剔除。

（3）大块采矿法，即当矿脉较小时重炸围岩，轻炸或不炸矿石，以便爆后挑选矿石大块再进行二次破碎，具体爆破工艺措施包括矿段堵塞、空气间隔或弱装药等；反之矿脉中夹杂废石亦然。

3.2 采矿配矿爆破施工的组织流程

大宝山矿系多金属矿，又存在采空区和塌陷区，地质十分复杂且地质资料不全，很难按照常规露天矿山的地质工作管理流程来指导采矿、配矿工作。为了确保科学合理配矿、持续稳定供矿，需要特别注重现场地质资料的收集和分析，采取灵活有效的应对措施来组织采矿配矿。

（1）地质分析与爆区划分。地质、爆破、采矿相关的工程技术人员共同分析地质资料、矿脉走向、采场空区分布情况，充分考虑采空区对采场布置、施工安全、矿岩爆破的不利影响，再确定爆区规模和开采顺序，合理组织矿岩分采分爆施工，从而达到确保施工安全、控制矿石贫化损失的目的。

（2）钻爆过程控制与调整。钻孔过程中，根据钻屑变化进一步判别矿岩分界情况，并及时调整爆区规模和钻孔深度，促进矿岩分区爆破或分层爆破；爆区钻孔完毕，立即对矿体和疑似矿体进行取样分析，根据潜孔样化验结果及炮孔位置图确定装药结构和起爆顺序等，必要时分成 2~3 个小爆区进行爆破，避免矿岩混爆。

（3）矿石采装与配矿。矿石挖装作业时，一般选用中小型设备，便于选装，并根据矿石品位高低和可选性差异，按一定比例进行配矿。

（4）选厂信息反馈优化采矿配矿。铜选厂及时反馈快速样、溢流样的分析结果，以便采矿和爆破工程师优化调整采矿配矿方案，提高金属回收率。

大宝山铜硫矿石开采除了常规的钻、爆、挖、运、排等工艺，还要综合考虑采空区、塌陷区采矿配矿组织、采场空区探测与安全分析等方面，具体流程如图 2 所示。

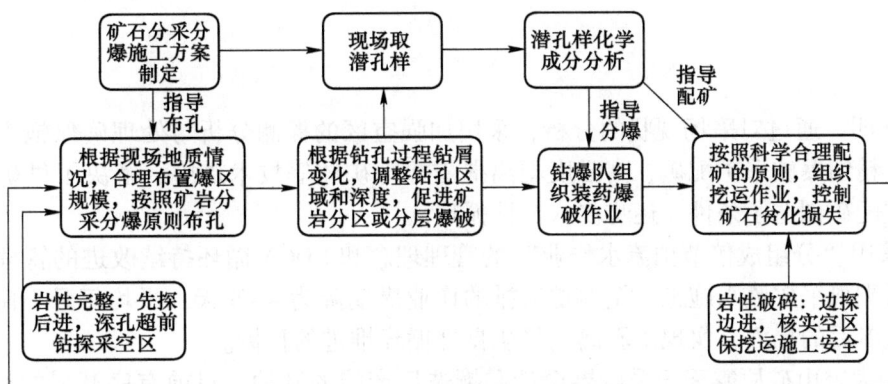

图 2 复杂地质采矿配矿流程
Fig. 2 Flow of ore exploitation & blending in the complicated geological region

采空区、塌陷区露天采矿配矿组织管理模式稳定后，引进流水作业的管理思路，使相对复杂的施工工艺连续化（严禁晚上作业的较危险区域除外），减少无效等待时间，避免窝工，使一个采矿流程从原来的 10~12 天减少到 5~6 天。

因加强空区超前钻探确保施工安全、综合采取多种爆破技术降低矿石贫化损失以及采用流水作业管理提高剥采效率，保证了持续稳定供矿和科学合理配矿，铜选厂的金属回收率从 50% 提高到 85% 左右。因金属回收率的提高，使矿石开采的边际品位由原来的 0.4% 降低到 0.2%~0.3%，矿产资源得到了有效利用，生产压力减小，也为进一步精心组织科学合理采矿配矿提供了条件。

4 中小型设备高强度剥离爆破揭露矿体

因多台阶同时作业、台阶工作面狭窄、设备投入较多等因素，给组织和管理带来了很大的难度，引入"分组成倍节拍流水作业"的组织管理理念，一是将原采矿设备组织管理的宽度扩大，不再局限于车和铲的研究分析，将潜孔钻机、挖掘机、自卸车和推土机等均纳入管理范围，合理分组促进多种设备间的配套和协调，减少各种无效等待时间；二是空间上对现场进行合理的规划和布局，划分成标准工作面，有序剥离推进[6]。

4.1 爆破现场规划与施工组织

铜采场西部扩帮爆破位置长约 350m，每个台阶向后推进 30~50m 不等，按设计共有 12 个台阶（台阶高度 12m）。现场按照工效匹配的原则，对人员、设备、工作面进行分组、统一调度，组织成倍节拍流水作业施工，将原来的每循环 7 天缩短为 4~5 天[7,8]。

另外考虑到采空区、塌陷区剥采施工的特殊性及安全生产需要，将空区超前探测、空区崩落爆破、采矿配矿等工艺和环节融入到普通露天矿开采的"钻、爆、挖、运、排"等工艺中，统一进行流水作业安排，强调计划性和执行力，避免窝工，但遇采空区安全问题时具体问题具体分析，适当调整施工工艺和顺序，确保施工安全。

4.2 爆破施工过程监督与管理

采用科学的流水作业技术指导生产，将任务细化，进行法制化的管理，减小人为管理的不确定性，同时可提高设备的有效利用率。露天矿山剥离施工具有周期性，引入 PDCA 管理模式[9,10]，持续改进剥采施工组织。按照此模式，借助 KUZRAM 级配预测模型[11,12] 和摄影测量分析技术（统计分析实际爆堆的块度和级配）[13,14]，不断完善安全、技术、管理等方面的不足和漏洞，确保流水作业顺畅有序。

通过"分组成倍节拍流水作业"的管理理念和 PDCA 循环持续改进的管理模式，剥离强度大大提高，钻、爆、挖、运、排的周期为 4~5 天，平均每月下降两个台阶，3 个月后见矿，5 个月后基本采完矿脉上部的低品位矿（临时堆存），6 个月后具备持续稳定供矿的条件，进入采矿的良性循环。

5 结论

（1）实践证明，通过对采场现状的分析，采用加强空区的探测分析与处理确保施工安全、综合运用多种采矿工艺精细爆破采矿配矿、高强度剥离揭露深部矿体等技术措施，解决了供矿形势紧张的局面，为科学合理配矿创造了条件，逐步步入良性循环。

（2）通过采用"分组成倍节拍流水作业"的管理理念和 PDCA 循环持续改进的管理模式，组织高强度的陡坡扩帮剥离采矿流水施工，钻爆挖运排的作业周期降为 4~5 天，平均每月下降 2~3 个台阶，改变了剥离严重滞后的局面，实现了剥离、采矿良性循环推进的目标。

（3）考虑到大宝山矿原露天开采境界设计和铜选厂产能的制约，目前有序开采的格局仅能维持 5 年左右；大宝山矿目前正在稳步推进"330 万吨/年铜硫大开发项目"，上述危机多金属矿的流水作业强化开采技术确保了原项目与新项目的平稳过渡，且正成功应用于大开发项目的基建剥离施工中，后续大开发项目的生产剥离和采矿施工中亦可应用，从而实现危机矿山的根本转型。

参 考 文 献

[1] 卢清国，蔡美峰. 采空区下方厚矿体安全开采的研究与决策 [J]. 岩石力学与工程学报，1999，18(1)：86-91.

[2] 李俊平，彭作为，周创兵，等. 木架山采空区处理方案研究 [J]. 岩石力学与工程学报，2004，23(22)：3884-3890.

[3] 乔春生，田治友. 大团山矿床采空区处理方法 [J]. 中国有色金属学报，1998，8(4)：734-738.

[4] Zhao W. The rock failure and fall of the large underground mined-out area[J]. Journal of Liaoning Technical University (Natural Science)，2001，12(4)：45-49.

[5] 崔晓荣，叶图强，陈晶晶. 采空区采矿施工安全的组织与管理 [J]. 金属矿山，2011，40(11)：150-154.

[6] 刘畅，崔晓荣，李战军，等. 中型矿山小设备开采的经济环境效益分析 [J]. 工程爆破，2009，15(2)：37-40.

[7] 同济大学经济管理学院，天津大学管理学院. 建筑施工组织学 [M]. 北京：中国建筑工业出版社，2002.

[8] 姚玉玲，周往莲. 基于流水作业的施工段排序方法 [J]. 西安科技大学学报，2007，27(3)：511-515.

[9] Schreiber W，Kielblock J. Self-contained self-rescuer legislation within the context of the mine health and safety act of South

Africa: a critical analysis[J]. Journal of the Mine Ventilation Society of South Africa, 2004, 57(4): 119-123.

[10] 崔晓荣, 李战军, 傅建秋, 等. NOSA 体系在城市爆炸灾害管理中的应用 [J]. 防灾减灾工程学报, 2009, 29 (4): 457-461.

[11] 郑炳旭, 王永庆, 李萍丰. 建设工程台阶爆破 [M]. 北京: 冶金工业出版社, 2005.

[12] 崔晓荣, 叶图强, 刘春林. 多规格石高强度流水作业开采 [J]. 工程爆破, 2012, 18(4): 88-91.

[13] 冯文灏. 近景摄影测量——物体外形与运动状态的摄影法测定 [M]. 武汉: 武汉大学出版社, 2002.

[14] 崔晓荣, 魏晓林, 郑炳旭, 等. 建筑爆破倒塌过程的近景摄影测量分析 (Ⅲ) ——测试分析系统 [J]. 工程爆破, 2010, 16(4): 67-72.

露天多金属矿山采空区的钻探分析与工程应用

叶图强　崔晓荣　陈晶晶

（广东宏大爆破股份有限公司，广东 广州，510623）

摘　要：由于盗采等历史原因，在大宝山矿由地采转露采过程中，露天多金属矿铜采场采空区给露天采矿作业造成很大安全隐患。技术人员逐渐摸索出地质钻与潜孔钻联合钻探、三维激光扫描空区定位、探采结合的采空区超前钻探安全管理模式。该模式无论对现有矿山规模的正常生产，还是后续铜硫大开发项目的基建工程和正式运营均能取得良好的经济效益和社会效益，可以促进大宝山多金属矿的危机转型，为同类危机矿山的转型提供了有益的经验。

关键词：露天多金属矿；地下转露天；危机矿山；采空区；钻探；三维扫描

Drilling-survey Analysis and Engineering Application of the Underground Mined-out Areas in Open Multi-metal Mine

Ye Tuqiang　Cui Xiaorong　Chen Jingjing

（Guangdong Hongda Blasting Co., Ltd., Guangdong Guangzhou, 510623）

Abstract：Because of the history of illegal mining, there are many goafs in Dabaoshan open multi-metal mine. Therefore, it is very dangerous to do mining when the stope is turned to open pit mine from underground one. The technical staff gradually worked out a safe managing model which was conducted to scan goafs by geological drillers combined with down-the-hole drillers. Cavity Auto-scanning Laser System is used to locate the goafs precisely. Prospecting is operated with mining. The management mode of drilling-survey and ore-exploitation in the region with underground mined-out area, which is explored and summarized during construction, is benefit to present ore-production in middle-strength and capital construction & daily ore-production of high-strength exploitation of copper-ore and sulfur-ore in the future. And then help Dabaoshan Mine to realize the transformation of crisis mine. This technology includes the multiple drilling-survey technique by geological drill and down-the-hole drill, and 3D scan technique of underground mined-out area found by drilling survey. The model will be used to other crisis mines.

Keywords：open multi-metal mine；turn to open pit mine from underground one；crisis mine；underground mined-out area；drilling-survey；3D scan

1　引言

据不完全统计，世界固态矿产的露采量达到80%。国内外的资料表明，矿床的露天开采自20世纪50年代开始发展，产量规模不断扩大，成为采掘工业的主导趋势[1]。由于露天开采具有更能高效利用采掘设备、降低生产成本和改善劳动条件等诸多优点，发展前景被看好。现在，不管是黑色冶金矿山，还是有色、稀有金属矿山的开采，都有大规模地采用露天开采或从地下开采转向露天开采的趋势。俄罗斯的伊里奇矿务局的克里沃罗格铁矿就是一个例子，在我国的很多矿山也对地采转露采的开采方式

基金项目：广东省安全生产专项资金项目（2010-91）。

原载于《铜业工程》，2013(6)：38-41。

进行了尝试，如我国第一大金矿福建紫金山金矿就是一个地采转露采的成功案例。大宝山矿由地下矿山转露天开采的时间不长，且因为开采条件较为复杂，加上空区资料不全，许多问题尚待研究。广东宏大爆破股份有限公司进入大宝山矿后，逐渐探索出一套实用的采空区探测方法，实践证明该方法对大宝山危机矿山的成功转型起到重要作用[2,3]。

2 采空区钻探设计与施工的思路

根据露天采场进度图、井下开采采空区资料、物探探明采空区资料和矿产资源赋存情况图，在对不同开采阶段采空区与生产作业台阶的相互关系进行综合分析的基础上，进行采空区探孔的布设、钻孔和总结分析。采空区钻探就是通过钻机钻孔的方式来判别、探明工程地质情况，做到"有疑必探、先探后进"[4-6]，确保采场施工安全。

采空区钻探时按照"有疑必探、先探后进"设计原则进行施工。钻探深度原则上为一个台阶高度和一个保安层厚度之和。开始时采用移动方便的高风压潜孔钻机进行钻探，但是因为塌陷区和破碎层的影响，通常达不到设计要求的深度；因此必须在铲装作业过程中穿插钻探，使铲装设备所在位置底板的厚度大于保安层的厚度，才能保证设备和人员的安全。随着开采计划的推进，采空区安全问题愈加明显，开始出现较大的采空区，甚至出现一些采空区群。因此以前采取的方法已难以满足大跨度采空区、采空区群和多层空区的钻探要求。在实践过程中，逐渐探索出一种结合地质钻深勘和潜孔钻详勘的采空区钻探方式。

经过两年来的经验总结，认为采空区钻探设计与施工的原则宜为：

（1）地质钻钻探主要探测大跨度空区和空区群，防止灾难性的极易导致群死群伤事故的大塌方发生；

（2）在生产勘探过程中，针对小采空区、次生采空区、未充填满采空区和盲采空区等区域，采用潜孔钻进行钻探，可有效防止采场形成局部塌陷；

（3）为节约地勘成本，当采用地质钻探测采空区时，其地质钻探的分析结果可作为生产勘探的一部分，用于采矿的配矿基础资料；

（4）品位较高的矿区往往也是盗采频发的区域，因此在采空区详勘探过程中，若发现某区域矿石品位较高，应适当加密勘探网度。

采用潜孔钻进行采空区详勘时，可选择适当位置的炮孔进行深探，直至采空区勘探深度，爆破时再回填到炮孔深度。这样可减少勘探成本，也可避免潜孔钻机调动频繁。

3 钻探施工内容及分析

根据图纸资料分析和现场经验，结合前期地质钻的深勘，采掘作业过程中的采空区生产勘探的主要目的一是保证运输道路和作业平台的安全，二是在发现采空区后进一步详勘，三是为崩落爆破处理采空区进行钻探[7-10]。

3.1 运输道路的钻探分析

规划运输道路时，根据已有资料尽量避开危险的采空区和塌陷区，但是由于民采资料收集不全面（地下已经发现的民窿多达112条，大部分民窿没有资料；部分发现的民窿已经封闭，存在严重的安全隐患，不宜进窿实地勘察；民采对一些地质图上没有标识的盲矿体进行开采，留下盲空区，无法根据矿脉进行具体跟踪定位，无法全部查实），道路下仍然有采空区存在的可能性，所以需要对运输道路进行钻探核实，保证运输道路安全。

按照现场经验及相关资料，对主要运输道路每隔 15~30m 进行钻探，深度为 25~30m；一般情况下，资料显示存在采空区、赋存矿石的区域探孔加密，岩石区探孔较疏，因为岩石区没有采空区，仅有巷道，安全隐患小。

如果钻探孔过程中，发现岩石完整，说明采空区的顶板厚度足以承担挖机、运输汽车等荷载，能够保证道路运输的安全；如果钻探孔过程中，发现岩石破碎，说明原有采空区（假如有）已经塌陷满，该塌陷区进一步往下塌陷时，路面往往有比较明显的征兆，如开裂、沉降等现象，可察觉。

考虑到道路使用寿命较长，需要对重点怀疑区域或者采空区顶板厚度大于保安层厚度的区域道路钻探孔进行补探复核，尤其是钻探时岩石比较完整，需要排除爆破振动、雨水侵蚀等导致采空区顶板冒顶、片落致使保安层厚度逐渐变薄，最终导致运输安全事故发生。如原来已经钻探了25m的炮孔，1个月后对该炮孔进行加深补钻核实，仍然是整体岩石，则说明安全；如果发现25m深的钻探孔变成了穿孔，则说明长期的爆破振动、雨水侵蚀等导致采空区顶板冒顶、片落，道路运输存在安全隐患，当采空区顶板厚度小于保安层厚度需要进行采空区处理。另外，钻探孔与钻探孔之间，可能存在小的空洞或者井巷没有探明，但考虑到其周边密实，一般不会引起较大面积的、较深的塌陷，仅会出现局部开裂等现象，不足以影响运输道路的整体安全。

3.2　工作平台的钻探分析

工作平台的钻爆挖运施工，按照"有疑必探、先探后进"的原则进行采剥作业。根据地质资料和采空区资料，重点关注出产铅锌矿、高品位铜矿的区域（无论民采还是大宝山矿的地采，主要针对铅锌矿、高品位铜矿进行开采留下采空区，其他位置的矿岩没有开采价值，自然不会留下采空区）和采空区资料反应的危险区域（目前已经收集了90%以上的采空区资料，基本可以指导露天开采的安全施工，没探明的民采采空区较小，一般不会引起大的安全事故）。

在露天台阶爆破作业过程中，对现有资料提供的重点区域布置较密的超前钻探孔，探明作业区域下部已知与未知采空区。根据钻探情况，具体问题具体分析，确保钻孔、爆破、挖装、运输等环节的施工安全。

按照开采境界的地质情况，一般情况下要求钻探深度达到25~30m，这样该作业平台没有爆破前，有足够的顶板厚度，能够保证钻孔、装药、爆破等环节的施工安全，如图1所示；爆破以后，顶板厚度下降1个台阶12m的高度，剩下的顶板厚度一般仍然能够承担中小型挖运设备的施工荷载，如图2所示。

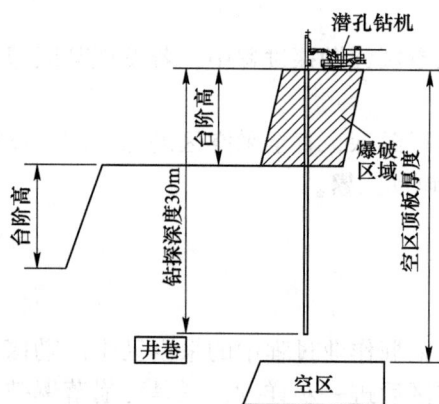

图1　爆破前安全分析　　　　　　　　图2　爆破后安全分析

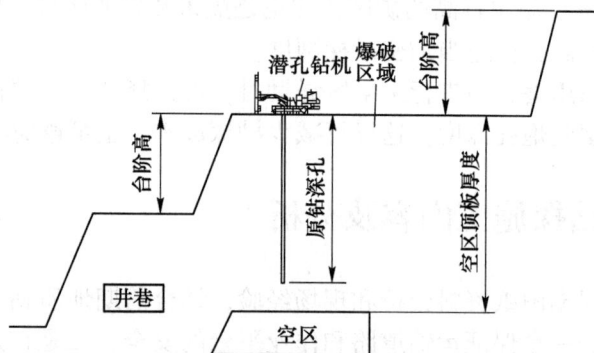

考虑到爆破时的强大的向下的冲击力，如果某采空区漏探，爆后顶板承担荷载的能力很小，则爆破时就会将顶板击穿，如图3所示，使采空区填充满，也排除了原浅埋采空区的安全隐患。为了确保安全，要求采空区爆破安排在中午爆破，爆破工程师和安全员联合仔细检查爆区，以便及时发现异常情况，如周边塌陷、地表开裂、爆堆体积和形状异常等，要及时分析确认后续作业安全。采空区挖装作业，待第二天爆破工程师和安全员检查过静置一夜的爆区及周边环境，确认地质环境没有变化后方可下令作业，严禁擅自作业、夜晚作业和恶劣天气作业。

下一台阶钻爆作业时，须进行新一轮采空区钻探，空区顶板厚度合适时再对采空区进行崩落爆破，如图4所示，施工时需要复核采空区顶板厚度能够承担采空区崩落爆破的施工荷载。

采空区附近进行挖运作业，需要限制人员设备投入量，一个工作面不得多于两台挖机，且间隔大于25m，运输汽车不得排队积压等候，限制现场作业和管理人员数量。采空区挖运作业安排在白天进

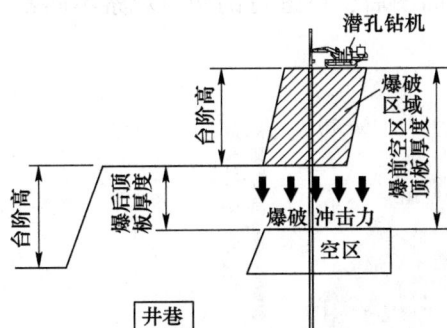

图3　爆破向下冲击力作用分析　　　图4　采空区探明后的崩落爆破

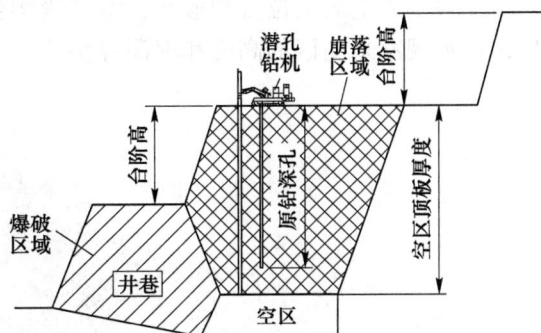

行，且经过专业技术人员的安全技术交底，建立定时巡查制度，以便及时发现危险征兆。采空区挖运作业平台，必须安排现场调度或者安全员监守，发现地表开裂、下沉、滑坡等现象，及时汇报，确保有作业就有人员监守。

3.3　采空区进一步探明与崩落处理时的钻探

当钻孔穿透采空区顶板后，通过穿孔将三维空区激光扫描仪下到空区内部进行扫描，确定采空区形状及位置，并在此基础上补充完善采空区与生产作业台阶关系平、剖面图。施工时需要复核采空区顶板厚度能够承担进一步钻探和采空区三维扫描的施工荷载，确保作业安全。

采空区钻探以及崩落处理的钻孔安全，同上述定性分析（基于经验），亦可采用经验公式或数值计算判别。针对大宝山矿的岩石性质，假如存在一个埋深较深的采空区，该采空区未发现前在上一台阶已经钻探25~30m，该作业平台爆破以后，顶板厚度减少1个台阶12m后，剩下的顶板厚度不足25~30m，所以需要再进行本台阶的25~30m的超前钻探，但其顶板厚度肯定大于13m，仍然能够承担中小型挖运设备的施工荷载，所以采空区钻探以及崩落处理钻孔是安全的。

另外，考虑到爆破时的强大的向下冲击力，如果存在埋深较深未钻探到的大空区，且其顶板承担荷载能力又很小，则在该台阶爆破时就会将顶板击穿导致爆渣塌陷，安全隐患也就自然排除了。

3.4　采空区钻探工作经验

（1）采取"先探后进，有疑必探"的原则，且一次爆破规模不宜太大，确保施工到采空区顶板的外围时就能钻探到该采空区，可再根据具体情况进一步探明，避免盲目在大跨度采空区顶板中间区域作业，空区顶板中央往往是最危险的。

（2）采空区的钻探深度，可以按照保安层厚度确定，也可以按照采空区上部的顶板垮塌后能否基本将采空区垮塌满计算（松散系数1.5），即采空区垮塌落差不足以引起安全事故。根据经验，大宝山矿15m左右高的采空区，可以探25m，是关注的重点；6~8m的采空区，可以待采空区顶板厚11~12m的时候再探。

（3）当因岩石破碎等原因，在上一台阶不能钻探到设计深度时，可在下一台阶挖装作业时边挖装推进边探测，始终确保挖掘机的着力点是安全的，往往称"边探边进"。

（4）为了采空区的三维激光扫描，探孔直径需要大于扫描仪探头直径的1.5倍，且最好是垂直孔，以便扫描探头能够通过该采空区顶板穿孔下放到采空区内。

3.5　采空区三维激光探测扫描分析

英国MDL公司生产的C-ALS（Cavity Auto-scanning Laser System，译为：空区自动激光扫描系统）是世界上先进的地下空区探测设备。在大宝山实际勘探过程中，当发现采空区后，立即采用该设备对采空区形态进行三维扫描，确定其位置、大小、埋深等。

借助空区自动激光扫描系统可以描绘出采空区的三维形状，以便针对具体采空区进行崩落爆破处理的方案设计，排除隐患。三维激光扫描系统对采空区进行扫描后，可得到采空区点云图，如图5所示。点云图反映了采空区的位置和形状,将其投影到采场平面图后,可进行剖切,观察不同断面采空区的形状,直观观察采空区的高度和埋深等参数[11-12]。

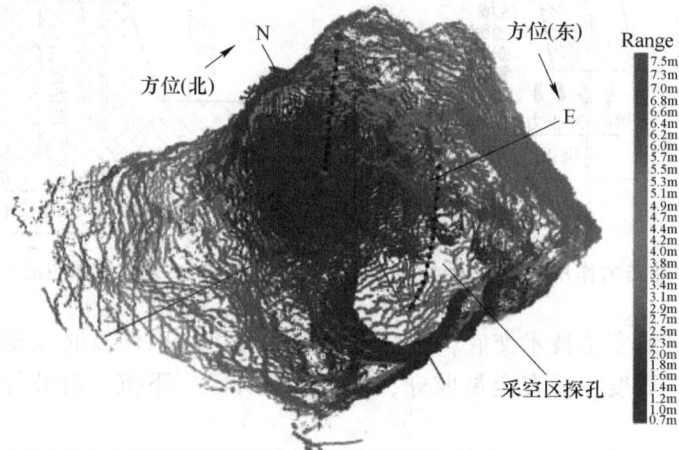

图5　采空区激光扫描点云图

对采空区进行三维激光扫描可直观、准确地掌握采空区的形状和方位,对采矿作业和安全施工非常有益。

4　结论

在大宝山矿由地采转露采过程中,由于盗采等历史原因,采空区给露天采矿造成很大安全隐患。广东宏大爆破股份有限公司在合同采矿过程中,逐渐摸索出一套实用的采空区探测方法,实践证明该方法对大宝山危机矿山的成功转型起到重要作用。其主要经验可总结如下。

(1)在采空区钻探过程中,坚持"有疑必探、先探后进"的原则,可以更好地控制采空区的安全隐患。

(2)钻探时,宜采用地质钻结合潜孔钻的联合钻探方式,即采用地质钻对大采空区和采空区群进行深勘探测;用潜孔钻对小采空区、次生采空区、未充填满空区和盲空区等进行生产勘探。

(3)对于已经钻探到的采空区,宜采用三维激光扫描仪进行精确扫描,获得采空区点云图数据,直观掌握采空区的方位和形状,可以更好地进行采空区处理。

在大宝山矿实行两年多的结果表明,这些措施无论对现有矿山规模的正常生产,还是后续铜硫大开发均大有裨益,为地采转露采回收矿产资源保驾护航,推动了大宝山矿的危机矿山转型。

参 考 文 献

[1] 高永涛,吴顺川.露天采矿学[M].长沙:中南大学出版社,2010.

[2] 崔晓荣,陆华,叶图强,等.三维空区自动扫描系统在露天矿山中的应用[J].有色金属(矿山部分),2012(5):7-10.

[3] 崔晓荣,叶图强,陈晶晶.采空区采矿施工安全的组织与管理[J].金属矿山,2011,40(11):150-154.

[4] 中南大学资源与环境工程学院.广东省大宝山矿大型复杂塌陷与充填区域稳定性及近区开采安全性研究[R].2006.

[5] 宫凤强,李夕兵,董陇军,等.基于未确知测度理论的采空区危险性评价研究[J].岩石力学与工程学报,2008,27(2):323-330.

[6] 童立元,刘松玉,邱钰,等.高速公路下伏采空区问题国内外研究现状及进展[J].岩石力学与工程学报,2004,23(7):1198-1202.

[7] 卢清国,蔡美峰.采空区下方厚矿体安全开采的研究与决策[J].岩石力学与工程学报,1999,18(1):86-91.

[8] 李俊平,彭作为,周创兵,等.木架山采空区处理方案研究[J].岩石力学与工程学报,2004,23(22):3884-3890.

［9］乔春生，田治友. 大团山矿床采空区处理方法［J］. 中国有色金属学报，1998，8（4）：734-738.

［10］Zhao Wen. The rock failure and fall of the large underground mined-out area［J］. Journal of Liaoning Technical University (Natural Science). 2001，12（4）：45-49.

［11］刘希灵. 基于激光三维探测的空区稳定性分析及安全预警的研究［D］. 长沙：中南大学，2008.

［12］陈晶晶，蓝宇. 复杂环境中采空区爆破处理实践［J］. 金属矿山，2013（1）：64-65，79.

大宝山矿采空塌陷区安全采矿爆破技术

叶图强　　陈晶晶

（广东宏大爆破股份有限公司，广东 广州，510623）

摘　要：大宝山采空区塌陷后，周边矿床开采作业存在安全隐患。同时，由于塌陷岩体整体性受到破坏，裂隙发育，使爆破挖运工序无法正常进行。针对以上技术难题，在大宝山矿形成了一套超前勘探方法：采用 GY-200-1 型工程钻机和宣化 CM351 潜孔钻机联合勘探采空塌陷区，通过降低爆破台阶高度，优化爆破参数和装药结构解决泄爆问题，辅以挖掘机、液压破碎锤、手持式风动凿岩机作业，有效地解决了塌陷区破碎岩体对钻探、装药、爆破效果等带来的影响，最终实现矿石的安全回采，实现了矿山的正常生产，为今后的可持续发展打下了基础。

关键词：大宝山矿；采空塌陷区；采矿技术；爆破技术；安全隐患

Safe Mining and Blasting Technologies for Dabaoshan Mine in Mined-out and Subsidence Area

Ye Tuqiang　　Chen Jingjing

（Guangdong Hongda Blasting Co., Ltd., Guangdong Guangzhou, 510623）

Abstract：The mining operation becomes very dangerous after the goafs collapsed in Dabaoshan Mine. Meanwhile, the blasting process does not work correctly because of the integrity of collapsed rock is damaged and fractured. In order to solve the technical problem, a large advanced exploration methods was developed. The GY-200-1-type engineering drillers explore the mined-out and subsidence area combined with the CM351-type downhole drillers. The explosive energy will not release by reducing the bench height, optimizing blasting parameters and charging structure. The excavators, hydraulic hammers, handheld pneumatic rock drillers are also used to solve effectively the impact of drilling, charging, blasting effect which were caused by the cracked rock in the mined-out and subsidence area. Ultimately, the ore is explored safely. At the same time, Dabaoshan Mine can be mined normally and lay foundation for sustainable development.

Keywords：dabaoshan mine；mined-out and subsidence area；mining technology；blasting technology；potential safety hazard

　　大宝山矿长期以来民采泛滥，以至于 2004 年在露天采场出现了三次规模较大的塌方。目前国内对塌陷区周边矿石的安全开采技术研究非常少，没有形成完整的较为成功的开采技术体系，多数遇到此类情况会在安全生产的压力下放弃开采[1]。采矿集中在采空塌陷区域，受其影响，露天采场北部施工进展缓慢，导致向铜选厂供矿十分紧张，储备矿量严重不足，解决采空塌陷区矿石的安全高效开采尤为重要。在施工组织过程中遇到一系列很有代表性的问题，比如采空塌陷区回采矿石安全问题、塌陷区钻孔不到位、漏药现象普遍、爆破效果不佳，进而使采空塌陷区矿石回采工作受到影响。但是经过近三年来的摸索实践，我司技术人员通过采取一系列措施解决了上述问题，取得良好的效果[2]。

基金项目：广东省安全生产专项资金项目资助（编号：2010-91）。

原载于《中国矿业》，2013，22(12)：99-101。

1 采空塌陷区采矿难点及思路

1.1 采空塌陷区采矿的技术难点

经过分析，认为影响采空塌陷区回采矿石的主要难点有以下几个方面。

（1）采空塌陷区内存留未塌的小型空区和大型空区垮塌后周边残余区域，这对露天采场的安全生产构成了不小的威胁。

（2）采空塌陷区钻孔较难，成孔率低，按照正常台阶爆破施工难度很大。

（3）因采空区造成爆破泄能，爆破后大部分区域基本不动。

（4）由于钻孔时炮孔容易与采空塌陷区连通，装药过程中容易发生漏药[3]现象。

1.2 安全采矿爆破的技术思路

针对上述技术难点，采取相应的4种技术途径加以解决。

（1）首先要解决的是如何确保露采采场塌陷区内安全施工的问题。经过技术人员不懈的努力，采用 GY-200-1 型工程钻机和宣化 CM351 潜孔钻机联合勘探施工解决[1]。

（2）对于钻孔不到位问题，经过许多次的观察试验，大胆降低台阶爆破高度，辅以挖掘机、液压破碎锤、手持风动凿岩机综合利用加以处理。

（3）对于爆破后大部分区域基本不动，经分析是因为爆破泄能，考虑降低爆破密集系数，减少爆破能量的过早泄放。

（4）对于漏药现象，应针对具体情况分析，采用吊装解决。

2 采空塌陷区安全采矿爆破技术

2.1 采空塌陷区的勘探技术

由于大宝山矿经历过几次比较大型的塌方，可能存在未塌的小型采空区或者塌而不实的空区边缘区域，这些对露天采场的安全生产构成了不小的威胁。采空塌陷区的施工难点在于防控，所以工程开工前后各专业技术人员经过许多次会审，共同制定采空塌陷区的勘探计划。制定勘探计划的原则是"有疑必探，有矿必探，勘探先行"，确保安全生产（见图1）。考虑到民采都是选取矿石品位较高的矿体进行开采，所以采空区勘探工作重点放在富矿体区域。利用 GY-200-1 型工程钻机进行生产勘探的同时，稍微调整下孔位布置，亦可进行采空区的超前勘探。由于生产勘探孔网较大，不足以满足安全生产的要求，所以决定采用移动方便的高风压潜孔钻机进行辅助勘探，深度可达40m，孔网布置为10m×10m，重点区域可做加密处理[3-5]。经过三年多的实践，大宝山露天采空塌陷区勘探工作未发生一起安全事故。

(a) 地质钻机勘探空区   (b) 潜孔钻机勘探空区

图1　采空区现场勘探图片

2.2 采空塌陷区穿孔爆破技术

因为采空塌陷区钻孔较难，大宝山露天采场成孔率低，按照正常台阶爆破施工难度很大。大宝山露天采场采用的是中高风压潜孔钻机，由于以下原因总是无法钻进至设计深度。

（1）钻孔进尺缓慢。裂隙发育，高压气体无法把岩屑吹出孔外，钻头在孔底重复破碎以致进尺极慢。

（2）卡钻埋钻几率大。采空塌陷区松散体较多，钻进的过程中经常卡钻，随着钻进深度的增加，卡钻埋钻的几率增大。

（3）塌孔现象很严重。虽然在钻进过程中采用泥浆护壁，但是效果不明显，有时候钻进到了设计深度，提钻上来后再量孔就只剩下 6m 左右。经过许多次的钻孔数据统计分析，孔深普遍在 4~7m 左右，而正常台阶高度为 12m。

基于以上情况，作业时将原台阶分成两个台阶进行穿孔爆破，爆后采用挖掘机甩料至下个台阶（见图 2），并挑选出大块，辅助液压破碎锤和手持式风动凿岩机综合利用加以处理，在下一台阶进行挖装作业。

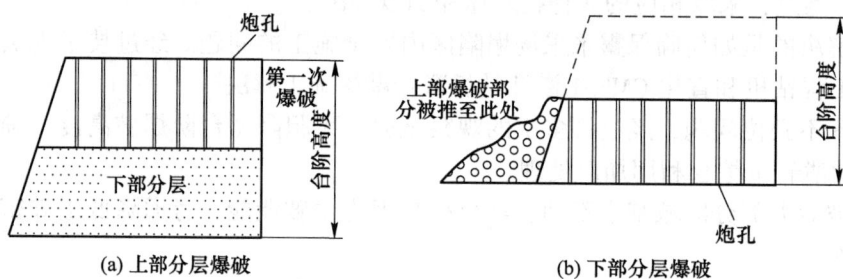

图 2 分台阶爆破原理

在采空塌陷区进行分台阶爆破还有另外几个优点：（1）矿石贫化率、损失率与台阶高度成正比。因此，在矿山其他开采参数一定的情况下，降低台阶高度可大幅度减少矿石贫化与损失；（2）可降低最大装药量和最大单响药量，降低爆破飞石等有害效应[6]。

在采空塌陷区采用分台阶爆破技术可创造可观的经济效益。虽然采用分台阶穿孔爆破技术降低了台阶高度，并增加了甩料环节，穿孔和铲装作业成本增加了，但是因采矿量持续稳定，采空塌陷区内矿石可选性好，通过进行科学合理的配矿，铜选厂的金属回收率从 50% 提高到 85% 左右。同时因金属回收率高，矿石开采的边际品位从原来的 0.4% 减低到 0.2%~0.3%，进一步促进了矿产资源的有效利用。

统计数据显示，采空塌陷区穿孔爆破施工环节月平均增加成本约计 4 万~5 万元/月，但因分台阶爆破技术提高了资源回收率、降低了铜的边际品位，综合增创经济效益超 200 万元/月。

2.3 爆破泄能问题的解决

在工程刚开始的数次爆破实践中，经常出现爆破后爆区基本不发生明显变化的现象。分析认为，造成这种情况的根本原因是结构面对爆破产生了泄能作用。根据爆破漏斗原理，炸药爆炸后的能量总是往最薄弱的自由面作用[7]，所以采取单耗基本不变，加大最小抵抗线，减小孔间距的方法改善爆破效果。

由于地质条件的不确定因素，很难根据表层准确判断台阶内部的情况，所以只能从数学概率上进行处理。就是在岩石结构条件相同的情况下，尽可能减少因岩石结构造成的不良影响。大宝山采用的方法是，在控制爆破单耗基本不变的情况下，调整爆破系数 m。即适当减小孔间距，相对增大排距。爆破系数从原来的 $m=a:b=1.8$ 调整为 $m=a:b=1.5$（爆破效果评价见表 1）。

表 1 爆破效果评价

对比值	a/m	b/m	效 果 评 价
调整前	6	3.3	在岩性完整区域效果较好，在采空塌陷区中松散层抛开，其中较大块未动
调整后	5.7	3.8	仅有个别情况爆堆不是很好，但是可以把较大块矿石翻起，而且也基本震裂了，比较利于推、挖

2.4 炸药泄漏问题的解决

前期在装药过程中，经常出现炸药泄漏的现象。炸药泄漏轻则造成少量炸药的损失，若不注意，很有可能因下部集中药包药量较大而出现安全事故。造成这种情况的原因是塌陷区裂隙发育，或有残余空洞等情况，爆生气体经过软弱面或软弱带泄入空洞，使炮孔的爆破压力迅速降低，从而导致其他方向的爆破径向裂隙停止继续发展，使爆破效果明显降低。遇到这种情况首先必须要知道裂隙或者空洞的位置，这就需要钻机手在钻进过程中做好记录，以便装药过程中准确地判断，装药时在裂隙或空洞的上方用麻绳或铁丝吊编织袋堵塞，再向孔内填 2m 左右岩粉，处理好后进行正常装药。经过实践观察，爆破效果不错，基本达到预期效果。

3 结论

自 2009 年底施工至今，本着"有疑必探，有矿必探，先探后进"的原则，通过采取措施不断优化塌陷区回采技术水平，有效解决了塌陷区矿石回采中的代表性问题，实现了铜矿石安全高效的回采，技术管理层面上都很有推广价值。三年来共从塌陷区回收铜矿、硫矿、铁矿约 500 万吨，价值近 13 亿元人民币，且保证了铜选厂的正常运营。

虽说取得了一定的成绩，然而在一些方面仍有可提升的空间：（1）GY-200-1 型工程钻机移动不便，钻进时间较长，潜孔钻机在破碎地层的钻进能力受限，所以亟待一种新型高效的采空区勘探设备的出现；（2）采空塌陷区的近区开采理论研究还有待进一步的深入；（3）采空塌陷区残余空区的确认研究还有很大的提升空间。

大宝山矿采空塌陷区安全采矿爆破技术主要是为了解决盗采形成的采空塌陷区，它对类似露天采场下有不明盗采采空塌陷区的矿山具有一定的借鉴意义。

参 考 文 献

[1] 崔晓荣，叶图强，陈晶晶. 采空区采矿施工安全的组织与管理 [J]. 金属矿山，2011, 40(11)：150-154.

[2] 陈晶晶，蓝宇. 复杂环境中采空区爆破处理实践 [J]. 金属矿山，2013, 42(1)：64-65(79).

[3] 叶图强，陈晶晶，王铁. 露天开采复杂采空区的危险性探测与分析 [J]. 中国矿业，2012, 21(1)：87-89.

[4] 过江，古德生，罗周全. 金属矿山采空区 3D 激光探测新技术 [J]. 矿冶工程，2006, 26(5)：16-18.

[5] 李夕兵，李地元，赵国彦，等. 金属矿地下采空区探测、处理与安全评价 [J]. 采矿与安全工程学报，2006, 23(1)：24-28.

[6] 毛荐新，张传舟，曹祖武，等. 开采技术因素对露采矿石损失与贫化的影响 [J]. 金属矿山，2002(10)：6-9.

[7] 申卫峰，单承质. 降低深孔台阶爆破中大块率和根底的措施 [J]. 煤矿爆破，2010(1)：31-33.

多台套大能力破碎站在胜利东二号露天矿的应用

赵博深[1,3]　吴多晋[2]　赵红泽[1]　白玉奇[1]

（1. 中国矿业大学（北京），北京，100083；2. 内蒙古工业大学 矿业学院，内蒙古 呼和浩特，010051；3. 广东宏大爆破股份有限公司，广东 广州，510623）

摘　要：针对胜利东二号露天煤矿投产以来采用半连续工艺采煤的实际应用情况，探讨了不同开采时期半连续工艺破碎站的布设位置和运煤路线的优化，详细研究了该矿开工以来的 3 次破碎站布设及计划中的 2 次布设，并对半连续采煤投入运行以来带来的经济效益和环境效益进行了计算和分析，结果表明，半连续采煤工艺在露天煤矿的应用不仅可以节省大量成本，同时，又使总体卡车排气量降低，减少了对环境的污染，具有显著的经济效益和社会效益，为我国半连续采煤工艺的应用研究起到了参考意义。

关键词：露天矿；半连续工艺；半固定破碎站；破碎站布设；带式输送机

Application of Multiple Sets of Large Capacity Crushing Stations in Shengli East No. 2 Open-pit Mine

Zhao Boshen[1,3]　Wu Duojin[2]　Zhao Hongze[1]　Bai Yuqi[1]

（1. China University of Mining and Technology, Beijing, 100083;
2. School of Mining, Inner Mongolia University of Technology, Neimenggu Hohhot, 010051;
3. Guangdong Hongda Blasting Co., Ltd., Guangdong Guangzhou, 510623）

Abstract: In view of the practical application of semi-continuous coal mining in Shengli East No. 2 open-pit coal mine since it was put into operation, the paper discusses the layout positions of the crushing station and optimization of the coal transport route in different mining periods. It studies in detail the layout of three crushing stations since the mine was put into operation and the two in the plan, and calculates and analyzes the economic and environmental benefits of the semi-continuous mining in operation. The results show that the application of the semi-continuous mining technology in the open-pit coal mine can save a great deal of production costs, and reduce environment pollution by lowering the overall truck displacement. The technology has significant economic and social benefits, and could be used as a reference for the application research of the semi-continuous coal mining technology in China.

Keywords: open-pit mine; semi-continuous technology; semi-fixed crushing station; crushing station layout; belt conveyor

进入 21 世纪以来，我国的露天工业有了很大的发展，露天煤矿的生产能力和生产效率都有了极大的提高，开采设备也越来越大型化，生产工艺也变得多样化，其中，半连续工艺的应用更加广泛，形式也更加多样。露天煤矿半连续工艺由 20 世纪 80 年代应用之初的坑边固定/半固定破碎站采煤半连续工艺，逐步发展成为采煤应用更加广泛、剥离工艺朝着半连续化的方向发展，且由单一的固定/半固定破碎站向更加灵活、生产能力更大的移动式破碎站并存的方向发展。目前国内大型露天煤矿的采煤工艺大都选用"单斗—卡车—半固定破碎站—带式输送机"半连续系统，大能力破碎站在露天矿半连续采煤工艺起着关键作用，因此，对大能力破碎站在露天矿的应用研究有着重要意义。

原载于《煤炭工程》，2013(12)：49-51。

1 半连续工艺的优点及布设原则

1.1 优点

半连续工艺的优点如下。

（1）充分利用了单斗—卡车环节的灵活性、适应性强，与半固定破碎站—胶带运输环节结合，可以最大限度地发挥单斗挖掘机的采掘效率。

（2）充分发挥了胶带运输的运量大、运营成本低的特点，减少了自卸卡车带来的尾气污染、道路扬尘和噪声污染，改善采场作业环境。

（3）以胶带运输代替事故率最高的运输环节，增加露天作业的安全性。

（4）减少了采矿现场道路的洒水、维护量，减少了相应辅助环节的设备投入和作业人员。

（5）降低了雨、雪、沙尘、严寒等恶劣气候对采、运煤的影响，提高了整个运煤系统的作业效率。

（6）以电代油，减少对柴油的依赖，符合绿色采矿的环保理念。采用电力为主要能源动力，可以适应未来能源结构的调整，减少油价多变对生产成本的影响。

1.2 布设原则

"单斗—卡车—半固定破碎站—带式输送机"半连续系统布设应遵循以下原则：

（1）使矿岩的综合运距最短；

（2）选择边坡稳定、无采空区的地方；

（3）便于矿山推进后开拓运输系统的调整；

（4）方便现场施工。

2 胜利东二号露天矿概况

胜利东二号露天煤矿位于胜利煤田的中部，矿区内露天主采煤层有三层，分别为 4 号煤层、5 号煤层和 6 号煤层，由东南方向向西北方向倾斜，煤层结构为近水平较复杂煤层。在露天矿初期开采的 F_{61} 断层以南的区域，煤层埋藏深度平均在 200m 左右，随着采剥工程的发展，煤层向深部倾斜，煤层倾角一般为 5°~8°，局部为 14°。煤层埋藏深度逐步加深，深部提升高度可达 400m，采用卡车运输在技术上和经济上都不可行，因此，设计推荐采用"单斗—卡车—可移式破碎站—带式输送机"半连续开采工艺。

采煤系统主要设备选型：电动液压铲选用 20m³ 级（采用斗容 23m³）；自卸卡车选用载重 100t 级；可移式破碎站选用破碎能力为原煤 3000t/h 的半固定破碎站，入料粒度 1500mm，排料粒度不大于 300mm；带式输送机选用带宽 1.6m、带速 4m/s 的钢绳芯强力型带式输送机。

3 破碎站位置布设

3.1 一期开采破碎站位置布设

3.1.1 一次破碎站布设位置

胜利东二号露天煤矿 2007 年 10 月出煤，在建矿初期，煤炭除运往地面煤场、铁路煤台外，还有一部分 4 号、6 号煤层直接在坑下销售。2009 年 1 月，坑下一次破碎站投入使用，布设位置选择在南帮 1011 水平，坑下煤炭通过南帮运输系统运往破碎口，破碎后的煤炭经过 M101 胶带，经过跨出入沟栈桥与 M102 搭接后运至二次破碎站再次破碎，运至储煤仓，通过装车站装火车外运。

由于南帮 F_{68} 断层影响，南帮 6 号煤层上方岩体发生滑移，同时根据采掘进度计划安排，南帮需要进行剥离延深，出露南帮下部的优质煤，该破碎站服务至 2011 年 2 月，新的一次破碎站（以下称南一破）的位置位于地表 1040 水平，如图 1 所示，该破碎站于 2011 年 3 月移设完毕投入使用。

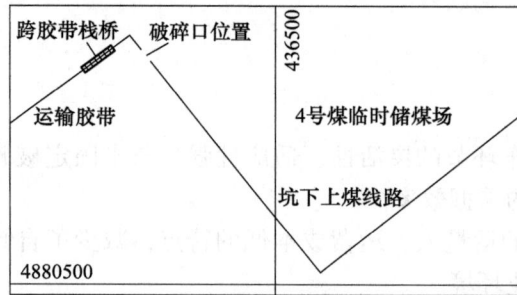

图 1　一次破碎站布设于地表 1040 水平位置

3.1.2　新增一次破碎站布设位置

根据胜利东二号露天煤矿开采进度安排，在 2010 年年末采场西区 1002 水平新建一套破碎能力为 3000t/h 的半移动式破碎站（以下称北一破），坑下生产原煤经坑内移动坑线运往新北一破，再通过新建带式输送机转载至 M102 带式输送机运至储煤仓，在 996 水平沿地表布设胶带 M101-1，在现有栈桥东侧与 M102 搭接。新增 M101-1 带式输送机总长 389.73m，爬坡角度 5°，与排料带式输送机夹角 160°；穿平安大道下部采用钢筋混黏土平行栈桥，长 30m；与 M102 搭接，夹角 65°，如图 2 所示。

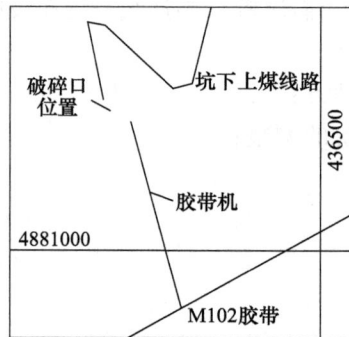

图 2　新增一次破碎站布设于坑下 996 水平位置

3.2　二期开采破碎站位置布设

3.2.1　一次破碎站布设位置

随着采剥工程的发展及二期半连续剥离系统设备的到货进度，现有破碎站的位置不能满足未来采煤工程的要求，故计划在 2013 年，在南帮西部 948 水平布设两套 3000t/h 采煤半连续工艺系统，在西区 948 水平形成 1 套 18000t/h 剥离半连续工艺系统（由 2 套 9000t/h 半固定破碎站合成），在 968 水平形成 1 套 9000t/h 剥离半连续工艺系统（由 2 套 4500t/h 半固定破碎站合成），如图 3 所示。半连续工

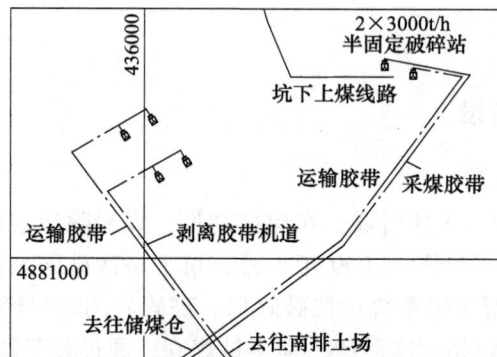

图 3　一次破碎站布设于南帮西区 948 水平位置

艺系统投入后能有效缓解采场948水平下部物料的运输压力，同时能够有效缩短运距、减少提升高度，降低生产成本，提高经济效益。

3.2.2 底部采至煤层底板时一次破碎站布设位置

随着采剥工程的发展，当采煤工程开采至出露6号煤层底板时，将3座煤破碎站均布置在采掘场下部、6号煤层底板上，卸载平台标高为830。其中，一号煤破碎站主要承担4号煤层及部分6号煤层的破碎，二号和三号煤破碎站主要承担6号煤层的破碎，破碎后的煤通过带式输送机经南部带式输送机出入沟输送至地面储煤仓，这样，矿坑深部的煤炭可以通过胶带提升200m以上的高度到达地面。

3.3 经济效益分析

胜利东二号露天煤矿投产至今已累计完成采煤3870万吨，其中，4号煤层累计完成920万吨，5号、6号煤层累计完成2950万吨，大部分5号、6号煤层和少部分4号煤层是通过半固定破碎站破碎后经胶带运输至地表储煤地点，采煤半连续工艺系统投入使用至2012年末各年的采煤加权运距和加权提升高度见表1。

表1 开工至2012年年底煤炭产量汇总表

年份	采煤量/万吨		加权运距/m	加权提升高度/m
	4号煤层	5号、6号煤层		
2007	—	70	—	—
2008	—	250	—	—
2009	90	380	1150	26
2010	310	690	2000	73
2011	240	760	3250	133
2012	280	800	3200	144
开工累计	920	2950	2400	100

由表1可以看出，2009年采煤加权运距1150m，加权提升高度26m；2010年采煤加权运距2000m，加权提升高度73m；2011年采煤加权运距3250m，加权提升高度133m；2012年采煤加权运距3200m，加权提升高度144m；开工累计加权运距2400m，加权提升高度100m。随着矿山的开采，采煤运距的不断增加，按照外包单价16元左右计算，每节约1公里的运距，对于一个年产30Mt的露天矿来说，节省的成本是过亿元的。

4 结论

本文结论如下。

（1）半连续工艺具有显著的经济效益。通过对经济效益进行计算，得出了采煤半连续工艺应用之后带来的巨大经济效益，节省了大量的运距。

（2）半连续工艺可以显著提高矿山运输效率，经过破碎站后的胶带运输属于连续工艺，可以不间断地运输物料，相比卡车运输具有相当大的优势。

（3）在燃油成本不断上涨和对环境保护要求越来越高的背景下，采用电力的半连续工艺可以显著地降低矿山的燃油消耗，降低碳排放量，具有显著的社会效益。

参 考 文 献

[1] 彭世济. 露天矿连续和半连续开采工艺［M］. 北京：煤炭工业出版社，1991.

[2] 中国煤炭学会露天开采专业委员会. 中国露天煤炭事业发展报告［M］. 北京：煤炭工业出版社，2010.

[3] 赵红泽，张瑞新，吴多晋，等. 大型露天煤矿拉铲倒堆工艺低碳效益分析［C］//第二届中国能源科学家论坛论文

集．徐州：美国科研出版社，2010.

[4] 侯诚达．半连续工艺在平朔矿区应用前景展望 [J]．露天采煤技术，1998(3)：14-16.

[5] 姬长生．我国露天煤矿开采工艺发展状况综述 [J]．采矿与安全工程学报，2008，25(3)：297-300.

[6] 李新旺，段起超，张瑞新，等．安太堡露天矿半固定式破碎站布设水平的优化 [J]．中国矿业大学学报，2006，35(6)：752-756.

[7] 陈树召．大型露天煤矿他移式破碎站半连续工艺系统优化与应用研究 [D]．徐州：中国矿业大学，2011.

[8] 胡灿舟．一千万吨级露天矿大型成套设备科研攻关的成功创举 [J]．矿业研究与开发，1995，15(Z1)：19-23.

[9] 张瑞新，王忠强，吴多晋，等．露天煤矿拉斗铲作业台阶安全稳定性分析 [J]．煤炭科学技术，2010，38(6)：1-5.

[10] 杨树才，张幼蒂，李安文，等．我国露天矿应用半连续开采工艺的现状与前景 [J]．化工矿山技术，1993(5)：50-52.

[11] 王喜富，洪宇，李仲学，等．露天矿半连续工艺优化方法及应用 [M]．北京：煤炭工业出版社，2002.

逐孔起爆爆破效果的模糊综合评价

张建华[1]　夏岸雄[1]　王　涛[1,2]　Mulala Innocent Matodoa[1]

（1. 武汉理工大学 资源与环境工程学院，湖北 武汉，430070；
2. 广州宏大爆破股份有限公司，广东 广州，510623）

摘　要：逐孔起爆技术是近年在我国露天矿深孔台阶爆破中应用较为广泛的一种爆破技术。为了探究逐孔起爆技术在露天矿台阶爆破作业中的爆破效果，从爆破质量、爆破安全和爆破的经济效益3个方面出发，以"块度分布、松散系数、根底率、飞石距离、爆破振动、炸药单耗、爆破效率"作为评价指标，建立模糊综合评价模型，并将该评价模型应用在遵义的东联露天矿中，评价结果是优，验证了逐孔起爆技术是一种先进的爆破技术，明显优于传统的起爆方法，应该在露天矿爆破施工中进一步推广使用。

关键词：露天矿；逐孔起爆；爆破效果；模糊综合评价

Blasting Effect of Hole-by-hole Initiation based on Fuzzy Complex Evaluation

Zhang Jianhua[1]　Xia Anxiong[1]　Wang Tao[1,2]　Mulala Innocent Matodoa[1]

(1. School of Resources and Environmental Engineering, Wuhan University of Technology, Hubei Wuhan, 430070; 2. Guangdong Hongda Blasting Co., Ltd., Guangdong Guangzhou, 510623)

Abstract：The hole-by-hole initiation technology is widely used in deep hole bench blasting engineering in open pit nowadays. In order to explore the blasting effect of the hole-by-hole initiation in the open pit bench blasting operations, considering the blasting quality, safety and economic benefits, the fuzzy complex evaluation model was established to apply to Zunyi East open pit mine. In the model, some factors were taken into account, such as block degree distribution, coefficient of volumetric expansion, bedrock rate, flying rocks, blasting vibration, specific charge of explosives, blasting efficiency. The evaluation result was excellent, which verified that the hole-by-hole initiation technology was an advanced blasting techniques and better than the traditional method of initiation significantly. Therefore, it is meaningful for the further promotion in the open pit mine blasting.

Keywords：open pit mine; hole-by-hole initiation; blasting effect; fuzzy complex evaluation

逐孔起爆是以高强度、高精度复合导爆管毫秒雷管为起爆及传爆元件进行起爆网路铺设[1]，孔内采用高段位延时毫秒雷管起爆，而孔外采用低段位延时毫秒雷管进行连接，起爆顺序采用的是分散螺旋状起爆的一种先进爆破技术。逐孔爆破技术对降低矿山爆破震动，提高爆破效果作用十分显著，是近几十年来在我国露天矿中深孔台阶爆破中应用广泛的爆破技术。

爆破效果的好坏不仅决定着爆破本身的质量、安全和矿山效益，对后续铲装、运输、破碎等工艺的顺利和生产效率的高低有重大影响，同时也反映了爆破参数的合理程度，因此对爆破效果的评价是一个重要的环节[2,3]。模糊评价方法是一种定性与定量相结合、将人的主观臆断用数量形式表达和处理的方法。运用层次分析法确定各影响因素的权重时，减少了个人主观臆断所带来的弊端，使评价结果更合理和更可信。将本法和层次分析法相结合，建立综合评价方法[4]，对逐孔起爆的爆破效果进行评价，达到了更为准确的评价结果。

基金项目：贵州科技计划项目（黔科合20103065号）。

原载于《爆破》，2013(4)：83-86。

1 模糊综合评价方法

1.1 爆破效果层次结构模型

把评价指标按照一定的规律或类别进行层次划分[5]，根据爆破指标的性质和特点，从爆破质量、爆破安全和爆破的经济效益三个方面展开研究。考虑到影响爆破效果的因素很多，并且它们具有层次性，因此对影响爆破效果的各个因素进行分析和归类，以块度分布、松散系数、根底率、飞石距离、爆破振动、炸药单耗、爆破效率7个爆破评价指标，建立爆破效果的评价层次结构模型，如图1所示。

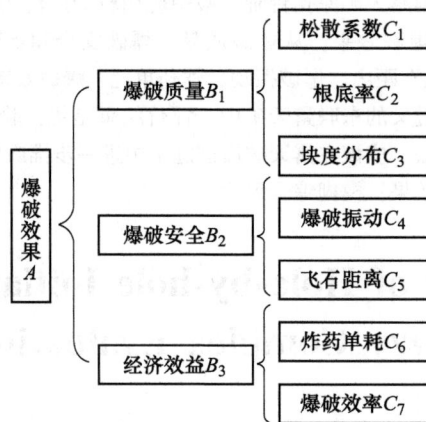

图1 层次结构评价模型

Fig. 1 Hierarchical evaluation model

1.2 构造判断矩阵及各指标权重计算

假设上一层（A 层）中的指标所包含的下一层（B 层）中的 B_1、B_2、B_3、…构造判断矩阵为 $\boldsymbol{B} = (b_{ij})_{m \times n}$。其中进行权重分析时，引用1~9标度法进行分析[6]。即数字1~9分别表示一个因素比另一个因素重要的程度，并进行矩阵的正交化，结果如表1所示。

在权重分析时，往往对各个指标的侧重点不同，比如在人口密集的地方对爆破安全要求比较高，特别是爆破振动应增加权重，另外在贵重金属矿中应增加经济效益的权重，反之应该增加爆破质量的权重。根据露天矿工程爆破的实际情况，最终建立评价指标的权重如表1所示。

表1 评价指标权重表

Table 1 Evaluation index weight table

B-C 层权重 D_{B-C}	A-B 层权重 D_{A-B}			A-C 层权重 D_{A-C}
	$B_1(0.333)$	$B_2(0.333)$	$B_3(0.334)$	
C_1	0.4	0	0	0.133
C_2	0.2	0	0	0.067
C_3	0.4	0	0	0.133
C_4	0	0.667	0	0.222
C_5	0	0.333	0	0.111
C_6	0	0	0.5	0.167
C_7	0	0	0.5	0.167

检验矩阵是否有效的指标是一致性指标

$$\text{CI} = (\lambda_{\max} - n)/(n - 1) \tag{1}$$

$$CR = CI/RI \tag{2}$$

式中，$\lambda_{\max}$ 为矩阵的最大特征根，为 5.031；n 为矩阵的阶数，为 7；RI 为平均随机一致性指标，其与 n 的关系如表 2 所示，取 0.89；CR 为一致性比例。

由以上数据计算 $CR = 0.09 < 0.1$。一般认为当 $CR < 0.1$ 时矩阵的值是可以接受的。否则就要做适当的修正，以提高其精确性[7]。

表 2　平均随机一致性指标表

Table 2　Average random consistency index table

n	1	2	3	4	5	6	7
RI	0	0	0.52	0.89	1.12	1.26	1.36

1.3　爆破效果的模糊综合评价

对于影响爆破效果的评价因素按照等级划分，并用取值区间加以约束，建立评语集 $V = \{$优 $v1$，良 $v2$，中 $v3$，差 $v4\}$，分别表示因素的判断标准，将评价过程中的人的主观定性判断变为客观定量的评价，如表 3 所示。

表 3　评价等级指标表

Table 3　Evaluation index grade table

因　素	$v1$ 优	$v2$ 良	$v3$ 中	$v4$ 差
松散系数	>1.5	1.5~1.3	1.3~1.2	1.2~1.0
根底率/%	0~0.1	0.1~0.3	0.3~0.5	>0.5
块度分布分值	9~10	8~9	7~8	0~7
爆破振动分值	10~9	9~8	8~7	0~7
飞石距离/m	0~50	50~100	100~150	>150
炸药单耗/kg·t^{-1}	<0.21	0.21~0.23	0.23~0.25	>0.25
爆破效率/t·m^{-1}	>75	75~65	65~55	<55

评价各个指标的方法是建立总判断矩阵，表示为

$$\boldsymbol{R} = (b_{ij})_{p \times m} = \begin{bmatrix} b_{11} & b_{12} & \cdots & b_{1m} \\ b_{21} & \ddots & & \vdots \\ \vdots & & \ddots & \vdots \\ b_{p1} & \cdots & \cdots & b_{pm} \end{bmatrix}$$

b_{ij} 是以表 3 的各个指标等级为依据，建立各个评价指标的隶属函数。在实际的工程中将实际值向量 $\boldsymbol{D} = [D_1, D_2, D_3, \cdots, D_N]$ 分别代入以下三个公式求得

$$b_{i1}(x) = \begin{cases} 1, & a_{i0} \leqslant x \leqslant a_{i1} \\ \dfrac{a_{i2} - x}{a_{i2} - a_{i1}}, & a_{i1} \leqslant x \leqslant a_{i2} \quad (i = 1, 2, \cdots, m) \\ 0, & a_{i2} \leqslant x \leqslant a_{im} \end{cases} \tag{3}$$

$$b_{ij}(x) = \begin{cases} 0, & a_{i0} \leqslant x \leqslant a_{i(j-2)} \\ \dfrac{x - a_{i(j-2)}}{a_{i(j-1)} - a_{i(j-2)}}, & a_{i(j-2)} \leqslant x \leqslant a_{i(j-1)} \\ 1, & a_{i(j-1)} \leqslant x \leqslant a_{ij} \quad (i = 1, 2, \cdots, 6; j = 2, 3, \cdots, m-1) \\ \dfrac{x - a_{i(j-2)}}{a_{i(j-1)} - a_{i(j-2)}}, & a_{ij} \leqslant x \leqslant a_{i(j+1)} \\ 0, & a_{i(j+1)} \leqslant x \leqslant a_{im} \end{cases} \tag{4}$$

$$b_{i1}(x) = \begin{cases} 0, & a_{i0} \leqslant x \leqslant a_{i(m-2)} \\ \dfrac{x - a_{i(m-2)}}{a_{i(m-2)} - a_{i(m-1)}}, & a_{i(m-2)} \leqslant x \leqslant a_{i(m-1)} \\ 1, & a_{i(m-1)} \leqslant x \leqslant a_{im} \end{cases} \quad (i = 1, 2, \cdots, n) \tag{5}$$

式中，n 为评价指标的个数，为 7；m 为评语分级数，为 4。

最终的指标综合评价结果为

$$\boldsymbol{B} = \boldsymbol{D}_{A-C} \times \boldsymbol{R} \tag{6}$$

2 实例应用

以遵义的东联露天矿某次爆破为例，采用逐孔起爆技术，根据以上各个指标，对其进行爆破效果的评价。其中块度分布和爆破振动两个因素以分值来表示，满分为 10 分，可以有效地评价因素的影响。

块度分布计算以 Split Desktop 软件进行处理，该软件是一款专门分析岩石块度分布的软件。根据对现场工程的施工段相关要求，给出各个块度分级的权重及标准百分比，并进行打分，如表 4 所示。

表 4 块度分布表
Table 4 Block distribution table

块度/cm	0~20	20~40	40~60	60~80	>80
权重	0.2	0.3	0.2	0.13	0.17
标准百分比/%	30	30	20	12	8
实测百分比/%	29.73	37.31	17.20	9.42	6.34
得分	9.91	7.96	8.90	7.85	7.93

爆破振动的测量分别选择爆心距为 100m、200m、300m 三个测点进行速度测试。测试采用的是成都中科测控 TC-4850C 动态系统，记录实测的振速。根据现场的环境，分别给出权重，并由萨氏公式计算出参考振速为

$$v = K \cdot \left(\frac{Q^{1/3}}{R}\right)^{-\alpha} \tag{7}$$

根据现场岩性和地质条件，已知 $K = 88$，$\alpha = 1.34$，$Q = 250\text{kg}$，计算结果如表 5 所示。计算可得爆破振动的得分为：$D4 = 0.4 \times 9.5 + 0.25 \times 9.2 + 0.35 \times 9.4 = 9.4$。

表 5 爆破振动评价表
Table 5 Blasting vibration evaluation sheet

爆心距/m	100	200	300
权重	0.40	0.25	0.35
参考振速/m·s⁻¹	2.87	1.21	0.78
实测振速/m·s⁻¹	1.64	1.02	0.31
得分	9.5	9.2	9.4

由现场的实际爆破情况，得出的最终的实测向量：$D = [1.5, 0.08, 8.7, 9.4, 55, 0.2, 74]$。将 D 中数据代入式（3）~式（5）得判断矩阵

$$R = \begin{bmatrix} 0.6 & 1 & 0.4 & 0 \\ 1 & 0.8 & 0 & 0 \\ 0.3 & 1 & 0.7 & 0 \\ 1 & 0.6 & 0 & 0 \\ 0.9 & 1 & 0.1 & 0 \\ 1 & 0.5 & 0 & 0 \\ 0.9 & 1 & 0.1 & 0 \end{bmatrix}$$

根据式（6）应用 MATLAB 计算矩阵可得最终综合评价结果

$$B = D_{A-C} \times R = [0.8259, 0.8143, 0.1741, 0]$$

根据最大隶属原理，得本次逐孔起爆的爆破效果的评价等级为

$$b_{max} = \max[0.8259, 0.8143, 0.1741, 0] = v1$$

即爆破效果为优。

3 结果验证

为了检验本次爆破效果是否与实际情况相符，现从块度分析和大块率两方面进行考察分析。

以篮球为参照物，爆破后的典型爆堆分布图如图 2 所示。从图中看出爆堆的表面隆起 2~4m，满足铲装高度，爆破区表面裂缝相互贯通，且裂缝间孔隙均匀[8]，同时也大大降低了根底出现的概率，爆区内基本没有出现根底。

图 2　现场典型爆堆分布图
Fig. 2　The typical distribution map of the rock pile

表 6 详细地统计了该矿分别在五次爆破后部分爆堆的大块率情况，看出大块率最大为 2.76%，大块率较少，松散度较好，且破碎较为均匀，在满足的要求范围内，验证了应用逐孔起爆技术明显改善爆破后的大块率，与评价结果基本一致。

表 6　部分爆堆的大块率统计表
Table 6　Part of the rock pile large rate statistical table

爆破次数	1	2	3	4	5
大块方量/m³	731	1009	1201	951	883
爆破方量/m³	37685	39876	43528	38650	41630
大块率/%	1.94	2.53	2.76	2.46	2.12

4 结语

（1）以遵义的东联露天矿为例，采用模糊综合评价方法从爆破质量、爆破安全和爆破的经济效益

三个方面全面对逐孔起爆的爆破效果进行评价，评价效果为优，验证了逐孔起爆技术在露天矿爆破中是一项先进的爆破技术，明显优于传统的爆破方法。

（2）运用模糊综合评价方法可以有效地指导和反馈实际的爆破作业生产情况，如果某次评价的结果为一般或差，达不到要求，应及时调整爆破参数，重新计算直至达到满意的结果。

参 考 文 献

［1］程平. 逐孔起爆技术及其应用研究［D］. 西安：西安建筑科技大学，2008.

Cheng Ping. Hole-by-hole detonation technique and its application［D］. Xi'an：Xi'an University of Architecture and Technology，2008.

［2］周磊. 爆破效果评价及爆破参数优化研究［D］. 武汉：武汉理工大学，2012.

Zhou Lei. Blasting effect appraisal and demolition parameter optimization research［D］. Wuhan：Wuhan University of Technology，2012.

［3］赵国彦，黄治成，刘高，等. 中深孔爆破效果的 AHP-模糊综合评价方法［J］. 矿业研究与开发，2010(2)：106-108.

Zhao Guoyan，Huang Zhicheng，Liu Gao，et al. The effect of AHP-hole blasting fuzzy comprehensive evaluation method［J］. Mining Research and Development，2010(2)：106-108.

［4］蒲传金，肖正学，郭学彬. 爆破效果综合评价的模糊层次分析法模型［J］. 矿业快报，2004，20(11)：11-12，15.

Pu Chuanjin，Xiao Zhengxue，Guo Xuebin. Blasting effect comprehensive evaluation model of fuzzy AHP［J］. Mining Industry，2004，20(11)：11-12，15.

［5］陈少雄. 综合运用层次分析法和模糊数学方法对我国研究生培养模式进行评价［J］. 高教探索，2005(3)：91-93.

Chen Shaoxiong. The integrated use of analytic hierarchy process(AHP) and fuzzy mathematics method to evaluate graduate cultivation model in our country［J］. Exploration of Higher Education，2005(3)：91-93.

［6］胡新华，杨旭升. 基于灰色关联分析的爆破效果综合评价［J］. 辽宁工程技术大学学报（自然科版），2008，27(S1)：142-144.

Hu Xinhua，Yang Xusheng. Blasting effect comprehensive evaluation based on gray correlation analysis［J］. Journal of Liaoning Technical University(Natural Science)，2008，27(S1)：142-144.

［7］宋光兴，杨德礼. 模糊判断矩阵的一致性检验及一致性改进方法［J］. 系统工程，2003，21(1)：110-116.

Song Guangxing，Yang Deli. Consistency of fuzzy judgment matrix consistency test and improvement methods［J］. Systems Engineering，2003，21(1)：110-116.

［8］付天光. 逐孔起爆技术应用基础研究［D］. 辽宁：辽宁工程技术大学，2010.

Fu Tianguang. Hole-by-hole detonation technique applied basic research［J］. Liaoning：Liaoning Technical University，2010.

矿山民爆一体化在高硫矿山中的应用与优化设计

位晓成[1]　崔晓荣[1]　宋良波[2]　施　兵[2]　黄秋生[2]

（1. 广东宏大爆破股份有限公司，广东 广州，510623；
2. 广东明华机械有限公司，广东 佛山，528231）

摘　要：矿山的经济效益与爆破效果密切相关，要提高经济效益就要改善爆破效果，降低爆破成本，从而降低开采矿石的综合成本。"矿山民爆一体化"模式立足于炸药技术和爆破技术的联合优化：首先优化提升炸药性能以便适应高硫矿山的安全高效剥采施工的要求，再从炸药与岩石的匹配实验出发，通过正交实验进一步优选炸药并确定爆破参数，最终提高矿山的经济效益。

关键词：露天凹陷矿山；高硫矿山；乳化炸药；采矿

Application and Optimization Design of Cooperation of Blasting and Explosive Model in Sulphide Mine

Wei Xiaocheng[1]　Cui Xiaorong[1]　Song Liangbo[2]　Shi Bing[2]　Huang Qiusheng[2]

（1. Guangdong Hongda Blasting Co., Ltd., Guangdong Guangzhou, 510623；
2 . Guangdong Minghua Machinery Co., Ltd., Guangdong Foshan, 528231）

Abstract：The mine economic benefit was closely related to blasting effect, then reducing blasting cost and improving blasting effect were important factors for reducing general cost of ore-exploitation. The cooperation model of blasting and explosive technique was based on the joint optimization of explosive characteristics and blasting technology. Firstly, the characteristics of explosive was optimized to fit the case of high sulfur-ore mining, and then the match effect between rock and explosive should be studied by orthogonal experiments. Finally, the optimal blasting parameters by using the optimized and appropriate explosive were studied.

Keywords：open-pit mine；high-grade sulfur mine；emulsion explosive；ore exploitation

云浮硫铁矿是我国最大的硫铁矿生产基地和硫精矿出口基地，国内外客户对矿石的需求越来越多，导致矿石爆破开采技术不能满足市场的需求：原自有炸药厂设计生产能力 1500t/a，而现在需要 2000t/a，炸药缺口 500t/a，且爆速比同类产品低，与高强度、高密度的硫矿开采不匹配，爆破效果不好；年计划采剥总量为 340 万 m^3，现有 3 台牙轮钻的生产能力约为 280 万 m^3，钻孔设备缺口 60 万 m^3。

云浮硫铁矿矿区地质复杂，岩性为片岩、变质炭质粉砂岩、炭质千枚岩、结晶灰岩、石英岩夹硫化物、锰质等沉积物[1]。黄铁矿块矿：最大 4.76g/cm^3，最小 3.19g/cm^3，平均 3.48g/cm^3；各种岩石：最大 2.94g/cm^3，最小 2.59g/cm^3，平均 2.79g/cm^3。另外，炸药产能不足，钻孔设备短缺，矿脉复杂多变，水文地质呈中—强富水段，以及硫铁矿爆破时存在硫自燃的安全隐患，经研究分析，决定聘请"民爆一体化"方面的广东宏大爆破股份有限公司，对现有炸药性能和爆破施工进行系统优化，以期改变采场的被动局面。

原载于《爆破》，2013，30（4）：148－151。

1　现场存在的问题和分析及决策

1.1　现场存在的问题

经过现场调研分析，发现采场炸药生产和爆破施工中主要存在以下问题。

（1）在硫铁矿爆破中，自产乳化炸药与岩石没有进行合理匹配，低密度、低爆速的自产炸药爆破高密度、高强度的硫铁矿，炸药能量得不到高效利用。自产乳化炸药的乳化效果差，没有形成理想的"油包水"的炸药微观结构体系，炸药中呈碱性的硝酸铵与炮孔中呈酸性的水接触并反应放热，进一步加速炸药分解变质和硫自燃，导致存在早爆、误爆的隐患[2]。另外，自产乳化炸药流动性偏差，在炮孔中混合水、泥沙、岩屑的混合流动介质使各药卷间不连续，常导致半爆甚至盲炮，严重影响爆破效果[3]。

（2）云浮硫铁矿以前主要采用压渣爆破，目的是减少前排孔爆破产生的大块，但爆破参数不合理，导致炸药单耗偏高、爆破后冲大、爆破根底多等负面影响。爆破效果较差，大块和根底较多，底板凹凸不平，影响正常采装；片面加大超深又导致钻孔平台虚渣太厚，影响钻孔效率，且经常塌孔影响装药爆破施工。

1.2　存在问题的分析与对策

为了实现本质安全，提高生产效率，经研究分析，提出如下解决问题的办法。

（1）优化炸药技术。考虑国家关停矿山自有小炸药厂的要求，引进装药车改进装药工艺，解决水孔装药难、盲炮多的难题，同时优化炸药配方提高散装乳化炸药的做功能力、改善炸药在高硫铁矿山环境的安全性能、促进炸药与岩石的匹配，充分利用炸药的爆破能量。

（2）优化爆破技术。针对云浮硫铁矿地质复杂的实际条件，通过爆破漏斗实验优选波阻抗匹配的炸药，再进行实验分析优化爆破参数，得出炸药与岩石的最佳匹配下的最佳爆破参数，从而提高爆破效果、降低采矿成本，提高矿山综合效率。

2　炸药技术的优化提升

引进混装乳化装药车技术，推进民爆一体化，融合最新的炸药技术和爆破技术，总体提升采矿爆破的水平，解决采矿生产的被动局面。在满足装药车工艺特性要求的前提下，遵循安全性、经济性、简化生产工艺和减少或防止环境污染的原则，对原乳化炸药配方进行优化设计。

综合考虑到云浮硫铁矿的水文地质、安全生产等方面的要求，炸药配方主要从以下几个方面进行优化设计：优化研究的方法包括调整水含量、降低硝酸钠的量、解决发泡存在问题、调整炸药氧平衡以及改善油相组分。相对而言，水含量、硝酸钠含量、氧平衡以及改善油相组分是影响炸药性能的主导因素，是配方优化研究的关键[4-8]。

2.1　适当降低水相酸度

通常情况下，对于化学敏化的乳胶基质[5]，最适宜的氧化剂水溶液 pH 值为 3~4，此时发泡速度合理，气泡大小适中且分布均匀。在不加敏化剂的情况下，测得氧化剂水溶液 pH 值为 5.0 左右，按理应加入适当酸量降低 pH 值至 3~4；但考虑到高硫矿山炮孔中含有酸性水，若拘泥于配方规定加入酸量，最终溶液 pH 值肯定偏小，导致常温下发泡速度过快，气泡大、不均匀，炸药威力变小。

所以，针对硫铁矿特有的酸性环境，需要减少酸及敏化剂的添加量，确保发泡速度合理，气泡大小适中、分布均匀，炸药威力较大。

2.2　以适量硝酸铵取代硝酸钠

硝酸钠作为富氧源引入乳化炸药中，它可以降低硝酸铵溶液的析晶点从而增强乳化炸药的稳定性[9]；但在爆轰反应中，硝酸钠比硝酸铵消耗的炸药能量要多很多，每1%的硝酸钠损失爆热19.3kJ/mol。

针对高密度、高强度的硫铁矿，应选用高威力乳化炸药，故以适量硝酸铵取代硝酸钠优化炸药配方，从而提高炸药的威力，促进炸药与岩石的匹配，提高爆破效果。

2.3 选择优良乳化剂

考虑到炸药配方中降低硝酸钠的含量，乳化效果变差，不利于乳化炸药的稳定性；"破乳"的乳化炸药，析晶出的碱性硝酸铵同酸性的硫铁矿接触后反应，造成安全隐患。因此，选择优良乳化剂提高乳化效果和稳定性，形成理想的"油包水"体系，可避免硝酸钠含量减少稳定降低的负面影响，同时可增加炸药的流动性，防止装药不连续导致孔内拒爆。

通过上述3种途径，调整炸药配方各组分的含量，合理控制炸药的密度、爆热、爆速、威力等指标，为爆破施工时炸药与岩石的匹配提供条件，以期达到较理想的爆破效果。

3 爆破技术的优化提升

矿区地层岩相变化较大，需要不同密度、爆速的炸药相匹配才能达到最好的爆破效果。混装炸药优势在于炸药组分可调、威力可控，满足不同岩石的匹配要求。

3.1 漏斗试验优选最佳匹配炸药

炸药与岩石的匹配实验，利用利文斯顿爆破漏斗实验进行研究。方法是比较相同质量、不同性能的乳化炸药，埋置不同深度进行系列爆破漏斗试验，分别获得各炸药配方最优埋深下的最大爆破漏斗体积，爆破体积最大的炸药即为与该岩石匹配的炸药。

根据不同的地质条件，进行爆破漏斗实验。例如380水平1~4线之间厚条带状黄铁矿（致密块状），浸染状黄铁矿，矿石品位在16~36范围内，$f=18\sim26$，平均$f=20$，矿石的密度2.78t/m³，爆破漏斗实验采用$\phi140$mm的炮孔，钻孔深度为0.7~2m，共18个炮孔，每孔装乳化炸药1kg进行爆破，如图1所示。

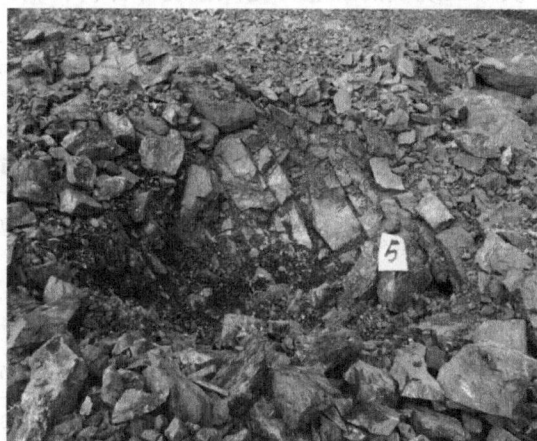

图1　单孔爆破漏斗照片
Fig. 1　The effect of single-hole blasting

炮孔装药起爆后，依次测量出不同性能炸药、不同埋深下爆破漏斗的半径和体积等数据，以一种炸药获得的试验数据，用MATLAB软件对实验数据进行三次项回归，作该炸药L-V曲线，如图2所示，该炸药配方进行爆破漏斗实验，最佳埋深1.15m，对应爆破体积1.224m³。

相同原理，可通过爆破漏斗试验，获得不同性能炸药的L-V曲线。在相同质量、相同地质条件、各自最佳埋深的情况下，爆破漏斗体积最大的炸药即为与爆破岩石最匹配的炸药，此时炸药单耗最低。此种方法在不同性能炸药均发挥其最佳爆破效果的情况下进行比较，即均为最佳埋深，避免了埋置深度对炸药作用率的影响，可更加准确地选择匹配炸药。

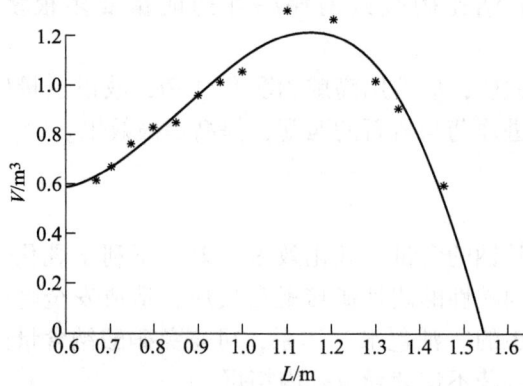

图2 一种炸药爆破漏斗 L-V 曲线图
Fig. 2 The blasting crater *L-V* curves of one kind of explosive

3.2 爆破参数的优化提升

在深孔爆破中影响爆破效果的因素有单位炸药消耗量、布孔方式、孔网参数、装药结构、装填长度、起爆方式和起爆顺序等。在实际施工中要求破碎质量好、破碎块度符合生产要求、最大限度降低不合格大块、无根底、爆堆集中、有一定的松散性、满足装运设备的高效率装载、最大限度地降低生产成本，从而实现利润的最大化，是生产单位努力追求的目标。

基于研发的高性能的高硫矿山用车制乳化炸药，通过爆区规模的工业对比试验，获得了最佳的爆破参数、装药结构、起爆方式、起爆顺序及延迟时间等参数，充分发挥新炸药的功效，提高实际爆破效果。

经过炸药技术和爆破技术的联合优化和改进，选择合理匹配的炸药用于采矿和剥离施工中，爆破效果得到了提升，炸药单耗降低了约15%，钻孔的延米爆破量提高了6m³/m，钻孔的利用效率提高了约20%，基本解决了原炸药产能缺口，钻孔设备缺口等问题。

对综合评价指标进行了30次爆区规模的工业对比试验统计分析，得到试验结果如表1所示，可见通过炸药技术和爆破技术的联合优化后降低了采矿成本及后续选矿成本，这主要体现在爆破块度减小，粗碎机处理量增加，细磨工艺的处理效率也会提高，而且显著提升了安全性能。

表1 优化前后统计分析
Table 1 The statistical analysis of before and after optimization

不同工况	二次爆破雷管消耗量 /发·万米⁻³	装车效率/min	粗碎机台时 处理量/t	棒磨机台时 处理量/t	自磨机台时 处理量/t
优化前	110.00	4'00	615.05	44.00	49.85
优化后	60.00	2'40	821.22	61.00	64.84
功效比例	45.45	33.33	33.52	38.64	30.07

4 结论

立足炸药技术和爆破技术在高硫矿山采掘施工中的联合优化，基本实现了炸药爆破性能参数可调控化，并改善了其使用中的安全性能，为更好的爆破效果和现场施工安全奠定了基础。

针对高硫矿山开采的特点，设计出具有针对性的安全匹配的乳化炸药和经济实用的爆破技术参数，得出炸药与岩石的最佳匹配关系（包括成分、密度、爆速），提高了矿山的综合效益，达到了采矿的产能要求。

上述技术成果在云浮硫铁矿的开采中得到了成功应用，大大减少了爆破根底，降低了大块率和炸药单耗，提高了铲装效率和生产效率，不仅降低了矿石开采的综合成本，选矿成本亦大大降低，近5年来为该矿创造经济效益2.8亿元。

参 考 文 献

[1] 崔晓荣，叶图强，李战军. 车制高硫矿山用乳化炸药的研发与应用 [C]//吕春绪. 中国兵工学会民用爆破器材专业委员会第七届学术年会论文集：民用爆破器材理论与实践. 北京：兵器工业出版社，2012：204-208.

[2] 袁昌明. 硫化矿炸药自爆机理分析与实验研究 [J]. 爆破器材，2004，33(3)：16-20.
Yuan Changming. Mechanism analysis and experimentation research of the self-exploded of the pyrites and dynamite contact [J]. Explosive Materials, 2004, 33(3)：16-20.

[3] 陈寿如，周治国，梨剑华，等. 硫化矿预防炸药自爆技术的改进及应用 [J]. 工程爆破，2001，7(1)：74-78.
Chen Shouru, Zhou Zhiguo, Li Jianhua, et al. Improvement and application of the technologies of preventing explosive's self-initiation[J]. Engineering Blasting, 2001, 7(1)：74-78.

[4] 熊代余，李国仲，史良文，等. BCJ系列乳化炸药现场混装车的研制与应用 [J]. 爆破器材，2004(6)：12-16.
Xiong Daiyu, Li Guozhong, Shi Liangwen, et al. Development and application of BCJ series loading machines for site sensitized emulsion explosive[J]. Explosive Materials, 2004(6)：12-16.

[5] 叶图强，郑炳旭，汪旭光，等. 装药车制乳化炸药的试验研究 [J]. 含能材料，2008，16(3)：262-266.
Ye Tuqiang, Zheng Bingxu, Wang Xuguang, et al. Experimental study on emulsion explosive made by loading machine[J]. Energetic Materials, 2008, 16(3)：262-266.

[6] 秦虎，熊代余. 车制乳化炸药深孔爆破参数优化 [J]. 工程爆破，2000(2)：63-67.
Qin Hu, Xiong Daiyu. Parameter optimization of deephole blasting with field-mixed emulsion explosives[J]. Engineering Blasting, 2000(2)：63-67.

[7] 姚桂勋. BCJ现场混装乳化炸药车的应用 [J]. 矿业快报，2006(12)：65-67.
Yao Guixun. Application of BCJ series loading machines for site sensitized emulsion explosive[J]. Express information of Mining Industry, 2006(12)：65-67.

[8] 叶图强，郑炳旭，汪旭光，等. 装药车制乳化炸药配方的优化研究 [J]. 中国矿业，2008，17(7)：77-81.
Ye Tuqiang, Zheng Bingxu, Wang Xuguang, et al. Optimized formulation study on emulsion explosive made by loading machine[J]. China Mining Magazine, 2008, 17(7)：77-81.

[9] 汪旭光. 乳化炸药 [M]. 2版. 北京：冶金工业出版社，2008.

大宝山 668-1 采空区强制崩落工程实践研究

陈光木[1]　赵博深[2,3]　陈晶晶[3]

（1. 广东省大宝山矿业有限公司，广东 韶关，512127；2. 中国矿业大学（北京），
北京，100083；3. 广东宏大爆破股份有限公司，广东 广州，510623）

摘　要：为解决大宝山矿 668-1 采空区给生产带来的安全隐患，在对该采空区的基本特征、地质条件、顶板保安层稳定性等情况进行调研的基础上，选择强制崩落方案进行处理。经现场实测，该次采空区处理达到了预期的效果：采空区除边缘部分外基本都已坍塌；未影响到附近的平硐及选矿厂等地表工业建筑的正常运行；采用爆破处理经济效益显著，处理周期短。

关键词：大宝山矿；采空区处理；强制崩落法；爆破设计

Practical Research on Forced Caving Method at 668-1 Goaf in Dabaoshan Mine

Chen Guangmu[1]　Zhao Boshen[2,3]　Chen Jingjing[3]

（1. Dabaoshan Mining Co., Ltd., Guangdong Shaoguan, 512127;
2. China University of Mining & Technology(Beijing), Beijing, 100083;
3. Guangdong Hongda Blasting Co., Ltd., Guangdong Guangzhou, 510623）

Abstract：To eliminate the potential safety hazard at 668-1 goaf in Dabaoshan open-pit, forced caving method was selected based on large amounts of investigation such as basic characteristics, geological conditions, and the stability of roof security layer. Practical results proved that this goaf disposal achieved desired goal in a short treatment period. The goaf area collapsed except little edge part, having little impact on nearby industrial building, and gained significant economic benefit.

Keywords：Dabaoshan open-pit; goaf disposal; forced caving method; blasting design

大宝山矿铜矿原井下采用空场法开采，先前采区民采泛滥，在 11~57 线沿走向 2000m 的水平范围内，形成了大量的采空区。最为密集的区段为 25~29 线及 45~49 线，采空区面积较大，其中 21~49 线存在有相互贯穿的采空区群。采空区垂直范围内，其密集程度随着井采中段的向下延伸呈增加趋势，从 470m 水平至 730m 水平均有采空区分布，特别是在该区段内有多个中段采空区相互贯通，构成了大跨度、大高度空区群，造成井下地压活动频繁。

大宝山矿开采主要在 25~31 线、37~49 线，在此范围内采空区密集，对露天开采有着严重的安全威胁。668-1 采空区是现已探明的面积与体积最大的采空区，该采空区位于主采区 697m 台阶下方，是采场北部剥离和采矿的重要区域，如果处理不及时，北部采区范围将大大减少，采矿将受到极大限制，不但影响年度生产任务的完成，而且对大宝山矿发展极为不利。668-1 采空区的存在已经严重影响了采场生产安全，打乱了采场剥离顺序，制约了采场采矿工作，因此必须根据采空区分布特点，采取经济合理有效的处理方法，消除隐患，同时所确立的采空区处理措施必须兼顾未来采空区的处理要求，以实现矿山持续、稳定、安全生产。

原载于《矿业研究与开发》，2014，34(1)：8-10。

1 668-1采空区特征

1.1 采空区结构特征

668-1采空区是在697m台阶（71290.1，17950.0）探明的采空区，通过测量空区顶板厚度为14.5m，空区高度为15.5m，采空区的参数见表1。对该采空区进行三维激光探测，结果显示与原采空区测量资料相差较大（见图1）。

表1 668-1号采空区参数

采空区最大跨度/m	顶板体积/m³	采空区面积/m²	采空区体积/m³
28.6	17046	890	9088

利用三维激光探测结果，采用SURPAC软件对668-1采空区进行了真实还原，还原模型见图2和图3。

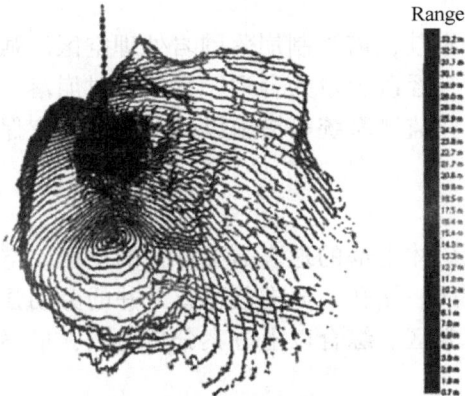

图1 采空区三维扫描结果

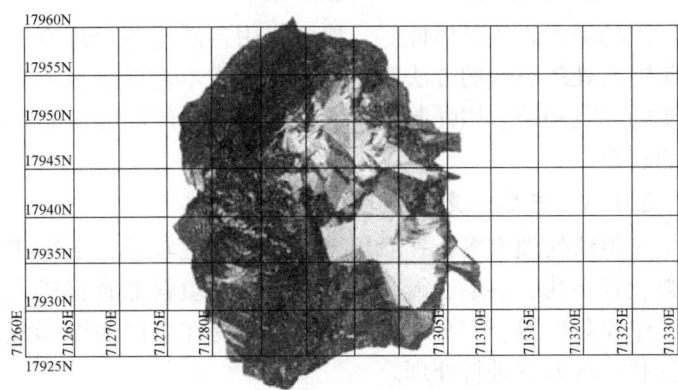

图2 采空区模型俯视图

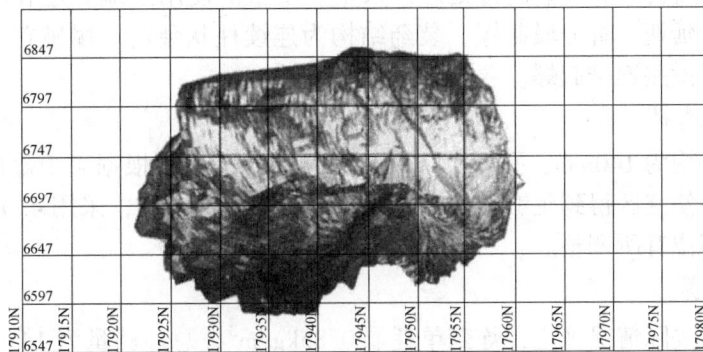

图3 采空区模型Z-X平面显示

根据矿山提供的采空区资料、探测资料以及扫描资料显示，三维激光扫描结果与实际情况基本吻合，但由于采空区范围较大，离探测孔较远区域采空区扫描结果可能存在一定误差。

1.2 采空区顶板保安层稳定性特征

668-1采空区位于中泥盆统东岗岭组下亚组（D2da），工程地质钻孔所取岩芯显示，岩体以硅化岩与矽卡岩为主，局部含有铜硫矿体，岩体条件较好。爆区岩体以硅化岩与矽卡岩为主，参照长沙矿山研究院《广东省大宝山矿业有限公司地下采空区稳定性分析和露天开采安全技术性研究》，预留保安层厚度与采空区跨度关系：$h=0.71b-1.02$。在采空区最大跨度28.6m条件下，预留保安层厚度应不小于 19.28m。综合考虑 668-1 号采空区立体形状，保证只有一台 351 钻机在采空区上方作业的条件下，预留保安层厚度应不小于 16.5m。

2 668-1 采空区处理方案

采空区处理的实质是转移应力集中部位，缓解岩体应力集中程度，或使围岩中的应变能得到释放，使应力达到新的相对平衡，以达到控制和管理地压的目的，保证矿山安全生产。

2.1 处理方案比较

2.1.1 自然崩落围岩处理方案

利用自然崩落围岩充填采空区，达到消除采空区隐患的目的。现场勘查 668-1 采空区情况，在自然崩落围岩处理空区的崩落区中，岩体稳固不易冒落。围岩自然崩落中往往沿构造弱面冒落，空区顶点达到构造弱面，当岩移发展到地表，地表崩落范围也受构造的影响，自然崩落有随机性，经济上最佳，但易形成残留空区，影响下一步作业。

2.1.2 强制崩落围岩处理方案

现场勘查岩体整体性好、稳固，用自然崩落处理空区效果不佳，需强制崩落围岩处理空区。强制崩落围岩处理空区的方法简单、易行、成本较低，技术上可行，经济上较为合理，且便于对崩落矿石资源的回收利用。用强制崩落围岩处理空区的同时，必须有一些监测系统等措施以确保附近固有保护物的安全。

2.1.3 充填料充填处理方案

充填法处理方案，一般用于围岩稳固性较差，上部矿体或矿体上部的地表需要保护的空区。空区中必须有钻孔、巷道或天井相通，以便充填料能直接进入采空区。钻孔、掘进巷道或天井的劳动强度大、作业条件差、安全风险大，该方法易在空区边缘形成残留空区。综合以上方案分析比较，最终采用强制崩落方案进行处理。

2.2 方案设计与实践

668-1 采空区选择强制崩落方案进行处理，采用矿山目前使用的地表逐孔网络连接的爆破起爆网络，孔内双发非电毫秒延期雷管分段起爆，装药结构为连续柱状装药。爆破首先掏槽孔起爆，后排孔以掏槽孔为自由面排间微差逐排起爆。

2.2.1 布孔方式选择

本次爆破钻孔直径均为 140mm，孔深 14.6~43.16m，孔网参数根据矿山爆破经验，为保证爆破后顶板岩石尽可能破碎并使空区得到足够充实，所以适当缩小孔网参数，采用 4.0m×4.0m 布置，在节理裂隙边缘等类似特殊部位有所调整。

2.2.2 装药量计算

每孔装药量按现场实际情况确定，炸药单耗取 0.85kg/m³，总装药量为 14543.44kg。

2.2.3 装药结构与堵塞

本次爆破采用连续柱状装药，钻孔上部充填高度为 3.5m。采用同段双发起爆药包起爆。透孔应先吊孔堵塞，在下部充填 1.5m 后再进行装药，上部采用细岩粉密实充填（见图 4）。

2.2.4 爆破网络与段别

由于爆区的东北部存在达不到安全厚度的区域，也为保护 640 平硐及周边设施不受爆破影响，爆破过程中，起爆网络采用地表逐孔网络连接，孔内双发非电毫秒延期雷管分段起爆，连续柱状装药。爆破首先进行掏槽孔起爆，后排孔以掏槽孔为自由面排间微差逐排起爆。同段药量最大 1106.3kg，起爆时间为 930ms。

2.2.5 爆破安全验算

地表建筑物（砖木结构）的安全距离按 $R_d = K_d a \sqrt[3]{Q}$ 计算，由于该区内建筑物全部建立在坚硬致密

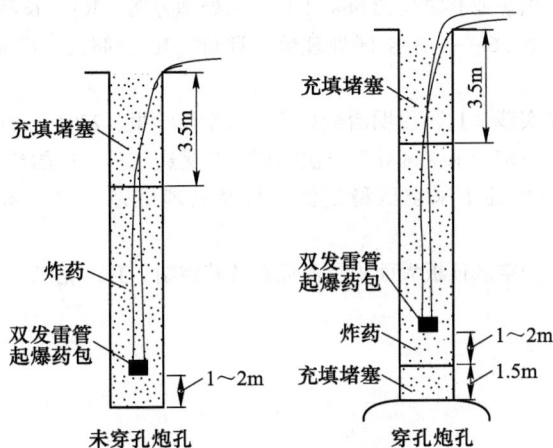

图4 炮孔装药结构

岩石之上，计算得出 $R_d = 31.03$m，即在该范围以内的建筑物有危险应采取相应的措施。

根据爆破区附近各建筑物质点允许振动速度，用 $Q = R^3 \left(\dfrac{V}{K} \right)^{\frac{3}{a}}$ 计算最大段装药量：车间厂房允许最大单段起爆药量为1118.8kg；640平硐允许最大单段起爆药量为1966kg。通过计算，最大单段装药量为1106.3kg，小于最大单段允许药量1118.80kg，均符合要求。

爆破飞石最大抛掷距离按 $R_f = 20 K_1 n^2 W$ 计算：计算得出 $R_f = 76.8$m，但考虑个别孔充填质量未达到要求，预计个别飞石可达到150m。

3 668-1采空区处理效果评价

对爆破前后采空区进行现场测量，并建立三维数值模型。得出爆破前后采空区情况见表2。从表2可以看出，实际凹陷体积比理论凹陷体积大很多，分析认为存在原因为：部分松散岩体在爆破过程中被抛移至668-2号空区和685m台阶北侧；受现场条件限制，采空区扫描数据有一定误差。

表2 爆破前后采空区情况

顶板体积/m³	采空区体积/m³	爆破后松散岩体体积/m³	理论凹陷区体积/m³	实际凹陷区体积/m³
17046	9088	25569	565	5112

爆破处理两天后，通过对现场勘查分析，对下方640平硐和东北侧的选矿厂没有造成影响，采空区处理达到了预期效果。在原采空区边缘部分空间可能未完全塌实，现场还要实施警戒，等待一段时间完全稳定后，再制定作业方案施工。

采用强制崩落法具有较好的经济效益。经过此次处理，消除了采场重大安全隐患，对生产安全起到了重要保障作用。同时积累了采空区处理经验，为下一步其他空区的处理提供了参考。

采空区处理效果的好坏，与采空区情况掌握、处理方案选择和施工质量等因素密不可分。此次成功处理给以后采空区的处理提供了借鉴和依据。未来一段时间内，采空区是威胁大宝山矿采场安全生产的重大隐患，因此对采空区的处理工作必须高度重视，做到处理及时和效果良好，才能实现矿山持续、稳定、安全生产。

参 考 文 献

[1] 蓝宇. 大宝山矿1#主井采空区治理方案设计与实践 [J]. 南方金属，2011(4)：42-44.

[2] 中南大学资源与安全工程学院，等. 广东省大宝山矿业有限公司大型复杂塌陷与充填区域稳定性及近区开采安全性研究 [R]. 长沙：中南大学，2006：16-20.

[3] 长沙矿山研究院. 广东省大宝山矿业有限公司 668-1 采空区处理方案 [R]. 长沙：长沙矿山研究院，2011：1-4.

[4] 广东省大宝山矿业有限公司，等. 668-1 采空区处理效果评价 [R]. 韶关：广东省大宝山矿业有限公司，2012：6-8.

[5] 段宗银. 采空区处理的探讨和实践 [J]. 昆明冶金高等专科学校学报，2001，17(2)：3-4.

[6] 刘敦文，古德生，徐国元. 地下矿山采空区处理方法的评价与优选 [J]. 中国矿业，2004，13(8)：52-55.

[7] 任高峰，王官宝，石栓虎. 特大地下采空区稳定性评价及处理措施 [J]. 矿山压力与顶板管理，2005(2)：22-25.

[8] 郑怀昌，赵小稚，李明，等. 采空区顶板大面积冒落危害及其控制 [J]. 化工矿物与加工，2004(12)：28-31.

大石头露天煤矿高温火区爆破技术应用

张贵峰　廖新旭　王　涛

（广东宏大爆破股份有限公司，广东　广州，510623）

摘　要：分析了高温火区产生的原因，论述了影响高温火区爆破实施的因素，进行了炮孔降温试验及炸药抗高温试验，最终应用于生产爆破，并制定严格的施工规范，成功地实现了高温火区爆破，取得了良好的爆破效果，达到了预期目标。

关键词：高温火区；降温试验；施工规范

Blasting Technology in High Temperature Fire Areas of Dashitou Open-pit Coal Mine

Zhang Guifeng　Liao Xinxu　Wang Tao

（Guangdong Hongda Blasting Co., Ltd., Guangdong Guangzhou，510623）

Abstract：The paper discusses the factors that influence blasting operation in high temperature fire areas by analyzing the causes of the high temperature fire area. The hole cooling test and anti-high temperature explosive test are carried out, and finally used in blasting production. With strict construction specifications, the successful blasting is realized in the high temperature fire area, achieving good blasting effect and the anticipated goal.

Keywords：high temperature fire area；cooling test；construction specifications

高温火区爆破是露天煤矿开采中经常遇到的棘手问题。如何合理地在高温火区实施安全爆破，减少爆破带来的危害，是爆破研究的重要课题之一。工程实践中，主要通过对高温孔降温、选择耐高温爆破器材、高温隔热防护以及科学合理化地施工来减少或避免高温孔爆破带来的危害。

1　工程概况

大石头煤矿始建于1970年，资源丰富，煤质优良，是"太西煤"生产的重要基地之一，起初采用井下开采方案。受地理条件限制及当地政府要求，2013年开始进行大石头煤矿露天复采工程，由于采空区的存在导致岩体产生大量裂隙，地下煤层自燃，地表岩体产生高温火区，给利用爆破技术剥离岩体带来了极大危险。为此，对高温火区爆破技术进行研究，选取合理的爆破技术，确保爆破安全性。

此次高温火区爆破工程要求：控制炮孔温度在80℃以下，方可进行爆破作业；每次起爆炮孔数目不超过10个；高温火区爆破所有人员在3min内全部撤出；实现松动爆破，严格控制飞石，飞散距离不得超过200m。

2　高温火区爆破技术

高温火区爆破极易发生安全事故，制定合理的安全措施是保证火区安全起爆的关键因素。根据高温火区产生原因及炮孔早爆原因分析，可从炮孔降温，选择耐高温炸药、耐高温起爆器材，调整施工工序以及采取科学合理化的施工规范 4 个方面确保火区安全爆破[1-6]。

2.1 炮孔降温

炮孔降温能有效保证施工的安全性。在钻孔完成后，采用热敏测温仪及激光测温仪进行炮孔测温。初始温度测量后，在炮孔中灌入 10℃ 的冷水，灌水 1～2min 后，利用热敏测温仪对炮孔底部及中部进行温度测量，预测冷水降温的反弹时间。实测数据见表 1。

表 1 爆孔注水降温测试数据

孔号	孔深/m	初始温度/℃	灌水后 1min 温度/℃		灌水后 2min 温度/℃	
			孔底部	孔中部	孔底部	孔中部
1	8.2	82	42	53	68	70
2	8.6	120	56	70	76	83
3	8.8	90	45	60	60	72
4	9.0	88	36	38	56	60
5	9.8	100	40	62	58	72
6	9.3	135	60	72	76	82
7	9.2	126	53	70	68	76
8	9.6	121	64	72	82	76
9	9.8	102	50	56	62	70
10	9.2	110	46	58	59	63

灌水 1min 后，孔底部及中部温度大幅度降低；2min 后，孔底部温度迅速升高，大多数孔温度在安全规范范围内，孔中部温度较高，这主要由于水蒸气的挥发使得孔壁中上部温度升高较快。由现场试验，灌水后温度大幅度下降，但回温速率较快，达到 20℃/min。2min 内进行装药爆破，能有效防止炮孔高温导致早爆现象。

2.2 耐高温材料的选择

高温火区炮孔降温以后难以持久保持，耐高温炸药及爆破器材可在高温环境下保持一定时间的安全可靠性，预防早爆。

露天矿山爆破广泛使用铵油炸药、乳化炸药及铵梯炸药[7]，对 3 种炸药在 80℃ 的情况下进行抗温试验，结果表明：3 种炸药在 4h 后爆速不同程度地降低，其中，铵梯炸药爆速下降较慢，乳化炸药和铵油炸药爆速明显下降，如图 1 所示。由于铵梯炸药有较强的吸湿性，注水降温势必影响炸药的爆速。因此，对铵油炸药及乳化炸药进行了现场试验，在炮孔温度 150℃ 情况下，铵油炸药装入炮孔后，在较短的时间内极易受热产生烟雾，且遇到水铵油炸药的爆破效果极差；膏状乳化炸药在 24h 内未发生任何变化，且正常引爆。因此，最终确定选择抗水性较好的膏状乳化炸药进行高温火区爆破。

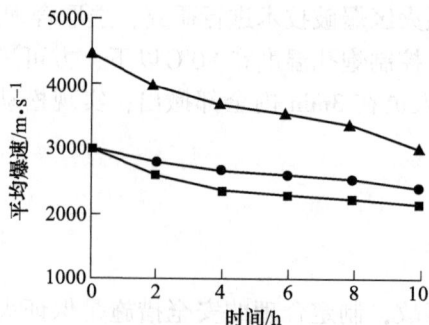

图 1 80℃水温下炸药取出后实测爆速
▲—乳化炸药；●—铵梯炸药；■—铵油炸药

查阅相关资料，导爆索具有耐高温和抗水性能，较雷管、导爆管有更高的安全性[8]。因此，选用塑料防水导爆索。

2.3 施工工序调整

炸药存留在高温孔中的时间越长，带来的安全隐患越大，在众多的工程实践中，采用和常规爆破相反的爆破工序可以极大地缩短炸药在高温孔的时间，从而避免炸药早爆。常规爆破中，采用钻孔—装药—填塞—联网—警戒—起爆的工序。在高温孔爆破中，合理地调整施工工序，将联网、警戒2个工序提前，即采用钻孔—降温—联网—警戒—装药—起爆的工序，可有效缩短炸药在炮孔中的储存时间，降低危险性。实践证明，调整后的工序不增加施工环节，易操作，安全性高。

2.4 高温火区爆破施工规范

高温火区实施爆破作业危险性极高。科学化的施工工艺和管理模式在一定程度上大大降低爆区危险性。为此，针对火区早爆的特点，制定一套规范的爆破施工作业规程，严格按规程要求实施。

（1）工程师须选用动作灵活、反应敏捷的工人组成火区施工小组，并对小组成员进行短时装药训练。爆前对作业成员进行技术交底。

（2）火区炮孔须预先测温，温度极高的钻孔提前注水降温，时刻关注钻孔温度的变化情况。装药前重新测量孔深、孔温，并作出明显标志，卡孔应提前处理。备好水管，装药时进行短时注水降温，孔温低于80℃方可装药。药包选用膏状乳化炸药，导爆索连接，禁止使用电雷管、导爆管等连接。

（3）爆前计算每孔装药量并将药包置于孔口附近。同时，用沙袋装好细砂，以加快堵塞速度，炮孔的堵塞长度不小于最小抵抗线1.2倍，充填物粒径不大于30mm。制作好起爆药柱，起爆药柱采用膏状乳化炸药与导爆索连接，孔外采用导爆索搭接导爆管，电雷管起爆，提前完成网络搭接，并派人警戒。

（4）根据爆区实际情况，确定每次起爆炮孔数量，炮孔数目不能超过10个。每孔配备2名工人装填，另外配备2名工人负责所有炮孔装填过程中注水。同时，做好安全警戒，在装药区域外缘30m处插红旗或其他警示标志，非爆破人员和无关设备不准进入作业区。待所有工作准备完毕，所有工人同时进行装药，整个装药过程严格控制在2min内，并在1min内撤离爆区。

（5）严格进行爆后检查，确保爆破作业安全实施完毕，并做好整个爆破记录，总结经验。

3 爆破实践

2013年8月3日首次对首采区进行高温爆破作业，每次起爆3个炮孔，施工过程严格按照规范要求实施，整个爆破作业3min内实施完毕。但爆后大块率过高，主要是由于施工在极短的时间内完成，堵塞质量不能得到有效保证。2013年8月5日对首采区进行第二次爆破，在炮孔上方覆盖沙袋，增加堵塞质量，有效改善爆破效果，达到了预期目标。

4 结论

本文结论如下。

（1）注水降温试验在短时间能有效降低炮孔底部温度，温度反弹率大约20℃/min。

（2）对3种炸药进行试验研究，结果表明乳化炸药具有较强的耐温性、抗水性，可用于高温火区爆破作业。

（3）为了降低炸药在高温炮孔存储时间，降低危险性，先进行网络连接、警戒，再装药爆破，大大提高了火区高温炮孔爆破的安全性。

（4）对高温火区爆破作业进行科学化管理，制定相应的安全技术措施，在实际爆破作业中取得了良好的爆破效果。

参 考 文 献

[1] 许晨，李克民，李晋旭，等．露天煤矿高温火区爆破的安全技术探究 [J]．露天采矿技术，2010(4)：73-75.
[2] 国家质量监督检验检疫总局．爆破安全规程：GB 6722—2003[S]．北京：中国标准出版社，2003.
[3] 蔡建德．露天煤矿高温区爆破安全作业技术研究 [J]．工程爆破，2013(S1)：92-96.
[4] 张加权，王丽萍．采空区、火区爆破作业的安全管理 [J]．露天采矿技术，2012(S1)：110-112.
[5] 周俊峰．大峰露天煤矿羊齿采区综合灭火方案的研究 [J]．露天采矿技术，2012(3)：104-107.
[6] 郑炳旭．中国高温介质爆破研究现状与展望 [J]．爆破，2013(3)：13-18.
[7] 傅建秋．胶状乳化炸药和电雷管的耐高温性能试验研究 [J]．爆破，2008，25(3)：4-10.
[8] 廖明清．普通导爆索在高温爆破中的应用 [J]．爆破器材，1991(1)：19-21.

云浮硫铁矿爆破漏斗试验研究

叶图强

（广东宏大爆破股份有限公司，广东 广州，510623）

摘　要：根据利文斯顿爆破漏斗理论，在云浮硫铁矿采场进行了单孔系列爆破漏斗试验，绘出爆破漏斗体积与药包埋深关系曲线图。采用 MATLAB 软件对试验数据进行三次项回归，计算出爆破漏斗的最佳埋深、临界埋深和最佳炸药单耗等。同时进行了宽孔距多孔同段爆破漏斗试验，确定了药包的炮孔排距和炸药单耗的参数范围。

关键词：爆破漏斗；埋深；MATLAB；炸药单耗；云浮硫铁矿

Field Experiment for Blasting Crater in Yunfu Pyrites Mine

Ye Tuqiang

（Guangdong Hongda Blasting Co., Ltd., Guangdong Guangzhou, 510623）

Abstract：Based on the blasting crater theory of C. W. Livingston, a series of blasting crater experiments of single hole blasting were conducted in Yunfu Pyrites Mine and the characteristic curves of blasting crater had been figured out. By using of MATLAB software to process three times regression of the experiment data, the optimal buried depth, the critical buried depth and the optimal specific charge had been obtained. Variable distance multi-hole simultaneous blasting were conducted. Then, the parameters range of hole spacing and explosive consumption had been determined.

Keywords：blasting crater; buried depth; MATLAB; specific charge; Yunfu pyrites mine

1　引言

爆破漏斗试验是确定炸药和被爆体之间相互匹配关系的重要手段。已有学者通过一系列爆破漏斗试验，定量分析了炸药能量与岩石、冰块、混凝土等的数学关系[1-10]。

云浮硫铁矿于 1980 年投产，经过 30 多年的生产，由上部开采变成了中部开采和深凹开采，矿体和岩体的变化较大，矿山炸药单耗偏高、根底率和大块率较高，爆破效果不理想，主要原因是爆破的矿岩体地质结构和物理性质等都发生了变化。对于不同条件的矿岩，特定炸药的爆破参数是不同的，所以必须根据岩体特征来选择合理的爆破参数，以改善爆破效果。

2　试验原理

美国科罗拉多矿业学院的利文斯顿（C. W. Livingston）在 20 世纪 50 年代进行了大量的爆破漏斗试验，并提出以能量平衡为准则的爆破漏斗理论。研究发现：单次爆破作用于岩石的能量与药包的性能、质量及岩石的特性有关。当炸药埋在地表以下足够深时，炸药的能量不能破坏地表的岩石。如果减少埋深，则地表的岩石就可能发生破坏。岩石开始发生破坏，未形成爆破漏斗的埋深被称为临界埋深（H_e）。在临界埋深的药量称为临界药量（Q_e）。当药包质量不变时，若继续减少埋深则漏斗的体积逐渐增大。当爆破漏斗的体积达到最大值时，炸药的能量利用率最高，此时药包的埋深称为最佳埋深（H_o），在最大爆破漏斗体积时的药量称为最佳药量（Q_o）。当药包的埋深超过最佳埋深时，爆破漏斗的体积随着埋深的增加而减小[11-13]。

利文斯顿的弹性变形方程式为：

$$H_e = EQ^{1/3} \tag{1}$$

或

$$H_o = \Delta_o EQ^{1/3} \tag{2}$$

式中，H_e 为药包临界埋深，m；E 为弹性变形系数；Q 为药包质量，kg；H_o 为最佳埋深，m；Δ_o 为最佳埋深比（$\Delta_o = H_o/H_e$），对于某一特定岩石来说，Δ_o 是一个定值。

将利文斯顿爆破漏斗理论用于露天矿爆破参数计算时，可以通过爆破漏斗试验得到药包的临界埋深（H_e）、最佳埋深（H_o）、最佳埋深比（Δ_o）、弹性变形系数（E）以及最大爆破漏斗体积时炸药单耗等参数。同时进行宽孔距同段爆破漏斗试验，以确定药包最大孔底距的参数范围[6,7]。

3　单孔系列爆破漏斗试验

3.1　试验描述

现场试验之前，先将试验场地清理干净，排除干扰以便获得规范的爆破漏斗。试验地点选在 370～380m 台阶，1～4 块段。该矿的矿石类型是致密块状黄铁矿，坚固性系数 $f = 20$，密度 3.78t/m^3。

试验炸药选用罗定化工厂的 2 号岩石乳化炸药，质量为 1kg，规格为 ϕ60mm×400mm。性能指标为：爆速 4500m/s，殉爆距离 5cm，猛度 12mm。

布孔参数：（1）相邻炮孔间距 ≥7m（爆破后各孔形成的漏斗互不干扰）；（2）孔深：0.70m、0.75m、0.80m、0.85m、0.90m、0.95m、1.00m、1.10m、1.20m、1.30m、1.35m、1.45m，共 12 个炮孔。

爆破网路采用电雷管-非电导爆雷管起爆系统，每个炮孔内装填 1 支乳化炸药，药包中心埋深 0.80～1.50m，对于超深炮孔，应使用炮泥调整装药深度，孔口部分用炮泥填塞，填塞长度 0.60m 左右。

3.2　试验结果及分析

3.2.1　爆破漏斗测量及计算

在爆破前后，基准面取垂直炮孔轴线的平面，按 20cm×20cm 的网度测量原始自由面和漏斗轮廓距基准面的距离，其差值即为各测点的爆破深度，再计算各断面的面积 S_i 和漏斗体积 V_i。

$$S_i = \frac{1}{2}\sum_{i=0}^{n}(y_i + y_{i+1})L \tag{3}$$

$$V_i = \frac{1}{2}\sum_{i=0}^{n}(S_i + S_{i+1})L \tag{4}$$

式中，S_i、S_{i+1} 为各断面漏斗面积，m^2；y_i、y_{i+1} 为断面各测点爆破深度，m；L 为测点间距；V_i 为漏斗体积，m^3。

起爆后，爆破漏斗口的边界应扣除漏斗口周边岩石片落的部分，以炮孔为中心，每隔 45°，直接量取 8 个不同方位的漏斗边界，然后取其平均值作为爆破漏斗半径。试验结果见表 1。

表 1　单孔爆破漏斗试验数据
Table 1　Data of the single hole blasting crater tests

序号	药包中心的埋深/m	漏斗半径/m	漏斗体积/m^3
1	0.80	0.9502	0.8270
2	0.67	0.8681	0.6180
3	0.85	0.9392	0.8540

序号	药包中心的埋深/m	漏斗半径/m	漏斗体积/m³
4	1.20	1.0511	1.2720
5	1.50	0.7750	0.1886
6	1.40	0.8750	0.3205
7	1.30	0.9675	1.0190
8	1.45	0.8125	0.2976
9	1.35	0.8953	0.9060
10	1.25	0.9935	1.1570
11	0.70	0.8828	0.6680
12	0.75	0.9234	0.7630
13	0.90	0.9657	0.9610
14	0.95	0.9687	1.0170
15	1.00	0.9807	1.0570
16	1.10	1.0638	1.3030
17	1.35	0.9287	0.9750
18	1.55	0	0
19	1.60	0	0
20	1.80	0	0

3.2.2 试验结果分析

依据表 1 数据，作 H-V 曲线（见图 1）。

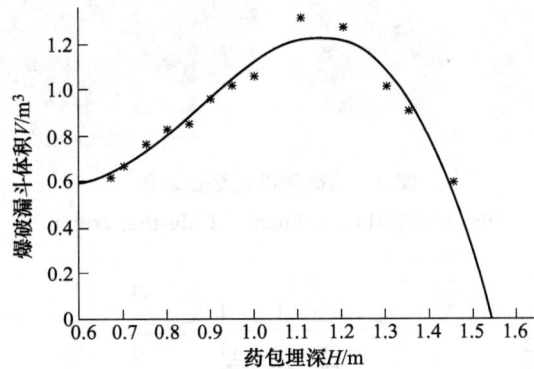

图 1 2 号岩石乳化炸药 H-V 曲线图

Fig. 1 H-V curve of the $2^\#$ rock emulsion explosive

根据最小二乘法原理，用 MATLAB 软件[14-16] 对试验数据进行三次项回归，计算可得爆破漏斗体积（V）与药包埋深（H）的多项表达式为：

$$V = -6.4079H^3 + 16.5350H^2 - 12.5747H + 3.5628 \qquad (5)$$

通过对式（5）求解，得爆破漏斗最佳状态的技术参数为：炸药的临界埋深 $H_e = 1.5412\text{m}$；最佳埋深 $H = 1.1529\text{m}$；最佳埋深比 $\Delta_o = 0.748$；最佳爆破漏斗体积 $V = 1.2237\text{m}^3$；应变能系数 $E = 1.5412$；最大爆破漏斗体积时单位炸药消耗量 $q = 1/1.2237 = 0.8172\text{kg/m}^3$。

4 宽孔距同段爆破漏斗试验

4.1 最大孔间距的确定

为了确定最大孔间距，进行宽孔距同段爆破漏斗试验。炮孔布置如图 2 所示，分成 5 组，每组 3 个炮孔，孔间距分别为 1.2m、1.4m、1.6m、1.8m、2.0m，炮孔深度均为 1.15m，即单孔爆破漏斗试验得到的最佳埋深。每个炮孔内的装药量和装药长度与单孔爆破漏斗试验相同，即装 1kg 乳化炸药、装药长度为 40cm。根据各爆破漏斗（见图 3），绘制其轮廓线，如图 4 所示。

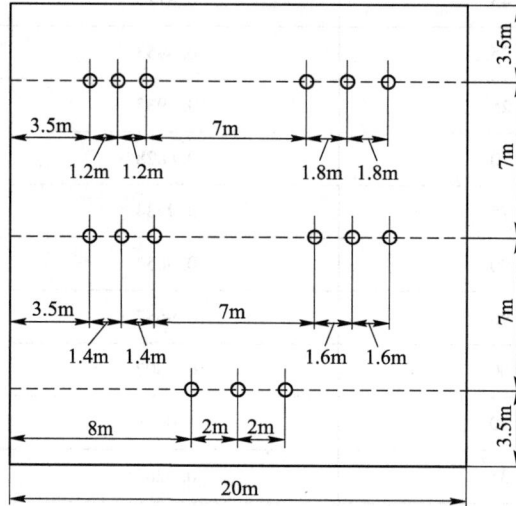

图 2 多孔同段爆破漏斗试验炮孔布置图

Fig. 2 Layout of the multi-hole blasting crater tests with the same delay time

(a) 单孔爆破   (b) 宽孔距同段爆破

图 3 爆破漏斗现场试验图

Fig. 3 Field experiments of blasting crater

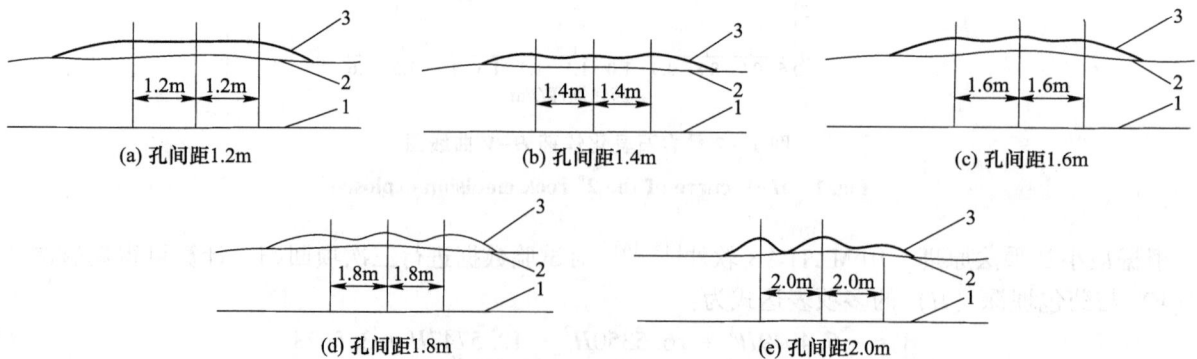

(a) 孔间距1.2m   (b) 孔间距1.4m   (c) 孔间距1.6m

(d) 孔间距1.8m   (e) 孔间距2.0m

图 4 多孔同段爆破漏斗试验爆破轮廓线

Fig. 4 Contour of multi-hole blasting crater with the same delay time

1—孔底水平面；2—地表轮廓线；3—爆堆轮廓线

由爆破漏斗参数的测量数据（见表2）可知，孔间距小于或等于1.6m时，爆破槽沟体积和炸药单耗均在合理的范围内，说明相邻炮孔爆破漏斗叠合较好，孔底岩石得到有效破碎。

表2　宽孔距同段爆破漏斗试验结果
Table 2　Test results of the broad hole-space blasting crater with the same delay time

炮孔编号	药包中心埋深/m	炮孔间距/m	孔间距与最佳漏斗半径之比	爆破槽沟中间宽度/m	爆破槽沟体积/m³	炸药单耗/kg·m⁻³
1	1.15	1.2	1.29	1.5	1.2734	0.7853
2	1.15	1.4	1.51	1.4	1.3053	0.7661
3	1.15	1.6	1.72	1.3	1.3437	0.7442
4	1.15	1.8	1.94	1.0	1.3118	0.7623
5	1.15	2.0	2.15	0.7	1.2585	0.7946

4.2　最小抵抗线与装药密度的关系

上述试验中的最大孔间距实际上就是每排炮孔的最小抵抗线，且最小抵抗线与炮孔的线装药密度具有对应关系，上述试验表明，当试验药量为1kg时，最小抵抗线取小于或等于1.6m比较适合。当孔径分别为140mm和250mm的炮孔装药长度分别小于0.84m和1.5m时，装药的长径比分别小于840/140＝6和1500/250＝6，根据利文斯顿的观点可以按球状药包计算，则根据式（1）得到最小抵抗线与装药密度的关系，见表3。

表3　最小抵抗线与装药密度的关系
Table 3　Relationship between the minimum burden and charge density

炸药密度/g·cm⁻³	孔径＝140mm		孔径＝250mm	
	装药密度/kg·m⁻¹	最小抵抗线/m	装药密度/kg·m⁻¹	最小抵抗线/m
1.05	16.16	3.82	51.52	6.82
1.10	16.93	3.88	53.97	6.92
1.15	17.70	3.93	56.42	7.02
1.20	18.47	3.99	58.87	7.13

由上述试验结果和表3可得比较理想的炮孔排距和炸药单耗如下。

（1）炮孔排距 b。当炸药密度为 $1.05\sim1.20g/cm^3$ 时，对于140mm孔径的炮孔，最小抵抗线或炮孔排距为 $3.82\sim3.99m$；对于250mm孔径的炮孔，最小抵抗线或炮孔排距为 $6.82\sim7.13m$。

（2）炸药单耗 q。爆破漏斗体积最大时炸药单耗为 $0.8172kg/m^3$。根据宽孔距同段爆破漏斗试验，孔间距为1.6m时，炸药单耗为 $0.7442kg/m^3$，推荐生产中炸药单耗为 $0.75\sim0.82kg/m^3$。

由于岩石组构和其物理性质的差别，在进行爆破参数设计时，装药的最佳埋深、炮孔排距、炸药单耗等参数应根据岩石的硬度和实际情况予以适当的调整[17,18]。

5　结论

在云浮硫铁矿采场进行了单孔系列爆破漏斗试验和宽孔距多孔同段爆破漏斗试验，采用MATLAB软件对试验数据进行三次项回归，得到了药包的临界埋深、最佳埋深、最佳埋深比、弹性变形系数以及最大爆破漏斗体积时炸药单耗等参数。

（1）通过单孔爆破漏斗试验得出炸药临界埋深 $H_e=1.5412m$；最佳埋深 $H_O=1.1529m$；最佳埋深比 $\Delta_o=0.748$；最佳爆破漏斗体积 $V=1.2237m^3$；应变能系数 $E=1.5412$；最大爆破漏斗体积时单位炸药消耗量 $q=0.8172kg/m^3$。

（2）当炸药密度为 $1.05\sim1.20g/cm^3$ 时，通过宽孔距同段爆破漏斗试验得出：对于140mm孔径的炮孔，最小抵抗线或炮孔排距为 3.82～3.99m；对于 250mm 孔径的炮孔，最小抵抗线或炮孔排距为 6.82～7.13m。

（3）通过宽孔距同段爆破漏斗试验得出：爆破漏斗体积最大时炸药单耗为 $0.8172kg/m^3$；孔间距为 1.6m 时，炸药单耗为 $0.7442kg/m^3$，推荐生产中炸药单耗为 $0.75～0.82kg/m^3$。

（4）由于岩石组构和其物理性质的差别，在进行爆破参数设计时，装药的最佳埋深、炮孔排距、炸药单耗等参数应根据岩石的硬度和实际情况予以适当调整。

参 考 文 献

[1] 任广学，邵鹏，蔚立元，等．多向聚能爆破爆破漏斗实验研究［J］．工程爆破，2012，18（2）：1-4.
[2] 王林桂，蒋昭镳，王军海，等．浸水乳化炸药能量损失爆破漏斗法浅析［J］．工程爆破，2006，12（3）：84-86.
[3] 闫世春，佟铮，王呼和，等．冰体标准爆破漏斗试验研究与数值模拟［J］．工程爆破，2011，17（1）：12-14.
[4] 宋长青，杨旭升，晏俊伟，等．车载式火箭爆炸带破冰破凌技术研究［J］．工程爆破，2013，19（4）：54-57.
[5] 郭兆雷．中深孔采矿系列爆破漏斗试验研究［J］．江西有色金属，2004，18（3）：3-6.
[6] 杨红兵．爆破漏斗试验确定中深孔爆破参数的方法［J］．新疆有色金属，2005（3）：13-14.
[7] 李樟鹤．爆破漏斗试验与大直径深孔采矿参数选择［J］．有色金属，1999，51（3）：12-15.
[8] 周传波，罗学东，何晓光．爆破漏斗试验在一次爆破成井中的应用研究［J］．金属矿山，2005（8）：20-23.
[9] 周传波，范效锋，李政，等．基于爆破漏斗试验的大直径深孔爆破参数研究［J］．矿冶工程，2006，26（2）：9-13.
[10] 刘能国，万兵．系列爆破漏斗试验法在中深孔采矿中的应用研究［J］．冶金矿山设计与建设，2000，32（5）：3-5.
[11] 郑瑞春．Livingston 爆破漏斗理论与 Bond 破碎功理论及其在岩石爆破性分级中的应用［J］．爆破，1989（1）：32-35.
[12] 潘井澜．利文斯顿爆破漏斗理论及其应用［J］．隧道译丛，1978（5）：14-18.
[13] 金旭浩，卢文波．爆破漏斗理论探讨［J］．岩土力学，2002，23（S1）：205-208.
[14] 周纪芗．实用回归分析方法［M］．上海：上海科学技术出版社，1990.
[15] 苏金明，王永利．MATLAB 7.0 实用指南［M］．北京：电子工业出版社，2004.
[16] 刘红岩，杨军，陈鹏万．爆破漏斗形成过程的 DDA 模拟分析［J］．工程爆破，2004，10（2）：17-20.
[17] 李守巨，刘迎曦，吴玉良．爆破漏斗形成过程的拉伸和剪切理论［J］．岩石力学与工程学报，1996，15（S1）：525-528.
[18] 娄德兰．对松动破碎漏斗的初步研究［J］．爆破，1993（2）：4-7.

基于小波变换的爆破振动信号不同频带能量分析

王　涛[1]　夏岸雄[2]　廖新旭[1]

(1. 广东宏大爆破股份有限公司，广东 广州，510623；
2. 武汉理工大学资源与环境工程学院，湖北 武汉，430070)

摘　要：针对爆破振动信号持续时间短、突变性快的非平稳特征及振动信号三向传播特征，结合某露天矿逐孔爆破实测数据，利用小波分析技术，分析某点实测轴向、径向、垂向三向振动信号分频能量分布特征。研究结果表明：频带能量的最大值与质点峰值振速基本处于相同位置，总体成正比例关系，个别频带能量最大值并不处于峰值振速位置；逐孔起爆三向振动信号在不同频带能量分布不同，各向能量主要集中在 250Hz 以内，250Hz 以后能量基本消失；由于周围建（构）筑物固有频率较低，据爆源 140m 处振动数据的能量主要集中在 15Hz 以上，因此，此次爆破共振对建（构）筑物的影响较小。研究结果为爆破振动安全评价提供了新的途径。

关键词：逐孔爆破；振动监测；振动信号；小波变换；分频能量

Analysis on Different Frequency-band Energy of Blasting Vibration Signal based on Wavelet Transform

Wang Tao[1]　Xia Anxiong[2]　Liao Xinxu[1]

(1. Guangdong Hongda Blasting Co., Ltd., Guangdong Guangzhou, 510623; 2. School of Resources and Environmental Engineering, Wuhan University of Technology, Hubei Wuhan, 430070)

Abstract：In view of non-stationary characteristics of short-time blasting vibration and quick abrupt change and the signal spread in three directions, and combining with the measured data of hole-by hole blasting in an open pit mine, the energy distribution of vibration signal in axial, radial, vertical direction at a certain point was analyzed by adopting the wavelet analysis method. The results showed that maximum frequency-band energy and peak particle velocity were basically in the same position with a proportional relationship, but sometimes some individual maximum frequency band energy was different. Three-directional vibration signals of hole-by-hole blasting were differently distributed into different frequency bands. The energy at each direction mainly concentrates within 250Hz, and will disappear beyond 250Hz; The blasting resonance less impacted on buildings, because the building's natural frequency at surrounding is lower and the vibrating energy at 140m away from explosion source mainly concentrates in 15Hz or more. The result provides a new approach for safety evaluation under blasting vibration conditions.

Keywords：hole-by-hole blasting; vibration monitoring; vibration signal; wavelet transform; energy distribution

　　爆破振动信号是一种非平稳随机信号。对其进行监测及评价，在优化爆破参数时有重要的指导意义。近年来，随着小波理论及小波包理论的发展，振动信号可在时域–频域做细致分析[1-3]，逐步完善着爆破振动理论。同时，随着监测仪器的更新，在监测振动信号时可同时监测某点三向振动信号。作者利用小波技术对三向振动信号能量分布特征进行对比分析，从不同角度评价爆破振动信号，使得爆破振动安全评价进一步完善。

原载于《金属矿山》，2014（3）：52-55。

1 小波分析原理

小波分析是在 Fourier 变换的基础上发展起来的，随着二进制小波快速算法的发展，逐渐走向了实用化。小波分析可在局部范围内对时域–频域信号进行动态调整。它对高频信号具有较高的时间分辨率和较低的频率分辨率；对低频信号具有较高的频率分辨率和较低的时间分辨率。其分析原理如下。

设 $\Psi(t) \in L^2(R)$（$L^2(R)$ 为能量有限的信号空间）的 Fourier 变换为 $\hat{\Psi}(w)$，当 $\hat{\Psi}(w)$ 满足[4]

$$C_\psi = \int_R \frac{|\hat{\Psi}(w)|^2}{|w|} \mathrm{d}w < \infty \tag{1}$$

时，称 $\Psi(t)$ 为一个母小波。

对任意函数 $f(x) \in L^2(R)$ 的连续小波变换为

$$w_f(a, b) = \langle f, \psi_{a,b} \rangle = |a|^{-\frac{1}{2}} \int_R f(t) \overline{\psi\left(\frac{t-b}{a}\right)} \mathrm{d}t \tag{2}$$

时，连续小波变换的逆变换为

$$f(t) = \frac{1}{C_\psi} \iint_{RR} \frac{1}{a^2} W_f(a, b) \psi\left(\frac{t-b}{a}\right) \mathrm{d}a\mathrm{d}b \tag{3}$$

对于爆破振动信号，监测结果是由不同时间点对应的振动速度所组成的离散函数。每个时间点间隔时间极短，一般在 $0.02\sim1\mathrm{ms}$，因此爆破振动信号为离散信号。在用式（2）计算时，必须对参数 a、b 进行离散化。在实际应用中，采用二进小波快速算法实现离散小波变换。取 $a = 2^j$，$b = 2^j k$，$j, k \in Z$（自然数），由此得到二进小波函数

$$\psi_{j,k}(t) = 2^{-j/2}\psi(2^{-j}t - k) \tag{4}$$

二进小波变换为

$$W_{2^j}f(k)\langle f(t), \psi_{2^j}(k)\rangle = \frac{1}{2^j}\int_R f(t)\overline{\psi(2^{-j}t - k)}\mathrm{d}t \tag{5}$$

二进小波变换的逆变换为

$$f(f) = \sum_{j\in Z} W_{2^j}f(k)\psi_{2^j}(t) = \sum_{j\in Z}\int W_{2^j}f(k)\psi_{2^j}(2^{-j}t - k)\mathrm{d}k \tag{6}$$

将二进离散小波变换尺度按指数等间隔划分。设分析信号的频带范围为 $(0, W)$；第一层分解后得低频 $a_1(0, W/2)$ 和高频 $d_1(W/2, W)$；继续分解低频 $a_1(0, W/2)$，得到低频 $a_2(0, W/4)$ 和高频 $d_2(W/4, W/2)$；依次类推，分解 N 次（尺度为 N）即可得到 N 层的小波分解结果，如图 1 所示。

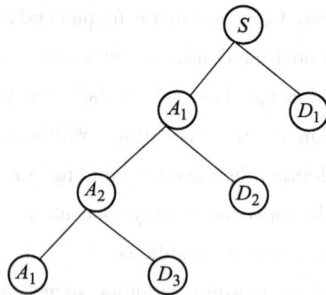

图 1　二进离散小波三层分解
Fig. 1　Binary discrete wavelet decomposition

2 爆破振动信号频带能量表征

2.1 爆破振动信号小波分解

由二进小波分析原理可知，信号可以无限地进行分解。因此，信号分解之前，要确定信号分解深

度。受到技术的限制，爆破振动信号监测仪有最小工作频率。因此，要保证信号频率处在最小工作频率范围内，否则将导致信号失真。本次测振试验所使用的 TC-4850 测振仪最小工作频率为 5Hz，爆破振动的频率一般低于 200Hz。根据仪器本身的特性及采样定理，信号的采样频率设为 8000Hz，则其奈奎斯特（Nyquist）频率为 4000Hz。因此，根据小波分析原理，将信号分解成 9 层，得到 10 个频带，分别为 0～7.8125Hz、7.8125～15.625Hz、15.625～31.25Hz、31.25～62.5Hz、62.5～125Hz、125～250Hz、250～500Hz、500～1000Hz、1000～2000Hz、2000～4000Hz。

2.2 小波基函数的选择

小波分析中，选择合适的小波基函数是首要考虑问题。根据前学者的研究[5-9]，在众多的小波基函数中，利用 Daubechies 函数系列在分析爆破振动信号时，重构信号与原始信号相对误差最小，尤其是 db8 小基函数，完全适合于工程需要。此次选择 db8 小波基函数作为所选基函数。

2.3 小波分频能量分布

将爆破振动信号 $s(t)$ 进行 9 层小波分解和重构。受信号的采样点数量限制，振动信号各频带 S_i 对应的能量为

$$E_i = \int_{-\infty}^{+\infty} D_i(t)^2 dt = \sum_{k=1}^{m} |x_{i,k}|^2 \tag{7}$$

式中，$x_{i,k}(i=1, 2, \cdots, n; k=1, 2, \cdots, m, m$ 为信号的离散点数）表示重构信号 S_i 的离散点的幅值。则被分析信号的总能量为

$$E_0 = \sum_{i=1}^{9} E_i \tag{8}$$

不同频带爆破振动分量的相对能量分布为

$$\frac{E_i}{E_0} \times 100\% = \frac{\sum_{k=1}^{m} |x_{i,k}|^2}{\sum_{i=1}^{9} \sum_{k=1}^{m} |x_{i,k}|^2} \times 100\% \tag{9}$$

3 逐孔爆破振动信号各频带能量分析

3.1 爆破振动信号的选择

爆破振动受到诸多因素的影响，不同的爆破方式产生的振动效应大不相同。对于逐孔起爆技术而言[10]，其单孔药量控制、微差时间、爆区地质环境及监测点布置方式为主要考虑因素。爆破振动信号选取应尽量排除无关因素的影响。利用 TC-4850 爆破振动监测仪对某露天矿台阶爆破振动监测，监测信号为水平径向、水平切向、垂直方向的三向振动信号。选取距爆源 140m 处有代表性的数据，对其进行频带能量特征分析，探寻不同方向振动信号能量的集中频带。振动监测数据如表 1 所示。振动波形如图 2 所示。

表 1　逐孔爆破振动监测数据

Table 1　Vibration monitoring data of hole by hole blasting

位道	监测点据爆源距离/m	通道意义	峰值振速/cm·s^{-1}	振动主频/Hz
X 通道	140	水平径向	0.6589	19.13
Y 通道	140	水平轴向	0.5974	27.21
Z 通道	140	垂直方向	0.5342	33.89

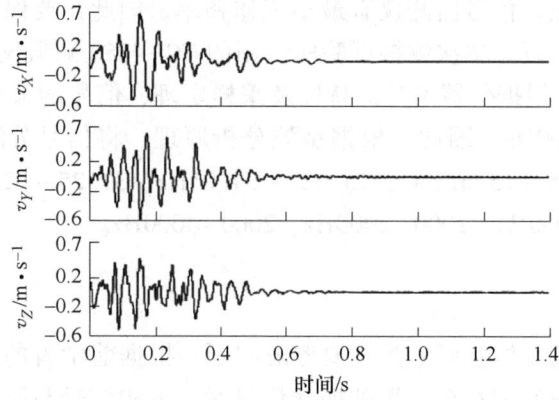

图 2 振动波形监测

Fig. 2 Vibration waveform monitoring chart

3.2 爆破振动频带能量分析

爆破振动频带能量分析如下。

（1）爆破振动信号具有持时短，突变快的特征。X、Y、Z 三向峰值速度基本在 0.18s 同时出现，随后振动信号迅速衰减。如图 2 所示。

（2）爆破振动信号频带能量的最大值与质点峰值振速基本处于相同位置，总体上成正比例关系；但个别频带能量最大值并不处于峰值振速位置，如图 3～图 5 所示。

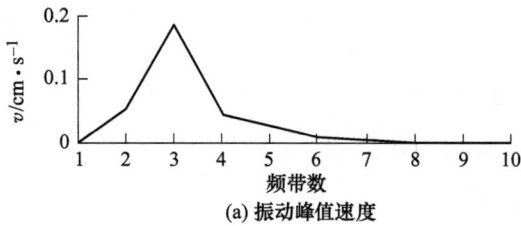

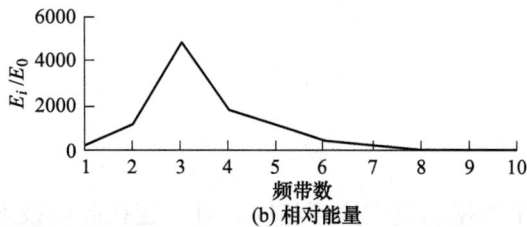

图 3 水平径向不同频带下质点振动峰值速度和相对能量分布

Fig. 3 Different frequency bands peak particle velocity and relative energy distribution of horizontal radial

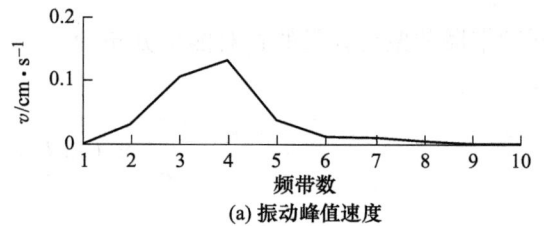

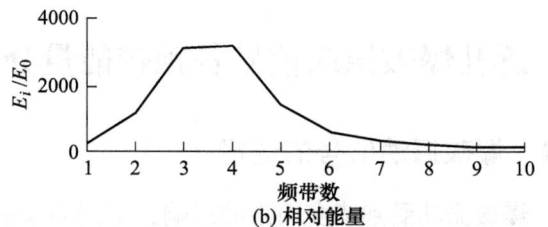

图 4 水平切向不同频带下质点振动峰值速度和相对能量分布图

Fig. 4 Different frequency bands peak particle velocity and relative energy distribution of horizontal tangential

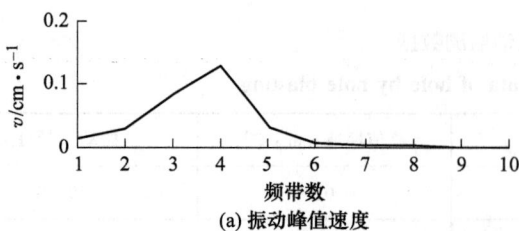

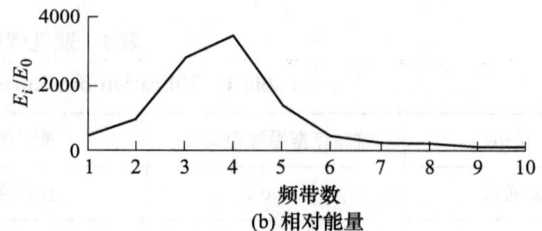

图 5 垂直方向不同频带下质点振动峰值速度和相对能量分布图

Fig. 5 Different frequency bands peak particle velocity and relative energy distribution of vertical

（3）对距爆源 140m 处逐孔起爆爆破振动信号能量分析：振动信号能量主要集中在第三、第四频带范围，即 15～60Hz 范围，250Hz 以后能量基本消失。由于周边建（构）筑物固有频率很低，因此，此次爆破共振对周围建（构）筑物的影响很小。

（4）低频部分爆破振动波能量较高，高频部分爆破振动波能量极少。这是因为高频部分能量持续时间短，衰减极快，如表 2 所示。

表 2 爆破振动信号频带能量分布数据
Table 2 Blasting vibration signal data for each band

频带	频率范围 /Hz	X 通道		Y 通道		Z 通道	
		E_i/E_0	振动峰值速度 /cm·s^{-1}	E_i/E_0	振动峰值速度 /cm·s^{-1}	E_i/E_0	振动峰值速度 /cm·s^{-1}
1	0～7.8125	2.23	0.003	1.62	0.005	4.52	0.014
2	7.8125～15.625	11.39	0.051	10.83	0.032	9.51	0.029
3	15.625～31.25	48.66	0.186	30.45	0.105	27.65	0.086
4	31.25～62.5	17.37	0.042	31.46	0.133	34.39	0.129
5	62.5～125	11.27	0.024	13.67	0.038	13.68	0.031
6	125～250	4.33	0.009	5.34	0.012	4.10	0.009
7	250～500	1.66	0.004	3.08	0.009	2.27	0.005
8	500～1000	0.82	0.001	1.55	0.004	1.84	0.006
9	1000～2000	0.88	0.001	0.79	0.001	0.87	0.001
10	2000～4000	1.40	0.001	1.18	0.001	1.18	0.001

（5）逐孔起爆三向振动信号在不同频带能量分布不同，各向能量主要集中在 250Hz 以内，250Hz 以后能量基本消失。

4 结语

质点峰值速度、频率特性、振动持时作为评价爆破振动安全的三要素，人们往往忽略后 2 个因素的影响。对某露天矿距爆源 140m 处振动数据监测，并利用小波理论对其分频能量分布进行分析，爆破振动频带能量主要集中在 15Hz 以上，由于周围建（构）筑物固有频率较低，因此，此次爆破共振对建（构）筑物的影响较小。同时得到以下结论：逐孔起爆频带能量的最大值与质点峰值振速基本处于相同位置，总体上成正比例关系，但个别频带能量最大值并不处于峰值振速位置；逐孔起爆三向振动信号在不同频带能量分布不同，各向能量主要集中在 250Hz 以内，250Hz 以后能量基本消失。

参 考 文 献

[1] 赵明生，张建华，易长平. 基于小波分解的爆破振动信号 RSPWVD 二次型时频分析 [J]. 振动与冲击，2011，2 (30)：44-47.
Zhao Mingsheng, Zhang Jianhua, Yi Changping. Blasting vibration signal PSPWVD quadratic time-frequency analysis based on wavelet decomposition[J]. Journal of Vibration and Shock, 2011, 2(30)：44-47.

[2] 何军，于亚伦，梁文基. 爆破震动信号的小波分析 [J]. 岩土工程学报，1998，20(1)：47-50.
He Jun, Yu Yalun, Liang Wenji. Wavelet analysis for blasting seismic signals [J]. Chinese Journal of Geotechnical Engineering, 1998, 20(1)：47-50.

[3] 晏俊伟，龙源，方向，等. 基于小波变换的爆破振动信号能量分布特征分析 [J]. 爆炸与冲击，2007，27(5)：405-410.
Yan Junwei, Long Yuan, Fang Xiang, et al. Analysis of the features of energy distribution for blasting seismic wave based on wavelet transform[J]. Explosion and Shock Waves, 2007, 27(5)：405-410.

［4］ 徐守时. 信号与系统 ［M］. 合肥：中国科学技术大学出版社，1999：2-12.

Xu Shoushi. Signals and Systems［M］. Hefei：University of Science & Technology China Press，1999：2-12.

［5］ 凌同华，李夕兵. 爆破振动信号不同频带的能量分布规律 ［J］. 中南大学学报：自然科学版，2004，34(2)：310-315.

Ling Tonghua，Li Xibing. Laws of energy distribution in different frequency bands for blast vibration signals［J］. Journal of Central South University：Science and Technology edition，2004，34(2)：310-315.

［6］ 王更峰，汤庆荣. 岩石声发射信号能量的小波包分析 ［J］. 工程勘察，2007(8)：69-72.

Wang Gengfeng，Tang Qingrong. Wavelet packet analysis on signal energy of rock acoustic emission［J］. Geotechnical Investigation & Surveying，2007(8)：69-72.

［7］ 张耀平，曹平，高赛红. 爆破振动信号的小波包分解及各频段的能量分布特征 ［J］. 金属矿山，2007(11)：42-47.

Zhang Yaoping，Cao Ping，Gao Saihong. Wavelet packet decomposition of blasting vibration signals and energy distribution characteristics of frequency bands［J］. Metal Mine，2007(11)：42-47.

［8］ 蒋丽丽，林从谋，陈泽观，等. 岩石高边坡爆破振动传播规律小波包分析 ［J］. 有色金属：矿山部分，2009，61(2)：43-46.

Jiang Lili，Lin Congmou，Chen Zeguan，et al. Wavelet Packet Analysis of Vibration Caused by High Rock Slope Blasting ［J］. Nonferrous Metals：Mine Section，2009，61(2)：43-46.

［9］ Jan F A. River flow forecasting using wavelet and cross-wavelet transform models［J］. Hydrological Process，2008，22：4877-4891.

［10］ 张智宇，栾龙发，殷志强，等. 起爆方式对台阶爆破振频能量分布的影响 ［J］. 爆破，2008，25(2)：21-25.

Zhang Zhiyu，Luan Longfa，Yin Zhiqiang，et al. Effects of detonation ways on energy distribution for different frequency bands of bench blasting［J］. Blasting，2008，25(2)：21-25.

减少中深孔爆破大块及根底的措施

王　涛　杨登跃　廖新朝

（广东宏大爆破股份有限公司，广东 广州，510623）

摘　要：结合大石头露天矿基建爆破工程，阐述中深孔爆破产生大块、根底的原因，并根据多年的实践经验及地质情况，从采场开采方案、孔网参数、合理超深、装药方式、起爆网络、微差延时、施工管理等方面提出减少大块及根底的具体措施。实践证明：实施改进措施后，大块率降低，根底面积减少，爆破效果得到了很大改善。

关键词：中深孔爆破；大块率；根底

Measures to Reduce Boulders and Bootlegs by Medium−deep Hole Blasting

Wang Tao　Yang Dengyue　Liao Xinchao

（Guangdong Hongda Blasting Co., Ltd., Guangdong Guangzhou, 510623）

Abstract：The paper elaborates the causes of boulders and bootlegs by the medium−deep hole blasting for the infrastructure construction of the Dashitou open−pit mine, and advances concrete measures to reduce them, from mining scheme, spacing pattern parameters, reasonable over excavation, charge structure, initiation network, differential delay to operation management, based on years of practical experience and the geological conditions. The practice proves that the boulder rate and the area of bootlegs are reduced by taking the measures above, and the blasting effect is greatly improved.

Keywords：medium−deep hole blasting; boulder rate; bootlegs

　　山坡露天矿基建剥离，地形起伏变化较大，表土风化程度不一，中深孔爆破破岩时常常产生大块、根底。大块率过高、根底面积过大是影响铲装、运输、排卸等工艺环节综合效率的重要因素；同时，二次破碎大块、清理根底增加了穿爆成本及安全隐患。因此，采取措施降低大块率、减小根底面积，是保证矿山安全生产并获得最佳经济效益的前提[1]。

1　工程概况

　　大石头煤矿为山坡露天矿，矿区位于汝箕沟向斜南段仰起部位，构造形式为一西倾单斜构造，煤层起伏度很小，产状较平缓。矿区属高山大陆性气候，空气稀薄，终年干旱，雨量稀少，山高坡陡，地形起伏较大。矿区内自上而下岩石性质主要为砂砾、角砾、砂质风积土、粗砂岩、页岩，石英厚层粗砂岩、粉砂岩及泥岩。煤层露头浅部小窑星罗棋布，沿煤层露头开采，采后空区封闭不严，自然发火，形成火区。火区及采空区的存在导致采场境界范围内部分岩体塌陷、节理裂隙发育。同时，中部岩层长期经过火区灼烧，岩性发生了极大变化。

2 中深孔爆破产生大块及根底原因

大石头露天矿台阶爆破后大块率高、根底多，严重制约了生产进度。在开工 3 个多月里，不断总结原因并结合实践经验发现：大块常常产生于孔口堵塞段、凹凸不平的台阶坡面、孔网较大区域、后排、侧排、软弱夹层交界处、裂隙发育区域、长期火区灼烧区域及地质结构复杂区域；根底易产生于岩层倾向与自由面相反、抵抗线过大、超深较浅及孔距过大的区域。大块及底部产生部位如图 1 所示。

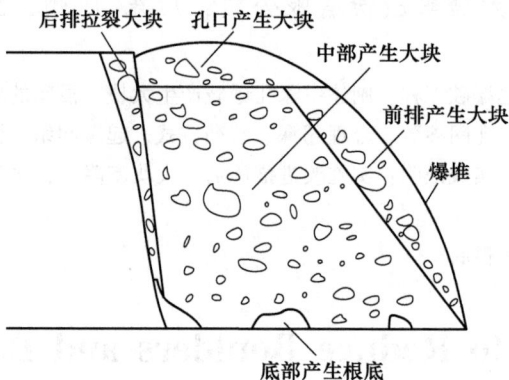

图 1 大块及根底产生部位

2.1 大块产生原因分析

大块产生原因分析如下。

（1）孔网设计过大或钻孔产生偏差。过大的孔网参数使得单孔负担面积增加，从而降低岩石充分破碎所需炸药单耗；孔网邻近系数不合理，炸药能量分配不均匀，使得爆破漏斗不能充分贯通，岩体没有足够的破碎能量，在炮孔底部及中部极易形成大块。

（2）堵塞长度不合理，堵塞质量较差。堵塞长度过长，药柱重心降低，堵塞段应力集中；堵塞长度过短，堵塞质量较差，极易冲孔，爆生气体过早泄漏，炸药能量得不到有效利用，导致孔口段产生大块。

（3）当同一爆区岩体存在软弱夹层、地质结构复杂或岩体经过灼烧，岩性发生变化时，岩石消耗的炸药单耗有所不同，且单孔负担面积或抵抗线发生变化，能量沿薄弱方向极早地泄漏，导致该区域产生大块。

（4）台阶坡面上裂隙发育及坡面不规整，存在超欠挖，使应力波衰减阻断，爆生气体延裂隙过早释放，压力下降，炸药能量不能有效推动岩体，削弱了岩体的二次碰撞破碎作用。

（5）后排、两侧在前排孔的夹制作用下，没有足够的自由面，应力波向后排或侧边传播，产生较强的拉力，拉裂岩石；先爆孔导致邻近爆区产生大量裂隙，爆生气体迅速逸出，岩石未能得到充分破碎。

（6）台阶坡面与岩层倾向相反或相同时，易产生大块[2]。

2.2 根底产生的原因分析

根底产生的原因分析如下。

（1）爆破自由面的合理选取在一定程度上受岩层产状的影响，当台阶自由面与岩层倾向相反时，极易产生连续根底。

（2）炸药爆炸释放的能量总是沿坡面最薄弱的方向传递，若前排抵抗线过大或前排坡脚下有根坎存在，炸药爆炸能量的推动能力不足，只能向坡面抵抗线较薄弱的方向传递，坡底不能得到有效破碎；多排孔排间起爆时，后排孔相对阻力较大，在先爆区域的压制下，没有足够的移动空间，形成根底。

（3）孔距过大时，爆破漏斗不能全部贯通，在两孔中间部位应力集中，形成根底。

（4）超深过小的钻孔，底部装药量较少，由于底盘夹制力相当大，炸药爆炸释放的能量无法有效克服底盘夹制力，导致根底产生。

3 降低大块率及根底的措施

3.1 台阶坡面的选取

大石头矿首采区开采方案沿矿体走向掘沟，倾向扩帮。扩帮爆破时，常常产生连续根底。因此，根据岩层产状，调整台阶坡面，尽量避免岩体抛掷方向与岩层倾向相同或相反。在施工中，调整开采方案，台阶自由面选择与岩层走向近垂直方向，降低大块率及根底的产生。

3.2 合理孔网参数的选取

利用大孔距小抵抗线的原理，并结合多年的矿山实践经验，取孔网密集系数（孔距与排距的比值）$m = 1.5 \sim 1.8$。根据矿区岩性的特征，确定合理的炸药单耗，见表1。前排抵抗线合理性是影响爆后大块率及根底的一个重要指标。不同药卷直径（耦合装药为炮孔直径）制约着抵抗线的大小。现场布孔时，依据药卷直径并结合现场实际地形确定台阶最小抵抗线，见表2。在满足钻机安全的条件下，因地制宜选取合理的前排抵抗线，抵抗线过大，阻碍后排孔推出，极易形成连续的根底，降低岩体的破碎效果。若前排孔底盘抵抗线过大，可采用底部打抬炮的方式减小底盘抵抗线，抬炮的深度及角度根据实际情况合理布置。

表1 岩石硬度所对应炸药单耗

硬度系数	8~10	10~12	12~14	14~16	16~20	20~22
炸药单耗/kg·m⁻³	0.3~0.35	0.35~0.45	0.45~0.55	0.55~0.7	0.7~0.9	0.9~1.1

表2 炸药最大推动距离

药卷直径/mm	80	90	100	110	120	130	140	150
抵抗线/m	3	3.4	3.79	4.17	4.55	4.93	5.32	5.68

3.3 炸药种类的选择

研究及实践表明：当炸药的波阻抗与岩石的波阻抗相匹配时，岩石能有效吸收炸药释放的能量，充分破碎岩体。大石头露天矿区生产爆破时使用的炸药主要为铵油炸药、粉乳炸药、各种直径的胶状（成品）乳化炸药，炸药性能见表3。铵油炸药猛度、爆速相对低，做功能力强，适合硬度较低的岩石；粉乳炸药猛度、爆速相对高，做功能力弱，适合硬度较高的岩石；胶乳炸药性能适中，常常做起爆药柱及用于裂隙发育区域。生产爆破时，结合各区域岩性特征，将3种炸药合理组合使用，有效改善爆破效果。

表3 各种炸药性能

炸药种类	药卷密度/kg·m⁻³	猛度/mm	爆速/m·s⁻¹	殉爆距离/cm	做功能力/mL
铵油炸药	≥0.80~0.90	≥10	≥2800	≥4	≥330
粉乳炸药	≥0.85~1.05	≥13	≥3400	≥5	≥300
胶乳炸药	≥0.95~1.30	≥12	≥3200	≥3	≥260

3.4 装药方式的选择

大石头矿分首采区和二采区。首采区爆破，平台底板时常出现成片根底，为了有效克服根底的产生，炮孔底部装高爆速的粉乳炸药，上部装铵油炸药；二采区爆破，炮孔深度通常为 15~25m，为了节省成本，以及受到起爆器材的限制，在生产中采用分层装药，底部炸药通常为上部炸药的 3~4 倍；如遇软弱夹层，通常其附近采用分层装药，避免爆生气体过早沿软弱夹层泄漏。

3.5　微差延时及起爆网络的选择

矿区爆破采用排间起爆技术，排与排之间微差时间的合理选取以及雷管延时精确度是保证优良爆破效果的基础[3]。实践证明：微差时间的确定需考虑岩石性质、地质条件、孔网参数等，且随着排间距的增大，微差时间相应增大。微差延时根据苏联矿山部门提出的经验公式确定：

$$\Delta t = KW(24 - f) \tag{1}$$

$$\Delta t = Ka(24 - f)/m \tag{2}$$

式中，f 为岩石普氏系数；W 为底盘抵抗线，m；a 为同排同时起爆的炮孔间距，m；m 为密集系数，取 1~2；K 为岩石裂隙系数，裂缝少的岩石，$K = 0.5$，中等裂隙岩石，$K = 0.75$，裂隙发育的岩石，$K = 0.9$。

起爆网络的合理选取为后排孔创造新自由面，减小后排孔夹制作用。同时，合理的起爆网络可控制岩石移动及二次撞击破碎，避免飞石破坏网络。大石头矿采用 V 型起爆网络、梯型起爆网络、斜线起爆网络（见图 2）。梯型网络减小后排两侧孔抵抗线，避免岩体因抵抗线过大侧拉产生大块；V 型起爆增加了一个新自由面，有利于岩体破碎，但爆堆集中，松散度较差；斜线起爆网络集合了梯型网络与 V 型网络的特点，但对地形条件要求较高，须有 2 个自由面。爆破设计时，结合各种网络的特点、使用条件、实际地形、铲装要求，选取最佳起爆网络。

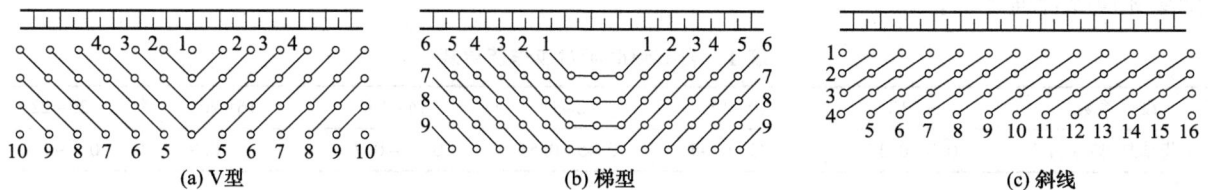

(a) V 型　　　　　　　(b) 梯型　　　　　　　(c) 斜线

图 2　起爆网络

3.6　合理超深的选择

超深的作用是降低药柱重心，克服台阶底部的夹制力，避免或减小台阶底部产生根底，形成平整的底板。超深过大，会增加炸药单耗或降低药柱重心，造成台阶底部岩体过于破碎，影响下一水平穿孔作业。超深过小，无法克服台阶底部夹制力，产生根底，影响后续各工序实施。根据实践经验结合孔网参数，大石头矿硬岩超深一般为 2m，相对较软的岩石超深一般为 1.5m，前排孔超深较后排孔超深增加 0.5m，取得较好爆破效果。

3.7　堵塞长度的选择

爆破破岩是炸药爆炸应力波和爆生气体共同作用的结果，合理的堵塞长度及堵塞质量能增加爆生气体在炮孔内作用时间，提高炸药能量的利用率[4-6]。根据长期的实践经验，对于 ϕ140mm 炮孔，当孔深为 15~25m 时，采用分层装药方式，岩性中等坚硬的白砂岩中部间隔 3m，上部堵塞 4.5m，硬度较高的白砂岩，中部堵塞 2m，上部堵塞 3.5m；当孔深 15m 以下时，采用连续装药方式，岩石中等坚硬时堵塞 4.5m，硬度较高时堵塞 3.5m。

3.8　科学管理及严格施工

大石头矿制定了严格的质量标准管理制度，对布孔、穿孔、装药、堵塞、警戒、起爆等环节实施全面跟踪监督，由安全部、钻爆队、业主各配备一人，组成 3 人监督小组进行考核，责任到个人。施工过程严格按照质量标准化要求实施，布孔结合实际地形、岩性、节理面裂隙发育情况，用皮尺丈量、标定。钻孔要求孔深不得超出设计值±20cm，角度不得超出±1°。验孔要求对孔位、孔深、孔温、倾斜度、前排抵抗线分布情况做详细记录，并及时汇报现场工程师，由工程师对特殊钻孔进行药量核定。

装药严格按设计要求，保证填塞长度及质量，若出现卡孔、堵孔现象，及时补孔，确保药量均匀分配在爆区，保证爆破质量。

4 结语

针对大石头矿中深孔爆破实际情况，详细分析产生大块及根底的原因，并针对其提出相应整改措施，在后续的生产中取得了较好的效果。首采区大块率明显降低，基本控制在 2% 以内，根底逐步消失，降低了爆破综合成本，铲装、运输效率有了较大的提升；二采区挖机山顶甩料，基本无大块残留，在使用相同炸药量的情况下，山顶收方较以往取得了较大突破。大块率、根底面积作为衡量露天矿爆破效果的重要指标，但并不是大块率越低、根底面积越小，爆破效果越好，往往要结合露天矿爆破综合成本寻求一个最优参数，使矿山整体经济效益最大化。

参 考 文 献

[1] 张树伟，董秀艳. 降低中深孔爆破大块根底的实践 [J]. 中国矿山工程，2009，38(3)：21-24.
[2] 赵强，张建华，李星，等. 降低中深孔大块率的技术措施 [J]. 爆破，2011，28(4)：50-56.
[3] 彭乐平，程康. 露天矿山微差控制爆破技术的影响因素 [J]. 中国矿业，2007(3)：59-61.
[4] 王玉杰. 爆破工程 [M]. 武汉：武汉理工大学出版社，2007.
[5] 张世雄. 固体资源开发工程 [M]. 武汉：武汉理工大学出版社，2010.
[6] 申卫峰，单承质. 降低深孔台阶爆破中大块率和根底的措施 [J]. 煤矿爆破，2010(1)：31-33.

经山寺露天铁矿强化开采凹陷式排水

张万忠

（广东宏大爆破股份有限公司，广东 广州，510623）

摘　要：为了满足经山寺露天铁矿强化开采需要，根据现场实际情况对原排水设计进行优化调整，取得了一些关于中小型露天矿强化开采排水的技术成果和管理经验，同时收到良好的经济效益。

关键词：强化开采；凹陷式；露天矿排水

Sunken Drainage for Enhanced Mining in the Jingshansi Open-pit Iron Mine

Zhang Wanzhong

（Guangdong Hongda Blasting Co., Ltd., Guangdong Guangzhou，510623）

Abstract：The paper optimizes the original drainage design to meet the needs of enhanced mining in the Jingshansi open-pit iron mine based on the onsite situation, and achieves a certain technical achievements and management experience on the drainage for the enhanced mining of small and medium open-pit mines, which obtains good economic benefits.

Keywords：enhanced mining；sunken；open-pit mine drainage

1　水文概况及原设计

1.1　水文概况

经山寺露天铁矿床位于丘陵地带，地表标高88~138.8m，矿区夏季炎热，冬季寒冷，属温带半干旱大陆性气候，平均降水量822.23mm，年蒸发量为1316.70mm，全年6~9月份为雨季。

矿区无大的地表水体，仅有季节性的杨泉河，杨泉河由矿区西部小刘沟一带，经经山寺北坡及杨泉、孟思恭流出矿区。河流流量随季节变化，以6月份、7月份、8月份、9月份为最大，一般流量10L/s以下，干旱时断流。

地下水埋深一般0~17m，平均静止水位标高为103.20m。水头高出含水层顶板平均23.20m，大部分地下水为承压水性质，基岩裸露段为潜水性质，由于地层断裂、褶皱构造作用的影响，地下水局部自流排泄。地下水流向基本与地表水一致，矿区内第四系以洪积及冲积物分布最广，是主要孔隙含水层，但其上部含水性差。

矿坑充水因素有大气降水、大理岩含水层影响、断层充水影响、地表水流等。

1.2　原排水设计简介

经山寺露天铁矿原设计生产能力120万t/a，服务年限为8a，第2年达产，矿山排水标高为+108m水平，露天底为0m水平。设计选用流量550m³/h，扬程153m的潜水泵。正常水量时，2台工作，1

台备用；最大水量时，3台同时工作。排水管道沿非工作帮敷设，设计安装3条排水管道，正常时2条工作，1条备用；最大水量时3条同时工作。露天排水泵站随生产水平的下降而下移。

2 露天采场水量计算

露天采场总涌水量主要由2部分组成，即地下水涌水量和大气降雨径流量[1,2]。

2.1 地下水涌水量计算

$$Q_1 = \frac{1.366K(2H - M)M}{\lg\left(\dfrac{R_0}{r_0}\right)} \tag{1}$$

$$r_0 = \sqrt{\frac{F}{\pi}} \tag{2}$$

$$R = 10S\sqrt{K} \tag{3}$$

$$R_0 = R + r_0 \tag{4}$$

式中，Q_1 为矿坑地下水涌水量，m^3/d；K 为渗透系数，m/d；M 为含水层厚度，m；H 为水头高度，m；S 为水位降深，m；R 为影响半径，m；r_0 为大井引用半径，m；F 为开采面积，m^2。经山寺露天开采地下水涌水量计算参数及结果见表1。

2.2 露天采场降雨径流量计算

降雨径流量分别为设计频率降雨径流量 Q_P 和正常降雨径流量 $Q_正$，它们分别按下式计算：

$$Q_P = H_P \cdot F' \cdot \Phi_1 \tag{5}$$

$$Q_正 = 0.1Q_1 \tag{6}$$

式中，Q_P 为设计频率降雨径流量，m^3/d；$Q_正$ 为正常降雨径流量，m^3/d；F' 为汇水面积，m^2；H_P 为设计频率（$P=10\%$）时暴雨量，m；Φ_1 为设计频率降雨径流系数。地下涌水量见表1，开采降雨径流量见表2，总通水量见表3。

表1 经山寺露天开采地下水涌水量计算参数及结果表

开采水平/m	静止水位标高 H_0/m	K/m·d⁻¹	M/m	S/m	r_0/m	R/m	R_0/m	Q/m³·d⁻¹
0	103.2	1.81	20	103.2	129.25	1388.41	1517.66	8616

表2 经山寺露天开采降雨径流量计算参数表

开采水平/m	H_P/m	F/m²	Φ_1	$Q_正$/m³·d⁻¹	Q_P/m³·d⁻¹
0	0.3078	523261	0.6	7296	19325

注：露天采场排水按照淹没5d考虑。

表3 经山寺露天铁矿采场总涌水量表

设计标高/m	地下水 /m³·d⁻¹	降水径流量/m³·d⁻¹		矿坑总涌水量/m³·d⁻¹		备注
		正常	最大	正常	最大	
0	8616	7296	19325	15912	27941	$P=10\%$

3 强化开采要求调整排水设计

由于表层氧化矿的可选性低，经济效益不好，而可选性高的原生矿大都处于 $60 \sim 50m$ 水平以下，为了早见矿，见好矿，减少初期投入，提高经济效益，及早收回成本，取消2矿同时开采方案，对经山寺露天铁矿进行强化开采，即先期只对经山寺铁矿床进行开采，生产能力提高到年产240万吨，服务年限缩短为5年。这样的开采强度要求平均每年下降3个台阶才能完成采剥任务（每10m 1个台阶）。按照原来的排水设计，露天排水泵站随生产水平的下降每年需要下移3次，泵站移动频率增大，排水系统的服务年限缩短。显然原有排水设计不再适合本矿山强化开采的需要，排水设计需要优化调整[3,4]。

根据生产和排水需要，结合工程实际情况，优化调整后的排水系统由集水坑、泵站、管道、排水沟4部分构成。初期每下降1个台阶时先掘出1个临时集水坑，然后随工作面的推进尽快形成半永久集水坑，半永久集水坑每2个水平设置1个，集水坑选择不影响生产的地点布置。排水设备选用流量为80~100m³潜水泵，逐级接力排水至采场外。矿山生产中期+60水平形成永久集水坑以后，为了简化排水系统，提高排水效率，在+60水平集水坑设一扬程90m的泵站，选用离心泵一次从+60水平集水坑排水至采场外，+60水平以下继续延用临时泵站和半永久泵站相结合的接力排水方式排水至+60水平集水坑。

矿山初期排水系统示意流程如图1所示。

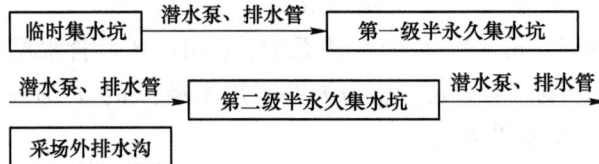

图1 矿山初期排水系统示意流程图

矿山中期以后排水系统示意流程如图2所示。

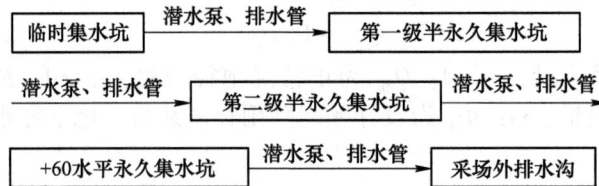

图2 矿山中期排水系统示意流程图

改变后的排水系统具有以下特点。（1）轻便灵活，移动方便。由于移动水泵选用的是中小型潜水泵，只需现场小型挖掘机和装载机的配合就能方便地移动水泵，不再需要专门的起重机械或设备。（2）台阶下降时排水系统安装简化。当台阶下降时只需要在下一阶段布置水泵和输水管，上阶段的排水系统基本不需要变动。（3）各台阶的水可以汇往此阶段的集水坑，不再下流至坑底，减小了排水压力，节约了排水费用。（4）减少矿山初期投资。矿山开采初期只需要很小一部分排水设备就能保证生产。（5）小型潜水泵便于检修。（6）能很好地适应强化开采的需要。

4 现场排水的管理与体会

采场设置专门的调度主任，负责采场排水；日常排水安排工人6名，1日3班，安装水泵和水管时由现场调度另外安排辅助工人和辅助机械。集水坑的水泵不能时时满负荷运转，平时必需留有人员看守，一旦坑中无水则马上人工停泵，否则将出现烧泵的危险，带来不必要的经济损失。另外集水坑位置和管线要尽量布置在不影响生产的路边或非工作帮。为了防止大气降雨形成的地表径流涌入采坑，减小坑内排水压力，节省排水费用，保证安全正常生产，必须杜绝露天坑以外的水流入坑内。根据矿山现状，在露天采坑周围设置排洪沟、截水沟等，与原有的排水系统相结合，避免坑外降水流入采坑。雨季时要时时察看露天坑周围的排洪沟和截水沟，发现问题及时解决。

经山寺露天铁矿强化开采凹陷式排水工程的优化设计和现场管理，有如下体会。

（1）在近 2 年的矿山生产中，采场的抽排水工作能保证矿山安全正常生产。

（2）汛期前后应加强对坑外排水系统的维护工作，同时应与当地村民就排水过程中可能出现的各种问题及时协调沟通，凡是对农田有影响的排水沟和截洪沟都要及时妥善处理，避免不必要的纠纷。

（3）在生产过程中坑内集水坑有时需要几次移位调整，所以每次位置的确定必须按照方案要求和现场实际合理选定，以免多次移动造成不必要的浪费。

（4）爆破区附近的水泵、水管、电线、水泵开关一定要有保护措施，比如可以将水管和电线埋在地下等，必要时在爆破时先将水泵等转移到爆破安全区，爆破完后重新安装水泵排水。以免飞石砸伤设备，带来损失。

5 高强度开采排水系统的经济效益分析

（1）采取强化开采技术，将原方案的经山寺、扁担山同步开采优化为先经山寺、后扁担山开采；开采扁担山矿时可以用经山寺采场用过的水泵，基本上不用新添排水设备就能既保证经山寺收尾工程排水，又能保证扁担山基建排水。这样算来原来 2 矿同采需用 2 套排水设备，现在只要 1 套，节省 1/2 排水设备投资费用。

（2）减少了经山寺矿山初期投资费用。原设计选用 3 台 $550\text{m}^3/\text{h}$，扬程 153m 的大型潜水泵。而优化后的排水系统初期只要 3 台小泵就能完成 +80 以上的正常排水任务，很大程度上节省了经山寺矿山初期投入资金。

（3）经山寺强化开采后，排水设备的服务年限由 15 年缩短为 5.5 年，相应的排水费和排水管理费用也会成倍减少。

（4）优化后的排水系统减少了水平下降时的移泵工程量和移泵费用，同时移泵所需时间也大大缩短，基本上不影响排水和矿山持续稳定生产。

（5）优化后的排水系统为逐级排水，避免了高水低流，减小了平均排水扬程，节约了排水费用。

6 结语

综上所述，优化后的排水系统，不但能够满足凹陷式露天矿强化开采的要求，而且初期投资少，排水运营时间短，运营费用少，实现了综合效益较优。

参 考 文 献

[1]《采矿手册》编辑委员会. 采矿手册 [M]. 北京：冶金工业出版社，2005.

[2] 王青. 采矿学 [M]. 北京：冶金工业出版社，2000.

[3] 陈家斌，赵明星. 分期强化开采在级倾斜中厚矿露天矿山的应用 [J]. 化工矿物与加工，2007(7)：33-34.

[4] 唐日军，王金利. 霍林河南露天矿集控系统在疏干排水生产中的应用 [J]. 露天采矿技术，2007(5)：41-45.

露天矿边坡控制爆破的安全技术

贺顺吉

（广东宏大爆破股份有限公司，广东 广州，510623）

摘　要：在露天矿中随着开采深度的增加，边坡越来越高，所以，在生产过程中，必须考虑边坡的安全稳定性问题。边坡爆破在使用现场混装车装药时，采用空气间隔装药结构，利用预裂爆破和缓冲爆破相结合的方式，通过试验，分析爆破对岩体破碎质量、开挖轮廓成型质量及其对岩体的损伤特征，验证了采用与现场混装车装药相配套的不耦合装药技术（空气间隔装药），选取合理的参数，可以控制爆破对矿山边坡部位的损害，保证边坡的稳定性，实现安全生产。

关键词：露天矿；边坡；控制爆破；安全技术

Safe Blasting Technology for Slope Control in Open-pit Mines

He Shunji

（Guangdong Hongda Blasting Co., Ltd., Guangdong Guangzhou，510623）

Abstract：The slope is getting higher and higher with the increase of mining depth in the open-pit mine. Therefore, it is a must to consider the safety and stability of the slope in the production process. The paper puts forward the air-decked charge by the site mixing charging truck in the slope blasting with pre-splitting blasting and buffer blasting. It analyzes the effect of blasting on rock mass quality, excavation contour forming quality and damage characteristics of rock mass through experiments, and verifies the application of non-coupling charging technology (air-decked charge), which is suitable to the site mixing charging system, and optimized parameters can reduce the blast damage to the mine slope, ensure the stability of the slope, and achieve safe production.

Keywords：open-pit mine；slope；controlled blasting；safety technology

1　矿区概况

经山寺露天矿位于河南省中部，隶属舞钢市八台乡与庙街乡的西部交界区；矿床西北部跨入叶县的辛店乡界内，东南距铁山矿床6km。矿区内地层主要为新太古界太华群铁山庙组区域变质岩系，中元古界汝阳群海相碎屑沉积岩及第四系地层。经山寺矿段由经山北坡向斜和经山南坡背斜组成，矿体走向近东西，倾角100°~180°。构成边坡的岩组主要由白云石大理岩、磁铁大理岩、磁铁辉石岩、辉石大理岩、角闪岩组成，岩石普氏系数$f = 12~14$，矿石普氏系数$f = 16~22$，边坡中下部多由辉石磁铁矿层直接构成边坡。受褶皱构造控制，经山寺矿段构成南北帮边坡的岩组倾向与边坡倾向相反，只有南边帮局部边坡的岩组与边坡倾向一致；构成东西端帮的岩组则呈截切层状构造，F_{31}和F_{35}断层离设计的最终边坡较远，并且倾角较陡，构造结构面对边坡稳定影响很小。

经山寺露天矿南扩工程是在原经山寺露天矿基础上的南扩帮工程。随着露天开采深度的增加，边坡越来越高，所以，在生产过程中，必须考虑边坡的稳定性问题。

原载于《露天采矿技术》，2014(5)：77-79，85。

2 爆破方案选择

爆破作为目前矿山开采的主要手段，由于爆破荷载的作用，在完成岩体破碎的同时，在承载岩体的表层不可避免地存在动力损伤区。在经山寺露天矿山开采工程中，采用现场混装车装药进行爆破作业。此工艺下，炮孔内的装药耦合情况通常为耦合装药，可以提高爆破破碎效率，降低单位开采量的钻孔数量，但若在临近矿山边坡部位采用现场混装车装药，必然对保留边坡岩体产生严重损伤。因此，需要采用现场混装车装药相配套的不耦合装药技术（空气间隔装药、套管内装药技术等），以控制爆破效应，减少爆破对矿山边坡部位的损害[1]。

结合河南舞钢经山寺铁矿南扩工程的具体情况，进行采用现场混装车装药条件下的预裂及缓冲爆破试验。通过试验，分析爆破对岩体破碎质量、开挖轮廓成型质量及其对岩体的损伤特征的影响，取得有利于矿山边坡成型和岩体爆破损伤控制的边坡控制爆破成套技术[2,3]。

3 爆破设计

3.1 基于现场炸药混装车的空气间隔装药预裂爆破参数

钻孔爆破炮孔布置如图1和图2所示，梯段高10m，孔径140mm，炸药采用现场混装乳化炸药。

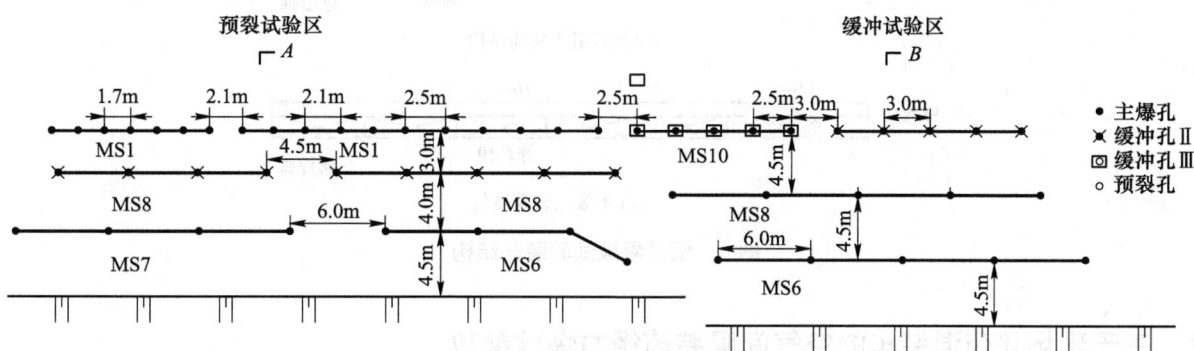

图1 爆破试验炮孔布置

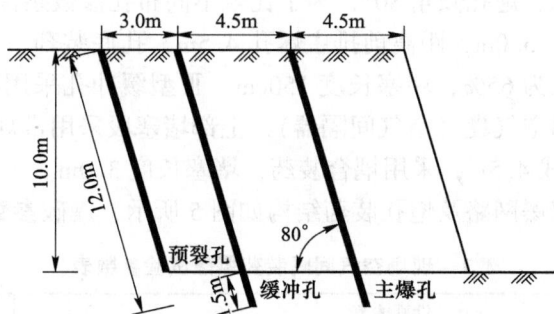

图2 预裂爆破试验区炮孔布置横剖面图

空气间隔装药预裂爆破孔，炮孔倾角80°，为了比较不同布孔参数条件下预裂缝的成缝质量，炮孔间距分别取12倍、15倍及18倍孔径，距离前排缓冲孔3.0m，孔底装药，空气层比例即空气层长度占空气层与装药段总长的比例取为25.6%，堵塞长度1.2m，采用特制的水袋及相关岩土材料作为堵塞物。

缓冲孔间距4.5m，距离前排主爆孔4.0m，采用空气间隔装药，空气层比例为40%，孔底装药，堵塞长度1.5m，使用空气囊（空气间隔器），上部堵塞段采用常规的炮泥。

主爆孔间距6.0m，抵抗线4.5m，采用耦合装药，堵塞长度3.0m。

空气间隔装药预裂爆破起爆网路及炮孔装药结构如图1~图4所示，爆破设计参数见表1。

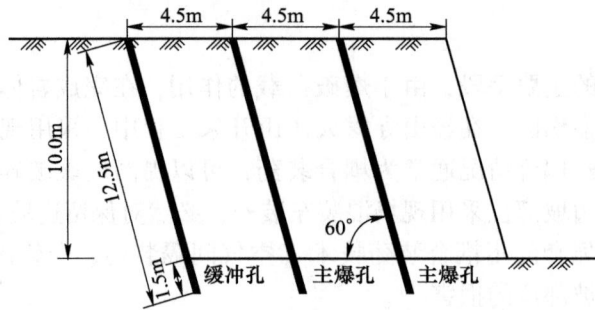

图3　缓冲爆破试验区炮孔布置横剖面图

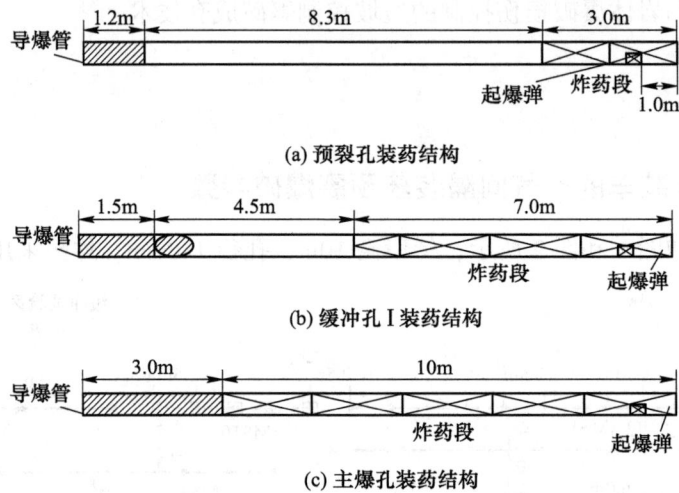

(a) 预裂孔装药结构

(b) 缓冲孔 I 装药结构

(c) 主爆孔装药结构

图4　预裂爆破试验装药结构

3.2　基于现场炸药混装车的空气间隔装药缓冲爆破参数

钻孔爆破炮孔布置如图3所示，梯段高10m，孔径140mm，炸药采用现场混装乳化炸药。

空气间隔装药缓冲爆破孔，炮孔倾角80°，为了比较不同布孔参数条件下开挖轮廓成型质量及爆堆块度，炮孔间距分别取2.5m、3.0m，距离前排主爆孔4.5m，孔底装药，空气层比例即空气层长度占空气层与装药段总长的比例取为65%，堵塞长度150cm。Ⅲ型缓冲孔采用特制的水袋及相关岩土材料作为堵塞物；Ⅱ型缓冲孔采用空气囊（空气间隔器），上部堵塞段采用常规的炮泥。

主爆孔间距6.0m，抵抗线4.5m，采用耦合装药，堵塞长度3.0m。

空气间隔装药缓冲爆破起爆网路及炮孔装药结构如图5所示，爆破参数见表1。

表1　现场空气间隔装药爆破试验参数表

炮孔名称	钻孔参数							装药参数			
	雷管段别	孔径/cm	孔深/cm	孔距/cm	排距/cm	孔数	药径/mm	装药长度/cm	堵塞长度/cm	单孔药量/kg
预裂孔	MS1	140	1200	170	300	18	140	300	120	60.8
缓冲孔Ⅰ	MS8	140	1280	210	300	9	140	700	150	143.5
缓冲孔Ⅱ	MS10	140	1280	300	450	5	140	400	150	81.2
缓冲孔Ⅲ	MS10	140	1280	250	450	5	140	400	150	81.2
主爆孔	MS6~8	140	1300	600	450	18	140	1000	300	205.0
合计						55				

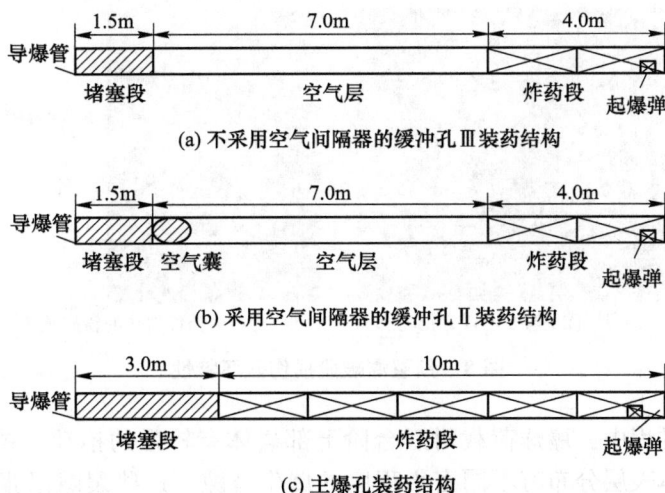

(a) 不采用空气间隔器的缓冲孔Ⅲ装药结构

(b) 采用空气间隔器的缓冲孔Ⅱ装药结构

(c) 主爆孔装药结构

图 5 缓冲爆破试验装药结构

4 爆破效果分析

4.1 爆堆形状及块度观测

爆渣基本堆积在爆区前沿，未出现强抛掷、推动现象。爆渣块度分布较为均匀，表面岩体的大块极少，表观岩体大块率很低。

实际出渣过程中发现，边坡轮廓处采用空气间隔装药预裂爆破区域，大块岩体较边坡轮廓处采用缓冲爆破的多，通过分析发现，该处大块较多的原因，可能是预裂爆破区前排设置了缓冲孔，预裂孔和缓冲孔均是采用空气间隔装药，从而导致预裂孔和缓冲孔上部岩体未能充分破碎，从而产生了较多的大块。

4.2 边坡轮廓面成型分析

本次爆破试验受岩体结构面的影响较大，尤其是缓冲爆破试验区，开挖后的轮廓面基本沿岩体结构面形成，因此较难判断缓冲爆破试验的轮廓成型效果。在预裂爆破区，由于试验区域跨过一段较为破碎的岩体段，该区段难以发现残存的半孔，但在岩性较好的试验段，岩体的半孔率较高。尤其是孔间距为2.5m(18倍孔半径)的空气间隔装药预裂爆破试验段，轮廓的平整度较好，半孔率较高。试验结果表明，在岩性较好的开挖段，采用较大的孔间距，仍可取得较好的效果，但是轮廓的成型效果受岩体岩性、结构面及钻孔质量影响较大。

4.3 岩体损伤破坏宏观观测

爆破完成后，开挖轮廓面附近保留岩体的宏观损伤破坏照片如图6~图8所示。

图 6 后台阶损伤破坏图

图 7 不同试验段损伤破坏图

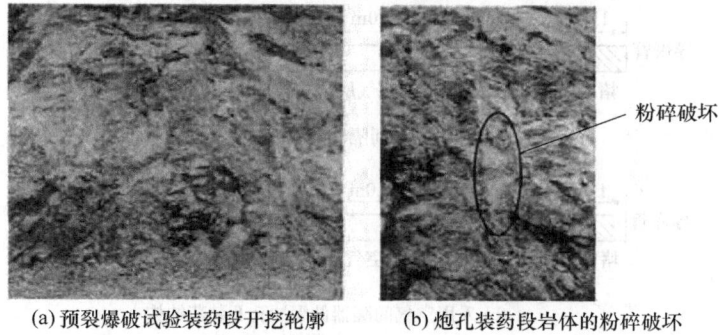

(a)预裂爆破试验装药段开挖轮廓   (b)炮孔装药段岩体的粉碎破坏

图 8 预裂爆破段损伤破坏特性

由图 6 可知，爆破过程中，爆炸荷载对后台阶上部岩体有较强的抬动、拉裂作用。由图 7 和图 8 可知，岩体爆后保留岩体表层分布有不同密集程度的爆生裂隙，这些裂隙以张开拉裂为主要特征，分布无明显规律，在地质条件较好，岩体均一性较强的区域裂纹密度较低，而在地质条件较差的区域，不但裂纹密度大，而且伴随有岩体破碎的特征。其中装药段的保留岩体较未装药段岩体的裂隙明显增大，装药部位炮孔壁岩体被明显粉碎[4,5]。

5 结语

本文结论如下。

（1）爆渣基本堆积在爆区前沿，未出现强抛掷、推动现象。爆堆表面爆渣块度分布较为均匀，大块极少，大块率很低。边坡轮廓处采用空气间隔装药预裂爆破区域，大块岩体较边坡轮廓处采用缓冲爆破多的原因，可能是预裂爆破区前排设置了缓冲孔，预裂孔和缓冲孔均是采用空气间隔装药，导致预裂孔和缓冲孔上部岩体未能充分破碎，从而产生了较多的大块。因此，为降低大块率，空气间隔装药预裂爆破前排应避免使用空气间隔缓冲爆破技术。

（2）爆破试验受岩体岩性及结构面的影响较大，尤其是缓冲爆破试验区，开挖后的轮廓面基本沿岩体结构面形成，较难判断缓冲爆破试验的轮廓成型效果。在岩性较好的开挖段，空气间隔装药预裂爆破采用较大的孔间距（2.5m，18 倍孔半径），可取得较好的效果。

（3）爆破过程中，爆炸荷载对后台阶上部岩体有较强的抬动、拉裂作用。岩体爆后保留岩体表层分布有不同密集程度的爆生裂隙，这些裂隙以张开拉裂为主要特征，分布无明显规律，在地质条件较好，岩体均一性较强的区域裂纹密度较低，而在地质条件较差的区域，不但裂纹密度大，而且伴随有岩体破碎的特征。其中装药段的保留岩体较未装药段岩体的裂隙明显增大，装药部位炮孔壁岩体被明显粉碎。

试验证明，采用现场混装车装药相配套的不耦合装药技术（空气间隔装药），选取合理的参数，可以控制爆破对矿山边坡部位的损害，保证边坡的稳定性，实现安全生产。

参 考 文 献

[1] 于润沧. 采矿工程师手册（上）[M]. 北京：冶金工业出版社，2009.

[2] 余茂杰. 露天采场邻近边坡控制爆破试验及应用 [J]. 矿冶，2007(1)：8-10.

[3] 汪旭光. 爆破设计与施工 [M]. 北京：冶金工业出版社，2012.

[4] 裴来政. 金堆城露天矿高边坡爆破震动监测与分析 [J]. 爆破，2006(4)：82-85.

[5] 刘志才. 岩质边坡预裂爆破技术研究 [J]. 门窗，2013(4)：390-391.

露天煤矿采空区处理方案及安全措施

贺顺吉

（广东宏大爆破股份有限公司，广东 广州，510623）

摘　要：随着露天采矿设备的现代化和大型化，以前很多地下开采的矿山，特别是煤矿，为了提高资源回采率，纷纷转型露天开采。以某煤矿由地下转露天开采为例，介绍了在处理地下采空区方面采取的探测分析、处理方案和安全管理方面的经验，供同类矿山参考。

关键词：露天煤矿；采空区处理；施工方案；安全措施

Treatment Schemes and Safety Measures for Goaf Areas in Open-pit Coal Mines

He Shunji

（Guangdong Hongda Blasting Co., Ltd., Guangdong Guangzhou，510623）

Abstract：With the modernization and enlargement of open - pit mining equipment, many underground mines, especially coal mines, have been transformed into open - pit mining in order to improve the recovery rate of resources. Taking some coal mine from underground to open - pit mining as an example, this paper introduces the detection and analysis treatment schemes and safety management of underground goaf areas, which can be used as a reference for similar mines.

Keywords：open-pit coal mine；goaf area treatment；operation plan；safety measures

宁夏某露天煤矿始建于1970年，属地方国有工业企业，矿区资源丰富，煤质优良。煤矿共含煤9层，分别为一、$二_1$、$二_2$、三、四、五、$七_1$、$七_{21}$、$七_2$煤层，其中$二_1$、$二_2$、三、五煤层为主要可采煤层，厚煤层$二_2$煤层又可细分为$二_2$上煤层，$二_2$中煤层、$二_2$下煤层，可采煤层平均总厚度24.05m，有益煤总厚度27.7 m；四、$七_1$、$七_{21}$、$七_2$煤层为不可采煤层。

原1号井经过20多年的开采，资源已枯竭。三煤在主井东翼沿倾向320m的范围内已采空，五煤在主井东翼自风氧化带向下沿倾向200m范围内已采空。以上采掘图纸齐全，采空区位置确定。但近年来在露天采区境界范围内有些民采小煤窑开采采空区位置不详，给矿山露天开采带来极大的困难，需要对空区进行处理。

1　采空区钻探及分析

钻探是为了探明采空区并进行崩落处理，以保证运输道路和作业平台的安全。

1.1　运输道路的钻探分析

规划运输道路时，应根据已有资料尽量避开采空区和塌陷区，临近煤层布置道路时，由于小煤窑开采资料收集不全面，道路下仍然有采空区存在的可能，需要进行钻探分析。

原载于《现代矿业》，2014(5)：119-121，180。

　　按照以往经验和煤层分布特点，对主要运输道路每隔 20m 进行钻探，深度为 25～30m。如果钻孔过程中发现岩石完整，说明空区的顶板厚度（保安层）足以承担挖掘机、运输汽车等荷载，能够保证道路的安全；如果钻孔过程中发现岩石破碎，说明原有采空区（假如有）已经塌陷且已填满，如果该塌陷区没有充满，路面会进一步塌陷，出现开裂、沉降等现象。考虑到道路使用寿命较长，需要对道路钻探孔进行补探复核，尤其是钻探岩石比较完整时，需要预防爆破振动、雨水侵蚀等，进而使空区顶板冒顶、片落，保安层厚度变薄，导致安全事故发生。如原来已经钻探了 25m 的炮孔，1 个月后对该炮孔进行加深补钻核实，仍然是整体岩石，则说明安全；如发现 25m 深的钻探孔变成了穿孔，则说明爆破振动、雨水侵蚀等导致空区顶板冒顶、片落，道路运输存在安全隐患，需要进行空区处理。另外，在钻探孔之间也可能存在小的空洞或者井巷没有探明，但如果其周边密实，一般不会引起大的塌陷，仅会出现局部开裂，不足以影响运输道路的整体安全。

1.2　工作平台的钻探

　　按照"有疑必探、先探后进"的原则进行钻爆、挖运施工作业。根据地质资料和采空区资料，重点关注小煤窑可能开采过的区域和采空区资料反应的危险区域。

　　在露天台阶爆破作业过程中，对现有资料提供的重点区域布置较密的超前钻探孔，探明作业区域下部已知与未知采空区。

　　按照开采境界的地质情况，一般要求钻探深度达到 25m，在作业平台没有爆破前有足够的顶板厚度，保证钻孔、装药、爆破等环节的施工安全（见图 1）；爆破以后，顶板厚度下降 1 个台阶 10m 的高度，剩下的顶板厚度一般仍然能够承担挖运设备的施工荷载（见图 2）；考虑到爆破时强大的冲击力，如果某空区漏探，爆后顶板承担荷载的能力很小，则爆破时就会将顶板击穿（见图 3），使空区填充满，也排除了原采空区的安全隐患。

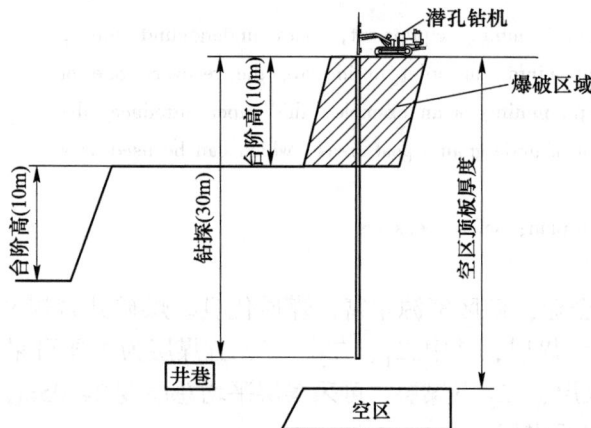

图 1　爆破前安全分析　　　　　　　　　　　　**图 2　爆破后安全分析**

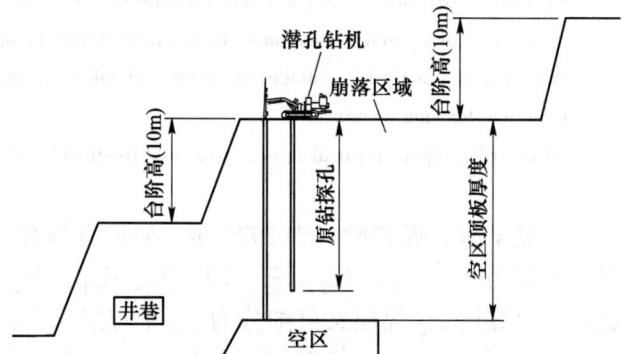

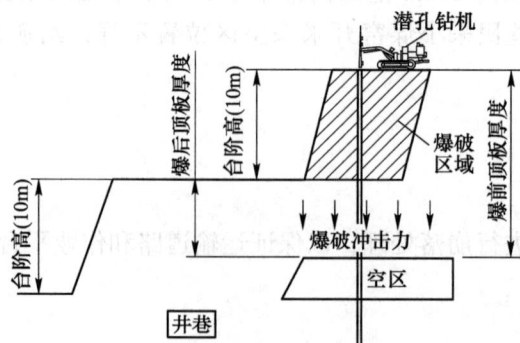

图 3　爆破向下冲击力作用

　　下一台阶爆破推进时，先探明空区，对空区进行崩落爆破，如图 4 所示。剩余的空区顶板厚度足以承担空区崩落爆破的施工荷载。

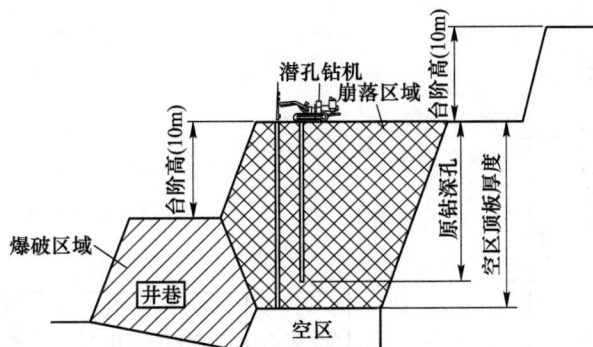

图 4　空区探明后的崩落爆破

1.3　采空区崩落处理钻探

当钻孔穿透采空区顶板后，通过已有钻孔，采用三维空区激光扫描仪确定空区形状及位置，并在此基础上补充完善采空区与生产作业台阶关系。如果三维空区激光扫描仪不能正常施工，从空区中心位置向四周钻孔，探明空区的范围，以便进行采空区爆破崩落处理。

该采空区未发现前，其上部台阶已经钻探 25~30m，该作业平台爆破以后，顶板厚度下降 1 个台阶 10m，再进行本台阶的 25~30m 的超前钻探时发生穿孔，但其厚度大于 15m，仍然能够承担中小型挖运设备的施工荷载，所以采空区钻探以及崩落处理钻孔是安全的；考虑到爆破时强大的向下冲击力，如果顶板承担荷载的能力很小，则爆破时就会将顶板击穿、爆渣塌陷，也不会出现在钻探过程中顶板塌陷现象。

2　采空区崩落处理

目前用于采空区处理的方法主要为封闭法、充填法和崩落法，经过分析比较，该矿采空区宜采用崩落法处理。

2.1　单层采空区的处理

单层采空区分为二种，未发生过垮塌的采空区和经过垮塌但未完全填满的采空区。

2.1.1　爆破参数

单层采空区采用深孔爆破强制崩落法处理，根据计算分析具体爆破参数见表1。

表 1　不同岩层顶板爆破参数

顶板岩层	保安层高度 H/m	孔深 h/m	孔径 D/mm	孔距 a/m	排距 b/m	填塞长度 /m	炸药单耗 q/kg·m^{-3}	单孔药量 Q/kg	备　注
砂岩、板岩等岩组	20	18	140	5	4.6	4	0.42	193	非电起爆网络，微差爆破
泥岩岩组、顶板破碎及岩移塌陷区内	30	28	140	7	4	4	0.40	336	

通过爆破试验确定最优爆破参数和起爆方法，装药结构如图5所示。

2.1.2　未风化岩体采空区处理

单层采空区强制崩落施工方法如图6所示，强制崩落 B 区后，对 C 区地表部分进行松碴清理，以满足 C 区的钻孔要求，C 区爆破完成后，再进行统一装运。

根据采空区顶板的厚度采取不同的布孔方式和起爆顺序，保证爆破效果，采空区由崩落的石头填满，排除了安全隐患。

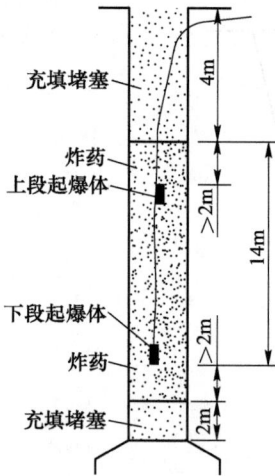

图5　采空区典型炮孔装药结构

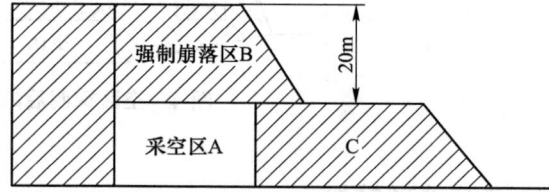

图6　强制崩落爆破方案施工方法

垂直孔处理：当采空区探明以后，满足垂直孔崩落爆破施工的条件时，即空区顶板厚度既满足钻孔、爆破作业的施工安全，又小于钻机的钻孔深度极限，采用垂直炮孔崩落爆破处理方案。根据崩落爆破区域的形状、大小、埋深，设计不同的起爆方式。当空区比较大、埋深相对浅时，崩落后岩渣能够填充，可以用毫秒微差从中间向四周起爆。

2.1.3　已垮塌空区的处理方案

已有采空区顶板垮塌分为完全崩落和未完全崩落。两种情况的施工顺序：（1）回采 C 区岩体；（2）进行 D 区的回采；（3）回采 B、A 区；（4）空区自然垮塌后，将原采空区群贯通，形成崩落区。施工过程中，从侧面揭露空区和崩落区，侧向挖装推进，挖装推进过程中进行钻探，确认挖装作业平台的安全性。崩落顺序如图7所示。

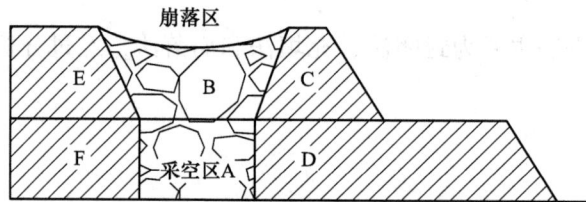

图7　自然崩落采空区施工方法

2.2　多层重叠采空区的处理方案

结合露采工艺改变工作线的推进方向和开采参数，对每个采空区群进行单体设计，在确定采空区的处理方案后，再制定露天矿该区段的开采方案。根据具体情况，初步将处理方案分为：（1）直接简化为单层空区进行处理；（2）通过改变工作线的推进方向，简化为单层空区进行处理；（3）不能简化为单层空区的，采用硐室爆破进行处理。

采空区采用在各工作台阶打垂直孔爆破崩落处理，但当保安层厚度较薄或岩层条件较差，不能确保钻机在台阶上安全作业时，可根据实际情况，采用水平孔或斜孔爆破来进行处理。

3　采空区处理的安全措施

3.1　监控措施

3.1.1　宏观分析与控制（预防）制度

（1）每个月对当前掌握采空区总体分布及露天采场开采状况、地质活动情况进行收集整理，并组织相关技术人员定期召开专题会议,分析当前地质活动的影响因素,评价各区域地质活动级别,划分出相对稳定区、轻微活动区和频繁活动区,逐级制定相应的监控和预防措施。

(2)与有关地质研究单位和部门探讨和合作,对即将揭露的大面积采空区进行数值模拟计算,分析和预测矿区弹塑性区的空间分布和地质活动形式,指导划分重点监控区域。

(3)安全和技术部门每月定期检查和督促各项地质活动控制(预防)措施的落实,未按相关要求实施的,应立即进行整改。

3.1.2 现场监控初步分析和汇报制度

(1)根据露天开采确定的区域按相应的周期进行现场监测,监测工作由专人负责,监测记录必须详细书写,及时收集新的信息,并签名确认;(2)监测人员当班现场监测,若发现地质活动异常时,应立即向主管领导、安全部门和调度室汇报;(3)现场发现开裂、局部塌陷等现象,在保证安全的前提下,建立起监控体系,确保采空区处理、排险作业的安全;(4)主动询问井下各生产单位在生产作业中是否发现片帮、冒落增多和岩爆频繁等地质活动,发现异常时应立即向安全部门汇报;(5)各种异常情况,不得夸大或瞒报,安全部门接到报告后,在12h内组织人员现场确认。

3.2 安全技术交底制度

为了确保采空区施工的安全,将采空区施工的注意事项落实、灌输到每一个现场施工人员,建立针对采空区的安全技术交底制度。根据不同时期采空区的情况,以及技术管理人员对采空区的理解深化,不断优化和补充采空区安全技术交底的内容。

3.3 现场作业安全管理

在采空区附近挖运作业,限制人员设备投入量,一个工作面不得多于两台挖机,且间隔大于20m,运输汽车不得排队积压等候,限制现场管理人员数量;空区挖运作业安排在白天进行,建立定时巡查制度,以便及时发现危险征兆;空区挖运作业平台必须安排现场调度或者安全员监守,发现地表开裂、下沉、滑坡等现象,及时汇报,不得擅自离岗,确保有作业就有人员监守。

4 结语

采空区处理是一项综合性工程,包括地质资料分析—空区探测—处理方案设计—现场施工—结果检查等一系列流程,整个过程都需要严抓安全管理,以确保作业安全。

参 考 文 献

[1] 于润沧.采矿工程师手册(上)[M].北京:冶金工业出版社,2009.

[2] 叶图强,陈晶晶,王铁,等.露天开采复杂采空区的危险性探测与分析[J].中国矿业,2012(1):90-92.

[3] 陈晶晶,蓝宇.复杂环境中采空区爆破处理实践[J].金属矿山.2013(1):70-71,85.

层状岩体爆破抛掷方向对大块率的影响

张建华[1]　张　鹏[1]　王　涛[2]

（1. 武汉理工大学，湖北 武汉，430070；
2. 广东宏大爆破股份有限公司，广东 广州，510623）

摘　要：层状岩体的爆破效果往往较差，易引起较高大块率。通过理论分析层状岩体软弱结构面，并结合单个爆破漏斗试验可知，结构面间粘结力、应力波振幅和入射角度是影响爆破效果的主要原因，以此为理论基础并总结前人的科研成果，建立抛掷方向和岩层走向的夹角 θ 与大块率的关系。

关键词：层状岩体；抛掷方向；大块率

The Effect of Layered Rock Mass Blasting Throwing Direction on Boulder Yield

Zhang Jianhua[1]　Zhang Peng[1]　Wang Tao[2]

（1. Wuhan University of Technology，Hubei Wuhan，430070；
2. Guangdong Hongda Blasting Co.，Ltd.，Guangdong Guangzhou，510623）

Abstract：The Blasting in layered rock mass causes a lot of chunks and the blasting effect is often poor. Based on a single blasting funnel test，the main reasons of poor blasting effect were adhesion between the structural plane，stress wave amplitudes and incident angles through the theoretical analysis of weak structural plane in layered rock mass. The influence relation between angle of throwing direction with the strike direction of strata and boulder rate was established based on theoretical foundation and previous research results.

Keywords：layered rock mass；throwing direction；boulder rate

1　引言

层状岩体广泛存在于地质结构中，是经过长期地质作用与地应力作用共同形成的，由多种不同属性、角度和组分的物质按某种顺序组合成的天然层状材料。在岩体内部存在大量软弱结构面，从而改变了岩体的力学性质，对爆炸应力波传播有着不同程度的影响。结构面间粘结力强的层状岩体爆破大块率较低，而粘结力较弱的层状复合岩体爆破大块率较高。研究层状岩体爆破抛掷方向对大块率的影响规律，优化爆破方案，具有一定的实用价值及经济效益。

2　层状岩体破岩分析

由爆破破岩理论知，破碎岩石的功是由爆炸应力波反射拉伸及爆生气体膨胀共同提供。层状岩体内部随机分布着大量的软弱结构面，爆炸应力波的传播方向时刻改变，能量衰减极快，同时结构弱面存在大量裂隙，使得爆生气体过早泄露[1-4]。因此，炸药能量的利用率极低造成极差的爆破效果。为

原载于《工程爆破》，2014，20(3)：10-12，36。

了改变爆炸应力波在层状岩体中的传播方向，对其应力波传播规律进行研究。

2.1 粘结力较强时应力波分布规律

粘结力的强弱对应力波的传播影响不同，分为粘结力较弱时与粘结力较强时两种影响。当粘结力较强时，公式如下[5]。

$$\frac{A_4}{A_1} = 0, \ \frac{A_5}{A_1} = 0, \ \frac{A_8}{A_1} = 0, \ A_7 = A_1 \tag{1}$$

$$\alpha_1 = \alpha_7 = \alpha_4, \ \alpha_5 = \alpha_8 \tag{2}$$

$$\alpha_5 = \sin^{-1}\left[\left(B_P/B_S\right)\sin\alpha_1\right] \tag{3}$$

式中，A_1、A_4、A_5、A_7、A_8 分别是入射和反射的横波与纵波的位移幅值；B_P 和 B_S 分别是岩体内的纵波速度和横波速度；α_1、α_4、α_5、α_7、α_8 分别是入射角、反射纵波的反射角、反射横波的反射角、透射纵波的透射角和透射横波的透射角。

粘结力较强的层状复合岩体，对应力波的衰减没有影响，表明厚度小、强度高的结构面具有良好的传播特性。

2.2 粘结力较弱时应力波分布规律

当结构面的粘结力较弱，在应力波的作用下会发生滑动。以石灰岩为例，分析透射波、反射波与入射角之间的关系，如图 1 所示[5]。

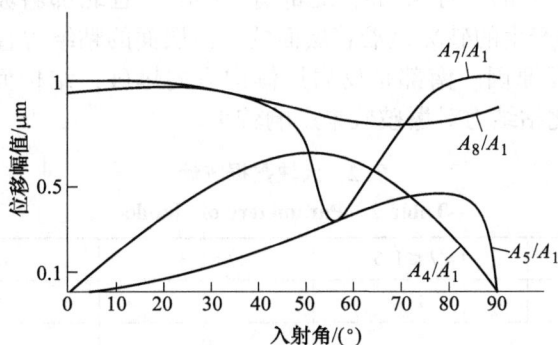

图 1　爆炸应力波作用

Fig. 1　The explosive stress wave action

由图 1 可知，曲线 A_7/A_1 和 A_8/A_1 为透射纵波和横波，位移幅值随着入射角的增大而逐渐减小，当达到最小值后逐渐增大；曲线 A_4/A_1 和 A_5/A_1 为反射波纵波与横波，位移幅值随着入射角的增大而增大，达到最大值后减小。当应力波作用于粘结力较弱的结构面时，同时存在反射波和透射波，且两种波都有横波与纵波，与粘结力强的结构面应力波传播规律明显不同，所以结构面粘结力的强弱直接影响着应力波的传播。

由此推论：沿岩体走向方向上的结构面较小，应力波及爆生气体受到粘结力影响较小，不易产生大块；而垂直或近垂直于岩体走向的结构面较大，受到粘结力影响较大，易产生大块。即结构面的大小对应力波及爆生气体做功有着重要的影响，下文通过爆破漏斗试验对该推论加以验证。

3　爆破漏斗试验

3.1　试验背景

爆破漏斗试验中炮孔布置在矿层顶板片麻岩地段，以钻孔为圆心，半径为 10m 范围内无明显裂隙。岩石性质主要为片麻岩，含少量的石英脉、钾长石脉和白云钠长片麻岩。岩层产状为东西走向，倾向南北，倾角 28°，属层状岩体。

3.2 爆破漏斗参数

根据现有的设备选择孔径，同时运用公式计算出孔深及填塞长度等相应的爆破参数，如表1所示。

表1 爆破漏斗参数

Table 1 Blasting funnel parameters

装药量/kg	孔深/m	装药长度/m	填塞长度/m	孔径/mm	炸药单耗/kg·m^{-3}
175	11.5	8.5	3	140	0.94

3.3 试验结果及分析

爆破后，炮孔东部漏斗口宽5m，爆堆宽3.8m、高0.25m；炮孔南部漏斗口宽3.8m，爆堆宽3.4m、高0.79m；炮孔西部漏斗口宽5m，爆堆宽4m、高0.3m；炮孔北部漏斗口宽5.6m，爆堆宽11.8m、高1.6m。爆破漏斗东西长10m，南北宽9.4m，漏斗深2.79m。漏斗东、南、西三面爆堆低，块度小，北面形成一个东西长13.6m，南北宽11.8m，高1.6m的爆堆，爆堆中大块多，后冲严重。

爆破飞石情况：炮孔中心20m以外有5个飞石，最远42.6m，都出现在炮孔的北部，爆破后用人工清理漏斗口及漏斗中的石块。漏斗清理后，南北长18m，东西宽11.6m，钻孔中心深7.51m。

由大块率情况（见表2）和爆破漏斗形状（见图2）可知，漏斗东西方向以钻孔中心线为对称轴近似对称，破坏半径4.8~6.2m，且东西方向大块较少，表明作用在此处岩石的爆能在东西方向上相近。漏斗南北方向差别较大，南部只有4.8m，北部有13.4m，且北部斜坡面倾角27°，与爆前测的倾角28°相近。由此表明，北部产生的破坏是沿着层面的，由层面的粘结力直接影响爆能做功的大小，且结构面较大是出现大块的主要原因。南部是反岩层倾向方向爆破，结构面较小，不易产生大块。东、西部存在较小的结构面，因此粘结力对爆破效果影响较小。

表2 大块数据统计

Table 2 Parameters of chunks

大块长度 L/m		1≤L≤1.3	L>1.3	L>6	数量/个
漏斗方向	东	1	0	0	1
	南	3	0	0	3
	西	1	0	0	1
	北	10	2	1	13

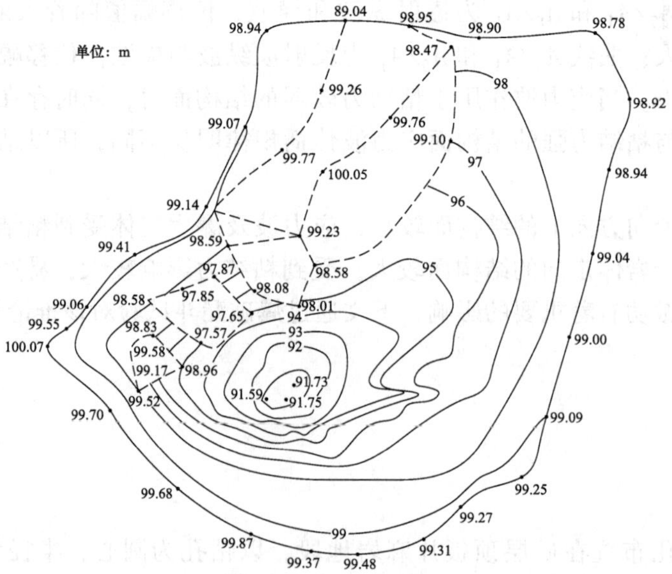

图2 爆破漏斗

Fig. 2 The blasting funnel

4 抛掷方向对大块率的影响

4.1 岩层的空间位置

层状岩体广泛存在于露天矿山中，层厚为 0.1~3m，由于大量层状软弱结构面的存在，严重削弱了应力波对岩体的破坏作用。因此，合理地选取台阶坡面及抛掷方向，能有效避免夹层裂隙造成的爆炸能量损失。岩层与台阶坡面主要存在 6 种情况，如图 3 所示[6]。

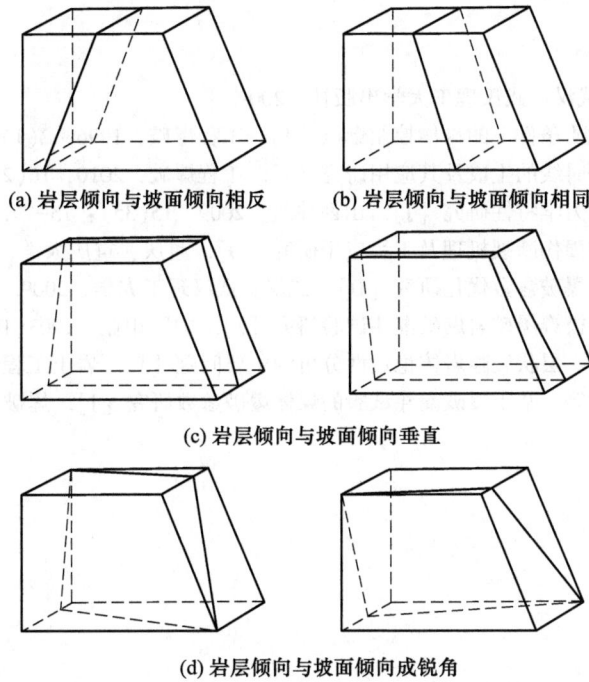

(a) 岩层倾向与坡面倾向相反   (b) 岩层倾向与坡面倾向相同

(c) 岩层倾向与坡面倾向垂直

(d) 岩层倾向与坡面倾向成锐角

图 3 岩层倾向与台阶坡面关系

Fig. 3 The relationship between rock tendency and step slope

4.2 抛掷方向与大块率的关系

抛掷方向与岩层走向夹角 θ 如图 4 所示。当 θ 为 0°~90°时，大块率随着 θ 增大而增大；当 θ 为 90°~180°时，大块率随着 θ 增大而减小。建立抛掷方向与大块率的关系，如图 5 所示[6-9]。

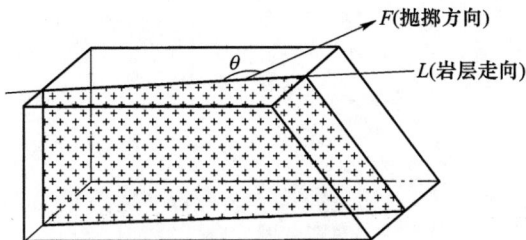

图 4 岩层产状与坡面关系

Fig. 4 The relationship between rock occurrence and slope

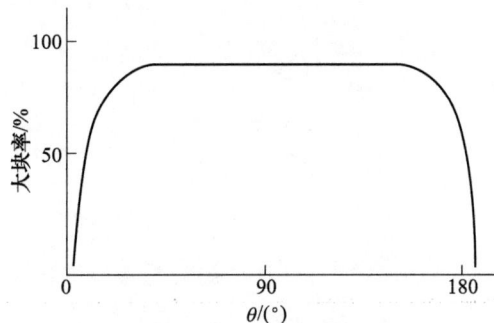

图 5 大块率与 θ 的关系

Fig. 5 The relationship between block rate and θ

由图 5 可知，θ 为 0°~30°时，结构面逐渐增大，大块率增高；θ 为 30°~120°时，抛掷方向与岩层走向近垂直，结构面达到最大，大块率达到最大值；θ 为 120°~180°时，结构面减小，随着 θ 增大，大块率逐渐降低；θ 为 180°~360°时，重复上述规律，这与爆破漏斗试验结论相符。

5 结论

(1) 爆破漏斗试验验证了结构面的大小对爆破效果有一定的影响，较大的结构面对爆炸应力波及爆生气体做功影响较大，易产生大块。

(2) 以爆破漏斗试验结论为基础，并结合前人的科研成果，得出了抛掷方向与岩体走向的夹角对大块率的影响规律，对提高台阶爆破效果以及保证矿山生产有重要的意义。

参 考 文 献

[1] 王玉杰. 爆破工程 [M]. 武汉：武汉理工大学出版社，2009.

[2] 徐成光. 复杂环境和复杂地质条件下的沟槽控制爆破 [J]. 工程爆破，1996，2(1)：47-51.

[3] 张乐，颜景龙. 起爆延期等时线的生成及其应用研究 [J]. 工程爆破，2010，16(2)：86-90.

[4] 钟永. 层状岩体的抗剪强度力学特性研究 [J]. 山西建筑，2009，15(35)：75-77.

[5] 余永强. 层状复合岩体爆破损伤断裂机理及工程应用研究 [D]. 重庆：重庆大学，2003.

[6] 丁林敏. 黄麦岭矿层状岩体爆破参数优化研究 [D]. 武汉：武汉理工大学，2009.

[7] 杜科让，党国建，宋嘉栋. 极难爆矿岩爆破漏斗试验研究 [J]. 中国钼业，2003(10)：11-13.

[8] 张勤，陈志坚，朱代洪，等. 层状裂隙岩体稳定性分析的主要问题 [J]. 岩土工程学报，2001，6(23)：753-756.

[9] 王以贤，余永强，杨小林，等. 基于爆破漏斗试验的煤体爆破参数研究 [J]. 爆破，2010，27(1)：409-412.

大峰矿卡布梁采区南山头控制爆破技术研究

陈运成　颜世留　马家旗　程新涛　闫大洋

（广东宏大爆破股份有限公司，广东 广州，510623）

摘　要：宁夏大峰矿卡布梁采区最南部山头距离旁边的炭黑厂仅有 30m，根据大峰矿和炭黑厂的要求，在不影响炭黑厂安全生产的前提下，采用中深孔爆破的方法对采区南部山头进行爆破施工。主要介绍此条件下爆破施工中遇到的难点和技术问题，以及采取的施工方案，在确保炭黑厂安全生产的情况下进行施工，达到了预期的效果。

关键词：深孔爆破；爆破设计；装药结构；爆破网络；爆破振动

Research on Southern Hills Controlled Blasting Technology in Kabuliang Mining Area of Dafeng Mine

Chen Yuncheng　Yan Shiliu　Ma Jiaqi　Cheng Xintao　Yan Dayang

（Guangdong Hongda Blasting Co.，Ltd.，Guangdong Guangzhou，510623）

Abstract：Kabuliang mining area's southern hills of Dafeng Mine in Ningxia is only thirty meters away from carbon black plant nearby. According to the requirements of Dafeng Mine and carbon black plant，we use the method of medium-deep hole blasting was used in the southern hills blasting without affecting the safety in production of carbon black factory. The difficulties，technical problems and construction method in the condition of blasting construction were mainly introduced. Complete the project and achieve the expected effect with ensuring safety in production of carbon black factory.

Keywords：deep hole blasting；blasting design；charging structure；blasting network；blasting vibration

　　控制爆破通常是指在爆破施工过程中，通过一定的技术手段对炸药在被爆破对象的爆炸中产生的飞石、烟尘、振动等公害加以控制的一种爆破技术。邻近建筑物的山区在开挖过程中，由于爆破振动和个别飞石造成的建筑物破坏以及由此而引起的民事纠纷，常常影响施工的进展。国内许多学者研究并采用微差爆破、松动爆破、台阶挤压爆破等爆破技术，取得了良好的爆破效果。本文通过实践应用，从几个方面对控制爆破技术进行了详细的阐述。

1　工程概况

　　宁夏大峰矿卡布梁采区为一露天煤矿，从早期开采至今已形成南北走向长约 1000m，宽 500~650m 的采区，整个采区的岩石主要有 2 种，即白砂岩和页岩。采区南部山头岩石性质比较均一，以硬度 $f=$ 4~6 的白砂岩为主。采区南山头下是 1 条施工道路，道路和路两侧的挡土墙总宽约 30m；采区南山头与路面的高差约为 24m。炭黑厂内有 2 处房屋，靠近南山头的房屋属于工业建筑，混凝土结构，距离南山头约 40m，远离南山头的房屋是砖混结构，距离南山头大约 100m。爆破施工过程中，炭黑厂是重点保护区，采区主要环境如图 1 所示。

原载于《煤炭技术》，2014，33（6）：271-273。

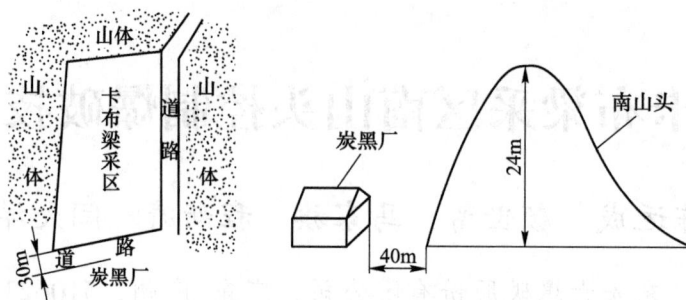

图1 采区环境示意图

2 施工方案

采区南山头与旁边路面高差约24m,大峰矿要求采区施工台阶高度为10~12m,因此南部山头可以设计成2个12m的台阶。

考虑到南山头距离炭黑厂太近,如果设计成2个12m台阶,上面的台阶控制好飞石和振动,可以保证炭黑厂房屋的安全,但下面1个台阶,12m的深孔爆破产生的振动很容易给炭黑厂房屋带来损伤。综合南山头与路面的高差、旁边的炭黑厂以及爆破设计等因素,施工方提出将南山头设计成3个台阶的方案,最上面1个台阶高度设计为10m,中间1个台阶高度设计为8m,最下面1个台阶高度设计为6m。根据具体的岩石特性以及爆破安全的要求,决定从上到下3个台阶分别采用φ140mm、φ110mm、φ90mm的孔径进行爆破,再根据炭黑厂房屋所能承受的振动,计算出最大单响药量,从而选择有效的爆破网络,实现施工的快速、有序、安全。

3 爆破参数设计

3.1 单响药量的确定

要保证炭黑厂房屋不受损伤,关键是确定南山头爆破单响药量。根据《爆破安全规程》中建筑物地面质点振动速度允许标准的规定,确定靠近南山头的炭黑厂房屋安全振动速度为4cm/s,远离南山头的炭黑厂房屋的安全振动速度为2cm/s。爆破最大单响药量计算公式如下。

$$Q_{max} = R^3(v/K)^{3/\alpha} \tag{1}$$

式中 R——爆源中心到建筑物的距离,m;

v——建筑物的质点振动安全允许速度,cm/s;

K,α——与爆破点至保护对象间的地质条件有关的系数和衰减系数,查表取 $K=150$,$\alpha=1.5$。

将 $R=40$m、$v=4$cm/s 代入式(1)可得 $Q_{max1}=41$kg,将 $R=100$m、$v=2.5$cm/s 代入式(1)可得 $Q_{max2}=177$kg,由此确定最大单响药量 $Q_{max}=41$kg。

3.2 不同穿孔直径孔网参数的确定

3个台阶的穿孔直径分别是 φ140mm、φ110mm、φ90mm,由于台阶高度均不大于10m,故超深不宜过大,宜选取为台阶高度的10%。岩石为中等硬度的白砂岩,根据爆破施工中白砂岩的单耗,确定单耗为 0.42kg/m³,取此单耗和相应的超深进行爆破设计,3个台阶不同穿孔直径的孔网参数见表1。

表1 3个台阶不同穿孔直径的孔网参数

穿孔直径/mm	台阶高度/m	底盘抵抗线/m	孔距/m	排距/m	孔深/m	堵塞长度/m	备注
140	10	3.3~4.0	5.7~6.0	3.4~3.6	11	3.0~3.5	采用梅花形布孔,炮孔均是垂直孔
110	8	2.7~3.5	4.4~4.7	2.6~2.8	8.8	2.7~3.2	
90	6	2.2~3.0	3.3~3.6	2.0~2.2	6.6	2.5~3.0	

3.3 装药结构的选取

为了防止爆破振动给炭黑厂房屋带来影响，装药时必须保证单响药量小于最大单响药量。对于最上面台阶的炮孔，如果采取连续装药，单响药量在100kg左右，明显超过了允许的最大单响药量，故最上面台阶的炮孔都采用间隔装药，并采用孔内延时和孔外延时相结合方法，实现一孔双响，将单响药量控制在允许的范围内，装药结构如图2所示。中间台阶和下面台阶采用连续装药均可将单响药量控制在允许范围内，故下面2个台阶都采用连续装药。

3.4 爆破网络

起爆网路采用塑料导爆管起爆网络，根据起爆方向安排网络的连接方式。对最上面的台阶爆破，装药采用的是间隔装药，而且上下层采用不同段别的导爆管雷管装配起爆药包，起爆时做到单孔双响。网络连接时，每个炮孔外使用2发毫秒延期导爆管雷管做孔外延期，起爆时做到逐孔起爆起爆网络，如图3所示。

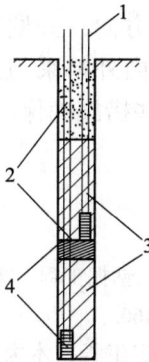

图2 间隔装药结构示意图

1—导爆管雷管；2—填塞物；3—铵油炸药；4—起爆药包

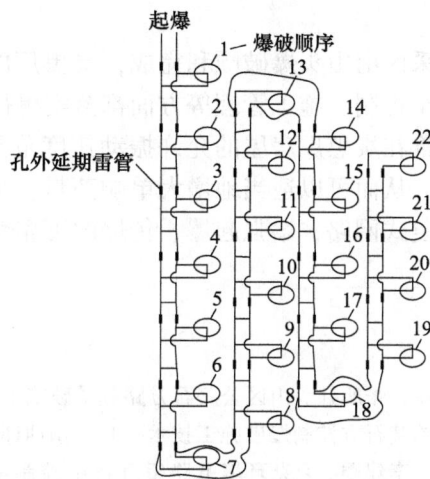

图3 逐孔起爆起爆网络示意图

3.5 爆破飞石的控制

炭黑厂的存在，使南山头的爆破不仅要严格控制单响药量，更要控制飞石飞散的距离。飞石飞散的距离与爆破方法、爆破参数、堵塞长度和堵塞质量等条件有关。由于南山头爆破条件非常复杂，要从理论上计算出个别飞石飞散的距离是很困难的，故要严格按照爆破设计进行操作，保证装药质量和堵塞长度。堵塞时使用黄土进行堵塞，提高堵塞质量。最上面台阶采用间隔堵塞装药对防止飞石也起到重要的作用，为了防止堵塞质量差或底盘抵抗线过大而形成漏斗效应，在填塞工作做好以后，又在炮孔周围进行覆盖防护，以保证炭黑厂人员、房屋及设备的安全。

3.6 爆破振动的控制

按照原始的施工，南山头的推进方向应该是向北，即背对炭黑厂的方向。若严格按照设计控制装药量，就可以保证炭黑厂房屋的安全。但考虑到炭黑厂的房屋设备年数已久，为了降低危险系数，首先采取改变爆破方向的方法，将推进方向改为西面，避免后冲作用影响炭黑厂；其次，施工过程前在南山头下面的道路旁用液压挖掘机挖1条宽3m、深2m的减振沟，以阻碍爆破地震波的传播。

4 爆破效果分析

本工程爆破布孔采用三角形布孔方式，首次爆破最上层台阶时，1次爆破2排孔，第1排10个，第 2 排 9 个，单孔装药量为 78kg，单响药量为 39kg，总装药量为 1482kg。爆破前在炭黑厂旁边靠近南山头爆破的位置安置 3 组爆破测振仪；爆破后，测得爆破振动速度如表 2 所示。

表 2　测点爆破振动速度

距爆破点水平距离/m	与爆破点高差/m	质点矢量振动速度/cm·s^{-1}
35	24	2.532
40	24	2.196
45	24	2.056

爆破振动速度在允许范围之内，爆破过程炭黑厂方向无爆破飞石，炭黑厂的房屋和设备未受到任何破坏。爆破采用逐孔起爆的方式不但有效地控制了爆破振动，而且爆后爆堆形状规整、松散度较好，没有后翻和侧冲，适宜挖运。

5　结语

此次卡布梁采区南山头爆破顺利完成，炭黑厂的房屋和设备完好无损。施工方案设计合理，施工组织科学，在安全控制、施工管理等方面都落实得很好。爆破过程中在炭黑厂旁边进行爆破振动测试，每次的振动速度都在炭黑厂房屋的允许振动速度范围内。另外，改变起爆方向、开挖减振沟，都减小了爆破振动速度，从而可以适当地增大单响药量，加快了施工进度。炮孔内外都采用双雷管起爆，孔外网路连接采用复式网路，增强起爆、传爆的可靠性，避免出现盲炮。这些措施确保了建筑物的安全。

参 考 文 献

[1] 孙孝林，曹继军，张所邦．山区公路石方路基爆破施工方法 [J]．探矿工程：岩土钻掘工程，2006(3)：62-64.
[2] 崔兵芳．简述路基石方控制爆破施工技术 [J]．山西建筑，2012，38(36)：164-166.
[3] 白云峰，阎松，李建委．复杂环境下路堑开挖中控制爆破技术的应用 [J]．辽宁工程技术大学学报，2005，24(5)：695-697.
[4] 中华人民共和国国家标准质量监督检验检疫总局．爆破安全规程：GB 6722—2003 [S]．北京：中国标准出版社，2004.
[5] 颜事龙，胡坤伦，徐颖．现代工程爆破理论 [M]．徐州：中国矿业大学出版社，2007.
[6] 汪旭光．爆破设计与施工 [M]．北京：冶金工业出版社，2011.

露天煤矿高温爆破技术研究

周名辉　唐洪佩　杨开山

（广东宏大爆破股份有限公司，广东 广州，510623）

摘　要：宁煤大峰露天矿岩石炮孔温度有的高达200℃，为确保爆破的装药联网施工安全，必须将炮孔温度降到60℃以下，且需保证炮孔温度维持半小时以上不升温反弹。结合国内现有高温爆破方法，选择了生产成本较低的注水降温方法进行降温，然而注水降温方法有温度回升快的缺点，经过现场生产实验，研发出了水中加CaCl₂、MgCl₂的炮孔注水降温方法，炮孔温度降到60℃以下后，选用粉状乳化炸药，外缠三层石棉，用导爆索连接齐发起爆，满足了安全生产要求。

关键词：露天煤矿；高温火区；炮孔降温；齐发起爆

Study of High Temperature Area Blasting in Opencast Coal Mine

Zhou Minghui　Tang Hongpei　Yang Kaishan

（Guangdong Hongda Blasting Co., Ltd., Guangdong Guangzhou, 510623）

Abstract：The temperature of some boreholes in Dafeng Coal Mine in Ningxia was above 200℃. The borehole should be cooled down below 60℃ and kept the invariability more than half an hour to insure the safety of charging and initiation work. Usually, it was easy to cool down the borehole temperature below 60℃ by high temperature blasting method, while which won't last long enough. The water cooling technology was chosen due to the low cost. A set of comprehensive high temperature blasting technology was developed for production safety in the production practice. The CaCl₂ and MgCl₂ were mingled in the water to cool the blasthole with three layers asbestos wrapped around the powdery emulsion explosives. The detonating cord was initiated at the same time when the blasthole temperature fall below 60℃. The high temperature blasting equipment and adiabatic protection technology were carried out and good blasting effect was obtained.

Keywords：opencast coal mine; high temperature fire area; blasthole cooling; simultaneous initiation

　　高温爆破是指炮孔孔底温度高于60℃的爆破作业[1]，在我国新疆、内蒙古、宁夏等很多煤矿中，存在很多由于煤层自燃产生的高温火区，我国《爆破安全规程》（GB 6722—2011）中明确规定，当爆破温度超过60℃时要采取特殊的爆破安全作业措施。高温爆破给爆破工作带来了安全隐患，多年以来，我国的爆破和科研工作者为高温爆破的发展一直在努力研究，并取得了一系列非常可喜的成绩[2]，然而受现场条件和施工成本的限制，一些在其他煤矿上实践证明成功的方法和技术并不适用于所有的高温爆破，因此需要根据项目实际情况研究切实可行的高温爆破技术。下面以宁煤大峰露天矿台阶开采为例介绍该区高温火区所采取的爆破方法。

1　工程概况

　　大峰露天煤矿位于宁夏回族自治区贺兰山北部腹地，汝箕沟矿区中部，作为太西煤的产地，宁夏大峰露天矿为国民经济提供优质原料的同时，一百多年来，一直受到煤层火区自燃的困扰。火区范围走向长 2140m，倾斜宽 50m，火区面积 10.7 万 m^2，火区强火带面积 4.2 万 m^2，占火区面积 39%，约占采区总面积的 6.5%，火区温度在 400~600℃ 之间。大峰矿原来采用井工开采，2007 年年底进行上部硐室揭顶爆破后采用露天开采，受下部煤层火区的影响，在后期露天台阶爆破时，岩石炮孔温度有的高达 200℃，因此，研究高温火区爆破技术对大峰矿的安全生产具有重大的意义。

2 宁煤大峰露天矿高温爆破技术

目前国内高温火区的治理方法很多，但主要思路还是从炮孔降温、使用耐高温爆破器材和药包隔热防护三大方面来考虑的。宁煤大峰露天矿高温火区爆破过程中，在参考国内高温爆破方法的基础上，从项目所处的自然环境条件和施工成本控制出发，通过不断地实验和对比，研究出了适合自己的高温爆破方法，采用高温火区灭火降温、耐高温爆破器材、药包隔热防护和特殊起爆方法等综合防治技术，取得了预期的效果。

2.1 高温火区灭火降温

由于煤自燃是煤氧复合作用的结果，影响煤自燃的主要条件是煤的表面活性结构浓度、氧浓度和温度。因此，高温火区灭火降温主要从三个方面着手：（1）降低煤温使煤氧化放热强度降低，最终使火熄灭；（2）隔离煤氧接触，使自燃火灾窒熄；（3）惰化煤体表面活性结构，降低煤氧复合速度，防止煤自燃的发生。目前，宁煤大峰矿灭火方法主要有注水降温法、剥离法、黄土覆盖法等。

2.1.1 注水降温法

宁夏大峰矿主要采用注水降温法：对于大面积较平坦地形表层明火的扑灭主要利用水窖积水，建立泵站及输水管路，用水管直接向起火点喷水；无管路的区域用 20t、15t 洒水车直接喷洒着火点，利用火区地表裂隙的自然引水条件，达到了有效降温灭火的目的。对于爆区高温炮孔，爆破作业前，主要采取三种方法注水降温：一是直接往所要爆破的炮孔中注水进行降温；二是在炮孔旁打注水孔进行降温；三是在没有进行钻孔前，对所要钻爆的火区进行提前注水降温。在钻孔后和装药前都必须利用欧普士红外线测温仪进行炮孔内温度的测量，对超过 60℃ 的炮孔利用消防水车或专用水管大压力，间歇式、适量地注水，冷却降温，保证在 5min 内不冒烟、不燃烧方可进行装药。但通过现场作业情况发现此法降温效果较差。羊齿采区火区面积大，温度较高，超过 200℃，注水降温后温度回升较快。一般 60℃ 到 80℃ 的炮孔（不和裂隙贯通）注水后 10min 左右温度回升至 60℃ 以上。80℃ 到 100℃ 的炮孔（不和裂隙贯通）注水后 6min 左右温度回升至 60℃ 以上。100℃ 以上的炮孔（不和裂隙贯通）注水降温效果不明显。究其原因主要因为：（1）水浇灭火只能灭掉表面火，不能将火彻底灭掉；（2）水把煤层燃烧的灰分、煤粉等冲刷掉，致使新煤面又暴露在空气中，改善了煤的供氧条件，成为新的发火点。由于水的作用，产生了大量的水煤气（CO、H_2、H_2O）等混合物，难以在较短时间内散发掉，使表面被灭掉的火又燃烧起来。故此方法只适用于坑下零星火点的防灭火工作。类似问题在黑岱沟露天矿和安太堡矿也发生过，他们结合现场自身条件在水中添加粉煤灰、水泥和发泡剂，分别研制出了灌浆降温技术和三相泡沫降温技术。灌浆降温是准能公司黑岱沟露天矿利用该矿邻近电厂排灰场，选择了粉煤灰和水泥为主要材料，使用地面移动式注浆，先灌粉煤灰浆液铺底、再注凝胶降温的方法[3]。经专家认证采取注浆降温措施，效果明显，保证装药炮孔的温度控制在 55℃ 以下。该套方法现已推广应用到哈尔乌素露天煤矿，取得了良好的效果。三相泡沫防灭火技术则是安太堡矿在粉煤灰或黄泥浆液中添加极少量的发泡剂等添加剂并引入氮气，通过三相泡沫发泡器物理机械发泡，形成粉煤灰或黄泥颗粒均匀地附着在气泡壁上的多相体降温方法[4]。它主要是由自然界的固、液、气三相介质：固相（粉煤灰或黄泥等）、气相（N_2）、液相（自来水或废水等）组成的防灭火材料，充分利用黄泥的覆盖性，氮气的窒息性和水的吸热性降温特性来防治煤炭自燃与灭火。该方法取得了显著的防灭火效果，有效地抑制了矿区的自然发火情况，并成功地治理了宁夏白芨沟矿特大型火区。通过分析，这两种方法降温虽然很有效，但受自然条件和施工成本的限制，并不适用于大峰露天矿。此后，大峰露天矿在灭火降温实践中，经过尝试在水中添加阻化剂 $CaCl_2$、$MgCl_2$ 等一些吸水性很强的盐类，使其水溶液附着在易被氧化的煤表面，形成一层含水液膜，惰化煤体表面活性结构，阻止了煤和氧的接触，从而起到了阻止煤氧复合的作用，取得了很好的降温效果。

2.1.2 剥离法

此法是在火区范围内自上而下分台阶地面开挖，将正在燃烧的煤炭和剥离物，以及即将要被烧到的煤炭全部采去、挖空，阻断火种，再辅以注水降温，从而达到扑灭明火，保护整个矿床的目的。其特点是灭火效果彻底，适用条件较强，可以依托社会力量租用施工使用的中小型挖掘机、自卸卡车、推土机等设备。但施工工艺复杂，前期投资大，火源必须埋藏较浅，火区发展速度较慢，在严重缺水、缺黄土情况下，采用地面开挖剥离灭火方法比较合适。此方法在大峰矿最后几个台阶爆破中使用较好。

2.1.3 黄土覆盖法

此法是在明火区域上覆压大量剥离物（以湿黏土最好）或其他阻燃材料（如粉煤灰），然后注水夯实，使明火被严密包裹，最终因缺氧窒息而灭。其优点是简单易行，缺点是有地形复杂，地下塌陷，裂隙及采空区纵横交错时，黄土覆盖难以达到彻底隔绝的预期效果。大峰露天煤矿采用此方法已扑灭多处明火，对火区发展具有一定的控制作用，但由于火源没有消除，火区仅仅被黄土"捂"了起来，火区熄灭要经过相当漫长的过程。

2.2 采用耐高温爆破器材

耐高温爆破器材及防护材料是火区安全爆破中的一种防御性措施，它的本质是优化选择在直接高温暴露下或者被防护材料保护下能够达到安全有效性的爆破器材。优选的耐高温爆破器材主要包括：耐高温雷管、耐高温炸药、导爆索；而优选的防护材料主要包括：PVC 管、石棉、海泡石。高温爆破时，预先在炮孔中注水降温使温度降到 60℃ 以下，然后快速装药、充填、爆破等作业过程能够在炮孔温度没有回升到 60℃ 之前快速完成，不超过 5min，那么安全爆破是完全可以达到的。

2.2.1 耐高温炸药

高温火区爆破应首选耐热性高的炸药，国内目前已经研制出一批耐热强度高的炸药，西安近代化学研究所的符全军、郭锐等人发明了耐热粘结炸药[2]，该炸药可在 250℃ 的环境下耐热 48h 而不燃不爆，但制造成本较高，一般用于航天、核技术及石油勘探。而露天矿爆破作业所需爆破器材消耗量大，地质条件复杂、涌水量大等原因制约了它的应用，现在露天煤矿使用较多的铵油、乳化炸药，其应用在高温火区爆破的可行性可以通过现场作业来验证。傅建秋，李战军等人就基于宁煤大峰矿羊齿采区硐室爆破时硐室内温度高达 200℃ 的实际情况，对乳化炸药、二号岩石铵梯炸药、铵油炸药的耐热性进行了现场试验[5,6]，为耐高温炸药的研究提供了参考。铵油炸药容易发生热分解，其热安定性差，而膏状乳化炸药则存在做功能力较小，药卷形态软不利于炮孔装药，储存中易变质出现析晶、破乳、硬化等问题。宁煤大峰矿爆破作业时更多地选用粉状乳化炸药，其热感度相对较低。马平、王瑾分别对乳化炸药和粉状乳化炸药进行了热分解动力学研究[7,8]，得到乳化炸药热分解起始温度为 245℃，粉状乳化炸药初始分解温度稍高于乳化炸药基质的结论。在现场作业中表现为在温度约 200℃ 长时间加热，粉状乳化炸药始终处于融熔状态，而不出现燃烧或爆炸现象，炮孔利用率高，炸药单耗低、炮烟少、无毒，可改善作业环境，显著提高了经济效益。因此，宁煤大峰矿在常用炸药的选取上，主要选用粉状乳化炸药作为主装药来确保爆破作业的安全性。

2.2.2 耐高温起爆器材

由于火区的特殊性，塑料导爆管雷管不能用于高温炮孔起爆，为寻求耐高温起爆器材，西安 213 所研究出一种用于射孔弹引爆导爆索 DT-AW 型耐温 180℃ 的电雷管，并在井下作业试验成功，但由于价格高，并不适用于大规模台阶爆破，因此，目前大峰矿采用孔外导爆管引爆孔内导爆索的起爆方法。长沙矿山研究院通过导爆索受热后的爆速和对防自爆药包的起爆能力的实验，得出炮孔温度高达 100℃，使用普通导爆索仍能安全准爆且爆破效果良好的结论。因此，如果炮孔温度控制在 100℃ 以内，使用普通导爆索完全可以安全起爆。

2.3 耐高温防护材料

目前在火区爆破过程中使用的防护隔热材料主要有 PVC 管、石棉和海泡石等材料。但在大型露天煤矿中，药包的隔热防护包装操作起来比较困难，容易卡孔和划破包装，特别在深孔高温爆破中，孔深10m左右，包装后的爆破器材很难放到孔底，采用PVC管和特制石棉管由于其重量、长度、成本等原因，实际应用操作中存在较大困难。

2.4 高温爆破技术

宁煤大峰露天矿高温爆区经过下部煤层自燃的烘烤，80%岩石结构部受到破坏，岩石较松散，因此，台阶爆破时采用深孔松动爆破。炮孔布置采用梅花眼布孔方式，用直径140mm高中风压潜孔钻机钻孔，台阶高度为8~10m，超深为1~2m，孔距为5m，排距为3.5m，抵抗线为2.5m，堵塞长度为4m。爆破后为形成可以储存水的小台阶，后排炮孔深度适当加大。为提高火区爆破率、降低爆破成本、减少火区爆破次数，宁煤大峰矿高温爆破起爆方式采用孔外导爆管传爆孔内导爆索起爆，排间和孔间无微差，即导爆索齐发起爆，其传爆路径为：导爆管雷管→导爆索→起爆药包→炮孔炸药，网路连接如图1所示。

在施工操作中特别需要注意的是，如果炮孔温度超过60℃，则要加强装药的防高温措施：首先必须提高炸药的耐高温性，用石棉布缠三层后再装药，并不断向炮孔加水降温，保证炮孔温度不超过100℃；其次是要保证雷管脚线不被熔化造成短路，并将雷管全部埋入炸药中。如果炮孔温度超过100℃，应停止装药作业，待温度降到规定温度后方可进行。

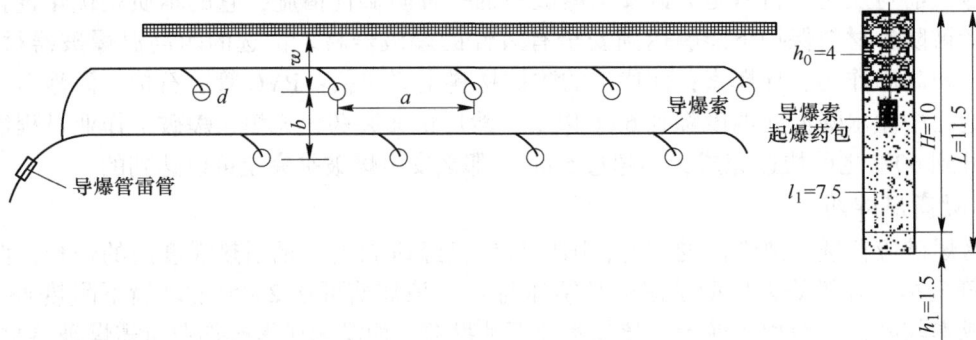

图1　导爆索齐发起爆网路（单位：m）

Fig. 1　Simultaneous initiation network of detonating cord（unit：m）

a—孔距；b—排距；w—抵抗线；d—钻孔孔径；H—台阶高度；h_1—超深；L—孔深；l_1—装药长度；h_0—堵塞长度

3 总结

露天煤矿高温火区爆破，是一项复杂而艰巨的系统工程，需要不断完善和提高防灭火技术水平，研究和开发创新技术与手段。此外，还要有足够的投入和严格的管理，过硬的职工素质，需要各个部门密切协作，共同努力，最终确保露天煤矿高温火区爆破的安全生产。宁煤大峰露天矿根据现有的条件，研究出了适合自身安全生产切实可行的高温爆破技术，为类似工程提供参考。

参 考 文 献

［1］中国工程爆破协会. 爆破安全规程：GB 6722—2011［S］. 北京：中国标准出版社，2011.
China society of engineering blasting. GB 6722—2011 Safety regulations for blasting［S］. Beijing：Standards Press of China，2011.

［2］郑炳旭. 中国高温介质爆破研究现状与展望［J］. 爆破，2010，27(3)：13-17，35.
Zheng Bingxu. The progress and prospects of technology research about Chinese media blasting in high-temperature［J］. Blasting，2010，27(3)：13-17.

［3］刘玉福. 黑岱沟露天煤矿高温抛掷爆破孔降温处理［J］. 煤矿安全，2010，41(10)：65-66.
Liu Yufu. Cooling measure for hole of high-temperature casting blast in heidaigou open-pit coal mine［J］. Safety in Coal

Mines, 2010, 41(10): 65-66.

[4] 邵光强, 王东禹, 韩佰春, 等. 三相泡沫防灭火技术在露天矿的首次应用 [J]. 煤矿安全, 2009, 40(10): 31-33.

Shao Guangqiang, Wang Dongyu, Han Baichun, et al. First application of three-phase foam technology for fire prevention and extinguishing in open-pit coal mine[J]. Safety in Coal Mines, 2009, 40(10): 31-33.

[5] 李战军, 郑炳旭. 矿用火工品耐热性现场试验 [J]. 合肥工业大学学报, 2009, 32(10): 1498-1500.

Li Zhanjun, Zheng Bingxu. On-site heat resistant experiments of permissible explosive materials[J]. Journal of Hefei University of Technology, 2009, 32(10): 1498-1500.

[6] 傅建秋, 李战军, 蔡建德, 等. 胶状乳化炸药和电雷管的耐高温性能试验研究 [J]. 爆破, 2008, 25(4): 7-12.

Fu Jianqiu, Li Zhanjun, Cai Jiande, et al. Experimental research on resistance to elevated temperatures of colloidal emulsion explosive and electric detonator[J]. Blasting, 2008, 25(4): 7-12.

[7] 马平, 李国仲. 粉状乳化炸药热分解动力学研究 [J]. 爆破器材, 2009, 38(6): 1-3.

Ma Ping, Li Guozhong. Research on the thermal decom position kinetics of powdery emulsion explosives[J]. Explosive Materials, 2009, 38(6): 1-3.

[8] 王瑾, 马志钢, 熊强青, 等. 乳化炸药热分解特性研究 [J]. 爆破器材, 2009, 38(4): 6-8.

Wang Jin, Ma Zhigang, Xiong Qiangqing, et al. Study on thermal decomposition characters of emulsion explosives[J]. Explosive Materials, 2009, 38(4): 6-8.

复杂条件下多种控制爆破技术的综合应用

王晓帆

（广东宏大爆破股份有限公司，广东 广州，510623）

摘　要：某体育训练场地平整工程爆破环境十分复杂，为了控制爆破飞石和爆破震动对附近设施、地下管线等的影响，采用小孔径和密孔距的控制爆破方法施工。为了保证工程进度，开挖深度小于 1m 时，采用 ϕ40mm 的孔径爆破；开挖深度大于 1m 时，采用 ϕ76mm 的孔径爆破，且最大孔深控制不超过 4m。浅孔爆破采用孔口覆盖沙包、钢板来控制飞石，限制最大单孔药量来控制爆破振动。另外为了保证场地边界及基坑的平整，在边坡处采用预裂爆破，通过在相邻预裂孔中间布置空孔的方式增强预裂效果，且预裂孔的两端布置一般要超出主爆孔 5~7 个孔的长度，以避免主爆孔爆破对保留岩面的破坏。

关键词：复杂条件；控制爆破；爆破参数；爆破振动

Comprehensive Application of Multiple Controlled Blasting Technique under Complicated Condition

Wang Xiaofan

（Guangdong Hongda Blasting Co., Ltd., Guangdong Guangzhou，510623）

Abstract：The blasting engineering environment of the training ground project was complex. In order to control the fly rock, blasting vibration and the influence on facilities and underground pipelines nearby, the blasting scheme with small aperture and dense hole distance was applied. In order to ensure the progress of the project, when the excavation depth was less than 1m, the blasting aperture diameter was designed as 40mm; when the excavation depth was more than 1m, the blasting diameter aperture was 76mm, and the maximum hole depth was controlled less than 4m. The method of covering the hole by sandbags and steel plate was adopted to control the flying rock, and the maximum cooperating charge was controlled to reduce the blasting vibration. Moreover, the pre-splitting blasting was applied to keep the site boundary and foundation pit slope smooth. The pre-splitting holes were arranged on both ends beyond the main explosive area by 5−7 hole length, avoiding destruction to the remaining rock surface by main explosive hole blasting.

Keywords：complex condition；controlled blasting；blasting parameters；blasting vibration

1　工程概况

某海边有一体育训练设施现场场坪需按设计要求爆破开挖到位，需开挖石方约 15.4 万 m^3（其中爆破方量 7.2 万 m^3，浮渣方量 3.88 万 m^3），回填石方约 3.5 万 m^3，剩余 11.9 万 m^3 土石方清运至指定位置（运距 2km 以内），工期 2 个月。

该区域地形起伏变化大，基岩一般直接出露，局部有小于 1m 的覆盖层。

岩性主要以安山岩为主，局部为安山质角砾岩、安山质泥灰岩、属安山岩岩相变化。颜色以淡紫红色为主，间有灰色、灰绿色、灰黄色。坚硬~较坚硬，块状~碎块状结构，局部层状结构，层理间距

原载于《爆破》，2014，31(2)：149−152。

10~20cm，层理部分裂开，大多紧密。裂隙较发育，一般2~3组，局部可见气孔、杏仁状构造。该区岩石以中等风化为主，局部强风化，强风化一般厚1~2m。岩石单轴抗压强度 R_c 在73.07~155.54MPa 范围内，饱和单轴抗压强度 R_b 在33.08~120.56MPa 范围内，弹性模量 E 在27.94~54.50GPa 范围内。

2 爆破环境

该体育训练设施现场场地平整爆破施工环境极为复杂，场地周围全为要保护的建筑物和设施。东侧约10m为码头道路，道路直通港口码头，道路边上安装有路灯，路旁地下有各种管线；北侧约7m 为一号道路，道路边上安装有路灯，路旁地下有各种管线；西侧10m为规划中的码头后方道路，道路边上已建成地下输油管道；南侧为规划中的驻泊区东西向道路，路边已建成两栋房屋，且码头上停放着各种大小船只。爆破施工作业时要防止爆破飞石对房屋和路灯以及船舶的损坏，也要降低爆破震动对地下各种管线及码头的影响，确保码头设施的绝对安全。目前，场地内正进行护岸建设，施工单位多，施工道路交叉多，施工现场人员设备多，车辆流量大、交通状况复杂。

3 爆破方案

对于体育训练场地的开挖区域，采用小孔径和密孔距的控制爆破方法施工，来控制爆破飞石和降低爆破震动对附近建筑物的影响。为了保证工程的进度，钻孔的孔径选择 ϕ40mm 和 ϕ76mm，离保护体比较近时，采用 ϕ40mm 的孔径，开挖深度小于1m；离保护体远的区域，采用 ϕ76mm 孔径，开挖深度1~4m。对于一些有轮廓要求的沟槽、基坑等则采用预裂爆破技术控制边坡[1]，确保边界平整。

4 爆破设计

4.1 主体爆区爆破设计

爆破参数的确定主要依据岩体的性质、爆破区域周边环境、钻孔机械、炸药种类等。如遇特殊地质构造等情况应适当调整爆破参数。

为了满足粒径要求，降低大块率，同时满足爆破、挖装效率的最优化，主爆破区域钻孔直径选择 ϕ76mm。

（1）基本条件：地形高差较大，平整场地开挖高度1~10m，小于4m的区域，施工台阶高度将根据开挖台阶高度来确定，大于4m的区域，进行分层爆破开挖。

台阶高度按4m设计，钻垂直孔，采用梅花形布置，炸药选用乳化炸药。

（2）爆破参数见表1。

表1 不同台阶高度控制爆破参数表[2]

Table 1 The control blasting parameters of different step height[2]

台阶高度/m	钻孔超深/m	总孔深/m	堵塞长度/m	排距/m	孔距/m	单孔装药量/kg	平均单耗/kg·m⁻³
1.0	0.4	1.4	1.2	1.0	1.5	0.60	0.40
1.5	0.5	2.0	1.7	1.3	1.8	1.40	0.40
2.0	0.6	2.6	2.0	1.5	2.0	2.40	0.40
2.5	0.7	3.2	2.2	1.8	2.3	4.10	0.40
3.0	0.8	3.8	2.4	2.1	2.5	6.30	0.40
3.5	1.0	4.5	2.5	2.3	2.8	9.00	0.40
4.0	1.2	5.2	2.5	2.5	3.0	12.15	0.41

注：钻孔直径 d=76mm。

4.2　小孔径浅孔控制爆破

小孔径浅孔控制爆破主要用于体育训练设施场地平整南侧区域超高（0.3~1.0m）部位的底板平整。由于该部位紧靠码头和南侧房屋，为了降低爆破对码头及房屋的影响，必须对爆破药量进行严格控制，对爆破作业安全有更高的要求。控制范围应该包括爆破振动、爆破飞石（进行覆盖防护）、爆破冲击破等。控制爆破部位采用 YT-24 或 7655 型手风钻穿孔，炮孔直径选用 $d = 40mm$，其爆破参数确定如下[3]。

（1）抵抗线 W：$W = (20 ~ 45)d$，对于浅孔爆破，由于炮孔直径小，一般取 $W = 25d$，则 $W = 25 \times 0.04 = 1.0m$。

（2）炮孔长度 L 和超深 Δh：$L = H + \Delta h$，$\Delta h = 0.25W = 0.25m$。

（3）最小炮孔堵塞长度 h_0：$h_0 = 1.25W = 1.25m$。

（4）炮孔间距 a：$a = m_1 W$，m_1 为炮孔密集系数，一般取 $m_1 = 1$，则 $a = 1 \times 1 = 1.0m$。

（5）炮孔排距 b：$a = m_2 b$，m_2 为排间炮孔密集系数，一般取 $m_2 = 1.15$，则 $b = 0.80m$。

（6）炸药单耗：浅孔控制爆破炸药单耗较低，一般 $q = 0.4kg/m^3$。

不同台阶高度浅孔控制爆破参数见表2。

表2　不同台阶高度爆破参数表

Table 2　The control blasting parameters of different step height

台阶高度/m	钻孔超深/m	总孔深/m	堵塞长度/m	排距/m	孔距/m	单孔装药量/kg	平均单耗/kg·m^{-3}
0.3	0.3	0.6	0.55	0.5	0.6	0.05	
0.5	0.3	0.8	0.70	0.6	0.7	0.10	0.40
0.7	0.3	1.0	0.80	0.7	0.9	0.20	
1.0	0.4	1.4	1.10	0.8	1.0	0.30	

注：钻孔直径 $d = 40mm$。

4.3　预裂爆破

根据施工图纸要求，体育训练设施场地内还有各种规格的基坑及边坡必须采用预裂爆破[4]。

4.3.1　爆破参数

（1）炮孔间距：对 $\phi 76mm$ 的炮孔，结合现场情况，炮孔间距取 0.6~0.9m 能取得最佳效果，设计孔间距取 0.6m。

（2）线装药密度 Q 线：本工程按类似负挖工程经验，选 Q 线 $= 0.45kg/m$。

（3）不耦合系数：预裂爆破采用不耦合装药结构，工程预裂爆破钻孔直径为 76mm，药卷直径为 32mm。不耦合系数为 76/32 = 2.375。

（4）堵塞长度：堵塞长度按 $L_1 = 1.0m$ 计，用黄泥堵塞。

（5）钻孔角度：钻孔时按设计实际坡度进行操作。

4.3.2　装药结构

不耦合装药结构，将直径为 32mm 小药卷捆绑在竹片上放入炮孔中，药卷之间用导爆索串起来，孔底装药要加强（加2卷标准药卷）。

4.3.3　起爆方法

采用导爆索起爆法，同排预裂孔必须在主炮孔起爆前同段起爆，造成爆轰波应力场及高压气体准静态应立场的叠加，形成裂缝。凡裸露导爆索全部用沙包覆盖。

4.3.4　拐角的处理

本坑挖工程边线拐角多，故常出现图1(a)所示的阳角，在四边形坑中往往又常遇到如图1(b)所示的阴角，统称为拐角。这种拐角成型很困难，爆破后往往按图中虚线成型，出现超、欠挖，甚至使保留岩体不稳定。为此，采取以下方法防止超欠挖和保留岩体失稳。

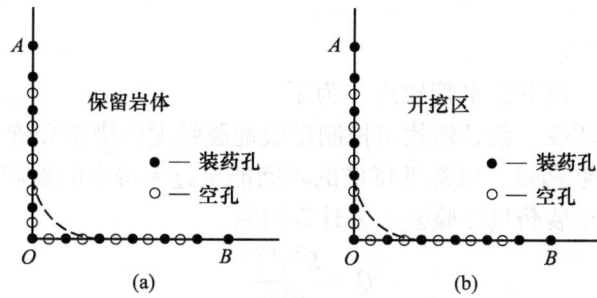

图 1　拐角的龟裂处理法

Fig. 1　Cracking process on the corner

为防止爆破 AO 面对 BO 面 O 点附近产生破坏使得 BO 面在 O 点附近无法成孔而影响预裂质量，在施工 AO 面时，必须在 BO 面上少量钻几个孔与 AO 面同时点火，分段起爆。为使预裂爆破能沿设计的轮廓线充分成缝，利用相邻两孔越接近，应力集中现象越明显的空孔效应原理，在正常预裂孔距不变的情况下，间隔钻 5 个比装药孔浅一半的空孔作导向，用龟裂的方法使之成型。

4.3.5　预裂缝的超长

为了保证保留岩体的轮廓面的完整，应避免主爆孔爆破对保留岩面的强力冲击，故此，预裂面必须超出主爆孔布孔范围，此超出部分即预裂缝的超长。

预裂缝的超长亦即预裂孔的水平布置超出最后一排主爆孔的水平布置长度。一般取 $b = (50 \sim 100)d$，在台阶宽度较小时，为减少前一次爆破预裂缝超长给后一次爆破钻孔施工带来难度，一般取小值，台阶宽度较大时可根据情况适当取大值。一般情况下预裂孔每端要比爆破孔超长 5~7 个孔。

4.4　爆破网路

本工程采用非电复式导爆管起爆网路，导爆管与导爆管之间用四通连接件相连，外接塑料导爆管用击发枪进行起爆。为保证孔内炸药可靠起爆及稳定爆轰，每个炮孔放 2 发起爆雷管。

本期工程的台阶爆破采用梅花形布孔，根据爆破区域的环境不同，爆破的规模和网路连接方式也不一样。在离保护体较远的主爆区，形成了良好作业条件的工作台阶，采用大角度 V 型起爆网路。利用大角度 V 型起爆，相当于宽孔距爆破，是改善爆破质量、控制大块率的有效技术措施，同时可改善尖顶位置的炮孔的夹制状态和易产生大块根底的缺点。在保护设施附近的小孔径浅孔控制爆破，需要减小爆破规模，采用逐孔起爆顺序。逐孔起爆网路孔内毫秒雷管一般为 MS9~12 段，孔间毫秒雷管一般为 MS2 段，排间毫秒雷管一般为 MS3 段。

5　爆破安全

5.1　爆破飞石的控制

本次爆破环境都比较复杂，尤其是体育训练设施场地周边都有建筑物要保护，为防止飞石损坏一号路、驻泊路的路灯和南侧房屋，爆破作业施工期间采取如下防护措施：

对浅孔控制爆破，在被爆岩体上方覆盖防护材料。网路连接完毕后，组织覆盖防护，堵塞前将覆盖炮孔的沙袋置于炮孔边，把覆盖钢板运至爆区附近，爆破网路连接好后，按设计要求进行防护，防护操作时注意保护好爆破网路的完好性，若出现网路损伤必须及时告知爆破技术人员进行修复、重新连接损伤处。爆破时，在爆破区域内炮孔口压沙袋、盖钢板、再压沙袋进行直接防护[5]。爆区防护做法如图 2 所示。

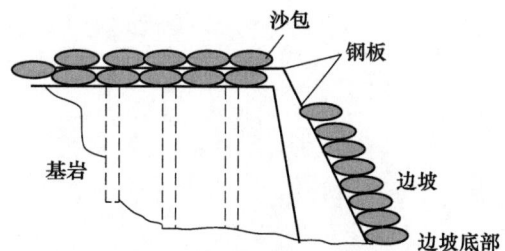

图 2　爆破飞石防护示意图

Fig. 2　Schematic diagram of blasting fly rock defence

5.2　爆破振动的控制

本爆破区域离地下油管、地下输水管较近，为了
避免或减少震动对油管的破坏性，就必须找出控制爆破地震强度的措施和确定出爆破地震的安全距离。

（1）控制最大单响起爆装药量，以降低爆破的瞬间能量过大带来的地震效应。

可根据最大单响起爆安全装药量经验公式来计算控制。

$$Q = \frac{R^3 v^{3/\alpha}}{K^{3/\alpha}}$$

式中，Q 为最大一段安全装药量，kg；R 为爆区距被保护体间的距离，m；本工程要求保护的重点是输油管、电缆线、供水线及附近房屋等设施；v 为安全上允许的振动速度，取 2cm/s；K、α 是与爆破点至计算保护对象间的地形、地质条件有关的系数和衰减指数，其中，K、α 值根据类似爆破试验数据取 $K = 180$，$\alpha = 1.75$。

经计算爆破区域距离保护对象 10m 时，单响药量只有 0.44kg，实际爆破时，采用分台阶（1m）小孔径和逐孔起爆技术，单响装药可控制在计算值范围以内，即可确保输油管等建筑物不受爆破振动破坏，逐孔起爆爆破设计药量满足安全要求。

施工过程中接近地下油管、电缆、供水管和建筑物范围时对爆破地震波进行检测，掌握爆破地震波影响范围。

（2）在开挖区域与保留区域（管线）之间，使用潜孔钻钻一排密集空孔作为减震孔，降低爆破振动速度。

6　结语

本次工程的爆破量不大，但爆破环境非常复杂，采用不同的炮孔直径、不同的爆破方式安排施工，既保证了工程进度，又保证了爆破的安全。

如果经济和工期条件允许，为了更加安全可靠，在地下输油管道等重要设施附近，可以采用静态膨胀剂施工法（静力爆破），做到无声、无飞石、无振动开挖。

参 考 文 献

[1] 陈彬，杜汉青，安萍. 复杂条件下的地下厂房岩壁梁岩台开挖爆破实践 [J]. 爆破，2006，23（2）：38-52.

Chen Bin, Du Hanqing, An Ping. Engineering practice in blasting excavation of underground workshop's rock anchor beam in complex conditions[J]. Blasting, 2006, 23(2): 38-52.

[2] 刘殿中. 工程爆破实用手册 [M]. 北京：冶金工业出版社，2003.

[3] 朱忠节，何广沂. 岩石爆破新技术 [M]. 北京：中国铁道出版社，1986.

[4] 张正宇. 中国爆破新技术 [M]. 北京：冶金工业出版社，2004.

[5] 郑炳旭，王永庆，魏晓林. 城镇石方爆破 [M]. 北京：冶金工业出版社，2004.

高寒地区冬季中深孔台阶爆破施工技术

刘成建　冉　冉

（广东宏大爆破股份有限公司，广东 广州，510623）

摘　要：文章以内蒙古必鲁甘干矿区为例，从爆破器材的选用到穿孔、装药、起爆等方面，详细介绍了高寒地区冬季中深孔台阶爆破施工中所遇到的各种困难及问题，以及在本工程实践中详细的解决措施及办法，为今后类似爆破工程施工提供技术及操作借鉴。

关键词：高寒地区；中深孔爆破；冬季施工

Construction Technology of Deep-Hole Bench Blasting in Cold Area in Winter

Liu Chengjian　Ran Ran

（Guangdong Hongda Blasting Co., Ltd., Guangdong Guangzhou，510623）

Abstract：In this paper, based on the Bilugangan mining area as an example, from the selection of blasting equipment to perforation, charging, blasting, described in detail the various difficulties and problems encountered during the winter of deep hole bench blasting construction in the alpine region, as well as in the engineering practice in the detailed measures and methods, to provide technical and operational experience for future similar blasting engineering construction.

Keywords：alpine region；deep-hole blasting；construction in winter

1　工程概况

必鲁甘干矿区位于内蒙古自治区锡林郭勒盟阿巴嘎旗宝格都乌拉苏木，其地理坐标为：东经114°25′00″~114°30′00″；北纬44°02′00″~44°06′00″。该区属内蒙古高原中北部低山丘陵区，海拔高度981~1111m，相对高差130m；地势较平坦，固定、半固定小沙丘分布较多，基岩裸露少，草原广袤；区内水系不发育，无永久性河流，仅在雨季形成季节性小溪及小湖泊。属中温带干旱、半干旱大陆性气候，最高气温达39.2℃，最低气温为-38℃，年均气温为0.6℃；6~8月为雨季，年降雨量约273.8mm，年蒸发量1922mm；每年十月至翌年五月为冰冻期，冻土深度0.8~3.5m；全年以偏西北风为主，仅6~8月为东北风，年均风速3.2m/s，最大风速为25m/s。

矿石主要为辉钼矿（MOS_2），与黑钨矿、石英等共生，其莫氏硬度为6~7，普氏坚固性系数为$f=8~10$，比重为2.65t/m³。围岩主要是花岗岩，因矿石之中含矿比例很小，故岩石与矿石物理性质基本相同。

2　冬季爆破施工作业遇到的困难及问题

本矿区自每年十月至次年五月，共计八个月为冬季施工作业时期，平均气温-10℃以下，施工现场

原载于《广东化工》，2014，41(12)：114，103。

实测最低温度-42℃，且本矿区现所采工作平台含水层较多，给爆破施工作业带来极大困难及相关问题。

2.1 爆破器材

本矿区爆破器材以直径110mm乳化炸药、改性铵油炸药、普通毫秒非电导爆管雷管为主，初期采用四通连接爆破网络。但冬季施工过程中，乳化炸药易上冻硬化，药卷变形后无法恢复，装药困难。四通连接爆破网络过程中因爆破员双手必须裸露在外操作，一般十分钟后手便会冻麻，操作不灵便，网络连接效率低下。现场操作表明，若未做保暖措施，一般市售所谓防高寒起爆器材在-25℃以下放置二十分钟以上，易造成充放电困难。

2.2 穿孔作业

冬季穿孔过程中，如遇到含水岩层，在穿孔作业时，水分会随高压气体由孔口喷出，造成钻机操作台、钻具、支架等处结冰，导致钻机回转效率降低、部分操作杆不灵敏，影响穿孔效率。

2.3 装药及填塞作业

冬季在含水岩层穿孔作业时，随高压气体外喷水分会在孔壁结成冰，尤其孔口孔径变小，甚至孔口封闭。如果孔径缩小到小于乳化炸药的药卷直径时，造成装药困难；同时，流到附近的回填岩土上导致冻结，炮孔填塞时需要从别处拉料回填，导致装药及填塞效率极大降低，并增加了人工劳动强度。

本矿区穿孔直径为140mm，乳化炸药药卷直径110mm。随着温度的降低，含水炮孔由孔口向下因结冰造成孔径缩小情况如表1所示。

表1　孔径收缩情况表
Table 1　Pore shrinkage gauge

现场实测温度范围/℃	孔口冰冻及装药情况描述
0～-10	孔口未封闭，孔口以下至0.5m处药卷无法下落
-10～-20	孔口未封闭，孔口以下最多至0.8m处药卷无法下落
-20～-25	孔口偶有封闭，孔口以下最多至1.5m处药卷无法下落
-25以下	孔口封闭，封闭长度约0.3m，孔口以下最多至2.0m处药卷无法下落

2.4 其他

冬季施工过程中，人员劳动强度高，尤其在高寒条件下，人的心理及情绪变化频繁，易产生麻痹大意思想，给爆破施工安全带来隐患。穿孔设备在长时间停机状态下，打火困难。

3 解决措施及办法

3.1 爆破器材

针对高寒条件下，乳化炸药上冻硬化造成的装药困难，首先尽量缩短炸药库存时间，其次及时与炸药生产厂家技术人员沟通，降低乳化炸药含水量并加入防冻剂。-25℃以下温度时，每批次炸药均要做爆炸试验，确保具有雷管感度；高寒条件下，由四通网络改为电雷管簇联孔内非电导爆管雷管网络，此种网络操作简单，且易检测网络导通性；定期测试各种起爆及连接器材严寒条件下的各种性能参数，如起爆器和雷管测试仪的正常使用、连接线和母线在严寒条件下的电阻变化及导电性能、导爆管在严寒条件下的正常传爆性等；起爆器不使用情况下用棉被包裹放入车内，室外放置及使用时间不得超过十分钟。

3.2 穿孔作业

为减少含水岩层穿孔过程中过多的水分随高压气体喷出，我矿区钻队人员用薄钢板做了一个直径约50cm的圆盘形物体，且中部留有比钻杆直径略大的孔。当冬季在含水岩层穿孔时，此物体套在冲击器上部钻杆上，可自由上下移动，当冲击器完全进入孔内时，将此物体固定于滑架下的孔门处。加装此装置后，极大地减少了孔内水直接喷射到滑架及钻机操作平台，保证了穿孔效率。

3.3 装药作业

针对水孔孔径因冰冻变细的现象，通过表1的实测描述，我矿区爆破技术人员选取直径130mm PPR 管切割成1.0m、2.0m 两种长度规格的圆管，且一端近端处对口打两孔。通过表1的实测描述，钻队人员根据当时实测温度情况，穿孔完成后立即将相应长度规格的 PPR 管用竹棍穿好后悬于孔口处，且孔口用装有煤灰的袋子覆盖。装药前折断竹棍，此时 PPR 管已与孔壁冻结，可实现正常装药，因为堵塞段大于圆管长度，因此 PPR 管不取出条件下对爆破质量几乎没有影响。

在极寒条件下，因水孔穿孔后会短时间内上冻，故应减少穿孔数量或增加同一爆区穿孔设备，宜穿孔、装药半天内完成为佳。特殊情况一孔钻完即可装药。

针对孔口结冰造成的封闭现象，除用钻机二次掏孔外，我矿区利用直径120mm 钢管一端套在木棍上，一端前端打磨锋利，人工凿冰。

3.4 其他

冬季施工，尤其做好涉爆人员保暖等后勤保障工作，及时发现由于高寒天气造成的涉爆人员心理及情绪变化。严寒条件下，缩小爆区规模，装药量以不超过1000千克/组为宜。本矿区三组共计六名爆破员，高寒天气，在装药量不超过3吨条件下，均能安全保质完成施工计划。

为防止钻机在长时间停机状态下，打火困难。一般停机状态下每四小时热机约半小时，空压机临时外敷棉被。北方地区有些车辆或空压机内部加装加热器（俗称小锅炉）。

4 结语

针对本矿区实际情况，钻爆大队人员群策群力，通过以上各项措施及方法，有效解决了高寒地区穿爆作业中的各项实际问题，在月平均气温-20℃条件下均圆满完成各项爆破施工任务，也为今后类似气候及条件下的爆破施工提供了技术及操作借鉴。

参 考 文 献

[1] 梁凯河. 高寒地区露天矿山冬季生产问题的探讨 [J]. 采矿工程，2009，30(5)：26-28.

[2] 褚洪涛. 高寒地区采矿实践 [J]. 矿业研究与开发，2005(3)：13-14.

露天矿复杂多层采空区爆破处理的研究

叶图强[1,2]　闫大洋[1,2]　蔡建德[1]　陈　伟[1]　贾建军[2]

（1. 广东宏大爆破股份有限公司，广东 广州，510623；
2. 鞍钢矿业爆破有限公司，辽宁 鞍山，114046）

摘　要：弓长岭铁矿因前期大量无序的开采，形成许多无规则、复杂的采空区，给日常生产留下了安全隐患。通过三维扫描探测技术，准确掌握了采空区的分布及空间形态，并提出采空区爆破处理的方案。以163第一层空区处理为实例，从爆破参数、起爆方式、起爆网路以及施工安全等方面加以考虑，对采空区进行了处理，取得了良好的效果，为以后同类型矿山采空区的处理提供一定的参考。

关键词：露天开采；采空区处理；深孔台阶爆破

Research on Complex Multi-layer Open Pit Blasting Process in Goaf

Ye Tuqiang[1,2]　Yan Dayang[1,2]　Cai Jiande[1]　Chen Wei[1]　Jia Jianjun[2]

（1. Guangdong Hongda Blasting Co., Ltd., Guangdong Guangzhou, 510623；
2. Anshan Steel Mineral Industry Blasting Co., Ltd., Liaoning Anshan, 114046）

Abstract：Gongchangling iron mine disorder due to a large number of pre-exploitation, the formation of many irregular, complex gob, to daily production left a security risk. By three-dimensional scanning probe techniques, accurately grasp the spatial distribution and morphology of the mined area, and propose solutions Gob blasting process. The first layer combined 163 out area as an example, be considered from blasting parameters, initiation methods, initiation network and construction safety, etc., on the mined-out area were processed and achieved good results for the future of the same type goaf treatment zone to provide a reference.

Keywords：surface mining；goaf disposal；deep hole bench blasting

1　弓长岭矿概况

辽宁省弓长岭露天铁矿是一座开采比较早的老矿山，早在20世纪30年代就形成了许多地下采空区。特别是近年来，民营与个体小矿点不规范的地下采矿活动，在采场地表下形成了多处不明地下采空区。这些采空区形成时间跨度大，产生原因复杂，形态多变，而且随着矿区水文条件的变化和开采活动影响，有的可能已经坍塌、充水。随着开采范围拓展与延深，采空区已经给正常采矿生产带来了极大的威胁，也影响了对资源的合理高效开采利用、采剥工程计划执行，成为矿山安全生产重大安全隐患。

通过近几年对何家采空区的探测，在扫描定位探测和钻探验证的基础上，开展了基于扫描建体的采空区精细探测技术，准确地掌握了采空区的分布及其空间形态，为后续的爆破施工设计提供了有力的支持。

原载于《煤炭技术》，2014，33（7）：281-284。

1.1 采空区分布特征

通过三维激光扫描探测，获取了163m水平以下第1层和第2层空区的分布及其空间形态。第1层空区东西长约45m、南北宽约40m，地表投影面积808m²，爆破作业影响面积1800m²。空区顶板最高标高158m，底板最低标高146m，空区最大高度12m，顶板最小厚度7m，最大厚度12m；第2层空区几乎占据了整个作业平台，东西长约140m、南北宽约120m，空区投影面积约7000m²，爆破作业影响面积16800m²。空区顶板最大标高143m，底板最低标高127m，空区最大高度16m，顶板最小厚度20m，最大厚度30m。在第1层空区，由于部分区域顶板不稳定，空区南侧已经形成直径10.2m、深度18m的塌陷坑，如图1所示。

图1 空区南侧的塌陷坑

1.2 采空区地质情况

根据地质工作人员现场勘察，区域内岩体以角闪岩为主，有少量磁铁石英岩和绿泥片岩。具体岩性如下：角闪岩，暗绿色，粒状变晶结构，片状构造，岩石等级Ⅵ—Ⅶ级，节理较为发育；磁铁石英岩，钢灰—灰黑色，不等粒变晶结构，条带状构造，局部是块状构造，岩石等级Ⅷ级，节理发育一般；绿泥岩，灰绿色，粒状变晶结构，块或片状构造，岩石等级Ⅴ—Ⅵ级，节理较为发育。

2 采空区爆破处理方案的选择

采空区处理方案的选择直接影响到矿山开采的经济效益和安全生产，因此，采空区的处理方案选择显得极为重要。目前常用于采空区处理的方法，概括地说，主要是崩落法和充填法。弓长岭铁矿处理空区的目的是进行露天开采，采用充填法进行采空区处理不能为露天开采创造有利条件，在经济和时间上都存在问题。因此，选取崩落法处理何家采空区是最为合理的方法。

随着开采水平的下降和工作面拓展，空区呈集中连片出现的特点。在采区的中西部，表现出层位浅、分布面积大、顶板跨度大、多层空区显现且相互叠加等特点，其复杂性和处理难度空前，需要认真研究、科学设计、严密组织。根据矿山生产布局安排，需尽早处理位于何家采区西区北侧163空区集中区域。

选取163空区第1层空区为主要对象，即空区标高在150~140m的中西部区域，同时考虑空区标高在140~128m的第2层空区的处理，由于第2层空区顶板厚度大25~30m，难以在本水平一次性进行有效处理。对于2层空区相互叠加的区域，优先对第1层空区顶板进行爆破崩塌处理，在保证安全的基础上，再进行下一层空区的处理，特别对于矿柱厚度小于8m的区域，需进一步钻探详查后进行后续处理。

2.1 安全厚度的确定

安全厚度是指保证人员和设备在待处理采空区顶部覆盖层正常作业的最小厚度。露天生产作业均为大型作业设备，安全厚度的确定，是露天深孔爆破处理采空区的关键。因此，确定合理的安全厚度对露天作业的人员、设备的安全以及后续的爆破设计、施工是非常重要的。

目前，国内外确定空区顶板安全厚度的方法主要有厚跨比法、空场长宽比法以及普氏拱理论估算法等。根据采空区现场条件考虑，选择空场长宽比法确定安全厚度。

（1）当采空区的长度与宽度之比不大于 2 时，此时可将空区顶板视为一个整体板结构，受露采作业荷载和矩形双向板自重均布荷载。最小安全厚度计算公式如下：

$$H_n = L_n/\varphi_x \times \{3rL_n + [9r^2L_n^2 + 6\varphi_x\sigma(P + P_1)]^{1/2}\}/\sigma \tag{1}$$

（2）当采空区的长度与宽度之比大于 2 时，此时采空区顶板类似 1 根两端固定的梁，受均布连续载荷作用。最小安全厚度计算公式如下：

$$H_n = L_n/8 \times \{rL_n + [r^2L_n^2 + 16\sigma(P + P_1)]^{1/2}\}/\sigma \tag{2}$$

$$P = KrH(K_c + K_n)/K_p \tag{3}$$

式中　L_n——采空区宽度，m；

　　　r——采空区顶板岩石的比重；

　　　φ_x——系数，根据采空区稳定性取值；

　　　σ——采空区顶板岩石的准许拉应力；

　　　P——由爆破而产生的动荷载；

　　　P_1——设备对地面的单位压力；

　　　K——载重冲击系数；

　　　H——台阶高度；

　　　K_c——爆堆沉降系数；

　　　K_n——钻孔超深系数；

　　　K_p——爆破之后岩石的膨胀系数。

由于采空区的长宽比小于 2，根据空区现场条件代入式（1）计算得出最小安全厚度 $H_n = 10$m。

2.2 爆破参数设计

2.2.1 孔网参数

本次钻孔选用孔径为 250mm 的牙轮钻和孔径为 115mm 的潜孔钻。经分析空区顶板厚度在 10m 以上的，可采用牙轮钻钻孔进行爆破法崩塌处理，第 1 层空区炮孔 50 个，孔深按空区顶板预留厚度 3m 确定。

对于无空区或顶板厚度大于 25m 的第 2 层空区区域按正常台阶爆破要求设计，孔深按超深 3m 设计，该区域牙轮孔数 40 个。孔距根据岩石的可爆性和可钻性取 6.5m，特殊区域按 5.5~7m 调整，孔网参数为 6.5m×6.5m，设计孔深 7~13m，共设计钻孔 90 个。当空区顶板厚度小于 10m 时或顶板出现不稳定、已经形成空区塌陷（南侧塌陷坑）的区域采用潜孔钻进行钻孔，孔深按空区顶板预留厚度 2~3m 确定。孔网参数为 3m×4m，设计孔深 5~10.2m，共设计钻孔 27 个。

2.2.2 装药量计算

采用体积药量公式计算炮孔装药量，每孔装药量计算公式如下：

$$Q = kqabH \tag{4}$$

式中　k——考虑矿岩阻力作用的增加系数，$k = 1.1~1.2$，本次爆破工程拟取 $k = 1.1$；

　　　q——单位炸药消耗量，一般空区顶板一次性崩塌爆破时 $q = 0.4$kg/m³，正常台阶爆破 $q = 0.65$kg/m³；

　　　a——孔距；

　　　b——排间距；

　　　H——台阶高度。

经计算总装药量 24180kg，爆破量 123500t，综合炸药单耗为 0.196kg/t。

2.2.3 装药结构与堵塞

本次爆破采用连续柱状装药结构，顶板未穿透的炮孔可正常装药。对于已经穿透顶板的炮孔，装药前将空气间隔器放置在顶板底部上方 1.5~2m 处或吊袋固定在顶板底部，再装药施工。炸药品种为多孔粒状铵油炸药，采用现场混装方式施工。炮孔填塞高度一般不低于孔径的 25 倍，取 6~6.5m，对于第 1 层空区顶板处理区域，由于装药高度仅为 4m，填塞高度取 3.5~4m。图 2 为炮孔装药结构示意图。

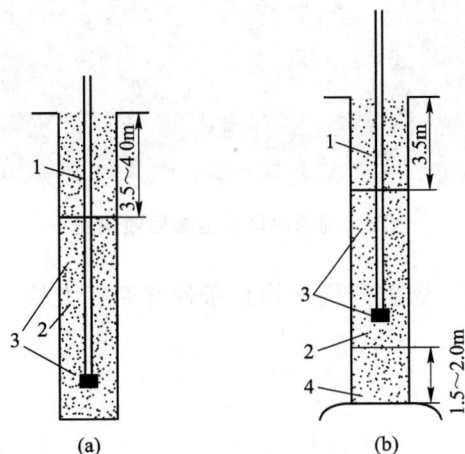

图 2　炮孔装药结构示意图
（a）未穿透孔装药结构示意图；（b）穿透孔装药结构示意图
1—充填堵塞；2—炸药；3—双发雷管起爆药包；4—空气间隔器

2.3　爆破网路设计

本次爆破采用澳瑞凯高精度毫秒延时导爆管起爆，控制排采用 25ms 导爆管传爆，普通排采用 42ms 和 65ms 导爆管传爆，孔内均采用 400ms 导爆管起爆。每个炮孔 1 发 500g 起爆弹和 2 发导爆管，需消耗起爆弹 117 发，孔内导爆管 234 发、地表连接导爆管 150 发。爆区外连接用普通 50m 导爆管。起爆顺序按照正常台阶爆破方式，临近自由面的南侧炮孔先起爆，依次逐孔起爆。

3　采空区爆破安全措施

采空区爆破安全措施如下。

（1）施工时应提前探测空区危险区的分布和地质构造情况，观察岩体节理发育程度以及是否有 3 级以上断裂构造或和边坡滑坡等，发现异常及时报告并组织人员和设备安全撤离；

（2）钻孔时若发现空区，应确认穿透顶板高度位置并做好记录，判断能否保证钻机在空区作业的安全，如不能保证要立即调整设备移到安全部位并及时报告；

（3）在爆破施工期间，必须严格按照国家有关规定程序进行作业，严禁闲杂人员进入爆破现场，空区爆破前，应提前要求附近人员、设备提前撤离到安全地点。

4　采空区处理效果与结论

2013 年 2 月 27 日，在弓长岭露天铁矿何家采区实施崩落法处理空区，有效处理了 163 水平以下 2 层相互叠加的第 1 层空区（见图 3）。根据塌落的情况和现场测量，本次爆破，共处理空区面积 1800m²，空区体积 17100m³，成功消除了该区域第 1 层空区所带来的安全隐患，达到了预期目标。

（1）处理空区的目的是保证露天采矿日常生产的安全，对于情况不明错综复杂的采空区的开采，必须结合三维激光扫描探测技术，遵循边探边采边处理空区的原则；

（2）处理多层采空区时，下层采空区顶板和上层采空区顶板之间的隔层厚度大于最小安全厚度，宜采用多层分次处理；

图3　何家采区空区爆后效果图

（3）由于处于空区集中区域，爆破介质不均且条件复杂，大块率不容易控制，爆后产生矿根和矿墙。

参 考 文 献

[1] 宋晓军，鲍晓东，林立，等. 辽宁弓长岭露天铁矿采空区探测 [J]. 地质与资源，2007，16（4）：303-305，310.

[2] 李地元，李夕兵，赵国彦. 露天开采下地下采空区顶板安全厚度的确定 [J]. 露天采矿技术，2005（5）：17-20.

[3] 张五兴，宋嘉栋，谷新建. 三道庄钼钨矿 1350 复合空区处理技术研究 [J]. 采矿技术，2011，11（4）：89-90，99.

[4] 陈晶晶，蓝宇. 复杂环境中采空区爆破处理实践 [J]. 金属矿山，2013（1）：64-65，79.

[5] 叶图强，曾细龙，林钦河，等. 露天深孔爆破处理大型采空区的实践 [J]. 中国矿业，2007（8）：97-101.

[6] 梁治明，丘侃，陆耀洪. 材料力学 [M]. 北京：高等教育出版社，1985.

[7] 汪旭光. 爆破设计与施工 [M]. 北京：冶金工业出版社，2013.

测温方法的比较及其在煤矿火区爆破中的运用

束学来[1]　郑炳旭[2]　郭子如[1]　李战军[2]

（1. 安徽理工大学化学工程学院，安徽 淮南，232000；
2. 广东宏大爆破股份有限公司，广东 广州，510623）

摘　要：针对煤矿火区存在的测温不准确问题，分析和比较了现今的测温方法，并用工程实例进行验证，结果表明：热电偶在煤矿火区测温效果最好，且应向多点测温方向发展，红外测温仪等无线测温方法的快速性值得重视。

关键词：煤矿火区；高温爆破；测温方法

Comparison of Temperature Measurement Methods and Their Application in Blasting in Coal Mine Fire Areas

Shu Xuelai[1]　Zheng Bingxu[2]　Guo Ziru[1]　Li Zhanjun[2]

（1. School of Chemical Engineering, Anhui University of Science and Technology, Anhui Huainan,
232000; 2. Guangdong Hongda Blasting Co., Ltd., Guangdong Guangzhou, 510623）

Abstract：Aiming at the problem of inaccurate temperature measurement in fire areas in coal mines, this paper analyzes and compares the present temperature measurement methods, and verifies them by engineering practice. The results show that thermocouple is the best in the temperature measurement in the fire areas of coal mines, its multi-point measurement should be developed, and the rapidity of wireless temperature measurement methods such as infrared thermometer is worthy of attention.

Keywords：fire areas in coal mines; high temperature blasting; temperature measurement method

在我国的新疆、内蒙古、宁夏等地，存在着大量的煤炭火区，这些煤炭质量优良，具有低硫、低灰、高发热量等特征，对其开采具有巨大的经济效益。目前，火区爆破一般都是大孔径深孔爆破，有些炮孔的温度可达到500℃以上，炸药在高温下，其热稳定性大大降低，短时间内便会发生爆炸[1]。对火区温度的准确测量，可以使施工人员根据现场情况设计爆破方案，对炸药进行耐热包装，控制装药时间和炮孔数量等，不仅可以提高爆破效率，也可以保障施工人员生命安全。

1 煤矿火区特性

1.1 煤矿火区地质特征

煤矿火区常年高温，尤其在塌陷地区，能感觉到明显的热浪，且煤层的燃烧，会释放含有大量 SO_2、CO、NO、H_2S 等有毒气体的烟雾。煤矿火区的地质也异常复杂，岩石由于受到高温的烘烤，物理化学性质变化明显，岩石发生脱水、氧化、熔融等，导致岩石破碎，产生大量的裂隙，岩石热导率下降、比热增大，热应变增加，且随着裂隙的发展和不断增加，使得深部煤层与外界空气接触，造成火势增大[2,3]。

原载于《中国矿业科技文汇》，2014：437-439。

1.2　高温火区炮孔特性

高温火区炮孔特性如下。

（1）钻的孔壁不完整，粗糙不平；

（2）火区炮孔有些裂隙与深部明火接触，温度异常高，且炮孔孔底温度不一定最高，温度的变化规律也较复杂，甚至没有规律可循；

（3）炮孔一般为10m，孔径直径一般为140mm，对大型仪器空间狭小；

（4）炮孔里面存在着大量的气体和粉尘，在经过水降温后，湿度也较大，光线较暗，且孔外也存在着大量的烟尘、电磁辐射等；

（5）火区面积大，一天的爆破方量较多，造成炮孔的数目总体很多。

1.3　高温火区测温的要求

高温火区测温的要求如下。

（1）测温仪器要测得炮孔实际温度，精度较高，从而对炸药的耐热时间有准确的预测；

（2）测温仪器需能远距离地准确测量温度；

（3）测温仪器能准确了解测温的地点和方向；

（4）测温仪器抗干扰能力强；

（5）测温仪器应该能够快速测量、轻质方便携带，能够简单使用；

（6）测温仪器的价格应该较低，且便于维修；

（7）测温范围要广，能测在低温、常温、高温环境中工作。

2　主要测温方法分析

2.1　测温原理与类型

温度测量的基本原理是通过测量某种与温度有关的物质的特征值从而得到温度值，按照其是否与介质直接接触可以分为接触式测温方法和非接触式测温方法。接触式测温方法又可以分为接触式光电或热色测温、膨胀式测温、电量式测温等几种；非接触式测温方法可以分为声波或微波测温方法、红外测温方法、激光干涉式测温方法、光谱测温方法[4] 等几类。

接触式光电测温方法不适合火区测温，但光纤可以作为传输材料用于火区测温，且一些特殊的光纤，如分布式光纤测温系统能远距离、快速、准确、多点测高低温度，但是光纤机配套系统价格昂贵、体积庞大，限制了其在煤矿火区的应用，热色测温中的示温漆和示温液晶缺点较多，难以运用于火区测温[5-7]。声波或微波测温受外界影响大，不适合运用于火区测温[8]。激光干涉式测温测量方法测得的基本上都是测得炮孔内激光传输路径上的平均温度，且造价昂贵，不便于携带，因而激光干涉式测温难以在火区测温中使用[9-13]。光谱测温方法一般用于测量高温燃烧流场、等离子体、火焰等复杂流场的测温，所测温度比较高，受到外界环境影响较大，且价格昂贵，在火区中测温意义不大[14-18]。

2.2　膨胀式测温方法

该方法是利用热胀冷缩的原理来测量温度，膨胀式测温仪器包括压力式温度计、玻璃液体温度计、双金属膨胀式温度计。该3类仪器便宜、方便，测量准确、读数直观、结构简单，但是前两者响应时间长、损失大、不便于维修、传送距离近、精度较低、受外界影响大、后者一般不用狭窄空间测温。

2.3　电量式测温方法

电量式测温方法的原理主要是利用材料的电势、电阻或者其他电性能与温度的单值关系的原理来进行测温的。包括热电偶温度测量、热电阻和热敏电阻温度测量等方法。热电偶测温精度高，不受中间介质影响，测量范围广，能够耐低温和耐高温，构造简单，使用方便，且体积小、响应快、能够长距离自动测温[19]；热电阻材料大多是铂和铜等金属材料，该方法精度高、稳定性好、输出信号大、体积小、测温滞后小，且机械性能好、能弯曲、使用时间长[20]；热敏电阻是一种电阻值随温度呈指数变化的半导体热敏感元件，具有灵敏度高、体积小、工作范围较宽、使用方便、易加工、价格便宜的特点[21-22]。

热电偶基本上能满足火区测温的特点，但其易腐蚀、抗噪性差、容易损坏、适用于500℃以上的工作环境；热电阻性能优越，在中低温条件下使用较准确，具有多种品种，如铂、铜等电阻，能用于火区温度的测量，但是一般抗机械能力差、不耐腐蚀、结构构件较大，动态响应差；热敏电阻互换性差，非线性严重，稳定性也不好，测温范围为50~300℃，在有明火等高温地区不能适用。三者的传输线也较硬，不便于放入炮孔中。

火区温度一般低于500℃，空间狭窄，经常能遇到明火。综合以上分析可知，热电偶测量是三者中的较好测温方式，火区炮孔温度除非在有明火等区域，一般不超过300℃，在炮孔相对较大的情况下热电阻、热敏电阻也可以使用。

2.4 红外测温方法

红外测温方法的原理是以热辐射定律为基础的，可以分为全辐射高温计、亮度式高温计和比色式高温计，另外还有多光谱测温、热像仪测温[23]。

全辐射高温计结构相对简单，能测量全波段的温度，成本低[24]；亮度温度计结构也比较简单、灵敏度比较高、测量准确、受被测对象发射率和中间介质影响相对较小，测量的亮度温度与真实温度偏差较小[25]；比色测温法误差和受外界影响小、精度较好、测量结果最接近真实温度[26]；多光谱测温遵循Plank定律，该方法具有响应时间快，不破坏温度场，测温结果与发射率无关，准确度极高[27]；红外热像仪是一种二维平面成像的红外系统，其结构简单，测温快，可以测量物体整个表面温度[28]。

全辐射高温计基本上能满足火区测温，但受环境影响大，火区炮孔内的杂质等对辐射能的吸收是无选择性的，且伴有散射，减弱了入射到温度计中的辐射能，外来光也能干扰测量结果；亮度式高温计不适用于测量低发射率物体的温度，并且测量时要避开中间介质的吸收带，测温范围为700~3000℃；多光谱测温必须选择适当波长，结构也较复杂，所测温度一般高于1000℃；红外热像仪基本上可以用于火区测温，但精度会受到被测物体表面发射率、环境温度等影响，在炮孔中水雾浓等情况下，只能测得很短距离的温度面，且其价格昂贵，是红外测温仪的数十倍。

由上述分析可知，亮度式高温计、比色式高温计、多光谱测温基本上不能适用于火区测温，全辐射高温计和热像仪测温在一定条件下能满足火区测温，且热像仪能够连续测温，优于亮度式高温计的不连续测温，但是两者都受到外界的影响大，也不能定点，只能粗略地测得火区的温度。

3 应用实例

采用热电偶、热敏电阻、红外全辐射测温仪和热成像仪对宁煤集团汝箕沟煤矿火区进行温度测量，相关测量设备如图1和图2所示。

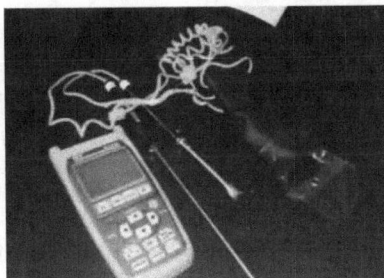

图1 热敏电阻

图2 红外测温仪

由测量结果分析可知，热敏电阻和热电偶测温都较准确，但是存在测温响应时间长、容易损坏的特点；热敏电阻遇到特高温点测温不准，甚至无效，且在测量降温炮孔温度回温时，其效果差、误差大；相对而言，热电偶响应相对较快，测量结果较为精确。

红外全辐射测温仪具有易操作、测温迅速，但无法获得其测温的具体位置，且在炮孔中烟雾大的情况下，误差较大；热成像仪价格昂贵，能够显示温度场，但是同样在炮孔中存在烟雾等情况下，误差较大，甚至不能测温，测温距离也受限制。因此，这 2 种方法基本上只是定性测量温度，必须用采用热电偶等进行复测。

4 煤矿火区测温方法选择及展望

4.1 火区测温方法的选择

非触式测温方法或不能定点测温，或测温距离有限，或受外界光、振动、杂波、水汽等影响较大，或价格昂贵，造成了其在火区爆破中难以使用和大范围使用。其中全辐射高温计和热像仪在炮孔烟雾较少、深度较浅的条件下，能够粗略地快速测温。接触式测温方法能够定点测温，且能长距离地测温，受外界影响弱，这些优点是非接触式测温方法所不具备的，但是有些接触式测温方法也存在难以克服的困难，或测温时间比较长，或容易损坏，或不耐腐蚀，不能远程读数等。在所有的接触式测温方法中，热电偶测温基本可以满足要求，在火区炮孔测温中可以大规模使用。

4.2 展望

未来展望如下。

（1）热电偶、热敏电阻等向无线、多点测量方向发展，如 N 型热电偶，其稳定性和寿命能大幅度提高，但是制造技术短缺，在国内很少使用。

（2）光纤能多点、快速测温，应向设备轻巧、价格便宜、温度范围广等方面发展。

（3）红外测温技术等非接触测温技术，应该向着低温和提高准确度、稳定性方向发展。

（4）研究多种测温仪器联合使用操作工艺，提高火区测温效果，如先用红外测温仪初步测得炮孔温度，然后用热电偶进行复测，且可以用 2 个热电偶同时进行复测，保障测温准确性。

参 考 文 献

[1] 齐德香. 新疆轮台阳霞煤田灭火工程 2# 子火区高温大爆破工程 [J]. 煤矿安全，2008，34(11)：88-90.

[2] 武军. 内蒙古东胜煤田火区特征及着火原因分析 [J]. 内蒙古科技与经济，2010(10)：52-53.

[3] 郑慧慧，刘希亮，谌伦建. 高温下岩石单向约束的热应力分析 [J]. 路基工程，2008(5)：12-13.

[4] 杨永军. 温度测量技术现状和发展概述 [J]. 计量技术，2009，29(4)：62-65.

[5] 刘媛，雷涛，张勇，等. 油井分布式光纤测温及高温标定实验 [J]. 山东科学，2008，21(6)：40-44.

[6] 郭家振. 示温涂料的原理及应用 [J]. 化工纵横，1996，10(9)：7-10.

[7] 陈燕琼，张子勇. 胆甾型液晶的合成及显色示温液晶组成 [J]. 化学世界，2003(7)：373-376.

[8] 黄志洵，曲敏. 微波衰减测量技术的进展 [J]. 中国传媒大学学报：自然科学版，2010，17(1)：1-11.

[9] 杨联弟. 利用激光干涉法实现温度的测量 [J]. 吕梁学院学报，2013，3(2)：58-60.

[10] 宋耀祖. 激光散斑照相及其在传热学研究中的应用 [D]. 北京：清华大学，1988.

[11] 周昊，吕小亮，李清毅，等. 应用背景纹影技术的温度场测量 [J]. 中国电机工程学报，2011，31(5)：63-67.

[12] 高令飞，王海涛，张鸣，等. 激光干涉仪反射镜三维温度场的快速多极边界元分析 [J]. 工程力学，2012，29(11)：365-369.

[13] 涂娟. 激光全息干涉法测量液相扩散系数及图像处理研究 [D]. 大连：大连交通大学，2008.

[14] 郑尧邦，陈力，苏铁，等. 滤波瑞利散射测温技术研究 [C]//中国空气动力学会测控技术专委会第六届四次学术交流会论文集. 三亚：中国空气动力学会测控技术专委会，2013.

[15] 赵玉明，李长忠，翟延忠，等. 基于拉曼散射分布式光纤测温系统的理论分析 [J]. 计量学报，2007，28(3)：

15-18.

[16] 郝海霞，李春喜，王江宁，等. 推进剂火焰烟尘对 CARS 测温精确度的影响 [J]. 火炸药学报，2005，28（2）：23-25.

[17] 彭利军，杨坤涛，章秀华. 光学测温技术中的物理原理 [J]. 红外，2006，27（10）：1-4.

[18] 王鸿章. 谱线反转法测定火焰的温度 [J]. 淮海工学院学报，1993（1）：44-49.

[19] 张明春，肖燕红. 热电偶测温原理及应用 [J]. 攀枝花科技与信息，2009，34（3）：58-62.

[20] 张克，韩迎春. 温度计量漫谈热电阻（一）[J]. 中国计量，2012（4）：59-60.

[21] 宋秀玲. 热敏电阻与光敏电阻 [J]. 科技情报开发与经济，2006，16（16）：256-258.

[22] 张克，韩迎春. 温度计量漫谈热电阻（二）[J]. 中国计量，2012（6）：58-60.

[23] 姚学军. 红外测温原理与测温技术 [J]. 中国仪器仪表，1999（1）：10-13.

[24] 戴景民. 辐射测温的发展现状与展望 [J]. 自动化技术与应用，2004，23（3）：1-7.

[25] 胡艳玲，王兴英. 亮度式光纤高温测量仪的研制 [J]. 自动化与仪器仪表，2001（5）：55-56.

[26] 李磊，刘庆明，汪建平. 比色高温传感器参数分析及其在爆炸场中的应用 [J]. 光谱学与光谱分析，2013，33（9）：2466-2471.

[27] 孙晓刚，原桂彬，戴景民. 基于遗传神经网络的多光谱辐射测温法 [J]. 光谱学与光谱分析，2007，27（2）：213-216.

[28] 李云红，孙晓刚，廉继红. 红外热像测温技术及其应用研究 [J]. 现代电子技术，2009（1）：112-115.

测温技术在煤矿火区爆破中的应用

束学来[1]　郑炳旭[2]　郭子如[1]　李战军[2]

（1. 安徽理工大学 化学工程学院，安徽 淮南，232001；
2. 广东宏大爆破股份有限公司，广东 广州，510623）

摘　要：针对现今煤矿火区存在的测温不准确问题，分析和比较了现今的测温方法，并用工程实例进行验证，最后展望了火区测温方法。结果表明：热电偶在煤矿火区测温效果最好，且应向多点测温方向发展，红外测温仪等无线测温方法的快速性值得重视，光纤测温应该尽快研究。

关键词：煤矿火区；高温爆破；火区测温；测温方法

Application of Temperature Measurement Technology in Coal Mine Fire Area Blasting

Shu Xuelai[1]　Zheng Bingxu[2]　Guo Ziru[1]　Li Zhanjun[2]

（1. School of Chemical Engineering，Anhui University of Science and Technology，Anhui Huainan，232001；
2. Guangdong Hongda Blasting Co.，Ltd.，Guangdong Guangzhou，510623）

Abstract：For the problems of temperature measurement is not accurate in coal mine fire area，Today's measurement methods are analyzed and compared. And it is verified by engineering examples. Finally，the fire area temperature measure methods are prospected. The results showed that thermocouple had the best temperature measurement effected in coal mine fire area，and it should be developed toward to the direction of multi-point temperature measurement. The rapidity of wireless temperature measurement methods such as infrared radiation thermometers should be worthy of attention. Optical fiber temperature measurement should be researched as soon as possible.

Keywords：coal mine fire area；high-temperature blasting；fire area temperature measurement；temperature measurement methods

在中国的新疆、内蒙古、宁夏等地，存在着大量的煤炭火区，这些煤炭质量优良，具有低硫、低灰、高发热量等特征，对其开采具有巨大的经济效益。现今火区爆破一般都是大孔径深孔爆破，有些炮孔的温度可达到500℃以上，炸药在高温下，其热稳定性大大降低，短时间内就会发生爆炸。对火区温度的准确测量，可以使施工人员根据现场情况设计爆破方案，或对炸药进行耐热包装，或控制装药时间，或控制炮孔数量等，不仅可以提高爆破效率，也可以保障施工人员生命安全。现今的温度测量方法众多，哪一种测温方法更适合火区测温，本文就这方面进行讨论。

1　煤矿火区特性

煤矿火区长时间处于高温环境下，其地表、炮孔等物理性质变化较大。

1.1　煤矿火区地质特征

煤矿火区常年高温，尤其在塌陷地区，能感觉到明显的热浪，且煤层的燃烧，会释放含有大量二

氧化硫、一氧化碳、一氧化氮、硫化氢等有毒气体的烟雾；煤矿火区的地质也异常复杂，岩石由于受到高温的烘烤，其物理化学性质变化明显，岩石发生脱水、氧化、熔融等，导致岩石破碎，产生大量的裂隙，且随着裂隙的发展和不断增加，使得深部煤层与外界空气接触，造成温度升高。

1.2 高温火区炮孔特性

煤矿火区特殊的地质条件，造成其炮孔具有以下特点：

（1）炮孔孔壁不完整，粗糙不平；

（2）炮孔温度的变化规律较复杂，甚至没有规律可循，炮孔孔底温度不一定最高；

（3）炮孔一般较深，深度在 10m 左右，孔径直径一般为 $\phi140mm$，相对于大型仪器空间狭小；

（4）炮孔内外环境复杂，孔内气体、粉尘多，湿度大，光线较暗，孔外也存在着大量的烟尘、电磁辐射等；

（5）炮孔总体数目多，可达几百个；

（6）炮孔周边道路崎岖，难以行走。

1.3 高温火区测温的要求

根据火区炮孔特性，测温仪器应该满足以下要求：

（1）测温仪器要测得炮孔实际温度，精度高；

（2）测温仪器能远距离地准确测量温度；

（3）测温仪器能准确表明测温的地点和方向；

（4）测温仪器抗干扰能力强；

（5）测温仪器应该测温快速、方便携带、使用简单；

（6）测温仪器的价格应实惠、便于维修；

（7）测温范围广，能测低温、常温、高温，一般要求温度范围在 0~500℃ 之间。

2 主要测温方法及其对火区爆破的使用分析

2.1 测温原理与类型

温度的测量一般按照其是否与介质直接接触可以分为接触式测温方法和非接触式测温方法。接触式测温方法又可分为接触式光电或热色测温、膨胀式测温、电量式测温等几种；非接触式测温方法可分为声波或微波测温方法、红外测温方法、激光干涉式测温方法、光谱测温方法等几类。

接触式光电测温中的光导管式和光纤直接测温的测温范围不适合火区测温，但光纤可以作为传输材料用于火区测温，且一些特殊的光纤，如分布式光纤测温系统能远距离、快速、准确、多点测高低温度，但是光纤机配套系统价格有数百万之多，体积庞大，限制了其在煤矿火区的应用，热色测温中的示温漆和示温液晶缺点较多，难以运用于火区测温。膨胀式测温响应时间长，热损失大，难以修理，不能远程读数，精度较低，受外界影响大，一般不用狭窄空间测温，在火区中测温中较少使用。

声波或微波测温受外界影响大，不适合运用于火区测温。

激光干涉式测温方法测得的基本上都是炮孔内激光传输路径上的平均温度，且造价昂贵，不方便携带，故其难以在火区测温中使用。

光谱测温方法一般用于测量高温燃烧流场、等离子体、火焰等复杂流场的测温，所测温度比较高，受外界环境影响较大，且价格昂贵，在火区中测温意义不大。

故本文重点研究电量式测温、红外测温。

2.2 电量式测量方法简介及对火区爆破的使用分析

电量式测温方法主要是利用材料的电势、电阻或者其他电性能与温度的单值关系的原理来进行测温的。包括热电偶、热电阻和热敏电阻温度测量。

热电偶测温精度高，不受中间介质影响，测量范围广，能够耐低温和耐高温，构造简单和使用方便，且体积小，响应快，能够长距离自动测温；热电阻材料大多是铂和铜等金属材料，该方法精度高，稳定性好，输出信号大，体积小，测温滞后小，且机械性能好，使用时间长；热敏电阻是一种电阻值随温度呈指数变化的半导体热敏感元件，具有灵敏度高、体积小、工作范围较宽、使用方便、易加工、价格便宜的特点。

热电偶基本上能满足火区测温的特点，但其易腐蚀，抗噪性差，容易损坏，500℃以上的较高温度精度较高，500℃以下温度受到的干扰较大；热电阻性能优越，在中低温条件下使用较准确，具有多种品种，如铂、铜等电阻，但是一般抗机械能力差，不耐腐蚀，结构构件较大，动态响应差；热敏电阻互换性差，非线性严重，稳定性也不好，测温范围在-50~300℃，在有明火等高温地区不能适用。三者的传输线也较硬，不方便放入炮孔中。

火区温度一般在500℃以下，空间狭窄，经常能遇到明火。综合分析，热电偶测量是三者中较好的测温方式，火区炮孔温度除非在有明火等区域，一般不超过300℃，在炮孔相对较大的情况下热电阻、热敏电阻也可以使用。

2.3 红外测温简介及对火区爆破的使用分析

红外测温方法的原理是以热辐射定律为基础的。可以分为全辐射高温计、亮度式高温计和比色式高温计，另外还有多光谱测温、热像仪测温。亮度式高温计不适用于测量低发射率物体的温度，其可测出700~3000℃，比色高温计测量范围为800~2000℃，多光谱测温必须选择适当波长，结构也很复杂，所测温度一般在1000℃以上，造成它们都不能用于火区测温。故本文只分析全辐射高温计和热像仪。

全辐射高温计结构相对简单，能测量全波段的温度，成本低；红外热像仪是一种二维平面成像的红外系统，其结构简单，测温快，可以测量物体整个表面温度。

全辐射高温计和红外热像仪基本上能满足火区测温，但前者受环境影响大，火区炮孔内的杂质等对辐射能的吸收是无选择性的，且伴有散射，减弱了入射到温度计中的辐射能，外来光也能干扰其测量结果，同时不能定点测温，导致其适用性欠缺；后者精度会受到被测物体表面发射率、环境温度等影响，在炮孔中水雾浓等情况下，只能测得很短距离的温度面，且其价格昂贵，是红外测温仪的数十倍。

由上述分析可知，全辐射高温计和热像仪测温在一定条件下能满足火区测温，且热像仪能够连续测温，优于亮度式高温计的不连续测温，但是两者都受到外界的影响大，也不能定点，只能粗略地测得火区的温度。

3 工程应用

在宁煤集团汝箕沟煤矿火区，运用了热电偶、热敏电阻、红外全辐射测温仪和热成像仪进行测量。

结果表明，热敏电阻和热电偶测温都较准确，但是存在测温响应时间长、容易损坏的特点。热敏电阻遇到特高温点测温不准，甚至无效，且在测量降温炮孔温度回温时，其效果差，误差大，热电偶就没有这些缺点，响应也相对较快。故可知热电偶综合效果好，和理论分析结果一样。

红外全辐射测温仪在运用中，容易操作，测温迅速，但是不知道其测温的具体位置，且在炮孔中烟雾大的情况下，误差大。热成像仪价格昂贵，价格需要十几万，能够显示温度场，但是同样在炮孔中存在烟雾等情况下，误差较大，不能显示整个温度场，甚至不能测温，测温距离也受限制。故这2种方法基本上只是定性测量温度，必须用热电偶等进行复测，或者为了分析其在降温后的回温效果，也符合理论分析。

4 煤矿火区测温方法选择及展望

4.1 火区测温方法的选择

根据第2.3节的分析可知，非接触式测温中全辐射高温计和热像仪在炮孔烟雾较少、深度较浅的条件下，能够粗略地快速测温。

接触式测温中电量式测量方法性能较好，其中热电偶测温基本可以满足要求，在火区炮孔测温中可以大规模使用。

4.2 火区测温方法展望

火区测温方法展望如下：

（1）热电偶、热敏电阻等向无线发展，且提高其寿命，向多点测量发展，如 N 型热电偶，其稳定性和寿命能大幅度提高，但是制造技术短缺，在国内很少使用；

（2）光纤能多点、快速测温，应向设备轻巧、价格便宜、温度范围广等方面发展；

（3）红外测温技术等非接触测温技术，应该向着低温和提高准确度、稳定性方向发展；

（4）研究多种测温仪器联合使用操作工艺，提高火区测温效果，如先用红外测温仪初步测得炮孔温度，然后用热电偶进行复测，且可以用 2 个热电偶同时进行复测，保障测温准确性。

5 结语

本文结语如下：

（1）煤矿火区地质特征和炮孔特性复杂，造成其测温仪器要求众多，在众多测温方法中，接触式测温比非接触式测温效果好，受外界影响小，测温准确，但是要提高其测温速度；

（2）热电偶基本能够满足火区测温的需求，可以提倡使用，下一步研究可以向着多点测温、提高其寿命方向研究；

（3）全辐射高温计、红外热像仪测温快速，值得重视。

参 考 文 献

[1] 齐德香. 新疆轮台阳霞煤田灭火工程 2# 子火区高温大爆破工程 [J]. 中国煤炭，2008(11)：88-90，112.

[2] 武军. 内蒙古东胜煤田火区特征及着火原因分析 [J]. 内蒙古科技与经济，2010(10)：52-53.

[3] 杨永军. 温度测量技术现状和发展概述 [J]. 计测技术，2009(4)：62-65.

[4] 刘媛，雷涛，张勇，等. 油井分布式光纤测温及高温标定实验 [J]. 山东科学，2008，21(6)：40-44.

[5] 黄志洵，曲敏. 微波衰减测量技术的进展 [J]. 中国传媒大学学报：自然科学版，2010，17(1)：1-11，30.

[6] 杨联弟. 利用激光干涉法实现温度的测量 [J]. 吕梁学院学报，2013，3(2)：58-60.

[7] 彭利军，杨坤涛，章秀华. 光学测温技术中的物理原理 [J]. 红外，2006，27(10)：1-4.

[8] 张明春，肖燕红. 热电偶测温原理及应用 [J]. 攀枝花科技与信息，2009，34(3)：58-62.

[9] 张克，韩迎春. 温度计量漫谈　热电阻（一）[J]. 中国计量，2012(4)：59-60.

[10] 张克，韩迎春. 温度计量漫谈　热电阻（二）[J]. 中国计量，2012(6)：58-60.

[11] 李磊，刘庆明，汪建平. 比色高温传感器参数分析及其在爆炸场中的应用 [J]. 光谱学与光谱分析，2013，33(9)：2466-2471.

[12] 戴景民. 辐射测温的发展现状与展望 [J]. 自动化技术与应用，2004，23(3)：1-7.

[13] 李云红，孙晓刚，廉继红. 红外热像测温技术及其应用研究 [J]. 现代电子技术，2009，32(1)：112-115.

露天煤矿高温火区干冰降温试验研究

王　涛　张贵峰　廖新旭

（广东宏大爆破股份有限公司，广东 广州，510623）

摘　要：通过分析干冰（固态二氧化碳）性质，制定现场试验方案，采用干冰在露天煤矿高温火区内进行了炮孔局部降温试验。试验结果表明，干冰降温效果与孔深、孔温、干冰形状、水的配合比例及注水顺序有关。高温炮孔注水后再注入干冰进行局部降温，当孔深小于 8m 时，孔底会形成 1m 左右的冻结段，能起到有效降温及维持低温效果的作用；当孔深超过 8m 时，孔底部温度降低，孔中部温度回弹速率较快，降温效果不佳。试验结论对进一步研究干冰降温方案有指导意义。

关键词：高温炮孔；干冰；降温；试验方案

Experimental Study of High Temperature Area Cooling of Opencast Coal Mine by Using Solid Carbon Dioxide

Wang Tao　Zhang Guifeng　Liao Xinxu

（Guangdong Hongda Blasting Co., Ltd., Guangdong Guangzhou，510623）

Abstract：By analyzing the nature of dry ice which is the solid form of carbon dioxide, the field experiment scheme was made, and regional cooling experiment of blasthole by using dry ice in the high temperature fire area of opencast coal mine was conducted. Test results showed that cooling effect of the dry ice had relation to the hole depth, hole temperature, shape of the dry ice, mixing proportion of the water and the injection sequence of the water. For regional cooling, dry ice injected after water into the high temperature blasthole. When the hole depth was less than 8m, the frozen section about 1m was formed at the bottom of the hole, and it could have the effect of cooling and maintain a low temperature. When the hole depth was more than 8m, the bottom hole temperature was reduced and rebound rate of the central hole temperature was faster, the cooling effect was not good. These test results will have a guiding significance for the further study of dry ice cooling scheme.

Keywords：high temperature blasthole；dry ice；cooling；experiment scheme

1 引言

高温爆破是指炮孔孔底温度高于 60℃ 的爆破作业，而在火区深孔爆破中炮孔温度常常高达几百摄氏度，给爆破作业带来了极大的安全隐患。爆区区域降温或局部降温是保证安全爆破的根本[1-3]。目前，爆区降温方法主要有洒水降温、灌浆降温和胶体降温[4]。洒水降温是传统、简单、实用的降温方法，广泛应用于各个领域的高温爆破作业中。但洒水降温在较短时间内不能快速高效地降低整个爆区或炮孔局部温度，为施工作业带来不便。而灌浆降温和胶体降温其施工工艺复杂且成本较高，应用较少。研究能够实现爆区快速、高效降温且能较长时间维持低温效果的方法是保证高温火区安全施工作业的关键。

采用固体干冰降温是一种新的尝试，将干冰置于炮孔内，利用干冰物态变化制冷性能，对炮孔局部进行降温，干冰在炮孔内直接气化，产生气化潜热和温升显热，吸收炮孔周边热量，可实现炮孔快

原载于《工程爆破》，2014，20（4）：45-47，22。

速降温, 并维持低温效果较长时间, 从而保证了爆破的安全性。

2 干冰降温理论

2.1 干冰基本性质

干冰即固态二氧化碳, 其温度处于零下 78.5℃, 具有隔氧、抑制燃烧的作用[5-7]。干冰的气化热很大, 在零下 60℃时为 364.5J/g, 在水的催化作用下, 吸收热量后直接升华成二氧化碳气体, 气体温度处于零下 20℃左右, 干冰蓄冷是水冰的 1.5 倍以上。干冰物理性质如表 1 所示。

表 1 干冰基本性质

Table 1 Basic nature of the solid carbon dioxide

分子量	密度/kg·m⁻³	熔点/℃	沸点/℃	液体转化为固体比率
44.01	1560	-57	-78.5	0.46 (-17.8℃) /0.57 (-48.3℃)

2.2 干冰降温可行性分析

高温炮孔以干冰为制冷剂, 将干冰置入注水炮孔中, 干冰迅速升华吸收炮孔周边的热量, 起到局部降温作用。

(1) 若炮孔无裂隙, 可储水, 当将过量干冰投入炮孔中时, 干冰吸收水的热量, 使孔底水迅速冻结, 干冰包裹在冰块中间, 形成冰包干冰的形式。孔内注入干冰后, 在孔底部形成 1m 左右的冻结段, 隔绝火源, 在炮孔冻结段以上 2~3m 处形成冷却段, 其上 3m 左右为降温段, 如图 1 所示。

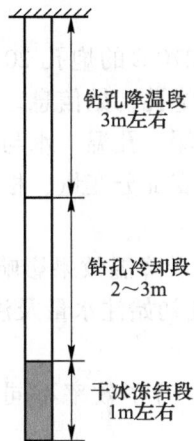

图 1 孔内干冰降温效果分布

Fig. 1 Distribution of cooling effects by using solid carbon dioxide in the blasthole

(2) 若炮孔为裂隙孔, 不能有效储水, 注水后湿润整个炮孔, 将干冰投入炮孔, 干冰会迅速冷却孔壁周围的水分子, 逐渐将水分子凝聚成小水滴, 使孔壁周围温度急剧下降。过量的干冰置于孔底, 在无水的情况下干冰升华速率低, 在孔底段隔绝火源, 从而起到降低炮孔温度的作用。

(3) 将水注入高温炮孔后, 会迅速产生大量的水蒸气, 投入干冰后, 气化的 CO_2 (-20℃) 气体与水蒸气混合在一起, 可使炮孔逸出的气体温度降低, 起到降温效果, 避免了被水蒸气烫伤的危害。

3 干冰降温试验

3.1 测温仪器

本次试验选用 ET305 非接触式红外测温仪和 YC-727UD 接触式热敏测温仪进行同时监测。ET305

非接触测温仪可测温范围 -50~1050℃，使用快捷、操作简便，利用单点激光能迅速、准确地捕捉到物体任意点的表面温度值，且测温仪会自动记录所监测物体最高温度值。YT-727UD 热敏测温仪导线在高温下易变软、失效，它只适用于炮孔温度降至 100℃ 以下时监测。

3.2 室内试验

初步探索干冰的物理性质，为制定现场试验方案提供依据。

（1）利用红外测温仪检测干冰表面局部温度，验证购置干冰质量的合格性。

（2）干冰在直接接触高温物体情况下升华效率。实测数据表明：干冰在直接接触高温物体情况下与常温情况下升华速率相当，高温物体不能导致干冰迅速升华。

（3）水是否为干冰升华催化剂。试验过程中，将干冰分别投入冷水、热水、置于水蒸气上进行观测，结果表明：水是干冰催化剂，且水温越高，干冰升华速率越快。若一次投入过量干冰，干冰会迅速降低接触面的水温并将其凝固，从而导致干冰表面结冰，阻碍干冰升华。

（4）干冰在水中升华产生大量 CO_2 气体，发出"咕咚咕咚"的声音，且水温越高气体产生越快、声音越大。

（5）干冰安全性检测。用手短时间接触干冰，未遭到冻伤；将干冰投入盛有水的容器中，未对容器封闭，干冰迅速升华产生大量气体，气体压力较低，未造成任何危害。由此可知，干冰具有一定的安全性。

（6）水量对干冰升华速率的影响。取 1 杯干冰、1 杯水，当投入 1/3 干冰时，水开始逐渐结冰，由此可见，$V_{干冰}:V_{水}=1:3$ 时干冰物态变化吸热导致水开始结冰，升华速率降低。

3.3 现场试验

3.3.1 试验方案

试验现场选取孔深 6~12m，孔温 150~270℃ 的炮孔 20 个。试验前，对炮孔编号，用钢尺测量孔深，用红外测温仪测量孔温，详细记录每个炮孔初始信息。

结合室内试验结果，此次试验考虑了孔深、孔温、水与干冰的注入方式、干冰形状、干冰注入量、单孔和多孔等试验变量。在现场试验中只改变部分变量，根据炮孔降温效果反馈情况，逐步调整变量，探寻干冰降温最佳方案。

（1）注水量对干冰物态变化的影响程度及降温效果影响规律。依据分析室内试验数据所得干冰与水在体积比为 1:3 时开始结冰的规律，改变初始注水量及注入干冰量，探寻水与干冰在不同温度下的合理比例。

（2）形状各异的干冰裸露表面积不同，升华效率不同。因此，选取颗粒状干冰、拇指大柱状干冰、块状干冰分别注入炮孔探索其降温效果。

（3）孔深、孔温是影响试验效果的重要因素。随着孔深增加，孔内不确定性因素增加，且不同点温度的浮动较大。试验过程中坚持孔深从浅到深、孔温从低到高的原则进行试验，从而确保安全。

（4）通过多组单孔试验，初步确定合理的干冰降温方案后，进行多孔同时注入干冰试验。

3.3.2 试验数据分析

试验全程进行监测，监测数据如表2、表3所示。从表中统计数据可知，高温孔利用干冰物态变化吸热，可迅速降低孔壁周边温度并维持低温效果一段时间。

表 2 干冰降温试验方案
Table 2 Solid carbon dioxide cooling test program

孔号	孔深/m	初始温度/℃	注水量/kg	注水后温度/℃	干冰形状	注入干冰量/kg	注入干冰后孔深/m
1	6.3	185	40	43	柱状	20	5.8
2	7.5	112	30	30	柱状	7.5	7.2
3	7.2	135	30	52	柱状	30	6.7
4	7.2	202	60	70	柱状	40	6.1

孔号	孔深/m	初始温度/℃	注水量/kg	注水后温度/℃	干冰形状	注入干冰量/kg	注入干冰后孔深/m
5	6.7	178	60	57	颗粒状	30	6.5
6	6.8	182	60	63	颗粒状	30	6.7
7	8.2	232	60	86	柱状	40	7.5
8	7.8	187	40	67	柱状	40	7.0
9	7.7	225	80	89	柱状	35	6.8
10	7.3	192	60	72	柱状	40	6.5
11	9.8	272	80	141	颗粒状	40	9.4
12	11.7	260	60	82	柱状	30	11.6
13	11.0	226	60	89	块状	40	9.8
14	10.8	265	80	102	块状	40	卡孔
15	12.5	225	80	86	柱状	30	12
16	13.5	225	100	95	柱状	60	12.9
17	13.6	221	100	74	柱状	60	12.1
18	12.0	262	100	72	柱状	60	11.2

表 3　干冰降温试验数据
Table 3　Data of solid carbon dioxide cooling test

孔号	注入干冰后炮孔温度/℃							
	1min	2min	3min	4min	5min	6min	7min	8min
1	47	56	65	71	73	72	78	81
2	25	55	60	62	63	72	77	77
3	43	53	53	57	55	56	69	72
4	52	64	69	72	73	82	87	—
5	48	52	68	82		102	121	
6	53	57	69	72	79	—	108	
7	62	75	83	92	87	109	121	
8	37	51	59	—	67	69	82	83
9	61	67	72	77	89	106	—	
10	51	59	74	78	91	—	109	
11	—	—	184		190			
12	76	92	94	107	111	132	144	156
13	81	93	107	96	—	133	—	
14	67	—	—	—	—	—	—	
15	59	67	71	74	77	90	105	121
16	76	91	101	101	120	136	149	—
17	72	81	90	100	133	—		
18	67	83	85	86	110	117	121	130

（1）干冰表面积大小对降温效果有较大影响。采用颗粒状干冰降温时，干冰升华速度过快，可起到降温效果，但维持低温效果较差；柱状干冰投入炮孔，可迅速降低孔内温度，并可在一段时间内维持低温效果；块状干冰块度较大，试验中常常出现卡孔现象，且在孔内升华速率较慢，不能起到降温效果。

（2）注入不同量的干冰，孔深发生变化，部分干冰在孔底冻结，形成冰包干冰的形式，当火源来源于孔底时，此段干冰可有效隔绝火源，且孔内距孔底段可维持较长时间的低温效果。

（3）孔深在 8m 以下，孔温处于 200℃ 以下时，采用柱状干冰可快速降温，并维持炮孔温度在 80℃ 以下 8min 左右。

（4）同一区域，炮孔温度随着孔深的增加而增加，深孔内部不确定性因素较多，采用干冰降温可迅速降温至 80℃ 以下，但温度回升速率较快，不能起到有效降温效果。

4 结论

露天煤矿高温火区爆破，利用干冰的物态变化吸收热量可迅速降低炮孔局部温度，过量干冰存储于孔内，亦可维持低温效果一段时间，提高了爆破安全性。

（1）当孔深小于 8m 时，即采用小台阶爆破时，利用干冰降温较注水降温可取得更好的降温效果，干冰降温可维持炮孔温度在 80℃ 以下 8min 左右，提高了火区爆破的安全性。

（2）对于孔深处于 10m 以上的深孔爆破时，投入一定量的干冰，可在炮孔底部形成冻结段，若火源来源于炮孔底部，可有效隔绝火源，继续注水降温可取得更好的降温效果。

（3）本次干冰降温试验受到测温仪器的限制，炮孔注水后产生大量的水蒸气影响测温数据的准确性，同时，红外单点测温仪只能测量局部某点的温度，难以确保炮孔每点温度都能统计到。

参 考 文 献

[1] 王玉杰. 爆破工程 [M]. 武汉：武汉理工大学出版社，2007.

[2] 蔡建德. 露天煤矿高温区爆破安全作业技术探究 [J]. 工程爆破，2013，19（1-2）：92-95.

[3] 许晨，李克民，李晋旭，等. 露天煤矿高温火区爆破的安全技术探究 [J]. 露天采矿技术 2010（4）：73-75.

[4] 郑炳旭. 中国高温介质爆破研究现状与展望 [J]. 爆破，2010，27（3）：13-17.

[5] 尚逸飞. 液氮冻结温度场均匀性实验 [J]. 黑龙江科技学院学报，2009，19（2）：101-104.

[6] 张颖君，褚衍坡，徐国庆. 液氮冻结法在竖井施工方面的应用 [J]. 山西建筑，2010，36（7）：108-109.

[7] 原芝泉. 液氮防灭火系统在煤矿中的应用 [J]. 工业用水与废水，2013，44（2）：78-82.

逐孔起爆技术的优势

张万忠

（广东宏大爆破股份有限公司，广东 广州，510623）

摘　要：逐孔起爆技术与排间微差爆破技术相比，在岩石破碎作效果以及减小爆破震动达到保护边坡等方面更具有优越性，因而近些年得到了普遍关注并日趋成熟。从爆破器材、基本原理和矿山实践 3 个方面，论述了该项技术的优势。

关键词：高精度导爆雷管；逐孔起爆技术；爆破机理；爆破成本

Advantage of Hole-by-hole Initiation Technology

Zhang Wanzhong

（Guangdong Hongda Blasting Co., Ltd., Guangdong Guangzhou，510623）

Abstract：The hole by hole initiation technology has more advantage than inter row millisecond blasting technology in rock fragmentation effect and reducing blasting vibration to protect slope, which has been widespread concern and become more and more mature in recent years. The article discussed the advantage of technology from three aspects：blasting equipment，basic principle and mining practice.

Keywords：high-precision nonel detonator；hole-by-hole initiation technology；blasting mechanism；blasting cost

逐孔起爆技术采用单一炮孔延期方式，依靠材料强度卓绝、延期精度卓越的毫秒导爆管雷管，达到矿山爆破中每一个炮孔起爆时，在空间和时间上都是依照特定的起爆序列单独起爆，使未爆炮孔在起爆前拥有足够多的临空面，从而达到改善爆破效果的目的[1]。

1　现行排间微差爆破技术存在的问题

使用普通导爆管雷管进行排间微差爆破，当雷管段别大于 5 段时，排间同时起爆的误差将大于 5ms，甚至在 12 段以后，同段起爆的误差将超过 20ms，一般认为 8ms 以外的起爆的雷管，将不可记为同段起爆，加之，同一排同一段别 2 个雷管同时起爆服从正态分布，通过计算国产雷管同段起爆的几率在 60% 以下，故而在不做技术处理的情况下，为保证爆破效果，最多只有 5 个段别雷管可用，起爆间隔时间只有几毫秒至几十毫秒，由此在进行大规模爆破时，同一排的起爆孔数将会很多，爆破单响将会很大，出现的爆破飞石、震动和噪声将更为严重，爆破安全和边坡保护均会有较大的影响。同时用四通联网效率低下，难以保证大规模作业要求。

2　逐孔起爆技术的优势

2.1　基于炸药爆炸能量守恒原理分析

根据能量守恒原理，炸药在岩石中爆轰时的爆炸能量利用率 ω_{p} 满足方程：

$$\omega_{P} = \frac{E_{P}}{E_{P} + E_{E} + E_{G} + E_{L}} \tag{1}$$

式中，E_{P} 为岩石破碎需要的能量，J；E_{E} 为岩石破碎时弹性变形能，J；E_{G} 为岩石破碎后抛散能量，J；E_{L} 为岩石破碎时损失的能量，J。

应用逐孔起爆技术可以做到：在预爆炮孔在爆炸前，该炮孔前方与侧面的相邻炮孔已经爆炸，加上向上的临空面，故而该孔在发生爆炸前至少拥有 3 个临空面，因此岩石的夹制影响将降到最低，从而爆后岩体抛散的能量 E_{G} 将大大降低，多个新生临空面的产生，使得爆轰应力波遇临空面后即发生反射，反向拉伸整个岩体，达到破碎岩石的目的，这种对岩石的作用方式比起单纯依靠爆轰高压气体逸散时挤压岩石，使得岩石鼓包，进而发生破碎，更为直接有效，大大降低了岩石破碎时弹性变形能 E_{E} 的损失，实际增加了岩石破碎需要的能量 E_{P} 在总炸药爆炸能量中的比例 ω_{P}。由此可见，在炸药单耗一定时，逐孔起爆技术可以显著提高炸药爆炸能量利用率 ω_{P}，即：在不增加爆破成本的前提下，逐孔起爆技术可以使炸药的作功能力达到最大化。故而，采用较小单耗，应用逐孔起爆技术可以达到同等的爆破效果，从而实现了爆破成本的降低。

2.2　基于爆破作用原理分析

炸药爆炸的 150ms 内是爆轰波与爆生高压气体对岩石最有效的作用时间，此后，炸药的爆炸生成能量几乎全部用于推动岩体位移，产生地震波和热能耗散。而逐孔起爆技术可将炮孔起爆时间间隔控制在 100ms 以内，采用几乎等边的孔排距结构，使得至少 3 个相位不同的爆轰应力波相互叠加，增强了对岩石的破碎作用。前面的炮孔爆破后，彻底地改变了后爆炮区的空间布局。本来处在岩石夹制作用很强的爆区中部的预爆炮孔，在前面炮孔起爆后，瞬间变成了至少在前方、侧方以及上方相对自由的"孤立"岩体，最小抵抗线变成药包到新生临空面的最小距离，加之临空面的增多，形成了更多的反射拉伸应力波，从而使得岩石大块率得以下降。预爆的炮孔在前一个或几个炮孔发生爆破后不久即进入爆炸状态，在前一个离散的爆破体系尚未结束、达到平衡的情况下，爆后气体未全部逸散在空气中，使得炸药爆炸能量损耗之前，后续爆破已经进行，犹若后面的爆破在前面炮孔爆破所形成的岩体中发生，使得爆破气体的挤压、岩石间的碰撞更为猛烈。逐孔爆破技术采用不同的孔间微差和排间微差，在 2 个方向上造成有差别的时间积累，从而为岩石间的相互碰撞提供更多的机会，使得造成岩石位移的炸药能量用于岩石破碎，增加了炸药能量的利用率，并产生了形态良好的爆堆。

故而采用逐孔起爆技术，200 炮孔内只有 7 个炮孔同段起爆，大大降低了爆破震动。

3　逐孔起爆技术的工程实践

新疆某大型露天矿山，主要岩石有板岩、页岩、泥岩，硬度较低，可爆性好。目前矿山爆破主要使用的是成品膨化硝铵炸药，排间微差爆破技术，爆破后大块较多，无大面积根底。露天矿山爆破技术参数，见表 1。

表 1　露天矿山爆破技术参数

项目	参数	项目	参数
台阶高度/m	12.0	岩石硬度度系数	6.00 ~ 8.00
炮孔深度/m	12.5	孔距/m	6.20
超深/m	0.5	排距/m	5.00
回填高度/m	4.5	炸药平均密度/t·m⁻³	0.78
孔倾角/(°)	90	岩石平均密度/t·m⁻³	1.70
孔径/mm	140	炸药单耗/km·m⁻³	0.25

由于爆破器材与技术的限制，该矿山爆破施工存在如下问题：（1）雷管准爆率较低，安全隐患大；（2）本地民爆公司可提供的雷管段别少，只能采用排间微差爆破技术，爆破规模受限，不能大规

模爆破；（3）雷管延期精度差，容易发生跳段，影响爆破效果；（4）用四通连接网络工作量大，效率低，尤其是在冬天，气温最低可低于-30℃，较低的温度造成联网人员手指冻得没有知觉，操作慢，联网效率低下，四通雪地不防水，容易拒爆；（5）单响药量较大，爆破震动较强，边坡损毁严重。

针对现有问题，在不增加现有钻爆成本的前提下试验应用逐孔爆破技术，对比爆破效果，力求得到较好爆堆的松散度、较高铲装挖运效率、较低大块率和较少根底的起爆方法[2-5]。

3.1 爆破效果评价

钻爆工艺是采矿工程得以顺利进行的关键环节，需要综合考虑钻爆成本、矿石挖运成本和二次爆破成本等工艺环节对采矿成本的影响，通过实践、探索各项成本的变化区间和内在关系，使综合成本保持在一个最优的范围[6-9]。进行了6次逐孔爆破试验分析对比，其中第1次试验时，孔已打好，故而采用原有孔网参数，以后几次试验对孔网参数逐步优化调整，逐孔起爆孔网参数优化及爆破效果评价表见表2。

表2 逐孔起爆孔网参数优化及爆破效果评价表

项目	日期					
	3-12	3-25	3-27	3-28	3-29	4-10
孔数/个	83	55	135	137	96	136
方量/m³	30986	20592	51386	52279	37140	52763
药量/kg	7653	5074	12447	12631	8851	12539
孔网/m×m	6.1×5.1	6.0×5.2	6.1×5.2	6.0×5.3	6.2×5.2	6.1×5.3
单耗/kg·m⁻³	0.2470	0.2463	0.2422	0.2416	0.2383	0.2377
效果描述	爆后效果非常好，挖装顺利，而运用普通雷管并使用该孔网，出现较多大块，影响挖装	爆后效果良好，挖装效率得当	爆后眉线整齐，但最后排出现能量后冲，拉裂了未爆区域，正式应用时稍增大后排间延时	爆后效果非常好，未出现大块、根底，挖装效率较前几次有所提升，未对未爆区域造成影响	爆后效果良好，出现少量大块，可用挖斗砸碎装车，基本不影响挖装效率，爆破无飞石、根底	爆堆形态良好，但应用该孔网，出现根底，需要抬炮处理，使得爆破成本增大

由表2分析可见，逐孔起爆技术带来了一定经济效益的同时，展现出了更好的爆破效果：较低的大块率，较好的爆堆，较少的根底，较佳的破碎程度，从而减少了二次钻爆的成本的消耗；并使得挖装效率得以提升，减少了挖运成本的产生；进而有效地降低了采矿综合成本。

3.2 钻爆成本经济对比分析

对于经济效益及穿爆成本的计算与评价，一般以规则的高台阶中深孔爆破为基准，以单孔负担面积计算法较为方便评价，下表即采用单孔面积计算法。目前采用排间起爆技术的孔网参数基本上是6.1m×5.1m；应用逐孔起爆技术的最佳孔网参数是6.2m×5.2m，两者成本经济分析对比，见表3。

表3 钻爆成本经济分析表

项 目	排间起爆成本	逐孔起爆成本
台阶高度/m	12	12
孔径/mm	140	140
垂直超深/m	0.5	0.5
垂直孔深/m	12.5	12.5
单孔穿孔成本/元·m⁻¹	33.5	33.5
单孔穿孔费用/元	418.75	418.75
孔距/m	6.1	6.2

续表3

项　目	排间起爆成本	逐孔起爆成本
排距/m	5.1	6.2
单孔负担面积/m²	31.11	32.24
单孔爆破方量/m³	373.32	386.88
线装药量/kg·m⁻¹	12	12
充填长度/m	8	8
装药长度/m	4.5	4.5
单孔炸药量/kg	92.5	92.2
炸药单价/元·kg⁻¹	11.31	11.31
炸药单耗/kg·m⁻³	0.276	0.265
普通导爆管单价/元·m⁻¹	1.34	1.34
单孔炸药费用/元	1023.42	1031.34
单孔孔内雷管费用/元	31.44（两发，每发平均15.72）	28.4
单孔地表雷管费用/元	0	35.55
单孔普通导爆管费用/元	16.20（连起爆网络，按4万方）	5.48（作起爆线）
单孔起爆药包费用/元	30.22	15.11
单孔穿爆总费用/元	1520.03	1534.63
单位立方穿爆成本/元·m⁻³	4.07	3.97

通过以上分析可知，通过逐孔起爆技术改善孔网参数后节约的钻爆成本不甚显著，约为0.1元。

4　结论

逐孔起爆技术的应用能使先爆炮孔为后爆炮孔创造更多的临空面，改善爆破效果。

应用逐孔起爆技术，使网络连接时间减小，节约了人工成本，提高了劳动生产率。同段起爆的炮孔将控制在5%以下（200个炮孔为例），有效地将爆破对周边矿区和边坡的影响降到最低。

参 考 文 献

[1] 陈寿，周桂松，周云，等. 逐孔起爆技术在太和铁矿的应用 [J]. 工程爆破，2011，17（1）：43-45，49.

[2] 陈星明. 逐孔起爆技术在露天矿生产爆破中的应用 [J]. 有色金属，2006，58（4）：94-95，99.

[3] 付天光，费鸿禄，张威颖，等. 逐孔起爆技术在霍林河露天矿中的试验研究 [J]. 中国矿业，2005，14（11）：51-53.

[4] 李超亮，伊志宣，石文东，等. 东鞍山铁矿爆破工艺及参数优化 [J]. 辽宁科技大学学报，2011（5）：454-457.

[5] 刘汝勇. 逐孔起爆技术在庙沟铁矿的应用 [J]. 矿业工程，2007，5（3）：45-47.

[6] 罗华平. 高精度雷管在攀钢石灰石矿逐孔起爆中的应用 [C]//第五届全国矿山采选技术进展报告会论文集. 国家冶金矿山装备行业生产力促进中心，2006.

[7] 邱建荣. 逐孔起爆和孔内空气间隔技术在罗公岩矿山的应用 [J]. 中国水泥，2010（1）：101-102.

[8] 王国辉，樊国富，田小宝. 逐孔起爆技术在霍林河南露天矿的应用 [J]. 露天采矿技术，2006（3）：6-7，10.

[9] 吴昌晓，孙洪洲. 逐孔起爆技术在某矿山的应用 [J]. 矿业快报，2008，24（10）：91-92.

木城涧煤矿安全培训管理信息系统

赵红泽[1]　白玉奇[1]　杨富强[1]　赵博深[1,2]　孙健东[1]　杨　曌[1]　李泽荃[1]

（1. 中国矿业大学（北京）资源与安全工程学院，北京，100083；
2. 广东宏大爆破股份有限公司，广东 广州，510623）

摘　要：在分析安全培训管理业务流程及组织机构的基础上，采用3层架构的开发模式，应用数据库协同技术、数据库同步技术、射频卡识别技术等，开发了木城涧煤矿安全培训管理信息系统。系统运用射频卡读取数据作为数据来源，并通过电子大屏幕、页面等方式在客户端显示，实现了多方式、多类别的数据可视化查询、统计和分析。

关键词：煤矿安全；安全培训；培训体系；信息系统；数据库同步技术

Safety Training Management Information System for Muchengjian Coal Mine

Zhao Hongze[1]　Bai Yuqi[1]　Yang Fuqiang[1]　Zhao Boshen[1,2]
Sun Jiandong[1]　Yang Zhao[1]　Li Zequan[1]

（1. School of Resources and Safety Engineering, China University of Mining and Technology（Beijing），Beijing，100083；2. Guangdong Hongda Blasting Co., Ltd., Guangdong Guangzhou，510623）

Abstract：On the basis of analyzing business process and organization of safety training management, using a three-tier development model, collaborative database technology, database synchronization technology, radio frequency card identification technology, etc., the article developed safety training information system for Muchengjian Coal Mine. System using RF card to read data as a data source, through electronic screen, page and other ways, the data is displayed in the client, which achieved a multi-mode, multi-class data visualization query, statistics and analysis.

Keywords：coal mine safety；safety training；training system；information system；database synchronization technology

　　安全技术培训既是煤矿安全生产的前提，又是煤矿安全生产的保证[1,2]。近些年来，安全培训管理信息化已成为煤矿进行安全技术培训的一个重要手段[3]。

　　木城涧煤矿拥有员工7000余人，有固定培训场所6处，其他不确定培训场所30余处，木城涧煤矿已制定了详细的培训积分考核标准，但由于培训场所的分散以及员工数量众多，传统的"经验式"培训造成了培训工作效率低、员工参与培训的积极性差、培训数据真实性低、信息共享差和数据分析汇总能力差等[4,5]，在此背景下，北京昊华能源有限公司木城涧煤矿与中国矿业大学（北京）联合开发了木城涧煤矿安全培训管理信息系统。

1　安全培训体系及业务流程

　　系统应用木城涧煤矿局域网，供其下属的木坑、千坑、大台井3个坑井使用，结合木城涧煤矿现有的员工培训积分考核标准以及相关考核规则，实现了该矿安全培训信息实时录入，培训、违章、纠

基金项目：中央高校基本科研业务专项资金资助项目（2013QZ04）。

原载于《煤矿安全》，2014：133-135。

违、员工安全档案、矿井事故、奖惩等信息的实时查询、下载及统计分析。

木城涧员工积分类型按照安全培训和违章情况分为 2 个独立的部分：培训积分、违章扣分。2 部分积分独立核算，制定各自独立考核标准[6]。

（1）培训积分来源及培训分类。木城涧煤矿员工安全培训积分来源共分为以下 7 部分：日常安全培训积分、师徒积分、2 日 1 题培训积分、月出勤合格积分、讲师积分、纠违积分、现场培训积分。根据培训内容将安全培训分为以下 4 类：日常安全培训、2 日 1 题培训、师徒培训、违章培训。根据培训类型将安全培训分为以下 4 类：Ⅰ类、Ⅱ类、Ⅲ类、Ⅳ类。不同类型、不同内容的培训其积分不同，员工的总积分是以上各类培训积分的总和，最终通过不同类职务、工种的积分考核标准进行考核。

（2）培训积分考核标准。根据木城涧煤矿员工培训现状，制定相应的培训积分考核标准，对员工进行考核。其中，月度考核将个人月度培训考核积分标准的 90% 作为考核点进行考核，季度考核、年度考核无考核点，设置月度考核点，使员工在 1 年内根据实际工作任务合理安排时间参加培训，促进培训工作的人性化、合理化[7,8]。根据职务、工种、部门等，将积分考核标准分为 5 大类，第 1 类：矿副总以上领导（安监站站长、总工程师、岩石副矿长、机运副矿长、运销副矿长、3 坑井长及其他主管安全、生产、技术的副总工程师以上领导）；第 2 类：除第 1 类外的矿其他副总工程师以上领导；第 3 类：矿采掘、开拓、机电、运输、通风单位行政正职、安全副职；第 4 类：除以上人员外其他技术员以上管理人员；第 5 类：普通员工。员工积分考核标准见表 1。

表 1 木城涧煤矿员工积分考核标准表

员工培训考核标准分类	员工培训考核积分标准/分		
	月度	季度	年度
第 1 类	19	57	228
第 2 类	5	25	100
第 3 类	15	45	180
第 4 类	5	15	60
第 5 类	11	33	132

（3）违章扣分及其标准。从木城涧煤矿实际违章情况出发，制定违章扣分考核标准，对违章人进行考核。从类别角度将违章分为 3 大类：行为、操作、违纪[9]；从级别角度将违章分为：特级、一级、二级、三级；从工序角度将违章分为：顶板管理、支架支护、机电运输、一通三防等 14 类；从工艺角度将违章分为：打眼、放炮、综掘、综采、岩石掘进、煤巷掘进等 12 类[10]。违章扣分依据不同级别、类别违章制定违章扣分标准。依据实际情况，将员工违章扣分考核标准统一定为每半年 6 分，即员工半年内违章扣分达到或超过 6 分时，员工考核不合格。其中不同级别违章扣分标准见表 2。

表 2 木城涧煤矿分级别违章扣分标准表

违章级别	特级	一级	二级	三级
违章扣分标准/分	5	3	1	0.5

（4）安全培训组织机构。安全培训管理信息系统依托于矿、坑井、科段 3 个级别，由各级相应的安全培训组织机构组成，其中违章扣分部分主要依托于矿安监部以及下属 3 坑井的安监站组成，进行不同种类的安全培训及积分核算。

（5）安全培训业务流程。业务流程包括信息采集、信息的统计分析。系统在形成安全培训报表的同时，也在网页客户端、大屏幕等发布信息，实现对安全培训数据的管理。安全培训基本流程如图 1 所示。

信息采集：主要包括采集员工基本信息、员工安全档案、违章及纠违信息、安全培训信息。其中，安全培训信息的采集通过射频卡获取，同时，系统开发了文件上传的功能，如员工基本信息、师徒培训信息、员工安全档案信息等按照指定格式上传即可完成信息采集，根据采集到的信息计算员工培训积分。

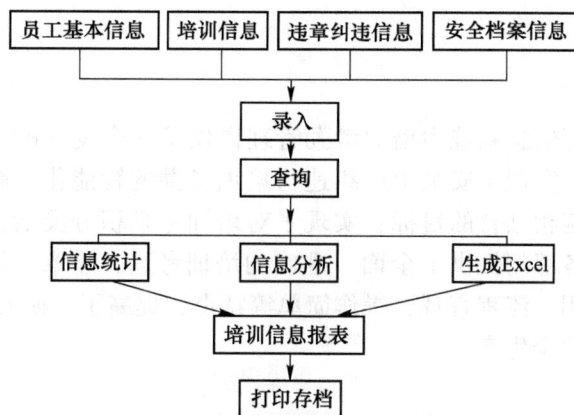

图 1　木城涧煤矿安全培训系统基本流程图

信息的统计分析：按照月度、季度、年度、职务、工种、部门等多种方式统计分析员工安全培训、违章及纠违等相关信息。根据统计信息和员工考核标准，分部门、分职务、分工种统计，将考核情况进行多向比较，并制定下一步培训计划。结合员工培训积分，系统自动计算其当月培训工资。对于连续 3 个月培训未合格及当月有违章记录但并未参加培训的员工进行告警提醒并取消其下井资格。

2　系统设计

2.1　系统功能模块

根据现场的实际需求分析，员工安全培训系统共分为 6 大模块：员工培训信息管理模块、违章及纠违管理信息模块、安全档案信息模块、统计分析模块、信息管理模块、人员及用户管理模块。

员工培训信息管理模块主要完成的业务是培训信息采集及员工单次培训积分计算，主要包括：培训计划信息、日常培训信息、培训补考信息、参加培训情况信息、师徒培训积分信息、月出勤积分信息等。其中日常培训通过设定培训计划，应用射频卡采集人员培训信息（签到、签退）并结合员工日常培训考试成绩计算其积分，只有当员工签到、签退、考试均合格时，员工才能获取当次培训的积分。

违章及纠违信息管理模块主要实现的功能是采集、查询违章及违章扣分信息，同时实现违章人未培训告警功能，此模块主要有纠违查询，以及违章扣分信息管理等。

安全档案管理模块实现的主要功能是建立全矿员工的安全档案，方便其查询、管理员工的个人信息以及违章、纠违、奖惩情况等。

统计分析模块主要实现的功能是对安全培训信息及违章纠违信息按照月、季、半年、年度、职务、工种、部门等统计，此外，还包括考核标准制定及管理、员工培训工资、积分未达标人员原因分析等。

信息管理模块主要功能是管理不同分类下的违章类型、培训类型以及部门和队班等。人员及用户管理模块主要实现的功能是对员工信息及用户信息的管理，主要包括人员信息上传、人员信息下载、人员信息查询、用户注册、用户管理、权限管理、新员工发卡、培训射频卡管理等。

2.2　系统数据库

系统数据库分为 2 部分：硬件设备（刷卡设备）系统数据以及软件系统（安全培训系统）数据库，硬件系统数据库应用射频卡识别技术通过刷卡进行数据采集，主要包括刷卡信息表、卡号信息表、部门信息表等。应用数据库同步技术，将硬件数据库中的数据同步到软件系统中进行处理。软件系统数据库主要包括：人员信息表、用户信息表、刷卡原始记录表、培训计划表、日常培训积分表、师徒培训积分表等。软件系统通过对硬件系统所采集的数据结合培训计划形成人员日常培训积分、讲师积分，然后将其他不同种类的积分来源汇总统计，形成人员总积分，最终依据积分考核标准，对员工进行考核后，生成员工培训工资、告警等。

系统由射频卡系统和安全培训系统构成，采用数据库同步技术的方式，应用了基于触发器法和基于控制表变化法实现同步，最终实现射频卡系统数据与安全培训系统数据的实时交互、同步更新。

3 结语

　　木城涧煤矿员工培训管理信息系统为培训考勤管理提供了一个良好的平台，实现了培训考勤考核整个过程的规范化、严格化；实现了安全生产纠违与培训考勤的智能化、高效化的结合；实现了不同来源积分整合、多种考勤机制相结合的目标；实现了对培训考勤积分灵活多样化的录入、查询、统计分析等功能；为各级领导、各部门提供了全面、准确的培训考勤、违章、纠违等信息；在实际应用中反映出系统各项功能较为实用、流程直观、操作简单等特点，提高了煤矿安全管理的科学性和有效性，达到超前防范，保障煤矿的安全生产。

参 考 文 献

[1] 杨振宏. 国内外企业安全培训调查及模式的探讨 [J]. 中国安全科学学报，2009，19（5）：61-66.

[2] 陈素明. 以能力建设为基础的现代培训 [M]. 北京：中国石化出版社，2006.

[3] 姚敏，田水承，张少杰. 煤矿安全培训教育问题浅析 [J]. 陕西煤炭，2010（6）：64-66.

[4] 罗云，徐得蜀. 注册安全工程师手册 [M]. 北京：化学工业出版社，2004.

[5] 安宇，张红莹，邵长宝. 矿工不安全行为预控方法的研究 [J]. 煤炭工程，2011（8）：131-134.

[6] 马建雯. 煤矿安全培训质量的评估与提高的探讨 [J]. 能源与环境，2011（4）：135-138.

[7] 张喜君. 企业培训系统的设计与实现 [D]. 天津：天津大学，2005.

[8] 段淼. 企业新型安全考评与激励机制探讨 [J]. 安全，2007（4）：13.

[9] 程卫民，周刚，王刚，等. 人不安全行为的心理测量与分析 [J]. 中国安全科学学报，2009（6）：29-34.

[10] 白原平，傅贵，关志刚，等. 我国煤炭企业事故预防策略的分析和改进 [J]. 煤炭科学技术，2009，37（2）：50-52.

深孔台阶爆破盲炮原因分析及预防

罗伟涛　吴校良

（广东宏大爆破股份有限公司，广东 广州，510623）

摘　要：某深孔台阶爆破采石工程采用导爆管雷管起爆网路，在施工过程中多次发现盲炮，经盲炮挖掘发现，导爆管雷管未起爆，且大部分在距离雷管卡口 1m 处导爆管被击穿。根据导爆管击穿现象，结合现场装药操作情况和导爆管质量要求，得出这些盲炮主要由炸药在孔内下放时拉伸导爆管产生颈缩的结论，同时在抽检导爆管雷管质量时，也发现导爆管存在脱拔、管径大小不均匀等现象。因此，针对这些原因，分别采取了用挂钩吊药下放、装药前剔除不合格导爆管雷管等预防措施，大大减少类似盲炮事故的发生。

关键词：深孔台阶爆破；盲炮原因；预防措施

Analysis and Prevention of Deep Holebench Blasting Blind Holes Causes

Luo Weitao　Wu Xiaoliang

（Guangdong Hongda Blasting Co., Ltd., Guangdong Guangzhou，510623）

Abstract：Blind shots were repeatedly found in a deep hole bench blasting quarrying with the nonel tube detonator initiation network construction process. Through the blind shot investigation, nonel tube detonator didn't initiate and most broke down one metre from nonel tube detonator crimping. According to the phenomenon of the breakdown nonel tube, the loading operation and nonel tube quality requirements, the paper reaches the conclusion that the explosives in the hole extend nonel tube leading to necking, which is the mainly cause of blind shot. While in the sampling the quality of nonel tube detonator also find the nonel tube are pulling, diameter size uneven. So, for these causes, adopting the precautions such as hook hanging explosives down and rejecting unqualified nonel tube detonator before charging etc. These can greatly reduce the occurrence of similar blind shot accidents.

Keywords：deep hole bench blasting；cause of blind shot；preventive measures

1　引言

随着国民经济的高速发展，矿山资源开发利用的步伐进一步加大，矿山深孔台阶爆破技术由于产生的污染少、生产效率高、爆炸物品的安全性好，在矿山采剥工程中广泛使用。由于现场使用爆炸物品不同、爆破作业人员的技术水平不同、南北气候周边环境不同，出现爆破盲炮、瞎炮等意外情况时有发生，给施工现场留下极大的安全隐患。如何了解具体原因，快速找出解决方法，是现场工程技术人员必须掌握的一项基本技能，可最大限度提高工作效率，加快工作进度，提高爆破效益[1]。一般可分为内因和外因两方面，内因主要是爆炸物品的质量，性能等，比如出现炸药变质，炸药直径小于临界直径而导致传爆过程中断，雷管的起爆能不足以引爆药包，雷管卡口过松无法传爆引火头，用不同批次爆破器材等；外因包括地质条件、气候以及现场操作人员的技能水平高低不同。一次盲炮的出现往往是内因、外因交叉出现的影响结果，我们要找出主次，对症下药，才能更好地服务于现场，不断

原载于《中国工程爆破协会成立 20 周年学术会议 中国爆破新进展》，2014。

提高爆破技术。本文通过一个工程现场实例，分析盲炮的产生原因和提出了相应的预防措施。

2 盲炮事故统计

某采石工程位于海南三亚，气候湿润，雨水多，开采对象为燕山晚期花岗斑岩。采区煌斑岩岩脉、辉绿玢岩岩脉发育，境内工程总开采量为 200.1 万立方米，其中石料开采量 112.0 万立方米，表土剥离量 35.1 万立方米。2010 年 9 月正式开采，提供规格石料，工期两年。在爆破施工过程中，采用深孔台阶爆破方法开采，起爆网路为导爆管雷管起爆网路。在施工过程中，曾出现多次盲炮现象，影响了施工进度和挖装效率。盲炮统计情况见表 1。

表 1 盲炮统计情况
Table 1 The statistical tables of the blind shot

发生时间	爆区位置	现象描述	拒爆实物	处理方法
2011.8.4	125 平台东侧	28 个炮孔，出现 3 个盲炮，导爆管雷管传爆不完全，出现击穿、半爆、导爆管连接四通内未全部引爆现象		地表导爆管全部更换后，重新联网 2 个成功起爆，1 个未能起爆
2011.10.20	110 平台西	14 个炮孔，出现 1 个盲炮，接近雷管端部处导爆管被击穿，雷管未被引爆现象	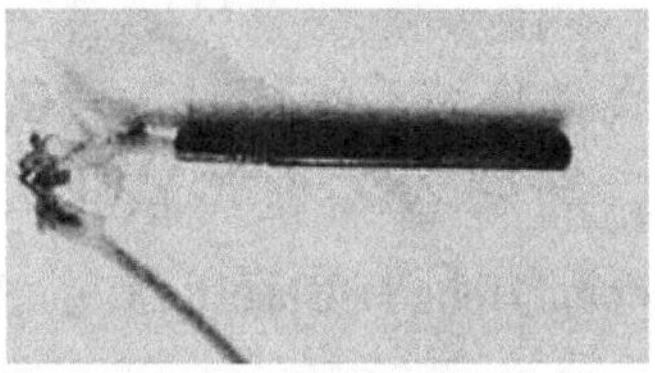	重新更换孔内导爆管雷管和地表管，成功引爆
2011.11.13	125 平台西侧	20 个炮孔，出现 2 个盲炮，雷管端部处导爆管被击穿，雷管未被引爆现象	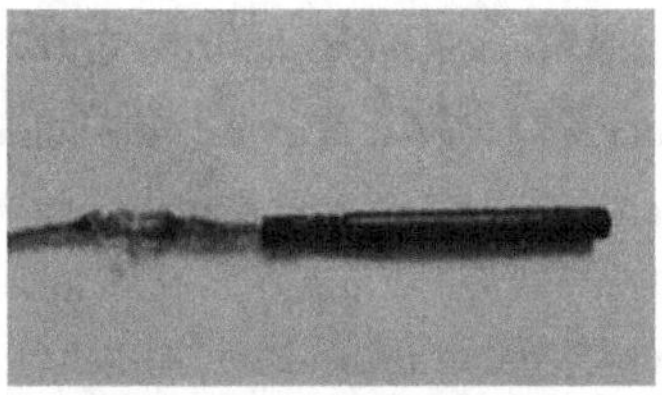	重新更换孔内导爆管雷管和地表管，成功引爆
2012.2.16	150 平台东侧	24 个孔，出现 3 个孔未传爆。发现半爆、导爆管连接四通内未全部引爆、接近雷管端部处导爆管被击穿现象	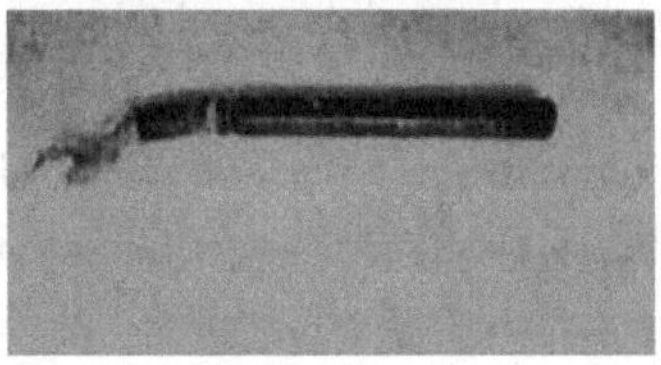	重新更换孔内导爆管雷管和地表管，成功引爆

3 盲炮原因分析

盲炮产生后，根据《爆破安全规程》的操作要求进行了处理，为寻找盲炮产生的原因，在盲炮处理时还有意识地进行了挖掘，经盲炮挖掘发现，导爆管雷管未起爆，且大部分在距离雷管卡口 1m 处导爆管被击穿。根据导爆管击穿现象，结合现场装药操作情况和导爆管质量要求，可以得出以下三个引起产生盲炮的主要原因。

（1）施工操作不当造成盲炮。从现场照片分析可得出，大部分是接近导爆管雷管卡口塞 1m 处出现击穿现象、进而无法引爆雷管，出现盲炮。现首先分析导爆管雷管起爆全过程，如图 1 所示。

导爆管雷管 —激发冲能→ 导爆管 —焰火→ 雷管中起爆药 —爆炸冲能→ 猛炸药 —爆轰→ 炸药

图 1 导爆管雷管传爆示意图
Fig. 1 Scheme of the noncl tube detonator detonation

导爆管雷管是一种在塑料管内壁涂有由猛炸药、铝粉和添加剂三部分的爆炸混合物，塑料管外径3.0mm±0.1mm，内径1.5mm±0.1mm，导爆管通过卡口塞与雷管内部连接成为一个整体[2,3]。为保证普通导爆管的传爆性能，导爆管药量控制在16mg/m左右，具体结构如图2所示。

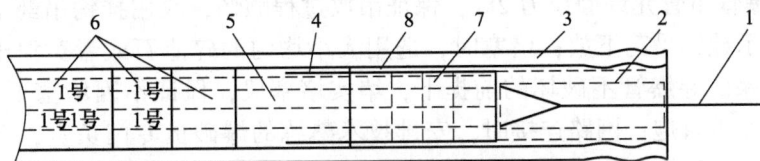

图2 导爆管雷管结构图

Fig. 2 Scheme of the nonel tube detonator structure

1—导爆管；2—卡口塞（橡胶）；3—管壳；4—加强帽；5—起爆药；6—猛炸药；7—延期药；8—延期管

根据导爆管雷管国家标准（GB 19417—2003）规定，普通型导爆管雷管在静拉力19.6N（2kg）作用下持续2min，导爆管不允许从卡口塞内脱出来[3]。由于现场采用的是每条4kg（100mm）药卷炸药，操作人员不注意施工细节，导致导爆管直接受力吊放起爆药，或者因炮孔内壁粗糙不平整，容易因吊放不畅而使导爆管直接受力，超过导爆管雷管静拉力2kg标准作用力，在雷管端部卡口1m左右处，因集中受力点而导致此处导爆管管径拉长变细，造成内壁导爆药颗粒团聚，药量部分段增大，而其他后面部分段少于标准药量或者没有导爆药。根据规定，当导爆管药量（m）在18～20mg/m时，导爆管爆速增长速度（dv/dm）达到最大值；当$m<16$mg/m时，发射压力随m增加而放缓，并且管口的发射压力测定值出现不稳定；当$m>20$mg/m时，导爆管传爆时往往出现塑料管管壁破洞现象[2,3]。起爆后，在接近雷管端部卡口处导爆管先被击穿，在破裂口处有效爆热迅速降低，火焰无法点燃延期药，从而无法使导爆管雷管爆炸以及引爆炸药，最终造成盲炮事故。

（2）仓储环境差造成火工品质量变化引起盲炮事故。根据规定，作为临时火工品仓库，必须满足如下要求：雷管存放于通风、良好、干燥的库房；库房注意防潮、防火、防盗。本工程地处海南，濒临大海，雨水充沛，空气湿度大，当地民爆销售单位利用工程附近山底旧洞库作为火工品临时储存点，储存期通常1年以上；长期在潮湿、海水气含盐高的环境下，导爆管雷管卡口塞（塑料）容易老化，失去弹性，致使卡口塞连接部位出现缝隙，连接不牢，同时水气容易进入，导致导爆药中的延期药硫化锑容易受潮，出现盲炮现象。现场抽查发现导爆管雷管卡口塞连接不牢，稍用力就可把导爆管从雷管卡口塞处拔出，起爆后，只是导爆管击穿破坏而无法引爆炸药，从而造成盲炮事故。

（3）导爆管管径大小长度不均匀造成盲炮。现场施工过程中，发现导爆管管径尺寸不一，有时无法顺利插入四通；根据研究，当导爆管单位药量相等而塑料导爆管管径变化增大时，可引起管内导爆药粉与空气组成的混合物（燃烧空气炸药）的氧平衡系数增大，传爆时有效爆热提高，爆速太高，造成导爆管管壁被击穿，能量无法输出点燃起爆药，最后导爆管雷管瞎火[2,3]。同时发现多批次18m脚线导爆管雷管长短不一，有些相差50～100cm。这些导爆管雷管质量问题，极易造成盲炮等事故，影响现场安全和施工进度。

4 预防措施

根据以上盲炮产生原因分析，找到了产生盲炮的主要因素，因此，针对这些原因，现场施工时分别采取了用挂钩吊药下放、装药前剔除不合格导爆管雷管等预防措施，大大减少类似盲炮事故的发生。具体预防措施如下：

（1）做好安全技术交底工作，正确掌握装药、堵塞、连线等方法，合理布置炮孔。爆破作业前，爆破技术人员要对所有爆破现场作业人员进行一次安全技术交底教育，对装药、吊放起爆药包、堵塞、连线等关键工艺要高度重视，不得马虎大意，认识盲炮的危害，通过班前安全技术教育，使爆破现场作业人员快速了解盲炮产生的具体原因，有针对性采取预防措施，掌握各种盲炮的处理方法[4]。其次，对所有炮孔进行验收，炮孔深度超深或者不达到设计要求的，要进行回填或补孔加深，直至合格为准；装药前，安排专人正确摆放爆区每排炮孔的孔内导爆管雷管，根据临空面方向从低段到高段排放；孔内装段别高、延时长的导爆管雷管，孔外连接用段别低、延时短的导爆管雷管，避免出现相反高、低段别，而引起先爆孔产生的飞石切断或者拉断爆破网路，最终造成后排无法起爆而形成盲炮；清理炮孔周围碎渣，以防装药时落入孔内，造成导爆管受损破；控制每个起爆药包质量，分为每个 2kg 以内，不超过导爆管雷管允许静拉力 2kg，保证吊放过程顺畅，改用挂钩吊药下放，不得使导爆管直接受力，如图 3 所示挂钩吊药下放；堵塞时，选用大小均匀的碎渣石或者黄泥土，每堵塞一段，用木质炮棍轻轻捣动，保证导爆管不破坏的前提下，堵实堵塞段，保证不因堵塞不实而产生冲孔现象，破坏周围爆破网路而产生盲炮；网路连接时，安排技术熟练的爆破员专门负责，清理爆破区域的其他杂物，保证连接顺畅，保证炮孔内雷管有多个回路连通，用防水胶布包孔四通，摆放整齐、清晰，便于监督检查。安排现场有经验的爆破员负责监督所有作业过程，发现错误做法，及时纠正，把隐患消灭在萌芽状态，杜绝意外事故发生。

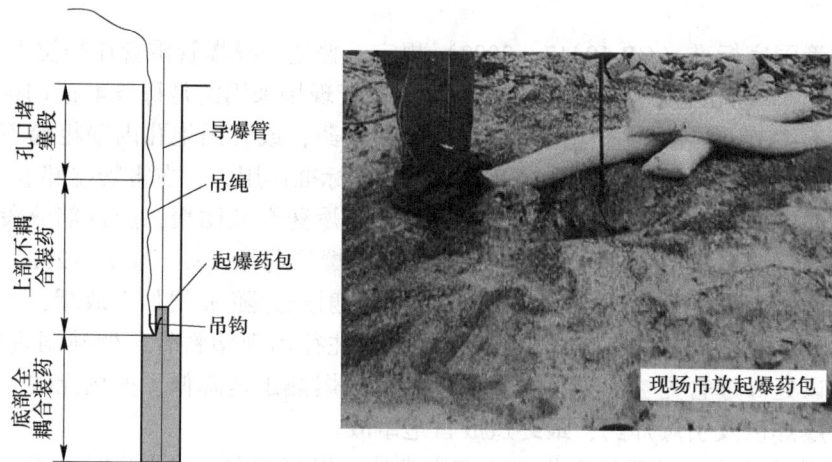

图 3 挂钩吊药下放示意图

Fig. 3 Scheme of the hanging down explosive with hook

合理布置炮孔参数，遇到地质环境复杂的爆破区域，及时调整参数，保证每孔有效；垂直钻炮孔，减小装药过程产生的摩擦力，保证装药畅通，减小导爆管直接受力的机会和提高装药效率，如图 4 所示。

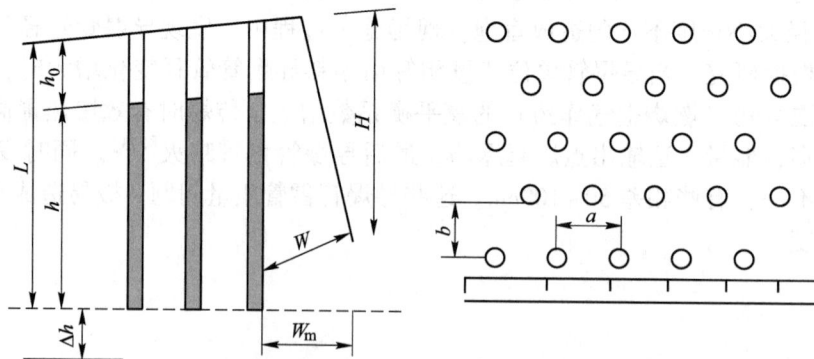

图 4 深孔台阶爆破炮孔剖面和平面示意图

Fig. 4 Scheme of the profile and plan of the deep hole bench blasting

（2）认真检查火工品质量，发现问题，及时处理。装药前，仓管员认真检查火工品质量，包括炸药是否变质、受潮，导爆管雷管壳是否有生锈现象或者变形受损，塑料导爆管是否有穿孔，导爆管直径大小是否均匀一致，有条件时剪断导爆管，检查内含导爆药是否含量均匀[5]；用力拉导爆管雷管，检查卡口塞是否连接牢固，如有问题，及时报告现场爆破技术人员及现场管理负责人，暂停使用当次导爆管雷管，以免出现盲炮事故。检查火工品是否属于同一厂家、同一批次。生产有效期是否在合理时间内等。

（3）临时火工品储存仓库科学、合理建设，符合安全要求。工程临近大海时，临时仓库要科学、合理布置，尽量远离海边，防止因海水湿度大影响导爆管雷管质量；库房要保证干燥、通风良好，不受潮，采取防潮措施；采购进货同一厂家、同一批次火工品，存储期尽量在一年内；发现问题火工品，找出原因，尽快销毁问题火工品，以免现场出现盲炮，把安全隐患消灭在萌芽状态。

5 结论

经过某工程盲炮的原因分析和采取相应的预防措施的实践，可以得出以下几点体会：

（1）爆破前认真检查火工品质量，发现问题，及时处理和报告工程现场负责人，把盲炮消灭在萌芽状态。

（2）出现盲炮事故时，除从火工品内在因素找原因外，还要从外部方面分析，综合多种原因，分清主次，切中要害，特别要注意大家容易忽略的外部因素，比如起爆体的安装过程、火工品临时仓库的建设质量问题。

（3）在深孔台阶爆破作业过程中，盲炮事故不可避免，所以在工程开工前，做好现场所有爆破作业人员进行安全技术交底教育工作，哪些地方要特别注意、小心，习以为常的习惯要更加注意，从外部源头把关，杜绝盲炮事故出现的概率，提高爆破作业人员的综合素质；介绍盲炮出现的种类、原因，如何预防，并且做好盲炮专项应急预案，万一出现，现场马上启动专项应急预案，能快速处理盲炮，减少损失。

（4）南方地区特别是临近海边爆破作业，火工品临时仓库要特别注意建设地点，仓库要通风、干燥，库存时间不能超过一年。

参 考 文 献

[1] 刘殿中，杨仕春. 工程爆破实用手册 [M]. 2版. 北京：冶金工业出版社，1999.

[2] 汪旭光. 爆破手册 [M]. 北京：冶金工业出版社，2010.

[3] 刘自锡，蒋荣光. 工业火工品 [M]. 北京：兵器工业出版社，2003.

[4] 马建军，黄风雷. 导爆管起爆网路设计及其可靠性研究 [J]. 矿冶工程，2002，22（2）：26-28.

[5] 王清华，江小波. 某工程盲炮原因分析及预防措施 [J]. 金属矿山，2009（1）：177-178.

爆破漏斗形成过程数值模拟的几个关键问题

周旺潇[1a,1b]　严　鹏[1a,1b]　郑炳旭[2]　陈　明[1a,1b]　宋锦泉[2]　李战军[2]

（1. 武汉大学 a. 水资源与水电工程科学国家重点试验室；
b. 水工岩石力学教育部重点试验室，湖北 武汉，430072；
2. 广东宏大爆破股份有限公司，广东 广州，510623）

摘　要：合理准确地再现爆破漏斗的形成过程对爆破模拟及工程设计具有重要意义。通过设置人工节理，将模型进行预先离散，在离散元程序 3DEC 中实现了半无限介质中爆破模拟，包括从炮孔扩张、裂隙发展、岩块飞散到爆堆成型的全过程。讨论了爆炸荷载简化、施加方式和离散方法等对岩石爆破破碎、抛掷及爆堆形成过程的影响。其中对人工节理的倾角和分布进行了重点研究，通过优化人工节理方向，使得模拟结果更符合实际。将爆破块度与岩体离散化结合，提出考虑爆破块度的 3DEC 人工离散方法，提高了模拟结果的精度。采用该模型与现场试验进行比较，模拟得到的漏斗底半径及深度与试验结果相符。并且该模型大幅度提高计算速度和计算稳定性，可广泛应用于生产实践中，为爆破设计提供参考。

关键词：3DEC；离散元；爆破漏斗；爆破块度

Key Problems in Simulation of Formation Process of Blasting Crater

Zhou Wangxiao[1a,1b]　Yan Peng[1a,1b]　Zheng Bingxu[2]　Chen Ming[1a,1b]　Song Jinquan[2]　Li Zhanjun[2]

（1. a. State Key Laboratory of Water Resources and Hydropower Engineering Science；
b. Key Laboratory of Rock Mechanics in Hydraulic Structural Engineering of Ministry of Education，Wuhan University，Hubei Wuhan，430072；
2. Guangdong Hongda Blasting Co.，Ltd.，Guangdong Guangzhou，510623）

Abstract：The reasonable simulation of formation process of blasting crater has great significance on blasting simulation and engineering design. By setting artificial joints in the discrete element model，the blasting process in a semi-infinite medium was simulated with software 3DEC. Then，the simplification and loading method of blast load and the effect of discrete approach on rock breakage and crater formation were discussed in this paper. Through optimizing the dip angel of artificial joints and combining with blasting fragmentation，an advanced discrete approach was put forward to improve simulation accuracy. Comparing simulation results of advanced discrete approach with filed test，the simulated radius and depth of crater agreed with experiment results well. Moreover，this model reduced operation time greatly as the fewer discrete blocks.

Keywords：3DEC；discrete element method；blasting crater；blasting fragmentation

　　长期以来，爆破漏斗一直是爆破理论研究过程中的热点，是合理选择爆破参数、提高爆破效率的基础。由于爆破漏斗的基础性作用，各种爆破问题的数值模拟方法基本上都是通过对爆破漏斗形成过程的模拟，来验证该算法的正确性和有效性[1]。

基金项目：国家 973 计划项目（No. 2010CB732003）；国家自然科学基金杰出青年基金项目（No. 51125037）；国家自然科学基金面上项目（No. 51009013、No. 51179138）。

原载于《爆破》，2014，31（3）：15-22。

随着计算机仿真技术的发展，基于离散元的 DDA 和 PFC 数值模拟方法逐渐成为研究爆破的有力工具之一[2,3]。A Mortazavi 采用非连续变形分析方法（DDA），假定炮孔周边岩体已在不连续面和荷载作用下破碎，通过爆腔体积即时确定孔壁荷载，模拟了台阶爆破中炮孔扩张和爆堆形成过程[4]。杨军等人在 DDA 中采用改进的离散方法，通过添加人工节理，分别模拟了台阶爆破和爆破漏斗模型在爆生压力和爆生气体作用下破坏、运动及堆积的过程[5-8]。Potyondy 和 Cundall 等人采用颗粒流方法（PFC）对爆炸荷载及爆生气体作用下的破岩过程进行了研究[9,10]。

虽然 DDA 和 PFC 方法在爆破模拟方面取得了很大的成功，但对于天然节理的处理方法有待进一步改进[11]。PFC 软件虽然已得到了广泛的应用，但是其材料参数取值复杂，并且不适于建立形体复杂的节理岩体。三维离散元软件 3DEC 专为模拟节理岩体、散体材料准静态、动力模拟而开发，允许离散的单元发生平移和旋转，单元也可以彼此全部分离[12]。它是研究爆破作用的理想工具，李启月等人运用 3DEC 模拟了高陡节理边坡在爆破荷载作用下的动态响应，但 3DEC 的应用尚不多见于爆破爆堆形态模拟的研究[13]。

采用人工节理将岩体离散化，在 3DEC 中模拟半无限介质中爆破漏斗的形成过程。通过优化人工节理方向，提高模拟结果的准确性，并将爆破块度与岩体离散化结合，提出了爆破块度离散模型，并与现场试验结果进行了比较。

1 岩石爆破模型及荷载

1.1 岩石爆破模型及边界条件

如图 1 所示的岩石爆破模型，模型长为 15m，高为 5m，为了节省计算时间，模型的厚度取为 0.5m，可视为平面应变模型。炮孔直径 $D=300\text{mm}$，最小抵抗线 $w=2.5\text{m}$。

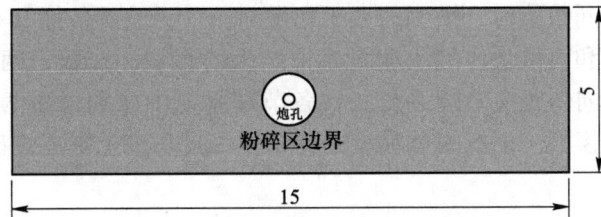

图 1 岩石爆破模型（单位：m）

Fig. 1 Rock blasting model（unit：m）

在模型的侧面及底面都设置无反射边界，以消除人工截取边界反射应力波对模拟的影响。模型的顶面是临空面，计算中考虑岩体重力。因此，可以将此模型看作是半无限介质中柱状装药的抛掷爆破。模型中材料的力学参数见表 1，岩石的物理参数及炸药参数见表 2。

表 1 岩体及人工节理的力学参数

Table 1 Mechanical parameters of rock and joints

材料	弹性模量 /GPa	剪切模量 /GPa	法向刚度 /GPa·m⁻¹	切向刚度 /GPa·m⁻¹	粘聚力 /MPa	内摩擦角 /(°)	抗拉强度 /MPa
岩体	45.8	21.1			2.0	45.0	0.5
节理			45.8	21.1	2.0	45.0	0.5

表 2 岩石物理参数及炸药参数

Table 2 Parameters of rock and explosives

岩石密度/kg·m⁻³	岩石泊松比	炸药密度/kg·m⁻³	炸药爆速/m·s⁻¹
2700	0.3	1100	4000

1.2 爆炸荷载的简化及模拟

爆破漏斗形成过程的 3DEC 模拟中，合理确定爆炸荷载对模拟结果的准确性有重要影响。当药包在岩石中爆炸时，由爆炸产生的瞬时高压作用在炮孔壁上，形成粉碎区及裂隙区。本文关注的是岩体在爆炸荷载作用后产生破裂及抛掷的运动过程，为简便起见，在模拟过程中将爆炸荷载等效在粉碎区边界上。根据哈卡努耶夫、王明洋等人的研究结果[14-16]，常规炸药在岩石中引起的冲击波作用范围为装药半径的 3~5 倍，由此可取粉碎区半径为 0.75m。

数值计算中爆炸荷载拟采用三角形爆炸荷载作为爆破等效荷载。耦合装药条件下的炮孔爆炸荷载峰值可根据凝聚炸药爆轰波的 C-J 理论计算[11]。单个炮孔周围岩体中传播的应力波随距离按幂函数规律衰减[17]，等效到粉碎区边界的荷载为 42MPa。卢文波等人详细研究了炮孔间裂缝贯通、爆生气体逸出等过程，荷载升压时间和正压时间可依此确定[18,19]。最终确定粉碎区边界上的荷载时程曲线，荷载升压时间为 1ms，正压时间为 8ms。

2 离散化方式对模拟结果的影响

离散单元法通过预设节理将模型离散化，将被不连续面所切割的岩体视为块体的集合。将不连续面看作块体的边界条件，可以模拟大变形，允许单元之间的相对运动，并且不需要满足位移连续和变形协调条件[12]。预设的节理可以是天然发育的节理，也可以是人工节理。

当设置人工节理进行离散时，节理的力学参数应与岩体相同，以保证人工离散化不影响岩体的力学性质。在岩石爆破的数值模拟中，还必须考虑人工节理对应力波传播的影响。王卫华等人研究了 3DEC 中节理刚度对应力波传播的影响：应力波的透射系数与节理刚度成正比，反射系数与节理刚度成反比[20]。当节理刚度取值很大时，透射波幅值大小与入射波相等。经 3DEC 数值模拟，当人工节理的刚度与岩体的变形模量取相同数值时，模型的人工离散对于应力波的传播几乎没有影响。

考虑到人工节理的倾角和离散块体的块度对模拟结果的影响，选取了两种人工节理系统：一是水平正交节理系统，二是倾方向斜正交节理系统。在各节理系统中分别采用两种离散方式，将模型离散为均匀块体模型和渐变块体模型。渐变块体模型是为了从一定程度上考虑爆破块度的影响。

2.1 水平正交离散

模型中选用了以下两种离散方式，离散化后的模型如图 2 所示。

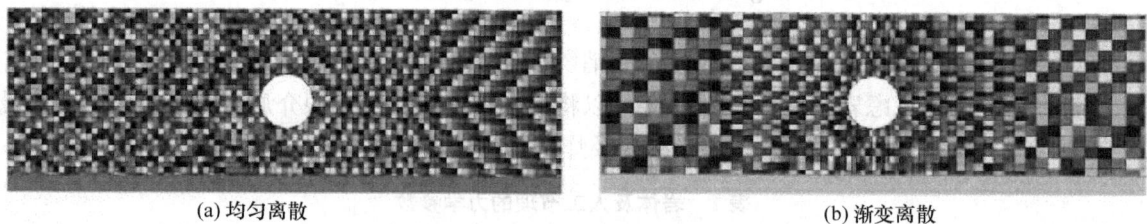

(a) 均匀离散　　　　　　　　　(b) 渐变离散

图 2　离散数值模型
Fig. 2　Discrete numerical model

（1）均匀离散方式：水平向和竖直向人工节理的间距相同，离散后的块体大小相同，边长均为 0.15m。

（2）渐变离散方式：水平向和竖直向的人工节理的间距由炮孔中心处向四周逐渐增大，临近炮孔的块体边长为 0.1m 左右，模型边界的块体边长为 0.3m。

图 3 为均匀离散模型的爆破过程模拟。首先，炮孔周边岩体在爆生产物压力作用下产生裂隙，裂隙优先沿着自由面的方向发展。由于应力波在临空面的反射作用，炮孔上部靠近临空面处岩体因受拉产生裂隙，临空面附近块体首先脱离岩体，如图 3（a）所示。随后岩体产生大量裂隙，裂隙的扩散导致岩体进一步破坏。岩体在惯性作用下进一步发生破坏和抛掷，图 3（b）为 0.5s 时块体的飞散状态，

在图中可以明显看到从炮孔到临空面形成的圆形缺口。在2s左右岩石块体逐渐达到最大抛掷高度，在重力的作用下开始回落，并于6s完全静止下来形成爆堆，如图3（d）。在爆堆中可看到明显的爆破漏斗形状，漏斗底半径为3m，可见深度为0.8m，抛掷距离为6.1m。计算出的爆破作用指数为1.2，该爆破属于强抛掷爆破。

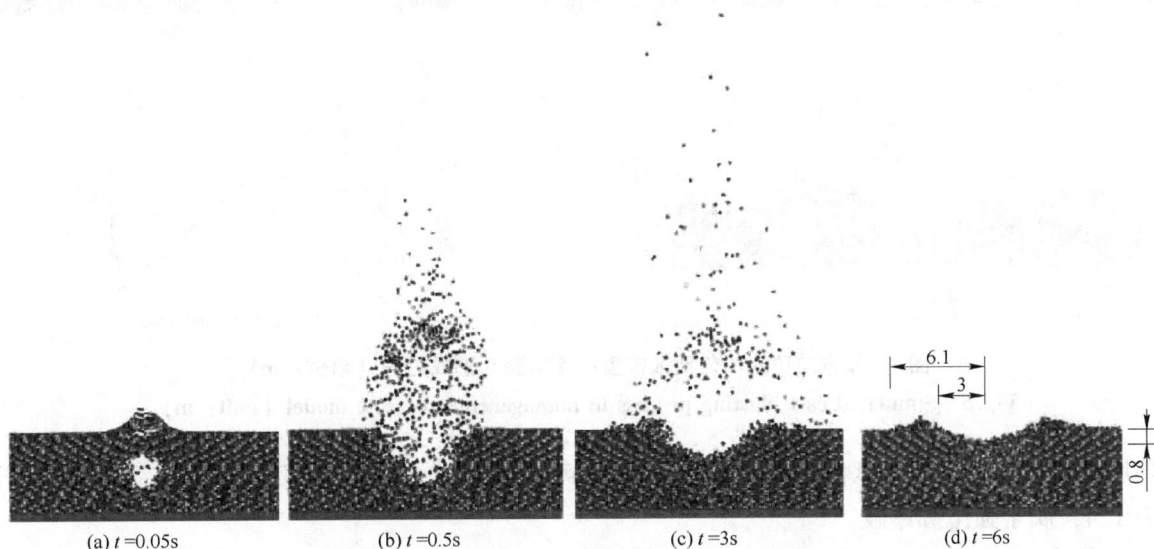

图3 均匀离散模型的爆破漏斗形成过程（单位：m）

Fig.3 Simulated cast blasting process in homogeneous discrete model（unit：m）

渐变离散模型的爆破破碎及爆破漏斗的形成过程与均匀离散模型相似。在渐变离散模型中，虽然炮孔附近离散块体大小比均匀模型中更小，但远离炮孔处的离散块体却较大，造成模型中抛掷效果的减弱，如图4所示。为验证此观点，采用相同大小的模型和参数，对均匀模型的爆破模拟进行研究。研究发现当离散块体边长大于0.3m时爆堆没有形成漏斗，离散块体边长小于0.2m时，块体大小对爆堆形状的影响不明显。

图4 渐变离散模型模拟结果

Fig.4 Simulation result in gradual discrete model

2.2 倾角方向正交离散

在实际爆破的过程中，大部分的裂隙并不呈水平和竖直方向，因此有必要考虑人工节理倾角对模拟的影响，将模型中节理倾角设置为±45°。同样采用均匀化离散和渐变离散两种方式。

图5为均匀离散模型的爆破过程模拟，炮孔周边岩体首先在爆生产物压力作用下产生裂隙，在图5（a）中可以观察到两条朝临空面发展的裂隙，临空面附近部分块体由于反射波作用已脱离岩体。裂隙的扩散导致岩体进一步破坏。炮孔近区的岩块有明显的向心运动趋势，这与文献［11］的结论一致。岩体在惯性作用下进一步发生破坏和抛掷，图5（b）为0.5s时块体的飞散状态，在图中可以明显看到从炮孔到临空面形成的三角形缺口。此后块体在重力的作用下开始回落，并于3.5s时完全静止下来形成爆堆，如图5（d）。炮孔正上方靠近自由面的块体在抛掷过程中的速度时间曲线如图5（e）所示。块体在爆炸荷载的作用下迅速达到最大运动速度13m/s。随后在惯性作用下继续运动，在1.5s达到抛掷的最高点后在重力作用下开始回落，最终静止于3.5s左右。

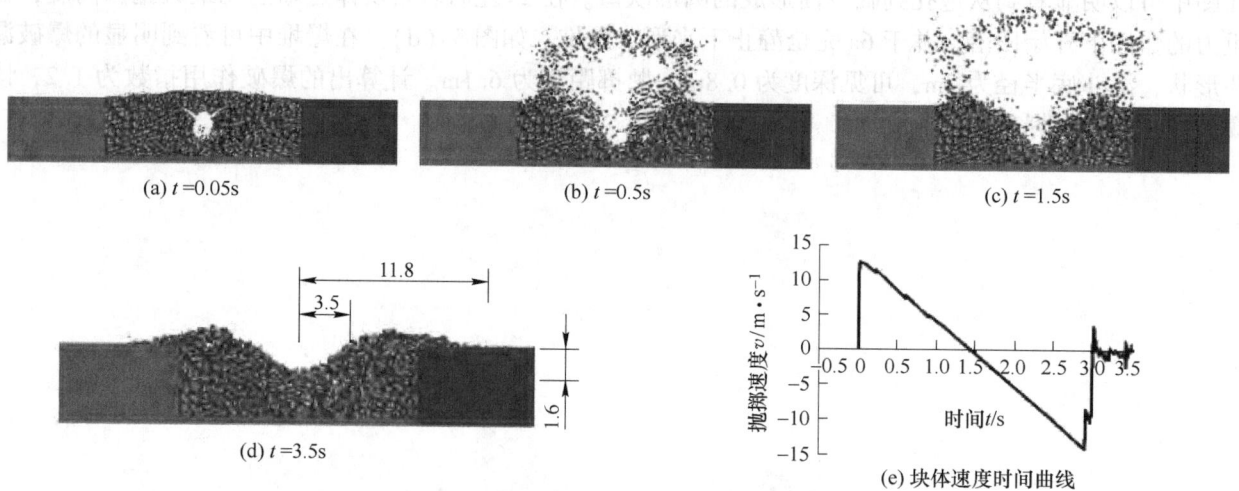

(a) $t = 0.05\text{s}$　　　　　　　(b) $t = 0.5\text{s}$　　　　　　　(c) $t = 1.5\text{s}$

(d) $t = 3.5\text{s}$　　　　　　　　　　　(e) 块体速度时间曲线

图 5　倾方向正交均匀离散模型的爆破漏斗形成过程（单位：m）

Fig. 5　Simulated cast blasting process in homogeneous discrete model（unit：m）

爆堆形成了明显的漏斗形状，底半径为 3.5m，可见深度为 1.6m，抛掷距离为 11.8m。爆破作用指数为 1.4，属于强抛掷爆破。

渐变离散模型的爆破破碎及爆破漏斗的形成过程与均匀离散模型相似，形成爆堆的大小和形状也近乎相同，如图 6 所示。漏斗底半径为 3.3m，可见深度为 1.5m，抛掷距离为 10.5m。爆破作用指数为 1.32，属于强抛掷爆破。漏斗半径等参数略小于均匀离散模型，说明块度的大小对模拟结果有一定影响，但在改变人工离散裂纹的方向后，影响大大减弱。

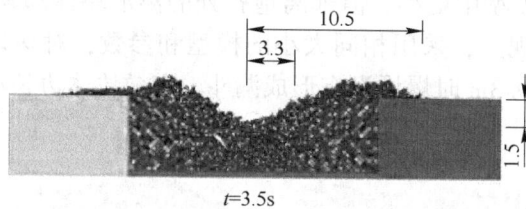

$t = 3.5\text{s}$

图 6　倾方向正交渐变离散模型模拟结果（单位：m）

Fig. 6　Simulated result in gradual discrete model（unit：m）

无论模型是水平正交离散，或是倾方向斜正交离散，3DEC 对爆破过程的模拟总能反映出爆破漏斗的形成机理。

在实际爆破的过程中，大部分的裂隙并不呈水平和竖直方向，当模型中的人工节理设为水平和竖直时，模型已与真实情况有所偏差。在图 3 中可以看到，块体的运动主要体现在竖直方向，块体在竖直方向的位移可以达到二十多米，但是水平方向的位移只有几米，最后形成的爆堆不太明显。

当节理的倾角设为 ±45° 时，块体在竖直和水平方向的位移在相同数量级，计算得到的爆破作用指数更大，抛掷效果更明显，爆堆形成了明显的爆破漏斗形状，与实际情况更相符。

3　考虑爆破块度的离散方法

爆破块度无疑对爆破漏斗的模拟结果具有很大影响。当离散块体的块度改变时，模拟的结果也随之改变。第三节的对比计算也说明了这一问题。

爆破块度是评价爆破效果的重要指标，各国学者建立了数个计算岩体爆破块度分布的理论和经验预测模型。本文将预测爆破块度作为模型离散化的根据。

3.1 哈里斯爆破块度预测模型

哈里斯爆破理论由 Harries 于 20 世纪 70 年代初提出，基于被爆岩体视为均质、连续的弹性介质的前提下将岩体视为以炮孔为中心的厚壁圆筒，爆炸应力波的传播使得与炮孔轴线垂直的平面内岩石质点产生径向位移，当由径向位移派生出的切向应变值超过岩石的动态极限抗拉应变时，岩体中形成径向裂缝[21-23]。哈里斯和马柏令采用此爆破理论进行块度预测，并将计算结果与工程实例对比，预测结果符合实际情况[21-23]。

根据哈里斯等人的证明，半径为 r 的球形装药上，距球心为 R 的任意一点上的切应变为[21]

$$\varepsilon = \frac{K}{R/r} e^{-\frac{\beta R}{r}} \tag{1}$$

式中，β 为应变波吸收系数；K 为炮孔壁上的应变并由下式表出

$$K = \frac{(1-\mu)P_0}{2(1-2\mu)\rho v_p^2 + 3(1-\mu)\gamma P_e} \tag{2}$$

式中，P_0 为爆压；ρ 为岩石的密度；v_p 为岩石纵波声速。这个方程与岩石的应变波的振幅峰值的实验结果一致。

在压缩应力波作用下岩石作径向位移，由径向位移衍生的切向应变值 ε 超过岩石的动态极限抗拉应变值 T 时，岩石形成径向裂缝。距炮孔距离为 R 处的径向裂缝的条数为

$$N = \frac{\varepsilon(R)}{T} \tag{3}$$

破碎岩块的最大尺寸假设为两条最靠近的径向裂缝之间的距离，岩块的长 L 为

$$L = \frac{2\pi R}{N} \tag{4}$$

从式（2）~式（4）导出岩块的长为

$$L = \frac{2\pi \left(\frac{R}{b}\right)^2 Tb}{K e^{-\beta\left(\frac{R}{b}\right)}} \tag{5}$$

根据表 2 中参数，可计算模型爆破后各处的预测块度如图 7 所示。

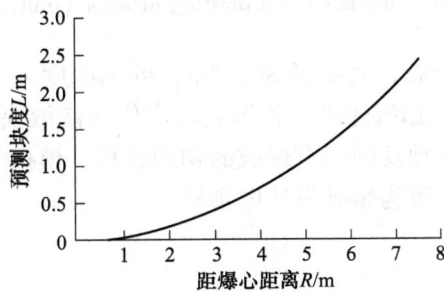

图 7　预测爆破块度

Fig. 7　Forecasting blasting fragmentation

3.2 模型离散及结果分析

可将模型沿水平方向分为六个区段，离散块体大小为该区段内预测爆破块度的平均值，见表 3。设置倾方向斜正交节理将模型人工离散，如图 8 所示。

表 3　各区段离散块体大小

Table 3　Discrete block size in each region

爆心距离/m	0~1.4	1.4~2	2~2.8	2.8~3.5	3.5~4.5	4.5~7.5
块体边长/m	0.10	0.15	0.20	0.30	0.50	1.00

图 8　爆破块度离散模型
Fig. 8　Discrete model based on forecasting blasting fragmentation

　　图 9 为爆破块度离散模型的爆破过程模拟，炮孔周边岩体首先在爆生产物压力作用下产生裂隙，临空面附近部分块体由于反射波作用脱离岩体。裂隙的扩散导致岩体进一步破坏。岩体在惯性作用下进一步发生破坏和抛掷，图 9（b）为 0.5s 时块体的飞散状态，在图中可以明显看到从炮孔到临空面形成的三角形缺口。此后块体在重力的作用下开始回落，并于 4s 时完全静止下来形成爆堆，如图 9（d）所示。

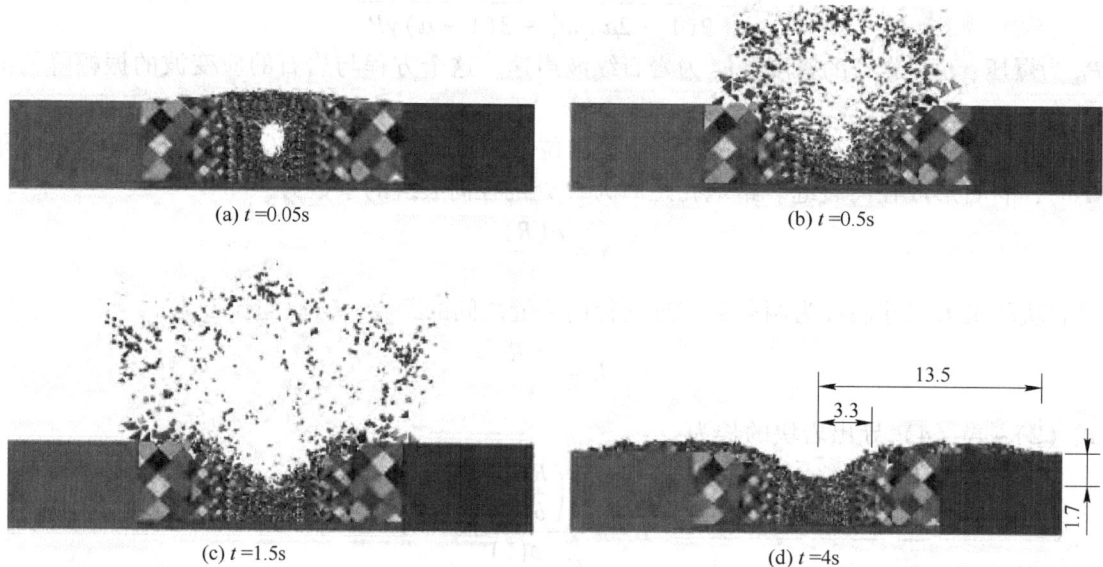

(a) $t=0.05$s　　　　(b) $t=0.5$s　　　　(c) $t=1.5$s　　　　(d) $t=4$s

图 9　爆破漏斗形成过程模拟（单位：m）
Fig. 9　Simulated cast blasting process（unit：m）

　　爆堆中可观察到明显的漏斗形态，底半径为 3.3m，可见深度为 1.7m，抛掷距离为 13.5m。计算出的爆破作用指数为 1.32，属于强抛掷爆破。将爆破块度作为离散块度取值的根据，采用爆破块度模型进行模拟是可行的，能直观正确地反映岩石爆破的物理过程。模拟的结果符合岩石爆破的内在机理，又反映了爆破块度这一参数指标，可为爆破设计做指导。

4　工程实例验证

4.1　计算模型及荷载

　　周传波等人在安庆铜矿生产现场，进行了系列单孔爆破漏斗试验，选取其中第 24 号炮孔作对比试验[24]。爆破漏斗试验的炸药直径为 95mm，第 24 号炮孔采用的是狮子山炸药厂生产的 MRB 岩石乳化炸药，药包中心埋深为 1.23m。依此在 3DEC 中建立模型，试验中炮孔间距较大，因此可视其为半无限介质中的爆破，模型边界设置为无反射边界。岩体材料参数见表 4，炸药出厂性能表见表 5。

表 4　岩体材料参数
Table 4　Material parameters of rock

材料	密度/kg·m⁻³	泊松比	弹性模量/GPa	剪切模量/GPa	粘聚力/MPa	内摩擦角/(°)	抗拉强度/MPa
岩体	4131	0.29	67.6	33.0	5.9	50	2.7

表5 炸药出厂性能表[24]

Table 5 Explosive property parameters[24]

炸药名称	炸药密度/kg·m^{-3}	炸药爆速/m·s^{-1}	猛度/mm	殉爆距离/cm
MRB	1110	5350	19	5

根据表5中所列的炸药出厂参数，按照式（1）和式（2）可确定粉碎区边界上的荷载时程曲线，峰值为77.0MPa，荷载升压时间为1ms，正压时间为8ms。

4.2 模型离散及结果分析

模型采用倾角为±45°的人工节理进行离散，节理的力学参数取值与岩体一致，离散块体的大小根据预测爆破块度确定。根据哈里斯爆破理论进行计算，模型爆破后各处的预测块度如图10所示。可将模型沿水平方向分为四个区段，各区段的离散块体大小见表6，离散后的模型如图11所示。图12为模拟得到的抛掷爆破过程。炮孔周边岩体首先在荷载作用下产生裂隙，在图12（a）中可以看到两条朝临空面发展的裂隙，并在模型上部临空面上看到明显的鼓包现象，且部分块体由于反射波作用已脱离岩体。裂隙的扩散导致岩体进一步破坏。岩体在惯性作用下进一步发生破坏和抛掷，在0.7s左右岩石块体逐渐达到最大抛掷高度，如图12（b）。此后块体在重力的作用下开始回落，并于2s时完全静止下来形成爆堆，如图12（c）。

表6 各区段离散块体大小

Table 6 Discrete block size in each region

爆心距离/m	0~1.4	1.4~2.2	2.2~3	3~4
块体边长/m	0.1	0.2	0.3	0.5

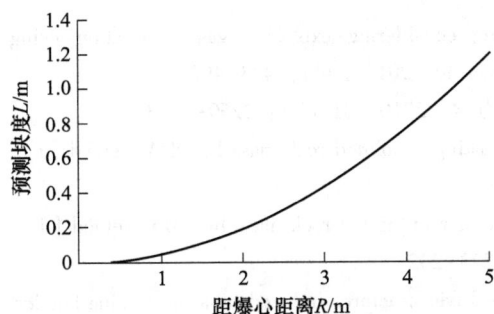

图10 预测爆破块度

Fig. 10 Forecasting blasting fragmentation

图11 爆破块度离散模型

Fig. 11 Discrete model based on forecasting blasting fragmentation

3DEC中模拟出了明显的爆破漏斗，经过量测，漏斗底半径为1.25m，漏斗深度为0.8m。周传波等人的试验也给出了第24号炮孔的实测数据，试验得到的漏斗底半径为1.13m，漏斗深度为0.8m，漏斗形状好[24]。3DEC模拟的爆破漏斗形成过程能够反映岩石爆破的机理，模拟结果十分接近实际试验，可以为作为工程指导。

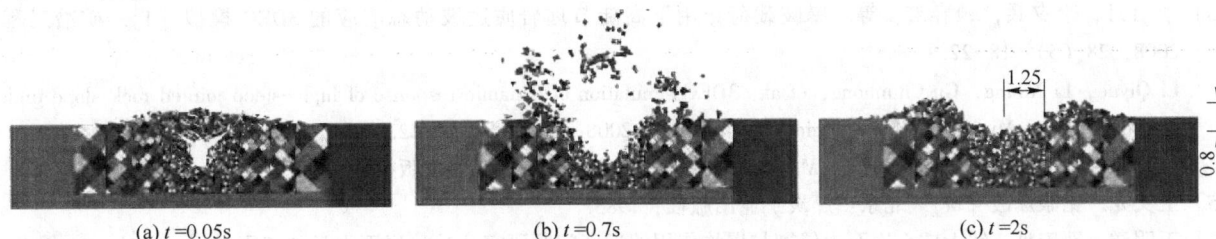

(a) t=0.05s (b) t=0.7s (c) t=2s

图12 爆破漏斗形成过程模拟（单位：m）

Fig. 12 Simulated cast blasting process （unit：m）

5　结论

通过对模型设置人工节理进行离散，并施加等效荷载，在3DEC中实现了对无限介质中水平柱状炮孔抛掷爆破模拟。研究验证了采用3DEC进行爆破模拟的可行性，从一定程度上发掘了3DEC对动力学破坏问题的处理能力。主要结论如下。

（1）使用3DEC进行岩石爆破模拟是可行的，能直观正确地反映岩石爆破的物理过程，模拟的结果符合岩石爆破的内在机理。

（2）人工节理的倾角对于水平柱状炮孔爆破模拟的结果有显著的影响。当倾角设置为±45°时，模拟的结果更符合实际，形成的爆破漏斗更明显。

（3）爆破块度可作为模型离散化的根据，以此将爆破块度与模型离散块体大小联系起来。通过工程实例验证，爆破块度模型的模拟结果真实可靠。

参 考 文 献

[1] 冯叔瑜，马乃耀. 爆破工程 [M]. 北京：中国铁道出版.

[2] Shi Genhua, Goodeman R E. Two dimensional discontinuous deformation analysis [J]. International Journal for Numerical and Analytical Methods in Geomechanics, 1985, 9 (6)：541-556.

[3] Cundall P A, Strack O D L. Particle flow code in 2 dimensions [M]. Itasca Consulting Group, Inc, 1999.

[4] Mortazavi A, Katsananis P D. Modeling burden size and strata dip effects on the surface blasting process [J]. International Journal of Rock Mechanics and Mining Sciences, 2001, 38 (4)：481-498.

[5] Ning Youjun, Yang Jun, Ma Guowei, et al. Modeling rock fracturing and blast-induced rock mass failure via advanced discretization within the discontinuous deformation analysis framework [J]. Computers and Geotechnics, 2011 (38)：40-49.

[6] Ning Youjun, Yang Jun, Ma Guowei, et al. Modeling rock blasting considering explosion gas penetration using discontinuous deformation analysis [J]. Rock Mechanics and Rock Engineering, 2011 (44)：483-490.

[7] 甯尤军，杨军，陈鹏万. 节理岩体爆破的DDA方法模拟 [J]. 岩土力学，2010, 31 (7)：2259-2263.
Ning Youjun, Yang Jun, Chen Pengwan. Numerical simulation of rock blasting in jointed rock mass by DDA method [J]. Rock and Soil Mechanics, 2010, 31 (7)：2259-2263.

[8] Ning Youjun, Yang Jun, An Xinmei, et al. Simulation of blast induced crater in jointed rock mass by DDA method [J]. Frontiers of Architecture and Civil Engineering in China, 2010, 4 (2)：223-232.

[9] Potyondy D O, Cundall P A, Sarracino R S. Modeling of shock-and gas-driven fractures induced by a blast using bonded assemblies of spherical particles [J]. Rock Fragmentation by Blasting, 1996：55-62.

[10] Ruest M, Cundall P A, Guest A, et al. Developments using the particle flow code to simulate rock fragmentation by condensed phase explosives [J]. Fragblast, 2006, 8：140-151.

[11] 刘红岩，杨军，陈鹏万. 爆破漏斗形成过程的DDA模拟分析 [J]. 工程爆破，2004, 10 (2)：17-20.
Liu Hongyan, Yang Jun, Chen Pengwan. Simulation of the process of explosion funnel formulation by means of discontinuous deformation analysis [J]. Engineering Blasting, 2004, 10 (2)：17-20.

[12] Itasca Consulting Group, Inc. Three-dimensional Distinct Element Code：User's Guide [M]. Minneapolis：Itasca Consulting Group , Inc, 2003.

[13] 李启月，李夕兵，顾春宏，等. 爆破载荷作用下高陡节理岩质边坡动态响应的3DEC模拟 [J]. 矿冶工程，2008, 28 (5)：18-22.
Li Qiyue, Li Xibing, Gu Chunhong, et al. 3DEC simulation of dynamic response of high-steep jointed rock slope under blast load [J]. Mining and Metallurgical Engineering, 2008, 28 (5)：18-22.

[14] 哈努卡耶夫. 矿岩爆破物理过程 [M]. 刘殿中，译. 北京：冶金工业出版社，1980.

[15] 王文龙. 钻眼爆破 [M]. 北京：煤炭工业出版社，1983.

[16] 王明洋，邓宏见，钱七虎. 岩石中侵彻与爆炸作用的近区问题研究 [J]. 岩石力学与工程学报，2005, 24 (16)：2859-2863.
Wang Mingyang, Deng Hongjian, Qian Qihu. Study on problems of near cavity of penetration and explosion in rock [J].

Chinese Journal of Rock Mechanics and Engineering, 2005, 24 (16)：2859-2863.

［17］陈士海，王明洋，赵跃堂，等. 岩石爆破破坏界面上的应力时程研究［J］. 岩石力学与工程学报，2003，22 (11)：1784-1788.

Chen Shihai, Wang Mingyang, Zhao Yuetang, et al. Time-stress history on interface between cracked and uncracked zones under rock blasting［J］. Chinese Journal of Rock Mechanics and Engineering, 2003, 22 (11)：1784-1788.

［18］卢文波，陶振宇. 预裂爆破中炮孔压力变化历程的理论分析［J］. 爆炸与冲击，1994，14 (2)：140-147.

Lu Wenbo, Tao Zhenyu. Theoretical analysis of the pressure-variation in borehole for pre-splitting explosion［J］. Explosion and Shock Waves, 1994, 14 (2)：140-147.

［19］唐廷，尤峰，葛涛，等. 爆炸荷载简化形式对弹性区应力场的影响［J］. 爆破，2007，24 (2)：7-10.

Tang Ting, You Feng, Ge Tao, et al. Effects of simplified forms of explosion load on stress field of elastic zone during explosion［J］. Blasting, 2007, 24 (2)：7-10.

［20］王卫华，李夕兵，胡盛斌. 模型参数对 3DEC 动态建模的影响［J］. 岩石力学与工程学报，2005，24 (S1)：4790-4797.

Wang Weihua, Li Xibing, Hu Shengbin. Effect of model parameters on 3DEC dynamic modeling［J］. Chinese Journal of Rock Mechanics and Engineering, 2005, 24 (S1)：4790-4797.

［21］Harries G. The calculation of the fragmentation of rock from cratering［C］//15th APCOM Symposium, 1977：325-334.

［22］杨善元. 岩石爆破动力学基础［M］. 北京：煤炭工业出版社，1993.

［23］马柏令，曾世奇，郭初吉，等. 哈里斯爆破数学模型及其电算法的介绍和评价［J］. 金属矿山，2006 (2)：13-16.

Ma Bailing, Zeng Shiqi, Guo Chuji. Introduction and evaluation of Harris blasting mathematical model and its electric algorithm［J］. Metal Mine, 2006 (2)：13-16.

［24］周传波，范效锋，李政，等. 基于爆破漏斗试验的大直径深孔爆破参数研究［J］. 矿冶工程，2006，26 (2)：9-13.

Zhou Chuanbo, Fan Xiaofeng, Li Zheng, et al. Study of parameters of large diameter deep hole blasting based on blasting crater test［J］. Mining and Metallurgical Engineering, 2006, 26 (2)：9-13.

基于遗传算法的神经网络在爆破振动预测中的应用

Tumenbayar Badrakh Yeruul[1]　夏岸雄[1]　张建华[1]　王　涛[1,2]

（1. 武汉理工大学 资源与环境工程学院，湖北 武汉，430070；

2. 广东宏大爆破股份有限公司，广东 广州，510623）

摘　要：针对 BP 神经网络对工程爆破振动的预测存在精度不够高的缺点，建立遗传算法优化神经网络的模型，并介绍了它的原理。最后通过爆破振动预测实例的介绍，应用 MATLAB 编程，将总装药量 Q、测点与爆源的高差 h、孔间微差时间 t、最大药包距离 L 这 4 个参数作为模型参数，对爆破振动幅值 v、振动主频 f 和振动持续时间 T 进行预测，得出基于遗传算法的神经网络预测的结果比 BP 神经网络更为精确，克服了 BP 神经网络的缺点。

关键词：遗传算法；BP 神经网络；MATLAB；爆破振动预测

Application of Neural Network based on Genetic Algorithm in Prediction of Blasting Vibration

Tumenbayar Badrakh Yeruul[1]　Xia Anxiong[1]　Zhang Jianhua[1]　Wang Tao[1,2]

（1. School of Resources and Environmental Engineering，Wuhan University of Technology，Hubei Wuhan，430070；2. Guangdong Hongda Blasting Co.，Ltd.，Guangdong Guangzhou，510623）

Abstract：In view of the shortcoming of bad precision of forecasting the blasting vibrationi by BP neural network，the genetic algorithm optimization neural network the model is established and principles is introduced. Through introduction of the example of blasting vibration forecast，the total charge amount，and height，delay time between holes，the maximum distance to blast source these four parameters are used as the model parameters to forecast blasting vibration amplitude，vibration frequency and vibration duration by applying the MATLAB programming，more precise based on the genetic algorithm neural network forecast result compared with BP neutral network is obtained，which overcome the BP neural network shortcoming.

Keywords：genetic algorithms；BP neutral network；MATLAB；blasting vibration prediction

在工程爆破领域使用最广泛的是 BP 神经网络，主要应用于爆破参数的优化和爆破振动的预测两个方面。人工神经网络的方法具有极强的非线性动态处理能力[1-3]，可以直接用来对神经网络进行权值训练和非线性逼近分析，结果表明采用 BP 神经网络方法预测的结果比采用传统萨式公式的回归计算方法更接近实测值。

但 BP 神经网络也有缺点，比如训练时间较长、网络训练不收敛现象及容易陷入局部极小值等问题，而且当精度要求较高时，BP 神经网络的预测结果也难达到要求。因此，一些学者采用其他算法与 BP 神经网络相结合并对网络进行优化研究。常用的优化算法有可变学习率算法、共轨梯度算法、拟牛顿算法、L-M 算法[4-6]、遗传算法等，结果显示经过优化后的算法不仅预测精度更高，计算速度也更快。

原载于《爆破》，2014，31（3）：140-144。

下面介绍遗传算法改进 BP 神经网络的模型在爆破振动预测中的应用原理，并通过实例说明优化模型的可行性和优越性。

1 遗传算法优化 BP 神经网络

1.1 遗传算法简介

遗传算法（GA）是 J Holland 博士由生物进化论的启发而提出的算法[6]，在计算机上模拟生命进化机制而发展起来的一门新学科。它是根据适者生存、优胜劣汰等自然进化规则搜索和计算所需问题的解，作为强有力且应用广泛的随机搜索和优化方法，GA 是目前影响最广泛的计算方法之一。

遗传算法的基本思想概括如下：从一组解的初值开始进行搜索，这组解称为一个种群，种群由一定数量、通过基因编码的个体组成，其中每一个个体称为染色体。不同个体不断地通过染色体的交叉、复制和变异，进而生成新的个体。每个个体的后代不断进化，依照适者生存的规则，最优的个体存活下来，因此最后通过若干代的进化最终得出条件最优的个体。整个遗传算法流程如图 1 所示。

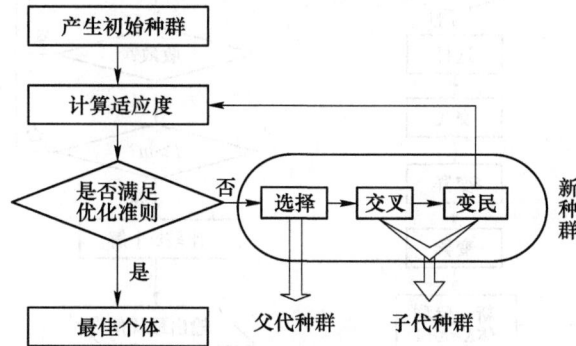

图 1　遗传算法流程图
Fig. 1　Genetic algorithm flowchart

1.2 遗传算法优化 BP 神经网络模型

遗传-神经网络算法的基本流程是[7,8]：首先对输入数据进行个体编码，然后对随机生成的初始群种进行适应度评价，如果评价结果 $K<K_0$，则 GA 算法求解其定义的数学问题，由于 GA 也是搜索解空间的一群点，并构成不断进化的群体序列，所以在进化一定的代数后，同时搜索得到具有全局性的一些点，最后从这些点出发，再转入神经网络求解。由于三层神经网络组成是：输入层、隐层和输出层，输入层、输出层节点的个数由建模者的需要决定。从来可知 GA 算法是通过优化它的隐层节点的数目来优化 BP 网络结构，使网络节点具有较好的收敛速度和全局性，最终得到全局优化解。

遗传-BP 神经网络的优化问题数学表达为

$$\begin{cases} \min E(w,\ v,\ \theta,\ r) = \dfrac{1}{2}\sum_{t=1}^{N_1}\sum_{k=1}^{n}\left[y_k(t)-\hat{y}_k(t)\right]^2 \\ \text{s. t } w\in R^{m\times p},\ v\in R^{p\times n},\ \theta\in R^p,\ r\in R^n \end{cases} \tag{1}$$

式中，w、v 分别为输入和输出权值矩阵；θ、r 分别为输入和输出阈值；m、p、n 分别是输入层、隐含层、输出层数；E 是样本误差。

样本的输出层的预测输出与实际输出误差平均误差函数为

$$E_1 = \frac{1}{N-N_1}\sum_{t=N_1}^{N}\sum_{n=1}^{n}\left[y_k(t)-\hat{y}_k(t)\right]^2 \leqslant \varepsilon_1 \tag{2}$$

网络全局的总误差为

$$E_2 = \frac{1}{2}\sum_{t=N_1}^{N}\sum_{n=1}^{n}\left[y_k(t)-\hat{y}_k(t)\right]^2 \leqslant \varepsilon_2 \tag{3}$$

首先利用遗传算法求解式（1），进而得到一组网络的连接权和阈值，然后通过式（2）的检验：如果式（1）得 E_1 值大于设定的误差 ε_1，则将误差信号沿原来连接通路反向传播，进而修正原来的网络连接权，使得误差变小，经过反复调整网络的连接权和阈值，直到代入式（3）所得的 E_2 的小于设定值 ε_2，则整个训练结束，从而可得到一组较好的连接权，可以用于检测样本；如果 E_1 小于设定的误差值，则该模型就是可用的，可以进行实际预测应用，整个遗传算法优化 BP 神经网络的流程图如图 2 所示，图 2 左半部分展示了遗传算法优化的步骤。

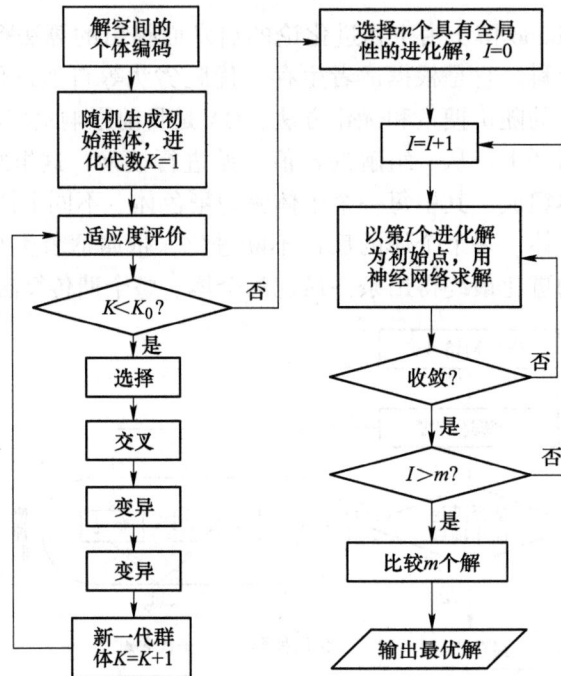

图 2 遗传算法优化 BP 神经网络流程图
Fig. 2 Genetic algorithm optimized BP neural network flowchart

2 优化模型在爆破振动预测中的应用

2.1 模型的建立和参数的选择

BP 网络预报模型的建立包括输入层、隐含层和输出层的设计。

2.1.1 输入层的设计

在工程爆破中，影响爆破振动的因素有很多[9,10]，比如：装药量、最大装药量、测点与爆源的高差、药包起爆时间、最大药包距离和最近药包距离、孔间微差时间、抵抗线、炸药种类、岩体结构构造、介质的物理力学性质、爆破效果等很多因素有关。

将影响爆破振动因数作为网络输入节点，由于影响因素众多，可以根据爆破现场的实际情况和需要适当选择，最后确定将总装药量 Q、测点与爆源的高差 h、孔间微差时间 t、最大药包距离 L 这 4 个参数作为输入层节点。

2.1.2 隐层的设计

含有一个隐层的 BP 网络就可以完成任意的 n 维到 m 维的映射。但是隐层节点的数目选择是一个十分复杂的问题，目前仍然没有一个准确的算式可以得到，往往是根据多次试验、设计者的经验和一些经验公式来确定。一般而言，隐层单元数目越多，网格的预报效果会越好，但网络的太多会影响网络的收敛速度，导致学习的时间过长，误差反而变大。一般的经验公式为

$$n = 2m + 1 \tag{4}$$

$$n = \sqrt{k + m} + a \tag{5}$$

式中，n 为隐层单元数；m 为输入单元数；k 为输出单元数；a 为 $1\sim10$ 之间的常数。有学者的研究指出，隐层节点的数目一般不少于输入层和输出层的节点数，因此根据式（5）计算得 $n=9$。

2.1.3 输出层的设计

根据本次研究的目的选择爆破振动幅值 v、振动主频 f 和振动持续时间 T 作为爆破振动的输出。

最后建立一个 3 层 4-9-3 型的 BP 网络模型结构，输入层与隐层的连接权是一个 4×9 阶矩阵，隐层与输出层的连接权是 9×3 阶矩阵。整个神经网络结构如图 3 所示。

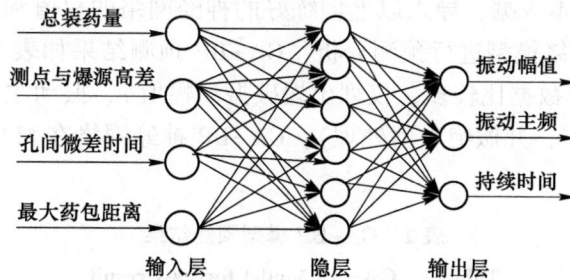

图 3 遗传算法优化 BP 神经网络结构图

Fig. 3 Genetic algorithm optimized BP neural network structure chart

2.2 网络的训练

根据建立的模型，选择训练样本，就可以根据模型的结构和算法进行训练，得到满足要求的权值和阈值，进行爆破振动的预报。训练样本越多，模型的预报精度也越高。根据工程实际的试验情况，选择了 20 套数据作为模型的训练样本，如表 1 所示。

表 1 模型训练样本

Table 1 The training samples of BP model

样本序号	模型输入				模型输出		
	Q/t	h/m	t/ms	L/m	v/cm·s⁻¹	f/Hz	T/s
1	6.84	12.0	17	280	1.60	64.96	1.27
2	10.90	12.6	17	356	1.19	47.28	2.02
3	9.50	12.3	51	290	1.47	39.22	1.76
4	10.30	12.4	34	314	1.33	60.56	1.91
5	5.82	12.2	34	296	1.43	57.80	1.08
6	10.80	11.6	34	344	1.21	62.64	2.00
7	10.50	11.9	34	384	1.03	36.47	1.94
8	6.12	12.6	51	290	1.47	65.12	1.13
9	10.20	12.3	51	354	1.10	39.64	1.89
10	9.70	11.6	51	320	1.25	41.24	1.80
11	6.18	1.9	0	158	3.14	43.91	1.14
12	10.30	0.6	0	140	3.65	68.64	1.91
13	6.12	0.8	0	190	2.43	58.27	1.13
14	6.30	1.9	17	159	3.04	66.40	1.17
15	11.40	0.8	34	144	3.68	30.68	2.11
16	6.54	1.3	34	155	3.36	39.40	1.21
17	11.20	1.5	34	138	3.89	48.07	2.07
18	10.90	1.9	51	155	3.29	61.21	2.02
19	8.00	0.5	51	160	3.16	59.52	1.48
20	6.48	1.4	34	140	3.74	31.54	1.20

利用 Matlab 的神经网络工具箱对模型编程并输入计算数据。输出层的节点作用函数选用线性函数 sim，隐层的节点作用函数选用 S 型非线性函数 tansig 和 logsig，模型训练函数为 trainlm。设定训练时模型精度取 0.001，学习步长选 0.05，迭代次数为 5000，精度达到要求，训练完毕。通过不断调试也发现，训练样本越多，误差越小，精度也越好，所得的预测值越接近实际值，最后得到一组较好的连接权值和阈值。因此学习的样本越多越好。同时为了保证算法的收敛性，输入和输出的数据应分别进行归一化和反归一化处理。

选取 10 个相似的测试样本数据，导入以上训练好的神经网络的权值和阈值，分别应用 BP 神经网络模型和 GA-BP 优化神经网络模型进行预测分析，GA-BP 预测结果如表 2 所示，两种模型的预测结果的比较见表 3（说明：由于数据比较多，仅列出爆破振动幅值 v、振动主频 f 这两个参数的预测结果的比较，误差指的是相对误差，并做绝对值处理），GA-BP 神经网络在 MATLAB 中的运行结果和误差分析分别如图 4 和图 5 所示。

表 2 GA-BP 模型预测结果

Table 2 GA-BP Model forecast result

样本序号	模型输入				模型输出		
	Q/t	h/m	t/ms	L/m	$v/cm \cdot s^{-1}$	f/Hz	T/s
1	10.2	11.5	51	470	0.80	54.75	1.71
2	10.8	12.4	68	445	0.89	42.79	2.12
3	10.5	12.3	68	470	0.73	34.51	1.91
4	10.5	12.1	85	360	1.20	49.18	1.92
5	8.4	12.1	85	385	1.01	52.17	1.84
6	8.7	12.2	34	430	0.96	70.76	1.85
7	8.1	11.9	34	370	1.08	36.80	1.71
8	8.4	12.4	17	350	1.24	49.26	1.86
9	10.2	12.6	51	365	1.13	67.23	2.01
10	7.8	12.2	51	370	1.14	69.33	1.34

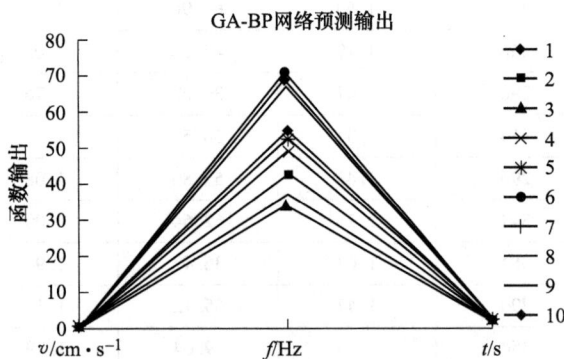

图 4 GA-BP 网络预测输出图

Fig. 4 GA-BP Network output figure

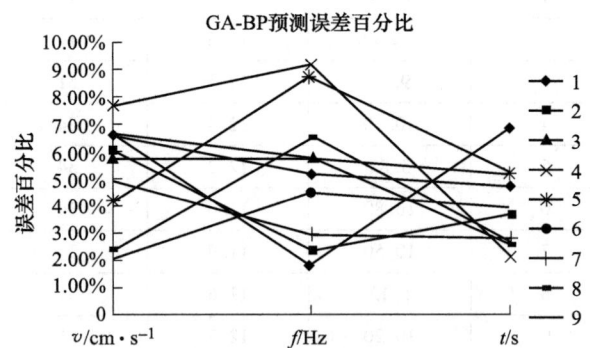

图 5 GA-BP 预测参数误差百分比

Fig. 5 GA-BP percentage error of prediction parameters

2.3 结果的分析

图 5 是上述 10 组预测数据的误差分析图。从表 3 和图 5 可看出 GA-BP 神经网络预测的爆破振动幅值 v、振动主频 f、振动持续时间 T 的最大误差分别为 7.84%、9.84%、6.78%。而由表 2 数据看出 BP 神经网络模型对应的最大误差分别为 15.38%、18.22%、16.29%，后者误差分别为前者的 1.96 倍、1.85 倍、2.4 倍。图 6 和图 7 则更直观地显示了爆破振动幅值 v 和振动主频 f 的两种神经网络预测值与实测值之间的关系，看出经过遗传算法优化后的神经网络的预测值的精度在原来的基础上有了明显的提升，与实测值更加接近。

表3 两种模型预测结果的比较

Table 3 Comparison of the predicted results of the two models

编号	实测值		GA-BP 优化模型预测值				BP 模型预测值			
	v /cm · s^{-1}	f/Hz	v /cm · s^{-1}	误差/%	f/Hz	误差/%	v /cm · s^{-1}	误差/%	f/Hz	误差/%
1	0.75	55.74	0.80	6.67	54.75	1.78	0.84	12.00	54.13	2.89
2	0.84	41.85	0.89	5.95	42.79	2.25	0.91	8.33	43.57	4.11
3	0.69	32.65	0.73	5.80	34.51	5.70	0.78	13.04	35.45	8.58
4	1.30	45.06	1.20	7.84	49.18	9.84	1.10	15.38	53.27	18.22
5	0.97	57.16	1.01	4.12	52.17	8.73	1.03	6.19	47.86	16.27
6	0.98	74.08	0.96	2.04	70.76	4.48	0.86	12.24	68.79	7.14
7	1.03	37.90	1.08	4.85	36.80	2.90	1.14	10.68	36.30	4.22
8	1.27	52.70	1.24	2.36	49.26	6.53	1.17	7.87	47.22	10.40
9	1.21	71.31	1.13	6.61	67.23	5.72	1.06	12.40	64.54	9.49
10	1.22	73.09	1.14	6.56	69.33	5.14	1.09	10.66	66.37	9.19

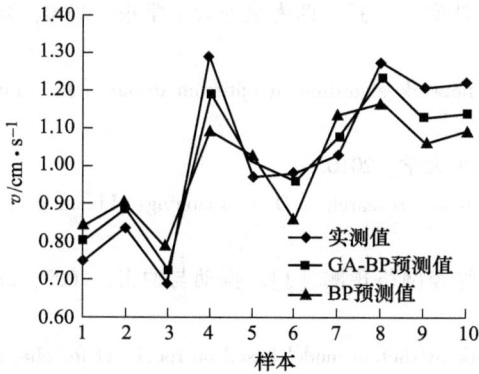

图 6 爆破振动幅值的预测比较图

Fig. 6 blasting vibration amplitude prediction comparison chart

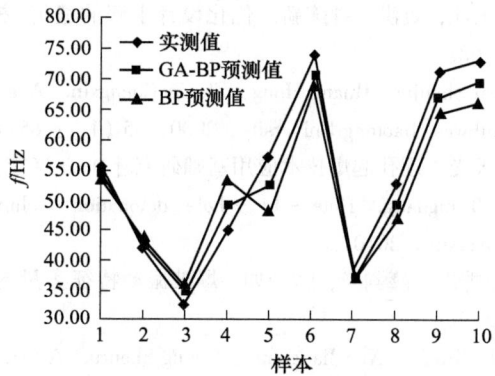

图 7 振动主频的预测比较图

Fig. 7 vibration basic frequency forecast comparison chart

3 结语

（1）遗传算法优化 BP 神经网络模型克服了传统模型容易陷入局部最小值的缺点，实现了网路具有较好的全局性和收敛速度。通过在爆破振动方面的预测的应用，结果显示预测精度明显提高，论证了优化模型的可行性和优越性。在实际工程作业中对于那些不容易测量的爆破振动量，或是对测量精度要求高的工程具有重要应用价值，不但节约了大量的人力和财力，而且提高了工作效率。

（2）建立遗传算法优化 BP 神经网络模型的核心是应用 MATLAB 编程，要求操作者具有较好的编程能力，熟练掌握 MATLAB 神经网络工具箱的功能。应当指出尽管它算法精度很高，但编程过程相对复杂；BP 神经网络精度稍差，但编程相对简单。因此建立在实际工程中，应该根据工作的精度要求和工作量大小灵活运用这两者。

参 考 文 献

[1] 易长平，冯林，王刚，等. 爆破振动预测研究综述 [J]. 现代矿业，2011，27 (5)：1-5.
　　Yi Changping, Feng Lin, Wang Gang, et al. Summary of blasting vibration prediction [J]. Modern Mining, 2011, 27

（5）：1-5.

［2］ 葛哲学，孙志强. 神经网络理论与 MATLABR2007 实现［M］. 北京：电子工业出版社，2007.

［3］ 闻新，周露，王丹力，等. MATLAB 神经网络应用设计［M］. 北京：科学出版社，2000.

［4］ 方向，陆凡东，高振儒，等. 中深孔爆破振动加速度峰值的遗传 BP 网络预测［J］. 解放军理工大学学报（自然科学版），2010，11（3）：312-315.

Fang Xiang, Lu Fandong, Gao Zhenru, et al. Prediction on peak vibration acceleration value of medium-deephole blasting using genetic BP network［J］. Journal of PLA University of Science and Technology（Natural Science Edition），2010，11（3）：312-315.

［5］ 张艺峰，姚道平，谢志招. L-M 优化算法在爆破振动参数预测中的应用［J］. 地震学报，2008，30（5）：540-544.

Zhang Yifeng, Yao Daoping, Xie Zhizhao. Application of the L-M optimization algorithm to predicting blast vibration parameters［J］. Acta Seismologica Sinica, 2008, 30（5）：540-544.

［6］ 冯林. 爆破振动智能预测技术研究［D］. 武汉：武汉理工大学，2012.

Feng Lin. Intelligent prediction of blasting vibration technology［D］. Wuhan：Wuhan University of Technology, 2012.

［7］ 吴建生，金龙，农吉夫. 遗传算法 BP 神经网络的预报研究和应用［J］. 数学的实践与认识，2005，35（1）：83-88.

Wu Jianshen, Jin Long, Nong Jifu. Forecast research and applying of BP neural network based on genetic algorithms［J］. Mathematics in Practice and Theory, 2005, 35（1）：83-88.

［8］ 赵正佳，黄洪，钟陈新. 优化设计求解的遗传-神经网络新算法研究［J］. 西南交通大学学报，2000，35（1）：65-68.

Zhao Zhenjia, Huang Hong, Zhong Chengxin. A genetic-neural network algorithm in optimum design［J］. Journal of Southwest Jiaotong University, 2000, 35（1）：65-68.

［9］ 付天光. 逐孔起爆技术应用基础研究［D］. 辽宁：辽宁工程技术大学，2010.

Fu Tianguang. Hole-by-hole detonation technique applied basic research［D］. Liaoning：Liaoning Technical University, 2010.

［10］ 史秀志，薛剑光，陈寿如. 爆破振动特征参量的粗糙集模糊神经网络预测［J］. 振动与冲击，2009，28（7）：73-76.

Shi Xiuzhi, Xue Jianguang, Cheng Shouru. A fuzzy neural network prediction model based on rough set for characteristic variables of blasting vibration［J］. Journal of Vibration and Shock, 2009, 28（7）：73-76.

煤矿火区降温措施的分析与实践

束学来[1]　郑炳旭[2]　郭子如[1]　李战军[2]

（1. 安徽理工大学 化学工程学院，安徽 淮南，232001；
2. 广东宏大爆破股份有限公司，广东 广州，510623）

摘　要：针对目前煤矿火区高温爆破降温方式多、效果差、操作难等问题，从理论上对现今常用的火区灭火降温方法进行分类和比较分析，然后优选了火区降温方式，其中提出了液氮降温用量的计算方法，最后对炮孔进行注水降温实践，并初步解决了水源和注水方式等的问题。结果表明：火区灭火目前存在较多难题，多种灭火方法联合使用，灭火效果更好；液氮、液态二氧化碳降温代价高，一般在排险等情况下运用，而注水降温经济有效，可在150℃炮孔温度下广泛使用。

关键词：煤矿火区；高温爆破；火区灭火；火区降温

Analysis and Practical of Cooling Measures in Coal Mine Fire Area

Shu Xuelai[1]　Zheng Bingxu[2]　Guo Ziru[1]　Li Zhanjun[2]

（1. School of Chemical Engineering, Anhui University of Science and Technology, Anhui Huainan, 232001；2. Guangdong Hongda Blasting Co., Ltd., Guangdong Guangzhou, 510623）

Abstract：Aiming at the problems in high temperature blasting, such as difficult to handle, low efficient and various in many cooling ways. This paper classifies and compares the usual fire extinguishing and cooling ways in theory. It selects the best way and put forward the calculation of liquid nitrogen cooling volume. In the last part of this paper, it practices the cooling water into blast hole. Also it solves the problem of source of water and waterflooding. The result shows that：putting out fire in fire area exists many difficulties. Combination of different ways make the result better. Cost of liquid nitrogen and liquid CO_2 is high. Cooling water will be more efficient and economic under usual situation. It can be widely used in 150℃ blast hole.

Keywords：coal mine fire area；high-temperature blasting；fire extinguishing in fire area；cooling in fire area

　　宁夏太西煤质具有三高六低的特点，在我国煤炭中属于佼佼者，一般都是通过剥离煤层上表的岩石，进行露天开采，但是由于火区温度高，导致钻孔机械容易损坏、人员容易烫伤，尤其是现今的民用炸药不耐高温，在火区高温炮孔中容易发生早爆事故，造成人员的重大伤亡，如2008年神华宁煤大峰露天煤矿发生的事故[1]。对高温火区进行降温，可以保障施工人员的安全，提高爆破效率。现今的降温方法众多，降温效果各有区别，哪种降温方法效果最好，将针对这些方面内容进行研究分析。

1　煤矿火区灭火

　　火区降温基本上可以分为两种情况，一种是彻底的对火区进行灭火，另一种是对火区的炮孔进行暂时降温。

　　对火区进行灭火，可以从根本上解决煤矿火区高温的问题。煤矿火区是煤与氧气发生氧化还原反应形成的，故灭火可以采取以下4种方式。

(1) 隔离氧气，使火区窒息熄灭。

(2) 降低煤与氧气的反应速率。

(3) 降低火区的温度。

(4) 挖出火源。

1.1 隔离氧气

隔离氧气现今采用的方法有：覆盖法灭火、惰性气体灭火法、胶体灭火、三相泡沫灭火、压注惰泡灭火，这些方法各有优缺点。

覆盖法是利用黄土覆盖在火区塌陷、地表裂隙处而封闭火区。该方法操作方便、快速，主要适用于火源深度深、火势不大且地形较规整的火区。但是该方法没有清除火源，灭火时间漫长，黄土用量大[2]。

惰性气体灭火法主要是向火区注入氮气等惰性气体来降低氧气的浓度而达到灭火的目的。惰气能够充满整个火区空间，在有限空间内灭火效果很好，能消除已知和未知火源，但是灭火周期较长，火区能复燃，且气体易泄露，一定条件下会发生爆炸[3]。

胶体灭火是通过注浆机将胶体通过钻孔注入到发火地点从而达到灭火的效果。胶体主要有凝胶、复合胶体、稠化胶体等，具有阻氧、固水、降温、阻化多种特点，灭火速度快，安全性好，复燃性小，材料便宜，且具有可控性[4]。

三相泡沫灭火是将三相泡沫通过炮孔传输到火区，进行灭火。该灭火方法安全，能够隔绝氧气，兼具有降温、抑爆等特性，同时扩散范围广，可扑灭不同高度的隐蔽火源[5]。

压注惰泡在火区灭火中可以起到密封、吸热、固氮、降温等作用，发泡倍数可达 $50 \sim 200$ 倍，效果比单一注惰性气体好，但是发泡性较差，容易失效，导致火区复燃[6]。

1.2 降低煤与氧气的反应速率

在煤表面形成一层惰性物质，可以阻止煤与氧气的接触，降低其氧化还原反应速率，以达到灭火的效果。阻化剂主要有高聚物、氢氧化钙、无机盐等，如氯化镁。阻化剂一般无毒、无害，能够充填不同厚度、形态的煤隙，但是一般不耐高温或者不能均匀分散，且成本较高，现在很少使用[7]。

1.3 降低火区的温度

降低火区的温度，通常采用的是注水、灌浆的方法。通过地表打孔或者裂隙向火区深处注水灌浆，不受火区面积、火源位置等条件的限制，效果较好、施工方便、经济便宜，但是流体流向具有随意性，不能按照具定位置针对性的降温，且对较高位置的火源难以适用[8]。

1.4 挖出火源

挖出火源是将火区全部挖开，采出已经燃烧或者高温的煤。该方法灭火彻底，且挖出的煤能产生一定的经济效益，但是施工时间长，工程量大，投资高，且操作也复杂，灵活性差，一般适用于火源埋藏浅的区域[9]。

1.5 分析

上述各种方法能从不同角度解决火区灭火问题，但是都存在缺陷，其中胶体灭火性能优越，注水注浆方法经济实惠，挖出火源灭火彻底，但是都存在灭火周期较长，在火区范围广的情况下适用性差，效果不好。在实际灭火中，可以综合多种灭火方法的优点，针对火区的情况，综合进行灭火。

现今火区主要根据温度进行划分，大部分火区温度在150℃以下，极少部分温度在300℃以上，根据此温度可以把火区分为特高温区（300℃以上）、高温区（150~300℃）和普通区（150℃以下）。

特高温区范围小，火源一般埋藏较浅，可以先洒水降温，然后采取剥离的方法进行灭火，最后用黄土等覆盖，防止复燃。

高温区注水、注浆效果明显，可以先采取注水注浆的方法把火区温度降低，然后采取胶体并配合注惰性气体进行灭火，同时用黄土等对火区进行充分覆盖封闭。

普通区温度较低，注水、注浆、效果不明显，且会增加火区裂隙，此时可考虑主要以覆盖为主，同时压住惰泡或阻化剂等进行灭火。

2 对炮孔进行暂时降温

对火区进行灭火降温，花费时间长，价格昂贵，尤其在现今煤炭形式不景气的情况下，导致其很难广泛使用。现今常采用的方法是先对炮孔进行降温，延长炸药稳定时间，然后快速爆破，该方法成本低、操作方便。

温度的降低，根据热力学规律，可以采取热传导、热对流、热辐射三种方法。

2.1 热传导降温

温度差越大，接触面积越大，热传导速率越快。现今火区采取的有液氮和液态二氧化碳降温。

液氮或液态二氧化碳汽化到常温时体积增大，迅速充满整个炮孔，并吸收大量的热量，对炮孔快速降温，且都是惰性气体，环保，氮气密度比空气轻，在炮孔中沿着裂隙进入岩石内部，阻绝氧气，二氧化碳密度比空气大，能够沉入孔底，排出氧气。但是它们不易储存，价格也昂贵，且火区山路崎岖，难以运输，限制了使用[10,11]。需要注意的是干冰的制冷效果优于液态二氧化碳，但其是固体，不易放入炮孔中。

根据传热理论，我们可以计算液氮或者液态二氧化碳降温所需要的量，下面以液氮的量计算为例[12]：

$$q = \frac{2\pi l \gamma (t_2 - t_1)}{\ln\left(\dfrac{r_2}{r_1}\right)}$$

式中，q 为传热速率，W；l 为炮孔深度，取 10m；γ 为导热系数，汝箕沟多为砂岩[13]，取 2.18W/(m·K)；t_1 为降温后孔壁温度，取 50℃；t_2 为炮孔初始温度，取 150℃；r_2 为炮孔外层半径，取 0.1m；r_1 为炮孔内层半径，炮孔直径一般为 0.14m，故取 0.07m。

$$Q_1 = q \cdot t$$

式中，Q_1 为炮孔传热的热量，J；t 为炮孔传热的时间，取 300s。

$$Q_2 = \rho v c_2 (t_2 - t_1), \quad v = \pi l (r_2^2 - r_1^2)$$

式中，Q_2 为炮孔放热，J；ρ 为砂岩密度，取 2350kg/m³；v 为砂岩体积，m³；c_2 为砂岩比热容，取 762J/(kg·k)。

$$Q = q_p \cdot m + mc\left(\frac{t_1 + t_2}{2} - t_3\right)$$

式中，Q 为液氮放热量，J；m 为液氮质量，kg；q_p 为液氮汽化热，取 199200J/kg；c 为液氮比热容，取 745J/(kg·k)；t_3 为液氮初始温度，取 -196℃。

$$Q = Q_1 + Q_2$$

解得 $m = 27.5$kg。

由结果可见，特殊情况如排险时降温需要的液氮量还算合理的，远比用水降温的量少。

2.2 热对流降温

温差越大，导热系数越大，截面积越大，热对流传导速率越大。水价格便宜，导热系数也较大，是现今炮孔降温使用最广泛的。当炮孔温度不太高时，长时间的注水能够把炮孔温度降至 50℃ 以下，满足火区放炮要求。但是注水后，炮孔容易损坏，在停止注水后，炮孔温度能够快速回温，一般 10min 内就会升到初温，且必须使用防水炸药，提高了成本，同时在宁夏等地，水源缺乏。

水量的计算公式可如下。

当岩石温度高于100℃时，注水量工程量按下式计算：

$$Q_水 = (K_1 + K_2)LS(1 + K)$$

当岩石温度低于100℃时，注水量工程量按下式计算：

$$Q_水 = K'_2 LS(1 + K)$$

式中，$Q_水$ 为火区注水量 m^3；L 为火区炮孔的长度，m；S 为火区炮孔异常温度截面平均面积，m^2；K 为水的流失系数，炮孔水流失比较大；K_1 为第一注水系数，K_2 为第二注水系数。

$$K_1 = [2214.82(T - 100)]/[4186.8(100 - t_0) + 2256685]$$

$$K_2 = [0.529(100 - t)]/[50 + t/2 - t_0]$$

$$K'_2 = [0.529(T - t)]/[(T + t)/2 - t_0]$$

式中，T 为火区岩石平均温度，℃；t 为灭火设计降温目标温度，℃；t_0 为供水温度，℃。

2.3 辐射降温

辐射降温一般都是通过在物质表面涂一层辐射型隔热涂料，这种涂料价格昂贵，且不方便涂在炮孔中，但是可以涂在炸药包装或者隔热装置上面，提高炸药耐热时间[14]。

2.4 分析

液氮、注水等可以良好地降低炮孔温度，其中尤以液氮、液态二氧化碳降温效果为佳，但是水以其经济性、方便性在火区降温中的优势，导致现今绝大部分火区都是采取用水降温。但是在火区温度极高或者炮孔孔壁与火源相通时，水难以把炮孔温度降低，此时可以采取用液氮等对炮孔进行快速降温，以满足爆破要求。

3 工程实践

由上文分析可知，用水降温，效果优良，经济方便。故在宁夏宁煤汝箕沟火区，采取了用水对炮孔进行降温，如图1、图2所示。

图1 注水降温	图2 测温
Fig. 1 Water injection for cooling	Fig. 2 Temperature measurement

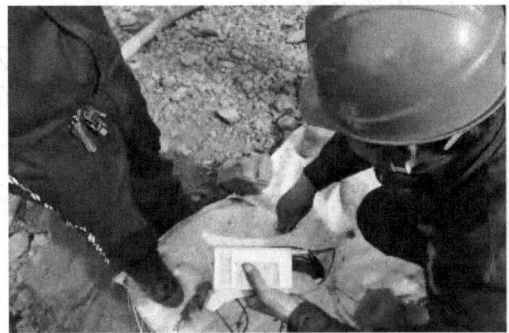

针对山上水源不足的情况，在山下、山腰修建两个蓄水池，收集雨水，同时在山底打井采水。需要降温时，先用泵抽水送至山腰蓄水池，然后送入炮孔，解决了水源缺乏的问题。同时输水管线尽量直铺和避开高温地面，减少能量损失和保持水较低温度。为了使水能全面对炮孔进行降温和提高降温效果，可以把水沿着炮孔整个壁面流入或者雾化。

火区每天最多进行三次高温爆破，为了高效运用输水管线和水资源，每天爆破的高温火区安排在同一区域，另外为了避免中途水管破裂或者抽水机械损坏导致的注水长时间中断而造成的炮孔温度快速回升情况，需要备用几根水管和一台抽水机械。火区爆破时，需要撤离水管，为了保证降温效果，在装药间隔间可扔直径小于炮孔直径的装有水的薄塑料袋，塑料袋在孔内摔破而对孔壁和炸药进行降温。

炮孔降温先高温孔，再低温孔，当炮孔温度都不高时，将水管分流对各个炮孔同时进行降温；当炮孔存在特高温度时，可单独用一根水管进行降温，保证降温效果；当炮孔数目较少，温度都较低，且深度也较浅，采取水管轮流进行降温，高温孔多注水，低温孔少注水。

汝箕沟火区炮孔温度普遍在150℃以下，注水后，炮孔温度基本上能在5h内降至50℃以下，有些甚至能降到25℃，但是也存在个别炮孔温度难以降低。停水后，对降到50℃以下的炮孔用热敏电阻进行测温，发现炮孔回温速率也较慢，为3~5℃/min，按照郑炳旭等人的研究，把装药到起爆时间控制在5min以内，炮孔控制在8个[15]，实际上3min内人员就可以完成装药到人员撤离，4min内就可以完成起爆。由此可知，用水对炮孔进行降温，绝大部分情况是能够满足安全爆破的要求。

4 结论

（1）对火区进行灭火，耗时长，投入大，难以在火区爆破中广泛使用。

（2）根据火区温度，结合不同的灭火方法，可更有效地对火区进行灭火，其中胶体灭火、注水注浆等效果较好。

（3）注液氮、液态二氧化碳可以使炮孔快速降温，可以在炮孔温度极高或者降不下来的情况下使用。

（4）注水降温方法经济方便，效果优良，可以在火区爆破炮孔降温中大量使用。

参 考 文 献

[1] 徐晨，李克民，李晋旭，等. 露天煤矿高温火区爆破的安全技术探究 [J]. 露天采矿技术，2010 (4)：73-75.
　　Xu Chen, Li Kemin, Li Jinxu, et al. Security technology research on high-temperature fire area blasting in surface mine [J]. Opencast Mining Technology, 2010 (4)：73-75.

[2] 田晓华. 内蒙古桌子山煤田火区特征及灭火方法探讨 [J]. 中国煤炭地质，2008，20 (11)：12-14.
　　Tian Xiaohua. A discussion on burning area characteristics and fire extinguishing methods in Zhuozishan Coalfield, Inner Mongolia [J]. Coal Geology of China, 2008, 20 (11)：12-14.

[3] 张九零. 注惰对封闭火区气体运移规律的影响研究 [D]. 北京：中国矿业大学，2009.
　　Zhang Jiuling. Effect of inert gas injection on transport law of gas in closed fire zone [D]. Beijing：China University of Mining & Technology, 2009.

[4] 邓军，孙宝亮，费金彪，等. 胶体防灭火技术在煤层露头火灾治理中的应用 [J]. 煤炭科学技术，2007，35 (11)：58-60.
　　Deng Jun, Sun Baoliang, Fei Jinbiao, et al. Application of colloidal fire extinguishing technology to fire disaster control of seam outcrop [J]. Coal Science and Technology, 2007, 35 (11)：58-60.

[5] 邢俊杰，吴彬. 三相泡沫防灭火技术在新集矿区的应用及其在乌兰煤矿的应用 [J]. 山东煤炭科技，2012 (5)：165-166.
　　Xing Junjie, Wu Bin. Three phase foam fire extinguishing technology application in Xinji Mining Area [J]. Shandong Coal Science and Technology, 2012 (5)：165-166.

[6] 王振平，王洪权，宋先明，等. 惰气泡沫防灭火技术在兴隆庄煤矿的应用 [J]. 煤矿安全，2004，35 (12)：26-28.
　　Mang Zhenping, Wang Hongquan, Song Xianming, et al. Application of inert foam fire-fighting technology in Xinglong Coal Mine [J]. Safety in Coal Mines, 2004, 35 (12)：26-28.

[7] 马超. 高倍微胶囊阻化剂泡沫防灭火技术在煤矿的应用 [J]. 煤矿安全，2010 (9)：48-50.
　　Ma Chao. Application of fire extinguishing technology with microcapsule inhibitor and high poser foam in coal mine [J]. Safety in Coal Mines, 2010 (9)：48-50.

[8] 杨怀玉，张青松. 注浆防灭火技术规范不合理性分析 [J]. 中国煤炭，2013 (11)：100-102.
　　Yang Huaiyu, Zhang Qingsong. Analysis on irrationality of technical regulations for fire prevention and extinguishment by grouting [J]. China Coal, 2013 (11)：100-102.

[9] 李相泽. 东胜煤田剥离方式灭火设计思路 [J]. 内蒙古煤炭经济，2010 (5)：83-85.

Li Xiangze. Thinking of designing for putting out a fire with stripping method at Dongsheng Coal Field [J]. Inner Mongolta Coal Economy, 2010 (5): 83-85.

［10］原芝泉，万鹿贵. 液氮防灭火系统在煤矿中的应用 [J]. 煤炭工程，2013，45 (3)：60-62.

Yuan Zhiquan, Wan Lugui. Application of liquid nitrogen fire preventing and extinguishing system in coal mine [J]. Coal Engineering, 2013, 45 (3): 60-62.

［11］张春华，王继仁，张子明，等. 液态二氧化碳防灭火装备及其工程应用 [J]. 科技导报，2013，31 (18)：44-48.

Zhang Chunhua, Wang Jiren, Zhang Ziming, et al. Liquid carbon dioxide fire extinguishing equipments and their engendering applications [J]. Science & Technology Review, 2013, 31 (18): 44-48.

［12］李入林，黄若峰，赵龙涛. 化工原理 [M]. 长沙：国防科技大学出版社，2009.

［13］周廷扬，赵晓东. 汝箕沟煤矿山地浅埋煤层矿压特征及上覆岩层运动规律研究 [J]. 西北煤炭，2008 (3)：7-9.

Zhou Yanyang, Zhao Xiaodong. Study on pressure feature and overlying strata moving rule of shallow seam in Rujigou Mine [J]. Northwest Coal, 2008 (3): 7-9.

［14］杨旗，彭红. 薄层阻隔型外墙隔热涂料的功能材料筛选及掺量优化 [J]. 煤炭技术，2013 (11)：163-164.

Yang Qi, Peng Hong. Functional material choosing and content optimization of thin layer heat-insulating thermal insulation coating [J]. Coal Technology, 2013 (11): 163-164.

［15］郑炳旭. 中国高温介质爆破研究现状与展望 [J]. 爆破，2010，27 (3)：13-17.

Zheng Bingxu. Current status and prospect of high-temperature blasting research in china [J]. Blasting, 2010, 27 (3): 13-17.

某金矿采矿方法的模糊优化选择

廖耀福　张万忠

（广东宏大爆破股份有限公司，广东 广州，510623）

摘　要：针对影响采矿方法选择的因素众多，本文运用模糊数学，从劳动生产率、经济、资源利用率、安全、合理程度等方面建立综合评价指标体系，确定综合评价体系中各因素的权重，计算出各个方案的优越度，依次分别为 0.644、0.640、0.473，从而确定上向水平分层充填法为该矿山的最优开采方案。实践证明，该理论的应用在该矿山实际能起到良好的经济效果，同时，也为相似矿山采矿方案优选提供了一定参考。

关键词：模糊优化；优越度；评价指标

Fuzzy Optimization on the Mining Method in a Gold Mine

Liao Yaofu　Zhang Wanzhong

（Guangdong Hongda Blasting Co., Ltd., Guangdong Guangzhou，510623）

Abstract：For the many factors affecting the the mining method selected , this paper takes use of the fuzzy math, to establish a comprehensive evaluation index system from the fctors such as labor productivity, economy, resource utilization, security, and other aspects of a reasonable degree, then determine the weight of each factor calculate various programs superior degrees, respectively, were 0.644, 0.640, 0.473. ultimately determine the optimal exploitation is the horizontal stratification scheme for mine backfill. The Practice has proved that the application of the theory in the mine can actually play a good economic results, but also provide some reference for similar mines mining program.

Keywords：the fuzzy optimization；superiority；evaluation index

某金矿位于新疆哈巴河县县城北西约 40km 处，行政区隶属哈巴河县萨尔布拉克乡管辖。矿区至哈巴河县城有乡级公路，行程 58km，交通条件较为便利。矿区处于阿尔泰山脉北西段南麓低山丘陵区，地貌以剥蚀类型为主，地势由南向北逐渐增高，海拔高程 620~772m，相对高差 30~50m，最大高差达 150m。

1　采矿地质概况及开采技术条件

矿区主体褶皱构造为多拉纳萨依—阿克萨依向斜，呈反"S"形，近南北向贯穿矿区中部。I、II、III 号自南向北分别为 II、I、III，其中 II 矿床界于 68~28 勘探线间。现矿山主要开采 II 号及 I 号矿床。

矿体围岩由石英闪长岩、灰岩、绢云千枚岩、变泥质粉砂岩组成，矿体主要为蚀变岩型矿石，与围岩成渐变过渡关系。近矿围岩普遍具有不同程度的热液蚀变和碎裂岩化、糜棱岩化现象，岩石较为破碎。特别是 II 矿带矿体主要赋存于 F1 断层下盘的韧性剪切带内，矿体及围岩主要为变砂岩、千枚岩、薄层灰岩等，岩体各向异性，强度变化大，其稳定性受构造、片理、层理、节理发育程度的制约，岩体稳定性差。绢云千枚岩、变泥质粉砂岩遇水易泥化，形成片帮、冒顶、整体坍塌等不稳定工程地质现象。

2 采矿方法选择

采矿方法的选择是比较复杂的过程，它与矿体及围岩的物理力学性质息息相关，同时，它与矿山目前现有的技术力量等因素密切相关。因此，首先必须对矿岩的物理力学性质进行必要的研究，其次必须结合矿山现有现状，合理选择采矿方法。

2.1 岩石力学性质

通过工程地质调查，运用 *RQD* 值分级、*RMR* 分级、*Q* 分级和 *BQ* 分级四种方法对不同工程地质岩组的岩石质量进行分级和评价得出：千枚岩岩组、薄层灰岩岩组岩体质量最差，千枚岩岩组岩性较软，节理发育程度也较高，岩体质量较差；薄层灰岩的抗压强度很高，但其节理十分发育，岩块分层现象非常严重，甚至无法对其的岩心取样，其岩石质量最差。变砂岩和闪长岩的单轴抗压强度较高，其 *RQD* 值也相应较高，相对比较完整，岩组岩体质量较好。其相关力学性质如表 1 所示。

表 1 矿岩力学性质汇总表

Table 1 The summary of ore and rock mechanical properties

序号	分组	容重/kg·m⁻³	抗压强度/MPa	抗拉强度/MPa	弹性模量/GPa	泊松比	*C*/MPa	$\varphi/(°)$
1	变砂岩	2736.67	99.379	6.402	15.38	0.35	28.662	38.6
2	闪长岩	2672.42	63.388	5.064	7.10	0.31	15.565	43.3
3	薄层灰岩	2776.33	109.034	4.225	—	—	26.10	38.64
4	千枚岩	2355.47	68.937	2.671	—	—	17.48	36.03

结合表 1，同时对现场巷道、采场稳固情况和支护情况的实地观测，总结出该矿床的矿岩稳固情况为，矿体（矿体主要为变砂岩和闪长岩）稳固—中等稳固，矿体上盘围岩不稳固，下盘围岩不稳固（上下盘围岩主要为薄层灰岩和千枚岩）。

2.2 采矿方法的初步选择

根据该金矿矿体为中厚—厚、上下盘围岩不稳固、矿体中等稳固—稳固、矿体为急倾斜的开采技术条件和地质特征，综合考虑矿山的具体实际，主要选择 5 种采矿方案作为矿体的可选方案。该 5 种方案是：方案 Ⅰ（现有采矿方法）-浅孔留矿采矿法；方案 Ⅱ-静态留矿采矿法、方案 Ⅲ-无底柱分段崩落法、方案 Ⅳ-上向水平分层水砂充填采矿法。

2.3 采矿方法模糊综合评判[1-4]

由于影响采矿方法最终开采效果的因素众多，且采矿活动对人员和周围环境的影响也是多方面的，单由某一因素的优劣来确定一个采矿方法是不充分的，为此，需综合各因素来选择采矿方法。目前，广泛采用的方法有价值工程评判法、数值法、灰色关联分析法、模糊数学决策法、灰色决策法等。由于采矿方法的优与劣本身就是一个模糊概念，鉴于模糊综合评判方法的强大功能与独特优势，本研究采用其对该矿区的采矿方法进行优化选择。

模糊优选的主要方法和步骤如下。

2.3.1 确定采矿方法选择的比较因素和指标

影响采矿方法选择的因素很多，考虑几个主要方面，按照劳动生产率、经济、资源利用率、安全、合理程度等几类选择如下因素进行比较：生产能力、年利润、千吨采准比、损失率、贫化率、安全状况、通风条件、劳动强度、工艺复杂程度、对矿体适应性。

2.3.2 确定各因素的权重值

上述各因素对采矿方法选择的重要程度是不相同的，并且因各矿条件不同各矿山间也有所差异，所以需根据矿山具体条件确定各因素的权重值。为减少专家评议法的主观影响，在此采用层次分析法确定权重值。层次分析法的第一步首先是根据各因素的隶属关系建立层次结构模型，该模型结构如图1所示。在每一分层对各因素采用表2所示的1~9标度方法两两比较，进行重要性评价，得出模糊判断矩阵。

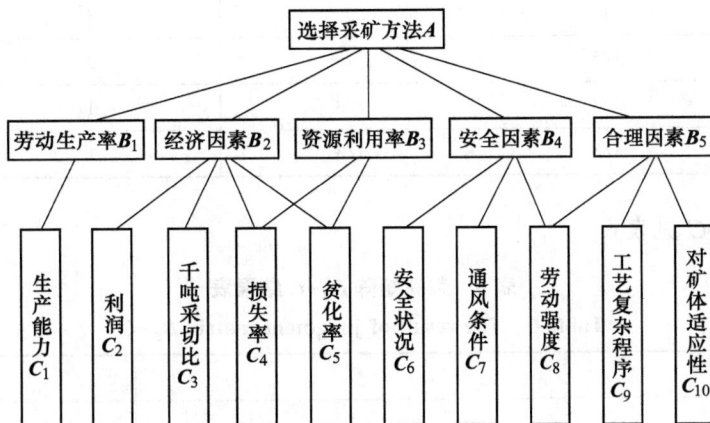

图1 采矿方案选择层次结构模型

Fig. 1 The hierarchical model of mining program selected

表2 判断矩阵标度及其含义

Table 2 The scale and the meaning of the judgmentmatrix

标度	含 义
1	两因素相比，同样重要
3	两因素相比，一因素比另一因素稍微重要
5	两因素相比，一因素比另一因素明显重要
7	两因素相比，一因素比另一因素强烈重要
9	两因素相比，一因素比另一因素极端重要
2, 4, 6, 8	上述两相邻判断值的中间值
倒数	因素 i 与因素 j 比为 c_{ij}，因素 j 与因素 i 比为 $c_{ji} = 1/c_{ij}$

（1）判断矩阵 $A-B$ 见表3。

表3 判断矩阵 $A-B$ 结果表

Table 3 The result of judgment matrix $A-B$

A	B_1	B_2	B_3	B_4	B_5
B_1	1	1/3	1/3	1/5	5
B_2	3	1	7	1	5
B_3	3	1/7	1	1/5	1/3
B_4	5	1	5	1	3
B_5	1/5	1/5	3	1/3	1

（2）判断矩阵 B_1-C 见表4。

表4 判断矩阵 B_1-C 结果表

Table 4 The result of judgment matrix B_1-C

B_1	C_1
C_1	1

（3）判断矩阵 B_2-C 见表5。

表5 判断矩阵 B_2-C 结果表

Table 5 The result of judgment matrix B_2-C

B_2	C_2	C_3	C_4	C_5
C_2	1	5	3	3
C_3	1/5	1	3	3
C_4	1/3	1/3	1	1
C_5	1/3	1/3	1	1

（4）判断矩阵 B_3-C 见表6。

表6 判断矩阵 B_3-C 结果表

Table 6 The result of judgment matrix B_3-C

B_3	C_4	C_5
C_4	1	1
C_5	1	1

（5）判断矩阵 B_4-C 见表7。

表7 判断矩阵 B_4-C 结果表

Table 7 The result of judgment matrix B_4-C

B_4	C_6	C_7	C_8
C_6	1	3	7
C_7	1/3	1	3
C_8	1/7	1/3	1

（6）判断矩阵 B_5-C 见表8。

表8 判断矩阵 B_5-C 结果表

Table 8 The result of judgment matrix B_5-C

B_5	C_8	C_9	C_{10}
C_8	1	3	1/3
C_9	1/3	1	1/3
C_{10}	3	3	1

为了检验判断矩阵的相容性，T. L. Saaty 定义了一个不相容度：

$$CI = \frac{\lambda_{\max} - n}{n - 1}$$

当 CI≤0.1 时，认为判断矩阵的相容性好，否则就要对判断矩阵进行重新调整。由上式可见，为计算 CI，首先要求出矩阵的最大特征根。为简化计算，也可采用变通方法，即如果矩阵 A 满足 $a_{ij} \geq 1$、$a_{jk} \geq 1$、$a_{ik} \geq 1$，就认为矩阵的相容性好。

可见，上述各矩阵相容性好，则可用矩阵的最大特征根 $\lambda_{\max}$ 对应的向量 ξ 作为权重向量。采用变通算法时，用下式计算每层中各因素的权重值。

$$a'_j = \sqrt[n]{\prod_{j=1}^{n} a_j}$$

得出矩阵权重值并经归一化后为：

$F = (0.098 \quad 0.386 \quad 0.075 \quad 0.361 \quad 0.080)$

$B_1 = (1.0)$

$B_2 = (0.528 \quad 0.236 \quad 0.118 \quad 0.118)$

$B_3 = (0.500 \quad 0.500)$

$B_4 = (0.669 \quad 0.243 \quad 0.088)$

$B_5 = (0.281 \quad 0.135 \quad 0.584)$

则 B_1、B_2、B_3、B_4、B_5 对 C 层中各因素的单值序值矩阵见表 9。

表 9　各因素单值序值矩阵
Table 9　Single value for each factor sequencer matrixdb

因素	C_1	C_2	C_3	C_4	C_5	C_6	C_7	C_8	C_9	C_{10}
B_1	1.0	0	0	0	0	0	0	0	0	0
B_2	0	0.528	0.236	0.118	0.118	0	0	0	0	0
B_3	0	0	0	0.500	0.500	0	0	0	0	0
B_4	0	0	0	0	0	0.669	0.243	0.088	0	0
B_5	0	0	0	0	0	0	0	0.281	0.135	0.584

所以，C_1、C_2、C_3、C_4、C_5、C_6、C_7、C_8、C_9、C_{10} 对目标层 A 的总排序权重值为：

$W = F \cdot B = (0.098, 0.204, 0.091, 0.083, 0.083, 0.242, 0.088, 0.054, 0.011, 0.046)$

2.3.3　多目标模糊决策法优选采矿方法

由表 9 得各比较因素的指标如表 10 所示。指标范围值取其平均值。

表 10　各方案主要因素指标表
Table 10　Major factors index of each program

序号	指标名称	单位	方案			
			方案Ⅱ	方案Ⅲ	方案Ⅳ	现行的采矿方法（方案Ⅰ）
1	生产能力	t/d	150	800	100	200
2	千吨采准比	m/kt	4.47	10.09	5.81	5.27
3	利润	万元/年	39257	32338	44304	28371
4	损失率	%	30	20	15	50
5	贫化率	%	10	20	10	10
6	安全状况		较好	好	较差	较差
7	通风条件		中	差	中	中
8	劳动强度		较差	好	中	较差
9	工艺复杂程度		较好	较好	较差	较好
10	对矿体适应性		较好	差	好	较好

在开始多目标模糊优选之前，需对各因素的指标进行无量纲化，以使各因素具有可比性。具体方法如下。

对定量指标，r_{ij} 由下式确定：

$$r_{ij} \begin{cases} 0.1 + \dfrac{f_{j\,\max} - f_{ij}}{d}, & f_j \text{ 为负指标} \\[2mm] 0.1 + \dfrac{f_{ij} - f_{j\,\min}}{d}, & f_j \text{ 为正指标} \end{cases}$$

式中　$f_{j\,\max}$——j 因素指标的最大值；

$\quad\quad f_{j\,\min}$——j 因素指标的最小值；

$\quad\quad d$——级差，$d = (f_{j\,\max} - f_{j\,\min})/(1 - 0.1)$；

$\quad\quad f_{ij}$——i 方案 j 因素的指标值。

对定性指标采用等级评定法，按下列九级赋值标准给出评定值：

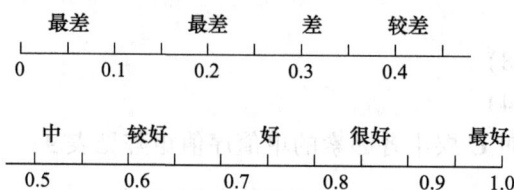

由此可得这五种采矿方案的评价模糊矩阵 $\boldsymbol{R}$ 为：

$$\boldsymbol{R} = \begin{bmatrix} 0.106 & 1 & 0 & 0.229 \\ 1 & 0 & 0.785 & 0.869 \\ 0.643 & 0.366 & 1 & 0 \\ 0.206 & 0.471 & 1 & 0 \\ 1 & 0.325 & 1 & 0 \\ 0.65 & 0.75 & 0.45 & 0.45 \\ 0.55 & 0.35 & 0.55 & 0.55 \\ 0.45 & 0.75 & 0.55 & 0.45 \\ 0.65 & 0.65 & 0.45 & 0.65 \\ 0.65 & 0.35 & 0.75 & 0.65 \end{bmatrix}$$

运用加权平均模型对各方案进行评价，计算结果为：

$$\boldsymbol{A} = \boldsymbol{W} \cdot \boldsymbol{R} = (0.640 \quad 0.473 \quad 0.644 \quad 0.418)$$

根据最大隶属原则，排定各方案的优劣次序，四种采矿方法从优到劣的次序依次是：方案 5→方案 2→方案 3→矿山现行方案。即方案 5-上向水平分层水砂充填采矿法方案最优；方案 2-静态留矿采矿法方法方案次之，方案 3-无底柱分段崩落法再次之。

3 结论

（1）针对该矿的开采技术条件，初选了三种采矿方法：上向水平分层水砂充填采矿法，静态留矿采矿法，无底柱分段崩落法，运用模糊数学理论进行研究分析，得出这三种备选方案的优越度分别为：0.644、0.640、0.473。即上向水平分层水砂充填采矿法更适合该矿的开采技术条件。

（2）将模糊数学理论运用于采矿方案的选择中，该方案能够全面地确定评价系统的各因素的权重，避免了传统的评价方法在确定权重时的片面性，为矿山工作人员做出决策提供一种快捷便利性。

参 考 文 献

[1] 葛文杰. 利用模糊数学法对采矿方法进行综合评判和选择 [J]. 矿业工程，2012（3）：14-17.

[2] 陈杰，白雪. 基于层次分析法和模糊数学法的企业内部要素评价 [J]. 西南农业大学学报（社会科学版），2011（4）：189-191.

[3] 邹仪怀，江成玉，李春辉，等. 基于层次分析法和模糊数学法的煤矿安全生产评价 [J]. 工矿自动化，2010（10）：80-85.

[4] 王新民，赵彬，张钦礼. 基于层次分析和模糊数学的采矿方法选择 [J]. 中南大学学报，2008（5）：875-880.

空气间隔装药预裂爆破空气比经验公式分析

郑炳旭[1]　吴　亮[2]　宋锦泉[1]　陈　明[3]　严　鹏[3]

(1. 广东宏大爆破工程有限公司，广东 广州，510623；
2. 武汉科技大学 冶金工业过程系统科学湖北省重点实验室，湖北 武汉，430065；
3. 武汉大学 水资源与水电工程科学国家重点实验室，湖北 武汉，430072)

摘　要：鉴于空气间隔装药预裂爆破合理空气比理论公式的复杂性，不便于推广应用，在分析现有预裂爆破线装药密度的经验公式基础上，完善并修正了线装药密度经验公式，并结合面装药密度的概念，得出了空气间隔装药预裂爆破合理空气比的半理论半经验公式，为爆破施工提供参考依据。

关键词：空气间隔装药；预裂爆破；装药密度；空气比

Empirical Formula of Air−decking Ratio in Air−decking Pre−splitting Blasting

Zheng Bingxu[1]　Wu Liang[2]　Song Jinquan[1]　Chen Ming[3]　Yan Peng[3]

(1. Guangdong Hongda Blasting Co., Ltd., Guangdong Guangzhou, 510623；
2. Hubei Province Key Laboratory of Systems Science in Metallurgical Process,
Wuhan University of Science and Technology, Hubei Wuhan, 430065；
3. State Key Laboratory of Water Resource and Hydropower Engineering Science,
Wuhan University, Hubei Wuhan, 430072)

Abstract：It is complex of the theoretical formula to calculate the air−decking ratio in air−decking pre−splitting blasting, so it is difficult to use. Basing on the existing empirical formula of line charge density in pre−splitting blasting, the existing empirical formula was improved and corrected, and combining with the concept of the surface charge density to obtain half theoretical and empirical formula of air−decking ratio in air−decking pre−splitting blasting, which could provide a reference for blasting construction.

Keywords：air−decking; pre−splitting blasting; charge density; air−decking ratio

1　引言

空气间隔装药轮廓爆破技术是一种既能达到控制爆破开挖质量又能快速、经济施工的新型轮廓爆破方式，它是目前工程爆破领域的新课题，在水电、矿山、交通等部门已经开始该项研究[1-5]。在该技术中，所有装药集中在炮孔底部，用导爆雷管起爆，可以大幅减少导爆索的使用量和装药工作量，从而达到有效节省爆破成本和提高工作效率的目的。

在预裂爆破中，不耦合装药结构是为了削减爆压峰值，从而减轻对孔壁产生的压缩破坏，同时炮孔间提供了聚能的空穴作用，使孔间连线产生应力集中，从而使孔间连线上的拉力强化而使裂缝扩展，

基金项目：国家自然科学基金（51004079）；国家自然科学杰出青年基金（51125037）。
原载于《工程爆破》，2014，20（5）：8-12。

滞后的高压气体进一步驱裂，从而形成预裂面。在空气间隔装药预裂爆破中，为使炮孔连线间岩体先预裂开，要求炮孔深度方向每一部分均需承受压力，因此要保证空气中传播的冲击波在从孔底反射的稀疏波到达堵头底部前到达[6]。按照上述原理得出了空气间隔装药预裂爆破合理空气比的理论判据。该空气比理论公式比较复杂，为使设计人员快速掌握空气间隔装药预裂爆破设计参数，本文在现有预裂爆破线装药密度的经验公式基础上，推导了空气间隔装药预裂爆破合理空气比的半理论半经验公式，为空气间隔装药轮廓爆破设计提供参考依据。

2 空气层比

空气间隔装药轮廓爆破技术的空气层比定义如下：

$$R_a = \frac{L_a}{L_a + L_r} \tag{1}$$

式中，L_a 为空气层所占长度；L_r 为炸药层所占长度；R_a 为空气比。

在空气间隔装药预裂爆破中，空气层长度应有一个合理的取值范围才能达到与不耦合装药相近的效果。由于空气间隔轮廓爆破技术用于预裂爆破的试验起步较晚，并且在现场试验中由于地质因素对爆破效果影响较大，所以得到的结论差异更大。现阶段还未能系统总结分析岩体性质、爆破参数（炮孔直径、孔间距等）对空气层的合理比例范围产生的影响。理论上，预裂炸药量和爆破介质被爆后形成的新裂纹面（即预裂面）存在物理意义上的对应关系，即同一介质在约束条件相同的情况下，单位预裂面上消耗的炸药量应是一定的，因此把经典的传统线装药密度转化为面装药密度，再通过面装药密度计算得到的空气比不仅具有理论依据，而且能为实际工程服务。

3 线装药密度

预裂爆破经验计算通用公式：

$$\rho_{线} = K[\sigma_{压}]^{\alpha} a^{\beta} d_b^{\gamma} \tag{2}$$

式中，$\rho_{线}$ 为炮孔线装药密度，kg/m；$[\sigma_{压}]$ 为岩体极限抗压强度，MPa；a 为钻孔间距，m；d_b 为炮孔的直径，m；K、α、β、γ 均为系数。

目前国内各单位根据自身行业特点，结合工程实际数据总结了很多预裂爆破经验计算式，这里仅介绍部分经验公式。

推荐公式（3）[7]：

$$\rho_{线} = 0.042[\sigma_{压}]^{0.5} a^{0.6} \tag{3}$$

式中，$\rho_{线}$ 为炮孔线装药密度，kg/m；$[\sigma_{压}]$ 为岩体极限抗压强度，MPa；a 为钻孔间距，m。

根据以往的经验公式，把炮孔孔径加入到预裂爆破的线装药密度公式中，迭代和回归得到改进的经验公式（4）[8]：

$$\rho_{线} = 7.081 d_b^{0.4279}[\sigma_{压}]^{0.4466} a^{0.327} \tag{4}$$

式中，$[\sigma_{压}]$ 为岩体极限抗压强度，MPa；a 为钻孔间距，cm；d_b 为炮孔的直径，mm。

根据相似理论和实际工程数据资料，建立了半理论半经验公式（5）[9]：

$$\rho_{线} = 0.124 d_b^{0.13}[\sigma_{压}]^{0.58} a^{0.87} \tag{5}$$

式中，$[\sigma_{压}]$ 为岩体极限抗压强度，kg/cm²；a 为钻孔间距，cm；d_b 为炮孔的直径，cm。

若钻孔取 90mm，孔间距的选择一般以钻孔直径的倍数表示，永久边坡宜取 7~10 倍钻孔直径，这里孔间距取 8 倍的钻孔直径。各经验公式的线装药密度与岩石抗压强度的关系曲线如图 1（a）所示。若钻孔取 200mm，孔间距取 8 倍的钻孔直径，各经验公式的线装药密度与岩石抗压强度的关系曲线如图 1（b）所示。

对比以上两组预裂爆破线装药密度与岩石抗压强度的关系，结合已有的工程数据，对于孔径小于 110mm 的情况，可以认为炮孔的直径对线密度的影响不显著[10]。但炮孔孔径大于 110mm 的情况则很有必要考虑炮孔直径的影响，如图1（b）所示，这一观点由 U. 兰格弗斯建议值得到证实。

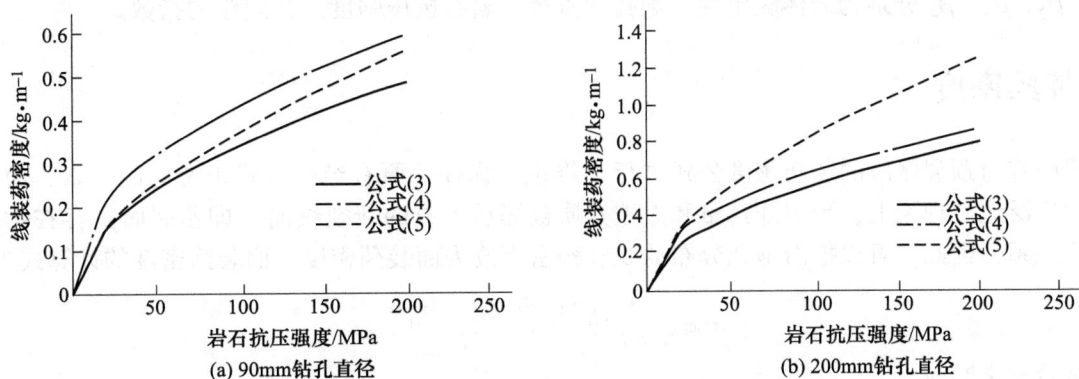

图 1　各经验公式的线装药密度与岩石抗压强度的关系曲线

Fig. 1　Relation curves of linear charge density and compressive strength of rock on each empirical formula

4　装药密度经验公式的修正

4.1　装药密度与岩体基本质量的关系

当炮孔直径、炮孔间距确定以后，线装药密度对预裂爆破的效果起主导作用。由上述经验公式得知线装药密度和岩体抗压强度有关。岩体越坚硬、致密和完整，则线装药密度相应增大，反之岩体松软、裂隙节理发育，则线装药密度相应减小，但岩体的抗压强度难以确定，故经验公式中均采用岩石抗压强度。众所周知，岩体是地质体，它经历过多次反复地质作用，其强度远小于岩石，因此，采用岩石抗压强度来确定线装药密度的值偏大，而岩体的纵波波速能反映岩体的完整程度，建立线装药密度与岩体强度的关系采用岩体纵波波速更为合理。

岩体的纵波波速是岩体矿物成分、结构和构造的综合特性的反应。岩体致密、坚硬、完整则波速值高，若岩体松软、破碎、节理裂隙发育，则其波速低。可见，岩体纵波波速与预裂爆破线装药密度有着必然的内在联系。若能找出岩体基本质量，即岩石坚硬程度、岩体完整程度与岩体线装药密度之间的关系，只需在爆破前实测出岩体的平均波速，便可方便地确定其线装药密度，使预裂爆破效果更好[11]。

岩体完整程度的定量划分见表1。

表 1　岩体完整程度分类

Table 1　Classification of rock mass about integrity

岩体完整性系数（K_v）	>0.75	0.75~0.55	0.55~0.35	0.35~0.15	<0.15
完整程度	完整	较完整	较破碎	破碎	极破碎

岩体完整性指标计算公式：

$$K_v = \left(\frac{v_{p岩体}}{v_{p岩石}} \right)^2 \tag{6}$$

式中，$v_{p岩体}$、$v_{p岩石}$ 分别为岩体和岩石的压缩波速度。

4.2　装药密度与炸药特性的关系

质量一定的情况下，不同的炸药爆炸后对爆破介质的做功大小也不一样。炸药的做功大小是以爆炸产物做绝热膨胀直到其温度降至炸药爆炸前的温度时，对周围介质所做的功来表示。炸药的做功能力主要取决于炸药的爆热以及爆生气体的体积，因此对线装药密度经验公式可以修正为：

$$\rho_{线} = \frac{1}{n} \alpha K_v^{\beta_1} d_b^{\beta_2} [\sigma_压]^{\beta_3} a^{\beta_4} \tag{7}$$

式中，n 为其他炸药与 2 号岩石炸药的爆力比值；α 为回归系数；K_v 为岩体完整性指标；a 为炮孔间距；β_1、β_2、β_3、β_4 分别为岩体完整性、炮孔的直径、岩石抗压强度、孔间距的指数。

5 面装药密度

上述内容对预裂爆破的装药密度公式进行了修正，弥补了原有经验公式未考虑的因素，使公式更精确化和广泛化。理论上，预裂炸药量和爆破介质被爆后形成的新裂纹面（即预裂面）存在物理意义上的对应关系，因此，可以把沿炮孔分布的线装药密度改为面装药密度，面装药密度的计算式为：

$$\rho_{面} = \frac{1}{na}\alpha K_v^{\beta_1} d_b^{\beta_2} [\sigma_{压}]^{\beta_3} a^{\beta_4} \tag{8}$$

式中，符号意义同前。

6 空气比经验公式

空气间隔装药预裂爆破的面装药密度理论计算式为：

$$\rho_{面} = \frac{\pi d_b^2}{4a}(1 - R_a)\rho_e \tag{9}$$

式中，a 为炮孔间距，m；R_a 为空气比；ρ_e 代表炸药的密度，g/cm^3；d_b 为炮孔的直径，m。

根据炸药药量和爆破介质被爆后形成的新裂纹面的对应关系，可以认为空气间隔装药面密度与传统预裂的面密度相等，则可以用经验公式表示出空气比的计算式：

$$R_a = 1 - \frac{4}{n\pi d_b^{2-\beta_2}\rho_e}\alpha K_v^{\beta_1} [\sigma_{压}]^{\beta_3} a^{\beta_4} \tag{10}$$

式中，ρ_e 为炸药密度，g/cm^3；$[\sigma_{压}]$ 为岩体极限抗压强度，MPa；a 为炮孔间距，m；d_b 为炮孔的直径，m。

对于空气间隔装药预裂爆破，由于炸药集中在炮孔中一小段上，其装药段的爆破损伤要较传统全孔不耦合装药预裂爆破消耗更多的能量，因此需要对空气间隔预裂爆破的面密度适当提高，式（10）可修正为：

$$R_a = 1 - \frac{4\varphi}{n\pi d_b^{2-\beta_2}\rho_e}\alpha K_v^{\beta_1} [\sigma_{压}]^{\beta_3} a^{\beta_4} \tag{11}$$

或

$$R_a = 1 - \frac{4\varphi\rho_{线}}{\pi d_b^2 \rho_e} \tag{12}$$

式中，φ 为面密度增加系数，≥ 1；其余符号意义同前。

7 面密度增加系数

本文借鉴美国《爆破者手册》以及瑞典 U. 兰格弗尔斯推荐的预裂爆破参数计算得到了传统预裂爆破的面密度范围，见表 2、表 3。

表 2 美国《爆破者手册》推荐的预裂爆破参数

Table 2 Pre-splitting blasting parameters in American blasting Handbook

孔径/mm	孔距/m	线装药密度/kg·m^{-1}	平均面密度/kg·m^{-2}	最大线密度计算的面密度/kg·m^{-2}
38.1~44.4	0.30~0.46	0.12~0.37	0.63	0.80~1.2
60.8~63.5	0.46~0.61	0.12~0.37	0.44	0.61~0.8
76.2~88.9	0.46~0.91	0.19~0.74	0.68	0.81~1.6
101.6	0.61~1.22	0.37~1.11	0.80	0.91~1.82

表3 瑞典 U. 兰格弗尔斯推荐的预裂爆破参数

Table 3 Pre-splitting blasting parameters recommended by the Swedish U. Lange FLS

孔径/mm	孔距/m	药卷	线装药密度/kg·m⁻¹	平均面密度/kg·m⁻²	最小孔距计算的面密度/kg·m⁻²
37	0.30~0.5	古力特	0.12	0.30	0.40
44	0.30~0.5	古力特	0.17	0.43	0.57
50	0.45~0.7	古力特	0.25	0.43	0.56
62	0.55~0.8	纳比特	0.35	0.52	0.64
75	0.60~0.9	纳比特	0.50	0.67	0.83
87	0.70~1.0	代纳米特	0.70	0.82	1.00
100	0.80~1.2	代纳米特	0.90	0.90	1.13
125	1.00~1.5	纳比特	1.40	1.12	1.40
150	1.20~1.8	纳比特	2.00	1.33	1.67
200	1.50~2.1	代纳米特	3.00	1.67	2.00

借鉴国内冶金部与部分露天金属矿山预裂爆破参数计算得到了传统预裂爆破的面密度范围，见表4、表5。

表4 冶金部马鞍山矿研院建议的一般预裂爆破参数

Table 4 Pre-splitting blasting parameters proposed by Metallurgical Department of Ma'anshan Mining Research Institute

孔径/mm	孔距/m	线装药密度/kg·m⁻¹	平均面密度/kg·m⁻²	最大线密度计算的面密度/kg·m⁻²
80	0.7~1.5	0.4~1.0	0.64	0.67~1.43
100	1.0~1.8	0.7~1.4	0.75	0.78~1.40
125	1.2~2.1	0.9~1.7	0.79	0.81~1.42
150	1.5~2.5	1.1~2.0	0.78	0.80~1.33

表5 国内部分露天金属矿山预裂爆破参数

Table 5 Pre-splitting blasting parameters of opencast metal mine in China

矿山名称	岩石坚固系数	孔径/mm	孔距/m	孔距计算系数	平均线装药密度/kg·m⁻¹	平均面密度/kg·m⁻²
歪头山铁矿	14~18	250	3.0~3.3	12.6	6.0	1.90
南芬铁矿	8~10	310	3.5	11.3	8.0	2.29
		250	2.5~2.7	10.4	6.0	2.31
	10~14	250	2.7	10.8	6.0	2.22
齐大山铁矿	10	250	3.5~4.0	15.0	6.0	1.50
朱家堡铁矿	14~16	200	1.5	7.5	2.0	1.30
兰尖铁矿	14~16	160	1.0	6.3	1.2	1.20
南芬铁矿	8~14	140	1.3~1.5	10.0	1.2	0.86
		125	1.1~1.3	9.6	1.0	0.83

根据国内外学者推荐参数以及国内冶金矿山的实际数据，可以推断矿山一般预裂爆破面密度与炮孔直径相关性显著，预裂爆破面密度与炮孔直径成正比。统计上述参数可以初步得到炮孔直径与面密度的关系，见表6。

表6 不同炮孔直径与面密度、空气比的关系
表6 不同炮孔直径与面密度、空气比的关系
Table 6 Relation of different borehole diameters, area density and air ratio

孔径/mm	面密度/kg·m^{-2}	空气比			
		$\varphi=1.0$	$\varphi=1.2$	$\varphi=1.6$	$\varphi=2.0$
30~50	0.3~0.6	0.83~0.90	0.80~0.88	0.73~0.84	0.66~0.80
50~70	0.4~0.8	0.85~0.89	0.82~0.87	0.76~0.83	0.69~0.78
70~90	0.6~1.2	0.84~0.87	0.80~0.85	0.74~0.80	0.67~0.74
90~110	0.7~1.5	0.84~0.87	0.81~0.85	0.75~0.80	0.69~0.74
110~125	0.8~1.7	0.86~0.87	0.83~0.85	0.77~0.80	0.71~0.74
125~160	0.9~1.9	0.87~0.89	0.83~0.87	0.77~0.82	0.71~0.78
160~250	1.2~2.4	0.86~0.91	0.83~0.89	0.77~0.85	0.71~0.82
250~310	1.8~2.5	0.88~0.90	0.85~0.88	0.80~0.84	0.75~0.80

注：以平均面密度计算，孔间距与孔径比取10。

通过计算并结合工程实践，面密度增加系数在1.6及以上取值比较合理。

8 算例及分析

假定炸药为2号岩石炸药，n 取1，密度取 $1g/cm^3$，岩体非常完整，K_v 取1，炮孔直径100mm，其他参数采用表3中的推荐值[9]。通过计算得到空气比见表7。$\lambda=a/d_b$ 为孔间距与孔径比。

表7 预裂爆破参数经验数值（$\varphi=2$）
Table 7 Experience parameters about the pre-splitting blasting parameters（$\varphi=2$）

岩石性质	岩石抗压强度/MPa	$\lambda=7$	$\lambda=9$	$\lambda=15$	$\lambda=20$
软弱岩石	40	0.94	0.92	0.88	0.86
中硬岩石	70	0.92	0.90	0.86	0.80
次坚岩石	100	0.90	0.88	0.82	0.76
坚石	160	0.88	0.84	0.76	0.70

不同孔间距与孔径比计算出的空气比如图2（a）所示。计算结果表明：若炮孔间距与炮孔直径的比越小，由式（10）计算的空气比越大。$\lambda=15$ 时，不同面密度增加系数下空气比与岩石抗压强度的关系曲线如图2（b）所示。随着面密度增加系数的增大，空气比减小，对于合理的增加系数还需试验来确定。另外，在炸药和孔径确定的情况下，岩石的抗压强度、岩体完整性指标、炮孔间距与空气比成反比。

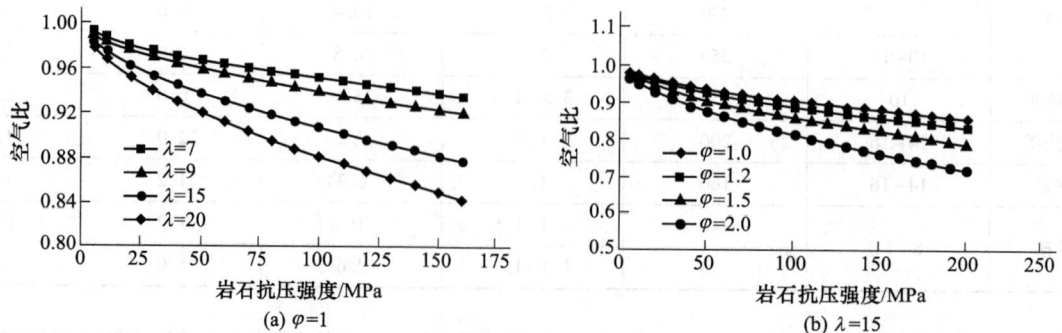

图2 空气比与岩石抗压强度的关系曲线
Fig. 2 Relation curves of air ratio and rock compressive strength

9　结语

本文结论如下。

（1）对预裂爆破的装药密度公式进行了修正，弥补了原有经验公式未考虑的因素，使公式更精细化和广泛化。

（2）基于预裂轮廓面上消耗炸药能量相等原理，建立了预裂爆破线装药密度与面密度的关系，提出了空气间隔预裂爆破的经验公式。

（3）针对空气间隔预裂爆破的特点，确定了合理的药量增加系数。

建议在使用本文推荐的空气比经验公式时，应结合工程特点，进行试验确定合理的增加系数，同时，本文没有考虑孔深的影响，对于孔深超过一定的临界值时，需采取分段装药措施。

参 考 文 献

[1] 卢文波，舒大强，朱红兵，等. 空气间隔装药结构在轮廓爆破中的应用研究 [C] //张正宇. 中国爆破新技术. 北京：冶金工业出版社，2004：296-301.

[2] 吴亮，钟冬望，蔡路军. 空气间隔装药中光面爆破机理数值分析 [J]. 武汉理工大学学报，2009，31（16）：77-81.

[3] 刘文波，程康，沈伟，等. 空气间隔装药光面爆破在公路隧道掘进中的应用 [J]. 土工基础，2009，23（4）：37-39.

[4] 周游，程康，陈世华. 空气间隔装药技术在水布垭地下厂房开挖中的应用 [J] 爆破，2005，22（2）：56-57.

[5] Wu L, Yu D X, Duan W D, et al. Rock Failure Mechanism of Air-decked Smooth Blasting Under Soft Interlayer [J]. Advanced Materials Research, 2012, 402（12）：617-621.

[6] 朱红兵. 空气间隔装药爆破机理及应用研究 [D]. 武汉：武汉大学，2006.

[7] 王玉杰. 爆破工程 [M]. 武汉：武汉理工大学出版社，2007.

[8] 罗伟，朱传云. 预裂爆破线装药密度经验公式修正及推求 [J]. 中国水运（理论版），2006，4（4）：73-74.

[9] 李忠武. 预裂爆破线装药密度计算的探讨 [C] //铁道科学研究院光面预裂爆破论文汇编，2007.

[10] 张正宇，张文煊，吴新霞，等. 现代水利水电工程爆破 [M]. 北京：中国水利水电出版社，2003.

[11] 石怀理，岳英，王洪训，等. 用岩体波速确定预裂爆破线装药密度的探讨 [C] //第四届全国岩石动力学学术会议论文集. 1994.

耐热炸药机理分析与优化浅析

束学来[1]　郑炳旭[2]　郭子如[1]　崔晓荣[2]

（1. 安徽理工大学 化学工程学院，安徽 淮南，232001；
2. 广东宏大爆破股份有限公司，广东 广州，510623）

摘　要：针对现今高温爆破存在的炸药早爆问题，论述了我国煤矿火区爆破现状，对耐热炸药进行了分类，并分别对耐热炸药的耐热机理和应用前景进行分析，最后对耐热炸药配方进行了优化浅析。结果表明，高能混合炸药由于价格高等原因难以大规模使用，而加入适量减缓炸药分解的物质，加入少量高能炸药等方法改性的普通工业炸药，其耐热性能大幅度提高。

关键词：高温爆破；耐热炸药；耐热机理

Mechanism and Optimization Analysis of Heat-resistant Explosives

Shu Xuelai[1]　Zheng Bingxu[2]　Guo Ziru[1]　Cui Xiaorong[2]

（1. School of Chemical Engineering，Anhui University of Science and Technology，Anhui Huainan，232001；
2. Guangdong Hongda Blasting Co.，Ltd.，Guangdong Guangzhou，510623）

Abstract：As for the problems of explosives early burst in the high-temperature blasting，the present blasting situation of high-temperature fire area of coalmine in China were discussed，and the heat-resistant explosives were classified. The heat-resistant mechanism and application prospect of the heat-resistant explosives and the formula of the heat-resistant explosive were analyzed. The results showed that high energy mixed explosive was difficult to beused in large scale in blasting because of its high price. The ordinary industrial explosives that adding a little of high energy explosive and right amount of the material that could slow down decomposition of explosive could greatly improve the heat-resistant performance.

Keywords：high-temperature blasting；heat-resistant explosives；heat-resistant mechanism

1　引言

在我国宁夏、新疆、内蒙古等地有着大量的煤矿火区，火区高温爆破存在着炸药早爆的危险，给施工人员的生命安全造成威胁。现在高温爆破主要运用对炮孔降温、对爆破器材进行隔热包装、选用耐热炸药等方法[1]。炮孔降温花费大且炮孔容易恢复高温；采用隔热包装会降低爆破效率且不利于装药，容易发生卡孔等现象；使用耐热炸药则可以从根本上解决炸药早爆问题，提高爆破效率和安全性[2]。目前系统的从炸药种类、成分、分子结构等方面对耐热炸药机理的分析还很缺乏，本文将分析炸药的耐热原因及影响因素，以优化耐热炸药，提高炸药耐热性能。

2　耐热炸药

耐热炸药指长时间经受高温环境后仍能保持适当的机械感度且可靠起爆的一类炸药[3]。这类炸药热感度较低，在高温下能稳定存在一段时间。现今使用的耐热炸药有高能混合炸药和改性的工业炸药。

2.1 高能混合炸药

高能混合炸药主要是高聚物粘结炸药中的造型粉，是以粉状高能单质炸药为主体，加入粘结剂、增塑剂、钝感剂等组成。高能单质炸药具有高正生成热、高热稳定等特点，常用的单质炸药是硝胺炸药（如 RDX、HMX），硝酸酯炸药（如 PETN）芳香族硝基化合物（如 TATB、HNS、DIPAM）及硝仿系炸药（如 TNMA、TNETB）等[4,5]。粘结剂是高能混合炸药的重要组成部分，将各个炸药组分粘结在一起，使炸药保持一定的几何形状和力学性能，对炸药的能量、安全性起到重要作用，常用的粘结剂有天然高聚物和合成高聚物[6]，如聚异丁烯、氟橡胶、天然橡胶等；增塑剂不仅能改进力学性能，降低加工难度，而且可以提高安全特性，加强配方中能量和氧平衡等，常用的增塑剂有硝酸酯、脂肪族硝基化合物等[7]；钝感剂能包覆于炸药颗粒表面，填充炸药的空隙，吸收或隔离外界热量，降低炸药的热感度，常用的钝感剂有蜡类、无机钝感剂等。

2.1.1 耐热机理分析

由于炸药结构的复杂性，影响热感度的因素有许多，大体可以分为微观（如分子和晶体结构等）、介观（如晶体缺陷、杂质及表界面作用等）和宏观因素。其中，影响感度的最根本因素是分子和晶体结构[8,9]，如下所示。

（1）含有氨基：—NH$_2$ 基的作用在于它可与炸药中—NO$_2$ 基里的氧形成氢键，使分子的晶格能量增加，提高其熔点或分解点。

（2）形成共轭体系：苯环与苯环各以一个碳原子相互连接形成的联苯、三联苯系化合物中的苯环相互共轭，两个苯环之间的键长比碳—碳单键短，键越短，分解所需要的能量就越多，分子热稳定性越好[10]。

（3）成盐：金属离子作为中心离子，与配位原子形成螯合环，共面性好，从而使整个分子结构稳定性增加，且中心金属离子可以和配位体形成的结构存在大量的氢键，提高了配位体的熔点[11]。熔点低，炸药易熔化为液态，增大分解速率。同时，熔化的炸药在对流作用下温度会在短时间内快速上升，不利于炸药的热稳定[12]。

高能混合炸药一般都具有上述的分子或晶体结构，如 TATB 分子中含有 3 个氨基，这导致其热感度很低。如聚黑-7 炸药（含黑索今 96.5%、聚异丁烯 1.8%、有机玻璃 0.7%、石墨 0.1%）在 180℃下耐热 2h，不燃不爆；411 炸药（HMX94%、聚异丁烯 4%、苯乙烯与丙烯腈的共聚物 1%、石墨 1%）在 210℃下耐热达 2h[13]。

2.1.2 应用前景分析

高能混合炸药耐热性能优良，但由于高能单质炸药制备复杂，价格高，在高温爆破中很难大规模推广使用，其主要应用在：（1）探索外层空间的导弹和宇宙飞行器上使用的炸药和烟火推进剂材料；（2）油井天然气井或地下勘探时用的炸药和爆炸装置；（3）高温爆破时导爆索、雷管等起爆器材的装药。

2.2 改性的工业炸药

现在广泛使用的工业炸药有铵油炸药、乳化炸药、水胶炸药。这些炸药的耐热性能都较差，如铵油炸药使用温度不得高于柴油闪点，化学发泡的乳化炸药在高温下气泡难以保存，物理敏化的乳化炸药在高温下会破乳，水胶炸药在高温下也会解聚[14]。改性的工业炸药，一般以硝酸铵为主体，加入少量抑制剂、可燃剂、敏化剂、涂覆剂等，如长沙矿山研究院发明的一种用于自燃硫化矿的安全炸药。该炸药的临界安全温度可达 135℃，其主要成分的质量分数为硝酸铵 80%~90%，可燃剂木粉 0~4%，涂覆剂松香 0.1%~4%，石蜡 0.5%~4%，复合抑制剂 2%~9%[15]。

2.2.1 耐热机理分析

工业炸药在受热作用下发生的爆炸，主要是硝酸铵受热分解导致温度升高从而分解，自行加速发生爆炸。所以提高工业炸药耐热性能的主要途径即抑制硝酸铵在一定时间内发生快速热分解。减慢炸药热分解速率可以通过减少硝酸铵吸收的热量、阻止硝酸铵热分解反应、增加炸药内部的散热、形成低共熔物四个方面来实现。

2.2.1.1 减少硝酸铵的吸热

减少硝酸铵的吸热方式如下。

（1）减小传热速率：炸药组分多等原因导致热量传递过程非常复杂，包括硝酸铵颗粒中的导热过程、硝酸铵颗粒间隙微层中的导热过程、硝酸铵颗粒间的导热过程、水相和油相之间的导热过程、热源对炸药的对流传热和辐射传热等[16]。辐射传热只在高温时才比较明显，对流换热量也较小，故一般认为，炸药的传热只考虑固体、流体的导热作用。根据傅立叶定律可知，传热速率与传热面积、导热系数和温度梯度有关。传热面积越小，导热系数越小，温度梯度越小，传热速率越小。通常金属的导热系数最大，非金属固体次之，液体的较小（其中水的导热系数最大），气体的最小[17]。

硝酸铵直接与热源接触时，传热速率最快，炸药的危险性很大。通过物理包覆硝酸铵，增大热阻，可以降低传热速率。

现今的工业炸药体系中，油相作为可燃剂是炸药不可缺少的一部分，油相包括作为可燃剂的燃料油和一些乳化剂等添加剂。随着油量的增加，硝酸铵热分解开始时温度降低。但油相导热系数小，可以包覆硝酸铵颗粒，减缓硝酸铵吸热的作用，提高硝酸铵的热稳定时间。

燃料油应选择分子链比较大的材料，如真空泵油等，这不仅因为分子间键不易断裂、闪点高，同时形成的油膜强度比较高，不易发生油水相分离；乳化剂等添加剂应该选择高分子、亲水性好的材料，一方面有利于形成稳定的粒子油膜，提高油膜强度，另一方面高分子材料分子链较长，能穿于几个粒子之间，增强表面膜强度，具有立体结构，且由于亲水性好，极性基团能与水形成氢键，在较高的温度下才能克服氢键的作用力，提高炸药的热稳定性。

在实际过程中，单一的油相很难满足上述的多种性能且会产生弊端，如高分子材料的加入会带来黏度的问题，通常把油相材料（如柴油）等和添加剂（如蜂蜡）按照一定配比加热融化至一定温度保温制成的复合油相满足上述多种性能，且可以调节传热系数，降低传热速率，但需要注意的是，木粉、棉纤维等固体碳氢化合物作为油相时，由于其带有的羟基和醛基易于与二氧化氮反应，放出热量，对硝酸铵具有较强的热催化作用[18-20]。

（2）减缓热量吸收：硝酸铵发生放热分解反应温度为185℃，水等一些物质具有较大的比热容和蒸发潜热，在此温度前发生物理变化会吸收大量的能量，减少硝酸铵吸收的热量，降低炸药的热感度，这也是含水炸药具有较低热感度的原因之一。

硝酸铵的晶变和熔化是吸热过程，增加了炸药的热稳定性，但一些物质的加入，因其自身的性质会使得晶变形式发生变化，因此应少用此类物质。如加入木粉，DSC试验不能明显观察到四个吸热峰，而加入真空泵油等则可以明显观察到三个吸热峰[21]。

2.2.1.2 阻止硝酸铵热分解反应

硝酸铵自催化热分解的催化剂是水和二氧化氮，二氧化氮是酸分解产生的，从表观上看是水和硝酸。硝酸分解反应、与硝酸铵的反应分别如式（1）和式（2）所示：

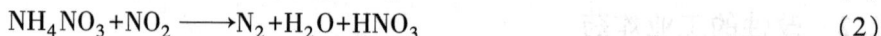

$$HNO_3 \longrightarrow NO_2 + H_2O + O_2 \tag{1}$$

$$NH_4NO_3 + NO_2 \longrightarrow N_2 + H_2O + HNO_3 \tag{2}$$

氨气是硝酸铵热分解的阻化剂，氨气的积聚不但可以使低温下硝酸铵的第一步热分解式（3）向左进行，而且还能与硝酸、二氧化氮发生式（4）、式（5）的剧烈反应，使硝酸、二氧化氮浓度降低，减小分解速率。

$$NH_4NO_3 \longrightarrow NH_3 + HNO_3 \tag{3}$$

$$5NH_3 + 3HNO_3 \xrightarrow{\text{气相}} 9H_2O + 4N_2 \tag{4}$$

$$2NH_3 + 2NO_2 \xrightarrow{\text{气相}} NH_4NO_3 + H_2O \tag{5}$$

从上述分析可知，阻止硝酸铵热分解反应可以从以下几个方面着手：

（1）添加通过化学反应很容易释放氨气的物质。尿素、乙酰胺等在分解时可以释放出氨气，能有效阻止硝酸铵的分解。试验证明，尿素添加量仅0.05%~0.1%，就可以使硝酸铵热稳定性大幅度提高；氮化镁等金属氮化物在常温下可以与硝酸铵反应放出氨，阻止硝酸铵的第一步热分解[22]。

（2）添加可与硝酸铵分解的硝酸及氮的氧化物等产物反应生成稳定性化合物的物质。用氢氧化铝等两性氢氧化物包裹在硝酸铵上，可以与硝酸作用而抑制硝酸铵的分解，且可以阻止分解向深部扩展。

（3）减慢酸的分解速率。根据硝酸的分解反应式（1）可知，减小硝酸的含量可以使化学反应向左进行，减慢硝酸的分解速率，故可以添加些碱性物质与硝酸反应。

（4）控制水含量。含水炸药一般含水量较高，如包装型乳化炸药含水量一般在 8%～12%，混装乳化炸药含水量为 15%～18%。水是硝酸铵热分解的催化剂，但是试验证明水是较有争议的物质。V. A. Koroban 等人的实验结果得出：加入 3.5% 的水可以降低硝酸铵的分解速率，当水含量达到 7% 时，硝酸铵的热稳定性降低[22]。而张为鹏等人通过 3MPa 下不同水含量硝铵的 DSC 实验证明水分对硝酸铵放热分解峰影响较小[23]。

（5）高温时与硝酸铵反应生成热稳定性化合物的物质氧化锌在高温时可以与硝酸铵反应生成硝酸多氨锌，同时与硝酸铵形成均匀相，阻止硝酸按照爆炸反应式发生热分解；碳酸钙和氯化钾可以与硝酸铵生成硝酸铵钙和硝酸铵钾，大幅度提高硝酸铵的热稳定性。

从硝酸铵分解反应的整个过程来看，炸药热分解的初始反应速率对它随后的热分解起着决定性的作用，故抑制剂对炸药初始热分解是至关重要的。这样的抑制剂等于控制了硝酸铵的最初放热和阻止了中间产物的出现，后面的硝酸铵自催化爆炸反应式也不会出现。也就是说尿素、乙酰胺等分解时能产生氨气的添加剂效果是最好的[24]。

2.2.1.3 增加炸药内部的散热

工业炸药是不均匀混合的炸药，炸药受热发生热分解，易发生热量积累，造成局部温度升高，当温度高于环境温度时，会向环境散热，散热量越大，炸药越安全。

炸药的散热影响因素包括与周围环境的温度差、炸药空隙率、炸药厚度等。炸药越均匀、厚度越小，炸药越易散热，不易发生热量积累。

2.2.1.4 形成低共熔物

低共熔物是指两种或两种以上的含能化合物，在其中一个或多个组分熔融的状态下，其他组分溶解其中，从而使熔点降低并使各组分均匀混合的共熔混合物。它具有不敏感的特点，在制造、使用、周转的各个阶段都很安全[25]。例如硝酸钠等硝酸盐、硫酸盐等可以与硝酸铵形成低共熔物，提高硝酸铵的热稳定性，郭子如等人通过试验证明硝酸铵中加入少量硝酸钠可以改善硝酸铵的热稳定性[26]。但是硝酸钠等的加入会降低炸药的起爆敏感性，应提高敏化剂的含量或增加传爆药包[4]。

2.2.2 应用前景分析

通过改性的工业炸药，仍以硝酸铵为主，价格低廉、生产方便，能大幅度地提高炸药的耐热性能，但是抑制剂的添加，需考虑其与炸药组分的相容性，也要考虑到炸药的爆炸性能。为了提高炸药的爆炸性能，可以再加入一些高熔点的 RDX 等单质猛炸药或铝粉等高能物质。王勇通过试验证明 RDX 加入到乳化炸药中可以提高其爆炸性能[27]。

3 耐热炸药优化浅析

综合高能混合炸药、改性普通工业炸药的机理与应用前景分析可知，这两类炸药各有优点。实际的高温爆破使用的炸药需要满足以下特点：

（1）原材料来源广泛、价格低廉；

（2）炸药生产工艺安全、简单，最好能现场混装；

（3）能实现快速装药，少出现卡孔，能稳定起爆和爆轰等。

根据以上要求，实际的高温爆破使用的炸药可以进行如下设计：

（1）以普通工业硝酸铵为主要原材料；

（2）选择长分子链的复合油相做可燃剂；

（3）添加少量铝粉或高能炸药（如 RDX 等）作为敏化剂；

（4）加入少量能减慢炸药热分解的物质；

（5）选择乳化炸药、水胶炸药等含水炸药时适当增加含水量；

（6）使用适量粘结剂、增塑剂，使炸药保持一定的形状、力学性能并增加炸药均匀性。

4 结论

（1）高能混合炸药具有良好的耐热性，但由于其使用价格不菲、制造不方便等原因，很难在高温爆破中广泛使用。

（2）改性的普通工业炸药，耐热性能可得到大幅度提高，其中阻止硝酸铵热分解反应的抑制剂效果最好，能够广泛应用在高温爆破中。

（3）选择高分子长链油相材料、添加抑制剂，形成低共熔物等都能提高炸药的热稳定性。

（4）提高炸药耐热性能的同时，需要兼顾炸药的爆炸性能，可以通过加入 RDX 等实现。

参 考 文 献

[1] 郑炳旭. 中国高温介质爆破研究现状与展望 [J]. 爆破, 2010, 27 (3): 13-17.

[2] 蔡建德. 露天煤矿高温区爆破安全作业技术研究 [J]. 工程爆破, 2013, 19 (1-2): 92-95.

[3] 黄亚峰, 王晓峰, 冯晓军, 等. 高温耐热炸药的研究现状与发展 [J]. 爆破器材, 2012, 41 (6): 1-4.

[4] 黄文尧, 颜事龙. 炸药化学与制造 [M]. 北京: 冶金工业出版社, 2009.

[5] Urbanski T, Vasudeva S K. Heat resistant exploaives [J]. J. Sci. Ind. Res., 1978 (37): 250-255.

[6] 吴晓青, 萧忠良, 刘幼平. 发射药中粘结剂对耐热安全性的影响 [J]. 火炸药学报, 1999 (3): 19-20.

[7] 孙亚斌, 周集义, 含能增塑剂研究进展 [J]. 化学推进剂与高分子材料, 2003, 1 (5): 20-25.

[8] 曹霞, 向斌, 张朝阳. 炸药分子和晶体结构与其感度的关系 [J]. 含能材料, 2012, 20 (5): 643-649.

[9] Agrawal J P. Past, Present & Future of Thermally Stable Explosives [J]. Central European Journal of Energetie Materials, 2012, 9 (3): 273-290.

[10] 吕春绪. 耐热炸药分子结构分析与合成研究 [J]. 含能材料, 1993, 1 (4): 13-18.

[11] 张同来, 武碧栋, 杨利, 等. 含能配合物研究新进展 [J]. 含能材料, 2013, 21 (2): 137-151.

[12] 陈朗, 王沛, 冯长根, 考虑相变的炸药烤燃数值模拟计算 [J]. 含能材料, 2009, 17 (5): 568-573.

[13] 孙国祥, 梁永贞, 党兰. 油气井射孔弹用炸药 [J]. 测井技术, 1996, 20 (4): 297-302.

[14] 廖明清, 周云卿. 高硫矿床火区开采中的高温爆破技术 [J]. 湖南有色金属, 1987 (5): 3-6.

[15] 长沙矿山研究院, 铜陵有色金属公司铜山铜矿. 自然硫化矿用安全炸药及制造工艺: 中国. CN1083036A [P]. 1994-03-02.

[16] 文虎, 徐精彩, 李莉, 等. 煤自燃的热量积聚过程及影响因素分析 [J]. 煤炭学报, 2003, 28 (4): 370-374.

[17] 李人林, 化工原理 [M]. 长沙: 国防科技大学出版社, 2009.

[18] 李艺, 惠君明. 几种添加剂对硝酸铵热稳定性的影响 [J]. 火炸药学报, 2005, 28 (1): 76-80.

[19] 徐志祥, 胡毅亭, 刘大斌, 等. 油相材料对乳化炸药热稳定性的影响 [J]. 火炸药学报, 2009, 32 (4): 34-37.

[20] 孙昱东, 杨朝合, 韩忠祥, 等. 乳化重油高温稳定性及催化裂化反应性能研究 [J]. 石油大学学报 (自然科学版), 2002, 26 (4): 74-76.

[21] 王光龙, 许秀成. 硝酸铵热稳定性的研究 [J]. 郑州大学学报 (工学版), 2003, 24 (1): 47-50.

[22] 田宇. 工业炸药中硝酸铵热稳定性影响综述 [J]. 煤矿爆破, 2011 (1): 23-26.

[23] 张为鹏, 张亦安, 赵省向. 杂质的影响及硝铵生产中爆炸事故的预防 [J]. 化肥工业, 2000, 27 (1): 40-43.

[24] 聂森林, 周叔良. 解决硫化矿爆破安全问题的途径 [J]. 冶金安全, 1984 (3): 26-30.

[25] 陈玲, 舒远杰, 徐端娟, 等. 含能低共熔物研究进展 [J]. 含能材料, 2013, 21 (1): 108-115.

[26] 郭子如, 王小红. AN 和硝酸钠混合物热分解的动力学分析 [J]. 含能材料, 2004, 12 (6): 361-363.

[27] 沈勇. 一种含退役 RDX 的乳化炸药配方设计及制备工艺研究 [J]. 化工中间体, 2013 (8): 54-60.

石灰岩矿穿爆成本控制

赵 云 欧礼康

（广东宏大爆破股份有限公司，广东 广州，510623）

摘 要：穿爆工序在石灰岩矿开采中占有重要地位，通过对不同类型的石灰岩矿穿爆工艺的研究发现，采用调整孔网参数、间隔装药、选用合理的钻孔设备等方式可对石灰岩矿穿爆成本进行有效控制。

关键词：孔网参数；间隔装药；单耗；成本控制

Drilling and Blasting Cost Control in Limestone Mine

Zhao Yun Ou Likang

（Guangdong Hongda Blasting Co., Ltd., Guangdong Guangzhou，510623）

Abstract：Drilling and blasting procedure plays an important role in the mining of limestone mine. Through researching on different types limestone mine drilling and blasting procedure, the article adopts some methods, such as adjusting hole pattern parameters, interval charge, selecting reasonable drilling equipment, to effectively control drilling and blasting cost in limestone mine.

Keywords：hole pattern parameter; interval charge; consumption; cost control

石灰岩作为建材及化工基础原料在我国境内广泛分布，受其自身及产品附加值限制，石灰岩矿经济辐射范围通常不超过100km，与露天金属矿、煤矿相比较而言，石灰岩矿山开采往往受资金投入、技术力量、矿石品质及规格限制。目前，石灰石矿山多采用小型挖运设备进行半连续开采，同时配套以破碎筛分设备。受石灰石本身价值限定及开采过程中诸多因素的制约，石灰岩矿的开采成本控制中，穿孔及爆破成本就显得尤为重要。通过对几个典型石灰岩矿山的研究对比，发现穿爆成本主要由穿孔成本和爆破成本2部分组成，穿孔成本主要受钻孔设备、延米爆破量等因素影响，爆破成本主要由爆破单耗影响[1-3]。

1 3个典型石灰岩矿山基本情况

为研究如何对爆破成本进行优化控制，选取3个不同石灰岩矿山进行了对比研究，3个矿山基本情况见表1。

表1 3个不同矿山基本情况一览

矿山名称	矿山位置	矿石储量/万吨	普氏硬度系数	台阶高度/m	运营模式
矿山1	陕西汉中	1151	7~8	15	总承包
矿山2	新疆托克逊	800	7~9	20	个体施工
矿山3	新疆托克逊	786	7~9	12~17	开采破碎一体总承包

（1）石灰岩矿山1：汉江建材水泥厂上梁山石灰岩矿（简称上矿山1）：位于陕西汉中市南郑县境

原载于《露天采矿技术》，2014（11）：32-35。

内，V-IX勘探线间内蕴经济资源量（332）为3628.9万吨；推断的内蕴经济资源量（333）为1151.1万吨，垂直抗压强度73.97~82.42MPa。深孔爆破钻孔孔径120mm，由于水孔较多，使用粉状乳化炸药，台阶高度15m，孔网参数3.51m×4.5m，延米装药量7.8kg/m，中材西安工程公司承接此项工程。

（2）石灰岩矿山2：托克逊县新家园湖西包2号、3号矿（以下简称矿山2）。位于新疆吐鲁番地区托克逊县境内，矿石抗压强度95.3~105.0MPa。深孔爆破钻孔孔径90mm，台阶高度20m，孔网参数2.9m×3.5m，无水孔，使用膨化硝铵炸药，延米装药量5.2kg/m；个体老板实际承接此项工程。

（3）石灰岩矿山3：托克逊县新家园湖西包4号、5号矿（以下简称矿山3）。位于新疆吐鲁番地区托克逊县境内，距托克逊县新家园湖西包2号、3号矿6km，矿石性质与岩石结构和矿山2、1基本一致，矿体资源总量（332）+（333）为785.77万吨。常规爆破钻孔孔径140mm，台阶高度12~17m，孔网参数4.3m×7.5m，无水孔，使用膨化硝铵炸药，延米装药量12.5kg/m；广东宏大爆破股份有限公司承接此项工程。

2 穿爆成本对比及影响因素

3个矿山常规穿爆成本对比如下。

矿山1矿山开采年限较长，因此对矿石1进行的优化研究较多，数据较为详实；矿山2为调研取得数据；矿石3为最近工作过的矿山，在对矿山1、矿山2爆破成本分析研究后的基础上进行了一定优化，对3个石灰石常规爆破各选取具有代表意义的参数进行对比分析，见表2。

表2 3个不同石灰石矿山典型爆破参数对比

矿山名称	石灰石矿山1	石灰石矿山2	石灰石矿山3
炸药类别	粉状乳化	膨化硝铵	膨化硝铵
钻孔孔径 ϕ/mm	120	90	140
台阶高度/m	15	20	17
最小抵抗线/m	3.5	2.9	4.3
超深/m	1.5	1.2	1.5
排距×孔距/m×m	3.5×4.5	2.9×3.5	4.3×7.5
装药方式	连续	连续	连续
堵塞长度/m	3.5	3	4.5
延米装药量/kg·m^{-1}	7.8	5.2	12.5
总孔数/个	24	26	21
总穿孔长度/m	449.4	564.2	386.1
设计总装药量/kg	2850	2366	3649
实际总装药量/kg	2898	2424	3648
雷管使用量/个	48	52	42
爆破方量/m^3	6511	5278	11436
炸药单耗/kg·m^{-3}	0.45	0.45	0.32

以粉状乳化炸药为14000元/t，膨化硝铵炸药为11000元/t，非电雷管8元/发，90mm钻机35元/m，120mm钻机40元/m，140钻机45元/m（以上价格根据新疆及陕西、四川几个不同地区价格对比综合得来）计算，得出3个矿山本次爆破主要成本见表3。

表3 3个矿山单次爆破成本计算

成本	矿山1	矿山2	矿山3
火工品成本/元	40956	27080	40464
穿孔成本/元	17976	19747	17374.5
穿爆总成本/元	58932	46827	57838.5

以上对比发现，在矿山开采中穿爆成本受爆破成本和穿孔成本共同影响，爆破成本与炸药单耗密切相关，穿孔成本与穿孔孔径大小有重要关系，因此可通过调整孔网参数降低炸药单耗及降低穿孔成本来控制穿爆总成本。

3 穿爆成本的控制

3.1 调整爆破参数对穿爆成本的影响

爆破参数调整控制爆破成本以矿山1为例，由于矿山1水孔及当地民爆火工品供应限制，一直使用粉状乳化炸药，为降低矿山1爆破成本，通过优化爆破参数的方式，对孔网参数进行调整，从而降低爆破单耗，控制爆破成本，最终优化前后爆破参数及成本对比见表4、表5。

表4 矿山1优化前后爆破参数对比

参　数	未优化前	优化后
炸药类别	粉状乳化	粉状乳化
钻孔孔径 ϕ/mm	120	120
台阶高度/m	15	15
最小抵抗线/m	3.5	3.5
超深/m	1.5	1.5
排距×孔距/m×m	3.5×4.5	3.2×5.2
装药方式	连续	连续
堵塞长度/m	3.5	3.5
延米装药量/kg·m^{-1}	7.8	7.8
总孔数/个	24	35
总穿孔长度/m	449.4	588
设计总装药量/kg	2850	3630
实际总装药量/kg	2898	3600
雷管使用量/个	48	48
爆破方量/m³	6511	8736
炸药单耗/kg·m^{-3}	0.45	0.41

表5 矿山1优化前后爆破成本对比

成　本	优化前	优化后
爆破成本/元	40956	50784
穿孔成本/元	17976	23520
穿爆成本/元	58932	74304
单位火工品成本/元·m^{-3}	6.29	5.81
单位穿孔成本/元·m^{-3}	2.76	2.69
单位穿爆成本/元·m^{-3}	9.05	8.51

对比发现，在调整孔网参数降低炸药单耗使爆破成本降低的同时，穿孔成本往往也同时得到了降低，可有效达到控制穿爆成本的目的。

3.2 更改钻孔设备型号对穿爆成本的影响

石灰石矿山投资及规模常难以与其他金属矿山及煤矿相比，通常1~3台中小型钻孔设备足以满足生产需要，石灰石矿山钻孔设备的选择几乎都是在矿山建设之初就已定性，故而在同一石灰石矿山中通过更换钻孔设备型号对爆破成本进行优化可操作性不高，通过爆破理论对不同钻孔孔径条件下穿孔成本进行模拟对比发现，在单耗相同情况下，采用较大孔径钻机队控制爆破成本有利。

为避免不同矿山间炸药单耗、矿山地质的等因素影响，假定其他条件完全相同，只进行单一条件对比。根据经验及目前石灰石矿山现状做下列有一定代表的假定[4,5]：石灰石矿山年产量为100万吨以上，所开采出的矿石供给水泥厂使用，石灰石矿普氏硬度系数为7，采矿使用240~360挖掘机及后八轮汽车配合，选用孔径为90、120、140mm的潜孔钻机对比，台阶高度固定为15m，使用膨化硝铵炸药采用连续装药工艺，使炸药单耗为 $0.4kg/m^3$，各项爆破参数见表6。

表6　不同钻孔孔径预设各项爆破参数

钻孔孔径 ϕ/mm	90	120	140
炸药类别	膨化硝铵	膨化硝铵	膨化硝铵
装药方式	连续	连续	连续
台阶高度 H/m	15	15	15
最小抵抗线 W/m	3	3.5	4
超深 h/m	1.5	1.5	1.5
排距×孔距/m×m	3×3.9	3.5×5.3	4×6.5
孔深/m	16.5	16.5	16.5
延米装药量/kg·m^{-1}	5.2	8.6	12.5
堵塞长度/m	3	3.5	4
炸药单耗/kg·m^{-3}	0.4	0.4	0.4

根据实际情况，设定90mm孔径钻机穿孔单价为35元/m，120mm孔径钻机穿孔单价为40元/m，140mm孔径钻机穿孔单价为45元/m，按照爆破10000m^{3}矿石进行穿孔成本对比，根据表6所预设爆破参数，可得出如下对比结果，见表7。

表7　不同孔径条件下穿孔成本对比

钻孔孔径 ϕ/mm	90	120	140
台阶高度 H/m	15	15	15
排距×孔距/m×m	3×3.9	3.5×5.3	4×6.5
孔深/m	16.5	16.5	16.5
最小抵抗线 W/m	3	3.5	4
堵塞长度/m	3	3.5	4
炸药单耗/kg·m^{-3}	0.4	0.4	0.4
延米爆破量	10.64	16.86	23.64
穿孔单价/元	35	40	45
每爆破10000m^{3}需要穿孔/元	939.8	593.1	423
穿孔成本/元	32894.7	23724.8	19035.5

由表7对比发现120mm、140mm钻机在同一单耗下穿孔成本较90mm钻机分别下降27.9%、42.1%，同一单耗下穿孔设备孔径越大穿孔成本越低，此时爆破成本可看着固定不变，穿爆成本主要受穿孔成本影响，选用较大孔径钻孔设备更有利于穿爆成本控制。

3.3　穿爆成本的综合控制

在对矿山1和矿山2爆破参数及穿孔设备对穿爆成本的影响进行深入了解后，将优化成果应用于矿山3，使矿山3的穿爆成本控制起到了显著效果。

矿山3在建设之初即以矿山1和矿山2为参考依据，按照模拟计算后最终选用国产140mm高风压钻机节省初期投资，同时该型号钻机单班穿孔米数可达200m，在双班作业情况下可满足该石灰石矿山年产300万吨矿石需求，对钻机管理及工作面要求均有很大程度降低，在此基础上对爆破参数及爆破工艺进行优化。

矿山3建设初期15m台阶实际爆破参数为表6中孔网参数4m×6.5m，此时炸药单耗为0.4kg/m³，后逐步调整为表2中的4.3m×7.5m，炸药单耗为0.32kg/m³，此时，实践发现通过调整孔网参数已难以在保证爆破效果的前提下进一步降低爆破成本，试验了采用间隔装药工艺，通过选取适当的间隔长度和间隔方式，能使爆破后矿石块度更为均匀，使炸药单耗得到进一步降低。间隔装药优化过程及操作要点如下。

保持矿山3孔网参数不变，减少布孔排数，使采用间隔装药工艺时炮孔总排数为2~3排，炮孔底部装药60%，中部使用炮泥或空气间隔2.0m，上部装药40%，后2排孔间隔位置适当与第1排孔间隔位置错开，顶部堵塞长度减小1.0m至3.5m，采用分排起爆方式进行起爆。使得炸药单耗从0.32kg/m³成功降低至0.28kg/m³，主要爆破参数及爆破效果见表8。

表8 矿山3间隔装药主要爆破参数

孔径 /mm	台阶高度 /m	孔排距 /m×m	孔深 /m	最小抵抗线 /m	底部装药 /m	间隔长度 /m	顶部装药 /m	堵塞长度 /m	单耗 /kg·m⁻³
140	15	4.3× 7.5	16.5	4	6.5	2.0	4.5	3.5	0.28

根据矿山3的优化结果，对矿山3各项优化结果进行纵向对比，并将矿山3优化后结果与矿山1、矿山2进行横向对比，为简便优化过程方便计算，均按开采10000m³矿石计算（按膨化硝铵炸药11000元/吨计算，90mm钻孔单价35元/m，120mm钻孔单价40元/m，140mm钻孔单价45元/m，雷管等辅助器材不计入），穿孔单价按照，成本对比结果见表9。

表9 各矿山穿爆成本优化前后对比

矿山名称	矿山1		矿山2		矿山3	
优化情况	未优化	孔网参数优化	未优化	优化前	仅孔网参数优化	孔网参数优化同时采用间隔装药
炸药单耗/kg·m⁻³	0.45	0.41	0.45	0.40	0.32	0.28
穿孔米数/m	698.3	660.9	1043.8	423	341.1	341.1
火工品成本/元	49500	45100	49500	44000	35200	30800
穿孔成本/元	27932	26436	36533	19035	15349.5	15349.5
穿爆总成本/元	77432	71536	86033	63035	50549.5	46149.5

对比发现，矿山1仅进行孔网参数优化使穿爆总成本下降7.6%，矿山3进行孔网参数优化同时采用间隔装药时使穿爆总成本较自身下降26.8%，矿山3全面优化后成本比矿山1低46.36%。

4 结论

本文结论如下。

（1）不同石灰石矿山之间受钻孔孔径、炸药类别、孔网参数、装药工艺等因素影响使穿爆成本相差较大。

（2）合理选用较大孔径钻孔设备可有效降低穿孔成本。

（3）在合理选用钻孔设备的同时通过孔网参数调整、采用间隔装药工艺等方法可有效降低穿爆成本。

选用较大孔径钻孔设备、通过调整孔网参数、改变装药工艺等方法可对石灰岩矿穿爆成本进行有效控制。穿爆成本的控制，可在矿山建设初期和钻机更新换代时着重考虑，在矿山生产过程中调整孔网参数使穿爆成本降低，当孔网参数调整到较合理区间时尝试采用间隔装药工艺对穿爆成本进一步控制。

参 考 文 献

[1] 孙吉堂. 石灰石矿山深孔爆破施工技术 [J]. 西部探矿工程, 2001, 68 (1): 68.

[2] 唐开元, 娄广文. 浅谈石灰石露天矿开采技术及设备优化配置 [J]. 现代矿业, 2010, 490 (2): 113-115.

[3] 崔晓荣, 周名辉, 吕义. 露天矿的中小型设备高强度开采技术 [J]. 西部探矿工程, 2009 (11): 105-120.

[4] 郑炳旭, 王永庆, 李萍丰. 建设工程台阶爆破 [M]. 北京: 冶金工业出版社, 2005.

[5] 刘殿中, 杨仕春. 工程爆破实用手册 [M]. 北京: 冶金工业出版社, 2003.

事故树法在露天矿汽车运输事故预防中的应用

唐洪佩　杨登跃　王　涛　郭吉凯

（广东宏大爆破股份有限公司，广东 广州，510623）

摘　要：应用事故树分析方法对山坡露天矿运输事故影响因素进行了分析，建立了露天矿汽车运输事故树，求出事故树的最小割集、最小径集以及事故树结构重要度，找出了引起露天矿运输事故发生的根本原因，并提出了预防措施，为露天矿安全、高效生产提供了保证。

关键词：露天矿；汽车运输；事故树；预防措施

Application of Fault Tree Analysis for Automobile Transportation Accident Prevention in Open-pit Mines

Tang Hongpei　Yang Dengyue　Wang Tao　Guo Jikai

（Guangdong Hongda Blasting Co., Ltd., Guangdong Guangzhou, 510623）

Abstract：The paper uses the fault tree analysis (FTA) to analyze the causes of transportation accidents in the open-pit slopes. By establishing the fault tree of open-pit motor transport, and calculating the minimum cut set, the minimum path set and the structure important degree of the fault tree, it finds out the fundamental cause of open-pit transportation accidents, and puts forward the preventive measures, providing the guarantee for open-pit safe and efficient production.

Keywords：open-pit mine; automobile transportation; fault tree; preventive measures

汽车运输以其灵活性高、适应性强、基建期短、投资少等优点，成为我国大型露天矿山主要运输方式之一。但汽车运输事故发生频繁，据某露天矿统计[1]，汽车运输事故占矿山生产总事故的70%以上。为了有效控制汽车运输事故的发生，本文采用事故树分析方法（FTA），旨在分析露天矿长距离下坡汽车运输事故发生的根本原因，探寻引发事故的主要途径，有针对性地提出预防事故发生的有效措施。

1　汽车运输事故树分析与评价

1.1　事故树分析方法

事故树分析[2]（FTA）是安全系统工程分析的一种常用方法，能直观、清晰地反映出引发事故的原因，对可能发生的事故进行事前控制，消除事故隐患，确保系统安全、可靠地运行。其主要分析程序：确定引起事故发生的顶上事件；调查引起事故发生的原因；绘制事故树图；对事故树进行定性、定量分析；制定防范措施。

1.2　汽车运输事故树的建立

山坡露天矿长距离下坡运输发生事故的概率较大，且一旦发生事故，轻者造成经济损失，重者引

原载于《现代矿业》，2014（11）：168-170。

起人员伤亡。因此，选取汽车运输事故作为事故树顶上事件 T，延树结构逐层分析产生汽车运输事故的直接原因，以其作为事故树的中间事件、基本事件。结合大石头矿露天运输作业规程及前人经验[3-5]，建立如图 1 所示事故树，事故树中各基本事件的含义如表 1 所示。

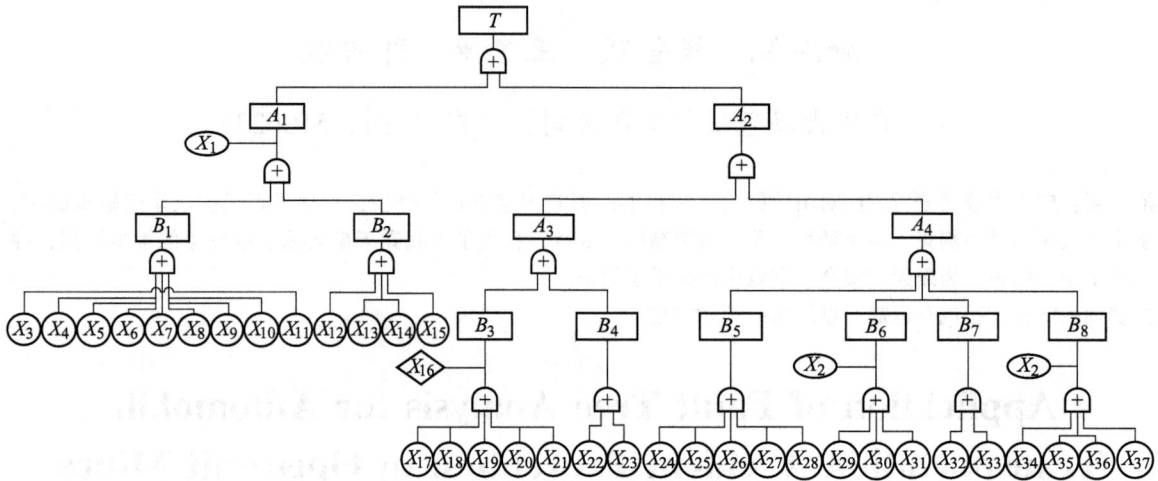

图 1　露天矿运输事故树

表 1　露天矿运输事故树事件及代号

序号	事件	代号	序号	事件	代号	序号	事件	代号
1	汽车运输事故	T	18	违规超车、强行会车	X_5	35	制动系统效果较差	X_{22}
2	人为因素导致运输事故	A_1	19	未系安全带	X_6	36	汽车其他装置系统不达标	X_{23}
3	非人为因素导致运输事故	A_2	20	酒后驾驶	X_7	37	道路回转曲率半径过小	X_{24}
4	汽车机械故障	A_3	21	行驶方向错误	X_8	38	道路坡度过大	X_{25}
5	运输道路环境较差	A_4	22	在行驶过程中搭载无关人员	X_9	39	未设置避险车道	X_{26}
6	司机违规操作	B_1	23	汽车装载岩石超量	X_{10}	40	整个道路未设置缓冲路段	X_{27}
7	司机开车时注意力不集中	B_2	24	车辆之间车距过近	X_{11}	41	安全挡墙高度、宽度不符合要求	X_{28}
8	汽车装置失控	B_3	25	司机班前未休息、开车时瞌睡	X_{12}	42	路面有较大石块	X_{29}
9	汽车装置性能较差	B_4	26	司机未换班，连续作业	X_{13}	43	路面凹凸不平	X_{30}
10	道路设计不合理	B_5	27	与搭载人员聊天	X_{14}	44	路面靠虚渣部分沉降	X_{31}
11	未及时对路面维护	B_6	28	开车时打电话、吸烟	X_{15}	45	汽车运输途中，边帮整体滑坡	X_{32}
12	边帮在运输时瞬间滑坡	B_7	29	运行前未检查设备或检查不到位	X_{16}	46	边帮在震动时有较大石块滚落	X_{33}
13	气候条件影响运输环境	B_8	30	汽车轮胎爆胎	X_{17}	47	阳光直射，影响司机视线	X_{34}
14	司机安全意识不到位	X_1	31	制动系统失控	X_{18}	48	雾天、雪天、雨天行车	X_{35}
15	司机经验不足	X_2	32	操作系统失控	X_{19}	49	冬季道路洒水后结冰	X_{36}
16	司机无证上岗	X_3	33	动力系统失控	X_{20}	50	夏季路面灰尘较大	X_{37}
17	车速超过规定时速	X_4	34	其他系统运行失控	X_{21}			

根据图 1 所示事故树逻辑关系，可得到事故树结构函数：$T = A_1 + A_2 = X_1(B_1 + B_2) + (A_3 + A_4) = X_1(B_1 + B_2) + (B_3 + B_4) + (B_5 + B_6 + B_7 + B_8) = X_1[(X_3 + X_4 + X_5 + X_6 + X_7 + X_8 + X_9 + X_{10} + X_{11}) + (X_{12} + X_{13} + X_{14} + X_{15})] + X_{16}(X_{17} + X_{18} + X_{19} + X_{20} + X_{21}) + (X_{22} + X_{23}) + (X_{24} + X_{25} + X_{26} + X_{27} + X_{28}) + X_2(X_{29} + X_{30} + X_{31}) + (X_{32} + X_{33}) + X_2(X_{34} + X_{35} + X_{36} + X_{37}) = X_1X_3 + X_1X_4 + X_1X_5 + X_1X_6 + X_1X_7 + X_1X_8 + X_1X_9 + X_1X_{10} + X_1X_{11} + X_1X_{12} + X_1X_{13} + X_1X_{14} + X_1X_{15} + X_{16}X_{17} + X_{16}X_{18} + X_{16}X_{19} + X_{16}X_{20} + X_{16}X_{21} + X_{22} + X_{23} + X_{24} + X_{25} + X_{26} + X_{27} + X_{28} + X_2X_{29} + X_2X_{30} + X_2X_{31} + X_{32} + X_{33} + X_2X_{34} + X_2X_{35} + X_2X_{36} + X_2X_{37}$。

1.3 汽车运输事故树分析

引起顶上事件发生基本事件的集合称为事故树的割集，引起顶上事件发生的最低限度的割集称为最小割集[6,7]。最小割集越多，系统的安全性越差，风险性越大，采用布尔代数法求解最小割集。导致运输事故产生的最小割集共有 34 个，其最小割集集合：$\{X_1X_3\}$，$\{X_1X_4\}$，$\{X_1X_5\}$，$\{X_1X_6\}$，$\{X_1X_7\}$，$\{X_1X_8\}$，$\{X_1X_9\}$，$\{X_1X_{10}\}$，$\{X_1X_{11}\}$，$\{X_1X_{12}\}$，$\{X_1X_{13}\}$，$\{X_1X_{14}\}$，$\{X_1X_{15}\}$，$\{X_{16}X_{17}\}$，$\{X_{16}X_{18}\}$，$\{X_{16}X_{19}\}$，$\{X_{16}X_{20}\}$，$\{X_{16}X_{21}\}$，$\{X_{22}\}$，$\{X_{23}\}$，$\{X_{24}\}$，$\{X_{25}\}$，$\{X_{26}\}$，$\{X_{27}\}$，$\{X_{28}\}$，$\{X_2X_{29}\}$，$\{X_2X_{30}\}$，$\{X_2X_{31}\}$，$\{X_{32}\}$，$\{X_{33}\}$，$\{X_2X_{34}\}$，$\{X_2X_{35}\}$，$\{X_2X_{36}\}$，$\{X_2X_{37}\}$。事故树中某些基本事件不发生则顶上事件不发生，这些事件最低限度的集合称为最小径集[8]。最小径集清晰明了地反映出避免事故发生的主要途径，有利于编制预防措施。利用原始事故树的对偶性，求得该事故树最小径集共有 8 个，其最小径集集合为：$\{X_1, X_{16}, X_{22}, X_{23}, X_{24}, X_{25}, X_{26}, X_{27}, X_{28}, X_{32}, X_{33}, X_2\}$；$\{X_1, X_{16}, X_{22}, X_{23}, X_{24}, X_{25}, X_{26}, X_{27}, X_{28}, X_{29}, X_{30}, X_{31}, X_{32}, X_{33}, X_{34}, X_{35}, X_{36}, X_{37}\}$；$\{X_1, X_{17}, X_{18}, X_{19}, X_{20}, X_{21}, X_{22}, X_{23}, X_{24}, X_{25}, X_{26}, X_{27}, X_{28}, X_{32}, X_{33}, X_2\}$；$\{X_1, X_{17}, X_{18}, X_{19}, X_{20}, X_{21}, X_{22}, X_{23}, X_{24}, X_{25}, X_{26}, X_{27}, X_{28}, X_{29}, X_{30}, X_{31}, X_{32}, X_{33}, X_{34}, X_{35}, X_{36}, X_{37}\}$；$\{X_3, X_4, X_5, X_6, X_7, X_8, X_9, X_{10}, X_{11}, X_{12}, X_{13}, X_{14}, X_{15}, X_{16}, X_{22}, X_{23}, X_{24}, X_{25}, X_{26}, X_{27}, X_{28}, X_{32}, X_{33}, X_2\}$；$\{X_3, X_4, X_5, X_6, X_7, X_8, X_9, X_{10}, X_{11}, X_{12}, X_{13}, X_{14}, X_{15}, X_{16}, X_{22}, X_{23}, X_{24}, X_{25}, X_{26}, X_{27}, X_{28}, X_{29}, X_{30}, X_{31}, X_{32}, X_{33}, X_{34}, X_{35}, X_{36}, X_{37}\}$；$\{X_3, X_4, X_5, X_6, X_7, X_8, X_9, X_{10}, X_{11}, X_{12}, X_{13}, X_{14}, X_{15}, X_{17}, X_{18}, X_{19}, X_{20}, X_{21}, X_{22}, X_{23}, X_{24}, X_{25}, X_{26}, X_{27}, X_{28}, X_{32}, X_{33}, X_2\}$；$\{X_3, X_4, X_5, X_6, X_7, X_8, X_9, X_{10}, X_{11}, X_{12}, X_{13}, X_{14}, X_{15}, X_{17}, X_{18}, X_{19}, X_{20}, X_{21}, X_{22}, X_{23}, X_{24}, X_{25}, X_{26}, X_{27}, X_{28}, X_{29}, X_{30}, X_{31}, X_{32}, X_{33}, X_{34}, X_{35}, X_{36}, X_{37}\}$。

事故树结构重要度可反映各基本事件对顶上事件的影响程度，汽车运输事故树结构重要度排序为：

$$I_{\Phi(1)} > I_{\Phi(2)} > I_{\Phi(16)} > I_{\Phi(22)} = I_{\Phi(23)} = I_{\Phi(24)} = I_{\Phi(25)} = I_{\Phi(26)} = I_{\Phi(27)} = I_{\Phi(28)} = I_{\Phi(32)} = I_{\Phi(33)} >$$
$$I_{\Phi(3)} = I_{\Phi(4)} = I_{\Phi(5)} = I_{\Phi(6)} = I_{\Phi(7)} = I_{\Phi(8)} = I_{\Phi(9)} = I_{\Phi(10)} = I_{\Phi(11)} = I_{\Phi(12)} = I_{\Phi(13)} = I_{\Phi(14)} =$$
$$I_{\Phi(15)} = I_{\Phi(17)} = I_{\Phi(18)} = I_{\Phi(19)} = I_{\Phi(20)} = I_{\Phi(21)} = I_{\Phi(29)} = I_{\Phi(30)} = I_{\Phi(31)} = I_{\Phi(34)} = I_{\Phi(35)} = I_{\Phi(36)} =$$
$$I_{\Phi(37)} \circ$$

对长距离山坡露天矿运输事故树分析可知：（1）引起汽车运输事故的基本原因有 37 个，这些原因在某种组合或独立存在的情况下，极易引发汽车运输事故，其危险性相当高，必须给予高度重视；（2）事故树的最小割集有 34 个，最小径集有 8 个，这表明导致山坡露天矿运输时可能发生事故的路径有 34 条，而避免发生事故的路径只有 8 条，可见山坡露天矿运输事故易发生，而预防必须全面到位；（3）从结构重要度分析知：基本事件 X_1、X_2、X_{16}，即司机安全意识不到位、司机经验不足、运行前未检查设备或检查不到位是运输事故发生概率最大的主要原因。

2 预防汽车运输事故的关键措施

从安全生产系统的角度考虑，避免事故的发生主要从人、机械、环境、管理几个方面抓起：（1）定期组织安全技术教育、安全技能培训及紧急情况下的应急演练，三级安全教育培训及考核合格者方能从事露天运输作业，培养司机的安全意识，增强其责任心，制定严厉的奖惩措施，奖罚分明；（2）尽量选择工作年限较长、经验丰富、心理素质较强的司机；（3）应根据生产能力选择综合性能较好的设备，严格实行安检制度，每班运行前按点检表的要求逐项检查，如有问题及时修理，避免侥幸心理；（4）道路严格按规范设计，定期对永久边帮进行稳定性监测，及时清扫平台上的落石，经常维护路面，夏天及时洒水降尘，冬季注意洒水次数，避免路面结冰打滑；（5）道路挡墙设计符合规范，并在挡墙周边树立明显安全警示牌，对危险区域、会车频繁区域须配备安全员坚守，时刻提醒司机注意安全；（6）汽车运输过程中严格控制车速，严禁超车，雷雨天、大雾天、雪天，严禁运输作业；（7）加强现场管理，明确责任分工，并及时总结经验，完善管理制度。

3　结语

山坡露天矿重车长距离运输发生事故频率较高，结合山坡露天矿运输特点，分析其导致汽车运输事故发生的原因，建立事故树模型，找出发生事故的基本原因有 37 个，而人为因素，包括司机安全意识不到位、司机经验不足、运行前未检查设备或检查不到位等是最重要的影响因素。为有效预防汽车运输事故的发生，针对人、机、环境及管理方面制定了相关预防措施，保证了露天矿生产安全顺利进行。

参 考 文 献

[1] 段明海，孙新虎. 应用事故树法分析露天矿汽车运输事故 [J]. 露天采矿技术，2009 (4)：72-75.

[2] 徐志胜. 安全系统工程 [M]. 北京：机械工业出版社，2007.

[3] 景国勋，孔留江. 矿山运输事故人-机-环境致因与控制 [M]. 北京：煤矿工业出版社，2006.

[4] 孟学国，庄红军，王池. 矿用重型汽车作业现场碰撞事故模糊故障树分析 [J]. 中国安全生产科学技术，2011，7 (1)：107-111.

[5] 孟爱国. 露天开采作业人员的习惯行为对安全的危害及解决方案 [J]. 矿山机械，2008 (18)：60-62.

[6] 占必文，张光权，陶铁军，等. 基于事故树分析的电爆网路盲炮预防研究 [J]. 工程爆破，2013，19 (4)：57-60.

[7] 王丹丹，池恩安，詹振锵，等. 爆破飞石产生原因事故树分析 [J]. 爆破，2012，29 (2)：119-122.

[8] 周寅，张建华. 事故树在露天矿爆破飞石危险性分析中的应用 [J]. 金属矿山，2011 (6)：140-142.

露天多金属矿山地下采空区综合探测分析

崔晓荣[1]　林谋金[1]　张卫民[2]　郑炳旭[1]

(1. 广东宏大爆破股份有限公司, 广东 广州, 510623;
2. 广东省大宝山矿业有限公司, 广东 韶关, 512128)

摘　要: 由于地采转露采多金属矿山的地质条件复杂性和单一物探或者钻探方法的自身局限性, 往往难以有效探测露天采场下的复杂采空区和盲空区, 甚至漏探, 对露天采矿作业构成较大的安全威胁。因此, 针对地采转露采多金属矿山, 通过物探和钻探手段进行多层次、多手段的采空区综合探测分析, 即通过综合物探锁定空区范围, 工程钻探核实空区位置, 三维扫描探明空区参数, 确保不漏探采空区, 并能够探明复杂采空区和盲空区。实践证明, 该综合探测分析方法可对多金属矿复杂采空区和盲空区进行较系统和全面的分析, 为后续崩落爆破处理奠定基础, 从而达到安全开采隐患资源的目的。
关键词: 露天多金属矿; 复杂采空区; 盲空区; 综合探测技术; 隐患资源

Comprehensive Survey and Analysis of Underground Goafs in Open-pit Polymetallic Mine

Cui Xiaorong[1]　Lin Moujin[1]　Zhang Weimin[2]　Zheng Bingxu[1]

(1. Guangdong Hongda Blasting Co., Ltd., Guangdong Guangzhou, 510623;
2. Guangdong Dabaoshan Mine Co., Ltd., Guangdong Shaoguan, 512128)

Abstract: For the complex geological conditions of the open-pit polymetallic mines transferring from underground mines and the limitation of a single geophysical exploration or drilling method, the complicate underground goafs and the unknown underground goafs usually can not be detected effectively, even not be detected at all, which greatly threaten the safety of open pit mining. Therefore, in view of the feature of the open-pit polymetallic mines transferring from underground mines, the geophysical exploration and the drilling method are combined to survey the goafs consecutively. That is, the distribution of the underground goafs is detected by synthetical geophysical method; the real location of the underground goafs is defined by engineering drilling survey; and the specific parameters of the underground goafs are gained by the Cavity Auto-scanning Laser System. The three methods above can ensure all goafs detected and explore all the complicate underground goafs and the unknown underground goafs. According to practices, it is proved that the complicate underground goafs and the unknown underground goafs all can be analyzed comprehensively and systematically by this synthetical probing technique, which provides a foundation for the underground goafs disposing by blasting, and then achieve to explore resources with potential danger in safety.
Keywords: open-pit polymetallic mine; complicate underground goaf; unknown underground goaf; synthetical probing technique; resources with potential danger

有色金属矿主要通过地采方式获得, 通常会留下大量的采空区, 特别是空场类采矿方法, 如房柱法、全面法及留矿法等[1-4]。我国不少矿山经历过开采秩序混乱、乱采乱掘现象严重的局面, 导致正常采矿作业条件遭到破坏, 构成了矿山安全生产中的重大隐患[4-9]。目前, 我国大多数矿山如铜陵狮子山铜矿、河南栾川钼矿和广东大宝山矿等都或多或少存在采空区安全隐患, 严重影响了井下或露天

基金项目: 广东省安全生产专项资金项目 (编号: 2010-91)。
原载于《金属矿山》, 2015 (1): 128-132。

开采的正常生产。部分有色金属矿山利用地采转露采的开采方法进行隐患资源的复采，随着露天开采层面的逐年下降，采场距离原地采遗留深部大采空区和采空区群越来越近，施工安全问题越来越突出，为了实现遗留采空区治理与隐患资源开采协同作业，需要对采空区进行探测和处理[9-11]。关于采空区的探测，西方发达国家以物探为主、钻探为辅，而我国目前以钻探为主、物探为辅[12]。物探方法通常分为重力法、电磁法、地震法和发射性勘探等 4 大类。广东大宝山矿区为多金属矿区，且经历过 3 次大规模的塌陷和农民盗采，地质条件十分复杂，单一的物探和钻探方法很难取得较佳的探测效果，因此先采用综合物探手段锁定存在采空区（包括盲空区）的疑似区域[12-14]，再用钻探手段进行复核和确认，最后用空区自动激光扫描系统（CALS）进行三维扫描，探明采空区并获得采空区的翔实数据，以便对采空区进行安全分析和崩落爆破处理，为露天作业安全保驾护航。

1 采空区的综合探测思路和方法

为了满足地采转露采矿山安全生产的要求，要及时对采空区进行处理，排除安全隐患。如果地下采空区资料翔实，满足采空区安全分析和治理的要求，则无须再进行探测；但绝大多数情况往往是采空区资料不详，甚至无资料，则需要探明采空区，以便进一步处理。

由于地质条件的复杂性以及地球物理场理论自身的局限性，很难有一种物探方法能对采空区进行精确的探测。但不可否认，物探方法进行宏观分析和普查是非常具有意义的，可让后续的钻探工作有的放矢；钻探探明的采空区给人实实在在的感觉，但其有"以点窥面"的缺陷，难免漏探。钻探主要是通过钻孔的方式来判别、探明工程地质情况，如采空区的分布、埋深等。一般情况下，根据取样分析（如地质钻采集的岩心、潜孔钻采集的钻屑等）和钻孔过程记录，并集合已经收集的井下开采资料、矿产赋存情况可推断采空区分布的大致情况。如在大宝山矿，地质图上或新钻探到赋存铅锌矿、高品位铜矿的位置，则很可能存在采空区，因为无论以往的无序民采还是正规矿山开采，均集中开采高价值矿体。

对于有部分资料的单一采空区，可以通过某种针对性的物探或钻探手段进行补充勘探，探明采空区，从而分析判断其安全稳定性并采取合理的治理方法。对于结构错综复杂的采空区（群）和完全没有资料的盲空区，必须采取综合探测手段，包括综合物探、工程钻探和三维扫描，由粗到细逐步探明采空区，如图 1 所示，确保施工作业安全。

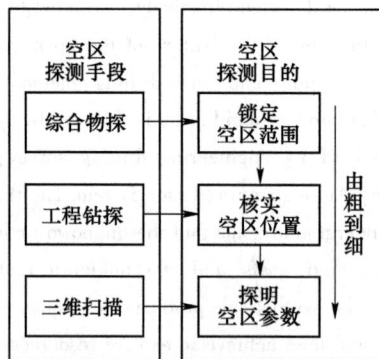

图 1 采空区综合探测手段与目的
Fig. 1 Synthetical probing method and its aim of an underground mined-out area

结构错综复杂的采空区（群），影响区域广，安全隐患大，需要特别重视。首先通过综合物探手段锁定采空区范围，并初步判断其影响区域，必要时进行局部区域的封闭警戒；在保证钻探施工安全的前提下，再通过钻探核实采空区的具体位置，确定采空区边界、埋深等参数；最后通过三维扫描探明采空区，获得采空区的详细参数，为后续的崩落爆破处理方案设计提供基础资料。

盲空区一般较小，影响区域较小，但其留下的安全隐患不容忽视。采空区物探普查时发现的可能存在盲空区的区域（物探很难探测到盲空区的具体位置和大小），一般需在剥采生产过程中进行针对性的钻探补勘。大宝山矿遗留的盲空区，一是南部主矿体的民窿开采遗留空区，没有开采资料，亦无法从井下补测；二是主矿体外围的盲矿体被盗采，留下盲空区。如果盲空区钻探或钻孔爆破过程中发现穿孔，即探测到盲空区，可按照穿孔深度判别该盲空区顶板厚度和空区高度，向四周扩散钻孔或进行三维扫描探明盲空区大小。地表塌陷区域也可能遗留盲空区，如果钻探过程中发现上覆岩层完整，则说明可能存在地表大面积塌陷时顶板整体移位留下的局部小空区；如果钻探过程中发现上覆岩层破碎松软，则说明由于地表塌陷导致顶板破裂，原采空区被填充。

因此，对于资料不详的复杂采空区（群）和盲空区，应尽可能地利用多种物探方法对采空区进行综合普查，发现存在采空区或者可能存在采空区的区域，从而锁定需要进一步钻探的区域；工程钻探分析主要是进行采空区的核查和探明，综合解释和分析采空区情况，指导采空区的治理，保障矿山的安全生产。

2　复杂采空区的综合探测分析

考虑到大宝山矿存在铁、铜、硫、铅锌和钼等矿产资源，地质条件复杂，采空区错综复杂，存在九大采空区群，各种探测方法均有其弊端，所以采用物探为辅、钻探为主的方法，前者进行定性分析，把握全局；后者进行定量分析，指导每一个作业点的安全施工。

2.1　复杂采空区的综合物探分析

大宝山矿利用综合物探方法，对地下深度80m以内的采空区（包括九大采空区群）进行探测，总结经验教训如下。

（1）高密度电法勘探复杂采空区，工作效率高，高阻电性异常明显，但对塌陷后的采空区难以有效探测，因为采空区塌陷后被水、泥质或矿石充填，其电阻率大幅度下降后与多金属矿体接近；另外现场存在地形和地质干扰，对勘探效果有一定影响。

（2）地质雷达探查复杂采空区难以达到勘探目的。大宝山矿区为多金属矿区，金属矿体对电磁波具有很强的吸收和屏蔽作用，加上矿产资源种类多，矿床结构分布复杂（上有褐铁矿和菱铁矿，中有铜硫铅锌矿，下有钼矿），采空区错综复杂，采场又经历过三次大塌方，并存在较大的电磁干扰。

（3）采空区内外介质之间存在明显的波阻抗差异，为采用地震勘探方法探测采空区提供了较好的物性前提。但是，现场往往有干扰，增加了地震勘探方法的难度，影响了其准确性和可靠性。现场的主要干扰因素包括人工干扰和地质干扰，人工干扰包括附近采矿施工及运输车辆的振动干扰。地质干扰主要为探测地段岩土层地层产状陡峭、风化程度高、分布极不均匀等。由于干扰因素的存在，对勘探效果有一定影响，往往由于工作参数选择不合理，未采集到有用的反射波记录，因而较难达到预期的勘探效果。

综上所述，多金属矿山的复杂采空区可以继续进行地质雷达、地震勘探等方法的试验，通过对仪器参数和工作装置进行测试与调整，以找到在该工况应用地质雷达、地震勘探方法勘查采空区的有效手段，以弥补电法勘探方法的单一和局限性，且多种勘查方法手段能够对异常进行互相佐证，以达到最佳勘查效果；但是，综合物探结果往往只能识别某深度范围具有一定规模的目标体，并据此绘制物探解释推断断面图和切面投影平面图，供采掘作业时参考。尽管物探存在一定的误差，但实践证明，无论是井采资料比较全的北部铜露天采场，还是民采猖獗并无任何资料的南部铁露天采场，均有指导意义，综合物探分析使后续工程钻探有的放矢、事半功倍。

2.2　复杂采空区的工程钻探分析

钻探主要是通过钻孔的方式来判别、探明工程地质情况，做到"有疑必探、先探后进"。当露天采场作业层面距离地下采空区较远时，用高风压潜孔钻机进行采空区钻探，其钻孔效率高、移动方便，但钻探深度有限。潜孔钻在塌陷区、破碎层钻孔较难，往往难以达到设计深度（即一个台阶高度与采空区保安层厚度之和），因此在挖装作业过程中穿插采空区钻探，钻探深度为采空区保安层厚度，据此可判断挖掘机受力位置下没有采空区或者采空区埋深大于保安层厚度，从而实现空区风险的可控。

随着露天采场层面的下降，地下大采空区和采空区群越来越接近作业面，潜孔钻钻探往往难以满足勘探深度要求。因此采用地质钻深勘和潜孔钻详勘相结合的方式,两者互补,稳步推进采空区钻探。前者主要探测大采空区和采空区群,防止大塌方,避免群死群伤事故;同时亦是矿山地质的生产勘探,其地质分析结果可指导后续采矿配矿;后者进行采空区的生产勘探,防止局部塌陷和边缘塌陷,从而引起较小的安全事故。

钻探到复杂采空区以后,通过三维激光扫描获得描述采空区位置和形状的点云图,如图2所示,可对该点云图进行平面投影落到采场平面图上,获得采空区位置、形状、跨度等参数;亦可切剖面看不同位置空区的剖面形状,获得采空区高度和顶板厚度等参数,为采空区安全稳定性分析和崩落爆破方案设计提供基础资料。

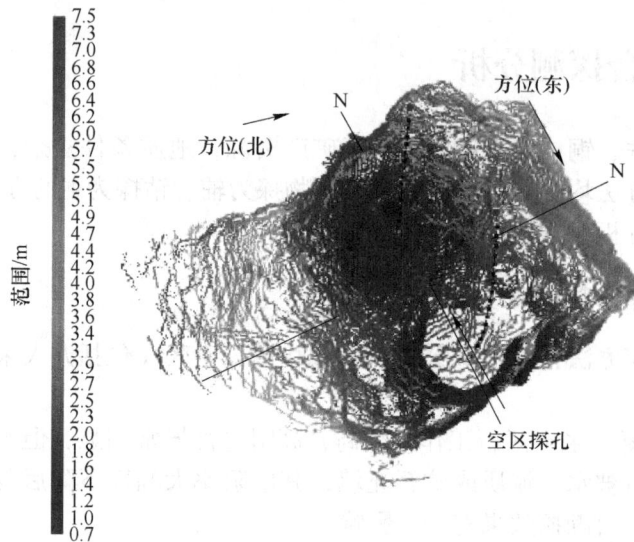

图2 地下采空区三维激光扫描图
Fig. 2 3D laser scanning of underground goafs

2.3 复杂采空区探测分析的技术经济效益

在综合分析现有井采资料和物探资料的前提下,近3年来的现场钻探分析,共探测到30多个采空区,最大采空区高度20余米,面积超过3000m²;共成功崩落爆破处理了10多个采空区,最大的采空区体积约5000m³。

通过上述复杂采空区物探和钻探等分析手段,在密集分布采空区的区域安全采出200多万吨矿石,既确保了现有80万t/a铜选厂的持续稳定生产,也为"330万t/a铜硫矿大开发项目"的可行性论证添加了重要砝码,也将在大开发项目的生产期中发挥巨大的作用。

3 盲空区物探和钻探的探讨

不可否认,上述成果主要是在井下开采资料相对较全的前提下获得(在爆破、挖装等作业过程中亦发现了几个较小的盲空区并成功应对)。为了使物探和钻探更好地指导生产,对大宝山矿南部的铁露天采场的盲空区进行了物探和钻探解释分析,以便积累更多的经验。

3.1 盲空区的综合探测分析

根据2008年物探资料,包括高密度电法勘探法和地震勘探法的成果图,在大宝山矿探矿勘察线0~0₂s间中心坐标(71488.9,16813.6)和探矿勘察线2~2₂间中心坐标(71509.0,16767.6)存在物探采空区,分布于不同层面,系复杂的错层采空区群,如表1所示。该处目前开采至709层面,已接近物探采空区(即物探解释图中的采空区,简称物探空区),需要探明才能确保后续施工安全。

表1 物探异常点带标高特征值统计

Table 1 Statistics of elevation characteristic level of geophysical anomaly

物探异常编号	水平位置	标高范围/m	最低点对应位置		最高点对应位置	
			线号	平距/m	线号	平距/m
680-5	大宝山矿探矿勘察线 0~0₂ₛ 间，中心坐标(71488.9, 16813.6)	666~683	D1	1143	D1	1150
670-5		666~683	D1	1144	D1	1150
650-2		640~660	10-1~10-2	160	10-1~10-2	160
690-4	大宝山矿探矿勘察线 2~2₂ 间，中心坐标(71509.0, 16767.6)	674~692	D1	1105	D1	1085
680-4		675~691	D1	1088	D1	1088
660-1		640~667	11-1~11-2	80	11-1~11-2	87
650-1		640~667	11-1~11-2	80	11-1~11-2	87

注：上述"10-1~10-2"为高密度电法勘察线编号，"D1"为地震勘察线编号，其余类推。

考虑到该处系民采区域，没有任何井下开采资料，地质储矿分布亦不清楚，只知道民采在该处采出不少铅锌矿和铜硫矿。为了确保露天铁矿开采的安全，大宝山矿生产部组织了钻探分析，先后由宏大爆破公司用潜孔钻和大宝山矿地测部用地质钻进行了该处物探空区的钻探分析。

表1中存在物探空区群的2处共布设了10个用潜孔钻勘探的采空区探孔。探矿勘察线 0~0₂ₛ 间物探空区，潜孔钻探孔钻至19m深遇空区，后加1根3m钻杆，几乎直接杆进3m深，终孔时22m；钻杆拔出后用测绳复测，孔深变为20m，说明最后钻进的3m呈稀泥质（分析是废弃井下采场充填了淤泥），钻杆拔出后孔即闭合；附近补钻，皆钻至13~15m处遇到韧性的高岭土层，潜孔钻无法继续钻进。探矿勘察线 2~2₂ 间物探空区，部分孔钻至10m深处遇到韧性的高岭土层，潜孔钻无法继续钻进；个别较深钻孔发现低品位铜矿。后大宝山矿用地质钻加大深度补勘，穿过高岭土层，发现低品位铜矿和地质取样率低区域，分析可能是部分小采空区被淤泥充填。

大宝山矿矿床分层情况如下，上部风化淋滤型褐铁矿床，中间夹高岭土质沉积层（系中统东岗岭上亚组沉凝灰岩、黏土岩），下部火山层—热改造型层状铜铅锌多金属矿床[10,11]，钻探时正在露天开采上部的褐铁矿，已接近尾声。综合分析该区域的物探异常情况、工程钻探情况、矿床分层情况和露天采场现状，认为钻探确认勘察线 0~0₂ₛ 间存在采空区，与物探解释吻合；勘察线 0~0₂ₛ 间地质分层明显，地质状况复杂，可能导致物探解释误判；但从矿床分布情况看，高岭土质沉积夹层下部往往存在铜铅锌多金属矿床，农民盗采"鸡窝矿"形成小采空区的可能性极大，剥采钻爆施工时需要加大部分爆破炮孔的钻孔深度，进一步钻探核实盲空区分布及大小。

综上所述，物探异常可能是地质变化、采空区等不同情况导致，且物探异常的埋深判别存在较大误差，但不可否认物探可以从宏观上锁定存在采空区的可疑区域，使钻探分析更有目的性，大大减小盲空区钻探分析的作业量。

3.2 盲空区探测分析的经验总结

综合考虑各种物探手段的技术特点，建议盲空区（往往规模较小）的探测应用电法勘探为主，局部地段补充地震勘探，既可以达到较好的勘探效果，又可以节省时间及费用。物探往往存在以下不足。

（1）物探只能识别某深度范围，具有一定规模的目标体，较小的盲空区容易漏探，另空区异常在空间上如何连通也只能依据相邻测线的异常特征和经验来判断。

（2）物探获得的是地质异常区域，再根据地质异常推测采空区的位置和大小，因此有一定的误差，尤其是深度和范围的误差。

（3）当地形、地质和地电条件相当复杂，必定会存在许多物探假异常。虽经过实地对异常处地形、地质及原始记录的复核，部分异常（如地形地貌变化、矿床分布等因素引起的假异常），大部分可以排除，但必定存在对假异常的误判或漏判的可能性。

考虑到物探手段的不足之处，故物探发现的空区异常均应布置适量钻探工作量进行验证，并在矿山采剥作业的过程中进行钻探分析确认工作平台的安全、探明空区异常，并合理处理发现的盲空区；

另赋存高品位铜矿、铅锌矿的位置，亦是农民盗采的频发地带，极可能存在盲空区，工程钻探时要适当加密孔网。现场钻孔、爆破、挖装等施工过程中，均要及时收集和分析盲空区资料，建立相对完善的盲空区施工安全监控体系，做好日常安全巡查，编制可行的应急预案。

4 结论

本文结论如下。

（1）由于地采转露采多金属矿山的地质条件复杂，必须采取综合探测手段探测复杂采空区（群），包括综合物探、工程钻探和三维扫描，由粗到细逐步探明采空区，即首先通过综合物探手段锁定采空区范围，初步判断影响区域；再通过钻探核实采空区的具体位置，确定边界、埋深等参数；最后通过三维扫描探明采空区，获得详细参数，为后续采空区崩落爆破方案设计提供基础资料。

（2）关于采空区（群）的钻探，应根据收集到的原井采资料和采空区物探普查分析资料，进行针对性的空区超前钻探设计，一般采用地质钻深勘和潜孔钻详勘相结合的方式，前者主要探测大采空区和采空区群，防止大规模坍塌；后者主要探测中小采空区，防止局部坍塌，两者互补，从而加快了采空区、塌陷区施工的节奏，达到安全开采隐患资源的目的。

（3）对于完全没有井采资料的盲空区，宜首先采用多种物探手段进行宏观的综合分析，确立存在盲空区的可疑区域；再通过不同深度和孔网密度的探孔进行物探空区的钻探确认，探明盲空区的具体位置和形状并合理处置，才能确保采矿施工安全。

参 考 文 献

[1] 古德生，李夕兵. 现代金属矿床开采科学技术 [M]. 北京：冶金工业出版社，2006.
Gu Desheng, Li Xingbing. Modern Mining Science and Technology for Metal Mineral Resources [M]. Beijing：Metallurgical Industry Press，2006.

[2] 国家安全生产监督管理总局. 国家安全生产科技发展规划——非煤矿山领域研究报告（2004—2010）[R]. 北京：国家安全生产监督管理总局，国家煤矿安全监察局，2003.
State Administration of Work Safety. National safety production and scientific plan（2004-2010）[R]. Beijing：State Administration of Work Safety，State Administration of Coal Mine Safety，2003.

[3] 卢清国，蔡美峰. 采空区下方厚矿体安全开采的研究与决策 [J]. 岩石力学与工程学报，1999，18（1）：87-92.
Lu Qingguo，Cai Meifeng. Research and determination on safe mining of thick gold ore mass below largestopedout area under the earth's surface [J]. Chinese Journal of Rock Mechanics and Engineering，1999，18（1）：87-92.

[4] 宫凤强，李夕兵，董陇军，等. 基于未确知测度理论的采空区危险性评价研究 [J]. 岩石力学与工程学报，2008，27（2）：323-330.
Gong Fengqiang，Li Xibing，Dong Longjun，et al. Underground goaf risk evaluation based on uncertainty measurement theory [J]. Chinese Journal of Rock Mechanics and Engineering，2008，27（2）：323-330.

[5] 李夕兵，李地元，赵国彦，等. 金属矿地下采空区探测、处理与安全评判 [J]. 采矿与安全工程学报，2006，23（1）：24-29.
Li Xibing，Li Diyuan，Zhao Guoyan，et al. Detecting，disposal and safety evaluation of the underground cavity in metal mines [J]. Journal of Mining & Safety Engineering，2006，23（1）：24-29.

[6] Zhao Wen. The rock failure and fall of the large underground minedout area [J]. Journal of Liaoning Technical University：Natural Science，2001，12（4）：45-49.

[7] 李俊平，彭作为，周创兵，等. 木架山采空区处理方案研究 [J]. 岩石力学与工程学报，2004，23（22）：3884-3890.
Li Junping，Peng Zuowei，Zhou Chuangbing，et al. Study on schemes for disposing abandoned stope in Mujia Hill [J]. Chinese Journal of Rock Mechanics and Engineering，2004，23（22）：3884-3890.

[8] 乔春生，田治友. 大团山矿床采空区处理方法 [J]. 中国有色金属学报，1998，8（4）：175-179.
Qiao Chunsheng，Tian Zhiyou. Support methods of mined caverns for Datuanshan deposit [J]. The Chinese Journal of Nonferrous Metals，1998，8（4）：175-179.

［9］ 陈庆发，周科平，古德生，等. 采空区协同利用机制［J］. 中南大学学报：自然科学版，2012，43（3）：
1080-1086.
Chen Qingfa, Zhou Keping, Gu Desheng, et al. Cavity synergetic utilization mechanism［J］. Journal of Central South
University：Science and Technology, 2012, 43（3）：1080-1086.

［10］ 杨成奎. 大宝山矿山采空区地面塌陷地质灾害预测及其防治措施［J］. 矿产与地质，2013，27（5）：416-420.
Yang Chengkui. Geologic hazard forecast and its control measures of exhausted area surface collapse of Dabaoshan mine
［J］. Mineral Resources and Geology, 2013, 27（5）：416-420.

［11］ 崔晓荣，叶图强，陈晶晶. 采空区采矿施工安全的组织与管理［J］. 金属矿山，2011（11）：150-154.
Cui Xiaorong, Ye Tuqiang, Chen Jingjing. Management of safe oreexploitation in region with underground mined-out area
［J］. Metal Mine, 2011（11）：150-154.

［12］ 童立元，刘松玉，邱钰，等. 高速公路下伏采空区问题国内外研究现状及进展［J］. 岩石力学与工程学报，
2004，23（7）：1198-1202.
Tong Liyuan, Liu Songyu, Qiu Yu, et al. Current research state problems associated with mined-out regions under
expressway and future development［J］. Chinese Journal of Rock Mechanics and Engineering, 2004, 23（7）：1198-
1202.

［13］ 冯少杰，杨占军，李焕忠，等. 瞬变电磁在露天边坡下采空区探测中的应用［J］. 金属矿山，2012（6）：47-49.
Feng Shaojie, Yang Zhanjun, Li Huanzhong, et al. Application of TEM in goaf exploration underneath open-pit slop
［J］. Metal Mine, 2012（6）：47-49.

［14］ 刘波，高永涛，金爱兵，等. 综合物探法在平朔东露天矿铁路专用线煤窑采空区探测的应用［J］. 中国矿业，
2012，21（9）：111-114.
Liu Bo, Gao Yongtao, Jin Aibing, et al. Comprehensive geophysical method in special railway line of coal-pit goaf
detection application of Pingshuo Eastern Open-pit Coal Mine［J］. China Mining Magazine, 2012, 21（9）：111-114.

经山寺露天铁矿减小爆破振动的实践

祝云辉

（广东宏大爆破股份有限公司，广东 广州，510623）

摘 要：在经山寺露天铁矿开采过程中，由于存在着露井联采、高边坡、周围建筑物或构筑物距离近等复杂地理环境，因此对爆破振动要求较高，经山寺露天铁矿在爆破作业中通过毫秒延期爆破技术、调整孔网参数和起爆顺序等技术手段来降低爆破振动。经过长期的监测，经山寺露天铁矿爆破作业对周围环境的影响稳定，爆破振动在合理范围内。

关键词：露天铁矿；爆破振动；V 型起爆网路；露井联采；高边坡

Practice of Reducing Blasting Vibration in Jingshansi Open-pit Iron Mine

Zhu Yunhui

（Guangdong Hongda Blasting Co., Ltd., Guangdong Guangzhou，510623）

Abstract：In the mining process of Jingshansi Open -pit Iron Mine, because of the complex geographical environment, such as open-pit and underground combined mining, high slope, the close surrounding buildings or structures, it is higher requirements to blasting vibration. Using millisecond delay blasting technology, adjusting network parameters, blasting sequence and other technical means, Jingshansi Open -pit Iron Mine reduces blasting vibration. Through long time monitoring, blasting operations has stable influence on surrounding environment, and blasting vibration is in the reasonable range.

Keywords：open-pit iron mine；blasting vibration；V-type initiation network；open-pit and underground combined mining；high slope

爆破作为矿山开采中不可缺少的一个重要手段，在现代矿山开采中得到了越来越快的发展[1]，特别是大型露天矿的开挖，更是离不开爆破。在露天矿开采过程中，由于矿区周边环境、岩石结构、开采进度以及对矿石质量要求等的不同，而采取不同的爆破技术，如有些露天矿存在着周边环境复杂、露井联采以及高边坡[2,3]等特点，这就要求在爆破作业时，必须采取有效技术，将爆破振动控制在正常范围内，否则当爆破引起的振动达到足够强度时，就会造成破坏现象，如滑坡、建筑物或构筑物的破坏等[3]。

1 工程概况

经山寺露天铁矿地表平坦，标高在 100~110m 之间，矿体赋存特点是西高东低，总体埋藏较深，西部大部分被第四系覆盖，埋藏较浅，局部出露地表，其中矿石分为氧化深度为 30~40m 的氧化矿石和深度为 40~50m 原生矿石，氧化矿石为假象赤铁矿，原生矿为磁铁矿，矿区矿体呈单斜以层状产出，矿体走向长度约 300m，倾向方向向东南延展具有规模，矿体周围被大理岩覆盖，在矿体中穿插有脉岩宽度为 1~5m 的少量的正长斑岩脉，在经山寺采区南部有 F31 断层，该断层为逆断层，长约 1800m，垂直断距 120~300m。

原载于《露天采矿技术》，2015（2）：27-30。

2 矿区周边环境对爆破振动的要求

经山寺露天铁矿分为西北扩采区和南扩采区，南扩采区存在露井联采、高边坡的现象，井下开采的若干个井下巷道距离边坡最近距离为20m，其中一个斜井入口在露天矿区内，且露天矿边坡高度已达到100m，其边坡稳定与否直接影响到矿山的生产设备、人员的安全及矿山的经济效益，其稳定性在很大程度上也受矿山生产爆破及靠帮爆破的影响[2]。

西北扩采区周边的环境也较为复杂，距离矿区南边坡约50m处是待搬迁的小刘沟村，村庄的建筑物多采用砖瓦构筑，属框架墙结构构筑物的建设质量低，且抗震能力差，通过萨道夫斯基爆破振动速度经验计算公式对其在爆破振动作用下的动力反应进行计算分析[2-4]，确定降低爆破振动措施。

3 矿区整体爆破方案的选择

根据经山寺露天铁矿的地形、地质条件和周边环境，特别是高边坡和西南部暂未搬迁的小刘沟村，以及施工开挖方量、剥离开采进度等要求，使经山寺露天铁矿在厚度为10~20m的地表为黄土黏性土沙砾石时不采用爆破开挖，而采用1.0~1.5m³液压挖掘机进行开挖，便于成本控制，根据《冶金矿山安全规程》和《黄金矿山安全规程》的有关规定，对于深度为30~40m氧化矿石和深度为40~50m原生矿石等坚硬稳固的矿岩，台阶高度不得大于机械最大挖运高度的1.2倍，所以经山寺露天铁矿开采过程中，台阶高度一般为10.8~12m，因此，为了更好地发挥产装设备效率，宜采用台阶高度为10m、孔深为10m以上的深孔爆破[3]，为了更好地降低爆破大块率及底盘跟脚，采用梅花型布孔方式，V型毫秒微差起爆技术[5]。

4 减小爆破振动的措施

长期实践证明采用毫秒延期爆破技术、降低单响药量、使用现场混装炸药、调整孔网参数和起爆顺序等技术措施能够有效控制爆破振动。台阶要素图如图1所示，岩石物理力学性质参数表见表1。

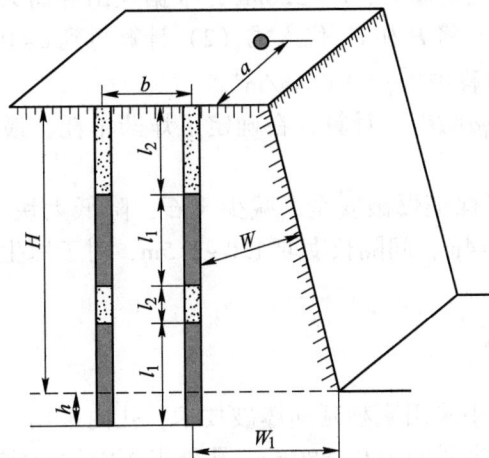

图1 台阶要素图

表1 岩石物理力学性质参数表

矿岩名称	岩石密度/kg·m⁻³	普氏系数 f	松散系数
氧化矿	3250	12~18	1.5
原生矿	3480	18~24	1.5
岩石	2700	12~18	1.5
表土	2000	—	1.3

4.1　选取合理的爆破参数

在经山寺露天铁矿爆破中钻孔机械采用 CM315 型高风压潜孔钻机和 ROCD7 型全液压钻机，钻孔直径 $d=140mm$。结合经山寺露天铁矿的岩石结构确定了其他爆破参数如下[3-6]。

钻孔方向。一直以来，台阶坡面角大于 75°，所以为了减小钻孔机械的磨损率，钻孔时采用垂直钻孔，钻孔误差控制在 20cm 以内。

底盘抵抗线 W_1。经山寺露天铁矿采用台阶高度 H 为 10m 以上的深孔爆破，根据经验公式 $W_1=(0.6\sim0.9)H$，W_1 的取值大于 6m。当 W_1 大于 6m 时，存在底盘跟脚，需要对底盘跟脚进行处理，处理方法为打倾斜孔，进行装药起爆，也就是俗称的抬炮。

最小抵抗线 W。$W=(20\sim38)d$，$d=140mm$，根据取值范围为 $2.8\sim5.3m$，根据经山寺露天铁矿中不同的矿岩结构和性质，确定合理的最小抵抗线，根据多年经验，一般硬度的岩石取 $W=3.8m$，氧化矿取 $W=3.5m$，原生矿取 $W=3.0m$。

孔深和超深。在经山寺露天矿的爆破作业中孔深根据地形和岩层结构的不同而不同，在氧化矿和原生矿开采过程中，多采用孔深为 10m 以上的深孔爆破[7]，超深 $h=(8\sim12)d$，$d=140mm$，取 $h=1.2\sim1.5m$。

孔距和排距。为了降低成本和爆破大块率，根据 $a=mW_1$，$m=\dfrac{a}{b}$，结合经山寺露天铁矿前期开采经验，氧化矿采用孔距 $a=6.2m$，排距 $b=4.2m$，原生矿采用孔距 $a=5.3m$，排距 $b=3.5m$。

炸药单耗 q。根据 2 号岩石炸药单耗计算经验公式[6]：

$$q=(0.33\sim0.55)\left(0.4+\frac{\rho_r}{2450}\right) \tag{1}$$

式中，ρ_r 为岩石密度，kg/m^3。

式（1）是以 2 号岩石炸药为准，经山寺露天铁矿使用的是乳化炸药，则式（1）要求换算系数 e，则按式（2）换算：

$$e=\frac{P}{P_1} \tag{2}$$

式（2）中 P 为 2 号岩石炸药的爆力，$P=320mL$，根据经山寺露天铁矿使用的乳化炸药性质，其爆力约为 330mL，即 $P_1=330mL$，将 P 和 P_1 代入式（2）计算得到 $e=0.96$，则氧化矿开采时，炸药单耗 $q=0.50kg/m^3$，原生矿开采过程中，$q=0.65kg/m^3$。

单孔装药量。根据公式 $Q=qaWH$[1] 计算，在确定了炸药单耗、最小抵抗线，孔排距和台阶高度以后，确定每孔装药量。

回填长度和间隔长度。为了保证爆破安全，减少飞石，降低大块率，回填长度采用 $L_2=(20\sim30)d$，对于氧化矿而言，取 $L_2=4m$，间隔长度取 $1.0\sim1.5m$，对于原生矿，取 $L_2=3.5m$，间隔长度取 $1.0\sim1.5m$。

4.2　采用毫秒延期爆破技术

在经山寺露天铁矿爆破作业中采用毫秒延期爆破技术，孔内采用 $1\sim15$ 段的毫秒延期非电导爆管雷管起爆乳化炸药条形药包，延期时间为 $0\sim880ms$，孔外采用瞬发电雷管进行引爆，网络连接方式一般采用四通连接，在阴雨天气时采用簇连连接。除了采用孔与孔之间延期外，还采用多段别与多段别之间、炮区与炮区之间的延期技术，以减小爆破振动。

4.3　降低最大单响药量

单响药量是指某个段别的雷管起爆时所起爆的总药量，通过毫秒延期雷管控制单响药量，即降低每个段别毫秒延期雷管控制的起爆药量[8]，根据经山寺露天爆破工程的经验，南扩采区岩石硬度为坚硬岩石，标准台阶高度 10m，超深 1.2m，K 的范围取 $50\sim150$，α 的范围取 $1.3\sim1.5$，根据铁道部科学研究院爆破研究室通过观测提出的地面破坏程度与地面垂直最大速度之间的关系[3] 可以知道 $v\leqslant$

1.5cm/s，R 取 50m，根据萨道夫斯基爆破振动速度经验计算公式[9]：

$$v = K\left(\frac{\sqrt[3]{Q}}{R}\right)^{\alpha} \tag{3}$$

式中，v 为地面质点峰值振动速度，cm/s；α 为同地质条件有关的地震波的衰减系数；R 为观测（计算）点至爆源的距离，m；K 为同岩石性质、爆破方法有关的系数；Q 为炸药量（齐爆时为总装药量，延迟爆破时为最大一段装药量），kg。

计算得到：最大单响药量 $Q = 649.5$kg，所以在经山寺南扩采区爆破作业中，单响孔数不超过 4 个孔，每个孔装药量 130kg，最大段单响药量不超过 520kg。

在经山寺露天铁矿西北扩采区爆破作业中，台阶高度一般为 12m，超深一般为 1.2m，其岩石硬度一般多为中硬岩石，有少数岩石为软岩石，其 K 的范围一般取 150~250，α 的范围一般取 1.5~1.8，根据长沙矿冶研究院通过爆破实测资料[3] 提供的 $v \leqslant 8.1$cm/s，R 取 60m，根据萨道夫斯基爆破振动速度经验计算公式：$v = K\left(\frac{\sqrt[3]{Q}}{R}\right)^{\alpha}$，计算得到：最大单响药量 $Q = 885$kg，所以，在经山寺露天铁矿西北扩采区爆破作业中，一般单响孔数不超 4 个，单响药量不超过 850kg。这些措施的实施，在很大程度上降低了爆破振动对周围环境的影响。由于采用了 1~15 段的毫秒延期非电导爆管雷管，所以一般每次爆破时的孔数不超过 60 个，这在很大程度上控制了一起爆破总装药量，减小了爆破振动。

4.4 使用低爆速低密度的混装炸药

经山寺露天铁矿经过多年的实践，逐渐从使用成品乳化炸药向现场混装乳化炸药的转型，在降低成本、提高安全性的同时，使用低爆速低密度的散装乳化炸药是减小爆破振动的一个有效措施[10]，国标规定的散装乳化炸药的密度 ρ 为 0.95~1.25g/cm^3，爆速 v 不小于 4200m/s[3]，由于经山寺露天铁矿开采过程中存在着大量的地下水，在爆破时必须采用抗水性炸药，所以，目前经山寺露天铁矿大部分爆破作业中均使用了散装乳化炸药，ρ 为 1.09~1.15g/cm^3，爆速 v 不小于 4300~4500m/s，其散装乳化炸药比成品乳化炸药密度低、爆速低，在减小爆破振动上起到了很好的作用。

4.5 选用合理的起爆顺序

根据 Kuznetsov 平均矿岩块度预测数模和 Rosin-Rammler 矿岩块度分布数模，分析 V 型毫秒微差爆破技术在降低大块率的同时，对降低爆破振动起到的作用。

Rosin-Rammler 曲线是被公认的能够给出岩石破碎情况的描述，其曲线表达式为：

$$R = e^{-\left(\frac{x}{x_e}\right)^{\beta}} \tag{4}$$

式中，R 为筛上物料的比率；e 为常数；x 为筛孔尺寸，cm，表示筛上最大直径或筛上最小直径；x_e 为特性尺寸，cm；β 为均匀度指标，是一个经验系数。

β 值越高，表示块度分布均匀，其值较低时，表示岩石归于粉状和大块占有较大比例，取值区间为 0.8~2.2，值具体可以通过式（5）进行计算：

$$\beta = \left(2.2 - 14\frac{W}{\phi}\right)\left(1 - \frac{\Delta W}{W}\right)\left(1 - \frac{A-1}{2}\right)\frac{L}{H} \tag{5}$$

式中，W 为最小抵抗线，m；ϕ 为炮孔直径，mm；ΔW 为钻孔精度标准误差，即孔底偏离设计位置的平均距离，m；A 为孔距与最小抵抗线之比，m；L 为底板标高以上药包长度，m；H 为台阶高度，m。

Kuznetsov 方程是给出平均粒径大小的经验公式计算，其表达式为：

$$\bar{x} = K\left(\frac{V_0}{Q}\right)^{0.8} Q^{\frac{1}{6}}\left(\frac{115}{E}\right) \tag{6}$$

式中，$\bar{x}$ 为平均破碎块度；K 为岩石系数；V_0 为每孔破碎岩石体积，m^3；Q 为每孔中药包能量的 TNT 当量，kg；E 为炸药重量威力。

在式（4）中，当 $x = \bar{x}$ 时，$R = 0.5$，于是由式（4）可以导出：

$$x_e = \frac{\bar{x}}{0.693^{\left(\frac{1}{\beta}\right)}} \tag{7}$$

采用 V 型起爆技术时，爆破参数中孔距和排距变为侧向宽孔距小排距，新的侧向孔排距分别为 $a' = 8.4\text{m}$，$b' = 1.2\text{m}$，如图 2 所示。

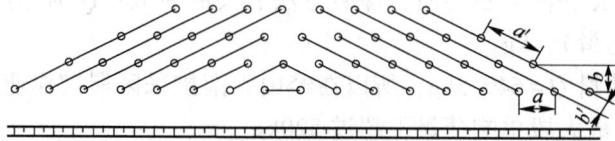

图 2　侧向孔距和排距

将 $W = 1.2\text{m}$，$\phi = 140\text{mm}$，$\Delta W = 0.2\text{m}$，$A = 8.4/3.0$，$L = 6.5\text{m}$，$H = 10\text{m}$ 代入式（5），可以求得 $\beta = 2.14$。这说明岩石爆炸后，其块度均匀性非常好。知道 β 后，反过来计算 R，根据上面求出的 $K = 16.6$，$Q = 130\text{kg}$，$E = 105$，$V_0 = 165\text{m}^3$ 代入式（6），可以求出 $\bar{x} = 38.3\text{cm}$，将 $\bar{x} = 38.3\text{cm}$，$\beta = 2.14$ 代入式（7）计算出 $x_e = 45.4$。按照 $R = e^{-\left(\frac{x}{x_e}\right)^{\beta}}$，将 $x = 80\text{cm}$，$x_e = 45.4$，$\beta = 2.14$，得出 $R = 0.0347$，即 $R = 3.47\%$。

根据计算结果，在原有的孔口直径、孔网参数、台阶高度、炸药单耗等不变的前提下，采用 V 型起爆技术，可以将大块率降低到 3.47%。根据 Kuznetsov 平均矿岩块度预测数模和 Rosin-Rammler 矿岩块度分布数模确定在径山寺露天铁矿中，采用 V 型毫秒微差爆破技术，孔内采用非电塑料导爆管毫秒延期技术，段别从 1 段至 15 段，延期时间为 0~880ms，孔外采用瞬发电雷管进行起爆。

采用 V 型毫秒微差爆破技术就确定了一次最大段起爆孔数不超过 4 个，起爆的排数不超过 4 排，每个孔装药量不超过 130kg，最大段单响药量不超过 520kg，这在减小爆破振动上起到了关键作用，既保证了矿区的正常生产速度，又在很大程度上降低了爆破振动。起爆顺序图如图 3 所示。

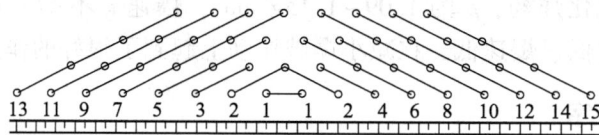

13　11　9　7　5　3　2　1　1　2　4　6　8　10　12　14　15

图 3　起爆顺序图

5　爆破效果分析

经山寺露天铁矿的爆破作业中通过毫秒延期爆破技术、降低最大单响药量、使用低爆速低密度炸药、调整孔网参数和起爆顺序等技术手段来降低爆破振动，除了能够保证优良的爆破效果以外，在降低爆破大块率、减少跟脚等方面有显著提高。

通过对经山寺露天铁矿南扩采区高边坡和井下开采情况的长期监测，爆破振动对其影响逐渐减小，对经山寺露天铁矿西北扩采区周边建筑物及构筑物的长期观测，爆破振动对其影响稳定，爆破振动在合理范围内。

参 考 文 献

[1] 王润和，朱新平，郭昭华，等. 露天矿爆破对边坡体内巷道的影响分析 [J]. 露天采矿技术，2009 (3)：27-31.

[2] 蒋名政. 爆破振动对高陡边坡稳定性影响的试验研究 [D]. 昆明：昆明理工大学，2002.

[3] 汪旭光. 爆破设计与施工 [M]. 北京：冶金工业出版社，2011.

[4] 凌玲，白海峰. 爆破振动对邻近框-剪结构的动力响应 [J]. 低温建筑技术，2013 (7)：51-54.

[5] 李夕兵，凌同华. 单段与多段微差爆破地震的反应谱特征分析 [J]. 岩石力学与工程学报，2005 (14)：2409-2413.

[6] 颜事龙. 现代工程爆破理论与技术 [M]. 徐州：中国矿业大学出版社，2007.

[7] 王玉杰. 爆破工程 [M]. 武汉：武汉理工大学出版社，2007.

[8] 谢江峰. 爆破振动诱发共振在深部板裂结构稳定性分析中的应用 [D]. 长沙：中南大学，2013.

[9] 郭守明，白晨. 石堡子石灰岩矿优化爆破参数提高爆破效果 [J]. 露天采矿技术，2013 (11)：14-18.

[10] 刘殿中，杨仕春. 工程爆破使用手册 [M]. 北京：冶金工业出版社，2003.

古竹岭矿山爆破设计施工技术

章 鹏 张 恒 夏 格 关山跃

（宏大矿业有限公司，广东 广州，510623）

摘 要：通过对古竹岭矿山爆破设计进行归纳，分析矿山主要施工流程以及相关的爆破技术，归纳矿山爆破流程中的一些精细作业，得出采用松动爆破，能取得良好的爆破效果，可以应用于类似矿山的爆破设计施工作业。

关键词：爆破设计；施工工艺；不耦合装药；V型网络；双向起爆

Blasting Design Construction Technology in Guzhuling Mine

Zhang Peng Zhang Heng Xia Ge Guan Shanyue

（Hongda Mining Co., Ltd., Guangdong Guangzhou，510623）

Abstract：Through concluding blasting design in Guzhuling Mine, the article analyzed the main construction process and related blasting technology, concluded some fine work in the mine blasting process. Loosening blasting can achieve good results and be applied to the blasting design and construction operation of the similar mine.

Keywords：blasting design；construction process；uncouple charge；V-type network；bi-directional initiation

古竹岭矿山治理项目位于安徽省繁昌县西北部古竹岭，荻港镇九房村东侧。古竹岭矿山综合治理工程周边环境复杂：治理区域东面是某水泥厂的破碎站及办公场所，至原采区最近距离约为100m；矿区南面为南方水泥厂的施工区域；西面是村民居住的砖房，至原采区最近距离约为350m；矿区西北方向紧邻马钢桃冲铁矿尾矿库，最近距离约为290m；北面为原始山体，植被多为灌木；东北方向约250m是居民居住区。矿区中部有1条县级公路X042穿过，治理区域内有1条高压线存在，最近距离在20m内。

该矿山治理项目主要由爆破施工、挖装运输、石料破碎回收、后期回填及植被栽种等施工作业。爆破方量达到90多万m³，治理面积约为9万m²。爆破环境要求异常苛刻，每次爆破方量要求不多于3t，对于爆破震动的要求很严格，每次爆破都必须进行爆破震动强度检测，震动速度必须控制在1cm/s以下；爆破飞石、灰层等要求也较高。

1 爆破参数设计

该地区岩石属较坚硬至坚硬的层状碳酸盐岩，岩性主要为南陵湖组泥晶灰岩，薄层至中层状结构，裂隙较稀疏，溶隙、溶洞较发育。层间结合力较强，岩体较完整，总体属较坚硬至坚硬类型。饱和单轴抗压强度为45.6~78.9MPa，f值为6~8。

古竹岭矿山设计台阶高10.0m，孔径$\phi=105mm$及115mm，垂直孔，选用乳化炸药。对于条状乳化炸药，钻孔直径为115mm或105mm，当采用90mm直径条状药包装药时，此时延米装药量$q=7.2kg$，根据文献［1］，结合广东宏大公司繁昌项目工程施工的具体情形，计算允许最大抵抗线，公式为：

$$W_m = 1.36\sqrt{q} \cdot K_1 \cdot K_2 \qquad (1)$$

式中，K_1 为夹制系数，垂直孔 K_1 取 0.95；K_2 为岩石可爆性系数，取 1.0；q 为延米装药量。

计算出 $W_m = 3.47m$，即允许抵抗线最大值为 3.47m。

爆破设计的其他相关参数结合工程爆破手册[2] 与现场情况取值，见表 1。

表 1　爆破主要参数设计

参数	公式	取值
超钻 h_1/m	$h_1 = 1.3m$	1.3
钻孔深度 L/m	$L = h + h_1$	11.3
钻孔偏差 E/m	$E = \phi + 0.01L$	0.22
底盘抵抗线 W（排距 b）/m	$W = b = W_m - E$	3.3
孔距 a/m	$a = 1.25b$	4.1
堵塞长度 h_0/m	$h_0 = 3.5m$	3.5
单孔装药量 Q/kg	$Q = (L - h_0) \times q$	56.2
平均装药量 $q_d/kg \cdot m^{-3}$	$q_d = Q/(abh)$	0.42

2　主要施工工艺及爆破技术

2.1　主要施工工艺

主要施工工艺如下。

（1）放线验孔。在爆破作业前，必须有专业爆破技术人员现场验收钻孔情况，必须确保钻孔的质量，包括钻孔的角度以及位置，不合格时，需要做好补孔补钻工作。对每个炮孔口，需要用纸条记录好孔的深度以及孔内是否存在积水，是否为泥孔等数据，在班前会技术交底时交代相关数据。

（2）装药。根据验孔情况，确定装药方式，确定现场每个炮孔装药量。在分配完单孔炸药量后，在吊绳上做好标记，底部吊装 90mm 直径条状炸药，上部吊装 70mm 直径条状药包，在整个炮孔药柱上下各 1/3 处各布设 1 条起爆药包。装药时，需要时刻测算剩余的填塞长度，以保证合适的堵塞长度，当炮孔内存在积水时，要保证炸药沉到孔底，确保炸药不会脱节。

（3）堵塞以及网络连接。炮孔堵塞材料采用钻孔岩屑，2 人 1 组，填塞时用炮棍捣密实，严格控制填塞材料块度，严禁块度超过 3cm 的石块进入炮孔，防止出现冲天炮；在炮孔上方，需要盖上装满石块岩屑的编织袋。网络连接采用双复式导爆管反射四通网络连接，堵塞，覆盖，联网，及现场清理流水作业分区域分步时同时进行，做到工完场清。

2.2　爆破技术

爆破技术如下。

（1）不耦合装药技术。在古竹岭项目中，采用 115mm 潜孔钻与 105mm 液压钻 2 种钻机，施工中要求按照设计参数钻孔。底部采用自制刻度绳吊装 90mm 条状乳化炸药，上部吊装 70mm 条状乳化装药，上部减弱装药。药卷与孔壁之间填塞岩屑，综合古竹岭项目日常施工中所采用的爆破装药形式，可以计算出不耦合系数分别为：1.28、1.64、1.17、1.5。矿山日常采用不耦合装药，主要为了降低爆破震动与控制爆破飞石。通过径向不耦合连续装药近区爆破震动速度公式[3] 可以看出，此种情况下，爆破震动速度与不耦合系数的 8/3 成反比，可以得出，不耦合系数有很小的增幅时，爆破震动速度会削弱很多。

（2）孔底反向、孔口正向起爆。按药包放置的位置，可以将起爆方式分为正向起爆、反向起爆与双向起爆[4]。正向起爆时，将起爆药包放置在炮孔上部，雷管的聚能穴朝向孔底；反向起爆时，起爆药包安放在炮孔的底部，雷管的聚能穴朝向孔口；双向起爆时，将起爆药包放置在炮孔的中部。该项目中，每个炮孔有 2 发雷管，分别位于近孔底与近孔口的位置，爆破时采用的是孔底反向、孔口正向起爆。

（3）V 型网络起爆。V 型起爆是让爆区前排中心部位先爆，然后以该中心部位开始，成 V 型向两侧不同的方向斜线起爆，2 个侧向起爆临空面相交[5]。V 型起爆时，被爆岩石挤压强烈，同时向中心方向推移，并相互碰撞，这种起爆形式可以在一定程度上有效利用炸药的化学能量，碰撞较强，能增强石块的破碎效果，减少爆破震动，减少大块率[6]。

3 爆破设计施工技术要点总结

（1）放线布孔时，需要根据现场实际情形进行具体调整。布孔前虽然已经确定了布孔的孔网参数，但在现场布孔时，需要做一定的调整：在台阶爆破过程中，需要考虑台阶临空面的凸凹情况，以及下方是否存在大的根底。台阶临空面外凸时，考虑凸出的长度，缩短前排孔至坡顶线的距离。如果需要的话，根底也应该进行布孔爆破；当台阶坡顶线在一段区域内的走向不是一条直线，存在折曲时，为了下一次放炮的规整性，最后 1 排孔尽量布设成 1 条直线，如有必要时，可以在前面多加炮孔。

（2）验孔时，要求钻孔的实际深度与设计深度相差不大于 30mm，超过这个范围时，必须进行相关的调整。超钻时，在孔中可以回填少许石料，可以将几条 90mm 药包换成几条 70mm 药包，但是单孔的整体装药量不变；少钻时，需要补钻，钻完后需要验收；出现卡孔时，做好标记，用竹竿或钻机进行疏通。

（3）爆破设计时，鉴于爆破对震动等相关要求严格，需要控制单响药量。在实际设计过程中，在没有孔外延迟时，1 个段位的雷管一般不超过 6 发，不超过 3 孔。

（4）装药时，当前排孔至坡顶线距离较短时，上部应减弱装药，实际施工中，上部需要多装 70mm 条状药包；底盘抵抗线较大时，为控制飞石尽量不打抬炮，采用 90 卷孔底全耦合加强装药，在施工中即将条状药包割破，使其自由落入孔底，这样就能保证孔底全耦合。

（5）堵塞时，干孔与水孔差别较大，水孔要求较高。水孔堵塞时，钻孔灰粉不允许填塞在孔中，而干孔一般可以。在将孔堵塞完后，在孔的上方需要压一个装满石料的编织袋，水孔上方有时需要多加一个编织袋压在孔上方，这样能减少冲孔现象发生的可能性。当爆区上方及周围存在高压线或一些重要设备时，炮孔上需要覆盖炮被，防止飞石砸中高压线等一些设备。

4 结论

通过对古竹岭矿山的设计、施工以及爆破技术的分析，结合现场的爆破效果可以观察到，该矿山实际的爆破效果很好。由于矿山是属于松动爆破，爆孔排数一般在 3～4 排。在不耦合装药、双向起爆以及 V 型网络爆破技术下，通过控制单响装药量，能将爆破震动与爆破飞石控制在较低的范围。爆破流程中，通过布孔、验孔、设计、装药以及堵塞等爆破流程要点细节总结，精细操作，在控制根底以及底部凹凸不平的情况有良好的效果，同时也能减少上部伞岩出现的概率。可以将这种松动爆破应用于类似一些周围环境条件复杂、爆破要求较高的一些矿山，能够取得良好的效果。

参 考 文 献

[1] 郑炳旭，王永庆，李萍丰. 建设工程台阶爆破 [M]. 北京：冶金工业出版社，2005：14-15.

[2] 汪旭光. 爆破手册 [M]. 北京：冶金工业出版社，2010.

[3] 冯德润，蒲传金. 不耦合装药爆破震动规律分析 [J]. 现代矿业，2012 (9)：11-12.

[4] 颜事龙，胡坤轮，徐颖，等. 现代工程爆破理论与技术 [M]. 徐州：中国矿业大学出版社，2007.

[5] 白晓成. 塑料导爆管 V 型起爆网络在深孔爆破中的应用 [J]. 爆破，2006，23 (2)：53-56.

[6] 陈晶晶，赵博深，白玉奇. 经山寺铁矿减少深孔台阶爆破根底的工程实践 [J]. 工程爆破，2013，19 (3)：30-32.

V型起爆技术在某露天铁矿深孔爆破中应用的分析

祝云辉　赵　浩　吴水锋

（广东宏大爆破股份有限公司，广东 广州，510623）

摘　要：分析了V型起爆技术在某露天铁矿深孔爆破开采中的应用。为了满足该露天铁矿对大块率、爆破震动等的要求，在该露天铁矿爆破参数的基础上，通过不断优化爆破参数，采用Kuznetsov平均矿岩块度预测数模和Rosin-Rammler矿岩块度分布数模，分析V型起爆技术对降低大块率的作用。经过理论计算，该露天铁矿爆破大块率在3.47%左右，且块度均匀性指标β在1.63左右，说明均匀性较好，根据萨道夫斯基爆破震动速度经验计算公式分析爆破震动临界条件，计算得到最大段单响药量不能超过650kg。长期以来，该露天铁矿不断优化爆破参数，通过选用V型起爆技术，大块率明显下降，有效控制了爆破震动。

关键词：K-R数学模型；爆破参数；V型起爆技术；爆破震动；爆破效果

Analysis of V Detonation Technique Applied in Surface Iron Mine Blasting

Zhu Yunhui　Zhao Hao　Wu Shuifeng

（Guangdong Hongda Blasting Co., Ltd., Guangdong Guangzhou，510623）

Abstract：In order to explore the effect of V detonation technique on blasting boulder rate and blasting vibration in the Surface Iron Mine, the blasting parameters were adjusted and optimized. With the average rock fragmentation forecasting model (Kuznetsov) and rock fragmentation distribution model (Rosin-Rammler), the V type blasting technology effect on reducing the block rate was discussed. With theoretical calculation, the blasting boulder rate was obtained as about 3.47% and the block uniformity index 1.63, which showed that the uniformity was good enough. According to the critical condition of blasting vibration with Sa Rodolfo J-Ki experience formula, the biggest single charge was obtained as less than 650kg. Combined with blasting parameters optimization and the V model detonation technique, the rock large rate and blasting vibration got reduced effectively.

Keywords：K-R numerical simulation；blasting parameters；V-type initiation；blasting quake；blasting effect

　　目前，爆破技术在露天矿山开采过程中得到了很大改善。不同的露天矿山采取了不同的爆破技术，例如在露天铁矿开挖中，由于铁矿石硬度较大，开采过程中对岩石块度、根脚等要求较高，降低岩石块度和根脚等对降低矿山开采成本、增加矿山掘进速度等起到重要作用[1]，其中V型起爆技术在降低爆破大块率、底盘根脚上起到了有益效果[2]。

1　V型起爆技术

　　V型起爆技术即前后排孔同段或间隔段相连[3]，其起爆顺序似V字形，如图1和图2所示。起爆时，先从爆区中部的一个或两个孔爆出一个开口，为后续炮孔的爆破创造自由面，然后两侧孔同段或间隔段起爆。经过长期的发展，爆破技术人员不断对V型起爆技术进行改进和完善，现在V型起爆技术适用于多种布孔形式的爆破作业[4]。V型起爆技术的优点是爆后岩石向爆区中间崩落，加强岩石与岩石之间的碰撞和挤压[5]，有利于改善破碎质量。由于碎块向爆区自由面抛掷作用小，多用于挤压爆破和掘沟爆破[6]。

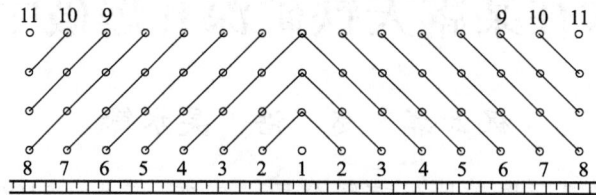

图 1　两侧同段顺序起爆
Fig. 1　Order of segment initiation on both sides

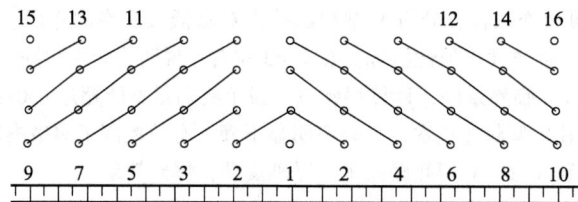

图 2　两侧间隔段顺序起爆
Fig. 2　Interval segment initiation on both sides

2　矿区概况

该露天铁矿矿床属中小型矿体，地表平坦，标高基本在 100~110m 之间，矿体赋存特点是西高东低，总体埋藏较深，西部大部分被第四系覆盖，埋藏较浅，局部出露地表，氧化深度为 30~40m，矿区矿体呈单斜层状，矿体走向长度约 300m，倾向方向向东南延展具有规模。矿体赋存于大理岩矿段，基本分为 3 层，各层厚度为 5~40m，在矿体中偶有正长斑岩脉穿插，岩脉宽度 1~5m。矿石类型：铁矿石分为氧化矿石和原生矿石，氧化深度 30~40m，氧化矿石为假象赤铁矿，原生矿为磁铁矿。

3　预测爆破效果数学模型的选择

长期以来，在该露天铁矿生产过程中，由于岩石硬度大，爆破后对岩石块度要求较高，加之未采取合理的爆破参数，使得大块率居高不下的问题一直未得到有效解决。根据 Kuznetsov 平均矿岩块度预测数模和 Rosin-Rammler 矿岩块度分布数模[7,8]，分析 V 型毫秒微差爆破技术对降低大块率所起到的作用。

3.1　Kuznetsov 和 Rosin-Rammler 数学模型

Kuznetsov 和 Rosin-Rammler 数学模型，简称 K-R 数学模型，是库兹涅佐夫模型与罗森雷姆勒模型的结合，前者研究的是平均块度的数学模型，后者研究的是块度分布特征的数学模型，K-R 数学模型是利用 Rosin-Rammler 曲线把 Kuznetsov 方程作为预测爆堆的数学模型[8]。

Rosin-Rammler 曲线是被公认的能够给出岩石破碎情况的描述，其曲线表达式为

$$R = e^{-\left(\frac{x}{x_e}\right)^{\beta}} \tag{1}$$

式中，R 为筛上物料的比率；e 为常数；x 为筛孔尺寸，表示筛上最大直径或筛上最小直径，cm；x_e 为特性尺寸，该数由 Kuznetsov 方程计算得出，cm；β 为均匀度指标，是一个经验系数，其值越高，表示块度分布均匀，其值较低时，表示岩石归于粉状和大块占有较大比例，取值区间为 0.8~2.2。

β 值具体可以通过式（2）进行计算

$$\beta = \left(2.2 - 14\frac{W}{\phi}\right)\left(1 - \frac{\Delta W}{W}\right)\left(1 + \frac{A-1}{2}\right)\frac{L}{H} \tag{2}$$

式中，W 为最小抵抗线，m；ϕ 为炮孔直径，mm；ΔW 为钻孔精度标准误差，即孔底偏离设计位置的平均距离，m；A 为孔距与最小抵抗线之比，m；L 为底板标高以上药包长度，m；H 为台阶高度，m；所以，只要知道特征尺寸 x_e，就可以通过式（1）计算出大于规定粒径的成分所占的比率，x_e 的计算是通过 Kuznetsov 方程计算的。

3.2 Kuznetsov 方程

Kuznetsov 方程是给出平均粒径大小的经验公式[7,8]，其表达式为

$$\bar{x} = K\left(\frac{V_0}{Q}\right)^{0.8} Q^{\frac{1}{6}}\left(\frac{115}{E}\right) \tag{3}$$

式中，$\bar{x}$ 为平均破碎块度；K 为岩石系数；V_0 为每孔破碎岩石体积，m³；Q 为每孔中药包能量的 TNT 当量，kg；E 为炸药重量威力。

在式（1）中，当 $x = \bar{x}$ 时，$R = 0.5$，于是由式（1）可以导出

$$x_e = \frac{\bar{x}}{0.693^{\left(\frac{1}{\beta}\right)}} \tag{4}$$

根据萨道夫斯基爆破震动速度经验计算公式计算爆破震动的临界条件[9]，确定合理的爆破参数，减小爆破震动，其经验公式如式（5）所示

$$v = K\left(\frac{\sqrt[3]{Q}}{R}\right)^{\alpha} \tag{5}$$

式中，v 为地面质点峰值振动速度，cm/s；α 为同地质条件有关的地震波的衰减系数；R 为观测（计算）点至爆源的距离，m；K 为同岩石性质、爆破方法有关的系数；Q 为炸药量（齐爆时为总装药量，延迟爆破时为最大一段装药量），kg。

4 矿区爆破参数的选择

在该露天铁矿爆破作业中，钻孔直径 $d = 140$mm。图 3 为分段装药台阶要素图，其他爆破参数设计如下[10,11]。

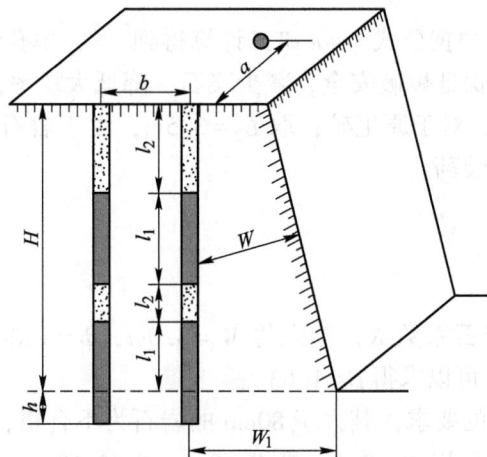

图 3 分段装药台阶要素图

Fig. 3 Elements of step in the charge piecewise

钻孔方向：钻孔方向为垂直钻孔，钻孔倾斜率控制在 2% 以下。

底盘抵抗线 W_1：该露天铁矿采用台阶高度 H 为 10m 以上的深孔爆破，根据经验公式 $W_1 = (0.6 \sim 0.9)H$，W_1 的取值大于 6m。

最小抵抗线 W：$W = (20 \sim 38)d$，$d = 140\text{mm}$，根据 W 取值范围为 $2.8 \sim 5.3\text{m}$，所以在该露天铁矿中，普通岩石取 $W_1 = 3.8\text{m}$，氧化矿取 $W_2 = 3.5\text{m}$，原生矿取 $W_3 = 3.0\text{m}$。

孔深和超深：在该露天矿的爆破作业中孔深根据地形和岩层结构的不同而不同[2]，在氧化矿和原生矿开采过程中，多采用孔深为 10m 以上的深孔爆破[12]，取孔深 $L = 11.5\text{m}$，超深 $h = (8 \sim 12)d$，$d = 140\text{mm}$，取 $h = 1.2 \sim 1.5\text{m}$。

孔距和排距：为了降低成本和爆破大块率，根据 $m = \dfrac{a}{b}$，结合该露天铁矿前期开采经验，氧化矿采用孔距 $a = 6.2\text{m}$，排距 $b = 4.2\text{m}$，原生矿采用孔距 $a = 5.3\text{m}$，排距 $b = 3.5\text{m}$。

炸药单耗：根据 2 号岩石炸药单耗计算经验公式[9]

$$q = (0.33 \sim 0.55)\left(0.4 + \frac{\rho_r}{2450}\right) \tag{6}$$

式中，ρ_r 为岩石密度，kg/m^3，其中 $\rho_r = P_2$。

式（6）是以 2 号岩石炸药为准，该露天铁矿使用的是乳化炸药，则式（6）要求换算系数 e，则按下式（7）换算[10]

$$e = \frac{P_1}{P_2} \tag{7}$$

式中，P_1 为 2 号岩石炸药的爆力，mL；P_2 为该露天铁矿使用的乳化炸药的爆力，mL。

式（7）中 $P_1 = 320\text{mL}$，根据该露天铁矿使用的乳化炸药性质，其爆力 P_2 约为 330mL，将 P_1 和 P_2 代入式（7）计算得到 $e = 0.96$，根据表 1 提供的氧化矿和原生矿的岩石密度，分别可以求出氧化矿开采时的炸药单耗 $q = 0.55 \sim 0.65\text{kg/m}^3$，原生矿开采时的炸药单耗 $q_1 = 0.65 \sim 0.75\text{kg/m}^3$。

表 1　岩石物理力学性质参数表
Table 1　Properties of the rock physical-mechanical properties

矿岩名称	岩石密度/$\text{kg} \cdot \text{m}^{-3}$	普氏系数 f	松散系数
氧化矿	3250	12~18	1.5
原生矿	3480	18~24	1.5
岩石	2700	12~18	1.5
表土	2000	—	1.3

单孔装药量：单孔装药量 Q 根据公式 $Q = \kappa a W H$ 计算得到[10]，单孔装药量因孔深而不同。

回填长度和间隔长度：为了保证爆破安全，减少飞石，降低大块率，回填长度采用 $L_2 = (20 \sim 30)d$，对于氧化矿而言，取 $L_2 = 4\text{m}$，对于原生矿，取 $L_2' = 3.5\text{m}$，由于岩石硬度较大，为了克服底部岩石的夹制作用，两者均不采用间隔装药。

5　原生矿大块率预测

根据现有的爆破参数计算岩石系数 K，首先将 $W = 3.0m$，$\phi = 140\text{mm}$，$\Delta W = 0.2\text{m}$，$A = 5.5/3.0$，$L = 6.5\text{m}$，$H = 10\text{m}$ 代入式（2），可以求得 $\beta = 1.63$。

根据该露天铁矿对大块尺寸的要求，其大于 80cm 的岩石为不合格，所以岩石标准 $x = 80\text{cm}$，其大块要求所占比例不能超过 10%，所以 $R = 0.1$，将 $R = 0.1$，$\beta = 1.63$，$x = 80\text{cm}$ 代入式（1），得出 $x_e = 47.9$。将计算出的 $x_e = 47.9$ 和 $\beta = 1.63$ 代入式（4），可以得到 $\bar{x} = 38.3\text{cm}$。计算出 $\bar{x}$ 后，将 $\bar{x} = 38.3\text{cm}$，$Q = 130\text{kg}$，$E = 105$，$V_0 = 165\text{m}^3$，代入式（3），可以求出 $K = 12.8$。

采用 V 型起爆技术时，结合图 4 所示，爆破参数中孔距和排距就变为侧向宽孔距小排距[13]，其新的侧向孔排距分别为 $a' = 8.4\text{m}$，$b' = 1.2\text{m}$。将 $W = 1.2\text{m}$，$\phi = 140\text{mm}$，$\Delta W = 0.2\text{m}$，$A = 8.4/3.0$，$L = 6.5\text{m}$，$H = 10\text{m}$ 代入式（2），可以求得 $\beta = 2.14$。这说明岩石爆炸后，其块度均匀性非常好。

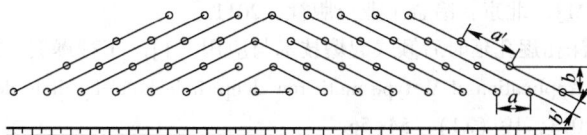

图4　Ⅴ型起爆时的侧向孔排距

Fig. 4　Lateral distance of hole and exhaust in V-type initiation

知道 β 后，反过来计算 R，根据上面求出的 $K=12.8$，$Q=130kg$，$E=105$，$V_0=165m^3$ 代入式 (3)，可以求出 $\bar{x}=38.3cm$。将 $\bar{x}=38.3cm$，$\beta=2.14$ 代入式 (4) 计算出 $x_e=45.4$。按照 $R=e^{-\left(\frac{x}{x_e}\right)^{\beta}}$，将 $x=80cm$，$x_e=45.4$，$\beta=2.14$，得出 $R=0.0347$，即 $R=3.47\%$。

根据计算结果，在原有的孔口直径、孔网参数、台阶高度、炸药单耗等不变的前提下，采用 Ⅴ 型起爆技术，可以将原有 6% 以上的大块率降低到 3.47%。

6　原生矿爆破振动控制

通过毫秒延期技术控制单响药量[14]，即降低每个段别毫秒延期雷管控制的起爆药量来控制爆破振动[15]。根据该露天爆破工程的经验[16]，台阶高度10m，超深1.5m，K 的范围取 $50\sim150$，α 的范围取 $1.3\sim1.5$。根据铁道部科学研究院爆破研究室通过观测提出的地面破坏程度与地面垂直最大速度之间的关系[6]，可以知道 $v\leqslant1.5cm/s$，$R=50m$，将以上数据代入式 $v=K\left(\dfrac{\sqrt[3]{Q}}{R}\right)^{\alpha}$ 计算得到 $Q=649.5kg$。

所以，为了安全，在该南扩采区爆破作业中，布孔时多采用4排孔，采用 Ⅴ 型起爆技术，单响孔数不超过4个孔，每个孔装药量160kg，最大段单响药量不超过650kg。Ⅴ 型起爆技术的实施，在很大程度上降低了爆破震动对周围环境的影响。

7　结论

爆破效果的影响因素包括台阶高度、爆破参数、起爆技术等，当这些因素选取较为合适时，才会产生较好的爆破效果。使用合理的爆破参数，结合 Ⅴ 型起爆技术分析该露天铁矿的爆破效果。

爆破大块率明显降低。在采用了合理的装药结构后，特别是间隔装药，使爆炸能量能够均匀地分布于岩石之间，这样不仅克服了炮孔底部的岩石夹制作用，根据现有爆破参数，该露天铁矿采用 Ⅴ 型逐孔毫秒微差起爆技术，使岩石爆炸后能够发生有效碰撞，在降低爆破表面大块率上起到了显著作用，经过长期观察与统计，大块率符合生产要求。

分析该露天铁矿周围复杂环境，根据萨道夫斯基爆破震动速度经验计算公式，得出其最大段单响药量不超过650kg，这样确保了爆破震动对周边环境，特别是露井联采条件下高边坡稳定性的危害控制在合理范围内，确保高边坡的稳定性。

降低了矿区生产成本，提高了生产速度。根据近一年来的观察与统计，该露天铁矿的成本明显降低，挖运设备的挖运速度明显提高。

参 考 文 献

[1] 白晓成. 塑料导爆管 Ⅴ 型起爆网络在深孔爆破中的应用 [J]. 爆破，2006，23 (2)：53-56.
Bai Xiaocheng. Application of the plastic cartridge igniter v detonation network in the deep-hole demolition [J]. Blasting，2006，23 (2)：53-56.

[2] 张平，彭江湖. Ⅴ 型起爆技术在多排中深孔爆破中的应用 [J]. 建材世界，2014，35 (2)：140-142.
Zhang Ping，Peng Jianghu. Application of V-type holeby-hole delay initiation technology in multi-row mediumlength hole blasting [J]. The World of Building Materials，2014，35 (2)：140-142.

［3］汪旭光. 爆破设计与施工［M］. 北京：冶金工业出版社，2011.

［4］邵建峰，姚绍武. V 型多排深孔逐孔延时后倾式起爆技术与应用［J］. 工程爆破，2013，19（Z1）：54-56.
Shao Jianfeng, Yao Shaowu. Application of V-type muti-row deep-hole hole-by-hole delay backward initiation technology ［J］. Engineering Blasting, 2013, 19（Z1）：54-56.

［5］刘宗武，李东红. V 型微差起爆网络在高速公路施工中的应用［C］∥第七届工程爆破学会论文集. 2001：665-668.
Liu Zongwu, Li Donghong. Application of the ignition circuit in V model for rock blasting in highway ［C］∥The Seventh Session of the Blasting Engineering Society Proceedings. 2001：665-668.

［6］费鸿禄. 台阶挤压爆破技术在路堑边坡中的应用［J］. 爆破，1998，15（3）：29-32.
Fei Honglu. The application of bench extruding blasting technology in cutting excavation ［J］. Blasting, 1998, 15（3）：29-32.

［7］卢文波，Hustrulid W. 质点峰值振动速度衰减公式的改进［J］. 工程爆破，2002，8（3）：1-4.
Lu Wenbo, Hustrulid W. An Improvement to the equation for the attenuation of the peak particle velocity ［J］. Engineering Blasting, 2002, 8（3）：1-4.

［8］李战军，温健强，郑炳旭. 露天铁矿爆破开采炸药单耗预测［J］. 金属矿山，2009（7）：33-38.
Li Zhanjun, Wen Jianqiang, Zheng Bingxu. Forecast of the unit explosive consumption for blasting in open-pit iron mine ［J］. Metal Mine, 2009（7）：33-38.

［9］颜事龙，胡坤伦. 现代工程爆破理论与技术［M］. 徐州：中国矿业大学出版社，2007.

［10］王玉杰. 爆破工程［M］. 武汉：武汉理工大学出版社，2007.

［11］陈云祥，张继荣. 坚硬矿岩大直径深孔爆破与大块率控制技术［J］. 矿业研究与开发，2014，34（8）：115-118，127.
Chen Yunxiang, Zhang Jirong. Large-diameter longhole blasting and boulder yield control technology for underground hard rock ［J］. Mining R & D, 2014, 34（8）：115-118, 127.

［12］龚洁. 宽孔距小抵抗线多排孔微差爆破技术［J］. 爆破，2001，18（2）：37-38.
Gong Jie. An example of wide-space millisecond multiple-row holes blasting ［J］. Blasting, 2001, 18（2）：37-38.

［13］张平，刘松，刘海瑞. 大孔距小排距技术在中深孔爆破中的应用［J］. 建材世界，2013，34（6）：78-80.
Zhang Ping, Liu Song, Liu Hairui. Application of large hole spacing-small row spacing in medium-length hole blasting ［J］. The World of Building Materials, 2013, 34（6）：78-80.

［14］马晓明，王振宇，陈银鲁，等. 精确微差爆破震动能量分布特征分析［J］. 解放军理工大学学报，2012，13（4）：449-454.
Ma Xiaoming, Wang Zhenyu, Chen Yinlu, et al. Analysis of energy distribution of accurate millisecond blasting vibration ［J］. Journal of PLA University of Science and Technology, 2012, 13（4）：449-454.

［15］吴贤振，尹丽冰. 某矿井下浅孔毫秒延时爆破地表震动的数值模拟研究［J］. 有色金属科学与工程，2014，5（6）：100-104.
Wu Xianzhen, Yin Libing. Vibration intensity of multi milliseconds blasting in underground mine based on LSDYNA ［J］. Nonferrous Metals Science and Engineering, 2014, 5（6）：100-104.

［16］祝云辉. 经山寺露天铁矿减小爆破振动的实践［J］. 露天采矿技术，2015（2）：27-30.
Zhu Yunhui. Practice of abating blast vibration in surface iron mine deep-hole blasting ［J］. Opencast Mining Technology, 2015（2）：27-30.

基于 BP 神经网络的微差爆破振动预测研究

王　涛[1]　张建华[2]

（1. 广东宏大爆破股份有限公司，广东 广州，510623；

2. 武汉理工大学，湖北 武汉，430070）

摘　要：爆破振动危害是矿山安全评估的一个重要指标，爆前对其震动预测，做好安全防护，是保证矿山安全生产的重要措施。爆破对象及其地质情况的不确定性、爆区周边环境的复杂性，使得振动监测难以用一套统一的公式进行准确预测。人工神经网络可实现复杂环境、多因素影响下的仿真模拟，利用 BP 神经网络建立爆破振动预测模型，将爆破的原始数据及监测数据输入模型，利用 MATLAB 软件自带的神经网络软件包自编程序对其进行训练，使得模型的传递函数达到最优。实践证明，将模型用于爆前震动预测，能够有效的预测振动，指导施工。

关键词：爆破振动；BP 神经网络；网络模型；振动预测

Millisecond Blasting Vibration Prediction based on BP Neural Network

Wang Tao[1]　Zhang Jianhua[2]

（1. Guangdong Hongda Blasting Co., Ltd., Guangdong Guangzhou, 510623；

2. Wuhan University of Technology, Hubei Wuhan, 430070）

Abstract：The blasting vibration hazard was an important indicator in mine safety assessment. Blasting vibration forecast was important to ensure the safe production in mines. The uncertainty of the blasting object, including the geological condition and complexity surrounding environment of the blasting zone, made it difficult to accurately predict vibration by a unified formulas. The artificial neural network can obtain simulation of multiple factors under the complex environment, and establish the blasting vibration prediction model. By training the original blasting and monitoring data by MATLAB software with neural network package, the best transfer function model was achieved. The model was effectively used to predict blasting vibration.

Keywords：blasting vibration；BP neural network；network model；vibration prediction

随着国民经济的发展，爆破技术广泛地应用于矿山开采、水利水电建设、铁路公路路堑开挖、隧道掘进、房屋拆除等工程领域。爆破技术的发展，加快了施工的进度，但大规模、频繁地爆破振动却给周边环境带来了安全隐患。众多学者们对其振动灾害控制做了大量的研究，在振动监测技术上有了突破性的进展，但对于爆破振动的预测却未取得较好的进展，这主要是因为影响爆破振动的不确定性因素较多以及爆破对象的复杂性，很难用确定的公式进行计算，多数依赖于现场经验以及一些经验公式对其做粗略预测。

神经网络技术的发展[1-4]，对爆破振动预测提出了一种新的理念，利用网络的高度非线性仿真模拟，将爆破对象的原始数据及振动监测数据输入神经网络模型，网络进行自学习，从而训练出最优模型。用该模型对爆破振动预测，能够准确地预测振动危害范围，指导施工，将振动危害程度降到最低。

原载于《爆破》，2015，32（2）：140-143。

1 台阶爆破振动影响因素

由于爆破振动在不同介质中传播规律不同以及受振动结构体的抗振性能不同，研究爆破振动时主要考虑了起爆器材、炸药、爆破技术、地质地形条件以及保护物等因素[5]。

对于露天台阶爆破，所使用的爆破器材、炸药是基本不变的，因此爆破技术成为降低爆破振动、改善爆破效果的重要影响因素。研究表明，爆破振动随着距爆源的距离增加而降低，随着一次起爆药量的增加而增加；爆破振动的持续时间和起爆总药量成正比，即随着一次起爆药量增大，则爆破振动持续时间增长。事实上，爆破振动频率也是影响爆破危害的一个重要成分，当爆破振动的频率与保护体介质的固有频率接近或相等达到共振时，将造成重大破坏。矿山开采地质地形条件随着开采深度的增加，不断变化，地质地形的复杂程度对振动传播产生了很大影响。

众多研究者已经认识到，爆破对结构体的振动效应是爆破振动峰值速度、频率成分、振动持时共同作用的结果[6]。然而，在实际生产爆破中，人们只是着重研究质点的峰值振动速度，忽略了振动频率、振动持时对结构体的影响。

2 基于 BP 神经网络的振动预测模型建立

2.1 BP 神经网络理论

BP 网络是一种多层前馈型神经网络，主要特点是信号向前传递，误差反向传播[7,8]。神经元是 BP 网络的基本组成部分，多个神经元通过一定的拓扑结构组织起来，构成群体并行处理的计算结构，由输入层、隐层、输出层组成。网络的训练过程主要是通过信息的前向传递，修正权值和阈值，进行反馈训练，直至网络输出的总误差小于期望误差，使网络的传递函数达到最优化。BP 神经网络中，输入层到输出层之间的关系呈现一种高度非线性映射，输入层、输出层采用线性映射函数、隐层采用非线性递增映射函数。网络拓扑结构如图 1 所示。

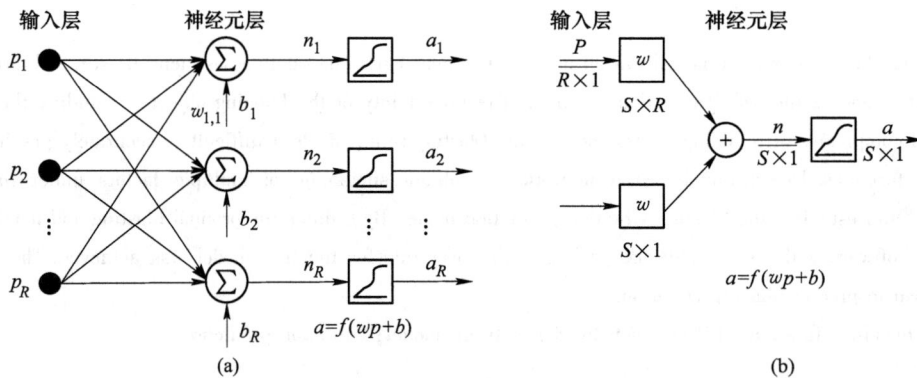

图 1 BP 神经网络结构

Fig. 1 Structure of BP neural network

在 3 层 BP 网络中，设输入节点 x_i，隐层节点 y_j，输出节点 z_l。输入节点与隐层节点之间的权值 w_{jt}，阈值为 θ_j，隐层节点与输出节点之间网络权值 v_{lj}，阈值为 θ_l。当输出节点的期望值为 t_1 时，则网络的输入输出计算如下

隐层节点输出

$$y_j = f(\sum_i w_{jt} x_i - \theta_j) \tag{1}$$

输出节点输出

$$z_l = f(\sum_j v_{lj} y_j - \theta_l) \tag{2}$$

输出节点总误差

$$E = \frac{1}{2} \sum_l (t_1 - z_l)^2 \qquad (3)$$

2.2 爆破振动预测模型建立

2.2.1 输入层节点确定

影响爆破振动的因素作为网络输入层，主要有爆破的爆源因素、传播介质。介质因素直接影响着地振波的传播与衰减，由于地质条件的复杂多变性，从现场取得介质的特性参数是相当困难的。在利用神经网络模型优化参数时，通过网络的多次训练，逐渐消除介质的影响。

爆源因素主要考虑单段起爆药量、总起爆药量、起爆点与监测点的高差、测点距爆源的距离、排间微差时间，将这 5 个因素作为神经网络的输入层。因此，输入节点有 5 个。

2.2.2 隐含层节点数确定

在一定范围内，用含有 1 个隐层的 BP 网络可以完成任意 n 维到 m 维的映射。因此，本次建模中采用一个隐含层，隐含层节点数的多少影响着网络训练的结果，采用 Kolmogorov 定理来确定最佳隐含层节点数量，该定理规定，对于一个由输入层、隐含层和输出层构成的 3 层神经网络模型，若输入层有 n 个节点，则隐含层应设 $2n+1$ 个节点，输出层有 m 个节点。该模型的隐层节点数为 11 个。

2.2.3 输出层节点数确定

输出层采用描述爆破振动效应的三要素来表示，即质点峰值振动速度、振动频率、振动持时。在样本提取过程中，考虑了质点 x、y、z 三方向的振速、频率、振动持时，因此，输出节点数为 9 个。

2.3 振动预测模型的训练

在进行网络训练之前，需预先处理训练样本，对样本进行数据归一化处理。网络结构及网络输入输出参数确定后，对网络进行学习和训练，网络训练的主要目的是通过训练逐渐地修正网络的阈值和权值，确定网络的最优传递函数。在此过程中，学习速率是一个重要影响因子，它决定每一次循环中的权值变化量，在一般情况下，选择较小的学习速率以保证学习的稳定性，这里取学习速率为 0.05，在学习的过程中调整学习速率，使网络趋于稳定。

根据金堆城测振项目所监测的 60 组数据，选取 50 组数据对网络进行学习训练，另 10 组数据作为预测数据，检验网络训练精度。利用 Matlab 软件自带的神经网络软件包对其进行训练，训练时训练精度取 0.0001，网络经过 5000 次训练，使得模型的传递函数达到最优。模型算法流程图如图 2 所示。

3 爆破振动神经网络预测模型的应用

金堆城露天矿在爆破振动效应预测预报方面与国内外先进水平有巨大差距，为此，有必要采用先进的预报预测方法对爆破振动效应预测，以确保矿山安全高效的生产。现以金堆城露天矿台阶爆破振动预测为例，将建立好的爆破振动神经网络预测模型应用于金堆城露天矿山，选取东帮、西帮各两组实测数据，将预测数据与实测数据进行对比分析，从表 1 可知：在不同的爆心距、高差、总药量、单段爆药量的情况下，神经网络预测模

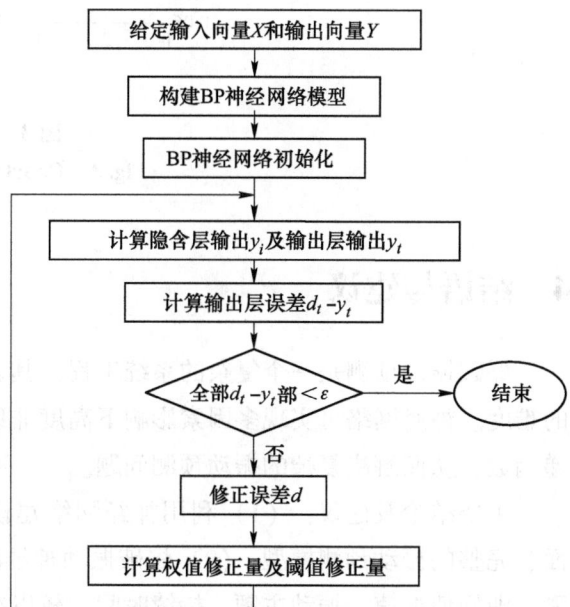

图 2 BP 网络算法流程图
Fig. 2 Flowchart of BP network algorithm

型预测数据与实测数据相当接近，能有效进行振动预测；该模型可同时预测 x、y、z 三方向的峰值振速、振动主频、持续时间，能够全面地掌握振动信号的所有信息，对指导矿山生产爆破具有很大的实用价值。

图 3 反映了神经网络模型预测的 9 个输出参量与实测数据的相对误差分布情况，从图中可知，大部分输出参量相对误差控制在 3% 以内，最大相对误差不超过 6%，该模型成功地实现了爆破振动预测。神经网络预测精度主要取决于网络的训练，训练样本越多，网络的训练精度越高，样本越少，网络的训练精度越低。振动效应输入数据与预测数据如表 1 所示，相对误差分析如图 3 所示。

表 1　模型输入数据与预测数据
Table 1　Input data and forecast data of model

样本编号	微差时间 /μs	爆心距 /m	高差 /m	总药量 /t	起爆药量 /kg	数据监测	x 向振速 /mm·s^{-1}	x 向频率 /Hz	x 向持时 /s	y 向速度 /mm·s^{-1}	y 向频率 /Hz	y 向持时 /s	z 向速度 /mm·s^{-1}	z 向频率 /Hz	z 向持时 /s
样本 1	65	168	10	25.73	1640	实测	11.47	22.61	0.88	13.15	18.65	0.81	9.14	21.65	0.73
						预测	11.63	22.88	0.87	13.05	18.51	0.82	9.10	21.67	0.72
样本 2	65	225	34	27.00	2150	实测	8.71	22.36	0.80	9.38	26.56	0.82	8.41	19.65	0.89
						预测	8.79	22.91	0.79	9.27	26.33	0.81	8.35	19.72	0.88
样本 3	65	291	15	9.80	1200	实测	2.71	27.69	0.71	2.40	25.46	0.72	1.36	19.36	0.77
						预测	2.73	27.81	0.73	2.30	25.45	0.72	1.37	19.59	0.75
样本 4	65	403	113	27.50	2000	实测	2.61	18.96	1.23	2.91	13.96	1.30	1.59	11.65	1.12
						预测	2.49	18.73	1.23	2.93	13.99	1.29	1.68	11.64	1.13

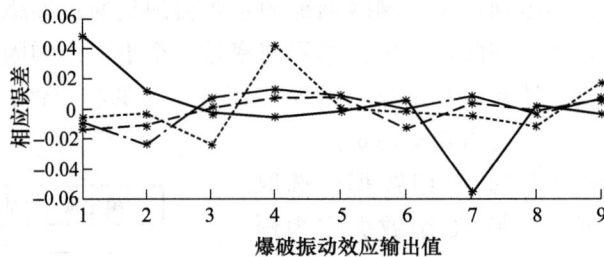

图 3　相对误差分析图
Fig. 3　Chart of relative error analysis

4　结语与建议

爆破振动预测是一个复杂的系统工程，其影响因素的复杂性及不确定性，给振动预测带来了巨大的难度。神经网络可实现多因素影响下高度非线性的数据拟合，通过数据的反馈训练，寻找出最优传递函数，从而解决复杂的振动预测问题。

主要结论及建议：（1）利用神经网络建模可综合考虑影响爆破振动的各个因素，从而建立较全面、完整的振动预测模型；（2）爆破振动神经网络预测模型实现了多输出，能同时预报爆破振动三要素，即峰值振速、振动主频、持续时间，较以往的经验公式更加全面、系统；（3）现场试验表明，该模型可有效预测矿区范围内爆破振动效应，对指导矿山生产有很大的实用价值；（4）本次网络建模由于受到样本数量和质量的限制，网络的预测能力还未达到理想状态，在监测数据更新后，及时调试网络，使网络预测准确性进一步提高。

参 考 文 献

[1] 张志毅，杨年华，卢文波，等. 中国爆破振动控制技术的新进展 [J]. 爆破，2013，30（2）：25-32.
Zhang Zhiyi, Yang Nianhua, Lu Wenbo, et al. Progress of blasting vibration control technology in China [J]. Blasting, 2013, 30 (2): 25-32.

[2] 田蕾蕾，许昌. 测风数据间隔对风速预测精度影响的研究 [J]. 可再生能源，2012，30（5）：18-23.
Tian Qiangqiang, Xu Chang. Anemometric interval influence on wind speed forecasting accuracy [J]. Renewable Energy Resources, 2012, 30 (5): 18-23.

[3] 刘庆，张光权，吴春平，等. 基于 BP 神经网络模型的爆破飞石最大飞散距离预测研究 [J]. 爆破，2013，30（1）：114-118.
Liu Qing, Zhang Guangquan, Wu Chunping, et al. Research on maximum distance prediction of blast flyrock based on BP neural network [J]. Blasting, 2013, 30 (1): 114-118.

[4] 崔东文. 多隐层 BP 神经网络模型在径流预测中的应用 [J]. 水文，2013，33（1）：68-73.
Cui Dongwen. Application of hidden multilayer BP neural network model in runoff prediction [J]. Journal of China Hydrology, 2013, 33 (1): 68-73.

[5] 段宝福，张猛，李俊猛. 逐孔起爆震动参数预报的 BP 神经网络模型 [J]. 爆炸与冲击，2010，30（4）：401-406.
Duan Baofu, Zhang Meng, Li Junmeng. A BP neural network model for forecasting of vibration parameters from hole-by-hole detonation [J]. Explosion and Shock Waves, 2010, 30 (4): 401-406.

[6] 张袁娟. 露天矿爆破振动对边坡的影响极其预测研究 [D]. 武汉：武汉理工大学，2012.
Zhang Yuanjuan. Inference of blasting vibration to openpit slope and vibration prediction [D]. Wuhan: Wuhan University of Technology, 2012.

[7] 张德丰. MATLAB 神经网络应用设计 [M]. 保定：机械工业出版社，2009.

[8] 张立明. 人工神经网络的模型及其应用 [M]. 上海：复旦大学出版社，1992.

矿山采空区崩落爆破评估验收方法

崔晓荣[1,2] 林谋金[1] 郑炳旭[2] 喻 鸿[3]

（1. 宏大矿业有限公司，广东 广州，510623；
2. 广东宏大爆破股份有限公司，广东 广州，510623；
3. 广东省大宝山矿业有限公司，广东 韶关，512128）

摘 要：为了评价和验收矿山采空区的崩落爆破，根据采空区崩落爆破前后的体积平衡原理，提出利用爆破后采空区充填率和遗留空区体积这2个指标共同评价采空区崩落爆破处理效果的方法。首先对采空区进行三维激光扫描获得空区形态参数，接着测量和计算获得崩落爆破方案中被破碎的岩石体积，再测量崩落爆破后地表塌陷体积，最后通过推导的公式计算获得评价验收指标。其中采空区充填系数 k 用来判别原采空区的主要安全风险是否得到排除，如 $k>85\%$ 表示爆破效果优良；遗留空区体积用来判别崩落爆破后的遗留风险大小。根据这2个指标结果进行采空区崩落爆破施工的验收。实践证明，该方法具有成本低、效率高的优势，能够满足隐患空区治理与隐患资源开采协同作业的日常生产要求，对地采转露采矿山空区治理和验收有借鉴意义。

关键词：地采转露采矿山；危机矿山；隐患资源；采空区；崩落爆破

Inspection and Assessment of Caving and Blasting Effect in Underground Goafs

Cui Xiaorong[1,2] Lin Moujin[1] Zheng Bingxu[2] Yu Hong[3]

（1. Hongda Mine Co., Ltd., Guangdong Guangzhou, 510623; 2. Guangdong Hongda Blasting Co., Ltd., Guangdong Guangzhou, 510623; 3. Guangdong Dabaoshan Mine Co., Ltd., Guangdong Shaoguan, 512128）

Abstract：In order to inspect and assess the blasting effect of goafs in mines, according to the principle of volume balance before and after blasting, the two indexes, the filling rate and the left volume of goaf, are proposed to assess the blasting and caving effect in goafs. The morphological parameters of the goaf was obtained by 3D laser scanning on goafs, and then the volume of broken rocks was measured and calculated, and the volume of the collapsed surface after blasting was measured. Lastly, the evaluation index was got by the formula derived. The filling rate of goaf k is used to judge whether the main risk for the original goafs are eliminated or not. $k>85\%$ means the good blasting effect. The left volume of goaf is the characterization of judging the residual risks. The two indexes above can be used to assess the blasting effect in goafs. Practice has proved that this method has the advantages of high efficiency and low cost, and can meet the requirements of daily production with synchronously cooperation of underground goafs governance and risk-hidden resources exploitation. It provides some reference for the governance and assessment of goafs in other open-pit mines transferred from underground mining.

Keywords：open-pit mines transferred from underground mining; crisis mine; resources with potential danger; minedout area; caving blasting

　　露天采矿具有采掘设备效率高、生产成本低、施工安全和劳动条件好等诸多优点，因此，国内外的新建和扩建矿山均有大规模采用露天开采或从地下开采转入露天复采的趋势[1-3]。在当今矿业"黄

基金项目：广东省产学研合作院士工作站基金项目（编号：2013 B090400026）。
原载于《金属矿山》，2015（9）：11-15。

金十年"后的寒冬期，我国政策要求对小矿实行撤销、合并，鼓励和支持由地采转为较大规模露天开采，实现危机矿山的转型升级。地采转露采进行隐患资源复采，随着露天开采层面的逐年下降，采场距离原地采遗留的采空区越来越近，施工安全问题越来越突出，为了实现遗留采空区治理与隐患资源开采协同作业，需要对采空区进行探测和处理[4]，目前采空区处理的方法主要为充填法和崩落法。

对于在露天开采设计范围内的采空区，采用充填法进行处理存在二次装运问题，经济上不合理，因此往往采用崩落爆破法进行处理。张成良等人[5]提出了采用硐室爆破崩落围岩的方法来处理采空区；王春毅等人[6]采用中深孔爆破成功处理了下层空区顶板与上层空区底板之间隔层厚度小于最小安全厚度时的多层空区；贾宝珊[7]采用微差起爆方法在正常台阶中深孔采矿爆破作业的同时对爆区内的空区进行处理。不管采用何种崩落爆破方法，均需要对崩落爆破效果进行评价和验收，以确保后续采矿施工安全。采空区崩落爆破以后，用物探或者钻探判别空区是否有效崩落并得到充填，效率低，成本高，难以满足遗留采空区治理与隐患资源开采协同作业的日常生产要求。因此，本研究提出利用采空区爆破前后的体积平衡原理，计算爆破后采空区充填率和遗留小空区体积2个指标评价采空区崩落爆破处理效果。其中采空区充填率评价崩落爆破处理本身的效果，判别原主要隐患是否排除；局部遗留空区体积评价空区崩落爆破处理后剩余安全隐患的大小。

1 基本原理

地采转入露采的矿山，露天开采境界内的采空区一般均采用崩落爆破法充填，实现隐患空区治理与露天矿山生产协同作业。采空区崩落以后，利用采空区崩落爆破前后的区域体积平衡和岩体体积平衡原理，如图1所示，计算出遗留小空区体积和采空区充填率，从而定量评价采空区崩落爆破处理效果。

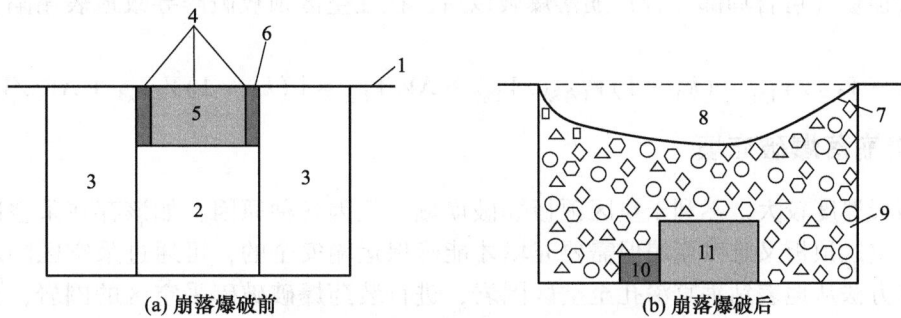

(a) 崩落爆破前　　　　　　(b) 崩落爆破后

图1　采空区崩落爆破前后体积平衡

Fig. 1　Principle of volume balance before and after blasting

1—原始地面；2—采空区；3—采空区围岩；4—采空区顶板；5—采空区顶板中心部分；
6—采空区顶板外围部分；7—地表塌陷后的地面；8—地表塌陷体积（当地表无塌陷时为0）；
9—爆破后松散岩体；10—遗留小采空区；11—爆破后整体岩体
（对应采空区顶板切割爆破时的采空区顶板中心部分5）

由图1可知，根据采空区崩落爆破前后区域体积平衡原理，针对采空区及其崩落爆破处理区域，采空区崩落爆破前后存在该区域体积平衡，公式如下：

$$V_{1岩} + V_{1空} = V_{2松岩} + V_{2整岩} + V_{2空} + \Delta V \tag{1}$$

式中，$V_{1岩}$为爆破前采空区崩落爆破处理区域内岩体总体积；$V_{1空}$为爆破前采空区体积；$V_{2松岩}$为采空区崩落爆破中被爆破破碎岩体的松散体积；$V_{2整岩}$为采空区崩落爆破处理区域内未被爆破破碎的整体岩体体积；$V_{2空}$为爆破后遗留采空区体积；ΔV为爆破后地表塌陷体积。

根据采空区崩落爆破前后岩体体积平衡原理，采空区崩落爆破后，尽管崩落爆破处理区域内的部分或全部岩石由原岩状态变为松散岩块，但仍存在实际岩体体积平衡，公式如下：

$$V_{2松岩} = k_0 V_{1岩爆} \tag{2}$$

式中，k_0为岩石爆破破碎后的松散系数；$V_{1岩爆}$为采空区崩落爆破中被爆破破碎岩体的原始体积。

通过遗留小空区体积和采空区充填率这2个指标评价采空区崩落爆破处理效果。其中采空区充填率 k 主要评价崩落爆破处理本身的效果，据此判别原主要隐患是否排除；局部遗留空区体积 $V_{2空}$ 主要评价空区崩落爆破处理后剩余安全隐患的大小。

2 不同采空区崩落方案的效果评价参数

地采转露采矿山生产过程中探测到的采空区崩落爆破处理，根据空区跨度和顶板厚度不同，一般采取3种处理方法，即空区顶板（可含局部围岩）崩落爆破处理、空区围岩崩落爆破充填处理和空区顶板外围切割爆破处理。

2.1 空区顶板（可含局部围岩）崩落爆破

当采空区顶板厚度适中，足以承担施工载荷，又便于爆破破碎，通过采空区顶板（可含局部围岩）崩落爆破法处理采空区，采空区处理时同时实现了该区域的采矿爆破或岩石剥离爆破。该方法一般对全部采空区顶板进行钻爆施工，但如果空区顶板厚跨比较大，单纯进行空区顶板爆破夹制作用较大，可增加局部围岩爆破。采空区及采空区崩落爆破处理区域内，爆破前该区域内为需要爆破的采空区顶板（可含局部围岩）的自然岩体和采空区；爆破后形成地表塌陷，该区域内的岩体均充分破碎变成松散岩体充填原采空区，局部仍可能存在小的遗留空区。

该处理方案，采空区崩落爆破处理区域圈定时取 $V_{2整岩}=0$，则有 $V_{1岩}=V_{1岩爆}$，表示圈定区域内的岩体均进行爆破破碎。根据式（1），采空区崩落爆破以后，如果 $V_{2空}>0$，表示采空区未充填满，仍存在遗留空区。遗留空区的体积如下：

$$V_{2空} = V_{1岩爆} + V_{1空} - V_{2松岩} - \Delta V = V_{1岩爆} + V_{1空} - k_0 V_{1岩爆} - \Delta V = V_{1空} - (k_0 - 1) V_{1岩爆} - \Delta V \quad (3)$$

采空区进行顶板（可含局部围岩）崩落爆破以后，往往空区顶板破碎导致地表塌陷，采空区充填系数

$$k = 1 - V_{2空} / V_{1空} = (k_0 - 1) V_{1岩爆} / V_{1空} + \Delta V / V_{1空} = \left[(k_0 - 1) V_{1岩爆} + \Delta V \right] / V_{1空} \quad (4)$$

2.2 空区围岩崩落爆破充填

当采空区顶板厚度较大，不利于空区顶板爆破崩塌，但因各种原因，如该存在采空区的区域需要布置矿山道路，空区顶板又难以崩塌但需要充填才能确保运输安全的，可通过采空区围岩崩落爆破法处理采空区。该方法从地表钻垂直深孔至空区围岩，进行装药爆破破碎采空区的围岩，依靠采空区围岩的破碎松散体充填采空区。在采空区及采空区崩落爆破处理区域内，爆破前该区域内为需要爆破的采空区围岩的自然岩体和采空区；爆破后不形成地表塌陷，完全依靠该区域内的爆破围岩的松散体充填原采空区，局部仍可能存在小的遗留空区。

该处理方案，采空区崩落爆破处理区域圈定时取 $V_{2整岩}=0$，即空区顶板及周边未进行爆破破碎的岩石不计入圈定区域，则有 $V_{1岩}=V_{1岩爆}$，表示圈定区域内的岩体均进行爆破破碎。根据式（2），采空区崩落爆破以后，无地表塌陷，即 $\Delta V=0$。遗留空区的体积如下：

$$V_{2空} = V_{1岩爆} + V_{1空} - V_{2松岩} = V_{1岩爆} + V_{1空} - k_0 V_{1岩爆} = V_{1空} - (k_0 - 1) V_{1岩爆} \quad (5)$$

采空区的充填系数

$$k = (k_0 - 1) V_{1岩爆} / V_{1空} \quad (6)$$

2.3 空区顶板外围切割爆破

当采空区顶板厚度较薄，难以承担施工载荷时，通过采空区顶板外围切割爆破法处理采空区，空区顶板塌落以后再进行2次破碎，采空区处理与该区域的采矿爆破或者岩石剥离爆破分2次进行。施工存在危险的采空区顶板中部不进行钻爆，仅对采空区顶板的外围进行爆破，促使空顶板整体塌落充填空区。

空区顶板外围切割爆破，最理想的情况是爆破后形成一个整齐的、闭合的环状贯穿裂缝，促使空区顶板整体塌落；但实际施工过程中，考虑到安全可靠性，往往在采空区顶板外围进行钻孔爆破形成

有一定宽度的破碎带，更好地促进空区顶板塌落。采空区及采空区崩落爆破处理区域内，爆破前该区域内为需要爆破的采空区顶板的自然岩体和采空区；爆破后形成地表塌陷，该区域内的岩体局部充分破碎变成松散岩体、部分整体塌落，共同充填原采空区，局部仍可能存在小的遗留空区。

根据式（1），采空区崩落爆破以后，如果 $V_{2空} > 0$，表示采空区未充填满，仍存在遗留空区。

根据区域体积平衡原理和岩体体积平衡原理，遗留空区的体积

$$V_{2空} = V_{1岩} + V_{1空} - V_{2松岩} - V_{2整岩} - \Delta V$$

$$= V_{1岩} + V_{1空} - k_0 V_{1岩爆} - (V_{1岩} - V_{1爆岩}) - \Delta V = V_{1空} - (k_0 - 1) V_{1岩爆} - \Delta V \qquad (7)$$

采空区的充填系数

$$k = 1 - V_{2空} / V_{1空} = (k_0 - 1) V_{1岩爆} / V_{1空} + \Delta V / V_{1空} = [(k_0 - 1) V_{1岩爆} + \Delta V] / V_{1空} \qquad (8)$$

综上所述，无论采用何种崩落爆破方案，地采转露采矿山采空区崩落爆破处理效果评价，均通过采空区充填率和遗留空区体积2个指标评价其崩落爆破处理效果。采空区充填系数 k 主要评价崩落爆破处理本身的效果，k 越接近100%表示崩落爆破效果越好；如果 $k > 85\%$，表示爆破效果优良，原主要安全隐患已经排除。局部遗留空区体积 $V_{2空}$ 主要评价空区崩落爆破处理后遗留安全隐患的大小，$V_{2空}$ 越大则剩余安全隐患越大，如果大到可能影响矿山正常生产的人员和设备安全，需要采取进一步的应对措施。

3 空区崩落爆破效果评价流程

地采转露采矿山生产过程中探测到的采空区，往往根据空区顶板厚度不同，采取不同崩落爆破处理方案，包括空区顶板（可含局部围岩）崩落爆破处理、空区围岩崩落爆破充填处理和空区顶板外围切割爆破处理。不管采用何种空区崩落爆破方案，其崩落爆破效果评价验收方法一致，如图2所示。

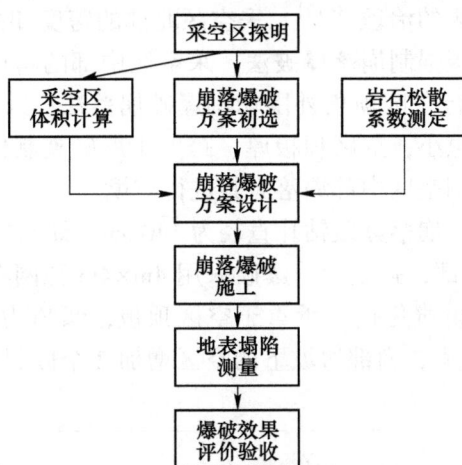

图 2　采空区崩落爆破验收流程

Fig. 2　Assessment process of blasting in goafs

（1）采空区探明：先通过物探和钻探等手段，发现采空区；再通过采空区自动激光扫描系统，获得描述采空区位置和形状的点云图，其反应采空区位置、大小、高度和埋深等参数。

（2）采空区体积计算：根据采空区的三维扫描数据，计算采空区的体积。

（3）采空区崩落爆破方案初选：根据空区顶板跨度和厚度不同，选择合适的崩落爆破方案，包括空区顶板（可含局部围岩）崩落爆破处理、空区围岩崩落爆破充填处理和空区顶板外围切割爆破处理3类，同时确定采空区及其崩落爆破处理区域，即采空区崩落爆破前后区域体积平衡公式的圈定区域范围。

（4）岩石爆破破碎后的松散系数 k_0 测定：k_0 与岩性、裂隙发育程度、钻爆孔网参数、平均炸药单耗等相关。实际施工过程中，选择类似采空区崩落爆破破碎岩体的地质条件，采用与采空区崩落爆破相同的爆破参数，进行局部区域的台阶爆破，分别测量并计算出爆破后松散岩体体积和对应爆破前原岩体积，两者之比为岩石爆破破碎后的松散系数 k_0。

（5）采空区崩落爆破方案设计：根据优选的崩落爆破方案，进行崩落爆破设计并计算"区域体积平衡"圈定区域范围内，哪些体积是崩落爆破后形成松散岩体的，哪些仍是整体岩体的（仅针对空区顶板外围切割爆破处理）。

（6）崩落爆破施工：按照采空区崩落爆破设计，组织爆破施工。

（7）地表塌陷测量：为了确保安全，利用非接触测量手段，如利用全站仪无棱镜反射测量，获得采空区崩落爆破以后地表塌陷情况（采空区围岩崩落爆破充填处理方案不存在地表塌陷，不需要测量），计算获得地表塌陷体积。

（8）采空区崩落爆破效果评价验收：根据采空区崩落爆破前后的区域体积平衡和岩体体积平衡，计算出遗留空区体积和采空区充填率，从而定量评价采空区崩落爆破处理效果。采空区崩落爆破处理后，计算出采空区充填率 k，主要评价崩落爆破处理本身的效果，据此判别原主要安全隐患是否排除；计算出局部遗留空区体积 $V_{2空}$，主要评价空区崩落爆破处理后剩余安全隐患的大小。

4 工程案例

广东省大宝山矿采矿施工过程中，于685m平台35线钻探发现采空区，并用三维激光扫描仪进行空区探明。该采空区平面呈椭榄球状，南北两端跨度小，中间跨度大，南北向长度为56m，东西向最大跨度为22.6m，南侧位于685~697m台阶边坡上，投影面积为852.7m²，空区体积为5200m³，空区最大高度为16.3m，位于空区中部，空区顶板到地表的最小厚度为11.9m。根据地质资料可知采空区所在的岩层位于中泥盆统东岗岭组下亚组（D_2d^a），附近工程地质钻孔所取岩芯显示该区域岩体破碎，大部分为松散体，岩体条件较差。

综合考虑地形地貌、水文地质情况、探明空区参数、空区安全稳定分析及崩落爆破施工安全性，决定采用崩落爆破法进行该采空区的治理[8-10]。采空区北部的跨度和高度均较小，经安全分析能够保证钻爆施工安全，故采取空区顶板强制崩落爆破法；采空区中部的跨度和高度均较大，空区中部进行钻孔施工有一定的危险性，故进行空区顶板外围切割爆破崩落法；采空区南部的跨度和高度均较小，空区顶板厚度超过23m，安全隐患小，空区顶板厚、跨度小爆破夹制作用大，且跨越台阶坡面不易保证爆破效果，故不进行爆破，利用空区中部塌落对其进行充填。

根据现场施工设备情况，设计崩落爆破钻孔直径为140mm，炸药单耗0.5kg/m³，单位长度炮孔装药量约为13.8kg/m。空区顶板北部，强制崩落爆破采用4m×4m孔网布孔；空区中部采用双排孔切割爆破，内侧炮孔微向内倾斜，尽量避免钻机承重于空区顶板，倾角为80°，2排炮孔孔口排距为2m，孔距4m；为了达到预期的爆破效果，南部边坡下的空区增加2个倾斜孔，其倾角为70°，如图3中所示的孔8-7和孔9-4。

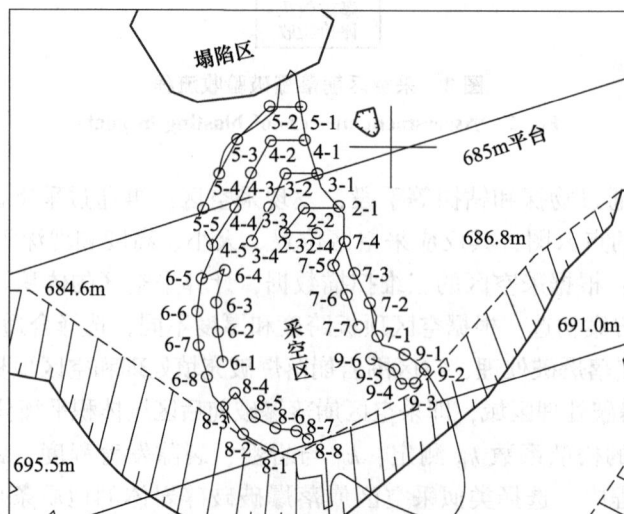

图3 采空区崩落爆破方案设计

Fig. 3 Design of the caving and blasting in goafs

根据崩落爆破方案及空区探明参数，圈定区域内空区顶板爆破前山体体积 $18656m^3$，空区体积 $5200m^3$，钻孔爆破部分的体积为 $4912m^2$，爆破后地表呈漏斗状塌陷，塌陷面积近 $1400m^2$，最大下沉 $12m$，经测量计算塌陷体积为 $2848m^3$。空区崩落爆破前后的地形地貌如图4所示。

(a) 崩落爆破前地形

(b) 崩落爆破后地形

图4　采空区崩落爆破前后地形地貌

Fig. 4　The topography before and after blasting in goafs

现场试验测算，岩石松散系数为 1.45。根据体积平衡原理计算遗留空区体积和空区充填系数：

$$V_{2空} = V_{1岩} + V_{1空} - V_{2松岩} - V_{2整岩} - \Delta V = V_{1空} - (k_0 - 1)V_{1岩爆} - \Delta V$$

$$= 5200 - (1.45 - 1) \times 4912 - 2848 = 141.6$$

$$k = 1 - V_{2空} / V_{1空} = 1 - 141.6/5200 = 97.2\%$$

上述计算表明：空区南侧可能未完全充填满，但遗留空区体积仅为 $141.6m^3$，治理后遗留安全隐患极小；空区充填系数高达 97.2%，说明本次崩落爆破效果符合设计预期。

5　结论

本文结论如下。

（1）地采转露采矿山的采空区崩落爆破处理，包括空区顶板（可含局部围岩）崩落爆破处理、空区围岩崩落爆破充填处理和空区顶板外围切割爆破处理，均可以根据爆破前后的体积平衡原理，计算获得爆破后采空区充填率和遗留空区体积，根据这2个指标评价空区崩落爆破处理效果并进行验收，具有成本低、效率高的优势，能够满足隐患空区治理与隐患资源开采协同作业的日常生产要求。

（2）本空区验收方法中，采空区充填系数 k 表征崩落爆破处理方案的效果，越接近 100% 说明崩落爆破效果越好，$k>85\%$ 表示爆破效果优良，原主要安全隐患得到排除；局部遗留空区体积 $V_{2空}$ 评价空区崩落爆破处理后遗留安全隐患的大小，越大则说明剩余安全隐患越大，如遗留空区影响矿山后续正常生产，则需要进一步处理。

参 考 文 献

［1］古德生，李夕兵. 现代金属矿床开采科学技术［M］. 北京：冶金工业出版社，2006.

　　Gu Desheng, Li Xibing. Modern Mining Science and Technology for Metal Mineral Resources［M］. Beijing：Metallurgical Industry Press，2006.

［2］国家安全生产监督管理总局. 国家安全生产科技发展规划——非煤矿山领域研究报告（2004—2010）［R］. 北京：

国家安全生产监督管理总局, 2003.

State Administration of Work Safety. National safety production and scientific plan (2004 – 2010) [R] . Beijing: State Administration of Work Safety, 2003.

[3] Azapagic A. Developing a frame work for sustainable development indicators for the mining and minerals industry [J]. Journal of Cleaner Production, 2004 (12): 639-662.

[4] 崔晓荣, 叶图强, 陈晶晶. 采空区采矿施工安全的组织与管理 [J]. 金属矿山, 2011 (11): 150-154.

Cui Xiaorong, Ye Tuqiang, Chen Jingjing. Management of safe oreexploitation in region with underground mined – out area [J] . Metal Mine, 2011 (11): 150-154.

[5] 张成良, 侯克鹏, 李克钢. 硐室爆破法处理采空区的应用实践 [J]. 工程爆破, 2008 (4): 53-56.

Zhang Chengliang, Hou Kepeng, Li Kegang. Application of chamber blasting to handling goaf area [J] . Engineering Blasting, 2008 (4): 53-56.

[6] 王春毅, 程建勇. 露天中深孔爆破处理地下采空区的实践 [J]. 采矿技术, 2008 (3): 61-62.

Wang Chunyi, Cheng Jianyong. Application of medium – length blasting in disposing of underground goaf [J] . Mining Technology, 2008 (3): 61-62.

[7] 贾宝珊, 闫伟峰. 露天正常台阶深孔爆破处理地下采空区的实践 [J]. 爆破, 2012 (4): 65-69.

Jia Baoshan, Yan Weifeng. Application of bench deep hole blasting in disposing of underground goaf [J] . Blasting, 2012 (4): 65-69.

[8] 李夕兵, 李地元, 赵国彦, 等. 金属矿地下采空区探测、处理与安全评判 [J]. 采矿与安全工程学报, 2006, 23 (1): 24-29.

Li Xibing, Li Diyuan, Zhao Guoyuan, et al. Detecting, disposal and safety evaluation of the underground cavity in metal mines [J] . Journal of Mining & Safety Engineering, 2006, 23 (1): 24-29.

[9] 牛小明. 露天开采境界下覆采空区顶板稳定性研究 [D]. 长沙: 长沙矿山研究院, 2013.

Niu Xiaoming. Study on roofs' stability of cavities under open – pit mine [D] . Changsha: Changsha Institute of Mining Research, 2013.

[10] 邱海涛, 潘懿. 露天开采下地下采空区顶板保安层厚度的计算分析 [J]. 采矿技术, 2012, 12 (3): 47-49.

Qiu Haitao, Pan Yi. Calculation and analysis of security roof layer thickness for mining goaf [J] . Mining Technology, 2012, 12 (3): 47-49.

煤层自燃防治与高温爆破安全技术中的若干力学问题

李世海[1]　王理想[1]　冯　春[1]　郑炳旭[2]　李战军[2]

（1. 中国科学院 力学研究所, 北京, 100190;

2. 广东宏大爆破股份有限公司, 广东 广州, 510623）

摘　要：煤层自燃已经是我国大规模煤矿开采不可回避的问题。在高温环境下的煤矿爆破开采, 既涉及爆破的高温环境也需要改进高温爆破技术, 其中认识高温爆破中的工程规律, 是解决高温爆破技术的关键。首先对煤层自燃的条件进行了量纲分析, 说明了煤层中裂隙对流比热传导更容易诱发煤层自燃; 煤体中的破裂场、气流场是煤层自燃的条件, 单纯封堵裂缝隔绝空气的方法有短期效果, 但地质体因煤层燃烧力学特性改变产生变形和破裂后, 会死而复燃。讨论了井工开采诱发煤层自燃的机理以及相关科学问题, 对井工开采分析了采空区上方冒落带、破裂带、沉降带与煤层自燃的关系, 提出了地表长期封闭覆盖与自适应循环注水相结合的综合灭火方法。进而分析了露天矿开采高边坡稳定性与煤层自燃环境的关系, 边坡开挖引起山体变形、开裂, 形成破裂场是产生煤层自燃的基本要素。最后, 分析了深孔爆破中, 爆破技术可靠性中涉及的科学问题, 介绍了利用循环水降温的方法。

关键词：煤层自燃; 高温爆破; 量纲分析; 连续−非连续单元法（CDEM）; 数值模拟; 防治措施

Several Mechanical Problems on Prevention of Spontaneous Combustion of Coal and Safety Controlling in High−temperature Blasting

Li Shihai[1]　Wang Lixiang[1]　Feng Chun[1]　Zheng Bingxu[2]　Li Zhanjun[2]

（1. Institute of Mechanics, Chinese Academy of Sciences, Beijing, 100190;

2. Guangdong Hongda Blasting Co., Ltd., Guangdong Guangzhou, 510623）

Abstract：Spontaneous combustion of coal has been an inevitable problem in large−scale coal mining in China. Mine blasting under high temperature involves not only the high temperature environment itself, but also the improvement of high−temperature blasting technology. The understanding of engineering regulations is the key to improving high−temperature blasting technology. Firstly, the paper performs dimensional analysis on spontaneous combustion conditions of coal. The analysis shows that convective heat transfer in fracture is more likely to cause spontaneous combustion of coal than heat conduction. The fractures and air in coal are necessary conditions. Although the method of blocking fractures to insulate the air makes short−term effects, the combustion of coal will start again after deformation and cracking due to changes of mechanical properties of coal. The mechanisms and scientific problems on spontaneous combustion in terms of underground mining are also discussed. The relationship is pointed out between caving zone, fracture zone, sedimentation zone and spontaneous combustion of coal. A method combining long−period ground sealing and covering with adaptive cycled water injection is proposed to prevent spontaneous combustion of coal. Secondly, the relationship is analyzed between high slope stability in opencast mines and spontaneous combustion environment. Slope excavation causes deformation and cracking of rock, forming fracture field which is necessary for spontaneous combustion. Finally, some scientific problems involved in blasting technology reliability and cooling method with cycled water are analyzed in

基金项目：中国科学院战略性先导科技专项（XDB10030303）; 国家自然科学基金项目（51374196）; 国家自然科学基金青年基金项目（11002146、11302229）。

原载于《爆破》, 2015, 32（3）：1-9, 16。

deep-hole blasting.

Keywords：spontaneous combustion of coal；high-temperature blasting；dimensional analysis；continuous-discontinuous element method（CDEM）；numerical simulation；safety measures

中国煤炭产量和消费量均居世界首位，占国内一次能源生产和消费总量的 85% 左右[1]。但是，我国煤层自燃现象却比较严重，已经成为大规模煤矿开采不可回避的问题。煤层自燃是一个自加速的氧化放热反应，它是煤长期与空气中的氧接触，发生物理、化学作用的结果[2]。煤层自燃造成巨大的资源浪费、环境污染、人员和财产的损失，严重制约了高产高效矿井的安全生产与发展。此外，处于高温环境下的煤矿露天爆破开采，亦涉及煤层自燃问题。煤矿露天爆破开采中，需要改进高温爆破技术，防止煤层自燃发生，确保煤矿生产安全。

目前，国内外对于煤层自燃现象以及煤炭高温安全爆破开采技术已有一定研究。

胡社荣与蒋大成从遥感技术调查、煤岩学和地球化学类方法、火灾预测预报和综合防治等三个层次，阐述煤层自燃的研究现状和进展，提出了煤层火灾综合防治的对策[3]。束学来等人对现今常用煤层灭火降温方法进行分类和比较分析，提出了液氮降温用量的计算方法，对炮孔进行注水降温实践，初步解决了水源和注水方式等的问题[4]。文虎等人提出联合使用黄泥灌浆和胶体防灭火技术，建立多功能灌浆注胶防灭火系统，用于防治煤层自燃问题[5]。雷学武等人根据野外调查的煤层自燃情况，结合地质资料和煤质资料的分析，总结了乌达矿区煤层自燃的状况，初步分析了该煤田煤层严重自燃的原因。具体的灭火技术都会有一定的效果，真正实现大范围长期灭火还需要认识煤田自燃的基本规律，进而有可靠、经济的方法[6]。

许晨等人探究了露天煤矿高温火区爆破的安全技术，归纳了几种灭火方法及其在露天煤矿应用的配合使用[7]。束学来等人针对煤矿火区存在的测温不准确问题，分析和比较了现今的测温方法，并用工程实例进行验证，最后展望了火区测温方法[8]。蔡建德分析了几种常用的高温爆破方法，对常规深孔爆破的施工工艺进行了优化，探索出了进行深孔高温爆破的反程序爆破方法[9]。周名辉等人研发出了水中加 $CaCl_2$、$MgCl_2$ 的炮孔注水降温方法，满足了安全生产要求[10]。

上述学者通过实验、理论、调查等方法对煤层自燃现象以及煤炭高温安全爆破开采技术进行了研究。本文着眼于提炼煤田自燃和高温爆破涉及的关键的科学问题，通过量纲分析确定煤层燃烧重要的物理量，说明煤层裂隙中空气对流起到重要作用，因此，必须深入开展煤体破裂场的研究。进一步建立了破裂场、裂隙渗流场和应力场耦合的基本方程，并借助于连续-非连续数值模拟方法，说明全尺度定量化分析煤层燃烧规律的可行性，可以建立燃烧-热-岩体破裂相互作用关系。然后，通过数值模拟典型算例，分析井工露天联合开采高边坡稳定性与煤层自燃环境的相互作用关系。最后，给出基于地表封闭、注水自循环联合作用的煤层自燃防治措施以及高温爆破中炮孔降温新方法。

1 煤层自燃的物理量

煤层和岩层中的温度是高温爆破的温度环境，认知环境温度及其规律不仅仅是高温爆破安全所需要的必要条件，对煤层灭火也十分重要。

1.1 与煤层自燃相关的物理量

与煤层自燃相关的物理量如下。

（1）煤层的几何参数：地下采空区的范围 R_g、采空高度 H_g、采空区的深度 D_g，煤层厚度 t_c、煤层的倾角 θ_c、边坡的高度 H_s、坡脚 θ_s、不同地层的厚度 H_1、H_2、$\cdots$、H_n，采空区的初始燃烧位置 (x_b, y_b, z_b)、区域 R_b。

（2）煤的物理参数：燃烧前后的弹性模量 E_{cb}、E_{ca}，泊松比 ν_c，煤体的强度 c_c、φ_c、T_c，渗透率 K_c，煤的热传导系数 λ_c。

（3）煤的燃烧参数：燃烧温度（燃点）T_c、燃烧释放热量 Q_c。

（4）研究区域内岩石的力学参数：弹性模量 E_r、泊松比 ν_r、强度 c_r、φ_r、T_r、热传导系数 λ_r。

（5）与空气流通相关的物理量：空气的密度 ρ_a、热传导系数 λ_a、井下大气压力 p_{au}、地表大气压力 p_{ag}、地表风速 v_{wg}。

1.2 高温爆破的物理量

高温爆破的物理量如下。

（1）炮孔参数：炮孔内温度 T_h、炮孔壁的最高温度 $T_{h\,max}$。

（2）炮孔爆破设计参数：孔径 r、深度 h、孔间距 a、排距 b。

（3）炸药及火工品的参数：燃烧温度 T_{be}、起爆温度 T_{de}；药包长度 l、直径 d。

（4）药包在炮孔内存放的时间 t。

1.3 煤层自燃防治措施相关的物理量

煤层自燃防治可能涉及隔热、隔绝空气及降温措施，涉及以下物理量。

（1）隔热材料：隔热材料的空间位置（x_{ti}，y_{ti}，z_{ti}）以及隔热结构的几何尺寸 s_{ti}。

物理参数：热传导系数 λ_{ti}、弹性模量 E_{ti} 及强度 c_{ti}、φ_{ti}、T_{ti}。

（2）隔绝空气材料：隔绝空气材料的空间位置（x_{ai}，y_{ai}，z_{ai}）以及隔绝空气结构的几何尺寸 s_{ai}。

物理参数：热传导系数 λ_{ai}、弹性模量 E_{ai} 及强度 c_{ai}、φ_{ai}、T_{ai}。

（3）降温材料：液化热 H_l、汽化热 H_e、流动黏性系数 μ、固体材料的摩擦系数 f。

1.4 认知煤层自燃及高温爆破的基本规律的学科定位

煤体燃烧的基本条件是煤的可燃性、煤层中的温度和煤层中的空气。煤层中温度传播包括热在煤层中的传导和煤层裂隙中空气的对流；煤层中空气的流动包括孔隙渗流和裂隙流动；煤层中的裂隙除了既有的天然裂隙还有大量的人工裂缝，这是由于地下开采和边坡开挖所致，形成裂隙分布场。高温爆破是在认知环境温度场的基础上，掌握炮孔内的温度场分布、炸药药包内的温度场，进而进行爆破设计和施工，保证施工安全。

由此可以看出，煤层的自燃及高温爆破问题，从爆破环境及爆炸条件的方面的认识，需要知道煤层中和炮孔内的温度场、破裂场、空气流场以及药包内的温度场。高温爆破是以降低地层中的温度、实现高效开采、保护环境为目的的，研究煤层和炮孔内的温度场、破裂场、空气流场及药包内温度变化规律。涉及采矿工程、地质调查和力学多个学科。其中，地质调查是煤层自燃的基础；自燃防治的目的是保护煤层和高效的采出煤，所采用各种措施均来自采矿工程；力学是为解决问题提供的一种方法。

2 量纲分析与几个关键因素的比较

2.1 与温度场分布规律相关的要素比较

主要讨论热传导与空气对流对温度场的影响。这里需要比较热传导与空气对流的热量传递大小，因此需要比较以下几个方面。

2.1.1 空气与煤热物理性质比较

常温常压下，空气热传导系数值[11]：$\lambda_a = 0.026\text{W}/(\text{m}\cdot\text{K})$；比热容 $C_a = 1.01\times10^3\text{J}/(\text{kg}\cdot\text{K})$；密度 $\rho_a = 1.1774\text{kg/m}^3$。

常温下，无烟煤的热传导系数值：$\lambda_c = 0.26\text{W}/(\text{m}\cdot\text{K})$；比热容 $C_c = 1.00\sim1.26\times10^3\text{J}/(\text{kg}\cdot\text{K})$，取中间值 $1.13\times10^3\text{J}/(\text{kg}\cdot\text{K})$；密度 $\rho_c = 1.40\sim1.80\times10^3\text{kg/m}^3$，取中间值 $1.60\times10^3\text{kg/m}^3$。

$\lambda_c/\lambda_a = 0.26/0.026 = 10$，说明煤的传导系数是空气的 10 倍。

$C_c/C_a = 1.13/1.01 = 1.1$，说明煤与空气的比热容比较接近。

$\rho_c/\rho_a = 1600/1.1774 = 1359$，密度之比说明，两者相差较大。

2.1.2 孔隙渗流速度与裂隙渗流速度比较

2.1.2.1 孔隙渗流速度估算

据文献［12］测得煤的渗透率：$K_m = 3.8 \times 10^{-3} \mu m^2 = 3.8 \times 10^{-15} m^2$；空气的动力黏度：$\mu = 1.846 \times 10^{-5} Pa \cdot s$；压力差估计为一个大气压：$\Delta p = 1 atm = 101 kPa$；渗流长度估计为煤层厚度：$\Delta L = 100 m$。则孔隙渗流速度约为

$$v_m = \left| \frac{K_m}{\mu} \frac{\Delta p}{\Delta l} \right| = \frac{3.8 \times 10^{-5}}{1.846 \times 10^{-5}} \times \frac{101000}{10} = 2.1 \times 10^{-6} m/s$$

2.1.2.2 裂隙渗流速度估算

取 0.1mm 的裂隙为例，其渗透率：$K_f = 8.3 \times 10^{-10} m^2$；空气的动力黏度：$\mu = 1.846 \times 10^{-5} Pa \cdot s$；压力差估计为一个大气压：$\Delta p = 1 atm = 101 kPa$；渗流长度估计为煤层厚度：$\Delta L = 10 m$。则裂隙渗流速度约为

$$v_f = \left| \frac{K_f}{\mu} \frac{\Delta p}{\Delta l} \right| = \frac{8.3 \times 10^{-10}}{1.846 \times 10^{-5}} \times \frac{101000}{10} = 0.46 m/s$$

由此可看出，裂隙渗流的速度远远大于孔隙渗流的速度。

2.1.2.3 热传导与空气对流热量传递比较

空气热传导热流密度

$$q_a = \left| \lambda_a \frac{\Delta T}{\Delta L} \right| = 0.026 \times \frac{200}{10} = 0.52 W/m^2$$

煤热传导热流密度

$$q_c = \left| \lambda_c \frac{\Delta T}{\Delta L} \right| = 0.26 \times \frac{200}{10} = 5.2 W/m^2$$

单位体积内热传导传递热量分别为：

（1）空气

$$\frac{q_a}{\Delta L} = \frac{0.52}{10} = 0.052 W/m^3$$

（2）煤

$$\frac{q_c}{\Delta L} = \frac{5.2}{10} = 0.52 W/m^3$$

孔隙渗流对流产生的单位体积内传递热量为

$$\rho_a C_a v_m \frac{\Delta T}{\Delta L} = 1.1774 \times 10^3 \times 2.1 \times 10^{-6} \times \frac{200}{10} = 0.050 W/m^3$$

裂隙渗流对流产生的单位体积内传递热量为

$$\rho_a C_a v_f \frac{\Delta T}{\Delta L} = 1.1774 \times 10^3 \times 0.46 \times \frac{200}{10} = 1.1 \times 10^4 W/m^3$$

由此可看出：孔隙中，热量传递主要以热传导为主（$0.52 W/m^3 > 0.050 W/m^3$）；裂隙中，热量传递主要以热对流为主（$1.1 \times 10^4 W/m^3 \gg 0.050 W/m^3$）。

2.2 与燃烧氧气供给相关的要素比较

2.2.1 燃烧面的推进速度和氧气需要量

燃烧面的推进速度估测值为 0.001m/s。考虑 1kg 的煤燃烧需要氧气量。煤炭中各物质含量：C = 65.7%，S = 1.7%，O = 2.3%，灰分 = 21.3%，水分 = 9%。根据质量分数可得：

C = 0.657kg，S = 0.017kg，O = 0.023kg，灰分 = 0.213kg，水分 = 0.09kg；

$C + O_2 \rlap{=}{=} CO_2$ 需要 O_2 质量为 0.657kg × 32/12 = 1.752kg；

$S + O_2 \rlap{=}{=} SO_2$ 需要 O_2 质量为 0.017kg × 32/32 = 0.017kg；

1kg 煤燃烧氧气需要量为 1.752kg+0.017kg-0.023kg = 1.746kg。所需氧气体积为 1.746/1.429m^3 = 1.22m^3；所需空气体积为 1.22m^3/21% = 5.82m^3。

1m×1m×1m 煤炭燃烧空气（21%为氧气）需要量：1.60×10^3×5.82m^3 = 9.31×10^{3}m^3。这些氧气需要在 1000s 内传递到煤层中。假设裂隙传递面积为 1m^2，则需要传递速度为 9.31m/s；假设裂隙传递面积为 10m^2，则需要传递速度为 0.931m/s；假设裂隙传递面积为 20m^2，则需要传递速度为 0.465m/s。

2.2.2 空气补给速度

空气补给速度，即空气对流速度 0.46m/s。从上述计算可看出，如果裂隙面积足够大，则空气完全可以补给给煤炭燃烧。因此，防治措施应该根据减少破裂面，切断氧气供给量为原则。

3 地质勘探

无论研究煤层自燃防治的工程技术还是工程设计依据和方法都需要深入了解矿区的地质条件，开展地质调查的工作[13]。地质调查的种类繁多，这里特别提出分析方法所需要地质勘探内容。

地形与地貌：主要用于矿区地下力学分析的边界条件；特别提出要调查地表裂缝的分布，是研究矿区当前状态的重要参数。

地质构造：主要用于建立地质模型、力学模型和计算模型，是进行定量化分析必须的条件。当然，通常的地质调查获得的信息并不完全，需要借助力学分析进行补充和反分析。

地层及材料参数：主要包括煤层分布、煤层力学和物理参数，用于给出数值模拟中材料的基本假设值。由地质勘探获得的力学参数通常是局部的，个别点的，不代表整体参数值。因此需要借助数值模拟和现场观测的现象和监测的结果进行校核和重新确定。

风速与风场环境：是进行隔绝空气设计和自然原因分析的重要参数。

4 描述温度场、应力场及破裂场、空气流场的基本方程

4.1 温度场控制方程

热传导满足傅里叶定律

$$\begin{cases} q_x = -\lambda \dfrac{\partial T}{\partial x} \\ q_y = -\lambda \dfrac{\partial T}{\partial y} \\ q_z = -\lambda \dfrac{\partial T}{\partial z} \end{cases} \tag{1}$$

温度场满足能量守恒方程

$$\rho c\left(\frac{\partial T}{\partial t} + v_x \frac{\partial T}{\partial x} + v_y \frac{\partial T}{\partial y} + v_z \frac{\partial T}{\partial z}\right) = -\left(\frac{\partial q_x}{\partial x} + \frac{\partial q_y}{\partial y} + \frac{\partial q_z}{\partial z}\right) + H \tag{2}$$

将式（1）代入式（2），可得热传导-对流方程

$$\rho c\left(\frac{\partial T}{\partial t} + v_x \frac{\partial T}{\partial x} + v_y \frac{\partial T}{\partial y} + v_z \frac{\partial T}{\partial z}\right) = \lambda\left(\frac{\partial^2 T}{\partial x^2} + \frac{\partial^2 T}{\partial y^2} + \frac{\partial^2 T}{\partial z^2}\right) + H \tag{3}$$

在孔隙基质中，因为渗流速度较慢（v_x，v_y，$v_z \approx 0$），所以不考虑热对流，只考虑热传导，控制方程为

$$\rho_m c_m \frac{\partial T_m}{\partial t} = \lambda_m\left(\frac{\partial^2 T_m}{\partial x^2} + \frac{\partial^2 T_m}{\partial y^2} + \frac{\partial^2 T_m}{\partial z^2}\right) + H_m \tag{4}$$

在裂隙中，因为渗流速度较快，热对流占据主导作用，因此控制方程为

$$\rho_f c_f\left(\frac{\partial T_f}{\partial t} + v_{f\xi} \frac{\partial^2 T_f}{\partial \xi} + v_{f\eta} \frac{\partial^2 T_f}{\partial \eta}\right) = H_f \tag{5}$$

式中，q 为热流密度；ρ 为密度；c 为体积热容；λ 为热传导系数；T 为温度；t 为时间；x、y、z 为整体坐标系下坐标；v 为渗流速度；ξ、η 表示裂隙局部坐标系坐标；H 为热源项；下标"m"代表孔隙基质，下标"f"代表裂隙中流体（以下同）。

4.2 应力场控制方程

爆破是个动态过程，符合以下控制方程

$$
\begin{cases}
\dfrac{\partial \sigma_{xx}}{\partial x} + \dfrac{\partial \sigma_{xy}}{\partial y} + \dfrac{\partial \sigma_{xz}}{\partial z} + f_x - \rho\,\dfrac{\partial u_x}{\partial t^2} - \alpha\,\dfrac{\partial u_x}{\partial t} = 0 \\[2mm]
\dfrac{\partial \sigma_{yx}}{\partial x} + \dfrac{\partial \sigma_{yy}}{\partial y} + \dfrac{\partial \sigma_{yz}}{\partial z} + f_y - \rho\,\dfrac{\partial u_y}{\partial t^2} - \alpha\,\dfrac{\partial u_y}{\partial t} = 0 \\[2mm]
\dfrac{\partial \sigma_{zx}}{\partial x} + \dfrac{\partial \sigma_{zy}}{\partial y} + \dfrac{\partial \sigma_{zz}}{\partial z} + f_z - \rho\,\dfrac{\partial u_z}{\partial t^2} - \alpha\,\dfrac{\partial u_z}{\partial t} = 0
\end{cases}
\tag{6}
$$

式中，σ 为应力；f 为体力；ρ 为密度；α 为阻尼系数；u 为位移；x、y、z 为坐标；t 为时间。

4.3 渗流及裂隙流动控制方程

孔隙渗流是三维流动过程，裂隙渗流是二维流动过程，均符合达西定律[14]

$$
\begin{cases}
v_{mx} = -\dfrac{K_m}{\mu}\dfrac{\partial p_m}{\partial x} \\[2mm]
v_{my} = -\dfrac{K_m}{\mu}\dfrac{\partial p_m}{\partial y} \\[2mm]
v_{mz} = -\dfrac{K_m}{\mu}\dfrac{\partial p_m}{\partial z}
\end{cases}
\tag{7}
$$

$$
\begin{cases}
v_{f\xi} = -\dfrac{K_f}{\mu}\dfrac{\partial p_f}{\partial \xi} \\[2mm]
v_{f\eta} = -\dfrac{K_f}{\mu}\dfrac{\partial p_f}{\partial \eta}
\end{cases}
\tag{8}
$$

孔隙渗流和裂隙渗流都满足连续性方程

$$
S\dfrac{\partial p}{\partial t} = -\left(\dfrac{\partial v_x}{\partial x}\right) + \left(\dfrac{\partial v_y}{\partial y}\right) + \left(\dfrac{\partial v_z}{\partial z}\right) + Q
\tag{9}
$$

将式（7）和式（8）分别代入式（9）可得

$$
S_m\dfrac{\partial p}{\partial t} = \dfrac{K_m}{\mu}\left(\dfrac{\partial^2 p_m}{\partial x^2} + \dfrac{\partial^2 p_m}{\partial y^2} + \dfrac{\partial^2 p_m}{\partial z^2}\right) + Q_m
\tag{10}
$$

$$
S_f\dfrac{\partial p}{\partial t} = \dfrac{K_f}{\mu}\left(\dfrac{\partial^2 p_f}{\partial \xi^2} + \dfrac{\partial^2 p_f}{\partial \eta^2}\right) + Q_f
\tag{11}
$$

式中，v 为渗流速度；K 为渗透率；μ 为动力黏度；p 为压力；S 为储水系数；Q 为源汇项；x、y、z 为整体坐标系下坐标；ξ、η 表示裂隙局部坐标系坐标。裂隙渗透率为

$$
K_f = b^2/12
\tag{12}
$$

式中，b 为裂隙的等效水力开度。

4.4 初始条件与边界条件

初始条件如下。

（1）温度初始条件

$$
T(x,\ y,\ z,\ t) = T^0(x,\ y,\ z),\ (x,\ y,\ z) \in \Omega
\tag{13}
$$

（2）位移与速度初始条件

$$\begin{cases} u_i(x,\ y,\ z,\ 0) = u_i^0(x,\ y,\ z) \\ u_{i,\ t}(x,\ y,\ z,\ 0) = u_{i,\ t}^0(x,\ y,\ z) \end{cases},\ (x,\ y,\ z) \in \Omega \tag{14}$$

（3）压力初始条件

$$p(x,\ y,\ z,\ t) = p^0(x,\ y,\ z),\ (x,\ y,\ z) \in \Omega \tag{15}$$

边界条件如下。

（1）温度边界

$$T = \overline{T},\ (x,\ y,\ z) \in \Gamma_T \tag{16}$$

（2）热流量边界

$$v_i^T n_i = \overline{H},\ (x,\ y,\ z) \in \Gamma_H \tag{17}$$

（3）位移边界

$$u_i = \overline{u}_i,\ (x,\ y,\ z) \in \Gamma_u \tag{18}$$

（4）应力边界

$$\sigma_{ij} n_j = \overline{t}_i,\ (x,\ y,\ z) \in \Gamma_\sigma \tag{19}$$

（5）压力边界

$$p = \overline{p},\ (x,\ y,\ z) \in \Gamma_p \tag{20}$$

（6）水流量边界

$$v_i n_i = \overline{q},\ (x,\ y,\ z) \in \Gamma_q \tag{21}$$

4.5 煤层的本构方程与破坏条件

应变强度分布准则表达式如下[15-18]

$$\begin{cases} \sigma_n = I_e(2G\varepsilon + \lambda e) + \begin{cases} D_b(2G\varepsilon + \lambda e),\ & \varepsilon < 0 \\ 0 & ,\ \varepsilon \geqslant 0 \end{cases} \\ \tau = I_e G\gamma + \begin{cases} D_b G_\lambda & ,\ G_\lambda < \sigma_n\tan\varphi,\ \varepsilon < 0 \\ D_b |2G\varepsilon_n + \lambda_e|\tan\varphi & ,\ G_\lambda > \sigma_n\tan\varphi,\ \varepsilon < 0 \\ 0 & ,\ \varepsilon \geqslant 0 \end{cases} \end{cases} \tag{22}$$

式中，λ、G 为拉梅系数，分别表示材料的体积模量和剪切模量；e、ε_n 和 γ 分别表示材料的体积应变、正应变和剪切应变；φ 为材料断裂后的摩擦角；ε 为名义正应变，有 $E\varepsilon = 2G\varepsilon_n + \lambda e$，$\varepsilon < 0$ 表示材料受压，$\varepsilon > 0$ 表示材料受拉；I_e 和 D_b 分别为介质的完整度和破裂度，具体表述如下

$$I_e = \alpha_I \beta_I \tag{23}$$

$$D_b = 1 - I_e \tag{24}$$

式中，α_I 和 β_I 分别表示代表性体积单元的拉伸完整度和剪切完整度，它们的表达式分别如下

$$\alpha_I = \begin{cases} 0 & ,\ \varepsilon \geqslant \varepsilon_{\min} \\ \dfrac{\displaystyle\int_\varepsilon^{\varepsilon_{\max}} f(\varepsilon)\,\mathrm{d}\varepsilon}{\displaystyle\int_{\varepsilon_{\min}}^{\varepsilon_{\max}} f(\varepsilon)\,\mathrm{d}\varepsilon} & ,\ \varepsilon_{\min} < \varepsilon < \varepsilon_{\max} \\ 1 & ,\ \varepsilon \leqslant \varepsilon_{\min} \end{cases} \tag{25}$$

$$\beta_I = \begin{cases} 0 & ,\ \gamma \geqslant \gamma_{\max} \\ \dfrac{\displaystyle\int_\gamma^{\gamma_{\max}} g(\gamma)\,\mathrm{d}\gamma}{\displaystyle\int_{\gamma_{\min}}^{\gamma_{\max}} g(\gamma)\,\mathrm{d}\gamma} & ,\ \gamma_{\min} < \gamma < \gamma_{\max} \\ 1 & ,\ \gamma \leqslant \gamma_{\min} \end{cases} \tag{26}$$

式中，$f(\varepsilon)$、$g(\gamma)$ 分别表示代表性体积单元单位体积内拉伸应变强度分布函数和剪切应变强度分布

函数；$\varepsilon_{\min}$、$\varepsilon_{\max}$ 和 $\gamma_{\min}$、$\gamma_{\max}$ 分别表示代表体积性单元内部发生微元破裂的最小拉应变、完全拉断的最大拉应变和发生微元破裂的最小剪应变、最大剪应变。

5　高温爆破及煤层自燃防治的数值模拟方法

采用连续-非连续单元法进行数值求解，其英文简称为 CDEM（Continuous-Discontinuous Element Method）。CDEM 可定义为一种拉格朗日系统下的基于可断裂单元的动态显示求解算法[19-21]。它结合了有限元、离散元法的优势，通过拉格朗日能量系统建立严格的控制方程，利用动态松弛法显示迭代求解，实现了连续-非连续的统一描述，可模拟材料从连续变形到断裂直至运动的全过程。

CDEM 将空间离散为许多单元，但与有限元不同，它不组成总体刚度矩阵，而是采用动态松弛技术来求解各个单元的力、位移、压力、温度等变量[22]。CDEM 在时间域内采用显式迭代方法，可以求解动态、静态问题。CDEM 的这种显式求解和逐个单元求解的特点，使之易于并行化，如文献［23，24］所述。

可以采用三棱柱、四面体或六面体单元等进行网格划分。根据变分原理，导出单元的动力学方程

$$M\ddot{u}(t) + C\dot{u}(t) + Ku(t) = F(t) \tag{27}$$

式中，$\ddot{u}(t)$、$\dot{u}(t)$ 和 $u(t)$ 分别是单元内所有节点的加速度列阵、速度列阵和位移列阵；M、C、K 和 $F(t)$ 分别为单元质量矩阵、阻尼矩阵、刚度矩阵和节点外部荷载列阵。

不同于有限元方法通过总刚求解，连续-非连续单元法在建立单元的动力学求解方程后，无须组装总体刚度矩阵，而采用动态松弛方法进行求解。动态松弛方法既可求解动态问题，又可求解静态问题。对于静态问题，通过在动态计算中引入阻尼项，使得初始不平衡的振动系统逐渐衰减到平衡位置，是一种将静力学问题转化为动力学问题进行求解的显式方法。对于动态问题，可以直接使用该控制方程进行真实模拟。

连续-非连续单元法在单元界面或单元内部，使用应变强度分布准则作为其本构方程和破坏条件。当单元界面或单元内部达到应变强度分布准则的破坏条件时，单元界面或单元内部断裂形成裂隙面，这一过程可模拟从连续到破裂的过程，实现了连续、非连续的统一计算。当界面或内部断裂时，固体做接触计算，流体进行孔隙-裂隙耦合渗流计算[25]。接触计算采用文献［26，27］所述半弹簧法，渗流计算采用文献［14，28］所述的中心型有限体积法或文献［29］所述的 CDEM 法。此外，煤层自燃过程使得温度上升，该热传导过程采用文献［24，30］中的计算方法。

6　相关数值方法算例

6.1　计算模型

给出一个井工-露天联合开采的算例，分别研究以下内容，如图1所示。
（1）破裂场分布规律。
（2）地裂缝的破裂范围、深度及宽度。
（3）空气在煤层裂隙中的流场分布。
（4）裂隙中温度场的分布。

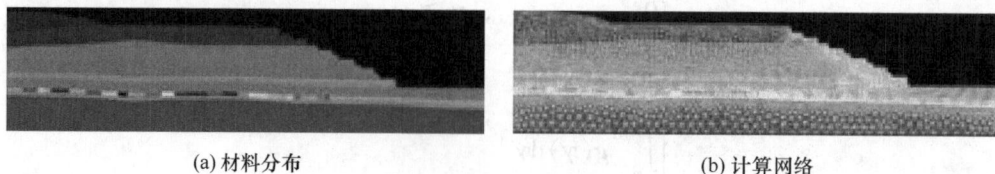

(a) 材料分布　　　　　　　　　　　(b) 计算网络

图1　井工-露天联合开采煤矿几何模型

Fig. 1　Geometric model of a joint underground-opencast coal mine

采用如图1所示计算模型，其中煤层为图中棕色部分和彩色分段部分。该模型底部长1500m，模型左侧高度为380m，右侧高度为150m。上部煤层深约为192.7m，总厚度12.5m，下部煤层埋深约为237.9m，煤层厚11.8m。

6.2 结果分析

6.2.1 破裂场分布规律

图2为CDEM数值模拟开采后的水平方向位移结果。从结果可以看出，井工开采之后，露天矿上方出现多条贯穿性的大裂缝。这些裂缝与开采巷道连通，导致外部空气可以进入煤层内部。

6.2.2 地裂缝的破裂范围、深度及宽度

结合图2和图3，从中可以看出，开采井上方出现两条垂直方向大裂缝，致使与上部空气贯通。地裂缝的破裂范围为井工开采长度，并且裂缝在开采煤的上方。地裂缝的破裂深度为开采煤上方所有区域，宽度主要集中在初始开采区域。

图2 开采后的水平方向位移

Fig. 2 Horizontal displacement after exacation

图3 破裂区域与破裂方式（蓝点表示该处未破坏，红点表示剪切破坏，绿点表示拉伸破坏）

Fig. 3 Fracture area and failure modes（Blue dots for no failure; red dots for shear failure; green dots for tensile failure）

6.2.3 空气在煤层裂隙中的流场分布

空气主要分布在三个裂隙内：竖向裂缝1、竖向裂缝2、横向裂缝3。空气在裂隙内中的流场分布，计算结果如图4所示。从该图可看出，岩层中破坏的部分都被空气充满。

图4 空气通过裂缝进入煤层内部

Fig. 4 Air enters the mine though fracture

6.2.4 裂隙中温度场的分布

从图5可以看出，裂隙的存在，使得空气得以进入煤层，给煤层提供氧气。煤层自身有一定温度，在接触空气后，会释放热量。热量积聚在煤层周围，使得裂隙中的温度一步步提高，最终达到煤的燃点，产生燃烧。

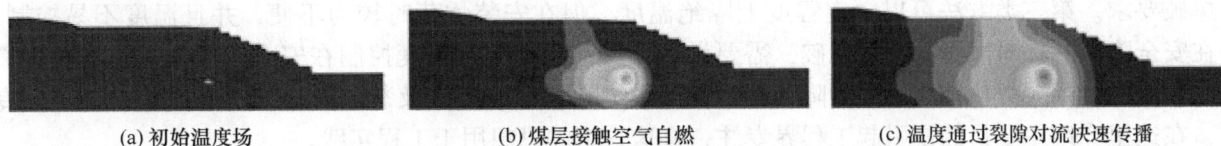

| (a)初始温度场 | (b)煤层接触空气自燃 | (c)温度通过裂隙对流快速传播 |

图5 裂隙温度场分布

Fig. 5 Temperature distribution in fracture

7 煤层自燃防治技术路线与防治方法

大范围煤层自燃防治已经是几百年来的难题，国内外采用了以"封堵"燃区与空气隔绝的方法，仅仅在短时间内有效。追究其原因在于，地层中的煤燃烧，改变了地层的力学特性，这种因力学特性的变化引起地表产生的裂缝是长时间的，通常可以在几个月甚至几年内完成。而隔绝空气的工程技术通常是在施工期内完成，施工结束后地层的长时间变形和地裂缝产生很难用被动的封堵技术实现。一旦地表发生了变形、产生了裂缝，隔绝空气的功效开始降低，当裂缝逐渐增多，工程措施也就逐渐走向失败。为此，我们提出一种新的煤层自燃防治技术路线，即，利用重力热管原理，实现地层长期自适应降温工艺。

7.1 防治技术路线

大范围煤层自燃灾害防治的基本路线和原理如下。

（1）在大范围内实现封堵地表裂缝。该技术要求地表与地下空气隔绝，其工艺和材料不追求强度和厚度，只要求断绝空气的流通。具体技术可用抗高温不透气材料在地表铺设。

（2）铺设隔温材料后，并不能起到灭火的作用，地下存留的氧气和高温依然能构维持一段煤层燃烧，甚至持续很长时间。为此，用红外摄像仪在空中拍摄，可以发现地表高温处，并且隔温表层材料可能会在短时间破坏、断裂形成裂缝。

（3）循环水自适应灭火。在裂缝处铺设供水管及蒸汽回收管，并加盖密封板。按照前面的量纲分析，地表出现高温的地方，是地下燃烧温度沿着裂隙传波的地方，因此，高温点附近必有裂隙。在裂隙出加排水管可以有效灭火。当水流至高温热源时，水被气化，吸收热量，起到降温的作用。气化后的水上升，逐渐冷却形成水，再度下降流至热处气化。如果上升到地表仍然没有冷却，则被蒸汽回收管收集，导入地表冷却罐，形成水后进入供水管。

（4）灭火原理。往复循环，地下高温热源产生的热量不断带到地表，收到冷却后将地表低温带入地下，地下燃烧点会不断减少。在整个灭火过程中，除了水会因煤层滤湿，减少循环水量外，整个过程基本上依靠系统自身能量循环完成，无须人工干预。

（5）自适应灭火工艺的技术要点是要随时监测地表的温度和蒸汽泄露表象，切实可行的防止空气进入地下和地下水蒸气外溢，适当时机补充注入水。当个别地区灭火工作完成时，地下水不再蒸发，表明该地区灭火工作暂时完成，积留在地下的水可以抽至地面，重新注入其他区域灭火。

（6）此项工程是解决长期煤层自燃的根本措施，也需要坚持和长期作业。就基本原理上，能量循环。

7.2 炮孔降温的新方法

目前，高温爆破中常采取三类方法确保安全：一是采用降温措施，二是采用耐高温爆破器材和耐高温起爆器进行爆破，三是采用隔热材料将爆破器材隔热包装以防止自爆。第一类方法在煤矿火区爆破和冶炼生产中应用广泛。常用的措施包括大面积的洒水区域降温、炮孔注水降温、装药前的水袋降温、注浆降温等。洒水降温对于煤矿火区爆破起到很好的降温效果，但需要大量的水资源。对于裂隙发育的爆破区域，灌浆降温较为适合，但需要把握灌浆的稠稀度。第二类方法目前已取得较大进展，但缺点是耐高温的炸药往往造价过高，不适宜用于规模大的矿山爆破。高温矿山的温度常高达几百度，目前的耐高温炸药无法满足要求。此外，耐高温起爆器材的耐受温度只有100℃，也无法满足高温矿山爆破要求。第三类方法可以一定程度上隔绝温度，但在安装炸药时较为不便，并且温度不易控制，存在安全隐患。针对高温矿山的爆破，需要设计特殊装置，使得温度控制在安全范围内。为此，我们提出了一种利用重力热管降温原理降低高温爆破中炮孔温度的方法及装置。该方法已经申报了国家专利，在这里介绍主要目的是引起工程界专注，将这一新的思想用于工程实践。

基本原理：在钻机成孔后，由于煤层中有自燃煤，地温达到自燃温度，当孔口空气进入地下，提供了氧气，满足燃烧条件，炮孔内的煤自燃。为此，防止炮孔内煤燃烧的主要的措施包括降低煤层内的温度和防止地表空气进入孔内。具体做法是在炮孔孔口处安装一套封闭、注水和冷却装置，冷却装置用于炮孔内水蒸气的循环冷却，密封装置用于将炮孔内的水蒸气密封在炮孔内，防止水分流失；注水装置可向管内补充水分；冷却装置、密封装置和高温爆破炮孔一同形成一个重力热管降温循环系统。

当水以低速注入孔内，水就会在重力作用下沿井壁下流，当水到达高温煤处就会降温。若煤层温度高于100℃，水就会被气化，形成蒸汽上浮。上浮的气体到达地表被冷却装置降温，冷凝成水，又在重力作用下进入煤层。往复循环不断将地下热能带到地表，又不断将地表低温以流动的形式带入地下。

该技术的主要优点在于：通过密封装置可将水密闭在炮孔内，只需使用少量的水即可对炮孔内部进行降温，利于干旱地区或高温矿山的安全爆破；通过注水装置可以调节注水量，进而调节炮孔内温度；通过冷却装置，可高效吸收炮孔内水蒸气带来的热量。该方法与洒水降温相比，只需少量的水即可实现温度控制，减少了对水的依赖。可将高温矿山中炮孔温度控制在100℃以内或更低，使得炸药在安全温度范围内。

8 结论

诱发煤层自燃防治及高温爆破安全技术的关键是力学问题，设计到地质勘探、现场监测和数值模拟等力学分析方法；煤层自燃规律的基本控制方程包括热传导方程、煤岩体的动力方程和煤层中孔隙渗流和裂隙流动，即温度场、应力场和破裂场以及渗流场的耦合问题。与煤层自燃相关的两种矿山开采类型分别井工开采和露天开采，基本物理过程包括采矿引起煤层破裂，形成的裂隙创造了高温热对流传导和补充氧气的煤层自燃条件。井工开采的治理技术应主要关注地表隔绝空气和降温，而主动的降温措施是在密闭环境下，利用注水—气化—冷凝—再注水的自循环，实现自适应灭火。露天开采重要的是减少开挖过程中形成稳定性较差的边坡和地表隔绝空气。在现有乳化炸药能够在100℃不爆炸的条件下，利用重力热管降温比较科学。配合适当的辅助措施，该技术可以保证孔内温度低于100℃，孔壁裂隙产生的高温可以借助水在孔壁的流动自动寻找位置并降温。

参 考 文 献

[1] 毛占利. 高瓦斯煤层自燃火灾防治技术研究 [D]. 西安：西安科技大学, 2006.
[2] 赵凤杰. 基于活化能指标煤的自燃倾向性的研究 [D]. 阜新：辽宁工程技术大学, 2005.
[3] 胡社荣, 蒋大成. 煤层自燃灾害研究现状与防治对策 [J]. 中国地质灾害与防治学报, 2000 (4)：69-72.
   Hu Sherong, Jiang Dacheng. The disaster of spontaneous combustion of coalbeds and countermeasure of prevention [J]. The Chinese Journal of Geological Hazard and Control, 2000 (4)：69-72.
[4] 束学来, 郑炳旭, 郭子如, 等. 煤矿火区降温措施的分析与实践 [J]. 爆破, 2014, 31 (3)：154-158.
   Shu Xuelai, Zheng Bingxu, Guo Ziru, et al. Analysis and practical of cooling measures in coal mine fire area [J]. Blasting, 2014, 31 (3)：154-158.
[5] 文虎, 徐精彩, 邓军, 等. 煤层自燃多功能灌浆注胶防灭火系统及其应用 [J]. 煤炭工程, 2004 (5)：4-6.
   Wen Hu, Xu Jingcai, Deng Jun, et al. Multifunctional colloidal grouting system for prevention of spontaneous combustion and its applications [J]. Coal Engineering, 2004 (5)：4-6.
[6] 雷学武, 万余庆, 李宝春. 乌达矿区煤层自燃现状及成因初析 [J]. 中国煤田地质, 1999, 11 (4)：19-20, 36.
   Lei Xuewu, Wan Yuqing, Li Baochun. Preliminary analysis of the status quo and causes of coal spontaneous combustion in Wuda coalfield [J]. Coal Geology of China, 1999, 11 (4)：19-20, 36.
[7] 许晨, 李克民, 李晋旭, 等. 露天煤矿高温火区爆破的安全技术探究 [J]. 露天采矿技术, 2010 (4)：73-75.
   Xu Chen, Li Kemin, Li Jinxu, et al. Security technology research on high-temperature fire area blasting in surface mine [J]. Opencast Mining Technology, 2010 (4)：73-75.
[8] 束学来, 郑炳旭, 郭子如, 等. 测温技术在煤矿火区爆破中的应用 [J]. 煤炭技术, 2014, 33 (8)：299-301.
   Shu Xuelai, Zheng Bingxu, Guo Ziru, et al. Application of temperature measurement technology in coal mine fire area blasting [J]. Coal Technology, 2014, 33 (8)：299-301.
[9] 蔡建德. 露天煤矿高温区爆破安全作业技术研究 [J]. 工程爆破, 2013 (1)：92-95.

Cai Jiande. Security technology of high-temperature blasting in open pit coal mine [J]. Engineering Blasting, 2013 (1): 92-95.

[10] 周名辉, 唐洪佩, 杨开山. 露天煤矿高温爆破技术研究 [J]. 爆破, 2014, 31 (2): 119-122.
Zhou Minghui, Tang Hongpei, Yang Kaishan. Study of high temperature area blasting in opencast coal mine [J]. Blasting, 2014, 31 (2): 119-122.

[11] Holman J P. Heat transfer (6th edition) [M]. McGraw-Hill Book Company, 1986.

[12] 金大伟, 赵永军, 霍凯中. 煤储层渗透率主要影响因素及其物理模型研究 [EB/OL]. 中国科技论文在线. http://www.paper.edu.cn/download/downPaper/200508-166. 2015-06-08.

[13] 樊新杰, 曹代勇, 时孝磊, 等. 内蒙古西部乌达矿区煤层自燃的控制因素 [J]. 地质通报, 2006, 25 (4): 487-491.
Fan Xinjie, Cao Daiyong, Shi Xiaolei, et al. Controlling factors of spontaneous combustion of coal seams in the Wuda coalfield, western Inner Mongolia, China [J]. Geological Bulletin of China, 2006, 25 (4): 487-491.

[14] 王理想, 李世海, 马照松, 等. 一种中心型有限体积孔隙-裂隙渗流求解方法及其 OpenMP 并行化 [J]. 岩石力学与工程学报, 2015, 34 (5): 865-875.
Wang Lixiang, Li Shihai, Ma Zhaosong, et al. A cellcentered finite volume method for fluid flow in fractured porous media and its parallelization with OpenMP [J]. Chinese Journal of Rock Mechanics and Engineering, 2015, 34 (5): 865-875.

[15] Li S H, Zhou D. Strain strength distribution criterion [C] //Third International Symposium on Computational Mechanics (ISCM Ⅲ), Taipei, Taiwan, 2011: 414-415.

[16] 李世海, 周东. 脆性材料损伤表述方法及基于应变强度分布破坏准则的计算单元 [J]. 水利学报, 2012, 43 (S1): 8-12.
Li Shihai, Zhou Dong. Formulation for damage of brittle materials and computational element based on criterion of strain strength distribution [J]. Journal of Hydraulic Engineering, 2012, 43 (S1): 8-12.

[17] Li S H, Zhou D. Progressive failure constitutive model of fracture plane in geomaterial based on strain strength distribution [J]. International Journal of Solids and Structures, 2013, 50 (3/4): 570-577.

[18] 李世海, 周东, 王杰, 等. 水电能源开发中的关键工程地质体力学问题 [J]. 中国科学: 物理学 力学 天文学, 2013, 43 (12): 1602-1616.
Li Shihai, Zhou Dong, Wang Jie, et al. Key problem of engineering geomechanics in hydroelectric energy exploitation [J]. SCIENTIA SINICA Physica, Mechanica & Astronomica, 2013, 43 (12): 1602-1616.

[19] 李世海, 汪远年. 三维离散元计算参数选取方法研究 [J]. 岩石力学与工程学报, 2004, 23 (21): 3642-3651.
Li Shihai, Wang Yuannian. Selection study of computational parameters for DEM in geomechanics [J]. Chinese Journal of Rock Mechanics and Engineering, 2004, 23 (21): 3642-3651.

[20] Li S H, Zhao M H, Wang Y N, et al. A new numerical method for DEM block and particle model [J]. International Journal of Rock Mechanics and Mining Sciences, 2004, 41: 414-418.

[21] Li S H, Liu X Y, Liu T P, et al. Continuum-based discrete element method and its applications [C] //Proceedings of UK-China Summer School /International Symposium on DEM, Beijing, China, 2008: 147-170.

[22] Day A S. An introduction to dynamic relaxation [J]. The Engineering, 1965, 219 (29): 218-221.

[23] Ma Z S, Feng C, Liu T P, et al. A GPU accelerated continuous-based discrete element method for elastodynamics analysis [J]. Advanced Materials Research, 2011, 320: 329-334.

[24] Wang L X, Li S H, Zhang G X, et al. A gpu-based parallel procedure for nonlinear analysis of complex structures using a coupled FEM/DEM approach [J]. Mathematical Problems in Engineering, 2013, Article ID 618980: 15.

[25] 王杰, 李世海, 周东, 等. 模拟岩石破裂过程的块体单元离散弹簧模型 [J]. 岩土力学, 2013, 34 (8): 2355-2362.
Wang Jie, Li Shihai, Zhou Dong, et al. A block-discrete-spring model to simulate failure process of rock [J]. Rock and Soil Mechanics, 2013, 34 (8): 2355-2362.

[26] 冯春, 李世海, 刘晓宇. 半弹簧接触模型及其在边坡破坏计算中的应用 [J]. 力学学报, 2011, 43 (1): 184-192.
Feng Chun, Li Shihai, Liu Xiaoyu. Semi-spring contact model and its application to failure simulation of slope [J]. Chinese Journal of Theoretical and Applied Mechanics, 2011, 43 (1): 184-192.

[27] Wang J, Li S H, Feng C. A new algorithm to detect contacts in a system composed of many polyhedral blocks [C] //

Proceedings of the 6th International Conference on Discrete Element Methods and Related Techniques，2013：451-456.

[28] Wang L X, Li S H, Ma Z S. A finite volume simulator for single-phase flow in fractured porous media ［C］// Proceedings of the 6th International Conference on Discrete Element Methods and Related Techniques，2013：130-135.

[29] 刘洋，李世海，刘晓宇. 基于连续介质离散元的双重介质渗流应力耦合模型 ［J］. 岩石力学与工程学报，2011，30（5）：951-959.

Liu Yang, Li Shihai, Liu Xiaoyu. Coupled fluid flow and stress computation model of dual media based on continuum-medium distinct element method ［J］. Chinese Journal of Rock Mechanics and Engineering，2011，30（5）：951-959.

[30] Zhang L, Zhang G X, Wang L X, et al. A comparative study on different parallel solvers for nonlinear analysis of complex structures ［J］. Mathematical Problems in Engineering，2013，Article ID 764237：14.

起爆方式对台阶爆破根底影响的数值模拟分析

刘　亮[1a,1b]　郑炳旭[2]　陈　明[1a,1b]　宋锦泉[2]　王高辉[1a,1b]　严　鹏[1a,1b]

（1. 武汉大学 a. 水资源与水电工程科学国家重点实验室，b. 水工岩石力学教育部重点实验室，湖北 武汉，430072；2. 广东宏大爆破股份有限公司，广东 广州，510623）

摘　要：在台阶爆破中，根底率是评价爆破效果的一项重要指标。根据爆前、爆后岩体声波降低率，计算爆后保留岩体的损伤大小，确定临界破碎状态对应的损伤阈值。基于 LS-DYNA 的二次开发爆破损伤模拟技术，采用拉压损伤模型，对台阶爆破不同起爆点位置的爆破损伤效应进行数值模拟，并重点比较正向起爆和反向起爆条件下，相邻炮孔之间爆破根底的分布情况。模拟结果表明：起爆点位置能够影响能量和应力的分布状态，导致不同的爆破效果，正向起爆对孔底岩体有较好的破碎效果，能够有效地消除爆破根底，提高爆后台阶面的平整度。

关键词：爆破根底；起爆方式；数值模拟；爆破损伤

Numerical Simulation Analysis of Influence of Different Detonation Methods on Bedrock in Bench Blasting

Liu Liang[1a,1b]　Zheng Bingxu[2]　Chen Ming[1a,1b]　Song Jinquan[2]　Wang Gaohui[1a,1b]　Yan Peng[1a,1b]

（1. a. State Key Laboratory of Water Resources and Hydropower Engineering Science，
b. Key Laboratory of Rock Mechanics in Hydraulic Structural Engineering，Ministry of Education，
Wuhan University，Hubei Wuhan，430072；
2. Guangdong Hongda Blasting Co.，Ltd.，Guangdong Guangzhou，510623）

Abstract：In bench blasting，rock toe rate is an important evaluation index of blasting effects. The damage threshold of critical breakage is ascertained by acoustic characteristics of damaged rock masses before and after blasting，which is used to analyze the outline of rock foundation. The numerical simulations of bench blasting at different initiation points are implemented based on secondary development of LS-DYNA with a tensile compressive damage model. The damage spatial distribution characteristics of different initiation methods are compared，and the flatness of bedrock is analyzed with colorful nephograms of damage distributions from top and bottom initiation methods. The results of numerical simulations show that different initiation points play a great influence on the stress and energy distributions in blasting progress and induce different blasting effects. Top initiation turns out to be the better to decrease rock toe ratio and increase the flatness of bench floor.

Keywords：bedrock；initation method；numerical simulation；damage

台阶爆破是我国水电施工、矿山开采、道路桥梁等工程中最为常用的施工开挖手段。在台阶爆破中，由于爆破参数选择不当，会在台阶面上留下难以挖除的岩埂根底，影响铲装运输的效率，也会影响后续的爆破作业[1]。针对这一问题，国内外很多学者，结合具体的爆破工程项目，分析根底产生的原因，提出一些解决措施，比如减小抵抗线、适当增加钻孔超深、选用高爆速炸药等方法[2-5]。

这些措施大多是根据工程经验总结得来，不能从爆破机理上解释根底和大块产生的原因，当前更

基金项目：国家重点基础研究发展计划（2011CB013501）；国家自然科学基金面上项目（51279146）。
原载于《爆破》，2015，32（3）：49-54，78。

多的学者从岩石细观破碎理论入手，从损伤的观点来研究岩石的损伤破坏规律，分析台阶爆破中岩石的破碎效果。杨小林等人认为爆炸过程包含冲击波的动态损伤阶段和爆生气体的准静态损伤阶段，分别建立了冲击波作用损伤模型和爆生气体作用损伤模型，对断裂损伤的细观理论进行研究[6]。胡英国等人对当前广泛采用的爆破损伤模型进行总结分析，导入 LS-DYNA 进行对比优选，同时建立自定义拉压损伤计算模型，对高边坡保留岩体的爆破开挖损伤效应进行数值仿真，并利用实测损伤区数据进行验证，结果证实拉压损伤模型精确度更高[7]。其研究成果表明：利用已有的损伤模型，研究台阶爆破的破碎效果，具有可行性。

对于深孔台阶爆破，现有的研究表明，柱状药包的爆破机理不能简单等效为若干球状药包的叠加，其爆破理论相对复杂。龚敏等人利用光弹性爆破模型实验系统进行柱状药包不同起爆位置的爆破模型试验，其结果表明应力场起爆点一端为低应力区，另一端为高应力区[8]。现有的研究结果表明，起爆方式对柱状药包的爆炸应力场有很大的影响。

从柱状药包应力波的叠加入手，针对不同的起爆方式展开研究，从起爆点位置来改善台阶爆破的爆破效果。研究将采用基于 LS-DYNA 二次开发的爆破损伤仿真技术和 LS-DYNA 重启动计算方法，模拟台阶爆破分层开挖累计损伤效应，分析不同岩性条件下，深孔台阶爆破中起爆方式对爆破损伤区空间分布的影响，进而讨论爆破根底的优化方法，研究成果可为实际工程中提高施工效率和质量提供参考和指导。

1 与岩体爆破破碎对应的损伤阈值

损伤系数是表征岩体性质劣化程度的一个指标，其表现形式为岩体弹性模型的降低，通常认为损伤系数和弹性模型的关系为[9]

$$E = E_0(1 - D) \tag{1}$$

式中，E 为爆后岩体的弹性模量；E_0 为爆前完整岩体的弹性模量。

根据弹性波理论，可以推导出岩体弹性模量和声波速度之间的关系

$$E = \rho v^2 \frac{(1 + \mu)(1 - 2\mu)}{1 - \mu} \tag{2}$$

式中，ρ 为岩体密度；μ 为泊松比。

假定爆破前后岩体的密度和泊松比近似相等，从而可以得到下式

$$D = 1 - (v/v_0)^2 = 1 - (1 - \eta)^2 \tag{3}$$

式中，v_0 和 v 分别为爆前、爆后岩体的声波速度；η 为爆前、爆后岩体波速降低率。

在数值模拟试验中，为寻求开挖轮廓线，岩体破坏可开挖损伤阈值是一个关键指标。爆后装药段岩体较为破碎，完全断裂，损伤值达到 1.0；而孔底岩体，随着距离的增加，损伤逐渐较小，岩体从破碎状态逐步向完整状态变化，如图 1 所示，认为爆后岩体分为抛掷区、粉碎区、裂纹区和弹性区四个部分。其中裂纹区处于一种裂而不碎的状态，认为是损伤岩体的极限可开挖状态，其对应的损伤阈值是岩体可开挖损伤值的下限值。台阶爆破中，进行爆堆出渣作业后，经过机械铲挖后留下的表层基岩是裂纹区，是一种可开挖临界状态，通过测试表层基岩的声波特性，可以获取其对应的损伤值，从而获得与岩体爆破破碎对应的岩体损伤阈值。

中科院夏祥等人，结合红沿河核电站基岩爆破开挖，进行了岩体爆前爆后声波测试试验，研究岩体在爆破荷载下的损伤特性[10]。爆前测试声波孔各测点的爆前波速，然后将孔底超深部分填塞至炮孔设计深度，进行爆破作业。出渣后再次进行声波测试，获取爆后波速。爆破开挖清渣留下的基岩面，为爆破开挖的临界

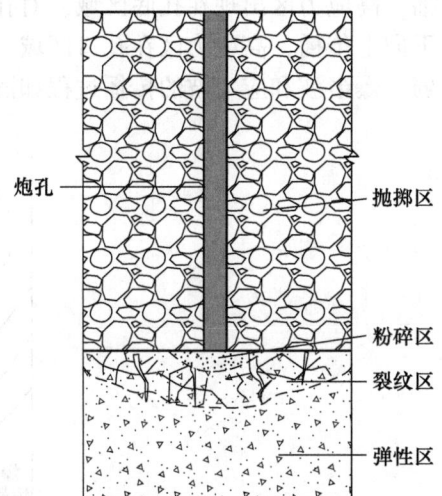

图 1 爆后岩体分区图
Fig.1 Rock mass partitions after blasting

面，表层岩体处于裂而不碎的状态，通过声波试验可以获取岩体破碎的临界损伤阈值。根据试验结果，保留岩体上部声波波速降低率 η 达到53%，其对应的损伤值大小为0.78。

瑞典学者 Mathias Jern 认为损伤岩体的声波速度和岩体微裂纹密度有很大的关系，并结合 Billingsryd 矿山和 Angered 矿山进行现场试验，研究开裂岩体声波速度距离爆破炮孔距离的关系[10]。研究结果表明：爆后炮孔附近保留岩体裂纹密度变大，声波速度急剧降低，波速降低率 η 达到47%，对应的损伤阈值为0.72。

苏联学者 A A Gorbunov 在研究爆破对保留岩体的影响时，采用了预裂爆破技术，并对预裂区开裂岩体声波特性进行研究[12]，分别测量了保留岩体的爆前、爆后超声波速度的降低率，试验结果表明：声波降低率为53%~70%，对应的损伤值为0.78~0.91。

对比分析三组声波测试数据，如表1所示，可以看出保留岩体开裂区损伤阈值0.7~0.9。在 Gorbunov 的声波数据中，软弱岩体区包含了破碎岩体，处于临界破碎状态的岩体可以取对应的损伤阈值的下限值。综合分析三组声波数据，可以确定岩体爆破临界破碎对应的损伤阈值 D_t 为0.7~0.8。

表1 损伤阈值表

Table 1 Damage threshold

试验地点	爆前波速 $v_0/m \cdot s^{-1}$	爆后波速 $v/m \cdot s^{-1}$	声波降低率 $\eta/\%$	损伤阈值 D_t
红沿河			53	0.78
Billingsryd	6250	3400	47	0.72
Inguri station	3400~3750	1000~1600	53~70	0.78~0.91

2 起爆方式对台阶爆破破碎效果的影响机制

爆炸过程是一个非常复杂的动力学过程。随着爆轰波的传播，炸药瞬间产生高温高压气体。在炮孔近区由于冲击波极强的压缩作用形成粉碎区[13]。在炮孔远区，冲击波迅速衰减为应力波，在炮孔周围岩体产生环向拉应力，由于岩体抗拉强度很低，周围岩体被拉断，形成径向的裂缝。爆炸应力波和爆生气体的作用使得岩体裂缝进一步扩大，形成贯穿裂缝，造成岩体的破碎，并向外飞出形成爆堆。

根据工程经验，炸药的爆轰波速度大约为2500~7000m/s，爆炸应力波在固体介质中传播的速度为3000~5000m/s。柱状药包起爆时，爆轰波沿着炮孔进行传播，爆轰波形成的应力波波阵面以圆锥形迅速向药柱另一端传播，后爆的炸药产生的冲击波又会继续加强已经形成的应力场，从而在药柱另一端有较强的应力叠加现象，形成爆炸高能区和高应力区。正向起爆时，爆轰波和爆炸应力波从上向下传播，高应力区出现在孔底区域，对孔底岩体的破碎作用加强；而反向起爆时，爆轰波和爆炸应力波从下向上传播，高应力区在孔口区域，从而对孔口岩体的破碎作用加强，但是对孔底岩体的破碎作用减弱。爆轰波和应力波的传播过程如图2所示。

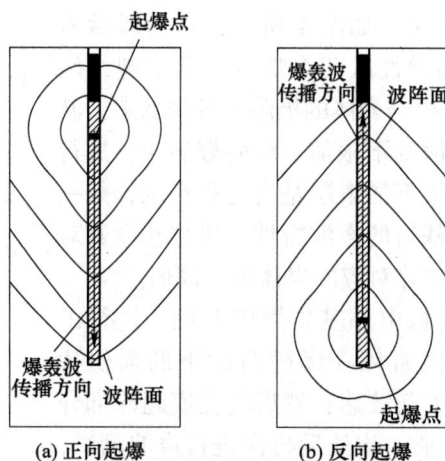

图2 爆轰波和应力波传播过程示意图

Fig. 2 The propagation of detonation wave and stress wave

3 数值模拟方法

3.1 岩体爆破损伤模型

岩体结构中，存在着大量的微裂纹裂隙。在爆破过程中，爆炸荷载会激活这些岩体结构中的微裂纹，使岩体结构和性质表现出一定程度的劣化。根据 Grady-Kipp 断裂破坏模型[14]，引入损伤因子 D 来衡量岩石动态断裂水平和特征，一般认为岩体内的活化裂纹密度符合 Weibull 分布[15]

$$C_d = \gamma N a^3 \tag{4}$$

式中，γ 为裂纹分布参数；N 为单位体积裂纹数；a 为裂纹平均半径。

在爆炸应力波作用下，裂纹平均半径和单位体积裂纹数由下式决定

$$a = \frac{1}{2}\left(\frac{\sqrt{20}K_{IC}}{\rho c \dot{\varepsilon}_{max}}\right)^{2/3} \tag{5}$$

$$N = k\varepsilon_v^m \tag{6}$$

式中，K_{IC} 为断裂韧度；ρ 为岩石密度；c 为岩体纵波速度；$\dot{\varepsilon}_{max}$ 为最大体积拉应变率；ε_v 为扩容应变；k 和 m 为分布函数参数。代入式（4），可得活化裂纹密度 C_d 为

$$C_d = \frac{5k\varepsilon_v^m}{2} \cdot \left(\frac{K_{IC}}{\rho c \dot{\varepsilon}_{max}}\right)^2 \tag{7}$$

胡英国等人在经典的 TCK 模型基础上，引入压损伤，提出能反映拉伸、压缩损伤的拉压损伤模型[7]。在定义损伤变量 D 时，考虑拉伸、压缩损伤的最不利因素

$$D = \max(D_t, D_c) \tag{8}$$

$$D_t = \frac{16}{9} \cdot \frac{(1-\bar{v}^2)}{(1-2\bar{v})} \cdot C_d \tag{9}$$

$$D_c = \frac{qW_p}{1-D_t} \tag{10}$$

$$W_p = \int \sigma_{ij} d\varepsilon_{ij}^p \tag{11}$$

式中，D_t 为拉伸损伤变量；D_c 为压缩损伤变量；$\bar{v}$ 为有效泊松比；q 为损伤敏感系数；W_p 为塑性功率；σ_{ij} 是应力张量；ε_{ij} 是应变张量。

3.2 爆破参数

根据台阶爆破工程经验，本次数值模拟试验的台阶爆破参数选取如下，台阶高度 10m，孔距 3.0m，最小抵抗线 2.5m，炮孔直径 90mm，采用耦合装药，装药直径 90mm，装药长度 8.0m，堵塞段 2.0m。

在数值模拟中，选取 9 个起爆点位置进行计算，并重点分析正向起爆和反向起爆条件下，岩体的损伤分布。起爆点位置距孔底的距离分别取 0m、1m、2m、3m、4m、5m、6m、7m、8m，共进行 9 次计算。在工程中，考虑到雷管的安全性和炸药爆轰的稳定传播，并不是将起爆雷管装到炮孔最底部，而是先预装 2~3 节药包，再装雷管，雷管距离炮孔底部 0.8~1.2m。因此在数值计算中，选取反向起爆点位置距离孔底 1.0m；正向起爆点距离装药段顶点 1.0m，距离孔底 7.0m。台阶爆破装药结构如图 3 所示。

3.3 数值模拟方法和模型参数

根据以上爆破参数，本次模拟试验基于 ANSYS 有限元软件建立台阶模型，尺寸取为：高度 20m（台阶高度 10m，基岩 10m），宽 3.0m，长 10m，炮孔直径 90mm，孔深 10m，装药段 8m，堵塞 2m。试验台阶模型如图 4 所示，模型左侧和上侧为临空面，不施加约束；右侧和下侧为基岩，施加无反射边界条件；前后两侧为群孔条件的对称面，为模拟群孔爆破效应，施加对称边界条件。

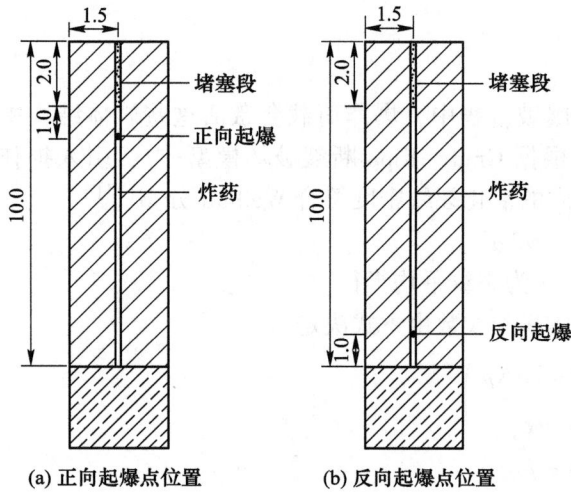

图 3 装药结构图（单位：m）

Fig. 3 Charge structure（unit：m）

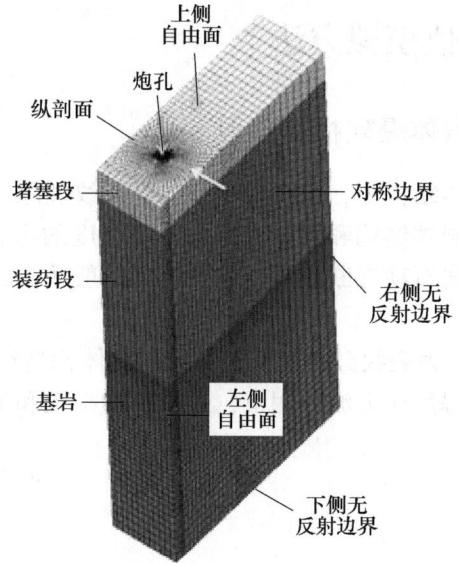

图 4 计算模型图

Fig. 4 Numerical simulation model

计算中采用 LS-DYNA 的流固耦合（ALE）算法模拟炸药的动力冲击作用。炸药采用 MAT_HIGH_EXPLOSIVE_BURN 材料实现，结合 JWL 状态方程来模拟炸药爆炸过程中压力与体积的关系，表达式如下。

$$P = A\left(1 - \frac{\omega}{R_1 V}\right) e^{-R_1 V} + B\left(1 - \frac{\omega}{R_2 V}\right) e^{-R_2 V} + \left(\frac{\omega E_0}{V}\right) \tag{12}$$

式中，P 为 JWL 状态方程决定的压力；V 为相对体积；E_0 为初始比内能；A、B、R_1、R_2 和 ω 为描述 JWL 方程的独立常数，各参数的取值如表 2 所示。岩体材料物理参数如表 3 所示。

表 2 炸药相关参数

Table 2 Explosive parameters

密度/kg·m^{-3}	爆速/m·s^{-1}	PCJ/GPa	A/GPa	B/GPa	R_1	R_2	ω
1000	3600	3.24	220	0.2	4.5	1.1	0.35

表 3 岩体材料物理参数

Table 3 Parameters of numerical rock materials

材料	密度/kg·m^{-3}	弹性模量/GPa	泊松比	剪切模量/GPa	抗压强度/MPa
硬岩	2600	40	0.21	16.4	50

4 数值模拟结果及分析

4.1 爆破效果参数说明

为便于分析爆后底板台阶面平整度，评价爆破效果，对孔底岩体的损伤范围进行统计，并对相关参数作一些说明。对于孔底损伤区，爆后岩埂参数如图 5 所示。台阶爆破中，孔底在同一水平面内，称为孔底水平线。孔底损伤区深度最大值为 h_0，最小值为 h_1（h_1 位于水平线以上时即出现爆破根底，记为负值），基岩轮廓线最高点和最低点的距离称为残埂高差 h（$h = h_0 - h_1$）。当 $h_1 < 0$ 时，为爆破根底，爆破根底的高度为 $-h_1$；当 $h_1 > 0$ 时，没有爆破根底。

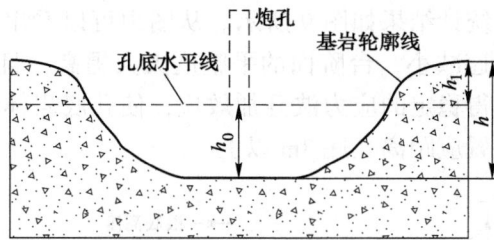

图 5 岩埂轮廓示意图

Fig. 5 Rock foundation sketch after blasting

4.2 典型起爆方式爆破损伤分布及结果分析

根据以上爆破损伤模型，进行不同起爆点位置的台阶爆破仿真模拟，重点分析正向起爆、反向起爆的损伤分布结果。将计算结果沿着炮孔轴线进行纵向剖分，获得损伤分布云图，并沿着对称面进行镜像操作，从而获得群孔条件下孔间损伤分布。损伤分布结果分别如图 6、图 7 所示。

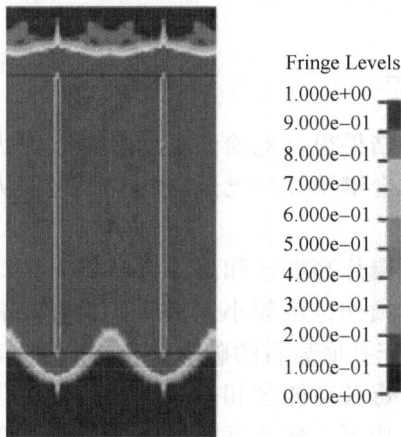

图 6 反向起爆损伤分布图

Fig. 6 Damage zones in bottom initiation

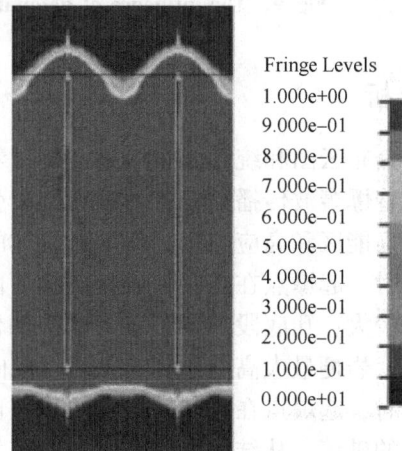

图 7 正向起爆损伤分布图

Fig. 7 Damage zones in top initiation

由图中所示结果可以看出，反向起爆时，孔口段岩体损伤范围较大，而孔底段较小；孔底径向距离炮孔 0.9~1.5m 处，损伤区边界位于孔底水平线以上，容易留下爆破根底。正向起爆时，孔底段岩体损伤范围较大，且较为平整。

根据损伤阈值 $D_t = 0.7~0.8$ 的破碎标准，以 0.7~0.8 的损伤等值线作为开挖临界线，对应的基岩轮廓线如图 8 所示。

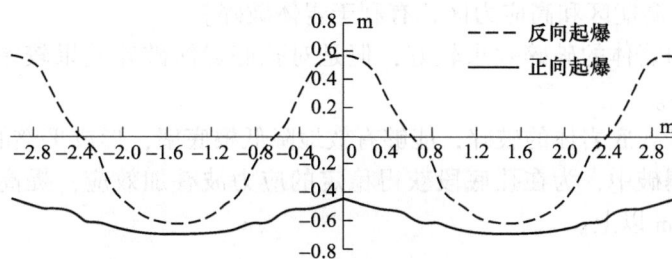

图 8 孔底基岩轮廓图

Fig. 8 The outline of rock foundation under the hole

4.3 起爆点位置对爆破效果的影响

按照以上分析方法，分析 9 个起爆点对应的 9 次模拟计算结果，主要统计底板台阶面平整度的效果参数：根底高度和残埂高差。统计结果如图9所示。从图中可以看出，随着起爆点位置距孔底距离的增加，爆破根底和残埂高差迅速减小，台阶面的平整度大大提高，且在距离达到3m以后，较为平稳。在中深孔台阶爆破中，为获得稳定的应力波叠加效应，使孔底岩体损伤范围比较均匀，从而提高下层台阶面的平整度，起爆点位置应距离孔底3m以上。

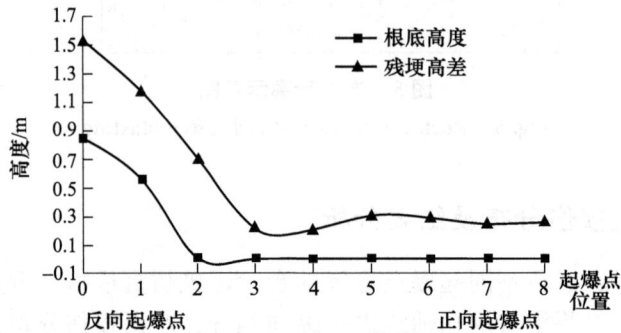

图9 起爆点位置对底板平整度的影响

Fig. 9 The influence of detonation positions on the flatness of bench floor

4.4 结果分析

根据损伤分布云图和统计分布结果，可以看出，试验结果很好地验证了台阶爆破柱状药包应力波叠加规律，沿着爆轰波传播方向，后爆炸药产生的冲击波会继续加强已形成的应力场，从而在炮孔另一端形成爆炸高能区和高应力区，增加对岩体的损伤范围。

反向起爆时，起爆点在孔底，爆轰波从下向上传播，爆炸高能和高应力区指向孔口段，孔口段岩体损伤范围较大；孔底段岩体，应力波叠加作用较弱，损伤范围较小，呈现为典型的漏斗状，容易出现爆破根底，岩埂最大高差达到1.18m。反向起爆不利于孔底岩石的破碎，容易出现爆破根底。

正向起爆时，起爆点在孔口，爆轰波从上向下传播，爆破高能区和高应力区出现在孔底段，更有利于孔底岩石的破碎。从结果可以看出，在应力波叠加作用下，炮孔远区岩体损伤范围变大，孔底损伤区较为平整，岩埂最大高差仅为0.20m。

5 结论与展望

针对柱状药包爆轰波和应力波传播规律，分析不同起爆方式下应力波的叠加效应，讨论其对岩体爆破效果的影响。通过LS-DYNA建立台阶爆破模型，模拟台阶爆破在不同起爆点位置起爆时岩体损伤分布情况，统计爆破残埂高差。根据以上理论分析和模拟试验结果，可以得出以下几点结论。

（1）台阶爆破柱状药包起爆点位置，对岩体爆破效果有较大影响。沿着爆轰波传播方向，应力波的叠加作用，会产生爆炸高能区和高应力区，有利于岩体破碎。

（2）反向起爆对孔口岩体的破碎效果较好，但是对孔底岩体破碎效果较差，容易产生爆破根底，不利于形成平整的台阶面。

（3）正向起爆有利于孔底岩体的破碎，能够有效地降低根底率，形成平整的台阶面。

（4）在中深孔台阶爆破中，为在孔底段获得稳定的应力波叠加效应，提高孔底岩体的破碎效果，起爆点位置应距离孔底3m以上。

参 考 文 献

[1] Jimeno E L, Jimino C L, Carcedo A, et al. Drilling and Blasting of Rocks [M]. Netherlands, Rotterdam：A A Balkema Publishers，1995.

[2] Hustrulid W A. Blasting Principles for Open Pit Mining：General Design Concepts [M]. Netherlands, Rotterdam：A A Balkema Publishers，1999.

［3］ Singh M M, Mandal S K. Mechanics of rock breakage by blasting and its applications in blasting design ［J］. Journal of Mines Metals and Fuels, 2012, 6: 15-40.

［4］ Taji M, Ataei M, Goshtasbi K, et al. A new approach for open pit mine blasting evaluation ［J］. Journal of Vibration and Control, 2012, 8: 1738-1752.

［5］ Singh P K, Roy M P, Sinha A, et al. Causes of toe formation at dragline bench and its remedial measures ［J］. Rock Fragmentation by Blasting, 2013: 187-192.

［6］ 杨小林, 王树仁. 岩石爆破损伤断裂的细观机理 ［J］. 爆炸与冲击, 2000, 20 (3): 247-252.
Yang Xiaolin, Wang Shuren. Meso-mechanism of damage and fracture on rock blasting ［J］. Explosion and Shock Waves, 2000, 20 (3): 247-253.

［7］ 胡英国, 卢文波, 陈明, 等. 岩石爆破损伤模型的比选与改进 ［J］. 岩土力学, 2012, 12 (11): 3278-3285.
Hu Yingguo, Lu Wenbo, Chen Ming, et al. Comparison and improvement of blasting damage models for rock ［J］. Rock and Soil Mechanics, 2012, 33 (11): 3278-3284.

［8］ 龚敏, 黎剑华. 延长药包不同位置起爆时的应力场 ［J］. 北京科技大学学报, 2002, 24 (3): 248-253.
Gong Min, Li Jianhua. A research on stress field of column and strip-shaped charge in different detonated points ［J］. Journal of University of Science and Technology Beijing, 2002, 24 (3): 248-253.

［9］ Lemaitre J. 损伤力学教程 ［M］. 北京: 科学出版社, 1996.

［10］ 夏祥, 李海波, 张大岩, 等. 红沿河核电站基岩爆破的控制标准 ［J］. 爆炸与冲击, 2010, 30 (1): 27-32.
Xia Xiang, Li Haibo, Zhang Dayan, et al. Safety threshold of blasting-induced rock vibration for Honyanhe nuclear power plant ［J］. Explosion and Shock Waves, 2010, 30 (1): 27-32.

［11］ Mathias Jern. Determination of the damaged zone in quarries, related to aggregate production ［J］. Bulletin of Engineering Geology and The Environment, 2011 (60): 157-166.

［12］ Gorbunov A A. Seismoacoustic evaluation of the effect of blasting on rocks ［J］. Translated from Gidrotekhni Cheskoe Stroitel'stvo, 1974, 1 (1): 16-19.

［13］ 冷振东, 卢文波, 陈明, 等. 岩石钻孔爆破粉碎区计算模型的改进 ［J］. 爆炸与冲击, 2015, 35 (1): 101-107.
Leng Zhendong, Lu Wenbo, Chen Ming, et al. Improved calculation model for the size of crushed zone around blasthole ［J］. Explosion and Shock Waves, 2015, 35 (1): 101-107.

［14］ Grady D E, Kipp M E. Continuum modeling of explosive fracture in oil shale ［J］. International Journal of Rock Mechanics and Mining Sciences & GeomeFFchanics Abstracts, 1980, 17 (3): 147-157.

［15］ 杨小林, 员小有, 吴忠, 等. 爆破损伤岩石力学特性的试验研究 ［J］. 岩石力学与工程学报, 2011, 4 (7): 436-439.
Yang Xiaolin, Yuan Xiaoyou, Wu Zhong, et al. Experimental study on mechanical properties of blasting damaged rock ［J］. Chinese Journal of Rock Mechanics and Engineering, 2011, 4 (7): 436-439.

炸药单耗对赤铁矿爆破块度的影响规律数值模拟研究

郑炳旭[1]　冯　春[2]　宋锦泉[1]　郭汝坤[2]　李世海[2]

（1. 广东宏大爆破股份有限公司，广东 广州，510623；

2. 中国科学院力学研究所 流固耦合系统力学重点实验室，北京，100190）

摘　要：通过在连续–非连续单元方法（CDEM）中引入朗道点火爆炸模型及岩体塑性–损伤–断裂模型，实现了赤铁矿爆破破碎过程的模拟。提出了 5 个评价爆破后块度分布特征的指标，分别为平均破碎尺寸（d_{50}）、极限破碎尺寸（d_{90}）、块体不均匀系数（d_{90}/d_{50}）、系统破裂度（F_r）及大块率（B_r）。基于 CDEM 方法及上述 5 个评价指标，分析了改变炮孔直径、改变间排距等两种改变炸药单耗的方式对赤铁矿爆破块度的影响规律。数值计算结果表明：随着炸药单耗的增大，赤铁矿的破碎尺寸逐渐减小；相同炸药单耗情况下，改变炮孔直径的破碎效果略优于改变间排距的破碎效果。在双对数坐标下，随着炸药单耗的增大，平均破碎尺寸（d_{50}）及极限破碎尺寸（d_{90}）均线性减小；采用衰减型幂函数进行了拟合，给出了平均破碎尺寸（d_{50}）及极限破碎尺寸（d_{90}）与炸药单耗间的函数关系。随着炸药单耗的增加，块体不均匀系数（d_{90}/d_{50}）及系统破裂度（F_r）均逐渐增大，而大块率（B_r）则迅速减小。当炸药单耗大于 0.25kg/t 时，大块率（B_r）已经小于 0.5%；当炸药单耗超过 0.6kg/t 时，大块率（B_r）为 0.0%。

关键词：爆破开采；数值模拟；炸药单耗；块度分布；大块率

Numerical Study on Relationship between Specific Charge and Fragmentation Distribution of Hematite

Zheng Bingxu[1]　Feng Chun[2]　Song Jinquan[1]　Guo Rukun[2]　Li Shihai[2]

（1. Guangdong Hongda Blasting Co., Ltd., Guangdong Guangzhou, 510623；

2. Key Laboratory for Mechanics in Fluid Solid Coupling Systems,

Institute of Mechanics, Chinese Academy of Sciences, Beijing, 100190）

Abstract：By introducing Landau blasting model and rock plastic – damage – fracture model into Continuum Discontinuum Element Method (CDEM), the simulation of hematite fragmentation process under blasting load was realized. Five indicators to evaluate the block distribution feature after blasting were proposed, including the average fragmentation size (d_{50}), ultimate fragmentation size (d_{90}), block nonuniform coefficient (d_{90}/d_{50}), system fracture degree (F_r) and large block ratio (B_r). Based on CDEM and the five evaluation indicators, the relationship between spcific charge and fragmentation distribution characteristic was studied. Two ways to change the spcific charge was discussed on changing bore hole diameter and changing row & column distance. Numerical results show that, with the increase of spcific charge, the hematite fragmentation size decreased gradually; with the same spcific charge, the fragmentation quality obtained from changing bore hole diameter was better than which from changing row & column distance. In double logarithmic coordinates, with the increase of spcific charge, average fragmentation size (d_{50}) and ultimate fragmentation size (d_{90}) all decreased linearly, and decaying power function was used to fit the relationship between d_{50}, d_{90} and spcific charge. With the increase of specific charge, the block nonuniform coefficient (d_{90}/d_{50}) and system fracture degree (F_r) all increased gradually, while the large block ratio (B_r) decreased sharply. When the spcific charge was larger than 0.25kg/t, the large block ratio (B_r) was less than 0.5%; while the spcific charge

基金项目：国家自然科学基金（11302230）资助；广东宏大爆破股份有限公司 "基于数字模拟的露天爆破设计软件" 研发项目资助。

原载于《爆破》，2015，32（3）：62-69。

exceeded 0.6kg/t, the large block ratio (B_r) turned to be zero.

Keywords: blasting mining; numerical simulation; spcific charge; block distribution; large block ratio

　　爆破开采因其开采速度快、开采成本低等特点，已成为我国露天铁矿开采的主要模式。爆破后铁矿石的块度分布是定量评价爆破质量的重要指标，它影响到矿山各后续生产工序的效率和采矿生产的总成本。因此，需要深入研究炸药单耗、装药结构、孔网参数及起爆顺序等爆破参数对爆破块度的影响规律，并提出可用于爆破设计的爆破块度预测模型。目前，爆破块度分布规律的预测模型主要包括理论模型、经验模型及人工智能模型等三个方面。

　　在理论模型方面，Margolin 等人提出了一种基于 Griffith 能量原理的层状裂缝模型（BCM 模型），可对岩体中的应力波传播、破坏及破碎进行分析[1]；该模型将爆区划分为若干单元，并假定单位体积内的裂缝数目服从指数分布。邹定祥根据应力波理论及岩石的断裂能，给出了均质连续弹性台阶岩体的爆破块度分布计算模型，即 BMMC 模型[2]。陈运轩通过对岩石爆破破碎过程的分析，推出了炸药单耗与各种爆破块度之间的定量关系式[3]。刘慧等人基于爆破块度分布的分形特征，从理论上推导了炸药单耗与爆破块度分布均匀性指数的关系[4]。

　　在经验模型方面，C Cunningham 提出了 KUZ-RAM 模型，该模型以 Kuznetsov 公式为基础，认为爆破后的块度服从 R-R 分布，其分布参数（均匀性指数和特征块度）可由爆破参数计算确定[5]。Mario 等人将蒙特卡洛方法与 KUZ-RAM 模型相结合，并开发了相应的计算程序，用于爆破效果的分析计算[6]。Faramarzi 等人提出了一种基于岩石工程系统的爆破块度预测新模型，该模型共包含 16 个输入参数，通过 30 多次实际爆破结果的对比分析，证明了该模型的预测精度 [7]。近年来，广东宏大爆破股份有限公司将 KUZ-RAM 模型运用于国内多处露天矿爆破开采工地，积累了大量的经验，并提出利用岩石强度、岩石种类、裂隙平均间距、炸药单耗、爆破漏斗参数和爆破块度分布指数等六项指标进行采石场爆破块度分区的方法[8,9]。

　　在人工智能模型方面，Monjezi 等人基于模糊推理系统及人工神经网络，先后提出了两个可用于爆破块度预测及飞石预测的模型[10,11]。段宝福等人建立了爆破块度预测的神经网络模型，并通过与 R-R 分布式和 G-G-S 经验模型的比较，验证了利用神经网络模型预测爆破块度的可靠性[12]。

　　总体而言，国内外的专家学者利用理论公式、经验公式、人工智能等对露天铁矿爆破块度的分布特征进行了深入研究，但利用数值模拟直接获得爆破块度分布规律的研究较少。因此，利用连续-非连续单元方法（CDEM），重点探讨了炸药单耗对赤铁矿爆破块度的影响规律，并详细探讨了平均破碎尺寸（d_{50}）、极限破碎尺寸（d_{90}）、块体不均匀系数（d_{90}/d_{50}）、系统破裂度（F_r）及大块率（B_r）等 5 个指标与炸药单耗间的内在联系[13,14]。

1　数值方法及力学模型

1.1　CDEM 简介

　　数值模拟主要采用连续-非连续单元方法（CDEM）进行。CDEM 方法是一种将有限元与离散元进行耦合计算，通过块体边界及块体内部的断裂来分析材料渐进破坏过程的数值模拟方法。CDEM 中包含块体及界面两个基本概念，块体由一个或多个有限元单元组成，用于表征材料的连续变形特征；界面由块体边界组成，通过在块体边界上引入可断裂的一维弹簧实现材料中裂纹扩展过程的模拟。

　　CDEM 方法的控制方程为质点运动方程，并采用基于增量方式的显式欧拉前差法进行动力问题的求解，在每一时步包含有限元的求解及离散元的求解等两个步骤，整个计算过程中通过不平衡率表征系统受力的平衡程度。

1.2　爆源模型

　　爆源模型主要采用朗道点火爆炸模型，该模型的输入参数包括装药密度，炸药爆速、爆热及点火点位置。该模型主要基于朗道-斯坦纽科维奇公式（γ 率方程），如下

$$\left.\begin{array}{l} PV^{\gamma} = P_0 V_0^{\gamma}, \; P \geq P_k \\ PV^{\gamma_1} = P_k V_k^{\gamma_1}, \; P < P_k \end{array}\right\} \tag{1}$$

式中，$\gamma = 3$；$\gamma_1 = 4/3$；P、V 分别为高压气球的瞬态压力和体积；P_0、V_0 分别为高压气球初始时刻的压力和药包的体积，P_k、V_k 分别为高压气球在两段绝热过程边界上的压力和体积。P_k 的表达式为

$$P_k = P_0 \left\{ \frac{\gamma_1 - 1}{\gamma - \gamma_1} \left[\frac{(\gamma - 1) Q_w \rho_w}{P_0} - 1 \right] \right\}^{\frac{\gamma}{\gamma - 1}} \tag{2}$$

式中，Q_w 为炸药爆热，$\mathrm{J/kg}$；ρ_w 为装药密度，$\mathrm{kg/m^3}$。

P_0 的表达式为

$$P_0 = \frac{\rho_w D^2}{2(\gamma + 1)} \tag{3}$$

式中，D 为爆轰速度，$\mathrm{m/s}$。

采用到时起爆的方式模拟点火过程及爆轰波在炸药内的传播过程。设某一炸药单元到点火点的距离为 d，炸药的爆速为 D，则点火时间为 $t_1 = d/D$。当爆炸时间 $t > t_1$ 时，该单元才根据式（1）进行爆炸压力的计算。

程序实现时，首先根据式（1）计算单元爆炸压力，而后将该压力转换为单元节点力，累加各炸药单元贡献的节点力形成节点合力，根据牛顿定律计算节点的加速度、速度、位移，根据节点位移计算单元的当前体积，根据当前体积及式（1）计算下一时步的爆炸压力。

与围岩耦合计算时，如果围岩单元与炸药单元共节点，则炸药单元产生的爆炸压力通过公用节点自动作用到围岩体上；如果炸药单元与围岩节点独立，则需设定接触单元进行爆炸压力的传递，采用半弹簧接触模型实现相应的压力传递过程[15]，计算过程中令切向耦合刚度为 0。

1.3　塑性-损伤-断裂模型

采用塑性-损伤-断裂模型来表征爆炸载荷下岩体的渐进破坏过程，该模型将岩体离散为单元及虚拟界面两部分，其中虚拟界面为两个单元的边界。单元的受力变形采用有限元进行计算，并在单元中引入 Mohr-Coulomb 理想弹塑性模型（含最大拉应力模型）表征爆炸载荷下岩体出现的塑性变形特征；虚拟界面的受力变形通过离散元（数值弹簧）实现，并在虚拟界面上引入考虑局部化过程的 Mohr-Coulomb 模型（含最大拉应力模型）实现岩体的损伤断裂过程。该模型的示意图如图 1 所示。

该模型的输入参数包括用于单元塑性变形计算的块体密度、弹性模量、泊松比、黏聚力、内摩擦角、抗拉强度、剪胀角，用于虚拟界面损伤断裂计算的法向刚度、切向刚度、黏聚力、内摩擦角、抗拉强度、拉伸极限应变、剪切极限应变。一般情况下，单元上的黏聚力、内摩擦角及抗拉强度取值与虚拟界面上的取值是一致的。

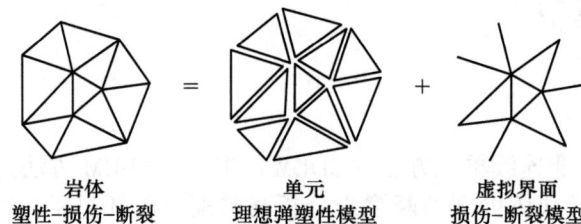

岩体　　　　　　　单元　　　　　　虚拟界面
塑性-损伤-断裂　　理想弹塑性模型　损伤-断裂模型

图 1　塑性-损伤-断裂模型
Fig. 1　Plastic-damage-fracture model

2　数值模拟

2.1　计算方案

炸药单耗是指每爆破一吨矿岩石所耗费的炸药量（kg）。改变炸药单耗的方法有很多，主要探讨单纯改变炮孔直径或单纯改变间排距的情况下，引起的炸药单耗改变对爆破块度的影响规律。由于爆破的块度在分米量级，因此要求数值计算所用的网格尺寸在厘米量级，若建立全三维爆破数值模型，

需要划分百万甚至千万量级的网格，如此巨大的网格量是目前计算机无法承受的。因此，采用二维平切面模型进行分析探讨，建立如图 2 所示的双临空面 4 炮孔数值模型。图 2 中炮孔的间排距、首排炮孔到临空面的距离均为 L，炮孔的直径为 d，模型的左侧及上侧为临空面，右侧及下侧为无反射边界。为了便于观察爆区内岩体的破碎情况，对爆区划分了 A、B、C、D 四个研究域。

进行单纯改变炮孔直径的分析时，固定 L 为 6.5m，共研究 6 种炮孔直径，分别为 10cm、15cm、20cm、25cm、30cm 及 35cm。采用 Gmsh 软件进行网格剖分，共剖分了约 19.2 万的三角形网格，其中炮孔附近网格尺寸约为 4cm，四周网格尺寸约为 10cm。

进行单纯改变间排距的分析时，固定炮孔直径 d 为 25cm，共研究 6 种间排距，分别为 3m、5m、6.5m、8m、10m 及 12m。采用 Gmsh 对上述六个计算模型进行网格剖分，6 种间距对应的三角形网格数分别为 4.1 万、11.4 万、19.2 万、28.9 万、45.3 万、64.7 万。

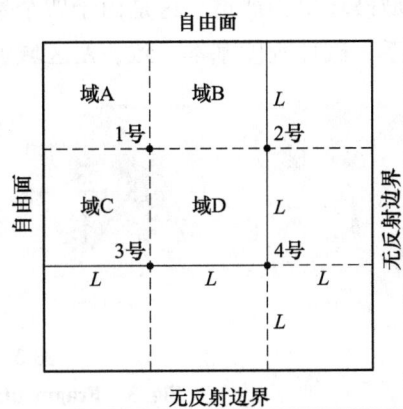

图 2 双自由面数值模型
Fig. 2 Two free surfaces numerical model

2.2 计算参数

炸药选用乳化炸药，采用朗道点火爆炸模型进行模拟。装药密度为 1150kg/m³，爆轰速度为 4250m/s，爆热为 3.4MJ/kg。采用毫秒延时起爆技术，孔间延时 25ms；起爆顺序为，1 号炮孔先起爆，25ms 后 2 号、3 号同时起爆，50ms 以后 4 号炮孔开始起爆。

岩石类型为赤铁矿，普氏系数为 15.4，采用塑性-损伤-断裂模型进行模拟。单元的密度为 3200kg/m³，弹性模量为 60GPa，泊松比为 0.25，黏聚力为 36MPa，抗拉强度为 12MPa，内摩擦角为 40°，剪胀角为 10°；虚拟界面的单位面积法向及切向刚度均为 5000GPa/m，黏聚力为 36MPa，抗拉强度为 12MPa，内摩擦角为 40°，拉伸极限应变为 0.1%，剪切极限应变为 0.3%。

2.3 评价指标

为了对爆破后的块度分布特征进行全面地统计分析，提出了 5 个评价指标，分别为平均破碎尺寸（d_{50}）、极限破碎尺寸（d_{90}）、块体不均匀系数（d_{90}/d_{50}）、系统破裂度（F_r）及大块率（B_r）。各指标的含义及获取方式如下。

（1）平均破碎尺寸（d_{50}）：块度分布曲线中通过率为 50% 时对应的尺寸；该值越大，爆区内块体尺寸的平均值越大。

（2）极限破碎尺寸（d_{90}）：块度分布曲线中通过率为 90% 时对应的尺寸；该值越大，爆区内的大块尺寸越大。

（3）块体不均匀系数（d_{90}/d_{50}）：极限破碎尺寸与平均破碎尺寸的比值；该值越小，块度分布越均匀；当该值为 1 时，表明通过率为 50%~90% 的块体尺寸完全一致。

（4）系统破裂度（F_r）：已经发生破裂的虚拟界面面积与总虚拟界面面积的比值；该值越大，数值模型越破碎。

（5）大块率（B_r）：特征尺寸超过 0.9m 的岩块体积与岩块总体积的比值。

3 计算结果分析

3.1 改变炮孔直径的影响

不同炮孔直径下，爆区内岩体的最终破碎效果如图 3 所示。由图可得，随着炮孔直径的增大，岩体破碎程度逐渐增加，在炮孔附近出现压剪型密集破碎带，在自由面附近出现张拉型密集破碎带。在炮孔与自由面之间，破碎程度较低，裂缝将该区域切割为大小不一的块体。直观分析，D 区域较其他区域破坏更为严重，这是由于四个炮孔先后起爆导致该区域反复挤压破碎的结果，B、C 区域由于对称关系，破坏程度基本一致，A 区域破坏程度最轻。

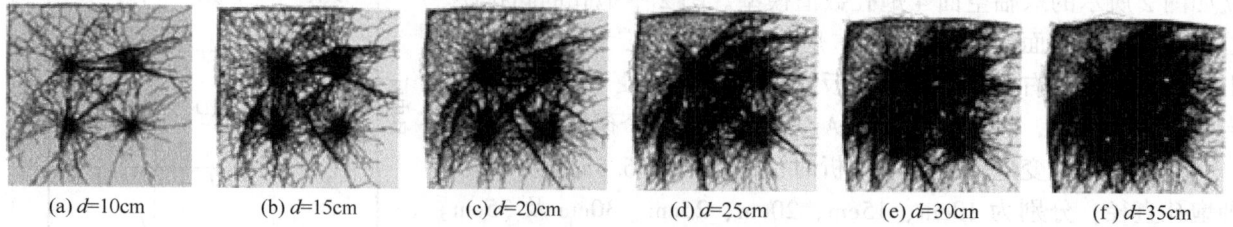

(a) d=10cm   (b) d=15cm   (c) d=20cm   (d) d=25cm   (e) d=30cm   (f) d=35cm

图 3 不同炮孔直径下爆破 75ms 时的破碎效果

Fig. 3 Fragmentation status at 75ms with different bore hole diameters

对区域 A 至区域 D 的爆破块度进行统计，获得不同炮孔直径下爆破块度的分布曲线如图 4 所示。由图可得，随着特征尺寸的增加，通过率逐渐增加；炮孔直径越大，通过率为 100% 时的特征尺寸值越小。由图还可以看出，在对数坐标系下，随着炮孔直径的增加，分布曲线逐渐由下凹型转为上凸型；其中，直径为 10cm、15cm 时表现为下凹型，直径为 20cm 时基本为线性，直径为 25cm、30cm 及 35cm 时表现为上凸型。

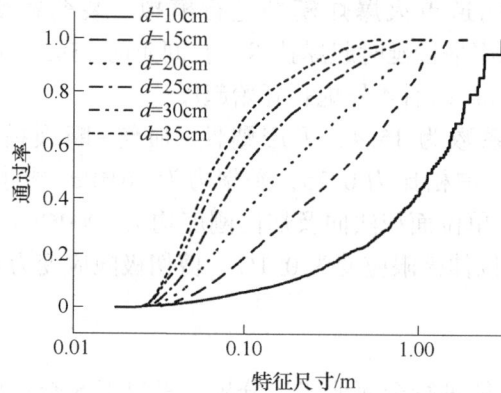

图 4 不同炮孔直径下爆破块度分布曲线

Fig. 4 Fragmentation distribution curve with different bore hole diameters

数值模型的系统破裂度随爆炸时间的演化如图 5 所示。由图可得，随着爆炸时间的增加，破裂度逐渐增大；炮孔直径越大，终态时候的破裂度值也越大；当炮孔直径为 10cm 时，终态的破裂度为 14.7%，当炮孔直径为 35cm 时，终态的破裂度为 64.7%。从图中还可以清晰看出，存在三个时间段的集中爆炸，分别为 0ms、25ms 及 50ms；每次爆破一开始，破裂度迅速增加，约 5ms 以后，破裂度的增加趋势才逐渐变缓；由此可以推断，爆破对岩体的破裂作用主要集中在爆破后 5ms 时间内。

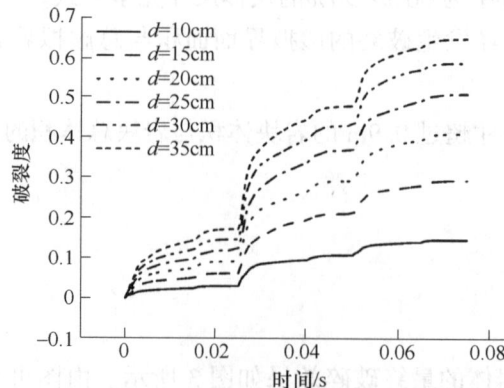

图 5 不同炮孔直径下破裂度时程曲线

Fig. 5 Fracture degree history with different bore hole diameters

3.2 改变炮孔间排距的影响

爆破后 6 种间排距下的破碎状态如图 6 所示。由图可得，随着间排距的增加，破坏效应逐渐减弱，破裂块度逐渐增大。当间排距为 3m 时，爆区内岩体已经完全破碎，并出现了抛掷现象。当间排距为 12m 时，仅在炮孔附近及自由面附近出现了较为密集的破碎带，两区中间的破裂块度较大。

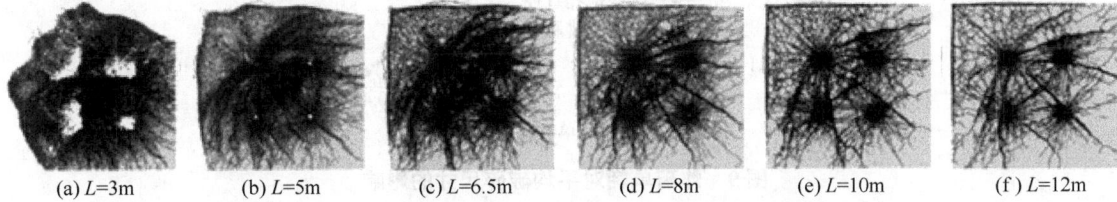

(a) L=3m   (b) L=5m   (c) L=6.5m   (d) L=8m   (e) L=10m   (f) L=12m

图 6 不同炮孔间排距在爆破 75ms 时的破碎效果

Fig. 6 Fragmentation status at 75ms with different row & column distances

对区域 A 至区域 D 的爆破块度进行统计，获得不同间排距下的爆破块度分布曲线，如图 7 所示。由图可得，随着特征尺寸的增加，通过率逐渐增加至 100%；间排距较大时（L=10m、L=12m），分布曲线在对数坐标系下呈下凹型；间排距较小时（L=3m、L=5m、L=6.5m），分布曲线在对数坐标系下呈上凸型；当间排距适中时（L=8m），分布曲线在对数坐标系下呈直线型。由图还可以看出，间排距越小，爆破块度越均匀，总体尺寸越小；当间排距为 3m 时，单块最大尺寸为 0.22m；当间排距为 12m 时，单块最大尺寸为 3.85m。

不同间排距下系统破裂度的时程曲线如图 8 所示。由图可得，随着爆破时间的增大，破裂度逐渐增大；存在三次破裂度的突变，分别发生在起爆后 0ms、25ms 及 50ms，对应着三次孔内爆破；随着间排距的增加，终态的破裂度逐渐减小，间排距为 3m 时的终态破裂度为 86.6%，间排距为 12m 时对应的终态破裂度为 16.2%。

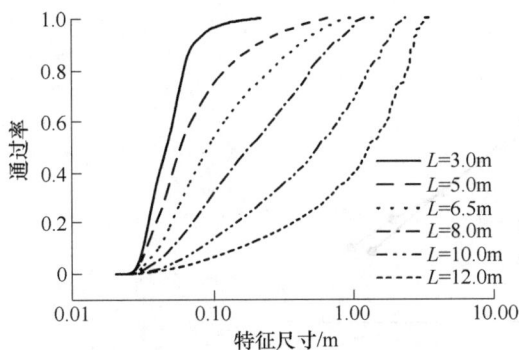

图 7 不同间排距下爆破块度分布曲线

Fig. 7 Fragmentation distribution curve with different row & column distances

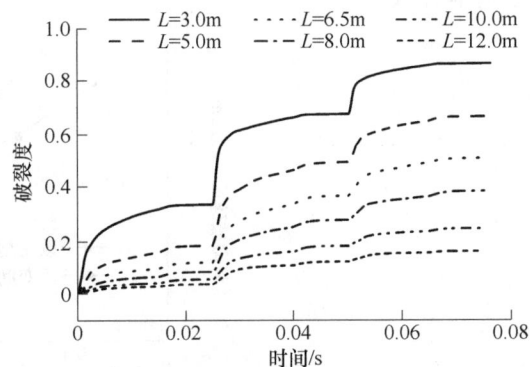

图 8 不同间排距下破裂度时程曲线

Fig. 8 Fracture degree history with different row & column distances

3.3 爆破块度分布规律对比分析

对炮孔直径引起的炸药单耗改变及间排距引起的炸药单耗改变进行对比分析，对比指标包括平均破碎尺寸（d_{50}）、极限破碎尺寸（d_{90}）、块体不均匀系数（d_{90}/d_{50}）、系统破裂度（F_r）、大块率（B_r）等。由于数值模型的最小单元尺寸为 4cm，这意味着块体的最小破裂尺寸为 4cm。因此，在实际统计过程中，当 d_{50} 或 d_{90} 的值小于 9cm 时，该值将不进入统计范围。

两种情况下块体平均破碎尺寸随炸药单耗的变化如图 9 所示。由图可得，在双对数坐标下，爆破后的平均破碎尺寸随着炸药单耗基本呈线性变化；此外，为了实现某一特定的炸药单耗，改变炮孔直径可以获得更好的破碎效果。

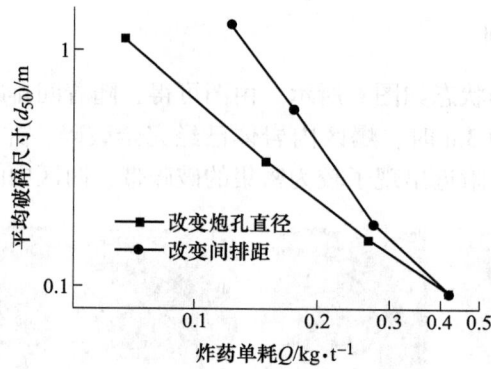

图9 炸药单耗对平均破碎尺寸的影响

Fig. 9 Relationship between average fragmentation size and unit explosive consumption

采用式（4）进行拟合，为

$$\lg(y) = a\lg(x) + b \tag{4}$$

式中，x 为自变量（炸药单耗）；y 为因变量（平均破碎尺寸）；a、b 为拟合系数。

改变孔径引起的单耗改变对平均破碎尺寸的影响如式（5）所示，改变间排距引起的炸药单耗改变对平均破碎尺寸的影响如式（6）所示。

$$d_{50} = 0.0269Q^{-1.36} \tag{5}$$

$$d_{50} = 0.0126Q^{-2.19} \tag{6}$$

式中，Q 为炸药单耗，kg/t。

两种情况下的极限破碎尺寸随炸药单耗的变化如图10所示。由图可得，与平均破碎尺寸的规律一致，在双对数坐标下，极限破碎尺寸与炸药单耗也基本呈线性关系。在单耗较低时，改变炮孔直径获得的极限破碎尺寸优于改变间排距获得的尺寸；当单耗较高时，两种改变炸药单耗的方式获得的极限破碎尺寸基本一致。

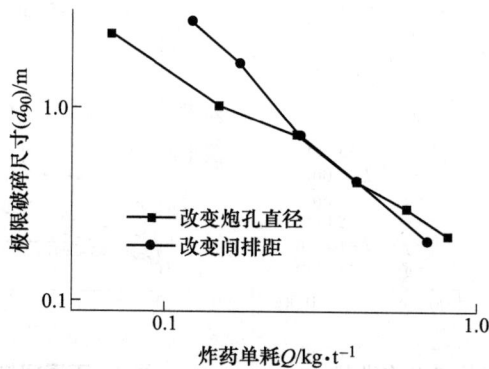

图10 炸药单耗对极限破碎尺寸的影响

Fig. 10 Relationship between ultimate fragmentation size and unit explosive consumption

同样采用式（4）进行拟合，得到极限破碎尺寸的计算公式为

$$d_{90} = 0.197Q^{-0.187}Q^{-0.933} \tag{7}$$

$$d_{90} = 0.119Q^{-1.486} \tag{8}$$

其中，式（7）反映了改变炮孔直径引起的炸药单耗改变对极限破碎尺寸的影响，式（8）反映了改变间排距引起的炸药单耗改变对极限破碎尺寸的影响。

由式（5）~式（8），可以计算出两种情况下块体的不均匀系数（d_{90}/d_{50}）随炸药单耗的改变，分别为

$$d_{50}/d_{50} = 6.95Q^{0.427} \tag{9}$$

$$d_{90}/d_{50} = 9.44Q^{0.704} \tag{10}$$

其中，式（9）反映了炮孔直径的影响，式（10）反映了间排距的影响。

将式（9）及式（10）取离散点绘制成图，如图11所示。由图可得，随着炸药单耗的增大，块体的不均匀系数逐渐增大，单耗从0.05kg/t增加至0.8kg/t时，改变炮孔直径对应的不均匀系数从1.9增大至6.3，改变间排距对应的不均匀系数从1.1增大至8.1。

两种方式下系统破裂度随炸药单耗的变化如图12所示。由图可得，两种改变炸药单耗的方式所获得的规律基本一致，随着炸药单耗的增大，系统破裂度逐渐增大，但增大趋势逐渐变缓。当炸药单耗从0.07kg/t增大至2kg/t时，系统破裂度从15%增加至87%。

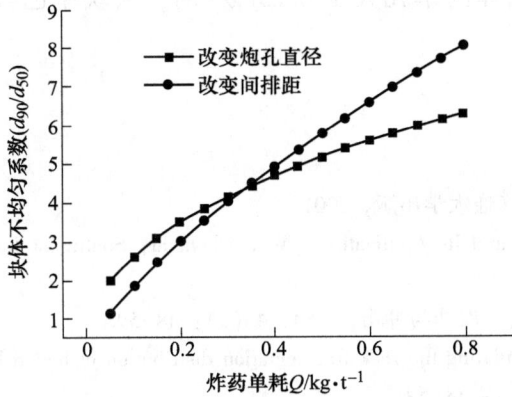

图 11　炸药单耗对块体不均匀系数的影响

Fig. 11　Relationship between block nonuniform coefficient and unit explosive consumption

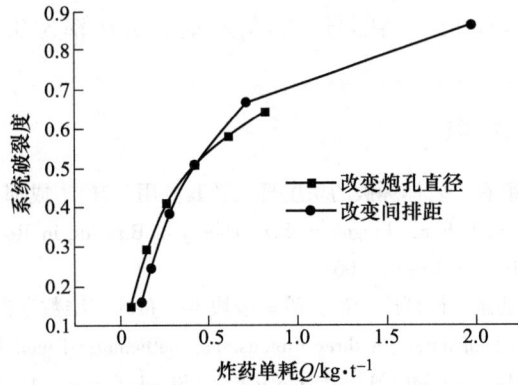

图 12　系统破裂度随炸药单耗的变化规律

Fig. 12　Relationship between system fracture degree and unit explosive consumption

两种方式下大块率随炸药单耗的变化规律如图13所示。由图可得，随着炸药单耗的增大，大块率迅速减小；当炸药单耗大于0.25kg/t时，大块率已经小于0.5%；当炸药单耗超过0.6kg/t时，大块率为0.0%。

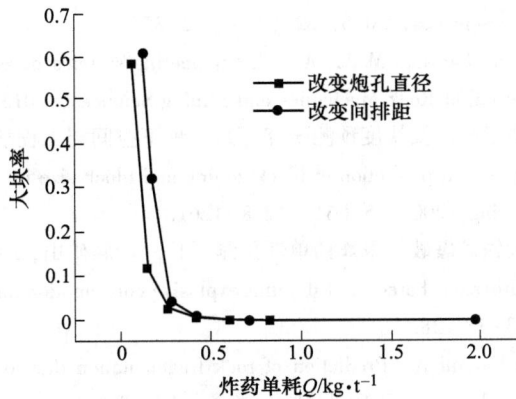

图 13　大块率随炸药单耗的变化规律

Fig. 13　Relationship between large block ratio and unit explosive consumption

4　结语

通过在CDEM计算软件中引入朗道点火爆炸模型及岩体塑性-损伤-断裂模型，实现了露天铁矿深孔爆破过程的模拟，提出了平均破碎尺寸（d_{50}）、极限破碎尺寸（d_{90}）、块体不均匀系数（d_{90}/d_{50}）、系统破裂度（F_r）及大块率（B_r）等5种评价爆破块度分布的指标，分析了改变炮孔直径、改变间排距等两种改变炸药单耗的方式对爆破块度的影响规律。计算结果得出结论如下。

（1）随着炸药单耗的增大，赤铁矿的破碎尺寸逐渐减小；相同炸药单耗情况下，改变炮孔直径的破碎效果略优于改变间排距的破碎效果。

（2）在双对数坐标系下，随着炸药单耗的增大，平均破碎尺寸（d_{50}）及极限破碎尺寸（d_{90}）均线性减小，并利用衰减型幂函数拟合了平均破碎尺寸、极限破碎尺寸与炸药单耗的对应关系。

（3）给出了块体不均匀系数与炸药单耗间的函数关系；根据该函数关系，随着炸药单耗的增大，块体的不均匀性逐渐增大，但增大趋势逐渐变缓；单耗从 0.05kg/t 增加至 0.8kg/t 时，块体系统的不均匀系数从 1.1 变化至 8.1。

（4）随着炸药单耗的增大，系统破裂度逐渐增大，但增大趋势逐渐变缓；当炸药单耗从 0.07kg/t 增大至 2kg/t 时，系统破裂度从 15% 增加至 87%。

（5）随着炸药单耗的增大，大块率迅速减小；当炸药单耗大于 0.25kg/t 时，大块率已经小于 0.5%；当炸药单耗超过 0.6kg/t 时，大块率为 0.0%。

参 考 文 献

［1］ 张继春. 岩体爆破的块度理论及其应用 ［M］. 成都：西南交通大学出版，2001.
Zhang Jichun. Fragment-Size Theory of Blasting in Rock Mass and Its Application ［M］. Chengdu：Southwest Jiao Tong University Press，2001.

［2］ 邹定祥. 计算露天矿台阶爆破块度分布的三维数学模型 ［J］. 爆炸与冲击，1984，4（3）：48-59.
Zou Dingxiang. A three dimensional mathematical model in calculating the rock fragmentation distribution of bench blasting in the open pit ［J］. Explosion and Shock Waves，1984，4（3）：48-59.

［3］ 陈运轩. 爆破块度效应对炸药单耗的影响 ［J］. 爆破，1996，13（3）：19-22.
Chen Yunxuan. The influence of blasting fragmentation effect to the unit explosive consumption ［J］. Blasting，1996，13（3）：19-22.

［4］ 刘慧，冯叔瑜. 炸药单耗对爆破块度分布影响的理论探讨 ［J］. 爆炸与冲击，1997，17（4）：359-362.
Liu Hui，Feng Shuyu. Theoretical research of the effect on the blasting fragmentation distribution from the explosive specific charge ［J］. Explosion and Shock Waves，1997，17（4）：359-362.

［5］ 汪旭光. 爆破设计与施工 ［M］. 北京：冶金工业出版社，2013.

［6］ Mario A Morin，Francesco Ficarazzo. Monte Carlo simulation as a tool to predict blasting fragmentation based on the Kuz-Ram model ［J］. Computers & Geosciences，2006，32（3）：352-359.

［7］ Faramarzi F，Mansouri H，Ebrahimi Farsangi M A. A rock engineering systems based model to predict rock fragmentation by blasting ［J］. International Journal of Rock Mechanics and Mining Sciences，2013，60：82-94.

［8］ 邢光武，郑炳旭. 采石场爆破块度分区及块度预测研究 ［J］. 地下空间与工程学报，2009，5（6）：1258-1261.
Xing Guangwu，Zheng Bingxu. Study on prediction of block zoning and block size in quarry blasting ［J］. Chinese Journal of Underground Space and Engineering，2009，5（6）：1258-1261.

［9］ 李战军，温健强，郑炳旭. 露天铁矿爆破开采炸药单耗预测 ［J］. 金属矿山，2009，7（397）：33-35，38.
Li Zhanjun Wen Jianqiang Zheng Bingxu. Forecast of the unit explosive consumption for blasting in open-pit iron mine ［J］. Metal Mine，2009，7（397）：33-35，38.

［10］ Monjezi M，Rezaei M，Yazdian Varjani A. Prediction of rock fragmentation due to blasting in Gol-E-Gohar iron mine using fuzzy logic ［J］. International Journal of Rock Mechanics and Mining Sciences，2009，46（8）：1273-1280.

［11］ Monjezi M，Bahrami A，Yazdian Varjani A. Simultaneous prediction of fragmentation and flyrock in blasting operation using artificial neural networks ［J］. International Journal of Rock Mechanics and Mining Sciences，2010，47：476-480.

［12］ 段宝福，费鸿禄. 神经网络模型在台阶爆破块度预测中的应用 ［J］. 工程爆破，1999，5（4）：25-29.
Duan Baofu，Fei Honglu. Application of neural of rock fragmentation of bench blasting ［J］. Engineering Blasting，1999，5（4），25-29.

［13］ Li S H，Wang J G，Liu B S，et al. Analysis of critical excavation depth for a jointed rock slope using a face-to-face discrete element method ［J］. Rock Mechanics and Rock Engineering，2007，40（4）：331-348.

［14］ Feng C，Li S H，Liu X Y，et al. A semi-spring and semiedge combined contact model in CDEM and its application to analysis of Jiweishan landslide ［J］. Journal of Rock Mechanics and Geotechnical Engineering，2014，6（1）：26-35.

［15］ 冯春，李世海，刘晓宇. 半弹簧接触模型及其在边坡破坏计算中的应用 ［J］. 力学学报，2011，43（1）：184-192.
Feng C，Li S H，Liu X Y. Semi-spring contact model and its application to failure simulation of slope ［J］. Chinese Journal of Theoretical and Applied Mechanics，2011，43（1）：184-192.

露天煤矿火区爆破高温孔温度测量与分析

崔晓荣[1,2]　林谋金[1]　束学来[1]

（1. 宏大矿业有限公司，广东 广州，510623；

2. 广东宏大爆破股份有限公司，广东 广州，510623）

摘　要：根据不同工艺环节对高温炮孔温度测量的效率和精度要求以及各种测温仪器测温的不同原理、特点，把接触式测温方法和非接触式测温方法相结合，发挥其性能互补的优势，采用 1 种或者数种测温方法进行高温炮孔温度的测量，以满足高温爆破作业中有效识别高温炮孔、高温炮孔降温效果评价、起爆器材耐温能力评价和指导高温爆破施工方案制定等方面的要求。

关键词：露天煤矿；高温爆破；温度测量；温度场分布

Measurement and Analysis of High-temperature Blast-holes in Opencast Coal Mine with Spontaneous Combustion

Cui Xiaorong[1,2]　Lin Moujin[1]　Shu Xuelai[1]

（1. Hongda Mine Co., Ltd., Guangdong Guangzhou, 510623；

2. Guangdong Hongda Blasting Co., Ltd., Guangdong Guangzhou, 510623）

Abstract：According to the different requirements about efficiency and accuracy when research and mine, the principle and characteristics of the various measurement instruments are compared, and then one or several kinds of methods of temperature measuring, including contact measurement and noncontact measurement method, are used for different aim during high-temperature blasting. The aim of measurement temperature include the effective identification of high-temperature blast-holes, the cooling effect of high-temperature blast-holes, the heat resistant properties of explosives materials and the design guidance for high-temperature blasting.

Keywords：opencast coal mine；high-temperature blasting；temperature measurement；temperature field

1　火区爆破测温目的与要求

经对宁夏大峰矿、汝箕沟矿、大石头矿、林利矿等涉及高温爆破施工的露天煤矿现场调研分析，总结露天煤矿火区高温炮孔的测温目的如下：

（1）有效识别高温炮孔：区分高温炮孔与常温炮孔，最好能对高温炮孔进行比较准确的温度区段划分，使后续方案设计和措施有的放矢；

（2）高温炮孔降温效果评价：有些高温炮孔是必须采取降温措施的，需要根据温度测量判别炮孔降温的难易程度及温度回升快慢，为后续装药爆破提供依据；

（3）起爆器材耐温能力评价：根据温度测量来判别孔内爆破器材的耐温能力，即在一定的环境温度下（包括未降温高温孔和降温高温孔），多长时间能够保证炮孔内的爆破器材不发生早爆、误爆；

（4）指导高温爆破施工方案制定：根据炮孔温度测量情况，进行爆破方案设计、爆破器材选型与隔

原载于《煤炭技术》，2015，34（11）：303-305。

热防护、制定有区别的高温爆破技术措施和施工工艺、确定装药警戒的控制时间等，确保爆破施工安全。

在不能保证孔底温度最高的情况下，需要测量出炮孔的整个温度场，最理想的测温效果是测出沿炮孔纵深方向的连续温度场分布。考虑到地质环境的复杂性、炮孔结构形态的特殊性和测温操作工艺方便快捷的要求，很难寻找到一种满足全部工艺环节要求的测温仪器，所以有必要按照高温爆破研究和施工阶段的测温目的不同，对测温的精度和效率要求进行统筹分析，如表1所示，以便优选测温仪器和测温方法。

表1 不同阶段炮孔测温技术要求

测温目的	研究阶段（寻找规律）		施工阶段	
	精度要求	效率要求	精度要求	效率要求
有效识别高温炮孔	较精	快	较精	快
高温炮孔降温效果评价	精	可较慢	较精	较快
起爆器材耐温能力评价	精	可较慢	—	—
高温爆破施工方案制定	精	可较慢	较精	快

2 高温炮孔温度场分析

为了相对高效、准确地测量高温炮孔的温度，还需要对高温炮孔产生高温的不同原因进行分析，以便更好地选用不同的测温、降温方法和专项技术措施。

2.1 岩石传热主导型炮孔

露天煤矿火区爆破高温炮孔绝大多数是岩石传热主导型高温炮孔，该类爆破炮孔的特征是炮孔四周岩壁和底部岩石均系闭合裂隙，通过炮孔周边岩石对炮孔内的空气和炸药等进行加热形成高温。对于该类高温炮孔，又分为两类，一类是周边岩石比较完整，裂隙闭合，区域岩体于下部接近自燃煤层处被加热，通过岩体向上传热至露天开敞界面散热，形成相对稳定的热平衡状态，岩体越接近煤层温度越高，炮孔底部温度最高。结构特征及传热路径如图1所示。

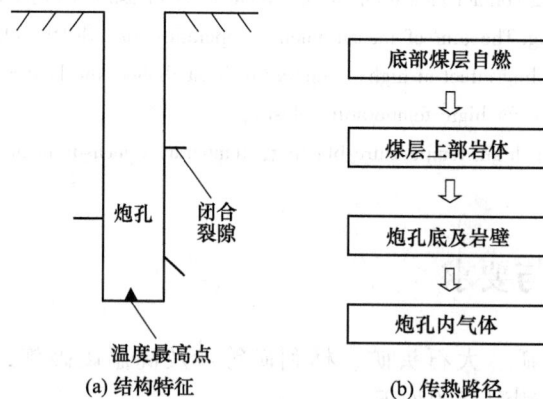

图1 底部岩石传热型炮孔结构特征及传热路径

另一类炮孔孔壁比较完整，裂隙闭合，但是在炮孔周边有大的非闭合裂隙，非闭合裂隙中的高温气体对裂隙周边岩石进行局部加温并传热到炮孔壁或者炮孔底部，从而导致炮孔局部高温，该类炮孔温度最高点往往在最靠近非闭合裂隙处，当非闭合裂隙局部加热影响不大时最高温点仍可能在炮孔底部。结构特征及传热路径如图2所示。

2.2 高温热流对流主导型炮孔

露天煤矿火区爆破炮孔的少数穿越岩体的非闭合裂隙，裂隙中高温气体通过炮孔导出到敞露空间，

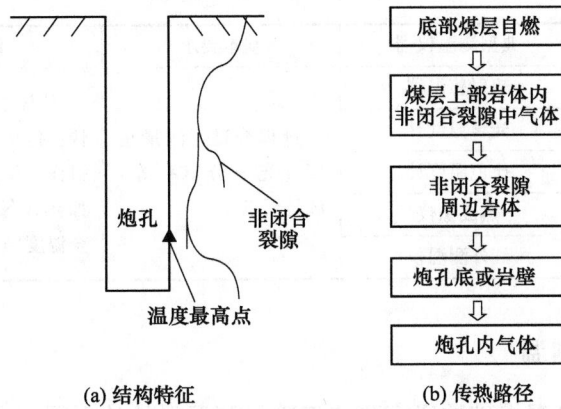

(a) 结构特征　　　　　　(b) 传热路径

图2　非闭合裂隙间接加热型炮孔结构特征及传热路径

形成相对平衡的热力学体系，该类炮孔温度最高点往往在非闭合裂隙处，一般情况下，底部的非闭合裂隙处温度最高。结构特征及传热路径如图3所示。

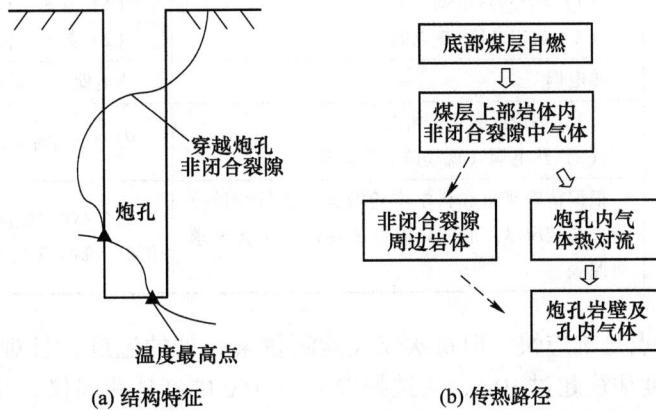

(a) 结构特征　　　　　　(b) 传热路径

图3　非闭合裂隙直接加热型炮孔结构特征及传热路径

3　测温方法比选及应用环节匹配分析

3.1　火区爆破测温方法比较分析

测温方法一般分为接触式测温和非接触式测温。考虑到现场工作对测温准确、方便、快捷的综合要求，难以寻找到一种能够满足全部要求的测温仪器，宜根据不同的需求寻找匹配的测温方法，多种测温手段结合，发挥接触式测温方法和非接触式测温方法性能互补的优势。规律总结和科学研究阶段，可以容忍工艺复杂、耗时较长，但温度测量要准确（含测温点位置和温度值）；一般施工过程的判别、监控等，要求测温方便、快捷，测温精确性可稍低。综合分析各种测温方法的原理、测温范围、操作工艺并结合火区爆破测温要求，对测温方法及手段进行比较分析，如表2所示。

表2　不同测温方法的比较

测温方法		典型测温仪器	基本要求	优点	缺点
接触式测温方法	膨胀式温度计	玻璃温度计	量程合适、升温阶段响应快、出孔口时读数仍保持	所测孔内位置定位准确；无传媒介质干扰	测温传感器的响应慢；传感器位于孔内，操作不方便；一个端头只能测量一点的温度
	电量式测温方法	热电偶温度计	量程合适、升温阶段响应快、孔口温度显示		
		热电阻温度计			
	接触式光电测温	光纤温度计			

续表2

测温方法		典型测温仪器	基本要求	优点	缺点
非接触测温法	辐射式测温	辐射感温器	量程合适、测量精度（光学分辨率等）满足要求	测温传感器的响应快；传感器位于孔口，操作方便；部分产品，如热成像仪能够显示全温度场	易受传媒介质干扰；所测孔内位置定位不准确；大部分产品一次仅能测量一点的温度
	光谱法测温	光学温度计			
		比色温度计			
	激光干涉式测温	热成像仪			
		红外测温仪			

3.2 高温爆破施工过程测温

经现场调研分析，根据高温爆破的研究和施工阶段测温目的的不同，寻找匹配的测温手段和方法，如表3所示。

表3 高温爆破测温目的与测温手段的匹配

测温目的	研究阶段	施工阶段
有效识别高温炮孔	（1）红外+热电偶 （2）热成像仪+热电偶	（1）常规：红外 （2）异常高温孔：热电偶
高温炮孔降温效果评价	热电偶	热电偶（异常高温孔，装药准备阶段监控）
起爆器材耐温能力评价	（1）理论或数值分析 （2）热电偶（现场破坏性试验）	安全耐温时间评价，不实际测温
高温爆破施工方案制定	根据精确测量和科学实验数据，进行统计分析，总结规律，形成高温爆破特性与工艺要求对照表	综合高温爆破研究规律和本次爆破炮孔测温情况，制定爆破方案

红外测温仪测温的优点是响应快，但每次仅仅能测量某一处的温度，且难以确定所测温位置（深度），因炮孔直径小、深度往往超过10m，宜选择 $D:S \geqslant 150$ 的红外测温仪。与红外测温仪相比，红外热成像仪的优点是一次获得整个炮孔的温度场，但所获得热像分布图的分辨率低，难以准确识别高温点及其深度。当炮孔内水蒸气较大时（尤其浇水降温后），两者均无法测量孔内温度，测得的是孔口水蒸气温度，温升过程亦非常缓慢。

热电偶测温仪有单通道和多通道之分，测量高温炮孔时宜选择多通道，每个通道的热电级的长度可不同，实现1个炮孔多个深度的同时测量；其优点是测量温度准确，所测位置明确，不受孔内水蒸气影响，缺点是温度响应较慢，超过10m的热电极布设比较麻烦，平均测量1个炮孔需要近0.5h。

4 结语

本文结论如下。

（1）露天煤矿火区爆破高温炮孔的温度场分布及其产生高温的传热路径不同，绝大部分炮孔的孔底温度最高，但少数炮孔在中部温度最高，所以对高温爆破炮孔温度的测量，需要测出最高温度并尽量控制测量误差。

（2）在研究阶段，有效识别高温炮孔时宜联合采用红外测温（或热成像仪测温）与热电偶测温；高温炮孔降温效果评价、起爆器材耐温能力评价和指导高温爆破施工方案制定，宜采用测温准、相对费时的热电偶测温方法。

（3）在施工阶段，有效识别高温炮孔时采用便携式红外测温仪，操作方便快捷，当遇到异常高温孔时需用热电偶测温仪进行二次测温；异常高温炮孔降温效果评价也应采用热电偶测温仪。

参 考 文 献

[1] 郑炳旭. 中国高温介质爆破研究现状与展望 [J]. 爆破，2010，27（3）：13-17，35.

[2] 周名辉，唐洪佩，杨开山. 露天煤矿高温爆破技术研究 [J]. 爆破，2014，31 (2)：119-122.

[3] 许晨，李克民，李晋旭，等. 露天煤矿高温火区爆破的安全技术探究 [J]. 露天采矿技术，2010 (4)：73-75，89.

[4] 蔡建德. 露天煤矿高温区爆破安全作业技术研究 [J]. 工程爆破，2013，19 (1-2)：92-95，73.

[5] 束学来，郑炳旭，郭子如，等. 耐热炸药机理分析与优化浅析 [J]. 工程爆破，2014，20 (5)：59-63.

[6] 束学来，郭子如，崔晓荣，等. 炸药热感度测试方法的应用价值及其对高温爆破的启示 [J]. 煤炭技术，2015，34 (2)：330-333.

分布式光纤测温技术在火区爆破中应用

林谋金　刘　昆　石文才　李君亭

（宏大矿业有限公司，广东 广州，510623）

摘　要：为了满足多点测量、响应时间短、精度高以及测温范围广等要求，将分布式光纤测温技术应用到高温火区炮孔测温中。为了适应高温炮孔中温度高、湿度大等复杂条件，采用镀金光纤作为分布式光纤测温系统的测温段。现场试验表明分布式光纤测温系统能快速获得炮孔温度分布情况，通过比较同一炮孔在注水降温前后的温度，结果表明：炮孔温度在注水降温停止后的较短时间内即可回升至降温前的温度。因此现场装药连线等爆区区域内的工作需要在抽出水管后的较短时间内完成。

关键词：露天开采；分布式光纤温度传感技术；火区爆破；BOTDR 技术

Application of Distributed Optical Fiber Sensing Technology in Fire Area Blasting

Lin Moujin　Liu Kun　Shi Wencai　Li Junting

（Hongda Mining Co., Ltd., Guangdong Guangzhou，510623）

Abstract：In order to meet the special requirements including multi-point measurement，response time，precision and temperature range，the distributed optical fiber sensing technology was applied in the fire area blasting. To adapt to the complex environment in blast hole，such as high temperature and high humidity，the gold plated optical fiber was utilized. The results of field experiment show that the distributed optical fiber sensing technology could quickly obtain temperature distribution in the blast hole. Comparing the temperature in the same blast hole before and after cooling by water injection，the results show that the hole temperature can be back to the former in a short time，therefore，the field work such as field charging and connectivity should be performed quickly after pipe extraction.

Keywords：open-pit mining；distributed optical fiber sensing technology；fire area blasting；brillouin optical time domain reflectometer

　　目前我国进行露天矿山开采基本上是采用爆破开采，但某些含硫矿与煤炭等矿山存在长时间的自燃现象并造成矿产资源本身和周边岩石产生高温现象，其不利于爆破开采，因此打孔后需要快速准确获得炮孔内部的温度分布，为高温矿区爆破方案设计提供依据。束学来通过对比不同测温技术的特点，认为热电偶测温具有可靠性高以及响应时间快等特点，其比较适合火区炮孔测温，但同时指出热电偶测温技术应向多点测温与无线技术方向发展[1]。根据所使用的测温仪器的测量体是否与被测介质接触可分为接触式测温法和非接触式测温法两大类，接触式测温法的优点是测温准确度高，其缺点是感应温度速度较慢，如电量式测温。非接触式测温法具有较高的测温上限以及响应速度快等优点，其缺点是容易受到炮孔孔深、烟尘、水汽等因素影响导致误差较大，另外该方法所测得温度不能确定是哪个具体位置的温度，如红外测温。上述两种测温方法一次只能测一个点，无法满足现场施工中快速获得整个炮孔温度分布的要求。随着科技的发展，光纤测温技术开始在工程领域得到应用，但还未见到其在高温矿区炮孔测温方面的报道。刘媛通过在室内模拟井下温度环境对分布式光纤测温进行温度标定

基金项目：广东省产学研合作院士工作站（2013B090400026）。

原载于《爆破》，2015，32（4）：141-144。

实验，为该技术在油井井下温度测量提供依据[2]。为了满足高温炮孔测温中要求测温响应速度快、多点测温以及测温不受水汽粉尘影响等要求，将尝试通过分布式测温技术快速获取高温炮孔的温度分布，为高温炮孔的测温提供一种参考方法。

1 工程概况

大峰露天煤矿位于宁夏回族自治区贺兰山北部腹地，属汝箕沟矿区中部，是我国优质太西煤的产地。大峰矿原先采用井下开采，2007年底进行上部硐室揭顶爆破后采用露天开采，但在后期露天台阶爆破时一直受到煤层火区自燃的困扰[3]。火区范围长约为2140m，宽约为50m，火区总面积约为10.7万 m^2，火区强火带面积约为4.2万 m^2，约占火区总面积的39%，同时约占采区总面积的6.5%。受下部煤层火区的影响，自燃矿区普遍存在100~150℃间的高温区，有时也会出现300~500℃超高温区，因此在高温矿区爆破方案设计前需要准确测量出炮孔内部的温度分布，其炮孔测温存在自身的特殊性，具体可归纳如下几点[4]。

（1）测温范围广。宁煤集团多数矿区存在高温问题，以汝淇沟矿区为例，温度异常区域中45%的炮孔温度在60~100℃，25%的炮孔温度在100~150℃，15%的炮孔温度为150~250℃，15%的炮孔温度在250℃以上。

（2）可多点同时测量。高温炮孔的成因很多，包括有岩石裂隙溢出的热气导致高温以及有岩体整体被加热导致的高温，这些不同因素导致炮孔内不同深度的温度差异性，炮孔内温度与孔深关系无规律可循，因此测温时需要一次多点测量。

（3）响应时间短。炮孔测温一次需要测量几个甚至几十上百个炮孔，因此每个炮的测量时间必须尽量缩短。

（4）精度要求高。为了使测温结果能够为火区爆破方案设计提供依据，要求测温结果尽量准确。

（5）便于操作。由于现场环境复杂，要求测温装置便于现场作业人员操作。

综上所述，由于高温火区炮孔存在自身的特殊性，其对测温手段有一定的特殊要求，因此研究高温火区炮孔的测温技术对矿山安全生产有一定意义。

2 分布式光纤测温系统原理及应用

分布式光纤温度传感器获取空间温度分布信息的原理是利用光在光纤中传输能够产生后向散射，在光纤中注入一定能量和宽度的激光脉冲，其在光纤中传输的同时不断产生后向散射光波，这些光波的状态受到所在光纤散射点的温度影响而改变，将散射回来的光波经波分复用以及检测解调后送入信号处理系统进行处理，处理后便可将温度信号实时显示出来，另外由光纤中光波的传输速度以及背向光回波的时间可对这些温度信息进行定位，其原理与结构图如图1所示[5,6]。

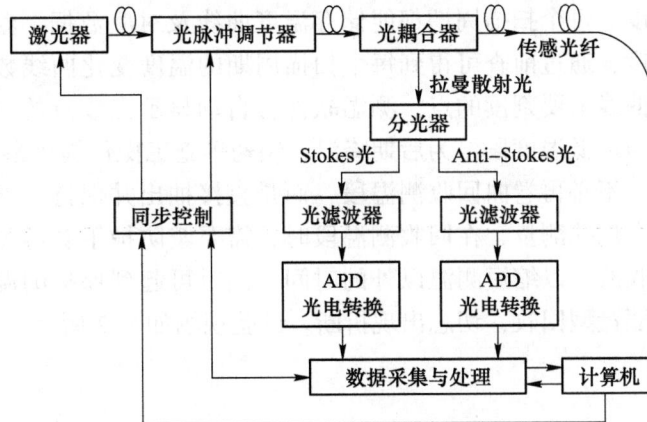

图1 分布式光纤温度传感系统

Fig. 1 The distributed optical fiber temperature sensing system

采用镀金光纤作为分布式光纤测温系统的测温段光纤，其耐热性能好，既可满足深入孔内的测温部分在700℃高温时可以不熔化与不变形，且工作状态正常，另外在温度频繁快速变化的情况下也能保持光纤本身性能的稳定，同时测温范围可通过选用光纤光缆进行调整。分布式光纤测温系统采用先进的OTDR技术和Raman散射光对温度敏感的特性，探测出沿着光纤不同位置的温度的变化，实现真正分布式的测量[7-9]。

目前大多数分布式光纤测温系统的测量精度为±1℃，同时可满足高温条件下测得的温度与实际温度的误差控制在2%以内。为了使测温响应时间缩短，则需要感温段光纤温度传导速度快以及解调器的扫描时间要尽可能缩短，目前激光发生器配合扫描频率周期一般为4s。另外光纤的材料一般皆为石英玻璃，其具有不腐蚀、耐火、耐水及寿命长的特性。综上所述，分布式光纤测温系统能够符合火区炮孔测温的特殊要求。

3 试验结果与分析

3.1 现场试验

在高温火区爆破装药前一次测量16个炮孔，每个炮孔距离1~5m不等。炮孔一般为地面垂直向下，偶尔有小倾角的炮孔，其直径为140mm，试验炮孔深度最深为16m，因此要求光纤测温段长度不短于16m，其可保证测到孔底温度，另外孔外需要预留2.5m用于连接读数装置。由于炮孔内部各个位置的温度值变化较大，因此在炮孔内各个测温感应器的间距越小越能够精确地反映出孔内温度的变化规律，试验中光纤测温段采用镀金分布式光纤，每0.5m设置一个测温点（可根据实际需要缩小测温点间距），光纤外面包裹耐高温合金钢，整个测温段呈铁丝状，直径3mm以下。光纤底端端头采用合金钢密封，炮孔外另一端测温光纤连接普通软皮光纤，软皮光纤连接处理器的接头，所有的连接处用绝缘胶缠绕保护。具体的试验操作步骤为：

（1）仪器连接。将测温段连接头快速插入处理器接口，如连接头有污损用酒精进行擦拭后再接入处理器，处理器与计算机用普通网线连接，处理器使用移动电源（24V，12A）供电。

（2）检测光纤测温段工作情况。将处理器与计算机开机，打开对应测温软件，将测温段分别放置在流动空气中读取温度值，再变换放置位置，例如放置高温炮孔孔口处观察温度显示的变化情况，停留时间在一个扫描频率周期以上，如果曲线发生波动即可判断连接良好。检查测温段通体有无折断破损，如果无异常情况进行下一步操作。

（3）塑型下放。测温段有一定硬度，下放前需要佩戴防护手套将其捋直，下放过程中需要旋转抖动下放，避免下放过程中出现卡头情况，另外光纤测温段标有刻度，可根据炮孔对应的钻孔深度记录判断下放是否触底。

（4）读取温度曲线。测量得到的温度在计算机显示屏上以曲线形式显示，横坐标为光纤长度刻度，纵坐标为所测得的温度。每个扫描周期都能储存温度曲线及对应数据，温度曲线不再变动即可判断已经测得炮孔的最终温度，通过前查可得到每个扫描周期的温度变化曲线数据并推断出测得最终温度所需时间。将鼠标移至曲线上要判读的点，测温软件会自动显示出该点的空间位置和温度值，由此可快速判断炮孔中的最高与最低温度段，为后期降温、装药等施工操作提供参考。

一个炮孔测量完毕后，不必再卷曲回收测温段，而是直接抽出并保持测温段的直线状态，可省去捋直的过程，以便于下一个炮孔测量，在回收测温段时，需要戴防护手套避免烫伤。在测温操作过程中需要对测温段进行快速收放，以缩短测温以外的时间，同时可起到保护测温装置的作用。当全部炮孔测量完毕后，测温段需要盘型回收，切忌出现折断。试验现场如图2所示。

3.2 结果分析

测温试验共完成16个炮孔的温度测量，总长141m，有效用时共计62min，选取其中一组炮孔温度分布曲线如图3所示。

图 2　试验现场
Fig. 2　The field experiment

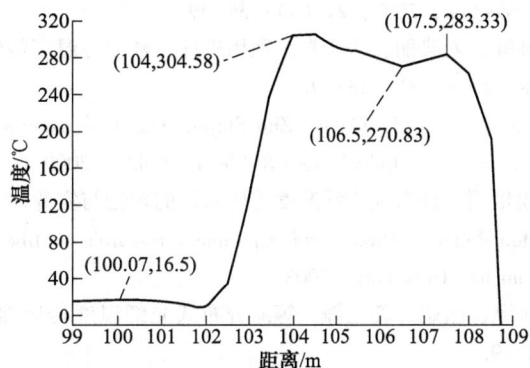

图 3　炮孔温度分布曲线
Fig. 3　The temperature distribution curve

由图 3 可得，该炮孔的温度异常段为孔底到离孔底 7m 的位置，其中最高温度位于离孔底 5m 的位置，其温度达到 304.58℃，另外离孔底 5m 到离孔底 7m 的炮孔为温度升高的过渡段。综上所述，通过分布式光纤测温系统可快速获取炮孔中温度随深度变化的曲线，从而进一步得到最高温度的数值与深度位置以及温度异常段的分布位置。

取一温度异常的炮孔进行了注水降温后重新进行温度测量，通过比较注水降温前后的炮孔温度分布曲线可得，注水降温停止后的较短时间内炮孔温度即可回升至降温前的温度值，因此在爆破装药前需要多个注水管同时对不同的炮孔进行注水降温，并且在抽出水管后的较短时间内完成装药连线等爆区区域内的工作。

4　结论

通过现场试验将分布式光纤测温技术应用到高温炮孔测量中，得到的结论如下。

（1）分布式光纤测温系统测温段使用的镀金光纤为合金钢包裹，耐热性能好，可测量 40~700℃ 的炮孔温度，为其在干湿炮孔中的复杂条件下正常测温提供保障。

（2）分布式光纤测温系统通过光信号的变换实现温度测量，其测量误差控制在 2% 以内并能在 40s 内完成温度测量，使其满足高温炮孔测量的准确性与响应时间要求。

（3）炮孔温度在注水降温停止后的较短时间内即可回升至降温前的温度，因此现场装药连线等爆区区域内的工作需要在抽出水管后的较短时间内完成。

（4）分布式光纤测温系统实现将炮孔内不同深度的温度数据进行实时储存，其得到每个孔的温度分布以及最高温度与所在深度，可为高温火区爆破方案设计与施工提供参考。

参 考 文 献

[1] 束学来，郑炳旭，郭子如，等. 测温技术在煤矿火区爆破中的应用 [J]. 煤炭技术，2014，33（8）：299-301.
Shu Xuelai, Zheng Bingxu, Guo Ziru, et al. Application of temperature measurement technology in coal mine fire area blasting [J]. Coal Technology, 2014, 33（8）：299-301.

[2] 刘媛，雷涛，张勇，等. 油井分布式光纤测温及高温标定实验 [J]. 山东科学，2008，21（6）：40-44.
Liu Yuan, Lei Tao, Zhang Yong, et al. A distributed oil wells optical fiber temperature measurement and high temperature calibration experiment [J]. Shandong Science, 2008, 21（6）：40-44.

[3] 周名辉，唐洪佩，杨开山. 露天煤矿高温爆破技术研究 [J]. 爆破，2014，31（2）：119-122.
Zhou Minghui, Tang Hongpei, Yang Kaishan. Study of high temperature area blasting in opencast coal mine [J]. Blasting, 2014, 31（2）：119-122.

[4] 齐俊德. 宁夏煤田火灾的危害及综合治理研究 [J]. 能源环境保护，2007，21（4）：36-39.
Qi Junde. Research on the damage and comprehensive treatment about ningxia coalfield acident [J]. Energy Environmental

Protection, 2007, 21 (4): 36-39.

[5] 孙峥, 刘晓丽, 朱士嘉. 利用光纤拉曼散射温度传感系数的电力电缆温度在线监测 [J]. 光纤与电缆及其应用技术, 2009 (2): 33-37.

Sun Zheng, Liu Xiaoli, Zhu Shijia. On-line monitoring for power cable with Raman scattering optical fiber temperature sensor [J]. Optical Fiber & Electric Cable, 2009 (2): 33-37.

[6] 候培国. 分布式光纤温度传感系统的理论与实验研究 [D]. 秦皇岛: 燕山大学, 2003.

Hou Peiguo. Theory and experiment research on fiber optic distributed temperature sensor system [D]. Qinhuangdao: Yanshan University, 2003.

[7] 张颖, 张娟, 郭玉静, 等. 分布式光纤温度传感器的研究现状及趋势 [J]. 仪表技术与传感器, 2007 (8): 1-3, 9.

Zhang Ying, Zhang Juan, Guo Yujing, et al. Current status and developing trend of distrebuted optical fiber temperature sensor [J]. Instrument Technique and Sensor, 2007 (8): 1-3, 9.

[8] 王剑锋, 张在宣, 徐海峰, 等. 分布式光纤温度传感器新测温原理的研究 [J]. 中国计量学院学报, 2006, 17 (1): 26-28.

Wang Jianfeng, Zhang Zaixuan Xu Haifeng, et al. Research of new temperature measure principle of distributed optical fiber temperature sensors [J]. Journal of China Jiliang University, 2006, 17 (1): 26-28.

[9] 刘文, 杨坤涛, 许远忠. 基于自发 Raman 散射分布式光纤测温系统设计 [J]. 光通信研究, 2005 (4): 54-56.

Liu Wen, Yang Kuntao, Xu Yuanzhong. Design of distributed optical fiber temperature sensing system based on spontaneous Raman scattering [J]. Study on Optical Communications, 2005 (4): 54-56.

煤矿高温火区爆破技术的研究与应用

束学来　郑炳旭　李战军　敖颖怡

（宏大矿业有限公司，广东 广州，510623）

摘　要：针对目前煤矿火区高温爆破技术效率较低的问题，根据爆破器材的耐热温度和炮孔的降温性能，并考虑安全裕度，把火区科学地分为一级温度区等5个温度区。然后根据各个温度区炮孔特点，从测温、降温、爆破器材选择、爆破方法等方面精细研究各自爆破技术，并在火区进行爆破实践。结果表明：由联合使用热电偶和红外测温仪、区别降温时间、安全不可逆联网方式、合理爆破顺序等组成的分区爆破技术可提高目前爆破效率、保障爆破安全、降低爆破成本。

关键词：煤矿火区；高温爆破；火区分区；爆破技术

Research and Application of Blasting Technology in High Temperature Fire Area in Coal Mine

Shu Xuelai　Zheng Bingxu　Li Zhanjun　Ao Yingyi

（Hongda Mining Co., Ltd., Guangdong Guangzhou，510623）

Abstract：Aiming at the problem of low efficiency of blasting working in fire area of coal mine, the fire area was divided scientifically into five temperature zone. According to the demolition equipments and materials temperature and the cooling performance of blast hole, the blasting technology was studied on the temperature measurement, cooling, blasting equipment selection, blasting method and other aspects. The results show that the partition blasting technique consisted of compound use of thermocouple and infrared thermometer, distinguish cooling time, safety reversible networking mode and reasonable blasting sequence, which improves the present blasting efficiency and safety and reduced the blasting cost.

Keywords：fire area in coal mine; high-temperature blasting; fire partition; blasting technology

在我国宁夏等地，由于煤的自燃和人为起火等原因，形成了大量的煤矿火区。对火区煤层开采，现今主要通过爆破剥离煤层上部岩石，然后机械采煤。火区炮孔基本上温度都高于80℃，个别炮孔温度甚至超过500℃以上，而现今的爆破器材（工业炸药、工业雷管）安全性受高温影响较大，容易发生早爆事故，严重威胁着人民的生命财产安全，导致现今对火区爆破技术的研究重点集中在对爆破时间的控制，包括限制炮孔数目、提前准备好爆破器材等。如蔡建德等人的反程序爆破法[1]，大大地降低了火区爆破效率，单次爆破方量不足2000m³。提高火区爆破效率，需研究火区爆破技术，火区爆破技术包括测温、降温、爆破器材选择、爆破方法四项。测温现在较多采用红外测温仪和热电偶，在高温情况下其测温误差较大，低温时测温时间长[2]；降温目前主要使用注水降温，但是缺乏考虑炮孔情况，容易形成低温孔多注水，高温孔降温差的现象[3]；爆破器材主要使用导爆索、电雷管、乳化炸药等，方法单一，静电、孔壁不好时，潜在危险大[4]；爆破方法主要使用反程序爆破法，在时间的控制上不精细，网路连接安全系数差。上述问题，可以通过合理的对火区分区，区别使用爆破技术来解决，故将对此进行研究。

原载于《爆破》，2015，32（4）：128-132。

1　煤矿高温火区的分区

温度高于 80℃ 的炮孔为高温炮孔，高温炮孔对爆破器材影响最大，注水可以降低炮孔温度，故可从爆破器材的耐热温度以及注水降温效果两方面作为判据，对火区分区。

1.1　火区分区的依据

1.1.1　爆破器材的耐热温度

爆破器材的耐热温度如下。

（1）乳化炸药在 90℃ 温度下加热 4h 几乎没有变化，95℃ 时颜色发生变化，性能稍微改变，100℃ 时发生熔化现象，性能严重受到影响，在 125℃、3h 会发生爆炸[5,6]。硝铵炸药安全使用温度不大于 100℃，在 130℃ 下、3h 能发生爆炸[7]。根据以上信息，确定乳化炸药安全使用温度为 95℃，铵油炸药的安全温度为 100℃。

（2）电雷管在 125℃ 以下，6h 内不会发生自爆，且能正常引爆炸药[8]。标准要求工业电雷管在 100℃ 的环境中保持 4h 不应发生爆炸[9]。故考虑电雷管的安全使用温度为 100℃。

（3）导爆管在 50~100℃ 时变软，强度降低，容易穿孔，影响秒量精度，出现串段现象；标准规定高强度导爆管能耐 80℃ 左右的温度[10]。结合安全裕度，规定普通导爆管的安全使用温度为 50℃，温度高于 80℃ 时必须使用高强度导爆管。

（4）导爆索在 100℃ 条件下受热后 2~10d，不但能正常起爆炸药，而且爆速增加。故导爆索的安全温度定为 100℃。

依据上述内容，导爆索、电雷管、铵油炸药等温度节点都为 100℃；导爆管雷管由于不可通过仪器测得网路是否联通，故火区一般不使用；乳化炸药耐热温度低于 100℃，但是其为含水炸药，在高温下其安全性高于铵油炸药，另外在 100℃ 短时间时，其性能变化较小。故把 100℃ 作为高温爆破区。

1.1.2　炮孔注水降温性能

经过现场试验和资料分析，相同降温时间，200℃ 以上的炮孔降温效果不明显，在短时间内温度就可以达到 100℃ 以上；150~200℃ 的炮孔降温后，基本可降至 80℃ 以下，但是回温较快；100~150℃ 的炮孔降温效果明显，在 15min 内基本上可以保持在 80℃ 以下；100℃ 以下炮孔，很容易降温，同时回温很慢[11]。

考虑到安全裕度、注水量、炸药的耐热性能，并结合现场试验结果，可规定 80~100℃ 注水 10min 可以保证温度在 1h 内不高于 80℃，100~150℃ 的炮孔降温 3h 可保证 15min 内炮孔温度不高于 80℃，150~200℃ 下炮孔降温 5h 可保证炮孔温度 5min 内不高于 80℃。

根据上述内容，可把 150℃、200℃ 作为温度节点。

1.2　火区的分区

根据爆破器材的耐热温度和注水降温效果的温度节点，我们把火区分为以下 5 类：

（1）一级温度区（80~100℃）；

（2）二级温度区（100~150℃）；

（3）三级温度区（150~200℃）；

（4）异常温度区（200℃ 以上）；

（5）多温度区（炮孔含有多个温度区）。

2　火区各个温度区爆破技术

各个温度区的温度不同，导致了其测温方法、降温时间、爆破器材选择、爆破方法等也存在差异。结合各个温度区炮孔的特点，创新性地区别化制定爆破技术，可有效保障整体爆破效果。

2.1 火区炮孔测温技术测温

火区的分区是在测温基础上实现的，故先研究测温技术。测温仪器主要为热电偶和红外测温仪。考虑测温仪器的结合方法以及降温效果的表征，测温方法见表 1[12]。

表 1 测温仪器选择方法

Table 1 The selection method of temperature measuring instrument

温度区间	测温仪器选择方法		
	初测	中测	末测
一级温度区	红外测温，95～100℃，双热电偶测温	无	红外测温+单热电偶测温
二级温度区	红外测温	降温 2h 停水 10min 后，红外测温+双热电偶测温	装药前 30min，红外测温+单热电偶测温
三级温度区	红外测温	降温 4h 停水 10min 后，红外测温+双热电偶测温	装药前 1h，红外测温+单热电偶测温
异常温度区	红外测温	无	红外测温

2.2 一级温度区爆破技术

一级温度区温度不高，相对比较安全，降温也比较容易，其爆破技术如下。

（1）根据现场试验可知，一级温度区炮孔降温时间需 10min，可以在装药前半小时用洒水车或输水管向炮孔注水；在洒水车或者输水管路不畅时，可以用水药花装法进行降温，即在装药时，将装有水的圆柱形塑料袋与炸药袋间隔装入孔内，一般水袋的总长度应是装药药卷的 3 倍左右，塑料袋落入孔内及摔破，水渗出将孔壁和药袋浸湿，从而达到暂时降温效果。

（2）炮孔为水孔，须使用成品乳化炸药；由于温度影响，使用导爆索和电雷管，孔内使用导爆索，孔外使用电雷管。

（3）综合回温和炸药的受热性能变化的影响，把安全时间定为 1h，装药人员控制在 9 人，炮孔数目控制在 32 个。为了减小装药至起爆的时间，先在炮孔旁边准备好填塞物、炸药等，同时采取把堵塞以后的联网、警戒工序提前至装药前，缩短装药至起爆的时间，保障安全。孔内使用导爆索，孔外使用电雷管，雷管使用串联连接方式，如图 1 所示。

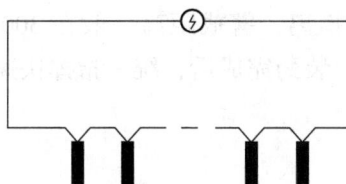

图 1 串联电爆网路示意图

Fig. 1 Diagram of series connection of electric firing network

2.3 二级温度区爆破技术

二级温度区爆破器材长时间下会发生爆炸，但其降温效果较好，爆破技术如下。

（1）参考现场炮孔降温效果可知，二级温度区的注水降温时间应不小于 3h，使用洒水车或水管注水，为了排除注水后炮孔温度快速回升的情况，需对炮孔进行中测和末测，中测的目的是验证炮孔降温是否合格，末测的目的是验证炮孔是否允许爆破。中测温度在 80℃ 以下给予验收合格，测温完成后，立即进行注水降温；末测温度在 80℃ 以下准许爆破，末测后快速注水，保证在装药前注水时间不小于 30min。

（2）由于炮孔含有水分和温度较高，和一级温度区一样，应选择成品乳化炸药进行装药，导爆索传爆，电雷管起爆。

（3）根据降温效果，把爆破时间控制在 15min 内，炮孔数目控制在 16 个，现场爆破人员不超过 9 个，其中 8 人对爆破进行装药，装药顺序为先低温孔，再高温孔，装药的时候剩余的一个指挥协调操作，同时观看装药的炮孔有无逸出黑色或黄色浓烟等异常情况，若有此情况，立即组织撤退，并报告有关领导；用眼观的同时，可把热电偶放入当时爆破的最高温度孔观测温度回升情况，当发现温度高于 80℃时，立即停止装药，带好未装好的药进行撤退，对已装好药的炮孔进行爆破。

（4）二级温度区装药至起爆时间短，与一级温度区相似，提前准备好堵塞物和爆破器材，把联网和警戒安排在装药前，由于炮孔数目年较少，联网方式为雷管并串联方式，网路中一发电雷管桥丝断路不影响网路联通，如图 2 所示，装药完成、人员撤离后，快速起爆。

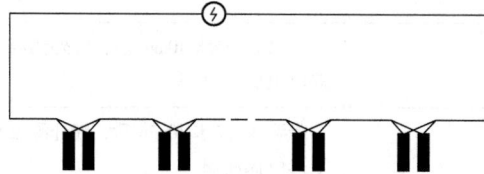

图 2   并串联电爆网路示意图

Fig. 2   Diagram of series-parallel connection electric firing network

2.4   三级温度区爆破技术

三级温度区爆破器材在较短时间其性能就会发生较大变化，且降温后回温较快，其爆破技术如下。

（1）通过现场多次试验可知，三级温度区降温时间不小于 5h，测温和二级温度区相同，需要初测、中测和末测。中测安排在降温 4h，并停水 10min 后，温度在 80℃以下视为合格孔，给予验收；末测安排在放炮前 1h，温度在 80℃以下的炮孔准许爆破，复测后立刻注水降温，保证装药前注水时间不少于 1h。

（2）和二级温度区一样，使用成品乳化炸药、导爆索、电雷管。

（3）三级温度区装药至起爆时间控制在 5min 内，炮孔数目不超过 8 个，人员控制 9 人。三级温度区炸药危险性较二级温度区加剧，联网阶段也存在较大的危险，如炸药在高温地面发生早爆，人员多而毁坏网路等，故把警戒放在联网前，其他程序如二级温度区，虽然会影响到其他施工单位，但是迅速进行联网后装药至起爆，增加的时间还是能够接受的。

（4）装药堵塞后，人员应该快速撤离，警戒距离一般在 300m 以上，即使靠跑，也要 90s 左右，甚至更多，故应通过车辆来进行撤离，装药完成后，统一指挥快速上车，人员全部上车后，快速撤离。

2.5   异常温度区爆破技术

异常温度区存在难降温、回温快等特点，且在整个火区占的比例很少，故不进行爆破。但是遇到特殊情况，比如为了快速施工、排险等，需要运用爆破快速处理，其爆破技术如下。

（1）异常温度区注水降温效果差，故采取注液氮或者注液态二氧化碳进行降温。

（2）异常温度区温度高，地面温度一般也较高，故一般先对地面散水降温。使用乳化炸药，且孔内、孔外皆用导爆索连接，孔外导爆索和主导爆索用单向继爆管连接，防止孔内导爆索早爆引起主导爆索起爆，而使伤害扩大，如图 3 所示。

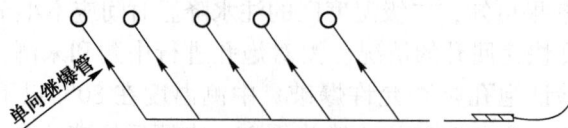

图 3   导爆索起爆网路

Fig. 3   Detonating cord network

（3）异常温度区危险较大，故炮孔数目和放炮人员应该严格控制，炮孔一般不多于2个，人员控制在2人，装药至起爆时间控制在3min内。和三级温度区一样，爆破程序为警戒、联网、装药、堵塞、起爆、爆后检查、解除警戒，堵塞后人员撤离采取车辆撤离。异常温度孔一般较少，且不太重视其爆破效果，对大块可采取二次爆破处理，综合考虑，为了安全，可不对炮孔堵孔，一方面可以节约时间，另一方面使炸药处于开放空间，在燃烧时产生泄压、散热的特点，一定程度上推迟或阻止炸药的爆炸。

2.6 多温度区爆破技术

大部分煤矿火区的温度变化较大，炮区经常同时存在多个温度区间，即炮区一级温度区、二级温度区、三级温度区各有一定数目炮孔，这种情况下，该以哪个温度区为标准进行操作就成了一个问题。

炸药所处的温度越高，炸药的放热量越大，炸药的潜在危险性越大。在安全第一的指导方针下，为了保障施工人员的生命健康，适当降低爆破进度是可取的，故选取最高温度点来判断所处的区间，也就是说假如最高温度在三级温度区，则不管其他炮孔温度是在一级温度区还是在其他区域，按三级温度区爆破技术来操作。

需要注意的是当个别孔落入相邻高温区间时，如果按照较高温度的标准来执行，此时必定会大大的提高成本和降低效率。个别高温孔温度当与相邻低温区的最高温度相差不到10℃时，可以把其划入低温区域执行，但是应最后进行装药；当温度相差较大时，可以放弃此孔，换个位置重新钻孔，也可以单独作为一个网路按照其对应的爆破方式进行处理。

3 火区爆破技术的应用

宁夏大石头煤矿存在大量的火区，首采区基本上全是火区，火区变化范围广，大部分温度在200℃以下，但是也存在温度高达700℃的情况。火区爆破受测温误差大、水量少、爆破方法单一等影响，导致爆破方量低、人员混乱的情况。

针对大石头煤矿的特点，结合分区的爆破技术，其应用如下。

（1）对地表温度高、岩石颜色灰红、靠近燃烧煤层、以往附近多高温区的区域少钻孔，且钻直孔，一般钻孔数目不超过16个；对地面温度低、岩石颜色较白、远离燃烧煤层、附近多低温区的区域多钻孔，考虑到可能存在高温和装药效率等情况，一般钻孔数目控制在32个以内。

（2）使用测温仪器对炮区进行测温，根据结果，比对分区，对炮区进行划分，归类为某个温度区，并把测温结果写在纸上，放在相应炮孔旁边，由于火区炮孔最高温度绝大部分情况位于炮孔下端位置，故可对此段进行重点测量。

（3）对需降温温度区按照规定的降温时间进行降温，通过水阀控制开关并调节水量，高温孔先注水、多注水，低温孔后注水、少注水。达到规定的降温时间后，使用测温仪器复测，验证炮孔是否合格和准许爆破。需要注意的是，复测过程中要严格控制时间，一般不得超过5min，测温结束后，对仍需降温的炮孔应立即进行注水，防止炮孔回温至较高温度，影响降温效果。

（4）对准许爆破的炮孔按照其温度区的爆破技术进行爆破，包括爆破器材的选择、爆破工序的安排、爆破人员和时间的控制等。需要注意的是装药至起爆过程中要随时观测网路是否联通，严禁人员擅入炮区，以免损坏网路。当网路不通时，人员快速离开炮区，由有经验的人员检查网路。爆破结束后，由有经验的火区爆破工人检查炮区，重点观察是否存在盲炮和悬石，当发现炮区有黄烟的等情况时，立即撤离，并上报领导，保持警戒，待危险解除后才可进行其他相关作业。

通过采取上述爆破技术后，炮孔测温准确性较大提高、测温劳动量有所改善；炮区降温用水量科学使用、合理分配，缺水问题较好改善；爆破器材优化选择，从本质上提高了安全性；爆破方法精细控制，降低了爆破危险时间，提高了起爆安全性。极大地保障火区爆破安全性、控制了爆破成本、提高了爆破效率。

4 结论

本文结论如下。

（1）根据爆破器材的耐热温度和炮孔的注水降温效果，可把炮孔分为一级温度区（80~100℃）、二级温度区（100~150℃）、三级温度区（150~200℃）、异常温度区（200℃以上）、多温度区5种情况。

（2）热电偶和红外测温仪联合使用，可有效测得火区炮孔的温度，为分区、炮孔验收提供指导。

（3）控制各个温度区注水降温，如二级温度区3h等，可最大效率地提高降温效果。

（4）一级温度区采取电雷管串联、二、三级温度区采取电雷管并串联、异常温度区采取导爆索单向继爆管网路，可有效保障起爆的安全性。

（5）根据炮孔所处温度区，选择合适爆破器材，控制炮孔数目、装药时间、装药人员，可提高爆破效率。

（6）根据温度，调节警戒、联网顺序，并结合反程序爆破方法，可最大化控制爆破时间，降低对人员的伤害。

参 考 文 献

[1] 蔡建德. 露天煤矿高温区爆破安全作业技术研究 [J]. 工程爆破, 2013, 19 (1): 92-95.
Cai Jiande. Security technology of high-temperature blasting in open pit coal mine [J] Blasting, 2013, 19 (1): 92-95.

[2] 束学来, 郑炳旭, 郭子如, 等. 测温技术在煤矿火区爆破中的应用 [J]. 煤炭技术, 2014, 33 (8): 299-301.
Shu Xuelai, Zheng Bingxu, Guo Ziru, et al. Application of temperature measurement technology in coal mine fire area blasting [J]. Coal Technology, 2014, 33 (8): 299-301.

[3] 束学来, 郑炳旭, 郭子如, 等. 煤矿火区降温措施的分析与实践 [J]. 爆破, 2014, 31 (3): 154-158.
Shu Xuelai, Zheng Bingxu, Guo Ziru, et al. Analysis and practical of cooling measures in coal mine fire area [J]. Blasting, 2014, 31 (3): 154-158.

[4] 徐晨, 李克民, 李晋旭, 等. 露天煤矿高温火区爆破的安全技术探究 [J]. 露天采矿技术, 2010 (4): 73-75.
Xu Chen, Li Kemin, Li Jinxu, et al. Security technology research on high-temperature fire area blasting in surface mine [J]. Opencast Mining Technology, 2010 (4): 73-75.

[5] 刘殿书, 王家磊, 王向娟, 等. 乳化炸药耐高温性能试验研究 [OL]. http://doc88.com/p-1327102017690.html.
Liu Dianshu, Wang Jialei, Wang Xiangjuan, et al. Experimental reserch on resistance to elevated temperatures of emulsion explosive [OL]. http://doc88.com/p-1327102017690.html.

[6] 吕震, 赵金三. 凡口矿使用硝铵炸药的自爆危险性 [J]. 采矿技术, 2002 (4): 63-64.
Lv Zhen, Zhao Jinsan. Self blasting risk of fankou mine using ammonium nitrate explosive [J]. Mining Technology, 2002 (4): 63-64.

[7] 廖明清, 周云卿. 高硫矿床火区开采中的高温爆破技术 [J]. 湖南有色金属, 1987 (5): 3-6.
Liao Mingqing, Zhou Yunqing. High temperature blasting technology of high sulfur desposit fire area mining [J]. Opencast Mining Technology, 2010 (4): 73-75.

[8] 李战军, 郑炳旭. 矿用火工品耐热性现场试验 [J]. 合肥工业大学学报（自然科学版）, 2009, 32 (10): 1498-1500.
Li Zhanjun, Zheng Bingxu. On-site heat resistant experiments of permissible explosive materials [J]. Journal of Hefei University of Technology, 2009, 32 (10): 1498-1500.

[9] 傅建秋, 李战军, 蔡建德, 等. 胶装乳化炸药和电雷管的耐高温性能试验研究 [J]. 爆破, 2008, 25 (4): 7-10.
Fu Jianqiu, Li Zhanjun, Cai Jiande, et al. Experimental research on resistance to elevated temperatures of colloidal emulsion explosive and electric detonator [J]. Blasting, 2008, 25 (4): 7-10.

[10] 赵杰, 张威颖, 郭俊国, 等. 高强度和高精度导爆管雷管的研制 [J]. 爆破器材, 2005, 34 (2): 19-22.
Zhao Jie, Zhang Weiying, Guo Junguo, et al. Application of high-strength and high-prccision noncl dctonator [J]. Explosive Materials, 2005, 34 (2): 19-22.

[11] 邓凯，黄鹂，彭伟，等. 矿井防灭火技术现状及研究 [J]. 煤炭技术，2011，30（7）：79-80.
Deng Kai, Huang Li, Peng Wei, et al. Research and status of mine fire prevention and extinguishing technology [J]. Coal Technology, 2011, 30 (7): 79-80.

[12] 王晓丹，孟令军，文波，等. 基于 K 型热电偶的高精度测温装置设计 [J]. 自动化与仪表，2014（11）：12-15.
Wang Xiaodan, Meng Lingjun, Wen Bo, et al. Desigh of high precision temperature measuring device based on K type thermocouple [J]. Automation & Instrumentation, 2014 (11): 12-15.

高温炮孔中乳化炸药升温规律分析

林谋金[1,2]　郑炳旭[1]　李战军[1]　崔晓荣[1]　周科平[2]　束学来[1]

（1. 宏大矿业有限公司，广东 广州，510623；
2. 中南大学资源与安全工程学院，湖南 长沙，410083）

摘　要：为了获得高温炮孔中防护前后的乳化炸药内部温度变化规律，采用热电偶测温技术对乳化炸药内部不同位置的温度变化曲线进行测量。结果表明：防护下乳化炸药最高温度不超过水浴温度，其内部不同位置的温度变化曲线可通过指数函数进行较好的描述，最外层的温度变化曲线与水的温度变化曲线变化规律基本一致，而内部温度相对较低，说明乳化炸药的外层受到环境温度影响较大，而油包水结构与硝酸铵溶液吸热作用导致内部升温速率相对较慢，因此有利于防护后的乳化炸药在高温火区中得到应用。

关键词：露天开采；高温爆破；乳化炸药；耐火隔热材料；升温速率

Temperature Raising Analysis of Emulsion Explosive in Blast Holes at High Temperature

Lin Moujin[1,2]　Zheng Bingxu[1]　Li Zhanjun[1]　Cui Xiaorong[1]　Zhou Keping[2]　Shu Xuelai[1]

（1. Hongda Mining Co., Ltd., Guangdong Guangzhou, 510623；
2. School of Resources and Safety Engineering, Central South University, Hu'nan Changsha, 410083）

Abstract：In order to obtain the internal temperature distribution of the emulsion explosive in blast hole at high temperatures, the thermocouple temperature measurement technology was applied to measure the inner temperatures (different positions) of the emulsion explosive. The results show that the temperature of the emulsion explosive was lower than that of water and the internal temperature-history curve of the emulsion explosive can be better described by an exponential function. The change of temperature-history curve of outer emulsion explosive is in accordance with the change of temperaturehistory curve of water, and the inner temperature is relatively lower, which shows the outer of the emulsion explosives are affected by the environmental temperature. The inner temperature rise rate of emulsion explosive is relatively slow because of the water-in-oil structure and specific endothermic action of ammonium nitrate. It is advantageous for emulsion explosive under protection to be used in the fire area at high temperatures.

Keywords：open-pit mining；high-temperature blasting；emulsion explosive；refractory insulation material；temperature rising rate

　　我国某些煤炭与含硫矿等矿山由于有长时间的自燃现象而造成部分矿岩存在高温现象[1]，因此，为了保证爆破开采安全，可对炸药进行隔热防护，需要进一步了解高温炮孔中防护前后的炸药内部温度变化规律。

　　在炸药热分解方面，姚二岗等人[2]用 DSC 曲线数据估算硝化棉由自催化分解转向热爆炸时的热爆炸临界升温速率值。胡荣祖等人[3]根据反应进度和反应体系能量变化的关系以及非等温反应的动力学方程，导出一级自催化分解反应体系热爆炸的临界升温速率估算式。另外，部分研究者对非炸药材料的内部温度进行研究，董福品[4]对缓凝混凝土绝热升温进行研究，同时给出了其拟合方法。李娟等

基金项目：广东省产学研合作院士工作站，2013B090400026。

原载于《爆破器材》，2016，45（1）：47-50，55。

人[5]运用有限元分析软件研究了不同火灾升温速率对某防火筒支钢梁耐火时间的影响。在高温火区爆破开采研究应用中，在高温炮孔中采用耐火隔热材料防护下的乳化炸药内部温度变化规律在国内相关文献中未见公开报道。

因此，本文在宁夏火区现场采用热电偶测温技术[6]对乳化炸药内部不同位置的温度变化曲线进行了测量，其结果可为防护下的乳化炸药在高温爆破中的应用提供一定的参考，也可对乳化炸药在生产过程中出现的大直径药卷冷却慢的现象提供一定解释。

1 现场试验

现场试验将分别对防护前后的乳化炸药内部温度进行测量，药卷防护采用以陶瓷纤维为主的多层结构耐火隔热套筒，套筒外径为125mm，内径为120mm，长度为82cm；药卷直径为110mm，长度为40cm，即1个套筒中可以装入2个药卷，通过在套筒与药卷的间隙中注入水，使乳化炸药表面在后期也能保持在水浴温度环境中，有利于对炸药进行更好的防护。另外，为了避免水沸腾后产生的水蒸气积聚在套筒内，造成压力升高，导致套筒破坏，在套筒投入炮孔前需要在套筒的上端戳个孔用来释放水蒸气。

测温的热电偶与导线外层采用不锈钢进行铠装，使其适用于高温炮孔中的恶劣环境，其直径为3mm，使用的最高环境温度为1100℃。温度记录仪型号为YC-747U（4通道），测温精确度为0.1%，读值+0.7℃。

每次试验时，将不同热电偶接入固定的温度记录仪通道，采样间隔时间为1s，试验前不同通道显示的环境温度相差不能超过5℃才能进行试验。如图1所示，试验时在炸药内部等间距布置4个热电偶，用于测量炸药内部不同位置的温度。乳化炸药中间位置的热电偶编号为1号，离中心约18mm位置的热电偶编号为2号，离中心位置约36mm位置的热电偶编号为3号，乳化炸药最外层位置的热电偶编号为4号。另外，有防护套筒时在套筒与药卷间隙中的水中布置一个热电偶，用于测量水的温度变化；在套筒的外部布置一个热电偶用于测量炮孔温度，套筒与药卷间隙（水）中的热电偶编号为5号，耐火隔热套筒外围的热电偶编号为6号。用于试验的炮孔温度为350~400℃。

图1 热电偶相对位置示意图

Fig. 1 Schematic diagram of relative position of the thermocouple

2 试验结果与分析

2.1 无防护乳化炸药温度变化

通过读取温度记录仪得到无防护时的乳化炸药内部不同位置的温度变化曲线，如图2所示。

由图2可得，乳化炸药最外层部分的温度上升速度相对较快，而内部温度上升相对较为缓慢。该

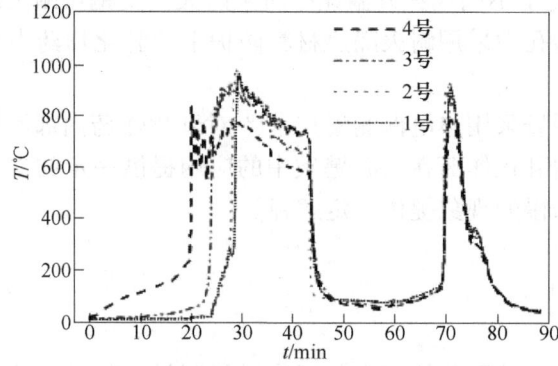

图 2　无防护乳化炸药内部不同位置的温度历史曲线
Fig. 2　Temperature history curves at internal different position of emulsion explosive without protection

现象主要与乳化炸药是油包水结构而导致其导热系数较低有关；另外，乳化炸药中的硝酸铵溶液具有较大的比热容，也将导致其内部温度较低。因此，爆破器材的防护目标主要是确保爆破器材的外表面的温度不能超过限定值。

试验过程中，乳化炸药在 350℃ 炮孔中放置 15min 后开始出现冒烟现象，此时最外层部分的温度为 150℃；将乳化炸药继续放置在高温炮孔中 5min 后拉出，此时最外层部分的温度为 200℃，超过乳化炸药发生激烈热分解的临界温度（189.9℃）[7]；然后快速上升到 800℃ 以上，说明乳化炸药的最外层部分开始加速分解并燃烧；经过 4min 后，离表层 13mm 位置的温度出现快速上升，说明燃烧位置往乳化炸药内部推进 13mm 左右，此时乳化炸药的中心部分温度也开始加速上升，并在 29min 时刻快速升到 980℃，说明此时炸药药卷整体都在燃烧；药卷在 45min 燃烧暂时熄灭，但在 70min 后又重新燃烧，最后整个药卷烧完。

2.2　防护下乳化炸药温度变化

将防护后的乳化炸药内部不同位置的温度进行测量，炸药中心位置与最外层的温度各测 2 次，得到的高温炮孔、套筒与药卷间隙中的水以及防护下乳化炸药内部不同位置的温度变化曲线如图 3 所示。

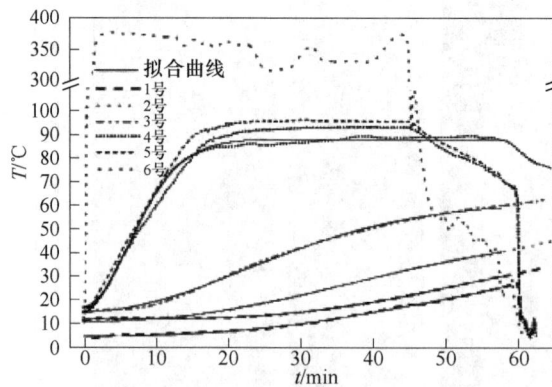

图 3　防护下乳化炸药内部不同位置的温度历史曲线
Fig. 3　Temperature-history curves at internal different position of emulsion explosive under protection

由图 3 可得，试验炮孔的环境温度为 350℃ 左右，套筒与药卷的间隙中水的稳定温度为 93℃ 左右，与试验现场海拔（1960m）下的沸点温度吻合，该温度远低于乳化炸药发生激烈热分解的临界温度（189.9℃）[7]，有利于提高防护下乳化炸药在高温火区应用的安全性；另外，炸药表面温度达到稳定的时间约为 18min，而后长期保持在不超过水沸点的温度。乳化炸药最外层的温度变化曲线与水的温度变化曲线变化规律基本一致，但它们的稳定温度都略低于水的沸点温度，说明乳化炸药的外层受到环境温度影响较大；另外，2 次试验的曲线有一定的差别，可能与热电偶所在位置的精确度有关。

离中心位置约 36mm 位置的热电偶在 60min 后的温度约为 61.9℃，离中心位置约 18mm 位置的热电偶在60min后的温度约为43.1℃，中间位置的热电偶在60min后的温度约为31.3℃，说明乳化炸药内部温度相对较低，与乳化炸药是油包水结构有关，即油包水结构导致乳化炸药的导热系数较低。另外，乳化炸药中的硝酸铵溶液具有较大的比热容，也将导致其内部温度较低，上述原因有利于防护下的乳化炸药在高温火区中应用。

中间位置的热电偶在2次试验中得到的温度变化曲线未能重合，但其变化规律基本一致，说明乳化炸药内部同一位置的温度变化规律较稳定，温度变化曲线未能重合主要是由该位置的初始温度不同而引起的。

试验结束后将隔热套筒从炮孔中取出，然后将隔热套筒沿外层母线从上往下剥开，以便观察套筒中的水位情况。结果表明，加热60min后套筒中的水位降至离套筒顶端30cm的位置，主要是由水沸腾后溢出套筒以及水蒸发造成的。从安全方面考虑，如果套筒与药卷间隙的水位低于离套筒顶端30cm的位置，套筒上端口的温度将超过100℃，沸腾后的水即使能上升一定高度，也无法充分保护套筒上部的炸药，另外水沸腾后产生的水蒸气无法充分保护套筒上部的炸药，因此，可认为套筒中的水位降至离套筒顶端30cm的位置是隔热套筒保护炸药的安全节点。

2.3 数据拟合

目前，常用的升温数学表达式主要有双曲线型、指数Ⅰ型、指数Ⅱ型（复合指数型）等[4]。为了对高温炮孔中耐火隔热材料防护下的乳化炸药内部不同位置的温度变化曲线进行描述，本文根据试验数据的特点，在指数Ⅱ型表达式中添加一项常数项，其表达式如下：

$$T(t) = T_0 + T_c(1 - e^{-at^b}) \qquad (1)$$

式中，T为任意时刻的温度，℃；T_0为初始温度，℃；T_c为最终温度与初始温度的差值，℃；t为试验时间，min；a、b为由试验数据拟合确定的常数。

通过最小二乘法原理，对乳化炸药内部不同位置的温度历史曲线进行拟合，拟合效果如图3所示，拟合系数见表1。

由表1可得，乳化炸药内部不同位置（等间距）的温度历史曲线根据式（1）拟合后的相关系数都趋于1，说明采用改进的指数Ⅱ型表达式对防护下乳化炸药内部温度变化曲线的拟合效果较理想，而同一位置由于不同初始温度引起温度历史曲线的拟合参数则相差较大。

表1 不同位置升温曲线的拟合系数

Table 1 Fitting coefficients of temperature rising curves for different position

热电偶位置	初始温度 T_0/℃	温度差 T_c/℃	a	b	相关系数
1.1	12.17	24.08	3.25×10^{-7}	3.756	0.999
1.2	4.82	47.80	3.15×10^{-5}	2.413	0.995
2	11.37	35.52	9.69×10^{-5}	2.410	0.999
3	14.41	47.29	1.31×10^{-3}	1.908	0.998
4	15.42	72.78	0.02	1.742	0.997

注：1.1和1.2分别为药卷中心在2次试验时分别获得数据的拟合结果。

2.4 升温速率

为了对不同乳化炸药内部不同位置的升温速率进行比较，将温度历史曲线进行求导，得到不同位置的升温速率曲线，如图4所示。

由图4可得，乳化炸药最外层的升温速率在5.7min左右达到最大值（6.15℃/min），在20min后升温速率趋于0，即其温度已达到稳定值。离药卷中心位置约36mm位置的乳化炸药，在21.2min左右的升温速率达到最大值（1.21℃/min）；离药卷中心位置约18mm位置的乳化炸药在40min左右的升温速率达到最大值（0.78℃/min）；乳化炸药中间位置的升温速率，在52min左右达到最大值（0.62℃/min），说明乳化炸药内部的升温速率最大值随着与药卷表面距离减小而增大。2次试验得到药卷中间

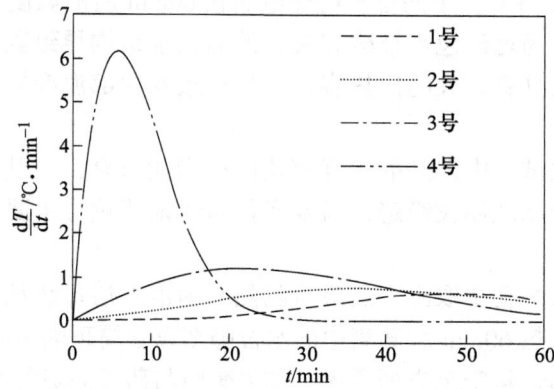

图 4　防护下乳化炸药内部不同位置的升温速率
Fig. 4　Temperature increasing speed at internal different position of emulsion explosive under protection

位置的温度历史曲线，因初始温度不同引起两者未能重合，但升温速率变化曲线基本一致，进一步说明乳化炸药内部同一位置的温度变化规律较稳定。乳化炸药中间位置的升温速率在开始阶段处于停滞状态阶段，在 25min 后才开始增长，说明乳化炸药靠近内部的升温速率相对较为缓慢。

2.5　相邻位置温度求差

将乳化炸药内部相邻不同位置的温度历史曲线进行求差，得到相应的差值曲线即温度梯度曲线，如图 5 所示。

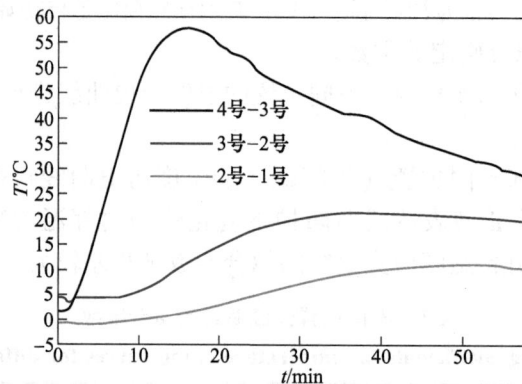

图 5　不同位置的温度梯度
Fig. 5　Temperature gradients at different position

由图 5 可得，乳化炸药内部等间距的温度梯度最大值随着离药卷表面距离减小而增大，温度梯度 4 号-3 号最大值出现在 15min 左右，与炸药最外层温度达到最大值的时间一致。炸药最外层温度达到最大值后保持不变而内部温度开始上升，因此，温度梯度出现最大值后开始下降。

3　结论

本文采用热电偶测温技术对高温炮孔中的乳化炸药内部不同位置的温度进行测量，结论如下。

（1）在 350℃ 炮孔中放置无防护乳化炸药，其最高温度在 20min 超过 200℃，防护下乳化炸药最高温度长时间不超过水浴温度，但套筒中的水位降至离套筒顶端 30cm 的位置，可认为隔热套筒保护的安全节点。

（2）防护下乳化炸药内部不同位置的温度变化曲线，可通过指数 Ⅱ 型表达式进行拟合，其拟合效果较理想，而不同初始温度将导致同一位置的温度历史曲线拟合参数相差较大。

（3）防护下乳化炸药最外层的温度变化曲线与水的温度变化曲线变化规律基本一致，而内部温度相对较低，说明乳化炸药的外层受到环境温度影响较大。

（4）防护下乳化炸药内部的升温速率与温度梯度最大值随着与药卷表面距离增大而减小，内部同一位置的温度变化规律较稳定，其温度历史曲线主要由该位置初始温度决定。

（5）乳化炸药的油包水结构与硝酸铵吸热作用导致乳化炸药内部升温速率相对较慢，因此乳化炸药的内部温度相对较低，有利于防护下的乳化炸药在高温火区中应用。

参 考 文 献

[1] 齐俊德，禹学成. 浅谈宁夏煤田火灾现状及综合治理 [J]. 陕西煤炭，2007 (1)：36-38.
Qi J D, Yu X C. Present situation and comprehensive treatment of fire accident in Ningxia coal-field [J]. Shanxi Coal, 2007 (1)：36-38.

[2] 姚二岗，胡荣祖，赵凤起，等. 用DSC曲线数据估算硝化棉的 C_nB 和表观经验级数自催化分解反应热爆炸临界升温速率 [J]. 火炸药学报，2013，36 (5)：72-76, 81.
Yao E G, Hu R Z, Zhao F Q, et al. Estimation of the critical rate of temperature rise for thermal explosion of C_nB and apparent empiric-order autocatalytic decomposing reaction of nitrocellulose from DSC curves [J]. Chinese Journal of Explosives & Propellants, 2013, 36 (5)：72-76, 81.

[3] 胡荣祖，张海，夏志明，等. 含能材料放热分解反应体系热爆炸的临界升温速率估算式 [J]. 含能材料，2003，11 (3)：130-133, 137.
Hu R Z, Zhang H, Xia Z M, et al. Estimation formulae of the critical rate of temperature rise for thermal explosion of exothermic decomposition reaction system of energetic materials [J]. Energetic Materials, 2003, 11 (3)：130-133, 137.

[4] 董福品. 缓凝混凝土绝热温升的公式拟合方法 [J]. 水力发电，2007，33 (3)：47-48, 86.
Dong F P. A Method to fit test data of adiabatic rise of temperature of set retarding concrete [J]. Water Power, 2007, 33 (3)：47-48, 86.

[5] 李娟，姚斌，胡军. 温升速率对某防火保护简支钢梁耐火时间的影响 [J]. 火灾科学，2010，19 (1)：38-44.
Li J, Yao B, Hu J. Effect of temperature rise rate on fire resistance period of a simple supported beam with fire coating [J]. Fire Safety Science, 2010, 19 (1)：38-44.

[6] 张明春，肖燕红. 热电偶测温原理及应用 [J]. 攀枝花科技与信息，2009，34 (3)：58-62.
Zhang M C, Xiao Y H. Principle and application of thermocouple temperature [J]. Panzhihua Sci-Tech & Information, 2009, 34 (3)：58-62.

[7] 马志钢，王瑾. 乳化炸药的热分解特性 [J]. 含能材料，2004，12 (5)：294-296.
Ma Z G, Wang J. Thermal decomposition of emulsion explosives [J]. Energetic Materials, 2004, 12 (5)：294-296.

地采矿山转露采的开采程式研究

崔晓荣[1]　林谋金[1,2]　喻　鸿[3]　郑炳旭[1,2]

（1. 广东宏大爆破股份有限公司，广东 广州，510623；2. 中南大学资源与安全工程学院，湖南 长沙，410083；3. 广东省大宝山矿业有限公司，广东 韶关，512128）

摘　要：为了回收原地采矿山遗留的隐患资源，建立了完善的地采矿山转露天开采方法体系，指导地采矿山转露天开采的平稳转型。针对采场下方存在原地采留下的采空区，露天开采前对存在较大安全隐患的大型空区和空区群进行前期集中治理以实现宏观露天开采环境再造，开采中对影响施工安全的局部区域的小空区和盲空区进行综合探测分析及崩落爆破处理以实现微观采场作业条件再造。并总结了地下开采转露天开采矿山生产组织和现场管理的要点，为实现地下开采转露天开采矿山空区治理与露天开采施工协同作业奠定基础。

关键词：地下开采；露天开采；隐患资源；采空区；崩落爆破

Research of Exploitation Procedures of Open-pit Mines Transferred from Underground Mining

Cui Xiaorong[1]　Lin Moujin[1,2]　Yu Hong[3]　Zheng Bingxu[1,2]

（1. Guangdong Hongda Blasting Co., Ltd., Guangdong Guangzhou, 510623；2. School of Resources and Safety Engineering, Central South University, Hu'nan Changsha, 410083；3. Guangdong Dabaoshan Mine Co., Ltd., Guangdong Shaoguan, 512128）

Abstract：In order to recover the resources with potential danger leaved by underground mining, the complete mining method system for crisis mines transferred from underground to open pit mining, has been established to guide a smooth transition from underground to open pit mining. In view of various underground mined-out areas under the stope, the large scale mined-out area and the mined-out area group are treated before open-pit mining to achieve the macro geological environment rebuilding for open-pit, and the small scale mined-out areas and the unknown mined-out areas that affect the engineering safety at local place are surveyed and disposed by caving blasting to achieve the reconstruction of micro condition for open-pit mining. The keys of production organization and field management for this type of mine are summarized. These are all helpful to lay a foundation for the cooperative operation of mined-out areas disposing and open-pit mining.

Keywords：underground mine; open-pit mine; resources with potential danger; underground mined-out area; caving blasting

　　露天开采具有资源利用充分、劳动生产率高和生产安全有保障等方面的优势，世界上约80%的金属、稀有金属等矿山采用露天开采方法[1,2]。面对矿业黄金10年后的洗礼，行业竞争更加激烈，环保要求更加严格，对小矿实行撤销、合并成为新常态，国家亦鼓励和支持条件适宜地区的小矿由地下开采转为露天开采，避免小矿地下开采安全无保障、回采率低的缺点，满足我国对资源能源的大量需求，同时可让机动、灵活的民营资本在资源能源开采领域发挥其积极作用。矿山开采采用大规模的露天开采或从地下开采转向露天开采已经成为一种趋势，例如我国的广东省大宝山矿、河南洛阳钼矿、宁煤集团大峰矿和

基金项目：广东省安全生产专项资金项目（编号：2010-91），广东省产学研合作院士工作站项目（编号：2013B090400026）。

原载于《金属矿山》，2016（2）：30-35。

汝箕沟矿等纷纷从地下开采转入露天开采。近年来,地下开采转露天开采成为国内外矿山开采研究的新热点[3-5],包括露天复采可行性论证与开采方案设计[6-8]、宏观地质环境评估与采空区安全稳定分析[9-13]、采空区探测与治理技术[14-18]、隐患资源露天复采施工组织管理[19-20]等,并逐渐地在国内外矿山中得到推广和应用。但是关于地下开采转露天开采矿山建设的相关研究还没有串联起来形成完善体系,导致地下开采转露天开采矿山运营难以达到预期的生产效率和经济效益,生产安全事故时有发生。

1 地下开采转露天开采的程序

地下开采转露天开采矿山与常规露天开采矿山的区别在于前者的采场下方有原地下开采留下的采空区。由于地下采空区的存在改变了岩石应力分布状态,将可能引起上部岩层的垮落,继而产生地表岩层错位沉降,诱发露天开采工程边坡大面积滑坡、采场大面积塌陷等极其恶劣的地质灾害。因此矿山由地下开采转露天开采前需要进行宏观露天开采环境再造,对隐患空区进行集中处理,尤其是大空区和空区群,确保矿山宏观地质环境安全稳定,即人员和设备进入采场后不发生较大的地质灾害。宏观露天开采环境再造以后,方可组织边露采作业边治理遗留采空区,实现采场空区治理与露天开采施工的协同作业。

宏观露天采场环境再造后,隐患空区虽得到集中治理,大部分空区或经自然坍塌充填或经人工处理排除了安全隐患,但由于技术、经济等多方面的原因,仍然存在未集中治理的已知小空区和暂未探明的盲空区,如充填未接顶的空区和自然垮塌后仍未充填满的空区等。这些遗留空区的存在,对露天采场施工现场人员和设备的安全仍可能造成较大威胁,甚至可能诱发较大的地质灾害。为了确保露天开采作业安全,需要建立宏观地质灾害监控和预警系统,包括对边坡稳定的监控系统和采场塌陷的预警系统,再根据露天矿山生产布局和进度情况,对影响施工安全的遗留空区进行探测和处理,实现微观采场作业条件再造,从而实现井下遗留空区治理与露天开采施工的协同作业这一目标。

地下开采转露天开采的程序如图1所示,其核心思想如下:地下开采转露天开采的前提是矿山基建前的宏观露天开采环境再造,保障是矿山开采中的微观采场作业条件再造,目的是实现露天开采与井下遗留空区治理协同作业。

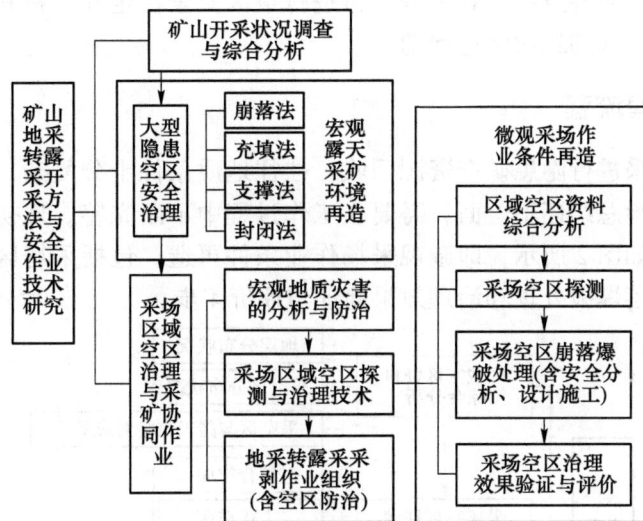

图1 地下开采转露天开采的程序

Fig. 1 Exploitation procedures of open-pit mines transferred from underground mines

2 宏观露天开采环境再造

2.1 隐患空区集中治理的必要性

矿山要进行地下开采转入露天开采,回收隐患资源,宏观露天开采环境再造是前提条件。如果对地下开采遗留的大型隐患空区和空区群不加以集中治理就盲目转入露天开采，在后续露天开采过程中可能发生大规模的地质灾害，将对现场露天安全生产造成极大威胁。以广东省大宝山矿为例，2004年发生的3次大塌方和2008年733m水平开采过程中发生的局部塌陷事故，虽无人员伤亡，但都严重影响了矿山正常安全生产施工。

因此，宏观露天开采环境再造是地采转露采矿山基建工程的重要组成部分，应该列入矿山基建工程的安全费用投入；其所指的"隐患空区"，专指空区失稳后影响区域大，容易诱导大规模地质灾害的空区，而失稳后影响区域小的空区，一般留待露天开采作业过程中再适时处理，列入日常生产的安全费用投入。

2.2 隐患空区集中治理的处理方法

采空区治理方法包括崩落爆破法、充填法、封闭隔离法和人工构件支撑法等。大型隐患空区的治理方案，需要具体问题具体分析，采取某一种空区治理方法或者联合使用多种空区治理方法。隐患空区集中治理后，需要进行全面、系统、客观的地采转露采安全评估，从安全生产和开采技术等方面充分论证该矿山是否具备了地下开采转入露天开采的条件，切忌盲目转入露天开采。

考虑到地下开采转露天开采矿山的地质复杂性，对空区认识不足以及未知空区的存在和矿山地质环境的不断演变，集中治理后的遗留空区仍有可能导致露采开采过程中发生较大规模的地质灾害。对于复杂地采转露采矿山，还需要建立矿山宏观地质安全监控系统，如对边坡稳定的监控系统和采场塌陷的预警系统等，以防止露天开采过程中发生大规模地质灾害并引起安全生产事故。

3 采场作业条件再造

地下开采转露天开采矿山露天开采作业过程中，露天开采设计范围内仍有遗留空区需要进行处理。因各种原因未探明的采空区，如民采空区和无法井下补测的空区，超前探测和治理在技术上和经济上均不合理，宜边开采边探测。因此，对遗留采空区的处理一般采用崩落爆破法，即首先采用物探、钻探和三维激光扫描等方式探明各空区及其参数，再进行空区安全稳定性分析和崩落爆破的设计、施工与验收，避免充填法处理空区的二次装运问题。

3.1 采场区域空区治理流程

地下矿山转入露天开采进行隐患矿产资源回收，往往地质条件十分复杂，隐患资源回采的相关研究还不充分，现场施工经验总结还不全面，需要在工作过程中不断完善。现初步提出相对固定的露天采场区域空区治理流程，如图2所示，即微观采场作业条件再造，包括采场区域空区的已有资料综合分析、综合探测分析、崩落爆破处理和治理效果验证与评价4步。

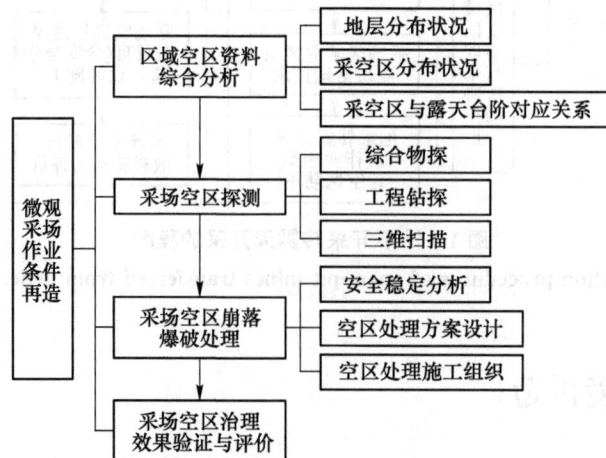

图2 采空区治理流程

Fig. 2 Technological process of underground goafs disposed by caving blasting

3.2 采空区的综合探测

近年来，采空区探测成为工程地球物理的热点之一，其根据地球物理场的不同，分为重力法、电磁法、地震法和发射性勘探等 4 大类[21]。地采转露采矿山一般地质条件复杂，各种物探方法均有其弊端，宜采用物探为辅、钻探为主的方法。前者进行宏观的定性分析，把握全局；后者进行局部的定量分析，指导每一个作业点的安全施工。物探解释的空区异常范围及深度与实际比较，往往会存在一定误差，只能识别某深度范围具有一定规模的目标体，较小的空区和坑道物探异常很难识别。

尽管物探存在一定的误差，但能使钻探更有的放矢、事半功倍。钻探过程中，一般根据钻孔过程情况和地质钻岩心、潜孔钻钻屑的取样分析，并集合已经收集的井下开采资料、矿产赋存情况，推断采空区的分布情况，并能准确探测到绝大部分遗留采空区，包括盲空区。钻探到的采空区，通过三维激光扫描仪探明，描绘出采空区的三维形状，从而确定空区的位置、大小、形状等参数，为后续采空区的安全分析与崩落爆破治理提供基础数据。

3.3 采空区的安全分析

通过综合物探、钻探和三维扫描的空区探测方法，探明空区（包括盲空区）并获得空区的位置和形状，需根据空区的具体位置及参数、空区安全稳定性、生产作业平台需要，统筹协调空区治理与剥采施工，具体流程如图 3 所示。

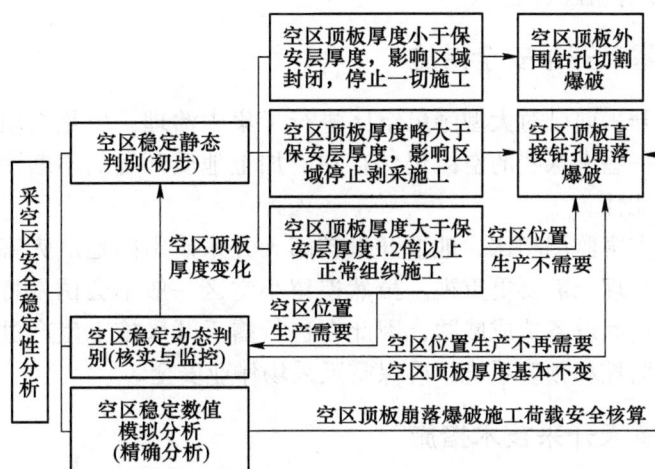

图 3　已探明采空区稳定性判别流程
Fig. 3　Stability criterion of underground goafs detected

综上所述，空区稳定性分析是为了权衡空区治理与剥采施工的优先关系，并指导空区处理的方案优选、设计和施工。如果露天生产安全得到保障，采场正常剥采作业优先，空区处理择机进行；如果露天生产安全得不到保障，必须进行空区的治理，微观采场作业条件再造后方可组织剥采作业。

3.4 采空区崩落爆破

借助空区自动激光扫描系统获得采空区的形状和位置，再根据采空区的安全稳定性、施工现场布局情况等，对采空区崩落爆破处理方案进行设计并组织施工。当采空区顶板厚度适中，足以承担施工载荷，又便于爆破破碎，通过采空区顶板（可含局部围岩）崩落爆破法处理采空区，采空区治理时同时实现了该区域的采矿爆破或岩石剥离爆破。该方法主要对全部采空区顶板进行钻爆施工，如果空区顶板厚跨比较大，单纯进行空区顶板爆破夹制作用较大，可增加局部围岩爆破。

当采空区顶板厚度较薄，难以承担施工载荷时，通过采空区顶板外围切割爆破法处理采空区，空区顶板塌落以后再进行二次破碎，采空区处理与该区域的采矿爆破或者岩石剥离爆破分 2 次进行。该方法仅对采空区顶板的外围进行爆破，施工存在危险的采空区顶板中部不进行钻爆，空区顶板整体塌落充填空区，理想状况是爆破后形成一个整齐的、环状的贯穿裂缝并可实现空区顶板整体塌落；但实际施工过程中，往往在采空区顶板外围进行钻孔爆破形成有一定宽度的破碎带，更好地促进空区顶板整体塌落。

地下开采转露天开采矿山生产过程中探测到采空区，往往根据空区顶板厚度及安全稳定性不同，采用空区顶板崩落爆破法、顶板外围切割爆破法和围岩崩落爆破充填法，或者 2 种及以上的方法进行组合使用，进行采空区治理，崩落后采用爆后遗留空区体积和采空区充填率 2 个指标评价空区治理效果。空区崩落爆破验收合格，则说明实现了微观采场作业条件再造，排除了该区域附近进行露天剥采作业的安全隐患，可安全组织后续露天剥采作业。

4 采场空区治理与露天开采协同作业

4.1 采场空区治理与露天开采协同作业理念

地下开采转露天开采矿山，其目的是实现隐患资源的安全高效开采，采场空区治理与露天剥采施工协同作业是组织保障，重点落实以下 3 个方面：（1）关于地下开采转露天开采矿山的地质环境安全，关键是借助地质灾害监控系统，将宏观地质灾害的分析与防治工作做实；（2）关于地下开采转露天开采矿山的采矿技术，关键是通过采空区、塌陷区采矿配矿技术及质量管控流程将矿石贫化损失控制措施做细；（3）关于地下开采转露天开采矿山的生产组织，关键是露天开采生产与空区治理协调好，将露天开采与空区治理的组织流程做顺。

4.2 做实地下开采转露天开采安全措施

尽管地下开采转露天开采前已对大型隐患空区进行了集中治理，但是充填处理接顶不严的空区及生产过程中发现的空区和一些未探明的空区仍然存在，加上地质环境的不断演变，仍有诱发较大规模边坡滑塌、采场塌陷的可能性。

与常规露天矿山地质灾害监测相比，地下开采转露天开采矿山的地质灾害发生的可能性更大，监测手段和方法需要更多，管理上需要更重视。虽然遗留小空区一般不会诱发特别重大的地质灾害，但是也会对生产过程中的人员和设备造成威胁，因此在进行露天开采施工生产过程中必须对可能的地质灾害进行安全分析，建立监控和预警系统，确保露天采场作业安全。

4.3 做精地下开采转露天开采技术措施

地下开采转露天开采矿山的地质情况十分复杂，不利于采矿过程的贫化损失控制，很难按照常规露天矿山的地质工作流程进行采矿、配矿组织。采矿施工时，需要及时收集现场地质资料并进行详细地质分析，以便采取针对性的控制贫化损失措施。

（1）地质分析与爆区划分。地质、采矿、爆破等专业工程师联合分析地质资料、矿脉走向、空区分布情况，充分考虑空区对采场布置、施工安全、爆破效果、贫化损失控制的不利影响，再确定开采顺序和爆区规模。

（2）钻爆过程控制与调整。钻孔过程中，根据钻屑变化进一步判别矿岩分界情况并及时调整爆区规模和钻孔深度，促进矿岩分区爆破或分层爆破；矿体和疑似矿体的爆区钻孔完毕，进行快速样分析，从而合理设计爆区的规模、装药结构和起爆顺序等，确保矿岩同爆时，爆后矿岩分界清晰便于采装，必要时可分成小爆区进行矿岩分爆分采。

（3）矿石采装与配矿。矿石挖装作业时，一般选用中小型设备，便于选装，并根据矿石品位高低和可选性差异，按一定比例进行配矿。

（4）选矿厂信息反馈优化采矿配矿。选矿厂及时将快速样、溢流样的分析结果反馈给现场采矿工程师，以便优化调整采矿、配矿方案。

地下开采转露天开采矿山的资源为原地下开采遗留的隐患资源，矿体散、乱、小，需要综合运用分段开采技术、原位爆破技术、大块采矿技术，在爆、采等工艺环节控制矿石的贫化损失[22]。以大宝山矿为例，通过及时收集并分析现场地质资料灵活指导现场施工来弥补地质环境复杂且地质资料不全的弊端，将采矿配矿工作精细化，形成铜硫矿石开采循环推进流程，如图4所示。

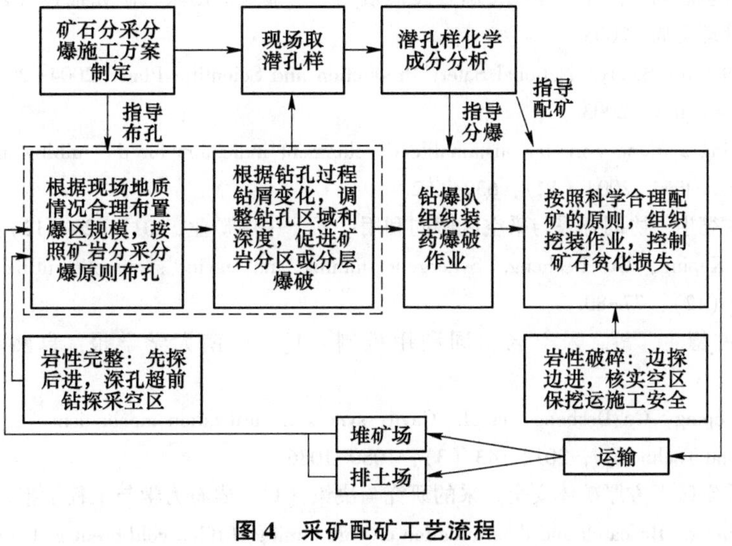

图4 采矿配矿工艺流程

Fig. 4 Flowchart of ore exploitation & blending in complicated geological region

4.4 做顺地下开采转露天开采组织措施

露天矿山的常规施工工艺是钻孔、爆破、采掘、运输和排土，而地采转露采矿山，除了常规的露天采矿的施工工艺流程，还穿插着采空区治理流程（见图2）。因此，现场生产组织过程中，需要将采空区治理流程融入露天采矿流程中[19,20]，协调起来统筹分析，才能确保地采转露采矿山的安全、高质量、高效率运营。

以大宝山矿为例，通过空区超前探测确保施工安全、多种爆破技术控制贫化损失以及流水作业管理提高剥采效率，保证了稳定供矿与合理配矿，金属回收率从50%提高到近85%。因金属回收率的提高，使矿石开采的边际品位由原来的0.4%降低到0.2%~0.3%，矿产资源得到了有效利用，生产压力减小，也为进一步精心组织科学合理采矿配矿提供了条件。

5 结论

本文得出结论如下。

（1）矿山由地下开采转入露天开采，首先要对地采遗留下来的大空区和空区群等大型隐患空区进行集中治理，实现宏观露天开采环境再造，之后方可组织边露采作业边治理遗留采空区，实现采场区域空区治理与露天开采施工协同作业。

（2）地下开采转露天开采矿山进行宏观露天开采环境再造以后，仍遗留小空区和盲空区，露天开采作业安全仍有潜在风险，故要建立宏观地质灾害监控和预警系统。同时根据露天矿山生产布局和生产进度安排，对影响施工安全的空区进行探测和治理，实现微观采场作业条件再造。即在空区上方作业时坚持"有疑必探、先探后进"的原则，综合运用物探、钻探和三维激光的探测方法探明各种遗留空区，最后采用崩落爆破法治理并进行验收。

（3）矿山由地下开采转入露天开采，其最终目的是安全高效回收隐患资源，施工过程中的空区治理与露天开采协同作业是保障，具体体现在要将宏观地质灾害的防治工作做实，将矿石贫化损失控制措施做细，将露天开采和空区治理的组织流程做顺。

参 考 文 献

[1] 古德生，李夕兵. 现代金属矿床开采科学技术 [M]. 北京：冶金工业出版社，2006.
　　Gu Desheng, Li Xibing. Modern Mining Science and Technology for Metal Mineral Resources [M]. Beijing：Metallurgical

Industry Press，2006.

[2] 国家安全生产监督管理总局. 国家安全生产科技发展规划——非煤矿山领域研究报告（2004—2010）［R］. 北京：国家安全生产监督管理总局，2003.

State Administration of Work Safety. National Safety Production and Scientific Plan（2004-2010）［R］. Beijing：State Administration of Work Safety，2003.

[3] Azapagic A. Developing a frame work for sustainable development indicators for the mining and minerals industry［J］. Journal of Cleaner Production，2004（12）：639-662.

[4] 陈庆发，周科平，古德生. 协同开采与采空区协同利用［J］. 中国矿业，2011，20（12）：77-80.

Chen Qingfa，Zhou Keping，Gu Desheng. Synergetic mining and cavity synergetic utilization［J］. China Mining Magazine，2011，20（12）：77-80.

[5] 陈庆发，周科平，古德生，等. 采空区协同利用机制［J］. 中南大学学报：自然科学版，2012，43（3）：1080-1086.

Chen Qingfa，Zhou Keping，Gu Desheng，et al. Cavity synergetic utilization mechanism［J］. Journal of Central South University：Science and Technology，2012，43（3）：1080-1086.

[6] 卢清国，蔡美峰. 采空区下方厚矿体安全开采的研究与决策［J］. 岩石力学与工程学报，1999，18（1）：87-92.

Lu Qingguo，Cai Meifeng. Research and determination on safe mining of thick gold oremass below largestopedout area under the earth's surfac［J］. Chinese Journal of Rock Mechanics and Engineering，1999，18（1）：87-92.

[7] 张海磊，孙嘉，王成财，等. 露天地下联合开采空区残留矿石［J］. 金属矿山，2014（3）：31-35.

Zhang Hailei，Sun Jia，Wang Chengcai，et al. Exploitation of residual ore in mined-out area by open-underground mining method［J］. Metal Mine，2014（3）：31-35.

[8] 杨成奎. 大宝山矿山采空区地面塌陷地质灾害预测及其防治措施［J］. 矿产与地质，2013，27（5）：416-420.

Yang Chengkui. Geologic hazard forecast and its control measures of exhausted area surface collapse of Dabaoshan mine［J］. Mineral Resources and Geology，2013，27（5）：416-420.

[9] 胡静云，李庶林，林峰，等. 特大采空区上覆岩层地压与地表塌陷灾害监测研究［J］. 岩土力学，2014，35（4）：1117-1122.

Hu Jingyun，Li Shulin，Lin Feng，et al. Research on disaster monitoring of overburden ground pressure and surface subsidence in extra-large mined-out area［J］. Rock and Soil Mechanics，2014，35（4）：1117-1122.

[10] 宫凤强，李夕兵，董陇军，等. 基于未确知测度理论的采空区危险性评价研究［J］. 岩石力学与工程学报，2008，27（2）：323-330.

Gong Fengqiang，Li Xibing，Dong Longjun，et al. Underground goaf risk evaluation based on uncertainty measurement theory［J］. Chinese Journal of Rock Mechanics and Engineering，2008，27（2）：323-330.

[11] 冯岩，王新民，程爱宝，等. 采空区危险性评价方法优化［J］. 中南大学学报：自然科学版，2013，44（7）：2881-2888.

Feng Yan，Wang Xinmin，Cheng Aibao，et al. Method optimization of underground goaf risk evaluation［J］. Journal of Central South University：Science and Technology，2013，44（7）：2881-2888.

[12] 李夕兵，李地元，赵国彦，等. 金属矿地下采空区探测、处理与安全评判［J］. 采矿与安全工程学报，2006，23（1）：24-29.

Li Xibing，Li Diyuan，Zhao Guoyuan，et al. Detecting，disposal and safety evaluation of the underground cavity in metal mines［J］. Journal of Mining & Safety Engineering，2006，23（1）：24-29.

[13] Zhao Wen. The rock failure and fall of the large underground minedout area［J］. Journal of Liaoning Technical University：Natural Science，2001，12（4）：45-49.

[14] 冯少杰，杨占军，李焕忠，等. 瞬变电磁在露天边坡下采空区探测中的应用［J］. 金属矿山，2012（6）：47-49.

Feng Shaojie，Yang Zhanjun，Li Huanzhong，et al. Application of TEM in goaf exploration underneath open-pit slop［J］. Metal Mine，2012（6）：47-49.

[15] 刘波，高永涛，金爱兵，等. 综合物探法在平朔东露天矿铁路专用线煤窑采空区探测的应用［J］. 中国矿业，2012，21（9）：111-114.

Liu Bo，Gao Yongtao，Jin Aibing，et al. Comprehensive geophysical method in special railway line of coal-pit goaf detection application of Pingshuo Eastern Open-pit Coal Mine［J］. China Mining Magazine，2012，21（9）：111-114.

[16] 崔晓荣，陆华，叶图强，等. 三维空区自动扫描系统在露天矿山中的应用［J］. 有色金属：矿山部分，2012，64（3）：7-10.

Cui Xiaorong, Lu Hua, Ye Tuqiang, et al. Applications of 3D autoscanning laser system in mined-out areas detection in open pit mine [J]. Nonferrous Metals: Mining Section, 2012, 64 (3): 7-10.

[17] 李俊平，彭作为，周创兵，等. 木架山采空区处理方案研究 [J]. 岩石力学与工程学报，2004，23（22）：3884-3890.

Li Junping, Peng Zuowei, Zhou Chuangbing, et al. Study on schemes for disposing abandoned stope in Mujia Hill [J]. Chinese Journal of Rock Mechanics and Engineering, 2004, 23 (22): 3884-3890.

[18] 乔春生，田治友. 大团山矿床采空区处理方法 [J]. 中国有色金属学报，1998，8（4）：175-179.

Qiao Chunsheng, Tian Zhiyou. Support methods of mined caverns for Datuanshan deposit [J]. The Chinese Journal of Nonferrous Metals, 1998, 8 (4): 175-179.

[19] 崔晓荣，叶图强，陈晶晶. 采空区采矿施工安全的组织与管理 [J]. 金属矿山，2011（11）：150-154.

Cui Xiaorong, Ye Tuqiang, Chen Jingjing. Management of safe oreexploitation in region with underground mined-out area [J]. Metal Mine, 2011 (11): 150-154.

[20] 崔晓荣，叶图强，陈晶晶. 大宝山矿危机转型爆破技术研究 [J]. 工程爆破，2013，19（6）：17-21.

Cui Xiaorong, Ye Tuqiang, Chen Jingjing. Key blasting technique used in Dabaoshan mine for the transformation of crisis mine [J]. Engineering Blasting, 2013, 19 (6): 17-21.

[21] 童立元，刘松玉，邱钰，等. 高速公路下伏采空区问题国内外研究现状及进展 [J]. 岩石力学与工程学报，2004，23（7）：1198-1202.

Tong Liyuan, Liu Songyu, Qiu Yu, et al. Current research state problems associated with mined-out regions under expressway and future development [J]. Chinese Journal of Rock Mechanics and Engineering, 2004, 23 (7): 1198-1202.

[22] 崔晓荣，叶图强，刘春林. 多规格石高强度开采流水作业开采 [J]. 工程爆破，2012，18（4）：88-91.

Cui Xiaorong, Ye Tuqiang, Liu Chunlin. Flow line production of multiple-dimension stones with high-strength exploitation [J]. Engineering Blasting, 2012, 18 (4): 88-91.

火区爆破用炸药的隔热装置研究

束学来

（宏大矿业有限公司，广东 广州，510623）

摘　要：针对火区爆破用炸药隔热装置耐热温度低、硬度大、厚度大的问题，研究隔热装置的隔热原理及隔热材料的种类和优缺点，并结合火区隔热装置的材料选型要求，设计出隔热装置的结构，最后制定隔热装置的装药操作工艺。结果表明：由吸热性物质、无机绝缘材料类作为外层、有机材料作为内层、涂有反射性和辐射性涂料组成的隔热装置具有良好的隔热效果；由装胶状乳化炸药、吊装等工序组成的操作工艺能够满足火区爆破现状。

关键词：煤矿火区爆破；隔热装置；高温爆破；隔热材料；多层隔热

Study on Thermal Insulation Device for
Fire Area Blasting Explosives

Shu Xuelai

（Hongda Mining Co., Ltd., Guangdong Guangzhou, 510623）

Abstract：Aiming at the problems of low heat resistance temperature, high hardness, and thickness of thermal insulation device for fire area blasting explosives, this paper studies the heat insulation principle of heat insulation device, and the types of thermal insulation material and the its advantages and disadvantages. That combined with the selection requirements of fire area insulation material, and then the structure of thermal insulation device is designed, and a charging process of heat insulation device is developed. The results show that thermal insulation device which composed of absorbing material, inorganic insulation material for the outer layer, organic material as the inner layer, coated with reflection paint and radiation paint has good insulation effect. Installed rubber emulsion explosive, the loading process, such as blasting operation process can meet the fire area of the status quo.

Keywords：coal mine fire area blasting; thermal insulation device; high-temperature blasting; thermal insulation material; multi-layer insulation

在煤矿火区爆破中，现今使用的主要是乳化炸药等工业炸药，该类炸药的安全使用温度较低，一般不超过100℃，而火区炮孔温度局部较高，可达700℃以上[1]，在高温下，炸药自分解加速，导致爆炸。为了保障炸药的安全性，必须降低炸药的受热温度，现今广泛采取的采取是对炮孔注水降温的方法，但是一方面在宁夏、内蒙古等地火区，水源匮乏，限制了炮孔注水量，另一方面当炮孔温度较高时，一般超过200℃时，注水降温时间长、效果差，这些问题严重影响着火区爆破效率[2]。在该种情况下可采取对炸药进行隔热防护的方式，以提高炸药在高温下安全时间，廖明清等人采用内包装和外包装相结合的双层包装对炸药进行防护，使得炸药在100℃以下60min内能正常使用[3]，但是该方式耐热温度低，不适用于火区温度高的情况；史秀志等人把海泡石和石棉橡胶板缠绕到耐热PVC管上，管的一段用海泡石封堵一定的长度，然后装药，使得炸药可以在400℃的高温下安全一段时间[4]，该隔热装置厚度大、质量重、硬度大，不但降低了炮孔利用率，而且操作复杂；张月欣等人将炸药放入耐高温防护被筒中，被筒夹层中含有膨胀珍珠岩、硅酸钠、石英粉、氯化钾、特殊水泥等，使得炸药

200℃下可以使用[5]，同样存在耐热温度低、厚度大的问题。现今的隔热装置存在的耐热温度低、硬度大、厚度大的问题，与对隔热原理和火区炮孔性质认识不足有着一定的联系，针对上述问题，将系统地对炸药隔热装置进行研究。

1 火区用炸药的隔热理论分析

1.1 炸药的隔热装置隔热原理

炸药在高温炮孔中热量的传递是通过热传导、热对流、热辐射3种方式进行的。在中低温条件下，传热主要以热传导和热对流为主，其中固体的热传导能力最强，热对流主要是在液体和气体之间实现的热量交换，热辐射一般在400℃以上高温下才能明显感觉到。

火区爆破时，绝大部分炮孔温度不高于400℃，使用的炸药一般为胶状乳化炸药，根据上述理论可知，降低炸药在高温炮孔中传热速率应主要从减少热传导、热对流入手，次要考虑热辐射。

1.2 隔热材料的种类及优缺点

目前的隔热材料种类较多，具有多种划分方法。按照材质可以划分为有机隔热材料、无机隔热材料、金属绝热材料3大类；现今隔热涂料也得到广泛运用，主要包括阻隔型隔热涂料、反射型隔热涂料、辐射型隔热材料。这些隔热材料各有优缺点[6,7]，其具体种类和优缺点如图1所示。

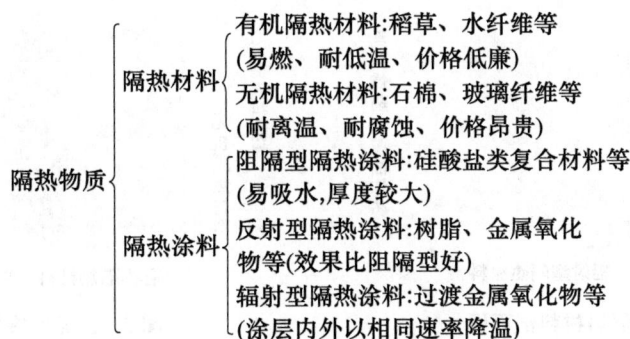

图1　隔热物质类型及优缺点

2 火区用炸药的隔热装置优选与设计

隔热装置的好坏，与其导热系数紧密相关。导热系数越小，隔热性能越好。导热系数的影响因素众多，主要有材料类型影响、温度的影响、孔隙密度的影响、热流方向的影响、真空的影响、湿度和填充气体的影响等。

2.1 材料选型要求

火区较多使用密度大、含水量多的乳化炸药；火区炮孔具有孔壁不完整、空间狭小、深度大、烟雾多、温度高等特点。根据炸药和炮孔的特点，隔热装置的隔热材料应该满足以下要求。

（1）隔热材料应该具有较低导热系数，以便获得较好的隔热效果，一般导热系数不大于0.14W/(m·K)[8]。

（2）隔热材料体积应要小，以提高炮孔的装药量，提高炮孔利用率。

（3）隔热装置应具有一定的柔性和强度，便于装药和装药过程中不破损。

（4）隔热材料应具有防火、耐高温的特性，使其在高温和明火条件下性能不变。

（5）隔热材料应具有防水的特点，在有烟雾的条件下，保护内部材料不受水汽影响而提高传热速率。

（6）隔热材料应经济实惠、便于加工的特点，以控制爆破成本，便于施工组织。

2.2 模型设计

根据火区炮孔的特点，要使隔热装置的材料同时满足导热系数低、体积小、柔性好、耐高温、防水等要求是比较苛刻的，比如无机隔热材料耐高温、不燃烧，但其塑性差、笨重；有机隔热材料导热系数低，但是易燃烧。故应根据各种隔热材料的不同特征，选择性能相互搭配的隔热材料，联合组成隔热装置。

隔热装置外层直接接触高温、明火、水和孔壁等外界环境，受到外力、热辐射、热对流作用较强，故使用耐高温、防水、塑性好的隔热材料，可以选择无机绝缘材料类的玻璃纤维海泡石等，且可以在其外层涂覆一层反射型隔热材料，如聚氨酯改性氯丙树脂反射涂料，减少部分辐射热的吸收。

内层材料主要用于隔热，应选择导热系数极小的材料，可以考虑使用像泡沫橡胶类的有机材料，在其表面可涂覆1层如红外发射粉末类的辐射型隔热材料，使得其内部热量能够以热发射的形式辐射出去，以保持炸药低温的特点。由于铵油炸药不防水，故应使用此炸药时炸药应用防水材料包覆。

在温度异常高的区域，可以适当增加隔热装置的层数，如可以把隔热层层数增加到3~4层，但是会增大隔热装置的厚度，减少单孔装药量，降低炮孔利用率，由于一般都可以先采取洒水降温等方法把炮孔温度降低，故增加层数只在如排险等特殊情况下使用。双层和3层隔热装置结构图如图2、图3所示。

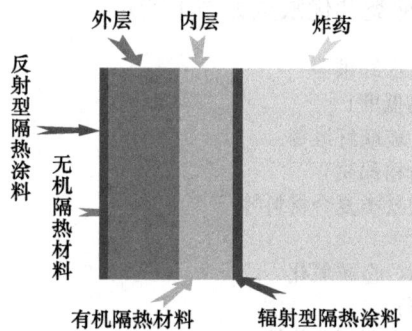

图2 双层隔热材料剖面图　　　　　图3 3层隔热材料剖面图

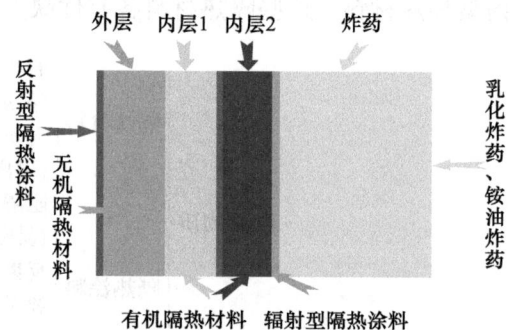

需要注意的是，隔热装置可以降低炮孔内热量与炸药间的传热速率，但是经过一段时间后，外界热量还是能够较多地传至炸药，使得炸药温度升高数值较大。此时应该使用某种吸热物质吸收外界传至隔热装置内的热量，以增大隔热装置的隔热时间。吸热物质应具有比热容大、相变温度低等特点，其放置在隔热装置与炸药接触的位置。

3 隔热装置操作工艺

3.1 炸药的选择

隔热装置内炸药可以是装粉状乳化炸药、胶状乳化炸药、铵油炸药。铵油炸药价格低廉，胶装乳化炸药装药密度大，粉乳流动性好。在岩石比较软时装铵油炸药，在岩石较硬时使用胶状乳化炸药。由于同一个炮孔中炸药的间距不能大于殉爆距离，铵油炸药的殉爆距离控制在2cm，乳化炸药的殉爆距离控制在5cm，考虑安全裕度，隔热装置厚度≤1cm，且隔热装置两头处设置成相互耦合的形状。

隔热装置的装药是在爆破前进行的，铵油炸药或粉状乳化炸药可直接用袋装装药，胶状乳化炸药可从生产线进行装药或使用成品条状药。但是由于隔热装置直径较小，隔热装置结合处容易累积砂石，故选择密度大、殉爆距离大的成品胶装乳化炸药，此外成品胶装乳化炸药具有更好的耐热性能。

3.2 装药操作方式

对温度不太高的（一般低于200℃）、注水降温效果较差的炮孔采取双层隔热装置；但异常温度区

（高于200℃），基本上预注水降温效果不明显，故一般不进行降温，直接使用双层以上隔热装置。

同一种类隔热装置在使用前应进行耐冲压试验、耐热试验。耐冲压试验，可以在隔热装置中装入同质量同体积的沙土等物质，然后从一定高度垂直扔下，观看其损坏情况，也可以把隔热装置绑扎住，然后扔入炮孔，最后吊出观察其破损情况；耐热试验，考虑现场情况，可把隔热装置放入已知温度的炮孔中，然后对炮孔进行堵塞，把热电偶放在隔热装置内壁，在孔外观察炮孔温度变化。

火区炮孔不光滑，粗糙不平，若隔热装置发生损坏，其隔热能力会大幅下降，甚至起到反作用（炸药内部热量散失不出来），故装药过程中必须保证隔热装置的完整性。此时可以缓缓把隔热装置放入炮孔中，或在隔热装置外表面套上1层坚硬的薄外壳，外壳与隔热装置应该有足够的摩擦力，以防止相对滑动而错位。虽然隔热装置缓慢放入炮孔中，增加了装药时间，但由于隔热装置隔热时间长，稍微增加装药时间是可以接受的、是安全的，一般时间不超过2min。

缓慢把隔热装置放入炮孔中一般使用的为吊装方式，即用耐热胶布将耐高温的绳索捆绑于隔热装置中间位置。考虑到炸药的质量，故1次最多捆绑2m隔热装置，吊装放入炮孔中的吊装速度为0.33m/s左右，即1个10m炮孔装6m药卷的时间约为69s，能控制在安全的装药时间以内。起爆装置用导爆索起爆，考虑到导爆索不易放入隔热装置内，故不从底端起爆，采取的是在首端起爆，为了保证传爆效果，在隔热装置内部炸药中装入导爆索。导爆索隔热装置外一部分，即堵塞段部分缺乏隔热保护，故此段必须使用耐高温导爆索，如油井等使用的，也可以利用堵塞物的传热效率慢的特点，将导爆索放入隔热管状材料中，放入炮孔中间。

根据以上内容，隔热装置施工工艺：在放炮前1h将隔热装置运至放炮区域，测量每个炮孔的深度，得出其装药量，并将相应的药量放在炮孔旁边。

隔热装置长度应该设置有1m、0.5m两种情况。当装药长度不是1m的整数倍时，其余数在0.25~0.75m装药量的时候，用0.5m的隔热装置，余数在0.75~1m时，用1m隔热装置。

将药卷放入隔热装置内，并且炸药内部插入导爆索。

将最多2个隔热装置用耐热胶布捆在一起，把2根耐热绳索分别用胶布捆在隔热装置两边相对位置，每个隔热装置固定3个位置，最后1个隔热装置需外装耐高温导爆索。

连接好网路后，每个炮孔安排2个人用手拉住绳索将隔热装置放入炮孔中，装有导爆索的那个隔热装置，导爆索要和绳索一起放入炮孔中。

为防止隔热装置卡孔，装药前，必须对炮孔进行检查，炮棍探孔的一端其直径必须略大于隔热装置直径。

在宁夏大石头煤矿火区，采取上述的装药操作工艺，取得了较好的爆破效果，不但保障了火区爆破安全，而且极大地增加了火区爆破效率。

4 结论

本文得出结论如下。

（1）火区用炸药的隔热装置应该满足低导热系数、体积小、具有柔性和强度、耐高温、防水、经济实惠等特点。

（2）选择防水等无机绝缘材料类作为外层、导热系数小的有机材料作为内层、分别涂有反射性和辐射性涂料组成的隔热装置具有良好的隔热效果。

（3）在隔热装置内部加入比热容大、相变温度低的吸热物质，可以提高隔热装置的隔热时间。

（4）由隔热装置内部使用胶装乳化炸药、验证导爆索耐冲击性和耐热性、使用吊装装药、堵塞段隔热或使用耐热导爆索等工序组成的隔热装置装药操作方法，可有效解决火区爆破安全问题，并提高火区爆破效率。

参 考 文 献

[1] 牛进忠. 宁夏汝箕沟煤田火区灭火工程治理及监测 [J]. 神华科技，2010，8 (4)：33-36.

［2］束学来，郑炳旭，郭子如，等．煤矿火区降温措施的分析与实践［J］．爆破，2014，31（3）：154-158.

［3］廖明清，李荣其，邹素珍．硫化矿高温采区的爆破技术［J］．矿业研究与开发，1987，7（3）：64-71.

［4］史秀志，谢本贤，鲍侠杰．高温控制爆破工艺及新型隔热材料的试验研究［J］．矿业研究与开发，2005，25（1）：68-71.

［5］张月欣，黄东平，黄木辉，等．宝鼎矿区煤层燃烧治理中的爆破灭火技术［J］．煤矿爆破，2008，77（2）：18.

［6］吴春蕾，杨本意，刘莉，等．纳米二氧化硅绝热材料研究进展［J］．材料研究与应用，2010，4（4）：491-494.

［7］陆洪彬，陈建华．隔热涂料的隔热机理及其研究进展［J］．材料导报，2005，19（4）：71-73.

［8］张娜，张玉军，田庭艳，等．高温低热导率隔热材料的研究现状及进展［J］．中国陶瓷，2006，42（1）：16-18.

露天矿靠帮边坡预裂爆破技术研究

闫大洋[1,2]　叶图强[1,2]　徐　淼[1,2]　马家旗[1,2]　贾建军[1,2]

(1. 广东宏大爆破股份有限公司，广东 广州，510623；

2. 鞍钢矿业爆破有限公司，辽宁 鞍山，114046)

摘　要：鞍千铁矿因前期靠帮爆破时没有采用预裂爆破，形成的边坡大都不平整和稳定，给日常生产留下了安全隐患。为了保证采场固定边坡的稳固性，在现场进行预裂爆破试验，从爆破参数、装药结构、起爆方式、起爆网路等方面加以考虑，对靠帮边坡进行处理并取得了良好的效果，为以后靠帮预裂爆破提供指导。

关键词：露天矿；预裂爆破；爆破参数；靠帮边坡

Study on the Slope Pre-splitting Blasting Technology in Open Pit Mine

Yan Dayang[1,2]　Ye Tuqiang[1,2]　Xu Miao[1,2]　Ma Jiaqi[1,2]　Jia Jianjun[1,2]

(1. Guangdong Hongda Blostimg Co., Ltd., Guangdong Guangzhou, 510623；

2. Angang Miming Blasting Co., Ltd., Liaoning Anshan, 114046)

Abstract：Because the pre-split blasting had not been used in early pit slope blasting in Anqian iron mine, the slopes were not smooth and stable. and it brought hidden trouble to the daily production. In order to ensure the stability of the permanent slope, the pre-splitting blasting test was carried out on the spot. The blasting parameters, charge structure, priming way, blasting network and so on were considered to deal with pit slope and good effect was achieved. It provided the guiding basis for the future pre-split blasting against slope.

Keywords：open pit mine；pre-splitting blasting；blasting parameters；pit slope

1　前言

大部分露天金属矿山在边坡处理中均采用预裂爆破技术[1]。预裂爆破技术能够有效控制围岩的超挖和破裂，且能维护边坡稳定，降低爆破成本。因此，有必要在矿山生产中对预裂爆破参数进行优化，以加快矿山生产建设速度，从而获得良好的经济和社会效益[2-6]。

鞍千北采二期扩建五采区岩体为混合石英岩，坚固系数 $f=8\sim12$，容重为 $2.5\sim2.72t/m^3$，岩体有不规则节理裂隙切割，完整性中等。为了保证采场北帮固定边坡的稳固性，拟对临近靠帮的192m北部固定边坡采用预裂爆破试验研究，进而改进靠帮爆破技术，保证固定边坡按设计达标。通过选取合理的爆破参数和调整装药结构，半壁孔率达到50%，坡面凸凹度小于0.3m且较平整，取得预期的效果，为后续改进靠帮预裂爆破提供指导依据。

原载于《中国矿山工程》，2016，45（1）：40-42。

2 靠帮边坡的预裂爆破设计

2.1 预裂爆破参数及装药结构

2.1.1 孔径

采场目前只有金科 JK580 履带式液压潜孔钻机，钻孔孔径 $D=140$mm。金科 JK580 潜孔钻由于体积相比牙轮钻较小，可以在靠近边坡时穿凿预裂孔和缓冲孔。

2.1.2 孔深

按照露天开采设计，边坡坡角为 $80°$，超深 $h=1.0$m，穿孔深度 $L=(H+h)/\sin80°$。

2.1.3 孔间距

孔间距一般取孔径的 $8 \sim 12$ 倍，即 $a=(8 \sim 12)D=1.12 \sim 1.68$m，根据现场地质条件和岩性分布，硬岩取 $a=1.7$m，软岩取 $a=1.2$m，结合现场施工情况，孔间距 $a=2.2$m[7]。

2.1.4 线装药密度

按照经验公式[8] 计算：

$$q_1 = \frac{1}{4000}\pi D^2 \frac{\rho_0}{m^2}$$

式中　ρ_0——炸药密度，取 1.15g/cm³；

　　　m——不耦合系数，预裂爆破采用直径为 40mm、长 500mm、质量为 1kg 的条状乳化炸药作为爆破用药，所以 $m=3.5$；

　　　D——炮孔直径，取 140mm。

计算得 $q_1=1.44$kg/m，实取 2kg/m，单孔装药量 2kg/m×9m＝18kg。预裂孔共 20 个，15 个预裂孔装药结构设计为连续不耦合装药，药卷全程绑缚在直径为 75mm 的 PVC 套管内，剩余的 5 个预裂孔采用底部装填 20kg 的药卷。上部用编织袋做间隔，间隔长度为 2m，孔口充填 3m 的岩粉。预裂孔的装药结构如图 1 所示。

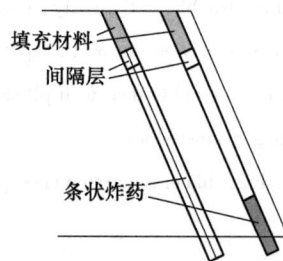

图 1　预裂孔装药结构示意图

2.2 缓冲孔与主爆孔孔网参数及装药结构

2.2.1 主爆孔爆破参数

采场的生产爆破孔网参数一般为 5m×4.3m，超深 h 取 1.5m 孔深 14.1~14.6m。孔内有水时，装填乳化铵油炸药，延米装药量为 17.5kg/m，堵塞长度 5m，装药长度为 9.1~9.6m，计算单孔装药量 $Q=$ 159.3~168kg；孔内无水时，装填铵油炸药，延米装药量 13.1kg/m，堵塞长度 4m，装药长度为 10.1~10.6m，计算单孔装药量 $Q=132.3~138.9$kg。

2.2.2 缓冲孔爆破参数

为使主爆孔的能量得以缓冲且使预裂孔和主爆孔之间的岩石得到充分的破碎，在预裂孔和主爆孔之间加 1 排缓冲孔[4]。

缓冲孔孔间距为 4.0m，缓冲孔与预裂孔排距为 3.0m，缓冲孔与主爆孔排距为 4.0m。缓冲孔超深

h 取 1.5m 孔深 14.0~14.7m，孔内无水，装填铵油炸药，延米装药量 13.1kg/m，堵塞长度 4m，装药长度为 10.0~10.7m，计算单孔装药量 $Q = 131 \sim 140.2$kg。

缓冲孔和主爆孔钻孔倾角均为 90°，孔内含 1 个起爆药包，起爆药包雷管为澳瑞凯 400ms 高精度导爆管雷管。主爆孔和缓冲孔装药结构如图 2 所示。

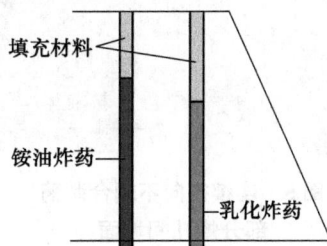

图 2　主爆孔和缓冲孔装药结构示意图

2.3　起爆方式

选用澳瑞凯延期导爆雷管组成微差起爆网路进行单孔单响微差爆破[9]。具体做法如下：炮孔内装入由澳瑞凯 16 段 400ms 延期导爆雷管制作的起爆体，每个起爆体雷管与澳瑞凯 17ms 及 42ms 地表延时导爆管相连，组成了并一串多段单孔单响微差起爆网路。预裂孔用导爆索连接，预裂孔超前缓冲孔 150~200ms 起爆。

为保证起爆的同步性和预裂效果，预裂孔内采用导爆索起爆条状乳化炸药，地表采用导爆索和澳瑞凯孔内导爆管捆绑引爆，确保传爆安全可靠；主爆孔和缓冲孔均采用澳瑞凯孔内导爆管雷管和地表导爆管雷管实施逐孔起爆。本次预裂爆破网路连接如图 3 所示。

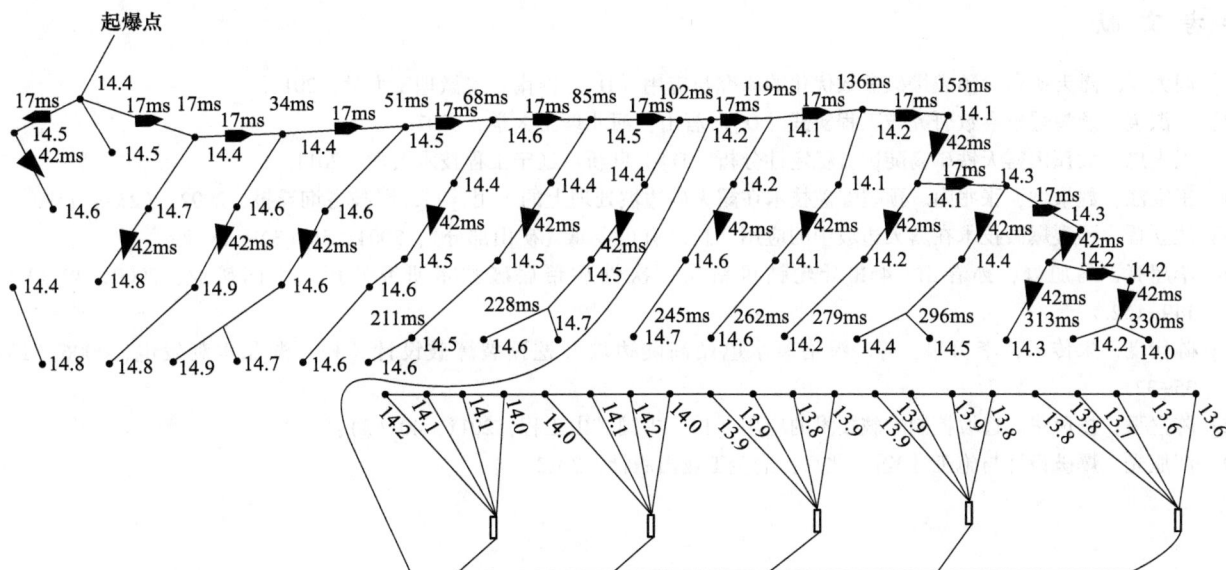

图 3　预裂爆破网路连接图

（预裂孔从右起第二个炮孔为废孔未装药，第八个孔孔底装 20kg 铵油炸药，第十八至第二十一炮孔孔底装 20kg 铵油炸药）

3　爆破效果

爆破后的边坡眉线较直，边坡面较为平整，如图 4 所示。

与未采用预裂爆破边坡坡面相比较，坡面可见的半壁孔有 10 个，其中 5 个半壁孔清晰可见，连续径向不耦合装药部分炮孔间坡面平整度很好，孔底集中装药部分炮孔间坡面平整度不理想，如图 5 和图 6 所示。

图4 爆后边坡眉线　　　图5 连续径向不耦合装药　　　图6 孔底集中装药部分炮孔间坡面
　　　　　　　　　　　　　　　部分炮孔间坡面

由于该次预裂爆破区域岩石节理发育、完整性差，在此预裂孔区中间有结构面形成的破碎带，未形成连续、完整的单个半壁孔，爆区后方岩土表面出现拉裂破坏现象。

4 结语

鞍千矿露天采场的靠帮预裂爆破现还在试验阶段，有些参数（孔距、装药量等）选取需要适当的调整，装药工艺也要进行改进以利于现场施工，今后随着靠帮台阶的增多，靠帮预裂爆破不仅要考虑最终边坡稳定，还要考虑节约施工成本，减少日后的维护费用等因素，因此现阶段的预裂爆破仍需要不断改进，以便为今后固定边坡的预裂爆破提供指导依据。

参 考 文 献

［1］闫大洋. 露天矿台阶预裂爆破参数优化的研究与应用［D］. 淮南：安徽理工大学，2014.

［2］于淑宝. 预裂爆破参数研究与工程实践［D］. 唐山：河北理工大学，2007.

［3］王志忠. 大孤山露天铁矿高陡边坡稳定性分析［D］. 阜新：辽宁工程技术大学，2011.

［4］王宝江，魏景坡，张兆南. 预裂爆破技术在露天矿边坡处理上的应用［J］. 科技咨询导报，2002，（23）：119.

［5］沈立晋. 预裂爆破技术在露天边坡中的应用［J］. 有色金属（矿山部分），2004. 56（3）：28-29.

［6］李超亮，马旭峰，孙春山. 45R 牙轮钻机钻孔一次性靠帮爆破技术研究［J］. 中国矿业，2000，49（9）：149-152.

［7］陈代良，朱传云，李勇泉，等. 溪洛渡水电站高陡边坡开挖预裂爆破设计［J］. 湖北水利发电，2006（1）：35-37.

［8］陈立强，杨凤华. 边坡控制爆破技术的应用［J］. 中国矿山工程，2011，40（3）：5-9.

［9］汪旭光. 爆破设计与施工［M］. 北京：冶金工业出版社，2012.